WÖRTERBUCH DER GEOWISSENSCHAFTEN

deutsch — russisch

WÖRTERBUCH DER GEOWISSENSCHAFTEN

DEUTSCH – RUSSISCH

herausgegeben von

HANS-JÜRGEN TESCHKE

AKADEMIE-VERLAG · BERLIN

1968

Erschienen im Akademie-Verlag GmbH, 108 Berlin, Leipziger Straße 3–4

Lizenznummer 202 · 100/526/68
Gesamtherstellung: VEB Druckhaus „Maxim Gorki", 74 Altenburg
Bestellnummer: 5638, ES 18 F 1
29,50

VORWORT

Die in den vorangegangenen Jahren immer stärker werdende internationale wissenschaftliche Zusammenarbeit machte nach Erscheinen des Russisch-deutschen Wörterbuches der Geowissenschaften im Jahre 1964 die Bearbeitung eines deutsch-russischen Teiles notwendig. Diese Forderung war um so dringender, als die bisher vereinzelt erschienenen Fachwörterbücher lediglich Teilbereiche, wie z. B. Geophysik, Ozeanologie u. a., betrafen, ohne den Gesamtbereich der Geowissenschaften in einem Werk zu erfassen.
Das vorliegende Wörterbuch ist aus dem Wortschatz des ersten Bandes hervorgegangen und umfaßt bei einer Gesamtzahl von etwa 40000 Stichworten folgende Gebiete: allgemeine und historische Geologie, Petrographie, Mineralogie, Paläontologie, Geophysik, Geochemie, Geographie und Bodenkunde. Ferner sind Begriffe der Chemie, Physik und Biologie sowie allgemeine wissenschaftliche Termini aufgenommen worden, sofern sie für die Geologie von Bedeutung sind.
In Erweiterung des ersten Bandes enthält der deutsch-russische Teil auch Termini des Bergbaues, der Bohrtechnik und anderer Randbereiche. Auf Grund zahlreicher Hinweise sind ferner die Mineralformeln sowie ergänzende und erläuternde Bemerkungen zu einzelnen Stichworten aufgenommen worden.
Der Verfasser ist sich bewußt, daß trotz des erweiterten Wortschatzes bei dem raschen Fortschreiten der geologischen Wisssenschaften die Vollständigkeit eines Wörterbuches nie zu erreichen ist, daß Fehler und Unstimmigkeiten nicht ganz auszuschließen sind. Deshalb darf ich an alle Fachkollegen die Bitte richten, Wünsche und Vorschläge zur Verbesserung freundlicherweise dem Autor[1]) mitzuteilen.
Für die großzügige Förderung und Unterstützung der Arbeiten auch dieses Bandes bin ich der Forschungsgemeinschaft der Deutschen Akademie der Wissenschaften zu Berlin zu Dank verpflichtet, insbesondere Herrn Dr. K.-B. Jubitz, der sich für die Herausgabe des Werkes persönlich einsetzte. Ferner möchte ich Herrn Dr. Günter und Herrn Smolik, Institut für Slawistik der Akad. d. Wiss., Berlin, Frau N. Welzer, Zentrales Geologisches Institut, für wertvolle Ratschläge und Hinweise, sowie Frau M. Gähler und U. Zabka, Geotektonisches Institut, für ihre Mitarbeit bei der Zusammenstellung des Manuskriptes danken.
Verlag und Autor hoffen, auch mit diesem deutsch-russischen Wörterbuch dazu beizutragen, die fachlichen Kontakte zwischen sowjetischen und deutschsprechenden Geologen zum Wohl unserer Wissenschaft künftig weiter zu verbessern.

Berlin, 1. Juli 1966 *H.-J. Teschke*

1) Geotektonisches Institut, Forschungsgemeinschaft der naturw., techn. u. med. Inst. der Deutschen Akad. d. Wiss. zu Berlin, 108 Berlin, Otto-Nuschke-Str. 22/23.

ZUR BENUTZUNG DES WÖRTERBUCHES

1. Nach dem Stichwort folgt bei Substantiven die Genusangabe in Kursiv (*m* = masculinum, *f* = femininum, *n* = neutrum). Substantive werden als Stichwort im Nominativ Sing. genannt. Werden die Substantive ausschließlich oder vorwiegend im Plural gebraucht, so erscheint der Nominativ Plur. (*pl*) als Stichwort:

   Schwerspatgang *m* бари́товая жи́ла
   Springflut *f* сизиги́йный прили́в
   Sulfiderz *n* сульфи́дная руда́
   Trockenfilter *m, n* сухо́й фильтр
   Rubiales *pl* мареноцве́тные
   Übertagearbeiten *f/pl*назе́мные рабо́ты

2. Sofern es erforderlich erscheint, werden die Stichworte durch zusätzliche Realerklärungen — Synonyma, Formeln, kurze Erläuterungen, Artnamen (Kursiv) — ergänzt. Die Bereichsangabe des Spezialgebietes erfolgt durch entsprechende Abkürzungen (Pal. = Paläontologie, Bohr. = Bohrtechnik, Inggeol. = Ingenieurgeologie u. a.) oder durch Richtworte.

   Kratersee *m* Maar кра́терное о́зеро
   Krausit *m* $KFe^{\cdots}[SO_4]_2 \cdot H_2O$ краузи́т
   Kyschtymit *m* kristallines Gestein aus dem Ural кыштыми́т
   Löwe *m* *Felis leo L.* лев
   schnell bindend Beton быстросхва́тывающий

3. Veraltete Bezeichnungen von Mineralen sind mit † gekennzeichnet:

   Leopoldit *m* † Sylvin леопольди́т
   Leucophyllit *m* † Sericit лейкофилли́т

4. Nach dem Stichwort bzw. den Ergänzungen folgen die russischen Äquivalente. Synonyma oder unwesentliche Bedeutungsnuancen werden durch Komma getrennt, unterschiedliche Bedeutungen werden mit Ziffern bezeichnet und durch Punkt getrennt:

   Lauf *m* 1. Flußlauf тече́ние, пото́к. 2. Verlauf бег, ход. 3. Bahn (Gestirn) движе́ние, путь
   leitend 1 führend руководя́щий. 2. elektrisch leitend проводи́мый
   Lösung *f* 1. Chem. раство́р, растворе́ние. 2. Ergebnis реше́ние, разреше́ние

5. Verben werden in der Regel im Infinitiv und im russischen Äquivalent mit Angabe des Aspektes genannt, wobei bei einem Aspektpaar das links vom

Schrägstrich stehende Verb den unvollendeten (imperfektiven), das rechts stehende dagegen den vollendeten (perfektiven) Aspekt anzeigt. Doppelaspektige Verben werden durch die Angabe *uv.*, *v.* gekennzeichnet. Partizipien mit spezieller Bedeutung werden als selbständige Stichworte angeführt:

absetzen, sich 1. abstehen отста́иваться/отстоя́ться. 2. ablagern, sich осажда́ться *uv.*
begehbar проходи́мый
generalisieren обобща́ть/обобщи́ть, генерализи́ровать *uv.*, *v.*
geschichtet слои́стый, напласто́ванный
loten измеря́ть/изме́рить ло́том (глубину́)

ПРЕДИСЛОВИЕ

Всё более развивающееся за последние годы международное научное сотрудничество обусловило после издания русско-немецкого Геологического словаря в 1964 году необходимость составления немецко-русской части. Эта задача была тем более неотложной, что издававшиеся до сих пор некоторые специальные словари касались только отдельных областей, как например, геофизики, океанологии и др., не объединяя их в один общий геологический словарь.

Предлагаемый словарь исходит из материала первой части и при общем количестве 40000 слов охватывает следующие области: общую и историческую геологию, петрографию, минералогию, палеонтологию, геофизику, геохимию, географию и почвоведение.

Далее были включены понятия из химии, физики и биологии, а также общенаучные термины, имеющие значение для геологии.

Немецко-русская часть в отличие от первой части содержит также термины из горного дела, буровой техники и других смежных областей. Учитывая многочисленные отзывы и пожелания читателей автор включил в словарь формулы минералов а также дополнительные замечания и пояснения к отдельным словарным статьям.

Автор отдает себе отчёт в том, что несмотря на богатство словаря при быстром развитии геологических наук невозможно достигнуть абсолютной полноты словаря и что нельзя избежать некоторых ошибок и неточностей. Поэтому я хотел бы обратиться ко всем специалистам с просьбой сообщить автору[1]) свои пожелания и предложения по улучшению словаря.

Я считаю своим долгом выразить благодарность Научному совету Немецкой Академии Наук в Берлине за большую помощь и поддержку при работе над этим словарем.

Особенно я хочу поблагодарить д-ра К.-Б. Юбица, при личном содействии которого было осуществлено издание настоящего словаря.

Далее я хотел бы поблагодарить д-ра К. Гюнтера и научного ассистента В. Смолика, Институт славистики Академии Наук в Берлине и фрау N. Вельцер, Центральный геологический институт, за ценные советы и указания, а также фрау М. Гэлер и У. Цабка, Институт геотектоники, за сотрудничество при составлении рукописи. Выпуская этот словарь издательство и автор надеются способствовать дальнейшему расширению контактов между советскими и немецкими геологами на благо нашей науки.

Берлин, 1 июля 1966 года *Х.-Ю. Тешке*

[1]) Geotektonisches Institut, Forschungsgemeinschaft der naturw., techn. u. med. Inst. der Deutschen Akad. d. Wiss. zu Berlin, 108 Berlin, Otto-Nuschke-Str. 22/23.

О ПОЛЬЗОВАНИИ СЛОВАРЕМ

1. У существительных приводиться курсивом указание рода (*m* = мужской род, *f* = женский род, *n* = средний род). Существительные приводятся в именительном падеже единственного числа. Если существительные употребляются исключительно или преимущественно во множественном числе, то указывается именительный падеж множественного числа (*pl*):

   Schwerspatgang *m* бари́товая жи́ла
   Springflut *f* сизиги́йный прили́в
   Sulfiderz *n* сульфи́дная руда́
   Trockenfilter *m, n* сухо́й фильтр
   Rubiales *pl* мареноцве́тные
   Übertagearbeiten *f/pl* назе́мные рабо́ты

2. В случае необходимости приводятся дополнительные пояснения — синонимы, формулы, краткие пояснения, название видов животных и растений (курсив). Специальные области указываются при помощи соответствующих сокращений (Pal. = палеонтология, Bohr. = буровая техника, Inggeol. = инженерная геология и т. д.) или существительных.

   Kratersee *m* Maar кра́терное о́зеро
   Krausit *m* $KFe^{\cdots}[SO_4]_2 \cdot H_2O$ краузи́т
   Kyschtymit *m* kristallines Gestein aus dem Ural кыштыми́т
   Löwe *m Felis leo L.* лев
   schnell bindend Beton быстросхва́тывающий

3. Устаревшие названия минералов обозначаются †:

   Leopoldit *m* † Sylvin леопольди́т
   Leucophyllit *m* † Sericit лейкофилли́т

4. После слова или дополнительных пояснений к нему приводятся русские эквиваленты. Синонимы или оттенки значений разделяются запятой, различные значения обозначаются цифрами и отделяются друг от друга точками:

   Lauf *m* 1. Flußlauf тече́ние, пото́к. 2. Verlauf бег, ход. 3. Bahn (Gestirn) движе́ние, путь
   leitend 1. führend руководя́щий. 2. elektrisch leitend проводи́мый
   Lösung *f* 1. Chem. раство́р, растворе́ние. 2. Ergebnis реше́ние, разреше́ние

5. Глаголы, как правило, приводятся в инфинитиве. У русских эквивалентов указывается вид, причём, в видовых парах слева от косой черты стоящий

глагол имеет значение несовершенного вида, справа стоящий глагол — совершенного вида. Двувидовые глаголы обозначаются указанием *uv.*, *v.* Причастия со специальным значением приводятся как самостоятельные слова:

absetzen, sich 1. abstehen отста́иваться/отстоя́ться. 2. ablagern, sich осажда́ться *uv.*
begehbar проходи́мый
generalisieren обобща́ть/обобщи́ть, генерализи́ровать *uv.*, *v.*
geschichtet сло́истый, напласто́ванный
loten измеря́ть/изме́рить ло́том (глубину́)

A

Aalener Stufe *f* ааленский я́рус, а́ален
Aalénien *n* а́ален, а́аленский я́рус
Aalénien- а́аленский
aasfressend трупоя́дный
Abänderung *f* измене́ние, видоизмене́ние
Abart *f* 1. разнови́дность; 2. видоизмене́ние
Abbau *m* 1. разрабо́тка, эксплуата́ция; 2. расщепле́ние, упроще́ние моле́кулы
Abbauarbeiten *f/pl* эксплуатацио́нные рабо́ты, рабо́ты по добы́че
Abbauart *f* систе́ма разрабо́тки, спо́соб вы́емки
Abbauböschung *f* разраба́тываемый усту́п
abbauen разраба́тывать/разрабо́тать, добыва́ть/добы́ть
abbaufähig добыва́емый
Abbaufeld *n* вы́емочное по́ле, ша́хтное по́ле
Abbauflöz *n* разраба́тываемый пласт
Abbaufront *f* фронт очи́стных рабо́т; фронт рабо́т карье́ра
Abbaugrenze *f* грани́ца вы́емочного по́ля, грани́ца вы́емочного уча́стка
Abbauhammer *m* отбо́йный молото́к
Abbauhöhe *f* глубина́ вы́емки
Abbauhorizont *m* рабо́чий горизо́нт
Abbaukarte *f* план разрабо́тки, план го́рных рабо́т
Abbaukoeffizient *m* коэффицие́нт отрабо́тки
Abbaukosten *pl* эксплуатацио́нные расхо́ды
Abbaumethode *f* ме́тод вы́емки, спо́соб вы́емки, ме́тод разрабо́тки
Abbauort *m* ме́сто вы́емки
Abbaupfeiler *m* вы́емочный столб
Abbauprodukt *n* Zersetzungsprodukt проду́кт разложе́ния; Spaltprodukt проду́кт расщепле́ния
Abbaurecht *n* пра́во на добы́чу, пра́во на эксплуата́цию
Abbaurichtung *f* направле́ние вы́емки, направле́ние отрабо́тки
Abbausohle *f* подо́шва вы́работки, рабо́чий горизо́нт
Abbaustelle *f* забо́й
Abbaustoß *m* забо́й вы́работки, забо́й разрабо́тки
Abbaustrecke *f* вы́емочный штрек
Abbausystem *n* систе́ма вы́емки, систе́ма разрабо́ток, ме́тод вы́емки
Abbautechnik *f* те́хника разрабо́тки
Abbautiefe *f* глубина́ разрабо́тки
Abbau über Tage *m* разрабо́тка откры́тым спо́собом
Abbau unter Tage *m* разрабо́тка подзе́мным спо́собом
Abbauverfahren *n* спо́соб вы́емки, ме́тод вы́емки, систе́ма разрабо́тки
Abbauverhältnisse *n/pl* усло́вия разрабо́тки
Abbauverlust *m* поте́ря разрабо́тки
Abbauwand *f* сте́нка вы́работки
Abbeugung *f* дифра́кция, склоне́ние
Abbeville- аббеви́льский
Abbeville-Kultur *f* аббеви́льская культу́ра
Abbeville-Stadium *n* аббеви́льская ста́дия
abbiegen отгиба́ть/отогну́ть, отклоня́ться/отклони́ться; свора́чивать/свороти́ть
Abbiegen *n* отгиба́ние
Abbiegung *f* отклоне́ние; загиба́ние
Abbiegungswinkel *m* у́гол изги́ба, у́гол отклоне́ния
Abbild *n* отображе́ние, отраже́ние
abbilden изобража́ть/изобрази́ть
Abbildung *f* рису́нок, иллюстра́ция, изображе́ние

Abbildungsebene *f* плóскость изображéния, плóскость проéкции, картúнная плóскость
Abbildungsfehler *m* ошúбка изображéния, искажéние в проéкции
Abbildungsmaßstab *m* масштáб изображéния, масштáб проéкции
Abbildungstextur *f* воспроизводя́щая текстýра
Abbildungswinkel *m* ýгол изображéния
Abbindebeginn *m* Zement начáло схвáтывания
Abbindebeschleuniger *m* ускорúтель схвáтывания
Abbindegeschwindigkeit *f* быстротá схвáтывания
abbinden схвáтываться / схватúться, затвéрдевать / затвердéть
Abbinden *n* Zement схвáтывание, затвердевáние
Abbindeprozeß *m* процéсс схвáтывания
Abbindetemperatur *f* температýра схвáтывания
Abbindeverzögerer *m* замедлúтель схвáтывания (цемéнта)
Abbindevorgang *m* процéсс схвáтывания
Abbindewärme *f* теплотá схвáтывания
Abbindezeit *f* срок схвáтывания, врéмя схвáтывания (цемéнта)
Abblättern *n* расслáивание, отслáивание
abblättern sich отслáиваться / отслоúться
abbohren развéдывать / развéдать бурéнием
abböschen дéлать / сдéлать откóс
Abbrand *m* выгорáние, угáр
Abbrechen *n* отлóмывание, снесéние, слом
Abbrennen *n* взрывáние
Abbreviation *f* аббревиáция, сокращéние
abbröckeln крошúть / накрошúть
Abbruch *m* обры́в, обрушéние; обвáл
Abbruchgebiet *n* óбласть обрушéния
Abbruchküste *f* абразиóнный бéрег, размы́тый бéрег
Abbruchnische *f* óползневая нúша
Abbruchriß *m* Erdrutsch трéщина разры́ва
Abbruchufer *n* абразиóнный бéрег, размы́тый бéрег
Abbruchwand *f* Erdrutsch стéнка сры́ва
Abchasit *m* абхазúт
Abdachung *f* Neigung наклóн, уклóн; Böschung откóс, склон
abdämmen перегородúть / перегорáживать плотúной, запрýживать / запрудúть
Abdämmen *n* Ing. перегорáживание плотúной, ограждéние дáмбой, ограждéние плотúной
abdampfen Chem. выпáривать / вы́парить, испаря́ться / испарúться
Abdampfen *n* выпáривание
Abdampfkolben *m* выпарнáя кóлба
Abdampfrückstand *m* остáток при выпáривании, сухóй остáток
Abdampfschale *f* выпарнáя чáшка, выпарúтельная чáшка
abdeichen запрýживать / запрудúть, перегорáживать / перегородúть плотúной
abdestillieren отгоня́ть / отогнáть
Abdestillieren *n* отгóнка
abdichten уплотня́ть / уплотнúть
Abdichtfläche *f* Ing. повéрхность уплотнéния
Abdichtung *f* 1. Verdichtung уплотнéние; 2. Dichtungslage уплотня́ющая проклáдка; 3. Isolierung изоля́ция, гидроизоля́ция
Abdichtungshaut *f* противофильтрациóнная мáска, противофильтрациóнный экрáн
Abdichtungsmaßnahme *f* противофильтрациóнное мероприя́тие
Abdichtungsschicht *f* изолúрующий слóй
Abdichtungsverfahren *n* спóсоб уплотнéния
Abdomen *n* брюшкó
abdominal Abdominal- абдоминáльный, брюшнóй
Abdominalfuß *m* абдоминáльная ногá
Abdominalregion *f* абдоминáльная óбласть, брюшнáя óбласть, брюшнáя пóлость
Abdominalring *m* абдоминáльное кольцó
Abdominalsegment *n* абдоминáльный сегмéнт
Abdruck *m* отпечáток, слéпок
Abdruckmethode *f* Erzmikr. мéтод отпечáтков
Abdunsten *n* испарéние

Abendniedrigwasser *n* Gezeiten вече́рняя ма́лая вода́ (прили́ва)
Abendpunkt *m* то́чка за́пада
aberrant аберра́нтный
Aberration *f* аберра́ция, отклоне́ние
Aberrations- аберрацио́нный
Aberrationsellipse *f* аберрацио́нный эллипс
aberrationsfrei свобо́дный от аберра́ции, безаберрацио́нный
Aberrationskonstante *f* конста́нта аберра́ции, постоя́нная аберра́ции
Aberrationswinkel *m* у́гол аберра́ции
Abessinierfilter *n*, *m* абисси́нский фильтр
Abessinischer Brunnen *m* абисси́нский коло́дец
Abfall *m* 1. Verminderung паде́ние, спаде́ние, сниже́ние. 2. Neigung склон, скат, пока́тость, усту́п. 3. Produktion отбро́сы, отхо́ды
abfallend наклóнный, пока́тый
Abfallkohle *f* у́гольная ме́лочь, у́гольные отхо́ды
Abfallprodukt *n* отбро́сный проду́кт, отбро́с, отхо́д
Abfallstoff *m* отбро́с, отхо́д
Abfärben *n* ма́ркость
Abfiltern *n* отфильтро́вывание
abfiltrieren отфильтро́вывать / отфильтрова́ть
Abfiltrieren *n* отфильтро́вывание
abfiltriert отфильтро́ванный
Abflachung *f* 1. Neigungswinkel пониже́ние укло́на. 2. Einebnung выра́внивание, сгла́живание
Abfließen *n* стека́ние, истече́ние
abfließen стека́ть / стечь, истека́ть / исте́чь
Abfluchtlinie *f* ли́ния ство́ра, ли́ния прове́шивания
Abfluß *m* 1. Abfließen сток, вытека́ние. 2. Rinne жёлоб, кана́ва. 3. Menge расхо́д
Abfluß- сто́чный
Abflußbeiwert *m* коэффицие́нт сто́ка
Abflußbeobachtung *f* наблюде́ние за сто́ком
Abflußbeschleunigung *f* ускоре́ние сто́ка
Abflußbett *n* ру́сло сто́ка, сто́чное ру́сло
Abflußbrunnen *m* сто́чный коло́дец
Abflußdefizit *n* дефици́т сто́ка
Abflußdiagramm *n* Hydrogeol. гидро́граф
Abflußerfassung *f* захва́т сто́ка
Abflußfaktor *m* коэффицие́нт сто́ка
Abflußfläche *f* пло́щадь сто́ка, Einzugsgebiet водосбо́рная пло́щадь
Abflußformel *f* фо́рмула сто́ка
Abflußgebiet *n* о́бласть сто́ка, бассе́йн сто́ка
Abflußgeschwindigkeit *f* ско́рость сто́ка, ско́рость истече́ния
Abflußjahr *n* годи́чный пери́од сто́ка, гидрологи́ческий год
Abflußkanal *m* сто́чный кана́л, сто́чный водово́д
Abflußkoeffizient *m* коэффицие́нт сто́ка
Abflußkurve *f* крива́я сто́ка
Abflußlinie *f* ли́ния сто́ка
abflußlos бессто́чный, без сто́ка
Abflußlosigkeit *f* бессто́чность, отсу́тствие сто́ка
Abflußmenge *f* объём сто́ка, расхо́д пото́ка
Abflußmengenmessung *f* измере́ние сто́ка, измере́ние расхо́дов воды́
Abflußmengenkurve *f* гидро́граф, крива́я расхо́дов
Abflußmesser *m* расходоме́р
Abflußmeßstelle *f* гидрометри́ческий створ
Abflußmöglichkeit *f* возмо́жность отто́ка
Abflußöffnung *f* сто́чное отве́рстие
Abflußpegel *m* сто́ковая ста́нция
Abflußquerschnitt *m* живо́е сече́ние реки́
Abflußregelung *f* регули́рование сто́ка
Abflußrinne *f* сто́чный жёлоб, сто́чный лото́к, сто́чная борозда́, ложби́на сто́ка
Abflußrohr *n* сто́чная труба́, водоотво́дная труба́
Abflußschicht *f* сло́й сто́ка
Abflußschwankung *f* колеба́ние сто́ка, колеба́ние расхо́да
Abflußsee *m* сто́чное о́зеро
Abflußspende *f* расхо́д воды́; мо́дуль сто́ка
Abflußstation *f* сто́ковая ста́нция
Abflußstollen *m* водоотво́дная што́льня
Abflußströmung *f* сто́чное тече́ние, сто́ковое тече́ние
Abflußsumme *f* объём сто́ка

Abflußverhältnisse *n/pl* усло́вия сто́ка, режи́м сто́ка
Abflußverlust *m* поте́ря сто́ка, поте́ря воды́ при сто́ке
Abflußvorgang *m* проце́сс сто́ка, проце́сс истече́ния
Abflußwasser *n* сто́чная вода́
Abflußweg *m* путь сто́ка
Abflußwert *m* коэффицие́нт сто́ка
Abflußziffer *f* коэффицие́нт сто́ка
Abfluten *n* отли́в
Abfolge *f* после́довательность
Abfuhr *f* вы́нос
abführen отводи́ть / отвести́
Abführen *n* отво́д
Abführung *f* отво́д
Abführungskanal *m* отво́дный кана́л
Abgabe *f* отда́ча
Abgabekoeffizient *m* коэффицие́нт отда́чи
Abgang *m* хвост обогаще́ния, отхо́ды
Abgas *n* выводно́й газ, отходя́щий газ
abgebaut отрабо́танный, вы́работанный
abgebohrt разбу́ренный
abgedichtet уплотнённый, герметизи́рованный
abgeflacht eben уплощённый
Abgehen *n* Abweichen отклоне́ние
abgekürzt сокращённый
abgelagert отложи́вшийся, осаждённый
abgeleitet произво́дный
abgelenkte Bohrung *f* накло́нное буре́ние
abgelöscht Kalk гашёный
abgemessen разме́ренный
abgeplattet plattgedrückt сплю́щенный, сплю́снутый, присплю́снутый; eben пло́ский
abgepreßt отпрессо́ванный, отжа́тый
abgerundet округлённый, закруглённый
abgesättigt насы́щенный
abgeschirmt экрани́рованный, покры́тый
abgeschliffen отшлифо́ванный
abgeschlossen за́мкнутый
abgeschnitten отре́занный
abgeschnürt отшнуро́ванный
abgeschrägt ско́шенный
abgesondert обосо́бленный
abgestorben отме́рший
abgestumpft усечённый
abgesunken опу́щенный
abgetragen вы́мытый, размы́тый
abgetreppt ступе́нчатый
abgetrieben отнесённый тече́нием
abgewickelt развёрнутый
Abgleitbewegung *f* движе́ние нисходя́щего скольже́ния
abgleiten соска́льзывать/соскользну́ть
Abgleiten *n* соска́льзывание, скольже́ние
Abgleitungsebene *f* пло́скость скольже́ния
Abgleitungsfläche *f* пове́рхность скольже́ния
Abgraben *m* Hydr. водосто́к; водоотво́д, сто́чная кана́ва
abgrenzen разграни́чивать / разграни́чить, отграни́чивать / отграни́чить, оконту́ривать *uv.*, *v.*
Abgrenzung *f* разграниче́ние, отграниче́ние; Umgrenzung оконту́ривание
Abgrund *m* про́пасть
Abhandlung *f* статья́
Abhang *m* склон, укло́н, отко́с
Abhängigkeit *f* зави́симость
Abhängigkeitskurve *f* крива́я зави́симости
Abhängigkeitsverhältnis *n* отноше́ние зави́симости
abheben, sich выделя́ться / вы́делиться
abhebern слива́ть / слить сифо́ном
Abhebern *n* слива́ние сифо́ном
abholzen вырубáть / вы́рубить
Abholzen *n* вы́рубка
Abichit *m* $Cu_3[(OH)_3|AsO_4]$ абихи́т
abiotisch абиоти́ческий
abklären отста́иваться / отстоя́ться
Abklären *n* осветле́ние, отста́ивание, отму́чивание
abklingen затуха́ть / зату́хнуть
Abklingen *n* затуха́ние
Abklingungsgesetz *n* зако́н затуха́ния, зако́н убыва́ния
Abklingungskonstante *f* Schwingung постоя́нная затуха́ния; radioaktiver Zerfall постоя́нная распа́да
Abklingzeit *f* вре́мя затуха́ния
abklopfen Bergb. обсту́кивать / обсту́кать
abkohlen Bergb. отбива́ть / отби́ть у́голь
Abkohlen *n* Bergb. отбо́йка угля́

Abkömmling *m* производное, дериват
abkühlen, sich охлаждаться/охладиться
Abkühlung *f* Erkalten охлаждение, остывание; Temperaturabnahme похолодание
Abkühlungsdauer *f* длительность охлаждения
Abkühlungsfläche *f* поверхность охлаждения
Abkühlungsgeschwindigkeit *f* скорость охлаждения
Abkühlungsgröße *f* величина охлаждения, степень охлаждения
Abkühlungskonstante *f* коэффициент охлаждения
Abkühlungskurve *f* кривая охлаждения
Abkühlungsmetamorphose *f* метаморфизм охлаждения
Abkühlungsstadium *n* стадия охлаждения
Abkühlungstemperatur *f* температура охлаждения
Abkühlungstrend *m* тенденция к похолоданию
Abkühlungsvorgang *m* процесс охлаждения
Abkühlungsverlust *m* потеря тепла вследствие охлаждения
Abkühlungszeit *f* время охлаждения, продолжительность охлаждения
Abkühlungszone *f* зона охлаждения
Abkunft *f* происхождение
ablagern, sich отлагаться
Ablagerung *f* Sedimentation отложение; Fällung осаждение
Ablagerungsbassin *n* Klärbecken бассейн для отстоя, отстойник
Ablagerungsbecken *n* бассейн осадконакопления
Ablagerungsbedingungen *f/pl* условия отложения
Ablagerungsgebiet *n* осадочная область, область отложения, площадь отложения
Ablagerungsgeschwindigkeit *f* скорость отложения
Ablagerungsgesetz *n* закон осадконакопления
Ablagerungsmenge *f* объём отложений, количество отложившихся осадков
Ablagerungsverhältnisse *n/pl* условия отложения
Ablagerungsvorgang *m* процесс осаждения, процесс отложения наносов
Ablation *f* абляция, подледниковое таяние
Ablations- абляционный
Ablationseffekt *m* абляционный эффект
Ablationsgebiet *n* область абляции
Ablationsmoräne *f* абляционная морена
Ablationsschlucht *f* абляционная лощина
Ablationswasser *n* вода, получающаяся в результате таяния (ледника)
Ablauf *m* 1. Ausfließen истечение. 2. Abfließen сток, отток
Ablauf- сточный
ablaufen стекать/стечь
Ablaufkanal *m* отводящий канал
Ablaufkurve *f* кривая оттока
Ablaufrinne *f* сточный жёлоб
Ablaufrohr *n* водосточная труба
Ablauge *f* отбросный щёлок, отработанный щёлок
ablaugen выщелачивать/выщелочить
Ableitbarkeit *f* выводимость
ableiten 1. Flüssigkeit отводить/отвести. 2. Formel выводить/вывести
Ableiten *n* 1. Flüssigkeit отвод. 2. Formel вывод
Ableitung *f* 1. Flüssigkeit отвод 2. Formel вывод
Ableitungs- отводный
Ableitungsgraben *m* отводная канава
Ableitungskanal *m* отводный канал
Ableitungsrinne *f* отводный жёлоб
Ableitungsrohr *n* сточная труба, отводная труба
ablenkbar отклоняемый
Ablenkbarkeit *f* отклоняемость
ablenken 1. abweichen отклонять/отклонить. 2. ableiten отводить/отвести
Ablenkfehler *m* ошибка отклонения
Ablenkung *f* отклонение, уклонение
Ablenkungsamplitude *f* амплитуда отклонения
Ablenkungsbestimmung *f* определение отклонения
Ablenkungsdamm *m* отклоняющая дамба
Ablenkungsfehler *m* ошибка отклонения
Ablenkungsfeld *n* отклоняющее поле

Ablenkungskonstante *f* постоя́нная отклоне́ния
Ablenkungskraft *f* отклоня́ющая си́ла
Ablenkungsmethode *f* Geomagnetik ме́тод отклоне́ния
Ablenkungsrichtung *f* направле́ние отклоне́ния
Ablenkungswinkel *m* у́гол отклоне́ния
Ablese- отсчётный
Ablesefehler *m* погре́шность отсчёта, оши́бка отсчёта
Ablesegenauigkeit *f* то́чность отсчёта
Ableselupe *f* лу́па для отсчёта, отсчётная лу́па
Ablesemarke *f* визи́рная ме́тка
Ablesemikroskop *n* отсчётный микроско́п
ablesen Skala отсчи́тывать / отсчита́ть
Ableseskala *f* шкала́ отсчёта, лимб для отсчёта
Ablesevorrichtung *f* приспособле́ние для отсчёта
Ablesung *f* отсчёт (показа́ний прибо́ров)
Ablesungsfehler *m* оши́бка отсчёта, погре́шность отсчёта
ablösen sich отделя́ться/отдели́ться
Ablösungskluft *f* тре́щина отде́льности
abloten измеря́ть/изме́рить глубину́ ло́том
Ablotung *f* измере́ние глубины́ ло́том
abmessen отме́ривать / отме́рить
Abmessung *f* разме́р
Abminderungsbeiwert *m* коэффицие́нт уменьше́ния
Abnahme *f* паде́ние, пониже́ние, убыва́ние, уменьше́ние
Abnehmen *n* пониже́ние, убыва́ние, уменьше́ние
abnehmend убыва́ющий
Abnutzung *f* изно́с, изна́шивание, истира́ние
Abnutzungsfestigkeit *f* сопротивле́ние изно́су, сопротивле́ние истира́нию, про́чность на изно́с, про́чность на истира́ние
Abnutzungsfläche *f* пове́рхность изно́са
Abnutzungsgrad *m* сте́пень изно́са
Abnutzungswiderstand *m* сопротивле́ние изно́су, сопротивле́ние истира́нию
aboral Lage dem Munde gegenüber абора́льный
abpflocken прове́шивать / прове́сить ли́нию (при съёмке)
Abplattung *f* сплю́щивание, сплю́щенность земно́го ша́ра, сплю́снутость Земли́
Abpreßbarkeit *f* отжима́емость
Abpumpen *n* отка́чивание насо́сом, отка́чка
Abquetschen *n* отжима́ние, отжа́тие
Abrasion *f* абра́зия
Abrasions- абразио́нный
Abrasionsbereich *m* абразио́нный уча́сток
Abrasionsbucht *f* абразио́нная бу́хта
Abrasionsebene *f* абразио́нная равни́на
Abrasionsfläche *f* абразио́нная пло́скость, абразио́нная пове́рхность, пове́рхность смы́ва
Abrasionsform *f* абразио́нная фо́рма
Abrasionsgebirge *n* абразио́нные го́ры
Abrasionshang *m* абразио́нный скло́н
Abrasionshöhle *f* абразио́нная пеще́ра
Abrasionskraft *f* интенси́вность абра́зии
Abrasionsküste *f* абразио́нный бе́рег
Abrasionsmaterial *n* абрази́вы, абразио́нные материа́лы
Abrasionsplatte *f* берегова́я платфо́рма, абразио́нная платфо́рма
Abrasionsstufe *f* абразио́нный усту́п
Abrasionsterminante *f* абразио́нная термина́нта, абразио́нный про́филь равнове́сия
Abrasionsterrasse *f* абразио́нная терра́сса
Abrasionswirkung *f* абразио́нное возде́йствие
Abrasionszone *f* зо́на абра́зии
abrasiv истира́ющий
Abraum *m* вскры́ша, вскрышна́я поро́да, материа́л вскры́ши
Abraum- вскрышно́й
Abraumarbeiten *f/pl* 1. вскрышны́е рабо́ты. 2. удале́ние нано́сов
Abraumbagger *m* вскрышно́й экскава́тор
Abraumböschung *f* поро́дный отко́с, отко́с поро́дного отва́ла
Abraumbrücke *f* тра́нспортно-отва́льный мост
Abraumebene *f* вскрышно́й горизо́нт
Abraumförderung *f* транспортиро́вка вскрышно́й поро́ды

Abraumfront *f* фронт вскрышны́х рабо́т
Abraumgestein *n* вскрышна́я поро́да
Abraumgut *n* вскры́ша, вскрышна́я поро́да
Abraumhalde *f* вскрышно́й отва́л
Abraumkippe *f* поро́дный отва́л
Abraumkosten *pl* сто́имость вскрышны́х рабо́т; себесто́имость едини́цы вскры́ши
Abraummächtigkeit *f* мо́щность вскрышно́й поро́ды
Abraummenge *f* Volumen объём вскрышно́й поро́ды; Menge коли́чество вскрышно́й поро́ды
Abraumsalz *n* отбро́сная соль
Abraumselbstkosten *pl* себесто́имость едини́цы вскры́ши
Abraumstrosse *f* вскры́шно́й усту́п
Abrazit *m* † Gismondin $Ca[Al_2Si_2O_8]\cdot 4H_2O$ абра́цит
Abrechnung *f* расчёт
Abreißen *n* обрыва́ние, отрыва́ние, отры́в
Abreißfestigkeit *f* про́чность на отры́в
Abreviation *f* сокраще́ние
Abriachanit *m* Fe-reicher Glaukophan, i. w. $Na_2Mg_3Al_2(OH)_2Si_8O_{22}$ абриахани́т, магнезиа́льно-железистый рибеки́т
Abrieb *m* 1. Material минера́льные оса́дочные части́цы, детри́т. 2. Vorgang истира́ние
Abriebfestigkeit *f* абрази́вность, про́чность на истира́ние
Abriebprobe *f* про́ба на истира́ние
Abriebrückstand *m* оста́ток при истира́нии
Abriß *m* 1. Skizze чертёж, план. 2. Abhandlung о́черк. 3. Abbruch срыв, обры́в
Abrißfläche *f* пове́рхность сры́ва
Abrißrand *m* кра́й обры́ва, кро́мка обры́ва
Abrißspalte *f* тре́щина отры́ва
Abrißtrichter *m* воро́нка сры́ва
abrollen (sich) ска́тывать(ся)/скати́ть(ся)
Abrollen *n* каче́ние, перека́тывание
Abrollung *f* ока́танность
Abrollungsgrad *m* ока́танность, сте́пень ока́танности, углова́тость
Abrollungskoeffizient *m* коэффицие́нт ока́танности
Abrollungsspuren *f/pl* следы́ ока́тывания
Abrösten *n* обжи́г
Abröstung *f* обжига́ние
abrunden округля́ть/округли́ть
Abrundung *f* 1. Gestein ока́танность. 2. Summe округле́ние
Abrundungsfehler *m* оши́бка округле́ния, погре́шность округле́ния
Abrundungsgröße *f* величина́ округле́ния
Abrundungswert *m* округлённое значе́ние
Abrutsch *m* отры́в о́ползневого бло́ка; о́ползень, обва́л
abrutschen соска́льзывать/соскользну́ть, сполза́ть/сползти́
Abrutschmasse *f* оплы́вина
Absarokit *m* basisches Effusivgestein (IDDINGS 1895) абсароки́т
Absatz *m* 1. Bodensatz отсто́й. 2. Sediment оса́док. 3. Stufe у́ступ, ступе́нь
Absatzgestein *n* оса́дочная поро́да
Absatzstruktur *f* структу́ра отложе́ния
absaugen отса́сывать/отсоса́ть
abschalten выключа́ть/вы́ключить, отключа́ть/отключи́ть
Abschattieren *n* оттене́ние
Abschattierung *f* отте́нок
abschätzen оце́нивать/оцени́ть, расце́нивать/расцени́ть
Abschätzung *f* оце́нка, расце́нка
Abscheidbarkeit *f* 1. Trennbarkeit отделя́емость. 2. Fällbarkeit осажда́емость
Abscheiden *n* 1. Abtrennen отделе́ние, выделе́ние; 2. Fällen осажде́ние
Abscheider *m* 1. Klärbecken отсто́йник, отдели́тель. 2. Scheideapparat сепара́тор
Abscheidung *f* 1. Fällung выделе́ние, осажде́ние. 2. Absatz оса́док
Abscheidungsmittel *n* осади́тель, осажда́ющее сре́дство
Abscheidungspotential *n* потенциа́л осажде́ния
Abscheidungsprodukt *n* проду́кт выделе́ния
Abscheren *n* сре́зывание

Abscherfestigkeit *f* сопротивлéние сдвúгу, сопротивлéние срéзу, сопротивлéние скáлыванию
Abscherfläche *f* плóскость срéза, повéрхность скáлывания
Abscherung *f* скáлывание, срезáние
Abscherungsdecke *f* покрóв скáлывания
Abscherungsfläche *f* плóскость скáлывания
Abscherungsspalte *f* трéщина скáлывания
Abscherungsüberschiebung *f* нáдвиг скáлывания
Abscherungszone *f* зóна скáлывания
Abschiebung *f* нормáльный сброс
Abschiebungsbetrag *m* амплитýда сбрóса
Abschirmen *n* экранúрование
abschirmen экранúровать
Abschirmung *f* экранúрование
Abschirmungsfläche *f* экранúруюшая повéрхность
Abschlackung *f* шлакоудалéние
Abschlämmen *n* отмýчивание
abschlämmen отмýчивать / отмутúть
Abschlämmung *f* 1. Abschlämmen отмýчивание; 2. Schlämmprodukt отмýченное веществó
Abschlämmungsmethode *f* мéтод отмýчивания
abschleifen обтáчивать / обточúть, шлифовáть / отшлифовáть
Abschleifen *n* обтáчивание, шлифовáние
Abschleifung *f* обтáчивание
Abschleudern *n* центрифугúрование
Abschmelzdauer *f* продолжúтельность тáяния
Abschmelzen *n* тáяние
abschmelzen тáять / растáять
Abschmelzgebiet *n* óбласть тáяния, óбласть аблńции
Abschmelzperiode *f* перúод тáяния
Abschmelzprozeß *m* процéсс тáяния
Abschmelzregion *f* óбласть тáяния
Abschmelzrinne *f* рýсло тáлых вод (ледникá)
Abschmelzstufe *f* стáдия тáяния
Abschmelzung *f* тáяние
Abschmelzungsperiode *f* перúод тáяния
Abschmelzungsvorgang *m* процéсс тáяния
Abschmelzverlust *m* потéря вслéдствие тáяния
Abschmelzvorgang *m* процéсс тáяния
Abschmelzzeit *f* врéмя тáяния, продолжúтельность тáяния
Abschneiden *n* срезáние
Abschnitt *m* 1. Kapitel главá, раздéл. 2. Streckenabschnitt отрéзок. 3. Zeitabschnitt перúод
Abschnürung *f* отшнурóвывание
abschrägen скáшивать / скосúть
Abschrägen *n* скáшивание
Abschrägung *f* скáшивание
abschreiten измерńть / измéрить шáгами
Abschreiten *n* измерéние шáгами
Abschrift *f* кóпия
Abschuppen *n* шелушéние
Abschuppung *f* шелушéние, десквамáция
abschüssig покáтый, крутóй, отлóгий
Abschüssigkeit *f* покáтость; крутизнá
Abschwächer *m* ослабúтель
abseigern стáвить / постáвить по отвéсу
absenken, sich погружáться / погрузúться, опускáться / опустúться
Absenktrichter *m* ворóнка депрéссии
Absenkung *f* 1. Senkung погружéние, опускáние. 2. Abnahme понижéние
Absenkungsbereich *m* зóна понижéния, óбласть понижéния, сфéра опускáния
Absenkungsdauer *f* 1. Struktur продолжúтельность опускáния. 2. Bauwerk продолжúтельность оседáния. 3. Grundwasser продолжúтельность понижéния
Absenkungsfläche *f* депрессиóнная повéрхность
Absenkungsgebiet *n* Grundwasser óбласть понúжения
Absenkungsintensität *f* Grundwasser интенсúвность понижéния
Absenkungskurve *f* кривáя депрéссии, депрессиóнная кривáя
Absenkungstrichter *m* ворóнка депрéссии
Absenkungsverfahren *n* мéтод понижéния ýровня грунтовы́х вод
Absenkungsverlust *m* потéря при понижéнии
Absenkungswelle *f* волнá понижéния, волнá спáда

Absenkungswert *m* показа́тель пониже́ния
Absenkungszone *f* зо́на погруже́ния
Absetzanlage *f* оса́дочник, устано́вка для отстоя́
Absetzbecken *n* отсто́йный бассе́йн, отсто́йник
Absetzbehälter *m* отсто́йник, седимента́тор
Absetzbrunnen *m* отсто́йный коло́дец, вертика́льный отсто́йник
absetzen, sich 1. abstehen отста́иваться/отстоя́ться. 2. ablagern, sich осажда́ться *uv.*
Absetzen *n* 1. Fällung отста́ивание, осажде́ние. 2. Ablagerung отложе́ние, седимента́ция. 3. Versatz смеще́ние
Absetzgrube *f* отсто́йная я́ма
Absetzkurve *f* крива́я осажде́ния, крива́я отстоя́
Absetzvorgang *m* проце́сс отстоя́
Absetzzeit *f* вре́мя осажде́ния, вре́мя отстоя́
absickern проса́чиваться/просочи́ться
absieben просе́ивать/просе́ять, грохоти́ть *uv.*
Absieben *n* отсе́ивание, просе́ивание, грохоче́ние
Absieden *n* испаре́ние кипяче́нием
absinken 1. absenken опуска́ться/опусти́ться. 2. vermindern снижа́ться/снизи́ться
Absinken *n* 1. Absenkung опуска́ние. 2. Vermindern паде́ние, сниже́ние, пониже́ние. 3. Setzung оседа́ние
Absinkgeschwindigkeit *f* 1. Senkungsgeschwindigkeit ско́рость погруже́ния. 2. Setzungsgeschwindigkeit ско́рость оседа́ния. 3. Sinkgeschwindigkeit ско́рость оседа́ния
Absinkvorgang *m* проце́сс погруже́ния
Absitzbassin *n* отсто́йный бассе́йн
Absitzbecken *n* отсто́йный бассе́йн
Absitzbrunnen *m* оса́дочный коло́дец, отсто́йный коло́дец
absitzen отста́ивать/отстоя́ть, осажда́ть/осади́ть
Absitzen *n* отста́ивание, осажде́ние
Absitzgrube *f* отсто́йная я́ма, я́ма для осажде́ния
absolut абсолю́тный, по́льный: absolute Altersbestimmung *f* определе́ние абсолю́тного во́зраста, absolutes geologisches Alter *n* абсолю́тный геологи́ческий во́зраст
Absolutbeschleunigung *f* абсолю́тное ускоре́ние
Absolutbetrag *m* абсолю́тное значе́ние
Absolutbewegung *f* абсолю́тное движе́ние
Absoluteichung *f* абсолю́тная градуиро́вка
Absolutgenauigkeit *f* абсолю́тная то́чность
Absolutgeschwindigkeit *f* абсолю́тная ско́рость
Absolutmaß *n* абсолю́тная ме́ра
Absolutmeßgerät *n* абсолю́тный измери́тельный прибо́р
Absolutmessung *f* абсолю́тное измере́ние
Absolutwert *m* абсолю́тное значе́ние
Absonderung *f* 1. Teilbarkeit отде́льность. 2. Ausscheidung выделе́ние, отделе́ние
Absonderungsform *f* фо́рма отде́льности
Absonderungskluft *f* тре́щина отде́льности
Absorbens *n* абсо́рбент
Absorber *m* поглоти́тель, абсорби́рующее вещество́
Absorbierbarkeit *f* поглоща́емость
absorbieren абсорби́ровать *uv.*, *v.*, поглоща́ть/поглоти́ть
Absorbieren *n* поглоще́ние, абсорби́рование
absorbierend поглоти́тельный
absorbiert поглощённый, абсорби́рованный
Absorption *f* поглоще́ние, абсо́рбция
Absorptions- поглоща́тельный, абсорбцио́нный
Absorptionsbande *n/pl* полоса́ спе́ктра поглоще́ния, полоса́ абсо́рбции
Absorptionseigenschaft *f* абсорбцио́нное сво́йство
Absorptionsfähigkeit *f* поглоти́тельная спосо́бность, абсорбцио́нная спосо́бность
Absorptionsfaktor *m* коэффицие́нт поглоще́ния
Absorptionsfilm *m* абсорбцио́нная плёнка

Absorptionsfläche *f* повéрхность поглощéния, поглощáющая повéрхность
Absorptionsformel *f* фóрмула поглощéния
Absorptionsgebiet *n* óбласть поглощéния
Absorptionsgesetz *n* закóн поглощéния
Absorptionsgrad *m* стéпень поглощéния
Absorptionsgrenze *f* предéл поглощéния
Absorptionsindex *m* показáтель поглощéния, показáтель абсóрбции
Absorptionskoeffizient *m* коэффициéнт поглощéния, коэффициéнт абсóрбции
Absorptionslinie *f* лúния поглощéния
Absorptionslinienspektrum *n* линéйный спектр поглощéния
Absorptionsmethode *f* мéтод поглощéния
Absorptionsmittel *n* поглотúтель
Absorptionsrichtung *f* направлéние поглощéния
Absorptionsschema *n* схéма абсóрбции
Absorptionsspektrum *n* спектр поглощéния
Absorptionstheorie *f* теóрия поглощéния
Absorptionsvermögen *n* спосóбность поглощéния, поглотúтельная спосóбность
Absorptionswasser *n* абсорбциóнная водá, поглощённая водá
Abspaltbarkeit *f* отщепля́емость
abspalten, sich lösen откáлываться / отколóться
Abspalten *n* откáлывание
Abspaltung *f* отщеплéние
Absperrbauwerk *n* Ing. оградúтельное сооружéние, запóрное сооружéние
Absperrdamm *m* замыкáющая перемы́чка, ограждáющая перемы́чка
Absperrmauer *f* Ing. оградúтельная стенá
Absperrvorrichtung *f* затвóр, запóрное устрóйство
absplittern отщепля́ть / отщепúть
abspülen отмывáть / отмы́ть
Abspülung *f* вымывáние, смывáние
abstammen происходúть / произойтú
Abstammung *f* происхождéние
Abstand *m* 1. Entfernung расстоя́ние. 2. Zwischenraum промежу́ток
abstandstreu равнопромежу́точный
Absteckschnur *f* трассирóвочная лéнта, трассирóвочный шнур
Absteckstange *f* рéйка, вéха
Abstehen *n* отстáивание
absteigend нисходя́щий
absterben отмирáть / отмерéть
Absterben *n* отмирáние
abstimmen Instrumente настрáивать / настрóить
Abstimmschärfe *f* острота́ настрóйки
Abstimmung *f* настрóйка
Abstoßung *f* оттáлкивание
Abstoßungskraft *f* сúла оттáлкивания
abstrahieren абстрагúровать *uv.*, *v.*
abstrahlen отражáть / отразúть
Abstrahlung *f* отражéние
Abstrahlungswinkel *m* у́гол отражéния
abstrakt абстрáктный, отвлечённый
Abstraktion *f* абстрáктность, отвлечённость
Abstraktum *n* абстрáктность
Abstreben *n* Bergb. установка подкóсов, креплéние подкóсами
abströmen стекáть / стечь
Abströmung *f* оттóк
Abströmverhältnisse *n/pl* услóвия оттóка
Abstufung *f* 1. Geländestufe ступéнчатость. 2. Farbstufe оттéнок. 3. Gradation градáция
Abstumpfung *f* притуплéние
abstumpfen, sich притупúться / притупля́ться
Absturz *n* 1. Einsturz обвáл, провáл. 2. Fall падéние
Absturzhöhe *f* высотá падéния
Abstützstrebe *f* Bergb. подкóс
absumpfen осушáть / осушúть болóто
Abszisse *f* абсцúсса
Abszissenachse *f* ось абцúсс
Abtauchen *n* ныря́нье
abtauen оттáивать / оттáять
Abtauen *n* оттáивание
Abteilung *f* 1. Stratigraphie отдéл. 2. Verwaltung отделéние, отдéл
Abteuf- прохóдческий
Abteufarbeit *f* горнопрохóдческие рабóты, рабóта по прохóдке
Abteufeinrichtung *f* обору́дование для прохóдки
abteufen проходúть / пройтú шáхту, опускáть / опустúть шáхту
Abteufen *n* Schacht опускáние ствóла шáхты, прохóдка ствóла шáхты
Abteufkolonne *f* прохóдческая бригáда

Abteuftechnik *f* те́хника прохо́дки (ство́ла ша́хты)
Abteufverfahren *n* спо́соб прохо́дки (ство́ла ша́хты)
Abtönen *n* оттене́ние
abtragen сноси́ть / снести́
Abtragung *f* снос, смыв
Abtragungsfläche *f* пове́рхность смы́ва
Abtragungsgebiet *n* о́бласть сно́са, исто́чник сно́са
Abtragungszone *f* зо́на сно́са
Abtransport *m* уно́с, отно́с
abtrennen отделя́ть / отдели́ть, разделя́ть / раздели́ть
Abtrennen *n* отделе́ние
Abtrennung *f* отделе́ние
Abtreppung *f* ступе́нчатость
abtropfen стека́ть / стечь по ка́плям
Abukumalit *m* $(Y,Th,Ca)_5[(F,O)|(SiO_4,PO_4,AlO_4)_3]$ абукумали́т
Abwägen *n* отве́шивание, взве́шивание
Abwägung *f* отве́шивание, взве́шивание
Abwanderung *f* мигра́ция
Abwärtsbewegung *f* движе́ние вниз, ход вниз, нисходя́щее движе́ние
Abwärtsströmung *f* тече́ние вниз, нисходя́щее тече́ние, нисходя́щий пото́к
Abwasser *n* сто́чная вода́, канализацио́нная вода́
Abwasserbeseitigung *f* удале́ние сто́чных вод, отведе́ние сто́чных вод
Abwasserführung *f* отведе́ние сто́чных вод
Abwasserkanal *m* колле́ктор канализа́ции, кана́л для сто́чных вод
Abwasserklärung *f* осветле́ние сто́чных вод, очи́стка сто́чных вод
Abwassermenge *f* расхо́д сто́чных вод, коли́чество сто́чных вод
Abwasserpumpwerk *n* ста́нция перека́чки сто́чных вод
Abwasserreinigung *f* очи́стка сто́чных вод
Abwasserreinigungsanlage *f* ста́нция очи́стки сто́чных вод
Abwasserverteilung *f* распределе́ние сто́чных вод
Abwasserverwertung *f* испо́льзование сто́чных вод
abwechseln чередова́ться *uv.*, *v.*
Abweichen *n* отклоне́ние
Abweichung *f* 1. Differenz отклоне́ние. 2. Deklination склоне́ние 3. Divergenz расхожде́ние. 4. Fehler погре́шность, оши́бка
Abweichungswinkel *m* у́гол отклоне́ния
Abwicklung *f* развёртка, разложе́ние, развёртывание
Abwicklungsebene *f* пло́скость развёртки
abwiegen отве́шивать / отве́сить, взве́шивать / взве́сить
Abwiegen *n* взве́шивание, отве́шивание
abwittern выве́триваться / вы́ветриться
Abwittern *n* выве́тривание
Abwitterung *f* выве́тривание
Abyssal *m* абисса́ль
Abyssal- абисса́льный
Abyssalzone *f* абисса́льная зо́на
Abyssikum *n* абисса́ль, абисса́льная о́бласть
abyssisch абисса́льный
abyssometamorph nach LEWINSON-LESSING tiefenmetamorph абиссомета-морфи́ческий
Abyssopelit *m* nach STEINMANN alle Sedimente eines abyssischen Gebietes абиссопели́т
abyssophil абиссофи́льный
abyssophob абиссофо́бный
Abzentrifugieren *n* отделе́ние центрифуги́рованием
Abzug *m* 1. Abfluß вы́пуск, сток, отво́д. 2. Entnahme отка́чка. 3. Gasabzug вентиляцио́нный кана́л
Abzug(s)- вытяжно́й
Abzugsgerinne *n* водоотво́дное ру́сло
Abzugsgraben *m* водоотво́дная кана́ва, сто́чная кана́ва
Abzugskanal *m* водосто́чный кана́л, сто́чный кана́л, водоотво́дный кана́л, отво́дный кана́л
Abzugsrinne *f* водоотво́дный пото́к, отво́дный пото́к
abzweigen, sich ответвля́ться / ответви́ться, отделя́ться / отдели́ться
Abzweigung *f* разветвле́ние, ответвле́ние, ветвь
Abzweigverfahren *n* шунтово́й спо́соб
Abzweigwiderstand *m* шунтово́е сопротивле́ние
Acadialith *m* fleischroter Chabasit $(Ca,Na_2)[Al_2Si_4O_{12}]\cdot 6H_2O$ акадиали́т

Acadian *n* Mittelkambrium, östl. Nordamerika акадийский отдел
Acanthit *m* † Silberglanz Ag_2S акантит
Acanthodii *pl* акантодии
Acanthopore *f* bei Bryozoen, dickwandiges Röhrchen акантопора
Acanthopterygii *pl* колючепёрые рыбы
Acceleration *f* акцелерация, ускорение развития
Acer *n* клен
Aceraceae *pl* кленовые
Aceratherium *n* ацератерий
Acetabulum *n* вертлужная ямка
Acetaldehyd *m* $CH_3 \cdot CHO$ уксусный альдегид, ацетальдегид
Acetanhydrid *n* $(CH_3 \cdot CO)_2O$ уксусный ангидрид
Aceton *n* $CH_3 \cdot CO \cdot CH_3$ ацетон
Acetylen *n* $CH{:}CH$ ацетилен
Acetylenbrenner *m* ацетиленовая горелка
Acetylzahl *f* ацетильное число
Achat *m* SiO_2 агат
Achat- агатовый
Achatjaspis *m* агатовая яшма
Achatprisma *n* агатовая призма
Acheuléen *n* ашель, ашельский век
Acheuléen- ашельский
Achmatit *m* Epidot ахматит
Achondrit *m* Meteorit ахондрит
Achrematit *m* wohl Gemenge von Mimetesit mit Bleimolybdat ахрематит
Achroit *m* farbloser Turmalin ахроит
Achromat *m* ахромат
Achse *f* ось
Achsen- осевой
Achsenabstand *m* расстояние между осями
Achsendrehung *f* вращение оси, поворот оси
Achsenebene *f* осевая плоскость, осевая поверхность
Achseneinfallen *n* погружение оси
Achsenentfernung *f* расстояние между осями
Achsenflächenschieferung *f* кливаж осевой плоскости
Achsengefälle *n* падение оси
Achsengesetz *n* закон оси
Achsenhebung *f* поднятие оси
Achsenkanal *m* осевой канал
Achsenkippung *f* наклон оси
Achsenlage *f* расположение осей
Achsenlinie *f* осевая линия
achsennah приосевой
Achsenneigung *f* наклон оси
Achsenrichtung *f* направление оси
Achsenschwankung *f* колебание оси
Achsensenkung *f* опускание оси
Achsenskelett *n* осевой скелет
achsensymmetrisch симметрично относительно оси
Achsensystem *n* система осей
Achsenverhältnis *n* соотношение осей; отношение осей
Achsenwölbung *f* выгиб оси
achsial аксиальный, осевой
Achtaragdit *m* Gemenge von Silikaten, wohl pseudomorph nach Hydrogranat ахтарагдит
Achteck *n* восьмиугольник
achteckig восьмиугольный
Achterring *m* Chem. восьмичленное число
achtflächig восьмигранный; октаэдрический
Achtflächner *m* восьмигранник; октаэдр
Achtwertigkeit *f* восьмивалентность; восьмиатомность
Aciculit *m* † Aikinit аикинит
Acipenser huso *m* белуга
Acker *m* поле, пашня
Acker- пахотный
Ackerbau *m* земледелие
Ackerbewässerung *f* орошение полей
Ackerboden *m* пахотная почва
Ackerkrume *f* пахотный горизонт
Ackerland *n* пашня
Ackerrain *m* межа
Ackerschicht *f* пахотный слой
Acoelomata *pl* бесполостные
Acrania *pl* бесчерепные
Acre *m* акр
acrodont акродонтный
Actiniaria *pl* актиний
Actinocamax- актинокамаксовый
Actinoceratoidea *pl* актиноцератоидеи
Actinomycetes *pl* актиномицеты
Actinopterygii *pl* лучепёрые (рыбы)
actinosiphonat актиносифонатный
Adamantit *m* адамантит
adambulacral Adambulacral- адамбулякральный
Adambulakraltafel *f* адамбулякральная пластинка

Adamellit *m* адамеллит
Adamellitgreisen *m* nach JOHANNSEN (1920) pneumatolytisch-hydrothermal veränderter Adamellit адамеллито-грейзен
Adamin *m* $Zn_2[OH|AsO_4]$ адамин
Adamsit *m* Varietät von Muskovit адамсит
Adapical- адапикальный
Adaptation *f* адаптация, приспособление
adaptiv адаптивный
adäquat адекватный
Addierbarkeit *f* 1. присоединяемость; 2. аддитивность
Addition *f* сложение, суммирование
additionsfähig способный к присоединению
Additionsgesetz *n* закон сложения
Additionskonstante *f* постоянное слагаемое
Additionslage *f* положительная разность хода (поляризованных лучей)
Additionsmischkristall *m* твёрдый раствор сложения
Additionsprinzip *n* принцип наложения, принцип аддитивности
Additionsreaktion *f* реакция присоединения
Additionsverbindung *f* 1. аддитивное соединение, молекулярное соединение; 2. продукт присоединения
Additionswärme *f* теплота присоединения
additiv аддитивный, дополнительный
additive Metamorphose *f* метаморфизм с привносом
Adductor *m* аддуктор, сводящий мускул, закрывающая мышца, закрыватель
Addukt *n* продукт присоединения
Adduktion *f* приведение
Ädelforsit *m* † teils unreiner Wollastonit, teils Laumontit эдельфорсит
Adelit *m* $CaMg[OH|ASO_4]$ аделит
adelogen nach HAÜY (1822) kein bestimmtes Mineral enthaltend аделогенный
adelospondyl аделоспондильный
Adelpholith *m* † zersetzter Mossit адельфолит
Ader *f* Blattader жилка
Adergneis *m* жилковатый гнейс, адергнейс
Adertextur *f* жилковатая текстура
Aderung *f* Blattaderung жилкование
Adhäsion *f* адгезия, прилипание, сцепление
Adhäsions- адгезионный
Adhäsionsgrenze *f* граница адгезии
Adhäsionskoeffizient *m* коэффициент сцепления
Adhäsionskraft *f* сила сцепления, сила прилипания
Adhäsionswasser *n* адгезионная вода
Adiabate *f* адиабата
adiabatisch адиабатический
adiagnostisch адиагностический, нераспознаваемый
Adigeit *m* $5MgO \cdot 3SiO_2 \cdot 2^1/_2$ bis $4H_2O$ адыгейт
Adinol *m* 1. Varietät von Albit; 2. metasomatisches Gestein адинол
Adipocerit *m* † zersetzter Pyrochlor адипоцерит
Adjunktion *f* присоединение
Adjustor *m* Stielmuskel bei Brachiopoden аджустор, ножной мускул
Adlerstein *m* орлиный камень
administrativ административный
adoral Adoral- приротовой
Adorfer Kalk *m* Oberdevon des Rheinischen Schiefergebirges адорфский известняк
Adsorbens *n* адсорбент
Adsorbierbarkeit *f* адсорбционная способность
adsorbieren адсорбировать *uv.*, *v*
Adsorbieren *n* адсорбирование
adsorbiert адсорбированный
Adsorbtion *f* адсорбция
Adsorbtions- адсорбционный
Adsorptionsaktivität *f* адсорбционная активность
Adsorptionschromatographie *f* адсорбционная хроматография
Adsorptionsfähigkeit *f* адсорбционная способность, адсорбирующая способность
Adsorptionsfilm *m* адсорбционная плёнка, адсорбированная плёнка
Adsorptionsgleichgewicht *n* адсорбционное равновесие, равновесие адсорбции
Adsorptionshülle *f* адсорбированная (водяная) плёнка

Adsorptionsindikator *m* адсорбцио́нный индика́тор
Adsorptionskapazität *f* адсорбцио́нная спосо́бность
Adsorptionskurve *f* крива́я адсо́рбции
Adsorptionsverbindung *f* адсорбцио́нное соедине́ние
Adsorptionswärme *f* теплота́ адсорби́рования
Adsorptionswasser *n* адсорби́рованная вода́, адсорбцио́нная вода́
adsorptiv адсорби́рующий
Adular *m* spezielle Trachtvariante des Orthoklas адуля́р
advektiv адвекти́вный
adventiv адвенти́вный, дополни́тельный
Adventiv- адвенти́вный, дополни́тельный
Adventivkegel *m* адвенти́вный ко́нус, побо́чный ко́нус
Adventivlobus *m* адвенти́вная ло́пасть, вспомога́тельная ло́пасть, дополни́тельная ло́пасть
Adventivsattel *m* адвенти́вное седло́, дополни́тельное седло́
Adventivwurzel *f* прида́точный ко́рень
Aenigmatit *m* $(Na, Ca)(Fe^{\cdot\cdot}, Ti, Al, Fe^{\cdot\cdot\cdot})_5[O_3|Si_4O_{11}]$ (?) энигмати́т
Aepyornis *m* эпио́рнис
Aerationszone *f* зо́на аэра́ции
Aerenchym *n* аэренхи́ма, воздухоно́сная ткань
aerisch аэра́льный
Aero- возду́шный
aerob аэро́бный
aerobe Organismen *m/pl* аэро́бы
Aerobier *pl* аэро́бы
Aerobiose *f* аэробио́з
aerogen аэроге́нный
aerogeophysikalisch аэрогеофизи́ческий
Aerogramm *n* аэрогра́мма
Aerograph *m* аэро́граф
Aerokartograph *m* аэрокарто́граф
Aerolith *m* аэроли́т
Aerologie *f* аэроло́гия
aerologisch аэрологи́ческий
Aeromagnetik *f* аэромагниторазве́дка
aeromagnetisch аэромагни́тный
Aeromagnetometer *n* аэромагнито́метр
Aeromorphologie *f* аэроморфоло́гия
aeromorphologisch аэроморфологи́ческий
Aerophotogrammetrie *f* аэрофотограммéтрия
Aerophototopographie *f* аэрофототопогра́фия
Aeroplankton *n* возду́шный планкто́н, атмосфе́рный планкто́н
aeroradioaktiv аэрорадиоакти́вный
Aerosionszone *f* зо́на аэра́ция
Aerosol *n* аэрозо́ль
Aerosoländerung *f* измене́ние аэрозо́ля
Aerosolkomponente *f* компоне́нта аэрозо́ля
Aerosolteilchen *n* части́ца аэрозо́ля
Aerostat *n* аэроста́т
Aerostatik *f* аэроста́тика
Aerotopographie *f* аэротопогра́фия
Aeschynit *m* $(Ce, Th, Ca...)[(Nb, Ti, Ta)_2O_6]$ эшини́т
Affe *m* обезья́на
affin аффи́нный
Affinität *f* аффи́нность, сродство́
Affinitätskonstante *f* постоя́нная сродства́
After *m* за́дний прохо́д, ана́льное отве́рстие
Afterblatt *n* прили́стник
Afterflosse *f* ана́льный плавни́к
Aftonian-Zwischeneiszeit *f* афто́нское межледнико́вье
Afwillit *m* $Ca_3[SiO_3OH]_2 \cdot 2H_2O$ афвилли́т
Agalmatolith *m* Varietät von Pyrophyllit агальматоли́т
Agat *m* ага́т
agatisiert агатизи́рованный
Agatmörser *m* ага́товая сту́пка
Agens *n* аге́нт, реакти́в
Agerit *m* эгери́т
Agglomerat *n* агломера́т
Agglomerat- агломера́товый
Agglomeration *f* агломера́ция, агломери́рование; спека́ние
agglomeratisch агломера́товый
Agglomerattuff *m* агломера́товый туф
Agglomerieranlage *f* устано́вка для спека́ния
agglomerieren агломери́ровать *uv.*, *v.*
Agglomerieren *n* агломери́рование, спека́ние, слипа́ние, слёживание
Agglomerierung *f* агломера́ция
Agglomerierverfahren *n* ме́тод спека́ния, спо́соб спека́ния

Agglutinantia *pl* агглютини́рованные фораминифе́ры, песча́нистые фораминифе́ры
Agglutinat *n* pyroklastisches Material агглютина́т
Agglutination *f* агглютина́ция, прилипа́ние, слипа́ние
agglutinieren агглютини́ровать *uv.*, *v.*, слипа́ться / сли́пнуться
agglutiniert агглютини́рованный
Aggregat *n* агрега́т
Aggregat- агрега́тный
Aggregatform *f* агрега́тное состоя́ние
Aggregatgefüge *n* строе́ние агрега́та
Aggregatzustand *m* агрега́тное состоя́ние
aggressiv агресси́вный
Aggressivität *f* агресси́вность
Ägirin *m* $NaFe^{\cdots}[Si_2O_6]$ эгири́н
Ägirinaplit *m* Pirsson (1900) эгири́новый апли́т
Ägirinaugit *m* эгири́н-авги́т
Ägirindiopsid *m* эгири́н-диопси́д
Ägiringranit *m* эгири́новый грани́т
Ägirinhedenbergit *m* эгири́н-геденберги́т
Ägirinisierung *f* эгиринизаци́я
Ägirinolith *m* Varietät des Alkalipyroxenit, reich an Magnetit und Titanit, enthält Ägirinaugit (F. Kretschmer 1917) эгиринoли́т
Ägirinpantellerit *m* эгири́новый пантеллери́т
Ägirinsaum *m* эгири́новая кае́мка
Ägirinsyenit *m* groß- bis mittelkörniger Alkalisyenit, femische Bestandteile, ausschließlich Ägirin und Ägirinaugit (Williams 1891) эгири́новый сиени́т
Agmatit *m* brekzienartige Migmatitvarietät, enthält in Granit eingeschlossene Reste basischer Gesteine (Sederholm 1923) агмати́т
Agnatha *pl* бесче́люстные
Agnostidae *pl* агности́ды
agnostogen nach Lewinson-Lessing (1898) unter nicht geklärten Bedingungen entstanden агностоге́нный
Agoniatitida *pl* агониати́ты
Agricolit *m* identisch mit Eulytin $Bi_4[SiO_4]_3$ агриколи́т
Aguilarit *m* Paramorphose von α-Ag_4SeS nach β-Ag_4SeS агвилари́т
Agulhasstrom *m* тече́ние Агу́ляс
agyrisch аги́рный
Ahnen *m/pl* прароди́тели
Ahnform *f* предко́вая фо́рма
ähnlich похо́жий, схо́дный
Ähnlichkeit *f* подо́бие, схо́дство
Ähnlichkeitsgesetz *n* зако́н подо́бия
Ähnlichkeitskoeffizient *m* коэффицие́нт подо́бия
Ähnlichkeitsprinzip *n* при́нцип подо́вия
Ahorn *m* клён
ahornblättrig кленoли́стный
Ähre *f* ко́лос
Aidyrlit *m* wohl Gemenge von Hydrargillit, Opal und $Ni(OH)_2$ айдырли́т
Aikinit *m* $2PbS \cdot Cu_2S \cdot Bi_2S_3$ айкини́т
Ailsyt *m* Mikrogranit mit Riebeckit; enthält 77% Orthoklas, 17% Quarz, 6% Riebeckit (Heddle 1897) эльси́т
Ainalit *m* † angeblich Ta-haltiger Zinnstein, nach Quensel & Åmark (1941) Gemenge von Zinnstein mit Tapiolit айнали́т
Akademie *f* акаде́мия
Akademie der Wissenschaften *f* акаде́мия нау́к
Akademiemitglied *n* акаде́мик, действи́тельный член акаде́мии
akademisch академи́ческий
Akanthit *m* α-Ag_2S аканти́т
Akazie *f* ака́ция
Akenobeit *m* nach W. Kato (1920) leukokrate Varietät von Granodiorit bzw. Monzonit акенобейт
Åkerit *m* Augitsyenit mit Quarz, Orthoklas, vorwiegend dunklem Glimmer, Plagioklas, Diopsid (Brögger 1890) акери́т
Åkermanit *m* $Ca_2Mg[Si_2O_7]$ окермани́т
Akidograptus-Schichten *f/pl* Untersilur акидогра́птовые слои́
Akklimatisation *f* акклиматиза́ция
akklimatisieren акклиматизи́ровать *uv.*, *v.*
akklimatisieren sich акклиматизи́роваться *uv.*, *v.*
akklimatisiert акклиматизи́рованный
Akklimatisierung *f* акклиматиза́ция
akkordant аккорда́нтный
Akkumulation *f* аккумуля́ция, накопле́ние, нака́пливание
Akkumulations- аккумуляти́вный

Akkumulationsebene *f* аккумуляти́вная равни́на, насыпна́я равни́на
Akkumulationsgebiet *n* о́бласть накопле́ния
Akkumulationsgesetz *n* зако́н накопле́ния
Akkumulationsküste *f* аккумуляти́вный бе́рег
Akkumulationsrelief *n* аккумуляти́вный релье́ф
Akkumulationssee *m* аккумуляти́вное о́зеро
Akkumulationsterrasse *f* аккумулятивная терра́са
Akkumulationstheorie *f* тео́рия аккумуля́ции
akkumulativ аккумуляти́вный
Akkumulator *m* аккумуля́тор
akkumulieren аккумули́ровать *uv.*, *v.*
Akmit *m* Aegirin mit Al, Ti und Fe·· an Stelle von Fe··· акми́т
Akmolith *m* vertikaler Intrusivkörper акмоли́т
Akotyledones *pl* бессеменодо́льные
Akrobatholith *m* акробатоли́т
akrobatholithisch in gleicher Höhe mit den oberen Teilen eines Batholithen gelegen акробатоли́товый
Akrochordit *m* $(Mn,Mg)_5[(OH)_2|AsO_4]_2 \cdot 5H_2O$ акрохорди́т
akrodont акродо́нтный
Akrokarp верхоплo̗дный мох
Aktinie *f* акти́ния
Aktinium *n* Ac акти́ний
Aktinogramm *n* актиногра́мма
Aktinograph *m* актино́граф
Aktinograph(en)- актинографи́ческий
Aktinolith *m* $Na_2Ca_4(Mg,Fe)_{10}[(OH)_2O_2|Si_{16}O_{44}]$ актиноли́т
Aktinolith- актиноли́товый
Aktinolithgestein *n* актиноли́товая поро́да
Aktinolithreihe *f* актиноли́товый ряд
Aktinolithschiefer *m* актиноли́товый сла́нец
Aktinometer *m* актино́метр
Aktinometer- актинометри́ческий
Aktinometermessung *f* актинометри́ческое измере́ние, измере́ние актино́метром
Aktinometrie *f* актиноме́трия
aktinomorph актиномо́рфный
Aktinostele *f* актиносте́ла
Aktionsradius *m* ра́диус де́йствия
Aktionszentrum *n* центр де́йствия
aktiv акти́вный
aktiv schwimmend акти́вно пла́вающий
aktive Grundwasserzone *f* акти́вная зо́на подзе́мных вод
aktiviert активи́рованный
Aktivierung *f* активиза́ция
Aktivität *f* акти́вность
Aktivitätsabfall *m* спад акти́вности
Aktivitätskoeffizient *m* коэффицие́нт акти́вности
Aktivitätsmessung *f* измере́ние акти́вности
Aktivkohle *f* акти́вный у́голь
Aktualismus *m* актуали́зм, актуалисти́ческий ме́тод
aktualistisch актуалисти́ческий
Akustik *f* аку́стика
akustisch акусти́ческий
Akzeleration *f* акцелера́ция, ускоре́ние разви́тия
Akzessorien *pl* акцессо́рии
akzessorisch акцессо́рный, второсте́пенный
akzessorisches Mineral *n* акцессо́рный минера́л, минерал-спу́тник
Alabandin *m* Manganblende α-MnS алабанди́н
Alabaster *m* dichter Gips алеба́стр
Alabaster- алеба́стровый
Alabasterglas *n* алеба́стровое стекло́
Alabradorite *m/pl* nach Senft (1857) kristalline Gesteine ohne Labrador алабрадори́ты
Alait *m* angeblich VO_2OH, nicht sicher ала́йт
Alalith *m* † Diopsid алали́т
Alamosit *m* $Pb[SiO_3]$ аламози́т
Alangiaceae *pl* ала́нгиевые
Alaskagletscher *m* аляски́нский ледни́к
Alaskait *m* z. T. Gemenge von Aikinit, Matildit u. a., z. T. Benjaminit (Thompson 1950) аляска́йт
Alaskit *m* nach Spurr (1900) Ergußgestein aus Alkalifeldspat und Quarz ohne bunte Minerale аляски́т
Alaskit- аляски́товый
Alaskitgranit *m* аляски́товый грани́т
Alaskitporphyr *m* аляски́товый порфи́р
Alaun *m* квасцы́
Alaunerde *f* квасцо́вая земля́
Alaunerz *n* квасцо́вая руда́

alaunhaltig квацо́вый
Alaunschiefer *m* квасцо́вый сла́нец
Alaunstein *m* квасцо́вый ка́мень
Alaunton *m* квасцо́вая гли́на
Alb *n* Alb-Stufe, Albien а́льбский я́рус, альб
Albanit *m* Kohlenwasserstoff альбани́т
Albasalt *m* nach BELJANKIN (1931) Basalt mit Tonerdeüberschuß альбаза́льт
Albedo *f* альбе́до
Albedometer *n* альбедо́метр
Albedowert *m* показа́тель альбе́до
Albertit *m* festes Bitumen альберти́т
Albien *n* альб, а́льбский я́рус
Albit *m* $Na[AlSi_3O_8]$ альби́т
Albit- альби́товый
Albitandelait *m* альби́то-анделаи́т
Albitaplit *m* альби́товый апли́т
Albitbostonit *m* альби́товый бостони́т
Albitdiabas *m* альби́товый диаба́з
Albitdiorit *m* Ganggestein, bestehend aus Hornblende und Plagioklas (vorw. Albit) (LEWINSON-LESSING 1898) альби́товый диори́т
Albitdolerit *m* grobkörniger albitführender Diabas mit mehr oder weniger frischem Augit (SHANNON 1924) альби́товый долери́т
Albiteinsprengling *m* вкра́пленник альби́та
Albitgesetz *n* альби́товый зако́н
Albitgestein *n* альби́товая поро́да
albitisch альби́товый
albitisiert альбитизи́рованный
Albitisierung *f* альбитиза́ция
Albitisierungsprozeß *m* проце́сс альбитиза́ции
Albitisierungsvorgang *m* проце́сс альбитиза́ции
Albitit *m* nach TURNER (1900) Ganggestein mit Aplitstruktur, vorwiegend bestehend aus Albit; nach POLOWINKINA (1949) u. a. metasomatische Bildung, entstanden in Gesteinen der Eisenerzformationen альбити́т
Albitlatit *m* nach JOHAHNSEN (1920) Extrusivform des Albitmonzonit альби́то-лати́т
Albitliparit *m* Liparitvarietät mit porphyrischen Einsprenglingen (vorw. Albit) (ROSENBUSCH 1887) альби́товый липари́т
Albitmolekül *n* альби́товая моле́кула
Albitmonzodiorit *m* альби́то-монцодиори́т
Albitmonzonit *m* альби́товый монцони́т
Albitolith *m* nach LEWINA (1959) effusivsedimentäres Feldspatgestein альбитоли́т
Albitophyr *m* Porphyr mit Fsp-Einsprenglingen, ausschließlich oder vorwiegend Albit (COQUAND 1857) альбитофи́р
Albitophyr- албитофи́ровый
albitophyrisch альбитофи́ровый
Albitophyrmandelstein *m* миндалека́менный альбитофи́р
Albitpegmatit *m* альби́товый пегмати́т
Albitphonolith *m* альби́товый фоноли́т, альби́то-фоноли́т
Albitporphyr *m* альби́т-порфи́р
Albitporphyrit *m* альби́товый порфири́т
Albitporphyroblast *m* порфиробла́ст альби́та
Albitrhyolith *m* альби́товый риоли́т
Albitschiefer *m* nach J. WOLFF (1891) metamorpher Schiefer mit sekundär entstandenem Albit альби́товый сла́нец
Albitschmelze *f* альби́товый распла́в
Albitzwillinge *m/pl* альби́товые двойники́
Alboranit *m* nach BECKE (1899) kalkreicher Hypersthenandesit альборани́т
Alb-Stufe *f* а́льбский я́рус
Alcyonaria *pl* альциона́рии
Aldan-Schild *m* алда́нский щит
Aldehyd *n* альдеги́д
Alentegit *m* nach MARCET (1925) Quarzdiorit mit 16—33% Quarz алентеги́т
Alethopterides *pl* алетоптери́дные
Alethopteris *f* алетопте́рис
Aleurit *m* nach SAWARIZKI (1930) klastisches Lockergestein mit Durchmesser der Komponenten von 0,01 bis 0,1 mm алеври́т
Aleurit- алеври́товый
aleuritisch алеври́товый
Aleuritstruktur *f* алеври́товая структу́ра
Aleurolith *m* nach BATURIN (1932) vorwiegend aus Aleurit (s. d.) bestehendes klastisches Gestein (z. B. Löß) алевроли́т

Aleurolith- алевроли́товый
aleurolitisch алевроли́товый
Aleuropelit *m* nach SAWARIZKI (1932) klastisches Lockergestein mit Teilchendurchmesser < 0,1 mm алевропели́т
Aleutit *m* nach I. SPURR (1900) porphyrartiges Gestein, leitet von Dioriten zu Diabasen, Gabbros und Noriten über; nach LEWINSON-LESSING (1902) gabbrodioritischer Porphyrit алеути́т
Alexandrit *m* Chrysoberyll Al_2BeO_4 александри́т
Alexandrolith *m* chromhaltiger Halloysit александроли́т
Alexejevit *m* Kohlenwasserstoff алексееви́т
Alexoit *m* nach T. L. WALKER (1931) Pyrrhotinperidotit vom Ontario-See алексои́т
Alge *f* во́доросль
Algebra *f* а́лгебра
algebraisch алгебраи́ческий
Algen- во́дорослевый
Algenbestand *m* соста́в во́дорослей
Algendecke *f* покро́в из во́дорослей
Algendolomit *m* во́дорослевый доломи́т
Algenfeld *n* за́росли во́дорослей
Algenflora *f* во́дорослевая фло́ра, фло́ра во́дорослей
Algenhorizont *m* во́дорослевый горизо́нт
Algenkalk *m* во́дорослевый известня́к
Algenkohle *f* во́дорослевый у́голь
Algenplankton *n* во́дорослевый планкто́н
Algenriff *n* во́дорослевый риф
Algensapropelit *m* во́дорослевый сапропели́т
Algentorf *m* во́дорослевый торф
Algenvegetation *f* во́дорослевая расти́тельность
Algodonit *m* $Cu_{6-7}As$ альгодони́т
algomanisch альгома́нский
algomisch алгома́нский
algomische Faltung *f* алгома́нская скла́дчатость
algonkisch альго́нкский
Algonkium *n* альго́нк, альго́нкий, альго́нкский пери́од, альго́нкская э́ра, альго́нкская систе́ма, альго́нкская гру́ппа
Algovit *m* nach WINKLER (1859) dunkelgraues bis rötliches Gestein aus Labrador, Augit und Magnetit альгови́т
a-Lineation *f* а-лине́йность
Alios *m* nach FAYE (1870) dunkelbrauner Sandstein алиос
aliphatisch алифати́ческий
Alipit *m* † Röttisit алипи́т
aliquot аликво́тный
Alismataceae *pl* частýховые
Alisonit *m* † Gemenge von Chalkosin und Bleiglanz ализони́т
Alisphenoid алисфено́ид
Alkali *n* щёлочь
Alkali- щелочно́й
Alkaliabfuhr *f* вы́нос щёлочей
Alkaliacetat *n* уксуснoки́слая соль щелочно́го мета́лла
Alkalialaskit *m* nach SAWARIZKI (1956) Alkaligranit ohne bunte Minerale щелочно́й аляски́т
Alkaliamphibol *m* щелочно́й амфибо́л
Alkalianreicherung *f* обогаще́ние щёлочами
alkaliarm бе́дный щёлочами, малощёлочный
Alkaliaugit *m* щелочно́й авги́т
alkalibeständig щёлочесто́йкий, щёлочеупо́рный
Alkalibeständigkeit *f* щёлочеупо́рность, щёлочесто́йкость
Alkalidifferentiation *f* щелочна́я дифференциа́ция
Alkaliergußgestein *n* щелочна́я изве́рженная поро́да
Alkalifeldspat *m* щелочно́й полево́й шпат
Alkaligehalt *m* щёлочность, содержа́ние щёлочи
Alkaligehalt *m* щёлочность, содержа́ние щёлочи
Alkaligestein *n* щелочна́я поро́да
Alkaligranit *m* щелочно́й грани́т
Alkalihaloid- щёлочно-гало́идный
alkalihaltig содержа́щий щёлочь, щелочно́й
Alkalihärte *f* щелочна́я жёсткость
Alkalihaushalt *m* бала́нс щёлочей
Alkalikalk- известко́во-щелочно́й
Alkalikalkglas *n* щёлочно-известко́вое стекло́
Alkalikation *n* щелочно́й катио́н

Alkalikomponente *f* щелочно́й компоне́нт
Alkalilamprophyr *m* щелочно́й лампрофи́р
Alkaliliparit *m* щелочно́й липари́т
alkalilöslich раствори́мый в щёлочи, щёлочно-раствори́мый
Alkalilöslichkeit *f* раствори́мость в щёлочи
Alkalimetall *n* щелочно́й мета́лл
Alkalimetasomatose *f* щелочно́й метасомато́з
Alkalimetrie *f* алкалиме́трия, измере́ние щёлочности
alkalimetrisch алкалиметри́ческий
Alkalinität *f* щёлочность
Alkalinitätsbestimmung *f* определе́ние щёлочности
alkaliplet алкалипле́товый
Alkalipyroxen *m* щелочно́й пироксе́н
alkalireich бога́тый щёлочами
Alkalirhyolith *m* щелочно́й риоли́т
Alkalisalz *n* соль щелочно́го мета́лла
alkalisch щелочно́й
alkalisieren алкализи́ровать *uv.*, *v.*
Alkalisierung *f* алкализа́ция, ощела́чивание
Alkalisyenit *m* щелочно́й сиени́т
Alkalitätsgrad *m* сте́пень щёлочности
Alkaliüberschuß *m* избы́ток щёлочи
alkaliunlöslich не раствори́мый в щёлочи
Alkaliunlöslichkeit *f* нераствори́мость в щёлочи
Alkalizufuhr *f* привно́с щёлочей
Alkaloid *n* алкало́ид
Alkanasul *m* entspricht etwa Natroalunit алканасу́л
Alkohol *m* алкого́ль, спирт
Alkohol- алкого́льный, спиртово́й
Alkoholauszug *m* спиртова́я вы́тяжка, спиртово́й экстра́кт
Alkoholbrenner *m* спиртова́я горе́лка
alkoholisch алкого́льный
alkohollöslich раствори́мый в спи́рте, спирторастворимый
Alkohollöslichkeit *f* раствори́мость в спи́рте
Alkohollösung *f* раство́р спи́рта
Alkoholthermometer *n* спиртово́й термо́метр
alkoholunlöslich не раствори́мый в спи́рте
Alkoholunlöslichkeit *f* нераствори́мость в спи́рте
Allagit *m* † unreiner Rhodonit аллаги́т
Allaktit *m* $Mn_7[(OH)_4|AsO_4]_2$ аллакти́т
Allalinit *m* nach ROSENBUSCH (1896) Saussuritgabbro mit Zoisit und uralitischer Hornblende аллалини́т
Allanit *m* Orthit аллани́т
Allanthropus *m* алла́нтроп
allantoidische Textur *f* nach POLOWINKINA u. a. Boudinage-Textur geschichteter Gesteine аллантои́дная текстура
Alleghanyit *m* $Mn_5[(OH)_2|(SiO_4)_2]$ аллегани́ит
Allemontit *m* eutektoides Gemenge von Stibarsen mit As oder Sb аллемонти́т
Alleröd *n* аллерёд, аллерёдское вре́мя
Allerödzeit *f* вре́мя аллерёд, аллерёдское вре́мя
Allevardit *m* Mineral der Montmorillonitreihe аллеварди́т
allgemeingeographisch общегеографи́ческий
allgemeingeologisch общегеологи́ческий
Allingit *m* bernsteinähnliches Harz аллинги́т
Allit *m* nach HARRASSOWITZ (1927) aus Tonerdehydraten bestehendes Gestein; nach MALJAWIN (1937) Gewichtsverhältnis $Al_2O_3 : SiO_2 > 1$ алли́т
allitisch алли́тный
Allivalit *m* nach HARKIN (1908) holokristallines Gestein der Gabbrogruppe алливали́т
allochemisch аллохими́ческий
Allochetit *m* nach DOELTER (1902) und I. A. IPPEN (1903) Ganggestein mit Einsprenglingen von Labrador, Orthoklas, Nephelin und Titanaugit in mikrolithischer Grundmasse аллохети́т
Allochroit *m* † Andradit аллохройт
allochromatisch аллохромати́ческий
allochthon аллохто́нный
Allochthon *n* аллохто́н
Allochthonie *f* аллохтони́я, аллохто́нность
Allodelphit *m* Fehlbestimmung, Synadelphit аллодельфи́т
Allogonit *m* † Herderit аллогони́т

Alloit *m* nach CORDIER (1816) vulkanischer Tuff аллоит
Alloklas *m* † teils Bi-haltiger Danait gemengt mit Wismutglanz und gediegen Wismut, teils Ni-Skutterudit аллокла́з
Alloklasit *m* аллоклази́т
Allolithe *m/pl* nach POLKANOW (1928) Phenokristalle, die bereits auskristallisiert durch das Magma an dessen Erstarrungsort gelangen аллоли́ты
Allometamorphose *f* аллометаморфи́зм
allometrisch аллометри́ческий
Allomigmatit *m* алломигмати́т
allomorph алломо́рфный
Allomorphit *m* Baryt, vielleicht pseudomorph nach Anhydrit алломорфи́т
Allopalladium *n* hexagonale Modifikation von Palladium аллопалла́дий
Allophan Aluminiumsilikat mit Al:Si = 1:1 аллофа́н
Allophan- аллофа́новый
Allophanit *m* aus Allophan bestehender Ton аллофани́т
Allophanton *m* Allophanit аллофа́новая гли́на
Allosaurus *m* аллоза́вр
Alloskarn *m* aus Kalken entstandener Skarn аллоска́рн
allothigen аллотиге́нный
allothimorph nach MILCH (1894) die frühere Form beibehaltend аллотимо́рфный
allothistereomorph аллотистереомо́рфный
allotriomorph аллотриомо́рфный
Allotropie *f* аллотро́пия
allseitig всесторо́нный
Alluaudit *m* $Na_{<1}(Fe''',Mn'')[PO_4]$ аллюоди́т
alluvial Alluvial- нано́сный, аллювиа́льный
Alluvialboden *m* аллювиа́льный грунт, нано́сная земля́, нано́сный грунт
Alluvialebene *f* аллювиа́льная равни́на
Alluvialgewässer *n/pl* аллювиа́льные во́ды
Alluviallehm *m* аллювиа́льная гли́на
Alluvialterrasse *f* аллювиа́льная терра́са
Alluvium *n* аллю́вий, аллювиа́льные отложе́ния
Alm *m* Torfmergel альм
Almandin *m* $Fe_3''Al_2[SiO_4]_3$ альманди́н
Almandin- альманди́новый
Almandinreihe *f* альманди́новый ряд
Almandinspinell *m* альманди́новая шпине́ль
Almaschit *m* † Bernstein альмаши́т
Almerait *m* angeblich $KCl \cdot NaCl \cdot MgCl_2 \cdot H_2O$ альмерайт
Almeriit *m* wohl identisch mit Mendozit альмерии́т
Alnöit *m* nach ROSENBUSCH (1887) Ganggestein, analog Melilithbasalt альнейт
Alnus *f* ольха́
Aloe *f* ало́э
Aloisiit *m* kolloide Grundmasse in Riffen von Uganda $\sim$(Ca, FeMg, Na, $H)_{4-5}[O_2|SiO_4]$ алоизии́т
Alomit *m* Handelsname, blauer Sodalith von Bancroft, Canada aломи́т
Alopex lagopus *m* песе́ц
Alp *f* го́рное па́стбище
Alpen *pl* А́льпы
Alpengebiet *n* альпи́йская о́бласть
Alpennordrand *m* се́верная окра́ина Альп
Alpenvorsenke *f* альпи́йский предго́рный проги́б, предальпи́йская впа́дина
Alphamethode *f* α-Methode а́льфа(α)-ме́тод
Alphastrahlen *m/pl* α-Strahlen а́льфа(α)-лучи́
Alphastrahlung *f* α-Strahlung а́льфа(α)-излуче́ние
Alphateilchen *n/pl* α-Teilchen а́льфа(α)-части́цы
Alphaumwandlung *f* α-Umwandlung а́льфа (α)-превраще́ние
Alphazähler *m* α-Zähler α-счётчик
Alphitit *m* nach SALOMON (1915) feinschluffiges tonähnliches Gestein альфити́т
Alphititstruktur *f* альфити́товая структу́ра
alpidisch альпи́йский
alpidische Faltung *f* альпи́йская скла́дчатость
alpidischer Faltungstyp *m* альпи́йский тип скла́дчатости
alpin альпи́йский
alpiner Gang *m* альпи́йская жи́ла, жи́ла альпи́йского ти́па

alpines Relief *n* альпи́йский релье́ф, высокого́рный релье́ф
alpinotyp альпиноти́пный
Alsbachit *m* aplitähnliches granitporphyrisches Ganggestein альсбахи́т
Alshedit *m* Y-haltiger Titanit алшеди́т
Alstonit *m* Mischkristall der Aragonitreihe альстони́т
Altaiden *pl* алта́иды
Altai-Phase *f* алта́йская фа́за скла́дчатости
Altait *m* алта́йт
Altbestand *m* Petr. исхо́дный материа́л
Altdüne *f* дре́вняя дю́на
Alteinschluß *m* ра́ннее включе́ние
Alteis *n* ста́рый лёд
Alter *n* 1. Stratigr. Einheit эпо́ха. 2. Lebensalter во́зраст
Altern *n* старе́ние
alternieren чередова́ться *uv.*
alternierend попереме́нно сменя́ющийся
Altersangaben *f/pl* возрастны́е да́нные
Altersberechnung *f* подсчёт во́зраста
Altersbestimmung *f* определе́ние во́зраста
Altersbeziehung *f* возрастно́е соотноше́ние
Altersfolge *f* возрастна́я после́довательность
Altersgliederung *f* возрастно́е расчлене́ние
Altersgrenze *f* преде́льный во́зраст
Altersgruppe *f* возрастна́я гру́ппа
altersmäßig возрастно́й
Altersmerkmal *n* возрастно́й при́знак
Altersschwäche *f* дря́хлость
Altersstadium *n* ста́рческая ста́дия
Altersstellung *f* возрастно́е положе́ние
Alterung *f* старе́ние
alterungsbeständig не подверга́ющийся старе́нию
Alterungsbeständigkeit *f* сопротивле́ние старе́нию
Alterungsvorgang *m* проце́сс старе́ния
Alterungswiderstand *m* сопротивле́ние старе́нию
alteuxinisch древнеэвкси́нский
Altglazial *n* древнеледнико́вье
Altgrad *m* ста́рый гра́дус, $^1/_{90}$ часть прямо́го угла́
Altholozän *n* дре́вний голоце́н
Altinterglazial *n* древнемежледнико́вье
altkaledonisch древнекаледо́нский
altkimmerisch древнекиммери́йский, раннекиммери́йский
altkimmerische (Faltungs-)Phase *f* древнекиммери́йская фа́за скла́дчатости
Altkristallin- altkristallin древнекристалли́ческий
Altpaläolithikum *n* Altsteinzeit дре́вний палеоли́т
altpaläozoisch нижнепалеозо́йский
altpleistozän древнеплейстоце́новый
altquartär нижнечетверти́чный, древнечетверти́чный
Altrotsandstein *m* Old red дре́вний кра́сный песча́ник
Alt-Schwarzmeer-Terrasse *f* древнечерномо́рская терра́са
Altufer *n* дре́вний бе́рег
Altwasser *n* староре́чье, ста́рица
Altwasser- ста́ричный
Altwasserbildung *f* ста́ричное образова́ние
Altwasserfazies *f* ста́ричная фа́ция
Alumian *m* wohl identisch mit Natroalunit (Hlawatsch 1928) алумиа́н
Aluminat *n* алюмина́т, соль алюми́ниевой кислоты́
Aluminit *m* $Al_2[(OH)_4|SO_4]\cdot 7H_2O$ алюмини́т
Aluminium *n* Al алюми́ний
Aluminium- алюми́ниевый
Aluminiumbichromat *n* $Al_2(Cr_2O_7)_3$ двухромовоки́слый алюми́ний, бихрома́т алюми́ния, дихрома́т алюми́ния
Aluminiumchlorid *n* $AlCl_3$ хло́ристый алюми́ний
Aluminiumerz *n* алюми́ниевая руда́
Aluminiumflora *f* Geobot. алюми́ниевая фло́ра
Aluminiumhydroxid *n* $Al(OH)_3$ гидра́т о́киси алюми́ния, гидроо́кись алюми́ния
Aluminiumindustrie *f* алюми́ниевая промы́шленность
Aluminiumnitrat *n* $Al(NO_3)_3\cdot 9H_2O$ азотноки́слый алюми́ний
Aluminiumoxid *n* Al_2O_3 о́кись алюми́ния, окси́д алюми́ния
Aluminiumrohstoff *m* алюми́ниевое сырьё
Aluminiumsulfat *n* $Al_2(SO_4)_3$ сернокислый алюми́ний

Aluminiumsulfid *n* серни́стый алюми́ний
Alumocalcit *m* † verunreinigter Opal алюмокальци́т
Alumochalkosiderit *m* Mischkristall zwischen Türkis und Chalkosiderit алюмохалькосидери́т
Alumochromit *m* $Fe(Cr, Al)_2O_4$ алюмохроми́т
Alumoferroascharit *m* Fe- und Al-haltiger Ascharit алюмоферроашари́т
Alumohydrocalcit *m* $CaAl_2[(OH)_4 | (CO_3)_2] \cdot 3H_2O$? алюмогидрокальци́т
Alumokiesel- алюмокремнёвый
Alumokieselsäure *f* алюмокремнёвая кислота́
Alumolit *m* nach DITTLER & DOELTER (1912) aus Diaspor und Gibbsit bestehendes Gestein алюмоли́т
Alumoquarzit *m* алюмокварци́т
Alumosilikat *n* алюмосилика́т
Alumosilikat- алюмосилика́тный
alumosilikatisch алюмосилика́тный
Alunit *m* $KAl_3[(OH)_6 | (SO_4)_2]$ алуни́т, бе́лая квасцо́вая руда́
Alunit- алуни́товый
Alunitfazies *f* алуни́товая фа́ция
alunitisiert алунитизи́рованный
Alunitisierung *f* алунитиза́ция
Alunitschiefer *m* алуни́товый сла́нец
Alunogen *m* $Al_2[SO_4]_3 \cdot 18H_2O$ алуноге́н
Alurgit *m* phengitischer Muskovit mit geringem Gehalt an zweiwertigem sowie dreiwertigem Mangan алурги́т, ма́рганцевый фенги́т
Aluschtit *m* nach FERSMAN (1914) Gemenge von Dickit mit Hydroglimmern алушти́т
alveolar альвеоля́рный
Alveolar- альвеоля́рный
Alveolartextur *f* альвеоля́рная тексту́ра, пете́льчатая тексту́ра
Alveole *f* альвео́ла, яче́йка
Alveolina *f* альвеоли́на
Alvikit *m* альвики́т
Amalgam *n* амальга́ма
amalgamieren амальгами́ровать *uv.*, *v.*
Amalgamierung *f* амальгама́ция
Amalgamsilber *n* амальга́ма серебра́
Amaranthaceae *pl* амара́нтовые
Amarantit *m* $Fe^{\cdots}[OH | SO_4] \cdot 3H_2O$ амаранти́т
Amargosit *m* Handelsname für Bentonit амаргози́т
Amarillit *m* $NaFe^{\cdots}[SO_4]_2 \cdot 6H_2O$ амарилли́т
Amausit *m* Granulit амаузи́т
Amazonenstein *m* Amazonit амазо́нский ка́мень
Amazonit *m* Amazonenstein, grüngefärbter Mikroklin амазони́т
Ambatoarinit *m* wahrscheinlich $Sr(Ce, La, Na)[O | (CO_3)_3]$ амбатоарини́т
Amber *m* а́мбра
Amblygonit *m* $LiAl[F | PO_4]$ амблигони́т
Amblygonit- амблигони́товый
Amblygonitpegmatit *m* амблигони́товый пегмати́т
Amblypoda *pl* амблипо́ды
Amblystegit *m* Varietät von Hypersthen амблистеги́т
Ambonit *m* Hornblendebiotitandesit амбони́т
Ambrit *m* bernsteinähnliches Harz амбри́т
Ambulakral- амбулякра́льный
Ambulakralfeld *n* амбулякра́льное по́ле
Ambulakralfurche *f* амбулякра́льная боро́здка, амбулякра́льный желобо́к
Ambulakralfuß *m* амбулякра́льная но́жка
Ambulakralkanal *m* амбулякра́льный кана́л
Ambulakralplatte *f* амбулякра́льная табли́чка, амбулякра́льная пласти́нка
Ambulakralsystem *n* амбулякра́льная систе́ма
Ambulakraltäfelchen *n* амбулякра́льная табли́чка
Ambulakren *pl* амбуля́кры
Ameisensäure *f* муравьи́ная кислота́
amelan nach LEWINSON-LESSING ohne bunte Bestandteile амела́новый
Ameletit *m* ? nephelinähnliches, aber Na-reicheres Mineral амелети́т
Amentiflorae *pl* серёжкоцве́тные
Americium *n* Am амери́ций
Amersfoorter Stadium *n* амерсфо́ртская ста́дия
Amesit *m* $Mg_{3,2}Al_{2,0}Fe^{\cdot\cdot}_{0,8}[(OH)_8 | Al_2Si_2O_{10}]$ амези́т
Amethyst *m* violette Varietät von Quarz амети́ст

Amianth *m* faseriger Amphibol амиа́нт
Amiatit *m* nach Lang (1891) Gestein mit hohem Alkaligehalt амиати́т
Aminderivat *n* аминопроизво́дное
Aminogruppe *f* аминогру́ппа
Aminosäure *f* $NH_2 \cdot C \cdot R \cdot COOH$ аминокислота́
Ammodiscidae *pl* аммодисци́ды
Ammonalaun *m* Tschermigit $NH_4Al[SO_4]_2 \cdot 12H_2O$ аммиа́чные квасцы́
Ammoniak *m* аммиа́к
Ammoniak- аммиа́чный
Ammoniakbeständigkeit *f* сто́йкость при де́йствии аммиа́ка
Ammoniaksalpeter *m* аммиа́чная сели́тра
Ammoniakstickstoff *m* азо́т аммиа́ка
Ammoniakverfahren *n* способ замораживания грунта при помощи аммиачной холодильной установки
Ammonioborit *m* $NH_4B_5O_8 \cdot 2^1/_2H_2O$ аммониобори́т
Ammoniojarosit *m* $NH_4Fe_3^{\cdots}[(OH)_6|(SO_4)_2]$ аммониоярози́т
Ammonit *m* аммони́т
Ammoniten- аммони́товый
ammonitenähnlich аммонитоподо́бный
Ammonitenfauna *f* аммони́товая фа́уна
Ammonitida *pl* аммони́ты
ammonitisch аммони́товый
ammonitische Lobenlinie *f* аммони́товая перегоро́дочная ли́ния
Ammonium *n* NH_4 аммо́ний
Ammoniumbicarbonat *n* NH_4HCO_3 двууглеки́слый аммо́ний, ки́слый углеки́слый аммо́ний, бикарбона́т аммо́ния
Ammoniumbromid *n* NH_4Br бро́мистый аммо́ний, броми́д аммо́ния
Ammoniumchlorid *n* NH_4Cl хло́ристый аммо́ний, хлори́д аммо́ния
Ammoniumchromat *n* $(NH_4)_2CrO_4$ хромовоки́слый аммо́ний, хрома́т аммо́ния
Ammoniumdichromat *n* $(NH_4)_2Cr_2O_7$ двухромовоки́слый аммо́ний, бихрома́т аммо́ния
Ammoniumkarbonat *n* $(NH_4)_2CO_3$ углеки́слый аммо́ний
Ammoniummolybdat *n* $(NH_4)_2MoO_4$ молибда́т аммо́ния, молибденовоки́слый аммо́ний
Ammoniumnitrat *n* NH_4NO_3 азотноки́слый аммо́ний, нитра́т аммо́ния
Ammoniumnitrit *n* NH_4NO_2 азотистоки́слый аммо́ний, нитри́т аммо́ния
Ammoniumoxalat *n* $NH_4OCO \cdot CO \cdot ONH_4$ щавелевоки́слый аммо́ний, оксала́т аммо́ния
Ammoniumpersulfat *n* $(NH_4)_2S_2O_8$ надсерноки́слый аммо́ний, персульфа́т аммо́ния
Ammoniumphosphat *n* фосфорноки́слый аммо́ний, фосфа́т аммо́ния
Ammoniumpyrophosphat *n* пирофосфа́т аммо́ния, пирофосфорноки́слый аммо́ний
Ammoniumrhodanat *n* $(NH_4)SCN$ рода́нистый аммо́ний, рода́на́т аммо́ния
Ammoniumsulfat *n* $(NH_4)_2SO_4$ серноки́слый аммо́ний, сульфа́т аммо́ния
Ammoniumsulfid *n* $(NH_4)_2S$ серни́стый аммо́ний, сульфи́д аммо́ния
Ammoniumsulfit *n* $(NH_4)_2SO_3$ сернистоки́слый аммо́ний, сульфи́т аммо́ния
Ammonoidea *pl* аммоноиде́и
Ammonsalpeter *m* аммиа́чная сели́тра, азотноки́слый аммо́ний, нитра́т аммо́ния
Ammonsulfat *n* $(NH_4)_2SO_4$ серноки́слый аммо́ний, сульфа́т аммо́ния
Amnion *n* амнио́н
Amniota *pl* амнио́ты
amorph амо́рфный
Amorphie *f* амо́рфность
Amortisation *f* амортиза́ция
amortisieren амортизи́ровать *uv.*, *v.*
Amosit *m* Formel ähnlich Cummingtonit oder Aktinolith амози́т
Ampangabeit *m* wahrscheinlich hydratisiertes Niobat und Titanat von U, Y, Ce, Fe u. a. ампангабе́йт
Ampelit *m* nach Brongniart (1807) schwarzer Tonschiefer ампели́т
Ampere *n* ампе́р
Ampere- ампе́рный
Amperemeter *n* амперме́тр
Amperewindung *f* ампе́р-вито́к
amphibisch земново́дный
Amphibium *n* амфи́бии, земново́дное
Amphibol *m* амфибо́л
Amphibol- амфибо́ловый

Amphiboladinol *m* амфибо́ловый адино́л
Amphibolandesit *m* амфибо́ловый андези́т
Amphibolasbest *m* амфибо́ловый асбе́ст, амфибо́л-асбе́ст
Amphibolfazies *f* амфибо́ловая фа́ция
Amphibolgestein *n* амфибо́ловая поро́да
Amphibolgneis *m* амфибо́ловый гне́йс
Amphibolgranit *m* амфибо́ловый грани́т
amphibolisiert амфиболизи́рованный
Amphibolisierung *f* амфиболиза́ция
Amphibolit *m* mittelkörniges metamorphes Gestein aus Hornblende und Plagioklas (Brongniart 1827, Senft 1857) амфиболи́т
Amphibolit- амфиболи́товый
Amphibolitfazies *f* амфиболи́товая фа́ция
amphibolitisiert амфиболизи́рованный
Amphibolitschiefer *m* амфиболи́товый сла́нец
Amphibolnorit *m* амфибо́ловый нори́т
Amphibolobas *m* nach Jeromine (1905) Hornblendediabas амфиболоба́з
Amphibolperidotit *m* амфибо́ловый перидоти́т
Amphibolplagiogneis *m* амфибо́ловый плагиогне́йс
Amphibolschiefer *m* амфибо́ловый сла́нец
amphicöl амфице́льный
amphidet амфиде́тный, двусторо́нный
Amphigenit *m* nach P. Cordier (1816) Basaltgestein mit Grundmasse aus Augit, Leucit (Amphigen), Labrador, Ilmenit; Syn. Basanit; nach Lewinson-Lessing fast ausschließlich aus Leucit bestehendes Tiefengestein амфигени́т
amphimorph амфимо́рфный
Amphineura *pl* боконе́рвные (моллюски)
Amphipoda *pl* бокопла́вы
Amphisyle-Schichten *f/pl* Tertiär амфизи́лиевые слои́
Amphitheater von Ufa *n* Уфи́мский амфитеа́тр
Amphitheke *f* амфите́ка
amphoter амфоте́рный
Amphoterit *m* nach Tschermak (1883) Steinmeteorit, vorw. bestehend aus Bronzit und Olivin амфотери́т
amplexoid амплексо́идный
Amplitude *f* амплиту́да
Amplitudenabfall *m* уменьше́ние амплиту́ды
Amplitudenabnahme *f* уменьше́ние амплиту́ды
Amplitudenmaximum *n* ма́ксимум амплиту́ды
Amplitudenreduktion *f* приведе́ние амплиту́ды
Amplitudenregulator *m* регуля́тор амплиту́д
Amplitudenspektrum *n* спектр амплиту́д
Amplitudenvergleich *m* сравне́ние амплиту́д
Amplitudenverhältnis *n* отноше́ние амплиту́д
Amplitudenverteilung *f* распределе́ние амплиту́д
amygdaloid mandelsteinartig амигдало́идный
Amygdaloid- амигдало́идный
Amygdalophyr *m* nach Jenzsch (1853) mandelartiger Glimmerporphyrit амигдалофи́р
Amylase *f* амила́за
Amynodontideae *pl* аминодо́нты
Anabar-Schild (-Anteklise) *m* анаба́рский щит (антекли́за)
Anabiose *f* анабио́з
Anabohitsit *m* nach Lacroix (1914) Varietät des Olivinpyroxenits анабохитси́т
Anacardiaceae *pl* анака́рдиевые, сумахо́вые
anaerob анаэро́бный
anaerobe Organismen *pl* анаэро́бы
Anaerobier *pl* анаэро́бы
Anaerobiose *f* анаэробио́з
Anafrixis *f* Kontaktmetamorphose (Gürich 1905) анафри́ксис
anal Anal- выводно́й, заднепрохо́дный
Analcim *m* $Na[AlSi_2O_6]\cdot H_2O$ анальци́м
Analcim- анальци́мовый
Analcimaugitit *m* анальци́мовый авгити́т
Analcimbasalt *m* анальци́мовый база́льт
Analcimdiabas *m* анальци́мовый диаба́з
Analcimdolerit *m* анальци́мовый долери́т

analcimisiert анальцимизи́рованный
Analcimisierung *f* анальцимиза́ция
Analcimit *m* nach CEMMELARO (1845) Basalt von den Zyklopen, reich an mikroskopischen Analcim-Einschlüssen анальцими́т
Analcimsyenit *m* анальци́мовый сиени́т
Analcitit *m* nach L. PIRSSON (1896) olivinfreier Analcimbasanit анальцити́т
Analfeld *n* ана́льное по́ле
Analflosse *f* ана́льный плавни́к
Analöffnung *f* ана́льное отве́рстие
analog аналоги́ческий, аналоги́чный
Analogie *f* анало́гия
Analogon *n* ана́лог
Analsiphon *m* ана́льный сифо́н
Analtubus *m* ана́льный хобото́к, ана́льная тру́бка
Analysator *m* анализа́тор
Analyse *f* 1. ана́лиз; определе́ние составны́х часте́й; 2. разложе́ние
Analysenangaben *f/pl* да́нные ана́лиза
Analysenbefund *m* результа́т ана́лиза
Analysenbericht *m* свиде́тельство об ана́лизе
Analysenergebnis *n* результа́т ана́лиза
Analysenfehler *m* оши́бка ана́лиза
Analysengang *m* ход ана́лиза
Analysenlampe *f* аналити́ческая ла́мпа
Analysenverfahren *n* ме́тод ана́лиза
Analysenwaage *f* аналити́ческие весы́
analysieren анализи́ровать / проанализи́ровать
Analysieren *n* анализи́рование
analytisch аналити́ческий, разлага́ющий
analytischer Nachweis *m* откры́тие аналити́ческим путём
Anamesit *m* allgemeine Bezeichnung für feinkörnige Basanite (LEONHARD 1832) анамези́т
Anamesitporphyr *m* анамези́товый порфи́р
Anamnia *pl* ана́мнии
Anamorphose *f* Tiefenmetamorphose, Bildung von Mineralassoziationen mit geringerem Volumen als die Ausgangsminerale анаморфи́зм
Anapait *m* $Ca_2Fe[PO_4]_2 \cdot 4H_2O$ анапайт
Anaprotaspis *f* анапрота́спис
Anapsida *pl* анапси́ды
Anarcestes- анарце́стовый
Anarcestes-Schichten *f/pl* unteres Mitteldevon анарце́стовые слои́
Anaspida *pl* анаспи́ды, бесщи́тковые
Anastomose *f* анастомо́з
anastomosieren анастомози́ровать *uv.*, *v.*
Anatas *m* TiO_2 ана́таз
anatektisch анатекти́ческий
Anatektit *m* анатекти́т
Anatexis *f* анате́ксис
Anatexit *m* SEDERHOLM (1907) анатекси́т
Anatomie *f* анато́мия
anatomisch анатоми́ческий
Anätzung *f* пове́рхностное травле́ние
Anauxitsand *m* аноксíтовый песо́к
Anbauplan *m* план застро́йки
Anbindepunkt *m* то́чка привя́зки, узлова́я то́чка
Anbindestrecke *f* примы́чная сторона́, узлова́я сторона́
ancestral анцестра́льный
Ancestrula *f* geschlechtlich entstandenes Zooid einer Bryozoen-Kolonie анцестру́ла
anchieutektisch VOGT (1905) анхиэвтекти́ческий
anchikristallin анхикристалли́ческий
Anchimetamorphose *f* анхиметаморфи́зм
anchimonomineralisch анхимономинера́льный
Anchitherium *n* анхите́рий
Anchorit *m* анкори́т
ancylopegmat bei Brachiopoden Form des Armgerüstes анцилопегма́тный
Ancylosauria *m/pl* анкилоза́вры
Ancylus- а́нциловый
Ancylus-See *m* а́нциловое о́зеро
Ancylus-Ton *m* а́нциловая гли́на
Andalusit *m* $Al^{[6]}Al^{[5]}[O|SiO_4]$ андалузи́т
Andalusit- андалузи́товый
Andalusitgneis *m* андалузи́товый гне́йс
Andalusithornfels *m* андалузи́товый growви́к
Andalusitquarzit *m* андалузи́товый кварци́т
Andalusitschiefer *m* андалузи́товый сла́нец
Andelatit *m* extrusives Äquivalent des Monzodiorits анделати́т
Andendiorit *m* андендиори́т
Andersonit *m* $Na_2Ca[UO_2|(CO_3)_3] \cdot 6H_2O$ андерсони́т
anderthalbfach полу́торный

Änderung *f* 1. Veränderung изменéние; 2. Umschlag перемéна
Andesin *m* Ab 1/2—2/3 андези́н
Andesin- андези́новый
Andesinandesit *m* андези́новый андези́т
Andesinanorthosit *m* андези́новый анортози́т
Andesinit *m* андезини́т
Andesit *m* андези́т
Andesit- андези́товый
Andesitbasalt *m* Sammelbezeichnung für Effusivgesteine, die zwischen Basalten und Andesiten überleiten (Borshizki 1873, Lewinson-Lessing 1913) андези́то-база́льт
Andesitdazit *m* андези́товый даци́т, андези́то-даци́т
Andesitglas *n* андези́товое стекло́
andesitisch андези́товый
Andesitlabradorit *m* андези́товый лабрадори́т
Andesitlava *f* андези́товая ла́ва
Andesitoid *m* Biothit- oder Hypersthenandesit mit hohem Sanidingehalt in der Grundmasse андезито́ид
Andesittuff *m* андези́товый туф
andinisch анди́йский
Andorit *m* $4PbS \cdot 2Ag_2S \cdot 6Sb_2S_3$ андори́т
Andradit *m* $Ca_3Fe_2^{\cdots}[SiO_4]_3$ андради́т, ка́льциевый ферригрaна́т
Andradit- андради́товый
Andraditreihe *f* андради́товый ряд
Andrewsit *m* $(Cu,Fe^{\cdot\cdot})_3Fe_6^{\cdots}[(OH)_3|PO_4]_4$ андрьюси́т
Andruck *m* Polygr. напеча́ток, про́бный о́ттиск
anemogam анемога́мный
Anemogamie *f* анемога́мность
Anemograph *m* анемо́граф
Anemolithe *m/pl* aus vulkanischer Asche bestehende Sphärolithe (Issel 1916) анемоли́ты
Anemometer *n* анемо́метр
anemophil анемофи́льный
Anemousit *m* † Plagioklas анемузи́т
Aneroid(-barometer) *n* анеро́ид
Aneroiddose *f* коро́бка анеро́ида
aneuchoanitisch анеухоани́товый
Anfangs- нача́льный, исхо́дный
Anfangsazimut *n* нача́льный а́зимут
Anfangsbedingung *f* нача́льное усло́вие
Anfangsfestigkeit *f* нача́льная про́чность
Anfangsförderung *f* Hydrogeol. нача́льный деби́т
Anfangsgefälle *n* первонача́льный укло́н, первонача́льный спад
Anfangsgeschwindigkeit *f* нача́льная ско́рость
Anfangskammer *f* нача́льная ка́мера
Anfangskorngröße *f* нача́льная величина́ зерна́
Anfangsladung *f* первонача́льный заря́д
Anfangspermeabilität *f* нача́льная проница́емость
Anfangsphase *f* нача́льная фа́за
Anfangspunkt *m* нача́льная то́чка, исхо́дная то́чка
Anfangsrichtung *f* нача́льное направле́ние
Anfangsspannung *f* нача́льное напряже́ние
Anfangsstadium *n* нача́льная ста́дия
Anfangstemperatur *f* нача́льная температу́ра
Anfangsvolumen *n* нача́льный объём
Anfangswassergehalt *m* нача́льная вла́жность
Anfangswasserstand *m* нача́льный у́ровень воды́
Anfangszustand *m* нача́льное состоя́ние, исхо́дное состоя́ние
Anfeuchten *n* сма́чивание, увлажне́ние
Anfeuchtung *f* сма́чивание, увлажне́ние
Anflug *m* налёт, побежа́лость
anfressen корроди́ровать *uv., v.*, разъеда́ть / разъе́сть
Anfressung *f* корро́зия, разъеда́ние
Angabe *f* показа́ние, указа́ние
Angaben *f/pl* да́нные
Angaraland *n* Angaria Ангари́да
Angaralith *m* $(Mg,Ca)_2(Al,Fe^{\cdots})_{10}[O_5|SiO_4)_6]$ ангарали́т
Angara-System (-Folge, -Serie) Permokarbon der Sibirischen Tafel анга́рская систе́ма (то́лща, се́рия)
Angariden *pl* ангари́ды
Angarit *m* sibirischer Trapp (Ginsberg 1932) ангари́т
Angelardit *m*? chemisch ähnlich Ludlamit ангеларди́т
angenähert приближённый
angeordnet располо́женный
angepaßt приспосо́бленный; адапти́рованный

angepreßt притёртый
angeschliffen пришлифóванный
angeschwemmt нанóсный, намывнóй
angespült нанóсный, намóйный
angewachsen прирóсший
angewandt прикладнóй
angewittert затрóнутый выветриванием
Angiospermen *pl* Bedecktsamige ангиоспéрмы, покрытосéменные
Anglarit *m* † Berthierit англари́т
angleichen прирáвнивать/прировня́ть; урáвнивать/уровня́ть; ассимили́ровать *uv.*, *v.*
Anglesit *m* $Pb[SO_4]$ англези́т
angliedern присоединя́ть/присоедини́ть
Angreifbarkeit *f* Zerstörbarkeit разрушáемость, разъедáемость
angrenzen грани́чить *uv.*, прилегáть/прилéчь, примыкáть/примкну́ть
angrenzend смéжный, сосéдний
Angriffspunkt *m* тóчка приложéния, мéсто заложéния
Angrit *m* Meteorit ангри́т
Ångström *n* Å áнгстрем
Ångström-Skala *f* шкалá Áнгстрема
Angulare угловáя кость
Angulaten- ангулáтовый
Angulaten-Schichten *f*/*pl* ангулáтовые слои́
angustisellat Sutur bei Cephalopoden ангустиселлáтный, узкоседéльный
anhaften прилипáть/прили́пнуть, приставáть/пристáть
Anhängeverfahren *n* спóсоб поля́рных координáт
Anhängsel *n* придáток
anhäufen sich akkumulieren накопля́ться/накопи́ться, ску́чиваться/ску́читься, нагромождáться/нагромозди́ться, аккумули́роваться *uv.*, *v.*
Anhäufung *f* Akkumulation аккумуля́ция, накоплéние, скоплéние, нагромождéние
Anhöhe *f* 1. возвы́шенность. 2. взгóрье, хóлмик, пригóрок
Anhydrid *m* ангидри́д
Anhydrit *m* $Ca[SO_4]$ ангидри́т
Anhydrit- ангидри́товый
Anhydritgips *m* ангидри́т, безвóдный гипс
anhydritisch ангидри́товый
Anhydritolith *m* ангидритоли́т
Anhydritzement *m* ангидри́товый цемéнт
Anhydrolith *m* in Wasser nicht oder wenig lösliche Gesteine (SENFT 1857) ангидроли́т
Anilin *n* анили́н
Animikian *n* Animikie, Präkambrium Nordamerikas аними́кский отдéл
Animikit *m* (Ag, Sb) анимики́т
Animpfen *n* заражéние кристáллом
Anion *n* аниóн
Anionen- аниóнный
anionenaktiv анионноакти́вный
Anionenaustauscher *m* аниони́т
Anionengehalt *m* аниóнный состáв
Anionenkomplex *m* аниóнный кóмплех
Anionenzusammensetzung *f* аниóнный состáв
Anis *n* anisische Stufe, untere Trias анизи́йский я́рус
Anis- анизи́йский
anisisch Anis- анизи́йский
anisodesmisch анизодесми́ческий
anisomere Gesteine *n*/*pl* durch komplexe Kristallisation entstandene Gesteine (BRONGNIART 1813) анизомéрные порóды
anisometrisch анизометри́ческий
anisomyar разномýскульный, неравномýскульный
Anisomyaria *pl* неравномýскульные моллю́ски
anisotrop анизотрóпный
Anisotropie *f* анизотропи́я, анизотрóпность, векториáльность
Anisotropieeffekt *m* эффéкт анизотропи́и
Anisotropieerscheinung *f* явлéние анизотропи́и
Anisotropiefläche *f* повéрхность анизотропи́и
Anisotropiekoeffizient *m* коэффициéнт анизотропи́и
Anisotropieparameter *m* парáметр анизотропи́и
Anisotropietensor *m* тéнзор анизотропи́и
Ankaramit *m* ähnlich Feldspatpikrit (LACROIX 1916) анкарами́т
Ankaramitozeanit *m* Varietät von melanokratem Dolerit (LACROIX 1916) анкарами́то-океани́т

Ankaratrit *m* nach LACROIX (1916) melanokrater Nephelinbasalt mit Olivineinsprenglingen анкаратри́т
Ankerit *m* $CaFe[CO_3]_2$ анкери́т
ankeritisch Ankerit- анкери́товый
Ankeritisierung *f* анкеритиза́ция
Ankunftszeit *f* Welle вре́мя прихо́да
Ankylit *m* $Sr_3(Ce, La, Dy)_4[(OH)_4|(CO_3)_7] \cdot 3H_2O$ анкили́т
Ankylosaurus *m* анкилоза́вр
Anlage *f* 1. Vorrichtung, Einrichtung устано́вка, устро́йство. 2. Entstehung заложе́ние. 3. Anliegen прилега́ние
Anlagefläche *f* пове́рхность прилега́ния, опо́рная пове́рхность
Anlagen *pl* зада́тки
anlagern 1. auflagern насла́ивать / наслои́ть. 2. anwachsen нара́щивать / нарасти́ть
Anlagerung *f* 1. Schichtung наслое́ние, напластова́ние. 2. Verbindung присоедине́ние. 3. Anwachsen нараста́ние
Anlagerungsfähigkeit *f* спосо́бность к присоедине́нию
Anlagerungsgeschwindigkeit *f* ско́рость нараста́ния
Anlagerungsprodukt *n* проду́кт присоедине́ния
Anlagerungszone *f* зо́на прилега́ния
Anlandung *f* вы́нос нано́сов к бе́регу, отложе́ние нано́сов
Anlandungs- намывно́й
Anlandungsküste *f* намывно́й бе́рег
Anlaufen *n* побежа́лость
Anlaufkurve *f* Hydrogeol. крива́я прито́ка
Anlauflänge *f* Hydrogeol. разго́нная длина́, длина́ разго́на
Anlaufwiderstand *m* Hydrogeol. сопротивле́ние при разго́не
Anlaufzeit *f* Hydrogeol. разго́нное вре́мя, вре́мя разго́на; продолжи́тельность разго́на
Anlegelibelle *f* накладно́й у́ровень
anliegen прилега́ть / приле́чь, соприкаса́ться / соприкосну́ться
anliegend сме́жный, прилега́ющий, сосе́дний
Anmerkung *f* примеча́ние
anmoorig боло́тистый
Annabergit *m* Nickelblüte $Ni_3[AsO_4]_2 \cdot 8H_2O$ аннаберги́т
annähernd приближённый, приблизи́тельный
Annäherung *f* приближе́ние, сближе́ние, сходи́мость
Annäherungsgrad *m* сте́пень приближе́ния
Annäherungskoordinate *f* приближённая координа́та
Annäherungsmethode *f* спо́соб после́довательных приближе́ний, приближённый ме́тод
Annäherungsverfahren *n* спо́соб после́довательных приближе́ний
Annäherungswert *m* приближённое значе́ние
Annahme *f* предположе́ние, допуще́ние
Annelida *pl* аннели́ды, ко́льчатые че́рви, кольчецы́
Annerödit *m* † mit Niobit orientiert umwachsener Samarskit оннероди́т
Annit *m* † Lepidomelan анни́т
Annovit *m* Bi-haltiger Tetraedrit (Wismutfahlerz) аннииви́т
annular аннуля́рный
Annulargrube *f* аннуля́рная я́мка
Annularia *pl* аннуля́рии
annulosiphonat аннулосифона́тный
Annulus кольцо́ проростко́вой по́ры
Anode *f* ано́д
Anodenbatterie *f* ано́дная батаре́я
Anodenfläche *f* 1. пове́рхность ано́да; 2. пло́щадь ано́да
Anodenkohle *f* ано́дный у́голь
Anodenlauge *f* ано́дный щёлок
Anodenspannung *f* ано́дное напряже́ние
Anodenstrom *m* ано́дный ток
anogen Petr., durch Materialtransport nach oben entstanden аноге́нный
anomal непра́вильный, ненорма́льный, анома́льный
Anomalie *f* анома́лия
Anomalina- аномали́йный
Anomalinidae *pl* аномалини́ды
Anomalit *m* ? Mn-Co-Ni-Verbindung, pseudomorph nach Jeffersonit аномали́т
Anomodontia *pl* аномодо́нты
Anonaceae *pl* ано́новые
Anophorit *m* basaltische Hornblende анофори́т
Anoplotherium *n* аноплоте́рий

Anordnung *f* расположе́ние, расстано́вка
Anordnungsdichte *f* густота́ расположе́ния, частота́ расположе́ния
anorganogen анорганоге́нный
anorganisch неоргани́ческий
Anorganolith *m* анорганоли́т
anormal ненорма́льный
Anorthit *m* $Ca[Al_2Si_2O_8]$ (mit Ab O-1/8) анорти́т
Anorthit- анорти́товый
Anorthitandesit *m* анорти́товый андези́т
Anorthitbasalt *m* Basaltvarietät mit 50% Anorthit ($An_{90}-An_{100}$), 20% Augit, 5% Olivin, 5% Erzminerale u. Apatit, 20% Glas анорти́товый база́льт
Anorthitgehalt *m* содержа́ние анорти́товой ча́сти
Anorthitgestein *n* анорти́товая поро́да
Anorthitit *m* überwiegend aus Anorthit bestehendes Gestein (TURNER 1900) анортити́т
Anorthitkomponente *f* анорти́товый компоне́нт
Anorthitlava *f* анорти́товая ла́ва
Anorthobas *m* gewöhnlicher Diabas mit basischem Feldspat (BELJANKIN 1911) анортоба́з
Anorthoklas *m* Übergang von Albit zu Mikroklin анортокла́з
Anorthoklas- анортокла́зовый
Anorthoklasgranit *m* анортокла́зовый грани́т
Anorthoklasit *m* nach LEWINSON-LESSING (1901) Feldspatgestein, ganz oder fast ganz aus Anorthoklas bestehend анортоклази́т
Anorthoklastrachyt *m* nach SKEATS & SUMMERS (1912) aegirinhaltiger Trachyt mit Orthoklaseinsprenglingen анортокла́зовый трахи́т
Anorthophyr *m* Anorthoklassyenitporphyr (LEWINSON-LESSING 1899) анортофи́р
Anorthosit *m* анортози́т
Anorthosit- анортози́товый
Anorthositdiabas *m* анортози́т-диаба́з
Anorthositdolerit *m* анортози́товый долери́т
Anorthositgneis *m* анортози́товый гне́йс
Anorthosyenit *m* Anorthoklassyenit (LEWINSON-LESSING 1901) анортосиени́т
Anostraca *pl* беспа́нцирные ракообра́зные, безщитко́вые листоно́гие
anothermal анотерма́льный
Anoxybiose *f* аноксибио́з
Anpassung *f* приспособле́ние, приноровле́ние; адапта́ция
Anpassungsfähigkeit *f* приспособля́емость
Anpassungsgrad *m* сте́пень приспособле́ния
anpeilen пеленгова́ть / запеленгова́ть
Anpeilung *f* пеленгова́ние, пеленга́ция
Anpflanzung *f* насажде́ние
anpressen прижима́ть / прижа́ть
anregen возбужда́ть / возбуди́ть
Anregekristall *m* затра́вка криста́ллов, заро́дыш криста́ллов, возбуди́тель кристаллиза́ции
Anregung *f* возбужде́ние
Anregungspotential *n* потенциа́л возбужде́ния
Anregungsspannung *f* напряже́ние возбужде́ния
anreichern 1. aufbereiten обогаща́ть / обогати́ть. 2. akkumulieren накопля́ть / накопи́ть
anreichern sich обогаща́ться / обогати́ться
Anreicherung *f* 1. Aufbereitung обогаще́ние, концентра́ция. 2. Akkumulierung накопле́ние
Anreicherungs- обогати́тельный
Anreicherungsapparat *m* обогати́тельная маши́на
Anreicherungsfaktor *m* коэффицие́нт концентра́ции
Anreicherungsfeld *n* по́ле обогаще́ния
Anreicherungskonzentrat *n* обогащённое поле́зное ископа́емое, концентра́т
Anreicherungsprodukt *n* проду́кт обогаще́ния
Anreicherungsvorgang *m* проце́сс концентра́ции
Anreicherungszone *f* зо́на обогаще́ния
anrösten Erz обжига́ть / обже́чь
ansammeln sich akkumulieren ска́пливаться / скопи́ться, накопля́ться / накопи́ться
Ansammlung *f* Anhäufung, Akkumulation накопле́ние, скопле́ние

Ansatz *m* Inkrustation на́кипь
Ansatzpunkt *m* ме́сто закла́дки, ме́сто заложе́ния
Ansäuern *n* подкисле́ние
Ansaugen *n* заса́сывание, вса́сывание
Anscharung *f* сопряже́ние
anschaulich нагля́дный
Anschaulichkeit *f* нагля́дность
Anschlag *m* упо́р, сто́порная заде́ржка
Anschlagschraube *f* упо́рный винт, ограничи́тельный винт
Anschlagstift *m* упо́рный болт, упо́рный штифт, арре́тир
anschleifen пришлифо́вывать / пришлифова́ть
Anschliff *m* полиро́ванный шлиф, а́ншлиф
Anschliffarbe *f* окра́ска в полиро́ванном шли́фе
Anschluß *m* присоедине́ние
Anschlußfläche *f* пове́рхность смыка́ния
Anschlußpunkt *m* опо́рная то́чка, то́чка привя́зка
Anschlußrichtung *f* примы́чное направле́ние
Anschlußvermessung *f* соедини́тельное измере́ние
Anschlußwinkel *m* примы́чный у́гол
Anschnitt *m* Einschnitt, Kerbe надре́з
anschütten насыпа́ть / насы́пать
Anschüttung *f* насыпа́ние, на́сыпь
anschwellen aufquellen разбуха́ть / разбу́хнуть, набуха́ть / набу́хнуть, взду́ться / вздува́ться
Anschwellen *n* Anschwellung 1. Aufquellen взду́тие, набуха́ние, припуха́ние. 2. Ansteigen прибыва́ние воды́, подъём воды́. 3. Aufblähen вспу́чивание
anschwemmen наноси́ть / нанести́ тече́нием, намыва́ть / намы́ть
Anschwemmung *f* 1. Anlandung нано́с, намы́в; 2. Schwemmaterial нано́с, нано́сный материа́л
Anschwemmungsküste *f* аккумуля́тивный бе́рег
Anschwemmungsprozeß *m* проце́сс намы́ва
Ansetzen einer Bohrung *n* закла́дывать / заложи́ть сква́жину
Ansicht *f* взгляд, воззре́ние, мне́ние
anspülen намыва́ть / намы́ть
Anspülung *f* нано́с
Anstau *m* подпо́р воды́, подпру́да воды́
anstauen запру́живать / запруди́ть
Anstauung *f* 1. Anstau подпо́р. 2. Überschwemmung затопле́ние. 3. Einstau запру́да
anstehendes Gestein *n* коренна́я поро́да
ansteigend поднима́ющийся
Anstieg *m* подъём, подня́тие
Anstoß *m* Impuls толчо́к
Antarktis *f* Антаркти́да, Анта́рктика
antarktisch антаркти́ческий
Anteklise *f* антекли́за
Antennaldrüse *f* антенна́льная железа́
Antenne *f* 1. Zool. сяжо́к. 2. Techn. анте́нна
Antennula *f* анте́ннула
anterodorsal пере́дний спинно́й
anterolateral пере́дний боково́й
antezedent антецеде́нтный
Antezedenz *f* антецеде́нтность
Antheridium *n* антери́дий
Anthodit *m* антоди́т
Anthophyllit *m* антофилли́т
Anthophyllitamphibolit *m* антофилли́товый амфиболи́т
Anthophyllitasbest *m* антофилли́т-асбе́ст
Antophyllitit *m* антофиллити́т
Anthophyllitschiefer *m* антофилли́товый сла́нец
Anthophyta *pl* цветко́вые расте́ния
Anthozoa *pl* кора́лловые поли́пы
Anthracolith *m* антраколи́т
Anthracolith- антраколи́товый
Anthracosiidae *pl* антракози́ды
Anthracotheriidae *pl* антракоте́рии
Anthracotherium *n* антракоте́рий
Anthrakonit *m* mit Kohle verunreinigter Kalkspat антракони́т
Anthraxylon антраксило́н
Anthrazit *m* антраци́т
anthrazitartig антрацитови́дный
Anthrazitgrus *m* антраци́товая ме́лочь
anthropogen Anthropogen- антропоге́новый
Anthropogen *n* антропоге́н, антропоге́новая систе́ма
Anthropogenese *f* антропогене́з
anthropoid человекоподо́бный, антропо́идный
Anthropoiden *pl* антропо́иды
Anthropologe *m* антропо́лог

Anthropologie *f* антропология
anthropologisch антропологический
anthropomorph антропоморфный
Anthropozoikum *n* антропозой
Antiarchi *pl* антиархи
Antiepizentrum *n* антиэпицентр
Antifluorit *m* антифлюорит
Antifluoritgitter *n* антифлюоритовая структура
Antiglaukophan *m* антиглаукофан
Antigorit *m* Blätterserpentin $Mg_6[(OH)_8|Si_4O_{10}]$ антигорит
Antiisotypie *f* антиизотипия
antiklinal Antiklinal- антиклинальный
Antiklinalachse *f* ось антиклинали
Antiklinalbau *m* антиклинальное строение
Antiklinale *f* антиклиналь
Antiklinalfalte *f* антиклинальная складка
Antiklinalflanke *f* крыло антиклинали
Antiklinalhebung *f* антиклинальное поднятие
Antiklinalkern *m* ядро антиклинали
Antiklinalkuppel *f* антиклинальный купол
Antiklinalscheitel *m* свод антиклинали, замок антиклинали
Antiklinalstruktur *f* антиклинальная структура
Antiklinaltal *n* антиклинальная долина
Antiklinalzone *f* антиклинальная зона
Antikline *f* антиклинальная складка
Antiklinorium *n* антиклинорий
Antillenstrom *m* Антильское течение
Antilocapridae *pl* вилорогие
Antilope *f* антилопа
Antimikropegmatit *m* Durchwachsung von Quarz und Feldspat (MEISTER 1908) антимикропегматит
Antimon *n* Sb сурьма
Antimon- сурьмяный
Antimonarsennickel *n* сурьмяно-мышьяковый никель
Antimonat *n* антимонат
Antimonbleiblende *f* Boulangerit $5PbS \cdot 2Sb_2S_3$ буланжерит
Antimonbleikupferblende *f* Bournonit, Rädelerz $2PbS \cdot Cu_2S \cdot Sb_2S_3$ бурнонит
Antimonbleispat *m* Bindheimit $Pb_2Sb_2O_6O$ биндгеймит
Antimonblende *f* † Kermesit Sb_2S_2O сурьмяная обманка, кермезит
Antimonblüte *f* Valentinit Sb_2O_3 сурьмяные цветы, валентинит
Antimonglanz *m* Grauspießglanz, Stibnit Sb_2S_3 сурьмяный блеск
antimonhaltig сурьмянистый
Antimonhydroxid *n* $Sb(OH)_3$ сурьмянистая кислота, гидроокись сурьмы
Antimonid *n* антимонид
-antimonid сурьмянистый
Antimonit *m* † Antimonglanz, Stibnit Sb_2S_3 антимонит
Antimonjodid *n* йодистая сурьма
Antimonlagerstätte *f* сурьмяное месторождение
Antimonlegierung *f* сурьмяный сплав
Antimonnickelglanz *m* † Ullmannit NiSbS сурьмяно-никелевый блеск, ульманит
Antimonnitrat *n* $Sb(NO_3)_3$ азотнокислая сурьма, нитрат сурьмы
Antimonoxid *n* Sb_2S_3 окись сурьмы
Antimonoxysulfid *n* $2Sb_2O_3 \cdot Sb_2O_3$ сероокись сурьмы, оксисульфид сурьмы
Antimonpentachlorid *n* $SbCl_5$ пятихлористая сурьма, хлористая сурьма
Antimonpentasulfid *n* SbF_5 пятисернистая сурьма, сернистая сурьма
antimonreich богатый сурьмой
Antimonsulfat *n* $Sb_2(SO_4)_3$ сернокислая сурьма, сульфат сурьмы
Antimonsulfid *n* Sb_2S_3 трёхсернистая сурьма, сернистая сурьма, сульфид сурьмы
Antimontrichlorid *n* $SbCl_3$ трёххлористая сурьма, хлористая сурьма
Antimonwasserstoff *m* H_3Sb сурьмянистый водород
Antipegmatit *m* Durchwachsung von Quarz durch Albit антипегматит
Antiperthit *m* антипертит
Antiperthit- antiperthitisch антипертитовый
Antiphenitpegmatit *m* BARTH (1927) антифенит-пегматит
Antipode *m* антипод
Antirapakiwi *m* Granit mit Plagioklaseinsprenglingen, die von Orthoklas umgeben sind антирапакиви
antisiphonal Antisiphonal- антисифонный

Antisiphonallobus *m* антисифо́нная ло́пасть
Antistressmineral *n* антистре́ссовый минера́л
antisymmetrisch антисимметри́чный
antivergent антиверге́нтный
Antivirgula *f* антиви́ргула
antiwissenschaftlich антинау́чный
Antlerit *m* $Cu_3[(OH)_4|SO_4]$ антлери́т
Antochroit *m* антохрои́т
Antofagastit *m* $CuCl_2 \cdot 2H_2O$ антофагасти́т
Antozonit *m* schwarzer Flußspat CaF_2 антоцони́т
Antrimolith *m* † Gemenge von Thomsonit und Natrolith антримоли́т
antropomorph человекообра́зный
antropozoisch антропозо́йский
Anura *pl* бесхво́стые амфи́бии
Anus *m* ана́льное отве́рстие, заднепрохо́дное отве́рстие
anvisieren визи́ровать *uv.*, *v.*, *v.* auch завизи́ровать
anwachsen нараста́ть / нарасти́, прираста́ть / прирасти́, возраста́ть / возрасти́
Anwachsen *n* нараста́ние, прираста́ние, возраста́ние
Anwachslinie *f* ли́ния нараста́ния
Anwachsring *m* кольцо́ нараста́ния
Anwachssaum *m* каёмка нараста́ния
Anwachsschicht *f* сло́й нараста́ния
Anwachsstreifen *m/pl* струйки ро́ста
Anvisieren *n* взгляд
Anwachsstreifen *m* ли́ния нараста́ния
Anwachszentrum *n* центр нараста́ния
Anwachszone *f* зо́на нараста́ния, зо́на ро́ста
anwärmen подогрева́ть / подогре́ть
Anwärmen *n* подогрева́ние
Anwehung *f* навева́ние
Anweisung *f* указа́ние, наставле́ние, инстру́кция, директи́ва
anwendbar примени́мый
Anwendbarkeit *f* примени́мость
anwenden употребля́ть / употреби́ть, применя́ть / примени́ть
Anwendung *f* употребле́ние, примене́ние
Anwendungsbereich *m* о́бласть примене́ния
Anwendungsgebiet *n* о́бласть примене́ния
Anwesenheit *f* прису́тствие
Anzahl *f* число́, коли́чество
anzapfen перехва́тывать / перехвати́ть
Anzapfung *f* Anzapfen перехва́т, захва́т
Anzeichen *n* проявле́ние, при́знак
Anzeigebereich *m* преде́л показа́ний
Anzeigegenauigkeit *f* то́чность показа́ний
Anzeiger *m* указа́тель
Anzeigevorrichtung *f* указа́тельный прибо́р
Anziehung *f* притяже́ние
Anziehungsarbeit *f* рабо́та притяже́ния
Anziehungsbereich *m* о́бласть притяже́ния
Anziehungskraft *f* си́ла притяже́ния
Anzielen *n* визи́рование
äolisch эо́ловый
Apachit *m* Phonolithgestein (Osann 1895) апачи́т
Apalhraun апальхра́ун
Apaneit *m* Apatitnephelingestein der H.-I. Kola (Beljankin 1909) апане́йт
Apatit *m* $Ca_5[(F)|(PO_4)_3]$ апати́т
Apatiteisenerzgruppe *f* гру́ппа апати́тожеле́зных руд
Apatitpegmatit *m* апати́товый пегмати́т
Apenninit *m* апеннини́т
aperiodisch апериоди́ческий, непериоди́ческий
Aperturblende *f* аперту́рная диафра́гма
Aperiodizität *f* апериоди́чность, непериоди́чность
Aperiodizitätsgrad *m* сте́пень апериоди́чности
Apertur *f* аперту́ра, отве́рстие, у́стье
Aperturblende *f* аперту́рная диафра́гма
apfelgrün я́блочно-зелёный
apfelsauer яблочноки́слый
Apfelsäure *f* я́блочная кислота́
Aphanitbasalt *m* афани́товый база́льт
aphanitisch Aphanit- афани́товый
aphanitische Struktur афани́товая структу́ра, скрытокристалли́ческая структу́ра
Aphel *n* Aphelium афе́лий
Aphlebia *pl* афле́бии
aphotisch афоти́ческий
Aphrit *m* Aragonit pseudomorph nach Gips афри́т, пе́нистый шпат
Aphrizit *m* Fe-Turmalin африци́т, чёрный турмали́н

Aphrosiderit *m* Chloritvarietät афросидерит
Aphthitalit *m* † Glaserit афтиталит
aphyrisch афировый
apikal Apikal- апикальный
Apikalapparat *m* апикальный аппарат
Apikallinie *f* апикальная линия
Apikalschild *m* апикальный щиток
Apikalteil *m* апикальная часть
Apjohnit *m* $MnAl_2[SO_4]_4 \cdot 22H_2O$ апджонит, апионит
aplanatisch апланатический
Aplit *m* аплит
Aplitfazies *f* аплитовая фация
Aplitgranit *m* аплитовый гранит
Aplitporphyr *m* аплито-порфир
aplitisch Aplit- аплитовый
Aplitstruktur *f* аплитовая структура
Aplittextur *f* аплитовая текстура
Aplodiorit *m* BEILEY (1916) аплодиорит
Aplogranit *m* BEILEY (1916) аплогранит
Apocolpium *n* Paläont. безборо́здный участок
Apoda *pl* амфибии, безногие
Apodolerit *m* van HISE (1904) анодолерит
Apogäum *n* апогей
apographische Struktur *f* KORSHINSKI (1937) апографическая структура
Apogrit *m* van HISE (1904) апогрит
apomagmatisch апомагматический
Apophyllit *m* апофиллит
Apophyse *f* апофиза
Apoporphyr *m* HOLMQUIST (1908) апопорфир
Aporhyolith *m* BASCOM (1893) апориолит
Appalachen-Faltung *f* аппалачская складчатость
Apparat *m* аппарат, прибор
Apparatenkonstante *f* постоянная прибора
Apparatur *f* аппаратура
Appinit *m* Sammelbezeichnung für hornblendereiche melanokrate Varietäten von Syenit, Monzonit oder Diorit (BEILEY 1916) аппинит
Approximation *f* аппроксимация, приближение, сближение
approximativ приблизительный, примерный
a priori априорный
Apt *n* Apt-Stufe апт, аптский ярус
Apt- аптский
Apterygota *pl* бескрылые
Aptychen *pl* аптихи
Aptychen- аптиховый
Aptychen-Kalk *m* аптиховый известняк
Aptychen-Schiefer аптиховый сланец
Aqualith *m* sedimentäre Bildung mit Eis als Hauptkomponente (PUSTOWALOW 1940) аквалит
Aquamarin *m* Beryll-Varietät аквамарин
Aquamarinchrysolith *m* аквамариновый хризолит
Äquator *m* экватор
Äquatorachse *f* экваториальная ось
Äquatorbogen *m* дуга экватора
Äquatordurchmesser *m* диаметр экватора
Äquatorebene *f* плоскость экватора, экваториальная плоскость
Äquatorellipse *f* экваториальный эллипс
Äquatorgebiet *n* экваториальная область
Äquatorhalbmesser *m* экваториальный радиус
Äquatorhöhe *f* высота экватора
äquatorial Äquatorial- экваториальный
Äquatorialdurchmesser *m* экваториальный диаметр, экваториальный поперечник, диаметр экватора
Äquatorialgebiet *n* экваториальная область
Äquatorialgegend *f* область экватора, экваториальная область
Äquatorialgegenstrom *m* экваториальное противотечение
Äquatorialprojektion *f* экваториальная проекция
Äquatorialstrom *m* экваториальное течение
Äquatorialzone *f* экваториальная зона
Äquatorkoordinate *f* экваториальная координата
Äquatorkoordinatensystem *n* экваториальная система координат
Äquatorkreis *m* экваториальный круг
Äquatorpol *m* полюс экватора
Äquatorradius *m* экваториальный радиус
Äquatorregion *f* экваториальная область

Äquatorumfang *m* окру́жность эква́тора
äquiaxial равноо́сный
äquidifferent равнора́зностный
äquidimensional равновели́кий
äquidistant эквидиста́нтный, равнопромежу́точный, равноотстоя́щий
Äquidistanz *f* равнопромежу́точность
Äquifoliaceae *pl* па́дубовые
äquigranular эквигрануля́рный
äquilateral равносторо́нний
äquimolekular эквимолекуля́рный
äquinoktial Äquinoktial- равноде́нственный
Äquinoktialkreis *m* круг равноде́нствия
Äquinoktiallinie *f* ли́ния равноде́нствия
Äquinoktialpunkt *m* то́чка равноде́нствия
Äquinoktialtide *f* равноде́нственный прили́в
Äquinoktium *n* равноде́нствие
äquipotential Äquipotential- равнопотенциа́льный, эквипотенциа́льный
Äquipotentialelektrode *f* эквипотенциа́льный электро́д
Äquipotentialfläche *f* эквипотенциа́льная пове́рхность, пове́рхность ра́вных потенциа́лов
Äquipotentiallinie *f* эквипотенциа́льная ли́ния, ли́ния ра́вного потенциа́ла
Äquipotentiallinienelement *n* элеме́нт изоли́ний потенциа́ла
Äquipotentialpunkt *m* эквипотенциа́льная то́чка
äquipotentiell эквипотенциа́льный
Aquitan *n* Aquitan-Stufe *f* аквита́н, аквита́нский я́рус
Aquitan- аквита́нский
äquivalent эквивале́нтный
Äquivalent *n* эквивале́нт
Äquivalentform *f* эквивале́нтная фо́рма
Äquivalentgehalt *m* содержа́ние эквивале́нтов
Äquivalentgewicht *n* эквива́лентный вес
Äquivalentkonzentration *f* эквивале́нтная концентра́ция
Äquivalentleitvermögen *n* эквивале́нтная проводи́мость
Äquivalentpunkt *m* то́чка эквивале́нтности
Äquivalenttemperatur *f* эквивале́нтная температу́ра
Äquivalentvolumen *n* эквивале́нтный объём
Äquivalenz *f* эквивале́нтность, равнозна́чность
Äquivalenzprinzip *n* при́нцип эквивале́нтности
Ar *n* ар
Ära *f* э́ра
Arabeskenstruktur *f* Struktur mit Grundmasse aus optisch orientierten verschlungenen Feldspat- und Quarzverwachsungen (Bořický 1882) арабе́сковая структу́ра
Arachnida *pl* паукообра́зные
Arachnoidea *pl* паукообра́зные
Arachnomorpha *pl* арахномо́рфы
Aragonit *m* $CaCO_3$ арагони́т
Aragonit- арагони́товый
Aragonitgesetz *n* арагони́товый зако́н
Arakawait *m* $(Cu,Zn)_3[(OH)_3|PO_4]\cdot 2H_2O$ аракава́йт
Aralia *pl* ара́лия
Araliaceae *pl* ара́лиевые
Aramayoit *m* $Ag(Sb, Bi)S_2$ арамайо́йт
Aräometer *n* арео́метр
Aräometerskala *f* ареометри́ческая шкала́
aräometrisch Aräometer- ареометри́ческий
Araucaria *f* араука́рия
Araucariaceae *pl* араука́риевые
Araucarites *pl* араукари́ты
araucaroid араукаро́идный
Arbeitsaufwand *m* затра́та рабо́ты, затра́чиваемая рабо́та, трудоёмкость, трудовы́е затра́ты
Arbeitsdruck *m* рабо́чее давле́ние
Arbeitseinheit *f* едини́ца рабо́ты
Arbeitsfläche *f* рабо́чая пове́рхность
arbeitsintensiv трудоёмкий
Arbeitskarte *f* рабо́чая ка́рта
Arbeitskolonne *f* рабо́чая брига́да
Arbeitskraft *f* рабо́чая си́ла
Arbeitsleistung *f* производи́тельность труда́
Arbeitsmaßstab *m* рабо́чий масшта́б
Arbeitsmethode *f* ме́тод рабо́ты, спо́соб рабо́ты
Arbeitsplan *m* план рабо́ты
Arbeitsplanung *f* плани́рование рабо́ты
Arbeitsprogramm *n* програ́мма рабо́т
Arbeitsschema *n* рабо́чая схе́ма
Arbeitsschicht *f* рабо́чая сме́на

Arbeitsspannung *f* рабóчее напряжéние
Arbeitstagung *f* рабóчее заседáние
Arbeitsverhältnisse *n/pl* услóвия трудá, услóвия рабóты
Arbeitswert *m* механи́ческий эквивалéнт
Arbeitszeit *f* рабóчее врéмя
Archaeoceti *pl* дрéвные киты́
Archaeocyathida *pl* археоциáты
Archaeocyathidenkalk *m* археоциáтовый известня́к
Archaeopteridales *pl* археоптери́дные
Archaeopterides *pl* археоптери́дные
Archaeopteridineae *pl* археоптерисовые
Archaeopteris *m* археоптéрис
Archaeopteris-Flora *f* археоптéрисовая флóра
Archaeopterys *m* археоптéрикс
Archaeornis *m* археóрнис, дрéвняя пти́ца
Archaeostoma *f* перви́чный рот
Archaeostomata *pl* первичнорóтые
Archäikum *n* Archaikum архéй, архéйская э́ра, архéйская грýппа
archäisch archaisch архéйский
Archäologe *m* археóлог
Archäologie *f* археолóгия
archäologisch археологи́ческий
Archäozoikum *n* археозóй, археозóйская э́ра, археозóйская грýппа
archäozoisch археозóйский
Archegonien- архегониáльный
Archegonienkammer *f* архегониáльная кáмера
Archegosaurus *m* архегозáвр
Archicarida *pl* первичноистинные растéния
Archipel *m* архипелáг
Archiv *n* архи́в
Archosauria *pl* архозáвры
Arcus *m* áрка, дугá
Ardealit *m* $Ca_2H[PO_4SO_4] \cdot 4H_2O$ ардеали́т
ardennisch ардéннский
ardennische Phase *f* ардéннская фáза склáдчатости
Ardennit *m* $Mn_4(MnAl_5)[(OH)_2|(V, As)O_4 \cdot (SiO_4)_5] \cdot 2H_2O$ арденни́т
Arduinit *m* ардуини́т
Area *f* Paläont. áреа, áрея
Areal *n* ареáл, óбласть распространéния
Arealeruption *f* ареáльное извержéние, площаднóе извержéние
Arendalit *m* † Epidot арендали́т
Arenig *n* Arenig-Stufe *f* арéниг, арéнигский я́рус
Arfvedsonit *m* $Na_5Ca(Fe^{\cdot\cdot}, Mg, Ti)_7Fe^{\cdot\cdot}_3[(OH_4|(Al, Fe^{\cdot\cdot\cdot})_1Si_{15}O_{44}]$ арфведсони́т
Arfvedsonittrachyt *m* арфведсони́товый трахи́т
Argenit *m* аргени́т
Argentit *m* Ag_2S аргенти́т
Argentojarosit *m* $AgFe_3^{\cdot\cdot\cdot}[(OH)_6|(SO_4)_2]$ аргентоярози́т
Argentopyrit *m* $AgFe_3S_5$ аргентопири́т
Argillit *m* verfestigtes Tongestein mit schwacher Schichtung аргилли́т
Argon *n* Ar аргóн
Argon- аргóновый
Argonmethode *f* аргóновый мéтод
Argovien *n* Oxford аргови́йский я́рус
argovisch Argovien- аргови́йский
Argument *n* аргумéнт, дóвод
Argumentation *f* аргументáция
Argyrodit *m* $4Ag_2S \cdot GeS_2$ аргироди́т
Argyropyrit *m* $Ag_3Fe_7S_{11}$ аргиропири́т
arid ари́дный, засýшливый
Aridisierung *f* аридизáция
Aridität *f* ари́дность, засýшливость
Arietitenkalk *m* ариети́товый известня́к
Arit *m* Ni(As, Sb) ари́т
Arithmetik *f* арифмéтика
arithmetisch арифмети́ческий
Arizonit *m* $Fe_2Ti_3O_9$ аризони́т
Arkose *f* аркóз
Arkose- аркóзовый
arkoseartig аркозоподóбный
Arkosematerial *n* аркóзовый материáл
Arkosesand *m* аркóзовый песóк
Arkosesandstein *m* аркóзовый песчáник
Arktik *f* Áрктика
Arktis *f* Áрктика
arktisch аркти́ческий
Arm *m* Flußarm рукáв
Armadill *m* Gürteltier броненóсец
Armangit *m* $Mn_3[AsO_3]_2$ армангит
Armapparat *m* Brachidium ручнóй аппарáт
Armatur *f* арматýра
armenisch армя́нский
Armenit *m* $BaCa_2Al_3[Al_3Si_9O_{30}] \cdot 2H_2O$ армени́т
Armfüß(l)er *pl* Brachiopoden плеченóгие

Armgerüst *n* Brachidium ручно́й аппара́т
Armglieder *n/pl* bei Crinoidea чле́ники руки́
armieren арми́ровать *uv.*, *v.*
Armierung *f* 1. Armieren арми́рование. 2. Armatur армату́ра
Armierungseisen *n* армату́рное желе́зо
Armmuskel *m* ручно́й му́скул
Armorika *n* Армо́рика
armorikanisch арморика́нский
Armstütze *f* Paläont. ручна́я подде́ржка
aromatisch аромати́ческий
Arquerit *m* Kongsbergit арквери́т
Arretier- аррети́рный, сто́порный
arretieren остана́вливать / останови́ть, стопори́ть / засто́порить
Arretierhebel *m* сто́порный рыча́г
Arretierschraube *f* аррети́р, аррети́рный винт
Arretierung *f* заде́ржка, остано́вка, аррети́рование, заде́рживающее приспособле́ние
Arretiervorrichtung *f* аррети́рное приспособле́ние, заде́рживающее приспособле́ние, остана́вливающее приспособле́ние, сто́порное приспособле́ние
Arrojadit *m* $Na_2[Fe^{\cdot\cdot}, Mn^{\cdot\cdot}]_5[PO_4]_4$ арроядит
Arsen *n* As мышья́к
Arsen- мышьяко́вый
Arsenat *n* арсена́т, соль мышьяко́вой кислоты́, мышьяковоки́слая соль
Arsenblüte *f* Arsenit, Arsenolith As_2O_3 арсени́т
Arseneisen *n* Löllingit, Arsenikalkies $FeAs_2$ мышьяко́вое желе́зо
Arsenerz *n* мышьяко́вая руда́
Arsenfahlerz *n* Tennantit Cu_3AsS_{3-4}(?) мышьяко́вая блёклая руда́
Arsenfluorid *n* AsF_5 пятифто́ристый мышья́к, фто́ристый мышья́к
arsenhaltig мышьяко́вистый
-arsenid мышьяко́вистый
Arsenid *n* арсени́д
arsenige Säure *f* мышьяко́вистая кислота́
Arsenikalkies *m* Löllingit, Arseneisen $FeAs_2$ мышьяко́вое желе́зо
Arseniopleit *m* wahrscheinlich (Mn, Ca, Na)(Mn, Al)[OH | PO_4] арсениоплейт
Arseniosiderit *m* $Ca_3Fe_4[OH | AsO_4]_4 \cdot 4H_2O$ арсениосидери́т
Arsenit *n* арсени́т, соль мышьяко́вистой кислоты́, мышьяко́вистая соль
Arsenjodid *n* AsJ_5 пятийо́дистый мышья́к, йо́дистый мышья́к
Arsenkies *m* Arsenopyrit, Mispickel FeAsS мышьяко́вый колчеда́н
Arsenkupfer *n* Domeykit Cu_3As мышьяко́вистая медь, домейки́т
Arsennickelkies *m* † Chloanthit мышьяко́во-ни́келевый колчеда́н
Arsenobismit *m* $Bi_4[OH | AsO_4]_3 \cdot H_2O$ (?) арсениовисми́т
Arsenoferrit *m* $FeAs_{2-3}$ арсеноферри́т
Arsenoklasit *m* $Mn_5[(OH)_2 | AsO_4]_2$ арсеноклази́т
Arsenolamprit *m* As, mit einigen % Bi арсенолампри́т
Arsenolith *m* Arsenit, Arsenblüte As_2O_3 арсеноли́т
Arsenopyrit *m* Arsenkies, Mispickel FeAsS арсенопири́т
Arsenopyrit- арсенопири́товый
Arsenosiderit *m* † Löllingit арсеносидери́т, лёллинги́т
Arsenosulvanit *m* арсеносульвани́т
Arsensäure *f* мышьяко́вая кислота́
Arsensäureanhydrid *n* As_2O_5 мышьяко́вый ангидри́д, пятио́кись мышьяка́
Arsenspiegel *m* мышьяко́вое зе́ркало
Arsensulfid *n* 1. As_4S_3, 2. As_4S_4, 3. As_2S_3, 4. As_2S_5 серни́стый мышья́к, сульфи́д мышьяка́
Arsentribromid *n* $AsBr_3$ трёхбро́мистый мышья́к, бро́мистый мышья́к (3)
Arsentrifluorid *n* AsF_3 трёхфто́ристый мышья́к, фто́ристый мышья́к (3)
Arsentrisulfid *n* As_2S_3 трёхсерни́стый мышья́к, серни́стый мышья́к (3)
Arsenwasserstoff *m* AsH_3 мышьяко́вистый водоро́д, арси́н
Art *f* вид
Art(en)- видово́й
Artbegriff *m* видово́е поня́тие
Artbestimmung *f* видово́е определе́ние
Artbezeichnung *f* видово́е назва́ние
Art(en)bildung *f* видообразова́ние
artenreich бога́тый ви́дами
Artenreichtum *m* изоби́лие ви́дов
Artenzone *f* видова́я зо́на
Artenzusammensetzung *f* видово́й соста́в

Arterit *m* Adergneis артери́т
artesisch артезиа́нский
artesischer Brunnen *m* артезиа́нская сква́жина
artesisches Becken *n* артезиа́нский бассе́йн
Arthrodira *pl* артроди́ры
Arthrophyta *pl* членистосте́бельный
Arthropoda *pl* артропо́ды, членистоно́гие
Articulare *n* сочлено́вная кость
articulat замко́вый
Articulata *pl* артикуля́ты, замко́вые плечено́гие
Articulatae *pl* артикуля́ты, членистосте́бельные
-artig -ви́дный
Artikel *m* Abhandlung статья́
Artinit *m* $Mg_2[(OH)_2|CO_3]\cdot 3H_2O$ артини́т
Artinsk-Stufe *f* Unterperm арти́нский я́рус
Artiodactyla *pl* парнокопы́тные
Artmerkmal *n* видово́й при́знак, при́знак ви́да
Artname *m* видово́е назва́ние
Arzrunit *m* $Pb_2Cu_4[O_2|Cl_6|SO_4]\cdot 4H_2O$ арцруни́т
Asabasch *m* Teerkohle азаба́ш
Asbest *m* асбе́ст
Asbest- асбе́стовый
Asbestfaser *f* асбе́стовое волокно́
Asbestfilter *m, n* асбе́ствовый фильтр
Asbestgewebe *n* асбе́стовая ткань
Asbestplatte *f* асбе́стовая пласти́на
Asbestzement *m* асбестоцеме́нт
Asbolan *m* Kobaltschwärze асбола́н
Ascharit *m* $Mg_2[BO_2O_5]\cdot H_2O$ ашари́т
Asche *f* пе́пел, зола́
aschearm малозо́льный
Ascheelement *n* зо́льный элеме́нт
aschefrei беззо́льный, обеззо́леный
Aschegehalt *m* зо́льность, содержа́ние золы́
aschehaltig зо́льный
Asche(n)- пе́пловый, зо́льный
Aschenmaterial *n* пе́пловый материа́л
Aschenabfuhr *f* золоудале́ние
Aschenablagerung *f* отложе́ние пе́пла
Aschenbestandteil *m* составна́я часть золы́
Aschenfall *m* пеплопа́д, пе́пельный дождь
aschenfrei беззо́льный, обеззо́леный
Aschengehalt *m* содержа́ние золы́, зо́льность
Aschenkegel *m* пе́пловый ко́нус
Aschenmethode *f* зо́льный ме́тод
Aschenregen *m* пе́пельный дождь
aschenreich многозо́льный, высокозо́льный
Aschenrückstand *m* оста́ток золы́; шлак
Aschenstrom *m* пе́пловый пото́к
Aschenstruktur *f* пе́пловая структу́ра, ту́фовая структу́ра
Aschentuff *m* пе́пловый туф
Aschenwolke *f* пе́пловая ту́ча
Aschirit *m* ахири́т
aschist асхи́стовый, аши́стовый
Ascidiae *pl* асци́дии
Ascomycetes *pl* Schlauchpilze аскомице́ты, су́мчатые грибы́
Ascopore *f* bei Bryozoen mediane Öffnung in der verkalkten Vorderseite аскопо́ра
asellat Sutur bei Cephalopoden асела́тный, бесседе́льный
asequent асекве́нтный
aserbaidshanisch азербайджа́нский
Ashgill *n* ашги́лльский я́рус
Ashtonit *m* † Ptilolith аштони́т
Asiphonogama *pl* бессифо́нные
Askanit *m* Bleichton аскани́т
Asowskit *m* $Fe^{\cdots}[(OH)_6|PO_4]$ азовски́т
Aspermae *pl* бессемя́нные
Asphalt *m* асфа́льт
Asphalt- асфа́льтовый
Asphaltbeton *m* асфальтобето́н
Asphaltbeton- асфальтобето́нный
Asphaltbitumen *n* приро́дный биту́м
Asphaltdurchtränkung *f* пропи́танность асфа́льтом
Asphaltgang *m* асфа́льтовая жи́ла
Asphaltgestein *n* асфа́льтовая поро́да
asphaltiert асфальти́рованный
Asphaltierung *f* асфальти́рование
Asphalt-Imprägnation *f* асфа́льтовая пропи́танность
Asphaltit *m* асфальти́т
Asphaltöl *n* асфа́льтовое ма́сло
Asphaltsandstein *m* асфа́льтовый песча́ник
Asphaltsee *m* асфа́льтовое о́зеро
Aspidelith *m* † Titanit титани́т
Aspidenschiefer *m* а́спидный сла́нец

Aspidocephali *pl* бесчелюстные рыбы
Aspis *f* щиток
Assimilation *f* ассимиляция
Assimilations- ассимиляционный
Assimilationsgewebe *n* ассимиляционная ткань
Assimilationshypothese *f* ассимиляционная гипотеза
Assimilationsprozeß *m* ассимиляционный процесс
Assimilationsverhältnisse *n/pl* условия ассимиляции
Assimilationsvorgang *m* ассимиляционный процесс
Assimilationszone *f* зона ассимиляции
assimilatorisch ассимилирующий
assimilierbar ассимилируемый
assimilieren ассимилировать *uv.*, *v.*
assimiliert ассимилированный
Assimilierung *f* ассимиляция
Assoziation *f* ассоциация
assoziieren ассоциировать *uv.*, *v.*
assyntisch ассинтский
Ast *m* ветвь
Astasie *f* астатичность
astatisch астатический
Asterismus *m* астеризм
Asterocalamites *pl* астерокаламиты
Asteroid *m* астероид
Asteroidea *pl* морские звезды
Asteroxylon астероксилон
Asterozoa *pl* морские звезды
Asti- астийский
Asti-Stufe *f* Asti астийский ярус
astigmatisch астигматический
Astigmatismus *m* астигматизм
Astomata *pl* безротые
Astrakanit *m* Blödit $Na_2Mg[SO_4]_2 \cdot 4H_2O$ астраханит
astrogeologisch астрогеологический
Astrolith *m* $(Na, K)_2Fe(Al, Fe)_2Si_5O_{15} \cdot H_2O$ астролит
Astronom *m* астроном
Astronomie *f* астрономия
astronomisch астрономический
Astrophotographie *f* астрофотография
Astrophyllit *m* $(K_2, Na_2, Ca)(Fe^{\cdot\cdot}, Mn)_4(Ti, Zr)[OH|Si_2O_7]_2$ астрофиллит
Astrophysik *f* астрофизика
astrophysikalisch астрофизический
Ästuar *n* Ästuarium эстуарий
ästuarin Ästuar- эстуариевый
asturische Phase астурийская фаза складчатости
Asymmetrie *f* асимметрия, асимметричность
Asymmetriezentrum *n* центр асимметрии
asymmetrisch асимметрический
asymmetrische (pediale) **Symmetrieklasse** *f* асимметрический (агирно-примитивный, педиальный) вид симметрии
Asymptote *f* асимптота
Asymptotenebene *f* асимптотическая плоскость
Asymptotenlinie *f* асимптотическая линия
asymptotisch асимптотический
asynchron асинхронный
aszendent восходящий
Aszensionstheorie *f* асцензионная теория
Atakamit *m* Salzkupfererz $CuCl_2 \cdot 3Cu(OH)_2$ атакамит
Ataktostele *f* атактостела
ataxitisch атакситовый
atektonisch нетектонический
Atelestit *m* $Bi_2[O|OH|(AsO_4)]$ ателестит
Atemfunktion *f* дыхательная функция, функция дыхания
Atemloch *n* дыхальце
Atemöffnung *f* Stigma дыхательное отверстие
Äthan *n* C_2H_6 этан
äthanoxydierend этаноокисляющий
Ätheralkoholmischung *f* спирто-эфирная смесь
Ätherauszug *m* эфирная вытяжка, эфирный экстракт
ätherisch эфирный
ätherlöslich растворимый в эфире
ätherunlöslich не растворимый в эфире
Ätherzahl *f* эфирное число
Äthyl- этиловый
Äthylalkohol *m* C_2H_5OH этиловый спирт
Äthylchlorid *n* C_2H_5Cl хлористый этил
Äthylen *n* C_2H_4 этилен
Äthylen- этиленовый
Äthylenbindung *f* этиленовая связь
Äthylenbromid *n* $CH_2Br \cdot CH_2Br$ бромистый этилен
Äthylenreihe *f* этиленовый ряд

Atlantis *f* Атланти́да
atlantisch атланти́ческий
Atlantische Schwelle *f* атланти́ческий вал
atlantischer Küstentyp *m* бе́рег атланти́ческого ти́па
Atlantischer Ozean *m* Atlantik Атланти́ческий океа́н
Atlantosaurus *m* атлантоза́вр
Atlas *m* 1. Kartenwerk а́тлас. 2. oberster Halswirbel атла́нт, пе́рвый ше́йный позвоно́к
Atlasgips *m* волокни́стый гипс
Atlasit *m* † Gemenge von Atakamit und (?) Azurit атласи́т
Atlasspat *m* faseriger Kalkspat, Aragonit oder Gips атла́сный шпат, шелкови́стый шпат
atmophil атмофи́льный
Atmosphäre *f* атмосфе́ра
Atmosphären- атмосфе́рный
Atmosphärendruck *m* атмосфе́рное давле́ние
Atmosphärenschicht *f* сло́й атмосфе́ры
Atmosphärilien *pl* составны́е ча́сти атмосфе́ры (водород и газы, участвующие в процессах окисления, дыхания и вегетации)
atmosphärisch атмосфе́рный, атмосфери́ческий
Atmung *f* дыха́ние
Atmungs- дыха́тельный
Atmungsferment *n* ферме́нт дыха́ния
Atmungsorgan *n* о́рган дыха́ния
Atmungssystem *n* дыха́тельная систе́ма
Atmungsvorgang *m* проце́сс дыха́ния
Atoll *n* ато́лл
Atoll- ато́лловый
Atom *n* а́том
Atom- а́томный
Atomabstand *m* межа́томное расстоя́ние
Atombau *m* строе́ние а́тома
Atombindung *f* а́томная связь
Atomdurchmesser *m* диа́метр а́тома
Atomenergie *f* а́томная эне́ргия
Atomfrequenz *f* частота́ колеба́ний а́тома
Atomgewicht *n* а́томный вес
Atomgitter *n* а́томная решётка
Atomhülle *f* а́томная сфе́ра, а́томная оболо́чка
atomistisch атомисти́ческий
Atomkern *m* а́томное ядро́
Atomkristall *m* а́томный криста́лл
Atomniveau *n* а́томный у́ровень (энергети́ческий)
Atomprozent *n* а́томный проце́нт
Atomschwerpunkt *m* центр тя́жести а́тома
Atomspektrum *n* а́томный спектр
Atomsuszeptibilität *f* а́томная магни́тная проница́емость
Atomvolumen *n* а́томный объём
Atomwärme *f* а́томная теплоёмкость
Atomzahl *f* а́томное число́
Atomzerfall *m* а́томный распа́д
Atomzustand *m* а́томное состоя́ние
Atrium *n* атриа́льная по́лость
atrophiert атрофи́рованный
Attakolith *m* CaMnAl-Phosphat unsicherer Zusammensetzung аттаколи́т
Attapulgit *m* $Mg_{2½}H[(H_2O)_3|Si_4O_{11}] \cdot H_2O$(?) аттапульги́т
attische Phase *f* атти́ческая фа́за скла́дчатости
Ätz- е́дкий
Ätzbarkeit *f* затра́вливаемость
Ätzbaryt *n* $Ba(OH)_2$ е́дкий бари́т, гидро́окись ба́рия
Ätzdauer *f* продолжи́тельность травле́ния
Ätzdiagnose *f* диагности́ческое травле́ние
ätzen протра́вливать / протрави́ть
Ätzen *n* травле́ние
ätzend е́дкий
Ätzfigur *f* фигу́ра травле́ния
Ätzfläche *f* пове́рхность травле́ния
Ätzgeschwindigkeit *f* ско́рость травле́ния
Ätzkali *n* е́дкий ка́ли
Ätzkalilauge *f* кали́йный щёлок, раство́р е́дкого ка́ли
Ätzkalilösung *f* раство́р е́дкого ка́ли
Ätzkalk *m* $Ca(OH)_2$ е́дкая и́звесть
Ätzkraft *f* е́дкость
Ätzmittel *n* сре́дство для травле́ния
Ätznatron *n* е́дкий натр
Ätznatronlösung *f* раство́р е́дкого на́тра
Ätzplatte *f* пласти́на для травле́ния
Ätzprobe *f* про́ба травле́нием
Ätzprüfung *f* испыта́ние травле́нием
Ätzreaktion *f* реа́кция травле́ния
Ätzspaltbarkeit *f* спа́йность травле́ния
Ätzstruktur *f* структу́ра травле́ния
Ätzsutur *f* фигу́ра травле́ния

Ätztinte *f* жидкость для письма по стеклу и травления стекла
Ätzung *f* травле́ние, протра́вливание, разъеда́ние
Ätzverhalten *n* поведе́ние при травле́нии
Ätzversuch *m* испыта́ние травле́нием
Aubrit *m* обри́т
Aucella *f* ауце́лла
Aue *f* по́йма
Auenebene *f* по́йменная равни́на
Auerbachit *m* radioaktiv zersetzter Zirkon ауэрбахи́т
Auewald *m* заливно́й лес
aufarbeiten перераба́тывать / перерабо́тать
Aufarbeitung *f* перерабо́тка
Aufbau *m* строе́ние
Aufbauküste *f* аккумуляти́вный бе́рег
Aufbereitbarkeit *f* обогати́мость
aufbereiten обогаща́ть / обогати́ть
Aufbereitung *f* обогаще́ние
Aufbereitungsanlage *f* обогати́тельная фа́брика; обогати́тельная устано́вка
Aufbereitungseigenschaft *f* сво́йство обогаще́ния
Aufbereitungsgang *m* проце́сс обогаще́ния
Aufbereitungsgut *n* материа́л обогаще́ния, проду́кт обогаще́ния
Aufbereitungskennziffer *f* коэффицие́нт обогаще́ния
Aufbereitungskonzentrat *n* концентра́т обогаще́ния
Aufbereitungsmöglichkeit *f* обогаща́емость
Aufbereitungsprodukt *n* проду́кт обогаще́ния
Aufbereitungsprozeß *m* проце́сс обогаще́ния
Aufbereitungstechnik *f* те́хника обогаще́ния, технологи́ческий проце́сс обогаще́ния
aufblähen набуха́ть / набу́хнуть, вспу́чиваться / вспучи́ться
Aufblähen *n* Aufblähung набуха́ние, вспу́чивание
Aufblähungsgrad *m* сте́пень вспу́чивания
Aufblätterung *f* разлистова́ние, рассла́ивание
Aufblätterungszone *f* зо́на рассла́ивания
Aufbohren *n* nach der Zementierung выбу́ривание
Aufbrausen *n* вскипа́ние
aufbrausen кипе́ть / вскипе́ть
aufdecken обнару́живать / обнаружи́ть, вскрыва́ть / вскрыть
Aufdeckung *f* обнаруже́ние, вскры́тие
Aufeinanderfolge *f* после́довательность
aufeinanderfolgend после́довательный
Aufeis *n* на́ледь
Auffahrung *f* прохо́дка
auffallendes Licht *n* отражённый свет
Auffallswinkel *m* у́гол паде́ния
Auffanggefäß *n* Hydrogeol. приёмник
Auffangrinne *f* Hydrogeol. приёмный жёлоб, водоотво́дный жёлоб
aufforsten облеси́ть *v.*
Aufforstung *f* облесе́ние, лесоразведе́ние
auffüllen наполня́ть / напо́лнить
Auffüllung *f* Auffüllung наполне́ние
Auffüllungszeit *f* вре́мя наполне́ния
aufgeben Bergbau забра́сывать / забро́сить
aufgeblättert разлисто́ванный
aufgegabelt ви́льчатый
aufgegeben auflässig забро́шенный, оста́вленный
aufgehaldet помещённый в отва́л
aufgelockert разры́хленный
aufgelöst растворённый
aufgepflügt aufgeackert вспа́ханный
aufgequollen распу́хший
aufgeschichtet залега́ющий слоя́ми
aufgeschlossen обнажённый
aufgeschmolzen распла́вленный
aufgeschoben надви́нутый
aufgeschwemmt нано́сный, намы́тый
aufgesetzt наса́женный
aufgetaut та́лый
aufgetauter Boden *m* та́лик
aufgetrieben разду́тый
aufgewachsen наро́сший
aufgeweicht размягчённый
aufgewunden закру́ченный, свёрнутый
aufgliedern члени́ть / расчлени́ть
Aufgliederung *f* расчлене́ние
Aufgrabung *f* раско́пка
aufhalden помеща́ть / помести́ть в отва́л
Aufhängedraht *m* подвесна́я про́волока
Aufhängehöhe *f* высота́ подве́са
aufhängen подве́шивать / подве́сить
Aufhängepunkt *m* то́чка подве́са

Aufhängevorrichtung *f* подвесно́й механи́зм, приспособле́ние для подве́ски
Aufhängung *f* подве́с, подве́шивание, наве́шивание
Aufhängungspunkt *m* то́чка подве́са
Aufhäufung *f* нагроможде́ние
aufhellen освеща́ться / освети́ться
Aufhellung *f* осветле́ние
Aufhören *n* оконча́ние, прекраще́ние
aufklären выясня́ть / вы́яснить
Aufklärung *f* Klärung выясне́ние
aufkochen sieden вскипа́ть / вскипе́ть
Aufkochen *n* Sieden вскипа́ние
aufladen sich заряжа́ться / заряди́ться
Aufladen *n* заряжа́ние
Aufladungsmethode *f* ме́тод заря́да, ме́тод заряжённого те́ла
Auflagefläche *f* пове́рхность прилега́ния, опо́рная пове́рхность, пове́рхность опо́ры
Auflagerdruck *m* опо́рное давле́ние, реа́кция опо́ры
Auflagerfläche *f* опо́рная пове́рхность
auflagern bedecken настила́ть / настля́ть
Auflagerpunkt *m* то́чка опо́ры
Auflagerung *f* опира́ние
auflandig наго́нный
auflassen забра́сывать / забро́сить
auflässig aufgegeben забро́шенный, оста́вленный
Auflast *f* агру́зка
Aufleuchten *n* вспы́шка (све́та)
Auflicht *n* па́дающий свет, отражённый свет
aufliegen налега́ть / нале́чь, залега́ть / зале́чь
auflockern разрыхля́ть / разрыхли́ть
Auflockerung *f* Auflockern разрыхле́ние, взрыхле́ние
Auflockerungsfaktor *m* Bergb. коэффицие́нт рыхле́ния, коэффицие́нт разрыхле́ния
auflösbar 1. Math. разреши́мый. 2. Chem. раствори́мый
Auflösbarkeit *f* 1. Math. разреши́мость. 2. Chem. раствори́мость
auflösen 1. Math. разреша́ть / разреши́ть 2. Chem. растворя́ть / раствори́ть
Auflösung *f* 1. Math. реше́ние. 2. Chem. растворе́ние
Auflösungsgeschwindigkeit *f* Chem. ско́рость растворе́ния
Auflösungsvermögen *n* растворя́ющая спосо́бность, раствори́мость
Aufnahme *f* 1. Kartierung съёмка. 2. Absorption поглоще́ние. 3. Foto сни́мок
Aufnahmearbeit *f* Kartierung съёмочная рабо́та
Aufnahmefähigkeit *f* Absorptionsfähigkeit поглоща́ющая спосо́бность, поглоти́тельная спосо́бность
Aufnahmegebiet *n* Kartierungsgebiet о́бласть съёмки
Aufnahmegeologe *m* гео́лог-съёмщик
Aufnahmegeschwindigkeit *f* Absorptionsgeschwindigkeit ско́рость поглоще́ния
Aufnahmemaßstab *m* 1. Kartierung масшта́б съёмки. 2. Foto масшта́б сни́мка
Aufnahmemethode *f* Kartierungsmethode ме́тод съёмки
Aufnahmetechnik *f* Kartierungstechnik те́хника съёмки
Aufnahmevermögen *n* Absorptionsvermögen поглоща́емость, поглоща́ющая спосо́бность, аккумули́рующая спосо́бность
aufquellen набуха́ть / набу́хнуть, разбуха́ть / разбу́хнуть, вспу́чивать / вспучи́ть, пучи́ть / вспу́чить
Aufquellen *n* набуха́ние, разбуха́ние, вспу́чивание, пуче́ние, поддува́ние
Aufriß *m* вертика́льная прое́кция
Aufrißebene *f* вертика́льная пло́скость, пло́скость вертика́льного разре́за
Aufsammlung *f* отбо́р образцо́в, сбор
Aufsatz *m* 1. Veröffentlichung статья́. 2. Gerät наса́дка
Aufsatzbussole *f* накладна́я буссо́ль
Aufsatzlibelle *f* накладно́й у́ровень
Aufsatzlinse *f* накладна́я ли́нза, доба́вочная ли́нза
Aufsatzprisma *n* накладна́я при́зма
Aufsaug(e)fähigkeit *f* поглоти́тельная спосо́бность
aufsaugen поглоща́ть / поглоти́ть, впи́тывать / впита́ть, вса́сывать / всоса́ть
Aufsaugen *n* Aufsaugung поглоще́ние, впи́тывание, вса́сывание
Aufschäumen *n* вскипа́ние, вспе́нивание
aufschieben надвига́ть / надви́нуть

Aufschieben *n* надвига́ние
Aufschiebung *f* взброс, на́двиг
aufschlämmen взму́чивать/взмути́ть
Aufschlämmen *n* взму́чивание
Aufschlämmung *f* взму́ченность, взвесь
Aufschlickung *f* заплыва́ние, заиле́ние
aufschließen открыва́ть/откры́ть, вскрыва́ть/вскрыть
Aufschluß *m* обнаже́ние, вы́ход
Aufschlußarbeiten *f/pl* 1. Erkundungsarbeiten разве́дочные рабо́ты. 2. Abraumarbeiten вскрышны́е рабо́ты
Aufschlußbohrprogramm *n* програ́мма разве́дочных бу́ровых рабо́т
Aufschlußbohrung *f* разве́дочная сква́жина; разве́дочное буре́ние
Aufschlußgrad *m* сте́пень обнажённости
Aufschlußkarte *f* ка́рта вы́ходов
Aufschlußprogramm *n* програ́мма разве́дочных рабо́т
Aufschlußstrecke *f* разве́дочный штрек
aufschmelzen 1. Schnee та́ять/раста́ять 2. Metall расплавля́ть/распла́вить, раста́пливать/растопи́ть
Aufschmelzen *n* 1. Schnee та́яние. 2. Metall распла́вка, раста́пливание
Aufschmelzung *f* расплавле́ние
Aufschrift *f* Beschriftung на́дпись
Aufschüttboden *m* насыпно́й грунт
Aufschüttung *f* 1. Schwemmland нано́с. 2. Gehängeschutt о́сыпь. 3. Erdaufschüttung на́сыпь, засы́пка
Aufschüttungsboden *m* насыпно́й грунт, насыпна́я по́чва; нано́сный грунт
Aufschüttungshügel *m* буго́р насыпа́ния
Aufschüttungskegel *m* Schuttkegel насыпно́й ко́нус
Aufschüttungsmoräne *f* море́на насыпа́ния
Aufschüttungsrelief *n* насыпно́й релье́ф
Aufschüttungstal *n* нано́сная доли́на
Aufschüttungsterrasse *f* Akkumulationsterrasse нано́сная терра́са, аллювиа́льная терра́са, аккумуляти́вная терра́са
Aufschwellen *n* набуха́ние
aufschwemmen наноси́ть/нанести́, намыва́ть/намы́ть
Aufschwemmung *f* нано́с, намы́в, намо́ина
Aufschwenken *n* разработка карьерного поля при веерном подвигании фронта работ
aufspaltbar расщепля́емый
Aufspaltbarkeit *f* расщепля́емость
aufspalten расщепля́ть/расщепи́ть, раска́лывать/расколо́ть
Aufspalten *n* расщепле́ние
Aufspaltung *f* расщепле́ние
Aufspeichern *n* аккумули́рование
Aufspeicherung *f* аккумуля́ция, накопле́ние
Aufspülung *f* намыва́ние, намы́в
Aufstau *m* Hydrogeol. подпо́р, зато́р; запру́живание, подпру́живание
aufstauen запру́живать/запруди́ть
Aufstauzone *f* зо́на подпру́живания
aufsteigen поднима́ть/подня́ть
Aufsteigen *n* подъём
aufsteigend aszendent восходя́щий
Aufsteilung *f* повыше́ние укло́па
aufstellen устана́вливать/установи́ть
Aufstellung *f* 1. Installation устано́вка. 2. Tabelle сво́дная табли́ца
Aufstieg *m* подъём, восхожде́ние
Aufstiegsgeschwindigkeit *f* ско́рость подъёма
Aufstiegskanal *m* подводя́щий кана́л
Aufstiegsweg *m* путь подъёма
Aufstülpung *f* вы́ступ
Aufsuchen *n* Prospektierung по́иски; разве́дка
Auftauboden *m* та́лик
auftauen та́ять/раста́ять, отта́ивать/отта́ять
Auftauen *n* раста́ивание, отта́ивание
Auftragen *n* Eintragen нанесе́ние
Auftragung *f* Eintragung нанесе́ние
Auftreibung *f* вспу́чивание, пуче́ние, поддува́ние
auftreten vorkommen встреча́ться/встре́титься
Auftrieb *m* подъёмная си́ла
Auftriebsbeiwert *m* коэффицие́нт си́лы поддержа́ния, коэффицие́нт си́лы противодавле́ния
Auftriebsentlastung *f* разгру́зка от противодавле́ния
aufwachsen нараста́ть/нарасти́
Aufwachsung *f* Aufwachsen нараста́ние
Aufwältigung *f* восстановле́ние (разру́шенной го́рной вы́работки)
aufwärts вверх, наве́рх

Aufwärtsbewegung *f* движéние вверх (по течéнию); восходя́щее движéние
Aufwärtsstrom *m* восходя́щий потóк
Aufwärtsströmung *f* течéние вверх, противотечéние
Aufweichbarkeit *f* размягчáемость
Aufweichen *n* Aufweichung размягчéние
Aufwendungen *f/pl* расхóды
aufwirbeln вызывать ви́хри, зави́хрить *v*.
Aufwölbung *f* 1. Vorgang сводообразовáние, свóдовое подня́тие. 2. Struktur вы́пуклость, вы́ступ, свод
aufzählen перечисля́ть / перечи́слить
Aufzählung *f* перечислéние
aufzeichnen 1. zeichnen рисовáть / нарисовáть. 2. registrieren регистри́ровать / зарегистри́ровать, записывать / записáть
Aufzeichnung *f* 1. Zeichnung зарисóвка. 2. Registrierung зáпись, регистрáция
Auge *n* глаз
Augelith *m* $Al_2[(OH)_3|PO_4]$ аугели́т
Augenachat *m* глазчáтый агáт
Augenbeobachtung *f* визуáльное наблюдéние
Augendeckel *m* глазнáя кры́шка
Augengneis *m* очкóвый гнéйс
Augengneis- очковогнéйсовый
augengneisartig очковогнейсови́дный
Augenhöhe *f* и́стинный горизóнт, у́ровень глаз
Augenhöhle *f* глазни́ца, глазнáя впáдина
Augenhügel *m* глазнóй бугóр, глазнóй бугорóк
Augenmaß *n* глазомéр, измерéние на глаз(óк)
Augenmuskel *m* глазнáя мы́шца
Augenpunkt *m* центр перспекти́вы
Augenstruktur *f* очкóвая структу́ра
Augentextur *f* очкóвая тексту́ра
Augit *m* $Ca_{6,5}Na_{0,5}Fe_1^{\cdot\cdot}Mg_6(Al, Fe^{\cdot\cdot\cdot}, Ti)_2[Al_2Si_{14}O_{48}]$ авги́т
Augit- авги́товый
Augitdiorit *m* авги́товый диори́т
Augitgestein *n* авги́товая порóда
Augitgruppe *f* авги́товая гру́ппа
Augitit *m* 1. nach DOELTER vitrophyrischer Basanit; 2. nach SAWARIZKI (1956) effusives Analogon me anokrater Theralithe авгити́т
Augitlabradorit *m* авги́товый лабрадори́т
Augitmonzonit *m* авги́товый монцони́т
Augitophyr *m* 1. nach SCACCI (1852) Augitporphyr; 2. nach KEMP (1927) Basalt mit Augiteinsprenglingen авгитофи́р
Augitophyr- авгитофи́ровый
augitophyrische Struktur *f* nach LEWINSON-LESSING (1933) porphyrische Struktur mit Augiteinsprenglingen авгитофи́ровая структу́ра
Augitperidotit *m* авги́товый перидоти́т
Augitporphyrit *m* авги́товый порфири́т
Augitschiefer *m* авги́товый слáнец
Augitsyenit *m* авги́товый сиени́т
Augitsyenitaplit *m* авги́то-сиени́товый апли́т
Aulopora *pl* аулопóры
Aurichalcit *m* Messingblüte $(Zn, Cu)_5[(OH)_3|CO_3]_2$ аурихальци́т
Aurignac *n* Aurignacien ориньяк, ориня́кский век
Aurignac- Aurignacien- ориня́кский
Aurignac-Fauna *f* ориня́кская фáуна
Aurignacien *n* Aurignac ориня́к, ориня́кский век
Aurignacien- ориня́кский
Aurignac-Kultur *f* ориня́кская культу́ра
Aurignac-Werkzeug *n* ориня́кское ору́дие
Auripigment *n* Rauschgelb As_2S_3 аурипигмéнт
Aurobismuthinit *m* ? angeblich $3(Au, Ag)_2S \cdot Bi_2S_3$ ауровисмутини́т
aurometrisch аурометри́ческий
Aurosmirid *m* Iridium mit je 25% Au und Os ауросмири́д
ausarbeiten вырабáтывать / вы́работать
Ausarbeitung *f* вы́работка
ausbaggern вычéрпывать / вы́черпать, экскави́ровать *uv.*, *v.*
Ausbau *m* Bergb. разрабóтка, вы́работка; гóрная крепь
Ausbauchung *f* 1. Konvexität вы́пуклость. 2. Wölbung выпу́чивание
Ausbaupfeiler *m* Bergb. кострóвая крепь
Ausbausystem *n* систéма креплéния

ausbeißen выходить / выйти (на дневную поверхность)
Ausbeißen *n* выход (на дневную поверхность)
ausbetonieren бетонировать / забетонировать
Ausbetonieren *n* бетонирование
Ausbeute *f* добыча, выход; эксплуатация
ausbeuten добывать / добыть, эксплуатировать *uv., v.*
Ausbiegung *f* Krümmung выгибание, изгиб, прогиб
ausbilden sich формироваться / сформироваться, образовываться / образоваться
Ausbildung *f* формирование, образование
Ausbiß *m* выход на поверхность
ausblühen образовывать / образовать выцветы
Ausblühung *f* выцветание
Ausbreiten *n* Ausbreitung распространение
ausbreiten sich распространяться / распространиться
Ausbreitung *f* распространение
Ausbreitungsform *f* форма распространения
Ausbreitungsformel *f* формула распространения
Ausbreitungsgeschwindigkeit *f* скорость распространения
Ausbreitungsmechanismus *m* механизм распространения
Ausbreitungsrichtung *f* направление распространения
ausbringen добывать / добыть; извлекать / извлечь
Ausbringen *n* добыча; извлечение
Ausbruch *m* Eruption извержение
Ausbuchtung *f* выгиб, изгиб
ausdehnbar растяжимый
Ausdehnbarkeit *f* растяжимость, расширяемость
ausdehnen sich 1. dehnen растягиваться / растянуться. 2. erstrecken распространиться / распространяться
Ausdehnung *f* 1. Dehnung растяжение; расширение. 2. Ausweitung расширение. 3. Verbreitung распространение. 4. Dimension протяженность
Ausdehnungsfähigkeit *f* растяжимость, расширяемость
Ausdehnungskoeffizient *m* коэффициент расширения
Ausdehnungszahl *f* коэффициент расширения
Ausdehnungsziffer *f* коэффициент расширения
ausdeuten толковать *uv.*
Ausdeutung *f* истолкование
ausdünnen утончаться / утончиться
Ausdünnen *n* утоньшение
auseinanderfließen растекаться / растечься
Auseinanderfließen *n* растекание
auseinandergehen divergieren расходиться / разойтись, разветвляться / разветвиться
Auseinandergehen *n* Divergenz расхождение
Ausfällbarkeit *f* осаждаемость
ausfallen выпадать / выпасть
Ausfallen *n* выпадение (осадка)
Ausfällen *n* выпадение, осаждение
Ausfällung *f* 1. Ausfällen выпадение осадка, осаждение. 2. Niederschlag осадок
Ausfällungsfolge *f* последовательность выпадения
Ausfällungsgeschwindigkeit *f* скорость осаждения
Ausfällungsmittel *n* осадитель
Ausfällungsreaktion *f* реакция осаждения
Ausfällungsvorgang *m* процесс осаждения
Ausfallwinkel *m* угол отражения
Ausfilterung *f* отфильтровывание
ausfließen вытекать / вытечь, выливаться / вылиться, истекать / истечь, утекать / утеть
Ausfließen *n* вытекание, истечение, утечка
ausflocken коагулировать *uv., v.*
Ausflocken *n* образование коллоидных частиц, образование хлопьев, коагулирование
Ausflockung *f* 1. Ausflocken выделение хлопьями, коагуляция. 2. Koagulat хлопьевидный осадок, коагулят
Ausflockungsmittel *n* коагулирующее вещество, средство для образования хлопьев

ausfluchten разбива́ть / разби́ть ли́нию, прове́шивать / прове́сить ли́нию (при выполне́нии маркше́йдерских рабо́т)
Ausfluchten *n* разби́вка ли́нию, прове́шивание ли́нию
Ausfluß *m* 1. Ausfließen истече́ние, вытека́ние. 2. Quelle исто́к
Ausflußgeschwindigkeit *f* ско́рость истече́ния
Ausflußkoeffizient *m* коэффицие́нт расхо́да при истече́нии
Ausflußrohr *n* отто́чная труба́
Ausflußstelle *f* ме́сто истече́ния
Ausflußwiderstand *m* сопротивле́ние при истече́нии
Ausflußzeit *f* вре́мя истече́ния
ausfrieren вымерза́ть / вы́мерзнуть, замерза́ть / замёрзнуть, вымора́живать / вы́морозить
Ausfrieren *n* вымерза́ние; вымора́живание
ausführlich detailliert подро́бный
Ausführlichkeit *f* подро́бность
Ausführung *f* исполне́ние, выполне́ние
ausfüllen заполня́ть / запо́лнить, выполня́ть / вы́полнить
Ausfüllung *f* 1. Versatz заполне́ние вы́работок, забу́товка вы́работок. 2. Kluftfüllung выполне́ние
Ausfüllungsdelta *n* де́льта выполне́ния
Ausgangsbestand *m* Ausgangszusammensetzung исхо́дный соста́в
Ausgangsdaten *n/pl* исхо́дные да́нные
Ausgangserz *n* исхо́дная руда́
Ausgangsfläche *f* исхо́дная пове́рхность
Ausgangsgefüge *n* перви́чная структу́ра
Ausgangsgehalt *m* исхо́дное содержа́ние
Ausgangsgestein *n* исхо́дная поро́да
Ausgangsgröße *n* выходна́я величина́
Ausgangshöhe *f* исхо́дная высота́, нача́льная высота́
Ausgangskonzentration *f* исхо́дная концентра́ция
Ausgangskorngröße *f* нача́льная кру́пность зёрен
Ausgangskristall *n* исхо́дный криста́лл
Ausgangslage *f* исхо́дное состоя́ние, нача́льное положе́ние
Ausgangslauge *f* исхо́дный рассо́л
Ausgangsleistung *f* исхо́дная мо́щность
Ausgangslösung *f* исхо́дный раство́р
Ausgangsmagma *n* матери́нская ма́гма, исхо́дная ма́гма
Ausgangsmaterial *n* исхо́дный материа́л, исхо́дное вещество́
Ausgangsmineral *n* исхо́дный минера́л
Ausgangsniveau *n* исхо́дный у́ровень
Ausgangsprobe *f* исхо́дная про́ба
Ausgangspunkt *m* исхо́дный пункт, исхо́дная то́чка
Ausgangsschmelze *f* исхо́дный распла́в
Ausgangssole *f* Geochem. исхо́дный рассо́л
Ausgangsstoff *m* исхо́дный материа́л
Ausgangssubstanz *f* исхо́дное вещество́
Ausgangstemperatur *f* нача́льная температу́ра, исхо́дная температу́ра
Ausgangsvolumen *n* нача́льный объём, исхо́дный объём
Ausgangswassergehalt *m* нача́льная вла́жность
Ausgangswert *m* исхо́дное значе́ние, нача́льное значе́ние
Ausgangszusammensetzung *f* исхо́дный соста́в
Ausgasung *f* газовыделе́ние
ausgedehnt weitläufig простра́нный
ausgefressen ausgenagt вы́еденный
ausgeglichen вы́равненный, компенси́рованный; уравнове́шенный
ausgehen выходи́ть / вы́йти (на дневно́й пове́рхности)
Ausgehendes *n* вы́ход (на дневно́й пове́рхности)
ausgehöhlt вы́долбленный
ausgekohlt вы́работанный (об уго́льном пласте)
ausgelaugt выщело́ченный
ausgelöscht пога́шенный
ausgelöst возбуждённый
ausgequetscht переда́вленный
Ausgestaltung *f* прида́ние фо́рмы, оформле́ние
ausgestorben вы́мерший, отме́рший
ausgestrahlt излучённый
ausgesüßt опреснённый
ausgewählte Schriften и́збранные сочине́ния
ausgewalzt развальцо́ванный
ausgewaschen перемы́тый
ausgewittert вы́ветрелый, вы́ветрившийся

ausgewogen уравновéшенный
ausgezackt зазýбренный
ausgezogene Linie сплошнáя лúния
Ausgleich *m* вырáвнивание, уравновéшивание; компенсúрование
Ausgleichbewegung *f* компенсúрующее движéние
ausgleichen урáвнивать / уравнять, уравновéшивать / уравновéсить; компенсúровать *uv.*, *v.*
ausgleichend Ausgleichs- уравнúтельный
Ausgleich(s)küste *f* вы́ровненный бéрег
Ausgleichsfläche *f* ýровень уравновéшивания, повéрхность компенсáции
Ausgleichshöhe *f* высотá вырáвнивания
Ausgleichskurve *f* уравнúтельная кривáя; кривáя уравновéшивания
Ausgleichsrechnung *f* уравнúтельное вычислéние
Ausgleichsströmung *f* Ausgleichsstrom вырáвнивающее течéние, компенсациóнное течéние
Ausgleichstendenz *f* стремлéние к вырáвниванию, тендéнция вырáвнивания
Ausgleichsvorgang *m* процéсс вырáвнивания
Ausgleichszeit *f* врéмя вырáвнивания
Ausgleichung *f* уравнéние, уравновéшивание, компенсáция
Ausgleichungsmethode *f* мéтод урáвнивания
Ausgleichungsverfahren *n* спóсоб ýравнивания
ausglühen прокáливать / прокóлóть
Ausglühen *n* Ausglühung прокáливание
ausgraben выкáпывать / вы́копать, раскáпывать / раскопáть
Ausgrabung *f* раскóпка
Aushalten *n* селектúвная вы́емка; селектúвная экскавáция
Aushauchungen *f/pl* выделéние вулканúческих парóв
aushöhlen auskolken выдáлбливать / вы́долбить
Aushöhlung *f* Auskolkung вы́емка, выдáлбливание
Aushub *m* 1. Grube вы́емка. 2. Material добы́тый материáл
auskartiert закартирóванный
auskeilen выклúниваться/вы́клиниться
Auskeilen *n* выклúнивание
auskleiden 1. verkleiden облицóвывать / облицевáть. 2. verschalen обшивáть / обшúть
Auskleidung *f* 1. Verkleidung облицóвка, обклáдка. 2. Verschalung обшúвка
Ausklingen *n* затухáние
auskohlen Bergb. вырабáтывать / вы́работать пóлностью
Auskohlen *n* Auskohlung пóлная отрабóтка ýгольного месторождéния
Auskolkung *f* 1. Auskolken размы́в, образовáние вы́моины, подмы́в. 2. Ausspülung промóина, вы́моина
Auskristallisation *f* выкристаллизóвывание
auskristallisieren выкристаллизóвываться / вы́кристаллизоваться
Auskristallisieren *n* выкристаллизóвывание
auskristallisiert выкристаллизóванный
Auskristallisierung *f* выкристаллизáция
auskühlen охлаждáть / охладúть, выхолáживать / выхолодúть
Auskühlung *f* охлаждéние, выхолáживание
Auslaß *m* вы́пуск
Auslauf *m* истечéние
Ausläufer *m* отрóг
Auslaufhöhe *f* высотá истечéния
Auslaufrinne *f* стóчный жёлоб
Auslaugbarkeit *f* выщелáчиваемость
auslaugen выщелáчивать / выщелочúть
Auslaugung *f* выщелáчивание
Auslaugungsbrekzie *f* брéкчия вышелáчивания
Auslaugungsdruse *f* дрýза выщелáчивания
Auslaugungserscheinung *f* явлéние выщелáчивания
Auslaugungshof *m* ореóл выщелáчивания
Auslaugungshohlraum *m* кавéрна выщелáчивания
Auslaugungsmineral *n* минерáл выщелáчивания
Auslaugungspore *f* пóра выщелáчивания
Auslaugungsprodukt *n* продýкт выщелáчивания

Auslaugungsprozeß *m* процéсс выщелáчивания
Auslaugungspseudomorphose *f* псевдоморфóза выщелáчивания
Auslaugungsrest *m* остáток от выщелáчивания
Auslaugungsvorgang *m* процéсс выщелáчивания
Auslaugungszone *f* зóна выщелáчивания
auslegen deuten истолкóвывать / истолковáть
Auslegung *f* Deutung истолковáние, интерпретáция
auslenken отклонять / отклони́ть
Auslenkung *f* отклонéние
Auslenkungswinkel *m* ýгол отклонéния
Auslese *f* Selektion отбóр, вы́бор
Auslesen *n* разбóрка, сортирóвка
auslöschen Nicol погашáть / погати́ть
Auslöschung *f* погасáние
Auslöschungsdispersion *f* дисперсия погасáния
Auslöschungsstellung *f* положéние погасáния
Auslöschungswinkel *m* ýгол погасáния
Auslösungsbeben *n* освобождённое землетрясéние, произвóдное землетрясéние
ausloten измерять / измéрить глубинý лóтом
Ausmaß *n* Dimension размéр
ausmauern обмурóвывать / обмуровáть, выклáдывать / вы́ложить кáмнем (кирпичóм)
Ausmauern *n* обмурóвка, возведéние кáменной крéпи
Ausmauerung *f* обмурóвка, креплéние кáмнем, кáменная крепь, кáменная клáдка
ausmessen vermessen вымерять / вы́мерить, измерять / измéрить
ausmeßbar измери́мый
Ausmessung *f* Vermessung измерéние
Ausnutzung *f* испóльзование
Ausnutzungsgrad *m* коэффициéнт испóльзования
Ausnutzungszahl *f* коэффициéнт испóльзования
auspflocken репери́ровать *uv.*, *v*
ausprägen sich• выявляться / вы́явиться, отражáться / отрази́ться
auspressen выжимáть / вы́жать, выдáвливать / вы́давить
Auspressung *f* Herauspressung выжимáние, выдáвливание
auspumpen herauspumpen выкáчивать / вы́качать, откáчивать / откачáть
Auspumpen *n* откáчивание
ausquetschen auspressen выжимáть / вы́жать, выдáвливать / вы́давить
Ausquetschung *f* выжимáние, выдáвливание
Ausräumung *f* эрóзия
Ausräumungsbecken *n* эрозиóнный бассéйн
ausrechnen вычислять / вы́числить
Ausrechnung *f* вычислéние, расчёт
Ausrichtung *f* Bergbau подготóвка
Ausrichtungsquerschlag *m* подготови́тельный квершлáг, развéдочный квершлáг
Ausrichtungsstrecke *f* подготови́тельный штрек, развéдочный штрек
ausroden выкорчёвывать / вы́корчевать
Ausrodung *f* выкорчёвка, выкорчёвывание
ausrotten ausmerzen искоренять / искорени́ть
Ausrüstung *f* снаряжéние, оборýдование
Ausschachtarbeiten *f/pl* землекóпные рабóты
ausschachten копáть / вы́копать, рыть / вы́рыть
Ausschachtung *f* 1. Ausschachten рытьё. 2. Grube вы́емка грýнта
ausscheiden abscheiden выделять / вы́делить
Ausscheidung *f* 1. Abscheidung выделéние. 2. Niederschlag осáдок
Ausscheidungsbereich *m* óбласть выделéния
Ausscheidungsfolge *f* порядок выделéния, послéдовательность выделéния
Ausscheidungskonstante *f* постоянная выделéния
Ausscheidungskurve *f* кривáя выделéния
Ausscheidungsorgan *n* óрган выделéния
Ausscheidungsprodukt *n* продýкт выделéния
Ausscheidungstemperatur *f* температýра выделéния

Ausscheidungsvorgang *m* процéсс выделéния
Ausschlacken *n* удалéние шлáка
ausschleudern 1. ausstoßen выбрáсывать / вы́бросить. 2. zentrifugieren центрифуги́ровать *uv.*, *v.*
Ausschleudern *n* 1. Ausstoßen выбрáсывание. 2. Zentrifugieren центрифуги́рование
ausschmelzen выплавля́ть / вы́плавить
Ausschmelzen *n* вы́плавка
Ausschnitt *m* 1. вы́рез. 2. фрагмéнт
Ausschwitzung *f* вы́пот
Aussehen *n* Habitus óблик; вид
Außenatmosphäre *f* внéшняя атмосфéра
Außenbarre *f* внéшний бар
Außenbekleidung *f* Ing. нарýжная облицóвка, нарýжная обши́вка
Außendruck *m* внéшнее давлéние
Aussendung *f* Ausstrahlung испускáние
Außendurchmesser *m* нарýжный диáметр
Außenelektron *n* внéшний электрóн
Außenfeld *n* внéшнее пóле
Außenknospung *f* боковóе почковáние
Außenkraft *f* внéшняя си́ла
Außenlippe *f* нарýжная губá
Außenmantel *m* нарýжная оболóчка земли́
Außenmündungsgebiet *n* внéшняя часть ýстья
Außenrand *m* внéшний крáй
Außensattel *m* Pal. внéшнее седлó
Außenschale *f* внéшняя оболóчка
Außenseite *f* внéшняя сторонá
Außensenke *f* внéшняя впáдина
Außenwand *f* нарýжная стенá
Außenwinkel *m* внéшний ýгол
Außenzone *f* внéшняя зóна
Außerbilanz- забалáнсовый
Außerbilanzvorräte *m/pl* забалáнсовые запáсы
äußere Erscheinung *f* внéшность
äußere Kontaktzone *f* Exokontaktzone экзоконтáктовая зóна
Äußeres *n* внéшность
außerhalb за, вне
außerirdisch внеземнóй
äußerlich внéшний, нарýжный
äußern sich выражáться / вы́разиться
außerordentlicher Strahl *m* Min. необыкновéнный луч
außertropisch внетропи́ческий
Äußerung *f* проявлéние, выражéние
aussetzen подвергáть / подвéргнуть
Aussicht *f* Perspektive перспекти́ва
aussichtsreich перспекти́вный
aussieben просéивать / просéять, отсéивать / отсéять
Aussieben *n* 1. Aussiebung просéивание, отсéивание, грохочéние. 2. Siebanalyse ситьевóй анáлиз
Aussortieren *n* сортирóвка, разбóрка
ausspitzen выкли́нивать/вы́клинить
ausspülen erodieren вы́мывать / вы́мыть, размывáть / размы́ть
Ausspülen *n* Erosion вымывáние, размы́в
aussterben вымирáть / вы́мереть
Aussterben *n* вымирáние, замóр
ausstrahlen излучáть / излучи́ть
Ausstrahlung *f* излучéние, лучеиспускáние, радиáция
Ausstrahlungsbedingung *f* радиациóнный режи́м, услóвие излучéния
Ausstrahlungsmaximum *n* мáксимум излучéния
Ausstrahlungsminimum *n* ми́нимум излучéния
Ausstrahlungsverhältnisse *n/pl* радиациóнный режи́м
Ausstrahlungsvermögen *n* излучáтельная спосóбность, лучеиспускáтельная спосóбность
Ausstrahlungswinkel *m* ýгол излучéния
ausstreichen выходи́ть / вы́йти на земнýю повéрхность
Ausstreichen *n* вы́ход на земнýю повéрхность, обнажéние
Ausstreuen *n* высыпáние
Ausstrich *m* Ausbiß вы́ход на земнýю повéрхность
Ausstrichbreite *f* ширинá вы́хода
Ausstrichkarte *f* кáрта обнажéний
ausströmen 1. Flüssigkeit вытекáть / вы́течь, изливáться / изли́ться, истекáть / истéчь. 2. Gas утекáть / утéчь
Ausströmung *f* 1. Flüssigkeit вытекáние, изли́яние, истечéние. 2. Gas утéчка
Ausströmungsenergie *f* энéргия истечéния
Ausströmungsgeschwindigkeit *f* скóрость истечéния, скóрость вытекáния
aussüßen entsalzen опресня́ть / опресни́ть

Aussüßung *f* Entsalzung опреснéние
Aussüßungsvorgang *m* процéсс опреснéния
Austausch *m* Ersatz замéна, обмéн
Austauschadsorption *f* обмéнная адсóрбция
Austauschazidität *f* обмéнная кислóтность
austauschbar взаимозаменúмый
Austauschbarkeit *f* взаимозаменя́емость
Austauschdauer *f* продолжúтельность обмéна
Austauscheffekt *m* дéйствие обмéна, обмéнный эффéкт
Austauschenergie *f* энéргия обмéна, обмéнная энéргия
austauschfähig спосóбный к обмéну
Austauschfähigkeit *f* обмéнная спосóбность
Austauschfeld *n* пóле обмéна
Austauschkapazität *f* обмéнная ёмкость
Austauschkation *n* обмéнный катиóн
Austauschkoeffizient *m* коэффициéнт обмéна, коэффициéнт перемéшивания
Austauschprozeß *m* процéсс обмéна
Austauschreaktion *f* реáкция обмéна, обмéнная реáкция
Austauschstrom *m* Hydrogeol. потóк обмéна, потóк перемéшивания
Austauschverhältnis *n* услóвие обмéна
Austauschvorgang *m* процéсс обмéна
Austauschwert *m* коэффициéнт обмéна
Auster *f* *Ostrea* L. ýстрица
Austern- ýстричный
Austernbank *f* ýстричная бáнка, ýстричник
austiefen углубля́ть/углубúть
Austiefung *f* 1. Vertiefen углублéние. 2. Vertiefung впáдина
Austiefungssee *m* котловúнное óзеро
Austinit *m* CaZn[OH|AsO_4] аустинúт
Austorfung *f* разрабóтка тóрфа
australisch австралúйский
Australith *m* 1. nach SUESS (1898) glashaltiger Meteorit; 2. nach SUMMERS australischer Obsidianit австралúт
Australopithecinen *pl* австралопитéковые
austrische Faltung *f* австрúйская склáдчатость
austrische Phase *f* австрúйская фáза склáдчатости
Austritt *m* вы́ход, вы́пуск
Austrittsblende *f* выходнáя диафрáгма, выходнáя блéнда
Austrittsenergie *f* выходнáя энéргия, энéргия на вы́ходе
Austrittsgeschwindigkeit *f* скóрость истечéния, скóрость вы́хода
Austrittskanal *m* выводнóй канáл
Austrittsöffnung *f* выходнóе отвéрстие, выпускнóе отвéрстие, выводнóе отвéрстие; ýстье
Austrittsquerschnitt *m* выходнóе сечéние, живóе сечéние потóка рекú
Austrittsstelle *f* мéсто вы́хода
Austrittswinkel *m* ýгол вы́хода
austrocknen высыхáть/вы́сохнуть
Austrocknen *n* Austrocknung высýшивание, высыхáние
Auswahl *f* вы́бор, отбóр
Auswalzung *f* развальцевáние
Auswalzungsgrad *m* стéпень развальцевáния
Auswalzungsprozeß *m* процéсс развальцевáния
Auswalzungsstruktur *f* структýра развальцевáния
auswaschen unterspülen вымывáть/вы́мыть, промывáть/промы́ть, размывáть/размы́ть
Auswaschen *n* Unterspülen вымывáние, промывáние
Auswaschflüssigkeit *f* промы́вочная жúдкость
Auswaschung *f* Ausspülung размы́в, размывáние, вымывáние
Auswaschungsrinne *f* вы́моина, промóина
Auswaschungstal *n* долúна размы́ва
Auswaschungstasche *f* эрозиóнный кармáн
Auswässerung *f* обезвóживание
ausweiten 1. verbreitern расширя́ть/расшúрить. 2. zerren растя́гивать/растянýть
Ausweitung *f* 1. Verbreiterung расширéние. 2. Zerrung растяжéние
Ausweitungseffekt *m* Zerrungseffekt эффéкт растяжéния
auswerfen ausschleudern извергáть/извéргнуть, выбрáсывать/вы́бросить
Auswert(e)diagramm *n* палéтка
Auswertestelle *f* пункт обрабóтки свéдений

Auswerteverfahren *n* спо́соб интерпрета́ции, ме́тод обрабо́тки
Auswertung *f* обрабо́тка, оце́нка
Auswertungsmethode *f* ме́тод обрабо́тки, спо́соб интерпрета́ции
auswittern выве́триваться/вы́ветриться
Auswitterung *f* выве́тривание
Auswuchs *m* наро́ст, отро́сток
Auswurf *m* вы́брос
Auswurfkegel *m* ко́нус вы́броса
Auswürfling *m* вы́брос
Auswurfmasse *f* изве́рженная ма́сса
Auswurfmaterial *n* вы́брошенный материа́л
Auswurfprodukt *n* проду́кт изверже́ния
Auszählkreis *m* кружо́к-трафаре́т
Auszimmerung *f* Bergbau крепле́ние де́ревом
Auszug *m* 1. Extraktion извлече́ние. 2. Extrakt вы́тяжка
authigen автиге́нный, аутиге́нный
autiklastisch автикласти́ческий, аутикластический
autilitomorph in Form und Chemismus neugebildet (MILCH 1895) автилитомо́рфный
Auto *n* Kraftfahrzeug автомаши́на
autoallotriomorphe Struktur *f* nach BRÖGGER (1898) Struktur von Aplitgesteinen автоаллотриомо́рфная структу́ра
autochthon автохто́нный
Autochthon *n* автохто́н
Autochthonie *f* автохто́ния, автохто́нность
autogam автога́мный
autogen автоге́нный
Autogenese *f* автогене́з
Autograph *m* самопи́сец
Autohydration *f* автогидрата́ция
autohydratisch автогидра́тный
autohydratisiert автогидратизи́рованный
autohydrothermal автогидротерма́льный
Autoinjektionstextur *f* für autointrusive Bildungen charakteristische Textur (MILLER 1938) автоинъекцио́нная тексту́ра
Autokatalyse *f* автоката́лиз
Autoklasen *f/pl* nach CORNET (1902) durch Mineralumbildungen entstandene Gesteinsklüfte автокла́зы
automatisch selbsttätig автомати́ческий
autometamorph автометамо́рфный
Autometamorphose *f* автометаморфи́зм
autometasomatisch автометасомати́ческий
Automigmatit *m* durch autometamorphe Veränderungen gebildeter Migmatit автомигмати́т
automorph mit eigener kristallographischer Begrenzung (ROHRBACH 1886) автомо́рфный
Autopneumatolyse *f* Mineralneubildung unter Einwirkung eigener Mineralisatoren (LACROIX 1907) автопневматоли́з
autopneumatolytisch автопневматолити́ческий
Autopneumatolyse *f* автопневматоли́з
Autor *m* Verfasser а́втор
Autorenregister *n* а́вторский указа́тель
autotroph автотро́фный
Autotrophie *f* автотрофи́зм
Autozooide *n/pl* nicht spezialisierte Zooide einer Bryozoenkolonie автозоо́иды
Autunien *n* Autun-Stufe отэ́нский отде́л
Autunien- отэ́нский
Autunit *m* Kalkuranglimmer $Ca[UO_2|PO_4]_2 \cdot 8H_2O$ отуни́т
Autunit- autunitisch отуни́товый
Auversien *n* Auvers-Stufe, Obereozän des Pariser Beckens ове́рский я́рус
Auversien- Auvers- ове́рский
Auxologie *f* оксоло́гия
Avasit *m* angeblich amorphes $Fe_{10}Si_2O_{19} \cdot 9H_2O$ аваз́ит
Aventurin *m* SiO_2 авантюри́н
Avicularien *pl* авикуля́рии
Aviolith *m* Kontakthornfels aus Cordierit und Glimmer авиоли́т
Avogadrit *m* $K[BF_4]$ авогадри́т
Avogadrosche Zahl *f* число́ Авога́дро
Awaruit *m* Eisennickel (Ni, Fe) аваруи́т
axial осево́й
Axialseptum *n* осева́я се́пта
axialsymmetrisch rotationssymmetrisch осесимметри́ческий
Axialverschiebung *f* осево́й сдвиг, продо́льный сдвиг
Axinit *m* $Ca_2(Mn,Fe)Al_2[BO_3OH|Si_4O_{12}]$ аксини́т
Axiolith *m* sphärolithische Bildung аксиоли́т
Axiom *n* Grundsatz аксио́ма

Axonolipa *pl* безо́сные граптоли́ты
Aymestry-Kalk *m* Obersilur известня́к Аймéстри
Azetat *n* соль у́ксусной кислоты́, ацета́т
Azeton *n* $CH_3 \cdot CO \cdot CH_3$ ацето́н
Azeton- ацето́новый
Azetylen *n* $CH \vdots CH$ ацетиле́н
Azetylen- ацетиле́новый
Azetylenlampe *f* ацетиленовая ла́мпа
Azetylenreihe *f* ацетиле́новый ряд
Azidität *f* Säuregrad кисло́тность
Aziditätskoeffizient *m* коэффицие́нт кисло́тности
Azilien *n* азилья́н, ази́л
Azilien- ази́льский
Azilien-Kultur *f* ази́льская культу́ра
Azimut *n* а́зимут
azimutal Azimutal- а́зимутный, азимута́льный
Azimutalanordnung *f* азимута́льная устано́вка
Azimutalbestimmung *f* определе́ние а́зимута
Azimutalbewegung *f* азимута́льное движе́ние
Azimutaldiagramm *n* азимута́льный гра́фик
Azimutalkompaß *m* азимута́льный ко́мпас
Azimutalkomponente *f* азимута́льный компоне́нт
Azimutalkorrelation *f* азимута́льная корреля́ция
Azimutalkreis *m* азимута́льный круг
Azimutalprojektion *f* азимута́льная прое́кция
Azimutbestimmung *f* определе́ние а́зимута
Azimutkreis *m* азимута́льный круг
Azimutmessung *f* измере́ние а́зимута
Azimutrichtung *f* направле́ние по а́зимуту
Azimutwinkel *m* азимута́льный у́гол
Azoikum *n* азо́й, азо́йская гру́ппа, азо́йская э́ра
azoisch азо́йский
azonal азона́льный
Azurit *m* Kupferlasur, Chessylith $Cu_3[OH|CO_3]_2$ азури́т, ме́дная лазу́рь
azyklisch ацикли́ческий

B

Babingtonit *m* $Ca_2Fe^{2+}Fe^{3+}[Si_5O_{14}OH]$ бабингтони́т
Bach *m* руче́й
Bach- ручьево́й, руче́йный
Bachbett *n* ру́сло ручья́
Bacherz *n* руче́йная желе́зная руда́ (разнови́дность боло́тной желе́зной руды́)
Bachlauf *m* тече́ние ручья́
Bachseife *f* ручьева́я ро́ссыпь
Bachsohle *f* дно ручья́
Bachtal *n* доли́на ручья́
backen sintern спека́ться/спе́чься
Backen *n* Sintern спека́ние
Backenbrecher *m* щекова́я дроби́лка
backend спека́ющийся
Backensteinbrecher *m* щекова́я камнедроби́лка
Backenzahn *m* щёчный зуб
Backfähigkeit *f* Sinterfähigkeit спека́емость, спосо́бность к спека́нию, спека́ющаяся спосо́бность
Backkohle *f* спека́ющийся у́голь
Backkoks *m* спёкшийся кокс
Backstein *m* Ziegelstein кирпи́ч
Bäckströmit *m* rhombische Modifikation von $Mn(OH)_2$ бекстреми́т
Backvermögen *n* спека́емость, спосо́бность спека́ться; коксу́емость, спосо́бность коксова́ться
Bacteria *pl* бакте́рии
Bactriticeae *pl* бактрити́ды
bactritisch Lobenlinie бактри́товый
bactritocon бактритоко́новый
Bactritoidea *pl* бактритоиде́и
Bacula *f* сто́лбик экзи́ны
Baculites *pl* бакули́ты
Bad *n* 1. ба́ня. 2. куро́рт
Baddeleyit *m* Brazilit ZrO_2 бадделейт
Badenit *m* † Gemenge, ungefähr $(Co, Fe, Ni)_2(As, Bi)_3$ бадени́т
Bäder(heil)kunde *f* бальнеоло́гия
Badeschlamm *m* Heilschlamm гря́зи
Badlands *pl* бэд-лэнд, ду́рные зе́мли

Bagger *m* экскава́тор, землечерпа́лка
Bagger- экскава́торный
Baggerarbeit *f* рабо́та экскава́тора
Baggerböschung *f* экскава́торный усту́п
Baggerfront *f* фронт рабо́т экскава́тора
Baggerkippe *f* экскава́торный отва́л
Baggerleistung *f* производи́тельность экскава́тора
Baggerstraße *f* экскава́торная доро́га
Bahiait *m* Hornblende-Hypersthen-Pyroxenit бахиа́йт
Bahn *f* 1. Weg путь, доро́га. 2. Umlauf орби́та. 3. Eisenbahn желе́зная доро́га
Bahnbewegung *f* движе́ние по орби́те, орбита́льное движе́ние
Bahnebene *f* пло́скость орби́ты
Bahngeschwindigkeit der Erde *f* орбита́льная ско́рость Земли́
Bahnimpuls *m* орбита́льный и́мпульс
Bai *f* гу́ба, бу́хта
Baidsherachi *pl* jakut., kegelförmige Erdhügel, entstanden durch Schmelzrückstände байджера́хи
Baikaliden *pl* байкали́ды
baikalidisch байкали́дский
baikalisch Baikal- байка́льский
Baikalit *m* байкали́т, темнозелёный геденберги́т
Bajocien *n* байо́с
Bajonettverschluß *m* штыково́й затво́р, байоне́тный затво́р
Bakerit *m* $Ca_8B_{10}[O_{11}|(SiO_4)_6]\cdot 6H_2O$ бакери́т
Bakterie *f* бакте́рия
bakteriell бактериа́льный
bakterielle Zersetzung *f* разложе́ние бакте́риями
Bakterienfilter *m, n* бактериа́льный фильтр
Bakterienstruktur *f* бактериеви́дная структу́ра
Bakteriologe *m* бактерио́лог
Bakteriologie *f* бактериоло́гия
bakteriologisch бактериологи́ческий
Bakteriophagen *pl* бактериофа́ги
Baku-Stufe *f* Altquartär баки́нский я́рус
Balanus *m* ба́ланус, морско́й жо́лудь
Balchaschit *m* sapropelartiger Brennstoff aus dem Balchasch-See балхаши́т
Baldaufit *m* $(Fe^{\cdot\cdot}, Mn, Ca, Mg)_5H_2[PO_4]_4\cdot 5H_2O$ (?) бальдауфи́т

Balka *f* in Waldsteppen- und Steppengebieten schmale Erosionsrinne mit steilen Wänden ба́лка
Balka- ба́лочный
Balkaniden *pl* балкани́ды
balkanidisch балкани́дский
balkanisch балка́нский
Balka-Relief *n* ба́лочный релье́ф
Balken *m* ба́лка, бревно́, брус
Ballas *m* radialfaserige Massen von Diamant ба́ллас
Balneologe *m* бальнео́лог
Balneologie *f* Bäderkunde бальнеоло́гия
balneologisch бальнеологи́ческий
Balsaminaceae *pl* бальзами́новые
Baltische Vereisung *f* балти́йское оледене́ние
Baltischer Eisstausee *m* балти́йское леднико́вое о́зеро
Baltischer Schild *m* Балти́йский щит
Baluchitherium *n* белуджите́рии
Banakit *m* andesit-trachytisches Effusiv- oder Ganggestein банаки́т
Banalsit *m* $BaNa_2Al_4Si_4O_{16}$ банальси́т
Banatit *m* Dioritgestein банати́т
Band *m* том
Band *n* 1. Förderband u. a. ле́нта. 2. Spektrum полоса́
Bandenlinie *f* ли́ния полосы́ спе́ктра
Bandenspektrum *n* полоса́тый спектр
Bandensystem *n* гру́ппа по́лос
Bändergneis *m* ле́нточный гне́йс
Bänderkalk *m* ле́нточный известня́к
Bänderporphyr *m* полоса́тый порфи́р
Bänderschichtung *f* ле́нточная слои́стость
Bänderschiefer *m* ле́нточный сла́нец
Bändertextur *f* поло́счатая тексту́ра, ле́нточная тексту́ра
Bänderton *m* ле́нточная гли́на
Bänderung *f* поло́счатость, ле́нточность
Banderz *n* поло́счатая руда́
Bandfilter *m, n* полосово́й фильтр
Bandförderanlage *f* конве́йерная устано́вка
Bandförderer *m* ле́нточный конве́йер, ле́нточный транспортёр
Bandjaspis *m* ле́нточная я́шма
Bandmaß *n* руле́тка
Bandpegel *m* ле́нточная водоме́рная ре́йка, ле́нточный мареогра́ф

Bandsieb *n* ле́нточное си́то, ле́нточный гро́хот
Bandtrockner *m* ле́нточная суши́лка
Bank *f* ба́нка
Banki *pl* große Verbindungskanäle im Wolgadelta ба́нки
bankig absondern рассла́иваться/расслои́ться
bankige Absonderung *f* рассла́ивание
Bär *m* *Ursus* медве́дь
Baracke *f* бара́к
Baragwanathiales *pl* барагвана́тиевые
Barchan *m* барха́н
Barchan- барха́нный
Barchanfeld *n* барха́нное по́ле
Barchankette *f* барха́нная цепь, барха́нная гряда́
Barchanwüste *f* барха́нная пусты́ня
Bären- медве́жий
Barium *n* Ba ба́рий
Barium- ба́риевый
Bariumazetat *n* $(C_2H_3O_2)_2Ba$ уксусноки́слый ба́рий, ацета́т ба́рия
Bariumarsenid *n* Ba_3As_2 мышьяко́вистый ба́рий, арсени́д ба́рия
Bariumbicarbonat *n* $Ba(HCO_3)_2$ ки́слый углеки́слый ба́рий, двууглеки́слый ба́рий, бикарбона́т ба́рия
Bariumbisulfit *n* $Ba(HSO_3)_2$ ки́слый сернистоки́слый ба́рий, бисульфи́т ба́рия
Bariumbromat *n* $Ba(BrO_3)_2 \cdot H_2O$ бромноватоки́слый ба́рий
Bariumchlorat *n* $Ba(ClO_3)_2 \cdot H_2O$ хлорноватоки́слый ба́рий, хлора́т ба́рия
Bariumchlorid *n* $BaCl_2 \cdot 2H_2O$ хло́ристый ба́рий, хлори́д ба́рия
Bariumchlorit *n* $Ba(ClO_2)_2$ хлористоки́слый ба́рий, хлори́т ба́рия
Bariumchromat *n* $BaCrO_4$ хромовоки́слый ба́рий, хрома́т ба́рия
Bariumdichromat *n* $BaCr_2O_7$ двухромовоки́слый ба́рий, бихрома́т ба́рия
Bariumfluorid *n* BaF_2 фто́ристый ба́рий, фтори́д ба́рия
Bariumhydrat *n* $Ba(OH)_2 \cdot 8H_2O$ гидроо́кись ба́рия, е́дкий бари́т
Bariumhydrid *n* BaH_2 гидри́д ба́рия
Bariumhydrophosphat *n* $BaHPO_4$ втори́чный ки́слый фосфорноки́слый ба́рий, втори́чный фосфа́т ба́рия
Bariumhydrosulfat *n* $Ba(HSO_4)_2$ ки́слый сернoки́слый ба́рий, бисульфа́т ба́рия
Bariumhydrosulfid *n* $Ba(HS)_2$ ки́слый серни́стый ба́рий, сульфгидра́т ба́рия, гидросульфи́д ба́рия
Bariumhydroxid *n* $Ba(OH)_2 \cdot 8H_2O$ гидроо́кись ба́рия, е́дкий бари́т
Bariumhypophosphat *n* $Ba_2P_2O_6$ фосфорноватистоки́слый ба́рий, гипофосфа́т ба́рия
Bariumjodat *n* $Ba(JO_3)_2 \cdot H_2O$ йодноватоки́слый ба́рий, йода́т ба́рия
Bariumjodid *n* $BaJ_2 \cdot 2H_2O$ йо́дистый ба́рий, йоди́д ба́рия
Bariummanganat *m* $BaMnO_4$ марганцовистоки́слый ба́рий, мангана́т ба́рия
Bariummetasilikat *n* $BaSiO_3$ метакремнеки́слый ба́рий, метасилика́т ба́рия
Bariummolybdat *n* $BaMoO_4$ молибденовоки́слый ба́рий, молибда́т ба́рия
Bariummuskovit *m* $(K, Ba)(AlMg)_2[(OH, F)_2|AlSi_3O_{10}]$ ба́риевый муско́ви́т
Bariumnitrat *n* $Ba(NO_3)_2$ азотноки́слый ба́рий, нитра́т ба́рия
Bariumnitrid *n* Ba_3N_2 азо́тистый ба́рий, нитри́д ба́рия
Bariumnitrit *n* $Ba(NO_2)_2 \cdot H_2O$ азотистоки́слый ба́рий, нитри́т ба́рия
Bariumorthosilikat *n* $Ba_2(SiO_4)$ ортокремнеки́слый ба́рий, ортосилика́т ба́рия
Bariumoxid *n* BaO о́кись ба́рия, окси́д ба́рия
Bariumparisit *m* † Kordylit ба́риевый паризи́т
Bariumperchlorat *n* $Ba(ClO_4)_2 \cdot 3H_2O$ хлорноки́слый ба́рий, перхлора́т ба́рия
Bariumpermanganat *n* $Ba(MnO_4)_2$ марганцевоки́слый ба́рий, перманганáт ба́рия
Bariumperoxid *n* BaO_2 пе́реки́сь ба́рия, перокси́д ба́рия
Bariumphosphat *n* $Ba(PO_3)_2$ фосфорноки́слый ба́рий, фосфа́т ба́рия
Bariumpyrophosphat *n* $Ba_2P_2O_7$ пирофосфорноки́слый ба́рий, пирофосфа́т ба́рия
Bariumselenat *n* $BaSeO_4$ селеновоки́слый ба́рий, селена́т ба́рия

Bariumsilikat *n* кремнеки́слый ба́рий, силика́т ба́рия
Bariumsulfat *n* $BaSO_4$ сернoки́слый ба́рий, сульфа́т ба́рия
Bariumsulfid *n* BaS серни́стый ба́рий, сульфи́д ба́рия
Bariumsulfit *n* $BaSO_3$ сернистоки́слый ба́рий, сульфи́т ба́рия
Barkevikit *m* баркевики́т
Barograph *m* баро́граф
Barometer *n* баро́метр
Barometerablesung *f* отсчёт баро́метра
Barometerdruck *m* барометри́ческое давле́ние
Barometerhöhe *f* барометри́ческая высота́
Barometerhöhenmessung *f* барометри́ческое нивели́рование
Barometerkorrektur *f* барометри́ческая попра́вка
Barometermessung *f* определе́ние высо́т баро́метром, барометри́ческоенивели́рование
Barometerreduktion *f* исправле́ние показа́ний баро́метра, барометри́ческая попра́вка
Barometersäule *f* барометри́ческий столб
Barometerschwankung *f* колеба́ние баро́метра
barometrisch барометри́ческий
Barranco *m* барранкос
Barrandit *m* Fe···-haltiger Variscit барранди́т
Barre *f* Untiefe бар, о́тмель
Barrel *n* ба́ррель
Barrême *n* Barrême-Stufe барре́мский я́рус
Barrême- барре́мский
Barriere *f* барье́р
Barriere- барье́рный
Barriereriff *n* барье́рный риф
Barriereinsel *f* барье́рный о́стров
Barthit *m* $Zn_3Cu[(OH)_2|As_6O_{18}]\cdot H_2O$ барти́т
Barton *n* Bartonien, Barton-Stufe барто́нский я́рус
Barton- барто́нский
Barylith *m* $BaBe_2[Si_2O_7]$ барили́т
Barysilit *m* $Pb_3[Si_2O_7]$ барисили́т
Barysphäre *f* барисфе́ра
Baryt *m* 1. Schwerspat $BaSO_4$ бари́т, тяжёлый шпат. 2. Bariumoxyd BaO о́кись ба́рия
Baryt- Schwerspat- бари́товый
Barytgang *m* Schwerspatgang бари́товая жи́ла
Barytgelb *n* бари́товая жёлтая
barytisch Baryt-, Schwerspat- бари́товый
Barytisierung *f* баритиза́ция
Barytocölestin *m* $(Sr, Ba)[SO_4]$ баритоцелести́н
Barytophyllit *m* † Chloritoid баритофилли́т
Barytsalpeter *m* $Ba(NO_3)_2$ азотноки́слый ба́рий, нитра́т ба́рия
Barytweiß *n* бари́товые бели́ла
Barytzement *m* бари́товый цеме́нт
baryzentrisch барицентри́ческий
basal Basal- база́льный
Basalanhydrit *m* база́льный ангидри́т
Basalglied *n* база́льный чле́ник
Basalia *pl* база́льные пласти́нки, основные пласти́нки, база́льные табли́чки
Basalkonglomerat *n* база́льный конгломера́т
Basallobus *m* база́льная ло́пасть
Basalöffnung *f* база́льное отве́рстие
Basalplatte *f* основна́я пласти́нка, база́льная табли́чка
Basalt *m* база́льт
Basalteisenstein *m* база́льтовый железня́к
Basalterguß *m* база́льтовое излия́ние
Basaltglas *n* база́льтовое стекло́
Basalthülle *f* база́льтовая оболо́чка
basaltisch Basalt- база́льтовый
Basaltkruste *f* база́льтовая кора́
Basaltlava *f* база́льтовая ла́ва
Basaltmagma *n* база́льтовая ма́гма
Basaltporphyr *m* база́льтовый порфи́р, афани́т
Basaltsäule *f* база́льтовый столб
Basaltschicht *f* база́льтовый сло́й
Basaltschmelze *f* база́льтовый распла́в
Basaltstruktur *f* база́льтовая структу́ра
Basaltvulkan *m* база́льтовый вулка́н
Basaltvulkanismus *m* база́льтовый вулкани́зм
Basanit *m* Sammelbezeichnung für ultrabasische Laven базани́т
Basanit- базани́товый
Base *f* Chemie основа́ние
Basenaustausch *m* обме́н основа́ниями
Basidiomycetes *pl* базидиа́льные грибы́, базидиомице́ты

basieren sich stützen базировать *uv.*, базироваться *uv.*, основываться/основаться
Basifizierung *f* базификация
Basioccipitale *n* основная затылочная кость
basipetal базипетальный
Basis *f* базис, основание
Basis- базисный, базальный
Basisanhydrid *m* ангидрид основания
Basisbohrung *f* опорная скважина, опорное бурение
basisch основный
Basiseinstellung *f* установка базиса
Basisfläche *f* базисная поверхность
Basisgleichung *f* базисное уравнение
Basishorizont *m* базисный горизонт
Basiskonglomerat *n* Basalkonglomerat базальный конгломерат
Basislänge *f* длина базиса
Basislatte *f* базисная рейка
Basislinie *f* линия базиса, базисная линия
Basismessung *f* измерение базиса
Basisnetz *n* базисная сеть
Basisphenoid *n* базисфеноид
Basispinakoid *n* базопинакоид, основной пинакоид
Basispunkt *m* базисная точка; репёр
Basisrichtung *f* начальное направление
Basisschnitt *m* базальное сечение
basiszentriert базоцентрированный
Basit *m* basisches Gestein основная порода
Basizität *f* основность
Basobismutit *m* Bi-Karbonat, ähnlich Bismutit базовисмутит
Basommatophora *pl* сидячеглазые
Bassanit *m* ? hexagonales $CaSO_4$ бассанит
Bassetit *m* wohl Eisenphosphoruranit бассетит
Bassin *n* Becken бассейн
Bast *m* луб
Bast- лубяной
bastähnlich лубоватый
Bastfaser *f* лубяное волокно
Bastit *m* Pseudomorphose von Serpentin nach Bronzit бастит
Bastitgestein *n* баститовая порода
Bastkohle *f* волокнистый уголь
Bastnäsit *m* $Ce[F|CO_3]$ бастнезит
Batchelorit *m* $Al_4[(OH)_8|Si_4O_{10}]\cdot nH_2O$ батчелорит
Batholith *m* батолит
batholithisch Batholith- батолитовый
Bathometer батометр
Bathonien *n* Bath-Stufe бат, батский ярус
Bathyal *n* батиальная область
bathyal батиальный, глубоководный
Bathyuridae *pl* батиуриды
Batkak *m* schwarzer Schlamm am Grunde von Salzseen, Lokalbezeichnung im Gebiet von Astrachan und in Kasachstan баткак
Batoidea *pl* скаты
Batrachit *m* † Monticellit vom Monzoni батрахит
Batterie *f* батарея
Batteriespannung *f* напряжение батареи
Batukit *m* melanokrater Leucitbasalt батукит
Bau *m* 1. Bauen строительство. 2. Bauwerk стройка, строение. 3. Gefüge строение. 4. Bergbau выемочное поле, выемочный участок
Bau- стойтельный
Bauabschnitt *m* 1. участок строительства; 2. очередь сооружения, этап сооружения
Bauanordnung *f* стройтельные правила; стройтельный устав
Bauch *m* Abdomen брюхо
Bauch- Abdominal брюшной
Bauchflosse *f* брюшной плавник
Bauchpanzer *m* Abdominalpanzer брюшной панцырь
Bauchrippe *f* брюшное ребро
Bauchseite *f* брюшная сторона, вентральная сторона
Bauelement *n* Gefügeelement структурный элемент
Bauerit *m* Verwitterungsprodukt von Biotit, hauptsächlich $SiO_2 + H_2O$ бауерит
Baufeld *n* Bergb. выемочное поле, шахтное поле
Baugelände *n* Bauplatz стройтельный участок, стройтельная площадка
Baugenehmigung *f* разрешение на постройку
Baugesetz *n* стройтельный закон
Baugips *m* стройтельный гипс

Baugrube *f* котлова́н
Baugrubenaushub *m* рытьё котлова́на, вы́емка котлова́на
Baugrubenentwässerung *f* водоотли́в из котлова́на, осуше́ние котлова́на
Baugrubensohle *f* дно котлова́на, по́чва котлова́на
Baugrubenwasserstand *m* у́ровень воды́ в котлова́не
Baugrund *m* строи́тельный грунт, грунт
Baugrunduntersuchung *f* иссле́дование (строи́тельного) гру́нта
Baugrundverbesserung *f* улучше́ние гру́нта в основа́нии сооруже́ния; стабилиза́ция гру́нта
Bauingenieur *m* инжене́р-строи́тель
Baukörper *m* масси́в сооруже́ния, ко́рпус сооруже́ния; сооруже́ние
Baulit *m* † Gemenge von Quarz und Orthoklas баули́т
Baum *m* де́рево
Baum- древе́сный
baumähnlich древови́дный
Baumart *f* поро́да дере́вьев
baumartig древови́дный
Baumaterial *n* строи́тельный материа́л
Baumé-Grad *m* Бомé гра́дус
Baumé-Skala *f* шкала́ Бомé
Baumé-Spindel *f* арео́метр по Бомé
baumförmig древови́дный
Baumgrenze *f* грани́ца ле́сов
Baumhauerit *m* $Pb_5As_9S_{18}$ баумгауери́т
Baumleben *n* древе́сный о́браз жи́зни
Baumlerit *m* † verunreinigter Hydrophilit беймлери́т
Baumpflanze *f* древе́сное расте́ние
Baumrinde *f* древе́сная кора́
Baumstamm *m* ствол де́рева
Baumstumpf *m* Baumstubben пень
Baumvegetation *f* древе́сная расти́тельность
Baumwurzel *f* ко́рень де́рева
Bauperiode *f* строи́тельный пери́од
Bauplan *m* план строе́ния
Bauplatz *m* Baugelände строи́тельная площа́дка
Bauprojekt *n* прое́кт постро́йки
Bausand *m* строи́тельный песо́к
Bauschanalyse *f* о́бщий ана́лиз, валово́й ана́лиз
Bauschzusammensetzung *f* валово́й соста́в
Bausicherheit *f* безопа́сность сооруже́ния, надёжность сооруже́ния
Bausohle *f* Bergb. горизо́нт
Baustein *m* строи́тельный ка́мень
Baustelle *f* строи́тельный уча́сток
Baustoff *m* строи́тельный материа́л
Baustoffindustrie *f* промы́шленность строи́тельных материа́лов
Baustufe *f* о́чередь постро́йки, эта́п стро́йки
Bauton *m* строи́тельная гли́на
Bautyp *m* Strukturtyp тип строе́ния
Bauvorschriften *f/pl* строи́тельные но́рмы, техни́ческие усло́вия постро́йки
Bauweise *f* хара́ктер констру́кции
Bauwerk *n* сооруже́ние, постро́йка
Bauwerkachse *f* ось сооруже́ния
Bauwerksohle *f* подо́шва сооруже́ния
Bauwesen *n* строи́тельное де́ло
bauwürdig промы́шленный
Bauwürdigkeit *f* промы́шленность, при́го́дность для разрабо́тки
Bauwürdigkeitsbedingung *f* конди́ция
Bauwürdigkeitsgrenze *f* грани́ца го́дности для отрабо́тки
Bauxit *m* бокси́т
Bauxit- bauxitisch бокси́товый
Bauxitbrekzie *f* бокси́товая бре́кчия
Bauxitführung *f* Bauxitgehalt бокситоно́сность
Bauxitgestein *n* бокси́товая поро́да
bauxitisch Bauxit- бокси́товый
bauxitisiert бокситизи́рованный
Bauxitlager *n* бокси́товая за́лежь
Bauxitton *m* бокси́товая гли́на
Bauxitzement *m* бокси́товый цеме́нт
Bauzeit *f* 1. Frist срок строи́тельства. 2. Jahreszeit строи́тельный сезо́н
Bavenit *m* $(BeH_2, AlH, Si)[Si_2O_7]$ бавени́т
Bavenoer Zwillinge *m/pl* баве́нские двойники́
Bayldonit *m* $PbCu_3[OH|AsO_4]$? байльдони́т
Bazzit *m* Cordierit-Varietät бацци́т
beanspruchen 1. unter Spannung setzen подверга́ть напряже́нию. 2. deformieren деформи́ровать *uv.*, *v.*
Beanspruchung *f* 1. Spannung напряже́ние, нагру́зка. 2. Deformation дислоци́рованность
Beanspruchungsgrad *m* сте́пень дислоци́рованности

Beanspruchungsgrenze *f* предéл напряжéния
bearbeiten обрабáтывать / обрабóтать
bearbeitet обрабóтанный
Bearbeitung *f* Behandlung обрабóтка
Bearbeitungsfähigkeit *f* обрабáтываемость
Beaufortskala *f* шкалá Бóфорта
Beaumontit *m* Varietät von Heulandit mit K_2O und etwas MgO бомонти́т
Beaverit *m* ? identisch mit Plumbojarosit биверúт
bebaubar пригóдный для застрóйки
Bebaubarkeit *f* пригóдность для застрóйки
bebauen застрáивать / застрóить
Bebauung *f* застрóйка
Bebauungsplan *m* план застрóйки
Beben *n* 1. Erdbeben землетрясéние. 2. Vibration дрожáние
Bebenanfang *m* начáло землетрясéния
Bebenaufzeichnung *f* зáпись землетрясéния
Bebeneinsatz *m* вступлéние землетрясéния
Bebenenergie *f* энéргия землетрясéния
Bebenkurve *f* кривáя землетрясéния
Bebenstärke *f* сúла землетрясéния
Becherförderer *m* ковшóвый транспортёр
becherförmig чашеобрáзный
Becherglas *n* хими́ческий стакáн
Becherglaskolben *m* хими́ческий стакáн Фи́липса
Becherkoralle *f* кýбковый корáлл
Bechilith *m* † Gemenge, hauptsächlich Ca-Borat бехили́т
Beckelith *m* $Ca_3(Ce, La, Di)_4[O|SiO_4]_3$ беккели́т
Becken *n* 1. Geol., Geomorph. бассéйн. 2. Hydrogeol. водоём. 3. Anat. таз
Becken- 1. Geol. бассéйновый. 2. Anat. тáзовый
Beckenachse *f* ось бассéйна
Beckenbildung *f* образовáние бассéйна (реки́)
Beckenerweiterung *f* расширéние бассéйна; расширéние водоёма
Beckengürtel *m* Anat. тáзовый пóяс
Beckeninhalt *m* ёмкость бассéйна
Beckensande *m/pl* пески́ бассéйнов
Beckenton *m* гли́на бассéйнов
Beckenzufluß *m* Hydrogeol. притóк в водохрани́лище
Beckerit *m* bernsteinähnliches Harz беккери́т
Beckesche Linie *f* полóска Бéкке
Becquerelit *m* $6[UO_2|(OH_2)_2]\cdot Ca(OH)_2$ беккерели́т
bedecken überdecken покрывáть / покры́ть
bedeckt überdeckt покры́тый
Bedecktsamige *pl* Angiospermen покрытосемя́нные
Bedeckung *f* покры́тие
Bedingung *f* Voraussetzung услóвие
Bedrock *m* бéдрок
Beegerit *m* $Pb_6Bi_2S_9$ беегери́т
Beeinflussung *f* влия́ние
Beekit *m* † Chalcedon, pseudomorph nach Muschelschalen бики́т
Beerbachit *m* gangförmig auftretender feinkörniger Gabbro беербахи́т
befahren einen Schacht befahren осмáтривать / осмотрéть шáхту
Befanamit *m* Varietät von Thortveitit бефанами́т
Befahrung *f* eines Schachtes осмóтр шáхты
befestigen прикрепля́ть / прикрепи́ть, укрепля́ть / укрепи́ть, закрепля́ть / закрепи́ть
Befestigung *f* креплéние, укреплéние, закреплéние
befeuchten anfeuchten смáчивать / смочи́ть, увлажня́ть / увлажни́ть
Befeuchten *n* смáчивание
Befeuchtung *f* Anfeuchten смáчивание, увлажнéние
Befiederung *f* Gefieder оперéние
befruchten оплодотворя́ть / оплодотвори́ть
befruchtet оплодотворённый
Befruchtung *f* оплодотворéние
begehbar befahrbar проходи́мый
Begehbarkeit *f* Befahrbarkeit проходи́мость
Befund *m* дáнные осмóтра
Begleit- сопровождáющий, сопýтствующий
begleiten сопровождáть / сопроводи́ть
Begleiterscheinung *f* сопýтствующее явлéние
Begleitgestein *n* сопровождáющая порóда

Begleitkomponente *f* сопу́тствующий компоне́нт
Begleitmineral *n* сопу́тствующий минера́л, сопровожда́ющий минера́л
Begleitstoff *m* сопу́тствующее вещество́, при́месь
Begleitvulkan *m* побо́чный вулка́н, сопу́тствующий вулка́н
begraben eingebettet погребённый
begradigen выпрямля́ть/вы́прямить (напр. русла реки)
Begradigung *f* Begradigen выпрямле́ние (напр. русла реки)
begrenzen umgrenzen ограни́чивать/ограни́чить
begrenzt ограни́ченный
Begrenzung *f* 1. Grenze грани́ца, преде́л. 2. Umgrenzung оганиче́ние
Begrenzungsfläche *f* Grenzfläche грани́чная пове́рхность
Begrenzungslinie *f* ли́ния ограниче́ния, ограни́чивающая ли́ния
Begriff *m* поня́тие
begründen обосно́вывать/обоснова́ть
Begründung *f* обоснова́ние
Begutachtung *f* эксперти́за
Behälter *m* Reservoir резервуа́р, храни́лище
behandeln 1. bearbeiten обраба́тывать/обрабо́тать. 2. auffassen тракто-ва́ть *uv.*, *v.*
Behandlung *f* 1. Bearbeitung обрабо́тка. 2. Auffassung тракто́вка
Beharrung *f* ине́рция
Beharrungsvermögen *n* ине́рция, си́ла ине́рции
Beharrungszustand *m* состоя́ние ине́рции
Beheizung *f* отопле́ние
behelfsmäßig вспомога́тельный
Beidellit *m* $Al_2[(OH)_2|AlSi_3O_9OH]\cdot nH_2O$ бейделли́т
beilförmig топорообра́зный
beimengen beimischen приме́шивать/примеша́ть, подме́шивать/подмеша́ть
Beimengung *f* при́месь; приме́шивание
beimischen приме́шивать/примеша́ть
Beimischung *f* приме́шивание; при́месь
Beispiel *n* приме́р
Beiwert *m* коэффицие́нт
Bekinkinit *m* analcimisierter Theralith бекинкини́т
Bekleidung *f* облицо́вка, обши́вка, покры́тие
Belag *m* Besteg прима́зка
Belasten *n* нагруже́ние
Belastung *f* нагру́зка
Belastungsänderung *f* измене́ние нагру́зки
Belastungsbeiwert *m* коэффицие́нт нагру́зки
Belastungsbreite *f* ширина́ нагружённой пове́рхности
Belastungsdauer *f* дли́тельность нагру́зки, продолжи́тельность нагру́зки
Belastungsdiagramm *n* гра́фик нагру́зки
Belastungsdruck *m* давле́ние нагру́зки
Belastungsfaktor *m* коэффицие́нт нагру́зки
Belastungsfläche *f* пло́щадь нагру́зки
Belastungsgrad *m* сте́пень нагру́зки
Belastungsgrenze *f* преде́л нагру́зки
Belastungsmetamorphose *f* метаморфи́зм нагру́зки
Belastungsprobe *f* про́бная нагру́зка, испыта́ние под нагру́зкой
Belastungsschwankung *f* колеба́ние нагру́зки
Belastungsspitze *f* пик нагру́зки, пи́ковая нагру́зка
Belastungsstärke *f* интенси́вность нагру́зки
Belastungsvorschriften *f/pl* но́рмы нагру́зок
Belastungszustand *m* усло́вия нагру́зки, состоя́ние нагру́зки
belaubt покры́тый ли́стьями, обли́ственный
Belaubung *f* обли́стве́ние
Beldongrit *m* † Psilomelan белдонгри́т
Belebung *f* Wiederaufleben оживле́ние
Belemnit *m* белемни́т
Belemnoidea *pl* белемнои́де́и
Beleuchtung *f* освеще́ние
Beleuchtungs- освети́тельный
Beleuchtungsapparat *m* освети́тельный аппара́т
Beleuchtungseinrichtung *f* освети́тельное устро́йство
Beleuchtungsgerät *n* освети́тельный прибо́р
Beleuchtungsspiegel *m* освети́тельное зе́ркало, отража́тель све́та, иллюмина́тор

Beleuchtungsstärke *f* освещённость
Belichtung *f* Foto экспози́ция
Belichtungsdauer *f* продолжи́тельность экспози́ции
Belichtungsspielraum *m* широта́ экспози́ции
Belichtungszeit *f* продолжи́тельность экспози́ции, вы́держка
Beljak *m* aus Fsp-Gesteinen hervorgegangener weißer Kaolinton, Ural беля́к
Belki *pl* flache Berggipfel, die längere Zeit oder das ganze Jahr mit Schnee bedeckt sind; Lokalbezeichnung im Altai und in Ostsibirien белки́
Bellerophon *n* беллерофо́н
Bellerophon- беллерофо́новый
Bellerophon-Kalk *m* беллерофо́новый известня́к
Bellingerit *m* $Cu_3[JO_3]_6 \cdot 2H_2O$ беллинджери́т
Bellit *m* Bleichromarsenat oder Gemenge белли́т
Beloglaska *f* Löß mit Kalkkonkretionen белогла́зка
Belomorit *m* Mondstein in Weißmeerpegmatiten беломори́т
Belonit *m* † Patrinit белони́т
Belovit *m* белови́т
Belt-System *n* бе́лтская систе́ма
Beluchitherium *n* белуджитéрий
belüften вентили́ровать/провентили́ровать, прове́тривать/прове́трить
Belüftung *f* 1. Bewetterung вентили́рование, вентиля́ция, прове́тривание. 2. Aeration аэра́ция
Belüftungsanlage *f* вентиляцио́нная устано́вка
Belüftungsschacht *m* вентиляцио́нный ствол ша́хты
Belüftungsvorrichtung *f* вентиляцио́нное устро́йство, вентиляцио́нная устано́вка
Belugit *m* Übergangsgestein zwischen Dioriten und Diabasen белуги́т
Belyankit *m* белянки́т
Bementit *m* ? Mangan-Antigorit бементи́т
bemoost поро́сший мхом, мохова́тый
bemustern опро́бовать *uv.*, *v.*
Bemusterung *f* Bemustern опро́бование
Bemusterungsfehler *m* оши́бка опро́бования
Bemusterungsmethode *f* ме́тод опро́бования
Bemusterungsnetz *n* сеть опро́бования
benachbart Nachbar- сосе́дний
Benennung *f* Bezeichnung назва́ние, наименова́ние, обозначе́ние
Benetzbarkeit *f* сма́чиваемость
benetzen сма́чивать/смочи́ть
Benetzen *n* сма́чивание
Benetzung *f* сма́чивание; омыва́ние
Benetzungshysterese *f* гистере́зис сма́чивания
Benetzungswärme *f* теплота́ сма́чивания
Benitoit *m* $BaTi[Si_3O_9]$ бенитои́т
Benjaminit *m* $2PbS \cdot (Ag, Cu)_2S \cdot 2Bi_2S_3$ бенжамини́т, беньямини́т
Bennettitales *pl* беннетти́товые, беннетти́ты
benthogen бентоге́нный
benthonisch Benthos- бенто́нный, придо́нный
Benthonit *m* бентони́т, бентони́товая гли́на
benthonitähnlich бентонитоподо́бный
Benthonitschiefer *m* бентони́товый сла́нец
Benthonitton *m* бентони́товая гли́на
Benthos *n* бе́нтос, до́нники
Benthosfresser *m* бентофа́г
benutzen по́льзоваться/воспо́льзоваться, испо́льзовать *uv.*, *v.*, употребля́ть/употреби́ть
Benutzung *f* по́льзование, испо́льзование, употребле́ние
Benzaldehyd *n* бензальдеги́д
Benzin *n* бензи́н
Benzin- бензи́новый
Benzinbrenner *m* бензи́новая горе́лка
Benzinfraktion *f* бензи́новая фра́кция
Benzoe *f* бензо́й
Benzoe- бензо́йный
Benzoesäure *f* $C_6H_5 \cdot COOH$ бензо́йная кислота́
Benzol *n* C_6H_6 бензо́л
Benzol- бензо́льный
Benzolextrakt *m* бензо́льная вы́тяжка
benzolhaltig содержа́щий бензо́л
Benzolkern *m* бензо́льное ядро́
Benzolreihe *f* бензо́льный ряд
Benzolring *m* бензо́льное кольцо́
Beobachtbarkeit *f* наблюда́емость
beobachten наблюда́ть *uv.*
Beobachter *m* наблюда́тель

Beobachtung *f* наблюде́ние
Beobachtungs- наблюда́тельный
Beobachtungsbasis *f* ба́зис наблюде́ний
Beobachtungsbohrung *f* наблюда́тельная (бурова́я) сква́жина
Beobachtungsbrunnen *m* наблюда́тельный коло́дец
Beobachtungsdaten *n/pl* да́нные наблюде́ний
Beobachtungsdauer *f* продолжи́тельность наблюде́ния
Beobachtungsdienst *m* слу́жба наблюде́ний
Beobachtungsebene *f* пло́скость наблюде́ния
Beobachtungsergebnis *n* результа́т наблюде́ния
Beobachtungsfehler *m* оши́бка наблюде́ний, погре́шность наблюде́ний
Beobachtungsfenster *n* смотрово́е стекло́
Beobachtungsfernrohr *n* зри́тельная труба́
Beobachtungsgang *m* 1. смотрово́й ход, наблюда́тельный ход; 2. ход наблюде́ний
Beobachtungsgenauigkeit *f* то́чность наблюде́ния
Beobachtungsgerät *n* прибо́р для наблюде́ния
Beobachtungslinie *f* ли́ния наблюде́ния
Beobachtungslücke *f* разры́в в наблюде́ниях; пробе́л в да́нных наблюде́ний
Beobachtungsmaterial *n* материа́л наблюде́ний
Beobachtungsmethode *f* ме́тод наблюде́ния
Beobachtungsmikroskop *n* микроско́п наблюде́ния
Beobachtungsnetz *n* наблюда́тельная сеть, сеть наблюда́тельных ста́нций
Beobachtungsperiode *f* пери́од наблюде́ний
Beobachtungsposten *m* наблюда́тельный пункт, пункт наблюде́ний
Beobachtungspunkt *m* то́чка наблюде́ния
Beobachtungsreihe *f* ряд наблюде́ний, се́рия наблюде́ний
Beobachtungsschurf *m* наблюда́тельный шурф
Beobachtungsserie *f* се́рия наблюде́ний
Beobachtungsstation *f* наблюда́тельная ста́нция, ста́нция наблюде́ния
Beobachtungsstelle *f* наблюда́тельный пункт, ме́сто наблюде́ния
Beobachtungssystem *n* систе́ма наблюде́ний
Beobachtungstechnik *f* те́хника наблюде́ний
Beobachtungswert *m* наблюдённое значе́ние
Beobachtungszeit *f* вре́мя наблюде́ния; срок наблюде́ния
Beobachtungszeitraum *m* пери́од наблюде́ния, продолжи́тельность наблюде́ния
Berater *m* сове́тчик, консульта́нт
beräumen Bergb. зачища́ть/зачи́стить забо́й
Beräumen *n* зачи́стка забо́я
Beraunit *m* бераун́ит
Berberidaceae *pl* барбари́совые
berechenbar исчисля́емый
berechnen errechnen вычисля́ть/вы́числить исчисля́ть/исчи́слить
Berechnung *f* Errechnung вычисле́ние, исчисле́ние; расчёт
Berechnungsformel *f* расчётная фо́рмула
Berechnungsgröße *f* вычисля́емая величина́
Berechnungsmethode *f* ме́тод вычисле́ний
Berechnungstabelle *f* расчётная табли́ца
Berechnungsverfahren *n* Berechnungsmethode спо́соб вычисле́ния
Berechnungszahl *f* чи́словое значе́ние, вы́численное значе́ние
Bereich *m* уча́сток, о́бласть; диапазо́н
Berek-Kompensator *m* компенса́тор Бе́река
Berengelith *m* bernsteinähnliches Harz беренгели́т
Bereshina *f* in das Meer hineinragende Barre, Lokalbezeichnung im Norden der UdSSR бережи́на
Beresit *m* muskovitführender aplitischer Ganggranit берези́т
beresitisiert березитизи́рованный
Beresitisierung *f* березитиза́ция
Berg *m* гора́
Berg- hochgelegen наго́рный
bergab по́д гору, с горы́
Bergabhang *m* го́рный склон, склон горы́, косого́р

Bergakademie *f* го́рная акаде́мия
Bergalith *m* Ganggestein aus der Familie der Alnöite бергали́т
Bergamt *n* го́рное управле́ние; го́рное ве́домство
bergan в го́ру, на́ гору
Bergarbeit *f* го́рная рабо́та
Bergarbeiter *m* го́рнорабо́чий, горня́к, шахтёр
bergauf в го́ру, на́ гору
Bergbau *m* го́рное де́ло
Bergbau- горнодобыва́ющий
Bergbaubetrieb *m* го́рная промы́шленность; го́рное произво́дство; произво́дство го́рных рабо́т
Bergbaubezirk *m* горнопромы́шленный о́круг, горнопромы́шленный райо́н
Bergbaufakultät *f* го́рный факульте́т
Bergbaugebiet *n* горнопромы́шленный райо́н; горнопромы́шленная о́бласть
Bergbaugesellschaft *f* го́рная компа́ния
Bergbauindustrie *f* го́рная промы́шленность
Berg(bau)ingenieur *m* го́рный инжене́р
Bergbauinstitut *n* го́рный институ́т
Bergbaukosten *pl* сто́имость го́рных рабо́т
Bergbaukunde *f* го́рная нау́ка, го́рное де́ло
bergbautechnisch горнотехни́ческий
Bergbauunternehmen *n* го́рное предприя́тие
Bergbehörde *f* го́рное управле́ние; го́рное ве́домство
Berge *pl* Bergb. пуста́я поро́да
Bergeklein *n* Bergb. поро́дная ме́лочь
Bergemittel *n* Bergb. поро́дный просло́ек
Bergeria *f* берге́рия
Bergeversatz *m* закла́дка пусто́й поро́дой вы́работанного простра́нства
Bergfahrt *f* Bergb. движе́ние на подъёме
Bergfeuchtigkeit *f* рудни́чная вла́жность, го́рная вла́жность
Bergflachs *m* го́рный лён
Bergfuß *m* подо́шва горы́
Berggelände *n* го́рная ме́стность
Berggesetz *n* го́рный зако́н, го́рный уста́в
Berggesetzgebung *f* го́рное законода́тельство
Berggipfel *m* го́рная верши́на, верши́на горы́
Berggold *n* ру́дное зо́лото
Berggrat *m* гре́бень горы́
Berggruppe *f* го́рная гру́ппа
Berghang *m* го́рный склон, склон горы́, косого́р
Berghochschule *f* вы́сшая го́рная шко́ла; го́рная акаде́мия
Bergholz *n* древови́дный асбе́ст
bergig gebirgig гори́стый
bergindustriell горнопромы́шленный
Bergingenieur *m* го́рный инжене́р
Berginspektor *m* го́рный инспе́ктор
Bergkamm *m* го́рный хребе́т
Bergkessel *m* котлови́на
Bergkette *f* го́рная цепь
Bergkiefer *f* *Pinus montana* го́рная сосна́
Bergkristall *m* го́рный хруста́ль
Bergkuppe *f* верши́на горы́
Bergland *n* го́рная страна́
Bergleder *n* faseriger Amphibol го́рная ко́жа
Berglehm *m* го́рный сугли́нок
Berglehne *f* косого́р, го́рный склон
Berglehrling *m* учени́к по го́рному де́лу, учени́к-горня́к
Bergleute *pl* горнорабо́чие, шахтёры
Bergmann *m* горня́к, горнорабо́чий, шахтёр
Bergmannit *m* † unreiner Natrolith бергманни́т
Bergmehl *n* го́рная мука́
Bergmilch *f* pulveriger Kalkspat го́рное молоко́
Bergpech *n* го́рная смола́
Bergpolizei *f* го́рный надзо́р
Bergrecht *n* го́рное пра́во
Bergrevier *n* го́рный о́круг
Bergrücken *m* го́рный хребе́т
Bergrutsch *m* Erdrutsch о́ползень
Bergrutsch- о́ползневый
Bergrutschterrasse *f* о́ползневая терра́са
Bergsattel *m* го́рная седлови́на
Bergschaden *m* поврежде́ния на земно́й пове́рхности в результа́те го́рных рабо́т
Bergschadensicherung *f* ме́ры защи́ты от поврежде́ний (напр. зда́ний на дневно́й пове́рхности) в результа́те го́рных разрабо́ток
Bergschlag *m* го́рный уда́р

Bergschlipf *m* го́рный о́ползень; го́рный обва́л
Bergschlucht *f* го́рное уще́лье, каньо́н
Bergschrund *m* краева́я фи́рновая тре́щина, бергшру́нд
Bergschule *f* го́рное учи́лище
Bergschutt *m* го́рная о́сыпь
Bergseife *f* го́рное мы́ло
Bergsenkungsgebiet *n* о́бласть оседа́ния гру́нта на пове́рхности земли́ в результа́те го́рных разрабо́ток
Bergsicherheit *f* безопа́сность в вы́полнении го́рных рабо́т
Bergspitze *f* верши́на горы́
Bergstraße *f* го́рная доро́га
Bergstrich *m* бергштри́х
Bergsturz *m* го́рный о́ползень, го́рный обва́л
Bergsturzbrekzie *f* о́ползневая бре́кчия
Bergsturzmaterial *n* проду́кт го́рных обва́лов, обвали́вшаяся поро́да
Bergsturzrelief *n* о́ползневый релье́ф
Bergtaigarelief *n* го́рно-таёжный релье́ф
Bergtechnik *f* го́рная те́хника
Bergtechniker *m* го́рный техни́к
bergtechnisch горнотехни́ческий
Bergterrasse *f* наго́рная терра́са
Bergtundra *f* го́рная ту́ндра
Berg- und Hüttenschule *f* горноза-во́дское учи́лище
Berg- und Hüttenwesen *n* горноза-во́дское де́ло
Bergung *f* проведе́ние горноспаса́тельных рабо́т
Bergungsarbeiten *f/pl* горноспаса́тельные рабо́ты
Bergverwaltung *f* го́рное управле́ние
Bergwachs *n* го́рный воск
Bergwasser *n* рудни́чная вода́, ша́хтная вода́
Bergwerk *n* Grube рудни́к, ко́пи
Bergwerks- Gruben- рудниќовый, рудни́чный
Bergwerksbetrieb *m* Bergbaubetrieb го́рное предприя́тие
Bergwerksindustrie *f* го́рная промы́шленность
Bergwerkskunde *f* го́рное де́ло
Bergwerksverwaltung *f* шахтоуправле́ние; управле́ние рудни́ко́м
Bergwesen *n* го́рное де́ло
Bergwetter *n* ша́хтная атмосфе́ра; ша́хтный во́здух
Bergwirtschaft *f* го́рное хозя́йство
Bergwirtschaftler *m* горня́к-экономи́ст
bergwirtschaftlich Bergwirtschafts- горнопромы́шленный
Bergzinn *n* чи́стая оловя́нная руда́
Bericht *m* Rechenschaftsbericht отчёт
Berichtigung *f* 1. Korrektur попра́вка, исправле́ние. 2. Justierung юстиро́вка
Berichtigungs- попра́вочный
Berichtigungsfaktor *m* попра́вочный коэффицие́нт
Berichtigungswert *m* попра́вочный коэффицие́нт
Berichtigungszahl *f* попра́вочный коэффицие́нт
Berichtsjahr *n* отчётный год
Berieselung *f* Bewässerung ороше́ние, дождева́ние
Berieselungswässer *n/pl* ороси́тельные во́ды
Berippung *f* ребри́стость
Berkelium *n* Bk берке́лий
Berlinit *m* $Al[PO_4]$ берлини́т
Bermanit *m* $(Mn^{\cdot\cdot}, Mg)_5(Mn^{\cdot\cdot\cdot}, Fe^{\cdot\cdot\cdot})_8 [(OH)_5|(PO_4)_4]_2 \cdot 15H_2O$ берма́ни́т
Bermudit *m* effusiver Biotitmonchiquit бермуди́т
Bernardinit *m* бернардини́т
Bernoullische Gleichung *f* уравне́ние Берну́лли
Bernstein *m* янта́рь
Bernstein- янта́рный
bernsteinführend янтарено́сный
bernsteingelb янта́рно-жёлтый
Bernsteinsäure *f* янта́рная кислота́
bersten platzen растре́скиваться/растре́скаться
Bersten *n* Platzen растре́скивание
Berthierit *m* $FeS \cdot Sb_2S_3$ бертьери́т
Bertholetsalz *n* бертоле́това соль
Berthonit *m* $5PbS \cdot 9Cu_2S \cdot 7Sb_2S_3$ (?) бертони́т
Bertrand-Linse *f* ли́нза Бертра́на
Bertrandit *m* $Be_4[(OH)_2|SiO_4|SiO_3]$ бертранди́т
Berührung *f* Kontakt соприкоснове́ние
Berührungsebene *f* пло́скость каса́ния, каса́тельная пло́скость; пове́рхность соприкоснове́ния
Berührungsfläche *f* Kontaktfläche пове́рхность соприкоснове́ния
Berührungslinie *f* каса́тельная

Berührungspunkt *m* то́чка каса́ния, то́чка прикоснове́ния
Berührungssaum *m* кайма́ соприкоснове́ния
Beryll *m* $Al_2Be_3[Si_6O_{18}]$ бери́лл
Beryllonit *m* $NaBe[PO_4]$ бериллони́т
Beryllit *m* берилли́т
Beryllium *n* Be бери́ллий
Beryllium- бери́ллиевый
berylliumführend бериллиено́сный
Berylliumkarbonat *n* $BeCO_3$ углеки́слый бери́ллий, карбона́т бери́ллия
Berylliummineral *n* бери́ллиевый минера́л
Berylliumnitrat *n* $Be(NO_3)_2 \cdot 3H_2O$ азотноки́слый бери́ллий, нитра́т бери́ллия
Berylliumoxid *n* BeO о́кись бери́ллия, окси́д бери́ллия
Berylliumsilikat *n* кремнеки́слый бери́ллий
Berylliumsulfat *n* $BeSO_4 \cdot 4H_2O$ серноки́слый бери́ллий, сульфа́т бери́ллия
Berzelianit *m* Cu_2Se берцелиани́т
Berzeliit *m* $(Ca, Na)_3(Mg, Mn)_2[AsO_4]_3$ берцели́т
Beschädigung *f* Schaden поврежде́ние
Beschaffenheit *f* сво́йство, ка́чество
beschicken загружа́ть / загрузи́ть
Beschicken *n* загру́зка
beschleunigen ускоря́ть / уско́рить
Beschleunigung *f* ускоре́ние
Beschleunigungsfeld *n* по́ле ускоре́ний
beschottern балласти́ровать *uv.*, *v*
Beschotterung *f* 1. Beschottern покры́тие щебнем, балласти́ровка. 2. Schotterlage балла́стный сло́й, щебёночный сло́й
beschränkt endlich ограни́ченный
beschreibend deskriptiv описа́тельный
Beschreibung *f* описа́ние
beschriftet надпи́санный
Beschriftung *f* на́дпись
Beschtaunit *m* alkalischer Pyroxen-Amphibol-Trachyliparit бештауни́т
beseitigen устраня́ть / устрани́ть, ликвиди́ровать *uv.*, *v.*
Beseitigung *f* устране́ние, ликвида́ция
besichtigen befahren осма́тривать / осмотре́ть
Besichtigung *f* Befahrung осмо́тр
besiedeln bewohnen населя́ть / насели́ть, заселя́ть / засели́ть
Besiedelung *f* заселе́ние
Besiedelungsdichte *f* пло́тность заселе́ния
Besonderheit *f* Eigentümlichkeit осо́бенность
Besselsche Funktion *f* фу́нкция Бе́сселя
Bessemererz *n* бессеме́ровская руда́
Bessemerroheisen *n* бессеме́ровский чугу́н
Bessemerschlacke *f* бессеме́ровский шлак
Bessemerstahl *m* бессеме́ровская сталь
Bessemerverfahren *n* бессемерова́ние
beständig konstant постоя́нный, неизме́нный
Beständigkeit *f* Konstanz постоя́нство, неизме́нность
Bestandteil *m* составна́я часть, элеме́нт, компоне́нт
bestätigen подтвержда́ть / подтверди́ть
Bestätigung *f* подтвержде́ние
bestäuben опыля́ть / опыли́ть
Bestäubung *f* опыле́ние
Besteg *m* Einfassung оторо́чка
bestehen aus sich zusammensetzen aus состоя́ть из кого́ / чего́
bestimmbar definierbar определи́мый
Bestimmbarkeit *f* определи́мость
bestimmen definieren определя́ть / определи́ть
bestimmt definiert определённый
Bestimmung *f* Definition определе́ние
Bestimmungsmethode *f* ме́тод определе́ния
Bestimmungsmethodik *f* мето́дика определе́ния
Bestimmungstabelle *f* определи́тельная табли́ца
Bestimmungsverfahren *n* Bestimmungsmethode спо́соб определе́ния
bestrahlen облуча́ть / облучи́ть
Bestrahlung *f* облуче́ние
bestreuen besäen усыпа́ть / усы́пать
bestreut besät усы́панный
Betamethode *f* β-Methode бе́та-ме́тод
Betaquarz *m* β-Quarz бе́та-кварц
Betastrahlen *m/pl* β-Strahlen бе́та-лучи́
Betastrahlung *f* β-Strahlung бе́та-излуче́ние
Betaumwandlung *f* β-Umwandlung бе́та-превраще́ние

Betechtinit *m* бетехтини́т
Beton *m* бето́н
Beton- бето́нный
Betonausbau *m* Bergb. бето́нная крепь
Betonauskleidung *f* бето́нная облицо́вка
Betonbau *m* бето́нная постро́йка
Betonbaustein *m* бето́нный блок
Betonbekleidung *f* бето́нная облицо́вка
Betondamm *m* бето́нная плоти́на
Betongemisch *n* бето́нная смесь
Betongewichtsmauer *f* гравитацио́нная бето́нная стена́, гравитацио́нная бето́нная плоти́на
betonieren бетони́ровать / забетони́ровать
Betonierung *f* бетони́рование
Betonierungsarbeiten *f/pl* бето́нные рабо́ты
Betonkern *m* бето́нная диафра́гма (плоти́ны)
Betonkies *m* гра́вий для бето́на
Betonkörper *m* те́ло бето́на, ма́сса бето́на; бето́нный масси́в, бето́нный блок
Betonkühlung *f* иску́сственное охлажде́ние бето́на
Betonmauer *f* бето́нная стена́; бето́нная плоти́на
Betonmischung *f* бето́нная смесь
Betonpfahl *m* бето́нная сва́я
Betonsand *m* песо́к для бето́на
Betonschürze *f* бето́нный зуб
Betonsplit *m* вы́севки для бето́на, ме́лкий щё́бень для бето́на
Betonstaudamm *m* бето́нная (водоподъёмная) плоти́на
Betonstaumauer *f* бето́нная (водоподъёмная) плоти́на
Betonstauwehr *n* бето́нная водосли́вная плоти́на
Betonstein *m* бето́нный блок; бетони́т
Betonsteinmauerwerk *n* кла́дка из бето́нных бло́ков
Betonsteinschlag *m* щё́бень для бето́на
Betonsteinverkleidung *f* облицо́вка бето́нными бло́ками
Betonverdichtung *f* уплотне́ние бето́нной сме́си
Betonwehr *n* бето́нная водосли́вная плоти́на
Betonzersetzung *f* рассла́ивание бето́на, дезинтегра́ция бето́на
Betonzusammensetzung *f* соста́в бето́на
Betonzusatz *m* доба́вка к бето́ну
Betonzuschlagstoff *m* заполни́тель бето́на
betrachten рассма́тривать / рассмотре́ть
Betrieb *m* Unternehmen предприя́тие, произво́дство
betrieblich Betriebs- произво́дственный
Betriebsabschnitt *m* Bergbau рабо́чий уча́сток
Betriebsabteilung *f* отде́л предприя́тия
Betriebsdruck *m* рабо́чее давле́ние
Betriebserfahrung *f* произво́дственный о́пыт
Betriebserweiterung *f* расшире́ние произво́дства
Betriebsfrequenz *f* рабо́чая частота́
Betriebskosten *pl* расхо́ды произво́дства
Betriebsmächtigkeit *f* рабо́чая мо́щность
Betriebsplan *m* произво́дственный план
Betriebsplanung *f* плани́рование произво́дства
Betriebsreserve *f* произво́дственный резе́рв, эксплуатацио́нный резе́рв
Betriebsschnitt *m* Bergb. рабо́чий уча́сток
Betriebssicherheit *f* безопа́сность произво́дства
Betriebsspannung *f* рабо́чее напряже́ние
Betriebsstoff *m* горю́чее, то́пливо
Betriebsüberwachung *f* произво́дственный контро́ль
Bett *n* Flußbett ру́сло
Bettausbau *m* выправле́ние ру́сла
Bettbeschaffenheit *f* хара́ктер ру́сла
Bettbreite *f* ширина́ ру́сла
Bettdurchlässigkeit *f* проница́емость ру́сла
Bettregulierung *f* регули́рование ру́сла, выправле́ние ру́сла
Bettverbreiterung *f* расшире́ние ру́сла
Bettvertiefung *f* углубле́ние ру́сла
Betula *f* Birke берё́за
Betulaceae *pl* берё́зовые
Beudantit *m* $PbFe_3^{\cdots}[(OH)_6|SO_4AsO_4]$ бёдантит
Beugung *f* дифра́кция, переги́б, отклоне́ние
Beugungsbild *n* дифракцио́нное изображе́ние
Beugungsgitter *n* дифракцио́нная решё́тка
Beugungspunkt *m* то́чка переги́ба

Beugungsspektrum *n* дифракцио́нный спектр
Beugungsstrahl *m* преломлённый луч
Beugungswinkel *m* у́гол изги́ба, у́гол отклоне́ния
Beule *f* Aufbeulung вздутие
Beulenbildung *f* образова́ние взду́тий
Beulung *f* вспу́чивание, пуче́ние, подду́вание
beurteilen erwägen обсужда́ть / обсуди́ть, оце́нивать / оцени́ть, расце́нивать / расцени́ть
Beurteilung *f* Erwägung обсужде́ние; оце́нка
Beutelfilter *n, m* мешо́чный фильтр
Beuteltier *n* су́мчатое живо́тное
bevölkern besiedeln заселя́ть / засели́ть
Bevölkerung *f* Besiedelung заселе́ние
bewachsen umwachsen обраста́ть / обрасти́
bewaldet облесённый, леси́стый
Bewaldung *f* Aufforstung облесе́ние
Bewaldungskarte *f* ка́рта лесо́в, ка́рта лесно́й пло́щади
bewässern berieseln обводня́ть / обводни́ть, ороша́ть / ороси́ть
Bewässerung *f* Bewässern, Irrigation ороше́ние, обводне́ние, ирригáция
Bewässerungs- ороси́тельный, поливно́й
Bewässerungsanlage *f* ороси́тельное устро́йство
Bewässerungsbezirk *m* райо́н ороше́ния
Bewässerungsfläche *f* пло́щадь ороше́ния
Bewässerungsgebiet *n* райо́н обводне́ния
Bewässerungsgraben *m* ороси́тельная кана́ва
Bewässerungskanal *m* ороси́тельный кана́л
Bewässerungsnetz *n* ирригацио́нная сеть
Bewässerungsrinne *f* ороси́тельная борозда́
Bewässerungsschleuse *f* ороси́тельный шлюз
Bewässerungssystem *n* систе́ма ороше́ния, поливна́я систе́ма
Bewässerungswesen *n* ирригацио́нное де́ло
beweglich mobil подви́жный, подвижно́й
Beweglichkeit *f* Mobilität подви́жность
Bewegung *f* движе́ние
Bewegungsbahn *f* орби́та движе́ния
Bewegungsenergie *f* kinetische Energie кинети́ческая эне́ргия, эне́ргия движе́ния
Bewegungsform *f* фо́рма движе́ния
Bewegungsfuge *f* Ing.-Geol. конструкти́вный шов, допуска́ющий перемеще́ние часте́й сооруже́ния
Bewegungsgesetz *n* зако́н движе́ния
Bewegungsgleichung *f* уравне́ние движе́ния
Bewegungsgröße *f* коли́чество движе́ния
Bewegungskomponente *f* составля́ющая движе́ния, компоне́нта движе́ния
Bewegungslinie *f* ли́ния движе́ния
Bewegungsnerv *m* дви́гательный нерв
Bewegungsorgan *n* о́рган движе́ния
Bewegungsrichtung *f* направле́ние движе́ния
Bewegungssymmetrie *f* симметри́я движе́ния
Bewegungstyp *m* тип движе́ния
Bewegungswiderstand *m* сопротивле́ние движе́нию
Bewegungszone *f* Mobilzone подви́жный по́яс
Bewegungszustand *m* состо́яние движе́ния
bewehren armieren арми́ровать *uv., v.*
bewehrt armiert арми́рованный, снабжённый армату́рой
Bewehrung *f* Armierung арми́рование; армату́ра
bewerten оце́нивать / оцени́ть
Bewertung *f* оце́нка
Bewertungsfaktor *m* оце́ночный коэффицие́нт
bewettern прове́тривать / прове́трить, вентили́ровать / провентили́ровать
Bewetterung *f* прове́тривание, вентиля́ция
Bewetterungsanlage *f* вентиляцио́нная устано́вка
Bewetterungsbohrloch *n* вентиляцио́нная скважина
Bewetterungsmethode *f* спо́соб прове́тривания
Bewohner *m* обита́тель
bewölkt о́блачный
Bewölkung *f* о́блачность
Beyrichiidae *pl* бейрихии́ды

Beyrichit *m* ? Modifikation von NiS бейрихи́т
bezeichnen ука́зывать / указа́ть, отмеча́ть / отме́тить, обознача́ть / обозначи́ть
Bezeichnung *f* Angabe обозначе́ние, назва́ние
Beziehung *f* Wechselbeziehung соотноше́ние; свя́зи
Bezifferung *f* нумера́ция, оцифро́вка
Bezirk *m* Abschnitt райо́н, уча́сток
Bezirks- райо́нный
Bezugsebene *f* пло́скость относи́мости, пло́скость прое́кции
Bezugsfläche *f* пове́рхность относи́мости, пове́рхность сравне́ния, усло́вная пове́рхность
Bezugsfrequenz *f* этало́нная частота́
Bezugsgröße *f* исхо́дная величина́
Bezugshorizont *m* усло́вный горизо́нт
Bezugskurve *f* крива́я зави́симости, крива́я свя́зи
Bezugslinie *f* ли́ния положе́ния
Bezugsnetz *n* опо́рная сеть
Bezugsniveau *n* усло́вный горизо́нт, усло́вный у́ровень
Bezugsort *m* основно́й пункт сравне́ния
Bezugspunkt *m* исхо́дная то́чка, то́чка относи́тельности
Bezugssystem *n* систе́ма ориентиро́вки, систе́ма отсчёта
Bialit *m* ? Mg-haltiger Tavistockit биали́т
Bianchit *m* (Zn, Fe)$[SO_4] \cdot 6H_2O$ бианки́т
biangular биангуля́рный
biatomar двуха́томный
Bibalinae *pl* ка́мы
Bibasizität *f* двухосно́вность
Bibliographie *f* библиогра́фия
bibliographisch библиографи́ческий
Bibliothek *f* Bücherei библиоте́ка
Bibliotheks- Bücherei- библиоте́чный
Bichromat *n* $M_2Cr_2O_7$ соль двухро́мовой кислоты́, бихрома́т, двухромоки́слая соль
Bidalotit *m* ? rhombischer Pyroxen бидалоти́т
bidichotom бидихото́мный
Bieberit *m* Kobaltvitriol $Co[SO_4] \cdot 7H_2O$ бибери́т
Biegebeanspruchung *f* изгиба́ющее уси́лие, изгиба́ющее напряже́ние
Biegebelastung *f* нагру́зка на изги́б, изгиба́ющая нагру́зка
Biegefalte *f* скла́дка изги́ба
Biegefaltung *f* скла́дчатость изги́ба
biegefest про́чный на изги́б
Biegefestigkeit *f* сопротивле́ние изги́бу, про́чность на изги́б
Biegemoment *n* изгиба́ющий моме́нт, моме́нт изги́ба
Biegespannung *f* напряже́ние изги́ба, изгиба́ющее напряже́ние
Biegeversuch *m* испыта́ние на изги́б
Biegewiderstand *m* сопротивле́ние изги́бу
biegsam flexibel ги́бкий
Biegsamkeit *f* Flexibilität ги́бкость
Biegung *f* 1. Verbiegung изги́б. 2. Windung (bei Flüssen) излу́чина
Biegungsbeanspruchung *f* изгиба́ющее уси́лие, изгиба́ющее напряже́ние
Biegungsfestigkeit *f* сопротивле́ние изги́бу, про́чность на изги́б
Biegungsmoment *n* изгиба́ющий моме́нт, моме́нт изги́ба
Biegungsspannung *f* напряже́ние изги́ба, изгиба́ющее напряже́ние
Bieler-Watson-Methode *f* ме́тод электроразве́дки Би́лера-Ва́тсона
Bielzit *m* bernsteinähnliches Harz биэльци́т
Bienenwabenstruktur *f* со́товая структу́ра
bifurkat ви́льчато-разветвлённый
Bifurkation *f* бифурка́ция, ви́льчатость
Bignoniaceae *pl* бигно́ниевые
Bikalziumaluminat *n* двухка́льциевый алюмина́т
Bikarbonat *n* $MHCO_3$ ки́слая соль у́гольной кислоты́, бикарбона́т
Bikarbonat- бикарбона́тный
Bikarbonatanteil *m* бикарбона́тная часть
bikarbonatisch бикарбона́тный
Bikarbonatlösung *f* раство́р бикарбона́тов
bikonisch бикони́ческий
bikonkav двояково́гнутый
Bikonkavlinse *f* двояково́гнутая ли́нза
bikonvex двояковы́пуклый
Bikonvexlinse *f* двояковы́пуклая ли́нза
Bilanz *f* бала́нс
Bilanz- бала́нсовый
Bilanzvorräte *m/pl* бала́нсовые запа́сы
bilateral zweiseitig билатера́льный, двусторо́нний

bilateralsymmetrisch двусторо́нне-симметри́чный
Bild *n* Abbildung сни́мок
Bildauswertung *f* дешифри́рование сни́мков, фотограмметри́ческая обрабо́тка сни́мков
Bildebene *f* пло́скость изображе́ния, пло́скость прое́кции
bilden sich entstehen формирова́ться/сформирова́ться, образо́вываться/образова́ться
Bildfeldebene *f* пло́скость по́ля зре́ния
Bildflug *m* аэрофотосъёмочный полёт
Bildgerade *f* пряма́я в пло́скости сни́мка
Bildhauermaterial *n* скульпту́рный материа́л
Bildhauptpunkt *m* гла́вная то́чка сни́мка
Bildhorizont *m* горизо́нт сни́мка
Bildhorizontale *f* горизонта́ль сни́мка
Bildkarte *f* фотока́рта, фотопла́н
Bildkrümmung *f* кривизна́ изображе́ния
Bildmaßstab *m* масшта́б сни́мка
Bildmeßapparat *m* фотограмметри́ческий инструме́нт, фотограмметри́ческий прибо́р
Bildmeßinstrument *n* фотограмметри́ческий инстру́мент, фотограмметри́ческий прибо́р
Bildmeßverfahren *n* фотограмметри́ческий спо́соб
Bildmitte *f* центр изображе́ния
Bildplan *m* фотопла́н
Bildpunkt *m* то́чка изображе́ния, то́чка сни́мка
bildsam пласти́чный
Bildsamkeit *f* пласти́чность, форму́емость, спосо́бность принима́ть фо́рму под влия́нием механи́ческих возде́йствий
Bildstein *m* Agalmatolith, Pagodit о́бразный ка́мень
Bildtriangulation *f* фототриангуля́ция
Bildtriangulierung *f* фототриангуля́ция
Bildung *f* Entstehung образова́ние, формирова́ние, возникнове́ние
Bildungsbedingungen *f/pl* усло́вия формирова́ния, усло́вия образова́ния
Bildungsbereich *m* диапазо́н образова́ния, о́бласть образова́ния
Bildungsenergie *f* эне́ргия образова́ния
Bildungsfolge *f* после́довательность образова́ния
Bildungsgesetz *n* зако́н образова́ния
Bildungsgewebe *n* Meristem образова́тельная ткань
Bildungsgrad *m* сте́пень образова́ния
Bildungsmechanismus *m* механи́зм образова́ния
Bildungsort *m* ме́сто образова́ния
Bildungsperiode *f* пери́од образова́ния, эпо́ха образова́ния
Bildungsprozeß *m* проце́сс образова́ния, проце́сс формирова́ния
Bildungsraum *m* о́бласть образова́ния
Bildungsreaktion *f* реа́кция образова́ния
Bildungstemperatur *f* температу́ра образова́ния
Bildungstiefe *f* глубина́ образова́ния
Bildungsumstände *m/pl* усло́вия образообва́ния
Bildungsursache *f* причи́на образова́ния
Bildungsvorgang *m* проце́сс образова́ния
Bildungswärme *f* теплота́ образова́ния
Bildungszeit *f* вре́мя образова́ния, вре́мя формирова́ния
Bilinit *m* $Fe^{\cdot\cdot}Fe_2^{\cdot\cdot\cdot}[SO_4]_4 \cdot 22H_2O$ били́ни́т
Billitonit *m* glashaltiger Aerolith? биллитони́т
bilobat двухло́пастный
bimetallisch биметалли́ческий
bimetasomatisch биметасомати́ческий
bimolekular двумолекуля́рный
bimsartig пемзови́дный
Bimsgestein *n* пе́мзовая поро́да
Bimsstein *m* пе́мза
Bims(stein)- пе́мзовый
Bimssteinschlacke *f* пе́мзовый шлак
Bimssteintextur *f* пе́мзовая тексту́ра
binär бина́рный, двухчле́нный, двойно́й
Bindefähigkeit *f* связу́ющая спосо́бность; схва́тываемость (цеме́нта)
Bindefestigkeit *f* про́чность свя́зи, про́чность сцепле́ния
Bindegewebe *n* соедини́тельная ткань
Bindegewebesubstanz *f* соединительнотка́нное вещество́
Bindegewebs- соединительнотка́нный
Bindegewebsbildung *f* соедини́тельнотка́нное образова́ние

Bindegewebsschicht *f* соединительнотка́нный сло́й
Bindekraft *f* си́ла схва́тывания, си́ла сцепле́ния, си́ла свя́зывания
Bindemittel *n* цементи́рующий материа́л, связу́ющее вещество́, цеме́нт
Bindeton *m* связу́ющая гли́на
Bindevermögen *n* свя́зывающая спосо́бность, цементи́рующая спосо́бность
Bindezeit *f* вре́мя схва́тывания
Bindheimit *m* $Pb_2Sb_2O_6O$ биндгейми́т
bindig свя́зный
Bindigkeit *f* свя́зность
Bindung *f* Chem. связь, соедине́ние
Bindungsenergie *f* эне́ргия свя́зи
Bindungsvermögen *n* свя́зывающая спосо́бность
Binnenbusen *f* вну́тренний морско́й зали́в
Binnendelta *n* вну́тренняя де́льта
Binnendüne *f* материко́вая дю́на, внутриматерико́вая дю́на
Binnengewässer *n/pl* вну́тренние во́ды
Binnenklima *n* континента́льный кли́мат
Binnenland *n* внутриматерико́вая ме́стность
Binnenmeer *n* вну́треннее мо́ре, внутриматерико́вое мо́ре
Binnensee *m* материко́вое о́зеро
binnenwärts в глубь материка́
Binnenwasserstraße *f* вну́тренний во́дный путь
Binnit *m* teils Tennantit, teils Sartorit u. a. Mineralien бинни́т
binodal двуузлово́й
Binokular- binokular бинокуля́рный
Binokularaufsatz *m* бинокуля́рная наса́дка
binomisch двухчле́нный
Biochemie *f* биохи́мия
biochemisch биохими́ческий
Biochronologie *f* биохроноло́гия
biochronologisch биохронологи́ческий
Biocoenose *f* соо́бщество, биоцено́з, цено́з
Biodetritus *m* биодетри́тус
Biodetritus- биодетри́тусовый
Biofazies *f* биофа́ция
biofaziell биофациа́льный
biogen биоге́нный
Biogenese *f* биогене́з
biogenetisch биогенети́ческий
Biogeochemie *f* биогеохи́мия
biogeochemisch биогеохими́ческий
Biogeographie *f* биогеогра́фия
biogeographisch биогеографи́ческий
bioklastisch биокласти́ческий
Biolith *m* биоли́т
Biologe *m* био́лог
Biologie *f* биоло́гия
biologisch биологи́ческий
biometrisch биометри́ческий
biomorph биомо́рфный
Bionomie *f* бионо́мия
biophil биофи́льный
Biophysik *f* биофи́зика
biophysikalisch биофизи́ческий
Biosphäre *f* биосфе́ра
Biostasie *f* биоста́зия
Biostratigraphie *f* биостратигра́фия
biostratigraphisch биостратиграфи́ческий
Biostratonomie *f* биостратоно́мия
biostratonomisch биостратономи́ческий
Biotit *m* $K(Mg, Fe, Mn)_3[(OH, F)_2|AlSi_3O_{10}]$ биоти́т
Biotit- биоти́товый
Biotitalnöit *m* fast olivin- und augitfreier Alnöit (Stansfield 1923) биоти́товый альнёйт
Biotitamphibolit *m* Übergangsgestein zwischen Amphibolit und Glimmerschiefer биоти́товый амфиболи́т
Biotitaplit *m* Andreae (1909) биоти́товый апли́т
Biotitdiorit *m* биоти́товый диори́т
Biotitgestein *n* биоти́товая поро́да
Biotitgneis *m* биоти́товый гне́йс
Biotitgranit *m* биоти́товый грани́т
Biotit-Hornblendegneis *m* биоти́тово-роговообма́нковый гне́йс
Biotithornfels *m* биоти́товый рогови́к
biotitisch биоти́товый
biotitisiert биотитизи́рованный
Biotitpyroxenit *m* биоти́товый пироксени́т
Biotitrhyolith *m* биоти́товый риоли́т
Biotitschiefer *m* биоти́товый сла́нец
Biotop *n* биото́п
Biozone *f* биозо́на
Biozönose *f* биоцено́з, соо́бщество
biozönotisch относя́щийся к биоцено́зу
biped zweifüßig, zweibeinig двуно́гий
biphyletisch бифилети́ческий

bipolar биполя́рный, двухпо́люсный
Bipolarität *f* двуполя́рность, биполя́рность
bipyramidal бипирамида́льный, дипирамида́льный
Bipyramide *f* бипирами́да, дипирами́да
Birke *f* *Betula* берёза
Birken- берёзовый
Birken-Kiefer- берёзово-сосно́вый
Birken-Kiefernwald *m* берёзово-сосно́вый лес
Birken-Kiefer-Zeit *f* берёзово-сосно́вое вре́мя
Birkenklima *n* кли́мат берёзы
Birkenmoor *n* берёзовое боло́то
Birkenwald *m* берёзовый лес, березня́к
Birkremit *m* Quarzsyenit mit 74% Alkalifeldspat биркреми́т
birnenförmig birnenartig грушеви́дный
Bisbeeit *m* † Lettsomit бисбии́т
Bischofit *m* $MgCl_2 \cdot 6H_2O$ бишофи́т
Bischofit- бишофи́товый
Bisektrix *f* биссектри́са
Bismit *m* Wismutocker висми́т
Bismoclit *m* BiOCl бисмокли́т
Bismuthin *m* Wismutglanz Bi_2S_3 висмути́н
Bismutit *m* Wismutspat $Bi_2[O_2|CO_3]$ висмути́т
Bismutoplagionit *m* Fehlbestimmung, Cannizzarit бисмутоплагиони́т
Bismutosmaltin *m* † Skutterudit mit geringem Bi-Gehalt бисмутосмальти́н
Bismutosphärit *m* $Bi_2[O_2|CO_3]$ бисмутосфери́т
Bismutotantalit *m* $BiTaO_4$ висмутотантали́т
Bison *m* бизо́н
Bisphaera-Schichten *f/pl* бисфе́ровые слои́
Bisphenoid *n* дисфено́ид
bisphenoidisch дисфеноида́льный
bisubstituiert двузамещённый
Bisubstitution *f* замеще́ние двýмя грýппами
Bisulfat *n* $NHSO_4$ ки́слая соль се́рной кислоты́, бисульфа́т
Bisulfid *n* бисульфи́д
Bisulfit *n* $MHSO_3$ ки́слая соль серни́стой кислоты́, бисульфи́т
Bitheca *f* бите́ка
Bitterquelle *f* го́рький исто́чник
Bittersalz *n* $MgSO_4 \cdot 7H_2O$ го́рькая соль, сернoки́слый ма́гний, сульфа́т ма́гния
Bittersee *m* го́рькое о́зеро
Bitterspat *m* $CaCO_3 \cdot MgCO_3$ доломи́т
Bitumen *n* биту́м
Bitumenbildung *f* битумообразова́ние
Bitumendichtung *f* Inggeol. биту́мная изоля́ция
Bitumengehalt *m* содержа́ние биту́ма, битумино́зность
Bitumenüberzug *m* биту́мная оболо́чка
Bituminisierung *f* битуминиза́ция
bituminös битумино́зный, пропи́танный биту́мом
Bityit *m* ? Silikat von Al, Ca, Mg, Be und Alkalien mit H_2O битии́т
bivalent двувале́нтный
Bivalenz *f* двувале́нтность
Bivalvia *pl* двуство́рки
bivariant бивариа́нтный, дивариа́нтный
Bixbyit *m* $(Mn, Fe)_2O_3$ биксбии́т
bizonal двухзо́нный
bizyklisch бицикли́ческий
Bjelkit *m* † Cosalit бьелки́т
blähen aufblähen вспу́чивать / вспучи́ть
Blähen *n* вспу́чивание; набуха́ние
Blähfähigkeit *f* спосо́бность вспу́чиваться
Blähprobe *f* испыта́ние на набуха́ние; про́ба на вспу́чивание
Blähungsgrad *m* сте́пень вспу́чивания
Blähvermögen *n* спосо́бность к вспу́чиванию
Blairmorit *m* analcimführender Feldspatphonolith блермори́т
Blase *f* пузы́рь
blasenartig пузыреви́дный, пузы́рчатый
Blasenbildung *f* образова́ние пузыре́й
Blasengewebe *n* пузы́рчатая ткань
Blasenlava *f* пузы́рчатая ла́ва
Blasenstruktur *f* пузы́ристое строе́ние
Blasentextur *f* пузы́ристая тексту́ра
Blasenzähler *m* счётчик пузырько́в
blasig пузы́ристый, пузы́рчатый
blaß бле́дный
Blastese *f* бласте́з
blastisch бласти́ческий, бласто́вый
Blastocoel *n* бластоце́ль
blastogranitisch бластограни́товый

Blastoidea *pl* бластоиде́и, морски́е буто́ны
Blastomere *n* бластоме́р
Blastomylonit *m* бластомилони́т
blastomylonitisch бластомилони́товый
blastopelitisch бластопели́товый
Blastophyllum *n* заро́дышевый лист
blastoporphyrisch бластопорфи́ровый
blastopsammitisch бластопсамми́товый
Blastula *f* бла́стула
Blasversatz *m* Bergb. закла́дка пневмати́ческим спо́собом
Blatt *n* лист
Blattanordnung *f* Blattstellung листорасположе́ние
blattartig листови́дный
Blattbasis *f* основа́ние листа́
Blattbreite *f* ширина́ листа́
Blättchen *n* листо́к
Blättchenelektroskop *n* листо́чковый электроско́п
Blatteinteilung *f* разгра́фка листо́в
blätterartig листообра́зный
blätt(e)rig 1. Blatt- листова́тый. 2. lamellär пласти́нчатый
Blätterkies *m* слои́стый пири́т
Blätterkohle *f* листова́тый у́голь, бума́жный у́голь
Blättermoos *n* ли́ственный мох
Blätterschiefer *m* листова́тый сла́нец
Blätterserpentin *m* Antigorit листова́тый змееви́к, антигори́т
Blättertextur *f* листова́тая текстýра
Blättertorf *m* слои́стый торф
Blätterzeolith *m* пласти́нчатый цеоли́т
Blattfederpendel *n* пласти́нчатый ма́ятник
Blattfederseismograph *m* пласти́нчатый пружи́нный сейсмо́граф
blattförmig листообра́зный
Blattgold *n* листово́е зо́лото
Blattinjektion *f* листова́я инъе́кция
Blattkissen *n* листова́я поду́шка
Blattknospe *f* листова́я по́чка
blattlos blätterlos безли́ственный
Blattnarbe *f* листово́й рубе́ц
Blattnerv *m* нерв листа́
Blattodea *pl* тарака́новые
Blattpolster *n* листова́я поду́шка
Blattrand *m* 1. Pflanzenblatt ра́мка листа́; 2. Kartenblatt ра́мка ка́рты
blättrig листова́тый
Blättrigkeit *f* листова́тость
Blattscheide *f* влага́лище листа́, листово́е влага́лище
Blattspitze *f* листова́я коне́чность
Blattstellung *f* листорасположе́ние
Blattstiel *m* черешо́к
Blaualgen *f/pl* си́ние во́доросли
Blaublätterstruktur *f* поло́счатость льда
Blaueis *n* голубо́й лёд
Blaueisenerz *n* Vivianit $Fe_3{}^{\cdot\cdot}[PO_4]_2 \cdot 8H_2O$ си́няя желе́зная руда́
Blauer Ton *m* си́няя гли́на
Blauquarz *m* си́ний кварц, голубо́й кварц
Blausäure *f* HCH сини́льная кислота́, цианистоводоро́дная кислота́
Blauschlick *m* голубо́й ил
Blei *n* Pb свине́ц
Blei- свинцо́вый
Bleialter *n* во́зраст по свинцу́
Bleiantimonerz *n* свинцовосурьмя́нистая руда́
Bleiantimonglanz *m* † Sartorit свинцо́восурьмя́ный блеск
Bleiantimonit *n* † Jamesonit серни́стосурьмяни́стый свине́ц
Bleiazetat *n* уксуснoки́слый свине́ц
bleibende Formänderung *f* оста́точная деформа́ция
bleibende Härte *f* постоя́нная жёсткость
Bleibergwerk *n* свинцо́вый рудни́к
bleich бле́дный
Bleich- bleichend отбе́ливающий
Bleicheigenschaft *f* отбе́ливающее сво́йство
bleichen отбе́ливать / отбели́ть
Bleicherde *f* отбе́ливающая земля́
Bleichfähigkeit *f* спосо́бность отбе́ливаться
Bleichkalk *m* бели́льная и́звесть, хло́рная и́звесть
Bleichlorat *n* $Pb(ClO_3)_2$ хлорноватоки́слый свине́ц, хлора́т свинца́
Bleichlorid *n* $PbCl_2$ хло́ристый свине́ц, хлори́д свинца́
Bleichmittel *n* отбе́ливающее вещество́
Bleichromat *n* $PbCrO_4$ хромовоки́слый свине́ц, хрома́т свинца́
Bleichton *m* отбе́ливающая гли́на, отбе́льная гли́на
Bleichung *f* отбе́ливание
Bleichungszone *f* обелённая зо́на
Bleichvermögen *n* отбе́ливающее сво́йство

Bleichwirkung *f* отбе́ливающий эффе́кт
Bleierz *n* свинцо́вая руда́
Bleierzaufbereitung *f* обогаще́ние свинцо́вых руд
Bleierzeuger *m* поста́вщик свинца́
Bleierzlager *n* за́лежь свинцо́вой руды́
Bleierzvorkommen *n* свинцо́вое рудопроявле́ние
Bleifolie *f* свинцо́вая фо́льга
Bleigang *m* свинцо́вая жи́ла
Bleiglanz *m* Galenit PbS свинцо́вый блеск
Bleiglanzstruktur *f* галени́товая структу́ра
Bleiglätte *f* Bleiocker, Massicot PbO свинцо́вый глет
bleigrau свинцо́во-се́рый
Bleigrube *f* свинцо́вый рудни́к
bleihaltig содержа́щий свине́ц, свинецсодержа́щий
Bleihornerz *n* † Phosgenit свинцо́вая рогова́я руда́
Bleikammer *f* свинцо́вая ка́мера
Bleikarbonat *n* $PbCO_3$ углеки́слый свине́ц, карбона́т свинца́
Bleikonzentrat *n* свинцо́вый концентра́т
Bleimalachit *m* ? $PbCu_3[(OH)_2|CO_3)_3]$ свинцо́вый малахи́т
Bleimennige *f* Pb_3O_4 свинцо́вый су́рик
Bleimetasilikat *n* $Pb(SiO_3)_2$ метакремнеки́слый свине́ц, метасилика́т свинца́
Bleimethode *f* свинцо́вый ме́тод
Bleimineral *n* свинцо́вый минера́л
Bleimolybdat *n* $MbMoO_4$ молибденовоки́слый свине́ц, молибда́т свинца́
Bleinitrat *n* $Pb(NO_3)_2$ азотноки́слый свине́ц, нитра́т свинца́
Bleiocker *m* † Bleiglätte, Massicot свинцо́вая о́хра
Bleiorthosilikat *n* Pb_2SiO_4 ортокремнеки́слый свине́ц (2), ортосилика́т свинца́ (2)
Bleipapier *n* свинцо́вая реакти́вная бума́га
Bleiphosphat *n* $Pb_3(PO_4)_2$ фосфорноки́слый свине́ц, фосфа́т свинца́
Bleischweif *m* свинча́к
Blei-Silber-Formation *f* свинцо́во-серебряная форма́ция
Bleisilikat *n* кремнеки́слый свине́ц, силика́т свинца́
Bleispat *m* † Cerussit $PbCO_3$ свинцо́вый шпат, церусси́т
Bleistift *m* Zeichenstift каранда́ш
Bleisulfat *n* $PbSO_4$ сернoки́слый свине́ц, сульфа́т свинца́
Bleisulfid *n* PbS серни́стый свине́ц, сульфи́д свинца́
Bleitellurid *n* теллу́ристый свине́ц, теллури́д свинца́
Bleivanadit *n* ванадиевоки́слый свине́ц
Bleivitriol *n* † Anglesit свинцо́вый купоро́с
Bleiweiß *n* свинцо́вые бели́ла
Bleizinkerz *n* свинцо́во-ци́нковая руда́
Bleizinklagerstätte *f* свинцо́во-ци́нковое месторожде́ние
Blende *f* 1. Min. обма́нка. 2. Phot. диафра́гма
Blickebene *f* пло́скость визи́рования, зри́тельная пло́скость
Blickfeld *n* по́ле зре́ния
Blicklinie *f* визи́рная ли́ния
Blickrichtung *f* визуа́льное направле́ние
Blickwinkel *m* у́гол зре́ния, у́гол наблюде́ния
Blindort *m* Bergb. тупико́вый штрек
Blindschacht *m* слепа́я ша́хта
Blindstrecke *f* тупико́вый штрек, слепо́й штрек, тупи́к
Block *m* 1. Tekt. Scholle глы́ба. 2. Abbaublock блок. 3. Roherz каба́н
Blockabbau *m* Bergb. вы́емка (разрабо́тка) поле́зного ископа́емого бло́ками
Blockbruchbau *m* систе́ма разрабо́тки поле́зного ископа́емого бло́ками с обруше́нием
Blockdiagramm *n* блок-диагра́мма
Blockit *m* $(Ni, Cu, Co)Se_2$ блоки́т
Blocklava *f* Schollenlava глы́бовая ла́ва
Blocklehm *m* Geschiebelehm валу́нная гли́на
Blockstruktur *f* глы́бовая структу́ра
Blockverfahren *n* Bergb. систе́ма разрабо́тки бло́ками
Blödit *m* Astrakanit $Na_2Mg[SO_4]_2 \cdot 4H_2O$ блёдит
Blomstrandin *m* Priorit $(Y, Ce, Ca, Na, Th, U)[(Nb, Ta, Ti)_2O_6]$ бломстранди́н
Blume *f* Blüte цвето́к

Blumenkrone *f* венчик
Blut *n* кровь
Blüte *f* 1. Blume цветок. 2. Blühen цветение, расцвет
Blütenblatt *n* лепесток, цветочный лист
Blütenblatt- лепестковый
Blütenboden *m* цветоложе
Blütendeckblatt *n* листочек околоцветника
Blütendecke *f* околоцветник, околоцветие
Blütenperiode *f* период цветения
Blütenstand *m* соцветие
Blütentrieb *m* цветочный побег
Blütezeit *f* процветание, время расцвета
Blutgefäß *n* кровеносный сосуд
Blutkreislauf *m* кровообращение
Blutlaugensalz *n* кровяная соль
Blutregen *m* кровавый дождь
blutrot кроваво-красный
Blutstein *m* wasserfreies Eisenoxid кровавик
Blutsverwandtschaft *f* кровное родство
Bobierrit *m* $Mg_3[PO_4]_2 \cdot 8H_2O$ бобьеррит
Bocca *f* бокка
Bockerit *m* боккерит
Bodden *m* закрытый зайленный лиман (на побережье Северного и Балтийского морей)
Boden *m* 1. Erdboden почва. 2. Baugrund грунт. 3. Grund дно
Boden- 1. Erdboden- почвенный. 2. Baugrund- грунтовой. 3. Grund- донный
Bodenabbruch *m* обрушение грунта; обвал грунта
Bodenablagerung *f* донное отложение
Bodenabsenkung *f* донный провал
Bodenaggregat *n* почвенный агрегат
Bodenalgen *f/pl* почвенные водоросли
Bodenanalyse *f* анализ почвы, почвенный анализ
Bodenanomalie *f* почвенная аномалия
Bodenart *f* вид почвы, вид грунта
Bodenauflockerung *f* разрыхление грунта
Bodenaufnahme *f* наземная съёмка
Bodenaushub *m* выемка грунта, экскавация
Bodenauskolkung *f* размыв дна
Bodenauslaugungshorizont *m* выщелоченный почвенный горизонт
Bodenaustrocknung *f* пересыхание почвы
Bodenazidität *f* кислотность почвы
Bodenbakterien *f/pl* почвенные бактерии
Bodenbeanspruchung *f* напряжение грунта, нагрузка на грунт
Bodenbearbeitung *f* разработка грунта; обработка почвы
Bodenbedeckung *f* Bodendecke почвенный покров
Bodenbefestigung *f* Inggeol. укрепление грунта, стабилизация грунта
Bodenbelastung *f* Inggeol. нагрузка на грунт, нагрузка на основание
Bodenbelüftung *f* аэрация почвы
Bodenbemusterung *f* почвенное опробование
Bodenbenderit *m* ? wohl Varietät von Granat боденбендерит
Bodenberieselung *f* полив земель напуском, орошение земель напуском
Bodenbeschaffenheit *f* качество грунта, свойство грунта; характер почвы
Bodenbeschleunigung *f* ускорение почвы; ускорение грунта
Bodenbestimmung *f* определение грунта, определение почвы
Bodenbewässerung *f* орошение земель
Bodenbewegung *f* 1. Eigenbewegung движение грунта, движение почвы. 2. Transport транспортировка грунта
bodenbildend почвообразующий, почвообразовательный
Bodenbildung *f* образование почвы, почвообразование
Bodenbildungsfaktor *m* фактор почвообразования
Bodenbildungsperiode *f* период почвообразования
Bodenbildungsprozeß *m* процесс почвообразования
Bodenbruch *m* разрушение почвы, размыв почвы, размыв грунта
Bodenchemie *f* химия грунта
Bodendecke *f* почвенный покров
Bodendichtung *f* Inggeol. уплотнение грунта, уплотнение основания
Bodendruck *m* 1. давление на грунт. 2. давление грунта, приземное давление
Bodendruckfall *m* понижение приземного давления

Bodendruckfeld *n* по́ле приземно́го давле́ния
Bodendruckschwankung *f* колеба́ние приземно́го давле́ния
Bodendruckverteilung *f* распределе́ние приземно́го давле́ния
Bodendurchlässigkeit *f* водопроница́емость гру́нта, проница́емость гру́нта
Bodeneigenschaft *f* сво́йство по́чвы
Bodeneigenschwingung *f* со́бственное колеба́ние гру́нта
Bodeneinsenkung *f* 1. Senkung оседа́ние гру́нта. 2. Senke впа́дина
Bodeneis *n* 1. Bodeneis по́чвенный лёд. 2. Grundeis до́нный лёд
Bodenentnahmegerät *n* грунтоно́с
Bodenentwässerung *f* осуше́ние гру́нтов, дрена́ж
Bodenerkundung *f* разве́дка гру́нта
Bodenerosion *f* 1. размы́в по́чвы, эро́зия по́чвы, эро́зия гру́нта. 2. до́нная эро́зия
Bodenerschütterung *f* сотрясе́ние гру́нта, сотрясе́ние по́чвы
Bodenfauna *f* до́нная фа́уна
Bodenfestigkeit *f* пло́тность гру́нта
Bodenfeuchtigkeit *f* вла́жность по́чвы, по́чвенная вла́жность, вла́жность гру́нта
Bodenfeuchtigkeitsgehalt *m* влагосодержа́ние по́чвы
Bodenfilter *m*, *n* грунтово́й фильтр
Bodenfiltration *f* фильтра́ция в гру́нте; до́нная фильтра́ция
Bodenfläche *f* пове́рхность дна; пове́рхность гру́нта
Bodenfließen *n* теку́честь гру́нта; ползу́честь по́чвы
Bodenflora *f* до́нная фло́ра, до́нная расти́тельность
Bodenformen *f/pl* фо́рмы земно́й пове́рхности, фо́рмы релье́фа ме́стности
Bodenfrost *m* замерза́ние гру́нта, мерзлота́ по́чвы
Bodenfruchtbarkeit *f* по́чвенное плодоро́дие
Bodengas *n* по́чвенный газ
Bodengebiet *n* по́чвенная о́бласть
Bodengefälle *n* укло́н дна
Bodengegendruck *m* пасси́вное давле́ние гру́нта, противодавле́ние гру́нта
Bodengehalt *m* содержа́ние гру́нта
Bodengekrieche *n* ползу́честь гру́нта
Bodengeschwindigkeit *f* придо́нная ско́рость (тече́ния)
Bodengestaltung *f* релье́ф ме́стности
Bodengewässer *n/pl* по́чвенные во́ды
Bodengewinnung *f* разрабо́тка гру́нта, вы́емка гру́нта
Bodengrundgewässer *n/pl* почвенногрунтовы́е во́ды
Bodengüte *f* добро́тность по́чвы
Bodenhebung *f* подня́тие гру́нта, вспу́чивание гру́нта
Bodenhorizont *m* горизо́нт по́чвы, по́чвенный горизо́нт
Bodenhumus *m* перегно́й по́чвы
Bodenkapillarität *f* капилля́рность по́чвы
Bodenkarte *f* ка́рта по́чвы, по́чвенная ка́рта
bodenklimatisch по́чвенно-климати́ческий
Bodenkolloid *n* по́чвенный колло́ид
Bodenkondensation *f* по́чвенная конденса́ция
Bodenkonstante *f* постоя́нная гру́нта; по́чвенная конста́нта
Bodenkorn *n* зерно́ гру́нта
Bodenkörper *m* солево́й оста́ток
Bodenkorrosion *f* по́чвенная корро́зия
Bodenkunde *f* почвове́дение; грунтове́дение
Bodenkundler *m* почвове́д
Bodenleben *n* до́нная жизнь
Bodenleitfähigkeit *f* проводи́мость по́чвы
Bodenlösung *f* по́чвенный раство́р
Bodenluft *f* по́чвенный во́здух, подпо́чвенный во́здух
Bodenluftleitfähigkeit *f* проводи́мость по́чвенного во́здуха
Bodenluftprobe *f* про́ба по́чвенного во́здуха
Bodenmasse *f* ма́сса гру́нта
Bodenmechanik *f* меха́ника гру́нтов
bodenmorphologisch по́чвенно-морфологи́ческий
bodennah приземно́й; придо́нный
Bodenneigung *f* накло́н дна
Bodennutzung *f* землепо́льзование, эксплуата́ция земли́
Bodenoberkante *f* земна́я пове́рхность
Bodenorganismen *m/pl* органи́змы по́чвы

Bodenperiode *f* пери́од колеба́ний по́чвы
Bodenphysik *f* фи́зика гру́нтов
Bodenpressung *f* сжа́тие гру́нта
Bodenprobe *f* 1. образе́ц по́чвы, образе́ц гру́нта; 2. про́ба гру́нта, про́ба по́чвы; 3. придо́нная про́ба, придо́нный образе́ц
Bodenprobeentnahme *f* 1. взя́тие про́быо по́чвы; взя́тие про́бы гру́нта; 2. взя́тие до́нной про́бы
Bodenprobeentnahmegerät *n* 1. прибо́р для взя́тия про́бы по́чвы; 2. прибо́р для взя́тия до́нной про́бы
Bodenprofil *n* 1. про́филь по́чвы, по́чвенный разре́з; 2. про́филь дна
Bodenreaktion *f* 1. реа́кция гру́нта; 2. реа́кция дна
Bodenrelief *n* релье́ф дна
Bodenriß *m* 1. тре́щина в по́чве; 2. тре́щина в гру́нте
Bodensalz *n* 1. по́чвенная соль; 2. грунтова́я соль
Bodensatz *m* до́нный оса́док, отсто́й
Bodensäure *f* 1. по́чвенная кислота́; 2. грунтова́я кислота́
Bodenschätze *pl* поле́зные ископа́емые
Bodenschicht *f* 1. сло́й по́чвы, пласт по́чвы, сло́й гру́нта, по́чвенный сло́й, по́чвенный пласт; 2. до́нный сло́й
Bodenschlamm *m* до́нный ил
Bodenschutt *m* о́сыпь гру́нта
Bodenschüttung *f* земляна́я на́сыпь; земляна́я засы́пка
Bodenschwankung *f* колеба́ние по́чвы
Bodenschwingung *f* колеба́ние по́чвы
Bodenschwingungsamplitude *f* амплиту́да колеба́ний по́чвы
Bodensediment *n* до́нный оса́док, до́нное отложе́ние
Bodensenkung *f* оседа́ние гру́нта; опуска́ние ме́стности
Bodenskelett *n* скеле́т гру́нта
Bodensole *f* до́нная рассо́ль, до́нная ра́па
Bodenspalt *m* до́нная щель
Bodenstabilisierung *f* стабилиза́ция гру́нта
Bodenstrom *m* до́нные то́ки, до́нные пото́ки
Bodenströmung *f* до́нное тече́ние, придо́нное тече́ние
Bodenstruktur *f* структу́ра гру́нта, структу́ра по́чвы, строе́ние гру́нта, строе́ние по́чвы
Bodensuspension *f* по́чвенная суспе́нзия
Bodenteilchen *n* по́чвенная части́ца, части́ца по́чвы, части́ца гру́нта
Bodentemperatur *f* температу́ра по́чвы, температу́ра гру́нта
Bodenthermometer *n* по́чвенный термо́метр
Bodentier *n* до́нный органи́зм, до́нное живо́тное
Bodentragfähigkeit *f* несу́щая спосо́бность гру́нта
Bodenunruhe *f* колеба́ния по́чвы, колеба́ния дна
Bodenuntersuchung *f* иссле́дование гру́нта, иссле́дование по́чвы
Bodenverbesserung *f* улучше́ние гру́нта
Bodenverbindung *f* соедине́ние по́чвы
Bodenverdichtung *f* уплотне́ние гру́нта
Bodenverdunstung *f* испаре́ние по́чвы
Bodenverfestigung *f* стабилиза́ция гру́нта, укрепле́ние гру́нта
Bodenverhältnisse *pl* грунтовы́е усло́вия, по́чвенные усло́вия
Bodenvermessung *f* назе́мная съё́мка
Bodenversalzung *f* засоле́ние по́чвы
Bodenverschiebung *f* сдвиг по́чвы, сдвиг гру́нта
Bodenverwitterung *f* выве́тривание по́чвы
Bodenwasser *n* 1. по́чвенная вода́; 2. придо́нная вода́
Bodenwasserzone *f* по́яс по́чвенных вод
Bodenwelle *f* 1. Geophysik приземна́я волна́; 2. Hydrologie придо́нная волна́; 3. Geomorphologie возвы́шенность
Bodenwiderstand *m* сопротивле́ние гру́нта
Bodenzerstörung *f* разруше́ние по́чвы
Bodenzone *f* по́чвенная зо́на
Bodenzusammensetzung *f* соста́в по́чвы
Bodenzustand *m* состоя́ние по́чвы
Boehmit *m* γ-AlOOH бёми́т
Boehmitbauxit *m* бёми́товый бокси́т
Bogen *m* 1. Kreisbogen дуга́; 2. Wölbung а́рка; 3. Papierbogen лист
Bogen- 1. дугово́й; 2. а́рочный; 3. листово́й

Bogendreieck *n* дуговóй треугóльник
Bogendüne *f* серповидная дюна
bogenförmig дугообрáзный
Bogengewichtsmauer *f* Hydrogeol. áрочно-гравитациóнная плотина
Bogengrad *m* дуговóй грáдус
Bogenlampe *f* дуговáя лáмпа
Bogenlänge *f* длинá дуги
Bogenmaß *n* дуговáя мéра
Bogenmauer *f* Hydrogeol. áрочная плотина
Bogenminute *f* минýта дуги (единица измерения дуги)
bogennervig дугонéрвный
Bogenrichtung *f* направлéние дуги
Bogensekunde *f* секýнда дуги, дуговáя секýнда (единица измерения дуги)
Bogenspektrum *n* дуговóй спектр
Bogenstaumauer *f* Hydrogeol. áрочная плотина
Bogenstruktur *f* дуговáя структýра
Bogenstück *n* отрéзок дуги
Böggildit *m* $Sr_2Na_2Al_2(PO_4)F_9$ бёггильдит
Boghead *m* Bogheadkohle бóгхед
Böhmische Masse *f* Богéмский массив
Bohnerz *n* бобóвая рудá
Bohraggregat *n* буровóй агрегáт, бурильный агрегáт, буровáя установка
Bohralgen *f/pl* сверлящие вóдоросли
Bohranlage *f* буровáя установка
Bohrarbeiten *f/pl* буровые рабóты
Bohrarbeiter *m* буровóй рабóчий, бурильщик
Bohraufschluß *m* развéдка бурéнием
Bohrausrüstung *f* буровóе оборýдование, буровóе снаряжéние
Bohrbeginn *m* начáло бурéния
Bohrbericht *m* рáпорт по бурéнию
Bohrbetrieb *m* произвóдство буровых рабóт, буровые рабóты
Bohrbrigade *f* буровáя бригáда
Bohrbrunnen *m* буровóй колодец
Bohrbühne *f* буровóй полóк
Bohreinrichtung *f* буровóе устрóйство
Bohren *n* бурéние
Bohren gerichtetes напрáвленное бурéние
Bohren mit Hohlgestänge бурéние пóлыми штáнгами (с отверстием для промывочной жидкости)
Bohrer *m* бурáв, бур
Bohrergebnis *n* результáт бурéния
Bohrerkundung *f* буровáя развéдка
Bohrfortschritt *m* подвигáние забóя буровóй сквáжины, прохóдка сквáжины, скóрость бурéния
Bohrgelände *n* буровáя плóщадь
Bohrgerät *n* буровóй инструмéнт
Bohrgerüst *n* Bohrturm буровáя вышка
Bohrgeschwindigkeit *f* скóрость бурéния
Bohrgestänge *n* буровые штáнги, бурильные штáнги
Bohrgut *n* буровáя мéлочь, буровáя грязь
Bohrhauer *m* бурильщик
Bohringenieur *m* инженéр-бурильщик, инженéр-буровик
Bohrjournal *n* буровóй журнáл, журнáл буровых рабóт
Bohrkäfer *m* *Teredo* древотóчец, сверлящий жук
Bohrkapazität *f* буримость
Bohrkern *m* буровóй керн
Bohrklein *n* буровáя мýка, буровáя мéлочь
Bohrkolonne *f* Bohrbrigade бригáда бурильщиков
Bohrkopf *m* головка бýра, буровáя голóвка, бурильная голóвка
Bohrkosten *pl* стóимость бурéния
Bohrkrone *f* буровáя корóнка, корóнка бýра
Bohrleistung *f* производительность бурéния
Bohrloch *n* Bohrung буровáя сквáжина
Bohrlochabweichung *f* искривлéние сквáжины
Bohrlochachse *f* ось сквáжины
Bohrlochansatzpunkt *m* расположéние сквáжины
Bohrlochdiagramm *n* каротáжная диагрáмма
Bohrlochdurchmesser *m* диáметр буровóй сквáжины
Bohrlochergiebigkeit *f* Hydrogeol. дéбит буровóй сквáжины
Bohrlochkurve *f* диагрáмма каротáжа, каротажогрáмма
Bohrlochmeßanordnung *f* каротáжная установка
Bohrlochmeßkurve *f* диагрáмма каротáжа, каротажогрáмма

Bohrlochmeßstation *f* карота́жная ста́нция
Bohrlochmessung *f* карота́ж
Bohrlochmund *m* Bohrlochmündung у́стье буровóй сквáжины; у́стье шпу́ра
Bohrlochneigungsmesser *m* прибóр для определе́ния углá отклонéния сквá-жины (от заданного направления)
Bohrlochradiometer *n* карота́жный радиóметр
Bohrlochrichtung *f* направлéние буро-вóй сквáжины; направлéние шпу́ра
Bohrlochsohle *f* забóй буровóй сквáжи-ны; забóй шпу́ра
Bohrlochspülung *f* промы́вка сквáжины
Bohrlochstimulierung *f* возбуждéние сквáжины
Bohrlochtiefe *f* глубинá буровóй сквá-жины; глубинá шпу́ра
Bohrlochverrohrung *f* закреплéние сквáжины обсáдными трýбами
Bohrlochwand(ung) *f* стéнка буровóй сквáжины
Bohrlochweite *f* диáметр буровóй сквá-жины; диáметр шпу́ра
Bohrmannschaft *f* бригáда бури́льщи-ков
Bohrmehl *n* буровáя мукá
Bohrmehlabsaugung *f* отсáсывание бу-ровóй муки́
Bohrmehlprobe *f* прóба буровóй муки́
Bohrmeißel *m* долотó
Bohrmeister *m* буровóй мáстер
Bohrmeter *n*, *m* глубинá бурéния (вы-раженная в метрах)
Bohrmeterkosten *pl* стóимость одногó мéтра буровóй сквáжины
Bohrmethode *f* мéтод бурéния
Bohrnetz *n* сеть сквáжин
Bohrprobe *f* буровáя прóба, кéрновая прóба
Bohrprofil *n* прóфиль буровóй сквá-жины, разрéз буровóй сквáжины, буровóй прóфиль
Bohrpunkt *m* тóчка бурéния
Bohrrohr *n* обсáдная трубá, трубá для креплéния буровóй сквáжины
Bohrschappe *f* лóжечный бур
Bohrschlamm *m* буровáя грязь
Bohrschmant *m* буровóй ил, буровáя грязь, буровáя шлам
Bohrschurf *m* буровóй шурф
Bohrschwamm *m* сверля́щая гу́бка
Bohrseil *n* буровóй канáт
Bohrsohle *f* забóй буровóй сквáжины
Bohrstahl *m* буровáя сталь
Bohrstange *f* буровáя штáнга
Bohrstaub *m* буровáя пыль; буровáя мукá
Bohrtiefe *f* глубинá бурéния
Bohr- und Schießarbeiten *f/pl* бу́ро-взрывны́е рабóты
Bohr- und Sprengarbeiten *f/pl* бу́ро-взрывны́е рабóты
Bohrverfahren *n* спóсоб бурéния
Bohrversuch *m* прóбное бурéние
Bohrstaub *m* буровáя пыль
Bohrtechnik *f* тéхника бурéния
Bohrturm *m* буровáя вы́шка
Bohrung *f* Bohrloch буровáя сквáжина
Bohrverfahren *n* спóсоб бурéния
Bohrverlauf *m* ход бурéния
Bohrvorgang *m* Bohrprozeß процéсс бурéния
Boleit *m* $5PbCl_2 \cdot 4Cu(OH)_2 \cdot AgCl \cdot 1^1/_2 H_2O$ болеи́т
Bolivarit *m* angeblich $Al_2[(OH)_3|PO_4] \cdot 5H_2O$ боливари́т
Bolivianit *m* ? wohl identisch mit Zinnkies боливиани́т
Bolivina *f* боливи́на
Bolivina-Horizont *m* боливи́новый го-ризóнт
Bologneser Spat *m* † Baryt болóнский шпат
Boloretin *m* ? wohl identisch mit Fichtelit болорети́н
Boltonit *m* † Forsterit болтони́т
Bolus *m* бóлюс
Bombe *f* Vulk. бóмба
Bomben- бóмбовый
Bombiccit *m* † Hartit бомбичи́т
Bonamit *m* † Zinkspat бонами́т
Bonanzaerz *n* бонáнцевая рудá
Bonattit *m* бонатти́т
Bonebed *n* костенóсный слóй
Boninit *m* Fsp-freier Andesit бонини́т
Bonschorffit *m* Zersetzungsprodukt von Cordierit бонсдорффи́т
Boothit *m* $Cu[SO_4] \cdot 7H_2O$ бооти́т
Bor *n* B бор
Bor- бóрный
Boracit *m* $Mg_6[Cl_2|B_{14}O_{26}]$ бораци́т
Borat *n* борáт, соль бóрной кислоты́
Borat- борáтовый

Borax *m* $Na_2[B_4O_5(OH)_4]\cdot 8H_2O$ бура́
Boraxperle *f* перл буры́
bordeauxrot бордо́во-кра́сный
Borderland *n* бордерле́нд
Bordosit *m* teils ähnlich Kongsbergit, teils zweifelhaftes AgHg-Chlorid бордози́т
boreal бореа́льный
Borgehalt *m* бороно́сность
Borgströmit *m* Varietät von Jarosit боргстрёми́т
Bořickyit *m* $CaFe^{\cdots}[(OH)_8|(PO_4)_2]\cdot 3H_2O$ боржицки́т
Borkalk *m* $NaCaB_5O_9\cdot 6H_2O$ боронатрокальци́т
Borke *f* Rinde кора́
Borkholmer Schichten *f/pl* Llandovery des Baltikums боркго́льмские слои́
Bornhardtit *m* Co_3Se_4 борнхардти́т
Bornit *m* Buntkupferkies Cu_5FeS_4 борни́т
Bornit- борни́товый
Boronatrocalcit *m* Ulexit $CaNaB_5O_9\cdot 8H_2O$ боронатрокальци́т
Borraginaceae *pl* бура́чниковые
Borsäure *f* HBO_2 Meta-; H_3BO_3 Ortho-; $H_2B_4O_7$ Tetra- бо́рная кислота́
Bohrsäure- борноки́слый
Borste *f* щети́на
borstenartig щетинови́дный
borstenförmig щетинообра́зный
borstig щети́нистый
Bort *m* Industriediamant борт
Borsulfid *n* B_2S_3 серни́стый бор, сульфи́д бо́ра
Bos primigenius *m* первобы́тный бык
Böschung *f* отко́с, склон
Böschungsausbruch *m* Inggeol. обва́л отко́са, обруше́ние отко́са
Böschungsbefestigung *f* крепле́ние отко́са
Böschungsbruch *m* обва́л отко́са, обруше́ние отко́са
Böschungsdichtung *f* уплотне́ние отко́са (про́тив фильтра́ции)
Böschungsebene *f* пло́скость отко́са; пове́рхность отко́са
Böschungsentwässerung *f* дрена́ж отко́са
Böschungsfläche *f* пове́рхность отко́са
Böschungsfließen *n* ополза́ние отко́сов; о́ползневые явле́ния в отко́сах
Böschungsfuß *m* подо́шва отко́са
Böschungsgrad *m* у́гол накло́на отко́са; сте́пень накло́на
Böschungskante *f* бро́вка отко́са, кра́й отко́са
Böschungskegel *m* отко́сный ко́нус
Böschungslinie *f* ли́ния отко́са
Böschungsmauer *f* подпо́рная сте́нка отко́са
Böschungsneigung *f* укло́н отко́са
Böschungsrand *m* кра́й отко́са, бро́вка отко́са
Böschungsschutz *m* защи́та отко́са; оде́жда отко́са
Böschungssicherung *f* крепле́ние отко́са
Böschungswinkel *m* у́гол отко́са
Bosphorit *m* kolloidales $Fe^{\cdots}$-Phosphat, wohl Zersetzungsprodukt von Vivianit босфори́т
Bostonit *m* 1. † Chrysotil. 2. Syenitporphyr бостони́т
bostonitisch Bostonit- бостони́товый
Bostonitporphyr *m* бостони́товый порфи́р
Bostonitstruktur *f* бостони́товая структу́ра
Botanik *f* бота́ника
Botaniker *m* бота́ник
botanisch ботани́ческий
Bothrodendraceae *pl* ботроде́ндровые
Botryogen *m* $MgFe^{\cdots}[OH|(SO_4)_2]\cdot 7H_2O$ ботриоге́н
bottnisches Stadium *n* Finiglazialstadium ботни́ческая ста́дия
Bottnium *n* Bottnische Formation ботни́ческая систе́ма, бо́тний
Boudinage *f* будина́ж
boudiniert будини́рованный
Bouguer-Korrektur *f* попра́вка Буге́
Bouguer-Reduktion *f* реду́кция Буге́
Bouguer-Schwerestörung *f* гравиметри́ческая анома́лия Буге́
Boulangerit *m* $5PbS\cdot 2Sb_2S_3$ буланжери́т
Boussingaultit *m* $(NH_4)Mg[SO_4]_2\cdot 6H_2O$ буссинготи́т
Bovidae *pl* полоро́гие быки́
Bowenit *m* † Antigorit боуэни́т
Bowlingit *m* † Saponit боулинги́т
Bowmanit *m* Varietät von Hamlinit боумани́т

Boyle-Mariottesches Gesetz *n* закóн Бóйля-Мариóтта
Brabanter Massiv *n* Брабáнтский масси́в
Brachialabdruck *m* брахиáльный отпечáток
Brachiallamelle *f* брахиáльная пласти́на
Brachidium *n* брахи́диум, ручнóй аппарáт
brachiodont брахиодóнтный
Brachiole *f* брахиóла
Brachiophor *m* bei Brachiopoden Platte beiderseits des Notothyriums брахиофóр
Brachiopoda *pl* Armfüßler брахиопóды, плеченóгие
Brachiopoden- брахиопóдовый
Brachiopodenfauna *f* брахиопóдовая фáуна
Brachiopodenkalk *m* брахиопóдовый известня́к
Brachiopoden-Schichten *f/pl* брахиопóдовые слои́
Brachiopolen *pl* bei einigen Echinodermen unverzweigte Arme брахиопóлы
Brachium *n* члéник руки́
Brachland *n* зáлежь, перелóг
brachyantiklinal брахиантиклинáльный
Brachyantiklinale *f* брахиантиклинáль
brachycephal брахицефáльный
brachydiagonal брахидиагонáльный
brachydomatisch брахидомати́ческий
Brachyfalte *f* брахисклáдка
brachyodont брахиодóнтный
Brachyodontier *pl* брахиодóнты
brachysynklinal брахисинклинáльный
Brachysynklinale *f* брахисинкли́наль
brachytyp брахити́пный
Brackebuschit *m* $Pb_2(Mn, Fe)[VO_4]_2 \cdot H_2O$ бракебуши́т
brackisch Brack- солоновáтый
Brackwasser солоновáтая водá; морскáя водá, смéшанная с прéсной(у ýстья реки́)
Brackwasser- солоноватовóдный
Brackwasserablagerung *f* солоноватовóдное отложéние
Brackwasserfauna *f* солоноватовóдная фáуна
Brackwasserform *f* солоноватовóдная фóрма
Brackwassergebiet *n* óбласть солоновáтой воды́
Brackwasserzone *f* зóна солоновáтой воды́
Bradleyit *m* $Na_3Mg[PO_4|CO_3]$ брадлеи́т
Bradygenese *f* запáздывание разви́тия
Braggit *m* (Pt, Pd, Ni)S брагги́т
Brammallit *m* Endglied der Paragonitreihe браммали́т
Branchiata *pl* жáберные
Branchiopoda *pl* жаброногие ракообрáзные
Branchiopulmonata *pl* лёгочножáберные
Branchiosaurus *m* бранхиозáвр
Branchit *m* ? ähnlich Hartit бранхи́т
Brandenburger Stadium *n* бранденбýргская стáдия
Brandisit *m* Fe-haltiger Xanthophyllit брандизи́т
Brandschiefer *m* горю́чий слáнец
Brandtit *m* $Ca_2Mn[AsO_4]_2 \cdot 2H_2O$ брандти́т
Brandung *f* прибóй, бурýн
Brandungs- волноприбóйный
Brandungsenergie *f* энéргия прибóя
Brandungserosion *f* эрóзия прибóя
Brandungserscheinung *f* явлéние прибóя
Brandungsfläche *f* прибóйная плóскость
Brandungsgürtel *m* Brandungszone пóяс прибóя, полосá прибóя, зóна прибóя, зóна бурýна, волноприбóйная зóна
Brandungshöhle *f* волноприбóйная пещéра, волноприбóйный грот
Brandungshohlkehle *f* Brandungsnische волноприбóйная ни́ша
Brandungskraft *f* си́ла прибóя, интенси́вность прибóя
Brandungslängsströmung *f* волноприбóйное течéние вдоль бéрега
Brandungsnische *f* Brandungshohlkehle волноприбóйная ни́ша
Brandungsrichtung *f* направлéние прибóя
Brandungsrückströmung *f* разрывнóе течéние
Brandungsstrom *m* Brandungsströmung прибóйное течéние
Brandungstätigkeit *f* дéятельность прибóя, рабóта прибóя, дéйствие прибóя

Brandungsterrasse *f* волноприбо́йная терра́са
Brandungswelle *f* волна́ прибо́я
Brandungszone *f* Brandungsgürtel зо́на прибо́я, по́яс прибо́я, полоса́ прибо́я, зо́на буру́на, волноприбо́йная зо́на
Brannerit *m* hydratisiertes Metatitanat браннери́т
Brasenia *f* бразе́ния
Brasilianer Gesetz *n* брази́льский зако́н
Brasilianer Zwillinge *m/pl* брази́льские двойники́
Brasilische Tafel *f* Brasilia Брази́льская платфо́рма
braun zimtfarben кори́чневый
Braunalgen *f/pl* бу́рые во́доросли
Braunbär *m* бу́рый медве́дь
Brauneisenerz *n* Limonit бурожелезняко́вая руда́
Brauneisenerz- бурожелезняко́вый
Brauneisenerzlager *n* бурожелезняко́вая за́лежь
Brauneisenkruste *f* Limonitkruste ко́рка лимони́та
Brauneisenocker *m* бу́рая желе́зная о́хра
brauner Glaskopf *m* бу́рая стекля́нная голова́
Braunerde *f* бурозём
Braunit *m* Hartmanganerz, z. T. $Mn^{\cdot\cdot}Mn_6^{\cdot\cdot\cdot}[O_8|SiO_4]$ брауни́т
Braunit- брауни́товый
Brauniterz *n* брауни́товая руда́
Braunjura *m* Dogger бу́рая ю́ра
Braunkohle *f* бу́рый у́голь
Braunkohlen- буроу́гольный
Braunkohlenbecken *n* буроу́гольный бассе́йн
Braunkohlenbergbau *m* буроу́гольная промы́шленность
Braunkohlenbergwerk *n* буроу́гольная ша́хта
Braunkohlenbrikett *n* брикети́рованный бу́рый у́голь
Braunkohlenflöz *n* буроу́гольный пласт, пласт бу́рого угля́
Braunkohlenfolge *f* буроу́гольная сви́та
Braunkohlenformation *f* буроу́гольная форма́ция
Braunkohlenforschungsinstitut *n* нау́чно-иссле́довательский буроу́гольный институ́т
Braunkohlengrube *f* буроу́гольная ша́хта
Braunkohlenhochtemperaturkoks *m* высокотемперату́рный кокс из бу́рого угля́
Braunkohlenindustrie *f* буроу́гольная промы́шленность
Braunkohlenkoks *m* кокс из бу́рого угля́
Braunkohlenlagerstätte *f* буроу́гольное месторожде́ние
Braunkohlenprodukt *n* буроу́гольный проду́кт
Braunkohlenrevier *n* буроу́гольный о́круг, буроу́гольный райо́н
Braunkohlenschwelgas *n* буроу́гольный полуко́ксовый газ
Braunkohlenschwelkoks *m* буроу́гольный полуко́кс
Braunkohlentagebau *m* разрабо́тка бу́рого угля́ откры́тым спо́собом; буроу́гольный карье́р
Braunkohlenteer *n* буроу́гольный дёготь
Braunkohlentiefbau *m* разрабо́тка бу́рого угля́ подзе́мным спо́собом
braunrot бу́ро-кра́сный
Braunspat *m* † teils Ankerit, teils Dolomit бу́ровый шпат
Bravais-Gitter *n* решётка Браве́
Bravoit *m* Nickelpyrit $(Ni, Co, Fe)(S, Se)_2$ бравои́т
Brechbarkeit *f* преломля́емость
brechend преломля́ющий
Brecher *m* 1. Woge прибо́й; 2. Mühle дроби́лка
Brech(er)anlage *f* дроби́льная устано́вка, дроби́лка
Brecherzone *f* зо́на прибо́я, зо́на буру́нов
Brechgut *n* подлежа́щий дробле́нию материа́л, раздробля́емый материа́л; раздро́бленный материа́л
Brechkoks *m* кру́пные ко́ксо ые отбро́сы
Brechung *f* преломле́ние; рефра́кция
Brechungsexponent *m* Brechungskoeffizient показа́тель преломле́ния
Brechungsfaktor *m* показа́тель преломле́ния
Brechungsgesetz *n* зако́н преломле́ния
Brechungsindex *m* показа́тель преломле́ния, и́ндекс преломле́ния

Brechungskoeffizient *m* коэффицие́нт преломле́ния, показа́тель преломле́ния
Brechungsverhältnis *n* усло́вие преломле́ния; показа́тель преломле́ния
Brechungsvermögen *n* преломля́ющая спосо́бность
Brechungswinkel *m* у́гол преломле́ния
Brechungszahl *f* показа́тель преломле́ния
Brechwalzwerk *n* вальцо́вая дроби́лка
breiartig кашеобра́зный
Breislakit *m* feinfaseriger Ilvait vom Vesuv брейслаки́т
breit weit широ́кий
Breitblattpflanze *f* широколи́ственное расте́ние
breitblättrig широколи́ственный
Breite *f* 1. Weite ширина́. 2. geogr. Breite широта́
Breiten- E-W streichend широ́тный
Breitenänderung *f* измене́ние широты́
Breitenausdehnung *f* широ́тное простира́ние
Breitenbestimmung *f* определе́ние широты́
Breiteneffekt *m* широ́тный эффе́кт
Breitengrad *m* гра́дус широты́
Breitenkomponente *f* широ́тная компоне́нта
Breitenkreis *m* широ́тный круг, паралле́ль
Breitenmessung *f* измере́ние широты́
Breitenrichtung *f* широ́тное направле́ние
Breitenstrom *m* широ́тный ток
Breithauptit *m* NiSb брейтгаупти́т
breitkonisch ширококони́ческий
Brekzie *f* бре́кчия
Brekzien- бре́кчиевый
brekzienartig brekziös брекчиеви́дный
Brekzienbildung *f* брекчирова́ние, образова́ние бре́кчий
Brekziengung *m* бре́кчиевая жи́ла
Brekziengefüge *f* бре́кчиевая структу́ра
Brekzienstruktur *f* бре́кчиевая структу́ра, бре́кчиевое строе́ние
Brekzientextur *f* бре́кчиевая тексту́ра
Brekzienzone *f* бре́кчиевая зо́на, зо́на бре́кчий
brekziös бре́кчиевый, брекчи́рованный, брекчиеви́дный
Bremsstrahlung *f* тормозно́е излуче́ние
Bremsweg *m* von Neutronen длина́ замедле́ния, тормозна́я длина́ (нейтро́нов)
Brennachse *f* фока́льная ось
brennbar entzündbar горю́чий, воспламеня́ющийся
Brennbarkeit *f* Entzündbarkeit горю́честь, воспламеня́емость
Brenndauer *f* продолжи́тельность горе́ния
Brennebene *f* фока́льная пло́скость
Brenneigenschaft *f* горю́чие сво́йства
Brennen *n* 1. Verbrennen сгора́ние, горе́ние. 2. Rösten обжига́ние, обжи́г
Brenner *m* горе́лка
Brenngeschwindigkeit *f* ско́рость сгора́ния
Brenngut *n* обжига́емый материа́л
Brennlänge *f* продолжи́тельность горе́ния
Brennmischung *f* 1. ши́хта. 2. горю́чая смесь
Brennofen *m* обжига́тельная печь
Brennpunkt *m* фо́кус
Brennpunkteinstellung *f* фокуси́рование
Brennschiefer *m* горю́чий сла́нец
Brennstoff *m* Kraftstoff, Heizstoff то́пливо, горю́чее
Brennstoff- Kraftstoff- то́пливный
Brennstoffindustrie *f* то́пливная промы́шленность
Brenntemperatur *f* 1. Rösttemperatur температу́ра обжи́га. 2. Entzündungstemperatur температу́ра горе́ния
Brenntrommel *f* бараба́н враща́ющейся пе́чи
Brennwärme *f* теплота́ горе́ния, теплота́ сгора́ния
Brennweite *f* фо́кусное расстоя́ние
Brennwert *m* теплотво́рная спосо́бность
Brennzone *f* 1. Röstzone зо́на обжи́га. 2. Entflammungszone зо́на горе́ния
bretonische (Faltungs-)Phase *f* брето́нская фа́за скла́дчатости
Breunnerit *m* † Mesitinspat брейнери́т
Brewsterit *m* $(Sr, Ba, Ca)[Al_2Si_6O_{16}] \cdot 5H_2O$ бревстери́т, брюстери́т
Brewsterlinit *m* Einschluß in Mineralen брюстерлини́т
Brickerit *m* Fehlbestimmung, Austinit брикери́т
Brigade *f* Kolonne брига́да

Brikett *n* брикéт
Brikett- брикéтный
Briketterzeugung *f* изготовлéние брикéтов
Brikettfabrik *f* брикéтная фáбрика
Brikettieranlage *f* брикетирующая установка; брикéтная фáбрика
brikettieren брикетировать *uv.*, *v.*
Brikettieren *n* брикетирование
brikettierfähig брикетируемый
Brikettierfähigkeit *f* брикетируемость, спосóбность к брикетированию
Brikettierkohle *f* ýголь для брикетирования, брикетируемый ýголь
Brikettierung *f* брикетирование
Brikettierungsvorgang *m* процéсс брикетирования
Brikettierverfahren *n* спóсоб производства брикéтов, спóсоб брикетирования
Brikettkohle *f* ýголь для брикетирования
Brilliant *m* бриллиáнт, брильянт
Brinellhärte *f* твёрдость по Бринéллю
Brinellhärteprüfvorrichtung *f* машина для испытáния твёрдости по Бринéллю
Brinellprobe *f* испытáние на твёрдость по Бринéллю
brisant бризáнтный
Brisanz *f* сила взрыва
Britholith *m* $(Na, Ce, Ca)_5[F|(SiO_4, PO_4)_3]$ бритолит
Brochantit *m* $Cu_4[(OH)_6|SO_4]$ брошантит
Brockentorf *m* крупнокусковóй торф
bröcklig рассыпчатый
Bröckligkeit *f* рассыпчатость
Broggit *m* † Varietät von Asphalt броггит
Brongniardit *m* z. T. Diaphorit броньяртит
Brom *n* Br бром
Brom- брóмный
Bromargyrit *m* Bromsilber, Bromit AgBr бромаргирит
Bromat *n* соль бромновáтой кислоты
Brom-Chlor-Koeffizient *m* Geochem. бромхлóрный коэффициéнт
Bromellit *m* BeO бромеллит
Bromessigsäure *f* $BrCH_2 \cdot COOH$ бромýксусная кислотá, монобромýксусная кислотá
bromhaltig -bromid брóмистый
Bromid *n* MBr бромид, соль бромистоводорóдной кислоты
Bromkalium *n* Kaliumbromid KBr брóмистый кáлий, бромид кáлия
Bromoform *n* $CHBr_3$ бромофóрм
Bromphenol *n* бромфенóл
Bromsäure *f* $HBrO_3$ бромновáтая кислотá
Bromsilber *n* AgBr брóмистое серебрó, бромид серебрá
bromsubstituiert бромзамещённый
Bromsubstitution *f* замещéние брóмом
Bromwasser *n* брóмная водá
Bromwasserstoff *m* HBr брóмистый водорóд, бромоводорóд
Bromwasserstoffsäure *f* бромистоводорóдная кислотá
Bromzahl *f* брóмное числó
Brontosaurus *m* бронтозáвр
Brontotheridae *pl* бронтотериды
Bronze *f* брóнза
Bronze- брóнзовый
bronzegelb брóнзово-жёлтый
Bronzezeit *f* брóнзовый век
Bronzit *m* $(Mg, Fe)_2[Si_2O_6]$ бронзит
Bronzit- бронзитовый
Bronzitamphibolit *m* Rosenbusch (1923) бронзитовый амфиболит
Bronzitandesit *m* бронзитовый андезит
Bronzitaplit *m* Kolderup (1896) бронзитовый аплит
Bronzitaugit *m* бронзитовый авгит
Bronzitit *m* Pyroxengestein брóнзитит
Brookit *m* TiO_2 брукит
brotlaibartig караваевидный
brotlaibförmig караваеобрáзный
Brownsche Bewegung *f* брóуновское движéние
Bruch *m* 1. Störung разлóм, разрыв. 2. Bruchstelle излóм. 3. Umschlag, Wendung излóм, перелóм. 4. Abbruch обрыв. 5. Moor болóто, топь
Bruchbau *m* разрабóтка с управлéнием крóвли спóсобом обрушéния
Bruchbeanspruchung *f* предéльное разрушáющее напряжéние
Bruchbelastung *f* разрушáющая нагрýзка, предéльная нагрýзка
Bruchbildung *f* образовáние разлóмов
Bruchdeformation *f* разрывнáя деформáция

Bruchdehnung *f* разрывно́е удлине́ние, удлине́ние при разры́ве, преде́льное удлине́ние
Bruchdislokation *f* Bruchstörung разрывна́я дислока́ция
Bruchebene *f* пло́скость изло́ма
Bruchfalte *f* глы́бовая скла́дка
Bruchfaltengebirge *n* сбро́сово-скла́дчатые го́ры, глы́бово-скла́дчатые го́ры
Bruchfaltenstruktur *f* сбро́сово-скла́дчатая структу́ра, глы́бово-скла́дчатая структура
Bruchfaltenzone *f* сбро́сово-скла́дчатая зо́на, глы́бово-скла́дчатая зо́на
Bruchfestigkeit *f* про́чность на разры́в, сопротивле́ние на разры́в, преде́л про́чности
Bruchfläche *f* пло́скость разруше́ния, пло́скость изло́ма, пове́рхность разры́ва, пло́скость разло́ма
Bruchgefahr *f* опа́сность обры́ва, опа́сность разры́ва, опа́сность разруше́ния
Bruchgefüge *n* строе́ние изло́ма
Bruchgrenze *f* преде́л про́чности (временно́е сопротивле́ние)
brüchig spröde ло́мкий
Brüchigkeit *f* Sprödigkeit ло́мкость
Bruchlast *f* преде́льная разрывна́я нагру́зка, разруша́ющая нагру́зка, разруша́ющее уси́лие
Bruchlinie *f* ли́ния изло́ма, ли́ния разры́ва, ли́ния разло́ма, сбро́совая ли́ния
bruchlos безразры́вный
Bruchschieferung *f* клива́ж разло́ма
Bruchschieferungskluft *f* тре́щина клива́жа разло́ма
Bruchscholle *f* разло́мная глы́ба
Bruchsicherheit *f* запа́с про́чности
Bruchspalte *f* тре́щина разло́ма, тре́щина изло́ма
Bruchspannung *f* преде́льное напряже́ние, разруша́ющее напряже́ние
Bruchstein *m* 1. Baustein бу́товый ка́мень, бут. 2. Pflasterstein булы́жник
Bruchstein- бу́товый
Bruchsteinmauerwerk *n* бу́товая ка́менная кла́дка
Bruchsteinschüttung *f* набро́ска рва́ного ка́мня
Bruchsteinverkleidung *f* облицо́вка из бу́товой кла́дки
Bruchstelle *f* ме́сто изло́ма
Bruchstörung *f* разрывно́е наруше́ние
Bruchstruktur *f* разрывна́я структу́ра; глы́бовая структу́ра
Bruchstück *n* Trümmer обло́мок
Bruchstufe *f* сбро́совая ступе́нь, сбро́совый усту́п
Bruchsystem *n* систе́ма разло́мов
Bruchstufe *f* сбро́совая ступе́нь, сбро́совый усту́п
Bruchsystem *n* систе́ма разло́мов
Bruchtektonik *f* 1. Störungstektonik разрывна́я текто́ника, текто́ника разло́мов. 2. Schollentektonik глы́бовая текто́ника
bruchtektonisch разрывно́й
Bruchwald *m* топяно́й лес
Bruchwinkel *m* у́гол обруше́ния
Bruchzone *f* зо́на разло́мов, сбро́совая зо́на
Brucit *m* $Mg(OH)_2$ бруси́т
Brucit- бруци́товый
Brücke *f* мост
Brückenmethode *f* ме́тод выра́внивания
Brückenpfeiler *m* мостово́й бык, бык мо́ста́
Brückenschaltung *f* мостова́я схе́ма
Brücknerperiode *f* пери́од Брю́кнера
Brücknersche Klimaperiode *f* климати́ческий пери́од Брю́кнера
Brugnatellit *m* $Mg_6Fe^{\cdots}[(OH)_{13}|CO_3]\cdot 4H_2O$ бруньятелли́т
Brunckit *m* kryptokristallines ZnS бру́нки́т
Brunnen *m* коло́дец
Brunnen- коло́дезный
Brunnenabsenkung *f* пониже́ние у́ровня грунтовы́х вод при по́мощи коло́дцев
Brunnenbau *m* строи́тельство коло́дцев
Brunnenbohrung *f* коло́дезное буре́ние
Brunnenergiebigkeit *f* де́бит коло́дца
Brunnenfassung *f* капта́жное устро́йство
Brunnengalerie *f* коло́дезная галере́я
Brunnengleichung *f* уравне́ние де́бита коло́дца
Brunnenkopf *m* у́стье коло́дца, голо́вка коло́дца
Brunnenleistung *f* производи́тельность коло́дца, де́бит коло́дца

Brunnenpumpe *f* коло́дезный насо́с
Brunnenradius *m* ра́диус коло́дца
Brunnenreihe *f* ряд коло́дцев
Brunnenrohr *n* труба́ коло́дца, коло́дезная труба́
Brunnenschacht *m* ша́хта коло́дца
Brunnenspiegel *m* у́ровень воды́ в коло́дце
Brunnenwasser *n* коло́дезная вода́
Brunnenwasserspiegel *m* у́ровень воды́ в коло́дце
Brunsvigit *m* Mineral der Chloritgruppe брунсвиги́т
Brushit *m* $CaH[PO_4]\cdot 2H_2O$ бруши́т
Brust *f* грудь
Brust- грудно́й
Brustbein *n* груди́на
Brustflosse *f* грудно́й плавни́к
Brustkorb *m* грудна́я кле́тка
Brustsegment *n* грудно́й сегме́нт
Brustwirbel *m* грудно́й позвоно́к
Brutto- валово́й
Bruttoformel *f* эмпири́ческая фо́рмула
Bryophyta *pl* мохообра́зные
Bryopsida *pl* мохови́дные
Bryozoa *pl* мша́нки
Bryozoenkalk *m* мша́нковый известня́к
Bryozoenriff *n* мша́нковый риф
Bucaramangit *m* bernsteinähnliches Harz букараманги́т
Buchanan-Interglazial *n* бухана́нское межледнико́вье
Buche *f* *Fagus* L. бук
Buchen- бу́ковый
Buchenklima *n* кли́мат бу́ка
Buchenwald *m* бу́ковый лес
Buchit *m* kontaktmetamorpher Sandstein бухи́т
Bucholzit *m* † Sillimanit бухольци́т
Buchomit *m* Nephelintephrit бухони́т
Buchstabengleichung *f* бу́квенное уравне́ние
Buchstabenrechnung *f* бу́квенное исчисле́ние
Bucht *f* Bai, Busen бу́хта, зали́в, губа́
Bucht(en)- gebuchtet бу́хтовый
buchtenförmig заливообра́зный
Bucklandit *m* teils Orthit, teils Epidot букланди́т
Buddington-Methode *f* ме́тод Ба́ддингтона
Bühl-Stadium *n* бю́льская ста́дия
Buhne *f* полузапру́да, бу́на
Buhnenabstand *m* междубу́нное расстоя́ние; расстоя́ние ме́жду полузапру́дами
Buhnenfeld *n* междубу́нное по́ле
Buhnenkopf *m* голова́ полузапру́ды, голова́ бу́ны
Buhnenkrone *f* гре́бень полузапруды́, гре́бень бу́ны
Buhnenlage *f* положе́ние полузапру́ды, положе́ние бу́ны
Buhnenrichtung *f* направле́ние полузапру́ды, направле́ние бу́ны
Buhnenschutz *m* защи́та при по́мощи полузапру́д, защи́та при по́мощи бун
Buhnenwirkung *f* де́йствие полузапру́д, де́йствие бун
Bulawayan-System *n* Präkambrium Afrikas булава́йская систе́ма
Bulgunnjachi *pl* Hydrolakkolithe in Jakutien булгуння́хи
Buliminidae *pl* булимини́ды
Bultfonteinit *m* $Ca_2[(F, OH)_2|SiO_3]$(?) бультфонтейни́т
Bündel *n* пучо́к
Bunker *m* бу́нкер, у́гольная я́ма
Bunkerkohle *f* бу́нкерный у́голь
Bunkern *n* бункеро́вка, загру́зка бу́нкера
bunodont бунодо́нтный
Bunodontia *pl* Bunodontier бунодо́нтные, бугорчатозу́бые
bunolophodont бунолофодо́нтный
bunoselodont буноселодо́нтный
Bunsenbrenner *m* бу́нзеновская горе́лка, горе́лка Бу́нзена
Bunsenelement *n* элеме́нт Бу́нзена
Bunsenit *m* NiO бунзени́т
bunt пёстрый
Buntbleierz *n* Pyromorphit $Pb_5[Cl|(PO_4)_3]$ пёстрая свинцо́вая руда́, пироморфи́т
buntfarbig пестроцве́тный
buntgefärbt пестроокра́шенный
Buntkupferkies *m* Bornit Cu_5FeS_4 пёстрая ме́дная руда́, борни́т
Buntmetall *n* цветно́й мета́лл
Buntmetallverhüttung *f* цветна́я металлу́ргия
Buntsandstein *m* пёстрый песча́ник
Burdigal *n* бурдига́ль, бурдига́льский я́рус
Burdigal- бурдига́льский

Bürette *f* бюре́тка
bürstenartig щёткови́дный
Bürstenelektrode *f* щёточная электро́да
Busch *m* куст, куста́рник
Büschel *n* пучо́к
büschelförmig пучкообра́зный
buschig кусти́стый
Buschwald *m* куста́рный лес
Busen *m* Bucht, Bai зали́в
Bussole *f* буссо́ль
Bussolenaufnahme *f* буссо́льная съёмка
Bussoleninstrument *n* теодоли́т с буссо́лью
Bussolenkreis *m* буссо́льный круг
Bussolennadel *f* буссо́льная стре́лка
Bussolentheodolit *m* теодоли́т с буссо́лью
Bussolenzug *m* буссо́льный ход
Bustamit *m* $(Mn, Ca)_3[Si_3O_9]$ бустами́т
Buszit *m* ? Silikat seltener Erden буши́т
Butan *n* бута́н
Butlerit *m* $Fe^{\cdots}[OH|SO_4]\cdot 2H_2O$ бутлери́т
Butomaceae *pl* суса́ковые
Buttgenbachit *m* $Cu_{19}[Cl_4|(OH)_{32}|(NO_3)_2 + 2H_2O]$ буттгенбахи́т
Butylen *n* бутиле́н
Buxaceae *pl* самши́товые
Byssus *m* би́ссус
Byssus- би́ссусовый
Bytownit *m* Plagioklas Ab 2/3 bis 7/8 битовни́т
Bytownit- битовни́товый
Bytownitlabradorit *m* битовни́товый лабрадори́т

C

Cabrerit *m* Annabergit $Ni_3[AsO_4]_2\cdot 8H_2O$ кабрери́т
c-Achse *f* ось с
Cadmium *n* Cd ка́дмий
Cadmiumacetat *n* $Cd(C_2\cdot H_3O_2)_2$ уксусноки́слый ка́дмий, ацета́т ка́дмия
Cadmiumblende *f* Cadmiumocker ка́дмиевая обма́нка
Cadmiumfluorid *n* CdF_2 фто́ристый ка́дмий, фтори́д ка́дмия
Cadmiumgelb *n* CdS ка́дмиевая жёлтая (кра́ска), серни́стый ка́дмий
Cadmiumoxid *n* CdO о́кись ка́дмия, окси́д ка́дмия
Cadmiumsulfat *n* $CdSO_4$ серноки́слый ка́дмий, сульфа́т ка́дмия
Cadmiumsulfit *n* $CdSO_3$ сернистоки́слый ка́дмий, сульфи́т ка́дмия
Caecum *n* це́кум
Caesium *n* Cs це́зий
Cahnit *m* $Ca_2[AsO_4|B(OH)_4]$ кани́т
Calafatit *m* Fehlbestimmung, Alunit калафати́т
Calamariaceae *pl* калама́рии
Calamin *m* † teils Hemimorphit, teils Smithsonit калами́н
Calamitales *pl* калами́ты, калами́товие
Calamophyta *pl* каламофи́ты
Calamophytales *pl* каламофи́товые
Calaverit *m* $AuTe_2$ калавери́т, теллу́ристое желе́зо
Calceola- кальцео́ловый
Calceola-Schichten *f/pl* Eifel кальцео́ловые слои́
Calceola-Schiefer *m* кальцео́ловый сла́нец
Calceola-Stufe *f* Eifel кальцео́ловый я́рус
Calcioåkermanit *m* кальциоакермани́т
Calcioancylit *m* † Ancylit mit Ca z. T. für Sr кальциоанкили́т
Calciobiotit *m* кальциобиоти́т
Calciocarnotit *m* † Tujamunit кальциокарноти́т
Calciocölestin *m* кальциоцелести́н
Calciodialogit *m* кальциодиалоги́т
Calcioferrit *m* Eisenkalkphosphat кальциоферри́т
Calcioharmotom *m* кальциогармото́м
Calciovolborthit *m* кальциофольборти́т
Calcit *m* Kalzit, Kalkspat $CaCO_3$ кальци́т
Calcit- calcitisch, kalzitisch кальци́товый
calcitisiert kalzitisiert кальцитизи́рованный
Calcitisierung *f* Kalzitisierung кальцитиза́ция
Calcium *n* Kalzium Ca ка́льций

Calciumfluorid *n* Kalziumfluorid CaF_2 фтóристый кáльций, фтори́д кáльция

Calciumhydrophosphat *n* Kalziumhydrophosphat $CaHPO_4$ ки́слый фосфорноки́слый кáльций, ки́слый фосфáт кáльция

Calciumhydrosulfat *n* Kalziumhydrosulfat $Ca(HSO_4)_2$ ки́слый сернoки́слый кáльций, бисульфáт кáльция

Calciumkarbonat *n* Kalziumkarbonat $CaCO_3$ карбонáт кáльция

Calciumlarsenit *m* Larsenit mit Ca z. T. für Pb кальциоларсени́т

Calciummetaphosphat *n* Kalziummetaphosphat $Ca(PO_3)_2$ метафосфорноки́слый кáльций, метафосфáт кáльция

Calciummetasilikat *n* Kalziummetasilikat $CaSiO_3$ метакремнеки́слый кáльций, метасиликáт кáльция

Calciumnitrat *n* Kalziumnitrat $Ca(NO_3)_2$ азотноки́слый кáльций, нитрáт кáльция

Calciumorthosilikat *n* Kalziumorthosilikat Ca_2SiO_4 ортокремнеки́слый кáльций, ортосиликáт кáльция

Calciumphosphat *n* Kalziumphosphat 1. Meta- $Ca(PO_3)_2$; 2. Ortho- $Ca_3(PO_4)_2$ 3. Pyro- $Ca_2P_2O_7$ фосфорноки́слый кáльций, фосфáт кáльция

Calciumsilikat *n* Kalziumsilikat 1. Meta- $CaSiO_3$; 2. Ortho- Ca_2SiO_4 кремнеки́слый кáльций, силикáт кáльция

Calciumsulfid *n* Kalziumsulfid CaS серни́стый кáльций, сульфи́д кáльция

Caldasit *m* кальдази́т

Caldera *f* кальдéра

Caldera- кальдéрный

Californit *m* † dichter Vesuvian калифорни́т, масси́вный везувиáн

Californium *n* Cf калифóрний

Callainit *n* angeblich $Al[PO_4]$ mit $2^1/_2H_2O$ каллаини́т

Callipteridium *n* каллиптери́диум

Callipteris *f* каллиптéрис

Calluna *f* вéреск

Callus *m* кáллус

Calomel *m* s. Kalomel

Calvarium *n* черепнáя кры́шка

Calvonigrit *m* † Pyrolusit кальвонигри́т

Calyx *m* Kelch чáшечка

Camarophorium *n* bei Brachiopoden камарофóрий

Cambium *n* кáмбий, коровóй слóй

Camelidae *pl* верблю́ды

Campan *n* Campan-Stufe кампáнский я́рус, кампáн

Campan- кампáнский

Campanit *m* alkalischer Leucittephrit кампани́т

Campanulaceae *pl* колокóльчиковые

Campanulatae *pl* колокольчикоцвéтные

camphylotrop кампилотрóпный

Campiler Schichten *f/pl* Scyth Europas кампи́льские слои́

camptodrom камптодрóмный

Camptonit *m* Diorit-Lamprophyrgestein камптони́т

Camsellit *m* $MgHBO_3$-II камселли́т

Canaanit *m* † Diopsid канаaи́т

Canadian *n* Ordovizium Nordamerikas канáдский отдéл

Canadit *m* Albitnephelinsyenit канади́т

Canbyit *m* $Fe_4^{\cdots}[(OH)_8|Si_4O_{10}]\cdot 4H_2O$ канбии́т

Cancelli *pl* bei Bryozoen zylindrische Röhrchen ohne Polypide канцéллы

Cancrinit *m* $(Na_2Ca)_4[CO_3|(H_2O)_{0-3}|(AlSiO_4)_6]$ канкрини́т

Cancrinitsyenit *m* канкрини́товый сиени́т

Candelit *m* Flammkohle канделит

Canfieldit *m* $4Ag_2S\cdot(Sn, Ge)S_2$ канфильди́т

Canidae *pl* собáки, псóвые

Canini *pl* Eckzähne клы́ки

Cannaceae *pl* кáнновые

Cannizzarit *m* $Pb_3Bi_5S_{11}$ (?) канниццари́т

Cañon *m* каньóн

cañonartig каньонообрáзный

Caporcianit *m* † Laumontit капорчиани́т, капорчиани́т

Cappelenit *m* $\sim Ba(Y, Ce, La)_6B_6[O_{12}\cdot(OH)_2|(SiO_4)_3]$ каппелени́т

Caprifoliaceae *pl* жи́молостные

cap rock *m* кáменная шля́па

Capsa-Kultur *f* Capsian кáпси

Captaculum *n* каптáкула

Captorhinidae *pl* капторини́ды

captorinomorph капториномóфный

Caracolit *m* $PbNa_2[OH|Cl|SO_4]$ каракoли́т

Caradoc *n* Ordovizium карадóк, карадóкский я́рус

Caradoc- карадо́кский
Carapax *m* Rückenschild кара́пакс, спинно́й щит
Carbonado *m* graphithaltiger Diamant карбона́до
Carbonatapatit *m* карбонатапати́т
Carbonifikation *f* Inkohlung, Carbonisation науглеро́живание
Carburan *m* † Gemenge aus organischer Substanz und Uran-Blei-Verbindungen карбура́н
Cardenit *m* кардени́т
Cardinalarea *f* Interarea кардина́льная а́рея, интера́рея
Cardinalseptum *n* основна́я перегоро́дка, гла́вная перегоро́дка
Cardinalzahn *m* кардина́льный зуб, сре́дний зуб
Carina *f* брюшно́й вы́ступ
Carlosit *m* Fehlbestimmung, Neptunit карлози́т
Carnallit *m* $KMgCl_3 \cdot 6H_2O$ карналли́т
Carnallit- карналли́товый
Carnallitgestein *n* карналли́товая поро́да
carnallitisch карналли́товый
Carnallitlager *n* карналли́товый пласт, за́лежь карналли́та
Carnallitzone *f* карналли́товая зо́на
Carnegieit *m* $Na[AlSiO_4]$ карнегии́т, карнеджии́т
Carneol *m* Varietät von Chalcedon карнео́л, сердоли́к
carnivor всея́дный
Carnivora *pl* хи́щные
Carnotit *m* $K_2[(UO_2)_2|V_2O_8] \cdot 3H_2O$ карноти́т
Carnotit- карноти́товый
Carosche Säure *f* $H_2S_2O_8$ кислота́ Ка́ро, персе́рная кислота́, надсе́рная кислота́
carpal запя́стный
Carpoidea *pl* карпоиде́и
Carpospora *f* карпоспо́ра
Carpus *m* запя́стье
Carrara-Marmor *m* карра́рский мра́мор
Carrollit *m* $(Co, Cu)_3S_4$ карроли́т
Caryophyllaceae *pl* гвозди́чные
Cascadit *m* feinkörniges Lamprophyrgestein каскади́т
Cäsium *n* Cs auch Caesium, Zäsium це́зий
Cäsiumchlorid *n* CsCl хло́ристый це́зий, хлори́д це́зия
Cäsiumhydroxid *n* CsOH гидроо́кись це́зия
Cäsiumkarbonat *n* Cs_2CO_3 углеки́слый це́зий, карбона́т це́зия
Cäsiummanganat *n* Cs_2MnO_4 марганцовистоки́слый це́зий, мангана́т це́зия
Cäsiumoxid *n* Cs_2O о́кись це́зия, окси́д це́зия
Cäsiumsulfat *n* Cs_2SO_4 сернокислый це́зий, сульфа́т це́зия
Cassianit *m* Bariumorthoklas кассиани́т
Cassinissche Formel *f* фо́рмула Касси́ниса
Cassinit *m* † Celsian кассини́т
Cassiopeium *n* Kassiopeium Cp кассио́пий
Castanit *m* ? zersetzter Armarantit кастани́т
Castillit *m* † Gemenge von ZnCuAg-Erzen кастилли́т
Castoridae *pl* бобры́
Caswellit *m* † Zersetzungsprodukt von Biotit казвелли́т
Catalinit *m* каталини́т
Catarinit *m* Meteorit катарини́т
Catarrhini *pl* узконо́сые обезья́ны
Catlinit *m* Tongestein катлини́т
Cattierit *m* каттьери́т
Cauchy-Poissonsche Welle *f* волна́ Коши́-Пуассо́на
Cavendish-Drehwaage *f* крути́льные весы́ Ка́вендиша
Cavicornia *pl* полиро́гие
Cayeuxit *m* † Pyritknöllchen reich an As кайекси́т
Caytoniales *pl* кейто́ниевые
Cebollit *m* $Ca_5Al_2[(OH)_4|SiO_4)]_3$ (?) цеболли́т
Cedarit *m* bernsteinähnliches Harz цедари́т, седари́т
Cedrus *f* Zeder кедр
Celastraceae *pl* бересклётовые
Celsian *m* $Ba[Al_2Si_2O_8]$ цельзиа́н
Celsiusgrad *m* гра́дус Це́льсия
Celsiusskala *f* шкала́ Це́льсия
Cenoman *n* Oberkreide сенома́нский я́рус, сенома́н
Cenoman- ценома́нский
Cenosit *m* † Kainosit кайнози́т
Centetidae *pl* центети́ды
Centrallassit *m* $Ca_4[(OH)_2|(Si_6O_{15}] \cdot 5H_2O$ централласи́т
Cephalochordata *pl* головохо́рдовые

Cephalon *n* Kopf, Kopfschild голова́, головно́й отде́л, головно́й щит
Cephalopoda *pl* головоно́гие, цефалопо́ды
Cephalopoden- цефалопо́довый
Cephalopodenfazies *f* цефалопо́довая фа́ция
Cephalothorax *m* головогру́дь, цефалото́ракс
Cephalothorax- головогрудно́й
Cer *n* Ce це́рий
Cer- це́риевый
Ceratit *m* церати́т
Ceratites *pl* церати́ты
ceratitisch церати́товый
ceratitische Lobenlinie *f* церати́товая перегоро́дочная ли́ния
Ceratophyllaceae *pl* роголи́стниковые
Ceratops *m* церато́пс
Ceratopsida *pl* рога́тые диноза́вры
Ceratopteris *m* цератопте́рис
Ceratopyge-Schichten *f/pl* Unt. Ordoviz цератопи́гиевые слои́
Ceratosaurus *m* цератоза́вр
Cercidiphyllaceae *pl* багря́нниковые
Cercus *m* це́рка
Cerebellum *n* Kleinhirn мозжечо́к
Cererde *f* це́риевая земля́
Ceresin *m* Verarbeitungsprodukt aus Ozokerit церези́н
Cerin *m* † Orthit цери́н
Cerinit *m* ? unsicherer Zeolith церини́т
Cerit *m* (Ca, Fe)$Ce_3H[H_2O|(SiO_4)_3]$ цери́т
Cerithienkalk *m* unteres Miozän цери́тиевый известня́к
Cerium *n* Cer Cr це́рий
Ceruleocalcit *m* церулеокальци́т
Ceruleofibrit *m* † Connelit церулеофибри́т
Cerussit *m* Weißbleierz $PbCO_3$ церусси́т
Cervantit *m* Sb_2S_4 сервантит
Cervidae *pl* оле́ни
Cesarolith *m* etwa $3MnO_2 \cdot PbO \cdot H_2O$ цезароли́т
Cestoda *pl* ле́нточные че́рви
Ceylonit *m* Pleonast цейлони́т
cgs-Einheit *f* едини́ца сгс
Chabasit *m* (Ca, Na_2, K_2)$[Al_2Si_4O_{12}] \cdot 6H_2O$ шабази́т
chaetognath щетинкочелюстно́й
Chaetognatha *pl* хетогна́ты, щетинкочелюстны́е че́рви
Chaetopoda *pl* щетинконо́гие че́рви
Chagrin- шагре́невый
Chakassit *m* хакасси́т
Chalcaltait *m* grüner Pinit халькалтаи́т
Chalcedon *m* хальцедо́н
Chalcedon- хальцедо́новый
Chalicotheriidae *pl* халикоте́рии
Chalkanthit *m* Kupfervitriol $Cu[SO_4] \cdot 5H_2O$ халькантит
Chalkoalumit *m* $CuAl_4[O|(OH)_{10}|SO_4]$ халькоалюми́т
Chalkocit *m* † Chalkosin халькоци́т
Chalkodit *m* Varietät von Stilpnomelan халькоди́т
Chalkographie *f* халькогра́фия
Chalkolamprit *m* Pyrochlorgruppe халькола́мпри́т
Chalkolith *m* † Torbernit хальколи́т
Chalkomenit *m* $Cu[SeO_3] \cdot 2H_2O$ халькомени́т
Chalkomorphit *m* † teilweise zersetzter Ettringit халькоморфи́т
Chalkophanit *m* $ZnMn_3O_7 \cdot 3H_2O$ халькофани́т
chalkophil халькофи́льный
Chalkophyllit *m* $Cu_4[(OH)_5|(AsO_4)] \cdot 3^1/_2H_2O$ халькофилли́т
Chalkopyrit *m* Kupferkies $CuFeS_2$ халькопири́т
Chalkopyrit- халькопири́товый
Chalkopyrrhotin *m* † Cubanit, auch für Mischkristalle $CuFeS_2 \cdot FeS$ verwendet халькопирроти́н
Chalkosiderit *m* $CuFe_6^{\cdots}[(OH)_2|PO_4]_4 \cdot 4H_2O$ халькосидери́т
Chalkosin *m* Kupferglanz Cu_2S халькози́н
Chalkostibit *m* Wolfsbergit халькостиби́т
Chalkostrichit *m* волосно́й куприт
Chalmersit *m* † Cubanit чальмерзи́т
Chalybit *m* † teils Eisenspat халиби́т
Chamida *pl* ха́мовые
Chamosit *m* $(Fe^{\cdot\cdot},)_3[(OH)_2|AlSi_3O_{10}](Fe, Mg)_3(O,OH)_6$ шамози́т
Chamosit- chamositisch шамози́товый
Chamositerz *n* шамози́товая руда́
Champeosaurus *m* хампеоза́вр
Champlaining *n* Ordovizium Nordamerikas чемпле́йнский я́рус
Chapmanit *m* $SbFe_2[OH|(SiO_4)_2]$ чапмани́т
Chara *pl* ха́ры

Charakter *m* Wesen характер
Charakterisierbarkeit *f* охарактеризованность
Charakteristik *f* Kennzeichnung характеристика
charakteristisch kennzeichnend, bezeichnend характерный
Charnockit *m* чарнокит
Charnockit- чарнокитовый
Charnockitserie *f* чарнокитовая серия
Charophyta *pl* харовые, харофиты
Chathamit *m* † Fe-reicher Chloanthit чатамит
Chatt *n* хаттский ярус
Chatt- хаттский
Chazellit *m* † Berthierit шазеллит
Chefgeologe *m* главный геолог
Chefingenieur *m* главный инженер
Cheilirium *n* хейлириум
Cheiloceras- хейлоцеровый
Cheiloceras-Horizont *m* Devon хейлоцеровый горизонт
Cheiloceras-Schichten *f/pl* Devon хейлоцеровые слои
Cheilostomata *pl* губоротые
Cheirostrobales *pl* хейростробовые
Chela *f* хела
Chelicera *pl* хелицера
Chelicerata *pl* хелицероносные, хелицеровые
Cheliceren *pl* хелицеры, шупальцежвалы
Chelléen *n* Kultur des Paläolithikums шелль, шелльский век
Chemawinit *m* bernsteinartiges Harz чемавинит
Chemie *f* химия
Chemie- химический
Chemikalien *pl* химикалии
Chemiker *m* химик
chemisch Chemie- химический
chemisch gebunden химически связанный
chemisch rein химически чистый
chemisch träge химически инертный
Chemismus *m* химизм
chemogen хемогенный
Chemolumineszenz *f* хемилюминесценция
Chemometamorphose *f* хемометаморфизм
Chemosorption *f* хемосорбция
Chemosynthese *f* хемосинтез
Chenevixit *m* $Cu_2Fe_2[(OH)_3|AsO_4]_2$ хеневик(с)ит
Chenopodiaceae *pl* шаревые, лебедовые
Chessylith *m* † Azurit шессилит
Chester *n* Unterkarbon Nordamerikas отдел честер
Chesterlith *m* † Mikroklinperthit честерлит
Chiastolith *m* Varietät von Andalusit хиастолит
Chiastolith- хиастолитовый
Chiastolithschiefer *m* хиастолитовый сланец
Chibinit *m* ? entspricht etwa Lovtschorrit хибинит
Childrenit *m* $(Fe^{\cdot\cdot},Mn)Al[(OH)_2|PO_4]\cdot H_2O$ чилдренит
Chileit *m* † teils krustenförmiger Descloizit, teils Goethit чилейт
Chilenit *m* (Ag, Bi) чиленит
Chilesalpeter *m* Natronsalpeter чилийская селитра
Chilidial- хилидиальный
Chilidialplatte *f* bei Brachiopoden paarige Kalkplättchen хилидиальная пластинка
Chilidium *n* bei Brachiopoden Kalkplatte, die das Notothyrium verschließt хилидиум, хилидий
Chillagit *m* $Pb[(Mo, W)O_4]$ чиллагит
Chillesford Crag *m* Altquartär Englands чейлзфордский краг
Chilopoda *pl* губоногие
Chinesische Tafel *f* китайская платформа
Chiolith *m* $Na_5[Al_3F_{14}]$ хиолит
Chionosphäre *f* хионосфера
Chiroptera *pl* рукокрылые
Chitin *n* хитин
Chitin- chitinös хитиновый
chitinartig chitinähnlich хитиноподобный
Chitinhülle *f* хитиновая оболочка
Chitinmembran *f* хитиновая мембрана
Chitinpanzer *m* хитиновый панцырь
Chitinring *m* хитиновое кольцо
Chitinskelett *n* хитиновый скелет
Chiviatit *m* ? etwa $Pb_2Bi_6S_n$, wohl Gemenge чивиатит
Chlamydospermidae *pl* хламидоспермиды
Chloanthit *m* Weißnickelkies NiAs хлоантит

Chlor *m* Cl хлор
Chlor- хло́рный
chlorhaltig хло́ристый
Chloraluminit *n* хлоралюмини́т
Chlorammonium *n* NH_4Cl хло́ристый аммо́ний, хлори́д аммо́ния
Chlorapatit *m* хлорапати́т
Chlorargyrit *m* Hornsilber AgCl хлораргири́т
Chlorastrolith *m* ? unreiner Prennit хлорастроли́т
Chlorat *n* $MClO_3$ хлора́т, соль хлорнова́той кислоты́
-chlorat хлорноватоки́слый
Chloressigsäure *f* $ClCH_2 \cdot COOH$ хлору́ксусная кислота́, монохлору́ксусная кислота́
Chlorfilter *m*, *n* фильтр для хло́ра
Chlorgehalt *m* содержа́ние хло́ра, хло́рность
chlorgesättigt насы́щенный хло́ром
chlorhaltig содержа́щий хлор; хло́ристый
Chlorid *n* соль хлористоводоро́дной кислоты́, хлори́д
chloridisch -chlorig хло́ристый
Chloridsulfat *n* хло́ристый сульфа́т
chlorierbar хлори́руемый, хлори́рующийся
Chlorierbarkeit *f* хлори́руемость, спосо́бность хлори́роваться
chlorieren хлори́ровать *uv.*, *v.*
Chlorieren *n* хлори́рование
Chlorionengehalt *m* содержа́ние ио́нов хло́ра
Chlorit *m* 1. Mineral хлори́т. 2. Chem. Verb. хлори́т, соль хло́ристой кислоты́
Chloritblättchen *n* хлори́товый листо́чек
chloritisch хлори́товый
chloritisiert хлоритизи́рованный
Chloritisierung *f* хлоритиза́ция
Chloritoid *m* Ottrelith хлорито́ид
Chloritoidschiefer *m* хлорито́идный сла́нец
Chloritschiefer *m* хлори́товый сла́нец
Chlorkalium *n* KCl хло́ристый ка́лий, хлори́д ка́лия
Chlorkalk *m* хло́рная и́звесть
Chlorkalzium *n* $CaCl_2$ хло́ристый ка́льций, хлори́д ка́льция
Chlornatrium *n* Natriumchlorid NaCl хло́ристый на́трий
Chlornatrokalit *m* † Gemenge, etwa 6 KCl + 1 NaCl хлорнатрокали́т
Chlorocalcit *m* $CaCl_2$ хлорокальци́т
Chloromanganokalit *m* $K_4[MnCl_6]$ хлорманганокали́т, хлорманкали́т
Chloromelanit *m* Jadeit mit wenig Fe, Ca und Mg хлоромелани́т
Chloromonadina *pl* хлоромона́ды
Chloropal *m* Gemenge von Nontronit mit Opal хлоропа́л
Chlorophäit *m* ? Zersetzungsprodukt von Serpentin хлорофеи́т
Chlorophan *m* Flußspat хлорофа́н
Chlorophoenizit *m* $(Zn, Mn)_5[(OH)_7 | AsO_4]$ хлорофеници́т
Chlorophycea *pl* зелёные во́доросли
Chlorophyll *n* Blattgrün хлорофи́лл
Chlorophyllit *m* ? Zersetzungsprodukt von Cordierit хлорофилли́т
Chlorophyta *pl* зелёные во́доросли
Chloropit *m* ? ein Leptochlorit хлоропи́т
Chlorothionit *m* $K_2Cu[Cl_2 | SO_4]$ хлоротиони́т
Chlorotil *m* ? entspricht Mixit хлороти́л
Chloroxiphit *m* $Pb_3O_2Cl_2 \cdot CuCl_2$ хлороксифи́т
Chlorsäure *f* $HClO_3$ хлорнова́тая кислота́
chlorsubstituiert хлорзамещённый
Chlortitration *f* титрова́ние на хлор
Chlorung *f* хлори́рование
Chlorür *n* хлорю́р, хло́ристое соедине́ние
Chlorwasserstoff *m* HCl хлороводоро́д, хло́ристый водоро́д
Chlorwasserstoff- хлористоводоро́дный
Chlorwasserstoffsäure *f* хлористоворо́дная кислота́
Chlorzahl *f* хло́рное число́ (количество миллиграмм хлора, связанного одним литром воды)
Choanichthyes *pl* хоа́новые ры́бы
Chondrichthyes *pl* хрящевы́е ры́бы
Chondrikit *m* † zersetzter und mit Diallag gemengter Fsp кондрики́т
Chondrit *m* хондри́т
Chondroarsenit *m* † Sarkinit хондроарсени́т
Chondrodit *m* $Mg_5[(OH, F)_2 | (SiO_4)_2]$ хондроди́т
Chondrostei *pl* хрящевы́е гано́иды
Chondrosteum *n* хрящево́й гано́ид
Chondrostibian *m* komplexes Sb-Oxyd хондростибиа́н

Chonotricha *pl* ворончатореснúчные
Chorda- chordal хóрдовый
Chorda dorsalis *f* хóрда, спиннáя струнá
Chordahülle *f* оболóчка хóрды
chordal Chorda- хóрдовый
Chordata *pl* хóрдовые
Choripetalae *pl* раздельнолепéстные
Choristida *pl* хористúты
Christianit *m* † teils Anorthit, teils Phillipsit христианúт
Christmatit *m* Kohlenwasserstoff христматúт
Christophit *m* stark Fe-haltige Zinkblende кристофúт
Chrom *n* Cr хром
Chrom- хрóмовый
Chromalaun *m* $KCr(SO_4)_2 \cdot 12H_2O$ bzw. $K_2SO_4 \cdot Cr_2(SO_4)_3 \cdot 24H_2O$ хрóмокáлиевые квасцы́, двойнáя соль сернокúслого хрóма и сернокúслого кáлия
Chromarsenat *n* хромарсенáт
Chromat *n* M_2CrO_4 соль хрóмовой кислоты́, хромáт, хромовокúслая соль
chromatisch -chromat хроматúческий
Chromatogramm *n* хроматогрáмма
Chromatographie *f* хроматогрáфия
chromatographisch хроматографúческий
Chrombrugnatellit *m* Fehlbestimmung, Stichtit хромбруньятеллúт
Chromchlorid *n* $CrCl_3$ трёххлóристый хром
Chromdiopsid *m* хромдиопсúд
Chromeisenerz *n* Chromit $FeCr_2O_4$ хрóмистый железня́к, хромúт
Chromerz *n* хрóмовая рудá
chromführend хромсодержáщий
Chromglimmer *m* Fuchsit хрóмовая слюдá
Chromgranat *m* хрóмовый гранáт
chromhaltig хромосодержáщий; хрóмистый
Chromit 1. Mineral *m* $FeCr_2O_4$ хромúт. 2. Chem. Verb. *n* $MCrO_2$ хромúт
Chromit- хромúтовый
Chromitdunit *m* хромúтовый дунúт
Chromiterz *n* хромúтовая рудá
Chromiterzkörper *m* хромúтовое рýдное тéло
Chromitknolle *f* хромúтовый желвáк
Chromitlagerstätte *f* хромúтовое месторождéние
Chromitseife *f* хромúтовая рóссыпь
Chromitstein *m* хромúтовый кирпúч
Chromiverbindung *f* соединéние трёхвалéнтного хрóма
Chromnickel- хромоникелевый
Chromnickelstahl *m* хромонúкелевая сталь
Chromoverbindung *f* соединéние двухвалéнтного хрóма
Chromoxid *n* Cr_2O_3 óкись хрóма, полýторная óкись хрóма
chromsauer хромовокúслый
Chromsäure *f* H_2CrO_4 хрóмовая кислотá
Chromspinell *m* eisenreicher Pleonast хромшпинéль, желéзисто-хрóмовая шпинéль
Chromstahl *m* хрóмовая сталь
Chromstrahlstein *m* хрóмовый лучúстый кáмень
Chromsulfat *n* 1. $CrSO_4$; 2. $Cr_2(SO_4)_3$ сернокúслый хром, сульфáт хрóма
Chromsulfid *n* Cr_2S_3 полуторасернúстый хром, сульфúд хрóма (3), сернúстый хром (3)
Chromturmalin *m* tiefgrüner Cr-haltiger Turmalin хромтурмалúн
Chromvesuvian *m* хромвезувиáн
chronologisch хронологúческий
Chronometerablesung *f* отсчёт хронóметра, показáние хронóметра
Chronometergang *m* ход хронóметра
Chronometerkorrektion *f* поправка хронóметра
Chrysoberyll *m* Alexandrit Al_2BeO_4 хризоберúлл
Chrysokoll *m* $CuSiO_4 \cdot nH_2O$ хризокóлла
Chrysolith *m* Olivin mit Edelsteinqualität хризолúт
Chrysophyta *pl* золотúстые вóдоросли
Chrysopras *m* Varietät von Chalcedon хризопрáз, зелёный халцедóн
Chrysotil *m* Faserserpentin $Mg_6[(OH)_6|Si_4O_{11}] \cdot H_2O$ хризотúл
Chrysotilasbest *m* хризотúл-асбéст
Chrysotilserpentinit *m* хризотúловый серпентинúт
Chubuttit *m* angeblich $PbCl_2 \cdot 7PbO$ чубутúт
Chudobait *m* худобаúт
Churchit *m* $(Ce, {}^3/_2 Ca)[PO_4] \cdot 2H_2O(?)$ чёрчúт
Ciliata *pl* реснúтчатые, резнúчные инфузóрии

Ciliophora *pl* ресни́чные
Cilium *n* ресни́чный волосо́к, ресни́чка
Ciminit *m* Trachyandesitlava чимини́т
Cincinnatian *n* Ordovizium Nordamerikas цинцинна́тский я́рус
Cingulum *n* ободо́к спо́ры
Cinnamomum *n* циннамо́мум
CIPW-Methode ме́тод CIPW
Cirripedia *pl* Cirripedier, Rankenfüßer усоно́гие, цирripе́дии
Cirrus *f* пе́ристое о́блако
Citrat *n* цитра́т, соль лимо́нной кислоты́
Citrin *m* gelbe Varietät von Quarz цитри́н
Cladocera *pl* ветвисто́усые
Cladophlebis *m* кладофле́бис
Cladoselachii *pl* кладосела́хии
Cladoxydales *pl* кладокси́ловые
Claraia- кляра́йевый
Claraia-Zone *f* кляра́йевая зо́на
Clarinit *m* кларини́т
Clarit *m* кларе́н
Clarit- кларе́новый
Claritkohle *f* кларе́новый у́голь
Clarke *m* кларк
Clarke-Gehalt *m* кла́рковое содержа́ние
Clarkeit *m* $Na_2U_2O_7$ кларкеи́т
Clarke-Tafel *f* табли́ца кла́рков
Clarke-Ziffer *f* кларк
Clarodurit *m* клародури́т
Clarofusit *m* кларофузи́т
Clarovitrit *m* кларовитри́т
Clathropteris *m* клатро́птерис
Claudetit *m* As_2O_3 клаудети́т
Clausthalit *m* PbSe клаустали́т
Clavicula *f* ключи́ца
Clayit *m* † Gemenge, hauptsächlich Fahlerz клейи́т
Cleavelandit *m* blättriger Albit клевеланди́т
Cleithrum *n* кле́йтрум
Cleveit *m* Uranpecherz mit Y, Er, Ce, Th, Ar, He клевеи́т
Cliachit *m* † Alumogel клиахи́т
Cliftonit *m* wahrscheinlich Paramorphose von Graphit nach Diamantkristallen клифтони́т
Clingmanit *m* † Margarit клингмани́т
Clinton-Erz *n* кли́нтонская руда́
Clintonit *m* Gruppe der Kalkglimmer клинтони́т
Cloossche Fläche *f* кло́осовская пло́скость
Closterit *m* Kukkersitschiefer mit Closterium клостери́т
Clymenien *pl* климе́нии
Clymenien- климе́ниевый
Clymenienschichten *f/pl* Oberdevon климе́ниевые слои́
Clymeniida *pl* климе́нии
Clypeus-Meer *n* клипеу́совое мо́ре
Cnidaria *pl* стрека́ющие
Coccolith *m* коккoли́т
Coccolithen- кокколи́товый
Coccolithophorae *pl* кокколитофо́ры
Coccolithenschlamm *m* кокколи́товый ил
Cocinerit *m* etwa Cu_4AgS, legierungsartig кокинери́т, коцинери́т
Cocit *m* leucitreicher Camptonit коци́т
Codazzit *m* Ceriumankerit кодацци́т
Codiaceae *pl* ко́диевые сифоне́и
Coelenterata *pl* целентера́ты
Coelom *n* цело́м
Coelomata *pl* цело́мные
Coelomhülle *f* bei Bryozoen целоми́ческая по́лость
Coenenchym *n* цененхи́ма, внеяче́йный скеле́т
Coenosarc *n* ценоса́рк
Coeruleit *m* ? $CuAl_2[(OH)_2|AsO_4]\cdot 7H_2O$ церулеи́т
Coeruleolaktit *m* verwandt mit Evansit церулеолакти́т
Coffinit *m* $U[SiO_4]$ коффини́т
Cohenit *m* Fe_3C когени́т
Cokeit *m* natürlich entstandener Koks кокеи́т
Colchidites-Schichten *pl* колхиди́товые слои́
Colemanit *m* $Ca[B_3O_4(OH)_3]\cdot H_2O$ колемани́т
Coleoptera *pl* жесткокры́лые
Colerainit *m* Varietät von Pennin oder Korundophilit колераини́т
Cölestin *m* $Sr[SO_4]$ целести́н
Cölestin- целести́новый
Collbranit *m* † teils Ludwigit, teils eisenhaltiger Pyroxen коллбрани́т
Collembola *pl* ногохво́стки
Collenia *f* колле́ния
Collinit *m* коллини́т
Collinsit *m* Mn-haltiger Messelit коллинси́т

Colonograptus-Schichten *f/pl* Obersilur колоногра́птовые слои́
Coloradoit *m* HgTe колорадои́т
Columbit *m* Niobit $(Fe, Mn)(Nb, Ta)_2O_6$ колумби́т
Columbit- колумби́товый
Columbites-Zone *f* колумби́товая зо́на
Columella *f* колуме́лла, сто́лбик
Colusit *m* $Cu_3(As, Sn, Fe)S_4$ колуси́т, колюзи́т
Combretaceae *pl* комбре́товые
Comendit *m* коменди́т
Compositae *pl* сложноцве́тные
Comptonit *m* † Thomsonit комптони́т
Comuccit *m* † Jamesonit комучи́т
Conchifera *pl* конхифе́ровые
Conchin *n* конхи́н
Conchiolin *n* конхиоли́н
Conchit *m* † faseriger Aragonit der Muschelschalen конхи́т
Conchostraca *pl* раку́шковые ры́бы, двустворчатые листоно́гие
Condylarthra *pl* кондила́ртры
Condylus occipetalis *m* заты́лочный мы́щелок
cone-in-cone ко́нус в ко́нусе
Confolensit *m* † unreiner Kaolinit конфоленси́т
Congerien-Schichten *f/pl* Pliozän конге́риевые слои́
Coniac *n* Coniac-Stufe, Coniacien конья́кский я́рус
Coniconchia *pl* конико́нхии
Conidium *n* кони́дий
Coniferae *pl* хво́йные
Conistonit *m* конистони́т
Connelit *m* $Cu_{19}[Cl_4|(OH)_{32}|SO_4+4H_2O]$ коннели́т
Conocoryphe *f* конокори́ф
Conodont *m* конодо́нт
Conrad-Diskontinuität *f* пове́рхность Ко́нрада
Contortae *pl* скрученноцве́тные
Conularia *pl* коня́рии
Convolvulaceae *pl* вьюнко́вые
Cookeit *m* $LiAl_4[(OH)_8|AlSi_3O_{10}]$ кукеи́т
Coolgardit *m* † Gemenge von AuAg-Telluriden mit Coloradoit коолгарди́т, кулгарди́т
Cooperit *m* PtS купери́т
Coorongit *m* Bernsteingruppe куронги́т
Copalin *m* bernsteinähnliches Harz копали́н
Copepoda *pl* копепо́ды, веслоно́гие
Copiapit *m* $(Fe^{\cdot\cdot},Mg)Fe_4^{\cdot\cdot\cdot}[OH|(SO_4)_3]_2 \cdot 20H_2O$ копиани́т
Copperasin *m* ? angeblich ein CuFe-Sulfat копперази́н
Coquimbit *m* $Fe_2^{\cdot\cdot\cdot}[SO_4]_3 \cdot 9H_2O$ кокимби́т
Coracit *m* † unreiner Gummit кораци́т
Coracoid *n* корако́ид, корако́идная кость
Corallinaceae *pl* ка́менные багря́ные во́доросли
Coralline Crag *m* Pliozän Englands кора́лловый краг, бе́лый краг
Corbicula- корбику́ловый
Corbiculaschichten *pl* корбику́ловые слои́
Corbiculidae *pl* корбикули́ды
Cordaitales *pl* кордаи́товые
Cordaites *pl* кордаи́ты
Cordierit *m* Dichroit $Mg_2Al_3[AlSi_5O_{18}]$ кордиери́т
Cordierit- кордиери́товый
Cordieritandesit *m* Osann (1882) кордиери́товый андези́т
Cordierithornfels *m* кордиери́товый рогови́к
Cordieritnorit *m* кордиери́товый нори́т
Coriariaceae *pl* кориа́риевые
Coriolisbeschleunigung *f* ускоре́ние корио́лиса
Corioliskraft *f* си́ла корио́лиса
Corkit *m* $PbFe_3^{\cdot\cdot\cdot}[(OH)_6|SO_4PO_4]$ корки́т
Cormophyta *pl* кормофи́товые, стебле́вые расте́ния
Cornaceae *pl* де́ренные
Cornbrash- ко́рнбрашский
Cornetit *m* $Cu_3[(OH)_3|PO_4]$ корнети́т
Cornuit *m* ? корнуи́т
Cornwallit *m* $Cu_5[(OH)_2|AsO_4]_2 \cdot 3H_2O$ корнвалли́т
Corona *f* Bot. вене́ц цветка́
Coronadit *m* † Gemenge von Hollandit und einem nicht bestimmten Bleimineral коронади́т
Coronare *n* вене́чная кость
Coronit *m* † Mg-Turmalin корони́т
Cortlandit *m* Peridotit кортланди́т
Corvusit *m* $V_2^{4+}V_{12}^{5+}O_{34} \cdot nH_2O$ корвузи́т
Cosalit *m* $2PbS \cdot Bi_2S_3$ козали́т
Cossait *m* † Paragonit косса́йт

Cossyrit *m* Aenigmatit mit mehr Fe··· коссири́т
Cotterit *m* † perlmutterglänzender Quarz коттери́т
Cotunnit *m* $PbCl_2$ котуньи́т, котуни́т
Cotylosauria *pl* котилоза́вры
Coulomb *n* куло́н
Coulombsche Drehwaage *f* крути́льные весы́ Куло́на
Coulombsches Gesetz *n* зако́н Куло́на
Coulsonit *m* † Vanadomagnetit von Bihar кулсони́т
Courtzilith *m* † Asphalt кортцили́т
Couseranit *m* † teils zersetzter Dipyr, teils Andalusit кузерани́т
Coutchiching *n* Präkambrium Nordamerikas сви́та ку́чичинг
Couvin-Stufe *f* Mitteldevon кувэ́нский я́рус
Covellin *n* Kupferindig CuS ковелли́н
Coxa *f* та́зик
Coxopodit *m* коксоподи́т
Cracken *n* креки́рование
Crackkatalysator *m* катализа́тор кре́кинг-проце́сса
Cracovien *n* кра́ковское межледнико́вье
Craeliusbohrung *f* кре́лиусная сква́жина
Craigmontit *m* leukokrater Nephelinsyenit крэгмонти́т, крейгмонти́т
Craignurit *m* Quarzdiorit крейгнури́т, крэгнури́т
Crandallit *m* $CaAl_3H[(OH)_6|PO_4]_2$ крандалли́т
cranial Schädel- черепно́й
Craniata *pl* черепны́е
Cranidium *n* крани́дий
craspedodrom краебе́жный
Credneria *f* кредне́рия
Crednerit *m* $CuMnO_2$ креднери́т
Creedit *m* $Ca_3Al_2[(F, OH)_{10}|SO_4]\cdot 2H_2O$(?) криди́т
Crenit *m* † durch organische Substanz gelb gefärbter stalaktitischer Kalkspat крени́т
Creodontia *pl* креодо́нты
Crestmorit *m* $4CaSiO_3\cdot 7H_2O$ кристмори́т
Cribricyathea *pl* крибрициа́ты
Crichtonit *m* † sehr reiner Ilmenit кричтони́т
Crickites-Schichten *pl* крики́товые слои́
Crinanit *m* gangförmiger Olivin-Analcim-Dolerit кринани́т
Crinoidea *pl* криноиде́и, морски́е ли́лии
Crinoiden- криноидный
Crinoidenkalk *m* криноидный известня́к
criocon Gehäuseform bei Cephalopoden криоко́новый
Cristobalit *m* SiO_2 кристобали́т
Cristobalit- кристобали́товый
Crocodilia *pl* крокоди́лы
Crômagnon- кроманьо́нский
Crômagnonmensch *m* кроманьо́нец
Crômagnonrasse *f* кроманьо́нская ра́са
Cromer Forest beds *pl* Günz-Mindel-Interglazial Кро́мерский лесно́й сло́й
Crookesit *m* $(Cu,Tl,Ag)_2Se_9$ крукеси́т
Crossit *m* Mineral der Glaukophanreihe кросси́т
Crossopterygii *pl* кистепёрые ры́бы
Cruciferae *pl* крестоцве́тные
Crura *pl* ручны́е крючки́
Crural- крура́льный
Cruralfortsatz *m* крура́льный отро́сток
Cruralium *n* bei Brachiopoden dorsales Spondylium крура́лиум, крура́лий
Cruralplatte *f* bei Brachiopoden крура́льная пласти́на
Crus *n* ручно́й крючо́к
Crustaceae *pl* Krustentiere ракообра́зные
cryptodont криптодо́нтный
Cryptomonadina *pl* криптомона́ды
Cryptostomata *pl* скрыторо́тые мша́нки
Ctenidium *n* ктени́дий
Ctenobranchia *pl* гребенчатожа́берные
Ctenolium *n* ктено́лиум
Ctenophora *pl* гребневики́, ктенофо́ры
ctenosiphonat узкосифо́нный
Cubait *m* † Quarz куба́йт
Cucurbitaceae *pl* ты́квенные
Cuesta- куэ́стовый
Cuise- кюи́зский
Culsageit *m* † Jefferisit кёльсаджии́т
Cumberlandit *m* Pallasit mit oxydiertem Eisen кумберланди́т
Cumbrait *m* nach TRÖGER rhyodazitischer Pechstein кумбра́йт
Cumengeit *m* $5PbCl_2\cdot 5Cu(OH)_2\cdot {}^1/_2H_2O$ куменгейт
Cummingtonit *m* $(Mg, Fe)_{14}[(OH)_4|Si_6O_{44}]$ куммингтони́т

Cummingtonitamphibolit *m* куммингтони́товый амфиболи́т
Cumulus *f* Haufenwolke кучево́е о́блако
Cuprat *n* $M_2[CuO_2]$ соль ме́дной кислоты́, купра́т
Cupressaceae *pl* кипари́совые
Cupressineae *pl* кипари́совые
Cuprit *m* Rotkupfererz Cu_2O купри́т
Cuproadamin *m* Mischkristall der Libethenitgruppe купроадами́н
Cuproapatit *m* купроапати́т
Cuprobismutit *m* † Gemenge von Emplektit mit Wismutglanz und Kupferkies купробисмути́т
Cuprodescloizit *m* † Mottramit купродеклуази́т
Cuproferrit *m* † Pisanit купроферри́т
Cuprogoslarit *m* Goslarit mit Kupfersulfat купрогосляри́т
Cuprojodargyrit *m* † Miersit купройодаргири́т
Cuprokirovit *m* купрокирови́т
Cupromagnesit *m* † Mg-haltiger Boothit купромагнези́т
Cupromelanterit *m* купромелантери́т
cuprometrisch купрометри́ческий
Cuproplumbit *m* † teils Gemenge von Bleiglanz und Kupferglanz, teils verunreinigter Malachit купроплюмби́т
Cupropyrit *m* wahrscheinlich unreiner Cubanit купропири́т
Cupropyrrhotin *m* купропирроти́н
Cuproscheelit *m* $(Ca, Cu)[WO_4]$ купрошеели́т
Cuprosklodowskit *m* $CuU_2[(OH_3)|SiO_4]_2 \cdot 4H_2O$ купросклодовски́т
Cuprotungstit *m* $Cu_2[(OH)_2|WO_4]$ купротунгсти́т
Cuproverbindung *f* соедине́ние одновале́нтной ме́ди
Cuprozinkit *m* † Rosasit купроцинки́т
Cupula *f* плю́ска
Curie-Punkt *m* то́чка Кюри́
Curit *m* $3PbO \cdot 8UO_3 \cdot 4H_2O$ кюри́т
Curium *n* Ci кю́рий
Curtisit *m* identisch mit Idrialin кертизи́т
Cuspidin *m* $Ca_4[(F, OH)_2|Si_2O_7]$ куспиди́н
Custerit *m* † Cuspidin кюстери́т
Cyanat *n* циановоки́слая соль
-cyanat циановоки́слый
Cyanbenzol *n* $C_6H_5 \cdot CN$ циа́нистый бензо́л, бензонитри́л, фенилциани́д
Cyanid *n* MCN 1. циа́нистое соедине́ние. 2. соль цианистоводоро́дной кислоты́, соль сини́льной кислоты́, циани́д
Cyanit *m* Disthen $Al_2[O|SiO_4]$ киани́т
Cyanitschiefer *m* киани́товый сла́нец
Cyanochroit *m* $K_2Cu[SO_4]_2 \cdot 6H_2O$ цианохрои́т
Cyanophyta *pl* сине-зелёные во́доросли
Cyanosit *m* † Chalkanthit цианози́т
Cyanotrichit *m* Lettsomit $Cu_4Al_2[(OH)_{12}|SO_4] \cdot 2H_2O$ кианотрихи́т
Cyansäure *f* HOCN циа́новая кислота́
Cyanverbindung *f* соедине́ние циа́на, циа́нистое соедине́ние
Cyanwasserstoff *m* HCN циа́нистый водоро́д
Cyanwasserstoffsäure *f* цианистоводоро́дная кислота́
cyathophylloid циатофилло́идный
Cycadaceae *pl* цика́довые, цикаде́и, са́говниковые
Cycadales *pl* са́говниковые (са́говые), цика́довые (цикаде́и)
Cycadeoidea *pl* цикадоиде́и
Cycadophyta *pl* саговообра́зные, цикадофи́ты
Cyclobranchia *pl* кругожа́берные
Cyclopit *m* † Anorthit циклопи́т
Cyclopteris круглоли́стный па́поротник
Cyclostomata *pl* круглоро́тые
Cymatolith *m* Gemenge von Muskovit und Albit pseudomorph nach Spodumen циматоли́т
Cynodonta *pl* собакозу́бые
Cynodontia *pl* цинодо́нты
Cyperaceae *pl* осо́ковые
Cypridinen- ципридин́овый
Cypridinenschiefer *m* ципридин́овый сла́нец
Cyprin *m* † blauer Vesuvian, z. T. fluorhaltig ципри́н
Cyprusit *m* entspricht etwa Karphosiderit кипрузи́т
Cyrenenmergel *m* цире́невый ме́ргель
cyrenoid цирено́идный
cyrtobactritocon циртобактритоко́новый
cyrtocerakon bei Nautiloidea циртоцерако́новый
cyrtochoanitisch циртохоани́товый
cyrtoconid циртоко́новый

Cyrtolith *m* † radioaktiv veränderter Zirkon циртоли́т
Cyrtophyllidae *pl* циртофилли́ды
Cystoidea *pl* морски́е пузыри́, цистоиде́и
Cystiphragmen *n/pl* Kalkblätter bei Bryozoen цистифра́гмы
Cystoidea *pl* цистоиде́и
Cytoplasma *n* цитопла́зма
Cyzicidae *pl* цизици́ды

D

Dach *n* Hangendes кры́ша, кро́вля пласта́
dachartig крышеобра́зный
dachförmig крышеви́дный
Dachgestein *n* поро́да кро́вли
Dachschiefer *m* кро́вельный сла́нец
Dachschieferabbau *m* разрабо́тка кро́вельного сла́нца
Dachschieferindustrie *f* промы́шленность кро́вельного сла́нца
Dachziegel *m* черепи́ца
Dachziegel- черепи́чный
dachziegelartig черепи́тчатый
Dacit *m* s. Dazit
dactylocon bei Ammonoidea дактилоко́новый
Dahamit *m* Ganggestein aus der Gruppe der Paisanite дагами́т
Daleje-Schiefer *m* Devon дале́йский сла́нец
Dalmatianit *n* Grünstein дальмациани́т
dalmatinischer Küstentyp *m* бе́рег далма́тского ти́па
Daltonsches Gesetz *n* зако́н Да́льтона
Damara-System *n* Präkambrium систе́ма дама́ра
Damm *m* 1. Wall на́сыпь. 2. Sperrmauer плоти́на, да́мба
Dammabschnitt *m* се́кция плоти́ны, уча́сток плоти́ны
Dammaterial *n* материа́л плоти́ны
Dammaufschüttung *f* отсы́пка плоти́ны, устро́йство на́сыпи
Dammausspülung *f* размы́в плоти́ны, размы́в да́мбы
Dammbaukunst *f* плотиностро́ение
Dammbaustelle *f* стройплоща́дка плоти́ны
Dammbauweise *f* спо́соб возведе́ния плоти́ны, констру́кция плоти́ны
Dammbewegung *f* ополза́ние да́мбы, оползáние на́сыпи
Dammboden *m* грунт плоти́ны
Dammböschung *f* отко́с плоти́ны,отко́с да́мбы, отко́с ва́ла
Dammbruch *m* разруше́ние плоти́ны, разруше́ние да́мбы, проры́в плоти́ны, проры́в да́мбы, брешь в плоти́не
Dammbruchwelle *f* волна́ при разруше́нии плоти́ны (да́мбы)
Dammdichtung *f* противофильтрацио́нное уплотне́ние плоти́ны; диафра́гма плоти́ны
Dammfuß *m* подо́шва отко́са плоти́ны (да́мбы, ва́ла)
Dammkern *m* ядро́ плоти́ны
Dammkopf *m* головна́я часть плоти́ны (ва́ла, да́мбы)
Dammkörper *m* те́ло плоти́ны (ва́ла, да́мбы)
Dammkrone *f* гре́бень плоти́ны (ва́ла, да́мбы)
Dammlast *f* нагру́зка от плоти́ны (да́мбы, на́сыпи)
Dammlücke *f* отве́рстие в да́мбе для про́пуска воды́
Dammrutsch *m* оползáние отко́сов плоти́ны (да́мбы, ва́ла), сплыва́ние отко́сов плоти́ны (да́мбы, ва́ла)
Dammschleuse *f* водопу́ск земляно́й плоти́ны (да́мбы, ва́ла)
Dammschutz *m* укрепле́ние отко́са
Dammsetzung *f* оса́дка плоти́ны (да́мбы, ва́ла)
Dammsickerwasser *n* вода́, фильтру́ющаяся че́рез плоти́ну
Dammsohle *f* подо́шва плоти́ны (да́мбы), основа́ние плоти́ны (да́мбы)
Dammstützkörper *m* упо́рная при́зма земляно́й плоти́ны
Dammuntergrund *m* основа́ние земляно́й плоти́ны
Dammunterspülung *f* подмы́в плоти́ны
Damourit *m* † feinschuppiger Muskovit дамури́т
Dampf *m* пар

Dampfabscheidung *f* выделéние пáра, отделéние пáра
Dampfabzug *m* вы́тяжка для пáров
Dampfbad *n* паровáя бáня
Dampfbildung *f* образовáние пáра, парообразовáние
Dampfblase *f* пузырёк пáра
Dampfdichte *f* плóтность пáра
Dampfdruck *m* давлéние пáра; упрýгость пáра
Dampfdruckdiagramm *n* диагрáмма давлéния пáра
Dampfdruckerniedrigung *f* понижéние упрýгости пáра, понижéние давлéния пáра
Dampfdruckgleichgewicht *n* равновéсная упрýгость пáра
Dampfdruckkurve *f* кривáя давлéния (упрýгости) пáра
Dampfentwicklung *f* образовáние пáра, парообразовáние
Dämpfer *m* Dämpfungsvorrichtung демпфи́рующее устрóйство
dampfförmig парообрáзный
Dampfgemisch *n* смесь пáров
Dampfphase *f* паровáя фáза
Dampfspannung *f* упрýгость пáра
Dampfüberhitzung *f* перегрéв пáра
Dämpfung *f* затухáние, демфировáние
Dämpfungsexponent *m* коэффициéнт затухáния
Dämpfungsfaktor *m* коэффициéнт затухáния
Dämpfungskoeffizient *m* коэффициéнт затухáния
Dämpfungskonstante *f* постоя́нная затухáния, констáнта затухáния
Dämpfungskraft *f* си́ла затухáния, интенси́вность затухáния
Dämpfungsverhältnis *n* отношéние затухáния
Dämpfungsvorrichtung *f* демпфи́рующее устрóйство
Dämpfungswert *m* величинá затухáния
Dampfzustand *m* парообрáзное состоя́ние
Dan *n* Dan-Stufe, Danien дáтский я́рус
Dan- дáтский
Danait *m* Arsenkies mit 6—9% Co данаи́т
Danalith *m* $Fe_8[S_2|(BeSiO_4)_6]$ данали́т
Danburit *m* $Ca(B_2Si_2O_8]$, данбури́т
Danien *n* Dan дáтский я́рус
Daniglazial *n* данигляциáл, данигляциáльная стáдия
daniglazial данигляциáльный
Dannemorit *m* manganhaltiger Cummingtonit даннемори́т
Daonellenkalk *m* даонéлловый извесня́к
Daphnit *m* $Fe_4Al_2[(OH)_8|Al_2Si_2O_{10}]$ дафни́т
Darapskit *m* $Na_3[SO_4|NO_3]\cdot H_2O$ дарапски́т
Darbyshire-Methode *f* мéтод Дáрбишайра
Darcy *n* дарси́
Darcy-Einheit *f* едини́ца Дарси́
Darcysches Gesetz *n* закóн Дарси́
Darlegung *f* изложéние
Darm *m* кишкá
Darmbein *n* подвздóшная кость
darstellbar представи́мый
Darstellbarkeit *f* представи́мость
darstellende Geometrie *f* начертáтельная геомéтрия
Darstellung *f* 1. Abbildung изображéние, рисýнок. 2. Herstellung произвóдство, получéние
Darstellungsmethode *f* мéтод изображéния
Darstellungsmittel *n* срéдство изображéния
Darstellungspunkt *m* фигурати́вная тóчка
Darstellungsweise *f* спóсоб изображéния
darunterliegend unterlagernd нижележáщий
Darwinismus *m* дарвини́зм
Darwinist *m* дарвини́ст
Daseinskampf *m* борьбá за существовáние
Daseinsverhältnisse *n/pl* услóвия существовáния
Dasycladaceae *pl* мутóвчатые сифонéи
Daten *pl* Angaben дáнные
datierbar дати́руемый
datieren дати́ровать *uv.*, *v.*
Datierung *f* Alterseinstufung дати́рование, датирóвка
Datolith *m* Bothryolith $Ca[OH|BSiO_4]$ датоли́т
Daubréeit *m* BiOCl добреи́т

Daubréelith *m* $FeCr_2S_4$ добреели́т
Dauer *f* Zeitdauer продолжи́тельность
Dauerbeanspruchung *f* постоя́нное напряже́ние
Dauerbelastung *f* постоя́нная нагру́зка, продолжи́тельная нагру́зка
Dauerbewässerung *f* дли́тельное ороше́ние
Dauereinstau *m* дли́тельный подпо́р, постоя́нный подпо́р
Dauerfrostboden *m* вечномёрзлая по́чва
Dauergewebe *n* постоя́нная ткань
Dauer-Grundwasserabsenkung *f* дли́тельное пониже́ние у́ровня грунтовы́х вод
dauerhaft haltbar про́чный
Dauerhaftigkeit *f* Stabilität про́чность, долгове́чность
Dauerleistung *f* дли́тельная мо́щность
Dauermagnet *m* постоя́нный магни́т
Dauermessung *f* продолжи́тельное измере́ние
dauernd продолжи́тельный, дли́тельный
Dauerpumpversuch *m* о́пыт с дли́тельной отка́чкой, испыта́ние с продолжи́тельным отка́чиванием
Dauerregen *m* дли́тельный дождь
Dauerregistrierung *f* продолжи́тельная регистра́ция, непреры́вная регистра́ция
Dauerversuch *m* дли́тельное испыта́ние, испыта́ние на продолжи́тельность
Dauerzustand *m* дли́тельное состоя́ние, постоя́нное состоя́ние, неизме́нное состоя́ние
Daun-Stadium *n* ста́дия Да́ун
Daun-Vereisung *f* да́унское оледене́ние
Dauphinéer Zwillinge *m/pl* дофине́йские двойники́
Davainit *m* Hornblendit давэни́т
Daviditm *m* † Gemenge von Ilmenit, Tscheffkinit und Carnotit давиди́т
Daviesit *m* Bleioxychlorid давизи́т
Dawsonit *m* $NaAl[(OH)_2|CO_3]$ давсони́т
dazisch даки́йский
Dazit *m* даци́т
dazitisch Dazit- даци́товый
Dazitliparit *m* даци́то-липари́т
Dazitporphyr *m* даци́товый порфи́р
Daz-Stufe *f* Oberes Pliozän даки́йский я́рус
Debye-Kammer *f* ка́мера Деба́я
Debye-Methode *f* ме́тод Деба́я
Debye-Scherrer-Methode *f* ме́тод Деба́я-Ше́рера
Debye-Verfahren *m* ме́тод Деба́я
Decapoda *pl* десятино́гие
Deckblatt *n* прицве́тник
Deckdiabas *m* покро́вный диаба́з
Decke *f* Tekt. покро́в
Decken- покро́вный
decken sich совпада́ть / совпа́сть, совмеща́ться / совмести́ться
Deckenausstrich *m* вы́ход покро́ва
Deckenbahn *f* смести́тель шарья́жа
Deckenbau *m* покро́вное строе́ние
Deckenbildung *f* образова́ние покро́вов
Deckenfalte *f* скла́дка покро́ва
Deckenkomplex *m* покро́вный ко́мплекс
Deckennatur *f* покро́вная приро́да
Deckenrest *m* оста́нец покро́ва, оттó́рженец
Deckenstörung *f* покро́вное наруше́ние
Deckenstruktur *f* Deckenbau покро́вная структу́ра
Deckentektonik *f* покро́вная текто́ника
Deckentheorie *f* покро́вная тео́рия
Deckenüberschiebung *f* надвига́ние покро́ва, покро́вный на́двиг, шарья́ж
Deckenwurzel *f* ко́рень покро́ва
Deckfalte *f* покро́вная скла́дка
Deckgebirge *n* чехо́л; вскрышны́е поро́ды, покрыва́ющие поро́ды
Deckgebirgsstruktur *f* структу́ра (оса́дочного) чехла́
Deckgebirgstektonik *f* текто́ника чехла́
Deckgewebe *n* покро́вная ткань
Deckglas *n* покро́вное стекло́
Deckknochen *m* покро́вная кость
Decklehm *m* покро́вный сугли́нок
Deckmoräne *f* покро́вная море́на
Deckpause *f* ка́лька с чертежо́м (для накла́дывания на ка́рту)
Deckplatte *f* кро́ющая пласти́нка
Decksand *m* покро́вный песо́к
Deckschicht *f* покро́вный сло́й, пове́рхностный сло́й, покрыва́ющий сло́й
Deckschichtwasser *n* вода́ пове́рхностного сло́я
Deckscholle *f* покро́вная глы́ба
Deckzelle *f* выстила́ющая кле́тка
Deduktion *f* Ableitung деду́кция, вы́вод
deduktiv дедукти́вный
Defekt *m* Störung дефе́кт

definieren bestimmen определя́ть / определи́ть
definiert определённый
Definition *f* определе́ние
Definitionsbereich *m* о́бласть определе́ния
Deflagration *f* дефлагра́ция
Deflation *f* дефля́ция, развева́ние
Deflations- дефляцио́нный
Deflationshang *m* дефляцио́нный склон
Deformation *f* деформа́ция
Deformationsart *f* спо́соб деформа́ции
Deformationsbeanspruchung *f* усиле́ние деформа́ции
Deformationsebene *f* пло́скость деформа́ции
Deformationsellipse *f* элли́пс деформа́ции
Deformationsellipsoid *n* эллипсо́ид деформа́ции
Deformationsfeld *n* по́ле деформа́ции, деформацио́нное по́ле
Deformationsgeschwindigkeit *f* ско́рость деформа́ции
Deformationsgrad *m* сте́пень деформа́ции; сте́пень искаже́ния
Deformationsplan *m* план деформа́ции
Deformationsrichtung *f* направле́ние деформа́ции
Deformationssegment *n* сегме́нт деформа́ции
Deformationstextur *f* тексту́ра деформа́ции
Deformationswärme *f* теплота́ деформа́ции
Deformationswert *m* показа́тель деформа́ции, величина́ искаже́ния
Deformationswiderstand *m* сопротивле́ние деформа́ции
Deformationswinkel *m* у́гол деформа́ции
deformierbar verformbar деформи́руемый
Deformierbarkeit *f* деформи́руемость
deformieren verformen деформи́ровать *uv., v.*
deformiert verformt деформи́рованный
Degeneration *f* Degenerierung, Entartung дегенера́ция
degenerieren entarten дегенери́ровать *uv., v.*
degeneriert дегенери́рованный
Degranitisation *f* дегранитиза́ция
degranitisiert дегранитизи́рованный
dehnbar streckbar растяжи́мый, эласти́чный
Dehnbarkeit *f* Streckbarkeit растяжи́мость, спосо́бность удлиня́ться; эласти́чность
dehnen strecken растя́гивать / растяну́ть
Dehnung *f* Streckung растя́гивание, растяже́ние, удлине́ние
Dehnungselastizität *f* упру́гость при удлине́ние, упру́гость при растяже́нии
Dehnungsfaktor *m* коэффицие́нт расшире́ния
Dehnungsfläche *f* пове́рхность растяже́ния
Dehnungskoeffizient *m* коэффицие́нт расшире́ния, коэффицие́нт удлине́ния
Dehnungslinie *f* крива́я удлине́ний
Dehnungsmesser *m* измери́тель растяже́ния, измери́тель удлине́ния, прибо́р для измере́ния удлине́ния
Dehnungsmodul *m* мо́дуль упру́гости при растяже́нии
Dehnungsspalte *f* Dehnungskluft тре́щина растяже́ния
Dehnungsverhältnis *n* относи́тельное удлине́ние
Dehnungswelle *f* волна́ растяже́ния
Dehnungszahl *f* коэффицие́нт расшире́ния, коэффицие́нт удлине́ния
Dehydrase *f* дегидра́за
Dehydratation *f* дегидрата́ция
Dehydratations- дегидратацио́нный
Dehydratationsprodukt *n* проду́кт дегидрата́ции
Dehydratisieren *n* дегидрати́рование
dehydratisiert дегидрати́рованный
Dehydratisierung *f* дегидрата́ция
Dehydrierbarkeit *f* дегидри́руемость, спосо́бность дегидри́рования
dehydrieren дегидри́ровать *uv., v.*
Dehydrieren *n* дегидри́рование
Dehydrierung *f* дегидри́рование, дегидрогениза́ция
Dehydrogenisierung *f* дегидрогениза́ция
Deich *m* Damm вал, да́мба, (земляна́я) плоти́на
Deichanker *m* замо́к земляно́й плоти́ны
Deichbasis *f* ширина́ по основа́нию ва́ла (да́мбы, плоти́ны)

Deichbau *m* сооруже́ние ва́лов (дамб, плоти́н)
Deichböschung *f* отко́с ва́ла (да́мбы, плоти́ны)
Deichbruch *m* разруше́ние ва́ла (да́мбы, плоти́ны), проры́в ва́ла (да́мбы, плоти́ны)
Deichen *n* обвалова́ние
Deichfuß *m* подо́шва ва́ла (да́мбы, плоти́ны)
Deichgraben *m* водоотво́дная кана́ва за ва́лом (да́мбой)
Deichkrone *f* гре́бень ва́ла (да́мбы, плоти́ны)
Deichsohle *f* подо́шва ва́ла (да́мбы, плоти́ны), основа́ние ва́ла (да́мбы, плоти́ны)
dejektiv дежекти́вный
dejektive Faltung *f* дежекти́вная скла́дчатость, коро́бчатая скла́дчатость
dejustiert разрегули́рованный, разъюсти́рованный
Dejustierung *f* разъюстиро́вка
Dekadenbericht *m* дека́дная сво́дка, дека́дное сообще́ние
Dekameter *n* декаме́тр
Dekantation *f* деканта́ция
dekantieren деканти́ровать *uv.*, *v.*
Dekantieren *n* деканти́рование, деканта́ция
Dekantiergefäß *n* отсто́йный сосу́д
Dekantierglas *n* стака́н для деканти́рования
Dekantiermethode *f* ме́тод деканта́ции
Dekantierung *f* деканта́ция
Dekarbonatisierung *f* декарбонатиза́ция
Deklination *f* деклина́ция, склоне́ние
Deklinationsänderung *f* измене́ние деклина́ции
Deklinationskarte *f* ка́рта склоне́ний
Deklinationskompaß *m* ко́мпас магни́тного склоне́ния
Deklinationskreis *m* круг склоне́ний
Deklinationsmesser *m* деклино́метр
Deklinationsnadel *f* стре́лка склоне́ния
Deklinationstide *f* деклинацио́нный прили́в
Deklinationswinkel *m* у́гол склоне́ния
Dekorationsstein *m* декорати́вный ка́мень
Delafossit *m* $CuFeO_2$ делафосси́т
Delatynit *m* bernsteinähnliches Harz делатини́т
Delessit *m* Mineral der Chloritgruppe делесси́т
Delorenzit *m* $(Y, U, Fe, Ti)[Ti_2O_6]$ делоренци́т
Delphinidae *pl* дельфи́ны
Delta *n* де́льта
Delta- де́льтовый
Deltaablagerung *f* де́льтовое отложе́ние
deltaartig deltaförmig дельтови́дный
Deltabildung *f* образова́ние де́льты
Deltaebene *f* де́льтовая равни́на
deltaförmig дельтови́дный
Deltait *m* $Ca_4Al_5[(OH)_{11}(PO_4)_4]\cdot 1^1/_2H_2O$ дельтаи́т
Deltaküste *f* де́льтовый бе́рег
Deltamündung *f* де́льтовое у́стье, дельтообра́зное у́стье, речна́я де́льта
Deltaschichtung *f* де́льтовая слои́стость
Deltasee *m* де́льтовое о́зеро
Deltazone *f* де́льтовая зо́на
Delthyrialöffnung *f* дельтириа́льное отве́рстие
Delthyriallamelle *f* дельтириа́льная пласти́нка
Delthyrialraum *m* дельтириа́льная по́лость
Delthyrium *n* дельти́риум
Deltidial- дельтидиа́льный
Deltidialplatte *f* дельтидиа́льная пласти́нка
Deltidium *n* дельти́диум
Deltoiddodekaeder *m* дельто́ид-додека́эдр, дельто́эдр, тетраго́н-тритетра́эдр
Deltoidplatte *f* дельтоида́льная пласти́нка
deluvial Deluvial- делювиа́льный
Deluvialboden *m* делювиа́льная по́чва
Deluvium *n* делю́вий
Delvauxit *m* $Fe_2^{\cdots}[(OH)_3|PO_4]\cdot 3^1/_2H_2O$ дельвокси́т
Demantoid *m* Varietät von Andradit деманто́ид
Dendrit *m* дендри́т
dendritisch Dendrit- дендри́товый
Dendrochronologie *f* дендрохроноло́гия
Dendroidea *pl* древови́дные граптоли́ты
Dendrolith *m* дендроли́т
Denhardtit *m* Kohlenwasserstoff der Methanreihe денхардти́т
Denitrierung *f* денитра́ция
Denitrifikation *f* денитрифика́ция
denitrifizierend денитрифици́рующий

Denitrifizierungsprozeß *m* проце́сс денитрифика́ции
Dennisonit *m* $Ca_6Al_2[(OH)_6|(PO_4)_4]\cdot 2H_2O$ деннисони́т
Densitometer *m* денсито́метр
Densitometrie *f* денситоме́трия
Dentale *n* зубна́я кость
Dentin *n* денти́н
Denudation *f* денуда́ция
Denudations- денудацио́нный
Denudationsbasis *f* ба́зис денуда́ции
Denudationsebene *f* денудацио́нная равни́на, скульпту́рная равни́на
Denudationsfläche *f* денудацио́нная пове́рхность
Denudationsform *f* денудацио́нная фо́рма
Denudationshang *m* денудацио́нный склон
Denudationsniveau *n* денудацио́нный у́ровень
Denudationsprozeß *m* денудацио́нный проце́сс, проце́сс денуда́ции
Denudationsrelief *n* денудацио́нный релье́ф
Denudationstal *n* денудацио́нная доли́на
Denudationsterrasse *f* денудацио́нная терра́са, структу́рная терра́са
Denudationsvorgang *m* денудацио́нный проце́сс
Depolarisation *f* деполяриза́ция
Depolarisieren *n* деполяризова́ние
Depression *f* депре́ссия, пониже́ние
Depressions- депрессио́нный
Depressionsdiagramm *n* диагра́мма депре́ссии
Depressionskurve *f* крива́я депре́ссии
Depressionslinie *f* ли́ния депре́ссии, крива́я депре́ссии
Depressionsspiegel *m* пове́рхность депре́ссии грунтовы́х вод, пове́рхность депрессио́нной воро́нки
Depressionstrichter *m* воро́нка депре́ссии
Depressionszentrum *n* це́нтр депре́ссии
Depressionszone *f* депрессио́нная зо́на, зо́на пониже́ния
derb сплошно́й
Derbylith *m* $Fe^{\cdot\cdot}{}_3Ti_3SbO_{11}OH$ дербили́т
Derivat *n* align="left" дерива́т, произво́дное
Dermolith *m* Stricklava дермоли́т
Dermosupraoccipetale *n* ко́жная верхнезаты́лочная кость
Descloizit *m* $Pb(Zn, Cu)[OH|VO_4]$ деклуази́т
Desilifizierung *f* десилифика́ция
Desintegration *f* дезинтегра́ция, проце́сс распаде́ния
desintegrieren дезинтегри́ровать *uv.*, *v.*
deskriptiv beschreibend дескрипти́вный, описа́тельный
Desmin *m* Stilbit $Ca[Al_2Si_7O_{18}]\cdot 7H_2O$ десми́н
desmodont десмодо́нтный, связочнозу́бый, связкозу́бый
Desmodonta *pl* связкозу́бые
Desmolase *f* десмола́за
Desmospongia *pl* десмоспо́нгии
desorbieren десорби́ровать *uv.*, *v.*
Desorption *f* десо́рбция
Desoxydation *f* раскисле́ние
desoxydieren раскисля́ть *uv.*, *v.*
Desquamation *f* десквама́ция, шелуше́ние
Destillat *n* дистилля́т; отго́н
Destillation *f* дистилля́ция, перего́нка
Destillationsgemisch *n* дистилляцио́нная смесь
Destillationsmethode *f* ме́тод дистилля́ции
Destillationsprodukt *n* пого́н, проду́кт перего́нки, проду́кт дистилля́ции
Destillationsrückstand *m* оста́ток от перего́нки
Destillier- дистилляцио́нный, перего́нный
Destillierapparat *m* дистилляцио́нный аппара́т
Destillierbarkeit *f* спосо́бность перегоня́ться
destillieren дистилли́ровать *uv.*, *v.*, перегоня́ть / перегна́ть
Destilliergut *n* перегоня́емый материа́л
Destillierkolben *m* перего́нная ко́лба
destilliert дистилли́рованный
destilliertes Wasser *n* дистилли́рованная вода́
Destillierung *f* дистилля́ция, перего́нка
Destinezit *m* etwa $Fe_4[(OH)_4|(PO_4, SO_4)_3]\cdot 13H_2O$ дестинези́т
destruktiv деструкти́вный
Desulfurieren *n* десульфури́рование
desulfurierend десульфури́рующий
Desulfurierung *f* десульфура́ция
deszendent нисходя́щий
Detail *n* Einzelheit дета́ль, подро́бность

Detailaufnahme *f* дета́льная съёмка, съёмка подро́бностей
Detailkarte *f* Spezialkarte дета́льная ка́рта, подро́бная ка́рта
Detailkartierung *f* Spezialkartierung дета́льное карти́рование
Detaillierung *f* детализа́ция
Detailplan *m* подро́бный план
Detailuntersuchung *f* дета́льное изуче́ние
Detailvermessung *f* съёмка подро́бностей
Determinante *f* детермина́нт, определи́тель
Determination *f* определе́ние
determinativ определя́ющий, реша́ющий
determinieren определя́ть / определи́ть, детермини́ровать *uv.*, *v.*
Detonation *f* детона́ция, взрыв
Detonationsdruck *m* давле́ние взрывно́й волны́
Detonationsgeschwindigkeit *f* ско́рость детона́ции
Detonationswelle *f* детонацио́нная волна́
detraktiv детракти́вный
Detritus *m* Detritusmaterial детри́т, де́тритус
Detritus- детри́тный
Detritusfresser *m* детрито́яд
Detritusgestein *n* детри́товая поро́да
Detrituskalk *m* детри́товый известня́к
Detritussand *m* детри́товый песо́к
deuterisch дейтери́ческий
deuterogen дейтероге́нный
deuteromagmatisch дейтеромагмати́ческий
deuteromorph дейтеромо́рфный
Deuteron *n* дейтро́н
Deuterostoma *n* втори́чный рот
Deuterostomata *pl* вторичноро́тые
deutlich klar я́сный, отчётливый, чёткий
deutlich geschichtet яснослоистый
deutliche Spaltbarkeit *f* я́сная спа́йность
Deutlichkeit *f* Klarheit я́сность, отчётливость, чёткость
deutscher Härtegrad *m* неме́цкий гра́дус жёсткости = 1 части CaO на 100000 частей воды
Deviation *f* Kompaßablenkung девиа́ция, отклоне́ние
Devon *n* дево́н, дево́нская систе́ма, дево́нский пери́од
devonisch Devon дево́нский
Devonit *m* † Wavellit девони́т
Dewan-Korrektur *f* попра́вка Дюана
Dewindtit *m* $Pb_3[O_2|(UO_2)_5|PO_4)_4]\cdot 12H_2O$ девиндти́т
dextrodont декстродо́нтный
Dezigramm *n* дециграмм
dezimal десяти́чный
Dezimalbruch *m* десяти́чная дробь
Dezimalklassifikation *f* десяти́чная классифика́ция
Dezimalstelle *f* десяти́чный знак
Dezimalwaage *f* десяти́чные весы́
Dezimeter *n* дециме́тр
Dharwar-Serie *n* Präkambrium Indiens дарва́рская се́рия
Diabantit *m* Mineral der Chloritgruppe диабанти́т
Diabas *m* диаба́з
Diabas- диаба́зовый
Diabasamphibolit *m* durch Dynamometamorphose in Amphibolschiefer umgewandelter Diabas диаба́зовый амфиболи́т
Diabasaplit *m* диаба́зовый апли́т
Diabasbrekzie *f* диаба́зовая бре́кчия
Diabaserguß *m* диаба́зовое излия́ние
Diabasfazies *f* диаба́зовая фа́ция
Diabasmandelstein *m* миндалека́менный диаба́з
Diabasporphyrit *m* диаба́зовый порфири́т
Diabasreihe *f* диаба́зовый ряд
Diabasschiefer *m* диаба́зовый сла́нец
Diabasspessartit *m* диаба́зовый спессарти́т
Diabasspilit *m* диаба́зовый спили́т
Diabasstruktur *f* диаба́зовая структу́ра
Diabastuff *m* диаба́зовый туф
Diabastuffit *m* диаба́зовый туффи́т
diablastisch диабла́стовый, диабласти́ческий
Diaboleit *m* $2PbClOH\cdot Cu(OH)_2$ диаболе́йт
Diagenese *f* диагене́з
diagenetisch диагенети́ческий
Diagnose *f* диа́гноз
diagnostisch Diagnose- диагности́ческий
diagonal диагона́льный
Diagonale *f* диагона́ль
diagonalgeschichtet диагона́льнослои́стый
Diagonalkluft *f* диагона́льная тре́щина

Diagonalklüftung *f* диагона́льная трещинова́тость
Diagonalküste *f* диагона́льный бе́рег
Diagonalmethode *f* ме́тод диагона́лей
Diagonalschichtung *f* диагона́льная слои́стость, диагона́льное наслое́ние
Diagonalschieferung *f* диагона́льная сланцева́тость
Diagonalstellung *f* диагона́льное положе́ние
Diagonaltal *n* диагона́льная доли́на
Diagonalverfahren *n* ме́тод диагона́лей
Diagonalverschiebung *f* диагона́льный сдвиг
Diagonalverwerfung *f* диагона́льный сброс
Diagramm *n* диагра́мма
Diagramm- диагра́ммный
Diakisdodekaeder *m* диакисдодека́эдр
Diaklase *f* диакла́за
Dialektik *f* диале́ктика
dialektisch диалекти́ческий
Diallag *m* Mineral der Augitreihe диалла́г
Diallag- диалла́говый
Diallagamphibolit *m* диалла́говый амфиболи́т
Diallagaplit *m* диалла́говый апли́т
Diallagit *m* диаллаги́т
Diallagnorit *m* диаллагнори́т
Dialogit *m* † Manganspat диалоги́т
Dialyse *f* диали́з
dialytisch диалити́ческий
diamagnetisch диамагни́тный
Diamagnetismus *m* диамагнети́зм
Diamant *m* C алма́з
Diamant- алма́зный
Diamantbohren *n* алма́зное буре́ние (сква́жины)
Diamantbohrer *m* алма́зный бур, бур с алма́зной коро́нкой
Diamantbohrkrone *f* алма́зная бурова́я коро́нка
Diamantbohrung *f* алма́зное буре́ние
Diamantbohrverfahren *n* спо́соб алма́зного буре́ния, алма́зное буре́ние
diamantführend алмазоно́сный
Diamantführung *f* Diamantgehalt алмазоно́сность
Diamantglanz *m* алма́зный блеск
Diamantkrone *f* алма́зная коро́нка (бу́ра)
Diamantpulver *n* алма́зный порошо́к
Diamantsäge *f* алма́зная пи́ла
Diamantseife *f* алма́зная ро́ссыпь
Diamantspat *m* алма́зный шпат
Diamantstaub *m* алма́зная пыль
Diamantsynthese *f* си́нтез алма́за
diametral диаметра́льный
diametral entgegengesetzt диаметра́льно противополо́жный
Diametralebene *f* диаметра́льная пло́скость
Diapason *m* Umfang диапазо́н
Diaphorit *m* $4PbS \cdot 3Ag_2S \cdot 3Sb_2S_3$ диафори́т
Diaphragma *n* диафра́гма
Diaphthorese *f* диафторе́з
Diaphthorit *m* диафтори́т
diaphthoritisch диафторити́ческий
Diapir *m* диапи́р
Diapir- диапи́ровый
Diapirfalte *f* диапи́ровая скла́дка
Diapirismus *m* диапири́зм
Diapirkern *m* диапи́ровое ядро́
Diapirstruktur *f* диапи́ровая структу́ра
Diapositiv *n* диапозити́в
Diapsida *pl* диапси́ды, двуду́жные
diaschist диасхи́стовый, диаши́стовый, расщеплённый
diaschistes Gestein *n* поро́да расщепле́ния
Diaspor *m* α-AlOOH диаспо́р
Diaspor- диаспо́ровый
Diasporbauxit *m* диаспо́ровый бокси́т
Diasporit *m* диаспори́т
diasporitisch диаспо́ровый
Diasporton *m* диаспо́ровая гли́на
Diastema *n* диасте́ма
diatektisch диатекти́ческий
Diatexis *f* диате́ксис
Diatomeen *pl* диато́мовые во́доросли
Diatomeen- диато́мовый
Diatomeenalgen *f/pl* диато́мовые во́доросли
Diatomeenerde *f* диато́мовая земля́
Diatomeenschiefer *m* диато́мовый сла́нец
Diatomeenschlamm *m* диато́мовый ил
Diatomit *m* диатоми́т
Diatrem *n* диатре́ма
dibasisch двухосно́вный
Dibasizität *f* двухосно́вность
dibranchiat zweikiemig двужа́берный
Dibranchiata *pl* двужа́берные

Dichogamie *f* дихога́мия
dichotom дихотоми́ческий
Dichotomie *f* дихотоми́я
dichotomisierend дихотомизи́рующий
Dichroismus *m* двухцве́тность, дихрои́зм
dichroitisch дихрои́чный
Dichrom- двухро́мовый
Dichromat *n* $M_2Cr_2O_7$ бихрома́т, соль двухро́мовой кислоты́
dichromatisch zweifarbig двухцве́тный
Dichromsäure *f* $H_2Cr_2O_7$ двухро́мовая кислота́
dicht kompakt пло́тный; сплошно́й
dichtbelaubt густоли́ственный
dicht besiedelt густонаселённый
Dichte *f* 1. Spez. Gew. пло́тность. 2. Kompaktheit густота́
Dichte- плотностно́й
Dichteänderung *f* измене́ние пло́тности
Dichteanomalie *f* анома́лия пло́тности
Dichteausgleich *m* выра́внивание пло́тностей
Dichtebestimmung *f* определе́ние пло́тности
Dichtefeld *n* по́ле пло́тности
Dichtegefälle *n* градие́нт пло́тности
Dichtegrad *m* Festigkeitsgrad сте́пень пло́тности
Dichtekurve *f* крива́я пло́тности
Dichtemaximum *n* максима́льная пло́тность, наибо́льшая пло́тность
Dichteminimum *n* минима́льная пло́тность, наиме́ньшая пло́тность
Dichteschichtung *f* стратифика́ция по пло́тности
Dichteschwankung *f* колеба́ние пло́тности
Dichtesprung *m* скачо́к пло́тности
dichteste Kugelpackung *f* плотне́йшая шарова́я упако́вка
Dichtestrom *m* градие́нтное тече́ние
Dichteunterschied *m* ра́зница пло́тностей
Dichteverhältnis *n* соотноше́ние пло́тностей
Dichteverteilung *f* распределе́ние пло́тности
Dichtewechsel *m* измене́ние пло́тности
dichtgebrannt плотноспе́кшийся
Dichtigkeitsgrad *m* сте́пень пло́тности
Dichtigkeitsprobe *f* про́ба пло́тности, про́ба водонепроница́емости
Dichtungsart *f* Ing. Geol. вид уплотне́ния, спо́соб уплотне́ния
Dichtungsbauwerk *n* противофильтрацио́нное сооруже́ние
Dichtungsdruck *m* уплотня́ющее давле́ние
Dichtungseinpressung *f* Ing. Geol. инъе́кция под давле́нием в це́лях уплотне́ния
Dichtungsfläche *f* пове́рхность уплотне́ния
Dichtungsmantel *m* Ing. Geol. противофильтрацио́нный экра́н (в бето́нных плоти́нах)
Dichtungsmaßnahme *f* мероприя́тие по уплотне́нию
Dichtungsmaterial *n* наби́вочный материа́л, уплотня́ющий материа́л
Dichtungsmauer *f* Ing. Geol. противофильтрацио́нная диафра́гма (плоти́ны)
Dichtungsschacht *m* Ing. Geol. ша́хта для размеще́ния уплотня́ющих (противофильтрацио́нных) устро́йств
Dichtungsschicht *f* уплотня́ющий сло́й
Dichtungsschild *m* уплотня́ющий щито́к
Dichtungsschleier *m* противофильтрацио́нная заве́са
Dichtungsschürze *f* противофильтрацио́нная заве́са
Dichtungston *m* уплотня́ющая гли́на
Dichtungsverlust *m* поте́ря (воды́) че́рез уплотне́ние, проте́чка
dick dickflüssig густо́й, тягу́чий
dickblättrig dicktafelig толстопласти́нчатый
Dicke *f* 1. Dichte густота́. 2. Mächtigkeit мо́щность, толщина́
dickflüssig dick тягу́чий, густо́й
Dickflüssigkeit *f* густота́, вя́зкость
dickgeschichtet gebankt толстосло́йстый
Dickicht *n* ча́ща, гу́ща
Dickinsonit *m* $Na_2[(Mn^{\cdot\cdot}, Fe^{\cdot\cdot})_5[PO_4]_4$ диккинсони́т
Dickit *m* $Al_4[(OH)_8|Si_4O_{10}]$ дикки́т
dickschalig толстотво́рчатый
Dickschlamm *m* пло́тный ил, пло́тный шлам
Dickspülung *f* гли́нистая промы́вка, промы́вка тяжёлым раство́ром
dicktafelig толстотабли́тчатый
dickwandig толстосте́нный

dicotyledon двусеменодо́льный
Dicotyledones *pl* двусеменодо́льные, двудо́льные
dictyodrom диктиодро́мный
dictyonal диктиона́льный
Dictyonema-Schiefer *m* Ordovizium диктионе́мовый сла́нец
Dicynodontia *pl* дицинодо́нты
Didymograptus-Schichten *f/pl* Mittl. Ordoviz дидимогра́птовые слои́
Didymolith *m* дидимоли́т
Dieder *m* диэ́др
Dielektrikum *n* диэле́ктрик
dielektrisch диэлектри́ческий
Dielektrizitätskonstante *f* диэлектри́ческая постоя́нная
Dienerit *m* Ni_3As динери́т
Dienst *m* слу́жба
Dietellae *pl* bei Bryozoen Porenkammern диете́ллы
Dietrichit *m* $ZnAl_2[SO_4]_4 \cdot 22H_2O$ дитрихи́т
Dietzeit *m* $Ca_2[CrO_4|(JO_3)_2]$ дитцеи́т
Differential *n* дифференциа́л
Differential- дифференциа́льный
Differentialanalyse *f* дифференциа́льный ана́лиз
Differentialanatexis *f* дифференциа́льный анате́ксис
Differentialbewegung *f* дифференциа́льное движе́ние
Differentialdiagnose *f* дифференциа́льный диа́гноз
Differentialgalvanometer *n* дифференциа́льный гальвано́метр
Differentialgeometrie *f* дифференциа́льная геоме́трия
Differentialgleichung *f* дифференциа́льное уравне́ние
Differentialkoeffizient *m* дифференциа́льный коэффицие́нт
Differentialkurve *f* дифференциа́льная крива́я, гра́фик произво́дных
Differentialmessung *f* дифференциа́льное измере́ние
Differentialmethode *f* дифференциа́льный ме́тод
Differentialquotient *m* ча́стная произво́дная
Differentialrechnung *f* дифференциа́льное исчисле́ние
Differentialreihe *f* дифференциа́льный ряд
Differentialthermoelement *n* дифференциа́льная термопа́ра
Differentialthermokurve *f* дифференциа́льная крива́я нагрева́ния
Differentialverfahren *n* спо́соб дифференциа́льного деле́ния
Differentialverschiebung *f* дифференциа́льное перемеще́ние
Differentiat *n* дифференциа́т
Differentiation *f* Differenzierung дифференциа́ция
Differentiationsbreite *f* разма́х дифференциа́ции
Differentiationsfolge *f* ряд дифференциа́ции
Differentiationsniveau *n* у́ровень дифференциа́ции
Differentiationsphase *f* фа́за дифференциа́ции
Differentiationsprodukt *n* проду́кт дифференциа́ции
Differentiationsreihe *f* дифференциацио́нный ряд
Differentiationszeit *f* вре́мя дифференциа́ции
differentiell дифференциа́льный
Differenz *f* ра́зность
Differenzgleichung *f* ра́зностное уравне́ние
Differenziat *n* дифференциа́т
differenzierbar дифференци́руемый
Differenzierbarkeit *f* дифференци́руемость
differenzieren дифференци́ровать *uv.*, *v.*
Differenzieren *n* Differentiation дифференци́рование
differenziert дифференци́рованный
diffluent диффлюэ́нтный
Diffluenz *f* диффлюэ́нция, растека́ние льда
Diffraktion *f* Beugung дифра́кция
Diffraktometer *n* дифракто́метр
diffundieren диффунди́ровать *uv.*, *v.*, рассе́иваться/рассе́яться
diffus диффу́зный, рассе́янный
Diffusion *f* диффу́зия, рассе́яние
Diffusions- диффузио́нный
Diffusionsdruck *m* давле́ние диффу́зии, диффузио́нное давле́ние
Diffusionseffekt *m* диффузио́нный эффе́кт
Diffusionsfeld *n* диффузио́нное по́ле
Diffusionsfront *f* фронт диффу́зии

Diffusionsgeschwindigkeit *f* ско́рость диффу́зии
Diffusionsgleichgewicht *n* диффузио́нное равнове́сие
Diffusionsintensität *f* интенси́вность диффу́зии
Diffusionskoeffizient *m* коэффицие́нт диффу́зии
Diffusionskonstante *f* постоя́нная диффу́зии, конста́нта диффу́зии
Diffusionskraft *f* диффузио́нная си́ла
Diffusionskurve *f* крива́я диффу́зии
Diffusionslänge *f* длина́ диффу́зии
Diffusionsmetasomatose *f* диффузио́нный метасомато́з
Diffusionspotential *n* диффузио́нный потенциа́л
Diffusionsschicht *f* диффузио́нный сло́й
Diffusionsstreuung *f* диффузио́нное рассе́яние
Diffusionsvorgang *m* диффузио́нный проце́сс
Diffusionswärme *f* теплота́ диффу́зии
Diffusionswasser *n* диффузио́нная вода́
Digenit *m* Kupferglanz дигени́т
digital перстови́дный
Digitation *f* дигита́ция
digitigrad пальцеходя́щий
Digitigrada *pl* пальцеходя́щие
dihexagonal дигексагона́льный
Dihydrit *m* $Cu_5[(OH)_2|PO_4]_2$ дигидри́т
Dikalziumphosphat *n* $CaHPO_4$ ки́слый фосфорноки́слый ка́льций, ки́слый фосфа́т ка́льция
Dikalziumsilikat *n* двука́льциевый силика́т
Dikotyledones *pl* двудо́льные
dikotyledonisch двудо́льный
dikranidisch zweispitzige Lobenlinie дикрани́дный
Diktyogenese *f* диктиогене́з
diktyogenetisch диктиогенети́ческий
Dilatation *f* дилата́ция, расшире́ние, удлине́ние
Dilatationsfläche *f* пове́рхность расшире́ния
Dilatationsfuge *f* расшири́тельный шов
Dilatationswärme *f* теплота́ расшире́ния
Dilleniaceae *pl* дилле́ниевые
Dillnit *m* † Gemenge von Kaolinit und Diaspor дилльни́т
diluvial Diluvial- дилювиа́льный
Diluvialsand *m* дилювиа́льный песо́к, леднико́вый песо́к
Diluvium *n* дилю́вий, леднико́вые отложе́ния
Dimension *f* Maßstab разме́рность
-dimensional -ме́рный
Dimensionierung *f* определе́ние разме́ров
dimensionslos безразме́рный
dimorph димо́рфный
Dimorphin *m* † Auripigment диморфи́т
Dimorphismus *m* диморфи́зм, двуфо́рменность
Dinant- дина́нтский
Dinariden *pl* Динари́ды
dinaridisch динари́йский
Dinasziegel *m* дина́совый кирпи́ч
DIN-Blatt *n* станда́ртный лист
DIN-Format *n* станда́ртный форма́т
Dingebene *f* пло́скость предме́та
Dinit *m* Kohlenwasserstoff der Methanreihe дини́т
Dinocephalia *pl* диноцефа́лы
Dinoceraten *pl* диноцера́ты
Dinoflagellata *pl* па́нцирные жгутико́сцы
Dinornis *m* дино́рнис
Dinosauria *pl* диноза́вры
Dinosaurier- диноза́вровый
Dinosaurus *m* диноза́вр
Dinotherium *n* динотéрий
dioktaedrisch диоктаэдри́ческий
Diopsid *m* $CaMg[Si_2O_6]$ диопси́д
Diopsid- диопси́довый
Diopsidamphibolit *m* ROSENBUSCH (1923) диопси́довый амфиболи́т
Diopsidasbest *m* диопси́довый асбе́ст
Diopsid-Hedenbergit-Reihe *f* диопси́д-геденберги́товый ряд
Diopsidhornfels *m* диопси́довый рогови́к
diopsidisch диопси́довый
Dioptas *m* $Cu_6[Si_6O_{18}]\cdot 6H_2O$ диопта́з
Dioptereinrichtung *f* диоптри́ческое приспособле́ние
Diopterinstrument *n* инструме́нт с дио́птрами
Dioptrienteilung *f* диоптри́йная шкала́
Diorit *m* диори́т
Diorit- диори́товый
Dioritaplit *m* BRÖGGER (1894) диори́товый апли́т
dioritisch диори́товый

Dioritporphyrit *m* диори́товый порфи́ри́т
Diorthosilikat *n* диортосилика́т
Dioxid *n* двуо́кись
Diphosphat *n* MH_2PO_4 дифосфа́т, однометалли́ческая соль фо́сфорной кислоты́
diphycerk дифицерка́льный, равноло́пастный
diphyodont дифиодо́нтный
Dipleura *pl* диплеу́ры
Diplodocus *m* диплодо́к
diploid дипло́идный
Diplom *n* дипло́м
Diplomarbeit *f* дипло́мная рабо́та
Diplomingenieur *m* дипломи́рованный инжене́р
Diplopoda *pl* двупарноно́гие
Diplopora *pl* диплопо́ра, сифо́никовая во́доросль
Diploporita *pl* парнопо́ровые
diplospondyl диплоспонди́льный
Dipnoi *pl* двоякоды́шащие ры́бы
Dipodidae *pl* тушка́нчики
Dipol *m* дипо́ль
Dipolanordnung *f* дипо́льная устано́вка
Dipolfeld *n* по́ле дипо́ля
Dipolgruppe *f* дипо́льная гру́ппа
Dipolmeßsonde *f* дипо́льный зонд
Dipolmoment *n* дипо́льный моме́нт
diprododont дипрододо́нтный
Dipsacaceae *pl* ворся́нковые
Diptera *pl* двукры́лые
Dipterocarpaceae *pl* диптерока́рповые
Dipyr *m* Mineral der Skapolithgruppe дипи́р
direkt proportional пря́мо пропорциона́льный
Direktmessung *f* непосре́дственное измере́ние
Disdodekaeder *m* дидодека́эдр, преломлённый пентагона́льный додека́эдр
disdodekaedrische Symmetrieklasse *f* центра́льный вид симметри́и
Disharmonie *f* дисгармо́ния
disharmonisch дисгармони́ческий
disjunktiv Disjunktiv- дизъюнкти́вный
Disjunktivfaltung *f* дизъюнкти́вная скла́дчатость
Disjunktivstörung *f* дизъюнкти́вная дислока́ция, дизъюнкти́вное наруше́ние
Disjunktivtektonik *f* дизъюнкти́вная текто́ника
diskonform дисконфо́рмный
diskontinuierlich преры́вный, преры́вистый, разры́вный
Diskontinuität *f* преры́вность, разры́в непреры́вности
Diskontinuitätsfläche *f* пло́скость разры́ва непреры́вности, пограни́чная пло́скость, пове́рхность разде́ла
Diskontinuitätslinie *f* ли́ния разры́ва
diskordant дискорда́нтный, несогла́сный
Diskordanz *f* несогла́сие
Diskordanzfläche *f* пло́скость несогла́сия, пове́рхность несогла́сия
Diskordanzwinkel *m* у́гол несогла́сия
diskret дискре́тный, преры́вный, разры́вный
Diskussion *f* Erörterung диску́ссия, пре́ния
Diskussionsbemerkung *f* дискуссио́нная заме́тка
Dislokation *f* Bruch, Störung дислока́ция, разло́м
Dislokations- дислокацио́нный
Dislokationsbeben *n* tektonisches Beben дислокацио́нное землетрясе́ние
dislokationsmetamorph дислокацио́нно-метаморфи́ческий
Dislokationsmetamorphose *f* дислокацио́нный метаморфи́зм
Dislokationszone *f* Störungszone зо́на дислока́ций
disloziert gestört дислоци́рованный, нару́шенный
Disodyl *m* Papierkohle дизоди́л
Dispergieren *n* дисперги́рование
Dispergierungsgrad *m* сте́пень диспе́рсности
dispers Dispersions- диспе́рсный, рассе́янный
Dispersion *f* диспе́рсия, рассе́ивание
Dispersion der Doppelbrechung *f* диспе́рсия двупреломле́ния
Dispersions- дисперсио́нный
Dispersionsanalyse *f* дисперсио́нный ана́лиз
Dispersionsbach *m* Geochem. пото́к рассе́яния
Dispersionseffekt *m* дисперсио́нный эффе́кт
Dispersionsfeld *n* по́ле рассе́яния

Dispersionsformel *f* фо́рмула диспе́рсии
Dispersionsgesetz *n* зако́н диспе́рсии
Dispersionsgrad *m* сте́пень диспе́рсности
Dispersionshof *m* орео́л рассе́яния
Dispersionskurve *f* крива́я диспе́рсии, дисперсио́нная крива́я
Dispersionsmedium *n* дисперсио́нная среда́
Dispersionsmethode *f* дисперсио́нный ме́тод
Dispersionsmittel *n* дисперсио́нная среда́
Dispersität *f* диспе́рсность, рассе́янность
Dispersitätsgrad *m* сте́пень диспе́рсности
Disproportion *f* диспропо́рция, несоразме́рность
Disproportionierung *f* диспропорциони́рование
Dissepiment *n* диссепиме́нт, листо́чек
Dissepimentarium *n* диссепимента́рий
Dissertation *f* диссерта́ция
Dissertations- диссертацио́нный
Dissertationsarbeit *f* диссертацио́нная рабо́та
Dissogenit *m* Ganggestein диссогени́т
Dissoziation *f* диссоциа́ция, разложе́ние
Dissoziationsdruck *m* давле́ние диссоциа́ции, упру́гость диссоциа́ции
Dissoziationsenergie *f* эне́ргия диссоциа́ции
Dissoziationsgleichgewicht *n* диссоциацио́нное равнове́сие
Dissoziationsgrad *m* сте́пень диссоциа́ции, сте́пень разложе́ния
Dissoziationskonstante *f* постоя́нная диссоциа́ции
Dissoziationsprodukt *n* проду́кт диссоциа́ции
Dissoziationsspannung *f* упру́гость диссоциа́ции
Dissoziationstemperatur *f* температу́ра диссоциа́ции
Dissoziationswärme *f* теплота́ диссоциа́ции
dissoziieren диссоции́ровать *uv.*, *v.*
dissoziiert диссоции́рованный
distal диста́льный
Distalwand *f* диста́льная сте́нка
Distanz *f* диста́нция, расстоя́ние
Distanzplatte *f* дальноме́рная ре́йка
Distanzmessung *f* измере́ние расстоя́ний
Distanzstrich *m* дальноме́рный штрих
Disthen *m* Cyanit $Al_2[O|SiO_4]$ дисте́н
Distickstoffmonoxid *n* за́кись азо́та
disubstituiert двузамещённый
Disulfid *n* дисульфи́д, двусерни́стое соедине́ние
ditetragonal дитетрагона́льный, восьмигра́нный
ditetragonale Pyramide *f* дитетрагона́льная пирами́да
Dithizonmethode *f* дитизо́новый ме́тод
ditrigonal дитригона́льный
ditrigonale Pyramide *f* дитригона́льная пирами́да
ditrigonales Prisma *n* дитригона́льная при́зма
divariant дивари́антный
divariantes System *n* дивариа́нтная систе́ма
Divaricatores *pl* диварикато́ры
divergent диверге́нтный, расходя́щийся
divergente Falte *f* диверге́нтная скла́дка
divergent-strahlig диверге́нтно-лучи́стый
Divergenz *f* Auseinandergehen диверге́нция, расхожде́ние, расходи́мость
Divergenzfall *m* слу́чай диверге́нции
Divergenzgebiet *n* о́бласть расходи́мости
Divergenzlinie *f* ли́ния диверге́нции
Divergenzpunkt *m* то́чка диверге́нции
Divergenzwinkel *m* у́гол диверге́нции, у́гол расхожде́ния
Divergenzzone *f* зо́на диверге́нции, зо́на расходи́мости
divergieren диверги́ровать *uv.*, *v.*, расходи́ться / разойти́сь
divergierend auseinanderlaufend расходя́щийся
dividieren дели́ть / раздели́ть
Division *f* деле́ние
Divisor *m* дели́тель
Dixenit *m* $Mn_5As'''[O_6|SiO_4]\cdot H_2O$ диксени́т
dizyklisch дицикли́ческий
Djalmait *m* Tantalat von Ca und U джалмаи́т
Dnepr-Vereisung *f* днепро́вское оледене́ние
dodekaedrisch додекаэдри́ческий

Dogger *m* Braunjura до́ггер
Doktor *m* до́ктор
Doktorand *m* доктора́нт
Doktorgrad *m* до́кторская сте́пень
Dokumentation *f* документа́ция
Dokumentations- документацио́нный
dolchartig кинжалови́дный
Dolde *f* зо́нтик
doldenartig doldenförmig зо́нтичный
Dolerit *m* долери́т
Dolerit- долери́товый
Doleritbasalt *m* долери́товый база́льт
Doleritgang *m* долери́товая да́йка
doleritisch долери́товый
Doleritlabradorit *m* долери́товый лабрадори́т
Doleritstruktur *f* долери́товая структу́ра
Dolerophanit *m* $Cu_2[O|SO_4]$ долерофани́т
dolichocephal долихоцефа́льный
Dolichosaurus *m* долихоза́вр
Dolichosoma *pl* змееподо́бные амфи́бии
Doline *f* доли́на
Dolinen- доли́нный
Dolinenlandschaft *f* доли́нный ландша́фт
Dolomit *m* $CaMg[CO_3]_2$ доломи́т
Dolomit- dolomitisch доломи́товый
Dolomitgehalt *m* доломи́тость
dolomitisiert доломитизи́рованный
Dolomitisierung *f* доломитиза́ция
Dolomitisierungsgrad *m* сте́пень доломи́тости
Dolomitmergel *m* доломи́товый ме́ргель
Dolomitsandstein *m* доломи́товый песча́ник
Dolomitschiefer *m* доломи́товый сла́нец
Dolomitspat *m* доломи́товый шпат
Dolomitstein *m* доломи́товый кирпи́ч
Dolomitzement *m* доломи́товый цеме́нт
Doma *n* Min. дом
dornartig шипови́дный
Domérien *n* доме́рский я́рус, доме́р
Domérien- доме́рский
Domeykit *m* Weißkupfer Cu_3As домейки́т
Dominante *f* домина́нта
dominieren доміни́ровать *uv.*, преоблада́ть *uv.*
Dominieren *n* Vorherrschen домини́рование, преоблада́ние
dominierend vorherrschend домини́рующий, преоблада́ющий
Donbassit *m* Chloritoid-ähnliches Mineral донбасси́т
Donezbecken *n* Доне́цкий бассе́йн
Donnerkeil *m* белемни́т
Doppelbindung *f* двойна́я связь
doppelbrechend двоякопреломля́ющий
Doppelbrechung *f* двупреломле́ние, двойно́е светопреломле́ние
Doppelfalte *f* двойна́я скла́дка
Doppelflöz *n* раздво́енный пласт
Doppelgerade *f* двойна́я пряма́я
doppelgeschlechtlich zwittrig двупо́лый
Doppelkette *f* двойна́я цепь
Doppelkompaß *m* двойно́й ко́мпас
doppellobig двуло́пастный
Doppelmeißelschneide *f* двухдоло́тчатая голо́вка (бу́ра)
Doppelmessung *f* двойно́е измере́ние
Doppelmikroskop *n* двойно́й микроско́п
Doppelmolekül *n* двойна́я моле́кула
Doppelpendel- двухмаятнико́вый
Doppelpendelseismoskop *n* двухмаятнико́вый сейсмоско́п
Doppelphosphat *n* двойно́й фосфа́т
doppelpolig двухпо́люсный
Doppelporen *f/pl* Diploporen bei Cystoideen двойны́е по́ры, диплопо́ры
Doppelpyramide *f* Bipyramide бипирами́да, двойна́я пирами́да
Doppelreflexion *f* двуотраже́ние
Doppelreihe *f* двойно́й ряд
Doppelring *m* двойно́е кольцо́
Doppelsalz *n* двойна́я соль
Doppelschicht *f* двойно́й сло́й
Doppelschwingung *f* двойно́е колеба́ние
Doppelstern *m* двойна́я звезда́
Doppeltetraeder *m* сдво́енный тетра́эдр
Doppelverbindung *f* двойно́е соедине́ние
Doppelvulkan *m* двойно́й вулка́н
Doppelwelle *f* двойна́я волна́, сдво́енная волна́
Dopplereffekt *m* эффе́кт До́пплера
Dopplerit *m* Gemenge von Huminsäuren mit Ca-Humaten (?) допплери́т
Doricranites-Zone *f* дорикрани́товая зо́на
Dorn *m* Stachel шип
dornartig stachelartig шипови́дный
dorsal дорса́льный, спинно́й
Dorsalabschnitt *m* спинно́й отде́л
Dorsalfurche *f* дорса́льная борозда́, спинна́я борозда́
Dorsalgefäß *n* спинно́й сосу́д

Dorsalkapsel *f* дорса́льная ча́шечка
Dorsalklappe *f* Rückenklappe спинна́я ство́рка
Dorsallobus *m* спинна́я ло́пасть, дорса́льная ло́пасть
Dorsalrand *m* спинно́й кра́й
Dorsalsattel *m* дорса́льное седло́
Dorsalschale *f* спинна́я ство́рка
Dorsalschild *m* Rückenschild спинно́й щит, дорса́льный щит
Dorsalseite *f* спинна́я сторона́, дорса́льная сторона́
Dorsalsinus *m* дорса́льный си́нус
dorsiventral дорзивентра́льный, спи́нно-брюшно́й
dorsofrontal спи́нно-ло́бный
dorsolateral дорсолатера́льный
dorsoventral дорзивентра́льный, спи́нно-брюшно́й
Dorsum *n* вну́тренность зави́тка
Dosenlibelle *f* кру́глый у́ровень
Douglastanne *f* *Pseudotsuga taxifolia* Ду́гласова пи́хта
Doverit *m* довери́т
Downton *n* да́унтон, да́унтонский я́рус
Downton- да́унтонский
Dracaena *f* драце́на
Draht *m* про́волока
drahtlos беспро́волочный
Drahtnetz *n* про́волочная се́тка
Drahtrolle *f* бунт про́волоки
Drahtsieb *n* про́волочное решето́, про́волочное си́то, про́волочный гро́хот
Drainage *f* s. Dränage
Dränage *f* дрена́ж, дрени́рование
Dränagegraben *m* Entwässerungsgraben дрена́жная кана́ва
Dränagenetz *n* дрена́жная сеть
Dränagewasser *n* дрени́рующая грунтова́я вода́
Dränageschicht *f* дрена́жный сло́й
Dränagestollen *m* дрена́жная што́льня
Dränagesystem *n* дрена́жная систе́ма
Dränagewasser *n* дрена́жная вода́
dränieren entwässern дрени́ровать *uv.*, *v.*
Dränieren *n* Entwässern дрена́ж, дрени́рование
dräniert entwässert дрени́рованный
Dränleitung *f* дре́на
Dränrohr *n* дрена́жная труба́
Dränwasser *n* дрена́жная вода́
Dravit *m* Mineral der Turmalingruppe драви́т
Dreelith *m* Dreeit †, Calciobaryt дреели́т
Drehachse *f* Rotationsachse ось враще́ния, ось поворо́та
Drehbeschleunigung *f* ускоре́ние враще́ния, враща́тельное ускоре́ние
Drehbewegung *f* Rotationsbewegung враща́тельное движе́ние
Drehbohranlage *f* устано́вка для враща́тельного буре́ния (сква́жин)
Drehbohren *n* враща́тельное буре́ние
Drehebene *f* Rotationsebene пло́скость враще́ния
Drehellipsoid *n* Rotationsellipsoid эллипсо́ид враще́ния
drehen sich kreisen, rotieren враща́ться *uv.*
Drehen *n* 1. Rotation враще́ние. 2. Torsion кру́чивание. 3. Wendung поворо́т
Drehfläche *f* пове́рхность враще́ния
Drehgeschwindigkeit *f* Rotationsgeschwindigkeit ско́рость враще́ния
Drehgestell *n* враща́ющий штати́в
Drehkompensator *m* враща́ющийся компенса́тор
Drehkristallaufnahme *f* сни́мок, полу́ченный ме́тодом враще́ния криста́лла
Drehkristallmethode *f* ме́тод враща́ющегося криста́лла
Drehkristallverfahren *n* ме́тод враща́ющегося криста́лла
Drehmoment *n* враща́ющий моме́нт, крутя́щий моме́нт, моме́нт враще́ния
Drehofen *m* враща́ющаяся печь
Drehofensinterung *f* агломера́ция во враща́ющихся печа́х
Drehpunkt *m* то́чка враще́ния, то́чка поворо́та, центр враще́ния
Drehrichtung *f* направле́ние враще́ния
Drehrohrofen *m* враща́ющаяся тру́бчатая печь
Drehschlagbohren *n* уда́рно-враща́тельное буре́ние
Drehsinn *m* направле́ние враще́ния
Drehspannung *f* Torsionsspannung напряже́ние круче́ния
Drehspiegelachse *f* Min. зерка́льно-поворо́тная ось
Drehspiegelsystem *n* систе́ма поворо́тных зе́ркал

Drehstrom *m* вращáющееся течéние, кругово́е течéние
Drehung *f* 1. Rotation вращéние, оборо́т. 2. Torsion кручéние. 3. Wendung, Biegung поворо́т.
Drehungsachse *f* ось вращéния
Drehungsebene *f* Rotationsebene плóскость вращéния
Drehungsfläche *f* повéрхность вращéния
Drehungsrichtung *f* направлéние вращéния
Drehungsvermögen *n* вращáтельная спосóбность, вращáемость
Drehungswert *m* величинá углá вращéния (плóскости поляризáции)
Drehungswinkel *m* ýгол вращéния (плóскости поляризáции)
Drehvermögen *n* вращáтельная спосóбность, вращáемость
Drehwaage *f* гравитациóнный вариóметр, крути́льные весы́
Drehwaage- вариометри́ческий
Drehwaagemessung *f* измерéние крути́льными весáми
Drehwaagemethode *f* мéтод крути́льных весóв
Drehwaagestation *f* вариометри́ческий пункт наблюдéний
Drehwinkel *m* ýгол вращéния, ýгол поворóта
Drehzahl *f* числó оборóтов
dreiachsig трёхóсный
dreiad(e)rig трёхжи́льный
dreiatomig трёхáтомный
dreibasisch трёхоснóвный
Dreibein *n* тренóга, тренóжник
dreiblättrig трёхли́стный
dreidimensional трёхмéрный
dreidimensionales Gitter *n* трёхмéрная решётка
Dreieck *n* треугóльник
Dreieckbelastung *f* треугóльная нагрýзка
dreieckig Dreieck- треугóльный
Dreieckmethode *f* мéтод треугóльников
Dreiecksberechnung *f* вычислéние треугóлников, вычислéние триангуля́ции
Dreiecksdiagramm *n* треугóльная диагрáмма
Dreieckskette *f* цепь треугóльников
Dreiecksmessung *f* измерéние треугóльников, триангуля́ция
Dreiecksnetz *n* тригонометри́ческая сеть, сеть треугóльников, триангуляциóнная сеть
Dreieckssystem *n* систéма треугóльников
Dreiecksvermessung *f* триангуля́ция, измерéние треугóльников
Dreieckswinkel *m* ýгол треугóльника
Dreielektroden- трёхэлектрóдный
Dreifachbindung *f* тройнáя связь
Dreifuß *m* Stativ тренóга, тренóжник
dreigeteilt трехраздéльный
Dreigliederung *f* трехчлéнное делéние
Dreikanter *m* трёхгрáнная гáлька, трёхгрáнник
dreikantig трёхгрáнный
Dreikantprisma *n* трехгрáнная при́зма
Dreikomponentensystem *n* трёхкомпонéнтная систéма
dreimalig троекрáтный
Dreimineralassoziation *f* трёхминерáльная ассоциáция
Dreiphasenkurve *f* трёхфáзовая кривáя
dreiphasig трёхфáзный
Dreiporer *m* трёхпóровая фóрма
Dreipunktmethode *f* мéтод трёх тóчек
dreireihig трёхря́дный
Dreirollenmeißel *m* трёхшарóшечное долотó
Dreischichtendiagramm *n* трёхслóиный грáфик
Dreischneidenmeißel *m* трёхпéрое долотó
dreistellig трёхзнáчный
Dreistofflegierung *f* тройнóй сплав
Dreistoffsystem *n* трёхкомпонéнтная систéма
dreiwertig трёхвалéнтный, трёхáтомный
Dreiwertigkeit *f* трёхвалéнтность, трёхáтомность
dreizählige Symmetrieachse *f* ось симметри́и трéтьего поря́дка
dreizehig трёхпáлый
Drepanellidae *pl* дрепанелли́ды
Drewit *m* pelitomorpher Kalkschlamm дрюи́т
Drift дрéйф
Drift- дрéйфовый
Drifteis *n* дрейфýющий лёд
driften treiben дрейфовáть *uv.*, *v.*
Driftgeschwindigkeit *f* скóрость дрéйфа
Driftströmung *f* дрéйфовое течéние

Drifttheorie *f* дрифтовая теория, теория дрифта
Drilling *m* тройник
Drillings- тройниковый
Drillung *f* кручение
Droseraceae *pl* росянковые
Druck *m* 1. Druck давление, жатие. 2. Andrang напор. 3. Buchdruck печать, печатание
Druck- напорный
Druckabfall *m* уменьшение давления, падение давления, падение напора
Druckabfallgleichung *f* уравнение падения давления
Druckabfallkurve *f* кривая падения давления, кривая падения напора, линия падения давления
Druckabhängigkeit *f* зависимость от давления
Druckabnahme *f* уменьшение давления, уменьшение напора, падение давления
Druckachse *f* ось давления
Druckänderung *f* изменение давления, изменение напора
Druckänderungsgebiet *n* область изменения давления
Druckanschwellung *f* возрастание давления
Druckanstieg *m* повышение давления, повышение напора
Druckanzeiger *m* манометр
Druckäquivalent *n* эквивалент давления
Druckausgleich *m* выравнивание давления, уравновешивание давления, выравнивание напора
Druckbeanspruchung *f* напряжение сжатия, сжимающее напряжение
Druckbelastung *f* нагрузка давления
Druckbereich *m* предел давления
Druckbrekzie *f* брекчия давления
Druckbrikettierung *f* брикетирование под давлением
Druckbrunnen *m* напорный колодец
Druckdiagramm *n* эпюра давления
Druckdifferenz *f* разность давлений
Druckdreieck *n* треугольник давления
Druckeinheit *f* единица давления
Druckenergie *f* энергия давления
Druckentlastung *f* разгрузка давления
Druckerhöhung *f* повышение давления, повышение напора
Druckerniedrigung *f* снижение давления, понижение давления, снижение напора
Druckfehler *m* опечатка
Druckfeld *n* поле давления
Druckfestigkeit *f* сопротивление давлению, сопротивление сжатию, прочность на сжатие
Druckfigur *f* фигура давления
Druckfilter *m* напорный фильтр
Druckfläche *f* поверхность давления, плоскость давления
Druckgefälle *n* падение напора, падение давления; гидравлический уклон; градиент давления
Druckgefällsströmung *f* Gradientströmung бароградиентное морское течение,
Druckgradient *m* градиент давления, напорный градиент
Druckhärte *f* твёрдость по вдавливанию
Druckhöhe *f* высота давления, высота напора, напорная высота
Druckimpuls *m* импульс сжатия
Druckkörper *m* образец для испытания на сжатие
Druckkorrektion *f* поправка на давление
Druckkraft *f* сила давления
Druckkurve *f* кривая давлений
Druckleitung *f* нагнетательный трубопровод; напорный трубопровод
Drucklinie *f* линия давления, кривая давления, гидроизопьеза (Hydrogeol.)
drucklos безнапорный
Druckluft *f* Preßluft сжатый воздух
Druckmaximum *n* Maximaldruck максимальное давление, максимум давления
Druckmeßeinrichtung *f* измеритель давления
Druckmessung *f* измерение давления
Druckminimum *n* минимальное давление, минимум давления
Druckmittelpunkt *m* центр давления
Drucknachlaß *m* снижение давления
Druckniveau *n* Hydrogeol. напорная поверхность, пьезометрическая поверхность
Druckprobe *f* испытание под давлением, испытание под напором; испытание на сжатие

Druckpunkt *m* центр давлéния
Druckquadrant *m* квадрáнт сжáтия
Druckregelung *f* регулúрование давлéния, регулúрование напóра
Druckrichtung *f* направлéние давлéния
Druckrohr *n* нагнетáтелная трубá, напóрная трубá
Druckschwankung *f* колебáние давлéния, колебáние напóра
Druckschwingung *f* колебáние давлéния, колебáние напóра
Druckskala *f* шкалá давлéния
Druckspalte *f* трéщина сжáтия
Druckspannung *f* напряжéние сжáтия, сжимáющее напряжéние
Druckspeicherpumpwerk *n* гидроаккумулúрующая насóсная стáнция с пневматúческим аккумулúрованием
Druckspiegel *m* Hydrogeol. пьезометрúческий ýровень
Druckspur *f* след давлéния
Druckstärke *f* интенсúвность давлéния
Drucksteigerung *f* возрастáние давлéния, возрастáние напóра
Druckstollen *m* Hydrogeol. напóрный тоннéль, напóрная штóльня
Druckstollenzulauf *m* подвóд водьí напóрным тоннéлем
Druckstufe *f* ступéнь давлéния
Drucksystem *n* Meteor. барúческая систéма
Drucktendenz *f* Meteor. барúческая тендéнция, барометрúческая тендéнция
Drucktextur *f* текстýра давлéния
Drucküberschuß *m* избьíточное давлéние
Druckübertragung *f* передáча давлéния
Druckunterschied *m* рáзность давлéний
Druckvariation *f* Druckveränderung изменéние давлéния
Druckverfahren *n* мéтод печáтания, спóсоб печáтания
Druckverhältnis *n* соотношéние давлéний, соотношéние напóров
Druckverhältnisse *n/pl* режúм давлéния, услóвия давлéния
Druckverlauf *m* ход давлéния, распределéние давлéния
Druckverlust *m* потéря давлéния, потéря напóра
Druckverminderung *f* уменьшéние давлéния, уменьшéние напóра
Druckversuch *m* испытáние на сжáтие
Druckverteilung *f* распределéние давлéния
Druckwand *f* напóрная стенá
Druckwasser *n* Hydrogeol. напóрная водá; нагнетáемая водá; водá под давлéнием
Druckwasserableitung *f* отвóд напóрной водьí
druckwasserdicht непроницáемый для водьí под напóром
Druckwasserkreislauf *m* циркулягция напóрной водьí
Druckwasserleitung *f* напóрный водопровóд, нагнетáтельный водопровóд
Druckwasserrohr *n* трубá напóрной водьí
Druckwasserscheide *f* водораздéл напóрных вод
Druckwasserschloß *n* уравнúтельный резервуáр
Druckwasserspeicher *m* гидравлúческий аккумулятор
Druckwasserspiegel *m* горизóнт напóрной водьí; пьезометрúческий ýровень водьí
Druckwasserstollen *m* напóрный гидротехнúческий тоннéль
Druckwasserstrahl *m* напóрная струя водьí
Druckwassertunnel *m* напóрный гидротехнúческий тоннéль
Druckwechsel *m* перемéна давлéния
Druckwelle *f* волнá давлéния; волнá сжáтия
Druckwert *m* величинá давлéния
Druckwirkung *f* воздéйствие давлéния
Druckzentrum *n* центр давлéния
Druckzunahme *f* увеличéние давлéния, возрастáние давлéния, увеличéние напóра, повышéние давлéния
Druckzustand *m* состоя́ние напóра
Druckzwilling *m* двойнúк давлéния
Druckzwillingsbildung *f* образовáние двойникóв давлéния
Druckzwillingslamelle *f* двойникóвая пластúнка давлéния
Drumlin *m* друмлúн
Drumlin- друмлúновый
Drumlinrelief *n* друмлúновый рельéф
Druse *f* дрýза, погрéб
Drüse *f* железá
Drusen- дрýзовый

drusenartig друзови́дный
Drüsengewebe *n* желёзистая ткань
Drusenraum *m* дру́зовая пустота́
Drusenstruktur *f* дру́зовая структу́ра
Drusentextur *f* дру́зовая тексту́ра
drusig дру́зовый
Drusit *m* друзи́т
Dryas *f* дриа́с
Dryas- дриа́совый
Dryas-Flora *f* дриа́совая фло́ра
Dryopithecus *m* дриопите́к
Dualität *f* двóйственность
Dualitätsgesetz *n* закóн двóйственности
Dualitätsprinzip *n* при́нцип двóйственности
Dublette *f* дубле́т
Dubuissonit *m* wohl identisch mit Montmorillonit дюбюиссони́т
Dudgeonit *m* † unreiner Annabergit дюджони́т
Dufreniberaunit *m* H_2O-haltiges FeMn-Phosphat, ähnlich Beraunit дюфренибераунит
Dufrenit *m* Kraurit $(Fe_2^{\cdots}, Fe_3^{\cdot\cdot})[(OH)_3|PO_4](?)$ дюфрени́т
Dufrenoysit *m* $2PbS \cdot As_2S_3$ дюфренуази́т
Duftit *m* $PbCu[OH|AsO_4]$ дуфти́т
Duktilität *f* дукти́льность, тягу́честь
Dumontit *m* $Pb_2[(UO_2)_3|(OH)_4|(PO_4)_2] \cdot 3H_2O$ дюмонти́т
Dumortierit *m* $(Al, Fe)_7[O_3|BO_3|(SiO_4)_3]$ дюмортьери́т
Dundasit *m* $PbAl_2[(OH)_4|(CO_3)_2] \cdot 2H_2O$? дундази́т
Düne *f* дю́на
Dünen- дю́нный
Dünenablagerung *f* дю́нное отложе́ние
Dünenbefestigung *f* укрепле́ние дюн
Dünenbildung *f* дю́нное образова́ние
Dünengrundwasser *n* грунтова́я вода́ дюн, дю́нная грунтова́я вода́
Dünenkette *f* гряда́ дюн, цепь дюн
Dünenkörper *m* те́ло дю́ны, кóрпус дю́ны
Dünenküste *f* дю́нный бе́рег
Dünenphase *f* дю́нная фа́за
Dünensand *m* дю́нный песóк
Dünenschichtung *f* дю́нное напластова́ние
Dünenschutz *m* защи́та дюн, закрепле́ние дюн
Dünenwanderung *f* перемеще́ние дюн, движе́ние дюн
Dünenwasser *n* дю́нная вода́
Düngemittel *n* сре́дство удобре́ния, удобре́ние
Dünger *m* Düngung удобре́ние
Düngesalz *n* удобри́тельная соль
Düngung *f* удобре́ние
Dunit *m* дуни́т
Dunit- dunitisch дуни́товый
dunkelfarbig темноцве́тный
Dunkelfeld *n* тёмное пóле
Dunkelstellung *f* положе́ние затемне́ния, положе́ние темноты́
Dünkirchener Terrasse *f* дунке́ркьенская терра́са
Dünkirchener Transgression *f* дунке́ркьенская трансгре́ссия
Dunkles Rotgültigerz *n* Pyrargyrit Ag_3SbS_3 тёмная кра́сная сере́бряная руда́
dünn fein тóнкий
dünnbesiedelt малонаселённый
dünnblättrig feinblättrig тонколисто́ватый, тонкопласти́нчатый
dünnfaserig тонковолокни́стый
dünnflüssig жидкотеку́щий, тонкофлюи́дный
Dünnflüssigkeit *f* теку́честь, жидкотеку́честь, лёгкая подви́жность (жи́дкости)
dünngeschichtet feingeschichtet тонконапластóванный, тонкопослóйный
dünnplattig тонкопли́тчатый
dünnprismatisch тонкопризмати́ческий
Dünnschliff *m* прозра́чный шлиф
dünntafelig тонкотабли́тчатый
dünnwandig тонкосте́нный
Dünnwandigkeit *f* тонкосте́нность
Dunst *m* Nebel ды́мка, тума́н
Duplexit *m* дуплекси́т
Duplicidentata *pl* четырёхрезцóвые
Duplizität *f* двóйственность
Dupuitsche Formel *f* Hydrogeol. фóрмула Дюпюи
Durangit *m* $NaAl[F|AsO_4]$ дуранги́т
durchadert прожи́лковый
durchbewegen 1. durchwaschen перемыва́ть/перемы́ть. 2. Stören наруша́ть/нару́шить, подвига́ть/подви́нуть
durchbewegt 1. durchgewaschen перемы́тый. 2. gestört нару́шенный
durchbewegtes Erz *n* раста́щенная руда́

Durchbewegung *f* подви́жка
Durchbewegungsgefüge *n* структу́ра смя́тия
durchbiegen прогибать/прогну́ть
Durchbiegen *n* Durchbiegung проги́б, прогиба́ние
durchbohren пробу́ривать/пробури́ть
durchbrechen durchreißen прорыва́ть/прорва́ть
Durchbruch *m* проло́м, проры́в
Durchbruchstal *n* доли́на проры́ва, сквозна́я доли́на
durchdringbar проницаемый
Durchdringbarkeit *f* проница́емость
durchdringen eindringen проника́ть/прони́кнуть
Durchdringung *f* 1. Eindringen проникнове́ние. 2. Durchkreuzung пересече́ние
Durchdringungsfaktor *m* коэффицие́нт проница́емости
Durchdringungskurve *f* крива́я пересече́ния
Durchdringungsstruktur *f* структу́ра вза́имного проникнове́ния
Durchdringungsvermögen *n* проница́тельная спосо́бность, проника́ющая спосо́бность
durchfallendes Licht *n* проходя́щий свет
durchfeuchten пропи́тывать/пропита́ть, напи́тывать/напита́ть
durchfeuchtet пропи́танный, увлажнённый
Durchfeuchtung *f* пропи́тывание, напи́тывание
durchfließen протека́ть/проте́чь
Durchfließen *n* проте́чка
Durchfluß *m* 1. Verbindungskanal прото́к. 2. Durchflußmenge протека́ющий расхо́д, прото́чный расхо́д
Durchflußdauer *f* продолжи́тельность расхо́дов
Durchflußfläche *f* пло́щадь живо́го сече́ния пото́ка
Durchflußgeschwindigkeit *f* ско́рость прото́ка, ско́рость протека́ния, проходна́я скоро́сть; ско́рость истече́ния
Durchflußgewicht *n* вес протека́ющей жи́дкости
Durchflußgleichung *f* уравне́ние расхо́да
Durchflußhöhe *f* горизо́нт вод при да́нном расхо́де
Durchflußkoeffizient *m* коэффицие́нт расхо́да
Durchflußlänge *f* ширина́ водопропускно́го сече́ния, ширина́ пролёта водосли́ва
Durchflußlinie *f* крива́я расхо́да (воды́)
Durchflußmenge *f* расхо́д (воды́)
Durchflußmengenmessung *f* измере́ние расхо́да (воды́)
Durchflußmengenzuwachs *m* прираще́ние расхо́да (воды́)
Durchflußmeßgerät *n* дебитоме́р
Durchflußmessung *f* измере́ние расхо́да (воды́)
Durchflußöffnung *f* водопропускно́е отве́рстие; прото́чное отве́рстие
Durchflußquerschnitt *m* попере́чное сече́ние пото́ка; попере́чный разре́з ско́рости тече́ния воды́
Durchflußstärke *f* расхо́д (воды́)
Durchflußströmung *f* прото́чное тече́ние
Durchflußverhältnisse *n/pl* режи́м расхо́да (воды́)
Durchflußverlust *m* поте́ря расхо́да по пути́
Durchflußverteilung *f* распределе́ние расхо́да (воды́)
Durchflußwiderstand *m* сопротивле́ние прохо́ду, сопротивле́ние тече́нию
Durchflußzahl *f* коэффицие́нт расхо́да
Durchflußzeit *f* вре́мя протека́ния, вре́мя истече́ния
Durchflutung *f* протека́ние
durchforschen иссле́довать *uv.*, *v.* (всё)
Durchforschung *f* иссле́дование (всего́)
durchfrieren промерза́ть/промёрзнуть
Durchfrieren *n* Durchfrierung промерза́ние
Durchgang *m* прохо́д; просе́в (че́рез си́то), прохожде́ние
Durchgangsgeschwindigkeit *f* 1. Durchflußgeschwindigkeit ско́рость прото́ка, проходна́я ско́рость. 2. Filtrationsgeschwindigkeit ско́рость фильтра́ции
Durchgangspunkt *m* то́чка прохожде́ния, след то́чки
Durchgangsquerschnitt *m* проходно́е сече́ние
Durchgangswiderstand *m* проходно́е сопротивле́ние; сопротивле́ние фи́льтра
Durchgefrieren *n* промерза́ние

Durchgehen *n* Passieren прохожде́ние
durchgesiebt просе́янный
durchhängen провиса́ть/прови́снуть
Durchhang *m* Durchhängung провиса́ние
durchkreuzen перекре́щивать/перекрести́ть, пересека́ть/пересе́чь
Durchkreuzung *f* перекре́щивание, пересече́ние
Durchkreuzungsdrilling *f* перекре́щивающийся тройни́к
Durchkreuzungszwilling *m* двойни́к прораста́ния
Durchlaß- пропускно́й
durchlassen пропуска́ть/пропусти́ть
Durchlaßfähigkeit *f* Durchlaßvermögen пропускна́я спосо́бность, фильтрацио́нная спосо́бность
durchlässig permeabel проница́емый, пропуска́ющий
durchlässige Schicht *f* проница́емый сло́й
Durchlässigkeit *f* Permeabilität проница́емость
Durchlässigkeitsbeiwert *m* Hydrogeol. коэффицие́нт водопроница́емости, коэффицие́нт фильтра́ции
Durchlässigkeitsfaktor *m* коэффицие́нт водопроница́емости, коэффицие́нт фильтра́ции
Durchlässigkeitsgrad *m* сте́пень водопроница́емости
Durchlässigkeitskoeffizient *m* коэффицие́нт проница́емости, коэффицие́нт фильтра́ции
Durchlässigkeitskurve *f* крива́я водопроница́емости гру́нта (связь между пористостью грунта и коэффициентом фильтрации)
Durchlässigkeitsverhältnisse *n/pl* усло́вия водопроница́емости
Durchlässigkeitszahl *f* коэффицие́нт водопроница́емости, коэффицие́нт фильтра́ции
Durchlauf *m* прото́к; прохожде́ние, расхо́д (воды́)
Durchläuferelement *n* проходя́щий элеме́нт
Durchläufermetall *n* проходя́щий мета́лл
Durchläufermineral *n* проходя́щий минера́л
Durchlaufkapazität *f* пропускна́я спосо́бность
Durchlaufquerschnitt *m* проходно́е сече́ние
durchleuchten просве́чивать/просвети́ть
Durchleuchtung *f* просве́чивание
Durchlicht *n* проходя́щий свет
durchlöchert perforiert прободённый
Durchlüftung *f* аэра́ция
Durchlüftungsgrad *m* сте́пень аэра́ции
Durchlüftungsverhältnis *n* усло́вия аэра́ции
Durchlüftungszone *f* Hydrol. зо́на аэра́ции
durchmengen переме́шивать/перемеша́ть
Durchmengen *n* Durchmengung переме́шивание
Durchmesser *m* диа́метр, попере́чник
durchmischen переме́шивать/перемеша́ть
Durchmischen *n* Durchmischung переме́шивание, сме́шивание
durchmustern просма́тривать/просмотре́ть
Durchmusterung *f* просмо́тр
durchpausen калька́ровать/скальки́ровать
durchqueren пересека́ть/пересе́чь
durchrechnen высчи́тывать/вы́считать, вычисля́ть/вы́числить
durchscheinen durchstrahlen просве́чивать/просвети́ть
durchscheinend просве́чивающий
Durchschieferung *f* рассла́нцевание
durchschlagen durchstoßen прорыва́ть/прорва́ть
Durchschlagpapier *n* Kopierpapier копирова́льная бума́га
Durchschnitt *m* 1. Mittel сре́днее (число́). 2. Durchkreuzung пересече́ние
durchschnittlich сре́дний, в сре́днем
Durchschnittsabweichung *f* сре́днее отклоне́ние
Durchschnittsalter *n* сре́дний во́зраст
Durchschnittsbetrag *m* сре́днее значе́ние
Durchschnittsfeuchtigkeit *f* сре́дняя вла́жность
Durchschnittsgehalt *m* сре́днее содержа́ние
Durchschnittsgeschwindigkeit *f* сре́дняя ско́рость
Durchschnittshöhe *f* сре́дняя высота́

Durchschnittsjahr *n* сре́дний год
Durchschnittsmächtigkeit *f* сре́дняя мо́щность
Durchschnittsniveau *n* сре́дний у́ровень
Durchschnittsprobe *f* сре́дняя про́ба
Durchschnittspunkt *m* то́чка пересече́ния
Durchschnittsquerschnitt *m* сре́днее сече́ние
Durchschnittsrechnung *f* исчисле́ние сре́дних значе́ний
Durchschnittstemperatur *f* сре́дняя температу́ра
Durchschnittswasserverbrauch *m* сре́днее потребле́ние воды́
Durchschnittswert *m* сре́днее значе́ние
Durchschnittszahl *f* сре́днее числово́е значе́ние, сре́дняя величина́
Durchsicht *f* Überprüfung просмо́тр, прове́рка
durchsichtig transparent прозра́чный
Durchsichtigkeit *f* Transparenz прозра́чность
Durchsichtigkeitsmesser *m* диафано́метр
Durchsichtigkeitsmeßgerät *n* прибо́р для определе́ния прозра́чности воды́
Durchsichtigkeitszylinder *m* цили́ндр для определе́ния прозра́чности воды́
durchsickern versickern, einsickern проса́чиваться / просочи́ться
Durchsickern *n* Versickern, Einsickern проса́чивание
Durchsickerung *f* Versickerung, Einsickerung проса́чивание
durchsieben просе́ивать / просе́ять
Durchsieben *n* просе́ивание
durchspießen durchstechen, durchstoßen протыка́ть / проткну́ть
Durchspießung *f* Durchspießen, Durchstechen, Durchstoßen протыка́ние
Durchspießungsfalte *f* Diapirfalte скла́дка протыка́ния
Durchspießungskern *m* Diapirkern ядро́ протыка́ния
durchspülen durchwaschen промыва́ть / промы́ть
Durchspülung *f* промыва́ние
durchstäubt распылённый
durchstechen durchspießen, durchstoßen протыка́ть / проткну́ть
Durchstich *m* спрямле́ние
Durchstichstelle *f* ме́сто спрямле́ния
Durchstoßpunkt *m* то́чка пересече́ния
durchstrahlen durchscheinen просве́чивать / просвети́ть
Durchstrahlen *n* Durchscheinen просве́чивание
durchströmen протека́ть / проте́чь
Durchströmung *f* протека́ние
Durchströmungsmenge *f* протека́ющий расхо́д
durchteufen durchsinken пробури́ть *v.*
durchteuft durchsunken пробу́ренный
durchtränken imprägnieren пропи́тывать / пропита́ть
Durchtränken *n* Imprägnieren пропи́тывание
durchtränkend imprägnierend пропи́тывающий
durchtränkt imprägniert пропи́танный
Durchtränkung *f* Imprägnierung пропи́тывание, пропи́танность
durchwachsen прораста́ть / прорасти́
Durchwachsen *n* прораста́ние
Durchwachsung *f* прораста́ние
Durchwachsungsgefüge *n* структу́ра прораста́ния
Durchwachsungszwilling *m* двойни́к прораста́ния
durchwärmen durchheizen прогрева́ть / прогре́ть
Durchwärmen *n* Durchwärmung прогрева́ние
durchwaschen промыва́ть / промы́ть
durchzeichnen durchpausen прорисо́вывать / прорисова́ть, кальки́ровать / скальки́ровать
Durdenit *m* $Fe_2[TeO_3]_3 \cdot 4H_2O$ дурдени́т
dürftig ärmlich ску́дный, бе́дный
Durit *m* Mattkohle дюре́н, дюри́т
duritisiert дюренизи́рованный
Duritkohle *f* дюре́новый у́голь
dürr Dürre- засу́шливый, сухо́й
Dürre *f* су́хость, за́суха
Dürreperiode *f* пери́од за́сухи
Düsenmeißel *m* стру́йное долото́
Dussertit *m* $BaFe_3 {}^{\cdots} H[(OH)_6 | (AsO_4)_2]$ дюссерти́т
Duxit *m* bernsteinähnliches Harz дукси́т
Dvinosaurus *m* двиноза́вр
Dyke- да́ечный
Dyn *n* dyn ди́на, дн
Dynamik *f* дина́мика
dynamisch динами́ческий, динами́чный

Dynamit *m* динами́т
dynamogen динамоге́нный
Dynamometamorphose *f* динамометаморфи́зм, динамометаморфиза́ция
dynamometamorph verändert динамометаморфизо́ванный
Dysanalyt *m* (Ca, Ce, Na ...)(Ti, Fe, Nb)O_3 дизанали́т
Dyskrasit *m* Ag_3Sb дискрази́т, сурьмя́нистое серебро́
Dysluit *m* Varietät von Gahnit дизлюи́т
Dysodil *n* дизоди́ль, листова́тый ка́менный у́голь
dysodont дизодо́нтный, беззу́бый
Dysodonta *pl* беззу́бые
dysphotisch lichtarm дисфоти́ческий
Dysprosium *n* Dy диспро́зий
Dyssnit *m* † verwitterter Fowlerit дисснит
Dyssyntribit *m* Gieseckit, zu dichter Muskovitsubstanz veränderter Nephelin дизинтриби́т

E

Eakleit *m* † Xonotlit эклеи́т
Earlandit *m* $Ca_3[(C_6H_5O_7]_2 \cdot 4H_2O$ ирланди́т
Eastonit *m* † teils Biotit, teils ein Vermiculit эстони́т
Ebbe *f* отли́в
Ebbedauer *f* продолжительност отли́ва
Ebbegebiet *n* о́бласть отли́ва, зо́на отли́ва
Ebbekurve *f* крива́я отли́ва
Ebbestand *m* у́ровень отли́ва
Ebbestrom *m* Ebbeströmung отли́вный пото́к, отли́вное тече́ние
Ebbewassermenge *f* расхо́д воды́ при отли́ве
Ebelmenit *m* † Gemenge von Polianit und Psilomelan эбельмени́т
eben flach, glatt ро́вный; пло́ский; гла́дкий
Ebenaceae *pl* эбе́новые
Ebenales *pl* эбеноцве́тные
Ebene *f* 1. Flachland равни́на. 2. Fläche пло́скость
ebener Bruch *m* ро́вный изло́м
ebengeschichtet ровнонапласто́ванный, ровнослои́стый
Ebenheit *f* равни́нность
ebenlagig плоскосло́йный; прямолине́йно-поло́счатый
Ebonit *m* эбони́т
Echellit *m* Fehlbestimmung, Thomsonit эшелли́т
Echinodermata *pl* иглоко́жие
Echinoidea *pl* морски́е е́жи, эхинoиде́и
Echinopluteus *m* эхиноплуте́ус
Echinosphaeriten- эхиносфери́товый
Echinosphaeritenkalk *m* эхиносфери́товый известня́к
Echo *n* э́хо
Echoempfänger *m* эхоулови́тель, приёмник эхоло́та
Echograph *m* эхо́граф
Echolaufzeit *f* вре́мя пробе́га э́ха
Echolot *n* эхоло́т
Echolot- эхоло́тный
Echolotanlage *f* эхоло́т
Echolotmessung *f* эхоло́тный проме́р
Echolotprofil *n* про́филь полу́ченный эхолоти́рованием
Echolotung *f* эхолоти́рование, измере́ние глубины́ с по́мощью эхоло́та
Echolotverfahren *n* спо́соб проме́ра (глуби́н) эхоло́том
echt wahr настоя́щий, и́стинный
Eckermannit *m* эккермани́т
eckig углова́тый
Eckigkeit *f* углова́тость
Eckzahn *m* глазно́й зуб, клык
Ectocochlia *pl* эктоко́хлии, наружнора́ковинные
Ectoderm *n* эктоде́рма
Ectoprocta *pl* покрыторо́тые
Ectopterygoid *n* нару́жная крылови́дная кость, эктоптериго́ид
Edaphosaurus *m* эдафоза́вр
edel благоро́дный
Edelerz *n* бога́тая руда́
Edelgas *n* благоро́дный газ
Edelgashülle *f* электро́нная оболо́чка ине́ртного га́за
Edelkohle *f* обогащённый у́голь
Edelmetall *n* благоро́дный мета́лл
Edelstahl *m* высокосо́ртная сталь

Edelstein *m* драгоце́нный ка́мень
Edelsteinkunde *f* нау́ка о драгоце́нных камня́х
Edelsteinseife *f* ро́ссыпь драгоце́нных камне́й
Edenit *m* basaltische Hornblende эдени́т
Edentata *pl* неполнозу́бые
Edingtonit *m* $Ba[Al_2Si_3O_{10}] \cdot 3H_2O$ эдингтони́т
Edrioasteriodea *pl* эдриоастероиде́и
Eem- э́емский
Eem-Fauna *f* э́емская да́уна
Eem-Fazies *f* э́емская фа́ция
Eem-Interglazial *n* э́емское межледнико́вье
Eem-Kultur *f* э́емская культу́ра
Eem-Meer *n* э́емское мо́ре
Eem-Schichten *f/pl* э́емские слои́
Effekt *m* Wirkung эффе́кт
effektiv wirksam эффекти́вный
Effektivität *f* Wirksamkeit эффекти́вность
effusiv Effusiv- эффузи́вный, изли́вшийся
Effusivgestein *n* эффузи́вная поро́да, изли́вшаяся поро́да
Effusivserie *f* эффузи́вная то́лща
Egeran *m* Vesuvian in strahligen Aggregaten эгера́н
Eggonit *m* † Variscit (vielleicht Metavariscit?) эггони́т
Eglestonit *m* Hg_6Cl_4O эглестони́т
Egueiit *m* ? angeblich Oxydationsprodukt von Vivianit эгеи́йт
Ehlit *m* angeblich $Cu_5[(OH)_2|PO_4]_2 \cdot H_2O$ эли́т
Ehrenwerthit *m* wohl Siderogel эренверти́т
Ehringsdorf-Mensch *m* эрингсдо́рфский челове́к
Ehrwaldit *m* Augitporphyr эрвальди́т
Eibe *f* *Taxus* L. тис
Eichbergit *m* ? $Cu_2FeSb_9Bi_9S_{15}$ эйхберги́т
Eiche *f* *Quercus* L. дуб
Eichel *f* жёлудь
eichen тари́ровать *uv.*, *v.*, градуи́ровать *uv.*,*v.*, эталони́роватъ *uv.*, *v.*
Eichen *n* эталони́рование, градуиро́вка, тари́рование
Eichen- дубо́вый
Eichenmischwald *m* сме́шанный дубо́вый лес
Eichenwald *m* дубня́к
Eichfehler *m* погре́шность при градуиро́вке, погре́шность при тари́ровании
Eichgerät *n* тариро́вочный прибо́р
Eichkurve *f* крива́я эталони́рования, тариро́вочная крива́я
Eichlösung *f* эталo̍нный раство́р
Eichmethode *f* ме́тод градуиро́вки, ме́тод тариро́вки
Eichpunkt *m* то́чка этали́рования
Eichsubstanz *f* вещество́-эталóн
Eichtabelle *f* градуиро́вочная табли́ца
Eichung *f* эталони́рование, компари́рование, градуиро́вка, тари́рование
Eichwaldit *m* Mineral der Jeremejewit-Kotoitgruppe эйхвальди́т
Eifel- э́йфельский
Eifelmaar *n* э́йфельский ма́ар
Eifel-Stufe *f* Devon э́йфельский я́рус
Eifel-Synklinorium *n* Э́йфельский синклино́рии
eiförmig яйцеобра́зный, яйцеви́дный
eigen eigentümlich, charakteristisch сво́йственный
Eigenabsorption *f* самопоглоще́ние, со́бственное поглоще́ние
Eigenart *f* Besonderheit осо́бенность, своеобра́зие
Eigenbewegung *f* со́бственное движе́ние
Eigendämpfung *f* со́бственное затуха́ние
Eigendoppelbrechung *f* со́бственное двойно́е преломле́ние
Eigenfeuchtigkeit *f* есте́ственная вла́жность (гру́нта)
Eigenförderung *f* со́бственная добы́ча
Eigenfrequenz *f* частота́ со́бственных колеба́ний, со́бственная частота́
Eigenfunktion *f* со́бственная фу́нкция
Eigengefälle *n* freier Ausfluß самоте́к
Eigengeschwindigkeit *f* со́бственная ско́рость
Eigengewicht *n* со́бственный вес, чи́стый вес
Eigengewichtsbelastung *f* нагру́зка от со́бственного ве́са
Eigengewichtslast *f* нагру́зка от со́бственного ве́са
Eigenkapazität *f* со́бственная ёмкость
Eigenmagnetismus *m* со́бственный магнети́зм

Eigenperiode *f* со́бственный пери́од (колеба́ний)
Eigenpotentialmethode *f* ме́тод есте́ственного по́ля
Eigenreibung *f* со́бственное тре́ние
Eigenschaft *f* Beschaffenheit ка́чество, сво́йство
Eigenschwingung *f* со́бственное колеба́ние
Eigenschwingungsfrequenz *f* частота́ со́бственных колеба́ний
Eigenschwingungskurve *f* крива́я со́бственных колеба́ний
Eigenschwingungszahl *f* частота́ со́бственных колеба́ний, число́ со́бственных колеба́ний
Eigenspannung *f* со́бственное напряже́ние
Eigenstabilität *f* со́бственная усто́йчивость
Eigenstrahlung *f* со́бственное излуче́ние
Eigentemperatur *f* со́бственная температу́ра
Eigenvolumen *n* со́бственный объём
Eigenwärme *f* вну́тренняя теплота́
Eigenwasserversorgung *f* со́бственное водоснабже́ние
Eigenwasserversorgungsanlage *f* устано́вка со́бственного водоснабже́ния
Eigenwert *m* со́бственное значе́ние
Eigenwiderstand *m* вну́треннее сопротивле́ние, со́бственное сопротивле́ние
Eileiter *m* яйцево́д
Eimerbagger *m* многоковшо́вая землечерпа́лка, многоковшо́вый экскава́тор
Eimerkettenbagger *m* многочерпа́ковый цепно́й экскава́тор
einachsig одноо́сный
Einachsigkeit *f* одноо́сность
einaktig одноа́ктный
einäugig одногла́зый
einbasisch одноосно́вный
einbetonieren бетони́ровать / забетони́ровать
einbetten z. B. Fossilien погреба́ть / погрести́, хорони́ть / похорони́ть
Einbetten z. B. Fossilien погребе́ние, захороне́ние
Einbettung *f* погребе́ние, захороне́ние
Einbettungsmittel *n* z. B. Dünnschliff препара́т для закрепле́ния, цементи́рующее сре́дство
Einbettungsort *m* z. B. Fossilien ме́сто погребе́ния, ме́сто захороне́ния
Einbruch *m* Einfall проры́в, обруше́ние, вторже́ние
Einbruchsbeben *n* обва́льное землетрясе́ние, денудацио́нное землетрясе́ние
Einbruchsstelle *f* ме́сто прова́ла
Einbruchstal *n* доли́на проры́ва, сквозна́я доли́на
Einbuchtung *f* во́гнутость; углубле́ние
eindämmen запру́живать / запруди́ть да́мбой (плоти́ной), огражда́ть / огради́ть да́мбой (плоти́ной)
Eindämmung *f* запру́да, обва́лование, огражде́ние да́мбой (плоти́ной, переме́мычкой)
eindampfen выпа́ривать / вы́парить
Eindampfen *n* выпа́ривание
Eindampfrückstand *m* оста́ток от выпа́ривания
Eindampfschale *f* выпарна́я ча́ша
Eindampfung *f* выпа́ривание
eindeutig однозна́чный
Eindeutigkeit *f* однозна́чность
Eindickung *f* сгуще́ние
eindimensional одноме́рный
eindringen 1. vordringen проника́ть / прони́кнуть. 2. intrudieren внедря́ть / внедри́ть, интруди́ровать *uv.*, *v.*
Eindringen *n* 1. Vordringen проникнове́ние. 2. Intrusion внедре́ние, интру́зия
Eindringtiefe *f* глубина́ проникнове́ния
Eindringvermögen *n* спосо́бность проникнове́ния
Eindruck *m* отпеча́ток, след
einebnen выра́внивать / вы́ровнять; нивели́ровать
Einebnung *f* выра́внивание; нивели́ровка
Einebnungsfläche *f* денудацио́нная равни́на, пове́рхность выра́внивания, вы́ровненная пове́рхность
einengen 1. verkürzen сокраща́ть / сократи́ть. 2. pressen сжима́ть / сжать
Einengung *f* 1. Verkürzung сокраще́ние. 2. Pressung сжа́тие

Einengungseffekt *m* Pressungseffekt эффéкт сжáтия
Einfachbindung *f* простáя связь
einfachbrechend однопреломля́ющий
Einfaden- однони́тный
Einfadenelektrometer *n* однони́тный электрóметр
Einfahrstollen *m* входнáя штóльня, въезднáя штóльня
einfallen fallen пáдать / пасть
Einfallen *n* Fallen падéние
einfallend fallend пáдающий
Einfallschacht *m* Hydrogeol. шáхта водозабóра, водоприёмная шáхта, приёмная шáхта
Einfallsebene *f* плóскость падéния
Einfallslinie *f* ли́ния падéния
Einfallsmedium *n* средá падéния
Einfallspunkt *m* тóчка падéния
Einfallsrichtung *f* направлéние падéния
Einfallsstrahl *m* пáдающий луч
Einfallswinkel *m* ýгол падéния
Einfarbendruck *m* однокрáсочная печáть
einfarbig одноцвéтный
Einfarbigkeit *f* одноцвéтность
Einfassung *f* опрáва, каптáж, забóр (воды́); обрамлéние, ограждéние (напр. котловáна)
Einfließen *n* втекáние
Einfluchten *n* разби́вка ли́нии
Einfluß *m* влия́ние
Einflußbereich *m, n* сфéра влия́ния, óбласть влия́ния
Einflußlänge *f* длинá влия́ния
Einflußlinie *f* ли́ния влия́ния
Einflußradius *m* рáдиус влия́ния
Einflußsphäre *f* сфéра влия́ния
Einflußzahl *f* коэффициéнт влия́ния
Einflußzone *f* сфéра влия́ния
einförmig eintönig однообрáзный
Einförmigkeit *f* Eintönigkeit однообрáзность, однообрáзие
einfrieren замерзáть / замёрзнуть; вмерзáть / вмёрзнуть; примерзáть / примёрзнуть
Einfrieren *n* замерзáние; вмерзáние; примерзáние
Einführung *f* Einleitung введéние
Eingangsgröße *f* входнáя величинá
Eingangsöffnung *f* Eintrittsöffnung входнóе отвéрстие
eingebettet überdeckt, fossil погребённый
eingebogen konkav вóгнутый
eingedampft упáренный
eingedickt сгущённый
eingeebnet вы́ровненный; снивели́рованный
eingelagert zwischengelagert впластóванный
eingeplant заплани́рованный
eingeregelt ориенти́рованный
eingeschlossen eingelagert включённый
eingeschnitten врéзанный
eingeschrieben впи́санный
eingesprengt imprägniert вкрáпленный
eingetrocknet вы́сохший, вы́сушенный
eingewachsen прорóсший
Eingeweide *pl* внýтренности
eingliedrig одночлéнный
Einheit *f* Maßeinheit едини́ца
Einheitlichkeit *f* еди́нство; единообрáзие
Einheitsbelastung *f* едини́чная нагрýзка
Einheitsdruck *m* давлéние на едини́цу плóщади, удéльное давлéние
Einheitsergiebigkeit *f* удéльный расхóд, удéльный дéбит
Einheitsfläche *f* едини́чная грань
Einheitskreis *m* едини́чный круг
Einheitslast *f* удéльная нагрýзка
Einheitssieb *n* стандáртное си́то
Einheitssystem *n* систéма едини́ц
Einheitsvektor *m* едини́чный вéктор
Einheitswert *m* еди́ное значéние
Einheitszelle *f* стандáртная ячéйка
einjährig однолéтний
einkammerig однокáмерный
einkeimblättrig однодóльный
Einkerbung *f* зарýбка, вруб
einknotig одноузловóй
Einkomponentensystem *n* однокомпонéнтная систéма
Einkristall *m* Monokristall монокристáлл
Einlagerung *f* Zwischenlage, Zwischenschicht проплáсток, прослóй
Einlaßquerschnitt *m* входнóе поперéчное сечéние
Einlaufstollen *m* водоприёмная штóльня
einmünden münden впадáть / впасть
Einmündung *f* Mündung впадéние; ýстье
einpaarig однопáрный

einphasig однофáзный
einplanen planen планúровать/запланúровать
Einpolderung *f* обваловáние, образовáние пóльдера
einpolig однопóлюсный, униполя́рный
einpressen нагнетáть/нагнестú
Einpressen *n* Einpressung нагнетáние, инъéкция
Einpreßflüssigkeit *f* Injektionsflüssigkeit нагнетáтельная жúдкость
Einpreßschleier *m* цементациóнная завéса
Einpressung *f* Einpressen нагнетáние, инъéкция
Einpreßverfahren *n* спóсоб нагнетáния
einpumpen накáчивать/накачáть
einrammen забивáть/забúть
Einrammen *n* забúвка
Einregelung *f* ориентирóвка
Einrichtung *f* Anlage устрóйство, приспособлéние
einrollen sich свёртываться/свернýться
Einrollung *f* свёртывание
Einrütteln *n* виброуплотнéние
Einsandung *f* занесéние пескóм
Einsattelung *f* седловúна
Einsatz *m* Seism. вступлéние; мéсто прихóда
Einsatzzeit *f* момéнт вступлéния
einsaugen aufsaugen всáсывать/всосáть
Einsaugen *n* Aufsaugen всáсывание
einschalig одноствóрчатый
einschalten включáть/включúть
Einschaltung *f* включéние
einschätzen оцéнивать/оценúть
Einschätzung *f* оцéнка
einschießen einfallen пáдать/пасть
Einschießen *n* Einfallen падéние
Einschlämmen *n* заиливание
Einschluß *m* включéние
einschneiden засекáть/засéчь, прорезáть/прорéзать, врезáть/врéзать, надрезáть/надрéзывать
Einschneiden *n* засéчка, прорéз, врезáние
Einschneideverfahren *n* Geodäsie мéтод засéчки
Einschnitt *m* врез, вы́емка, вы́рез, надрéз, прорéз
Einschnittiefe *f* глубинá прорéза
Einschnürung *f* сужéние (напр. рекú)
einschwämmen намывáть/намы́ть водóй, наносúть/нанестú водóй
Einschwemmen *n* намы́в
einseitig monoklinal одностoрóнный, моноклинáльный
einsenken 1. absenken погружáть/погрузúть. 2. sich setzen оседáть/осéсть. 3. vertiefen углублять/углубúть
Einsenkung *f* 1. Absenkung погружéние. 2. Setzung оседáние, осáдка. 3. Vertiefung углублéние, впáдина
Einsenkungskurve *f* кривáя оседáния, кривáя осáдки
einsickern инфильтрúровать *uv.*, *v.*, просáчиваться/просочúться
Einsickerung *f* инфильтрáция, просáчивание
einsinken 1. absinken погружáть/погрузúть. 2. sich setzen оседáть/осéсть
Einsinken *n* 1. Absenken погружéние. 2. Setzen оседáние, осáдка
Einsinktiefe *f* глубинá погружéния; глубинá оседáния
Einspielen *n* Libelle установка (пузырькá ýровня)
Einspielschraube *f* винт устанóвки ýровня
Einsprengling *m* вкрáпленник
Einsprengung *f* включéние, вкрáпленник
einspringender Winkel *m* входя́щий ýгол
Einspülung *f* подмы́в
Einstampfen *n* трамбóвка, утрамбóвывание, втрамбóвывание
Einstau *m* подпóр, запрýживание
einstauen запрýживать/запрудúть
Einstauung *f* подпóр, создáние напóра, запрýживание
Einsteinium *n* E эйнштéйний
einstellbar устанáвливаемый, регулúруемый
Einstellbarkeit *f* устанáвливаемость
Einstelldaten *pl* установочные элемéнты, устанóвочные дáнные
einstellen устанáвливать/установúть, регулúровать/отрегулúровать
Einstellen *n* устанóвка, регулúрование
Einstellfehler *m* ошúбка устанóвки, ошúбка наведéния
Einstellgenauigkeit *f* тóчность устанóвки

einstellig однозна́чный
Einstellung *f* 1. устано́вка, регули́рование, регулиро́вка. 2. визи́рование
Einstellinse *f* фокуси́рующая ли́нза
Einstellungsbereich *m, n* диапазо́н регулиро́вки
Einstellmarke *f* визи́рная ма́рка
Einstellungsgenauigkeit *f* то́чность устано́вки
Einstellschraube *f* устано́вочный винт, регулиро́вочный винт
Einstellupe *f* устано́вочная лу́па, лу́па для отсчётов
Einstellskala *f* устано́вочная шкала́, шкала́ настро́йки
Einstellvorrichtung *f* приспособле́ние для регули́рования
Einstellwinkel *m* устано́вочный у́гол
Einstoffsystem *n* однофа́зная систе́ма
einstrahlig однолучево́й
Einstrahlung *f* инсоля́ция, облуче́ние
einströmen hineinfließen втека́ть / втечь
Einströmen *n* втека́ние, прито́к, входя́щее тече́ние
Einströmgeschwindigkeit *f* ско́рость втека́ния, ско́рость вхо́да
Einströmöffnung *f* входно́е отве́рстие для пото́ка
einstufig одноступе́нчатый; одноя́русный
Einsturz *m* 1. Bergsturz обва́л. 2. Einsturz прова́л, обруше́ние
Einsturz- прова́льный
Einsturzbeben *n* прова́льное землетрясе́ние, обва́льное землетрясе́ние
Einsturzbrekzie *f* бре́кчия обруше́ния, бре́кчия прова́ла
Einsturzcaldera *f* кальде́ра обруше́ния
einstürzen обва́ливать / обвали́ть
Einsturzgefahr *f* опа́сность обва́ла
Einsturzhöhle *f* обва́льная пеще́ра
Einsturzpolje *f* по́лье, возни́кшее путём прова́ла сво́да
Einsturzsee *m* прова́льное о́зеро
Einsturztrichter *m* прова́льная воро́нка
Eintagstide *f* су́точный прили́в
eintauchen abtauchen погружа́ть / погрузи́ть
Eintauchen *n* Abtauchen, Absenken погруже́ние
Eintauchtiefe *f* глубина́ погруже́ния
einteilen gliedern подразделя́ть / подраздели́ть
Einteilung *f* Gliederung подразделе́ние, классифика́ция
eintiefen sich углубля́ться / углуби́тсья
Eintiefung *f* углубле́ние
eintragen вноси́ть / внести́, заноси́ть / занести́, нано́сить/нанести́
Eintragung *f* Eintragen внесе́ние, занесе́ние, нанесе́ние
Eintrittsgeschwindigkeit *f* ско́рость вхо́да, ско́рость вступле́ния
Eintrittshöhe *f* Hydrogeol. высота́ напо́ра при вхо́де
Eintrittspunkt *m* то́чка вступле́ния, то́чка вхо́да
Eintrittsstelle *f* ме́сто вступле́ния, ме́сто вхо́да
Eintrittswinkel *m* у́гол вхо́да
eintrocknen vertrocknen высу́шивать / вы́сушить, высыха́ть / вы́сохнуть
Eintrocknung *f* высыха́ние
Einwaage *f* наве́ска
Einwachsung *f* вро́сток
einwertig 1. Chem. одновале́нтный, одноа́томный. 2. Math. однозна́чный
Einwertigkeit *f* 1. Chem. одновале́нтность, одноа́томность. 2. Math. однозна́чность
einwirken beeinflussen влия́ть / повлия́ть, возде́йствовать *uv., v.*
Einwirkung *f* Einfluß влия́ние, возде́йствие
Einwirkungsdauer *f* дли́тельность возде́йствия
einzehig однопа́лый
Einzelbeobachtung *f* отде́льное наблюде́ние, несери́йное наблюде́ние
Einzelbrunnen *m* отде́льный коло́дец, одино́чный коло́дец
Einzelimpuls *m* отде́льный и́мпульс, едини́чный и́мпульс
Einzelkorn *n* отде́льное зерно́
Einzelkraft *f* едини́чная си́ла
Einzeller *m/pl* Protozoa просте́йшие
einzellig одноклёточный
Einzelmessung *f* едини́чное измере́ние, отде́льное измере́ние, несери́йное измере́ние
Einzelwasserversorgung *f* водоснабже́ние отде́льно стоя́щих потреби́телей
Einzelwert *m* отде́льное значе́ние
Einzugsgebiet *n* водосбо́рная пло́щадь, водосбо́р, водосбо́рный бассе́йн; о́бласть пита́ния

Eis *n* лёд
Eis- 1. aus Eis ледяно́й; 2. auf dem Eis ледово́й, ледо́вый. 3. Gletscher- ледниќовый
Eisabschmelzen *n* та́яние льда
Eisanhäufung *f* скопле́ние льда, накопле́ние льда, накопле́ние ледяно́й ма́ссы
Eisansammlung *f* скопле́ние льда, накопле́ние льда, накопле́ние ледяно́й ма́ссы
Eisaufbruch *m* взлом льда, разруше́ние льда
Eisausscheidung *f* Eisabscheidung льдовыделе́ние
Eisauflösung *f* освобожде́ние от льда
Eisbarre *f* ледяно́й бар, ледяно́й зато́р
Eisbarriere *f* ледяно́й барье́р
eisbedeckt покры́тый льдом
Eisbedeckung *f* ледяно́е покры́тие, ледяно́й покро́в
Eisbedingungen *f/pl* ледовы́е усло́вия
Eisbeobachtung *f* наблюде́ние за льда́ми, ледово́е наблюде́ние
Eisbeobachtungsstation *f* ста́нция ледовы́х наблюде́ний
Eisberg *m* а́йсберг
Eisberg- а́йсберговый
Eisbergbildung *f* образова́ние а́йсбергов
Eisberggrenze *f* грани́ца (распростране́ния) а́йсбергов
Eisbewegung *f* движе́ние льда
eisbildend ледообразу́ющий, льдообразу́ющий
Eisbildung *f* ледообразова́ние, льдообразова́ние, образова́ние льда
Eisbildungsprozeß *m* проце́сс ледообразова́ния
Eisblätterstruktur *f* слои́стое строе́ние льда
Eisblock *m* ледяно́й каба́н
Eisbrei *m* шуга́
Eisbrekzie *f* сморо́зь
Eisbrocken *m* льди́на, ледяна́я глы́ба
Eisbruch *m* взла́мывание льда, разруше́ние льда
Eisdecke *f* ледяно́й покро́в, ожеле́дь
Eisdichte *f* пло́тность льда
Eisdicke *f* толщина́ льда
Eisdrift *f* дре́йф льда
Eisdruck *m* давле́ние льда
Eisen *n* Fe желе́зо
Eisen- желе́зный
Eisenabscheidung *f* выделе́ние желе́за
Eisenalaun *m* † Halotrichit желе́зистые квасцы́
eisenarm маложеле́зистый
Eisenbahndamm *m* железнодоро́жная на́сыпь
Eisenbakterien *n/pl* железобакте́рии
Eisenbergwerk *n* желе́зный рудни́к
Eisenbeton *m* железобето́н
Eisenbeton- железобето́нный
Eisenbetonausbau *m* железобето́нная крепь
Eisenbetonbau *m* железобето́нное строи́тельство; железобето́нная констру́кция
Eisenbetonbogenmauer *f* железобето́нная а́рочная плоти́на
Eisenbetondichtungsdecke *f* железобето́нный противофильтрацио́нный экра́н
Eisenbetondruckleitung *f* железобето́нный напо́рный водово́д
Eisenbetonhaut *f* железобето́нный экра́н; железобето́нная облицо́вка, железобето́нная оде́жда
Eisenbetonhohlkernmauer *f* пустоте́лая железобето́нная плоти́на
Eisenbetonkern *m* железобето́нная диафра́гма
Eisenbetonmauer *f* железобето́нная стена́
Eisenbetonstaumauer *f* железобето́нная плоти́на
Eisenbewehrung *f* ста́льная армату́ра
Eisenbikarbonat *n* $Fe(HCO_3)_2$ ки́слое углеки́слое желе́зо, двууглеки́слое желе́зо, бикарбона́т желе́за
Eisenchlorid *n* $FeCl_3$ хло́ристое желе́зо (3), хло́рное желе́зо, полуторахло́ристое желе́зо, трёххло́ристое желе́зо, хлори́д желе́за (3)
Eisenchlorür *n* $FeCl_2$ хло́ристое желе́зо (2)
Eisendisulfid *n* FeS_2 серни́стое желе́зо, двусерни́стое желе́зо, дисульфи́д желе́за
Eisenerz *n* желе́зная руда́
Eisenerz- железору́дный
Eisenerzaufbereitung *f* обогаще́ние желе́зной руды́
Eisenerzbergwerk *n* желе́зный рудни́к
Eisenerzeugung *f* произво́дство желе́за
Eisenerzflöz *n* пласт желе́зной руды́

eisenerzführend железосодержа́щий
Eisenerzgang *m* железору́дная жи́ла
Eisenerzgrube *f* желе́зный рудни́к
Eisenerzlager *n* за́лежь желе́зной руды́
Eisenerzlagerstätte *f* железору́дное месторожде́ние
Eisenerztagebau *m* железору́дный карье́р
Eisenerzvorkommen *n* месторожде́ние желе́зной руды́
Eisenerzwäsche *f* промы́вка желе́зной руды́
Eisengehalt *m* Eisenschüssigkeit желе́зистость
Eisengießerei *f* чугунолите́йный заво́д
Eisenglanz *m* gut kristallisierter Hämatit желе́зный блеск
Eisenglimmer *m* dünnblättriges Aggregat von Hämatit желе́зная слюда́
Eisenglimmer- железослю́дистый
eisengrau желе́зо-се́рый
Eisengrube *f* желе́зный рудни́к
eisenhaltig eisenschüssig железосодержа́щий, желе́зистый
Eisenhumat *n* гума́т желе́за
Eisenhütte *f* железолите́йный заво́д
Eisenhydrat *n* гидра́т желе́за
Eisenhydrogel *n* гидроге́ль желе́за
Eisenhydrosol *n* гидрозо́ль желе́за
Eisenhydroxid *n* $Fe(OH)_3$ гидроо́кись желе́за, гидрокси́д желе́за
Eisenindustrie *f* желе́зная промы́шленность
Eisenjaspilit *m* желе́зистый джаспили́т
Eisenkarbonat *n* карбона́т желе́за
Eisenkies *m* Pyrit FeS_2 желе́зный колчеда́н
Eisenkiesabbrand *m* пири́тный ога́рок, колчеда́нный ога́рок
Eisenkiesel *m* желе́зистый креме́нь
Eisenkobalterz *n* желе́зная ко́бальтовая руда́
Eisenkomponente *f* желе́зистый компоне́нт
Eisenlegierung *f* желе́зный сплав
Eisenmagnesiumglimmer *m* желе́зисто-магнези́альная слюда́
Eisenmennige *f* желе́зный су́рик, кра́сная о́кись желе́за, му́мия
Eisenmetalle *n/pl* чёрные мета́ллы
Eisenmeteorit *m* желе́зный метеори́т
Eisenmonosulfid *n* FeS серни́стое желе́зо (2)
Eisenmonoxid *n* FeO за́кись желе́за
Eisennickelkern *m* желе́зно-ни́келевое ядро́
Eisennickelkies *m* Pentlandit $(Fe,Ni)_9S_8$(?) желе́зо-ни́келевый колчеда́н
Eisenniere *f* желе́зная по́чка
Eisennitrat *n* 1. $Fe(NO_3)_2 \cdot 6H_2O$; 2. $Fe(NO_3)_3 \cdot 9H_2O$ азотноки́слое желе́зо, нитра́т желе́за
Eisennitrid *n* 1. Fe_2N; 2. Fe_4N азо́тистое желе́зо, нитри́д желе́за
Eisenocker *m* желе́зная о́хра
Eisenoolith *m* желе́зистый ооли́т
Eisenoxid *n* Fe_2O_3 о́кись желе́за (3), окси́д желе́за (3)
Eisenoxid- железоо́кисный
Eisenoxydul *n* FeO за́кись желе́за, за́кисное желе́зо
Eisenoxydulhydrat *n* $Fe(OH)_2$ гидроза́кись желе́за
Eisenphosphat *n* $FePO_4 \cdot 2H_2O$ und $Fe_3(PO_4)_2 \cdot 8H_2O$ фосфорноки́слое желе́зо, фосфа́т желе́за
Eisenphosphid *n* 1. Fe_3P; 2. Fe_2P фо́сфористое желе́зо, фосфи́д желе́зо
Eisenportlandzement *m* шлакопо́ртландский цеме́нт (цемент, содержащий до 30% доменного шлака)
eisenreich hocheisenhaltig высокожеле́зистый
Eisenquarz *m* желе́зистый кварц
Eisenquarzit *m* желе́зистый кварци́т
Eisenquelle *f* желе́зистый исто́чник
Eisenreicherz *n* бога́тая желе́зная руда́
Eisenschmelz- железоплави́льный
Eisenschmelzofen *m* железоплави́льная печь
eisenschüssig eisenhaltig желе́зистый, железосодержа́щий
eisenschwarz желе́зо-чёрный
Eisensesquioxid *n* Fe_2O_3 полу́торная о́кись желе́за
Eisensesquisulfid *n* Fe_2S_3 полуторасерни́стое желе́зо
Eisenspat *m* Siderit $FeCO_3$ желе́зный шпат
Eisenspinell *m* Hercynit $FeAl_2O_4$ желе́зистая шпине́ль
Eisensulfat *n* 1. $FeSO_4$; 2. $Fe_2(SO_4)_3$ серноки́слое желе́зо, сульфа́т желе́за
Eisensulfid *n* 1. FeS; 2. FeS_2; 3. Fe_2S_3; 4. Fe_3S_4 серни́стое желе́зо, сульфи́д желе́за

Eisensumpferz *n* болóтная желéзная рудá
Eisenthiosulfat *n* $FeSO_3S$ oder FeS_2O_3 тиосернокúслое желéзо (2), тиосульфáт желéза
Eisentongranat *m* Almandin $Fe_3Al_2Si_3O_{12}$ желéзо-глинозéмистый гранáт, альмандúн
Eisentribromid *n* $FeBr_3$ трёхбрóмистое желéзо
Eisenvererzung *f* железооруденéние
Eisenverhüttung *f* металлургúческая перерабóтка желéзных руд
Eisenvitriol *n* Melanterit $Fe[SO_4]\cdot 7H_2O$ желéзный купорóс, мелантерúт
Eisenzeche *f* желéзный руднúк
Eisenzeit *f* желéзный век
Eisenzinkspat *m* желéзистый цúнковый шпат
Eisenzufuhr *f* привнóс желéза
Eiserner Hut *m* желéзная шлńпа
Eiserosion *f* леднникóвая эрóзия
Eisfeld *n* ледянóе пóле, скоплéние дрейфýющего льда
Eisfirn *m* обледенéлый фúрн
Eisfläche *f* ледянáя равнúна; повéрхность, покрытая льдом
Eisfluß *m* ледохóд
eisfrei свобóдный от льда
Eisgang *m* ледохóд
Eisgefahr *f* ледовáя опáсность
Eisgeschwindigkeit *f* скóрость течéния льда
Eisgletscherlawine *f* глéтчерная лавúна
Eisgrenze *f* границa оледенéния, границa срéднего распространéния льда, ледорездéл; крóмка льда
Eisgürtel *m* ледянóй пóяс, пóяс льда
Eishöhle *f* ледникóвая пещéра, ледянáя пещéра
Eishügel *m/pl* булгунńхи
Eishülle *f* ледянáя оболóчка, ледянóй покрóв
Eiskarte *f* ледóвая кáрта
Eiskeil *m* ледянóй клин
Eiskeim *m* ледянóе ядрó
Eiskeimbildung *f* образовáние ледяных ядер
Eiskern *m* ледянóе ядрó
Eiskondensation *f* сублимáция льда
Eiskorn *n* ледникóвое зернó
Eiskörper *m* ледянóе тéло
Eiskristall *m* кристáлл льда, ледянóй кристáлл
Eiskruste *f* ледянáя кóрка
Eislast *f* ледовáя нагрýзка
Eislawine *f* ледянáя лавúна, ледникóвая лавúна
Eislinse *f* ледянáя лúнза (в грýнте)
Eismeer *n* ледовúтый океáн
Eismenge *f* расхóд льда, колúчество льда
Eisnebel *m* ледянóй тумáн
Eisoberfläche *f* повéрхность льда
Eispegel *m* ледомéрная рéйка
Eispressung *f* сжáтие льда
Eisrand *m* крóмка льда
Eisregen *m* град
eisreich обúльный льдом
Eisrückzug *m* отступлéние льда
Eisscheide *f* Eisgrenze границa льда, ледораздéл
Eisscheidelinie *f* лúния ледораздéла
Eisschicht *f* слóй льда
Eisschild *m* Eiskappe ледянóй щит, ледóвый щит
Eisschlamm *m* шугá
Eisschmelze *f* тáяние льда
Eisscholle *f* льдúна, ледянáя глыба
Eisschub *m* сдвиг льда
Eisspalte *f* трéщина во льду, ледянáя жúла
Eissprengung *f* взрывáние льда, подрыв льда
Eisstand *m* ледостáв
Eisstärke *f* толщинá льда
Eisstau *m* зажóр
Eisstausee *m* подпрýженное ледникóвое óзеро
Eisstauung *f* ледянóй затóр
Eisstrom *m* ледянóй потóк, потóк льда
Eistreiben *n* ледохóд
Eistrieb *m* ледохóд
Eisuntersuchungen *f/pl* ледовые исслéдования
Eisverbreitung *f* распространéние льда
Eisverhältnisse *n/pl* ледовые услóвия, услóвия льдов, ледовóй режúм
Eiszapfen *m* сосýлька
Eiszeit *f* ледникóвый перúод, ледникóвая эпóха
Eiszeitalter *n* ледникóвый перúод
Eiszeitfauna *f* фáуна ледникóвого перúода, ледникóвая фáуна
Eiszeitflora *f* флóра ледникóвого перúода, ледникóвая флóра

Eiszeitgletscher *m* глéтчер леднико́вого пери́ода
Eiszeitgliederung *f* чередова́ние леднико́вых пери́одов
Eiszeitklima *n* кли́мат леднико́вого пери́ода
Eiszone *f* ледяно́й по́яс, зо́на льда
Eiszunge *f* язы́к льда
Eiweiß *n* бело́к
Eiweiß- белко́вый
eiweißartig белковоподо́бный
Eiweißkörper *m* белко́вое тéло
Eiweißstoff *m* Eiweißsubstanz белко́вое веществó
Eiweißstoffwechsel *m* обмéн белко́выми вещества́ми; круговоро́т белко́вого вещества́, белко́вый обмéн
Eiweißumsatz *m* белко́вый обмéн
Eiszelle *f* яйцева́я клéтка
ejektive Faltung *f* гребневи́дная скла́дчатость, эжекти́вная скла́дчатость
Ekdemit *m* Heliophyllit $Pb_6[Cl_4O|(AsO_3)_2]$ (?) экдеми́т
Ekerit *m* Aplitgranit экери́т
Ekerit- экери́товый
Ekeritporphyr *m* экери́товый порфи́р
Ekliptik *f* экли́птика
Ekliptikbreite *f* эклипти́ческая широта́
Ekliptiklänge *f* эклипти́ческая долгота́
Ekliptikschiefe *f* накло́н экли́птики
Eklogit *m* эклоги́т
Eklogit- эклоги́товый
Eklogitfazies *f* эклоги́товая фа́ция
Eklogitgestein *n* эклоги́товая поро́да
Eklogitschale *f* эклоги́товая оболо́чка
Eklogitschiefer *m* эклоги́товый сла́нец
Eklogitzone *f* эклоги́товая зо́на
Ekmanit *m* Mineral der Chloritoidgruppe экмани́т
ektodermal Ektodermal- эктодерма́льный
Ektoloph эктоло́ф
Ektoplasma *n* эктопла́зма
ektoplasmatisch Ektoplasma- эктоплазмати́ческий
ektotroph эктотро́фный
Ektropit *m* Bementit эктропи́т
EK-Wert *m* Geochem. эк
Eläolith *m* getrübter Nephelin элеоли́т
Eläolith- элеоли́товый
Eläolithsyenit *m* элеоли́товый сиени́т
elasmobranch эласмобра́нхиевый
Elasmobranchia *pl* эласмобра́нхии, пластинножа́берные
Elasmosaurus *m* эласмоза́вр
Elasmotheriidae *pl* эласмотéрии
Elasmotherium *n* эласмотéрий
elastisch эласти́чный, упру́гий
Elastizität *f* эласти́чность, упру́гость
Elastizitäts- эласти́чный, упру́гий
Elastizitätseigenschaften *f/pl* упру́гие сво́йства
Elastizitätsgrenze *f* предéл упру́гости, предéл эласти́чности
Elastizitätskraft *f* си́ла упру́гости
Elastizitätsmodul *m* мо́дуль упру́гости, мо́дуль эласти́чности
Elastizitätstheorie *f* теóрия упру́гости
Elaterit *m* Erdpech, Varietät von Ozokerit элатери́т
Elatolith *m* † angeblich magmatogenes α-$CaCO_3$ элатоли́т
Elbait *m* † teils Ilvait, teils Varietäten von Turmalin эльба́йт
Elbrussit *m* Mineral der Montmorillonitgruppe эльбрусси́т
Elbtalzone *f* зо́на доли́ны Э́льбы
Elch *m* *Alces* L. лось
Eldoradoit *m* † teils Bleiglanz, teils irisierender Quarz эльдорадо́йт
Elefant *m* *Elephas* L. слон
Elektrifizierung *f* электрифика́ция
Elektrik *f* elektrische Erkundung электроразвéдка
elektrisch электри́ческий
elektrisch geladen электрозаря́женный
elektrisch leitend электропрово́дный
elektrische Bohrlochkurve *f* электрокарота́жная диагра́мма
elektrische Leitfähigkeit *f* электропрово́дность
elektrisches Widerstandsdiagramm *n* электрокарота́жная диагра́мма
Elektrisierbarkeit *f* электризу́емость
Elektrisierung *f* электриза́ция
Elektrizität *f* электри́чество
Elektrizitätswerk *n* электроста́нция
Elektrobohrer *m* электробу́р
Elektrochemie *f* электрохи́мия
elektrochemisch электрохими́ческий
Elektrode *f* электро́д
Elektrodenabstand *m* расстоя́ние мéжду электро́дами
Elektrodendurchmesser *m* диа́метр электро́да
Elektrodeneffekt *m* электро́дный эффéкт

Elektrodenpolarisation *f* поляриза́ция электро́дов
Elektrodenpotential *n* потенциа́л электро́да
Elektrodenspannung *f* напряже́ние на электро́дах
Elektroenergie *f* электроэне́ргия
Elektrofiltrationsprozeß *m* фильтрацио́нно-электри́ческий проце́сс
Elektrogramm *n* электрогра́мма
Elektrokarrotage *f* электри́ческий карота́ж
Elektrokartierung *f* электрокарти́рование
Elektrokorund *m* электрокору́нд
Elektrolumineszenz *f* электролюминесце́нция
Elektrolyse *f* электроли́з
Elektrolyt *m* электроли́т
Elektrolytflüssigkeit *f* жи́дкий электроли́т
elektrolytisch электролити́ческий
elektrolytische Abscheidung *f* 1. elektrol. Fällung электролити́ческое осажде́ние. 2. elektrol. Niederschlag электролити́ческое отложе́ние, электролити́ческий оса́док
Elektrolytkupfer *n* электроли́тная медь
Elektrolytlauge *f* электроли́тный щёлок
Elektrolytschmelze *f* плав электроли́та
Elektrolytzink *n* электроли́тный цинк
Elektromagnet *m* электромагни́т
elektromagnetisch электромагни́тный
Elektromagnetismus *m* электромагнети́зм
Elektromagnetometrie *f* электромагнетоме́трия
elektromechanisch электромехани́ческий
Elektrometer *n* электро́метр
Elektrometerausschlag *m* отклоне́ние (стре́лки) электро́метра
elektromotorisch электродви́жущий
Elektron *n* электро́н
elektronegativ электроотрица́тельный
Elektronen- elektronisch электро́нный
Elektronenabspaltung *f* отщепле́ние электро́на
Elektronenaffinität *f* сро́дство к электро́ну
Elektronenanlagerung *f* присоедине́ние электро́нов
Elektronenbahn *f* орби́та электро́на
Elektronenbündel *n* электро́нный пучо́к
Elektronendichte *f* электро́нная пло́тность, пло́тность электро́нов
Elektronendiffusion *f* диффу́зия электро́нов, электро́нная диффу́зия
Elektronendispersion *f* электро́нная диспе́рсия
Elektronenformel *f* электро́нная фо́рмула
Elektronengas *n* электро́нный газ
Elektronenhülle *f* электро́нная оболо́чка
Elektronenleitfähigkeit *f* электро́нная проводи́мость
Elektronenmantel *m* электро́нная оболо́чка
Elektronen-Mikrophotographie *f* электро́нная микрофотогра́фия
Elektronenmikroskop *n* электро́нный микроско́п
Elektronenmikroskopie *f* электро́нная микроскопи́я
elektronenmikroskopisch электронномикроскопи́ческий
Elektronenniveau *n* электро́нный у́ровень
Elektronenoszillograph *m* электро́нный осцилло́граф
Elektronenresonanz *f* электро́нный резона́нс
Elektronenschale *f* электро́нная оболо́чка
Elektronensprung *m* перехо́д электро́на, электро́нный цepexо́д
Elektronenstoß *m* уда́р электро́ном; столкнове́ние электро́нов
Elektronenstrahl *m* пото́к электро́нов; электро́нный луч
Elektronenstrahlanregung *f* возбужде́ние электро́нным лучо́м
Elektronentheorie *f* электро́нная тео́рия
Elektronenverschiebung *f* смеще́ние электро́нов
Elektronenverteilung *f* распределе́ние электро́нов, размеще́ние электро́нов
Elektronenvolt *n* электро́н-вольт
Elektronenzahl *f* число́ электро́нов
Elektronik *f* электро́ника
Elektroosmose *f* электроо́смос
Elektrooxydation *f* электролити́ческое окисле́ние
Elektrophorese *f* электрофоре́з

Elektroprospektion *f* электроразве́дка
Elektroprospektions- электроразве́дочный
Elektroschmelzen *n* электри́ческое плавле́ние
Elektroskop *n* электроско́п
Elektrosondierung *f* электрозонди́рование
Elektrostatik *f* электроста́тика
elektrostationär электростациона́рный
elektrostatisch электростати́ческий
elektrothermisch электротерми́ческий
Element *n* элеме́нт
elementar Elementar- элемента́рный
Elementarbeschleunigung *f* элемента́рное ускоре́ние
Elementarfläche *f* элемента́рная пове́рхность
Elementarform *f* элемента́рная фо́рма
Elementargesetz *n* элемента́рный зако́н
Elementarladung *f* элемента́рный заря́д
Elementarquantum *n* элемента́рный квант
Elementarregel *f* элемента́рное пра́вило
Elementarteilchen *n* элемента́рная части́ца
Elementarwelle *f* элемента́рная волна́
Elementarzelle *f* элемента́рная яче́йка
Elementgruppe *f* гру́ппа элеме́нтов
Elementverteilung *f* распределе́ние элеме́нтов
Elephantidae *pl* слоно́вые, сло́ны
eleuteromorph элевтеромо́рфный
Eleutherozoa *pl* элевтерозо́и, свободноподвижны́е
Elfenbein *n* слоно́вая кость
Elfstorpit *m* wasserhaltiges Mn··-Arsenit oder -Arsenat эльфсторпи́т
Eliasit *m* unreiner Gummit элиази́т
eliminieren ausschließen исключа́ть / исключи́ть, элимини́ровать *uv., v.*
Elle *f* локтева́я кость
Ellestadit *m* $Ca_5[OH|(SiO_4, SO_4)_3]$ эллестади́т
Ellipse *f* э́ллипс
Ellipsen- эллипти́ческий
Ellipsenachse *f* ось э́ллипса
Ellipsenbahn *f* эллипти́ческая орби́та
ellipsenförmig эллипсови́дный
Ellipsenverfahren *n* спо́соб э́ллипсов
Ellipsoid *n* эллипсо́ид
ellipsoidisch эллипсоида́льный
elliptisch эллипти́ческий
Elliptizität *f* эллипти́чность
Ellsworthit *m* $(U, Ca)O \cdot Nb_2O_5 \cdot 2H_2O$ эльсворти́т
Elongation *f* элонга́ция, удлине́ние
Elpasolith *m* $K_2Na[AlF_6]$ эльпасоли́т
Elpidit *m* $Na_2Zr[Si_6O_{15}] \cdot 3H_2O$ эльпиди́т
Elster- э́льстерский
Elster-Eiszeit *f* Elster-Vereisung э́льстерское оледене́ние
Elstermoräne *f* э́льстерская море́на
Elster-Phase *f* э́льстерская фа́за
Elster-Saale-Interglazial *n* э́льстерза́альское межледнико́вье
Elster-Vereisung *f* Elster-Eiszeit э́льстерское оледене́ние
Elution *f* элю́ция
eluvial Eluvial- элювиа́льный
Eluvialboden *m* элювиа́льная по́чва
Eluvialhorizont *m* элювиа́льный горизо́нт
Eluvium *n* элю́вий
Elytrum *n* эли́тра
Email *n* Emaille, Schmelz эма́ль
Email- эма́левый
Eman *n* эма́н
Emanation *f* эмана́ция
Emanations- эманацио́нный
Emanationsaufnahme *f* эманацио́нная съёмка
Emanationsgehalt *m* содержа́ние эмана́ции
Emanationsgerät *n* эманацио́нный прибо́р
Emanationsmeßmethode *f* эманацио́нный ме́тод измере́ния
Emanationsmessung *f* измере́ние эмана́ции
Emanationsmethode *f* эманацио́нный ме́тод
Emanationssonde *f* эманацио́нная зо́нда
Emanierung *f* эмани́рование
embatholitisch эмбатоли́товый
Embolit *m* Bromchlorargyrit эмболи́т
embolomer эмболоме́рный
Embrithit *m* ? angeblich reiner Pb-Bournonit эмбрити́т
Embryo *m* эмбрио́н, заро́дыш
Embryologie *f* эмбриоло́гия
embryonal Embryonal- эмбриона́льный
Embryonalentwicklung *f* заро́дышевое разви́тие

Embryonalfalte *f* эмбриона́льная скла́дка
Embryonalgehäuse *n* эмбриона́льная ра́ковина
Embryonalgewebe *n* эмбриона́лная ткань
Embryonalkammer *f* эмбриона́льная ка́мера, заро́дышевая ка́мера
Embryonalstadium *n* заро́дышевая ста́дия
Embryonalzelle *f* эмбриона́льная яче́йка
Embryonalzustand *m* эмбриона́льное состоя́ние
Embryophyta *pl* заро́дышевые
Emersion *f* эме́рсия
Emersionsphase *f* фа́за эме́рсии
Emildin *m* Y-haltiger Spessartin эмильди́н
Emission *f* эми́ссия, излуче́ние
Emissions- эмиссио́нный
Emissionsband *n* полоса́ эмиссио́нного спе́ктра
Emissionsbandenspektrum *n* полоса́тый эмиссио́нный спектр
Emissionsfläche *f* пове́рхность излуче́ния
Emissionslinie *f* ли́ния эмиссио́нного спе́ктра
Emissionsspektrum *n* спектр излуче́ния, эмиссио́нный спектр
Emissionsvermögen *n* эмиссио́нная спосо́бность, излучи́тельная спосо́бность
emittieren излуча́ть / излучи́ть, испуска́ть / испусти́ть
Emmonit *m* Calciumstrontianit эммони́т
Emmonsit *m* Ferritelluroxid эммонси́т
Empfänger *m* приёмник, приёмное устро́йство
Empfänglichkeit *f* Rezeptivität восприи́мчивость
empfehlen рекомендова́ть *uv.*, *v.*
empfindlich чувстви́тельный
Empfindlichkeit *f* чувстви́тельность
Empfindlichkeitsbereich *m* интерва́л чувстви́тельности
Empfindlichkeitsgrad *m* сте́пень чувстви́тельности
Empfindlichkeitsgrenze *f* преде́л чувстви́тельности
Empfindlichkeitskurve *f* крива́я чувстви́тельности
Empfindlichkeitsschwelle *f* поро́г чувстви́тельности
Empfindlichkeitswert *m* значе́ние чувстви́тельности, едини́ца чувстви́тельности
empirisch эмпири́ческий, о́пытный
Emplektit *m* $Cu_2S \cdot Bi_2S_3$ эмплекти́т
emporgehoben herausgehoben по́днятый
Empressit *m* AgTe эмпресси́т
Ems *n* Emsien э́мский я́рус
Ems- э́мский
Emscher *m* Emscher-Stufe, Oberkreide э́мшер, э́мшерский я́рус
Emscher- э́мшерский
Emsien *n* Ems-Stufe, Unterdevon э́мский я́рус
Ems-Stufe *f* Emsien э́мский я́рус
Emulgierbarkeit *f* спосо́бность образо́вывать эму́льсию
emulgieren эмульги́ровать *uv.*, *v.*, обр̇азо́вывать / образова́ть эму́льсию
Emulgierung *f* эмульги́рование
Emulsion *f* эму́льсия
Emulsions- эмульсио́нный
emulsionsartig эмульсиеви́дный
Emulsionsbildung *f* эмульси́рование, образова́ние эму́льсии
Emulsionsspaltung *f* деэмульса́ция
Emulsionsstruktur *f* эмульсиеви́дная структу́ра
Enalith *m* † Uranothorit энали́т
enantiomorph энантиомо́рфный
enantiotrop энантиотро́пный
Enargit *m* Cu_3AsS_4 энарги́т
End- endlich коне́чный
Enddruck *m* коне́чное давле́ние
Enddruckhöhe *f* коне́чная высота́ давле́ния, коне́чная высота́ напо́ра
Endeiolith *m* $(Ca, Na_2)Nb_2O_5(OH)_2$ эндейоли́т
Endellionit *m* Bournonit энделлиони́т
endemisch эндеми́ческий
endemische Form *f* энде́мик
Enderbit *m* эндерби́т
Endfeuchtigkeit *f* коне́чная вла́жность
Endfläche *f* коне́чная пло́скость
Endform *f* коне́чная фо́рма
Endformel *f* оконча́тельная фо́рмула
Endfraktion *f* коне́чная фра́кция
Endgeschwindigkeit *f* коне́чная ско́рость
Endglied *n* коне́чный член, коне́чное звено́

Endkonzentration *f* конéчная концентрáция
Endlage *f* конéчное положéние
Endlauge *f* отбрóсный щёлок, конéчный щёлок
endlich End- конéчный
Endlichit *m* Arsenvanadinit эндлихúт
Endlichkeit *f* конéчность
Endmineral *n* конéчный минерáл
Endmoräne *f* конéчная морéна
Endmoränen- конечноморéнный
Endmoränengebiet *n* óбласть конéчных морéн
Endmoränengürtel *m* конечноморéнный пóяс
Endmoränenkette *f* грядá конéчных морéн, конечноморéнная грядá
Endmoränenrelief *n* конечноморéнный рельéф
Endmoränensee *m* óзеро конечноморéнного ландшáфта
Endmoränenwall *m* конечноморéнная грядá, конечноморéнный вал
endobatholithisch эндобатолúтовый
Endoceratoidea *pl* эндоцератоидéи
Endocochlia *pl* внутреннерáковинные
Endoconidium *n* эндоконúд
Endoderm *n* эндодéрма
endodermal Endodermal- эндодермáльный
endogastrisch эндогастрúческий
endogen innenbürtig эндогéнный, внýтренный
endogenetisch эндогенетúческий
Endokarp *n* внутриплóдник
endokinetisch эндокинетúческий
Endokontaktgestein *n* эндоконтáктовая порóда
endomorph эндомóрфный, эндоконтáктный
Endomorphose *f* внýтренний метаморфúзм
Endoplasma *n* эндоплáзма
endoplasmatisch эндоплазматúческий
Endopodit *m* эндоподúт
Endopore *f* bei Brachiopoden эндопóра, внýтренняя пóра
Endoseptum *n* эндосéпта
Endosiphon *m* эндосифóн, внýтренний сифóн
Endosiphonaldute *f* эндосифóнная трýбка
endotherm эндотермúческий
Endothyra- эндотúровый
Endothyridae *pl* эндотúры
endotoichal эндотоихáльный
endotroph эндотрóфный
endozooecial bei Bryozoen эндозооэциáльный
Endphase *f* конéчная фáза
Endprodukt *n* конéчный продýкт
Endpunkt *m* конéчная тóчка, конéц процéсса
Endsee *m* бесстóчное óзеро
Endstadium *n* конéчная стáдия
endständig terminal концевóй, терминáльный
Endstellung *f* конéчное положéние
Endtemperatur *f* конéчная температýра
Endteufe *f* конéчная глубинá
Endverstärker *m* конéчный усилúтель
Endwassergehalt *m* конéчная влáжность
Endwert *m* конéчное значéние
Endzustand *m* конéчное состоя́ние
Energetik *f* энергéтика
energetisch Energie энергетúческий
Energie *f* энéргия
Energie- energetisch энергетúческий
Energieabgabe *f* отдáча энéргии
Energieabnahme *f* убывáние энéргии, спад энéргии
Energieänderung *f* изменéние энéргии
energiearm бéдный энéргией
Energieart *f* вид энéргии
Energieaufwand *m* затрáта энéргии
Energieauslösung *f* освобождéние энéргии
Energieaustausch *m* обмéн энéргии, энергообмéн
Energiebedarf *m* потрéбность в энéргии, спрос на энéргию; потреблéние энéргии
Energiebilanz *f* балáнс энéргии, энергобалáнс; балáнс энергоснабжéния
Energiedichte *f* плóтность энéргии
Energiedifferenz *f* рáзность энéргий
Energieeinheit *f* единúца энéргии
Energieentnahme *f* отбóр энéргии, расхóдование энéргии
Energiefluß *m* потóк энéргии
Energieform *f* фóрма энéргии, разновúдность энéргии
Energiegehalt *m* содержáние энéргии
Energiegewinnung *f* добы́ча энéргии, получéние энéргии

Energiegleichung *f* уравне́ние эне́ргии, энергети́ческое уравне́ние
Energieinhalt *m* содержа́ние эне́ргии
Energiehaushalt *m* энергети́ческое хозя́йство
Energiekapazität *f* энергоёмкость
Energiekoeffizient *m* Ek-Wert эк
Energiekurve *f* крива́я эне́ргии
Energielinie *f* ли́ния эне́ргии, крива́я эне́ргии
Energiemenge *f* коли́чество эне́ргии
Energieniveau *n* у́ровень эне́ргии
Energiequantum *n* квант эне́ргии
Energiequelle *f* исто́чник эне́ргии
energiereich бога́тый эне́ргией
Energiesatz *m* зако́н сохране́ния эне́ргии
Energiespeicher *m* аккумуля́тор эне́ргии
Energiespeicherung *f* аккумули́рование эне́ргии
Energiespektrum *n* спектр эне́ргии
Energiestrom *m* пото́к эне́ргии
Energieträger *m* носи́тель эне́ргии
Energietransport *m* Energieübertragung перено́с эне́ргии, переда́ча эне́ргии
Energieüberschuß *m* избы́ток эне́ргии
Energieübertragung *f* переда́ча эне́ргии, перено́с эне́ргии
Energieumsatz *m* оборо́т эне́ргии, обме́н эне́ргии; превраще́ние эне́ргии
Energieumwandlung *f* превраще́ние эне́ргии
Energieverbrauch *m* потребле́ние эне́ргии, расхо́д эне́ргии, затра́та эне́ргии
Energieverhältnis *n* отноше́ние эне́ргии
Energieverlust *m* поте́ря эне́ргии
Energieversorgung *f* энергоснабже́ние
Energieversorgungsnetz *n* сеть энергоснабже́ния
Energieverteilung *f* распределе́ние эне́ргии
Energiewirtschaft *f* энергети́ческое хозя́йство, энергохозя́йство
Energiezufuhr *f* прито́к эне́ргии
Energiezustand *m* энергети́ческий состоя́ние
Engadinit *m* Granitgestein энгадини́т
engbegrenzt узкоограни́ченный
Englergrad *m* гра́дус (шкалы́) Э́нглера
Englishit *m* seltenes Phosphat энглиши́т
engporig мелкопо́ристый
engschraffiert гу́сто заштрихо́ванный
Enhydros *m* энгидро́с
Enstatit *m* $Mg_2[Si_2O_6]$ энстати́т
Enstatit- энстати́товый
Enstatitandesit *m* JUDD (1886) энстати́товый андези́т
Enstatitdolerit *m* энстати́товый долери́т
Enstatitit *m* энстатити́т
Entalkalisierung *f* вы́нос ще́лочей
Entartung *f* вырожде́ние, дегенера́ция; перерожде́ние
Entaschung *f* золоудале́ние
entdecken auffinden обнару́живать/обнару́жить, открыва́ть/откры́ть
Entdeckung *f* Auffindung обнару́живание, откры́тие
entdolomitisieren дедоломитизи́ровать *uv.*, *v.*
entdolomitisiert дедоломитизи́рованный
Entdolomitisierung *f* дедоломитиза́ция
enteisen обезжеле́зивать *uv.*, *v.*
enteisent обезжеле́зненный
Enteisenung *f* очи́стка от желе́за, обезжеле́зивание
Enteisenungsanlage *f* устано́вка для обезжеле́зивания (воды́)
Entelodontia *pl* энтелодо́нты
Entelonychia *pl* энтилони́хии
Enteropneusta *pl* кишечнодыша́щие
entfalten sich sich entwickeln развёртывать/разверну́ть
Entfaltung *f* Entwicklung развёртывание
entfärben bleichen обесцве́чивать/обесцве́тить
Entfärben *n* Bleichen обесцве́чивание
entfärbt gebleicht обесцве́ченный
Entfärbung *f* Bleichung обесцве́чивание
Entfernen *n* Beseitigen отдале́ние
entfernt 1. entlegen отдалённый. 2. beseitigt удалённый
Entfernung *f* 1. Abstand расстоя́ние, отдале́ние, диста́нция. 2. Beseitigung удале́ние
Entfernungsmeß- дальноме́рный
Entfernungsmesser *m* дальноме́р
Entfernungsmeßlatte *f* дальноме́рная ре́йка
Entfernungsmessung *f* измере́ние на расстоя́нии, дистанцио́нное измере́ние

entfetten обезжи́ривать / обезжи́рить
Entfetten *n* обезжи́ривание
entfettet обезжи́ренный
entflammbar entzündbar воспламеня́емый, воспламеня́ющийся, горю́чий
Entflammbarkeit *f* Entzündbarkeit воспламеня́емость, горю́честь
entflammen entzünden воспламеня́ть / воспламени́ть
Entflammung *f* Entzündung воспламене́ние
Entflammungsgeschwindigkeit *f* ско́рость воспламене́ния
Entflammungspunkt *m* то́чка воспламене́ния
Entflammungstemperatur *f* температу́ра воспламене́ния
entgasen дегази́ровать *uv.*, *v.*
Entgasen *n* Entgasung дегази́рование, выделе́ние га́за, удале́ние га́зов
entgast дегази́рованный
Entgasung *f* дегаза́ция, выделе́ние га́за, удале́ние га́зов
Entgasungs- дегазацио́нный
Entgasungstemperatur *f* температу́ра нача́ла выделе́ния га́зов
entgegengerichtet противонапра́вленный
entgegengesetzt противополо́жный
entglast расстекло́ванный
Entglasung *f* расстеклова́ние, девитрифика́ция
Entglasungsprodukt *n* проду́кт расстеклова́ния
Enthalpie *f* энтальпи́я
Enthärtung *f* Enthärten мягче́ние, умягче́ние, смягче́ние
Enthärtungs- водоумягчи́тельный
Enthärtungsanlage *f* водоумягчи́тельная устано́вка
Entionisierung *f* деиониза́ция
Entkalkung *f* освобожде́ние (воды́) от и́звести, умягче́ние (воды́)
Entkarbonatisierung *f* декарбонатиза́ция
entkeimen стерилизова́ть *uv.*, *v.*, обеззара́живать / обеззара́зить
Entkeimung *f* Entkeimen обеззара́живание, стерилиза́ция
Entkieselung *f* десилика́ция
entkohlen обезуглеро́живать *uv.*, *v.*
entkohlt обезуглеро́женный
Entkohlung *f* обезуглеро́живание
entladen разряжа́ть / разряди́ть
entladen sich разряжа́ться / разряди́ться
Entladung *f* Entladen разря́д
Entladungs- разря́дный
Entladungsmethode *f* ме́тод разря́да
Entladungspotential *n* разря́дный потенциа́л, потенциа́л разря́да
Entladungsspannung *f* разря́дное напряже́ние, напряже́ние при разря́де
Entladungsspektrum *n* спектр разря́да
Entladungsstrom *m* разря́дный ток
entlang вдоль
entlasten разгружа́ть / разгрузи́ть
Entlastung *f* разгру́зка, освобожде́ние от нагру́зки; уменьше́ние нагру́зки
Entlastungsanlage *f* Hydrol. водосбро́сное сооруже́ние, сбросно́е сооруже́ние
Entlastungsauslaß *m* Hydrol. водосбро́с
Entlastungsbohrloch *n* разгружа́ющая бурова́я сква́жина (для сниже́ния гидростати́ческого давле́ния)
Entlastungskanal *m* отво́дный кана́л; водосбро́сный кана́л
Entlastungskurve *f* крива́я разгруже́ния, крива́я разгру́зки
Entlastungsmetamorphose *f* метамо́рфи́зм разгру́зки давле́ния
Entlastungsschacht *m* водосбро́сная ша́хта, сбросна́я ша́хта
Entlastungsstollen *m* водосбро́сный тонне́ль, сбросно́й тонне́ль
Entlastungsvorgang *m* проце́сс разгру́зки
Entlastungszeit *f* вре́мя разгру́зки
Entleerung *f* опорожне́ние
entmagnetisieren размагни́чивать / размагни́тить
Entmagnetisierung *f* размагни́чивание
Entmineralisierung *f* деминерализа́ция
Entmischung *f* распа́д твёрдого раство́ра
Entmischungseinschluß *m* включе́ние распа́да твёрдого раство́ра
Entmischungserscheinung *f* явле́ние распа́да
Entmischungsgeneration *f* генера́ция распа́да
Entmischungskörper *m* теле́ц распа́да
Entmischungslamelle *f* пласти́нка распа́да

Entmischungstemperatur *f* температу́ра распа́да
Entmischungszerfall *m* распа́д твёрдого раство́ра
Entnahme *f* взя́тие; водозабо́р
Entnahmeänderung *f* измене́ние расхо́да водозабо́ра
Entnahmeanlage *f* водозабо́рное сооруже́ние, водоприёмное сооруже́ние
Entnahmebehälter *m* водозабо́рный резервуа́р
Entnahmebreite *f* ширина́ водозабо́ра
Entnahmebrunnen *m* водозабо́рный коло́дец
Entnahmegrenze *f* грани́ца водозабо́ра
Entnahmekanal *m* водозабо́рный кана́л
Entnahmeleitung *f* водозабо́рный водопрово́д
Entnahmemenge *f* расхо́д водозабо́ра
Entnahmepunkt *m* пункт отбо́ра
Entnahmerohr *n* водозабо́рная труба́
Entnahmeschacht *m* ша́хта водозабо́ра
Entnahmestelle *f* ме́сто водозабо́ра, ме́сто захва́та воды́
Entnahmetrichter *m* Hydrogeol. воронка депре́ссии
Entnahmevorrichtung *f* устро́йство для водозабо́ра
Entoconid *m* энтокони́д
entölen обезма́сливать/обезмасли́ть
Entölung *f* обезма́сливание
Entomostraca *pl* энтомостра́ки, ни́зшие ракообра́зные
Entpolarisation *f* деполяриза́ция
Entpolarisierungserscheinung *f* явле́ние деполяриза́ции
Entropie *f* энтропи́я
Entrostung *f* удале́ние ржавчи́ны
entsalzen обессо́ливать/обессо́лить
Entsalzung *f* обессо́ливание
Entsanden *n* удале́ние песка́, освобожде́ние от песка́
Entsandung *f* удале́ние песка́, освобожде́ние от песка́
Entschlammung *f* удале́ние и́ла
Entschwefelung *f* удале́ние се́ры
Entspannung *f* сниже́ние напряже́ния
entsprechen übereinstimmen соотве́тствовать *uv.*
entstehen возника́ть/возни́кнуть
Entstehung *f* возникнове́ние, зарожде́ние, формирова́ние, образова́нние
Entstehungsverhältnisse *n/pl* усло́вия образова́ния
Entstehungsweise *f* Bildungsweise спо́соб возникнове́ния, спо́соб образова́ния
Entstehungszeit *f* Bildungszeit вре́мя возникнове́ния
entstellt verzerrt искажённый
Entstellung *f* Verzerrung искаже́ние
Entsulfatisierung *f* обессульфа́чивание
Entsumpfung *f* осуше́ние боло́т
Entteerung *f* удале́ние смо́лы
Enttonung *f* удале́ние гли́ны
Enttonungsanlage *f* устано́вка для удале́ния гли́нистой ма́ссы
entwalden обезле́сить *v.*
entwaldet обезле́сенный
entwaldeter Berg *m* голе́ц
Entwaldung *f* обезле́сение
Entwässerbarkeit *f* осуша́емость
entwässern trockenlegen обезво́живать/обезво́дить, осуша́ть/осуши́ть
Entwässern *n* Trockenlegen обезво́живание, осуше́ние, удале́ние воды́, отво́д воды́, дрена́ж
entwässert обезво́женный
Entwässerung *f* Trockenlegung обезво́живание, осуше́ние, удале́ние воды́, отво́д воды́, дрена́ж
Entwässerungsabsenkung *f* пониже́ние у́ровня воды́ при осуше́нии
Entwässerungsanlage *f* водоотливна́я устано́вка; осуши́тельная устано́вка; дрена́жная устано́вка
Entwässerungsbauten *pl* дрена́жные сооруже́ния
Entwässerungsbohrung *f* дрена́жная сква́жина, осуши́тельная сква́жина
Entwässerungsgebiet *n* райо́н осуше́ния, райо́н дрена́жа
Entwässerungsgraben *m* осуши́тельная кана́ва
Entwässerungskanal *m* осуши́тельный кана́л, дрена́жный кана́л, кана́л для отво́да воды́
Entwässerungskurve *f* крива́я обезво́живания
Entwässerungsmaßnahme *f* осуши́тельное мероприя́тие, мероприя́тие по осуше́нию, мероприя́тие по дрена́жу
Entwässerungsmethode *f* ме́тод обезво́живания

Entwässerungsnetz *n* осуши́тельная сеть, дрена́жная сеть
Entwässerungsrohr *n* дрена́жная труба́
Entwässerungsschacht *m* дрена́жная ша́хта
Entwässerungsschicht *f* дрени́рующий сло́й
Entwässerungsstollen *m* дрена́жная што́льня
Entwässerungsstrecke *f* дрена́жный штрек
Entwässerungssystem *n* дрени́рующая систе́ма, систе́ма дрена́жа
Entwässerungstechnik *f* те́хника осуше́ния
Entwässerungsverfahren *n* спо́соб осуше́ния
entweichen z. B. Gas улету́чиваться / улету́читься
Entweichen *n* улету́чивание
entwickeln 1. Allgem. развива́ть / разви́ть. 2. Foto проявля́ть / прояви́ть
entwickelt 1. Allgem. разви́тый. 2. Foto проя́вленный
Entwick(e)lung *f* 1. Allgem. разви́тие. 2. Foto проявле́ние
Entwickler *m* прояви́тель
Entwicklerlösung *f* проявля́ющий раство́р
Entwicklungsbeschleunigung *f* ускоре́ние разви́тия
Entwicklungsfolge *f* после́довательность разви́тия
Entwicklungsgeschichte *f* исто́рия разви́тия, эволюцио́нная исто́рия
Entwicklungsgesetz *n* зако́н разви́тия
Entwicklungsgrad *m* сте́пень разви́тия
Entwicklungslehre *f* эволюцио́нное уче́ние
Entwicklungsphase *f* фа́за разви́тия
Entwicklungsreihe *f* эволюцио́нный ряд, ряд разви́тия
Entwicklungsrichtung *f* направле́ние разви́тия
Entwicklungsschema *n* схе́ма разви́тия
Entwicklungsstadium *n* ста́дия разви́тия
Entwicklungsstufe *f* ста́дия разви́тия
Entwicklungstendenz *f* тенде́нция разви́тия
Entwicklungsverlauf *m* Entwicklungsgang ход разви́тия
Entwicklungszentrum *n* центр разви́тия
Entwicklungszyklus *m* цикл разви́тия
Entwurf *m* Konzept набро́сок
Entzerrungsgerät *n* трансформа́тор, развёртывающий прибо́р
entziffern дешифри́ровать *uv.*, *v.*, расшифро́вывать / расшифрова́ть
Entzifferung *f* дешифро́вка, расшифро́вка
entzündbar entflammbar воспламеня́емый, воспламеня́ющийся
Entzündbarkeit *f* воспламеня́емость
entzünden entflammen воспламеня́ть / воспламени́ть, зажига́ть / заже́чь
Entzündung *f* Entzünden воспламене́ние, зажига́ние
Entzündungspunkt *m* то́чка воспламене́ния
Entzündungstemperatur *f* температу́ра воспламене́ния
Enysit *m* Gemenge von Ton, Cu-Sulfat, Kalkspat u. a. энизи́т
Enzyklopädie *f* энциклопе́дия
enzyklopädisch энциклопеди́ческий
enzystieren инцисти́ровать *uv.*, *v.*
Eocrinoidea *pl* эокриноиде́и
eokambrisch эокембри́йский
Eokambrium *n* эоке́мбрий
Eolithikum *n* эоли́т
eophytisch эофи́товый
Eophyton- эофито́новый
Eophyton-Sandstein *m* Unterkambrium эофито́новый песча́ник
Eosphorit *m* $(Mn,Fe^{\cdot\cdot})Al[(OH)_2|PO_4]\cdot H_2O$ эосфори́т
Eosuchia *pl* эозу́хии
Eötvössche Drehwaage *f* варио́метр Э́твеша
Eozän *n* эоце́н
eozän Eozän- эоце́новый
Eozänflysch *m* эоце́новый флиш
Eozoikum *n* эозо́й
Epeirogenese *f* Epirogenese эпейрогене́з
ephebisch jünglingshaft эфеби́ческий
Ephedraceae *pl* ефедро́вые
Epheirophorese *f* эпейрофоре́з
Ephesit *m* $(Na, Ca)Al_2[(OH)_2|Al(Al, Si)Si_2O_{10}$ эфези́т
Epibatholith *m* эпибатоли́т
epibatholithisch эпибатоли́товый
Epiboulangerit *m* Boulangerit эпибуланжери́т

Epichlorit *m* Mineral der Vermiculitgruppe эпихлори́т
epidermal эпидерма́льный
Epidermis *f* эпиде́рмис, кожи́ца
Epidesmin *m* Abart von Desmin эпидесми́н
Epidiabas *m* эпидиаба́з
Epididymit *m* $Na[BeSi_3O_7OH]$ эпидидими́т
Epidot *m* $Ca_2(Al,Fe^{\cdots})_3[OH|(SiO_4)_3]$ эпидо́т
Epidot- эпидо́товый
Epidotamphibolit *m* Kalkowski (1886), Salomon (1890) эпидо́товый амфиболи́т
Epidotfazies *f* эпидо́товая фа́ция
Epidotgestein *n* эпидо́товая поро́да
epidotisiert эпидотизи́рованный
Epidotisierung *f* эпидотиза́ция
Epidotschiefer *m* эпидо́товый сла́нец
Epigabbro *m* эпига́ббро
epigen эпиге́нный
Epigenese *f* эпигене́з
epigenetisch нало́женный, эпигенети́ческий
epigenetisches Tal *n* нало́женная доли́на, эпигенети́ческая доли́на
Epigenit *m* $4CuS \cdot 3FeS \cdot As_2S_3$ эпигени́т
Epigestein *n* эпипоро́да
Epikarp внеплóдник
epikontinental Epikontinental- эпиконтинента́льный
Epikontinentalmeer *n* эпиконтинента́льное мо́ре
epikrustal эпикруста́льный
Epileucit *m* Gemenge von Orthoklas und Muskovit pseudomorph nach Leucit эпилейци́т
epimagmatisch эпимагмати́ческий
epimetamorph эпиметамо́рфный
Epimorphose *f* эпиморфо́за
Epiornis *m* эпио́рнис
Epiphorese *f* эпифоре́з
Epiphyse *f* эпифи́за
Epiphyten *pl* эпифи́ты
epiphytisch эпифи́тный
Epiplankton *n* эпипланкто́н
Epipodit *m* эпиподи́т
Epipterygoid *m* эпиптериго́ид, эпиптериго́идная кость
epirogen epirogenetisch эпейрогени́ческий
Epirogenese *f* эпейроге́ния, эпейрогене́з, эпейрогене́зис
epirogenetisch epirogen эпейрогени́ческий
epirogenetische Bewegung *f* эпейрогени́ческое движе́ние, колеба́тельное движе́ние
Epischiefer *m* эписла́нец
episeptal Episeptal- эписепта́льный
episodisch эпизоди́ческий
Episodizität *f* эпизоди́чность
Epistilbit *m* Mineral der Heulandit-Desmingruppe эпистильби́т
Epistolit *m* (Na, Ca)(Nb, Ti, Mg, Fe, Mn) $[OH|SiO_4]$ эпистоли́т
Epistoma эпистóма
Epistropheus *m* эпистрофе́й
Episyenit *m* эписиени́т
Epitheca *f* эпите́ка
Epithelium *n* эпите́лии
epithermal Epithermal- эпитерма́льный, надтеплово́й
epizentral Epizentral- эпицентра́льный
Epizentralentfernung *f* эпицентра́льное расстоя́ние
Epizentralgebiet *n* эпицентра́льная о́бласть
Epizentraltäfelchen *n* bei Echinodermen эпицентра́льная табли́чка
Epizentralzeit *f* эпицентра́льное вре́мя
Epizentralzone *f* эпицентра́льная зо́на
Epizentrum *n* эпице́нтр
Epizone *f* эпизо́на
Epoche *f* эпо́ха
Epsomit *m* Bittersalz $Mg[SO_4] \cdot 7H_2O$ эпсоми́т
Equisetales *pl* хвощо́вые
Equisetum *n* хвощ
Equoidea *pl* ло́шади
Equus gmelini тарпа́н
Equus przewalskii ло́шадь Пржева́льского
Erbanlagen *pl* насле́дственные зада́тки
Erbfolge *f* Nachfolge насле́дование
Erbium *n* Er э́рбий
erblich vererbt насле́дственный
Erblichkeit *f* Vererbung насле́дственность
Erbsenstein *m* горо́ховый ка́мень, пизоли́т
Erd- земно́й; земляно́й
Erdabplattung *f* сплю́щенность земно́го ша́ра, сплю́снутость земли́

Erdachse *f* земна́я ось
Erdalbedo *n* альбе́до земли́
Erdalkali- щёлочноземе́льный
Erdalkalimetall *n* щёлочноземе́льный мета́лл
Erdalkalireihe *f* щёлочноземе́льный ряд
erdalkalisch Erdalkali- щёлочноземе́льный
Erdanschüttung *f* земляна́я присы́пка
Erdanziehung *f* земно́е притяже́ние, земно́е тяготе́ние
Erdäquator *m* земно́й эква́тор
Erdarbeiten *f/pl* земляны́е рабо́ты
Erdarbeiter *m* землеко́п
Erdatmosphäre *f* атмосфе́ра земли́
Erdauflast *f* нагру́зка от земли́
Erdaufschüttung *f* Damm на́сыпь
Erdaufwurf *m* земляна́я о́тсыпь, отсы́пка земли́, земляна́я на́сыпь
Erdaushub *m* вы́емка гру́нта
Erdbahn *f* орби́та земли́
Erdbahnebene *f* пло́скость земно́й орби́ты
Erdbahngeschwindigkeit *f* орбита́льная ско́рость земли́
Erdball *m* Erdkugel земно́й шар
Erdbaugerät *n* маши́на для земляны́х рабо́т
Erdbeben *n* землетрясе́ние
Erdbebenenergie *f* эне́ргия землетрясе́ния
Erdbebenforschung *f* иссле́дование землетрясе́ний
erdbebenfrei асейсми́ческий
Erdbebengebiet *n* сейсми́ческая о́бласть
Erdbebenhäufigkeit *f* частота́ землетрясе́ний
Erdbebenherd *m* Hypozentrum оча́г землетрясе́ния
Erdbebenkatalog *m* катало́г землетрясе́ний
Erdbebenkatastrophe *f* сейсми́ческая катастро́фа
Erdbebenkraftfeld *n* силово́е по́ле землетрясе́ния
Erdbebenkunde *f* нау́ка о землетрясе́ниях, сейсмоло́гия
Erdbebenphysik *f* фи́зика землетрясе́ний
Erdbebenschwingung *f* колеба́ние при землетрясе́нии
erdbebensicher сейсмосто́йкий
Erdbebensicherheit *f* сейсмосто́йкость
Erdbebenskala *f* шкала́ землетрясе́ний
Erdbebenstation *f* сейсми́ческая ста́нция
Erdbebentätigkeit *f* Seismizität сейсми́ческая де́ятельность, сейсми́чность
Erdbebenwelle *f* сейсми́ческая волна́, волна́ землетрясе́ния
Erdbebenzentrum *n* центр землетрясе́ния
Erdbeobachtung *f* Geländebeobachtung назе́мное наблюде́ние
Erdbeschaffenheit *f* сво́йства гру́нта
Erdbeschleunigung *f* ускоре́ние си́лы тя́жести, земно́е ускоре́ние
Erdbeton *m* земляно́й бето́н
Erdbewegung *f* движе́ние земли́
Erdboden *m* по́чва, грунт, земля́
Erdbohrer *m* по́чвенный бура́в, земляно́й бура́в
Erdböschung *f* земляно́й отко́с
Erddamm *m* земляна́я плоти́на, земляна́я да́мба
Erddrehung *f* враще́ние земли́
Erddruck *m* Bodendruck давле́ние гру́нта, давле́ние земли́
Erddruckspannung *f* напряже́ние от давле́ния гру́нта
Erde *f* 1. Planet Земля́. 2. Erdboden земля́. 3. Erdung заземле́ние
Erdeinsenkung *f* оседа́ние земно́й пове́рхности; оса́дка гру́нта
Erdellipsoid *n* земно́й эллипсо́ид
Erden *f/pl* зе́мли
Erdentwicklung *f* разви́тие Земли́
Erderschütterung *f* сотрясе́ние земли́
Erdfall *m* зава́л, обва́л; воро́нка
Erdfeld *n* земно́е по́ле
Erdferne *f* апоге́й
erdfeucht землистовла́жный
Erdfeuchtigkeit *f* Bodenfeuchtigkeit вла́жность гру́нта, грунтова́я вла́га
Erdflächendruck *m* давле́ние на едини́цу пове́рхности гру́нта
Erdfließen *n* тече́ние по́чвы, тече́ние гру́нта, солифлю́кция
Erdgas *n* приро́дный газ
Erdgasförderung *f* добы́ча приро́дного га́за
Erdgaslager *n* га́зовая за́лежь
Erdgaslagerstätte *f* Gaslagerstätte га́зовое месторожде́ние
Erdgasmuttergestein *n* газоматери́нская поро́да
Erdgassättigung *f* газонасы́щенность

Erdgeschichte *f* история земли́
Erdgewinnung *f* Bodengewinnung вы́емка гру́нта
Erdhaufen *m* Erdhügel ко́чка, земляно́й холм
Erdhülle *f* оболо́чка земли́
erdig Erd- земли́стый
erdiger Bruch *m* земли́стый изло́м
Erdinnere *n* не́дра земли́
Erdkern *m* ядро́ земли́
Erdklumpen *m* Erdscholle ком земли́
Erdkobalt *m* Asbolan, Kobaltschwärze асбола́н
Erdkontraktion *f* контра́кция земли́
Erdkrümmung *f* кривизна́ земно́й пове́рхности
Erdkruste *f* земна́я кора́
Erdkugel *f* Erdball земно́й шар
Erdkunde *f* землеве́дение, геогра́фия
Erdladung *f* заря́д земли́
Erdlast *f* нагру́зка от давле́ния земли́
Erdleitung *f* заземли́тель
Erdmagnetfeld *n* геомагни́тное по́ле, магни́тное по́ле земли́
erdmagnetische Messung *f* геомагни́тное измере́ние
Erdmagnetisierung *f* намагни́чивание земли́
Erdmagnetismus *m* земно́й магнети́зм
Erdmantel *m* земна́я оболо́чка, ма́нтия земли́
Erdmasse *f* ма́сса земли́
Erdmassenverteilung *f* распределе́ние земляны́х масс
Erdmeridian *m* земно́й меридиа́н
Erdmittelpunkt *m* центр земли́
Erdnähe *f* периге́й
Erdoberfläche *f* земна́я пове́рхность, пове́рхность земли́
Erdöl *n* Öl нефть
Erdöl- нефтяно́й
Erdölabgabe *f* нефтеотда́ча
erdölähnlich нефтеподо́бный
Erdölansammlung *f* скопле́ние не́фти
Erdölanzeichen *n/pl* Erdölspuren нефтяны́е при́знаки, нефтепроявле́ния
Erdölausbruch *m* проры́в не́фти; фонтани́рование не́фти
Erdölaustritt *m* вы́ход не́фти
Erdölbezirk *m* нефтяно́й райо́н
erdölbildend нефтепроизводя́щий
Erdölbildung *f* Erdölentstehung нефтеобразова́ние
Erdölbohrung *f* нефтяна́я сква́жина
Erdöldestillat *n* дистилля́т не́фти, пого́н не́фти
Erdölerkundung *f* нефтепо́иски
Erdölerkundungsgeologie *f* нефтеразве́дочная геоло́гия
Erdölfeld *n* нефтяно́е по́ле, нефтяна́я пло́щадь
Erdölförderung *f* нефтедобы́ча, добы́ча не́фти
erdölführend ölführend, Erdöl- нефтено́сный
Erdölführung *f* Ölführung нефтено́сность
Erdölfund *m* откры́тие не́фти
Erdölgebiet *n* нефтяна́я о́бласть, нефтяно́й райо́н
Erdölgehalt *m* Erdölführung, Ölgehalt содержа́ние не́фти
Erdölgeologe *m* гео́лог-нефтяни́к
Erdölgeologie *f* нефтяна́я геоло́гия, геоло́гия не́фти
Erdölgewinnung *f* нефтедобы́ча, нефтяна́я добы́ча,добы́ча не́фти
Erdölhorizont *m* нефтяно́й горизо́нт
Erdölindustrie *f* нефтепромы́шленность, нефтяна́я промы́шленность
Erdöllager *n* за́лежь не́фти, нефтяна́я за́лежь
Erdöllagerstätte *f* нефтяно́е месторожде́ние, месторожде́ние не́фти,за́лежь не́фти
Erdölleitung *f* Pipeline нефтепрово́д
Erdölmarkt *m* нефтяно́й ры́нок
Erdölmutter- нефтемате́ринский
Erdölmuttergestein *n* нефтемате́ринская поро́да
Erdölnutzungskoeffizient *m* коэффицие́нт испо́льзования не́фти
Erdölprodukt *n* нефтепроду́кт
Erdölprovinz *f* нефтено́сная прови́нция
Erdölrückstand *m* нефтяны́е оста́тки
Erdölsalse *f* нефтяна́я со́пка
Erdölsättigung *f* нефтенасыще́ние, нефтенасы́щенность
Erdölsättigungskoeffizient *m* коэффицие́нт нефтенасыще́ния
Erdölspringer *m* нефтяно́й фонта́н
erdöl- und erdgasführend нефтегазоно́сный
Erdölverarbeitung *f* перерабо́тка не́фти
Erdölvorrat *m* запа́с не́фти
Erdölwirtschaft *f* нефтяно́е хозя́йство

Erdpech *n* земна́я смо́ла, асфа́льт
erdphotogrammetrische Aufnahme *f* наземная фотограмметри́ческая съёмка
Erdpotential *n* земно́й потенциа́л
Erdpressung *f* давле́ние на грунт
Erdpyramide *f* землянáя пирами́да
Erdradius *m* ра́диус земли́
Erdreich *n* грунт, земля́, по́чва
Erdrinde *f* земна́я кора́
Erdrotation *f* враще́ние земли́
Erdrutsch *m* о́ползень, обва́л
Erdrutsch- о́ползневый
Erdrutscherscheinung *f* о́ползневое явле́ние
Erdrutschform *f* о́ползневая фо́рма
Erdrutschstufe *f* о́ползневая ступе́нь
Erdrutschzone *f* о́ползневая зо́на
Erdschicht *f* сло́й земли́, земляно́й сло́й
Erdschlacke *f* земляно́й шлак
Erdschlipf *m* о́ползень
Erdschlußstrom *m* блужда́ющий ток
Erdscholle *f* глы́ба земли́, земляна́я глы́ба
Erdschüttung *f* земляна́я отсы́пка, земляна́я на́сыпь
Erdschwerpunkt *m* центр тя́жести земли́
Erdschwingung *f* колеба́ние земли́
Erdsphäroid *n* земно́й сферо́ид
Erdstaudamm *m* земляна́я плоти́на
Erdstoß *m* подзе́мный толчо́к, подзе́мный уда́р
Erdstrahl *m* земно́й луч
Erdstrahlung *f* земно́е излуче́ние, излучение земли́
Erdstrom *m* земно́й ток, теллури́ческий ток
Erdtemperatur *f* температу́ра земли́
Erdtrichter *m* воро́нка, воронкообра́зное углубле́ние в земле́
Erdumdrehung *f* враще́ние земли́, обраще́ние земли́
Erdumlauf *m* обраще́ние земли́
Erdung *f* заземле́ние
Erdungsradius *m* ра́диус заземле́ния
Erdungswiderstand *m* сопротивле́ние заземле́ния
Erdverfestigung *f* укрепле́ние гру́нта
Erdverlagerung *f* перемеще́ние гру́нта
Erdvolumen *n* объём земли́
Erdwachs *n* го́рный воск
Erdwärme *f* земна́я теплота́
Erdzentrum *n* центр земли́
Erfahrung *f* о́пыт
Erfahrungsaustausch *m* обме́н о́пытом
Erfahrungstatsache *f* о́пытный факт
Erfahrungswert *m* о́пытное да́нное
Erfahrungszahl *f* о́пытное число́
Erfordernis *f* Bedarf потре́бность
erforschen untersuchen иссле́довать *uv.*, *v.*, изуча́ть/изучи́ть
erforscht untersucht иссле́дованный, изу́ченный
Erforschung *f* Untersuchung иссле́дование, изуче́ние
Erg *n* эрг
Ergänzung *f* дополне́ние
Ergänzungs- дополни́тельный
Ergänzungsaufnahme *f* дополни́тельная съёмка
Ergänzungswinkel *m* дополни́тельный у́гол
ergiebig оби́льный
Ergiebigkeit *f* Hydrogeol. мо́щность исто́чника, расхо́д, деби́т
Ergiebigkeitsbestimmung *f* определе́ние деби́та
Ergiebigkeitsgesetz *n* зако́н деби́та (грунтовы́х вод)
Ergiebigkeitsgleichung *f* уравне́ние деби́та, уравне́ние расхо́да
Ergiebigkeitslinie *f* ли́ния расхо́да, ли́ния отда́чи
Ergiebigkeitsrückgang *m* паде́ние деби́та, паде́ние отда́чи
Ergiebigkeitsschwankung *f* колеба́ние деби́та, колеба́ние отда́чи
Ergosterin *n* $C_{28}H_{44}O$ эргостери́н
Ergreifen *n* захва́т
Erguß *m* излия́ние, изверже́ние
Ergußgestein *n* Eruptivgestein изве́рженная поро́да
Erhaltung *f* сохране́ние; сохра́нность
Erhaltungsform *f* фо́рма сохране́ния
Erhaltungsgesetz *n* зако́н сохране́ния
Erhaltungsgrad *m* сте́пень сохра́нности
Erhaltungszustand *m* сохра́нность
erhärten erstarren затверде́ть/затвердева́ть
Erhärtung *f* Erstarrung тверде́ние, затвердева́ние
Erhärtungsvorgang *m* проце́сс тверде́ния

erheben sich steigen поднима́ться/подня́ться
Erhebung *f* Hochgebiet, Anstieg подня́тие, возвыше́ние
erhitzen erwärmen нагрева́ть/нагре́ть
Erhitzung *f* нагрева́ние
Erhitzungszone *f* зо́на нагре́ва
erhöhen steigern, heben повыша́ть/повы́сить, увели́чивать/увеличи́ть
erhöht повы́шенный
Erhöhung *f* 1. Anhöhe возвы́шенность, возвыше́ние. 2. Steigerung повыше́ние
Ericaceae *pl* вере́сковые
Ericales *pl* верескоцве́тные, вере́сковые
Erikit *m* Mineral der Zoisitreihe эрики́т
Erinadin *m* Y-haltiger Pyrop эринади́н
Erinit *m* $Cu_5[(OH)_2|AsO_4]_2$ эрини́т
Eriochalcit *m* $CuCl_2$ bzw. $CuCl_2 \cdot 2H_2O$ эриохальци́т
Erionit *m* $(K_2, Na_2, Ca)[AlSi_3O_8]_2 \cdot 6H_2O$ эриони́т
Eriophorum *n* пуши́ца
erische Phase *f* эри́йская фа́за скла́дчатости
erkalten 1. abkühlen охлажда́ть/охлади́ть. 2. erstarren застыва́ть/засты́ть
Erkalten *n* 1. Abkühlen охлажде́ние. 2. Erstarren застыва́ние
Erkenntnis *f* позна́ние
Erkenntnistheorie *f* тео́рия позна́ния
Erkennungsmerkmal *n* диагности́ческое сво́йство
erklären erläutern объясня́ть/объясни́ть
Erklärung *f* Erläuterung объясне́ние, поясне́ние
erkunden разве́дывать/разве́дать
erkundet разве́данный
Erkundung *f* Prospektierung разве́дка
Erkundungs- разве́дочный
Erkundungsarbeit *f* разве́дочная рабо́та
Erkundungsbau *m* разве́дочная вы́работка
Erkundungsbohrung *f* разве́дочная бурова́я сква́жина
Erkundungsgeologe *m* разве́дчик, гео́лог-поискови́к
Erkundungslinie *f* разве́дочная ли́ния
Erkundungsmethode *f* ме́тод разве́дки
Erkundungsstand *m* Erkundungsgrad разве́данность
Erkundungstrupp *m* разве́дочная па́ртия, по́исковая па́ртия
Erkundungsverfahren *n* ме́тод разве́дки
Erlan *m* эрла́н
Erlangestein *n* эрла́новая поро́да
erläutern erklären объясня́ть/объясни́ть, поясня́ть/поясни́ть
erläuternd erklärend объясни́тельный, поясни́тельный
Erläuterung *f* Erklärung объясне́ние, поясне́ние; поясни́тельная запи́ска
Erle *f* *Alnus* ольха́
Erlen- ольхо́вый
Erlenbruch *m* ольхо́вая трясина
Erlenmeyerkolben *m* колба Э́рленмейера
Erlenmoor *n* ольхо́вая топь
Erlentorf *m* ольхо́вый торф
Erlenwald *m* ольхо́вник, ольша́ник
erliegen прекраща́ть/прекрати́ть разрабо́тку (месторожде́ния)
erloschen поту́хший
erlöschen потуха́ть/поту́хнуть
Ermüdung *f* уста́лость
Ermüdungsbruch *m* разруше́ние от уста́лости
Ermüdungserscheinung *f* явле́ние уста́лости
Ermüdungsfestigkeit *f* преде́л уста́лости
Ermüdungsgrenze *f* преде́л уста́лости
Ermüdungsprobe *f* испыта́ние на уста́лость
Ernährung *f* Speisung пита́ние
Erodierbarkeit *f* эрозио́нность, эроди́руемость
erodieren abtragen размыва́ть/размы́ть, эроди́ровать *uv.*, *v.*
erodiert abgetragen размы́тый, эроди́рованный
Erosion *f* Abtragung эро́зия, размы́вание
Erosions- erosiv эрозио́нный
Erosionsanschnitt *m* эрозио́нный срез, эрозио́нный у́ровень
Erosionsarbeit *f* рабо́та размы́ва, рабо́та эро́зии
Erosionsbasis *f* ба́зис эро́зии
Erosionsdiskordanz *f* эрозио́нное несогла́сие
Erosionsdominante *f* эрозио́нная домина́нта

Erosionseinschnitt *m* эрозио́нный врез
Erosionseinwirkung *f* возде́йствие эро́зии, де́йствие эро́зии
Erosionserscheinung *f* явле́ние эро́зии
Erosionsfestigkeit *f* усто́йчивость в отноше́нии эро́зии
Erosionsfläche *f* эрозио́нная пове́рхность, пове́рхность эро́зии
Erosionsfurche *f* эрозио́нное ру́сло, эрозио́нная ры́твина, эрозио́нная борозда́
Erosionsgebiet *n* райо́н смы́ва
Erosionsgeschwindigkeit *f* ско́рость эро́зии
Erosionsgliederung *f* эрозио́нное расчлене́ние
Erosionsgrundbruch *m* Inggeol. разруше́ние основа́ния всле́дствие эро́зии
Erosionshang *m* эрозио́нный склон
Erosionshöhle *f* эрозио́нная пеще́ра
Erosionshorizont *m* горизо́нт размы́ва
Erosionskessel *m* эрозио́нная котлови́на
Erosionskraft *f* си́ла эро́зии, интенси́вность эро́зии
Erosionsnetz *n* эрозио́нная сеть
Erosionsniveau *n* эрозио́нный у́ровень
Erosionsprozeß *m* эрозио́нный проце́сс
Erosionsrelief *n* эрозио́нный релье́ф
Erosionsrest *m* эрозио́нный оста́ток, эрозио́нный оста́нец
Erosionsrinne *f* эрозио́нная ложби́на, ложби́на размы́ва, эрозио́нное ру́сло; овра́г
Erosionsschlucht *f* промо́ина, эрозио́нный овра́г
Erosionssee *m* эрозио́нное о́зеро
Erosionstal *n* эрозио́нная доли́на; доли́на размы́ва
Erosionstätigkeit *f* эрозио́нная де́ятельность, де́йствие эро́зии
Erosionsterminante *f* эрозио́нная термина́нта
Erosionsterrasse *f* терра́са размы́ва, эрозио́нная терра́са
Erosionsvorgang *m* проце́сс эро́зии
Erosionswirkung *f* де́йствие эро́зии, эрозио́нный эффе́кт
Erosionszyklus *m* эрозио́нный цикл, цикл эро́зии
erosiv Erosions- эрозио́нный
erratisch эррати́ческий
errechnen berechnen вычисля́ть / вы́числить
errechnet berechnet вы́численный
erregen возбужда́ть / возбуди́ть
Erregen *n* возбужде́ние
Erreger *m* возбуди́тель
Erregerfrequenz *f* частота́ возбужде́ния
Erregung *f* возбужде́ние
Erregungsenergie *f* эне́ргия возбужде́ния
Errichtung *f* Bau сооруже́ние, строи́тельство
Ersatzbohrloch *n* дополни́тельная бурова́я сква́жина
Ersatzstoff *m* Ersatz замени́тель
ersaufen затопля́ть/затопи́ть ша́хту
erscheinen auftreten появля́ться / появи́ться
Erscheinen *n* Auftreten появле́ние
Erscheinung *f* явле́ние
Erscheinungsform *f*. фо́рма явле́ния
erschließen вскрыва́ть / вскрыть (месторожде́ние)
Erschließen *n* вскры́тие (месторожде́ния)
Erschließung *f* вскры́тие (месторожде́ния)
Erschöpfung *f* истоще́ние (месторожде́ния)
erschürfen разве́дывать/разве́дать месторожде́ние шу́рфами
Erschütterung *f* Vibration сотрясе́ние
Erschütterungskoeffizient *m* коэффицие́нт сотрясе́ния
Erschütterungsmessung *f* измере́ние сотрясе́ний
Erschütterungszentrum *n* центр сотрясе́ния
Ersetzung *f* Ersetzen замеще́ние
ersoffen зато́пленный
erstarren застыва́ть / засты́ть, затвердева́ть / затверде́ть
Erstarren *n* застыва́ние, затвердева́ние
Erstarrung *f* застыва́ние, затвердева́ние
Erstarrungsbeginn *m* нача́ло затвердева́ния
Erstarrungskurve *f* крива́я затвердева́ния
Erstarrungsprozeß *m* проце́сс затвердева́ния
Erstarrungspunkt *m* то́чка затвердева́ния

Erstarrungstemperatur *f* температу́ра затвердева́ния
Erstarrungswärme *f* теплота́ затвердева́ния
Erstausscheidung *f* первовыделе́ние
Erstbeschreibung *f* пе́рвое описа́ние
erstrecken sich sich ausdehnen простира́ться/простере́тсья
Erstreckung *f* Ausdehnung простира́ние; разме́р
Erstschmelze *f* перви́чный распла́в
Ertrag *m* Ausbeute, Förderung добы́ча, деби́т
ertragsarm малоде́битный
Erubescit *m* † Bornit эрубесци́т
eruptieren фонтани́ровать *uv.*, *v.*
eruptierend фонтани́рующий
Eruption *f* 1. Vulk. изверже́ние, взрыв. 2. Erdöl фонтани́рование
Eruptionsabfolge *f* после́довательность изверже́ний
Eruptionskanal *m* тру́бка взры́ва
Eruptionsmechanismus *m* механи́зм изверже́ния
Eruptionszyklus *m* эрупти́вный цикл
eruptiv Eruptiv- 1. Vulk. эрупти́вный, изве́рженный. 2. Erdöl фонта́нный
Eruptivbrekzie *f* эрупти́вная бре́кчия, бре́кчия изверже́ния
Eruptivgang *m* эрупти́вная жи́ла
Eruptivgestein *n* Ergußgestein изве́рженная поро́да
Eruptivkörper *m* эрупти́вное те́ло
Eruptivtätigkeit *f* эрупти́вная де́ятельность
Eruptivzentrum *n* эрупти́вный центр
erwachsen взро́слый
erwärmen нагрева́ть/нагре́ть, тепле́ть/потепле́ть
Erwärmen *n* нагрева́ние, нагре́в, потепле́ние
Erwärmung *f* нагрева́ние, нагре́в, потепле́ние
Erwärmungseffekt *m* эффе́кт нагрева́ния
Erwärmungsperiode *f* пери́од потепле́ния
Erwärmungsphase *f* фа́за нагре́ва, фа́за потепле́ния
Erwärmungstrend *m* тенде́нция к потепле́нию
Erwärmungsvorgang *m* проце́сс прогре́ва, проце́сс нагрева́ния
erweichen размягчи́ть/размягча́ть
erweitern sich sich ausweiten расширя́ть/расши́рить
Erweiterung *f* расшире́ние
Erweiterungsbohrer *m* бур-расшири́тель
Erxlebenit *m* Meteorit эрксклебени́т
Erythrin *m* Kobaltblüte $Co_3[AsO_4]_2 \cdot 8H_2O$ эритри́н
Erythrosiderit *m* $K_2[FeCl_5H_2O]$ эритросидери́т
Erythrozinkit *m* (Zn, Mn)S эритроцинки́т
Erz *n* руда́
Erz- erzhaltig ру́дный, рудоно́сный
Erzabbau *m* разрабо́тка ру́дного месторожде́ния, разрабо́тка руд
Erzablagerung рудоотложе́ние
Erzaggregat *n* ру́дный агрега́т
Erzakkumulation *f* ру́дное накопле́ние
Erzanreicherung *f* ру́дное скопле́ние
Erzanteil *m* ру́дная часть
Erzanzeichen *n* рудопроявле́ние
Erzapophyse *f* ру́дная апофи́за
Erzart *f* вид руды́
Erzaufbereitung *f* обогаще́ние руд
Erzaufbereitungsanlage *f* рудообогати́тельная устано́вка
Erzausbeute *f* вы́ход руды́
Erzausbiß *m* ру́дный вы́ход
Erzbasis *f* ру́дная ба́за
Erzbergbau *m* горнору́дная промы́шленность
Erzbergmann *m* рудоко́п
Erzbergwerk *n* рудни́к
Erzbewertung *f* оце́нка руды́; определе́ние соста́ва руды́
Erzbezirk *m* ру́дный райо́н
erzbildend рудообразу́ющий
Erzbildung *f* рудообразова́ние
Erzbildungsphase *f* фа́за рудообразова́ния
Erzbildungsvorgang *m* проце́сс рудообразова́ния
Erzbrecher *m* рудодроби́лка
Erzbrecherei *f* рудодроби́льная фа́брика
Erzbringer *m* исто́чник руд
Erzbrocken *m* кусо́к руды́
Erzbunker *m* ру́дный бу́нкер
erzeugen herstellen производи́ть/произвести́
Erzeugung *f* Herstellung произво́дство
Erzfall *m* ру́дный столб

Erzfeld *n* Erzrevier рýдное пóле
Erzförderkanal *m* рудоподводя́щий канáл
Erzformation *f* рудонóсная формáция, рýдная формáция
Erzfraktion *f* рýдная фрáкция
erzfrei безрýдный
erzführend erzhaltig рудонóсный
Erzführung *f* Erzgehalt рудонóсность
Erzgang *m* рýдная жи́ла, металлонóсная жи́ла
Erzgefüge *n* рýдная структýра
Erzgehalt *m* содержáние руды́; рудонóсность
Erzgemisch *n* рýдная смесь
Erzgewinnung *f* добы́ча руды́
Erzgrube *f* рудни́к
Erzhalde *f* рýдный отвáл
Erzhorizont *m* рýдный горизóнт, рудонóсный горизóнт
Erzimprägnation *f* рýдные вкраплéния, вкраплéния руды́
Erzindustrie *f* горнорýдная промы́шленность
Erzinjektion *f* рýдная инъéкция
Erzkarrotage *f* рýдный каротáж
Erzklaubanlage *f* установка для ручнóй рудоразбóрки
Erzklauben *n* ручнáя рудоразбóрка
Erzklauberei *f* рудосортирóвочная фáбрика
Erzklein *n* рýдная мéлочь
Erzknolle *f* рýдный желвáк
Erzkomplex *m* рýдный кóмплекс
Erzkonkretion *f* рýдный желвáк
Erzkonzentration *f* обогащéние руды́
Erzkörper *m* рýдное тéло
Erzlager *n* рýдная зáлежь
Erzlagerstätte *f* рýдное месторождéние
Erzlagerstättenkunde *f* наýка о рýдных месторождéниях
Erzlaugerei *f* установка для выщелáчивания руды́
Erzlaugung *f* выщелáчивание руды́
Erzlieferant *m* постáвщик руд
Erzlineal *n* рýдная лéнта
Erzlinse *f* рýдная ли́нза
Erzlösung *f* рýдный раствóр, рудонóсный раствóр
Erzmagma *n* рýдная мáгма
Erzmikroskop *n* рýдный микроскóп
Erzmikroskopie *f* рýдная микроскопи́я
Erzmineral *n* рýдный минерáл
Erzmineral- рудоминерáльный
Erzmineralisation *f* Erzmineralisierung рýдная минерализáция
Erzmischanlage *f* рудосмеси́тельная установка
Erzmühle *f* мéльница для размóла руды́, рудодроби́лка
erznah околорýдный
Erznebengestein *n* околорýдная порóда
Erznest *n* рýдное гнездó
Erzniere *f* рудонóсная пóчка, рýдная пóчка
Erzparagenese *f* рýдный парагенéзис
Erzprobe *f* рýдная прóба
Erzprospektions- руднопóисковый
Erzprovinz *f* рýдная прови́нция
Erzquarz *m* рýдный кварц
Erzrohstoff- рудносырьевóй
Erzscheider *m* рудообогати́тельный аппарáт, аппарáт для обогащéния руды́
Erzschicht *f* рýдный пласт
Erzschlauch *m* рýдная трубá
Erzschlich *m* рýдный концентрáт
Erzschliere *f* рýдная шли́ра
Erzsortierung *f* сортирóвка руды́
Erzstaub *m* рýдная пыль
Erzstockwerk *n* рудонóсный штоквéрк
Erzstufe *f* штуф, образéц руды́
Erzträger *m* рудоноси́тель
Erzverwachsung *f* рýдное срастáние
Erzwäsche *f* рудопромы́вочный цех; рудопромы́вочная фáбрика
Erzwäscherei *f* рудопромы́вочная фáбрика
erzwungen вы́нужденный
Erzzerkleinerungsanlage *f* рудоизмельчáющая установка
Erzzone *f* рýдная зóна, рýдная полосá, рýдный пóяс
Erzzufuhr *f* привнóс руды́
erzzuführend рудоподводя́щий
Erzzuführungs- рудоподводя́щий
Esbjerg-Kultur *f* э́сбьергская культýра
Esboit *m* Gruppe der Oligoklasdiorite эсбóйт
Esche *f* *Fraxinus* L. я́сень
Eschwegeit *m* Mineral der Pyrochlorgruppe эшвегéйт
Eskebornit *m* $CuFeS_2$(?) эскеборни́т
Eskolait *m* Cr_2O_3 mit wenig V_2O_3 und Fe_2O_3 эсколáйт

Esmeraldait *m* Nadeleisenerz (Rubinglimmer?) mit adsorbiertem H_2O эсмеральдáйт
Espichellit *m* melanokrates Ganggestein эспичелли́т
Essexit *m* Alkaligabbro эссекси́т
Essexitåkerit *m* hypabyssische Randfazies des Essexit (BRÖGGER 1933) эссекси́товый акери́т
Essexitaplit *m* HIBSCH (1900) эссекси́товый апли́т
Essexitdiabas *m* эссекси́товый диабáз
Essexitgabbro *m* эссекси́товое гáббро
essexitisch Essexit- эссекси́товый
essigsauer уксуснокúслый
Essigsäure *f* $CH_3 \cdot COOH$ ýксусная кислотá
Essigsäureauszug *m* уксуснокúслая вы́тяжка
Esterelit *m* quarzführender Hornblende- (bzw. Diorit-)porphyrit эстерелли́т
Esterzahl *f* эфи́рное числó
Estheriidae *pl* эстери́иды
Etagenbau *m* Bergbau эта́жная разрабóтка
Etalon *m* Eichmaß этало́н
Ethmoidal- этмоидáльный
Ethmoidalregion *f* этмоидáльная óбласть
Ethmoideum *n* этмóидная кость, решётчатая кость
Ethmolith *m* Intrusivkörper этмоли́т
Etikett *n* этикéтка, нáдпись
etikettieren этикети́ровать *uv.*, *v.*
Etindit *m* Nephelinitgestein этинди́т
Etroeungt *n* Oberdevon этрёнь
Etroeungt- этрéньский
Etroeungt-Schichten *f/pl* Oberdevon слой этрёнь
Ettringit *m* $Ca_6Al_2[(OH)_4|SO_4]_3 \cdot 24H_2O$ эттринги́т
Euamphibia *pl* настоя́щие амфи́бии
Eucalyptus *m* эвкали́пт
Euchlorin *m* ? entspricht etwa Hydrocyanit эвхлори́н
Euchroit *m* $Cu_2[OH|AsO_4] \cdot 3H_2O$ эвхрои́т
Eucommiaceae *pl* эвкóммиевые
Eucrustacea *pl* и́стинные ракообрáзные
Eudialyt *m* $(Na, Ca, Fe)_6Zr[(OH, Cl)|(Si_3O_9)_2]$ эвдиали́т
Eudialyt- эвдиали́товый
Eudidymit *m* $Na[BeSi_3O_7OH]$ эвдидими́т
eugeosynklinal эвгеосинклинáльный
Eugeosynklinale *f* эвгеосинклинáль
Euglenoidina *pl* эвглéновые
Euglenophyta *pl* эвглéновые вóдоросли
eugranitisch эвграни́товый
Eukairit *m* α-$Cu_2Se \cdot Ag_2Se$ эйкайри́т
Euklas *m* $Al[BeSiO_4OH]$ эвклáз
Eukolit *m* Nb-haltiger Eudialyt эвколи́т
Eukrit *m* эвкри́т
Eukryptit *m* $Li[AlSiO_4]$ эвкрипти́т
Eulysit *m* эвлизи́т
Eulytin *m* $Bi_4[SiO_4]_3$ эвлити́н
eumagmatisch эвмагмати́ческий
Eumycetes *pl* Höhere Pilze эвмицéты
Euosmit *m* bernsteinähnliches Harz эвосми́т, эуосми́т
eupelagisch эвпелаги́ческий
Euphorbiaceae *pl* молочáйные
euphotisch эвфоти́ческий
Euphyllit *m* эвфилли́т
Euplankton *n* настоя́щий планктóн
euporphyrisch эвпорфи́ровый
Euralith *m* † Leptochlorit von Eura эврали́т
eurasiatisch евразийский
Eurasien *n* Еврáзия
Europium *n* Eu еврóпий
Europium- еврóпиевый
Euryapsida *pl* эвриапси́дные
eurybath эврибáтный
eurybiont эврибиóнтный
euryhalin эвригали́нный
euryoxybiont эврииоксибиóнтный
Eurypterida *pl* эвриптери́ды, гигантострáки
eurysiphonat широкосифóнный
Eurysiphonata *pl* широкосифóнные
eurytherm эвритéрмный
eurytop эвритóпный
Eurytopie *f* эвритопи́я
Eusapropel *n* эусапропéль
Euseptoidum *n* bei Brachiopoden niedriges Mediansеptum эусептóид, средúнный вáлик
eustatisch эвстати́ческий
Eustele *f* эвстéла
Eusynchit *m* † krustenförmiger Descloizit эвсинхи́т, эйзинхи́т
Eutaxit *m* эвтакси́т
eutaxitisch эвтакси́товый
Eutektikum *n* эвтéктика
eutektisch эвтекти́ческий
Eutektit *m* эвтекти́т
Eutektofelsit *m* эвтектофельзи́т

eutektoidartig эвтектоидоподо́бный
eutektoidisch эвтекто́идный
Eutektophyr *m* эвтектофи́р
Eutektstruktur *f* эвтекти́ческая структу́ра
Euthalit *m* Analcim эвтали́т
Eutonik *f* Geochem. эвто́ника
eutonisch эвтони́ческий
eutroph эвтро́фный
Eutrophie *f* эвтрофи́я
Euvitrit *m* эввитре́н, эввитри́т, бесструкту́рный витре́н
Euxenit *m* эвксени́т
euxinisch эвкси́нский
Evansit *m* $Al_3[(OH)_6|PO_4]\cdot 6H_2O$ эванси́т
Evergreenit *m* Varietät von Nordmarkit эвергрини́т
evolut эволю́тный, необъе́млющий
Evolution *f* Entwicklung эволю́ция
Evolutions- Entwicklungs- эволюцио́нный
ewige Gefrornis *f* ewiger Bodenfrost ве́чная мерзлота́
ewiger Bodenfrost *m* ewige Gefrornis ве́чная мерзло́та
EW-Streichen *n* широ́тное простира́ние
Exaltation *f* экзальта́ция
Exanthalit *m* teils Glaubersalz, teils $Na_2SO_4\cdot 2H_2O$ эксантгали́т
Exaration *f* экзара́ция, леднико́вое выпа́хивание
Exarationsfläche *f* экзарацио́нная пове́рхность
Exarationshang *m* экзарацио́нный склон
Exemplar *n* экземпля́р
Exhalation *f* выпа́ривание, эксгаля́ция
Exhalationsgas *n* эксгаляцио́нный газ
Exhalationslagerstätte *f* эксгаляцио́нное месторожде́ние
Exhalationsprodukt *n* проду́кт эксгаля́ции
Exhalationsstadium *n* эксгаляцио́нная ста́дия
exhalativ Exhalations- эксгаляцио́нный
exhalativ-sedimentär эксгаляцио́нно-оса́дочный
exhalierend выдыха́ющий
Exine *f* экзи́на
existent существу́ющий
Existenz *f* существова́ние
Existenzbedingungen *pl* Lebensbedingungen усло́вия существова́ния
Existenzbereich *m* о́бласть существова́ния
existenzfähig жизнеспосо́бный
Existenzgebiet *n* о́бласть существова́ния
Exkursion *f* экску́рсия
Exkursionsführer *m* путеводи́тель экску́рсии
Exoccipetale *n* бокова́я заты́лочная кость
exogastrisch экзогастри́ческий
exogen экзоге́нный, вне́шний, пове́рхностный
exogen-akkumulativ экзогенноаккумуляти́вный
exogene Lagerstätte *f* пове́рхностное месторожде́ние
Exogyra- экзоги́ровый
exokinetisch экзокинети́ческий
Exokontakt- экзоконта́ктный
Exokontaktzone *f* экзоконта́ктная зо́на
exomorph экзомо́рфный
Exopodit *m* экзоподи́т, нару́жная ветвь ног
Exopore *f* bei Brachiopoden экзопо́ра, нару́жная по́ра
Exoseptum *n* экзосе́пта
Exoskelett *n* Außenskelett нару́жный скеле́т
exothermisch экзотерми́ческий
exotisch экзоти́ческий
exotrop экзотро́пный
Expansion *f* расшире́ние
Expansionsarbeit *f* рабо́та расшире́ния
Expansionsdruck *m* давле́ние при расшире́нии
Expansionskonstante *f* коэффицие́нт расшире́ния
Expansionskraft *f* си́ла расшире́ния
Expansionskurve *f* крива́я расшире́ния
Expedition *f* экспеди́ция
Expeditions- экспедицио́нный
Expeditionsschiff *n* экспедицио́нное су́дно
Experiment *n* Versuch экспериме́нт, о́пыт
experimental эксперимента́льный, о́пытный
Experimentalphysik *f* о́пытная фи́зика
experimentell Experimental- эксперимента́льный, о́пытный
experimentieren Versuche anstellen эксперименти́ровать *uv.*

explodieren detonieren взрыва́ться / взорва́ться
Exploitation *f* эксплуата́ция
Exploitations- эксплуатацио́нный
Exploitationsbohren *n* эксплуатацио́нное буре́ние
Exploitationsbohrung *f* эксплуатацио́нная сква́жина
Explosion *f* Sprengung взрыв
explosionsartig взрывно́й
Explosionsbeben *n* эксплози́вное землетрясе́ние
Explosionsbereich *m*, *n* сфе́ра де́йствия взры́ва
Explosionscaldera *f* кальде́ра взры́ва
Explosionsdruck *m* давле́ние взры́ва
Explosionsfähigkeit *f* взры́вчатость
Explosionsgefahr *f* опа́сность возникнове́ния взры́ва
explosionsgefährdet взрывоопа́сный
explosionsgeschützt взрывобезопа́сный
Explosionsgeschwindigkeit *f* ско́рость распростране́ния взры́ва
Explosionskanal *m* тру́бка взры́ва
Explosionskraft *f* си́ла взры́ва
Explosionskrater *m* кра́тер взры́ва
Explosionsröhre *f* тру́бка взры́ва, диатре́ма
Explosionssicherheit *f* взрывобезопа́сность
Explosionsstoß *m* толчо́к взры́ва
Explosionstemperatur *f* температу́ра взры́ва
Explosionswelle *f* взрывна́я волна́, волна́ от взры́ва
Explosionswolke *f* Vulk. ту́ча изверже́ния
explosiv Explosiv- эксплози́вный, взрывно́й, взры́вчатый
Explosivkrater *m* эксплози́вный кра́тер
Explosivstoff *m* взры́вчатое вещество́
Exponent *m* показа́тель (сте́пени)
Exponential- экспоненциа́льный, показа́тельный
Exponentialfaktor *m* экспоненциа́льный множи́тель
Exponentialformel *f* показа́тельная фо́рмула
Exponentialfunktion *f* показа́тельная фу́нкция
Exponentialgesetz *n* экспоненциа́льный зако́н
Exponentialgleichung *f* показа́тельное уравне́ние
Exponentialkurve *f* показа́тельная крива́я, экспоненциа́льная крива́я
Exponentialreihe *f* показа́тельный ряд
Exporterz *n* э́кспортная руда́
Exposition *f* Belichtung экспози́ция
Exsikkator *m* эксика́тор
Externiden *pl* экстерни́ды
Externlobus *m* Außenlobus нару́жная ло́пасть, сифо́нная ло́пасть, вне́шняя ло́пасть
Externrotation *f* вне́шнее враще́ние
extraglazial экстрагляциа́льный, внеледнико́вый
extrahieren экстраги́ровать *uv.*, *v.*, извлека́ть / извле́чь
Extrahieren *n* экстраги́рование, извлече́ние
Extrahierung *f* экстра́кция, извлече́ние
extrakontinental внеконтинента́льный
Extrakt *m* Auszug экстра́кт
Extraktion *f* экстраги́рование, извлече́ние
Extraktionsrückstand *m* оста́ток от извлече́ния
extramolekular внемолекуля́рный
extranuklear внея́дерный
Extrapolation *f* Extrapolierung экстраполя́ция
extrapolieren экстраполи́ровать *uv.*, *v.*
extrapoliert экстраполи́рованный
Extrapolierung *f* Extrapolation экстраполя́ция
extraterrestrisch внезе́мный
extrazellulär внекле́точный
extrem кра́йний
Extremalwert *m* Extremwert кра́йнее значе́ние, экстрема́льное значе́ние
Extremität *f* оконе́чность
Extremwert *m* экстрема́льное значе́ние
Extrusion *f* экстру́зия, проце́сс изверже́ния
extrusiv Extrusiv- экструзи́вный
Extrusivgestein *n* экструзи́вная поро́да
Extrusivkörper *m* экструзи́вное те́ло
exzentrisch эксцентри́чный; эксцентри́ческий
Exzentrizität *f* эксцентрисите́т; эксцентри́чность
Exzentrizitätseinfluß *m* влия́ние эксцентрисите́та
Exzentrizitätswinkel *m* у́гол эксцентрисите́та

F

Fabrik *f* фа́брика, заво́д
Facettenauge *n* фасе́точный глаз
Fach *n* Fachgebiet специа́льность
Facharbeiter *m* квалифици́рованный рабо́чий
Fachausdruck *m* специа́льное выраже́ние, те́рмин
Fächer *m* ве́ер
Fächer- ве́ерный
fächerartig веерови́дный
Fächerfalte *f* веерообра́зная скла́дка
fächerförmig веерообра́зный
Fächerpalme *f* ве́ерная па́льма
Fächerstruktur *f* веерообра́зная структу́ра
Fächertracheen *pl* ве́ерные трахе́и
Fachliteratur *f* специа́льная литерату́ра
Fachmann *m* Spezialist специали́ст
Fachstudium *n* изуче́ние специа́льного предме́та
Fachwissenschaft *f* специа́льная нау́ка
Fachzeitschrift *f* специа́льный журна́л
Faden *m* нить
Faden- ни́тяный, ни́тчатый
Fadenalgen *f/pl* ни́тчатые во́доросли
fadenartig нитеви́дный
Fadendreieck *n* треуго́льник ните́й
Fadengravimeter *n* стру́нный гравиме́тр
Fadenkreuz *n* крест ните́й
Fadenkreuzmikrometer *n* микро́метр с кре́стом ните́й
Fadenmolekül *n* лине́йная моле́кула
Fadenplanimeter *n* ни́тяный планиме́тр
Fadenspannung *f* натяже́ние ни́ти
Fagaceae *pl* бу́ковые
Fagales *pl* букообра́зные
Fagus бук
Fähigkeit *f* Vermögen спосо́бность
Fahlband *n* фальба́нд
Fahlerz *n* блёклая руда́, фалье́рц
Fahlerz- блёклору́дный
Fahlerzgang *m* жи́ла блёклой руды́, блёклору́дная жи́ла
Fahlerzgruppe *f* гру́ппа блёклой руды́
Fahne *f* Korrekturfahne, Fahnenabzug гра́нка, корректу́рный о́ттиск
Fahnenkorrektur *f* корректу́ра в гра́нках
Fahrschacht *m* вылазна́я ша́хта
Fahrstrahl *m* ра́диус-ве́ктор
Fährteneindrücke *m/pl* ходы́ живо́тных
Fairfieldit *m* $Ca_2(Mn, Fe)[PO_4]_2 \cdot 2H_2O$ файрфильди́т
Fäkalabwasser *n* фека́льные сто́чные во́ды
Fäkalien *f/pl* фека́лии
Fäkalstoff *m* фека́льная ма́сса
Fäkalverunreinigung *f* загрязне́ние фека́лиями
faktisch tatsächlich, wirklich факти́ческий, действи́тельный
Faktor *m* множи́тель, фа́ктор, коэффицие́нт
Falkenauge *n* Quarzvarietät соколи́ный глаз
Falkenhaynit *m* ? wohl Varietät von Fahlerz фалькенхайни́т
Falklandstrom *m* Falklandströmung Фа́лклендское тече́ние
Falkmanit *m* $3PbS \cdot Sb_2S_3$ фалкмани́т
Fällanlage *f* устано́вка для осажде́ния
Fällbarkeit *f* осажда́емость
Fallbeschleunigung *f* ускоре́ние свобо́дного паде́ния
Falle *f* Erdölgeol. лову́шка
fällen осажда́ть / осади́ть
Fällen *n* Ausfällen осажде́ние
Fallgeschwindigkeit *f* ско́рость паде́ния, ско́рость спа́да
Fallgesetz *n* зако́н паде́ния
Fallhöhe *f* высота́ паде́ния
Fallkurve *f* крива́я паде́ния, ли́ния паде́ния
Fällkurve *f* крива́я осажде́ния
Fällmittel *n* осади́тель, осажда́ющее сре́дство, осажда́ющее вещество́
Fallrichtung *f* Einfallsrichtung направле́ние паде́ния, направле́ние укло́на
Fallstrom *m* быстрото́к
Fällung *f* 1. Fällen осажде́ние. 2. Niederschlag оса́док, оса́дка
Fällungsagens *n* аге́нт выделе́ния
Fällungsgeschwindigkeit *f* ско́рость осажде́ния

Fällungsmethode *f* мéтод осаждéния
Fällungsmittel *n* осади́тель, осаждáющее срéдство, осаждáющее вещество́
Fällungsprodukt *n* продýкт осаждéния
Fällungsreagenz *n* осаждáющий реакти́в
Fällungsreaktion *f* реáкция осаждéния
Fällungswärme *f* теплотá осаждéния
Fallverlust *m* Hydrogeol. потéря напóра
Fallwassergeschwindigkeit *f* скóрость падéния воды́
Fallwasserstärke *f* Hydrogeol. толщинá переливáющегося слóя струи́
Fallwinkel *m* Einfallwinkel ýгол падéния
Falte *f* склáдка
Fältelung *f* Kleinfaltung плóйчатость
Faltenachse *f* ось склáдки
Faltenbau *m* Orogen склáдчатое сооружéние
faltenbildend складкообразовáтельный
Faltenbildung *f* складкообразовáние, образовáние склáдок
Faltenbogen *m* склáдчатая дугá
Faltenbündel *n* пучóк склáдок
Faltenebene *f* плóскость склáдки
Faltenflügel *m* крылó склáдки
Faltenform *f* фóрма склáдки
Faltengebirge *n* склáдчатые гóры
Faltengebirgs- горносклáдчатый
Faltengebirgsrelief *n* рельéф склáдчатых гор
Faltengürtel *m* пóяс склáдок
Faltenhöhe *f* высотá склáдки
Faltenkern *m* ядрó склáдки
Faltenkette *f* цепь склáдок
Faltenkomplex *m* кóмплекс склáдок
Faltenscheitel *m* шарни́р склáдки
Faltenschenkel *m* крылó склáдки
Faltenschluß *m* замыкáние склáдки
Faltenschollengebirge *n* склáдчатые глы́бовые гóры
Faltenspiegel *m* зéркало систéмы склáдок, зéркало склáдчатости
Faltenstereometrie *f* стереомéтрия склáдок
Faltenstirn *f* лоб склáдки
Faltenstruktur *f* склáдчатая структýра
Faltensystem *n* склáдчатая систéма, систéма склáдок
Faltenüberschiebung *f* склáдчатый нáдвиг, нáдвиг склáдки
Faltenzone *f* Faltungszone склáдчатая зóна, склáдчатый пóяс, зóна склáдок
Faltung *f* склáдчатость, смя́тие в склáдки, складкообразовáние
Faltungsachse *f* ось склáдчатости
Faltungsalter *n* вóзраст склáдчатости
Faltungsbeben *n* складкообразовáтельное землетрясéние
Faltungsbewegung *f* склáдчатое движéние
Faltungsbogen *m* дугá склáдчатости
Faltungsbrekzie *f* брéкчия склáдчатости
Faltungsperiode *f* пери́од складкообразовáния
Faltungsphase *f* фáза склáдчатости, фáза складкообразовáния
Faltungsprozeß *m* процéсс склáдчатости, процéсс складкообразовáния
Faltungsrelief *n* склáдчатый рельéф
Faltungsstockwerk *n* этáж склáдчатости
Faltungssystem *n* склáдчатая систéма
Faltungstektonik *f* склáдчатая тектóника
Faltungstiefe *f* глубинá склáдчатости
Faltungsüberschiebung *f* Faltenüberschiebung склáдчатый сдвиг
Faltungsvorgang процéсс склáдчатости, процéсс складкообразовáния
Faltungszone *f* склáдчатая зóна, зóна склáдчатости, зóна смя́тия
Faltungszyklus *m* цикл склáдчатости
Falunit *m* entspricht Pinit, Umwandlungsprodukt von Cordierit фалуни́т
Famatinit *m* Cu_3SbS_4 фаматини́т
Famenne *n* Famenne-Stufe фамéнский я́рус
Famenne- фамéнский
Famenne-Stufe *f* Famenne фамéнский я́рус
Familie *f* семéйство
Fangarm *m* лóвчая рукá
Fangkopf *m* Bohr. лови́льная головка
Fanglomerat *n* фангломерáт
Fanglomerat- фангломерáтовый
Fanglomeratseife *f* фангломерáтовая рóссыпь
Faratsihit *m* † Gemenge von Nontronit und Kaolinit фаратсихи́т
Farbänderung *f* изменéние цвéта

Farbe *f* 1. Farbe цвет. 2. Farbstoff крáска
Farbeffekt *m* цветнóй эффéкт
Färbemethode *f* мéтод окрáшивания
färben окрáшивать/окрáсить
Farbendruck *m* цветнáя печáть
Farbenreaktion *f* цветнáя реáкция
Farb(en)skala *f* шкалá цветóв, шкалá окрáски
Farb(en)umschlag *m* изменéние окрáски, изменéние цвéта
Färbeversuch *m* óпыт окрáшивания
Farbfilter *m* светофи́льтр, цветнóй фи́льтр
Farbintensität *f* интенси́вность окрáски
farblos бесцвéтный
Farbphotographie *f* цветнáя фотогрáфия
Farbreaktion *f* цветнáя реáкция
Farbschwankung *f* изменéние окрáски
Farbskala *f* Farbenskala шкалá крáсок
Farbspiel *n* игрá цветóв
Farbstift *m* Buntstift цветнóй карандáш
Farbstoff *m* краси́тель, крася́щее веществó
Farbtafel *f* цветовáя табли́ца
Farbton *m* Farbtönung оттéнка
Farbumschlag *m* перехóд окрáски
Färbung *f* окрáска, оттéнок
Färbungsintensität *f* интенси́вность окрáски
Farbversuch *m* определéние скóрости воды́ окрáшивающими веществáми
Farbwechsel *m* изменéние окрáски, изменéние цвéта
Farbzentrum *n* крася́щий центр
Farn *n* Farnkraut пáпоротник
farnartig папоротникови́дный
Farne *n/pl* Farnkräuter пáпоротниковые
Faröllth *m* † radialfaserige Kugeln von Thomsonit фареэли́т
Farrisit *m* aphanitisches Ganggestein фарризи́т
Farsundit *m* heller Granodiorit фарсунди́т
Faschine *f* фаши́на
Faschinenbuhne *f* фаши́нная бýна
Faschinendamm *m* фаши́нная плоти́на, фаши́нная дáмба
Faser *f* волокнó
Faserbraunkohle *f* волокни́стый бýрый ýголь
Fasergefüge *n* волокни́стое строéние
Fasergips *m* волокни́стый гипс
faserig Faser- волокни́стый
Faserigkeit *f* волокни́стость
Faserkalk *m* волокни́стый известня́к
Faserkies *m* волокни́стый колчедáн
Faserkohle *f* волокни́стый ýголь
Faserkristallstruktur *f* волокни́сто-кристалли́ческая структýра
Faserlignit *m* волокни́стый лигни́т
Faserrichtung *f* направлéние волокни́стости
Faserserpentin *m* волокни́стый серпенти́н, волокни́стый змееви́к
Faserstruktur *f* волокни́стая структýра, волокни́стое строéние
Fasertextur *f* волокни́стая текстýра
Fasertorf *m* Filztorf волокни́стый торф, вóйлочный торф
Faserung *f* волокни́стость
Faserzeolith *m* лучи́стый цеоли́т
Fassait *m* grüner Augit фассаи́т
Fassung *f* 1. Rahmen опрáва. 2. Quellfassung каптáж
Fassungsanlage *f* каптáжное устрóйство
Fassungskanal *m* каптáжный канáл
Fassungsmenge *f* капти́руемый расхóд (воды́)
Fassungsraum *m* полéзная ёмкость
Fassungsvermögen *n* Volumen вмести́мость, ёмкость
Fastebene *f* остáточная денудациóнная равни́на, почтиравни́на
Faujasit *m* $(Na_2, Ca)[Al_2Si_4O_{12}] \cdot 16H_2O$ фоязи́т
faul Faul- гнилóй, гни́лостный
Fäule *f* Fäulnis гни́лость, гниéние
faulen verfaulen гнить/погни́ть
Fäulnis *f* Verwesung гниéние
Fäulnis- гни́лостный
Fäulnisbakterien *n/pl* гни́лостные бактéрии
fäulnisbeständig стóйкий прóтив гниéния
Fäulniserscheinung *f* гни́лостность
Fäulnisvorgang *m* процéсс гниéния
Faulschlamm *m* гни́лостный ил
Faulschlamm- гни́лостно-и́листый
Faulschlammergel *m* гни́лостно-и́листый мéргель

Faulschlammfazies *f* гни́лостно-и́листая фа́ция
Faultier *n* тихохо́д, лени́вец
Fauna *f* фа́уна
Faunenfundort *m* местонахожде́ние фа́уны
Faunenkomplex *m* фаунисти́ческий ко́мплекс
Faunenliste *f* спи́сок фа́уны
Faunenwanderung *f* мигра́ция фа́уны
Faunenwechsel *m* сме́на фа́ун
Faunenzone *f* фаунисти́ческая зо́на
faunistisch Faunen- фаунисти́ческий
Fauserit *m* Mn-haltiges Bittersalz фаузери́т
Faustkeil *m* ручно́е руби́ло
Faustregel *f* эмпири́ческое пра́вило
Favosites- фавози́товый
Fayalit *m* $Fe_2[SiO_4]$ фаяли́т
Fazetten- фасе́точный
Fazettenauge *n* фасе́точный глаз
faziell Fazies- фациа́лный
Fazies *f* фа́ция
Faziesabhängigkeit *f* фациа́льная зави́симость
Faziesanalyse *f* фациа́льный ана́лиз
Faziesänderung *m* Fazieswechsel сме́на фа́ций
Faziesart *f* фациа́льная разнови́дность
Faziesbereich *m* Faziesgebiet фациа́льная о́бласть
Faziesbeziehung *f* фациа́льная взаимосвя́зь
Faziescharakter *m* фациа́льный хара́ктер
Faziesdifferenzierung *f* фациа́льная дифференциа́ция
Faziesfauna *f* фациа́льная фа́уна
Faziesfossil *n* фациа́льная окамене́лость
Faziesgebiet *n* фациа́льная о́бласть
Faziesgrenze *f* фациа́льная грани́ца
Fazieskarte *f* фациа́льная ка́рта
Fazieskorrelation *f* фациа́льная корреля́ция
Fazieskurve *f* фациа́льная крива́я
Faziesmerkmal *n* при́знак фа́ций
Faziesprofil *n* фациа́льный про́филь
Faziestyp *m* фациа́льный тип
Faziesübergang *m* перехо́д фа́ций
Faziesunterschied *m* фациа́льное разли́чие
Faziesverbreitung *f* распростране́ние фа́ций
Faziesverhältnisse *n/pl* фациа́льные усло́вия, фациа́льные обстано́вки
Faziesverteilung *f* распределе́ние фа́ций
Fazieswechsel *m* сме́на фа́ций
Fazieszone *f* фациа́льная зо́на
Feder *f* 1. Vogelfeder перо́. 2. Stahlfeder пружи́на
Feder- пружи́нный
Federasbest *m* ги́бкий асбе́ст
Federerz *n* пе́ристая руда́
federförmig federartig перообра́зный
Federgravimeter *n* пружи́нный гравиме́тр
Federkrone *f* Samenkrone лету́чка
federlos ungefiedert беспёрый
Federseismograph *m* пружи́нный сейсмо́граф
Federspannung *f* напряже́ние пружи́ны
Federwaage *f* пружи́нные весы́
Fedorow-Methode *f* федоро́вский ме́тод
Fedorowit *m* Varietät von Pyroxen федорови́т
Fehlbau *m* Min. дефе́ктное строе́ние
Fehlbestimmung *f* непра́вильное определе́ние, оши́бочное определе́ние
Fehlen *n* Abwesenheit отсу́ствие
Fehlstellenpotential *n* Min. потенциа́л дефе́кта
Fehler *n* оши́бка; погре́шность
Fehlerausgleich *m* ура́внивание оши́бок, выра́внивание оши́бок
Fehlerausgleichsrechnung *f* уравни́тельное вычисле́ние оши́бок
Fehlerberechnung *f* исчисле́ние погре́шностей, исчисле́ние оши́бок
Fehlerbereich *m, n* преде́л погре́шностей, о́бласть погре́шностей
Fehlerdreieck *n* треуго́льник погре́шностей, треуго́льник оши́бок
Fehlereinfluß *m* влия́ние оши́бок
Fehlerellipse *f* элли́пс оши́бок, элли́пс погре́шности
fehlerfrei безоши́бочный; бездефе́ктный
Fehlerfrequenz *f* частота́ оши́бок
Fehlergesetz *n* зако́н оши́бок
Fehlerglied *n* попра́вочный член
Fehlergrenze *f* грани́ца оши́бок, преде́льная оши́бка, преде́л погре́шностей
fehlerhaft falsch, irrtümlich оши́бочный
Fehlerhäufung *f* накопле́ние оши́бок, нараста́ние оши́бок

Fehlerkurve *f* кривáя ошúбок, кривáя погрéшностей
fehlerlos fehlerfrei безошúбочный
Fehlerquadrat *n* квадрáт ошúбок
Fehlerquelle *f* истóчник ошúбок, истóчник погрéшностей
Fehlerschätzung *f* Fehlerabschätzung оцéнка погрéшностей
Fehlerspanne *f* диапазóн ошúбок
Fehlerverteilung *f* распределéние ошúбок
Fehlingsche Lösung *f* фелúнговая жúдкость
Fehlinterpretation *f* ошúбочная интерпретáция
Fehlmessung *f* непрáвильное измерéние
Fehlordnung *f* неупорядóченность
Fehlprognose *f* Fehlvorhersage неоправдáвшийся прогнóз
Fehlstelle *f* Min. дефéкт
fein Fein- тóнкий; мéлкий
Feinablesung *f* тóчный отсчёт, уточнённый отсчёт
Feinabstimmung *f* Feineinstellung тóчная настрóйка
feinästig мелкосучковáтый
Feinbau *m* тóнкое строéние, микрострукту́ра
Feinbrechen *n* мéлкое дроблéние, мéлкое измельчéние
Feinbrecher *m* дробúлка для мéлкого дроблéния (измельчéния)
feindispers тонкодиспéрсный
feindrusig тонкодру́зовый
feineingesprengt тонковкрáпленный, мелковкрáпленный
Feineinstellen *n* тóчная установка
Feineinstellung *f* тóчная установка
Feinerde *f* Silt мелкозём
feinerdig мелкоземлúстый, тонкоземлúстый
Feinerz *n* ру́дная мéлочь
Feinerzgehalt *m* содержáние мéлкой (пылевáтой) руды́
feinfaserig мелковолокнúстый, тонковолокнúстый
feingebändert тонкополóсчатый
feingefältelt плóйчатый
Feingefüge *n* микрострукту́ра
feingemahlen мелкомóлотый
feingepulvert тóнко измельчённый
feingeschichtet тонкослоúстый, тонкопластóванный
feingezähnt мéлко-зазу́бренный
Feingold *n* чúстое зóлото
Feinheit *f* Subtilität тóнкость
Feinkeramik *f* тóнкая керáмика
Feinkies *m* мéлкий грáвий
Feinkiessand *m* мéлкий гравúйный песóк
feinklastisch мелкокластúческий, тонкооблóмочный, мелкооблóмочный
feinknorp(e)lig мелкохрящевáтый
Feinkohle *f* мéлкий у́голь
Feinkoks *m* кóксовая мéлочь
Feinkonzentrat *n* мéлкий концентрáт (полéзного ископáемого)
Feinkorn *n* мéлкие фрáкции, мéлкое зернó; мелкозём
Feinkornbrikett *n* мелкозернúстый брикéт, брикéт из мéлких фрáкций
feinkörnig тонкозернúстый, мелкозернúстый
Feinkörnigkeit *f* тонкозернúстость
feinlagig тонкослоúстый
feinlamellar тонкопластúнчатый
Feinmeßgerät *n* прецизиóнный измерúтельный прибóр, тóчный измерúтельный прибóр
Feinmessung *f* тóчное измерéние, прецизиóнное измерéние
Feinnivellement *n* тóчное нивелúрование, прецизиóнное нивелúрование
Feinnivellierinstrument *n* прецизиóнный нивелúр
feinpelitisch тонкопелúтовый
feinporig kleinporig мелкопóристый, мелконоздревáтый
feinpulverig тонкопорошковáтый
Feinregulierung *f* тóчное регулúрование
Feinsand *m* мéлкий песóк, су́песь
feinsandig Feinsand- тонкопесчáнистый
Feinsandmörtel *m* раствóр с мéлким пескóм
Feinschichtung *f* тóнкая слоúстость, тóнкое напластовáние
feinschieferig тонкосланцевáтый
Feinschlag *m* мéлкий щéбень (30 — 40 мм)
Feinschleifen *n* тóнкое шлифовáние
Feinschluff *m* пылевáтый ил
Feinschotter *m* мéлкий щéбень
feinschuppig мелкочешу́йчатый, тонкочешу́йчатый

Feinsieb *n* си́то (гро́хот) с ме́лкими яче́йками
Feinsortierung *f* то́нкое сортирова́ние
Feinsplitt *m* ме́лкие вы́севки
Feinstellschraube *f* винт то́чной наво́дки
feinstreifig тонкополо́счатый
Feinstruktur *f* Mikrostruktur микростру́кту́ра, то́нкая структу́ра, то́нкое строе́ние
Feinteilung *f* шкала́ то́чной наво́дки
feinverteilt тонкораспределённый
feinverzweigt тонковетви́стый
Feinwaage *f* то́чные весы́
feinzellig тонкояче́истый
fein zerkleinert мелкораздро́бленный, тонкоизмельчённый
Feinzerkleinerung *f* ме́лкое дробле́ние, то́нкое измельче́ние, ме́лкий размо́л
Feinzerkleinerungsmühle *f* дроби́лка для ме́лкого размо́ла
feinzermahlen тонкомо́лотый
feinzerrieben тонкоперетёртый, тонкоистёртый, тонкорастёртый
feinzerstäubt тонкораспылённый
feinzerteilt ме́лко раздро́бленный
Feld *n* по́ле
Feld- полево́й
Feldanalyse *f* полево́й ана́лиз
Feldapparat *m* Feldgerät полево́й прибо́р
Feldarbeit *f* Geländearbeit полева́я рабо́та
Feldausrüstung *f* Geländeausrüstung полево́е снаряже́ние, снаряже́ние для полевы́х рабо́т
Feldbeobachtung *f* Geländebeobachtung полево́е наблюде́ние
Feldbuch *n* полево́й журна́л
Feldelement *n* Phys. элеме́нт по́ля
Felderregung *f* возбужде́ние по́ля
Feldesgrenze *f* Bergbau грани́ца карье́рного по́ля, грани́ца ша́хтного по́ля
Feldesteil *m* часть по́ля; уча́сток по́ля
Feldfrequenz *f* частота́ по́ля
Feldgenauigkeit *f* полева́я то́чность
Feldgeologe *m* полево́й гео́лог
Feldgleichung *f* уравне́ние по́ля
Feldgröße *f* величина́ по́ля
Feldhomogenität *f* одноро́дность по́ля
Feldinstrument *n* полево́й инструме́нт
Feldintensität *f* напряжённость по́ля
Feldkomponente *f* компоне́нт по́ля, составля́ющая по́ля
Feldlaboratorium *n* полева́я лаборато́рия
Feldlinie *f* ли́ния по́ля, силова́я ли́ния по́ля
Feldliniendichte *f* пло́тность ли́ний по́ля
Feldliniengleichung *f* уравне́ние ли́ний по́ля
Feldmagnetometer *n* полево́й магнито́метр
Feldmesser *m* землеме́р
Feldmeßinstrument *n* полево́й геодези́ческий инструме́нт
Feldmeßkunde *f* землеме́рное де́ло, геоде́зия
Feldmeßkunst *f* землеме́рное иску́сство, геоде́зия
Feldmessung *f* полево́е измере́ние
Feldmethode *f* полево́й ме́тод
Feldnotizen *f/pl* полевы́е запи́ски
Feldphototheodolit *m* полево́й фототеодоли́т
Feldpotentiometer *n* полево́й потенцио́метр
Feldpunkt *m* то́чка на ме́стности, пике́т
Feldradiometer *n* полево́й радио́метр
Feldrain *m* межа́
Feldrichtung *f* направле́ние по́ля
Feldschlucht *f* Owrag овра́г
Feldschutz- полезащи́тный
Feldschutzstreifen *m* полезащи́тная полоса́
Feldskizze *f* полево́й чертёж, кроки́
Feldspat *m* полево́й шпат
Feldspat- полевошпа́товый
Feldspatamphibolit *m* полевошпа́товый амфиболи́т
Feldspatbasalt *m* полевошпа́товый база́льт
Feldspatbronzitit *m* полевошпа́товый бронзити́т
Feldspateinsprengling *m* полевошпа́товое выделе́ние
feldspatfrei бесполевошпа́товый
Feldspatgerüst *n* полевошпа́товый карка́с
Feldspatgestein *n* полевошпа́товая поро́да, фельдшпатоли́т
Feldspatgruppe *f* полевошпа́товая гру́ппа

feldspatisiert фельдшпатизи́рованный
Feldspatisierung *f* Feldspatbildung фельдшпатиза́ция
Feldspatkomponente *f* полевошпа́товый компоне́нт
Feldspatneubildung *f* новообразова́ние полево́го шпа́та
Feldspatpegmatit *m* полевошпа́товый пегмати́т
Feldspatperidotit *m* полевошпа́товый перидоти́т
Feldspatporphyr *m* полевошпа́товый порфи́р
Feldspatsandstein *m* полевошпа́товый песча́ник
Feldspatsubstanz *f* вещество́ полево́го шпа́та, полевошпа́товое вещество́
Feldspatvertreter *m/pl* фельдшпати́ды
Feldspatvertreter- фельдшпати́довый
Feldstärke *f* напряжённость по́ля, си́ла по́ля
Feldstation *f* полева́я ста́нция
Feldstecher *m* полево́й бино́кль
Feldstein *m* булы́жник
Feldstruktur *f* структу́ра по́ля
Feldsymmetrie *f* симметри́я по́ля
Feldtheorie *f* тео́рия по́ля
Felduntersuchung *f* Geländeuntersuchung полево́е иссле́дование
Feldvalenz *f* вале́нтность по́ля
Feldvektor *m* ве́ктор по́ля
Feldverlauf *m* распределе́ние по́ля
Feldvermessung *f* Bergb. съёмка карье́рного по́ля, съёмка ша́хтного по́ля
Feldversuch *m* полево́е испыта́ние, полево́й о́пыт
Feldverteilung *f* распределе́ние по́ля
Feldverzerrung *f* искаже́ние по́ля
Feldweg *m* полева́я доро́га, просёлочная доро́га
Feldwert *m* значе́ние по́ля
Feldwiderstandsmesser *m* полево́й резисти́метр
Felidae *pl* коша́чьи
Fels *m* Felsen скала́
Fels- ска́льный; скали́стый
Felsaushub *m* ска́льная вы́емка, вы́емка ска́льной поро́ды
Felsblock *m* ска́льная глы́ба
Felsboden *m* ска́льное основа́ние
Felsen *m* Fels скала́
Felsengebirge *n* скали́стые го́ры
Felsenkluft *f* уще́лье
Felsenmeer *n* Blockmeer скали́стое мо́ре, ка́менное мо́ре
Felsenmoos *n* ска́льный мох
Felsfundament *n* ска́льное основа́ние
Felsfußebene *f* скали́стая предго́рная равни́на
Felsgrund *m* ска́льное основа́ние
Felshang *m* скали́стый склон
felsig Fels(en)- ска́льный; скали́стый
Felsinsel *f* скали́стый о́стров
felsisch фельзи́ческий
Felsit *m* фельзи́т
Felsit- felsitisch фельзи́товый
felsitartig фельзитови́дный
Felsitporphyr *m* фельзи́т-порфи́р, фельзи́товый порфи́р
felsitporphyrisch Felsitporphyr- фельзитопорфи́ровый
Felsitporphyrit *m* фельзи́товый порфири́т
Felsitstruktur *f* фельзи́товая структу́ра
Felsöbanyit *m* $Al_4[(OH)_{10}|SO_4]\cdot 5H_2O$ фельшебании́т, фельзобании́т
Felsoliparit *m* фельзолипари́т
Felsophyr *m* фельзофи́р
felsophyrisch Felsophyr- фельзофи́ровый
Felsovitrophyr *m* фельзовитрофи́р
Felsspalte *f* тре́щина в скале́
Felsstufe *f* усту́п скалы́
Felssturz *m* го́рный обва́л
Felsterrasse *f* скали́стая терра́са, коренна́я терра́са
Felstrümmer *pl* обло́мки скалы́
Felsüberhang *m* скали́стый наве́с
Felsuntergrund *m* ска́льное основа́ние, скали́стый грунт
Felsverpressung *f* нагнета́ние в скалу́, инъе́кция в скалу́
Felswand *f* ска́льная стена́, утёс
Felswüste *f* скали́стая пусты́ня
femisch феми́ческий
Femur *m* Oberschenkelknochen бе́дренная кость
Fenestellidae *pl* фенестелли́ды
Fennoskandia *n* фенноска́ндия
fennoskandisch фенноскандина́вский
Fenster *n* Tekt. окно́
Fensterglas *n* око́нное стекло́
Ferghanit *m* $U_3[VO_4]_2\cdot 6H_2O$ (?) ферга́ни́т
Fergusit *m* intrusiver Leucit фергуси́т

Fergusonit *m* $Y(Nb, Ta)O_4$ фергусони́т
Fermatsches Prinzip *n* при́нцип Ферма́
Ferment *n* ферме́нт
Fermentierung *f* фермента́ция
Fermium *n* Fm фе́рмий
Fermorit *m* Strontiumarsenapatit фермори́т
Fernanalyse *f* дистанцио́нный ана́лиз
Fernandinit *m* $CaV_2^{4+}V_{10}^{5+}O_{30} \cdot 14H_2O$(?) фернандини́т
Fernandit *m* фернанди́т
Fernbeben *n* далёкое землетрясе́ние, удалённое землетрясе́ние
Fernbebenaufzeichnung *f* за́пись удалённого землетрясе́ния
Fernbebenwellen *f/pl* во́лны удалённого землетрясе́ния
Ferngas *n* газ да́льнего газоснабже́ния
Ferngasleitung *f* газопрово́д (на далёкое растоя́ние)
Fernglas *n* бино́кль
fernöstlich Fernost- дальневосто́чный
Fernregistrierung *f* регистра́ция на расстоя́нии, дистанцио́нное регистри́рование, телерегистра́ция
Fernrohr *n* зри́тельная труба́
Fernrohrachse *f* ось зри́тельной трубы́
Fernrohrbussole *f* буссо́ль со зри́тельной трубо́й
Fernrohreinstellung *f* устано́вка зри́тельной трубы́, наво́дка зри́тельной трубы́
Fernrohrlibelle *f* у́ровень зри́тельной трубы́
Fernrohrobjektiv *n* объекти́в зри́тельной трубы́
Fernrohrokular *n* окуля́р зри́тельной трубы́
Fernthermograph *n* дистанцио́нный термо́граф
Fernthermometer *n* дистанцио́нный термо́метр, телетермо́метр
Fernwasserversorgung *f* водоснабже́ние удалённых потреби́телей
Fernwirkung *f* де́йствие на расстоя́нии
Ferracit *m* angeblich $(Ba, Pb)_3[P_4O_{13}] \cdot 8H_2O$ ферраци́т
Ferriallit *m* ферриалли́т
Ferriallophan *m* ферриаллофа́н
Ferriarsenat *n* $FeAsO_4$ мышьяковоки́слое желе́зо (3), арсена́т желе́за (3)
Ferrierit *m* $(Na_2, K)_2Mg[OH|Al_3Si_{15}O_{36}] \cdot 9H_2O$ ферьери́т
Ferriferroxid *n* $FeO \cdot Fe_2O_3$ bzw. Fe_3O_4 за́кись-о́кись желе́за
Ferrihalloysit *m* ферригаллуази́т
Ferrihydroxid *n* $Fe(OH)_3$ гидро́кись желе́за (3), гидрокси́д желе́за (3)
ferrimagnetisch ферримагни́тный
Ferrimolybdit *m* $Fe_2^{\cdots}[MoO_4]_3 \cdot 7H_2O$ ферримолибди́т
Ferrimontmorillonit *m* wohl identisch mit Nontronit ферримонтмориллони́т
Ferrimuskovit *m* $KFe^{\cdots}Al[(OH, F)_2|AlSi_3O_{10}]$ ферримускови́т
Ferrinatrit *m* Gordait $Na_3Fe^{\cdots}[SO_4]_3 \cdot 3H_2O$ ферринатри́т
Ferrinitrat *n* $Fe(NO_3)_3$ азотноки́слое желе́зо (3), нитра́т желе́за (3)
Ferrioxid *n* Fe_2O_3 о́кись желе́за (3), окси́д желе́за (3)
Ferriphosphat *n* $FePO_4$ фосфорноки́слое желе́зо (3), фосфа́т желе́за (3)
Ferrisilikat *n* феррисилика́т
Ferrisulfat *n* $Fe_2(SO_4)_3$ серноки́слое желе́зо (3), сульфа́т желе́за (3)
Ferrisulfid *n* Fe_2S_3 серни́стое желе́зо (3), трёхсерни́стое желе́зо, сульфи́д желе́за (3)
Ferrisymplesit *m* $Fe_3^{\cdots}[O_{1½}|(AsO_4)_2] \cdot 8H_2O$ (?) феррисимплези́т
Ferrit *m* † teils eisenreicher Serpentin, teils Eisen ферри́т
Ferritungstit *m* $Ca_2Fe_2^{\cdot\cdot}Fe_2^{\cdots}[WO_4]_7 \cdot 9H_2O$ ферритунгсти́т
Ferriverbindung *f* о́кисное соедине́ние желе́за, соедине́ние трёхвале́нтного желе́за
Ferroaluminium- железистоалюми́ниевый
Ferroanthophyllit *m* ферроантофилли́т
Ferrobikarbonat *n* бикарбона́т желе́за
Ferrochlorid *n* $FeCl_2$ хло́ристое желе́зо (2), двухло́ристое желе́зо
ferroelektrisch ферроэлектри́ческий
Ferrofluorid *n* FeF_2 фто́ристое желе́зо (2), двуфто́ристое желе́зо
Ferrohastingsit *m* феррогастингси́т
Ferrohydroxid *n* $Fe(OH)_2$ гидроза́кись желе́за, гидрoо́кись желе́за (2)
Ferroilmenit *m* † Niobit ферроильмени́т
Ferrokarbonat *n* $FeCO_3$ углеки́слое желе́зо (2), карбона́т желе́за (2)
Ferrokobaltit *m* entspricht Glaukodot феррокобальти́н
Ferrolegierung *f* ферроспла́в

ferromagnetisch ферромагни́тный
Ferromagnetismus *m* ферромагнети́зм
Ferromangan *n* ферромáрганец
Ferrometasilikat *n* $(FeSiO_3)_n$ метакремнеки́слое желéзо (2), метасиликáт желéза (2)
Ferronickel *m* феррони́кель
Ferroniobit *m* феррониоби́т
Ferronitrat *n* $Fe(NO_3)_2$ азотноки́слое желéзо (2), нитрáт желéза (2)
Ferrooxid *n* FeO зáкись желéза, óкись желéза (2)
Ferrophosphat *n* $Fe_3(PO_4)_2$ фосфорноки́слое желéзо (2), фосфáт желéза (2)
Ferrorhodanid *n* $Fe(SCN)_2$ родáнистое желéзо (2), роданит желéза
Ferrosilikat *n* Fe_2SiO_4 кремнеки́слое желéзо (2), силикáт желéза (2)
Ferrosilit *m* Klinoferrosilit ферросили́т
Ferrosilizium *n* ферросили́ций
Ferrostilpnomelan *m* ферростильпномелáн
Ferrosulfat *n* $FeSO_4$ серноки́слое желéзо (2), сульфáт желéза (2)
Ferrosulfid *n* FeS серни́стое желéзо (2), сульфи́д желéза (2)
Ferroverbindung *f* зáкисное соединéние желéза, соединéние двухвалéнтного желéза
Ferrowolfram *n* ферровольфрáм
Ferrowolframat *n* $FeWO_4$ вольфрамоки́слое желéзо (2), вольфрамáт желéза (2)
Ferruccit *m* $Na[BF_4]$ ферручи́т
Ferse *f* пя́тка
Fersmanit *m* etwa $Na_4Ca_4Ti_4[(O, OH, F)_3|SiO_4]_3$ ферсмани́т
Fertigkonzentrat *n* готóвый концентрáт
Fervanit *m* $Fe^{\cdots}[VO_4]\cdot H_2O$ фервани́т
fest твёрдый, плóтный, жёсткий
Festbeton *m* жёсткий бетóн
Festeis *n* припáй
Festeisdecke *f* твёрдый ледянóй покрóв
fester Rückstand *m* плóтный остáток
Festigkeit *f* твёрдость, прóчность
Festigkeitsberechnung *f* расчёт на прóчность
Festigkeitsdiagramm *n* диагрáмма сопротивлéний
Festigkeitsgrad *m* стéпень прóчности
Festigkeitskoeffizient *m* коэффициéнт прóчности
Festigkeitslehre *f* теóрия прóчности
Festigkeitsminderung *f* уменьшéние прóчности
Festigkeitsmodul *m* мóдуль упрýгости
Festigkeitsprüfung *f* Festigkeitsprobe испытáние на прóчность
Festigkeitswert *m* показáтель прóчности
Festigkeitszahl *f* коэффициéнт прóчности
Festigkeitszunahme *f* возрастáние прóчности, упрóчение
Festkörperreaktion *f* реáкция твёрдых тел
Festland *n* Kontinent сýша, матери́к, континéнт
Festland- Kontinental- материкóвый
Festlandabfluß *m* материкóвый сток
Festlandgewässer *n* материкóвые вóды
festländisch Festlands- материкóвый, континентáльный
Festlandsabsenkung *f* опускáние сýши
Festlandsbarre *f* материкóвая óтмель
Festlandsbecken *n* материкóвый бассéйн
Festlandsbereich *m* материкóвая óбласть
Festlandsbrücke *f* мост сýши
Festlandsdüne *f* материкóвая дю́на
Festlandseis *n* материкóвый лед
Festlandsgewässer *n/pl* материкóвые вóды
Festlandsgletscher *m* материкóвый ледни́к
Festlandsküste *f* материкóвое побéрежье, материкóвый бéрег
Festlandstation *f* континентáльная стáнция
Festlandsvereisung *f* континентáльное оледенéние, материкóвое оледенéние
Festmaß *n* нормáльный размéр
Festpunkt *m* опóрный пункт, постоя́нная тóчка, репéр
Festpunktebene *f* плóскость опóрных тóчек
Festpunktfeld *n* сеть опóрных пýнктов
Festpunktnetz *n* опóрная сеть, сеть опóрных тóчек
Festpunktnivellement *n* нивели́рование опóрных тóчек, репéрная нивели́ровка

Festpunktverzeichnis *n* журна́л отме́ток репе́ров
festsetzen устана́вливать / установи́ть, определя́ть / определи́ть
Feststellschraube *f* зажимно́й винт, сто́порный винт
Feststellvorrichtung *f* сто́порное приспособле́ние
Feststoffgehalt *m* содержа́ние пло́тного вещества́
Feststofftransport *m* твёрдый расхо́д, твёрдый сток
Festwange *f* неподви́жная щека́
Festwert *m* постоя́нная величина́
Fett- жи́рный
fettaromatisch жирноаромати́ческий
Fettflammkohle *f* жи́рный пла́менный у́голь
Fettglanz *m* Min. жи́рный блеск
fettig Fett- жи́рный; масляни́стый
Fettkohle *f* жи́рный у́голь
fettlöslich жирораствори́мый
Fettsäure *f* жи́рная кислота́
Fettstift *m* каранда́ш для писа́ния по стеклу́
Fetzen *m* Bruchstück обры́вок
feucht вла́жный
feucht werden влажне́ть / повлажне́ть
Feuchte *f* Feuchtigkeit вла́жность
Feuchtegehalt *m* вла́жность, содержа́ние вла́ги, влагосодержа́ние
Feuchtegradient *m* градие́нт вла́жности
Feuchtigkeit *f* вла́жность, вла́га
Feuchtigkeitsabnahme *f* паде́ние вла́жности, пониже́ние влагосодержа́ния
Feuchtigkeitsaufnahme *f* влагопоглоще́ние, поглоще́ние вла́ги, водопоглоще́ние
Feuchtigkeitsaufnahmefähigkeit *f* гигроскопи́чность; влагоёмкость
feuchtigkeitsaufnehmend гигроскопи́ческий, гигроскопи́чный, влагоёмкий
Feuchtigkeitsausgleich *m* выра́внивание вла́жности
Feuchtigkeitsbestimmung *f* определе́ние вла́жности
Feuchtigkeitsdefizit *n* дефици́т вла́жности, недоста́ток вла́жности
Feuchtigkeitsgehalt *m* вла́жность, влагосодержа́ние, содержа́ние вла́ги
feuchtigkeitsgesättigt насы́щенный вла́гой
Feuchtigkeitsgrad *m* сте́пень вла́жности
Feuchtigkeitsgradient *m* градие́нт вла́жности
Feuchtigkeitsindex *m* показа́тель вла́жности
Feuchtigkeitskreislauf *m* влагооборо́т
feuchtigkeitsliebend влаголюби́вый
Feuchtigkeitsmangel *m* дефици́т вла́жности, недоста́ток вла́жности
Feuchtigkeitssättigung *f* насыще́ние вла́гой
Feuchtigkeitsschutz *m* защи́та от вла́ги; гидроизоля́ция
Feuchtigkeitssprung *m* скачо́к вла́жности
Feuchtigkeitsumsatz *m* влагооборо́т
Feuchtschneelawine *f* мо́края лави́на
Feuerblende *f* Pyrostilpnit Ag_3SbS_3 о́гненная обма́нка
feuerfest feuerbeständig огнеупо́рный, огнесто́йкий
feuerfester Stoff *m* огнеупо́р
Feuerfestigkeit *f* Feuerbeständigkeit огнеупо́рность; огнесто́йкость
feuergefährlich огнеопа́сный
Feuergefährlichkeit *f* огнеопа́сность
Feueropal *m* о́гненный опа́л
Feuerstein *m* Flint кремéнь
Feuersteinwerkzeug *n* кремнёвое ору́дие
fibroblastisch фибробла́стовый
Fibroferrit *m* $Fe^{\cdots}[OH/SO_4]\cdot 5H_2O$ фиброферри́т
Fibrolith *m* † filziger Sillimanit фиброли́т
Fibula *f* ма́лая берцо́вая кость
Fichte *f* *Picea* ель
Fichtelit *m* $C_{19}H_{34}$ фихтели́т
Fichten- ело́вый
Fichten-Tannen-Urwald *m* schwarze Taiga урма́н
Fichtenwald *m* ело́вый лес, е́льник
Fieder *f* перо́
Fiederfalte *f* пережа́тая скла́дка
Fiedergefüge *n* пе́ристая структу́ра
Fiederkluft *f* Fiederspalte пе́ристая тре́щина, тре́щина опере́ния, опе́ря́ющая тре́щина
fiedernervig перистоне́рвный
Fiederspalte *f* Fiederkluft пе́ристая тре́щина, тре́щина опере́ния

Fiederstreifung *f* перистая полосчатость
Fiederstruktur *f* перистая структура, перистое строение
Fiedlerit *m* $Pb_3(OH)_2Cl_4$ фидлерит
fiedrig gefiedert перистый
Filices *pl* папоротники
Filigrangefüge *n* филигранная структура
Fillowit *m* $Na(Ca,Mn)(Mn^{\cdot\cdot},Fe^{\cdot\cdot})_3[PO_4]_3(?)$ филловит
Filter *m, n* фильтр
Filteranlage *f* фильтровальная станция
Filterbecken *n* фильтрационный бассейн, фильтрационный резервуар
Filterbrunnen *m* фильтрационный колодец
Filterdauer *f* продолжительность фильтрации, продолжительность фильтрования
Filterdruck *m* напор фильтра
Filtereinrichtung *f* фильтрующее устройство
Filterfläche *f* фильтрующая поверхность, поверхность фильтра
Filtergang *m* ход фильтрации
Filtergeschwindigkeit *f* скорость фильтрации
Filtergewebe *n* сетка фильтра
Filtergut *n* фильтруемый материал
Filterkies *m* фильтрационный гравий
Filterleistung *f* производительность фильтра
Filtermaterial *n* фильтруемый материал, фильтрирующий материал
filtern filtrieren фильтровать / профильтровать
Filtern *n* Filtration фильтрование, фильтрация
Filteröffnung *f* отверстие фильтра
Filterpapier *n* фильтровальная бумага
Filterpresse *f* фильтрпресс
Filterquarzkies *m* фильтровальный кварцевый гравий
Filterreinigung *f* очистка фильтра, чистка фильтра
Filterrohrbrunnen *m* буровой колодец с фильтром
Filtersandschicht *f* слой фильтрующего песка
Filterschicht *f* дренажный слой; фильтрующий слой
Filterschlamm *m* осадок на фильтре
Filterstoff *m* фильтрующий материал
Filtertour *f* став фильтровых труб
Filterung *f* Filtrierung фильтрование, фильтрация
Filterverfahren *n* фильтрационный метод
Filterverlust *m* потеря при фильтрации, фильтрационная потеря
Filtervorgang *m* процесс фильтрования, процесс фильтрации
Filterwasser *n* фильтрационная вода
Filterweg *m* путь фильтрации
Filterwiderstand *m* сопротивление фильтра
Filterwirkung *f* фильтрующее действие
Filtrat *n* фильтрат
Filtration *f* Filtrierung фильтрация, фильтрование
Filtrationseffekt *m* фильтрационный эффект
Filtrationseigenschaft *f* филтрационное свойство
Filtrationsfeld *n* фильтрационное поле
Filtrationsgeschwindigkeit *f* скорость фильтрации
Filtrationsgesetz *n* закон фильтрации
Filtrationskoeffizient *m* коэффициент фильтрации
Filtrationskraft *f* фильтрационная сила
Filtrationsspannung *f* фильтрационное напряжение
Filtrationsverlust *m* фильтрационная потеря
Filtrationsvermögen *n* фильтрационная способность
Filtrationswasser *n* фильтрационная вода
Filtrationswirkung *f* действие фильтрации; действие фильтрационных вод
Filtrierapparat *m* фильтровальный аппарат
filtrierbar фильтруемый, фильтрующийся
Filtrierbarkeit *f* фильтруемость
filtrieren filtern фильтровать / профильтровать
Filtrieren *n* Filtration фильтрование
Filtrierflüssigkeit *f* фильтруемая жидкость
Filtriergeschwindigkeit *f* скорость фильтрования
Filtriergut *n* фильтруемый материал
Filtrierpapier *n* фильтровальная бумага

Filtrierpresse *f* фильтрпре́сс
Filtrierrückstand *m* оста́ток на фи́льтре
Filtrierung *f* Filtration фильтра́ция, фильтрова́ние
Filz *m* во́йлок
filzartig войлокоподо́бный
Fimbria *f* бахро́мка спо́ры
Fimmenit *m* Liptobiolith фиммени́т
final фина́льный, коне́чный
Findling *m* эррати́ческий валу́н, эррати́ческая глы́ба
Finger *m* па́лец
fingerartig пальцеви́дный
fingerförmig пальцеобра́зный
fingerig gefingert па́льчатый
finiglazial Finiglazial- финигляциа́льный
Finiglazial *n* финигляциа́льная ста́дия
Finiglazialstadium *n* финигляциа́льная ста́дия
Finnemanit *m* $Pb_5[Cl|(AsO_3)_3]$ финнемани́т
Fiorit *m* Variet von Opalsinter фиори́т
Firn *m* фирн
Firn- фи́рновый
Firnbecken *n* фи́рновый бассе́йн, фи́рновая му́льда
Firndecke *f* фи́рновый покро́в
Firneis *n* фи́рновый лёд
Firnerosion *f* эро́зия фи́рна
Firnfeld *n* фи́рновое по́ле
Firnflecken *m/pl* фи́рновые пя́тна
Firngebiet *n* фи́рновая о́бласть
Firngletscher *m* фи́рновый ледни́к, несоверше́нный ледни́к
Firngrenze *f* Firnlinie грани́ца фи́рна
Firnhaube *f* фи́рновая ша́пка
Firnhöhe *f* высота́ фи́рнового сло́я
Firnkegel *m* фи́рновый ко́нус
Firnlawine *f* фи́рновая лави́на
Firnlinie *f* Firngrenze фи́рновая ли́ния
Firnmantel *m* фи́рновая оболо́чка
Firnmoräne *f* фи́рновая море́на
Firnmulde *f* фи́рновая му́льда, фу́рновый бассе́йн, снежни́к
Firnschicht *f* фи́рновый сло́й, фи́рновый пласт
Firnschnee *m* фи́рновый снег
Firnschneefeld *m* фи́рн; фи́рновое по́ле
Firnzone *f* фи́рновая зо́на
Firnzunge *f* фи́рновый язы́к
Firste *f* Bergb. кро́вля
Firsteinbruch *m* обруше́ние поро́д кро́вли
Firstenabbau *m* вы́емка потолкоусту́пным забо́ем
Firstenbau *m* вы́емка потолкоусту́пным забо́ем
Firstenbruch *m* обруше́ние поро́д кро́вли
Firstendruck *m* давле́ние поро́д кро́вли
Firsteneinbruch *m* обруше́ние поро́д кро́вли
Fisch *m* ры́ба
Fisch- ры́бий, ры́бный
Fischabdruck *m* отпеча́ток ры́бы
fischähnlich рыбоподо́бный
Fischerit *m* $Al_2[(OH)_3|PO_4]\cdot 2^1/_2 H_2O$ фишери́т
Fischschiefer *m* ры́бный сла́нец
Fischschuppe *f* чешуя́ ры́бы
Fissipedia *pl* фиссипе́дии
Fissura *f* щель
Fixieren *n* Fotogr. фикси́рование, закрепле́ние
fixistisch фикси́ческий
Fixpunkt *m* неподви́жная то́чка, постоя́нная то́чка, опо́рная то́чка, репе́р
Fixpunktnetz *n* сеть постоя́нных то́чек, сеть опо́рных то́чек
Fixstern *m* неподви́жная звезда́, постоя́нная звезда́
Fizelyit *m* $7PbS\cdot 1{,}5Ag_2S\cdot 5Sb_2S_3$ физели́т
Fjodorow-Methode *f* ме́тод Фе́дорова
Fjord *m* фьорд, фио́рд
Fjord- фио́рдовый
Fjorddurchgriffsküste *f* регресси́вный фио́рдовый бе́рег
Fjordinsel *f* фио́рдовый о́стров
Fjordküste *f* бе́рег фио́рдового ти́па, фио́рдовый бе́рег
Fjordmündung *f* у́стье фио́рда
Fjordsee *m* фио́рдовое о́зеро
flabelliform веерообра́зный
flach Flach- 1. eben пло́ский. 2. flachgeneigt поло́гий. 3. seicht ме́лкий
flach einfallend пологопа́дающий
Flachbeben *n* неглубо́кое землетрясе́ние
Flachbohren *n* буре́ние неглубо́ких сква́жин, ме́лкое буре́ние, короткометра́жное буре́ние

Flachbohrung *f* ме́лкая сква́жина, неглубо́кая сква́жина, короткометра́жное буре́ние
Flachbrunnen *m* неглубо́кий коло́дец
Flachdruck *m* пло́ская печа́ть
Fläche *f* 1. Oberfläche пове́рхность. 2. Ebene пло́скость. 3. Mineralfläche грань. 4. Geometr. Fläche пло́щадь
flacheinfallend пологопа́дающий
Flächen- 1. Oberflächen- пове́рхностный. 2. Ebenen- плоскостно́й. 3. Flächen- площадно́й
Flächenabfluß *m* пове́рхностный сток
Flächenaufnahme *f* съёмка пло́щади
Flächenbelastung *f* нагру́зка на едини́цу пло́щади, уде́льная нагру́зка
Flächenberechnung *f* вычисле́ние пло́щади, определе́ние пло́щади
Flächendichte *f* Phys. пове́рхностная пло́тность (заря́да)
Flächendruck *m* давле́ние на пове́рхность, опо́рное давле́ние
Flächeneinheit *f* едини́ца пло́щади, едини́ца пове́рхности
Flächenelement *n* элеме́нт пло́щади, элеме́нт пове́рхности
Flächenerosion *f* Flächenabtragung плоскостно́й смыв
Flächeneruption *f* Arealeruption площадно́е изверже́ние, региона́льное излия́ние
Flächengesetz *n* Min. зако́н гра́ни
flächengleich равнове́ликий, ра́вный по пло́щади
Flächenherd *m* пло́ский оча́г
Flächeninhalt *m* величина́ поверхности, величина́ пло́щади
Flächenkartierung *f* площадно́е карти́рование
Flächenkrümmung *f* кривизна́ пове́рхности
Flächenladung *f* пове́рхностный заря́д
Flächenladungsdichte *f* пло́тность пове́рхностного заря́да
Flächenmaß *n* квадра́тная ме́ра, ме́ра пло́щади, ме́ра пове́рхности
Flächenmaßeinheit *f* едини́ца пове́рхности
flächenmäßig площадно́й
Flächenmaßstab *m* масшта́б пло́щади
Flächenmesser *m* планиме́тр
Flächenmessung *f* измере́ние пло́щадей, измере́ние пове́рхности
Flächenmoment *n* плоскостно́й моме́нт
Flächenneigung *f* накло́н пове́рхности
Flächennivellement *n* нивели́рование пло́щадей, нивели́рование пове́рхностей, пове́рхностная нивелиро́вка
Flächennormale *f* норма́ль пове́рхности, норма́ль к пове́рхности
flächenparallel пло́ско-паралле́льный
flächenreich многогра́нный
Flächenrüttler *m* пове́рхностный вибра́тор
Flächenschwerpunkt *m* центр тя́жести пло́щади
Flächenspülung *f* площадно́й смыв, смыв пове́рхности
Flächenstrom *m* пове́рхностный ток
Flächenstruktur *f* двухме́рное строе́ние, плоскостна́я структу́ра
Flächensymbol *n* си́мбол кристалли́ческой гра́ни
Flächensymmetrie *f* плоскостна́я симметри́я
Flächensystem *n* систе́ма пове́рхности
Flächenteilung *f* деле́ние пло́щадей
flächentreu равноплощадно́й
Flächenverzerrung *f* искаже́ние пло́щади
Flächenwert *m* коэффицие́нт пло́щади
Flächenwinkel *m* двугра́нный у́гол
Flächenzahl *f* число́ гра́ней
flächenzentriert центрогра́нный, гранецентри́рованный
flächenzentriertes Gitter *n* гранецентри́рованная решётка
flachfallend пологопа́дающий
flachgelagert пологозалега́ющий
flachgipfelig плосковерши́нный
flachgründig плоскодо́нный
Flachgründung *f* фунда́мент неглубо́кого заложе́ния; устро́йство фунда́мента неглубо́кого заложе́ния
flachhügelig плосхолми́стый, плоскоува́листый
flachkronig z. B. bei Zähnen низкокоро́нковый
Flachküste *f* поло́гий бе́рег, поло́гое побере́жье, пло́ское побере́жье, ро́вное побере́жье
Flachland *n* равни́на, ни́зменность, ни́зменная ме́стность
Flachland- равни́нный, ни́зменный

Flachlandfluß *m* равни́нная река́
Flachlandküste *f* ни́зменный бе́рег
flachliegend пологолежа́щий, пологозалега́ющий
flachlinsig плосколи́нзовый
Flachmeer *n* ме́лкое мо́ре, мелькомо́рье
Flachmoor *n* Niedermoor ни́зкое боло́то, низи́нное боло́то
flachneritisch мелконери́товый
Flachsee *f* мелково́дное мо́ре, мелькомо́рье
Flachsee- Flachwasser мелково́дный
Flachseeablagerung *f* Flachwasserablagerung мелково́дное отложе́ние
Flachseebank *f* мелково́дная ба́нка
Flachseefazies *f* Flachwasserfazies мелково́дная фа́ция
Flachsieb *n* пло́ский гро́хот
flachspiralig плоскоспира́льный
Flachufer *n* поло́гий бе́рег, пло́ский бе́рег
Flachwasser *n* Seichtwasser мелково́дье
Flachwasser- Seichtwasser- мелково́дный
Flachwasserablagerung *f* мелково́дное отложе́ние
Flachwasserabsatz *m* Flachwassersediment оса́док мелково́дья
Flachwasserbereich *m* мелково́дье, прибре́жный уча́сток
Flachwasserbildung *f* мелково́дное образова́ние
Flachwassercharakter *m* мелково́дность
Flachwasserfauna *f* мелково́дная фа́уна
Flachwasserfazies *f* мелково́дная фа́ция
Flachwasserform *f* мелково́дная фо́рма
Flachwassergebiet *n* о́бласть мелково́дья, райо́н мелково́дья, мелково́дный райо́н, мелково́дный уча́сток
Flachwasserkalk *m* мелково́дный известня́к
Flachwassersediment *n* Flachwasserabsatz оса́док мелково́дья
Flachwasserwelle *f* мелково́дная волна́
Flachwasserzone *f* мелково́дная зо́на, мелково́дная полоса́
flachwellig flach gewellt плосковолни́стый; мелкоува́листый
flach werden verlanden меле́ть / обмеле́ть
flagellat жгу́тиковый
Flagellum *n* жгу́тик
Flagstaffit *m* $C_{10}H_{18}(OH)_2 \cdot H_2O$ флагстаффи́т
Flajolotit *m* Mineral der Pyrochlorgruppe флайолоти́т
Flamm(en)- пла́менный
Flamme *f* пла́мя
Flammenfärbung *f* окра́шивание пла́мени
Flammenmergel *m* пла́менный ме́ргель
Flammenphotometer *n* пла́менный фото́метр
Flammenphotometrie *f* фотоме́трия пла́мени
flammenphotometrisch пла́меннофотометри́ческий
Flammenreaktion *f* пла́менная реа́кция
Flammenspektrum *n* спектр пла́мени
Flammkohle *f* пла́менный у́голь
Flammofen *m* пла́менная печь
Flammpunkt *m* то́чка воспламене́ния
flandrische Terrasse *f* Quartär фла́ндрская терра́са
flandrische Transgression *f* Quartär фла́ндрская трансгре́ссия
Flanke *f* склон, бок
Flankeneruption *f* бокова́е изверже́ние, латера́льное изверже́ние
flaschenförmig бутылкообра́зный
Flasergneis *m* флазергне́йс
flaserig Flaser- фла́зерный, свилева́тый
Flasertextur *f* фла́зерная текстýра, свилева́тая текстýра
Flavit *m* Laterit флави́т
Flechte *f* лиша́йник
Flechten- лиша́йниковый
Flechtentundra *f* лиша́йниковая ту́ндра
Flechtinger Höhenzug *m* флéхтингская гряда́
Fleck *m* пятно́
Fleck(en)- fleckig пятни́стый
Fleckendolomit *m* пятни́стый доломи́т
Fleckenmergel *m* пятни́стый ме́ргель
Fleckenschiefer *m* пятни́стый сла́нец
Fleckentundra *f* медальо́нная ту́ндра, пятни́стая ту́ндра
fleckig Fleck(en)-, gefleckt пятни́стый
Fledermaus *f* *Vespertilio murinus* летýчая мышь
Fleischerit *m* флейше́рит
fleischfressend плотоя́дный
fleischig мяси́стый
fleischrot мя́со-кра́сный
flexibel biegsam ги́бкий

Flexibilia *pl* ги́бкие морски́е ли́лии
Flexibilität *f* Biegsamkeit ги́бкость
Flexur *f* флексу́ра
Flexur- флексу́рный
Flexurzone *f* флексу́рная зо́на
fliegend Flug- лета́ющий, лету́чий
Fliegeraufnahme *f* аэрофотосни́мок
Fliehkraft *f* центробе́жная си́ла
Fliehkraft- центробе́жный
Fliehkraftbeanspruchung *f* центробе́жное уси́лие
Fliehkraftpendel *n* центробе́жный ма́ятник
Fliehkraftpendelmühle *f* центробе́жная ме́льница
Fliehmoment *n* центробе́жный моме́нт
Fliehpendel *n* центробе́жный ма́ятник
Fließbarkeit *f* теку́честь
Fließbereich *m* зо́на теку́чести
Fließbrekzie *f* бре́кчия тре́ния
Fließdruck *m* Hydrogeol. скоростно́й напо́р; теку́щее давле́ние
fließend теку́чий, теку́щий, прото́чный
fließendes Wasser *n* теку́чая вода́, прото́чная вода́
Fließfähigkeit *f* теку́честь
Fließfalte *f* скла́дка истече́ния (тече́ния)
Fließfigur *f* фигу́ра теку́чести
Fließformel *f* Hydrogeol. фо́рмула (ско́рости) тече́ния
Fließgefälle *n* о́бщий укло́н пото́ка, паде́ние пото́ка
Fließgefüge *n* структу́ра тече́ния
Fließgeschwindigkeit *f* ско́рость тече́ния; ско́рость протека́ния
Fließgewässer *n/pl* прото́чные во́ды
Fließgrenze *f* преде́л теку́чести
Fließhang *m* о́ползневый склон
Fließkohle *f* коллоида́льный у́голь
Fließkurve *f* крива́я теку́чести
Fließlinie *f* ли́ния тече́ния
Fließmoment *n* моме́нт теку́чести
Fließpapier *n* промока́тельная бума́га, фильтрова́льная бума́га
Fließpunkt *m* то́чка тече́ния
Fließrichtung *f* направле́ние тече́ния
Fließsand *m* плыву́н
Fließschicht *f* сло́й истече́ния, сло́й тече́ния
Fließschieferung *f* клива́ж тече́ния
Fließspannung *f* напряже́ние теку́чести
Fließspur *f* след тече́ния
Fließtemperatur *f* температу́ра теку́чести
Fließtextur *f* тексту́ра тече́ния, флюи́дная тексту́ра
Fließversatz *m* Bergb. самотёчная закла́дка
Fließvorgang *m* проце́сс тече́ния
Fließwassermenge *f* расхо́д теку́чей воды́
Fließwiderstand *m* гидравли́ческое сопротивле́ние
Fließzone *f* зо́на теку́чести
Fließzustand *m* состоя́ние тече́ния
Flinkit *m* $Mn_2^{\cdot\cdot}Mn^{\cdot\cdot\cdot}[(OH)_4|AsO_4]$ флинки́т
Flint *m* флинт, креме́нь
Flocke *f* хло́пья
flockenartig хлопьеви́дный
Flockenbildung *f* хлопьеобразова́ние, образова́ние хло́пьев, коагули́рование
flockig хлопьеви́дный
Flockung *f* образова́ние хло́пьев, коагули́рование
Flockungsanlage *f* устано́вка для коагули́рования
Flockungsmittel *n* коагуля́нт, коагули́рущее сре́дство
Flockungsvermögen *n* коагули́рующая спосо́бность
Flokit *m* † Ptilolith флоки́т
Flooding *n* заводне́ние
Flora *f* фло́ра
Floren- флористи́ческий
Florenbeschreibung *f* флористи́ческая характери́стика
Florencit *m* $CeAl_3[(OH)_6|(PO_4)_2]$ флоренси́т
florenführend флороно́сный
Florengebiet *n* флористи́ческая о́бласть
Florenzone *f* флористи́ческая зо́на
Floridastrom *m* флори́дское тече́ние
Flosse *f* плавни́к
Flossenpaar *n* па́ра плавнико́в
Flotation *f* Schwimmaufbereitung флота́ция, флотацио́нное обогаще́ние
Flotations- флотацио́нный
Flotationsanlage *f* флотацио́нная устано́вка
Flotationsdauer *f* вре́мя флота́ции, продолжи́тельность флота́ции
flotationsfähig флоти́рующийся, флоти́руемый

Flotationsgeschwindigkeit *f* скóрость флотáции
Flotationskonzentrat *n* флотациóнный концентрáт
Flotationsmethode *f* мéтод флотáции
Flotationsmittel *n* флотациóнный агéнт
Flotationsprodukt *n* продýкт флотáции
Flotationsverfahren *n* спóсоб флотáции
Flotierbarkeit *f* флотúруемость, флотациóнная спосóбность
Flöz *n* Schicht пласт
Flözanschwellung *f* вздýтие пластá, утолщéние пластá
flözartig пластообрáзный
Flözausbiß *m* вы́ход пластá на дневнýю повéрхность
Flözdach *n* крóвля пластá
Flözdicke *f* мóщность пластá
Flözerstreckung *f* протяжéние пластá
Flözflügel *m* крылó пластá
Flözfolge *f* послéдовательность пластóв
Flözgruppe *f* свúта пластóв
Flözkarte *f* пластовáя кáрта
Flözkörper *m* тóлща пластá
Flözlage *f* положéние пластá
Flözlagerstätte *f* пластовóе месторождéние
flözleer беспластовóй
Flözmächtigkeit *f* мóщность пластá
Flözmächtigkeitsschwankung *f* колебáние мóщности пластá
Flözneigung *f* падéние пластá, уклóн пластá
Flözparallelisierung *f* параллелизáция пластóв
Flözsattel *m* седловúна пластá
Flöztrum *m* ответвлéние пластá
Flözwechsel *m* перемéнное напластовáние, перемéнное залегáние пластóв
Fluchtgerade *f* лúния схóда
flüchtig летýчий
flüchtige Bestandteile *n/pl* летýчие веществá
Flüchtigkeit *f* летýчесть
Fluchtlinie *f* лúния схóда
Fluchtpunkt *m* тóчка схóда
Fluchtstab *m* вехá, сигнáльный шест
Fluchtstange *f* вехá, сигнáльный шест
Fluellit *m* $AlF_3 \cdot H_2O$ флюэллúт
Flugaufnahme *f* 1. Flugbild аэрофотоснúмок. 2. Flugvermessung аэросъёмка
Flugbahn *f* траектóрия
Flugechse *f* летáющий я́щер
Flügel *m* 1. Schwinge крылó. 2. Flanke крылó, склон. 3. Meßrad (Hydrogeol.) вертýшка
Flügelablesung *f* Hydrogeol. отсчёт по вертýшке
Flügeldecke *f* надкры́лье
Flügelfortsatz *m* Pal. крылáтый отрóсток
flügellos apterygot бескры́лый
Flügellose *pl* Apterygota бескры́лые
Flügelmeißel *m* кры́льчатое долотó
Flügelmessung *f* Hydrogeol. вертýшечное измерéние
Flügelumdrehungszahl *f* числó оборóтов вертýшки
flugfähig летýчий
Flugfähigkeit *f* Flugvermögen летáтельная спосóбность
Flugfeld *n* аэродрóм
Flughaut *f* летáтельная перепóнка
Flugplatz *m* аэродрóм
Flugsand *m* летýчий песóк, нанóсный песóк, плывýн
Flugsandbefestigung *f* укреплéние летýчих пескóв
Flugstaub *m* летýчая пыль
Flugvermögen *n* Flugfähigkeit летáтельная спосóбность
fluidal Fluidal- флюидáльный
fluidalstreifig флюидáльно-полóсчатый
Fluidalstruktur *f* флюидáльная структýра
Fluidaltextur *f* флюидáльная текстýра
Fluidität *f* текýчесть
Fluktuation *f* флюктуáция, текýчесть
Fluktuations- флюктуациóнный
Fluoborit *m* $Mg_3[(F, OH)_3|BO_3]$ флюоборúт
Fluocerit *m* Tysonit флюоцерúт
Fluor *n* F фтор
Fluorapatit *m* фтор-апатúт, фтóристый апатúт
Fluoräther *m* фторзамещённый простóй эфúр
Fluoreszein *n* $C_{20}O_5H_{11}$ флуоресцеин
Fluoreszenz *f* флуоресцéнция, флюоресцéнция
Fluoreszenzanalyse *f* флуоресцéнтный анáлиз
Fluoreszenzfarbe *f* окрáска флуоресцéнции
Fluoreszenzgerät *n* флуоресцéнтный прибóр

Fluoreszenzindikator *m* флуоресцирующий индикатор
Fluoreszenzlampe *f* флуоресцирующая лампа
Fluoreszenzlicht *n* свет флуоресценции, свечение флуоресценции
Fluoreszenzschirm *m* флуоресцирующий экран
Fluoreszenzspektrum *n* спектр флуоресценции, спектр флуоресцирующего вещества
Fluoreszenzstrahler *m* флуоресцентный излучатель
Fluoreszenzstärke *f* сила флуоресценции
Fluoreszenzstoff *m* флуоресцирующее вещество
fluoreszieren флуоресцировать *uv.*, *v.*
fluorhaltig фторсодержащий
Fluorid *n* фторид, соль втористоводородной кислоты
Fluoridisierung *f* флюоридизация
fluorierbar фторируемый, фторирующийся
Fluorierbarkeit *f* способность фторироваться
fluorieren фторировать *uv.*, *v.*
Fluorieren *n* фторирование
fluoriert фтористый, фторированный
Fluorierung *f* фторирование
Fluorimeter *n* флуориметр
fluorimetrisch флюориметрический
Fluorit *m* Flußspat CaF_2 флюорит
Fluorit- Flußspat- флюоритовый
Fluoritisierung *f* флюоритизация
Fluormetasomatose *f* фторметасоматоз
fluorometrisch флуорометрический
Fluormonoxid *n* F_2O окись фтора
Fluoroskop *n* флюороскоп
Fluorphosphat *n* флюорфосфат
Fluorsilikat *n* фторосиликат
Fluorwasserstoff *m* HF фтористый водород, фтороводород
Fluorwasserstoff- фтористоводородный
Fluorwasserstoffsäure *f* HF фтористоводородная кислота, плавиковая кислота
Fluraufnahme *f* флурная съёмка, съёмка для земельного кадастра
Flurbuch *n* поземельная запись, книга земельного кадастра
Flurkarte *f* флурная карта, карта с обозначениями границ флура

Fluß *m* 1. Wasserlauf река, поток. 2. Schmelzfluß флюсь
Fluß- fluviatil речной
Flußablagerung *f* речное отложение, аллювий
Flußabschnitt *m* участок реки
flußabwärts ниже по течению; вниз по течению, вниз по реке
Flußachse *f* стрежень реки
Flußanschwemmung *f* речные наносы, речные наносные материалы
Flußanzapfung *f* перехват реки, скрадывание реки
Flußarm *m* рукав реки
Flußaue *f* заливной луг, поймённый луг
Flußaufstau *m* речной подпор
Flußaufwanderung *f* блуждание речного русла
flußaufwärts выше по течению; вверх по течению, вверх по реке
Flußausbau *m* регулирование русла реки, выправление русла реки
Flußbau *m* речное строительство, работы по регулированию рек
Flußbecken *n* Einzugsgebiet речной бассейн
Flußbett *n* русло реки, речное русло, ложе реки
Flußbett- русловый
Flußbettbildung *f* образование русла реки, руслоформирование
Flußbettcharakteristik *f* характеристика речного русла
Flußbettdeformierung *f* русловая деформация
Flußbetteinschnürung *f* сужение речного русла
Flußbettelement *n* элемент русла
Flußbettform *f* форма русла, конфигурация русла
Flußbettgattung *f* тип речного русла
Flußbettgestaltung *f* формирование русла
Flußbettkapazität *f* русловая ёмкость, русловый объём
Flußbettprofil *n* профиль русла реки
Flußbettregulierung *f* регулирование русла реки, русловое регулирование
Flußbettsicherung *f* защита речного русла, крепление речного русла
Flußbettsohle *f* грунт русла реки, основание русла реки

Flußbettformung *f* изменéние рýсла рекѝ, преобразовáние рýсла рекѝ
Flußbettwanderung *f* блуждáние речнóго рýсла
Flußbifurkation *f* бифуркáция рекѝ, раздвоéние рекѝ
Flußbilanz *f* балáнс рек
Flußbildungsvorgang *m* процéсс образовáния рекѝ
Flußbreite *f* ширинá рекѝ
Flußdamm *m* речнáя дáмба
Flußdeich *m* береговóй речнóй вал, береговáя речнáя дáмба
Flußdichte *f* густотá речнóй сéти
Flußdurchbruch *m* прорыв рекѝ
Flußeis *n* речнóй лёд
Flußeisenstein *m* флюсовая железная рудá
Flußentnahme *f* речнóй водозабóр
Flußerosion *f* речнáя эрóзия
Flußgabelung *f* бифуркáция рекѝ, раздвоéние рекѝ
Flußgebiet *n* Einzugsgebiet бассéйн рекѝ, речнóй бассéйн
Flußgefälle *n* уклóн рекѝ, падéние рекѝ
Flußgeschwindigkeit *f* скóрость течéния
Flußgrund *m* дно рекѝ
Flußgrundwasser *n* грунтовáя водá речнóго происхождéния
flüssig жѝдкий
Flüssigkeit *f* жѝдкость
Flüssigkeitsabfluß *m* сток жѝдкости, жѝдкий сток
Flüssigkeitsaerosol *n* жѝдкий аэрозóль
Flüssigkeitsanhäufung *f* накоплéние жѝдкости
Flüssigkeitsbewegung *f* движéние жѝдкости
Flüssigkeitsbläschen *n* пузырёк жѝдкости
Flüssigkeitsdämpfung *f* жѝдкое затухáние, затухáние в жѝдкой средé
Flüssigkeitsdruck *m* гидродинамѝческое давлéние; гидростатѝческое давлéние, давлéние жѝдкости
Flüssigkeitseinfluß *m* включéние жѝдкости, жѝдкое давлéние
Flüssigkeitsentnahme *f* отбóр жѝдкости
Flüssigkeitsfaden *m* стрýйка жѝдкости
Flüssigkeitsfilm *m* плёнка жѝдкости, жѝдкостная плёнка
Flüssigkeitsförderung *f* подáча жѝдкости
Flüssigkeitsgrad *m* стéпень текýчести, стéпень вя́зкости
Flüssigkeitshaut *f* жѝдкостная плёнка
Flüssigkeitsinhalt *m* объём жѝдкости
Flüssigkeitsmenge *f* колѝчество жѝдкости; расхóд жѝдкости
Flüssigkeitsoberfläche *f* повéрхность жѝдкости
Flüssigkeitspotential *n* потенциáл жѝдкости
Flüssigkeitsquantum *n* колѝчество жѝдкости
Flüssigkeitsreibung *f* трéние жѝдкости
Flüssigkeitssäule *f* столб жѝдкости
Flüssigkeitsschicht *f* слóй жѝдкости
Flüssigkeitsspiegel *m* зéркало жѝдкой повéрхности, зéркало жѝдкости
Flüssigkeitsstand *m* ýровень жѝдкости
Flüssigkeitsstrahl *m* струя́ жѝдкости
Flüssigkeitsstrom *m* потóк жѝдкости
Flüssigkeitsströmung *f* течéние жѝдкости
Flüssigkeitsteilchen *n* частѝца жѝдкости
Flüssigkeitsthermometer *n* жѝдкостный термóметр
Flüssigkeitsvolumen *n* объём жѝдкости
Flüssigkeitswiderstand *m* сопротивлéние жѝдкости
Flüssigkeitszulauf *m* притóк жѝдкости, подвóд жѝдкости
flüssigtropfbar капельножѝдкий
Flußinsel *f* речнóй óстров
Flußkanalisierung *f* канализáция рекѝ
Flußkies *m* речнóй грáвий
Flußkorrektion *f* выправлéние рекѝ, регулѝрование рекѝ
Flußkrümmung *f* речнáя извѝлина, речнáя излýчина
Flußlängenschnitt *m* продóльный прóфиль рекѝ
Flußmitte *f* стрéжень рекѝ
Flußmittel *n* флюс, плáвень
Flußmündung *f* ýстье рекѝ
Flußmündungsgebiet *n* райóн ýстья рекѝ, устьевóе прострáнство (рекѝ)
Flußnetz *n* речнáя сеть, гидрографѝческая сеть
Flußnetzdichte *f* густотá речнóй сéти
Flußniederung *f* речнáя низѝна
Flußprofil *n* прóфиль рекѝ
Flußquelle *f* истóк рекѝ

Flußquerschnitt *m* попере́чное сече́ние реки́, живо́е сече́ние реки́; про́филь живо́го сече́ния реки́
Flußregulierung *f* регули́рование реки́
Flußrichtung *f* направле́ние тече́ния реки́
Flußrinne *f* ру́сло реки́
Flußsand *m* речно́й песо́к
Flußsäure *f* HF плавико́вая кислота́, фтористоводоро́дная кислота́
Flußschleife *f* Flußschlinge изви́лина реки́, излу́чина реки́, меа́ндр
Flußschotter *m* речна́я га́лька, речно́й га́лечник
Flußsee *m* Schaltsee прото́чное о́зеро, речно́е о́зеро
Flußseife *f* речна́я ро́ссыпь
Flußsinkstoff *m* речны́е нано́сы
Flußsohle *f* дно реки́
Flußspat *m* Fluorit CaF_2 плавико́вый шпат
Flußspat- плавиковошпа́товый, флюори́товый
Flußspatgang *m* флюори́товая жи́ла
Flußspeisung *f* пита́ние реки́
Flußspiegel *m* зе́ркало реки́, у́ровень свобо́дной пове́рхности реки́
Flußstau *m* речно́й подпо́р
Flußsystem *n* речна́я систе́ма
Flußtal *n* доли́на реки́, речна́я доли́на
Flußtalsperre *f* речна́я (водохрани́лищная) плоти́на
Flußterrasse *f* речна́я терра́са
Flußtiefe *f* глубина́ реки́
Flußufer *n* бе́рег реки́, речно́й бе́рег
Flußvereisung *f* замерза́ние реки́
Flußverlegung *f* измене́ние направле́ния речно́го ру́сла, деформа́ция ру́сла реки́
Flußverlegung *f* перенесе́ние ру́сла реки́, перемеще́ние ру́сла реки́
Flußverschüttung *f* занесе́ние реки́
Flußversickerung *f* проса́чивание воды́ из реки́ в грунт
Flußverunreinigung *f* загрязне́ние реки́ (сто́чными вода́ми)
Flußwanderung *f* блужда́ние реки́
Flußwasser *n* речна́я вода́
Flußwasserentnahme *f* речно́й водозабо́р
Flußwassermenge *f* расхо́д реки́
Flußwasserrinne *f* ру́сло реки́, речно́е ру́сло
Flußwasserspiegel *m* у́ровень свобо́дной пове́рхности реки́, зе́ркало воды́ в реке́
Flußwasserstand *m* у́ровень воды́ в реке́
Flußwassertätigkeit *f* рабо́та речны́х вод
Flußwasseruntersuchung *f* иссле́дование речно́й воды́
Flußwasserzufuhr *f* подво́д речно́й воды́, прито́к речно́й воды́
Flußwehr *n* речна́я плоти́на
Flußwindung *f* изги́б реки́, излу́чина, меа́ндр
Flut *f* 1. Gezeitenflut прили́в. 2. Hochwasser па́водок
Flut- 1. Gezeiten прили́вный. 2. Hochwasser па́водковый
Flutanzeiger *m* указа́тель прили́вов
Flutautograph *m* мареo̐граф
Flutbecken *n* прили́вный бассе́йн
Flutberg *m* 1. Gezeiten гре́бень прили́ва. 2. Hochwasser гре́бень па́водковой воды́
Flutbewässerung *f* ороше́ние па́водковыми вода́ми
Flutboddenküste *f* бе́рег бо́денов с возде́йствием прили́ва
Flutdauer *f* 1. Gezeiten продолжи́тельность прили́ва. 2. Hochwasser продолжи́тельность па́водка
Flutdurchlaß *m* про́пуск па́водка, па́водковый водосбро́с
Fluteintritt *m* наступле́ние прили́ва
Fluten *n* einer Sonde заводне́ние сква́жины
fluterzeugend приливообразу́ющий
Flutgebiet *n* зо́на прили́ва
Flutgraben *m* водоотво́дный кана́л
Flutgrenze *f* грани́ца (распростране́ния) прили́ва; грани́ца затопле́ния
Flutgröße *f* величина́ прили́ва
Fluthöhe *f* 1. Gezeiten высота́ прили́ва, величина́ прили́ва. 2. Hochwasser высота́ па́водка
Flutkamm *m* прили́вный гре́бень
Flutkatastrophe *f* катастрофи́ческое наводне́ние
Flutkraft *f* эне́ргия прили́ва, си́ла прили́ва
Flutkraftwerk *n* прили́вная гидроэлектроста́нция
Flutkurve *f* 1. Gezeiten прили́вная крива́я, мареогра́мма. 2. Hochwasser крива́я па́водка

Flutkurvenspitze *f* пик кривóй прили́ва
Flutleistung *f* 1. Gezeiten мóщность прили́ва. 2. Hochwasser мóщность пáводка
Flutmarke *f* отмéтка ýровня пóлной воды́
Flutmenge *f* расхóд воды́ прили́ва
Flutmesser *m* мареóграф
Flutperiode *f* пери́од прили́ва
Flutpotential *n* потенциáл прили́ва, прили́вный потенциáл
Flutreibung *f* прили́вное трéние
Flutschleuse *f* прили́вный шлюз
Flutsphäroid *n* сферóид прили́ва
Flutspitze *f* мáксимум прили́ва
Flutstand *m* ýровень (воды́) прили́ва
Flutstrom *m* потóк прили́ва, прили́вное течéние
Flutstromrichtung *f* направлéние прили́вного течéния
Flutströmung *f* прили́вное течéние
Flutwasser *n* 1. Gezeiten водá прили́ва. 2. Hochwasser водá пáводка, пáводковая водá
Flutwassermenge *f* 1. Gezeiten прили́вный расхóд. 2. Hochwasser пáводковый расхóд
Flutwechsel *m* смéна прили́ва
Flutwelle *f* 1. Gezeiten волнá прили́ва, прили́вная волнá. 2. Hochwasser волнá пáводка, пáводковая волнá
Flutwellenlinie *f* мареогрáмма
Flutwellenscheitel *m* грéбень волны́ прили́ва
Flutwoge *f* волнá прили́ва
Flutzeit *f* врéмя прили́ва, продолжи́тельность прили́ва
fluviatil-akkumulativ водноаккумуляти́вный
fluviatile Akkumulationsfläche *f* водноаккумуляти́вная повéрхность
fluviatiler Erosionsprozeß *m* водноэрозиóнный процéсс
fluviatil-erosiv водноэрозиóнный
fluvioglazial Fluvioglazial- водноледникóвый, флювиогляциáльный
Fluvioglazialablagerung *f* водноледникóвое отложéние
Fluvioglazialebene *f* флювиогляциáльная равни́на, водноледникóвая равни́на
fluvionival флювиониbáльный, водоснежникóвый
Flysch *m* флиш
Flysch- фли́шевый
flyschähnlich флишеподóбный
flyschartig флишóидный
Flyschbildung *f* фли́шевое образовáние
Flyschformation *f* фли́шевая формáция
Flyschserie *f* фли́шевая тóлща, фли́шевая сéрия
Flyschstadium *n* стáдия фли́ша
Flyschzone *f* фли́шевая зóна
Foetus *m* плод
fokussieren фокуси́ровать *uv.*
Fokussierung *f* фокусирóвка, установка на фóкус
Folge *f* Gesteinsfolge сви́та
Footeit *m* Connellit футеи́т
Foramen *n* форáмен, отвéрстие
Foramen infraorbitale *n* подглазни́чное отвéрстие
Foramen lacerum anterius *n* перéднее рвáное отвéрстие
Foramen lacerum medium *n* срéднее рвáное отвéрстие
Foramen lacerum posterius *n* зáднее рвáное отвéрстие
Foramen magnum *n* глáвное окóшечко
Foramen opticum *n* зри́тельное отвéрстие
Foramen ovale *n* овáльное окóшечко
Foramen palatinum *n* нёбное отвéрстие
Foramen palatinum anterius *n* перéднее нёбное отвéрстие
Foramen palatinum posterius *n* зáднее нёбное отвéрстие
Foramen rotundum *n* крýглое отвéрстие
Foraminiferen *f/p* фораминифéры
Foraminiferen- фораминифéровый
Foraminiferenkalk *m* фораминифéровый известня́к
Foraminiferen-Schichten *f/pl* фораминифéровые слои́
Forbesit *m* (Ni, Co)H[AsO_4]·$3^1/_2$ bzw. $4H_2O$ форбези́т
Forcherit *m* † Gemenge von Opal mit kolloidalem As_2O_3 форхери́т
Förderanlage *f* подъёмная установка, трáнспортная установка, трáнспортное устрóйство
Förderband *n* лéнточный конвéйер, лéнточный транспортёр
Förderbohrung *f* эксплуатациóнная буровáя сквáжина
Förderbrücke *f* трáнспортно-отвáльный мост, эстакáда

Förderdruck *m* давле́ние на вы́киде, напо́р на вы́киде
Fördererz *n* добы́тая руда́, това́рная руда́
Fördergeschwindigkeit *f* подъёмная ско́рость
Fördergut *n* транспорти́руемый материа́л
Förderhorizont *m* эксплуатацио́нный горизо́нт, продукти́вный горизо́нт
Förderklasse *f* промы́шленный класс
Förderkohle *f* рядово́й у́голь, несортиро́ванный у́голь
Förderkorb *m* подъёмная клеть, лю́лька
Fördermenge *f* Schüttung дебит
Fördermethode *f* ме́тод добы́чи
Förderplan *m* план добы́чи
Förderpraxis *f* пра́ктика добы́чи
Fördersalz *n* необрабо́танная соль
Förderschacht *m* подъёмная ша́хта
Förderschicht *f* сме́на по добы́че, добы́чная сме́на
Förderseil *n* подъёмный кана́т
Förderstolle *m* отка́точная што́льня
Förderstrecke *f* отка́точный штрек
Förderteufe *f* глубина́ подъёма, высота́ подъёма
Fördertrommel *f* подъёмный бараба́н
Förderturm *m* подъёмная ба́шня, подъёмный копёр
Förderung *f* Förderleistung, Ausbeute добы́ча, эксплуата́ция
Förderungsbohrung *f* эксплуатацио́нная сква́жина
Förderverfahren *n* спо́соб эксплуата́ции
Förderverhältnisse *pl* усло́вия добы́чи
Förderzone *f* зо́на эксплуата́ции
Forellenstein *m* форелленште́йн
Forellenstein- форелленште́йновый
Form *f* Gestalt фо́рма
Formaldehyd *m* формалдеги́д
Formalin *n* формали́н
Formänderung *f* измене́ние фо́рмы, формоизмене́ние, деформа́ция
Formänderungsarbeit *f* рабо́та деформа́ции
Formänderungsenergie *f* эне́ргия формоизмене́ния
Formänderungswiderstand *m* сопротивле́ние деформа́ции
Formanit *m* $YTaO_4$ формани́т
Formation *f* форма́ция
Formationsgruppe *f* гру́ппа форма́ций
formbar пласти́чный, формýющийся
Formbarkeit *f* пласти́чность, формýемость
Formbeständigkeit *f* постоя́нство фо́рмы, усто́йчивость фо́рмы
Formel *f* фо́рмула
Formenbildung *f* формообразова́ние
Formengeneration *f* Geomorph. генера́ция форм
Formenkategorie *f* катего́рия форм
Formfaktor *m* коэффицие́нт фо́рмы, множи́тель фо́рмы
formlos gestaltlos бесфо́рменный
Formlosigkeit *f* Gestaltlosigkeit бесфо́рменность
Formregelung *f* ориентиро́вка фо́рмы
Formsand *m* формо́вочный песо́к
Formstein *m* фасо́нный ка́мень; лека́льный ка́мень
Formveränderung *f* измене́ние фо́рмы, деформа́ция
Formziegel *m* фасо́нный кирпи́ч
Fornacit *m* ? basisches PbCu-Chromoarsenat форнаци́т
forschen erforschen иссле́довать *uv.*, *v.*
Forscher *m* Erforscher иссле́дователь
Forschung *f* иссле́дование
Forschungs- иссле́довательский
Forschungsarbeit *f* иссле́довательская рабо́та
Forschungsinstitut *n* иссле́довательский институ́т
Forschungslaboratorium *n* иссле́довательская лаборато́рия
Forschungsreise *f* нау́чная экспеди́ция
Forschungsschiff *n* иссле́довательское су́дно
Forschungszentrum *n* иссле́довательский центр
Forst *m* лес
Forsterit *m* $Mg_2[SiO_4]$ форстери́т
Forsterit- форстери́товый
Fortbewegung *f* передвиже́ние
Fortbewegungsgeschwindigkeit *f* ско́рость распростране́ния
Fortdauer *f* продолжи́тельность
Fortentwicklung *f* дальне́йшее разви́тие
fortleiten отводи́ть / отвести́
fortpflanzen sich 1. sich ausbreiten распространя́ться / распространи́ться. 2. sich vermehren размножа́ться / размно́житься

Fortpflanzung *f* 1. Ausbreitung распространéние. 2. Vermehrung размножéние

Fortpflanzungsgeschwindigkeit *f* скóрость распространéния

Fortpflanzungskonstante *f* постоя́нная распространéния

Fortpflanzungsrichtung *f* направлéние распространéния

Fortpflanzungswelle *f* распространя́ющаяся волнá, перемещáющаяся волнá

fortpumpen abpumpen откáчивать/откачáть

fortschreiten продвигáть/продви́нуть, распространя́ться/распространи́ться

Fortschreiten *n* продвижéние, поступáтельное движéние

fortschreitend поступáтельный; распространя́ющийся

fortschwemmen уноси́ть/унести́ водóй, сноси́ть/снести́ водóй

Fortschwemmung *f* унóс водóй, смывáние

forttragen transportieren выноси́ть/вы́нести, уноси́ть/унести́

Forttragen *n* вы́нос

Foshagit *m* zersetzter Hildebrandit фошаги́т

Fossa glenoidea *f* челюстнóе сочленéние

fossil versteinert ископáемый

Fossil *n* Versteinerung ископáемое

Fossilbestimmung *f* определéние окаменéлостей

fossiles Wasser *n* connate water погребённая водá

fossilfrei fossilleer немóй

Fossilfundort *m* местонахождéние ископáемых

Fossilinhalt *m* содержáние ископáемых остáтков

Fossilisation *f* фоссилизáция

Fossilisationsprozeß *m* процéсс фоссилизáции

fossilisieren фоссилизи́ровать *uv.*, *v.*

fossilleer fossilfrei немóй

Fossula *f* перегорóдочная ложби́нка, септáльное углублéние, фóссула

Foto *n* usw. siehe Photo

Fourchit *m* olivinfreier Monchiquit фурчи́т, фурши́т

Fourier-Integral *n* интегрáл Фурьé

Fourier-Koeffizient *m* коэффициéнт Фурьé

Fourier-Reihe *f* ряд Фурьé

Fourmarierit *m* $8[UO_2|(OH)_2]\cdot Pb(OH)_2\cdot 4H_2O$ фурмарьери́т

Fournetit *m* † Gemenge von Bleiglanz mit anderen Erzen фурнети́т

Fowlerit *m* Rhodonit mit Fe, Ca, Zn, Mg фоулери́т

Foyait *m* фойяи́т

Foyaitaplit *m* фойяи́товый апли́т

Fragestellung *f* постанóвка вопрóса

Fragment *n* Bruchstück фрагмéнт, обры́вок

fragmentarisch фрагментáрный, отры́вочный

Fraipontit *m* $Zn_8Al_4[(OH)_8|(SiO_4)_5]\cdot 7H_2O$ фрепонти́т

Fraktion *f* фрáкция

fraktionieren фракциони́ровать *uv.*, *v.*

Fraktionieren *n* фракциони́рование

fraktioniert фракциони́рованный

Fraktionierung *f* фракциони́рование

Fraktionsanalyse *f* фракциóнный анáлиз

Framesit *m* Varietät von schwarzem Bort фрамези́т

Franckeit *m* $5PbS\cdot 2SnS_2\cdot Sb_2S_3$ франкейт

Francolith *m* Mineral der Apatitgruppe франколи́т

Frankeniaceae *pl* франкéниевые

Frankfurter Stadium *n* фрáнкфуртская стáдия

Fränkische Furche *f* франкóнская борозда́

Franklinit *m* $ZnFe_2O_4$ франклини́т

fransig aus Fransen bestehend бахрóмчатый

Franzium *n* Fr фрáнций

Frasne *n* Frasne-Stufe, Oberdevon фрáнский я́рус

Frasne- фрáнский

Frasne-Stufe *f* Oberdevon фрáнский я́рус

Fraunhofersche Linien *f/pl* фраунгóферовы ли́нии

Freboldit *m* CoSe фребольди́т

frei ungebunden свобóдный

Freiberger Bergrevier *n* Фрéйбергский гóрный óкруг

Freibergit *m* Ag-haltiger Tetraedrit фрейберги́т

freie Säure *f* свобо́дная кислота́
Freieslebenit *m* $4PbS \cdot 2Ag_2S \cdot 2Sb_2S_3$ фрейслебени́т
Freifall *m* свобо́дное паде́ние
Freifallbohrer *m* свободнопа́дающий бур
Freifallbohrung *f* буре́ние свободнопа́дающим бу́ром
Freigold *n* саморо́дное зо́лото
Freiheitsgrad *m* сте́пень свобо́ды
freilegen освобожда́ть/освободи́ть
Freirinit *m* $Na_3(Cu, Ca)_3[(OH)_3|(AsO_4)_2] \cdot 1^1/_2H_2O$ фрейрини́т
freischwimmend свободнопла́вающий
Freisetzung *f* Befreiung освобожде́ние
Freispiegelbrunnen *m* безнапо́рный коло́дец
Freispiegelströmung *f* безнапо́рное движе́ние воды́
Freispiegelzulauf *m* безнапо́рный прито́к (воды́)
Freiwange *f* свобо́дная щека́, подви́жная щека́
fremdartig чужеро́дный
Fremdeinschluß *m* Xenolith посторо́ннее включе́ние; оста́нец
Fremderregung *f* чужо́е возбужде́ние, незави́симое возбужде́ние
Fremdgas *n* посторо́нний газ
Fremdion *n* посторо́нний ио́н
Fremdkomponente *f* посторо́нний компоне́нт
Fremdkörper *m* иноро́дное те́ло, при́месь
Fremdmineral *n* чу́ждый минера́л, посторо́нний минера́л
Fremdmineralabscheidung *f* отложе́ние посторо́нних минера́лов
Fremdstoff *m* при́месь
Fremdstrahlung *f* посторо́ннее излуче́ние
Fremdsubstanz *f* посторо́ннее вещество́
Fremdwasser *n* Hydrogeol. вода́ сосе́днего водосбо́ра
Fremontit *m* $NaAl[(OH, F)|PO_4]$ фремонти́т
Frenkel-Defekt *m* дефе́кт Фре́нкеля
Frequenz *f* Schwingungszahl частота́
Frequenz- часто́тный
Frequenzabhängigkeit *f* часто́тная зави́симость
Frequenzanzeiger *m* указа́тель частоты́
Frequenzausgleich *m* выра́внивание частоты́
Frequenzband *n* полоса́ часто́т
Frequenzbereich *m* диапазо́н часто́т, часто́тный спектр
Frequenzdispersion *f* часто́тная диспе́рсия
Frequenzdispersionskoeffizient *m* часто́тно-диспе́рсный коэффицие́нт
Frequenzeigenschaft *f* часто́тное сво́йство
Frequenzgleichung *f* уравне́ние частоты́ (колеба́ний)
Frequenzfilter *n* часто́тный фильтр
Frequenzgebiet *n* о́бласть часто́т
Frequenzkurve *f* крива́я частоты́
Frequenzschwankung *f* колеба́ние частоты́
Frequenzsondierung *f* часто́тное зонди́рование
Frequenzspektrum *n* спектр часто́т, часто́тный спектр
Frequenztheorie *f* часто́тная тео́рия
Frequenzverschiebung *f* сдвиг частоты́, отступле́ние частоты́
Frequenzverzerrung *f* часто́тное искаже́ние
Frequenzwanderung *f* отклоне́ние частоты́
Fresnel-Prisma *n* Fresnelsches Prisma при́зма Френе́ля
Fresnelsches Theorem *n* теоре́ма Френе́ля
Freyalith *m* Zersetzungsprodukt von Thorit фрейали́т
Friedelit *m* $(Mn,Fe)_8[(OH, Cl)_{10}|Si_6O_{15}]$ фридели́т
Frieselit *m* фризели́т
Friktion *f* тре́ние
Friktions- фрикцио́нный
frisch све́жий
Frischluft *f* све́жий во́здух
Frischwasser *n* све́жая вода́
Friseit *m* $Ag_2Fe_5S_8$ фризеи́т
Fritten *n* Frittung, Brennen фриттова́ние, обжига́ние
Frittungsprozess *m* проце́сс фриттова́ния
Frohbergit *m* $FeTe_2$ фроберги́т
Front *f* фронт
Frontale *n* ло́бная кость
Frontalfläche *f* лобова́я пове́рхность
Frontallobus *m* фронта́льная ло́пасть, ло́бная ло́пасть
Frontalmoräne *f* фронта́льная море́на

Frontalwelle *f* фронта́льная волна́, волна́ фро́нта
Frontalzonendelta *n* де́льта фронта́льной зо́ны
Frontbereich *m* о́бласть фро́нта, зо́на фро́нта
Frontwelle *f* фронта́льная волна́
Froodit *m* $PdBi_2$ фруди́т
Frosch *m* *Rana* лягу́шка
Frost *m* моро́з
Frost- 1. gefroren мёрзлый. 2. ewig gefroren мерзло́тный. 3.Frost- моро́зный
Frostauftreibung *f* вспу́чивание гру́нта при замерза́нии
frostbeständig морозоусто́йчивый, морозосто́йкий
Frostbeständigkeit *f* морозоусто́йчивость, морозосто́йкость
Frostbeule *f* моро́зная пучи́на
Frostboden *m* мёрзлая по́чва, сло́й ве́чной мерзлоты́
Frostbodenkunde *f* мерзлотове́дение
Frostbodenzone *f* мёрзлая зо́на
Frostbuckel *m* пучи́на от моро́за
Frostdeformation *f* Frostverformung мерзло́тная деформа́ция
Frosteindringtiefe *f* глубина́ промерза́ния
frostempfindlich чувстви́тельный к моро́зу
Frostempfindlichkeit *f* чувстви́тельность к моро́зу
Frosterscheinung *f* мерзло́тное явле́ние
Frostfaltung *f* моро́зное смя́тие
Frostform *f* мерзло́тная фо́рма
Frostforschung *f* иссле́дование промерза́ния
Frostgefahr *f* опа́сность замерза́ния, опа́сность замора́живания
frostgefährdet подве́рженный замерза́нию
Frostgrenze *f* грани́ца промерза́ния, глубина́ промерза́ния (гру́нта)
Frostgürtel *m* по́яс мерзлоты́, зо́на мерзлоты́
Frosthäufigkeit *f* частота́ моро́зов, повторя́емость моро́зов
Frosthebung *f* вспу́чивание от моро́за; пучи́на
Frostkeil *m* мерзло́тный клин
Frostperiode *f* пери́од моро́зов
Frostquellung *f* моро́зное пуче́ние
Frostriß *m* тре́щина от моро́за
Frostschaden *m* поврежде́ние от моро́за
Frostschub *m* моро́зный сдвиг
Frostschutz *m* защи́та от моро́зов; сре́дство про́тив замерза́ния
Frostschutzschicht *f* морозозащи́тный сло́й
frostsicher морозоусто́йчивый
Frostsicherheit *f* безопа́сность в отноше́нии промерза́ния; морозосто́йкость
Frostsohle *f* моро́зный забо́й
Frostspalte *f* Frostriß моро́зная тре́щина
Frostsprengung *f* моро́зное раска́лывание
Frosttätigkeit *f* де́ятельность моро́за
Frosttemperatur *f* температу́ра замерза́ния
Frosttiefe *f* глубина́ промерза́ния
Frostversuch *m* испыта́ние на морозосто́йкость
Frostverwitterung *f* моро́зное выве́тривание
Frostwirkung *f* де́йствие моро́за, возде́йствие моро́за, влия́ние промерза́ния
Frostzone *f* зо́на мерзлоты́
Frucht *f* плод
fruchtbar плодоро́дный, плодови́тый; урожа́йный
Fruchtbarkeit *f* плодоро́дие, плодови́тость, урожа́йность
Fruchtblatt *n* плодоли́стик
Fruchtboden *m* цветоло́же
Fruchtfolge *f* севооборо́т, плодосме́н
Fruchtgehäuse *n* Fruchthülle, Pericarpium околопло́дник
Fruchthalter *m* Fruchtträger плодоно́с
Fruchtknoten *m* за́вязь
Fruchtschiefer *m* frукто́вый сла́нец, пятни́стый сла́нец
Fruchtstengel *m* плодоно́жка
Fruchtwechsel *m* севооборо́т, плодосме́н
Frugardit *m* † Vesuvian фругарди́т
Frugivora *pl* плодоя́дные
Frühausscheidung *f* ра́ннее выделе́ние
Frühdiagenese *f* ра́нний диагене́з
Frühjahrsabfluß *m* Hydrogeol. весе́нний сток
Frühjahrseis *n* весе́нний лёд
Frühjahrshochflut *f* Frühjahrshochwasser весе́нний па́водок, весе́ннее полово́дье

Frühjahrshochwasser *n* весéнний пáводок, весéннее половóдье
Frühjahrsschneeschmelze *f* весéннее тáяние снéга
Frühjahrstagung *f* весéннее заседáние
Frühkristallisation *f* рáнняя кристаллизáция
Frühling *m* веснá
Frühlings- Frühjahr(s)- весéнний
Frühlingshochwasser *n* весéннее половóдье, весéнний пáводок
Frühmikroklinisierung *f* рáнняя микроклинизáция
Frühmineralisation *f* рáнняя минерализáция
frühorogen раннеорогéнный
frühreif раннезрéлый
Frühstadium *n* рáнняя стáдия
frühtertiär раннетретúчный
frühvariscisch ранневарúсский, ранневарисцúйский, раннегерцúнский
Fuchsin *n* фуксúн
Fuchsit *m* Chromglimmer фуксúт
Fuchsit- фуксúтовый
Fuchsitschiefer *m* фуксúтовый слáнец
Fucoiden *pl* siehe Fukoiden
Fuge *f* шов; трéщина
Fugenwasserdruck *m* давлéние воды́ в шве (клáдки)
Fuggerit *m* † Gehlenit фуггерúт
Fühler *m* Antenna щýпальце
Führungsschuh *m* Bohr. направля́ющий башмáк
Fukoiden *pl* фукóиды, фитоморфóзы
Fukoiden- фукóидный
Fukoidensandstein *m* Unterkambrium фукóидный песчáник
Fulcral- фулькрáльный
Fulcralplatte *f* bei Brachiopoden фулькрáльная пластúнка
Fulcrum *n* фулькрáльный перегúб, поддéржка
Fulgurit *m* durch Blitz gefritteter Quarzsand фульгурúт
Fullererden *f/pl* фýллеровы зéмли
Füllgewicht *n* насыпнóй вес; упакóвочный вес
Füllmasse *f* Füllmittel наполнúтель, заполня́ющий материáл, материáл выполнéния
Füllmaterial *n* заполня́ющий материáл
Fülöppit *m* $3PbS \cdot 4Sb_2S_3$ фюлеппúт
Fumarole *f* фумарóла
Fumarolen- фумарóльный
Fumarolenablagerung *f* фумарóльное отложéние
Fumarolentätigkeit *f* фумарóльная дéятельность
Fund *m* нахóдка
Fundament *n* фундáмент, основáние
fundamentieren Inggeol. заклáдывать / заложúть фундáмент
Fundamentierung *f* Inggeol. заклáдка фундáмента
Fundamentisolierung *f* Inggeol. изоля́ция фундáмента
Fundamentmauerwerk *n* Inggeol. клáдка фундáмента
Fundamentplatte *f* Inggeol. фундáментная плúта, плúта основáния
Fundamentsohle *f* Inggeol. подóшва фундáмента
Fundort *m* Vorkommen местонахождéние
fünfachsig пятиóсный
fünfatomig пятиáтомный
fünfbasisch пятиоснóвный
Fünfeck *n* пятиугóльник
fünfeckig пятиугóльный
Fünferring *m* пятичлéнное кольцó
fünfflächig пятигрáнный
Fünfflächner *m* Fünfflach пятигрáнник
fünfgliederig пятичлéнный
Fünfling *m* пятернúк
Fünfporer *m* пятипóровая фóрма
Fünfpunktsystem *n* пятитóчечная систéма
fünfstellig пятизнáчный
fünfstrahlig пятилучевóй
fünfstufig пятиступéнчатый
fünfwertig пятивалéнтный; пятиáтомный
Fünfwertigkeit *f* пятивалéнтность; пятиáтомность
fünfzehig пятипáлый
Fungi *pl* грúбы
Funiculus *m* Pal., dünner Strang фунúкулус, канáтик
Funktion *f* 1. Funktionieren функционúрование. 2. Tätigkeit фýнкция, дéйствие
Funktionskurve *f* грáфик завúсимости
Funktionstafel *f* таблúца фýнкций
Furche *f* боороздá, рытвина
Furchung *f* Runzelung изборождéние
Furculum *n* фýрка, хвостовáя вúлка

Furt *f* брод, мель, перекáт
Fusinit *m* фюзинúт
Fusion *f* плавлéние, слия́ние
Fusit *m* фюзéн, фузúт
fusitisiert фюзенизи́рованный
Fusitisierung *f* фюзенизáция
Fusitkohle *f* фюзéновый у́голь
Fuß *m* 1. Paläont. ногá, нóжка. 2. Geograph. поднóжие
Fußmuskel *m* ножнóй му́скул
Fußnote *f* снóска
Fußpunkt einer Welle *m* подóшва волны́
Fußweg *m* Pfad тропи́нка
Fusulinen *f/pl* фузули́ны
Fusulinen- фузули́новый
Fusulinenkalk *m* фузули́новый известня́к
Fusulinidae *pl* фузулини́ды
Futterrohr *n* предохрани́тельная трубá; обсáдная трубá

G

Gabbro *m* гáббро
Gabbro- гáббровый
Gabbroamphibolit *m* гáббро-амфиболи́т
Gabbroaplit *m* гáббро-апли́т
Gabbrodiabas *m* гáббро-диабáз
Gabbrodiabas- габбродиабáзовый
Gabbrodiorit *m* гáббро-диори́т
Gabbrodolerit *m* гáббро-долери́т
gabbroidisch габбрóидный
Gabbronorit *m* гáббро-нори́т
Gabbropegmatit *m* гáббро-пегмати́т
Gabbroporphyrit *m* гáббро-порфири́т
Gabbropyroxenit *m* гáббро-пироксени́т
Gabbrostruktur *f* гáбброваая структу́ра
Gabbrosyenit *m* гáббро-сиени́т
Gabel *f* ви́лка
gabelförmig вилообрáзный, раздвóенный
Gabelung *f* бифуркáция, разветвлéние
Gadolinit *m* $Y_2FeBe_2[O|SiO_4]_2$ гадолини́т
Gadolinium *n* Gd гадоли́ний
Gagat *m* гагáт
Gagatisierung *f* гагатизáция
Gagatit *m* гагати́т
Gageit *m* † Leukophönicit гагеи́т
Galaktik *f* галáктика
galaktisch галакти́ческий
Galaktit *m* † Natrolith галакти́т
Galapectit *m* entspricht Halloysit галапекти́т
Galaxit *m* Manganspinell $MnAl_2O_4$ галакси́т
Galenit *m* Bleiglanz PbS галени́т
Galenobismutit *m* $PbS \cdot Bi_2S_3$ галеновисмути́т
Galerie *f* галерéя
Galiläa-Mensch *m* галилéйский человéк
Gallert *f* сту́день
gallertähnlich студени́стый
gallertartig студнеобрáзный, студени́стый
Gallium *n* Ga гáллий
Galliumoxyd *n* Ga_2O_3 óкись гáллия (3), полу́торная óкись гáллия
Galliumsulfat *n* $Ga_2(SO_4)_3$ серноки́слый гáллий, сульфáт гáллия
Gallone *f* галлóн
Galmei *m* teils Zinkspat, teils Hemimorphit галмéй
Galmei- галмéйновый, галмéйный
Galmeierz *n* галмéйновая рудá, галмéйная рудá
Galvanometer *n* гальванóметр
Galvanometerausschlag *m* показáние гальванóметра
Galvanometerkonstante *f* констáнта гальванóметра, постоя́нная гальванóметра
Galvanometerspiegel *m* зéркальце гальванóметра
Gamagarit *m* $Ba_4(Fe, Mn)_2[VO_4]_2 \cdot {}^1/_2H_2O$ гамагари́т
Gametangium *n* гаметáнгий
Gametophyt *m* гаметофи́т
Gammafunktion *f* фу́нкция гáмма
Gamma-Karrotage *f* γ-Karrotage гáмма-каротáж
Gammamethode *f* γ-Methode гáмма-мéтод
Gammastrahlen *m/pl* γ-Strahlen гáмма-лучи́
Gammazähler *m* γ-Zähler гáмма-счётчик
Gamont гамóнт
Gang *m* 1. Spalte жи́ла, дáйка. 2. Ablauf ход. 3. Grabgang ход

Gang- жи́льный, да́йковый
Gangablenkung *f* отклоне́ние жи́лы
gangähnlich жилоподо́бный
Gangamopteris *f* гангамо́птерис
Gangart *f* жи́льная ма́сса, жи́льная поро́да
Gangartmineral *n* неру́дный минера́л
gangbar passierbar проходи́мый
Gangbergbau *m* разрабо́тка жи́льных месторожде́ний
Gangbezirk *m* жи́льный райо́н
Gangbildung *f* жи́льное образова́ние
Gangbrekzie *f* жи́льная бре́кчия
Gangderivat *n* да́йковое произво́дное, жи́льный дерива́т
Gangerzbergbau *m* разрабо́тка жи́льной руды́
Gangfazies *f* жи́льная фа́ция
Gangfehler *m* оши́бка хо́да
Gangfolge *f* Gangsystem сви́та жил, жи́льная сви́та
Gangformation *f* да́йковая форма́ция, жи́льная форма́ция
gangförmig жилообра́зный, дайкообра́зный
Gangfüllung *f* выполне́ние жи́лы, жи́льное выполне́ние
Ganggeschwindigkeit *f* ско́рость хо́да
Ganggestein *n* жи́льная поро́да, да́йковая поро́да
Ganggold *n* жи́льное зо́лото
Ganghäufung *f* ску́чивание жил
Ganghöhe *f* высота́ хо́да
Gangkreuz *n* пересече́ние жил, скре́щивание жил
Gangkurve *f* крива́я хо́да прибо́ра
Ganglagerstätte *f* жи́льное месторожде́ние
Gangletten *pl* жи́льные гли́нки, гли́нистый просло́й, гли́нистая прима́зка
Ganglion *n* га́нглий
Gangmasse *f* Gangfüllung жи́льная ма́сса
Gangmaterial *n* жи́льный материа́л, жи́льное вещество́
Gangmineral *n* жи́льный минера́л
gangnah околожи́льный
Gangnetz *n* сеть жил
Gangregler *m* регуля́тор хо́да
Gangschwarm *m* сви́та да́ек, жи́льное семе́йство
Gangserie *f* жи́льная се́рия
Gangstockwerk *n* жи́льный што́кверк
Gangstreichen *n* простира́ние жи́лы
Gangsystem *n* систе́ма жил, систе́ма да́ек
Gangton *m* жи́льная гли́на
Gangtyp *m* жи́льный тип
Gangunterschied *m* ра́зность хо́да
Gangveredlung *f* обесце́нивание жи́лы
Gangverschiebung *f* сдвиг жи́лы
Gangvorkommen *n* жи́льное проявле́ние
Gangwasser *n* Spaltenwasser жи́льная вода́
Gangzone *f* по́яс жил, жи́льный по́яс, жи́льная зо́на, по́яс да́ек
Gangzug *m* по́яс жил, систе́ма жил, сви́та жил
Ganoidschuppe *f* гано́идная чешуя́
Ganoin *n* ганои́н
Ganomalith *m* $Pb_6Ca_4[(OH)_2|Si_2O_7)_3]$ ганомали́т
Ganophyllit *m* Mineral der Chloritoidgruppe ганофилли́т
ganztägig су́точный
ganzzahlig целочи́сленный
Garantiana- гарантиа́новый
garbenartig Garben- снопови́дный
garbenförmig Garben- снопови́дный
Garbenschiefer *m* снопови́дный сла́нец
Garbentextur *f* снопови́дная текстýра
gären броди́ть unbest./брести́ best.
Garnierit *m* $(Ni, Mg)_6[(OH)_6|Si_4O_{11}]\cdot H_2O$ гарниери́т
Garrelsit *m* гаррельси́т
Gärung *f* броже́ние
Gärungsferment *n* ферме́нт броже́ния
Gärungsprozeß *m* проце́сс броже́ния
Gas *n* газ
Gas- га́зовый
Gasabfuhr *f* отво́д га́за
Gasabführung *f* отво́д га́за
Gasabgabe *f* газоотда́ча, отда́ча га́за
Gasabgang *m* отхо́д га́за
gasabgebend газоотдаю́щий
Gasabscheider *m* дегаза́тор
Gasabsonderung *f* выделе́ние га́зов
Gasabzug *m* отво́д га́за, газоотво́д
gasähnlich газоподо́бный
Gasanalysator *m* газоанализа́тор
Gasanalyse *f* ана́лиз га́за
Gasanalysegerät *n* газоанализа́тор
Gasanomalie *f* га́зовая анома́лия
Gasansammlung *f* скопле́ние га́за

Gasanzeichen *n* Gasvorkommen проявле́ние га́за, газопроявле́ние
Gasanzeigegerät *n* га́зовый дете́ктор
gasartig gasförmig газообра́зный
Gasaufnahme *f* поглоще́ние га́за; га́зовая съёмка
Gasausbeute *f* вы́ход га́за
Gasausbruch *m* вы́брос га́за, проры́в га́за, га́зовый фонта́н, га́зовый проры́в
Gasaushauchung *f* вы́брос га́зов
Gasausscheidung *f* выделе́ние га́за, газовыделе́ние, вы́ход га́за
Gasaustausch *m* газообме́н
Gasaustritt *m* вы́ход га́за
Gasbehälter *m* газохрани́лище
Gasbeton *m* газобето́н
Gasbildung *f* газообразова́ние, газифика́ция
Gasblase *f* пузырёк га́за, га́зовый пузы́рь
Gasbohrung *f* га́зовая сква́жина
Gasbrenner *m* га́зовая горе́лка
Gaschromatographie *f* га́зовая хроматогра́фия
gasdicht gasundurchlässig газонепроница́емый
Gasdichte *f* пло́тность га́за
Gasdiffusion *f* диффу́зия га́зов, га́зовая диффу́зия
Gasdruck *m* давле́ние га́за, га́зовое давле́ние
Gasdruck- газонапо́рный
gasdurchlässig газопроница́емый
Gasdurchlässigkeit *f* газопроница́емость
Gaseinbruch *m* проры́в га́за, вы́брос га́за
Gaseinschluß *m* га́зовое включе́ние
Gasemanation *f* га́зовая эмана́ция
Gasentladung *f* га́зовый разря́д
Gasentwicklung *f* выделе́ние га́за; газообразова́ние
Gasexplosion *f* взрыв га́за, га́зовый взрыв
Gasfaktor *m* га́зовый фа́ктор
Gasfalle *f* лову́шка га́за, га́зовая лову́шка
Gasfeld *n* Gaslagerstätte га́зовое месторожде́ние
Gasfernleitung *f* газопрово́д на большо́е расстоя́ние
Gasflamme *f* га́зовое пла́мя
Gasflammkohle *f* газопла́менный у́голь
Gasförderkohle *f* рядово́й га́зовый у́голь
gasförmig газообра́зный
gasfrei нега́зовый
gasgefüllt напо́лненный га́зом
Gasgehalt *m* содержа́ние га́за, газосодержа́ние
Gasgemenge *n* га́зовая смесь, смесь га́зов
Gasgemisch *n* га́зовая смесь, смесь га́зов
gasgesättigt насы́щенный га́зом
Gasgewinnung *f* добы́ча га́за
Gasgleichung *f* уравне́ние состоя́ния га́за
gashaltig gasführend содержа́щий газ, газосодержа́щий
Gashof *m* га́зовый орео́л
Gashorizont *m* га́зовый горизо́нт, газоно́сный горизо́нт
Gashülle *f* га́зовая оболо́чка
Gasindikator *m* индика́тор га́за
Gaskappe *f* га́зовая ша́пка
Gas-Karrotage *f* га́зовый карота́ж
Gaskohle *f* га́зовый у́голь
Gaskoks *m* га́зовый кокс; рето́ртный кокс
Gaskomponente *f* га́зовый компоне́нт
Gaskondensat- газоконденса́тный
Gaskondensatlagerstätte *f* газоконденса́тное месторожде́ние
Gaskonstante *f* га́зовая постоя́нная
Gaskreislauf *m* круговоро́т га́зов
Gaslager *n* га́зовая за́лежь
Gaslagerstätte *f* месторожде́ние га́за
Gasleitung *f* газопрово́д
Gasmasse *f* ма́сса га́за
Gasmessung *f* газоме́трия
Gasmethode *f* га́зовый ме́тод
Gasmischer *m* газосмеси́тель
Gasmischung *f* га́зовая смесь
Gasmolekül *n* моле́кула га́за, га́зовая моле́кула
Gas-Ölkontakt *m* га́зо-нефтяно́й конта́кт
Gas-Öl-Sättigung *f* газонефтенасы́щенность
Gasphase *f* га́зовая фа́за
Gasprobe *f* га́зовая про́ба
Gasprobeentnahmegerät *n* га́зовый пробоотбо́рник, газоотбо́рник
Gasproduktion *f* добы́ча га́за

Gasquelle *f* источник га́за
Gasreiniger *m* газоочисти́тель
Gasreinigung *f* очи́стка га́за
Gassand *m* га́зовый песо́к, газоно́сный песо́к
Gassättigung *f* газонасы́щенность
Gassättigungskoeffizient *m* коэффицие́нт газонасы́щенности
Gassäule *f* столб га́за
Gasschiefer *m* га́зовый сла́нец, газоно́сный сла́нец
Gasspeicherung *f* хране́ние га́за
Gastaldit *m* Varietät von Glaukophan гастальди́т
Gasthermometer *n* га́зовый термо́метр
Gastralraum *m* пищевари́тельная по́лость
Gastkomponente *f* компоне́нт го́стя
Gastrocoel *n* гастроце́ль
Gastrolith *m* гастроли́т
Gastropoda *pl* брюхоно́гие, гастропо́ды
Gastropoden- гастропо́довый
Gastropodenkalk *m* гастропо́довый известня́к
Gastrovascular- гастроваскуля́рный
Gastrovaskularsystem *n* гастроваскуля́рная систе́ма
gastrozentral гастроцентра́льный
Gastrula *f* га́струла
Gasüberschuß *m* газооби́льность
gasundurchlässig газонепроница́емый
Gasundurchlässigkeit *f* газонепроница́емость
Gasversorgung *f* газоснабже́ние
Gasvolumen *n* газоёмкость
Gasvorkommen *n* Gasanzeichen газопроявле́ние
Gaswasser *n* га́зовая вода́
Gaszusammensetzung *f* соста́в га́за
Gattung *f* род
Gattungs- родово́й
Gattungsbestimmung *f* родово́е определе́ние
Gattungsbezeichnung *f* Gattungsname родово́е назва́ние
Gattungsmerkmal *n* родово́й при́знак
Gattungsname *m* Gattungsbezeichnung родово́е назва́ние
Gattungstyp *m* тип ро́да
Gattungsvertreter *m* представи́тель ро́да
Gattungszone *f* родова́я зо́на
Gault *n* Unterkreide го́льтский я́рус
Gault- го́льтский
Gaultsandstein *m* го́льтский песча́ник
Gault-Stufe *f* Gault, Unterkreide го́льтский я́рус, гольт
Gaumenbein *n* нёбная кость
Gaumenzahn *m* нёбный зуб
Gaußbergit *m* гауссберги́т
Gay-Lussacsches Gesetz *n* зако́н Ге́й-Люссака
Gaylussit *m* $Na_2Ca[CO_3]_2 \cdot 5H_2O$ гейлюсси́т
Gazelle *f* газе́ль
geädert Ader- жилкова́тый
Geantiklinal- геоантиклина́льный
Geantiklinale *f* геоантиклина́ль
Gearksutit *m* $Ca[Al(F, OH)_5H_2O]$ геарксути́т
gebändert bandförmig поло́счатый, ле́нточный
Gebäude *n* Bau зда́ние, постро́йка
Gebäudeschaden *m* поврежде́ние зда́ний
Gebäudeschwingung *f* колеба́ние зда́ний
Gebäudezerstörung *f* разруше́ние зда́ний
Gebiet *n* о́бласть
gebietsweise места́ми
Gebirge *n* 1. Bergkette го́ры. 2. Gestein (veraltet) го́рная поро́да
gebirgig гори́стый
Gebirgsabfall *m* склон горы́, скат горы́
Gebirgsabhang *m* склон горы́, скат горы́
Gebirgsart *f* разнови́дность го́рных поро́д
Gebirgsausläufer *m* го́рный отро́г
Gebirgsbach *m* го́рный руче́й, го́рный пото́к
Gebirgsbasis *f* основа́ние горы́
Gebirgsbau *m* Orogen го́рное сооруже́ние
gebirgsbildend горообразова́тельный, орогени́ческий, ороге́нный
Gebirgsbildung *f* Orogenese, Tektogenese горообразова́ние, ороге́нез
Gebirgsboden *m* го́рная по́чва
Gebirgsdruck *m* го́рное давле́ние, давле́ние го́рных поро́д
Gebirgsdruckforschung *f* иссле́дование го́рного давле́ния
Gebirgserosionsrelief *n* горноэрозио́нный релье́ф
Gebirgsfluß *m* го́рная река́, го́рный пото́к

Gebirgsfuß *m* подо́шва горы́
Gebirgsfußebene *f* скали́стая предго́рная равни́на
Gebirgsgegend *f* го́рная ме́стность
Gebirgsgewässer *n/pl* го́рные во́ды
Gebirgsgletscher *m* го́рный ледни́к
Gebirgsgletscher- горноледнико́вый
Gebirgsgletscherrelief *n* го́рно-леднико́вый релье́ф
Gebirgsgrat *m* го́рный хребе́т
Gebirgshang *m* склон горы́, го́рный склон
Gebirgshochebene *f* наго́рное плато́
Gebirgskamm *m* го́рный хребе́т, гре́бень хребта́
Gebirgskessel *m* котлови́на
Gebirgskette *f* Gebirgszug го́рная цепь, кряж
Gebirgsklima *n* го́рный кли́мат
Gebirgsland *n* Bergland го́рная страна́
Gebirgsmassiv *n* го́рный масси́в
Gebirgspaß *m* Paß го́рный прохо́д, перева́л
Gebirgsrelief *n* го́рный релье́ф
Gebirgsrücken *m* го́рный хребе́т
Gebirgssattel *m* го́рная седлови́на
Gebirgsschlucht *f* го́рная котлови́на, уще́лье
Gebirgssee *m* го́рное о́зеро
Gebirgsstock *m* го́рный масси́в
Gebirgsstrom *m* го́рный пото́к
Gebirgssystem *n* го́рная систе́ма
Gebirgstal *n* го́рная доли́на
Gebirgstalrelief *n* го́рно-доли́нный релье́ф
Gebirgsvereisung *f* го́рное оледене́ние
Gebirgsvorland *n* предго́рье
Gebirgswaldboden *m* горнолесна́я по́чва
Gebirgswiesenboden *m* горнолугова́я по́чва
Gebirgszone *f* го́рный по́яс
Gebirgszug *m* Gebirgskette го́рный хребе́т, го́рный кряж, го́рная цепь
gebleicht обелённый, осветлённый
gebogen gekrümmt изо́гнутый
gebogenlagig криволине́йно-поло́счатый
gebrannt gefrittet жжённый, обожжённый
gebräuchlich обы́чный, употреби́тельный, примени́мый
gebrauchsfähig приго́дный к употребле́нию
Gebrauchsspannung *f* рабо́чее напряже́ние
Gebrauchswasser *n* промы́шленная вода́
Gebrauchswasserversorgung *f* промы́шленное водоснабже́ние
gebrochen преломлённый
gebunden свя́занный
Geburt *f* рожде́ние
Gebüsch *n* Gesträuch куста́рник
gechlort хлори́рованный
gedämpfte Schwingung *f* заглушённое колеба́ние
Gedanit *m* гедани́т, джедани́т
gedeckelte Korallen *f/pl* кры́шечные кора́ллы
Gedenkband *m* юбиле́йный сбо́рник
gediegen саморо́дный
gediegenes Metall *n* Nugget саморо́док
Gedinne *n* Gedinne-Stufe, Unterdevon жеди́нский я́рус
Gedinne- жеди́нский
Gedinne-Stufe *f* Gedinne, Unterdevon жеди́нский я́рус
gedreht закру́ченный
Gedrit *m* rhombischer Amphibol жедри́т, гедри́т
Gedritamphibolit *m* гедри́товый амфиболи́т
Gedroizit *m* $(Na,K)_2Al_2Si_3O_{10} \cdot 2H_2O$ гедройци́т
gedrückt gepreßt прити́снутый
geeicht graduiert градуи́рованный
Gefahr *f* опа́сность
gefahrlos безопа́сный
Gefälle *n* 1. Neigung пока́тость, скат, укло́н. 2. Druck напо́р
Gefälleabfall *m* уменьше́ние укло́на
Gefälleabschwächung *f* уменьше́ние укло́на, смягче́ние укло́на
Gefälleausgleich *m* выра́внивание укло́на; выра́внивание напо́ра
Gefälledruck *m* давле́ние напо́ра
Gefälleknickpunkt *m* то́чка перело́ма укло́на
Gefälleunterschied *m* ра́зность укло́нов
Gefälleverlust *m* поте́ря напо́ра
Gefällinie *f* ли́ния укло́на
Gefällrichtung *f* направле́ние укло́на, направле́ние водосто́ка
Gefällsbruch *m* перело́м укло́на
gefällt Chem. осаждённый
gefältelt пло́йчатый, смя́тый

gefaltet in Falten gelegt скла́дчатый, со́бранный в скла́дки, смя́тый в скла́дки
gefärbt окра́шенный
Gefäß *n* 1. Techn. посу́да. 2. Biol. сосу́д
Gefäß- сосу́дистый
Gefäßbarometer *n* ча́шечный баро́метр
Gefäßbündel *n* сосу́дистое пучо́к
Gefäßgewebe *n* сосу́дистая ткань
Gefäßpflanze *f* сосу́дистое расте́ние
Gefäßsystem *n* сосу́дистая систе́ма
Gefäßwand *f* сте́нка сосу́да
gefiedert пе́ристый
Gefrieranlage *f* замора́живающая устано́вка
Gefrierbohrloch *n* замора́живаюшая сква́жина
gefrieren замерза́ть / замёрзнуть
Gefrieren *n* замерза́ние, замора́живание
Gefriergrenze *f* грани́ца промерза́ния, грани́ца замерза́ния
Gefrierkern *m* ядро́ замерза́ния
Gefrierkerngehalt *m* содержа́ние я́дер замерза́ния
Gefrierkernspektrum *n* спектр я́дер замерза́ния
Gefrierkurve *f* крива́я замерза́ния
Gefrierprozeß *m* проце́сс замерза́ния
Gefrierpunkt *m* то́чка замерза́ния
Gefrierpunkterniedrigung *f* пониже́ние то́чки замерза́ния
Gefrierschacht *m* ствол ша́хты, пройдённый спо́собом замора́живания
Gefrierschachtbau *m* прохо́дка ша́хты замора́живанием
Gefriertemperatur *f* температу́ра замерза́ния
Gefrierverfahren *n* спо́соб замора́живания
Gefrierverzug *m* замедле́ние замерза́ния
Gefriervorgang *m* проце́сс замерза́ния
gefrittet gebrannt обожжённый, фритто́ванный
gefroren мёрзлый
Gefrornis *f* мерзлота́
Gefüge *n* строе́ние, структу́ра
Gefüge- структу́рный
Gefügeanalyse *f* структу́рный ана́лиз
Gefügeelement *n* элеме́нт строе́ния, элеме́нт структу́ры
Gefügemerkmal *n* при́знак строе́ния
Gefügerelikt *n* структу́рный рели́кт
Gefügeuntersuchung *f* иссле́дование структу́ры
Gefügeveränderung *f* измене́ние структу́ры, структу́рное измене́ние
gefurcht gerunzelt изборождённый, желобча́тый
gegabelt gabelförmig ви́льчатый
Gegen- встре́чный; обра́тный
Gegenbewegung *f* встре́чное движе́ние
Gegend *f* Örtlichkeit ме́стность, о́бласть
Gegendruck *m* обра́тное давле́ние, противодавле́ние
Gegenflügel *m* противополо́жное крыло́
Gegengefälle *n* обра́тный укло́н
Gegengewicht *n* противове́с
Gegenkraft *f* противоде́йствующая си́ла
Gegenkurve *f* обра́тная крива́я
Gegenläufigkeit *f* противополо́жный ход, противовраще́ние
Gegenneigung *f* обра́тный укло́н
Gegenpol *m* противополо́жный по́люс
Gegenquadrant *m* противополо́жный квадра́нт, контрквадра́нт
Gegenreaktion *f* обра́тная реа́кция
Gegenseite *f* обра́тная сторона́, противолежа́щая сторона́
Gegenseitenseptum *n* дополни́тельная бокова́я перегоро́дка
Gegenseptum *n* противополо́жная перегоро́дка
Gegenspannung *f* противоде́йствующее напряже́ние, встре́чное напряже́ние, противонапряжённость
gegenständig супроти́вный
Gegenstrahlung *f* противоизлуче́ние, встре́чное излуче́ние
Gegenstreuung *f* обра́тное рассе́яние
Gegenstrom *m* 1. Elektr. противото́к, обра́тный ток. 2. Hydrol. противотече́ние, встре́чное тече́ние, обра́тное тече́ние
Gegenstrommeißel *m* Bohr. долото́ с обра́тной промы́вкой
Gegenströmung *f* противотече́ние, встре́чное тече́ние, обра́тное тече́ние
gegenüberliegend противолежа́щий, противополо́жный
gegenüberstellen vergleichen сопоста́вить / составля́ть

Gegenüberstellung *f* Vergleich сопоставле́ние, противопоставле́ние
gegenwärtig rezent совреме́нный
Gegenwelle *f* встре́чная волна́, проти́вная волна́
Gegenwinkel *m* противолежа́щий у́гол
Gegenwirkung *f* противоде́йствие, реа́кция, обра́тное де́йствие
geglättet сгла́женный
gegliedert расчленённый
Gehalt *m* Inhalt содержа́ние
Gehaltsbestimmung *f* определе́ние содержа́ния
Gehängereibung *f* тре́ние в подве́се
Gehängereibungskonstante *f* постоя́нная тре́ния в подве́се
Gehängeschutt *m* о́сыпь, о́сыпь скло́на
Gehäuse *n* 1. Kapsel коро́бка. 2. Schale ра́ковина
Gehlenit *m* $Ca_2Al[(Si,Al)_2O_7]$ гелени́т
gehoben emporgehoben припо́днятый, по́днятый
Gehirn *n* (головно́й) мозг
Gehölz *n* Wäldchen ро́ща, лесо́к
gehörnt рога́тый
Gehörorgan *n* о́рган слу́ха
Geiger-Müller-Zähler *m* счётчик Ге́йгера-Мю́ллера
Geigersches Gesetz *n* зако́н Ге́йгера
Geigerzähler *m* ге́йгеровский счётчик
Geikielith *m* $MgTiO_3$ гейкили́т
Geißel *f* Flagellum бич
geklüftet трещинова́тый
geköpfter Fluß *m* обезгла́вленная река́
gekörnt granuliert зернёный, гранули́рованный
gekreuzt перекрёстный, перекре́щивающийся, скрещённый
gekreuzte Nicols *pl* скрещённые ни́коли
Gekriech *n* Kriechen ползу́честь
gekritzt geschrammt исцара́панный, штрихо́ванный
Gekröselava *f* потрохови́дная ла́ва
gekrümmt искривлённый, изо́гнутый, дугообра́зный
gekuppelt спа́ренный
gekürzt verkürzt, reduziert сокращённый
Gel *n* гель
Gel- ге́левый
geladen z. B. Ionen заряжённый, заря́женный
gelähnlich gelartig гелеподо́бный
Gelände *n* Gegend ме́стность, зе́мли
Geländearbeit *f* полева́я рабо́та
Geländeaufnahme *f* съёмка ме́стности
Geländebedeckung *f* расти́тельный покро́в
Geländebedingungen *f/pl* Feldbedingungen полевы́е усло́вия
Geländebeschaffenheit *f* хара́ктер ме́стности
Geländedarstellung *f* изображе́ние ме́стности, рисо́вка ме́стности
Geländeeinfluß *m* влия́ние ме́стности, влия́ние орогра́фии
Geländeform *f* фо́рма релье́фа, конфигура́ция ме́стности
Geländegestalt *f* фо́рма ме́стности
Geländegestaltung *f* релье́ф ме́стности, конфигура́ция ме́стности, хара́ктер ме́стности
Geländekarte *f* топографи́ческая ка́рта
Geländemessung *f* полево́е измере́ние
Geländeneigung *f* накло́н ме́стности, укло́н ме́стности
Geländeoberfläche *f* пове́рхность земли́, дневна́я пове́рхность
Geländeoberkante *f* пове́рхность земли́, земна́я пове́рхность
Geländepunkt *m* пункт на ме́стности
Geländereduktion *f* топографи́ческая попра́вка
Geländesteigung *f* Geländeanstieg подъём ме́стности
Geländestörung *f* орографи́ческое возмуще́ние
Geländewinkel *m* у́гол ме́стности
gelappt ла́пчатый
Gelatine *f* желати́н
Gelatine- желати́новый
Gelatinebildung *f* желатиниза́ция
Gelbbleierz *n* Wulfenit $Pb[MoO_4]$ жёлтая свинцо́вая руда́
Gelbeisenerz *n* жёлтая желе́зная руда́
Gelberde *f* желтозём, жёлтая земля́
Gelberde- желтозёмный
Gelberz *n* Müllerin жёлтая руда́
gelbes Blutlaugensalz *n* жёлтая кровяна́я соль
Gelbildung *f* ге́левое образова́ние, гелеобразова́ние
Gelbnickelkies *m* † Müllerit жёлтый ни́келевый колчеда́н
Gelbschlick *n* жёлтый ил
Gelenkquarz *m* ги́бкий кварц

Gelform *f* ге́левая фо́рма
gelförmig гелеобра́зный
Gelhülle *f* ге́левая оболо́чка
Gelmineral *n* ге́левый минера́л
gelöschter Kalk *m* $Ca(OH)_2$ гашёная и́звесть
gelöst растворённый
gelotet изме́ренный ло́том
Gelpyrit *m* ге́левый пири́т
Gelstruktur *f* ге́левое строе́ние
Geltextur *f* ге́левая тексту́ра
Geltungsbereich *m* о́бласть значи́мости
Gelzement *m* гельцеме́нт
Gemarkungsstein *m* межево́й ка́мень
gemäßigt уме́ренный
gemäßigt warm уме́ренно-тёплый
gemäßigte (Klima-) Zone *f* уме́ренный по́яс
Gemeindegrenze *f* грани́ца о́бщины
Gemeindeland *n* общи́нная земля́
Gemeinkosten *pl* о́бщие расхо́ды
Gemeinschaftswasserversorgung *f* водоснабже́ние населённых пу́нктов
Gemenge *n* смесь
Gemengteil *n* компоне́нт
Gemisch *n* смесь
gemischt Misch- сме́шанный
gemittelt осреднённый, усреднённый
gemustert ornamentiert узо́рчатый
genau präzise то́чный
Genauigkeit *f* Präzision то́чность
Genauigkeitsgrad *m* сте́пень то́чности
Genauigkeitsgrenze *f* преде́л то́чности
Genauigkeitsmaß *n* ме́ра то́чности
geneigt накло́нный, наклонённый, отло́гий, поло́гий
generalisieren обобща́ть/обобщи́ть, генерализи́ровать *uv., v.*
generalisiert обобщённый
Generalisierung *f* обобще́ние, генерализа́ция
Generalstreichen *n* Hauptstreichen гла́вное направле́ние простира́ния, преоблада́ющее простира́ние
Generation *f* поколе́ние, генера́ция
Generationsfolge *f* чередова́ние поколе́ний
Generationswechsel *m* сме́на поколе́ний
Genesis *f* образова́ние, происхожде́ние, ге́незис
Genetik *f* гене́тика
genetisch генети́ческий
genital Genital- гени́тальный, полово́й
Genitalabdruck *m* гени́тальное отпеча́ток, овариа́льный отпеча́ток, гени́тальное впечатле́ние
Genitalplatte *f* гени́тальная пласти́нка, полова́я пласти́нка
Genitalpore *f* bei Cystoidea полова́я по́ра, гени́тальная по́ра
Genoholotyp *m* геноголоти́п, типи́чный вид
Genotyp *m* геноти́п, тип ро́да
Genthianaceae *pl* гореча́вковые
Genthit *m* Nickelgymnit генти́т
geobiochemisch геобиохими́ческий
Geobotanik *f* геобота́ника
Geobotaniker *m* геобота́ник
geobotanisch геоботани́ческий
Geocerit *m* bernsteinähnliches Harz геоцери́т, геоцери́н
Geochemie *f* геохи́мия
Geochemiker *m* геохи́мик
geochemisch геохими́ческий
Geochronologie *f* геохроноло́гия
geochronologisch геохронологи́ческий
Geodäsie *f* Vermessungskunde геоде́зия, землеме́рие
Geodät *m* Landvermesser геодези́ст
geodätisch Feldmeß- геодези́ческий, землеме́рный
Geode *f* жео́да
Geoden- жео́дистый
Geodynamik *f* геодина́мика
geodynamisch геодинами́ческий
Geoelektrik *f* геоэле́ктрика
geoelektrisch геоэлектри́ческий
Geoelektrizität *f* геоэлектри́чество
Geognosie *f* геогно́зия
Geograph *m* гео́граф
Geographie *f* Erdkunde геогра́фия
geographisch географи́ческий
geohydrologisch гидрогеологи́ческий
Geoid *n* гео́ид
Geoidoberfläche *f* пове́рхность гео́ида
Geoidundulation *f* отклоне́ние гео́ида
Geoisobathe *f* геоизоба́та
Geoisotherme *f* геоизоте́рма
geoisothermisch геоизотерми́ческий
Geokronit *m* $5PbS \cdot AsSbS_3$ геокрони́т
Geologe *m* гео́лог
Geologenhammer *m* геологи́ческий моло́то́к
Geologenkompaß *m* го́рный ко́мпас
Geologie *f* геоло́гия
geologisch Geologen- геологи́ческий

geologische Aufnahme- геологосъёмочный
geologische Erkundungsarbeiten *f/pl* геолого-развéдочные рабóты
geologische Zeiteinheit *f* единица геологического врéмени
geologische Zeitrechnung *f* геологическое летоисчислéние
Geologischer Dienst *m* Геологическая слýжба
geomagmatisch геомагматический
Geomagnetfeld *n* Erdmagnetfeld геомагнитное пóле, пóле земнóго магнетизма
geomagnetisch Geomagnet- геомагнитный
Geomagnetismus *m* геомагнетизм
Geomechanik *f* геомехáника
geomechanisch геомеханический
Geometrie *f* геомéтрия
geometrisch геометрический
geometrischer Zwilling *m* геометрический двойник, лóжный двойник
Geomorphographie *f* геоморфогрáфия
Geomorphologe *m* геоморфóлог
Geomorphologie *f* геоморфолóгия
geomorphologisch геоморфологический
Geomyricit *m* bernsteinähnliches Harz геомирицит
Geophon *n* геофóн
Geophotogrammetrie *f* земнáя фотограммéтрия, назéмная фотограммéтрия
Geophysik *f* геофизика
geophysikalisch геофизический
Geophysiker *m* геофизик
Geopotential *n* геопотенциáл
Geopotentialfeld *n* пóле геопотенциáла
Geopotentialverteilung *f* распределéние геопотенциáла
geordnet упорядоченный
Georgiadesit *m* $Pb_3[Cl_3|AsO_4]$ джорджиадезит
Geosphäre *f* геосфéра
geosynklinal Geosynklinal- геосинклинáльный
Geosynklinale *f* геосинклинáль
Geosynklinalfaltung *f* геосинклинáльная склáдчатость
Geosynklinalgebiet *n* геосинклинáльная óбласть
Geosynklinalstadium *n* геосинклинáльная стáдия
geostrophisch геострофический
Geotechnik *f* геотéхника
Geotechniker *m* геотéхник
geotechnisch геотехнический
Geotektonik *f* геотектóника
Geotektoniker *m* геотектóник
geotektonisch геотектонический
Geothermie *f* геотермия
Geothermik *f* геотéрмика
geothermisch геотермический
geothermische Tiefenstufe *f* геотермический градиéнт
Geotumor *m* геотýмор
geozentrisch геоцентрический
Geozentrum *n* центр земли
geozyklisch геоциклический
gepaart пáрный, спáренный
gerade aufrecht прямóй
Gerade *f* прямáя линия, прямáя
Geradflügler *pl* Orthoptera прямокрылые
geradlinig прямолинéйный
geradlinig polarisiert linear polarisiert прямолинéйно-поляризóванный
Geradlinigkeit *f* прямолинéйность
geradzahlig чётный
Geraniaceae *pl* герáниевые, журавéльниковые
Geraniales *pl* гераниецвéтные
Gerät *n* Apparat прибóр, аппарáт
Geräteglas *n* аппаратýрное стеклó, посýдное стеклó
Gerätekonstante *f* Apparatekonstante постоянная прибóра
Gerbsäure *f* дубильная кислотá
Gerbstoff *m* дубильное веществó
Gerhardtit *m* $Cu_2[(OH)_3|NO_3]$ герградтит
gerichtet напрáвленный, ориентированный
gerichtete Bohrung *f* напрáвленная сквáжина
gerichtete Textur *f* ориентированная текстýра
geringelt Ringel- кóльчатый
geringfügig незначительный, ничтóжный
geringmächtig маломóщный
Gerinnbarkeit *f* свёртываемость, спосóбность коагулировать
Gerinne *n* рýсло, лог, лотóк, жёлоб, водовóд

gerinnen koagulieren свёртываться/свернуться, коагулировать *uv.*, *v.*
Gerinnen *n* Koagulieren свёртывание, коагулирование
Gerinnesohle *f* дно лотка, дно жёлоба
Gerinnung *f* Koagulierung свёртывание, коагуляция
gerippt ребристый
Germanit *m* $Cu_3(Fe, Ge)S_4$ германит
Germanium *n* Ge германий
Germaniumführung *f* Germaniumgehalt германиеносность
Germaniumoxid *n* GeO окись германия
germanotyp *m* германотипный
germanotype Faltung *f* германотипная складчатость
Geröll *n* галька; валун
Geröll- галечный, валунный
Geröllager *n* галечник
Geröllausfüllung *f* заполнение галькой; галечное выполнение долины
Geröllbrekzie *f* валунная брекчия
Gerölleinschüttung *f* галечная засыпка
Geröllerz *n* валунная руда
Geröllfeld *n* валунное поле
geröllfrei безвалунный
Geröllhalde *f* галечная отсыпь
Geröllhorizont *m* галечниковый горизонт
Geröllkegel *m* галечниковый конус выноса
Geröllmaterial *n* валунный материал, галечный материал
Geröllmoräne *f* валунная морена
Geröllorientierung *f* ориентировка гальки
Geröllsand *m* валунный песок
Geröllsandstein *m* валунный песчаник
Geröllschicht *f* галечниковый слой
Geröllschüttung *f* галечная отсыпка, галечная наброска
gerontisch alt, senil геронтический, старческий
geröstet обожжённый
geröstetes Erz *n* обожжённая руда
Gersdorffit *m* NiAsS герсдорфит
Geruch *m* запах
geruchlos без запаха
Geruchsorgan *n* орган обоняния, обонятельный орган
Gerüst *n* Min. каркас
Gerüst- каркасный
Gerüstsilikat *n* каркасный силикат
Gerüststruktur *f* каркасное строение
Gervilleienschichten *pl* Buntsandstein гервиллиевые слои
gesamt Gesamt- суммарный, общий, полный
Gesamtablation *f* общая абляция
Gesamtabraummächtigkeit *f* общая мощность вскрыши для всего карьерного поля
Gesamtabsorptionskoeffizient *m* полный коэффициент поглощения, полный коэффициент абсорбции
Gesamtalbedo *f* общее альбедо
Gesamtalkalinität *f* общая щёлочность
Gesamtanalyse *f* Vollanalyse полный анализ
Gesamtbeanspruchung *f* полное напряжение, суммарное напряжение
Gesamtbelastung *f* общая нагрузка, полная нагрузка
Gesamtbetrag *m* общая сумма
Gesamtbilanz *f* общий баланс
Gesamtchemismus *m* общий химизм
Gesamtchlor *n* общий хлор
Gesamtdruck *m* общее давление
Gesamtdurchfluß *m* суммарный (протекающий) расход
Gesamteffekt *m* Summeneffekt суммарный эффект
Gesamteissumme *f* общее количество льда
Gesamtenergie *f* общая энергия, полная энергия
Gesamtergebnis *n* общий результат, окончательный результат
Gesamtfläche *f* общая площадь
Gesamtförderhöhe *f* полная высота подъёма
Gesamtförderung *f* суммарная добыча
Gesamtgefälle *n* общий уклон, общее падение; польный напор
Gesamtgegendruck *m* полное противодавление
Gesamtgehalt *m* валовое содержание
Gesamtgewicht *n* общий вес
Gesamthärte *f* обшая жёсткость
Gesamthaushalt *m* обший баланс
Gesamtheit *f* совокупность, полнота
Gesamtintensität *f* полная интенсивность
Gesamtkarbonatgehalt *m* сумма карбонатов
Gesamtkorrektion *f* общая поправка

Gesamtkostenkurve *f* крива́я сумма́рной сто́имости
Gesamtkraft *f* о́бщая си́ла
Gesamtleistung *f* о́бщая производи́тельность
Gesamtleitfähigkeit *f* о́бщая проводи́мость, сумма́рная проводи́мость
Gesamtmächtigkeit *f* сумма́рная мо́щность, о́бщая мо́щность
Gesamtmineralisation *f* о́бщая минерализа́ция
Gesamtniederschlagsmenge *f* о́бщее коли́чество оса́дков
Gesamtplankton *n* сумма́рный планкто́н
Gesamtporosität *f* сумма́рная по́ристость
Gesamtprobe *f* о́бщая про́ба
Gesamtproduktion *f* о́бщая добы́ча, сумма́рная добы́ча
Gesamtradioaktivität *f* сумма́рная радиоакти́вность
Gesamtsalzgehalt *m* по́лный солево́й соста́в
Gesamtschneehöhe *f* о́бщая высота́ сне́жного покро́ва
Gesamtspannung *f* по́лное напряже́ние
Gesamtspektrum *n* по́лный спектр
Gesamtstrahlung *f* по́лная радиа́ция, сумма́рная радиа́ция
Gesamtsumme *f* о́бщая су́мма
Gesamtträgheitsmoment *n* о́бщий моме́нт ине́рции
Gesamtverdunstung *f* сумма́рное испаре́ние
Gesamtverschiebung *f* о́бщее перемеще́ние
Gesamtvolumen *n* сумма́рный объём, о́бщий объём
Gesamtvorrat *m* сумма́рный запа́с, о́бщий запа́с
Gesamtwärmemenge *f* су́мма тепла́
Gesamtwärmeumsatz *m* сумма́рный теплообме́н
Gesamtwasserbelastung *f* о́бщая нагру́зка от воды́
Gesamtwasserförderung *f* о́бщая пода́ча воды́
Gesamtwasserführung *f* о́бщий расхо́д воды́, сумма́рный расхо́д воды́
Gesamtwassermenge *f* о́бщий расхо́д воды́, сумма́рный расхо́д воды́
Gesamtwasserverbrauch *m* о́бщее потребле́ние воды́
Gesamtwert *m* сумма́рная величина́
Gesamtwiderstand *m* по́лное сопротивле́ние
Gesamtzufluß *m* сумма́рный прито́к, о́бщий прито́к
Gesäßknochen *m* Ischium седа́лищная кость
gesättigt насы́щенный
Geschichte *f* исто́рия
geschichtet слои́стый, напласто́ванный
Geschiebe *n* Geröll валу́н
Geschiebe Geröll- валу́нный
geschiebefrei безвалу́нный
Geschiebekegel *m* ко́нус вы́носа
Geschiebelehm *m* валу́нный су́глинок
Geschiebelehmdichtung *f* уплотне́ние гли́нистыми нано́сами, уплотне́ние валу́нной гли́ной
Geschiebemergel *m* валу́нный ме́ргель
Geschiebesand *m* валу́нный песо́к
Geschiebeton *m* валу́нная гли́на, валу́нный су́глинок
geschiefert сланцева́тый
geschlämmt отму́ченный
geschlechtlich Geschlechts- полово́й
geschlechtliche Vermehrung *f* полово́е размноже́ние
Geschlechts- geschlechtlich полово́й
Geschlechtsdimorphismus *m* полово́й димorфи́зм
Geschlechtsdrüse *f* полова́я железа́
Geschlechtsgeneration *f* полово́е поколе́ние
Geschlechtskanal *m* полово́й прото́к
geschlechtslos беспо́лый
Geschlechtsöffnung *f* полово́е отве́рстие
Geschlechtsreife *f* полова́я зре́лость
Geschlechtssystem *n* полова́я систе́ма
Geschlechtszelle *f* полова́я кле́тка, генерати́вная кле́тка
geschlossen abgeschlossen за́мкнутый бассе́йн
Geschmacksgrenze *f* вкусово́й преде́л
Geschmacksverbesserung *f* улучше́ние вку́са (воды́)
geschmolzen aufgeschmolzen распла́вленный
geschüttet насыпно́й
Geschwindigkeit *f* ско́рость
Geschwindigkeitsabnahme *f* уменьше́ние ско́рости
Geschwindigkeitsbereich *m* интерва́л ско́ростей, диапазо́н ско́ростей

Geschwindigkeitsdiagramm *n* диагра́мма ско́ростей, план ско́ростей
Geschwindigkeitsdifferentiation *f* скоростна́я дифференциа́ция
Geschwindigkeitsdivergenz *f* диверге́нция ско́ростей
Geschwindigkeitsdreieck *n* треуго́льник ско́ростей
Geschwindigkeitsdruck *m* скоростно́е давле́ние, скоростно́й напо́р
Geschwindigkeitseinheit *f* едини́ца ско́рости
Geschwindigkeitsenergie *f* скоростна́я эне́ргия, эне́ргия ско́ростей
Geschwindigkeitsfaktor *m* коэффицие́нт ско́рости
Geschwindigkeitsfeld *n* по́ле ско́ростей
Geschwindigkeitsgeber *m* да́тчик ско́рости
Geschwindigkeitsgefälle *n* паде́ние ско́рости, уменьше́ние ско́рости, спад ско́рости, градие́нт ско́рости
Geschwindigkeitsgradient *m* градие́нт ско́рости
Geschwindigkeitskoeffizient *m* коэффицие́нт ско́рости
Geschwindigkeitskomponente *f* составля́ющая ско́рости, компоне́нта ско́рости
Geschwindigkeitskurve *f* крива́я ско́ростей
Geschwindigkeitslinie *f* крива́я ско́ростей
Geschwindigkeitsmessung *f* измере́ние ско́рости
Geschwindigkeitspotential *n* потенциа́л ско́рости
Geschwindigkeitsregistrierung *f* регистра́ция ско́рости
Geschwindigkeitsspektrum *n* спектр ско́ростей
Geschwindigkeitsspitze *f* пик ско́рости, ма́ксимум ско́рости
Geschwindigkeitssprung *m* разры́в ско́рости, скачо́к ско́рости
Geschwindigkeitsverhältnis *n* соотноше́ние ско́ростей
Geschwindigkeitsverhältnisse *n/pl* режи́м ско́рости
Geschwindigkeitsverteilung *f* распределе́ние ско́ростей
Geschwindigkeitsverteilungskurve *f* крива́я распределе́ния ско́ростей
Geschwindigkeitszahl *f* коэффицие́нт ско́рости
Geschwindigkeitszunahme *f* прираще́ние ско́рости, увеличе́ние ско́рости
Gesellschaft *f* о́бщество; соо́бщество
gesenkt herabgesetzt пони́женный
Gesetz *n* зако́н
Gesetz von Avogadro *n* зако́н Авога́дро
Gesetz von Haüy *n* зако́н Аюи
Gesetz der rationalen Achsenabschnitte *n* Rationalitätsgesetz зако́н рациона́льности отноше́ний пара́метров
Gesetz der Winkelbeständigkeit *n* зако́н постоя́нства кристалли́ческих угло́в
gesetzmäßig закономе́рный
Gesetzmäßigkeit *f* закономе́рность
Gesichts- Vorder-, Außen- лицево́й
Gesichtsfeld *n* по́ле зре́ния
Gesichtsfeldebene *f* пло́скость по́ля зре́ния
Gesichtsknochen *m* лицева́я кость
Gesichtskreis *m* кругозо́р
Gesichtsnaht *f* лицево́й шов, суту́ра
Gesichtspunkt *m* Standpunkt то́чка зре́ния
Gesichtsregion *f* лицева́я о́бласть
Gesichtswinkel *m* у́гол зре́ния
gesiebt грохочёный, просе́янный
gesintert спёкшийся, спечённый
gespalten расщеплённый
gespannt напо́рный; напряжённый
Gespanntheit *f* Intensität напряжённость
gespeichert аккумули́рованный
gesprengt взо́рванный
Gestade *n* морско́й бе́рег, побере́жье
gestaffelt Staffel- ступе́нчатый
Gestalt *f* фо́рма, вид, о́браз
Gestaltänderung *f* измене́ние фо́рмы
gestaltlos бесфо́рменный
Gestaltlosigkeit *f* бесфо́рменность
Gestänge *n* шта́нги
Gestängebohren *n* шта́нговое буре́ние
gestängeloses Bohren *n* бестру́бное буре́ние
Gestängeverbinder *m* бури́льный за́мок
gestaut подпёртый
Gestein *n* го́рная поро́да; ка́мни
Gesteinsanalyse *f* ана́лиз го́рных поро́д
Gesteinsart *f* разнови́дность го́рной поро́ды
Gesteinsassoziation *f* соо́бщество поро́д
Gesteinsbezeichnung *f* обозначе́ние поро́д

gesteinsbildend породообразу́ющий
Gesteinsbildner *m* породообразова́тель
Gesteinsbildung *f* породообразова́ние
Gesteinsbohren *n* буре́ние по поро́де
Gesteinsbohrer *m* поро́дный бур
Gesteinsbruchstück *n* Gesteinstrümmer обло́мок поро́ды
Gesteinscharakter *m* хара́ктер поро́ды
Gesteinsdeformation *f* деформа́ция го́рных поро́д
Gesteinsfestigkeit *f* про́чность го́рных поро́д
Gesteinsfeuchtigkeit *f* вла́жность поро́д
Gesteinsfolge *f* сви́та поро́д
Gesteinsgang *m* жи́ла
Gesteinsgemengteil *m* составна́я часть го́рной поро́ды
Gesteinskomplex *m* ко́мплекс го́рных поро́д
Gesteinskomponente *f* компоне́нт поро́ды
Gesteinskunde *f* уче́ние о поро́дах
Gesteinsmasse *f* ма́сса поро́ды
Gesteinsmaterial *n* ка́менный материа́л
Gesteinsmehl *n* ка́менная мука́
Gesteinsparameter *m* пара́метр го́рных поро́д
Gesteinsschicht *f* сло́й поро́ды
Gesteinsschichtung *f* напластова́ние го́рных поро́д
Gesteinsserie *f* се́рия поро́д
Gesteinsstaub *m* ка́менная пыль, поро́дная пыль
Gesteinsstück *n* кусо́к поро́ды
Gesteinsveränderung *f* измене́ние го́рных поро́д
Gesteinsverwitterung *f* выве́тривание го́рной поро́ды
Gesteinswiderstand *m* сопротивле́ние поро́ды
Gesteinszerfall *m* распа́д поро́д
gesteuert управля́емый, регули́руемый
gestört 1. Tekt. нару́шенный, дислоци́рованный. 2. Geophys. возмущённый
gestörte Lagerung *f* нару́шенное залега́ние
gestreift streifig полоса́тый, поло́счатый
gestrichelt штрихо́ванный
geteilt разделённый, разде́льный
Getreideanbaufläche *f* посевна́я пло́щадь зерновы́х культу́р
getrenntgeschlechtlich раздельнопо́лый
getrübt замутнённый, му́тный, помутне́вший, мутнова́тый
Gewässer *n* во́ды
Gewässerjahr *n* гидрологи́ческий год
Gewässerkunde *f* гидроло́гия
Gewässernetz *n* гидрографи́ческая сеть, речна́я сеть
Gewässerschutz *m* охра́на вод
Gewässerstrecke *f* уча́сток водото́ка
Gewässervergiftung *f* отравле́ние вод
Gewebe *n* ткань
Gewebefilter *n, m* се́тчатый фильтр, тка́ный фильтр
Gewebszelle *f* кле́тка тка́ни
gewellt волни́стый
Gewerbe *n* про́мысел
Gewerbeabwasser *n* промы́шленные сто́чные во́ды
Gewicht *n* вес
Gewichts- gewichtsmäßig весово́й
Gewichtsabnahme *f* уменьше́ние ве́са, потеря в ве́се
Gewichtsanalyse *f* весово́й ана́лиз
Gewichtsanteil *m* весова́я до́ля
Gewichtsausgleich *m* уравнове́шивание
Gewichtsbestimmung *f* определе́ние ве́са; весово́е определе́ние
Gewichtsclarke весово́й кларк
Gewichtseinheit *f* весова́я едини́ца
Gewichtskonstanz *f* постоя́нство ве́са
Gewichtsmenge *f* весово́е коли́чество
Gewichtsprozent *n* весово́й проце́нт, проце́нт по ве́су
Gewichtsstaumauer *f* гравитацио́нная плоти́на
Gewichtsteil *m* весова́я часть
Gewichtsverhältnis *n* весово́е отноше́ние, весово́е соотноше́ние
Gewichtsverlust *m* поте́ря в ве́се
Gewichtszunahme *f* увеличе́ние ве́са, приро́ст ве́са
Gewinnbarkeit *f* извлека́емость, добыва́емость
gewinnen добыва́ть/добы́ть
Gewinnung *f* добы́ча, добыва́ние, эксплуата́ция, вы́емка
Gewinnungs- добы́чный, эксплуатацио́нный
Gewinnungsart *f* спо́соб ра́зработки, спо́соб вы́емки
Gewinnungskosten *pl* эксплуатацио́нные расхо́ды, сто́имость добы́чи
Gewinnungsmethode *f* ме́тод вы́емки

Gewinnungsprozeß *m* добы́чный проце́сс
Gewinnungsverfahren *n* спо́соб вы́емки, спо́соб добы́чи, спо́соб эксплуата́ции
Gewinnungsvorgang *m* проце́сс вы́емки
Gewitter *n* гроза́
gewogen взве́шенный
Gewölbe *n* Scheitel свод
Gewölbeflanke *f* крыло́ сво́да, сво́довое крыло́
Gewölbelast *f* нагру́зка сво́да
Gewölbepfeilersperre *f* многоа́рочная плоти́на
Gewölbescheitel *m* замко́вая часть сво́да, замо́к сво́да
Gewölbeschluß *m* замко́вая часть сво́да, замо́к сво́да
Gewölbesperrmauer *f* а́рочная водохрани́лищная плоти́на
gewölbt 1. konvex вы́пуклый. 2. Gewölbe- сво́довый
gewunden вито́й, изви́листый
Geyserit *m* Opalsinter жемчу́жная на́кипь
gezackt zackig фесто́нчатый, зазу́бренный
gezahnt gezähnt зубча́тый, зазу́бренный
gezeichnet напи́санный, наче́ртанный
Gezeiten *pl* прили́в и отли́в
Gezeiten- прили́во-отли́вный
Gezeitenablauf *m* ход прили́во-отли́вных явле́ний, протека́ние прили́во-отли́вных явле́ний
Gezeitenausnutzung *f* испо́льзование прили́вной эне́ргии
Gezeitenbeobachtung *f* наблюде́ние прили́ва и отли́ва
Gezeitenbewegung *f* прили́во-отли́вное движе́ние воды́
Gezeitenbrandung *f* прибо́й во вре́мя прили́ва
Gezeitencharakter *m* хара́ктер прили́ва
Gezeitendehnung *f* распростране́ние прили́ва
Gezeitendelta *n* прили́вная де́льта
Gezeitendiagramm *n* диагра́мма прили́вов
Gezeiteneinfluß *m* влия́ние прили́вов
Gezeitenenergie *f* прили́вная эне́ргия, эне́ргия прили́ва
Gezeitenerscheinung *f* прили́во-отли́вное явле́ние, явле́ние прили́вов
Gezeitenforschung *f* иссле́дование прили́вных явле́ний
Gezeitengebiet *n* зо́на распростране́ния прили́ва
Gezeitengleichung *f* уравне́ние прили́вов
Gezeitenhub *m* высота́ прили́ва, подъём прили́ва, амплиту́да прили́ва
Gezeitenkarte *f* ка́рта прили́вов, прили́вная ка́рта
Gezeitenkoeffizient *m* коэффицие́нт прили́ва
Gezeitenkomponente *f* компоне́нта прили́ва, составля́ющая прили́ва
Gezeitenkraft *f* приливообразу́ющая си́ла
Gezeitenkraftwerk *n* прили́вная электроста́нция
Gezeitenkurve *f* прили́вная крива́я, мареогра́мма
Gezeitenküste *f* бе́рег, залива́емый прили́вом
Gezeitenleistung *f* мо́щность прили́ва
Gezeitenlinie *f* ли́ния прили́вов
gezeitenlos бесприли́вный
Gezeitenmaximum *n* максима́льный прили́в
Gezeitenminimum *n* минима́льный прили́в
Gezeitennullebene *f* нуль предска́зываемых прили́вов
Gezeitenpegel *m* прили́вный водоме́рный пост
Gezeitenperiode *f* пери́од прили́ва и отли́ва
Gezeitenphänomen *n* прили́во-отли́вное явле́ние
Gezeitenphase *f* фа́за прили́ва, прили́во-отли́вная фа́за
Gezeitenreibung *f* тре́ние прили́вной волны́, прили́вное тре́ние
Gezeitenschichtung *f* прили́во-отли́вная слои́стость
Gezeitenschwingung *f* прили́во-отли́вное колеба́ние, прили́вное колеба́ние
Gezeitenstrom *m* прили́во-отли́вное тече́ние
Gezeitenstromgeschwindigkeit *f* ско́рость прили́вного тече́ния
Gezeitenströmung *f* прили́во-отли́вное тече́ние
Gezeitentag *m* прили́вные су́тки

Gezeitentheorie *f* теóрия прили́вов
Gezeitenunterschied *m* прили́вная рáзность
Gezeitenvektor *m* вéктор прили́ва
Gezeitenverhältnisse *n/pl* услóвия прили́вов, режи́м прили́вов
Gezeitenvoraussage *f* Gezeitenvorhersage предсказáние прили́вов, предвычислéние прили́вов
Gezeitenvorgang *m* процéсс прили́ва и отли́ва
Gezeitenwechsel *m* смéна прили́ва и отли́ва
Gezeitenwelle *f* прили́во-отли́вная волнá
Gezeitenwirkung *f* дéйствие прили́во-отли́вных явлéний, влия́ние прили́ва и отли́ва
Gezeitenwoge *f* прили́во-отли́вная волнá
Gezeitenzone *f* прили́во-отли́вная зóна
Gibbon *m* гиббóн
Gibbsit *m* $Al[PO_4]\cdot 4H_2O$(?) гиббси́т
Gibbsit- гиббси́товый
Gichtgas *n* колошникóвый газ
Gichtstaub *m* колошникóвая пыль
Gieseckit *m* zu dichter Muskovitsubstanz veränderter Nephelin гисеки́т
Gießen *n* Guß литьё
Gießerei *f* литéйный цех, литéйное произвóдство
Gießereiindustrie *f* литéйная промы́шленность
Gießereikoks *m* литéйный кокс
Gießereiroheisen *n* литéйный чугу́н
Gießform *f* литéйная фóрма
Gießturm *m* Inggeol. бетоноли́тная бáшня
Giftdrüse *f* ядови́тая железá
giftig Gift- ядови́тый
Gigantopithecus *m* гигантопитéк
Gigantopteris *m* гигантоптéрис
Gigantostraca *pl* гигантострáки
Gilbertit *m* teils Nakrit und Kaolinit, teils Muskovit жильберти́т
Gilsonit *m* † Uintait джильсони́т, гильсони́т
Ginkgo *m* ги́нкго
Ginkgoales *pl* ги́нкговые
Ginzburgit *m* гинзбурги́т
Giobertit *m* Varietät von Magnesit джиоберти́т
Gipfel *m* верши́на, верху́шка, верх
Gipfel- верши́нный
Gipfelflur *f* верши́нная повéрхность гор, ги́пфельфлюр, у́ровень верши́н
Gipfelhöhe *f* высотá верши́ны
Gipfelkrater *m* верши́нный крáтер
Gipfelplateau *n* приверши́нное платó
Gipfelpunkt *m* тóчка верши́ны; наивы́сшая тóчка, кульминациóнная тóчка
Gips *m* гипс
Gips- ги́псовый
gipsführend гипсонóсный
Gipsführung *f* гипсонóсность
Gipshut *m* ги́псовая шля́па
Gipskarst *m* ги́псовый карст
Gipskonkretion *f* ги́псовая конкрéция
Gipsmergel *m* ги́псовый мéргель
Gipsmörtel *m* ги́псовая штукату́рка
Gipsplättchen *n* ги́псовая пласти́нка
Gipssand *m* ги́псовый песóк
Gipsspat *m* ги́псовый шпат
Gipsstock *m* шток ги́пса
Giraffidae *pl* жирáфовые
Gismondin *m* $Ca[Al_2Si_2O_8]\cdot 4H_2O$ жисмонди́н
Gitter *n* решётка
Gitterabstand *m* Min. межплóскостное расстоя́ние
gitterartig решётчатый
Gitterbau *m* решётчатое строéние, áтомное строéние, áтомная структу́ра
Gitterdimension *f* размéр (элементáрной) ячéйки
Gitterelektrode *f* решётчатый электрóд
Gitterenergie *f* энéргия решётки
gitterförmig vergittert решётчатый
Gitterkonstante *f* постоя́нная решётки, констáнта решётки, констáнта кристалли́ческой структу́ры
Gitterkontraktion *f* искажéние решётки
Gitterkräfte *f/pl* си́лы (кристалли́ческой) решётки
Gitterlamellierung *f* решётчатое двойникова́ние
Gitternetz *n* координáтная сéтка
Gitterparameter *m* парáметр решётки
Gitterpunkt *m* у́зел (кристалли́ческой) решётки, узловáя тóчка решётки
Gitterschwingung *f* колебáние решётки
Gitterstörung *f* разрушéние кристалли́ческой структу́ры, разрушéние решётки
Gitterstrom *m* сéточный ток

Gitterstruktur *f* структура решётки, решётчатая структура
Gitterteilung *f* деление решётки
Gittervalenz *f* валентность (кристаллической) решётки
Gittervektor *m* вектор решётки
Gitterzwillingsbildung *f* решётчатое двойникование
Givet *n* Givet-Stufe живетский ярус
Givet- живетский
Givet-Stufe *f* Givet живетский ярус
Glabella *f* глабель, головной бугор
glabellar глабельный
Glabellarfurche *f* бороздка глабели
Gladit *m* $2PbS \cdot Cu_2S \cdot 5Bi_2S_3$ гладит, гладин
Glanz *m* блеск
glänzen блестеть *uv.*
glänzend блестящий
Glanzkobalt *m* Cobaltin CoAsS кобальтин
Glanzkohle *f* блестящий уголь
Glanzschiefer *m* блестящий сланец
Glas *n* 1. Material стекло. 2. Becherglas стакан. 3. Fernglas бинокль
Glas- стеклянный, стекольный
glasähnlich стеклоподобный
glasartig стекловидный
Glasätzung *f* травление стекла
Glasbläserei *f* стеклодувная мастерская
Glaseinschluß *m* включение стекла
Glaserit *m* $K_3Na[SO_4]_2$ глазерит
gläsern Glas- стеклянный
Glasfabrikation *f* стекольное производство
Glasgefäß *n* стеклянная посуда
Glasglanz *m* стеклянный блеск
Glashütte *f* стекольный завод
glasig Glas- стекловатый
glasiger Bruch *m* стекловидный излом
Glasindustrie *f* стекольная промышленность
glasklar стеклянно-прозрачный
Glaskolben *m* стеклянная колба
Glaskopf *m* стеклянная голова
Glaspapier *n* стеклянная бумага
Glasröhre *f* стеклянная трубка
Glassand *m* стекольный песок
Glassegment *n* стеклянный сегмент
Glasstab *m* стеклянная палочка
Glasstruktur *f* стекловатая структура
Glastiegel *m* стеклянный тигель
Glaszylinder *m* стеклянный цилиндр
glatt 1. geglättet сглаженный, гладкий, ровный. 2. glitschig скользкий
Glätte *f* 1. Glattheit гладкость. 2. Bleiglätte глёт
glätten ausgleichen сглаживать/сгладить
Glätten *n* Ausgleichen сглаживание
Glättung *f* сглаживание; сглаженность
Glättungsrille *f* Glättungsfurche борозда сглаживания
glattwandig гладкостенный
Glauberit *m* $CaNa_2[SO_4]_2$ глауберит
Glaubersalz *n* глауберова соль
Glaukochroit *m* $CaMn[SiO_4]$ глаукохроит
Glaukodot *m* (Co, Fe)AsS глаукодот
Glaukokerinit *m* wasserhaltiges Zn-Cu-Sulfat глаукокеринит
Glaukonit *m* глауконит
Glaukonit- glaukonitisch глауконитовый
Glaukonitfazies *f* глауконитовая фация
Glaukonitgestein *n* глауконитолит, глауконитовая порода
glaukonitisch Glaukonit- глауконитовый
Glaukonitkalk *m* глауконитовый известняк
Glaukonitsand *m* глауконитовый песок
Glaukophan *m* Mineral der Amphibolgruppe глаукофан
Glaukophan- глаукофановый
Glaukophanschiefer *m* глаукофановый сланец
glazial Glazial- ледниковый, гляциальный
glazial-akkumulativ ледниковоаккумулятивный
Glazialerosion *f* ледниковая эрозия, гляциальная эрозия
Glazialform *f* ледниковая форма, гляциальная форма
Glazialgeologie *f* ледниковая геология
Glazialgeschichte *f* ледниковая история
Glazialgeschiebe *n* ледниковый валун
Glazialklima *n* ледниковый климат, гляциальный климат
Glazialkonglomerat *n* ледниковый конгломерат, гляциальный конгломерат
Glazialrelief *n* ледниковый рельеф
Glazialschutt *m* ледниковый нанос
Glazialspuren *f/pl* следы ледников

Glazialstörung *f* леднико́вая дислока́ция, гляциодислока́ция
Glazialtektonik *f* леднико́вая текто́ника, гляциотекто́ника
Glazialtheorie *f* леднико́вая тео́рия
glazigen гляциге́нный
Glaziologe *m* гляцио́лог
Glaziologie *f* Gletscherkunde гляцио́ло́гия
Glei- siehe Gley-
gleichachsig соо́сный, с ра́вными ося́ми
gleichalt(e)rig одново́зрастный
Gleichaltrigkeit *f* одново́зрастность
gleichartig одноро́дный, гомоге́нный, аналоги́чный
gleichbleibend постоя́нный
Gleichdruck *m* уравнове́шенное давле́ние, ра́вное давле́ние
Gleichdruckfläche *f* пове́рхность ра́вного давле́ния
Gleichfeld *n* постоя́нное по́ле
gleichförmig одноро́дный, равноме́рный
gleichförmig beschleunigt равноме́рно-ускo̒ренный
Gleichförmigkeit *f* одноро́дность, равноме́рность
Gleichförmigkeitsbeiwert *m* коэффицие́нт одноро́дности
Gleichförmigkeitskoeffizient *m* коэффицие́нт одноро́дности
gleichgerichtet одинаковонапра́вленный, в одно́м направле́нии
Gleichgewicht *n* равнове́сие
Gleichgewichts- равнове́сный
Gleichgewichtsachse *f* ось равнове́сия
Gleichgewichtsbedingung *f* усло́вие равнове́сия
Gleichgewichtsdiagramm *n* равнове́сная диагра́мма
Gleichgewichtsdruck *m* давле́ние в равнове́сной систе́ме
Gleichgewichtsfläche *f* Äquipotentialfläche пове́рхность у́ровня, эквипотенциа́льная пове́рхность, пове́рхность ра́вного потенциа́ла
Gleichgewichtsgradient *m* равнове́сный градие́нт
Gleichgewichtsgrenze *f* преде́льное состоя́ние равнове́сия
Gleichgewichtsgrenzfläche *f* равнове́сная пове́рхность разде́ла
Gleichgewichtskonstante *f* конста́нта равнове́сия
Gleichgewichtskonzentration *f* концентра́ция веще́ств в равнове́сной систе́ме
Gleichgewichtskurve *f* крива́я равнове́сия
Gleichgewichtsküste *f* равнове́сный бе́рег
Gleichgewichtslage *f* положе́ние равнове́сия
Gleichgewichtsmenge *f* равнове́сный коли́чество
Gleichgewichtsprofil *n* про́филь равнове́сия
Gleichgewichtspunkt *m* то́чка равнове́сия
Gleichgewichtsstörung *f* наруше́ние равнове́сия
Gleichgewichtssystem *n* равнове́сная систе́ма
Gleichgewichtszustand *m* равнове́сное состоя́ние, состоя́ние равнове́сия, положе́ние равнове́сия
Gleichheit *f* ра́венство
Gleichheitsformel *f* фо́рмула ра́венства
Gleichheitsverhältnis *n* отноше́ние ра́венства
Gleichheitszeichen *n* знак ра́венства
gleichkörnig равномернозерни́стый, эквигрануля́рный
gleichmäßig равноме́рный, одноро́дный
gleichmäßig gefaltet равномерноскла́дчатый
gleichmäßig geschichtet равномерно-слои́стый
gleichmäßig körnig равноме́рно-зерни́стый
Gleichmäßigkeit *f* равноме́рность
gleichnamig одноимённый
gleichphasig синфа́зный
gleichschalig равноство́рчатый
gleichschenklig равнобе́дренный
gleichseitig равносторо́нний
gleichsetzen gleichstellen прира́внивать/приравня́ть
Gleichsinnigkeit *f* синфа́зность
Gleichstrom *m* постоя́нный ток
Gleichstromfeld *n* постоя́нное по́ле
Gleichstrommethode *f* ме́тод постоя́нного то́ка
Gleichung *f* уравне́ние
Gleichungsglied *n* член уравне́ния
Gleichungssystem *n* систе́ма уравне́ний

gleichwertig равноце́нный, эквивале́нтный, равнозна́чный
Gleichwertigkeit *f* равноце́нность, эквивале́нтность, равнозна́чность
gleichwinklig равноуго́льный
gleichzahlig равночи́сленный
gleichzeitig одновреме́нный, синхро́нный
Gleichzeitigkeit *f* одновреме́нность, синхро́нность
Gleisbett *n* полотно́ желе́зной доро́ги
Gleitbewegung *f* скользя́щее движе́ние
Gleitebene *f* пло́скость скольже́ния, пове́рхность скольже́ния
gleiten rutschen скользи́ть/скользну́ть
Gleiten *n* Gleitung скольже́ние
Gleitfalte *f* скла́дка скольже́ния
Gleitfläche *f* Rutschfläche пло́скость скольже́ния, пове́рхность скольже́ния
Gleitflächendruck *m* давле́ние по пло́скости скольже́ния
Gleitgeschwindigkeit *f* ско́рость скольже́ния
Gleithang *m* о́ползневый склон
Gleitkluft *f* тре́щина ско́ла
Gleitkontaktmethode *f* ме́тод скользя́щих конта́ктов
Gleitkurve *f* крива́я скольже́ния
Gleitlinie *f* ли́ния скольже́ния
Gleitreibung *f* тре́ние скольже́ния
Gleitrichtung *f* направле́ние скольже́ния
Gleitschicht *f* скользя́щий сло́й, сло́й скольже́ния
Gleitschieferung *f* клива́ж ска́лывания
Gleitspiegel *m* Harnisch зе́ркало скольже́ния
Gleitspiegelebene *f* Min. пло́скость скользя́щего отраже́ния
Gleitstörung *f* ско́ловое наруше́ние
Gleitstreifen *m* штрих скольже́ния
Gleitung *f* Gleiten скольже́ние
Gleitwiderstand *m* сопротивле́ние скольже́нию
Gleitwinkel *m* у́гол скольже́ния
Gleitzahl *f* коэффицие́нт скольже́ния
Gleitzone *f* зо́на скольже́ния
Gleitzwillingsbildung *f* образова́ние двойнико́в скольже́ния
Gleitzwillingslamelle *f* двойнико́вая пласти́нка скольже́ния
Glessit *m* Kohlenwasserstoff глесси́т
Gletscher *m* ледни́к, гле́тчер
Gletscher- леднико́вый
Gletscherabfluß *m* леднико́вый сток
Gletscherablagerung *f* леднико́вое отложе́ние
Gletscherabschmelzung *f* та́яние ледника́, абля́ция ледника́
Gletscherakkumulation *f* леднико́вая аккумуля́ция, аккумуля́ция ледника́
Gletscherarbeit *f* рабо́та леднико́в
Gletscheratlas *m* а́тлас леднико́в
Gletscherausdehnung *f* протяжённость ледника́
Gletscherausstrahlung *f* излуче́ние ледника́
Gletscherbach *m* леднико́вый ручей
Gletscherbach- ледниковоречно́й
Gletscherbett *n* ру́сло ледника́, ло́же ледника́, леднико́вое ло́же
Gletscherbewegung *f* движе́ние ледника́
Gletscherbildung *f* образова́ние ледника́, формирова́ние ледника́
Gletscherdecke *f* Gletscherbedeckung леднико́вый покро́в
Gletscherdelta *n* леднико́вая де́льта
Gletscherdetritus *m* леднико́вый де́тритус
Gletschereis *n* леднико́вый лёд, гле́тчерный лёд
Gletschereisberg *m* гле́тчерный а́йсберг
Gletscherende *n* коне́ц ледника́, кра́й ледника́
Gletschererosion *f* леднико́вая эро́зия
Gletscherexaration *f* леднико́вая экзара́ция
Gletscherfläche *f* пове́рхность ледника́
Gletscherfluß *m* леднико́вая река́
Gletscherforschung *f* иссле́дование леднико́в
Gletschergefüge *n* строе́ние ледника́, структу́ра ледника́
Gletschergrenze *f* грани́ца ледника́
Gletscherkappe *f* леднико́вый покро́в, леднико́вая ша́пка, ледяна́я ша́пка
Gletscherkessel *m* леднико́вый котёл
Gletscherkörper *m* ма́сса ледника́
Gletscherkunde *f* Glaziologie гляциоло́гия
Gletscherkuppel *f* Gletscherkappe леднико́вый ку́пол
Gletscherlawine *f* ледяна́я лави́на, леднико́вая лави́на

Gletschermehl *n* ледникóвая мукá
Gletschermilch *f* глéтчерное молокó
Gletschermühle *f* ледникóвая мéльница
Gletschernährung *f* Gletscherspeisung питáние ледникá
Gletscheroberfläche *f* повéрхность ледникá
Gletscherrand *m* крáй ледникá
Gletscherriegel *m* ледникóвый ри́гель
Gletscherrückgang *m* отступлéние ледникá, отступáние ледникá
Gletscherrückzug *m* отступлéние ледникá, отступáние ледникá
Gletscherschacht *m* глéтчерная шáхта
Gletscherschild *m* ледóвый щит, ледянóй щит
Gletscherschliff *m* глéтчерный шлиф, ледникóвое шлифовáние
Gletscherschramme *f* ледникóвая бороздá, ледникóвая цaрáпина, ледникóвый шрам
Gletscherschub *m* движéние ледникá, сползáние ледникá
Gletscherschwankung *f* ледникóвое колебáние
Gletscherschwankungsperiode *f* перúод колебáния ледникá
Gletschersee *m* ледникóвое óзеро
Gletscherspalte *f* ледникóвая трéщина
Gletscherstillstand *m* остановка ледникá
Gletscherstrom *m* ледникóвый потóк
Gletscherstruktur *f* структýра ледникá, строéние ледникá
Gletschertal *n* ледникóвая доли́на
Gletschertätigkeit *f* дéятельность ледникá
Gletschertisch *m* ледникóвый стол
Gletscherton *m* ледникóвая гли́на
Gletschertopf *m* ледникóвый котёл
Gletschertor *n* ледникóвые ворóта
Gletschertrog *m* Trogtal ледникóвый трог
Gletschertrübe *f* ледникóвая муть
Gletschertypus *m* тип ледникá
Gletscherverhältnisse *n/pl* режи́м ледникá
Gletschervorstoß *m* продвижéние ледникá, наступáние ледникá, наступлéние ледникá
Gletscherwand *f* ледянáя стенá
Gletscherwasser *n* ледникóвая водá
Gletscherwind *m* ледникóвый вéтер
Gletscherwirkung *f* воздéйствие ледникá
Gletscherzunge *f* ледникóвый язы́к, язы́к ледникá
Gletscherzustand *m* состоя́ние ледникá
Gley- глéевый
gleyartig глееобрáзный
Gleybildung *f* глееобразовáние
Gleyboden *m* глéевая пóчва
Gleyhorizont *m* глéевый горизóнт
Gleyschicht *f* глéевый слóй
Glied *n* член
gliedern расчленя́ть / расчлени́ть
gliedern sich расчленя́ться / расчлени́ться
Gliedertiere *pl* членистонóгие живóтные
Gliederung *f* 1. Einteilung расчленéние, подразделéние, классификáция; райони́рование. 2. Segmentierung сегментáция
Gliederungsschema *n* схéма подразделéния, схéма расчленéния
Gliedmaßen *pl* Extremitäten конéчности
Glimmer *m* слюдá
Glimmer- слюдянóй, слю́дистый
glimmerähnlich слюдоподóбный
Glimmerandesit *m* слюдянóй андези́т
glimmerartig слюдообрáзный
Glimmerbasalt *m* слюдянóй базáльт
Glimmerblättchen *n* слюдянóй листóчек
glimmerführend glimmerhaltig слюдонóсный
Glimmerführung *f* Glimmergehalt слюдонóсность
Glimmergesetz *n* слюдянóй закóн
Glimmergestein *n* слюдянáя порóда
Glimmergneis *m* слюдянóй гнéйс
Glimmergreisen *m* слюдянóй грéйзен
Glimmerhornfels *m* слю́дистая роговикóвая порóда
glimmerig glimmerhaltig слю́дистый
Glimmermalchit *m* слюдянóй малхи́т
Glimmermineral *n* слюдянóй минерáл
Glimmernorit *m* слюдянóй нори́т
Glimmerpegmatit *m* слю́дистый пегмати́т
Glimmerperidotit *m* слюдянóй перидоти́т
Glimmerplättchen *n* слюдянáя пласти́нка
Glimmerplatte *f* слюдянáя пласти́нка
Glimmerporphyr *m* слюдянóй порфи́р
Glimmersand *m* слю́дистый песóк

Glimmersandstein *m* слю́дистый песча́ник
Glimmerschiefer *m* слюдяно́й сла́нец
Glimmerschieferzone *f* слюдяно-сла́нцевая зо́на
Glimmershonkinit *m* слюдяно́й шонкини́т
Glimmersyenit *m* слюдяно́й сиени́т
Glimmerton *m* слюдяна́я гли́на
global глоба́льный
Globigerina *f* глобигери́на
Globigerinen- глобигери́новый
Globigerinenschlamm *m* глобигери́новый ил
Globosphaerit *m* глобосфери́т
globular Globular- шарови́дный, глобуля́рный
Globulina-Zone *f* Neokom глобули́новая зо́на
Globus *m* гло́бус
glomeroblastisch гломеробласти́ческий, гломеробла́стовый
glomerokristallin гломерокристалли́ческий
glomeroporphyrisch гломеропорфи́ровый
Glossopteridales *pl* глоссоптери́довые
Glossopteris глоссо́птерис
Glossopteris- глоссопте́риевый
Glossopteris-Flora *f* глоссопте́риевая фло́ра
Glühasche *f* прокалённая зола́
Glühbereich *m* о́бласть нака́ла
Glühen *n* нака́ливание, прока́ливание
glühend раскалённый
Glühentladung *f* тле́ющий разря́д
Glühfarbe *f* цвет кале́ния
Glühofen *m* кали́льная печь
Glührückstand *m* оста́ток по́сле прока́ливания, прокалённый оста́ток
Glühverlust *m* поте́ря при прока́ливании
Glumiflorae *pl* чешуецве́тные
Glut *f* Glühen кале́ние
Glutamin- глутами́новый
Glutaminsäure *f* глутами́новая кислота́
Glütsch-Vereisung *f* глю́чское оледене́ние
Glutwolke *f* раскалённое облако́, раскалённая ту́ча
Glycerinsäure *f* $CH_2OH \cdot CHOH \cdot COOH$ глицери́новая кислота́
glyptodont глиптодо́нтный
Glyptodontidae *pl* глиптодо́нты
Glyptogenese *f* глиптогене́з
Gmelinit *m* $(Na_2,Ca)[Al_2Si_4O_{12}] \cdot 6H_2O$ гмелини́т
Gnathocephalon *n* гнатоцефало́н
Gnathostomata *pl* челюстноро́тые
Gnathothorax *m* гнатото́ракс
Gneis *m* гне́йс
Gneis- гне́йсовый
gneisartig гнейсови́дный
Gneisgestein *n* гне́йсовая поро́да
Gneisgranit *m* гне́йсо-грани́т
Gneishülle *f* гне́йсовая оболо́чка
Gneiskuppel *f* гне́йсовый ку́пол
Gneismasse *f* Gneismassiv гне́йсовый масси́в
Gneisstruktur *f* гне́йсовая структу́ра
Gneistextur *f* гне́йсовая тексту́ра
Gnetaceae *pl* гне́товые
Gnetales *pl* хво́йниковые, гне́товые
gnomostereographisch гномостереографи́ческий
Goethit *m* Nadeleisenerz α-FeOOH гётит
Gold *n* Au зо́лото
Gold- золото́й
Goldamalgam *n* золота́я амальга́ма
Goldausbeute *f* добы́ча зо́лота
Goldbarren *m* сли́ток зо́лота, золото́й сли́ток
Goldchlorid *n* $AuCl_3$ трёххло́ристое зо́лото, хло́ристое зо́лото (3), хло́рное зо́лото
Golderz *n* золота́я руда́
Golderz- золотору́дный
Golderzgang *m* золотору́дная жи́ла
Goldfieldit *m* Te-haltiges Fahlerz гольдфильди́т
goldführend Gold- золотоно́сный
Goldführung *f* золотоно́сность
Goldgang *m* золотоно́сная жи́ла, золота́я жи́ла
Goldgehalt *m* содержа́ние зо́лота
Goldgewinnung *f* добы́ча зо́лота
Goldgrube *f* золото́й при́иск
goldhaltig золотоно́сный, содержа́щий зо́лото
Goldmine *f* золото́й при́иск
Goldnugget *m* золото́й самоpо́док
Goldoxid *n* Au_2O_3 о́кись зо́лота
Goldquarz *m* золотоно́сный кварц
Goldquarz- зо́лото-ква́рцевый
Goldquarzgang *m* жи́ла золотоно́сного ква́рца, зо́лото-ква́рцевая жи́ла

Goldsand *m* золотоно́сный песо́к
Goldschlich *m* золото́й шлих
Goldschmidtsches Prinzip *n* при́нцип Го́льдшмидта
Goldseife *f* золотоно́сная ро́ссыпь, золото́й ро́ссыпь
Goldsilberlagerstätte *f* зо́лото-сере́бряное месторожде́ние
Goldstaub *m* пылеобра́зное зо́лото, золота́я пыль
Goldtellurid *n* теллури́д зо́лота
Goldvorrat *m* золото́й запас
Goldzahl *f* золото́е число́
Golf *m* морско́й зали́в
Golfstrom *m* Гольфстри́м
Gonade *f* гона́да
gonatopar гонатопа́рный, угольноше́чный
Gondit *m* feinkörniges Gestein aus Spessartin und Calcit гонди́т
Gondwana *n* гондва́на
Gondwana- гондва́нский
Gondwanaflora *f* гондва́нская фло́ра
Gondwana-System *n* гондва́нская систе́ма, систе́ма гондва́на
Goniatiten *pl* гониати́ты
Goniatitida *pl* гониати́ты
goniatitische Lobenlinie *f* гониати́товая перегоро́дочная ли́ния
Goniometer *n* гонио́метр
Goniometerkopf *m* гониометри́ческая голо́вка
Goniometrie *f* гониоме́трия
goniometrisch гониометри́ческий
Gonnardit *m* Varietät von Thomsonit гоннарди́т
Gonotheca *f* яйцеви́дная яче́йка
Gonozooecium *n* bei Bryozoen als Ovizelle modifiziertes Zooecium гоноэ́ции
Gonyerit *m* гоньери́т
Goongarrit *m* $4PbS \cdot Bi_2S_3$ гоонгарри́т, гунгарри́т
Gordonit *m* $MgAl_2[OH|PO_4]_2 \cdot 8H_2O$ гордони́т
Gorgonopsia *pl* горгонопси́ды
Gorilla *m* гори́лла
Goslarit *m* $Zn[SO_4] \cdot 7H_2O$ гослари́т
Gosseletit *m* wohl identisch mit Viridin госселети́т
Gotiden *pl* готи́ды
gotiglazial Gotiglazial- готигляциа́льный
Gotiglazial *n* готигляциа́л, готигляциа́льная ста́дия
Gotland- gotlandisch го́тландский
Gotlandium *n* го́тландский отде́л, готла́ндий
Gotokareliden *pl* готокарели́ды
Götzenit *m* гётценит
Gowlit *m* говли́т
Graben *m* 1. Tekt. гра́бен. 2. Hydrogeol. кана́ва, ров, транше́я
Grabenbagger *m* транше́йный экскава́то́р, канавокопа́тель
Grabenböschung *f* отко́с кана́вы, отко́с рва
grabenförmig Tekt. грабенообра́зный
Grabenscholle *f* Tekt. глы́ба гра́бена
Grabensohle *f* Hydrogeol. дно кана́вы, дно рва, подо́шва кана́вы
Grabentiefe *f* глубина́ транше́и
Grabenzone *f* Tekt. зо́на гра́бенов
Grabgemeinschaft *f* соо́бщество погребе́ния
Grabung *f* Ausgrabung раско́пка
Grad *m* 1. Temp. гра́дус. 2. Stufe сте́пень. 3. Seism. балл
Grad- гра́дусный
Gradation *f* града́ция
graded bedding сортиро́ванная слои́стость
Gradeinteilung *f* деле́ние на гра́дусы, гра́дусное деле́ние
Gradient *m* градие́нт
Gradient- градие́нтный
Gradientänderung *f* измене́ние градие́нта
Gradientbeschleunigung *f* градие́нтное ускоре́ние
Gradientenverteilung *f* распределе́ние градие́нтов
Gradientkraft *f* градие́нтная си́ла
Gradientmessung *f* градие́нтное измере́ние
Gradientrichtung *f* направле́ние градие́нта
Gradientstrom *m* Gradientströmung градие́нтное тече́ние
Gradieren *n* гради́рование
Gradierung *f* гради́рование
Gradierwerk *n* гради́рня
gradlinig прямолине́йный
Gradmessung *f* гра́дусное измере́ние
Gradnetz *n* гра́дусная се́тка, гра́дусная сеть

Gradteilung *f* деле́ние шкалы́ на гра́дусы; деле́ние гра́дусной шкалы́
Graduieren *n* градуи́рование
graduiert градуи́рованный
Graduierung *f* градуиро́вка
Graebeit *m* Kohlenwasserstoff гребеи́т
Graftonit *m* $(Fe^{\cdot\cdot}, Mn, Ca)_3[PO_4]_2$ графтони́т
Grahamit *m* ? Asphaltmineral грегами́т, грахеми́т
Gramineae *pl* зла́ки
Gramm *n* грамм
Grammäquivalent *n* грамм-эквивале́нт
Grammatom *n* грамм-а́том
Grammatomvolumen *n* объём грамм-а́тома
Grammkalorie *f* грамм-кало́рия, ма́лая кало́рия
Grammolekül *n* Grammol грамм-моле́кула
Grampian- грампиа́нский
Grampian-Geosynklinale *f* грампиа́нская геосинклина́ль
Granat *m* грана́т
Granat- грана́товый
Granatamphibolit *m* грана́товый амфиболи́т
Granatglimmerschiefer *m* грана́тово-слюдяно́й сла́нец
Granatgruppe *f* грана́товая гру́ппа
Granatgneis *m* грана́товый гне́йс
Granathornfels *m* грана́товый рогови́к
Granatperidotit *m* грана́товый перидоти́т
Granatsand *m* грана́товый песо́к
Granatskarn *m* грана́товый скарн
Grand *m* гра́вий кру́пностью 2—5 мм, кру́пный речно́й песо́к
Granit *m* грани́т
Granit- granitisch грани́тный грани́товый
Granitamiatit *m* Gestein mit Na < Ca (Lang 1891) грани́товый амиати́т
Granitandesit *m* грани́товый андези́т
Granitaplit *m* грани́товый апли́т
Granitapophyse *f* грани́тная апофи́за
Granitbildung *f* Granitentstehung гранитообразова́ние
Granitgeröll *n* грани́тный валу́н
Granitgneis *m* грани́то-гне́йс
Granitgneis- грани́то-гне́йсовый
Granitgneiskuppel *f* грани́то-гне́йсовый ку́пол
Granitgreisen *m* гранитогре́йзен
Granitgruppe *f* грани́тная гру́ппа
Granitgrus *m* грани́тная дресва́
Granithülle *f* Granitschale грани́тная оболо́чка
Granitinjektion *f* грани́тная инъе́кция
Granitintrusion *f* грани́тная интру́зия
Granitisation *f* гранитиза́ция
Granitisationsdifferentiation *f* гранитизацио́нная дифференциа́ция
Granitisationsfront *f* фронт гранитиза́ции
Granitisationsgestein *m* гранитизи́рованная поро́да
Granitisationsprodukt *n* проду́кт гранитиза́ции
Granitisationsvorgang *m* проце́сс гранитиза́ции
granitisch Granit- грани́тный, грани́товый
granitisiert гранитизи́рованный
Granitisierung *f* Granitisation гранитиза́ция
Granitisierungsfront *f* фронт гранитиза́ции
Granitit *m* граниты́т
Granitkern *m* грани́тное ядро́
Granitmagma *n* грани́тная ма́гма
Granitpegmatit *m* грани́т-пегмати́т
Granitpluton *m* грани́тный плуто́н
Granitporphyr *m* грани́т-порфи́р
Granitschicht *f* грани́тный сло́й
Granitschmelze *f* грани́тный распла́в
Granitstruktur *f* грани́тная структу́ра
Granittektonik *f* грани́тная текто́ника
granoblastisch гранобласти́ческий, гранобла́стовый
Granodazit *m* гранодаци́т
Granodiorit *m* гранодиори́т
granodioritisch Granodiorit- гранодиори́товый
granophyrisch гранофи́ровый
Granosphaerit *m* граносфери́т
Granosyenit *m* граносиени́т
granosyenitisch Granosyenit- граносиени́товый
Granulation *f* грануля́ция, грануля́рование
granulieren грануля́ровать *uv., v.*
Granulieren *n* грануля́рование, зерне́ние
granuliert грануля́рованный
Granulierung *f* грануля́ция, зерни́стость
Granulit *m* грануля́т
Granulitfazies *f* грануля́товая фа́ция

Granulitgneis *m* гранули́товый гне́йс
granulitisch Granulit- гранули́товый
Granulitstruktur *f* гранули́товая структу́ра
granulometrisch гранулометри́ческий
Graphik *f* graphische Darstellung гра́фик
graphisch графи́ческий
graphische Darstellung *f* Diagramm гра́фик
Graphit *m* C графи́т
Graphit- graphitisch графи́товый
Graphitbildung *f* графитиза́ция, образова́ние графи́та
Graphitführung *f* графитоно́сность
graphithaltig содержа́щий графи́т, графитоно́сный
Graphitindustrie *f* графи́товая промы́шленность
graphitisch Graphit- графи́товый
graphitisiert графитизи́рованный
Graphitisierung *f* графитиза́ция
Graphitit *m* графити́т
Graphitkohle *f* графи́товый у́голь
graphitreich бога́тый графи́том
Graphitschiefer *m* графи́товый сла́нец, графи́тистый сла́нец
Graphittiegel *m* графи́товый ти́гель
Graptolith *m* граптоли́т
Graptolithen- граптоли́товый
Graptolithenfazies *f* граптоли́товая фа́ция
Graptolithenkolonie *f* граптоли́товая коло́ния
Graptoloidea *pl* настоя́щие граптоли́ты
Gras *n* трава́
Gras- травяни́стый, травяно́й
Grasdecke *f* травяно́й покро́в
grasfressend травоя́дный
Grasfresser *m* травоя́дное живо́тное
grasgrün травяни́сто-зелёный
Grasland *n* травяни́стая ме́стность
Grasmoor *n* травяно́е боло́то
Grasnarbe *f* Rasen дёрн, дерно́вый покро́в, травяно́й покро́в
Graspflanze *f* травяни́стое расте́ние
Grastorf *m* травяни́стый торф, травяно́й торф
Grasvegetation *f* травяни́стая расти́тельность
Gratonit *m* $9PbS \cdot 2As_2S_3$ грейтони́т
Grauerde *f* серозём
Grauerde- серозёмный
Grauerdeboden *m* серозёмная по́чва
grauer Waldboden *m* се́рая лесна́я по́чва
Graugneis *m* се́рый гне́йс
Graukeil *m* се́рый клин
graupelartig крупи́тчатый
Grauspießglanz *m* Antimonit Sb_2S_3 блёклая сурьмя́ная руда́, антимони́т
Grauwacke *f* грауба́кка
Grauwacke(n)- грауба́кковый
Grauwackengestein *n* грауба́кковая поро́да
Grauwackengneis *m* грауба́кковый гне́йс
Grauwackensandstein *m* грауба́кковый песча́ник
Grauwackenschiefer *m* грауба́кковый сла́нец
Grauwackenserie *f* грауба́кковая то́лща
Gravigrada *pl* тяжелохо́ды
Gravimeter *n* гравиме́тр
Gravimeter- gravimetrisch гравиметро́вый; гравиметри́ческий
Gravimeteraufnahme *f* гравиметри́ческая съёмка
Gravimetereichung *f* градуиро́вка гравиме́тра
Gravimetergang *m* гравиме́тровый ход
Gravimeterkonstante *f* постоя́нная гравиме́тра
Gravimeterpunkt *m* гравиметри́ческий пункт
Gravimetrie *f* гравиме́трия
gravimetrisch Schwere- гравиметри́ческий
gravimetrische Erkundung *f* гравиразве́дка
Gravitation *f* тяготе́ние, гравита́ция
Gravitations- gravitativ, Schwere- гравитацио́нный
Gravitationsaufbereitung *f* гравитацио́нное обогаще́ние
Gravitationsaufnahme *f* гравитацио́нная съёмка
Gravitationsbeschleunigung *f* гравитацио́нное ускоре́ние
Gravitationsbewegung *f* гравитацио́нное движе́ние
Gravitationsdifferentiation *f* гравитацио́нная дифференциа́ция
Gravitationsenergie *f* эне́ргия тяготе́ния

Gravitationsfaltung *f* гравитацио́нная скла́дчатость
Gravitationsfeld *n* Schwerefeld гравитацио́нное по́ле, по́ле тяготе́ния
Gravitationsgesetz *n* зако́н тяготе́ния
Gravitationshypothese *f* гравитацио́нная гипо́теза
Gravitationskonstante *f* гравитацио́нная постоя́нная, постоя́нная тяготе́ния
Gravitationskraft *f* гравитацио́нная си́ла
Gravitationspotential *n* гравитацио́нный потенциа́л
Gravitationsprinzip *n* при́нцип гравита́ции
Gravitationsstrom *m* гравитацио́нный пото́к
Gravitationsströmung *f* Hydrol. гравитацио́нное морско́е тече́ние
Gravitationstektogenese *f* гравитацио́нный тектогене́з
Gravitationstheorie *f* гравитацио́нная тео́рия
Gravitationsvariometer *n* гравитацио́нный варио́метр
Gravitationsvektor *m* ве́ктор си́лы тя́жести
Gravitationswasser *n* гравитацио́нная вода́
Gravitationswelle *f* гравитацио́нная волна́
gravitativ Gravitations- гравитацио́нный
Great Oolite *m* Mittlerer Jura Englands вели́кий ооли́т
Greenalith *m* $(Fe^{\cdot\cdot},Fe^{\cdot\cdot\cdot})_{<6}[(OH)_8|Si_4O_{10}]$ гринали́т
Greenockit *m* CdS гриноки́т
Greenovit *m* MnO-haltiger Titanit гринови́т
Greifbagger *m* гре́йферный экскава́тор
Greifzahn *m* хвата́тельный зуб
Greisen *m* гре́йзен
Greisen- гре́йзеновый
Greisenbildung *f* гре́йзеновое образова́ние
Greisengang *m* гре́йзеновая жи́ла
Greisenhülle *f* гре́йзеновая оторо́чка
Greisenkörper *m* гре́йзеновое те́ло
Greisenlagerstätte *f* гре́йзеновое месторожде́ние
Greisenlösung *f* гре́йзеновый раство́р
Greisenstadium *n* Altersstadium ста́рческая ста́дия
Greisenstock *m* гре́йзеновый шток
Greisenstockwerk *n* гре́йзеновый што́кверк
Greisenzone *f* гре́йзеновая зо́на
grell gefärbt яркоокра́шенный
Grenz- 1. Gebietsgrenze грани́чный, пограни́чный. 2. Grenzwert преде́льный
Grenzbeanspruchung *f* преде́льное напряже́ние
Grenzbedingung *f* грани́чное усло́вие
Grenzbelastung *f* преде́льная нагру́зка, максима́льная нагру́зка
Grenzbereich *m* пограни́чный преде́л
Grenze *f* 1. Gebietsgrenze грани́ца. 2. Grenzwert преде́л
Grenzebene *f* Grenzfläche грани́чная пло́скость
grenzen angrenzen грани́чить *uv.*
Grenzfall *m* преде́льный слу́чай
Grenzfazies *f* пограни́чная фа́ция
Grenzfehler *m* преде́льная оши́бка
Grenzfläche *f* грани́чная пове́рхность, пове́рхность разде́ла, пограни́чная пло́скость, пове́рхность конта́кта
Grenzflächenbedingung *f* усло́вие пограни́чной пове́рхности
Grenzflächenenergie *f* эне́ргия пове́рхности разде́ла
Grenzflächenkraft *f* си́ла сцепле́ния; си́ла на пове́рхности разде́ла
Grenzflächenneigung *f* накло́н пове́рхности разде́ла
Grenzflächenniveau *n* у́ровень пове́рхности разде́ла
Grenzflächenproblem *n* пробле́ма пове́рхности разде́ла
Grenzflächenreaktion *f* пове́рхностная реа́кция
Grenzflächenreibung *f* тре́ние грани́чной пове́рхности, тре́ние в грани́чном сло́е
Grenzflächenspannung *f* пове́рхностное натяже́ние
Grenzflächenwelle *f* волна́ грани́чной пове́рхности, волна́ пове́рхности разде́ла
Grenzfrequenz *f* преде́льная частота́
Grenzfunktion *f* преде́льная фу́нкция
Grenzgebiet *n* пограни́чная о́бласть
Grenzgefälle *n* крити́ческий укло́н
Grenzgeschwindigkeit *f* крити́ческая ско́рость

Grenzgesetz *n* преде́льный зако́н
Grenzhorizont *m* пограни́чный горизо́нт
Grenzkonglomerat *n* грани́чный конгломера́т
Grenzkonzentration *f* преде́льная концентра́ция
Grenzkurve *f* пограни́чная крива́я
Grenzlage *f* преде́льное положе́ние
Grenzlinie *f* грани́чная ли́ния, ли́ния разде́ла, преде́льная ли́ния
Grenzpfahl *m* пограни́чный столб
Grenzpunkt *m* то́чка разде́ла
Grenzrain *m* грани́чная межа́
Grenzschicht *f* пограни́чный сло́й, преде́льный сло́й
Grenzschichtentheorie *f* тео́рия пограни́чного сло́я
Grenzspannung *f* преде́льное напряже́ние, допусти́мое напряже́ние
Grenzstein *m* грани́чный ка́мень, межево́й столб, межево́й ка́мень
Grenzstromfläche *f* пове́рхность пограни́чного сло́я
Grenztiefe *f* крити́ческая глубина́
Grenzverteilung *f* преде́льное распределе́ние
Grenzwasserspiegel *m* преде́льный у́ровень воды́
Grenzwert *m* преде́льное значе́ние, крити́ческое значе́ние, преде́льная величина́
Grenzwinkel *m* грани́чный у́гол, преде́льный у́гол
Grenzwinkel der Totalreflexion *m* у́гол по́лного вну́треннего отраже́ния
Grenzziehung *f* проведе́ние грани́цы
Grenzzone *f* пограни́чная зо́на
Grenzzustand *m* преде́льное состоя́ние, крити́ческое состоя́ние
Grießkohle *f* у́гольная ме́лочь
Griffel *m* гри́фель
Griffel- гри́фельный
Griffelgneis *m* гри́фельный гне́йс
griffelgneisartig грифелегнейсови́дный
Griffelschiefer *m* гри́фельный сла́нец
Griffithit *m* Mineral der Vermiculitgruppe гриффити́т
Griphit *m* Mineral der Tilasitgruppe грифи́т
Griquait *m* Verwachsung von Augit und Granat im Blueground грикваи́т
grob Grob- гру́бый; кру́пный

Grobablesung *f* гру́бый отсчёт
Grobabstimmung *f* гру́бая настро́йка
grobberippt grobrippig груборебри́стый
grobblättrig груболистова́тый; грубопласти́нчатый
Grobbrecher *m* гру́бая дроби́лка, дроби́лка для кру́пного дробле́ния
Grobbrecherei *f* устано́вка для кру́пного дробле́ния
Grobbruch *m* кру́пный ще́бень
grobeingesprengt крупновкра́пленный
Grobeinstellung *f* гру́бая регулиро́вка, приблизи́тельная устано́вка
Groberde *f* крупнозём
Groberz *n* кру́пная руда́, кускова́тая руда́
grobfaserig грубоволокни́стый
Grobflotation *f* гру́бая флота́ция
Grobfraktion *f* кру́пная фра́кция
Grobgefüge *n* макрострукту́ра
grobgeschichtet грубосло́истый, крупносло́истый
Grobkies *m* кру́пный гра́вий
grobklastisch крупнообло́мочный
grobknorplig крупнохрящева́тый
Grobkohle *f* крупнокусково́й у́голь
Grobkorn *n* кру́пное зерно́
grobkörnig großkörnig крупнозерни́стый
Grobkörnigkeit *f* крупнозерни́стость
grobkristallin грубокристалли́ческий
groblamellar грубопласти́нчатый
Grobmessung *f* гру́бое измере́ние
Grobmühle *f* ме́льница для кру́пного помо́ла
groboolithisch крупноооли́товый
grobporig грубопо́ристый
grobporphyrisch крупнопорфи́ровый
grob punktiert кру́пно пункти́рный
Grobsalz *n* крупнокристалли́ческая пова́ренная соль
Grobsand *m* гру́бый песо́к
grobsandig Grobsand- грубопесча́нистый
Grobsandstein *m* гру́бый песча́ник
Grobschlag *m* кру́пный ще́бень (60 — 70 мм)
Grobschotter *m* кру́пный ще́бень
grobschuppig грубочешу́йчатый
Grobsieb *n* си́то с кру́пными отве́рстиями
Grobsplitt *m* кру́пные вы́севки (30 — 40 мм)

grobstengelig грубостебе́льчатый
grobstrahlig груболучи́стый
grobstückig крупнокусково́й
Grobvermessung *f* съёмка ни́зкой то́чности
Grobzerkleinerung *f* кру́пное дробле́ние
Grobzuschlag *m* кру́пный заполни́тель
Grochauit *m* zwischen Prochlorit und Korundophilit грохои́т
Grödener Schichten *f* грёденские слои́
Grorudit *m* granitisches Ganggestein гроруди́т
Großaufschluß *m* вскры́тие кру́пного карье́ра
Großbaubetrieb *m* кру́пное строи́тельство
Großbaustelle *f* кру́пная стро́йка
Großbeben *n* си́льное землетрясе́ние
Großbohrloch *n* бурова́я сква́жина большо́го диа́метра
Großbohrloch-Verfahren *n* буре́ние сква́жин большо́го диа́метра
Größe *f* величина́; разме́р
große Kalorie *f* больша́я кало́рия, килокало́рия
Größenbereich *m* диапазо́н разме́ров
Größenfaktor *m* коэффицие́нт разме́ра
Größenordnung *f* поря́док величи́н, масшта́бность
Größenverteilungskurve *f* крива́я распределе́ния величи́н
Großfalte *f* больша́я скла́дка
Großforaminiferen *pl* кру́пные фораминифе́ры
Großform *f* кру́пная фо́рма
Großgefüge *n* макрострукту́ра
großgeröllig крупнога́лечный
großhügelig хрупнохолми́стый
Großklima *n* макрокли́мат
großkörnig крупнозерни́стый
Großkraftwerk *n* мо́щная электроста́нция
Großkreis *m* большо́й круг
Großkreisdurchschnittpunkt *m* то́чка пересече́ния больши́х круго́в
großkristallin крупнокристалли́ческий
großmaßstäbig крупномасшта́бный
großporig крупнопо́ристый
Großraumbagger *m* большегру́зный экскава́тор
großräumig обши́рный
Großraumklima *n* макрокли́мат
Großrelief *n* макрорелье́ф
Großrhythmik *f* кру́пная ритми́чность
großsäulig крупностолбови́дный
Großschiffahrtsstraße *f* магистра́льный во́дный путь
Großschiffahrtsweg *m* магистра́льный во́дный путь
großstückig кру́пно-кусково́й
Großtektonik *f* больша́я текто́ника
Grossular *m* $Ca_3Al_2[SiO_4]_3$ гроссуля́р
Grossular- гроссуля́ровый
Grossularfazies *f* гроссуля́ровая фа́ция
Großversuch *m* испыта́ние в кру́пных масшта́бах
Großwasserversorgung *f* кру́пное водоснабже́ние
großwellig Geomorph. крупноува́листый
großzellig крупнокле́точный
Großzyklus *m* большо́й цикл
Grothit *m* zwischen Titanit und Keilhauit гроти́т
Grube *f* 1. Bergwerk рудни́к, ко́пи. 2. Anat., Geomorph. впа́дина, я́ма
Gruben- рудни́чный
Grubenarbeit *f* рудни́чная рабо́та
Grubenarbeiter *m* горнорабо́чий
Grubenaufnahme *f* рудни́чная съёмка
Grubenausbau *m* укрепле́ние рудника́
Grubenbaue *m/pl* подзе́мные го́рные вы́работки
Grubenbefahrung *f* обхо́д рудника́, осмо́тр рудника́
Grubenbewetterung *f* вентиля́ция рудника́, рудни́чная вентиля́ция
Grubenbezirk *m* рудни́чный райо́н
Grubenbrand *m* рудни́чный пожа́р
Grubenfeld *n* рудни́чное по́ле, рудни́чный уча́сток, ша́хтное по́ле
Grubenfeuchtigkeit *f* вла́жность забо́я
Grubengas *n* рудни́чный газ
Grubengeologe *m* рудни́чный гео́лог, гео́лог рудника́
Grubengeologie *f* рудни́чная геоло́гия
Grubenholz *n* рудни́чный лес
Grubenlampe *f* рудни́чная ла́мпа
Grubenplan *m* рудни́чный план
Grubenquerschnitt *m* сече́ние ство́ла ша́хты
Grubenrevier *n* рудни́чный райо́н, рудни́чный уча́сток; го́рный о́круг
Grubenriß *m* рудни́чный план
Grubensohle *f* подо́шва го́рной вы́работки

Grubenstaub *m* рудни́чная пыль
Grubentheodolit *m* маркше́йдерский теодоли́т, ша́хтный теодоли́т
Grubenuntersuchung *f* рудни́чное изуче́ние
Grubenvermessung *f* Grubenaufnahme рудни́чная съёмка
Grubenverwaltung *f* управле́ние ша́хтой, шахтоуправле́ние; управле́ние рудником́
Grubenwasser *n* рудни́чная вода́, ша́хтная вода́
Grubenwasserhaltung *f* рудни́чный водоотли́в
Grünalgen *pl* Chlorophyceae зелёные во́доросли
Grünbleierz *n* Pyromorphit $Pb_5[Cl|(PO_4)_3]$ зелёная свинцо́вая руда́, пироморфи́т
Grund *m* 1. Meeresboden дно. 2. Baugrund грунт, по́чва. 3. Boden по́чва. 4. Ursache причи́на, основа́ние.
Grund- 1. Meeresboden до́нный. 2. Baugrund грунтово́й, по́чвенный. 3. Boden по́чвенный. 4. Ursache причи́нный 5. Haupt-, Stamm-, Ur- основно́й, коренно́й
Grundbegriff *m* основно́е поня́тие
Grundbelastung *f* ба́зисная нагру́зка
Grundbruch *m* обруше́ние гру́нта, разруше́ние основа́ния, проры́в основа́ния
Grundbruchgefahr *f* опа́сность проры́ва основа́ния
Grundbuch *n* Flurbuch када́стр
Grundeigenschaft *f* Haupteigenschaft основно́е сво́йство
Grundeis *n* до́нный лёд
Grundeisbildung *f* образова́ние до́нного льда
gründen устра́ивать/устро́ить фунда́мент
Grundfalte *f* скла́дка основа́ния
Grundfeuchtigkeit *f* Bodenfeuchtigkeit грунтова́я вла́га, подпо́чвенная вла́га
Grundfläche *f* основна́я пло́скость; пло́щадь основа́ния
Grundformel *f* основно́е уравне́ние
Grundfrequenz *f* основна́я частота́
Grundgebirge *n* фунда́мент
Grundgesetz *n* основно́й зако́н
Grundgewebe *n* основна́я ткань
Grundgleichung *f* основно́е уравне́ние
Grundkonglomerat *n* Basiskonglomerat основно́й конгломера́т
Grundlawine *f* грунтова́я лави́на
Grundlinie *f* ба́зисная ли́ния, ли́ния основа́ния
Grundmasse *f* основна́я ма́сса
Grundmauer *f* фунда́ментная стена́
Grundmauerwerk *n* кла́дка фунда́мента
Grundmoräne *f* до́нная море́на, ни́жняя море́на, основна́я море́на
Grundmoränenrelief *n* до́нно-море́нный релье́ф, основно́й море́нный релье́ф, холми́сто-море́нный релье́ф
Grundmoränensee *m* о́зеро ландша́фта основно́й море́ны
Grundplan *m* основно́й план
Grundprinzip *n* основно́й при́нцип, основно́е положе́ние
Grundprobe *f* про́ба гру́нта
Grundregel *f* основно́е пра́вило
Grundrichtung *f* основно́е направле́ние
Grundriß *m* план
Grundrißanordnung *f* расположе́ние в пла́не
Grundsatz *m* при́нцип, основно́е положе́ние; аксио́ма
Grundschwingung *f* основно́е колеба́ние
Grundstellung *f* исхо́дное положе́ние
Grundstoff *m* 1. Element элеме́нт. 2. Rohstoff основно́й материа́л
Grundstrecke *f* Hauptstrecke, Bergb. основно́й штрек
Grundstrom *m* Grundströmung до́нное тече́ние, пото́к грунтово́й воды́
Grundtyp *m* основно́й тип
Gründung *f* Fundament основа́ние
Gründungsfläche *f* пло́щадь основа́ния
Gründungskörper *m* фунда́мент
Gründungssohle *f* подо́шва фунда́мента
Gründungstiefe *f* глубина́ заложе́ния фунда́мента
Grundwasser *n* грунтова́я вода́
Grundwasserabdichtung *f* изоля́ция от грунтовы́х вод
Grundwasserabfluß *m* грунтово́й сток, сток грунтовы́х вод
Grundwasserabflußanlage *f* устро́йство для отво́да грунтовы́х вод
Grundwasserabflußgebiet *n* о́бласть сто́ка грунтовы́х вод

Grundwasserabsenkanlage *f* установка для понижения уровня грунтовых вод
Grundwasserabsenkung *f* понижение (уровня) грунтовых вод
Grundwasserandrang *m* напор грунтовых вод
Grundwasseransammlung *f* скопление грунтовых вод
Grundwasseraufbruch *m* прорыв грунтовых вод
Grundwasserauftrieb *m* подпор грунтовых вод
Grundwasseraustritt *m* выход грунтовых вод
Grundwasseraustrittsstelle *f* выход грунтовых вод, исток грунтовых вод
Grundwasserbecken *n* бассейн грунтовых вод, водоём грунтовых вод
Grundwasserbekämpfung *f* борьба с грунтовыми водами
Grundwasserbeobachtungsdienst *m* служба наблюдения за уровнем грунтовых вод
Grundwasserbeobachtungsnetz *n* сеть пунктов для наблюдения за уровнем грунтовых вод
Grundwasserbeobachtungsrohr *n* пьезометрическая трубка для наблюдения уровня грунтовых вод
Grundwasserbereich *m* область грунтовых вод, зона грунтовых вод
Grundwasserbett *n* ложе грунтового потока
Grundwasserbewegung *f* движение грунтовых вод
Grundwasserbewegungsgesetz *n* закон движения грунтовых вод
Grundwasserbildung *f* образование грунтовых вод
Grundwasserbrunnen *m* сборный колодец грунтовых вод, грунтовой колодец
Grundwasserdruck *m* давление грунтовых вод
Grundwasserdruckgefälle *n* градиент давления грунтовых вод, гидравлический уклон грунтовых вод
Grundwasserdurchfeuchtung *f* грунтовое увлажнение
Grundwassereintrittsgeschwindigkeit *f* входная скорость грунтовых вод в (каптаже)
Grundwasserentnahme *f* водозабор грунтовых вод
Grundwasserentzugsgebiet *n* область водозабора грунтовых вод, участок водозабора грунтовых вод, водосборный бассейн грунтовых вод
Grundwasserergiebigkeit *f* дебит грунтовых вод
Grundwasserergiebigkeitskarte *f* карта дебита грунтовых вод
Grundwassererhöhung *f* повышение уровня грунтовых вод
Grundwassererneuerung *f* обновление грунтовых вод
Grundwassererschließung *f* поиски грунтовых вод
Grundwassererzeugung *f* образование грунтовых вод
Grundwasserfassung *f* каптаж грунтовых вод
Grundwasserfassungsanlage *f* установка по каптажу грунтовых вод
Grundwasserfläche *f* поверхность грунтовых вод
Grundwasserfließrichtung *f* направление течения (потока) грунтовых вод
Grundwasserforschung *f* исследование грунтовых вод, изучение грунтовых вод
Grundwasserführung *f* водоносность (грунта)
Grundwasserganglinie *f* линия хода уровня грунтовых вод
Grundwassergefälle *n* падение уровня грунтовых вод, уклон грунтовых вод, напор грунтовых вод
Grundwassergeschwindigkeit *f* скорость движения грунтовых вод
Grundwassergewinnungsanlage *f* установка для получения грунтовых вод
Grundwassergütekarte *f* карта качественного распределения грунтовых вод
Grundwasserhalter *m* водоносный пласт
Grundwasserhaushalt *m* баланс грунтовых вод, режим грунтовых вод
Grundwasserhochstand *m* высокое стояние уровня грунтовых вод
Grundwasserhöhe *f* высота уровня грунтовых вод, отметка уровня грунтовых вод

Grundwasserhöhenkurve *f* крива́я высо́т у́ровня грунтовы́х вод
Grundwasserhöhenlinie *f* гидроизоги́пса, изоги́пса грунтовы́х вод
Grundwasserisolierung *f* изоля́ция от грунтовы́х вод
Grundwasserkarte *f* ка́рта залега́ния грунтовы́х вод
Grundwasserkreislauf *m* циркуля́ция грунтовы́х вод
Grundwasserlauf *m* пото́к грунтовы́х вод, грунтово́й водото́к
Grundwasserleiter *m* водоно́сный горизо́нт
Grundwassermenge *f* расхо́д грунтовы́х вод, коли́чество грунтовы́х вод
Grundwassermeßdienst *m* слу́жба измере́ния у́ровня грунтовы́х вод
Grundwassermeßstelle *f* водоме́рный пост грунтовы́х вод
Grundwasserneubildung *f* новообразова́ние грунтовы́х вод
Grundwasserniedrigstand *m* ни́зкое стоя́ние у́ровня грунтовы́х вод
Grundwasserniveau *n* у́ровень грунтовы́х вод
Grundwassernutzung *f* испо́льзование грунтовы́х вод
Grundwasseroberfläche *f* пове́рхность грунтовы́х вод
Grundwasseroberflächenkarte *f* ка́рта пове́рхности грунтовы́х вод
Grundwasserpegel *m* пост измере́ния у́ровня грунтовы́х вод
Grundwasserpegelstation *f* гидрометри́ческая ста́нция
Grundwasserquerschnitt *m* сече́ние водоно́сного пласта́, сече́ние пото́ка грунтовы́х вод
Grundwasserregistrierung *f* за́пись у́ровня грунтовы́х вод, регистра́ция у́ровня грунтовы́х вод
Grundwasserreichtum *m* запа́сы грунтовы́х вод
Grundwasserrückhalt *m* задержа́ние грунтовы́х вод
Grundwasserrücklage *f* запа́с грунтовы́х вод
Grundwassersäule *f* столб грунтово́й воды́
Grundwasserscheide *f* водоразде́л грунтовы́х вод
Grundwasserschicht *f* водоно́сный пласт, водоно́сный сло́й
Grundwassersenkanlage *f* водопонижа́ющая устано́вка, устано́вка для пониже́ния у́ровня грунтовы́х вод
Grundwassersenkung *f* пониже́ние (у́ровня) грунтовы́х вод, паде́ние (у́ровня) грунтовы́х вод
Grundwassersohle *f* подо́шва водоно́сного пласта́
Grundwasserspeicher *m* водохрани́лище грунтовы́х вод, грунтово́е водохрани́лище
Grundwasserspeisung *f* пита́ние грунтовы́х вод
Grundwasserspiegel *m* зе́ркало грунтовы́х вод, у́ровень грунтовы́х вод
Grundwasserspiegelabsenkung *f* пониже́ние у́ровня грунтовы́х вод
Grundwasserspiegelgefälle *n* укло́н пове́рхности грунтово́го пото́ка
Grundwasserspiegelhöhe *f* высота́ у́ровня грунтовы́х вод, отме́тка у́ровня грунтовы́х вод
Grundwasserspiegelschwankung *f* колеба́ние у́ровня грунтовы́х вод
Grundwasserspitze *f* пи́ковое значе́ние у́ровня грунтовы́х вод
Grundwasserstand *m* у́ровень грунтовы́х вод
Grundwasserstandsaufzeichnung *f* за́пись у́ровня грунтовы́х вод
Grundwasserstandshöhe *f* высота́ у́ровня грунтовы́х вод, оме́тка у́ровня грунтовы́х вод
Grundwasserstau *m* подпо́р грунтовы́х вод
Grundwasserstauzone *f* зо́на подпо́ра грунтовы́х вод
Grundwasserstockwerk *n* водоно́сный я́рус, эта́ж водоно́сных вод
Grundwasserstrom *m* пото́к грунтовы́х вод, грунтово́й пото́к
Grundwasserstrommitte *f* ось грунтово́го пото́ка
Grundwasserstromrichtung *f* направле́ние тече́ния грунтовы́х вод, направле́ние пото́ка грунтовы́х вод
Grundwasserströmung *f* тече́ние грунтовы́х вод
Grundwasserströmungslinie *f* ли́ния направле́ния грунтовы́х вод, ли́ния то́ка грунтовы́х вод
Grundwassertiefe *f* глубина́ залега́ния грунтовы́х вод

Grundwasserträger *m* водонóсная порóда, водонóсный пласт
Grundwasseruntersuchung *f* исслéдование грунтовы́х вод
Grundwasserverdunstung *f* испарéние грунтовы́х вод
Grundwasserverhältnisse *n/pl* режи́м грунтовы́х вод; услóвия залегáния грунтовы́х вод
Grundwasserversorgung *f* водоснабжéние из грунтовы́х вод
Grundwasserverwertungsgebiet *n* óбласть испóльзования грунтовы́х вод, зóна испóльзования грунтовы́х вод
Grundwasservorkommen *n* нали́чие грунтовы́х вод
Grundwasservorrat *m* запáс грунтовы́х вод
Grundwasserwehr *n* дóнная запрýда
Grundwasserwelle *f* волнá грунтовы́х вод
Grundwasserzehrgebiet *n* óбласть расхóдования грунтовы́х вод, óбласть потреблéния грунтовы́х вод
Grundwasserzudrang *m* проникновéние грунтовы́х вод
Grundwasserzufluß *m* притóк грунтовы́х вод
Grundwasserzuflußgebiet *n* óбласть притóка грунтовы́х вод
Grundwehr *n* дóнная запрýда, затóпленный водосли́вный порóг
Grundzahl *f* простóе числó
Grundzustand *m* основнóе состоя́ние
Grüneisenerz *n* † Kraurit зелёная желéзная рудá
Grünerit *m* $Mg_2Fe_{12}[(OH_4)|Si_{16}O_{44}]$ грюнери́т
Grünlingit *m* Bi_4S_3Te грюнлинги́т
Grünsand *m* зелёный песóк
Grünschiefer *m* зеленослáнец
Grünschiefer- зеленослáнцевый
Grünschieferfazies *f* зеленослáнцевая фáция, фáция зелёных слáнцев
Grünschlick *m* зелёный ил
Grünspan *m* медя́нка
Grünstein *m* зеленокáменные порóды, грюнштéйн
Grünstein- зеленокáменный, грюнштéйновый
Grünsteinfazies *f* фáция зеленокáменных порóд, грюнштéйновая фáция
Grünsteinformation *f* зеленокáменная формáция
Grünsteingruppe *f* зеленокáменная грýппа
Grünsteinlava *f* зеленокáменная лáва
Grünsteinmetamorphose *f* зеленокáменный метаморфи́зм
Grünsteinschiefer *m* зеленокáменный слáнец
Grünsteinserie *f* зеленокáменная сéрия
Grünsteintuff *m* зеленокáменный туф
Grünsteinzone *f* зеленокáменная зóна
Gruppe *f* грýппа
Gruppenanalyse *f* группово́й анáлиз
Gruppengeschwindigkeit *f* группова́я скóрость (волн)
Gruppenquelle *f* группово́й истóчник
Gruppenreagens *n* группово́й реакти́в
Gruppenreaktion *f* группова́я реáкция
Gruppentheorie *f* теóрия групп
Gruppenverbindung *f* группово́е соединéние
Gruppenwasserversorgung *f* группово́е водоснабжéние
Grus *m* кáменная мéлочь; дресвá
Guanajuatit *m* $Bi_2(Se, S)_3$ гуанахуати́т
Guano *m* гуáно
Guanophosphat *n* гуанофосфáт
Guardiait *m* гвардиайт
Guarinit *m* Hjortdahlit $Ca_2NaZr[(F,O)_2|Si_2O_7]$ гуарини́т
Gudmundit *m* FeSbS гудмунди́т
Guildit *m* $Cu_3F_4^{\cdots}[(OH)_4|(SO_4)_7] \cdot 15H_2O$ гильди́т
guirlandenförmig гирляндообрáзный
Guitermanit *m* † unreiner Jordanit гитермани́т
Guldberg-Mohnsche Reibung *f* трéние Гýльдберга-Мóна
Gültigkeitsbereich *m* óбласть применéния, óбласть примени́мости
Günz *n* гю́нцский век, гюнц
Günz- гю́нцский
Günzalter *n* гю́нцский вóзраст
Günz-Mindel-Zwischeneiszeit *f* гюнцми́ндельский межледникóвый пери́од
Günz-Moräne *f* гю́нцская морéна
Günz-Terrasse *f* гю́нцская террáса
Günz-Vereisung *f* гю́нцское оледенéние
Gürtel *m* Zone пóяс
Gußbeton *m* лито́й бетóн

Gußbetonmauer *f* плотина из литого бетона
Gußbetonturm *m* Inggeol. бетонолитная мачта, бетонолитная башня
Gußeisen *n* литейный чугун
gußeisern чугунный
Gußmauerwerk *n* кладка из литого бетона
Gußstahl *m* литая сталь
Gußzement *m* цемент для заливки
Gutachten *n* отзыв, экспертиза
Gutachter *m* эксперт
Güte *f* Qualität добротность, качество
Gütefaktor *m* коэффициент добротности
Gütegrad *m* степень доброкачественности
Güteklasse *f* класс добротности
Güteprüfung *f* испытание на качество, проверка качества
Güterwagen *m* товарный вагон, грузовой вагон
Gütevorschrift *f* технические условия
Guttensteiner Kalk *m* alpine Trias (Anis) гутенштейнский известняк
Guyot *m* гийот, гайот
Gymnocyste *f* bei Bryozoen гимноцист
Gymnolaemata *pl* голоротые
Gymnospermen *pl* Nacktsamer гимноспермы, голосеменные
Gymnostomata *pl* голоротые
Gympetalae *pl* сростнолепестные
Gyroid *n* гироид
Gyrolith *m* $Ca_2[Si_4O_{10}] \cdot 4H_2O$ гиролит
Gyttja *f* гиттия
Gyttjaschicht *f* слой гиттии

H

Haar *n* волос
Haardecke *f* Haarkleid волосяной покров
Haargefäß *n* Kapillare волосная посуда
haarig Haar- волосистый
Haarkies *m* † teils Millerit, teils Varietät von Markasit волосистый колчедан
Haarriß *m* волосяная трещина
Haarrohr *n* капиллярная трубка, капилляр
Haarsieb *n* волосяная сетка
Habitus *m* габитус, внешний облик, внешний вид
Hackmannit *m* Sodalith mit etwas S гакманит
Hackprobe *f* точечный отбор пробы
Hadrosaurus *m* гадрозавр
Haemalbogen *m* гемальная дуга
Haemalfortsatz *m* гемальный отросток
Hafenanlage *f* портовое сооружение
Hafenbassin *n* портовый бассейн
Hafenbau *m* портовое строительство, портостроение
Hafenbecken *n* Hafenbassin портовый бассейн
Hafenkai *m* (*n*) портовая набережная
Hafenmole *f* портовый мол
Hafensohle *f* дно гавани
Hafenwasserspiegel *m* уровень воды в гавани, горизонт воды в гавани
Haff *n* гафф
Haffaußenmündung *f* внешнее устье гаффа
Haffküste *f* лиманный берег; берег гаффов
Haffmündung *f* устье гаффа, устье лагуны
Hafnium *n* Hf гафний
Hafniumdioxyd *n* HfO_2 двуокись гафния, окись гафния (4)
Haftfestigkeit *f* прочность сцепления, адгезия
Haftfestigkeitsprüfung *f* испытание на прочность сцепления, испытание адгезии
Haftfläche *f* поверхность сцепления
Haftintensität *f* степень прилипания
Haftreibung *f* трение прилипания
Haftspannung *f* напряжение сцепления
Haftvermögen *n* способность к прилипанию, способность к сцеплению, адгезия
Haftwasser *n* Hydrogeol. плёночная вода
Haftwassersättigung *f* остаточная водонасыщенность
Haftwasserzone *f* Hydrogeol. зона капиллярной воды
Haftwert *m* величина сцепления, коэффициент сцепления

Haftwertgrenze *f* преде́льное значе́ние коэффицие́нта сцепле́ния
Hagel *m* град
Hagendorfit *m* хагендорфи́т
Hai *m* Haifisch аку́ла
Haidingerit *m* $CaH[AsO_4]\cdot H_2O$ гайдингери́т
Haken *m* Geomorph. заги́б
Hakenschlagen *n* Hakenwerfen гакенве́рфен
Hakenwall *m* Geomorph. за́гнутый вал, берегово́й вал
hakig крючкова́тый
hakiger Bruch *m* крючкова́тый изло́м
halb abgerollt полуока́танный
Halbachse *f* полуо́сь
Halbanthrazit *m* полуантраци́т
halbaufgewunden полуразвёрнутый
halbautomatisch полуавтомати́ческий
Halbdipol- полудипо́льный
Halbdipolelektrode *f* полудипо́льный электро́д
halbdurchlässig semipermeabel полупроница́емый
Halbdurchlässigkeit *f* Semipermeabilität полупроница́емость
halbdurchscheinend полупросве́чивающий
halbdurchsichtig полупрозра́чный
Halbedelstein *m* полудрагоце́нный ка́мень
halbevolut полуэволю́тный
Halbfaulschlamm *m* полугни́лостный ил
halbfest полутвёрдый
halbflüssig полужи́дкий
halbfossil полуископа́емый
halbgebunden полусвя́занный
Halbhorst *m* односторо́нный горст, моноклина́льный горст, полуго́рст
Halbinsel *f* полуо́стров
halbinstrumentell полуинструмента́льный
halbinvolut полуинволю́тный
Halbjahr *n* полго́да; полуго́дие
Halbjahr(es)- полугодово́й
Halbjahresschwingung *f* полугодово́е колеба́ние
halbjährlich полугоди́чный
Halbkoks *m* полуко́кс
Halbkreis *m* полукру́г
halbkreisförmig полукру́глый
halbkristallin полукристалли́ческий
Halbkugel *f* Hemisphäre полуша́рие
Halbkugelelektrode *f* Geophys. полусфери́ческий электро́д
Halbkuppel *f* полуку́пол
Halbleiter *m* полупроводни́к
Halbleiter- полупроводнико́вый
Halbleiterphotozelle *f* полупроводнико́вый фотоэлеме́нт
halblinear полулине́йный
halbmetallisch Halbmetall- полуметалли́ческий
halbmuschelig полура́ковистый
halbmuscheliger Bruch *m* полура́ковистый изло́м
halboval полуова́льный
halbparasitär полупаразити́ческий
Halbperiode *f* полупери́од
halbplastisch полупласти́ческий
halbpolare Bindung *f* полупо́лярная связь
halbquantitativ полуколи́чественный, приближённо коли́чественный
halbrund halbkreisförmig полукру́глый
Halbschwingung *f* полови́на колеба́ния
Halbsekundenpendel *n* полусеку́ндный ма́ятник
halbtägig полусу́точный
Halbtagsgezeiten *f/pl* полусу́точный прили́в
Halbtagsmondtide *f* полусу́точный лу́нный прили́в
Halbtagsspringtide *f* полусу́точный сизиги́йный прили́в
Halbtagstide *f* полусу́точный прили́в, прили́в полусу́точного пери́ода
Halbtagswelle *f* волна́ полусу́точного прили́ва
Halbtidebecken *n* полуприли́вный бассе́йн; полуприли́вная га́вань
halbtrocken Halbtrocken- полусухо́й
halbverfestigt полузатверде́вший
Halbwelle *f* полуволна́
Halbwertzeit *f* пери́од полураспа́да
Halbwüste *f* полупусты́ня
Halbwüsten- полупусты́нный
Halbwüstenboden *m* полупусты́нная по́чва
Halbwüstengebiet *n* полупусты́нная о́бласть
Halbwüstengürtel *m* по́яс полупусты́нь
Halbwüstenklima *n* полупусты́нный кли́мат
Halde *f* отва́л

Haldenbestand *m* соста́в го́рных поро́д, вы́груженных в отва́л
Haldenböschung *f* отко́с отва́ла
Haldenvorrat *m* коли́чество го́рной поро́ды в отва́ле
halin гали́нный
Haliplankton *n* морско́й планкто́н
Halit *m* Steinsalz NaCl гали́т
Halitzone *f* гали́товая зо́на
Hälleflinta- геллефли́нтовый
Hälleflinta-Erz *n* геллефли́нтовая руда́
Halloysit *m* $Al_4[(OH)_8|Si_4O_{10}]\cdot4H_2O$ галлуази́т
Halloysit- галлуази́товый
Halloysitton *m* галлуази́товая гли́на
Hallstädter Kalk *m* alpine Trias ха́льштатский известня́к
Halm *m* сте́бель
Halmpflanze *f* Graspflanze злак
Halmyrolyse *f* гальмироли́з
Halobenthos *n* галобе́нтос
Halobios *n* галоби́ос
Halogen *n* галоге́н
halogen Halogen- галоге́нный
Halogenabspaltung *f* отщепле́ние галоге́на, отщепле́ние гало́ида
Halogenbenzol *n* гало́идное произво́дное бензо́ла
Halogenderivat *n* гало́идное произво́дное
Halogenese *f* галогене́з
Halogenide *n/pl* 1. галогени́ды, соедине́ния галоге́нов с други́ми а́томами; 2. галоге́нные (гало́идные) соедине́ния вы́сшей вале́нтности
Halogenisieren *n* галоиди́рование, галогени́рование
halogenisiert галоиди́рованный, галогени́рованный
Halogenisierung *f* галоиди́рование, галогени́рование
Halogenkohlenwasserstoff *m* галоиди́рованный углеводоро́д
Halogensalze *n/pl* со́ли галогеноводоро́дных кисло́т
Halogensäure *f* галоге́нная кислота́, гало́идная кислота́, галоиди́рованная кислота́
halogensubstituiert галоидозамещённый
Halogensubstitution *f* замеще́ние гало́идом, замеще́ние галоге́ном
Halogenwasserstoff *m* галогеноводоро́д, галоидоводоро́д
Haloid *n* гало́ид
Haloid- гало́идный
Haloidsalz *n* гало́идная соль
halokinetisch галокинети́ческий
Halometrie *f* измере́ние содержа́ния со́ли
Halomorphose *f* галоморфи́зм
Halonekton *n* галонекто́н
Haloplankton *n* галопланкто́н
Halorrhagidaceae *pl* сланноя́годниковые
Halotrichit *m* $Fe^{\cdot\cdot}Al_2[SO_4]_4\cdot22H_2O$ галотрихи́т
Hals *m* ше́я
Hals- ше́йный
Halsrippe *f* ше́йное ребро́
Halswirbel *m* ше́йный позвоно́к
haltbar про́чный, усто́йчивый
Haltbarkeit *f* про́чность, сто́йкость, усто́йчивость
Haltbarkeitsprobe *f* про́ба на сто́йкость
Haltevorrichtung *f* Klemmvorrichtung зажи́м
Hämafibrit *m* $Mn_3[(OH)_3|AsO_4]\cdot H_2O$ гемафибри́т
Hämalbogen *m* гема́льная дуга́
Hamamelidaceae *pl* гамамели́довые
Hämatit *m* α-Fe_2O_3 гемати́т
Hämatit- гемати́товый
Hämatiterz *n* гемати́товая руда́
Hämatitimprägnation *f* гемати́товая вкра́пленность
Hämatitisierung *f* гематитиза́ция
Hämatolith *m* $(Mn, Mg, Fe)_5\cdot[(OH)_7|AsO_4]$ гематоли́т
Hämatophanit *m* $4PbO\cdot Pb(Cl, OH)_2\cdot 2Fe_2O_3$ гематофани́т
Hambergit *m* $Be_2[OH|BO_3]$ гамберги́т
Hamlinit *m* $SrAl_3H[(OH)_6|(PO_4)_2]$ гамлини́т
Hammarit *m* $2PbS\cdot Cu_2S\cdot 2Bi_2O_3$ хаммари́т
Hammer *m* молото́к, мо́лот
Hammerbrecher *m* молотко́вая дроби́лка
Hammermühle *f* молотко́вая ме́льница
Hamrongit *m* Ganggestein aus der Gruppe der Alkalilamprophyre хаммронги́т
Hamster *m* *Cricetus* L. хомя́к
Hancockit *m* Mineral der Zoisitreihe ганкоки́т
Handbohrer *m* ручно́й бура́в, ручно́й бур
Handbohrung *f* ручно́е буре́ние

Handbuch *n* спра́вочник
handförmig fingerig, gefingert дланеви́дный
Handgelenk *n* запя́стье
Handgriff *m* Stiel рукоя́тка
Handlot *n* ручно́й лот
Handschaufel *f* сово́к
Handscheidung *f* ручна́я разбо́рка; ручна́я сортиро́вка
Handsieb *n* ручно́й гро́хот
Handversatz *m* ручна́я закла́дка
Hang *m* склон, отко́с
hangabwärts вниз по скло́ну
Hangbrekzie *f* бре́кчия скло́нов
Hängebussole *f* подвесна́я буссо́ль
Hängegletscher *m* вися́чий ледни́к
Hängemagnetometer *n* подвесно́й магнитоме́тр
hangend Hangend- вися́чий
Hangendabbau *m* разрабо́тка ве́рхнего пласта́
Hangendes *n* вися́чий бок
Hangendfläche *f* пове́рхность поро́ды кро́вли
Hangendflügel *m* вися́чий бок, вися́чее крыло́
Hangendgebirge *n* поро́ды кро́вли
Hangendgestein *n* поро́ды кро́вли
Hangendstoß *m* вися́чий бок го́рной вы́работки (напр. штре́ка)
Hängetal *n* вися́чая доли́на
Hängetheodolit *m* вися́чий теодоли́т, подвесно́й теодоли́т
Hangfuß *m* подо́шва скло́на
Hanggefälle *n* паде́ние скло́на
Hanggleiten *n* Hangrutsch сполза́ние по скло́ну
Hanggletscher *m* Hängegletscher вися́чий ледни́к
Hangmoor *n* вися́чее боло́то
Hangprofil *n* про́филь скло́на
Hangrutsch *m* оползáние скло́на
Hangschutt *m* о́сыпь (скло́на)
Hangvergletscherung *f* оледене́ние скло́нов
Hangwasser *n* вода́, стека́ющая с отко́сов
Hanksit *m* $KNa_{22}[Cl|CO_3)_2|(SO_4)_9]$ ганкси́т
Hannayit *m* $(NH_4)_2Mg_3H_4[PO_4]_4 \cdot 8H_2O$ ганнеи́т
haplodont гаплодо́нтный
haploid гапло́идный
Haplophyr *m* хаплофи́р
Hardystonit *m* $Ca_2Zn[Si_2O_7]$ гардистони́т
harmonisch гармони́ческий; гармони́чный
harmonische Falte *f* гармони́чная скла́дка
Harmotom *m* $(Ba, K_2)_2[Al_4Si_{11}O_{30}] \cdot 10H_2O$ гармото́м
Harnisch *m* зе́ркало скольже́ния
Harnsäure *f* $C_5H_4O_3N_4$ мочева́я кислота́
Harnstoff *m* мочеви́на
Harrisit *m* Kupferglanz pseudomorph nach Bleiglanz гарриси́т
Harstigit *m* $(Ca, Mn, Mg)_8Al_2[(OH)_4|(Si_2O_7]_3$ (?) гарстиги́т
hart 1. Gestein твёрдый. 2. Wasser жёсткий
Hartbeton *m* жёсткий бето́н
Hartbraunkohle *f* твёрдый бу́рый у́голь
Härte *f* твёрдость; жёсткость
Härtebestimmung *f* 1. Gestein испыта́ние на твёрдость. 2. Wasser определе́ние жёсткости
Härtebildner *m* веществó, обусло́вливающее жёсткость воды́
Härtegrad *m* 1. Gestein сте́пень твёрдости. 2. Wasser гра́дус жёсткости
Härteklasse *f* класс твёрдости
Härteprüfung *f* 1. Gestein испыта́ние на твёрдость. 2. Wasser определе́ние жёсткости
Härteskala *f* 1. Gestein шкала́ твёрдости. 2. Wasser шкала́ жёсткости (воды́)
Härteunterschied *m* разли́чие твёрдости
Härtezahl *f* твёрдость, показа́тель твёрдости, число́ твёрдости
Hartholz *n* твёрдая древеси́на
Hartit *m* $C_{20}H_{34}$? гарти́т
Hartkoks *m* твёрдый кокс
Hartleyit *m* гартлеи́т
Hartsalz *n* твёрдая ка́менная соль
Hartsplitt *m* ще́бень из твёрдых го́рных поро́д
Harttit *m* Mischkristall der Beudantitreihe гартти́т
Härtung *f* зака́лка, зака́л
Härtungs- зака́лочный
Harz *n* 1. Ausscheidung смола́. 2. Gebirge Гарц
harzartig смолообра́зный, смолоподо́бный
Harzbildung *f* смолообразова́ние
Harzburgit *m* гарцбурги́т

harzburgitisch Harzburgit- гарцбурги́товый
harzig Harz- смоли́стый; смоляно́й
Hastingsit *m* basaltische Hornblende гастингси́т
Hastit *m* $CoSe_2$ хасти́т
Hatchettin *n* Kohlenwasserstoff der Methanreihe гатгетти́т
Hatchettolith *m* † zersetzter Pyrochlor гатчеттоли́т
Hauchecornit *m* $(Ni, Co)_9(Bi, Sb)_2S_8$ (?) гаухекорни́т
Hauer *m* забо́йщик
Hauerit *m* Mangankies MnS_2 гауэри́т
Haufensande *m/pl* кучевы́е пески́
Häufigkeit *f* Frequenz частота́
Häufigkeitsanalyse *f* ана́лиз частоты́
Häufigkeitsauszählung *f* подсчёт частоты́
Häufigkeitskurve *f* крива́я частоты́, крива́я повторя́емости; крива́я распределе́ния
Häufigkeitsmaximum *n* ма́ксимум частоты́
Häufigkeitsmittel *n* сре́дняя частота́
Häufigkeitsverteilung *f* часто́тное распределе́ние, распределе́ние частоты́
Häufung *f* скопле́ние, накопле́ние, ску́чивание
Häufungspunkt *m* то́чка накопле́ния
Haupt- Stamm- основно́й; гла́вный
Hauptabfluß *m* гла́вный сток
Hauptachse *f* гла́вная ось
Hauptadductor *m* Hauptschließmuskel гла́вный закрыва́тель
Hauptaderung *f* основно́е жилкова́ние
Hauptanhydrit *m* Zechstein гла́вный ангидри́т
Hauptarm *m* гла́вный рука́в
Hauptbeben *n* гла́вное землетрясе́ние
Hauptbestandteil *m* гла́вная составна́я часть, основна́я часть
Hauptbrechungsindex *m* гла́вный показа́тель преломле́ния
Hauptdeformationsachse *f* гла́вная ось деформа́ции
Hauptdiagonale *f* гла́вная диагона́ль
Hauptdiductor *m* Hauptöffnermuskel гла́вный открыва́тель
Hauptdurchmesser *m* гла́вный диа́метр
Hauptentwässerungsgraben *m* магистра́льный осуши́тельный кана́л
Hauptfaktor *m* основно́й фа́ктор
Hauptfaltung *f* основна́я скла́дчатость, гла́вная скла́дчатость
Hauptfaltungsepoche *f* эпо́ха гла́вной скла́дчатости
Hauptfaltungsphase *f* гла́вная фа́за скла́дчатости
Hauptfeld *n* Bergb. гла́вное ша́хтное по́ле
Hauptflöz *n* гла́вный пласт
Hauptfluß *m* гла́вная река́
Hauptförderschacht *m* гла́вный подъёмный ствол ша́хты
Hauptförderstrecke *f* гла́вный отка́точный штрек
Hauptfraktion *f* гла́вная фра́кция
Hauptgeneration *f* гла́вная генера́ция
Hauptgleichung *f* гла́вное уравне́ние
Hauptgletscher *m* гла́вный ледни́к
Hauptglied *n* основно́е звено́
Hauptgruppe *f* гла́вная гру́ппа
Hauptimpuls *m* гла́вный и́мпульс
Hauptkanal *m* магистра́льный кана́л
Hauptkomponente *f* гла́вный компоне́нт
Hauptkristallisation *f* гла́вная кристаллиза́ция
Hauptmaximum *n* гла́вный ма́ксимум
Hauptmerkmal *n* основно́й при́знак
Hauptmineral *n* основно́й минера́л
Hauptminimum *n* гла́вный ми́нимум
Hauptmoräne *f* гла́вная море́на
Hauptnahrung *f* основна́я пи́ща
Hauptnerv *m* гла́вный нерв
Hauptniveau *n* основно́й у́ровень, гла́вный у́ровень
Hauptnivellement *n* гла́вное нивели́рование
Hauptpegel *m* основно́й водоме́рный пост
Hauptphase *f* основна́я фа́за, гла́вная фа́за
Hauptquantenzahl *f* гла́вное ква́нтовое число́
Hauptreaktion *f* гла́вная реа́кция, основна́я реа́кция
Hauptrohrleitung *f* гла́вный трубопрово́д, магистра́льный трубопрово́д
Hauptsammelbecken *n* гла́вный водосбо́рный бассе́йн
Hauptsammelgraben *m* магистра́льная сбо́рная кана́ва
Hauptsatz *m* основна́я теоре́ма
Hauptschacht *m* гла́вный ствол ша́хты
Hauptschieferung *f* гла́вный клива́ж

Hauptschnitt *m* гла́вное сече́ние, гла́вный разре́з
Hauptschnittebene *f* пло́скость гла́вного сече́ния
Hauptschnittrichtung *f* направле́ние гла́вного сече́ния
Hauptseptum *n* гла́вная перегоро́дка, гла́вная се́пта
Hauptspannung *f* гла́вное напряже́ние
Hauptspannungsachse *f* гла́вная ось напряже́ния
Hauptstörung *f* Hauptbruch основно́й разло́м, гла́вное наруше́ние
Hauptstörungszone *f* зо́на гла́вных наруше́ний
Hauptstrahl *m* гла́вный луч, центра́льный луч
Hauptstrecke *f* Bergb. гла́вный штрек
Hauptstrom *m* гла́вный пото́к
Hauptstromrichtung *f* направле́ние основно́го пото́ка
Hauptströmung *f* гла́вное тече́ние
Hauptströmungsrichtung *f* направле́ние гла́вного тече́ния
Hauptsymmetrieachse *f* гла́вная ось симметри́и
Haupttal *n* гла́вная доли́на
Haupttalgletscher *m* основно́й доли́нный ледни́к
Hauptteilbarkeit *f* гла́вная отде́льность
Hauptträgheitsachse *f* гла́вная ось ине́рции
Hauptträgheitsmoment *n* гла́вный моме́нт ине́рции
Haupttyp(us) *m* гла́вный тип, основно́й тип
Hauptvalenz *f* гла́вная вале́нтность
Hauptvalenzbildung *f* связь гла́вной вале́нтности
Hauptvektor *m* гла́вный ве́ктор
Hauptverbraucher *m* основно́й потреби́тель
Hauptverbreitungsgebiet *n* гла́вный райо́н распростране́ния
Hauptvererzung *f* основно́е оруде́нение
Hauptversammlung *f* о́бщее собра́ние
Hauptverwaltung *f* гла́вное управле́ние
Hauptverwerfung *f* гла́вный сброс
Hauptwasserlauf *m* гла́вный водото́к
Hauptwasserscheide *f* гла́вный водоразде́л
Hauptwasserträger *m* основно́й водоно́сный сло́й, гла́вный водоно́сный сло́й
Hauptwelle *f* Hauptwoge гла́вная волна́, основна́я волна́
Hauptwurzel *f* гла́вный ко́рень
Hauptzone *f* гла́вная зо́на
Hauptzuflußkanal *m* гла́вный подводя́щий кана́л
Haushalt *m* бюдже́т
Haushalts- бюдже́тный
Haushaltsjahr *n* бюдже́тный год
Hausmannit *m* Mn_3O_4 гаусманни́т
Haut *f* ко́жа
Haut- ко́жный
Hautatmung *f* ко́жное дыха́ние
Häutchen *n* ко́жица, перепо́нка; плёнка
Häutchenwasser *n* плёночная вода́
Hautdrüse *f* ко́жная железа́
Hauterive *n* Unterkreide готери́вский я́рус
Hauterive- готери́вский
Hautfalte *f* скла́дка ко́жи
Hautflügler *pl* Hymenoptera перепончатокры́лые
Hautmantel *m* ко́жистая ма́нтия
Hautpanzer *m* ко́жный па́нцирь
Hautschicht *f* ко́жица
Hautzähne *m/pl* ко́жные зу́бы
Hauyn *m* $(Na, Ca)_{8-4}[(SO_4)_{1-2} | (AlSiO_4)_6]$ гаюи́н
Hauyn- гаюи́новый
Hauynandesit *m* гаюи́новый андези́т
Hauynaplit *m* feinkörnige Varietät von Sölvsbergit der Insel Tasmanien гаюи́новый апли́т
Hauynbasalt *m* гаюи́новый база́льт
Hauynbasanit *m* гаюи́новый базани́т
Hauyngabbro *m* гаюи́новый га́ббро
Hauynit *m* гаюини́т
Hauynlatit *m* гаюи́новый лати́т
Hauynophyr *m* гаюинофи́р
Hauynphonolith *m* гаюи́новый фоноли́т
Hauynporphyr *m* гаюи́новый порфи́р
Hauynsyenit *m* гаюи́новый сиени́т
Hauyntephrit *m* гаюи́новый тефри́т
Hauyntrachit *m* гаюи́новый трахи́т
Havarie *f* Unfall ава́рия
Haversische Kanäle *m/pl* га́версовые кана́лы
Hawaiityp *m* гава́йский тип (вулка́нов)
Healdiidae *pl* хельдии́ды
Heazlewoodit *m* ? entspricht Pentlandit хзилевуди́т, хизлевуди́т
Hebelseismograph *m* рыча́жный сейсмо́граф

heben sich поднима́ться / подня́ться
Heberanlage *f* сифо́нная устано́вка
Heberauslauf *m* выходно́е отве́рстие сифо́на
Heberbrunnen *m* коло́дец сифо́нного водосбо́ра, коло́дец сифо́нного водозабо́ра, сифо́нный коло́дец
Hebergefälle *n* напо́р сифо́на
Heberleitung *f* сифо́нный водово́д, сифо́нный трубопрово́д
Heberrohr *n* сифо́нная тру́бка
Heberüberfall *m* сифо́нный водосли́в, сифо́нный водосбро́с
Hebronit *m* † Amblygonit von Hebron геброни́т
Hebung *f* Heraushebung подня́тие, поднима́ние
Hebungsgebiet *n* о́бласть подня́тия
Hebungskomponente *f* компоне́нта подня́тия
Hebungsküste *f* подыма́ющийся бе́рег, бе́рег всплыва́ния
Hebungsphase *f* фа́за подня́тия
Hebungszone *f* по́днятый по́яс
Hectocotylus *m* гектокоти́ль
Hedenbergit *m* $CaFe[Si_2O_6]$ геденберги́т
Hedenbergit- геденберги́товый
Hedrumit *m* Alkalisyenit mit Trachytstruktur гедруми́т
Hedyphan *m* Mineral der Apatitgruppe гедифа́н
Heidekraut *n* *Calluna* ве́реск
Heidelberg-Mensch *m* *Homo heidelbergensis* гейдельбе́ргский челове́к
Heidepflanze *f* ве́ресковое расте́ние
Heidornit *m* хейдорни́т
Heil- лече́бный, целе́бный
Heilquelle *f* лече́бный исто́чник, целе́бный исто́чник
Heilschlamm *m* лече́бная грязь
Heilwässer *n/pl* лече́бные во́ды
Heimatkunde *f* краеве́дение
heimatkundlich краеве́дческий
Heinrichit *m* хейнричи́т
heiß горя́чий, жа́ркий
heiße Quelle *f* Therme горя́чий ключ
heißflüssig распла́вленный
Heizfähigkeit *f* теплотво́рность
Heizgas *n* то́почный газ
Heizkraft *f* Heizwert теплотво́рность
heizkräftig высококалори́йный (напр. газ)
Heizkraftwerk *n* теплоцентра́ль
Heizleistung *f* теплопроизводи́тельность
Heizöl *n* то́пливная нефть
heizschwach низкокалори́йный (напр., газ)
Heizwert *m* теплотво́рность, теплотво́рная спосо́бность
Hektar *n, m* гекта́р
Hektoliter *n* гектоли́тр
Helderberg-Stufe *f* Unterdevon Amerikas гельдербе́ргский я́рус
helicopegmat bei Brachiopoden Form des Armgerüstes хеликопегма́тный
Helicoprion *m* гелико́прион
Helicoprion- геликоприо́новый
Heliodor *m* Varietät von Beryll гелиодо́р
heliographisch гелиографи́ческий
Heliolith *m* Sonnenstein гелиоли́т
Heliolitida *pl* гелиолити́ды
Heliopora *pl* гелиопо́ры
Heliotrop *m* Subvarietät von Chalcedon гелиотро́п, крова́вый ка́мень
heliozentrisch гелиоцентри́ческий
Heliozoa *pl* со́лнечники
Helium *n* He ге́лий
Helium- ге́лиевый
Heliumalter *n* во́зраст по ге́лию
Heliumkern *m* ядро́ ге́лия
Heliummethode *f* ге́лиевый ме́тод
Helladotherium *n* гелладоте́рий
Hellandit *m* $Ca_2(Y, Er)_3(Al, Mn^{\cdots}, Fe^{\cdots})_3[OH, O|SiO_4]_4$ гелланди́т
Helligkeitsmessung *f* измере́ние я́ркости
Helligkeitsunterschied *m* разли́чие я́ркости
Hellrotglut *f* светлокра́сное кале́ние
Hellstellung *f* Min. положе́ние наибо́льшего просветле́ния
Helluhraun геллухра́ун, хеллюхра́ун
helmartig шлемови́дный
Helobiae *pl* боло́тниковые
Helvet *n* Miozän гельве́тский я́рус
Helvet- helvetisch гельве́тский
Helvet-Stufe *f* Helvet гельве́тский я́рус
Helvetiden *pl* гельвети́ды
helvetisch гельве́тский
Helvetische Decke *f* Гельве́тский покро́в
Helvin *m* $(Mn, Fe, Zn)_8[S_2|(BeSiO_4)_6]$ гельви́н
hemichoanitisch bei Endoceratoidea гемихоани́товый

Hemichordata *pl* полухо́рдовые
Hemiedrie *f* гемиэдри́я
hemiedrisch гемиэдри́ческий
hemiklastisch гемикласти́ческий
hemikristallin гемикристалли́ческий, полукристалли́ческий
hemimorph гемимо́рфный
Hemimorphie *f* гемимо́рфия
Hemimorphit *m* Kieselzinkerz $Zn_4[(OH)_2|Si_2O_7]\cdot H_2O$ гемиморфи́т
hemipelagisch гемипелаги́ческий
hemiperipher Schalenwachstum bei Brachiopoden полукольцево́й
Hemiptera *pl* полужесткокры́лые
Hemiseptum *n* гемисе́пта, полуперегоро́дка
Hemisphäre *f* Halbkugel гемисфе́ра, полуша́рие
hemispondyl гемиспонди́льный
hemivitrophyrisch Hemivitrophyr- гемивитрофи́ровый, полустеклова́тый
Hemlocktanne *f* *Tsuga canadensis* кана́дская тсу́га
Hengleinit *m* † Bravoit хенглейни́т
Henidium *n* bei Brachiopoden Platte zwischen Schloßrand und Rand der Deltidialplatten хени́дий
Henry *n* H ге́нри, гн
Henrysches Gesetz *n* зако́н Ге́нри
Henwoodit *m* wahrscheinlich $CuAl_4H_{10}[PO_4]_8\cdot 6H_2O$ генвуди́т
Hepaticae *pl* печёночники, печёночные мхи
Heptabromid *n* семибро́мистое соедине́ние
Heptachlorid *n* семихло́ристое соедине́ние
Heptafluorid *n* семифто́ристое соедине́ние
Heptaisotop *n* гептаизото́п
Heptan *n* гепта́н
heptanoxydierend гептанокисля́ющий
Heptansäure *f* гепта́новая кислота́
Heptaphyllit *m* Gruppenname für Glimmer vom Formeltypus Paragonit гептафилли́т
heptavalent siebenwertig семивале́нтный
Heptavalenz *f* семивале́нтность
Heptorit *m* Varietät von Monchiquit гептори́т
Heptoxid *n* семио́кись
herabfließen стека́ть/течь вниз, оплыва́ть/оплы́ть
Herabfließen *n* Herabrutschen стека́ние, оплыва́ние
herabrollen ска́тывать/скати́ть
Herabrollen *n* ска́тывание
Herabsetzung *f* Senkung, Fallen пониже́ние
herantransportieren herantreiben приноси́ть/принести́
herantransportiert herangetrieben, herangebracht принесённый
herausbrechen выла́мывать/вы́ломать
herausfließen ablaufen вытека́ть/вы́течь, истека́ть/исте́чь
Herausfließen *n* Ausströmen вы́текание
Herausgabe *f* Veröffentlichung изда́ние, вы́пуск
herausgeben veröffentlichen издава́ть/изда́ть
Herausgeber *m* изда́тель
herausgelöst выщело́ченный
Herauslösung *f* выщела́чивание
herauspräparieren отпрепари́ровать *v.*
herauspräpariert отпрепари́рованный
heraussieben отфильтро́вывать/отфильтрова́ть
heraustreten выступа́ть/вы́ступить
herauswittern выве́триваться/вы́ветриться
Herauswittern *n* выве́тривание
Herauswitterung *f* выве́тривание
herbivor pflanzenfressend травоя́дный, растениея́дный
Herbivora *pl* Pflanzenfresser травоя́дные, растениея́дные живо́тные
Herbst *m* о́сень
Herbst- о́сенный
Herbsthochwasser *n* о́сенный па́водок
Hercynit *m* Eisenspinell $FeAl_2O_4$ герцини́т
Herd *m* 1. Magm. оча́г. 2. Seism. фо́кус, оча́г
Herd- очаго́вый
Herdenergie *f* эне́ргия очага́
Herdentfernung *f* расстоя́ние очага́, эпицентра́льное расстоя́ние
Herderit *m* $CaBe[(OH,F)|PO_4]$ гердери́т
Herdgebiet *n* о́бласть очага́
Herdkoordinaten *f/pl* координа́ты очага́
Herdlage *f* положе́ние очага́
Herdlinie *f* ли́ния очага́
Herdnähe *f* бли́зость очага́

Herdtiefe *f* глубина́ очага́
Herdtiefenbestimmung *f* определе́ние глубины́ очага́
Herdtiefenkorrektion *f* попра́вка на глубину́ очага́
Herdzeit *f* вре́мя очага́
Herdzone *f* очаго́вая зо́на
Hereinbrechen обруше́ние
herkömmlich обы́чный
Herkunft *f* Entstehung, Ursprung происхожде́ние
herleiten ableiten выводи́ть / вы́вести
Herrengrundit *m* † Divillin герренгрунди́т
herrschend vorherrschend госпо́дствующий
Herstellung *f* Verfertigung изготовле́ние, произво́дство
Hertz *n* Hz герц, гц
hervorrufen erregen вызыва́ть / вы́звать
hervortreten heraustreten, hervorragend выступа́ть / вы́ступить
Herz *n* се́рдце
Herzenbergit *m* SnS герценберги́т
herzförmig сердцеви́дный
Herzkammer *f* желу́дочек се́рдца
Herzvorhof *m* предсе́рдие
herzynisch variscisch герци́нский
Herzynkalk *m* Devon des Harzes герци́нский известня́к
Hesperornis *m* геспeróрнис
Hessische Senke *f* Ге́ссенская впа́дина, Ге́ссенский проги́б
Hessit *m* Ag_2Te гесси́т
Hessonit *m* Eisengrossular гессони́т
heteroblastisch гетеробла́стовый, гетеробласти́ческий
Heterobrochantit *m* † Antlerit гетероброшанти́т
heterocerk гетероцерка́льный, неравноло́пастный
Heterocontae *pl* разножгу́тиковые во́доросли
heterodont гетеродо́нтный, разнозу́бый
heterodontes Schloß *n* гетеродо́нтный замо́к
heterodynamisch гетеродинами́ческий
heterofaziell разнофациа́льный
heterogen гетероге́нный, неоднoро́дный
Heterogenese *f* гетерогене́зис
Heterogenit *m* ? Co-Hydroxid гетерогени́т
Heterogenität *f* гетероге́нность, неоднoро́дность
Heterogenitätskoeffizient *m* коэффицие́нт неоднoро́дности
Heterolith *m* гетероли́т
heteromorph гетеромо́рфный
Heteromorphie *f* гетеромо́рфность
Heteromorphit *m* $11PbS \cdot 6Sb_2S_3$(?) гетероморфи́т
heteromyar разному́скульный
Heterophragmen *n/pl* Kalkblätter bei Bryozoen гетерофра́гмы
heteropolar гетерополя́рный, разнополя́рный
heteropolare Bindung *f* гетерополя́рная связь
heterospor разноспо́ровый
Heterostraci *pl* разнощитко́вые
heterotax гетеротакса́льный
heterotroph гетеротро́фный
heterotyp гетероти́пный
heterovalent гетеровале́нтный
Heterozooide *n/pl* bei Bryozoen Einzeltier, das ein Heterozooecium abscheidet гетерозоо́иды
heterozyklisch гетероцикли́ческий
Hettangien *m* Unterer Lias гетта́нжский я́рус, гетта́нг
Hettangien- гетта́нжский, гетта́нгский
Heulandit *m* $Ca[Al_2Si_7O_{18}] \cdot 6H_2O$ гейланди́т
Heumit *m* гейми́т, геуми́т
Hewettit *m* $CaV_6O_{16} \cdot 9H_2O$ геветти́т, гьюэтти́т, хьюэтти́т
hexaatomar шестиа́томный
hexabasisch шестиосно́вный
Hexabasizität *f* шестиосно́вность
Hexabromid *n* шестибро́мистое соедине́ние, гексаброми́д
Hexachlorid *n* шестихло́ристое соедине́ние
Hexacoralla *pl* шестилучевы́е кора́ллы, гексакора́ллы
Hexactinellidentyp *m* гексактинелли́дный тип
hexadaktyl шестипа́лый
Hexaeder *m* Sechsflach декса́эдр, шестигра́нник
Hexaedrit *m* Eisenmeteorit гексаэдри́т
Hexafluorid *n* шестифто́ристое соедине́ние
hexagonal гексагона́льный
Hexahydrit *m* $Mg[SO_4] \cdot 6H_2O$ гексагидри́т
Hexaisotop *n* гексаизото́п

Hexajodid *n* шестиио́дистое соедине́ние
Hexakisoktaeder *m* 48-Flächner гексокта́эдр
hexakisoktaedrische Klasse *f* O_h планаксиа́льный вид симметри́и
Hexakistetraeder *m* гексатетра́эдр, преломлённый тетра́эдр, пирамида́льный тетра́эдр
hexakistetraedrische Klasse *f* T_d плана́льный вид симметри́и
Hexakoralle *f* гексакора́лл
Hexametaphosphat *n* гексаметафосфа́т
Hexan *n* C_6H_{14} гекса́н
Hexapoda *pl* шестино́гие
hexasubstituiert шестизамещённый
hexavalent шестивале́нтный
Hexavalenz *f* шестивале́нтность
Hibonit *m* хибони́т
Hibschit *m* ? $CaAl_2[SiO_4]_2 \cdot 2H_2O$ гибши́т
Hiddenit *m* Spodumen mit Edelsteinqualität гиддени́т
Hielmit *m* хиельми́т
Hierlatz-Fazies *f* Lias der Alpen ги́рлацкая фа́ция
Hierlatz-Kalk *m* Lias der Alpen ги́рлацкий известня́к
Higginsit *m* $CaCu[OH|AsO_4]$ гиггинси́т
Hilfsachse *f* вспомога́тельная ось
Hilfsbasis *f* вспомога́тельный ба́зис
Hilfsbau *m* вспомога́тельное сооруже́ние
Hilfsdamm *m* вспомога́тельная перемы́чка
Hilfsfunktion *f* вспомога́тельная фу́нкция
Hilfsgerade *f* вспомога́тельная пряма́я
Hilfsgerät *n* вспомога́тельный прибо́р
Hilfsgröße *f* вспомога́тельная величина́, дополни́тельная величина́
Hilfskarte *f* вспомога́тельная ка́рта
Hilfskraftwerk *n* вспомога́тельная электроста́нция
Hilfskurve *f* вспомога́тельная крива́я
Hilfslobus *m* вспомога́тельная ло́пасть, оксилиа́рная ло́пасть
Hilfsmeridian *m* вспомога́тельный мериди́ан
Hilfsmittel *n* подсо́бное сре́дство, вспомога́тельное сре́дство
Hilfspendel *n* вспомога́тельный ма́ятник
Hilfspunkt *m* вспомога́тельная то́чка
Hilfsrohrleitung *f* вспомога́тельный трубопрово́д
Hilfsstrecke *f* вспомога́тельный штрек
Hilfstabelle *f* вспомога́тельная табли́ца
Hilfswinkel *m* вспомога́тельный у́гол
Hillebrandit *m* $Ca_2[SiO_4] \cdot H_2O$ гиллебранди́т
Hilum *n* проксима́льная по́ра
himbeerfarben мали́новый
Himmel *m* не́бо
Himmels- небе́сный
Himmelsachse *f* небе́сная ось
Himmelsäquator *m* небе́сный экв́атор
Himmelskoordinaten *f/pl* небе́сные координа́ты
Himmelskörper *m* небе́сное те́ло
Himmelsmechanik *f* небе́сная меха́ника
Himmelsmeridian *m* небе́сный мериди́ан
Himmelsnordpol *m* небе́сный се́верный по́люс
Himmelspol *m* небе́сный по́люс, по́люс ми́ра
Himmelspunkt *m* небе́сная то́чка
Himmelsrichtung *f* страна́ све́та
Himmelssüdpol *m* небе́сный ю́жный по́люс
hinab вниз
hinabfließen стека́ть / стечь вниз
hinabrollen hinabgleiten, hinabrutschen ска́тываться / скати́ться
hinauf вверх, кве́рху, наве́рх
Hindernis *n* препя́тствие
hindurchsickern проса́чиваться / просочи́ться
hineinragen einschneiden вдава́ться / вда́ться
Hinsdalit *m* $PbAl_3[(OH)_6|SO_4PO_4]$ гинсдали́т
hinter Hinter- за́дний
Hinterfuß *m* за́дняя нога́
Hintergrund *m* за́дний план, фон
Hinterland *n* тылова́я о́бласть
Hinterpfote *f* за́дняя ла́па
Hinterteil *n/m* за́дняя часть
Hintzeit *m* † Kaliborit гинтцеит
hinüberströmen перетека́ть / перете́чь
hin- und hergerollt werden перека́тываться / перекати́ться
Hipparion *n* гиппа́рион
Hipparion- гиппарио́новый
Hipparion-Fauna *f* гиппарио́новая фа́уна

Hippopotamidae *pl* гиппопота́мы
Hippurit *m* гиппури́т
Hirnlappen *m* мозгова́я до́ля
Hirnrinde *f* мозгова́я кора́
Hirsch *m* оле́нь
Hirzit *m* bernsteinähnliches Harz гирси́т
Hisingerit *m* ? wasserhaltiges Fe···-Silikat гизингери́т
Hislopit *m* † Kalkspat, durch Glaukonit gefärbt гислопи́т
historische Geologie *f* истори́ческая геоло́гия
Histrixit *m* (?) $5CuFeS_2 \cdot 2Sb_2S_3 \cdot 7Bi_2S_3$ гистрикси́т
Hitze *f* жара́
hitzebeständig жаросто́йкий, жароупо́рный, теплосто́йкий
Hitzebeständigkeit *f* жаросто́йкость, жароупо́рность, теплосто́йкость
hitzeempfindlich чувстви́тельный к нагрева́нию
hitzeerzeugend жаропроизводи́тельный
Hitzefestigkeit *f* жаросто́йкость, жароупо́рность
Hitzegrad *m* гра́дус тепла́
Hitzeperiode *f* пери́од жары́
Hitzepol *m* по́люс жары́
Hitzespaltung *f* терми́ческое расщепле́ние
Hitzeumwandlung *f* терми́ческое превраще́ние
hitzeunbeständig нетеплосто́йкий
Hitzewelle *f* волна́ тепла́
Hjelmit *m* Mineral der Samarskit-Gruppe хьельми́т, гьелми́т
Hlubocep-Kalk *m* Mitteldevon Böhmens глубоче́пский известня́к
hoch Hoch- высо́кий
hochaktiv высокоакти́вный
hochdispers высокодиспе́рсный
Hochdruck *m* высо́кое давле́ние
Hochdruckeinpressung *f* нагнета́ние под высо́ким давле́нием
Hochdruckgebiet *n* о́бласть высо́кого давле́ния
Hochdruckgürtel *m* по́яс высо́кого давле́ния, зо́на высо́кого давле́ния
Hochdruckinjektion *f* инъе́кция под высо́ким давле́нием, нагнета́ние под высо́ким давле́нием
Hochdruckleitung *f* высоконапо́рный трубопрово́д
Hochdruckpumpe *f* насо́с высо́кого давле́ния
Hochdruckrohr *n* высоконапо́рная труба́
Hochdruckstollen *m* высоконапо́рный тонне́ль
Hochdruckwasserkraftanlage *f* высоконапо́рная гидроустано́вка
Hochdruckwetter *n* антициклона́льная пого́да
Hochebene *f* Hochplateau плоского́рье, плато́
hochelastisch высокоэласти́ческий
hochempfindlich высокочувстви́тельный
hochentwickelt высокоразви́тый
hochexplosiv си́льно взры́вчатый
hochfeuerfest высокогнеупо́рный
Hochfirn *m* высо́кий фирн
Hochfläche *f* плоского́рье
hochfrequent Hochfrequenz- высокочасто́тный
Hochfrequenz *f* высо́кая частота́
Hochfrequenzabsorptionsmethode *f* радиоволново́й ме́тод поглоще́ния
Hochfrequenzecholot *n* ультразвуково́й эхоло́т
Hochfrequenzkomponente *f* высокочасто́тная компоне́нта
Hochfrequenzmethode *f* высокочасто́тный ме́тод
Hochfrequenzschwingung *f* высокочасто́тное колеба́ние
Hochfrequenzseismik *f* высокочасто́тная се́йсмика
Hochfrequenzstrom *m* ток высо́кой частоты́
Hochfrequenzverstärker *m* высокочасто́тный усили́тель
Hochgebirge *n* высо́кие го́ры, высокого́рье, высо́кий го́рный хребе́т
Hochgebirgs- высокого́рный
Hochgebirgsfauna *f* высокого́рная фа́уна
Hochgebirgsflora *f* высокого́рная фло́ра
Hochgebirgsfluß *m* высокого́рная река́
Hochgebirgsform *f* высокого́рная фо́рма
Hochgebirgsgletscher *m* высокого́рный ледни́к
Hochgebirgsklima *n* высокого́рный кли́мат
Hochgebirgsküste *f* высо́кий гори́стый бе́рег

Hochgebirgsland *n* высокого́рная страна́
Hochgebirgsmassiv *n* высокого́рный масси́в
Hochgebirgspflanze *f* высокого́рное расте́ние
Hochgebirgsrelief *n* высокого́рный релье́ф
Hochgebirgsschneepegel *m* высокого́рный снегоме́рный пост
Hochgebirgssee *m* высокого́рное о́зеро
Hochgebirgssperre *f* Hydrogeol. высокого́рная плоти́на
Hochgebirgsterrasse *f* высокого́рная терра́са, наго́рная терра́са
Hochgebirgstyp *m* высокого́рный тип
Hochgebirgszone *f* высокого́рная зо́на
hochgespannt высо́кого давле́ния, высо́кого напряже́ния
hochhaltig Qualitäts- высокопро́бный
hoch herausgehoben высокоприпо́днятый
hochkonzentriert высококонцентри́рованный
Hochkraton *m* высо́кий крато́н
hochkronig высококоро́нковый
Hochkupferglanz *m* высокотемперату́рный халькози́н
Hochküste *f* высо́кий морско́й бе́рег
Hochland *n* наго́рье
Hochlandeis *n* Hochgebirgseis высокого́рный лёд
Hochlandfirn *m* Hochgebirgsfirn высокого́рный фирн
Hochleistung *f* высо́кая производи́тельность
Hochleistungsanlage *f* высокопроизводи́тельное обору́дование
Hochleistungsfilter *m, n* высокоэффекти́вный фильтр
Hochleistungssieb *n* гро́хот высо́кой производи́тельности
hoch lichtbrechend высокопреломя́ющий
hochmetamorph verändert высокометаморфизо́ванный
Hochmodifikation *f* высокотемперату́рная модифика́ция
hochmolekular высокомолекуля́рный
Hochmoor *n* верхово́е боло́то
Hochmoorboden *m* по́чва верхово́го боло́та
Hochmoordränage *f* дрена́ж верхово́го боло́та
Hochmoortorf *m* торф верховы́х боло́т
Hochofen *m* до́менная печь
Hochofengas *n* колошнико́вый газ, до́менный газ
Hochofenkoks *m* до́менный кокс, металлурги́ческий кокс
Hochofenprozeß *m* до́менный проце́сс
Hochofenschlacke *f* до́менный шлак, металлурги́ческий шлак
Hochofenteer *m* дёготь из до́менной пе́чи
Hochofenverfahren *n* до́менный проце́сс
hochorganisiert высокоорганизо́ванный
hochparaffinhaltig высокопарафи́нистый
hochplastisch высокопласти́ческий
Hochplateau *n* высокого́рное плато́, наго́рное плато́
hochplutonisch высокоплутони́ческий
hochpolymer высокополиме́рный
Hochpolymer *n* высокополиме́рное соедине́ние
hochporös высокопо́ристый
hochproduktiv Hochleistungs- высокопроизводи́тельный
Hochschildtit *m* ? $PbSnO_3 \cdot 5{-}6H_2O$ гохшильди́т
Hochschule *f* вы́сшее уче́бное заведе́ние, вуз
Hochseetide *f* прили́вы откры́того мо́ря
hochsiedend высококипя́щий
Hochspannung *f* высо́кое напряже́ние
Hochspannungsstufe *f* блок высо́кого напряже́ния
Höchstabfluß *m* максима́льный сток
hochstabil высокосто́йкий
hochstämmig высокоство́льный
Höchstbedarf *m* Hydrogeol. максима́льная потре́бность; пи́ковый расхо́д, пи́ковое потребле́ние
Höchstbelastung *f* наивы́сшая нагру́зка, максима́льная нагру́зка, преде́льная нагру́зка
Höchstdruck *m* максима́льное давле́ние
Höchstgehalt *n* максима́льное содержа́ние
Höchstgeschwindigkeit *f* наибо́льшая ско́рость
Höchsthochwasserstand *m* наивы́сший горизо́нт высо́ких вод
Höchstlast *f* наибо́льшая нагру́зка, максима́льная нагру́зка

Höchstleistung *f* максимáльная мóщность, максимáльная производи́тельность
Höchstspannung *f* максимáльное напряжéние
Höchststand *m* наивы́сший ýровень, максимáльный ýровень
Höchststau *m* максимáльный подпóр
Höchsttemperatur *f* Maximaltemperatur наивы́сшая температýра, максимáльная температýра
Höchstwert *m* Maximalwert наибóльшая величинá, предéльное значéние, максимáльное значéние
Höchstwertigkeit *f* максимáльная валéнтность
Höchstzufluß *m* максимáльный притóк
Höchstzuflußmenge *f* максимáльный притóчный расхóд, максимáльный расхóд притóка
Höchstzulaufgeschwindigkeit *f* максимáльная скóрость притóка
Hochtal *n* Hochgebirgstal высокогóрная доли́на
Hochtemperatur- hochtemperiert высокотемпературный
Hochtemperaturbildung *f* высокотемпературное образовáние
Hochtemperaturfazies *f* высокотемпературная фáция
Hochtemperaturfeldspat *m* высокотемпературный полевóй шпат
Hochtemperaturform *f* высокотемпературная фóрма
Hochtemperaturfumarole *f* высокотемпературная фумарóла
Hochtemperaturkoks *m* высокотемпературный кокс
Hochtemperaturmetamorphose *f* высокотемпературный метаморфи́зм
Hochtemperaturmetasomatose *f* высокотемпературный метасоматóз
Hochtemperaturmineral *n* высокотемпературный минерáл
Hochtemperaturmischbarkeit *f* высокотемпературная смеси́мость
Hochtemperaturmischkristall *m* высокотемпературный твёрдый растврóр
Hochtemperaturmodifikation *f* высокотемпературная модификáция
Hochtemperaturoptik *f* высокотемпературная óптика
Hochtemperaturoxydation *f* высокотемпературное окислéние
Hochtemperaturparagenese *f* высокотемпературный парагенéзис
Hochtemperaturperthit *m* высокотемпературный перти́т
Hochtemperaturphase *f* высокотемпературная фáза
Hochtemperaturquarz *m* высокотемпературный кварц
Hochtemperaturstadium *n* высокотемпературная стáдия
Hochtemperaturverbindung *f* высокотемпературное соединéние
Hochtemperaturverkokung *f* высóкотемпературное коксовáние
Hochtemperaturverquarzung *f* высокотемпературное окварцевáние
hochtemperiert Hochtemperatur-, hochthermisch высокотемпературный
Hochterrasse *f* высóкая террáса
hochthermal высокотермáльный
hochtonerdehaltig с высóким содержáнием глинозёма
Hochvakuum *n* высóкий вáкуум
hochverdünnt си́льно разбáвленный; си́льно разрежённый
hochviskos высоковя́зкий
Hochwald *m* высокоствóльный лес, высокоствóльник
Hochwasser *n* пáводок, половóдье, высóкая водá; пóлная водá
Hochwasser- пáводковый
Hochwasserabfluß *m* пáводковый сток
Hochwasserabflußmenge *f* пáводковый расхóд
Hochwasserabflußquerschnitt *m* живóе сечéние при прохóде пáводка
Hochwasserabführung *f* отвóд пáводка, прóпуск пáводка
Hochwasserablagerung *f* пóйменные отложéния
Hochwasserablaß *m* сброс для пáводковых вод
Hochwasserableitung *f* прóпуск пáводка
Hochwasserabwehr *f* защи́та от пáводков, защи́та от наводнéний
Hochwasseranschwellung *f* подъём воды́ при пáводке, набухáние воды́ при пáводке
Hochwasserbekämpfung *f* борьбá с наводнéниями

Hochwasserdauer *f* продолжи́тельность па́водка
Hochwasserdurchfluß *m* расхо́д па́водка
Hochwassereintrittszeit *f* вре́мя наступле́ния по́лной воды́; вре́мя наступле́ния па́водка
Hochwasserentlastung *f* сброс па́водка, про́пуск па́водка, па́водковый водосбро́с
Hochwasserentlastungsanlage *f* па́водковый водосбро́с
Hochwasserentlastungsstollen *m* тонне́ль для сбро́са па́водка
Hochwasserführung *f* про́пуск па́водка
Hochwassergebiet *n* зо́на высо́ких вод
Hochwassergefahr *f* угро́за па́водка, опа́сность па́водка
Hochwassergefälle *n* укло́н в пери́од па́водка, напо́р в пери́од па́водка
Hochwassergrenze *f* грани́ца па́водка
Hochwasserhäufigkeit *f* повторя́емость па́водков
Hochwasserkatastrophe *f* катастрофи́ческий па́водок
Hochwasserlinie *f* горизо́нт высо́ких вод, у́ровень высо́ких вод, ли́ния уре́за высо́ких вод
Hochwassermarke *f* отме́тка у́ровня высо́ких вод, отме́тка у́ровня па́водка; отме́тка по́лной воды́
Hochwassermeldung *f* оповеще́ние о па́водке
Hochwassermenge *f* па́водковый расхо́д
Hochwasserniveau *n* у́ровень высо́кой воды́, отме́тка высо́кой воды́
Hochwasserobergrenze *f* ве́рхняя грани́ца па́водка
Hochwasserpegel *m* водоме́рный пост для высо́ких вод
Hochwasserperiode *f* па́водковый пери́од
Hochwasserprofil *n* про́филь па́водка; про́филь по́лной воды́
Hochwasserquerschnitt *m* живо́е сече́ние при полово́дье
Hochwasserregulierung *f* регули́рование па́водковых вод, регули́рование высо́ких вод
Hochwasserrückhaltebecken *n* бассе́йн аккумули́рования па́водка, водохрани́лище для аккумули́рования па́водка
Hochwasserrückhaltung *f* заде́ржка па́водковых вод, аккумули́рование па́водковых вод
Hochwasserscheitel *m* пик па́водка
Hochwasserscheitelhöhe *f* высота́ пи́ка па́водка
Hochwasserschutz *m* защи́та от па́водка, защи́та от па́водковых вод
Hochwasserschutzanlage *f* устано́вка для заде́ржки па́водка
Hochwasserschutzbecken *n* водоём для заде́ржки па́водка
Hochwasserschwall *m* па́водковая волна́, волна́ па́водка
Hochwasserspeicher *m* водохрани́лище для регули́рования па́водка, водохрани́лище для аккумули́рования па́водка
Hochwasserspeicherung *f* регули́рование па́водка, аккумули́рование па́водка, аккумули́рование па́водковых вод
Hochwasserspiegel *m* зе́ркало па́водка, горизо́нт па́водка, у́ровень па́водка, зе́ркало высо́ких вод
Hochwasserspitze *f* пик па́водка, пи́ковый у́ровень па́водка
Hochwasserstand *m* у́ровень высо́ких вод, горизо́нт высо́ких вод
Hochwasserüberlauf *m* па́водковый водосли́в
Hochwasserüberschuß *m* изли́шек па́водковой воды́
Hochwasserverhältnisse *n/pl* усло́вия образова́ния па́водков
Hochwasserverlandung *f* отложе́ние нано́сов при па́водке
Hochwasserverlauf *m* движе́ние па́водка, ход па́водка
Hochwasserwahrscheinlichkeit *f* вероя́тность па́водка
Hochwasserwelle *f* па́водковая волна́
hochwertig Qualitäts- высокока́чественный, высокосо́ртный
Hodochrone *f* годохро́на
Hof *m* Aureole орео́л
höffig aussichtsreich перспекти́вный, благонадёжный
Hofmannit *m* † Hartit гофманни́т
Högbomit *m* nach RAMDOHR (?)$Na_x(Al, Fe, Ti)_{24-x}O_{36-x}$ хегбоми́т
Hoglandium *n* oberes Präkambrium des Baltischen Schildes хогла́ндий

Högtveitit *m* Alvit хегтвеити́т
Höhe *f* 1. Größe высота́. 2. Anhöhe возвы́шенность, холм. 3. Niveau у́ровень
Höhe über NN *f* высота́ над у́ровнем мо́ря
Höhen- высо́тный
Höhenabhängigkeit *f* зави́симость от высоты́
Höhenänderung *f* измене́ние высоты́
Höhenanschluß *m* высо́тная привя́зка
Höhenaufnahme *f* нивелиро́вка, высо́тная съёмка
Höhenbarometer *n* барометри́ческий высотоме́р, анеро́ид-высотоме́р, альтиме́тр
Höhenbeobachtung *f* наблюде́ние высо́т
Höhenberechnung *f* вычисле́ние высоты́
Höhenbestimmung *f* определе́ние высоты́
Höhendifferenz *f* ра́зность высо́т; ра́зность высо́тных отме́ток
Höheneffekt *m* высо́тный эффе́кт
Höhenfestpunkt *m* опо́рная то́чка высо́тной се́ти
Höhenfestpunktnetz *n* опо́рная высо́тная сеть
Höhenfrequenz *f* частота́ высо́т
Höhenkarte *f* гипсометри́ческая ка́рта
Höhenkreislibelle *f* у́ровень вертика́льного кру́га
Höhenkurve *f* горизонта́ль, изоги́пса
Höhenkurvenkarte *f* гипсометри́ческая ка́рта
Höhenkurvenmethode *f* ме́тод горизонта́лей
Höhenlage *f* высо́тное положе́ние; отме́тка у́ровня
Höhenlinie *f* горизонта́ль, изоги́пса, ли́ния ра́вных высо́т
Höhenlinienkarte *f* гипсометри́ческая ка́рта, ка́рта в горизонта́лях
Höhenliniensystem *n* систе́ма горизонта́лей
Höhenmarke *f* высо́тная ма́рка, высо́тная отме́тка, высо́тный репе́р
Höhenmaßstab *m* вертика́льный масшта́б, масшта́б высо́т
Höhenmesser *m* высотоме́р, альти́метр
Höhenmessung *f* Hypsometrie измере́ние высо́т, гипсо́метрия; высо́тная съёмка
Höhenmethode *f* ме́тод высо́т
Höhennetz *n* высо́тная сеть
Höhenplan *m* высо́тный план, план в горизонта́лях
Höhenprofil *n* про́филь высо́т
Höhenpunkt *m* высо́тная то́чка, отме́тка то́чки
Höhenschicht(en)karte *f* гипсометри́ческая ка́рта
Höhenschichtlinie *f* горизонта́ль, изоги́пса, ли́ния ра́вных высо́т
Höhenschraffen *f/pl* бергштри́хи
Höhenstrahlung *f* косми́ческое излуче́ние, высо́тная радиа́ция
Höhenunterschied *m* ра́зность высо́т
Höhenverhältnis *n* соотноше́ние высо́т
Höhenvermessung *f* измере́ние высо́т
Höhenzug *m* 1. Geomorph. цепь гор, цепь холмо́в. 2. Geodäsie высо́тный ход
höhere Krebse *m/pl* Malacostraca вы́сшие ра́ки
höhere Pflanzen *f/pl* вы́сшие расте́ния
höhere Wirbeltiere *n/pl* вы́сшие позвоно́чные
hohl пусто́й, по́лый
Höhle *f* 1. Geomorph. пеще́ра, грот. 2. Zool. по́лость, па́зуха
Höhlen- пеще́рный
Höhlenabfluß *m* пеще́рный сток
Höhlenablagerung *f* пеще́рное отложе́ние
Höhlenbär *m* *Ursus spelaeus* пеще́рный медве́дь
Höhlenbewohner *m* пеще́рный обита́тель
Höhlenboden *m* дно пеще́ры
Höhlenbrekzie *f* пеще́рная бре́кчия
Höhlenfluß *m* пеще́рная река́
Höhlenhyäne *f* пеще́рная гие́на
Höhlenkunde *f* Speläologie пещерове́дение
Höhlenlöwe *m* пеще́рный лев
Höhlenmensch *m* пеще́рный челове́к
Höhlensandstein *m* пеще́рный песча́ник
Höhlenwässer *n/pl* пеще́рные во́ды
Hohlgestänge *n* пустоте́лые бурово́е штанги
Hohlkerndamm *m* Hydrogeol. плоти́на с пустоте́лым ядро́м
Hohlraum *m* пустота́; каве́рна
Hohlraumausfüllung *f* выполне́ние пусто́т
Hohlraumbildung *f* пустотообразова́ние, образова́ние пусто́т
Hohlraumfüllung *f* заполне́ние пусто́т, выполне́ние полосте́й

Hohltiere *n/pl* Coelenterata кишечнополостные
Hohlufer *n* вóгнутый бéрег
Hohlweg *m* ущéлье, ложбúна, лог, теснúна
Hohlziegel *m* пустотéлый кирпúч
Hohmannit *m* ? etwas zersetzter Amarantit гогманнúт
Hokutolith *m* † (Anglesobaryt), Pb-haltiger Baryt хокутолúт
Holdenit *m* $(Mn, Ca)_4(Zn, Mg, Fe)_2[(OH)_5 O_2 | AsO_4]$ холденúт
Hollandit *m* Ba-haltiger Pyrolusit bzw. Polianit голландúт
Holmium *n* Ho гóльмий
Holmiumoxid *n* Ho_2O_3 óкись гóльмия, оксúд гóльмия
Holmquistit *m* Mineral der Glaukophanreihe холмквистúт
holoachsial полноóсный
Holocephali *pl* цельноголóвые
holochoanitisch bei Endoceratoidea голохоанúтовый
holochroal голохроúческий
Holoedrie *f* голоéдрия, полногрáнность
holoedrisch голоэдрúческий, полногрáнный
Hologenese *f* гологенéз
Holohyalinstruktur *f* гологиалúновая структýра
holoklastisch голокластúческий
holokristallin голокристаллúческий, полнокристаллúческий
holomorph голомóрфный
holoperipherisch Schalenwachstum bei Brachiopoden голопериферúческий
holoplanktonisch вечноплáвающий
Holosiderit *m* Eisenmeteorit голосидерúт
holospondyl цельнопозвонкóвый
Holostei *pl* цельнокóстные ры́бы
Holosteum *n* кóстный ганóид
holostom голостóмный
Holothuria *pl* голотýрии, морскúе кубы́шки
Holotricha *pl* равнореснúчные
Holotyp *m* голотúп
holozän Holozän- голоцéновый
Holozän *n* голоцéн, соврéменный отдéл четвертúчной систéмы
Holz *n* дéрево, древесúна
Holzachse *f* древéсная зóла
Holzdamm *m* деревя́нная плотúна
hölzern Holz- деревя́нный
Holzfaser *f* древéсное волокнó, волокнó древесúны
Holzgewebe *n* древéсная ткань; лигнúтовая ткань
holzig деревянúстый
Holzindustrie *f* леснáя промы́шленность, лесопромы́шленность
Holzkohle *f* древéсный ýголь
Holzkupfererz *n* derber Olivenit mit fasrig-splittrigem Bruch волокнúстый оливенúт
Holzopal *m* Opal pseudomorph nach Holz деревянúстый опáл
Holzpflanze *f* древéсное растéние
Holzrest *m* древéсный остáток
Holzstamm *m* древéсный ствол
Holzstoff *m* лигнúн
Holzstruktur *f* древéсное строéние, древéсная структýра
Holzteer *m* древéсная смолá, древéсный дёготь
Holztorf *m* леснóй торф, древéсный торф
Holzzelle *f* клéтка древесúны, древéсная клéтка
Holzzinn *n* holzähnlich aussehender Zinnstein деревянúстое óлово
Homeochilidium *n* гомеохилúдиум
Homeodeltidium *n* гомодельтúдиум
homeomorph гомеомóрфный
Homeomorphie *f* гомеомóрфия
homeopolar гомеополя́рный
homeostroph гомеострóфный
Homilit *m* $Ca_2FeBe_2[O | BSiO_4]_2$ гомилúт
homocerk гомоцеркáльный, лóжноравнолóпастный
Homoeochilidium *n* bei Brachiopoden dem Chilidium entsprechende Verschlußplatte гомеохилúдии
Homoeodeltidium *n* bei Brachiopoden Verschlußplatte des Delthyriums гомеодельтúдии
homogen гомогéнный, однорóдный
homogen-anisotrop однорóдно-анизотрóпный
Homogenisieren *n* гомогенизúрование
Homogenisierung *f* гомогенизáция
Homogenität *f* гомогéнность, однорóдность
Homo heidelbergensis *m* Heidelbergmensch гейдельбéргский человéк

homolog гомологи́чный, гомологи́ческий, соотве́тственный
homologe Reihe *f* гомологи́ческий ряд
Homologie *f* гомоло́гия, соотве́тствие
Homo neanderthalensis *m* Neanderthaler неандерта́лец
homöochemisch гомеохими́ческий
Homöomorphie *f* Formähnlichkeit homologer Organe гомеоморфи́зм
homöopolar гомополя́рный
homöotherm гомойоте́рмный
homophan гомофа́новый
Homoseisten *f/pl* гомосе́йсты
homotax гомотакса́льный
homotherm гомотерми́чный
Homothermie *f* гомоте́рмия
honiggelb медо́во-жёлтый
Honigstein *m* Mellit $Al_2[C_{12}O_{12}] \cdot 18H_2O$ медо́вый ка́мень
Hookescher Körper *m* гу́ковое те́ло
Hookesches Gesetz *n* зако́н Гу́ка
Hopeit *m* $Zn_3[PO_4]_2 \cdot 4H_2O$ гопе́йт
Hoplocarida *pl* ротоно́гие ры́бы
Hörfrequenz *f* звукова́я частота́
Horizont *m* горизо́нт
horizontal Horizontal- горизонта́льный
Horizontalabstand *m* горизонта́льное расстоя́ние
Horizontalachse *f* горизонта́льная ось
Horizontalaufnahme *f* горизонта́льная съёмка
Horizontalbewegung *f* горизонта́льное движе́ние
Horizontalbohren *n* буре́ние горизонта́льных сква́жин
Horizontalbohrung *f* горизонта́льная сква́жина
Horizontaldislokation *f* горизонта́льное перемеще́ние
Horizontaldruck *m* горизонта́льное давле́ние
Horizontale *f* горизонта́льная ли́ния
Horizontalebene *f* горизонта́льная пло́скость; пло́скость горизо́нта
Horizontalentfernung *f* Horizontalabstand горизонта́льное расстоя́ние
horizontaler Verschiebungsbetrag *m* горизонта́льная амплиту́да
Horizontalerschütterung *f* горизонта́льное сотрясе́ние, сотрясе́ние по горизонта́ли
Horizontalfaden *m* горизонта́льная нить
Horizontalflexur *f* горизонта́льная флексу́ра
horizontal geschichtet горизонта́льно-напласто́ванный
Horizontalgeschwindigkeit *f* горизонта́льная ско́рость
Horizontalintensität *f* горизонта́льная интенси́вность, горизонта́льная напряжённость
Horizontalkomponente *f* горизонта́льная составля́ющая, горизонта́льная компоне́нта
Horizontalkoordinate *f* горизонта́льная координа́та
Horizontalkreis *m* горизонта́льный круг
Horizontalkreisteilung *f* деле́ние горизонта́льного кру́га
Horizontalmagnetometer *n* горизонта́льный магнито́метр
Horizontalparallaxe *f* продо́льный паралла́кс
Horizontalpendel *n* горизонта́льный ма́ятник
Horizontalprojektion *f* горизонта́льная прое́кция
Horizontalschliff *m* горизонта́льный шлиф
Horizontalseismograph *m* горизонта́льный сейсмо́граф
Horizontalseismometer *n* горизонта́льный сейсмо́метр
Horizontalstoß *m* горизонта́льный толчо́к
Horizontalstrom *m* горизонта́льный пото́к
Horizontalsystem *n* горизонта́льная систе́ма (координа́т)
Horizontaltransport *m* горизонта́льный перено́с
Horizontalverschiebung *f* Blattverschiebung горизонта́льное смеще́ние, горизонта́льный сдвиг, горизонта́льное перемеще́ние
Horizontalwaage *f* горизонта́льные весы́
Horizontalwinkel *m* горизонта́льный у́гол
Horizonthöhe *f* высота́ горизо́нта
Horizontlinie *f* ли́ния горизо́нта
Horn *n* рог
Horn- aus Horn bestehend рогово́й
Hornblende *f* рогова́я обма́нка
Hornblende- роговообма́нковый

Hornblendeandesit *m* роговообма́нковый андези́т
Hornblendeanorthosit *m* роговообма́нковый анортози́т
Hornblendeaplit *m* рогобообма́нковый апли́т
Hornblendeasbest *m* роговообма́нковый асбе́ст
Hornblendedazit *m* роговообма́нковый даци́т
Hornblendediorit *m* роговообма́нковый диори́т
Hornblendegabbro *m* роговообма́нковое га́ббро
Hornblendegestein *n* роговообма́нковая поро́да
Hornblendegneis *m* роговообма́нковый гне́йс
Hornblendegranit *m* роговообма́нковый грани́т
Hornblendelamprophyr *m* роговообма́нковый лампрофи́р
Hornblendeporphyr *m* роговообма́нковый порфи́р
Hornblendepyroxenit *m* роговообма́нковый пироксени́т
Hornblenderapakivi *m* роговообма́нковый рапаки́ви
Hornblendeschiefer *m* роговообма́нковый сла́нец
Hornblendesyenit *m* роговообма́нковый сиени́т
Hornblendetinguait *m* роговообма́нковый тингуаи́т
Hornblendit *m* горнбленди́т
Hornblendit- горнбленди́товый
Hornblenditschiefer *m* горнбленди́товый сла́нец
Hornfels *m* роговико́вая поро́да
Hornfels- роговико́вый
Hornfels der äußeren Kontaktzone *m* экзоконта́ктовый рогови́к
hornfelsartig роговикоподо́бный
Hornfelsbildung *f* ороговикова́ние
Hornfelsfazies *f* роговико́вая фа́ция
Hornfelsgefüge *n* роговико́вое строе́ние, роговико́вая структу́ра
Hornfelsskarn *m* роговико́вый скарн
Hornfelsstruktur *f* роговико́вая структу́ра
Hornfelszone *f* роговико́вая зо́на
hornlos безро́гий
Hornschale *f* рогова́я ра́ковина
Hornschicht *f* рогово́й сло́й
Hornschiefer *m* рогово́й сла́нец
Hornschild *n* рогово́й щито́к
Hornsilber *n* Chlorargyrit AgCl рогова́я сере́бряная обма́нка
Hornstein *m* рогово́й ка́мень; рогови́к
Hornsteinbildung *f* ороговикова́ние
Hornsteindolomit *m* роговико́вый доломи́т
Hornsteinfazies *f* роговико́вая фа́ция
Hornsteinformation *f* роговико́вая форма́ция
Hornsteinquarz *m* роговико́вый кварц
Hornsteinstruktur *f* роговико́вая структу́ра
Hornsubstanz *f* рогово́е вещество́
Hornzahn *m* рогово́й зуб
Hörorgan *n* о́рган слу́ха
Horsfordit *m* Cu_6Sb горсфорди́т
Horst *m* горст
Horstgebirge *n* го́рстовое наго́рье
Horstscholle *f* го́рстовая глы́ба
Hortonolith *m* $(Fe, Mg)_2[SiO_4]$ гортоноли́т
Hortonolithdunit *m* гортоноли́товый дуни́т
Houghit *m* Hydrotalkit pseudomorph nach Spinell гоки́т
Hovin-Gruppe *f* Ordovizium Norwegens хови́нская гру́ппа
Howardit *m* Steinmeteorit говарди́т
Howlith *m* $Ca_2[(BOOH)_5 | SiO_4]$ хоули́т
Huantajayit *m* (Na, Ag)Cl гуантахайяи́т
Hub *m* Steighöhe высота́ подъёма
Hubarbeit *f* рабо́та подня́тия
Hubgeschwindigkeit *f* ско́рость подъёма
Hubhöhe *f* высота́ подъёма
Hübnerit *m* $MnWO_4$ гюбнери́т
Hübnerit- гюбнери́товый
Hudsonit *m* basaltische Hornblende гудзони́т
Huf *m* копы́то
hufeisenförmig подковообра́зный
Huftier *n* копы́тное живо́тное
Huftiere *n/pl* Ungulata копы́тные
Hügel *m* Anhöhe холм, приго́рок, буго́р
Hügeleis *n* торо́систый лёд
hügelig Hügel- холми́стый, бугри́стый
Hügeligkeit *f* холми́стость
Hügelit *m* Blei-Zink-Vanadat гюгели́т
Hügelkette *f* цепь холмо́в, холми́стая гряда́, гряда́ холмо́в

Hügelland *n* Hügelgelände холми́стая ме́стность, холми́стая страна́, холмого́рье
Hügellandrelief *n* низкого́рный релье́ф
Hügellandschaft *f* холми́стый ландша́фт
Hügelrelief *n* холми́стый релье́ф, бугри́стый релье́ф
Hügeltundra *f* бугри́стая ту́ндра
Hülle *f* Überzug оболо́чка
Hullit *m* ? Leptochlorit, wahrscheinlich inhomogen гулли́т
Hülse *f* оболо́чка
Hulsit *m* Mineral der Ludwigit-Flouboritgruppe гулси́т
Humboldtin *m* Oxalit $Fe[C_2O_4] \cdot 2H_2O$ гумбольди́н
Humboldtit *m* teils Humboldtin, teils Datolith гумбольдти́т
Humerus *m* плечева́я кость
humid гуми́дный, вла́жный
Humifikation *f* Humifizierung гумифика́ция
humifiziert гумифици́рованный
Humifizierung *f* гумифика́ция, гумифици́рование
Humin- гуми́новый
Huminifizierung *f* гуминифика́ция
Huminsäure *f* гуми́новая кислота́
Huminverbindung *f* гуми́новое соедине́ние
Humit *m* $Mg_7[(OH, F)_2|(SiO_4)_3]$ гуми́т
Hummock *m* буго́р
humos Humus- гу́мусовый
Humosit *m* гумози́т
Humus *m* гу́мус, перегно́й
Humus- перегно́йный
Humusanreicherung *f* накопле́ние перегно́я
humusartig гумусообра́зный
Humusbildung *f* образова́ние перегно́я, образова́ние гу́муса
Humusboden *m* гу́мусовый грунт
Humusgehalt *m* содержа́ние перегно́я, содержа́ние гу́муса
Humushorizont *m* гу́мусовый горизо́нт
Humuskohle *f* гу́мусовый у́голь
Humuskolloid *n* гу́мусовый колло́ид
Humuslage *f* прosло́йка перегно́я, просло́йка гу́муса
Humusrest *m* гу́мусовый оста́ток
Humussalz *n* гу́мусовая соль
Humusschicht *f* сло́й перегно́я, гу́мусовый сло́й
humusspeichernd перегно́йно-аккумуляти́вный
Humusstoff *m* гу́мусовое вещество́
Humussubstanz *f* гу́мусовое вещество́
Humuswasser *n* гу́мусовая вода́
Hunt *m* Bergbau ваго́нетка
Huntilith *m* (Ag, As) гунтили́т
Huron *n* Präkambrium Kanadas гуро́нский отде́л, гуро́нская эпо́ха
Huron- гуро́нский
Hurrikan *m* урага́н
Hussakit *m* † Zirkon гуссаки́т
Hut *m* шля́па
Hutchinsonit *m* $(Pb, Tl)S \cdot Ag_2S \cdot 5As_2S_3$ гутчинсони́т
Hütte *f* металлурги́ческий заво́д
Hüttenindustrie *f* металлурги́ческая промы́шленность
Hüttenkohle *f* Hochofenkohle до́менный у́голь
Hüttenkoks *m* Hochofenkoks до́менный кокс, металлурги́ческий кокс
Hüttenkombinat *n* металлурги́ческий комбина́т
Hüttenprodukt *n* металлурги́ческий проду́кт
Hüttenprozeß *m* металлурги́ческий проце́сс
Hüttenwerk *n* Hütte металлурги́ческий заво́д
Hüttenwesen *n* металлу́ргия
Hüttenzement *m* шла́ковый цеме́нт (содержа́щий до́менные шла́ки)
Huygenssches Prinzip *n* при́нцип Гю́йгенса
Hyacinth *m* Varietät von Zirkon гиаци́нт
Hyaenidae *pl* гие́ны
Hyaenodontidae *pl* гиенодо́нты
Hyale *n* подъязы́чный хрящ, гио́идный хрящ
Hyalin- гиали́новый
Hyalomelan *m* Gesteinsglas гиаломела́н
Hyalophan *m* $(K, Ba)[Al(Al, Si)Si_2O_8]$ гиалофа́н
Hyalophyr *m* гиалофи́р
Hyalopilit- hyalopilitisch гиалопили́товый
Hyalopilitstruktur *f* гиалопили́товая структу́ра
Hyalosiderit *m* Mineral der Olivingruppe гиалосидери́т
Hyalospongiae *pl* стекля́нные гу́бки

Hyalotekit *m* $(Pb,Ca,Ba)_4B[Si_6O_{17}(F,OH)]$ гиалотекит
Hyblit *m* ? H_2O-haltiges Sulfosilikat von Th, U u. a. хиблит
hybrid Hybrid- гибридный
hybridisiert гибридизированный
Hybridisierung *f* гибридизация
Hydasp *n* Anis der Alpen гидаспийский ярус
Hydasp- гидаспийский
hydatogen гидатогенный
Hydatomorphose *f* гидатоморфизм
Hydractinia *pl* гидрактинии
Hydrargillit *m* γ-$Al(OH)_3$ гидраргиллит
Hydrargillit- гидраргиллитовый
Hydrargillitbauxit *m* гидраргиллитовый боксит
hydrargillitisch Hydrargillit- гидраргиллитовый
hydrargometrisch гидраргометрический
Hydrat *n* гидрат
Hydratation *f* гидратация
Hydratations- гидратационный
Hydratationsenergie *f* энергия гидратации
Hydratationswärme *f* теплота гидратации
Hydratationswasser *n* вода гидратации, гидратационная вода
Hydratform *f* гидратная форма
Hydratierbarkeit *f* гидратируемость
Hydratieren *n* гидратирование
Hydratierung *f* гидратация
hydratisch Hydrat- гидратный
Hydratisierbarkeit *f* гидратируемость
Hydratisieren *n* гидратирование
hydratisiert гидратированный, гидратизированный
Hydratisierung *f* гидратизация
Hydratwasser *n* гидратная вода
Hydraulik *f* гидравлика
hydraulisch гидравлический
hydraulischer Zuschlag *m* гидравлическая добавка
Hydrid *n* гидрид, водородистое соединение
hydrierbar гидрируемый, гидрогенизуемый, гидрирующийся, гидрогенизующийся
Hydrierbarkeit *f* гидрируемость
hydrieren гидрировать *uv.*, *v.*
Hydrieren *n* гидрирование, гидрогенизирование
hydriert гидрированный, гидрогенизованный
Hydrierung *f* гидрирование, гидрогенизация
hydroaromatisch гидроароматический
Hydrobiologie *f* гидробиология
hydrobiologisch гидробиологический
Hydrobiotit *m* Mineral der Vermiculitgruppe гидробиотит
Hydrobismutit *m* etwa $Bi_2[(OH)_4|CO_3]$ гидровисмутит
Hydrobohrer *m* гидробур
Hydroboracit *m* $MgCa[B_3O_4(OH)_3]\cdot 3H_2O$ гидроборацит
Hydrocalumit *m* $2Ca(OH)_2\cdot Al(OH)_3\cdot 3H_2O$ гидрокалюмит
Hydrocerussit *m* $Pb_3[OH|CO_3]_2$ гидроцеруссит
Hydrocharitaceae *pl* водокрасовые
Hydrochemie *f* гидрохимия
hydrochemisch гидрохимический
Hydrocorallinae *pl* гидрокораллы
Hydrocyanit *m* $Cu[SO_4]$ гидроцианит, гидрокианит
Hydrodynamik *f* гидродинамика
hydrodynamisch гидродинамический
hydroelektrisch гидроэлектрический
Hydroelektrometrie *f* гидроэлектрометрический метод
hydroenergetisch гидроэнергетический
Hydrofranklinit *m* Chalkophanit гидрофранклинит
Hydrogel *n* гидрогель
Hydrogenese *f* гидрогенез
Hydrogenisieren *n* гидрогенизирование, гидрирование
Hydrogeochemie *f* гидрогеохимия
hydrogeochemisch гидрогеохимический
Hydrogeologie *f* гидрогеология
hydrogeologisch гидрогеологический
Hydroglimmerbildung *f* гидрослюдизация
Hydrogoethit *m* † Limonit гидрогётит
Hydrograph *m* гидрограф
Hydrographie *f* гидрография
hydrographisch гидрографический
hydrographisches Netz *n* гидрографическая сеть, речная сеть
Hydrohalit *m* $NaCl\cdot 2H_2O$ гидрогалит
Hydrohämatit *m* ? feindisperser Hämatit mit adsorbiertem H_2O гидрогематит
Hydroidea *pl* гидроиды

Hydroisobathe *f* гидроизоба́та, ли́ния ра́вных глуби́н залега́ния зе́ркала подзе́мных вод
Hydroisohypse *f* гидроизоги́пса
Hydroisotherme *f* гидроизоте́рма
Hydrokarbonat *n* гидрокарбона́т
Hydrokarbonatwasser *n* гидрокарбо-на́тная вода́
Hydroklinohumit *m* † Titanhydroklinohumit гидроклиногуми́т
Hydrolase *f* гидрола́за
Hydrologe *m* гидро́лог
Hydrologie *f* гидроло́гия
hydrologisch гидрологи́ческий
Hydrolyse *f* гидро́лиз
Hydrolysierbarkeit *f* гидролизу́емость
hydrolysieren гидролизова́ть *uv.*, *v.*
Hydrolysieren *n* гидролизова́ние
Hydromagnesit *m* $Mg_5[OH|(CO_3)_2]_2 \cdot 4H_2O$ гидромагнези́т
Hydromechanik *f* гидромеха́ника
hydromechanisch гидромехани́ческий
Hydromeduse *f* гидромеду́за
hydrometamorph гидрометаморфи́ческий
Hydrometamorphose *f* гидрометаморфи́зм
hydrometeorologisch гидрометеорологи́ческий
Hydrometer *m* гидро́метр
Hydrometerseismograph *m* гидрометри́ческий сейсмо́граф
Hydrometrie *f* гидроме́трия
hydrometrisch гидрометри́ческий
Hydromuskovit *m* Mineral der Vermiculitgruppe гидромускови́т
Hydrophan *m* Varietät von Opal гидрофа́н
hydrophil гидрофи́льный
Hydrophilit *m* $KCaCl_3$ гидрофили́т
hydrophob гидрофо́бный
Hydrophon *n* гидрофо́н
Hydrophysik *f* гидрофи́зика
Hydropterides *pl* водяны́е па́поротники
Hydrosol *n* гидрозо́ль
Hydrosphäre *f* гидросфе́ра
Hydrostatik *f* гидроста́тика
hydrostatisch гидростати́ческий
hydrostatischer Druck *m* гидростати́ческий напо́р, гидростати́ческое давле́ние
Hydrosulfat *n* $MHSO_4$ ки́слая соль се́рной кислоты́, ки́слый сульфа́т, бисульфа́т
Hydrotalkit *m* $Mg_6Al_2[(OH)_{16}|CO_3] \cdot 4H_2O$ гидроталька́т
Hydrotechnik *f* гидроте́хника
Hydrotechniker *m* гидротехни́к
hydrotechnisch гидротехни́ческий
hydrothermal Hydrothermal- гидротерма́льный
Hydrothermalstadium *n* гидротерма́льная ста́дия
Hydrothermalsynthese *f* гидротерма́льный си́нтез
Hydrothermalvorkommen *n* гидротерма́льное проявле́ние
Hydrotherme *f* гидроте́рма
hydrothermisch гидротерми́ческий
Hydrothomsonit *m* † Thomsonit гидротомсони́т
Hydrothorit *m* $ThSiO_4 \cdot 4H_2O$ гидротори́т
Hydrotroilit *m* ? amorphes $FeS \cdot nH_2O$ гудротроили́т
Hydrotungstit *n* $WO_2(OH)_2 \cdot H_2O$ гидротунгсти́т
Hydroverbindung *f* гидросоедине́ние
Hydroxid *n* гидроо́кись
hydroxidisch Hydroxyd- гидроо́кисный
Hydroxydul *n* гидроза́кись
Hydroxyl *n* гидрокси́л
Hydroxyl- гидрокси́льный
Hydroxylgruppe *f* гидрокси́льная гру́ппа
Hydroxylierung *f* гидроксили́рование
Hydroxylion *n* гидроксилио́н, гидрокси́льный ио́н
Hydroxylzahl *f* гидрокси́льное число́
Hydrozinkit *m* Zinkblüte $Zn_5[(OH)_3|CO_3]_2$ гидроцинки́т
Hydrozoa *pl* гидро́идные (поли́пы)
Hyenales *pl* гие́ниевые
hygroskopisch гигроскопи́ческий, гигроскопи́чный
Hygroskopizität *f* гигроскопи́чность
Hymenophyllaceae *pl* тонколи́стниковые
Hyoidbogen *m* гио́идная дуга́
Hyolith *m* гиоли́т
Hyolithoidea *pl* хиолитоиде́и
Hyomandibular- гиомандибуля́рный, подъязычночелюстно́й
Hyomandibularbogen *m* подъязы́чная дуга́
Hyomandibulare *n* гиомандибуля́рный хрящ, подъязычночелюстно́й хрящ

hypabyssisch гипабиссáльный
Hyperbasit *m* гипербазúт, ультраосновнáя порóда
hyperbasitisch Hyperbasit- гипербазúтовый
Hyperbel *f* гипéрбола
hyperblastisch гипербластúческий
hyperbolisch гиперболúческий
Hyperboloid *n* гиперболóид
hypereutektisch заэвтектóидный
hypergen гипергéнный
Hypergenese *f* гипергенéз
Hyperitamphibolit *m* ROSENBUSCH (1887) гиперúтовый амфиболúт
Hypermastigina *pl* сверхжгýтиковые
Hyperoxid *n* пéрекись
Hypersthen *m* $(Mg, Fe)_2[Si_2O_6]$ гиперстéн
Hypersthen- гиперстéновый
Hypersthenandesit *m* гиперстéновый андезúт
Hypersthenaugit *m* гиперстéновый авгúт
Hypersthenbasalt *m* гиперстéновый базáльт
Hypersthendazit *m* гиперстéновый дацúт
Hypersthendiorit *m* гиперстéновый диорúт
Hypersthengabbro *m* гиперстéновый гáббро
Hypersthengneis *m* гиперстéновый гнéйс
Hypersthenit *m* гиперстенúт
Hypersthenporphyrit *m* гиперстéновый порфирúт
Hypersthentrachyt *m* гиперстéновый трахúт
hyperstomial bei Bryozoen гиперстомиáльный
hypertroph гипертрофúческий
hypidiomorph гипидиомóрфный, субгедрáльный
hypidiomorph-körnig гипидиоморфнозернúстый
Hypnum *n* гúпнум
Hypnum- гúпновый
Hypnum-Moor *n* гúпновое болóто
Hypnumtorf *m* гúпновый торф
hypobatholitisch гипобатолúтовый
hypocerk гипоцеркáльный, обрáтнонеравнолóпастный
Hypochlorit *n* MOCl гипохлорúт, соль хлорновáтистой кислоты́
Hypocon *n* гипокóн
Hypoconid *n* гипоконúд
Hypoconulid гипоконулúд
Hypodermis *f* гиподéрма
hypogen гипогéнный
hypohyalin Hypohyalin- неполностекловáтый, гипогиалúновый
hypokristallin неполнокристаллúческий, гипокристаллúческий
hypomorph гипомóрфный
Hypomorphie *f* гипомóрфия
hyponomisch bei Cephalopoden гипономúческий
Hypophosphit *m* гипофосфúт
Hypophyse *f* гипофúза
hyposeptal гипосептáльный
Hypostege *f* bei Bryozoen Raum zwischen Ectocyste und Pericyste гипостéг
Hypostom *n* гипостóма
Hypostracum *n* гипострáкум
Hypotenuse *f* гипотенýза
Hypothallium *n* гипотáллий
hypothermal гипотермáльный
Hypothese *f* гипóтеза
hypothetisch гипотетúческий
hypozentral Hypozentral- гипоцентрáльный
Hypozentraltäfelchen *n* bei Echinodermen гипоцентрáльная таблúчка
Hypozentrum *n* гипоцéнтр
Hypozone *f* гипозóна
hypsodont гипсодóнтный
hypsographisch гипсографúческий
Hypsometer *n* гипсóметр
Hypsometrie *f* гипсомéтрия
hypsometrisch гипсометрúческий
hypsothermisch гипсотермúческий
Hyracotherium *n* гиракотéрий
Hysterese *f* Hysteresis гистерéзис
Hysteresisschleife *f* пéтля гистерéзиса
hysteromagmatisch гистеромагматúческий
Hystogramm *n* гистогрáмма
Hystologie *f* гистолóгия
hystologisch гистологúческий

I

Ianthinit *m* $[UO_2|(OH)_2]$ янтинит
Ichnologie *f* ихнология
Ichor *m* ихор
Ichthyofauna *f* Fischfauna ихтиофауна
Ichtyologie *f* ихтиология
ichthyophag рыбоядный
Ichthyopterygia *pl* рыбоплавниковые
Ichthyornis *m* ихтиорнис
Ichthyosauria *pl* ихтиозавры
Ichthyosaurus *m* ихтиозавр
Ichthyostegalia *pl* ихтиостегалии
Ictidosauria *pl* иктидозавры
Ictidosaurus *m* иктидозавр
Iddingsit *m* Fe-reicher Serpentin иддингсит
Idealschnitt *m* Idealprofil идеальный разрез
identifizieren gleichsetzen идентифицировать *uv.*, *v.*, отождествлять/отождествить
identifiziert gleichgesetzt идентифицированный, отождествлённый
Identifizierung *f* идентификация, отождествление
identisch идентичный, тождественный
Identität *f* идентичность, тождество, тождественность
Idioblast *m* идиобласт
idioblastisch идиобластовый
idiochromatisch идиохроматический
idiogen идиогенный
Idiogenit *m* идиогенит
idiomorph идиоморфный
Idiomorphismus *m* Idiomorphie идиоморфизм
idiostatisch идиостатический
Idokras *m* † Vesuvian идокраз
Iglesiasit *m* † Gemenge von Cerussit und Zinkspat иглезиазит
Ignimbrit *m* игнимбрит
Iguanodon *m* игуанодон
Ijolith *m* ийолит
Ikositetraeder *m* икозитетраэдр, тетрагон-триоктаэдр, трапецоэдр
Ikunolit *m* икунолит
Ilesit *m* identisch mit Mallardit илезит
Ilium *n* подвздошная кость
Illinium *n* иллиний
Illinoian *n* Illinois-Vereisung иллинойское оледенение
illuvial Illuvial- иллювиальный
Illuvialhorizont *m* иллювиальный горизонт
Ilmenit *m* $FeTiO_3$ ильменит
Ilmenit- ильменитовый
Ilmenitkonzentrat *n* ильменитовый концентрат
Ilmenitlamelle *f* ильменитовая пластинка
Ilmenitsand *m* ильменитовый песок
Ilmenitskelett *n* скелет ильменита
Ilmenorutil *m* Mischkristall von TiO_2 und Tapiolit ильменорутил
Ilvait *m* Lievrit $CaFe_2^{\cdot\cdot}Fe^{\cdot\cdot\cdot}[OH|O|Si_2O_7]$ ильваит
Imbibition *f* имбибиция
Iminogruppe *f* иминогруппа
immensurabel несоизмеримый
immerfeucht вечновлажный
immergrün вечнозелёный
Immersion *f* иммерсия
Immersionsaufsatz *m* иммерсионная насадка
Immersionsflüssigkeit *f* иммерсионная жидкость
Immersionslinse *f* иммерсионная линза
Immersionsmethode *f* иммерсионный метод
Immersionsöl *n* иммерсионное масло
Immersionsölhaut *f* плёнка иммерсионного масла
Immersionspräparat *n* иммерсионный препарат
immobil иммобильный
impermeabel непроницаемый
Impermeabilität *f* непроницаемость
Impfkristall *m* затравочный кристалл, затравка
Implikations- импликационный
Implikationsgefüge *n* импликационная структура
Imprägnation *f* пропитывание, импрегнация
Imprägnations- импрегнационный
Imprägnationserz *n* импреньированная руда

Imprägnationslagerstätte *f* импрегнацио́нное месторожде́ние
Imprägnationsmetamorphose *f* импрегнацио́нный метаморфи́зм
Imprägnationszone *f* зо́на импрегна́ции
imprägnieren durchtränken пропи́тывать/пропита́ть, импрегни́ровать *uv.*, *v.*
Imprägnieren *n* Durchtränken пропи́тывание
imprägniert durchtränkt импрегни́рованный, пропи́танный
Imprägnierung *f* Durchtränkung импрегна́ция, пропи́тывание
Impulsanstieg *m* нараста́ние и́мпульса
Impsonit *m* † ein Asphalt импсони́т
Impuls *m* и́мпульс
Impuls- и́мпульсный
Impulsanstieg *m* нараста́ние и́мпульса
Impulsaustausch *m* обме́н и́мпульса
Impulsdichte *f* пло́тность и́мпульса
Impulsecholotung *f* и́мпульсное эхолоти́рование
Impulsechoverfahren *n* и́мпульсный ме́тод иссле́дования
Impulsfluß *m* пото́к и́мпульса, пото́к коли́чества движе́ния
Impulsgerät *n* и́мпульсный прибо́р
Impulshäufigkeit *f* частота́ и́мпульсов
Impulshöhenmeßgerät *n* Geophys. анализа́тор амплиту́ды и́мпульсов (радиокарота́ж)
Impulslänge *f* продолжи́тельность и́мпульса
Impulsmethode *f* и́мпульсный ме́тод
Impulssatz *m* зако́н и́мпульса сил
Impulstransport *m* Impulsübertragung перено́с коли́чества движе́ния
Impulsverfahren *n* ме́тод и́мпульсов
Impulsverstärkung *f* усиле́ние и́мпульсов
Impulsverteilung *f* распределе́ние и́мпульсов
Impulswirkung *f* де́йствие и́мпульса
inadaptiv инадапти́вный
inadäquat несоотве́тствующий, несоразме́рный
inaktiv неакти́вный, неде́ятельный
Inaktivierung *f* инактивиза́ция
Inaktivität *f* неде́ятельность
inarticulat беззамко́вый
Inarticulata *pl* беззамко́вые
Incesivi *pl* резцы́
independent незави́симый
Inderit *m* $Mg[B_3O_3(OH)_5]\cdot 5H_2O$ индери́т
Index *m* и́ндекс, показа́тель
Indexfläche *f* пове́рхность показа́телей
Indianait *m* Halloysit индианаи́т
Indianit *m* † unfrischer Anorthit индиани́т
Indicolith *m* индиколи́т
indifferent индиффере́нтный, безразли́чный
Indifferenz *f* индиффере́нтность, безразли́чие
Indigo *m*, *n* инди́го
indigoblau инди́го-си́ний
Indigolith *m* Mineral der Turmalingruppe индиголи́т
Indikator *m* индика́тор, указа́тель
Indikator- индика́торный
Indikatorausschlag *m* отклоне́ние индика́тора
Indikatorbeschleunigung *f* ускоре́ние индика́тора
Indikatorelement *n* элеме́нт-индика́тор
Indikatorgleichung *f* уравне́ние индика́тора
Indikatorkurve *f* крива́я индика́тора
Indikatorlänge *f* индика́торная длина́
Indikatorlösung *f* раство́р индика́тора
Indikatorpflanze *f* индика́торное расте́ние, расте́ние-индика́тор
Indikatorumschlag *m* измене́ние цве́та индика́тора
Indikatorvergrößerung *f* индика́торное увеличе́ние
Indikatrix *f* индикатри́са
Indikatrixachse *f* ось индикатри́сы
indirekt mittelbar непрямо́й, ко́свенный
Indische Tafel *f* Инди́йская платфо́рма
Indischer Ozean *m* Инди́йский океа́н
Indium *n* In и́ндий
individuell Individual-, Einzel- индивидуа́льный
Individuum *n* Einzelwesen о́собь, индиви́д(ум)
Indricotherium *n* индрикоте́рий
Indricotherium- индрикоте́риевый
Induktion *f* инду́кция
Induktions- индукцио́нный
Induktionseffekt *m* индукцио́нный эффе́кт
Induktionsfaktor *m* фа́ктор инду́кции
Induktionskompensator *m* компенса́тор инду́кции

Induktionsmagnetometer *n* индукцио́нный магнито́метр
Induktionsmethode *f* ме́тод инду́кций, индукцио́нный ме́тод
Induktionsofen *m* индукцио́нная печь
Induktionsspule *f* индукцио́нная кату́шка
Induktionsstrom *m* индукцио́нный ток, индукти́вный ток
induktiv индукти́вный
Induktivität *f* индукти́вность
Induktor *m* инду́ктор
Industrie *f* промы́шленность, инду́стрия
Industrie der feuerfesten Stoffe *f* огнеупо́рная промы́шленность
Industrieabwässer *n/pl* промы́шленные сто́чные во́ды, произво́дственные сто́чные во́ды
Industriediamant *m* техни́ческий алма́з
industriell Industrie- промы́шленный
Industriewässer *n/pl* промы́шленные во́ды
Industriewasserversorgung *f* промы́шленное водоснабже́ние
Industriezweig *m* о́трасль промы́шленности
induzieren индуци́ровать *uv.*, *v.*
induziert индуци́рованный
inert ине́ртный
Inertialsystem *n* инерциа́льная систе́ма
Inertit *m* инерти́т
Inesit *m* $Ca_2Mn_7[Si_5O_{14}OH]_2 \cdot 5H_2O$ инези́т
Infiltration *f* инфильтра́ция, проса́чивание
Infiltrations- Sicker- инфильтрацио́нный
Infiltrationsbrunnen *m* инфильтрацио́нный коло́дец
Infiltrationsgang *m* инфильтрацио́нная жи́ла
Infiltrationsintensität *f* интенси́вность проса́чивания
Infiltrationslagerstätte *f* инфильтрацио́нное месторожде́ние
Infiltrationsmetasomatose *f* инфильтрацио́нный метасомато́з
Infiltrationstheorie *f* Hydrogeol. тео́рия инфильтра́ции, инфильтрацио́нная тео́рия
infiltriert инфильтри́рованный
infinitesimal бесконе́чно ма́лый
Influenz *f* влия́ние
Information *f* информа́ция
Informations- информацио́нный
infrabasal Infrabasal- инфрабаза́льный
Infrabasalia *pl* инфрабаза́льные пласти́нки, нижнеосновны́е пласти́нки
infralateral Infralateral- инфралатера́льный
infralitoral инфралитора́льный
inframarginal Inframarginal- инфрамаргина́льный
infranodal Infranodal- инфранода́льный
Infranodalplatte *f* инфранода́льная пласти́нка
infrarot Infrarot- инфракра́сный
Infrarotanalyse *f* инфракра́сный ана́лиз
Infrarotbereich *m* инфракра́сная о́бласть
Infrarotspektrograph *m* инфракра́сный спектро́граф
Infrarotspektroskopie *f* инфракра́сная спектроскопи́я
Infrarotspektrum *n* инфракра́сный спектр
Infrarotstrahlung *f* инфракра́сное излуче́ние
Infraschall- инфразвуково́й
Infraschallfrequenz *f* инфразвукова́я частота́
Infraschallwelle *f* инфразвукова́я волна́
Infravalendis *n* инфравланжи́н
Infundibulum *n* мозгова́я воро́нка
Infusoria *pl* Infusorien инфузо́рии
Infusorien- инфузо́рный
Infusorienerde *f* инфузо́рная земля́
Ingenieur *m* инжене́р
Ingenieurgeologe *m* инжене́р-гео́лог
Ingenieurgeologie *f* инжене́рная геоло́гия
ingenieurgeologisch инжене́рно-геологи́ческий
Ingenit *m* Ergußgestein ингени́т
Ingredienz *f* Bestandteil ингредие́нт, составна́я часть
ingredieren ингреди́ровать *uv.*, *v.*
Ingression *f* ингре́ссия, вторже́ние мо́ря
Ingressions- ингрессио́нный
Ingressionsbucht *f* ингрессио́нная бу́хта
Ingressionsküste *f* ингрессио́нный бе́рег
ingressiv ингресси́вный
inhärent сцепля́ющийся
Inhärenz *f* сцепле́ние

inhomogen негомоге́нный, неодноро́дный
inhomogen-isotrop неодноро́дно-изотро́пный
Inhomogenität *f* негомоге́нность, неодноро́дность
initial нача́льный, инициа́льный
Initialphase *f* нача́льная фа́за
Initialursache *f* инициа́льная причи́на
Injektion *f* инъе́кция, нагнета́ние
Injektions- инъекцио́нный
Injektionsbildung *f* инъекцио́нное образова́ние
Injektionsbohrung *f* инъекцио́нная сква́жина
Injektionsdruck *m* давле́ние инъе́кции, давле́ние нагнета́ния
Injektionsflüssigkeit *f* Bohr. нагнета́тельная жи́дкость
Injektionsgestein *n* инъекцио́нная поро́да
Injektionsgneis *m* инъекцио́нный гне́йс
Injektionskontakt *m* инъекцио́нный конта́кт
Injektionskörper *m* инъекцио́нное те́ло
Injektionslösung *f* Inggeol. раство́р для инъе́кции
Injektionsmetamorphose *f* инъекцио́нный метаморфи́зм
Injektionszone *f* межгрануля́рная плёнка
injektiv Injektions- инъекцио́нный
Inklination *f* магни́тное наклоне́ние
Inklinationsbussole *f* буссо́ль магни́тного наклоне́ния
Inklinationskompaß *m* ко́мпас наклоне́ния
Inklinationsmesser *m* инклино́метр
Inklinationsnadel *f* стре́лка инклина́тора, стре́лка наклоне́ния
Inklinationswinkel *m* у́гол наклоне́ния
Inklinator *m* инклина́тор
inkohärent несогласо́ванный, некоге-ре́нтный
Inkohärenz *f* несогласо́ванность, некогере́нтность
Inkohlung *f* обуглеро́живание, углефика́ция
Inkohlungsgrad *m* сте́пень углефика́ции
inkommensurabel несоизмери́мый
Inkommensurabilität *f* несоизмери́мость
inkompetent некомпете́нтный, пода́тливый
Inkompetenz *f* некомпете́нтность
inkompressibel несжима́емый
Inkompressibilität *f* несжима́емость
Inkompressibilitätsfaktor *m* коэффицие́нт несжима́емости
inkongruent неконгруэ́нтный, несовпада́ющий
Inkongruenz *f* инконгруэ́нтность, несовпаде́ние, несовмеще́ние
inkonstant unbeständig непостоя́нный, переме́нный
Inkonstanz *f* непостоя́нство, переме́нность
Inkorporation *f* инкорпора́ция
Inkrustation *f* инкруста́ция, ко́рочка, на́кипь
Inkrustations- инкрустацио́нный
Inkrustationsstruktur *f* инкрустацио́нная структу́ра
inkrustieren инкрусти́ровать *uv.*, *v.*
inkrustiert инкрусти́рованный
Inkrustierung *f* инкруста́ция
Inlanddüne *f* материко́вая дю́на
Inlandeis *n* континента́льный лёд, лёд су́ши, материко́вый ледни́к
Inlandeisakkumulation *f* материково-леднико́вая аккумуля́ция
Inlandeisdecke *f* покро́в материко́вого льда
Inlandvergletscherung *f* материко́вое оледене́ние
Innendruck *m* вну́треннее давле́ние
Innendurchmesser *m* вну́тренний диа́метр
Innenfeld *n* вну́треннее по́ле
Innenfeldpotential *n* потенциа́л вну́тренних поле́й
Innenfläche *f* вну́тренняя пове́рхность
Innenknospung *f* верху́шечное почкова́ние, вну́треннее почкова́ние
Innenlippe *f* вну́тренняя губа́
Innenmassiv *n* среди́нный масси́в
Innenmolasse *f* вну́тренняя мола́сса
Innenmoräne *f* вну́тренняя море́на
Innenpotential *n* вну́тренний потенциа́л
Innenreflex *m* вну́тренний рефле́кс
Innensattel *m* вну́треннее седло́
Innenschrumpfung *f* вну́тренняя контра́кция
Innenseite *f* вну́тренняя сторона́

Innensenke *f* внýтренняя впáдина
Innenskelett *n* внýтренний скелéт
Innenspannung *f* внýтреннее напряжéние
Innentemperatur *f* Zimmertemperatur кóмнатная температýра
Innenwinkel *m* внýтренний ýгол
innenzentriert центрогрáнный
inneratomar внутриáтомный
innere Kontaktzone *f* Kontakthof зóна эндоконтáкта
innerhalb внутрú
innermagmatisch внутримагматúческий
innermolekular внутримолекулúрный
innersekretorisch внутрисекретóрный, инкретóрный
Innersudetisches Becken *n* Внутрисудéтский бассéйн
Innersudetische Hauptverwerfung *f* Глáвный Внутрисудéтский разлóм
Inoceramen *pl* иноцерáмы
Inostrancevia *f* иностранцéвия
Insecta *pl* Insekten насекóмые
Insectivora *pl* насекомоя́дные
Insekten *pl* Insecta насекóмые
insektenfressend насекомоя́дный
Insektenfresser *pl* насекомоя́дные
Insel *f* óстров
Insel- островнóй
Inselbarre *f* островнóй бар
Inselberg *m* островнáя горá
Inselberglandschaft *f* ландшáфт островны́х гор
Inselbergrelief *n* горноостровнóй рельéф
Inselbogen *m* Archipel дугá островóв, островнáя дугá
Inseleis *n* островнóй лёд
Inselfauna *f* островнáя фáуна
Inselflora *f* островнáя флóра
Inselgruppe *f* архипелáг, грýппа островóв
Inselkette *f* цепь островóв, грядá островóв
Inselreihe *f* грядá островóв
insequent инсеквéнтный
Insolation *f* инсоля́ция
Insolations- инсоляциóнный
Insolationsthermometer *n* радиациóнный термóметр
Insolationsverwitterung *f* инсоляциóнное вывéтривание

instabil инстабúльный, неустóйчивый
Instabilität *f* нестабúльность, неустóйчивость
Instabilitätswert *m* величинá неустóйчивости
Instabilitätszone *f* зóна неустóйчивости
instationär нестационáрный
Institut *n* институ́т
Instruktion *f* Anweisung инстрýкция, указáние
Instrument *n* прибóр, инструмéнт
Instrumentalazimut *m, n* инструментáльный áзимут
Instrumentalfehler *m* инструментáльная ошúбка, погрéшность прибóра
Instrumentalkonstante *f* инструментáльная постоя́нная, постоя́нная прибóра
Instrumentalkorrektion *f* инструментáльная попрáвка
Instrumentarium *n* инструментáрий, прибóры
instrumentell инструментáльный
Instrumentempfindlichkeit *f* чувствúтельность прибóра
Instrumentenfehler *m* инструментáльная ошúбка, погрéшность прибóра
Instrumentenglas *n* инструментáльное стеклó
Instrumentenkorrektion *f* инструментáльная попрáвка
Instrumentkonstante *f* постоя́нная прибóра
insubrisch инсубрúйский
Insubrische Linie *f* инсубрúйская лúния
insular островнóй
Integral *n* интегрáл
Integral- интегрáльный
Integralgleichung *f* интегрáльное уравнéние
Integralkurve *f* интегрáльная кривáя
Integralmethode *f* интегрáльный мéтод
Integralrechnung *f* интегрáльное исчислéние
Integralverfahren *n* интегрáльный мéтод
Integralzeichen *n* знак интегрáла
Integration *f* интегрúрование, интегрáция
Integrations- интеграциóнный
Integrationsbereich *m* óбласть интегрúрования

Integrationskonstante *f* постоя́нная интегри́рования
Integrationskurve *f* крива́я интегри́рования
Integrationsmethode *f* ме́тод интегри́рования, интеграцио́нный ме́тод
Integrationstisch *m* U-Tisch интеграцио́нный сто́лик
Integrationsvariable *f* переме́нная интегри́рования
integrierbar интегри́руемый
Integrierbarkeit *f* интегри́руемость
integrieren интегри́ровать *uv.*, *v.*
Integrieren *n* интегри́рование
Integrierung *f* интегри́рование
Integument *n* интегуме́нт, ко́жный покро́в
Intensität *f* интенси́вность
Intensitätsabfall *m* уменьше́ние интенси́вности
Intensitätseinheit *f* едини́ца интенси́вности
Intensitätsindex *m* показа́тель интенси́вности
Intensitätsmaximum *n* ма́ксимум интенси́вности
Intensitätsmethode *f* ме́тод интенси́вности
Intensitätsminimum *n* ми́нимум интенси́вности
Intensitätsquotient *m* отноше́ние интенси́вностей
Intensitätsskala *f* шкала́ интенси́вности
Intensitätsveränderung *f* измене́ние интенси́вности
intensiv stark интенси́вный
Intensivierung *f* интенсифика́ция
Interambulakralfeld *n* интерамбулякра́льное по́ле, межамбулякра́льное по́ле
Interambulakrum *n* межамбуля́кр
interatomar межа́томный
Interclavicula *f* межключи́ца
Interferenz *f* интерфере́нция
Interferenz- интерференцио́нный
Interferenzbild *n* карти́на интерфере́нции, интерференцио́нная карти́на
Interferenzeffekt *m* интерференцио́нный эффе́кт
Interferenzerscheinung *f* интерференцио́нное явле́ние
Interferenzfarbe *f* интерференцио́нная окра́ска, цвет интерфере́нции
Interferenzfarbtafel *f* цветна́я номогра́мма
Interferenzfigur *f* интерференцио́нная фигу́ра
Interferenzhyperbel *f* гипе́рбола интерференцио́нной фигу́ры
Interferenzkreuz *n* интерференцио́нный крест
Interferenzlinie *f* ли́ния интерфере́нции
Interferenzmikroskop *n* интерференцио́нный микроско́п
Interferenzmikroskopie *f* интерференцио́нная микроскопи́я
Interferenzring *m* интерференцио́нное кольцо́
Interferenzwelle *f* интерференцио́нная волна́
Interferenzzone *f* интерференцио́нная полоса́
interferieren интерфери́ровать *uv.*, *v.*
Interferometer *n* интерферо́метр
Interferometrie *f* интерфероме́трия
interferometrisch интерферометри́ческий
interfokal междуфо́кусный
intergenerisch межродово́й
Interglazial *n* Zwischeneiszeit межледнико́вье, интергляциа́л
interglazial Interglazial- межледнико́вый, интергляциа́лный
Interglazialfauna *f* межледнико́вая фа́уна
Interglazialflora *f* межледнико́вая фло́ра
Interglazialzeit *f* межледнико́вый пери́од
intergranular Intergranular- интергрануля́рный, межзе́ренный
Intergranularfilm *m* межгрануля́рная плёнка, интергрануля́рная плёнка
Intergranularstruktur *f* интергрануля́рная структу́ра
interkalar интеркаля́рный
interkameral межка́мерный
interkontinental межконтинента́льный
Interkristallsole *f* межкриста́льная ра́па
interlamellar Interlamellar- межпласти́нчатый
interlobat межло́пастный
interlobular междо́льчатый
intermaxillar межчелюстно́й
intermediär промежу́точный, сре́дний

intermetallisch интерметалли́ческий
intermittierend wechsellagernd перемежа́ющийся
intermolekular междумолекуля́рный, межмолекуля́рный
intern вну́тренний
Internationale Regeln der Zoologischen Nomenklatur (IRZN) *f/pl* междунаро́дное пра́вило зоологи́ческой номенклату́ры
Internationaler Geologenkongreß *m* Междунаро́дный геологи́ческий конгре́сс
Interngefüge *n* вну́треннее строе́ние
Interniden *pl* Tekt. интерни́ды
Internlobus *m* вну́тренняя ло́пасть
internodal интернода́льный
Internodium *n* междоу́злие, коле́но
Internrotation *f* вну́треннее враще́ние
interpapillar межсосо́чковый
interplanetarisch межплане́тный
interpleural Interpleural- межплевра́льный, интерплевра́льный
Interpleuralfurche *f* межплевра́льная борозда́, интерплевра́льная борозда́
interpluvial Interpluvial- межплювиа́льный
Interpolation *f* интерполя́ция
Interpolationsformel *f* интерполяцио́нная фо́рмула
interpolieren интерполи́ровать *uv.*, *v.*
Interpolieren *n* интерполи́рование
interpoliert интерполи́рованный
Interpretation *f* Deutung, Auslegung интерпрета́ция
interpretieren deuten, auslegen интерпрети́ровать *uv.*, *v.*
interradial межрадиа́льный
Interradialia *pl* межлучевы́е табли́чки
Interradialplatte *f* интеррадиа́льная табли́чка, промежу́точная табли́чка
Interradium *n* интерра́диум
interseptal Interseptal межперегоро́дочный, интерсепта́льный
Interseptalkammer *f* межперегоро́дочная ка́мера
Interseptalkanal *m* межсепта́льный кана́л
Interseptalskelett *n* интерсепта́льный скеле́т
Intersertal- интерсерта́льный
Intersertalstruktur *f* интерсерта́льная структу́ра
Interstadial *n* интерстадиа́л
Interstadialboden *m* интерстадиа́льная по́чва
interstellar Interstellar- межзвёздный
interstitiell внутрипо́ровый, интерстициа́льный
Interstitium *n* промежу́ток
Intervall *n* интерва́л, промежу́ток
interzellular Interzellular- межкле́точный
Interzellularraum *m* межкле́точное простра́нство
Interzellularsubstanz *f* межкле́точное вещество́
interzonal Interzonal- интерзона́льный
Intine *f* инти́на
Intracamarophorialplatte *f* bei Brachiopoden внутрикамарофориа́льная пласти́на
intraformationell межформацио́нный
intrageosynklinal Intrageosynklinal- интрагеосинклина́льный
intraglazial внутриледнико́вый
intragranular межзернөво́й, интергрануля́рный
intrakontinental Intrakontinental- внутриконтинента́льный внутриматерико́вый
intrakristallin внутрикристалли́ческий
intrakrustal внутрикорово́й
intramagmatisch интрамагмати́ческий
intramolekular внутримолекуля́рный
intrapluvial интраплювиа́льный
intraseptal Intraseptal- внутриперегоро́дочный, внутрисепта́льный интрасепта́льный
intrasiphonal внутрисифо́нный
Intrasiphonalbildung *f* внутрисифо́нное образова́ние
intrasolar внутрисо́лнечный
intraspezifisch внутривидово́й
intratellurisch интрателлури́ческий
intratriadisch внутритриа́совый
Intravisé- внутривизе́йский
intrudiert eingedrungen интруди́рованный
Intrusion *f* интру́зия, внедре́ние
Intrusions(ab)folge *f* после́довательность внедре́ния
Intrusionsmechanismus *m* механи́зм интру́зии
Intrusionsniveau *n* интрузи́вный у́ровень

Intrusionsphase *f* фáза внедрéния
Intrusionszyklus *m* интрузи́вный цикл
Intrusiv- Intrusions- интрузи́вный
Intrusivgestein *n* интрузи́вная порóда
Intrusivkomplex *m* интрузи́вный кóмплекс
Intrusivkontakt *m* интрузи́вный контáкт
Intrusivkörper *m* интрузи́вное тéло
Intrusivstock *m* интрузи́вный шток
Intrusivtätigkeit *f* Intrusionstätigkeit интрузи́вная дéятельность
Inundation *f* инундáция
Inundationsphase *f* фáза инундáции
Invagination *f* инвагинáция
invariabel неизмéнный, неизменя́емый
invariant нонвариáнтный, инвариáнтный
Invarianz *f* инвариáнтность
Invernit *m* Intrusivgestein инверни́т
invers обращённый, противополóжный, обрáтный
inverses Relief *n* обращённый рельеф
Inversion *f* инвéрсия
Inversionsachse *f* Min. инверсиóнная ось
Inversionskurve *f* инверсиóнная кривáя
Inversionspunkt *m* тóчка инвéрсии
invertebrat беспозвонóчный
Invertebrata *pl* беспозвонóчные
involut инволю́тный, объéмлющий
Involutheit *f* объéмлемость, инволю́тность
Involution *f* инволю́ция
Inyoit *m* $Ca[B_3O_3(OH)_5]\cdot 4H_2O$ иниойт
Ion *n* иóн
Ionen- иóнный
Ionenadsorption *f* адсóрбция иóнов
Ionenaktivität *f* иóнная акти́вность
Ionenatmosphäre *f* иóнная атмосфéра, иóнное óблако
Ionenaustausch *m* иóнный обмéн
ionenaustauschend ионообмéнный
Ionenaustauscher *m* ионообмéнник
Ionenbeweglichkeit *f* подви́жность иóнов
Ionenbildung *f* образовáние иóнов
Ionendichte *f* плóтность иóнов
Ionendiffusion *f* диффу́зия иóнов, иóнная диффу́зия
Ionendurchlässigkeit *f* иóнная проницáемость
Ionengehalt *m* содержáние иóнов
Ionengeschwindigkeit *f* скóрость передвижéния иóна
Ionengitter *n* иóнная решётка
Ionengleichgewicht *n* иóнное равновéсие
Ionengleichung *f* уравнéние реáкции в иóнной фóрме
Ionengruppe *f* грýппа иóнов
Ionenhydrierung *f* гидратáция иóнов
Ionenkombination *f* комбинáция иóнов
Ionenkomplex *m* иóнный кóмплекс
Ionenkonfiguration *f* конфигурáция иóнов
Ionenkonstante *f* иóнная констáнта
Ionenkonzentration *f* концентрáция иóнов
Ionenkristall *n* иóнный кристáлл
Ionenladung *f* заря́д иóна, иóнный заря́д
Ionenleitfähigkeit *f* иóнная проводи́мость
Ionenlösung *f* иóнный раствóр
Ionenmessung *f* подсчёт иóнов
Ionenpaar *n* пáра иóнов, иóнная пáра
Ionenpolarisation *f* иóнная поляризáция
Ionenpotential *n* иóнный потенциáл
Ionenprodukt *n* иóнное произведéние
Ionenproduktion *f* образовáние иóнов
Ionenradius *m* иóнный рáдиус
Ionenreaktion *f* иóнная реáкция
Ionenspaltung *f* распадéние на иóны
Ionenspektroskopie *f* иóнная спектроскóпия
Ionenspektrum *n* спектр иóнов
Ionenstoßzahl *f* частотá столкновéний иóнов
Ionenstrom *m* иóнный ток
Ionentheorie *f* иóнная теóрия
Ionenvalenz *f* валéнтность иóнов
Ionenverhältnis *n* соотношéние иóнов
Ionenwanderung *f* передвижéние иóнов
Ionenwanderungsgeschwindigkeit *f* скóрость передвижéния иóнов
Ionenwertigkeit *f* валéнтность иóнов
Ionenzähler *m* счётчик иóнов
Ionenzerfall *m* распадéние на иóны
Ionenzufuhr *f* привнóс иóнов
Ionisation *f* ионизáция
Ionisations- ионизациóнный
Ionisationseffekt *m* ионизациóнный эффéкт

Ionisationsgerät *n* ионизацио́нный прибо́р
Ionisationsgleichgewicht *n* ионизацио́нное равнове́сие
Ionisationsintensität *f* интенси́вность иониза́ции
Ionisationskammer *f* ионизацио́нная ка́мера
Ionisationsmethode *f* ионизацио́нный ме́тод
Ionisationspotential *n* потенциа́л иониза́ции
Ionisationsprodukt *n* проду́кт иониза́ции
Ionisationsstrom *m* ионизацио́нный ток
Ionisationsvermögen *n* ионизацио́нная спосо́бность
Ionisationswärme *f* теплота́ иониза́ции, теплово́й эффе́кт иониза́ции
Ionisationswirkung *f* ионизи́рующее де́йствие
Ionisator *m* иониза́тор
ionisieren ионизи́ровать *uv.*, *v.*
Ionisieren *n* ионизи́рование
ionisiert ионизи́рованный
Ionisierung *f* иониза́ция
Ionisierungsfähigkeit *f* ионизи́рующая спосо́бность
Ionisierungskammer *f* ионизацио́нная ка́мера
Ionisierungspotential *n* ионизацио́нный потенциа́л
Ionisierungsprozeß *m* проце́сс иониза́ции
Ionisierungsschicht *f* сло́й иониза́ции
Ionisierungsspannung *f* напряже́ние иониза́ции
Ionisierungsstärke *f* интенси́вность иониза́ции
Ionisierungsvermögen *n* ионизи́рующая спосо́бность
Ionisierungszustand *m* состоя́ние иониза́ции
Ioniummethode *f* ио́ниевый ме́тод
ionometrisch ионометри́ческий
Ionosphäre *f* ионосфе́ра
ionosphärisch Ionosphären- ионосфе́рный
Iowa(n)-Vereisung *f* айо́вское оледене́ние
irdisch земно́й
Iridaceae *pl* каса́тиковые
Iridium *n* Ir ири́дий
Iridiumdioxid *n* IrO_2 двуо́кись ири́дия, о́кись ири́дия (4)
Iridiumfluorid *n* 1. IrF_4; 2. IrF_6 фто́ристый ири́дий, фтори́д ири́дия
Iridiumplatin *n* Ir-reiches Platin ири́дистая пла́тина
Iridosmium *n* Sysserskit (Ir, Os) иридосми́н, о́смистый ири́дий
Irinit *m* ирини́т
Iris *f* ра́дужина, ра́дужная оболо́чка
Irisblende *f* ири́совая диафра́гма
irisieren иризи́ровать *uv.*, *v.*
Irisieren *n* ириза́ция
irisierend иризи́рующий
irrational иррациона́льный
Irregularia *pl* непра́вильные морски́е ёжи
Irregularität *f* нерегуля́рность
irreversibel необрати́мый
Irreversibilität *f* необрати́мость
Irrigation *f* Bewässerung ирригáция
Irrigations- Bewässerungs- ирригацио́нный
Irrigationssystem *n* ирригацио́нная систе́ма
Irvingit *m* Varietät von Lepidolith ирвинги́т
Isanomalen *f/pl* изанома́лы
Ischium *n* седа́лищная кость
Iserin *m* изери́н
Ishikawait *m* Varietät von Samarskit ишикавайт
Ishkyldit *m* ? Strukturvarietät von Chrysotil ишкильди́т
Ising-Gravimeter *n* гравиме́тр И́синга
Islandmoos *n* *Cetraria islandica* лиша́йник
Islandspat *m* исла́ндский шпат
isobar изобари́ческий
Isobare *f* Linie gleichen Barometerstandes изоба́ра
Isobase *f* Linie gleicher tektonischer Hebung изоба́за
Isobathe *f* Linie gleicher Wassertiefe изоба́та
Isobutanol *n* изобутано́л
isochemisch изохими́ческий
Isochione *f* Linie gleicher Höhe der Schneegrenze изохио́на
Isochore *f* Linie gleichen Volumens in einem Zustandsdiagramm изохо́ра

isochrom изохроматический, равноцветный
Isochrome *f* Feld gleicher Farbe in einer Interferenzfigur изохрома
isochron gleichzeitig изохронный, изохронический, одновременный
Isochrone *f* Linie gleicher Ausbreitungszeit seismischer Wellen изохрона
Isochronenmethode *f* Geophys. метод изохрон
isodont изодонтный
isodontes Schloß *n* изодонтный замок
Isodyname *f* Linie gleicher Intensität des Erdmagnetfeldes изодинама
isodynamisch изодинамический
Isoetales *pl* шилицевые
Isogamme *f* Linie zwischen Punkten gleicher Schwere изогамма
Isogammenkarte *f* Geophys. карта изогамм
isogenetisch изогенетический
Isogeotherme *f* Linie gleicher Bodentemperatur изогеотерма
isogonal winkelgleich изогональный, равноугольный
Isogone *f* Linie gleicher magnetischer Deklination изогона
Isogonenkarte *f* Geophys. карта изогон
Isohaline *f* Linie gleichen Salzgehaltes des Wassers изохалина
Isohypse *f* Höhenschichtlinie изогипса; горизонталь
Isohypsenkrümmung *f* кривизна изогипсы
Isohypsenmethode *f* метод изогипс
Isoklas *m* $Ca_2[OH|PO_4]\cdot 2H_2O$ изоклаз, изоклазит
isoklinal Isoklinal- изоклинальный
Isoklinale *f* изоклиналь
Isoklinalfalte *f* изоклинальная складка
Isokline *f* Linie gleicher magnetischer Inklination изоклина
Isolation *f* изоляция
Isolations- изоляционный
Isolator *m* изолятор
Isolierschicht *f* изоляционный слой, изоляционная прокладка
Isolierstoff *m* Isolationsmaterial изоляционный материал
isoliert (ab)gesondert изолированный, обособленный, разобщённый
Isolierung *f* изоляция; обособление
Isolinie *f* изолиния
Isolinienmethode *f* метод изолиний
Isolith *m* изолит
Isomarte *f* Linie gleichen Gehaltes an Oxiden изомарта
Isomartenmethode *f* Geochem. метод изомарт
Isomere *pl* isomere Moleküle oder Kerne изомеры
Isomerie *f* изомерия
Isomerisation *f* изомеризация
isometrisch изометрический
isomorph изоморфный
Isomorphie *f* изоморфизм
Isomorphose *f* изоморфизм
isomyar равномускульный
Isoohme *f* Linie gleichen elektrischen Widerstandes изоома
Isopache *f* Linie gleicher Mächtigkeit изопаха
Isopachyse *f* Linie gleicher Mächtigkeit изопахита
Isopachysenkarte *f* карта изопахит
Isoplethe *f* Linie gleichen täglichen oder jährlichen Ganges eines Klimaelementes изоплета
Isopoda *pl* равноногие
Isoseiste *f* Linie gleicher Seismizität изосейста
Isoseistenmethode *f* метод изосейст
isospondyl изоспондильный
isospor изоспоровый
Isostasie *f* изостазия
isostatisch изостатический
isotherm изотермический
Isotherme *f* Linie gleicher Lufttemperatur изотерма
Isothermenkarte *f* карта изотерм
isothermisch изотермический
isotonisch изотонический
Isotop *n* изотоп
Isotopen- изотопный
Isotopenmethode *f* изотопный метод
Isotopentrennung *f* разделение изотопов
Isotopenverdünnung *f* изотопное разбавление
Isotopenverdünnungsmethode *f* метод изотопного разбавления
Isotopenverhältnis *n* отношение изотопов
Isotopenzusammensetzung *f* изотопный состав
isotrop изотропный

Isotropie *f* изотропи́я, изотро́пность
Isotropisierung *f* изотропиза́ция
isovalent изовале́нтный
Issit *m* melanokrates Gestein иcси́т
Isthmus *m* переше́ек
Itabirit *m* итабири́т
itabiritisch Itabirit- итабири́товый
Itakolumit *m* schiefriger Quarzsandstein итаколуми́т
Italit *m* Alkaligestein итали́т
Itfer-Schichten *f/pl* Ordovizium des Baltischen Schildes и́тферские слои́
Itoit *m* итои́т
Ittnerit *m* Nosean mit Zeolithisierung иттнери́т
Ittnerit- иттнери́товый
Ivernit *m* Varietät des Monzonitporphyrs иверни́т
Ixiolith *m* Sn-haltiger Tantalit иксиоли́т
Ixolith *m* bernsteinähnliches Harz иксоли́т

J

Jachymovit *m* Fehlbestimmung, Cuproskladowskit яхимови́т
Jacupirangit *m* Alkalipyroxenit якупиранги́т
Jade *m* Nephrit oder dichter Jadeit жад
Jadeit *m* $NaAl[Si_2O_6]$ жадеи́т
Jadeit- жадеи́товый
Jadeitgestein *n* жадеи́товая поро́да
Jadeitkomponente *f* жадеи́товый компоне́нт
Jadeitpyroxen *m* жадеи́товый пироксе́н
Jägerkultur *f* охо́тничья культу́ра
Jahr *n* год
Jahrbuch *n* ежего́дник
Jahres- годово́й, годи́чный
Jahresabfluß *m* годово́й сток, годово́й расхо́д
Jahresabflußfülle *f* объём годово́го сто́ка
Jahresabflußhöhe *f* высота́ сло́я годово́го сто́ка
Jahresabflußmenge *f* годово́й сток, объём годово́го сто́ка
Jahresabweichung *f* годово́е отклоне́ние
Jahresamplitude *f* годова́я амплиту́да, амплиту́да годово́го хо́да
Jahresanomalie *f* годова́я анома́лия, годово́е отклоне́ние
Jahresbedarf *m* годова́я потре́бность
Jahresbericht *m* годово́й отчёт, годова́я сво́дка
Jahresdargebot *n* годово́й расхо́д (воды́)
Jahresdurchschnitt *m* среднегодово́е значе́ние, годова́я сре́дняя величина́
Jahreserzeugung *f* годи́чная вы́работка, годи́чное произво́дство
Jahresförderung *f* годова́я добы́ча; годово́й деби́т
Jahreshochwasser *n* годово́й па́водок
Jahresleistung *f* годова́я производи́тельность, годова́я мо́щность
Jahresmaximum *n* годово́й ма́ксимум
Jahresmenge *f* годово́е коли́чество
Jahresminimum *n* годово́й ми́нимум
Jahresmittel *n* сре́дняя годова́я (величина́), среднегодово́е значе́ние, годова́я сре́дняя
Jahresmittelwert *m* среднегодово́е значе́ние
Jahresniederschläge *m/pl* годовы́е атмосфе́рные оса́дки
Jahresniederschlagshöhe *f* высота́ годово́го сло́я атмосфе́рных оса́дков
Jahresniederschlagsmenge *f* годово́е коли́чество оса́дков
Jahresperiode *f* годово́й пери́од
Jahresproduktion *f* годова́я проду́кция, годово́е произво́дство
Jahresring *m* годи́чное кольцо́; годи́чный сло́й
Jahresschicht *f* годи́чный сло́й
Jahresschwankung *f* годово́е колеба́ние, годова́я амплиту́да, годово́е измене́ние
Jahresschwankungsamplitude *f* годова́я амплиту́да колеба́ния
Jahresverbrauch *m* годово́й расхо́д, годово́е потребле́ние
Jahresverdunstungshöhe *f* высота́ годово́го сло́я испаре́ния
Jahresversammlung *f* годи́чное собра́ние, годово́е собра́ние

Jahreswassermenge *f* годово́й расхо́д воды́
Jahreswasserstand *m* годово́й ход у́ровней воды́
Jahreswasserverbrauch *m* годово́е потребле́ние воды́
Jahresverdunstung *f* годово́е испаре́ние
Jahreswert *m* годово́е значе́ние
Jahreszeit *f* вре́мя го́да; сезо́н
Jahreszeitenschwankung *f* сезо́нное колеба́ние
jahreszeitlich сезо́нный
Jahreszufluß *m* годово́й прито́к
Jahreszyklus *m* годово́й цикл
jährlich годово́й, ежего́дный
Jaipurit *m* γ-CoS джайпури́т
Jakobsit *m* $MnFe_2O_4$ якобси́т
Jalpait *m* wohl Gemenge von Strohmeyerit und Silberglanz хальпаи́т
Jamesonit *m* $4PbS \cdot FeS \cdot 3Sb_2S_3$ джемсони́т
Jamin-Effekt *m* эффе́кт жаме́на
Janit *m* (Na, K, Ca) (Fe, Al, Mg) $[Si_2O_6] \cdot 2H_2O$ яни́т
Janosit *m* † Copiapit янози́т
Japaner Zwillinge *m/pl* япо́нские двойники́
Jargon *m* gelber Zirkon von Edelsteinqualität жарго́н
Jarlit *m* $NaSr_2[AlF_6] \cdot [AlF_5H_2O]$ ярли́т
Jarosit *m* $KFe_3^{\cdots}[(OH)_6|(SO_4)_2]$ ярози́т
Jaroslavien *n* яросла́вское оледене́ние
Jaspilit *m* джеспили́т
Jaspilit- jaspilitisch джеспили́товый
Jaspis *m* Subvarietät von Chalcedon я́шма
Jaspis- я́шмовый
Jaspisformation *f* я́шмовая форма́ция
Jatulikum *n* jatulische Formation ятули́йская систе́ма
jatulisch ятули́йский
Jaulingit *m* bernsteinähnliches Harz яйлинги́т
Jefferisit *m* Mineral der Vermiculitgruppe джеффериза́т
Jeffersonit *m* Zn-haltiger Schefferit джефферсони́т
Jenkinsit *m* Mineral der Chloritgruppe дженкинси́т
Jeremejewit *m* $AlBO_3$ еремееви́т
Jeromit *m* ? wahrscheinlich Auripigment mit Se-Gehalt джероми́т
Jetztzeit *f* совреме́нный пери́од
Ježekit *m* $Na_4CaAl_2[O|[OH, F)_4|(PO_4)_2]$ ежеки́т
Joaquinit *m* $NaBa(Ti, Fe)_3[Si_4O_{15}]$ джоакини́т
Jochgletscher *m* переме́тный ледни́к, двойнико́вый ледни́к
Jod *n* J йод
Jodat *n* йода́т, соль йоднова́той кислоты́
Jodbenzol *n* C_6H_5J йодбензол, монойодбензо́л
Jodessigsäure *f* $JCH_2 \cdot COOH$ йоду́ксусная кислота́
jodfrei не содержа́щий йо́да
jodhaltig содержа́щий йо́д
Jodid *n* йоди́д
Jodkalium *n* Kaliumjodid KJ йо́дистый ка́лий, йоди́д ка́лия
Jodkaliumstärkepapier *n* йодокрахма́льная бума́га
Jodnatrium *n* Natriumjodid NaJ йо́дистый на́трий, йоди́д на́трия
Jodobromit *n* Ag(Cl, Br, J) йодоброми́т
Jodometrie *f* йодометри́я
jodometrisch йодометри́ческий
Jodstärke *f* йодкрахма́л
Jodstärkepapier *n* йодкрахма́льная бума́га
jodsubstituiert йодзамещённый
Jodwasserstoff *m* HJ йо́дистый водоро́д, йодоводоро́д
Jodwasserstoff- йодистоводоро́дный
Jodwasserstoffsäure *f* HJ йодистоводоро́дная кислота́
Jodzahl *f* йо́дное число́
Johannit *m* Uranvitriol $Cu[UO_2|OH|SO_4]_2 \cdot 6H_2O$ иоганни́т
Johannsenit *m* $CaMn[Si_2O_6]$ иоганнсени́т
Johnstrupit *m* $(Ca, Na)_3(Ti, Ce)[F|(SiO_4)_2]$ джонструпи́т
Jordanit *m* $5PbS \cdot As_2S_3$ иордани́т
Jordisit *m* röntgenamorphes MoS_2 иордизи́т
Joséit *m* $(A)Bi_4(Te, S)_3$ (?) жозеи́т
Josen *m* † Hartit иосе́н
Josephinit *m* tellurisches Nickel джозефини́т
jotnisch иотни́йский
Jotnium *n* jotnische Formation ио́тний, иотни́йская форма́ция
Joule *n* Phys. J джо́уль, дж

Judenstein *m* еврейский камень
Judikarienlinie *f* юдикарийская линия
jugal Jugal- скуловой, югальный
Jugale *n* скуловая кость
Jugalfortsatz *m* bei Brachiopoden югальный отросток
Jugendstadium *n* юная стадия
Juglandaceae *pl* ореховые
Juglans орех
Jugum *n* югальный отросток, югум
Julienit *m* $Na_2Co[CSN]_4 \cdot 8H_2O$ жюльенит
Juncaceae *pl* ситниковые
Juncaginaceae *pl* ситниковидные
jungeuxinisch новоэвксинский
Jungglazial *n* новоледниковье
jungherzynisch верхнегерцинский
Jabsinterglazial *n* новомежледниковье
jungkaledonisch новокаледонский
jungkimmerisch новокиммерийский
junglaramisch новоларамийский
jungpaläozoisch верхнепалеозойский
Jungtertiär *n* новотретичная система, новотретичная формация
jungvariscisch верхневарисский, верхнегерцинский
jungvulkanisch неовулканический
Juniperus можжевельник
Jura *m* юра, юрская система
Juragebirge *n* юрские горы
jurassisch Jura- юрский
Jurupait *m* $(Ca, Mg)SiO_3 \cdot 1/2H_2O$ юрупайт, джурупайт
justierbar юстируемый
justieren юстировать *uv.*, *v.*
Justierfehler *m* ошибка юстировки
Justiermarke *f* юстировочная марка
Justierschraube *f* юстировочный винт
justiert юстированный
Justierung *f* юстировка, юстирование
Justiervorrichtung *f* юстировочное приспособление
juvavisch ювавский
juvenil ювенильный; юный
juvenil-magmatisch ювенильно-магматический
Juvit *m* Varietät des Nephelin-Syenits ювит
Juxporit *m* $H_6Na_4Ca_3Si_9O_{26}$ юкспорит
Juxtapositionszwilling *m* смежный двойник

K

Kabait *m* кабайт
Kabelschuh *m* Bohr. кабельный башмак
Kabelstrecke *f* кабельная линия
Kabeltrommel *f* катушка
Kadmium *n* Cd кадмий
Kadmiumazetat *n* $Cd(C_2 \cdot H_3O_2)_2$ уксуснокислый кадмий, ацетат кадмия
Kadmiumsulfat *n* $CdSO_4$ сернокислый кадмий, сульфат кадмия
Käfer *m* жук
Kagerian *n* кагерий
Kai *n* Ufermauer набережная
Kainit *m* $KMg[Cl|SO_4] \cdot 2^3/_4H_2O$ каинит
Kainit- каинитовый
Kainitgestein *n* каинитовая порода
kainitisch Kainit- каинитовый
Kainitit *m* кайнитит
Kajanit *m* mesokrates Syenitgestein каянит, кажанит
Kakirit *m* какирит
Kakochlor *m* Gemenge, hauptsächlich Wad какохлор
Kakoklasit *m* Gemenge von Grossular, Kalkspat und Apatit какоклазит, какоклаз
Kakoxen *m* $Fe_2^{\cdots}[OH|PO_4]_3 \cdot 12H_2O$ какоксен
kalabrisch калабрийский
kalabrische Stufe *f* Pleistozän des Mittelmeeres калабрийский ярус
kalabrische Terrasse *f* калабрийская терраса
Kalben *n* обламывание ледника, откалывание края ледника
Kaledoniden *pl* каледониды
kaledonisch каледонский
kaledonische Faltung *f* каледонская складчатость
Kalev *n* kalevisches System, Präkambrium des Baltischen Schildes калевийская система, калевий
kalevisch калевийский
kaledonische Faltung *f* каледонская складчатость
Kali *n* окись калия

Kali- калийный
Kalialaun *m* Kalinit $KAl[SO_4]_2 \cdot 12H_2O$ калийные квасцы
Kaliankaratrit *m* Olivinnephelinit (HOLMES 1932) калиевый анкаратрит
Kaliborit *m* $KMg_2B_{11}O_{19} \cdot 9H_2O$ калиборит
Kalicinit *m* $KHCO_3$ калицинит
Kalidünger *m* калийное удобрение
Kalidüngesalz *n* калийная удобрительная соль
Kalifeldspat *m* калиевый полевой шпат
Kalifeldspatblastit *m* кристаллобластовая калиево-полевошпатовая порода
Kalifeldspatisierung *f* калиевая фельдшпатизация
Kalifeldspatkomponente *f* калишпатовый компонент
Kalifornium *n* Cf калифорний
Kaliführung *f* калиеносность
Kaligehalt *m* калиеносность
Kaligestein *n* калийная порода
Kalilauge *f* калийный щёлок, раствор едкого калия
Kalilösung *f* раствор едкого калия
Kalimetasomatose *f* K-Metasomatose калиевый метасоматоз
Kalimineral *n* калийный минерал
Kalimischsalz *n* смешанная калийная соль
Kalinatronfeldspat *m* калинатровый полевой шпат
Kalinin-Vereisung *f* калининское оледенение
Kalinit *m* Kalialaun $KAl[SiO_4]_2 \cdot 11H_2O$ (?) калинит
Kaliophilit *m* $K[AlSiO_4]$ калиофилит
Kalireihe *f* калиевый ряд
Kalisalpeter *m* KNO_3 калийная селитра, азотнокислый калий
Kalisalz *n* калийная соль
Kalisalzkristallisation *f* кристаллизация калийных солей
Kalisalzlagerstätte *f* месторождение калийных солей
Kalisyenit *m* калиевый сиенит
Kalizufuhr *f* привнос калия
Kalium *n* K калий
Kaliumantimonit *n* $KSbO_2$ сурьмянистокислый калий, антимонит калия
Kaliumazetat *n* уксуснокислый калий
Kaliumbichromat *n* $K_2Cr_2O_7$ двухромовокислый калий, бихромат калия
Kaliumbikarbonat *n* $KHCO_3$ кислый углекислый калий, двууглекислый калий, бикарбонат калия
Kaliumbisulfat *n* бисульфат калия
Kaliumborat *n* KBO_2 борнокислый калий, борат калия
Kaliumbromid *n* KBr бромистый калий, бромид калия
Kaliumchlorat *n* $KClO_3$ хлорноватистокислый калий, хлорат калия
Kaliumchlorid *n* KCl хлористый калий, хлорид калия
Kaliumchlorit *n* $KClO_2$ хлористокислый калий, хлорат калия
Kaliumchromat *n* K_2CrO_4 хромовокислый калий, хромат калия
Kaliumfluorid *n* KF фтористый калий, фторид калия
Kaliumhydrophosphat *n* K_2HPO_4 кислый фосфорнокислый калий (вторичный), кислый фосфат калия
Kaliumhydrosulfat *n* $KHSO_4$ кислый сернокислый калий, бисульфат калия
Kaliumhydroxid *n* KOH гидроокись калия, едкое кали
Kaliumhypophosphit *n* KH_2PO_2 фосфорноватистокислый калий, гипофосфит калия
Kaliumjodat *n* KJO_3 йодноватокислый калий, йодат калия
Kaliumjodid *n* CdJ_2 йодистый кадмий, йодид кадмия
Kaliumjodid *n* KJ йодистый калий, йодид калия
Kaliumjodstärkepapier *n* калий-йодокрахмальная реактивная бумага
Kaliumkarbonat *n* K_2CO_3 углекислый калий, карбонат калия
Kaliummanganat *n* K_2MnO_4 марганцовистокислый калий, манганат калия
Kaliummetaphosphat *n* KPO_3 метафосфорнокислый калий, метафосфат калия
Kaliummetasilikat *n* $(K_2SiO_3)_n$ метакремнекислый калий, метасиликат калия
Kaliumnitrat *n* KNO_3 азотнокислый калий, нитрат калия
Kaliumnitrid *n* K_3N азотистый калий, нитрид калия

Kaliumnitrit *n* KNO_2 азотистокислый калий, нитрит калия
Kaliumoxalat *n* $K_2C_2O_4$ щавелевокислый калий, оксалат калия
Kaliumperchlorat *n* $KClO_4$ хлорнокислый калий, перхлорат калия
Kaliumpermanganat *n* $KMnO_4$ марганцовокислый калий, перманганат калия
Kaliumperoxid *n* K_2O_4 перекись калия, пероксид калия
Kaliumperrhenat *n* перренат калия
Kaliumpyrosulfit *n* $K_2S_2O_5$ пиросернистокислый калий, пиросульфит калия
Kaliumsulfantimonat *n* K_3SbS_4 тиосурьмянокислый калий, сульфантимонат калия
Kaliumsulfat *n* K_2SO_4 сернокислый калий, сульфат калия
Kaliumsulfid *n* K_2S сернистый калий, сульфид калия
Kaliumsulfit *n* K_2SO_3 сернистокислый калий, сульфит калия
Kaliumtartrat *n* $K_2C_4H_4O_6$ виннокислый калий
Kaliumthiocyanat *n* KCNS роданистый калий, тиоцианат калия
Kaliumwolframat *n* K_2WO_4 вольфрамовокислый калий, вольфрамат калия
Kaliwerk *n* калийный завод
Kalizufuhr *f* привнос калия
Kalk *m* 1. Kalkstein известняк. 2. Baukalk CaO известь, окись кальция
Kalk- 1. Kalkstein- известняковый 2. Kalk- известковый
Kalkablagerung *f* известковое отложение
kalkabscheidend выделяющий известь
Kalkalgen *f/pl* известковые водоросли
Kalkalgenriff *n* известково-водорослевый риф
Kalkalkali- известково-щелочной
Kalkalkaliaplit *m* известково-щелочной аплит
Kalkalkalireihe *f* известково-щелочной ряд
Kalkalpen *pl* Известняковые Альпы
Kalkalumosilikat *n* известковый алюмосиликат
kalkarm слабоизвестковый
Kalkbauxit *m* известняковый боксит
Kalkboden *m* известковая почва, карбонатная почва
Kalkbrennen *n* обжиг извести
Kalkbrennofen *m* известковая печь, известковообжигательная печь
Kalkdolomitgestein *n* известково-доломитовая порода
Kalkdüngemittel *n* известковое удобрение
Kalkdüngung *f* известкование почвы
Kalkeisengranat *m* известково-железистый гранат
Kalkfazies *f* известняковая фация, известковая фация
kalkfrei неизвестняковый
Kalkgehalt *m* известковистость
Kalkgeröll *n* известняковая галька
Kalkglimmerschiefer *m* известково-слюдистый сланец
kalkhaltig Kalk- известковистый, известковый
Kalkhärte *f* известковая жёсткость (воды)
Kalkhornfels *m* известковый роговик
kalkig Kalk- известковистый, известковый
kalkig-dolomitisch известково-доломитовый
kalkig-tonig известково-глинистый
Kalkkonglomerat *n* известняковый конгломерат
Kalkkonkretion *f* известковое стяжение, известковая конкреция
kalkliebende Pflanzen *f/pl* кальцелюбы
Kalklöschen *n* гашение извести
Kalkmalachit *m* unreiner Malachit калькмалахит
kalkmeidend кальцефобный
Kalkmergel *m* известковый мергель
Kalkmörtel *m* известковый раствор
Kalknatron- известково-натриевый
Kalkofen *m* известковая печь
Kalkowskyn *n* кальковскин
Kalkpanzer *m* известковый панцирь
Kalkphyllit *m* известковый филлит
Kalkputz *m* известковая штукатурка
kalkreich богатый известью
Kalksandstein *m* известковый песчаник
Kalkschale *f* известковая раковина
Kalkschiefer *m* известковистый сланец
Kalkschlacke *f* известковый шлак
Kalkschlamm *m* известковый ил
Kalkschotter *m* известковый щебень
Kalksilikatgestein *n* известково-силикатная порода

Kalksilikatgneis *m* известко́во-силика́тный гне́йс
Kalksilikathornfels *m* известко́во-силика́тный рогови́к
Kalksinter *m* известко́вая на́кипь, известко́вый натёк
Kalkspateinschluß *m* включе́ние кальци́та
Kalkspatgang *m* кальци́товая жи́ла
Kalkspatisierung *f* кальцитиза́ция
Kalkstein *m* известня́к
Kalksteinbruch *m* известняко́вый карье́р
Kalktongranat *m* известко́во-глинозе́мистый грана́т
Kalktuff *m* известко́вый туф
Kalkuranglimmer *m* ка́льциевый урани́т
Kallait *m* Türkis $CuAl_6[(OH)_2|PO_4]_4 \cdot 4H_2O$ каллаи́т
Kallilith *m* Ni(Bi, Sb)S каллили́т
Kalmenzone *f* по́яс шти́лей
Kalomel *n* Hornquecksilber HgCl каломе́л
Kalorie *f* кало́рия
Kaloriengehalt *m* Heizwert калори́йность, теплотво́рная спосо́бность
Kalorimeter *n* калори́метр
Kalorimetrie *f* Wärmemessung калориме́трия
kalorimetrisch калориметри́ческий
Kalsilit *m* $K[AlSiO_4]$ кальсили́т
Kaltblüter *m/pl* холоднокро́вные
Kaltblüter- холоднокро́вный
Kälte *f* хо́лод
kältebeständig холодосто́йкий
Kältebeständigkeit *f* холодосто́йкость
Kältehäufigkeit *f* повторя́емость хо́лодов
kälteliebend холодолюби́вый
Kälteperiode *f* пери́од хо́лодов
Kältepol *m* по́люс хо́лода
Kältezone *f* зо́на хо́лода
Kaltwasserform *f* холодолюби́вая фо́рма
Kaltwasserregion *f* о́бласть холо́дных вод
Kaltwassersphäre *f* о́бласть холо́дных вод
Kaluszit *m* † Syngenit калуши́т
Kalzination *f* кальцини́рование
kalzinieren кальцини́ровать *uv., v.*
Kalzinieren *n* 1. кальцини́рование, прока́ливание. 2. обжига́ние
Kalzinierofen *m* обжига́тельная печь, печь для прока́ливания
Kalzinierung *f* кальцина́ция
Kalzium *n* Ca ка́льций
Kalzium- ка́льциевый
Kalziumabfuhr *f* вы́нос ка́льция
Kalziumarsenat *n* Meta-$Ca(AsO_3)_2$ мышьяковоки́слый ка́льций, арсена́т ка́льция
Kalziumbikarbonat *n* $Ca(HCO_3)_2$ ки́слый углеки́слый ка́льций, двууглеки́слый ка́льций, бикарбона́т ка́льция
Kalziumbisulfit *n* $Ca(HSO_3)_2$ ки́слый сернистоки́слый ка́льций, бисульфи́т ка́льция
Kalziumchlorat *n* $Ca(ClO_3)_2$ хлорноватоки́слый ка́льций, хлора́т ка́льция
Kalziumchlorid *n* $CaCl_2$ хло́ристый ка́льций, хлори́д ка́льция
Kalziumflora *f* Geobot. ка́льциевая фло́ра
Kalziumfluorid *n* CaF_2 фто́ристый ка́льций, фтори́д ка́льция
Kalziumhydrophosphat *n* $CaHPO_4$ ки́слый фосфорноки́слый ка́льций (втори́чный), ки́слый фосфа́т ка́льция (втори́чный)
Kalziumhydrosulfat *n* $Ca(HSO_4)_2$ ки́слый сернoки́слый ка́льций, бисульфа́т ка́льция
Kalziumhydroxid *n* $Ca(OH)_2$ гидро́окись ка́льция
Kalziumkarbid *n* $CaCl_2$ карби́д ка́льция
Kalziumkarbonat *n* $Ca(HCO_3)_2$ ки́слый углеки́слый ка́льций, двууглеки́слый ка́льций, бикарбона́т ка́льция
Kalziummetaphosphat *n* $Ca(PO_3)_2$ метафосфорноки́слый ка́льций, метафосфа́т ка́льция
Kalziummetasilikat *n* $CaSiO_3$ метакремнеки́слый ка́льций, метасилика́т ка́льция
Kalziumnitrat *n* $Ca(NO_3)_2$ азотноки́слый ка́льций, нитра́т ка́льция
Kalziumorthodisilikat *n* $Ca_3Si_2O_7$ ортопирокремневоки́слый ка́льций
Kalziumorthosilikat *n* Ca_2SiO_4 ортокремнеки́слый ка́льций, ортосилика́т ка́льция
Kalziumoxalat *n* CaC_2O_4 щавелевоки́слый ка́льций, оксала́т ка́льция

Kalziumphosphat *n* $Ca(PO_3)_2$ Meta- фосфорноки́слый ка́льций, фосфа́т ка́льция
Kalziumphosphid *n* Ca_3P_2 фо́сфористый ка́льций, фосфи́д ка́льция
Kalziumphosphit *n* $CaHPO_3$ фосфористоки́слый ка́льций, фосфи́т ка́льция
Kalziumsalz *n* ка́льциевая соль
Kalziumsilikat *n* 1. $CaSiO_3$ Meta-; 2. Ca_2SiO_4 Ortho- кремнеки́слый ка́льций, силика́т ка́льция
Kalziumstrontianit *n* Emmonit кальцистронциани́т
Kalziumsulfat *n* $CaSO_4$ серноки́слый ка́льций, сульфа́т ка́льция
Kalziumsulfit *n* $CaSO_3$ сернистоки́слый ка́льций, сульфи́т ка́льция
Kalziumthiosulfat *n* $CaSO_3S$ bzw. CaS_2O_3 тиосерноки́слый ка́льций, серноватистоки́слый ка́льций, тиосульфа́т ка́льция, гипосульфи́т ка́льция (неправ. назв.)
Kamarezit *m* $Cu[(OH)_4|SO_4] \cdot 6H_2O$ камареци́т
Kamasian *n* камази́йский век, кама́зий
Kamazit *m* Mineral der Nickel-Eisengruppe камаси́т, камаци́т
Kambium *n* ка́мбий
kambrisch кембри́йский
Kambrium *n* ке́мбрий, кембри́йская систе́ма, кембри́йский пери́од
kambrosilurisch Kambrosilur- кембросилури́йский
Kames *pl* ка́мы
Kames- ка́мовый
Kamesrelief *n* ка́мовый релье́ф
Kamm *m* Geomorph. гре́бень
Kamm- kammartig гребе́нчатый
Kammer *f* Zool. ка́мер
Kammerbau *m* ка́мерная вы́работка
Kämmererit *m* $(Mg,Cr)_{<3}[(OH)_2|AlSi_3O_{10}]$ $Mg_3(OH)_6$ кеммерери́т
Kammergang *m* ка́мерная жи́ла
Kammermündung *f* у́стье ка́меры
Kammerofen *m* ка́мерная печь
Kammeröffnung *f* у́стье ка́мера
Kammhöhe *f* высота́ гре́бня
Kammkies *m* Varietät von Markasit гребе́нчатый колчеда́н
Kammlänge (einer Welle) *f* длина́ гре́бня волны́
Kammlinie *f* ли́ния гре́бня, гребнева́я ли́ния
Kampylit *m* Mineral der Apatitgruppe кампили́т
Kamtschatkastrom *m* Камча́тское тече́ние
Kanadabalsam *m* кана́дский бальза́м
kanadisch Kanada- кана́дский
Kanadischer Schild *m* кана́дский щит
Kanal *m* кана́л
Kanal- кана́льный
Kanalbau *m* строи́тельство кана́лов
Kanalbett *n* ру́сло кана́ла
Kanalgründung *f* основа́ние кана́ла
Kanalisationsanlage *f* канализацио́нная устано́вка, канализацио́нное устро́йство
Kanalisationswasser *n* канализацио́нная сто́чная вода́
Kanalisierung *f* канализи́рование
Kanalnetz *n* систе́ма кана́лов, сеть кана́лов
Kanalprofil *n* про́филь кана́ла
Kanalquerschnitt *m* попере́чное сече́ние кана́ла
Kanalsohle *f* ло́же кана́ла, дно кана́ла
Kanalsystem *n* систе́ма кана́лов
Kanalversickerung *f* фильтра́ция из кана́ла
kanariengelb канаре́ечно-жёлтый
Kander-Vereisung *f* ка́ндерское оледене́ние
Kaneit *m* Mineral der Wurtzitgruppe канеи́т
Känguruh *n* *Petrogale xanthopus* кенгуру́
Kannelkohle *f* кенне́левый у́голь
känotyp кайноти́пный
Känozoikum *n* кайнозо́й, кайнозо́йская гру́ппа, кайнозо́йская э́ра
känozoisch кайнозо́йский
Kansan *n* ка́нзасская эпо́ха
Kansan-Eiszeit *f* ка́нзасское оледене́ние
Kansasit *m* fossiles Harz канзаси́т
Kansas-Moräne *f* ка́нзасская море́на
Kansas-Vereisung *f* Kansan ка́нзасское оледене́ние
Kante *f* кра́й, ребро́, грань
Kanten- рёберный, гранёный
Kantenform *f* рёберная фо́рма
Kantengeröll *n* гранёный валу́н
Kantenlänge *f* длина́ ребра́
Kantensymbol *n* си́мбол кристалли́ческого ребра́

Kantenwachstum *n* рост по ребра́м криста́ллов
kantig углова́тый
Kaolin *n* каоли́н
Kaolin- каоли́новый
kaolinhaltig каоли́нистый
kaolinisiert каолинизи́рованный
Kaolinisierung *f* каолиниза́ция
Kaolinisierungszone *f* зо́на каолиниза́ции
Kaolinit *m* $Al_4[(OH)_8|Si_4O_{10}]$ каолини́т
Kaolinitfazies *f* каолини́товая фа́ция
kaolinitisch Kaolinit- каолини́товый
Kaolinmineral *n* каоли́новый минера́л
Kaolinrinde *f* каоли́новая ко́рка
Kaolinsandstein *m* каоли́новый песча́ник
Kaolinton *m* каоли́новая гли́на
Kap *n* мыс
Kapazität *f* ёмкость, вмести́мость; мо́щность
kapazitiv ёмкостный
kapillar Kapillar- капилля́рный, волосно́й
Kapillaranziehung *f* капилля́рное притяже́ние
Kapillaraufstieg *m* капилля́рный подъём
Kapillarbewegung *f* капилля́рное движе́ние
Kapillardepression *f* капилля́рная депре́ссия, капилля́рное пониже́ние
Kapillardruck *m* капилля́рное давле́ние
Kapillare *f* Haarröhrchen капилля́р, капилля́рная труба́
Kapillarerweiterung *f* расшире́ние капилля́ров
kapillare Steighöhe *f* высота́ подъёма в капилля́ре, капилля́рный подъём
Kapillargewebe *n* капилля́рная ткань
Kapillarhebung *f* капилля́рное подня́тие
Kapillarhohlraum *m* капилля́рная пустота́
Kapillarhub *m* капилля́рный подъём
Kapillarimeter *n* каппилярри́метр
Kapillarität *f* капилля́рность, во́лосность
Kapillaritätserscheinung *f* явле́ние капилля́рности
Kapillaritätsgesetz *n* зако́н капилля́рности
Kapillarkompression *f* капилля́рное сжа́тие
Kapillarkondensation *f* капилля́рная конденса́ция
Kapillarkonstante *f* капилля́рная постоя́нная
Kapillarkraft *f* капилля́рная си́ла
Kapillarmethode *f* капилля́рный ме́тод
Kapillarpore *f* капилля́рная по́ра
Kapillarporosität *f* капилля́рная по́ристость
Kapillarraum *m* капилля́рное простра́нство
Kapillarrohr *n* капилля́рная тру́бка
Kapillarschicht *f* капилля́рный сло́й
Kapillarspannung *f* капилля́рное натяже́ние
Kapillarstruktur *f* капилля́рная структу́ра
Kapillarsystem *n* капилля́рная систе́ма
Kapillarvolumen *n* капилля́рная ёмкость, объём капилля́ров
Kapillarwand *f* сте́нка капилля́ра
Kapillarwasser *n* капилля́рная вода́
Kapillarwert *m* коэффицие́нт капилля́рности
Kapillarwirkung *f* де́йствие капилля́рности, де́йствие капилля́рных сил
Kapital(s)anlage *f* Investition капиталовложе́ние
Kappe *f* ша́пка
Kapronsäure *f* капро́новая кислота́
Kaprubin *m* Pyrop ка́пский руби́н
Kar *n* кар
Kar- ка́ровый
Karat *n* кара́т
Karbid *n* карби́д, ацетиле́нистое соедине́ние мета́лла
Karbolsäure *f* карбо́ловая кислота́
Karbon *n* карбо́н, каменноу́гольная систе́ма, каменноу́гольный пери́од
Karbon- карбо́новый
Karbonado *m* s. Carbonado
Karbonat *n* карбона́т, соль у́гольной кислоты́, углеки́слая соль
Karbonatanteil *m* карбона́тная часть
Karbonatbildung *f* карбонатообразова́ние
Karbonatboden *m* карбона́тная по́чва
Karbonaterz *n* карбона́тная руда́
Karbonatfazies *f* карбона́тная фа́ция
karbonatfrei некарбона́тный
Karbonatgehalt *m* карбона́тность

Karbonatgestein *n* карбонатит; карбонатная порода
Karbonathärte *f* карбонатная жёсткость
karbonatisch Karbonat- карбонатный
karbonatisiert карбонатизированный
Karbonatisierung *f* карбонатизация
Karbonatkonkretion *f* карбонатная конкреция
Karbonatkruste *f* карбонатная корка
Karbonatserie *f* карбонатная толща
Karbonatwasser *n* карбонатная вода
karbonisch Karbon- каменноугольный
Karbonisierung *f* карбонизация
Karbonkalk *m* каменноугольный известняк
Karbonyl *n* карбонил
Karbonyl- карбонильный
Karbonylgruppe *f* карбонильная группа
Karbonylzahl *f* карбонильное число
Karborund *m* CSi карборунд
Karboxyl *n* карбоксил
Karboxyl- карбоксильный
Karboxylgruppe *f* карбоксильная группа
Kardinalia *pl* bei Brachiopoden Gebilde in der Nähe des Schloßrandes der Armklappe кардиналии
Kareliden *pl* карелиды
Karelinit *m* Bi_2S_2O(?) карелинит
karelische Phase *f* карельская фаза
Kargebirge *n* каровые горы
Kargletscher *m* каровый ледник, мульдовый ледник
Karlsbader Gesetz *n* карлбадский закон
Karlsbader Zwillinge *m/pl* карлсбадские двойники
Karminit *m* $PbFe_2{}^{\cdots}[OH|AsO_4]_2$ карминит
Karn *n* карнийский ярус
Karn- karnisch карнийский
Karottage *f* Bohrlochmessung каротаж
Karpaten *pl* карпаты
Karpatenflysch *m* карпатский флиш
Karpatenvorsenke *f* Предкарпатский прогиб
Karpholith *m* $MnAl_2[(OH)_4|Si_2O_6]$ карфолит
Karphosiderit *m* $H_2OFe_3{}^{\cdots}[(OH)_5H_2O|(SO_4)_2]$ карфосидерит
Karpinskiit *m* карпинскиит
Karpinskische Linien *f/pl* линии карпинского
Karren *pl* Schratten карры, шратты
Karrenfeld *n* карровое поле
Karrenfurche *f* карровая борозда (в ледниках)
Karsee *m* каровое озеро
Karst *m* карст
Karst- карстовый
karstbildend карстующий
Karstbildung *f* карстовое образование, карстообразование
Karstenit *m* † Anhydrit карстенит
Karsterscheinung *f* карстовое явление
Karstform *f* карстовая форма
Karstgebiet *n* карстовая область, область карста
Karstgletscher *m* карстовый ледник
Karsthöhle *f* карстовая пещера
Karsthohlraum *m* карстовая пустота
karstig Karst- карстовый
Karstlagerstätte *f* карстовое месторождение
Karstlandschaft *f* карстовый ландшафт
Karstlehm *m* карстовая глина
Karstplateau *n* карстовое плато
Karstquelle *f* карстовый источник
Karstrelief *n* карстовый рельеф
Karstrinne *f* карстовый овраг
Karstsee *m* карстовое озеро
Karstsenke *f* карстовая впадина
Karstsenkung *f* карстовое понижение
Karststrom *m* карстовый поток
Karsttal *n* карстовая долина
Karsttalkessel *m* карстовая воронка
Karstton *m* карстовая глина
Karsttrichter *m* карстовая воронка, карстовый колодец
Karstversickerungswert *m* величина карстовой инфильтрации
Karstvertiefung *f* карстовое понижение
Karstvorkommen *n* карстопроявление
Karstwanne *f* карстовая ванна
Karstwasser *n* карстовая вода
Karstwasserproblem *n* проблема карстовых вод
Karstwasserstrom *m* карстовый водоток
Karte *f* карта
Kartenabstand *m* расстояние на карте
Kartenaufnahme *f* топографическая съёмка
Kartenausschnitt *m* отрезок карты
Kartenblatt *n* Meßtischblatt лист карты, планшет
Kartendiagramm *n* картодиаграмма

Kartenebene *f* пло́скость ка́рты
Karteneintragung *f* нанесе́ние на ка́рту
Kartengenauigkeit *f* то́чность ка́рты
Kartenkorrektur *f* корректу́ра ка́рты
Kartenkunde *f* картове́дение
Kartenmaßstab *m* масшта́б ка́рты
Kartenmontage *f* монта́ж ка́рты
Kartennetz *n* картографи́ческая се́тка
Kartennull *n* нуль ка́рты
Kartenquadrat *n* квадра́т ка́рты
Kartensignatur *f* Signatur усло́вный знак
Kartenskizze *f* схемати́ческая ка́рта
Kartenzusammenstellung *f* картосоставле́ние
kartieren карти́ровать *uv., v.*
kartiert закарти́рованный
Kartierung *f* Kartieren карти́рование
Kartierungs- картиро́вочный
Kartierungsarbeiten *f/pl* картиро́вочные рабо́ты
Kartierungsbohrung *f* картиро́вочное буре́ние, картиро́вочная сква́жина
Kartograph *m* карто́граф
Kartographie *f* картогра́фия
kartographisch картографи́ческий
Kartreppe *f* ка́ровая ле́стница
Karyinit *m* $(Ca, Mn, Pb, Mg)_3[AsO_4]_2$ кариини́т
Karyocerit *m* Mineral der Cappelenitreihe кариоцери́т
Karyokinese *f* кариокине́з
Kasanskit *m* Dunit mit Olivin, Chromit, Hornblende, Anorthit, Chrom, Spinell казански́т
Kasan-Stufe *f* Kasan, Perm каза́нский я́рус
Kaskadengletscher *m* каска́дный ледни́к
Kasoit *m* Bariumfeldspat касо́йт, казо́йт
Kasolit *m* $Pb_2[UO_2|SiO_4]\cdot 2H_2O$ казоли́т
Kaspisches Meer *n* Каспи́йское мо́ре
Kassiopeium *n* Cp касcио́пий
Kassiterit *m* Zinnstein SnO_2 касситери́т
Kassiterit- касситери́товый
Kastanie *f* *Castanea* Mill. кашта́н
kastanienbraun кашта́ново-бу́рый
Kastenbussole *f* коро́бчатая буссо́ль
katablastisch катабласти́ческий
Katagenese *f* катагене́з
Katagestein *n* поро́да катазо́ны, катаметаморфи́ческая поро́да
Kataklase *f* катакла́з
Kataklasform *f* фо́рма катакла́за
Kataklasit *m* катаклази́т
Kataklasstruktur *f* катакласти́ческая структу́ра
kataklastisch катакласти́ческий, катаклази́рованный
Kataklysmus *m* катакли́зм
Katalysator *m* катализа́тор
Katalyse *f* ката́лиз
katalytisch каталити́ческий
Katalytverfahren *n* реаге́нтный спо́соб (умягче́ния воды́)
katametamorph катаметаморфи́ческий
Katamorphose *f* катаморфи́зм
Katangiden *pl* катанги́ды
Kataozokerit *m* катаозокери́т
Kataphorese *f* катафоре́з
Katapleit *m* $Na_2Zr[Si_3O_9]\cdot H_2O$ катаплеи́т
Katapleitsyenit *m* катаплеи́товый сиени́т
Katarakt *m* катара́кт; водопа́д
Katarchäikum *n* катархе́й
katarchäisch катархе́йский
katasiatische Flora *f* катазиа́тская фло́ра
Kataspilit *m* Gemenge pseudomorph nach Cordierit катаспили́т
Katasteraufnahme *f* када́стровая съёмка
Katasterkarte *f* Flurkarte када́стровая ка́рта, ка́рта земе́льного када́стра
Katastervermessung *f* съёмка для када́стра, када́стровая съёмка
Katasterverwaltung *f* управле́ние земе́льного када́стра
katastrieren кадастри́ровать *uv., v.*
Katastrierung *f* составле́ние када́стра
Katastrophenabfluß *m* катастрофи́ческий сток
Katastrophenbeben *n* катастрофи́ческое землетрясе́ние
Katastrophenhochwasser *n* катастрофи́ческий па́водок
katathermal катaтерма́льный
Katazone *f* катазо́на
Kategorie *f* катего́рия
Kation *n* катио́н
Kationen- катио́нный
kationenaktiv катионоакти́вный
Kationenaustausch *m* катио́нный обме́н, обме́н катио́нов
Kationenaustausch- катионообме́нный
Kationenaustauscher *m* катиони́т, катионозамени́тель

Kationenaustauschfähigkeit *f* катионнообме́нная спосо́бность
Kationenverteilung *f* распределе́ние катио́нов
Kationenzusammensetzung *f* катио́нный соста́в
Katophorit *m* gemeine Hornblende катафори́т
Katt *n* Kattische Stufe, Chattium ха́ттский я́рус
Katungit *m* Olivinleucitit катунги́т
Katze *f* *Felis* L. ко́шка
Katzenauge *n* коша́чий глаз
Katzensilber *n* коша́чье серебро́
Kau- жева́тельный
Kauaiit *m* † Gemenge, etwa $3(Na, K, H)_2O \cdot 2Al_2O_3 \cdot SO_3$ кауаи́т
Kauapparat *m* жева́тельный аппара́т
kaudal кауда́льный
Kauen *n* жева́ние
Kaufläche *f* жева́тельная пове́рхность
kaukasisch Kaukasus- кавка́зский
Kaukasit *m* Anorthoklasgranit des Kaukasus кавкази́т
Kauliflorie *f* каулифло́рия
Kaulquappe *f* голова́стик
Kauplatte *f* жева́тельная пласти́нка
kaustisch каусти́ческий
Kaustobiolith *m* каустобиоли́т
kaustobiolithisch Kaustobiolith- каустобиоли́товый
Kautschuk *m* каучу́к
kavernös каверно́зный, пеще́ристый
Kayserit *m* Umwandlungsprodukt von Korund кайзери́т
Keatit *m* кити́т
Keewatin-System *n* Archäikum Nordamerikas кьювати́нская систе́ма
Kegel *m* ко́нус
Kegelbrecher *m* ко́нусная дроби́лка
Kegelfläche *f* кони́ческая пове́рхность
Kegelform *f* кони́ческая фо́рма
kegelförmig конусообра́зный
Kegelkarst *m* ко́нусный карст
Kegelmühle *f* ко́нусная дроби́лка
Kegelpendel *n* кони́ческий ма́ятник
Kegelprojektion *f* кони́ческая прое́кция
Kegelschnitt *m* кони́ческое сече́ние
Kegelstumpf *m* усечённый ко́нус
Kegelwinkel *m* у́гол ко́нуса
Kehrwert *m* обра́тная величина́
Keil *m* клин
keilartig клинови́дный
keilförmig клинообра́зный
Keilgraben *m* клинообра́зный гра́бен
Keim *m* росто́к, заро́дыш, зача́ток
Keim- rudimentär зача́точный
Keimblatt *n* семядо́ля, семенодо́ля
keimblattlos бессеменодо́льный
keimen sprossen прораста́ть / прорасти́
Keimen *n* прораста́ние
Keimfurche *f* заро́дышевая борозда́
Keimzelle *f* заро́дышевая клéтка, заро́дышевая яче́йка
K-Einfang *m* захва́та электро́на к-оболо́чки, к-захва́т
Kelch *m* Calyx ча́шечка
Kelchblatt *n* чашели́стик
Kelchdecke *f* z. B. bei Seelilien кры́шка
kelchförmig чашечкообра́зный; бокалови́дный
Kelloway *n* келлове́йский я́рус, келловей
Kelloway- келлове́йский
Kelvinskala *f* шкала́ Ке́львина
Kelyphitsaum *m* келифи́товая каёмка
Kelyphittextur *f* келифи́товая тексту́ра
Kennel- ке́ннельский
Kennelkohle *f* ке́ннельский у́голь
Kenngröße *f* пара́метр, характеристи́ческая величина́
Kennlinie *f* графи́ческая характери́стика
Kennwert *m* показа́тель, характери́стика, характеристи́ческое значе́ние
Kennzahl *f* характери́стика, характеризу́ющее число́
kennzeichnen марки́ровать *uv.*, *v.*, обознача́ть / обозначи́ть, характеризова́ть *uv.*, *v.*, auch охарактеризова́ть
Kennziffer *f* показа́тель
Kenorische Faltung *f* Kanadischer Schild кено́ренская скла́дчатость
Kentrolith *m* $Pb_2Mn_2^{\cdots}[O_2|Si_2O_7]$ кентроли́т
Keramik *f* кера́мика
keramisch керами́ческий
Keramohalit *m* Alunogen $Al_2[SO_4]_3 \cdot 16H_2O$ керамогали́т
Kerargyrit *m* Chlorargyrit кераргири́т
Keratophyr *m* кератофи́р
Keratophyr- кератофи́ровый
keratophyrisch кератофи́ровый
Kerbe *f* Einschnitt насе́чка, зару́бка
Kerbtal *n* надрезна́я доли́на
Keriothek *f* кериоте́ка

Kermesit *m* Rotspießglanz Sb_2S_2O кермезит

Kern *m* 1. Atomkern u. a. ядро. 2. Bohrkern керн

Kern- 1. Atomkern ядерный. 2. Bohrkern керновый, колонковый

Kernablagerung *f* aus Bodensole ausgeschiedene oder auf Grund der Umkristallisation von Altablagerungen entstandes Salz керновое отложение

Kernanalyse *f* Kernuntersuchung керновый анализ

Kernbohren *n* колонковое бурение

Kernbohrer *m* колонковый бур

Kernbohrkopf *m* головка колонкового долота

Kernbohrung *f* колонковое бурение

Kerneinfang *m* ядерный захват

Kernemulsion *f* ядерная эмульсия

Kernentnahme *f* отбор керна

Kernfolge *f* последовательность кернов

Kerngewinn *m* выход керна, получение кернов

Kernit *m* $Na_2[B_4O_6(OH)_2]\cdot 3H_2O$ кернит

Kernkiste *f* керновый ящик

Kernklein *n* мелочь

Kernladungszahl *f* атомный номер

kernlos ohne Kerngewinn бескерновый

kernloses Bohren *n* бескерновое бурение

Kernmarsch *m* Kernstrecke рейс бурения

Kernmaterial *n* керновый материал

Kernmeißel *m* колонковый долото

Kernprobenahme *f* отбор кернов

Kernradius *m* Phys. радиус ядра

Kernreaktion *f* ядерная реакция

Kernresonanz *f* ядерный резонанс

Kernrohr *n* колонковая труба

Kernstück *n* кусок керна

Kerntiefe *f* глубина ядра (земли)

Kernumwandlung *f* превращение ядра

Kernzähler *m* счётчик ядер

Kernzertrümmerung *f* ядерное расщепление

Kernziehen *n* подъём керна, извлечение керна

Kerogen- керогенный

Kerosinfraktion *f* керосиновая фракция

Kersantit *m* керсантит

Kersantit- керсантитовый

Kersantitaplit *m* Barrois (1902) керсантитовый аплит

Kerstenit *m* † Bi-haltiger Smaltin керстенит

Kertschenit *m* ? Verwitterungsprodukt von Vivianit керченит

Kessel *m* Geomorph. котловина

kesselförmig котлообразный, котловидный

Kesselspeisewasser *n* питательная котельная вода

Kesselstein *m* накипь

Ketosäure *f* кетокислота

Kette *f* цепь

Ketten- цепной

Kettenbindung *f* цепное соединение

Kettenlinie *f* цепная линия

Kettensilikat *n* цепочный силикат

Kettnerit *m* кеттнерит

keulenförmig булавовидный

Keuper *m* кейпер

Keweenawan *n* Präkambrium Nordamerikas кьюиноуская свита

Keweenawan- кьюиноуский

Keweenawit *m* Gemenge von Kupfer-, Nickel- und Kobaltarseniden кьюинавит

Khagiarit *m* Varietät von Pantellerit каджирит

Khibinit (Chibinit) *m* wohl identisch mit Lovtschorrit хибинит

Kiefer *m* челюсть

Kiefer *f* *Pinus* L. сосна

Kiefer- 1. челюстной. 2. сосновый

Kieferapparat *m* челюстной аппарат

Kiefern-Eichen-Wald *m* сосново-дубовый лес

Kiefernwald *m* сосновый лес, сосняк

Kieferregion *f* челюстная область

Kieme *f* жабра

Kiemen- жаберный

Kiemenanhang *m* жаберный придаток

Kiemenatmung *f* жаберное дыхание

Kiemenbogen *m* жаберная дуга

Kiemendach *n* жаберная крышка

Kiemendeckel *m* жаберная крышка

Kiemenfüßler *m/pl* Brachiopoda жаброногие

Kiemengrube *f* жаберная выемка

Kiemenkammer *f* жаберная камера

kiemenlos безжаберный

Kiemenplatte *f* жаберная пластинка

Kiemenregion *f* жаберная область

Kiemensack *m* жаберный мешóк
Kiemenspalte *f* жáберная щель
Kies *m* 1. Lith. грáвий, дресвá, хрящ. 2. Min. колчедáн
Kies- 1. Lith. грави́йный, гравели́стый, хрящевáтый. 2. Min. колчедáнный
Kiesablagerung *f* отложéние грáвия
Kiesaufbereitung *f* приготовлéние грáвия
Kiesbank *f* гравели́стая мель
Kiesbeton *m* грави́йный бетóн
Kiesbett *n* гравели́стое рýсло
Kiesboden *m* гравели́стый грунт
Kiesel *m* Feuerstein кремéнь
Kiesel- кремнёвый
Kieselalge *f* кремнёвая вóдоросль
Kieselerde *f* кремнезём
Kieselerz *n* колчедáнная рудá
Kieselformation *f* кремни́стая формáция
Kieselgur *f* кизельгýр
kieselig Kiesel- кремни́стый
Kieselkalk *m* кремни́стый известня́к
Kieselkonkretion *f* кремнёвая конкрéция
Kieselsandstein *m* кремни́стый песчáник
kieselsauer кремнеки́слый
Kieselsäure *f* кремнекислотá, кремнёвая кислотá
Kieselsäure- кремнекислорóдный
Kieselsäureausblühung *f* вы́цвет кремнекислоты́
Kieselsäuregehalt *m* кремни́стость
Kieselsäuregel *n* гель кремнекислоты́
Kieselsäuregitter *n* кремнекислорóдная решётка
Kieselsäurehydrosol *n* гидрозóль кремнёвой кислоты́
Kieselsäurekruste *f* кремнеки́слая кóрка
Kieselsäureradikal *n* кремнекислорóдный радикáл
kieselsäurereich высококремнезéмистый
Kieselsäuretetraeder *m* кремнекислорóдный тетрáэдр
Kieselsäurezufuhr *f* принóс кремнезёма
Kieselschale *f* кремни́стая рáковина
Kieselschiefer *m* кремни́стый слáнец
Kieselschiefer- кремнистослáнцевый
Kieselschieferformation *f* кремнистослáнцевая формáция
Kieselschlamm *m* кремни́стый ил
Kieselschwamm *m* кремнёвая гýбка, кремни́стая гýбка
Kieselsinter *m* кремни́стая нáкипь, кремнёвая нáкипь
Kieselskelett *n* кремнёвый скелéт
Kieselton *m* кремни́стая гли́на
Kieseltuff *m* кремнёвый туф, кремни́стый туф
Kieselzinkerz *n* Hemimorphit $Zn_4[(OH)_2|Si_2O_7]\cdot H_2O$ кремни́стая ци́нковая рудá
Kieserit *m* $Mg[SO_4]\cdot H_2O$ кизери́т
Kieserzkörper *m* колчедáнное рýдное тéло
Kiesfilter *n, m* грави́йный фи́льтр
Kiesfraktion *f* грави́йная фрáкция
Kiesgewinnung *f* добы́ча грáвия
Kiesgrube *f* грави́йный карьéр
kiesig Kies- 1. Lith. грави́йный, гравели́стый, хрящевáтый. 2. Min. колчедáнный
Kieskonzentrat *n* колчедáнный концентрáт
Kieslager *n* колчедáнная зáлежь
Kieslagerstätte *f* колчедáнное месторождéние
Kiespackung *f* грави́йная засы́пка
Kiessand *m* грави́йный песóк, гравели́стый песóк, хрящевáтый песóк
Kiesschicht *f* слóй грáвия
Kiesschüttung *f* грави́йная отсы́пка, грави́йная засы́пка, грави́йная присы́пка, грави́йная нáсыпь
Kiesstock *m* колчедáнный шток
Kiesunterlage *f* грави́йное оснoвáние, грави́йная подсти́лка
Kieswäsche *f* гравиемóйка
Killarney-Faltung *f* килларнéйская склáдчатость
Kilogramm *n* килогрáмм
Kilogrammkalorie *f* большáя калóрия, килогрáмм-калóрия, килокалóрия
Kilometer *m* килóметр
Kilowatt *n* киловáтт
Kilowattstunde *f* киловáтт-чáс
Kimberlit *m* кимберли́т
Kimberlit- кимберли́товый
Kimberlitbrekzie *f* кимберли́товая брéкчия
Kimmeridge *n* кимери́джский я́рус, кимери́дж
kimmerisch киммери́йский

kimmerische Faltung *f* киммерийская складчатость
Kinematik *f* кинематика
kinematisch кинематический
kinetisch кинетический
Kinn *n* подбородок
Kinzigit кинцигит
Kinzigitgneis *m* кинцигитовый гнейс
Kirmington-Interglazial *n* кирмингтонское межледниковье
Kirovit *m* (Fe, Mg)$SO_4 \cdot 7H_2O$ кировит
Kirrolith *m* $Ca_3Al_2[OH|PO_4]_3$ кирролит
kirschrot вишнёво-красный
Kirwanit *m* † zersetzter Amphibol кирванит
Kiscellit *m* bernsteinähnliches Harz кисцеллит
Kissen *n* Polster подушка
Kissen- Pillow- подушечный
kissenförmig Kissen- подушечный
Kissenlava *f* Pillowlava подушечная лава
Kistendamm *m* Hydrogeol. ряжевая плотина
Kivit *m* Lava кивит
Kjelsosit *m* Mangeritgestein кьельсосит
Kjerulfin *m* Wagnerit, teilweise in Apatit umgewandelt кьерульфин
Kjökken-Möddinger-Kultur *f* культура кьёккен-мёддинге
Kladnoit *m* кладноит
klaffend gähnend зияющий
Klamm *f* Felsschlucht клямм, теснина
Klappe *f* Pal. створка
Klappmast *m* опрокидывающаяся мачта
Klaprothit *m* $3Cu_2S \cdot 2Bi_2S_3$ клапротит
klar deutlich ясный, явственный
klär- отстойный
Kläranlage *f* осветлительная установка
Klärbassin *n* осветлительный бассейн, отстойный бассейн
Klärbrunnen *m* отстойный колодец
Klärdauer *f* длительность отстоя
Klarheit *f* Deutlichkeit ясность, явственность
Klärteich *m* отстойный пруд, пруд-отстойник
Klärung *f* осветление, отстой
Klärverfahren *n* способ осветления, способ отстоя
Klärwasser *n* осветлённая вода
Klasse *f* класс
Klassieren *n* разбирание, сортирование, классифицирование
Klassierrost *m* сортировочный грохот
Klassiersieb *n* сортировочный грохот
Klassierung *f* разборка, сортировка, классификация
Klassifikation *f* Klassifizierung классификация
Klassifikations- Klassifizierungs- классификационный
klassifizieren классифицировать *uv.*, *v.*
Klassifizierung *f* Klassifikation классификация
Klassifizierungsprinzip *n* принцип классификации
klastisch Trümmer- кластический, обломочный
klastomorph кластоморфный
Klaub-Bemusterung *f* горстевое опробование
Klauben *n* ручная сортировка
Klaubtisch *m* разборный стол, рудоразборный стол
Klaubung *f* сортировка, разборка (руды)
klauenartig когтеобразный
Klebelsbergit *m* basisches Antimonsulfat клебельсбергит
klebrig zäh липкий
Klebrigkeit *f* Zähigkeit липкость
kleinblättrig мелколиственный
Kleinfalte *f* мелкая складка
Kleinfaltung *f* мелкая складчатость, микроскладчатость, плойчатость
Kleinform *f* мелкая форма
kleingefaltet микроскладчатый
Kleingefüge *n* микроструктура
kleingeröllig мелкогалечный
Kleinit *m* $[Hg_2N](Cl,SO_4) \cdot xH_2O$ клейнит
kleinkristallin(isch) мелкокристаллический
kleinmaßstäbig маломасштабный
Kleinrhythmik *f* мелкая ритмичность
kleinsäulig мелкостолбовидный
kleinschuppig мелкочешуйчатый
Kleinseptum *n* добавочная перегородка
Kleinstruktur *f* микроструктура
Kleintektonik *f* микротектоника
kleintektonisch микротектонический
kleinwüchsig niedrig низкорослый, малорослый
Kleinwüchsigkeit *f* малорослость
kleinzellig мелкоклетчатый

Kleinzyklus *m* мелкий цикл
Kliff *n* клифф, береговой обрыв
Kliffküste *f* обрывистый берег
Klima *n* климат
Klima- климатический
Klimaamplitude *f* климатическая амплитуда
Klimaänderung *f* изменение климата
Klimaangaben *f/pl* климатические данные
Klimaatlas *m* климатический атлас
Klimabedingungen *f/pl* климатические условия
Klimabereich *m, n* климатическая зона, климатическая область
Klimabesserung *f* улучшение климата
Klimabeständigkeit *f* климатическая стойкость
klimabildend климатообразующий
Klimabildung *f* климатообразование, формирование климата
Klimadaten *pl* климатические данные
Klimadifferentiation *f* дифференциация климата
Klimaeinfluß *m* влияние климата
Klimaelement *n* климатический элемент
Klimaepoche *f* климатическая эпоха
Klimafaktor *m* климатический фактор
Klimagebiet *n* климатическая область, климатическая зона
Klimageschichte *f* история формирования климата
Klimagrenze *f* климатическая граница
Klimagürtel *m* климатический пояс, климатическая зона
Klimakurve *f* кривая климата
Klimaoptimum *n* климатический оптимум
Klimaperiode *f* климатический период
Klimaperiodizität *f* периодичность климата
Klimaphase *f* климатическая фаза
Klimapol *m* климатический полюс
Klimarhythmus *m* климатический ритм
Klimarückschlag *m* возврат климата, возвращение климата
Klimaschichtung *f* климатическая слоистость
Klimaschwankung *f* колебание климата, климатическое колебание
Klimatheorie *f* климатическая теория
klimatisch Klima- климатический
Klimatologie *f* климатология
klimatologisch климатологический
Klimaunterschied *m* климатическое различие
Klimaveränderung *f* изменение климата
Klimaverhältnisse *n/pl* климатические условия, климатический режим
Klimaverschlechterung *f* ухудшение климата
Klimawandlung *f* Klimaänderung изменение климата
Klimawechsel *m* перемена климата
Klimazone *f* климатическая зона
Klingenkultur *f* Archäol. культура лезвий
Klinker *m* клинкер
Klinkerziegel *m* клинкерный кирпич, клинкер
Klinobarrandit *m* (Al, Fe)$PO_4 \cdot 2H_2O$ клинобаррандит
Klinobronzit *m* клинобронзит
Klinochlor *m* Mineral der Chloritgruppe клинохлор
Klinoedrit *m* $Ca_2Zn_2[(OH)_2|Si_2O_7] \cdot H_2O$ клиногедрит
Klinoenstatit *m* $Mg_2[Si_2O_6]$ клиноэнстатит
Klinohumit *m* $Mg_9[(OH, F)_2|(SiO_4)_4]$ клиногумит
Klinohypersthen *m* клиногиперстен
Klinoklas *m* $Cu_3[(OH)_3|AsO_4]$ клиноклаз
Klinometer *m* Neigungsmesser клинометр
Klinoptilolith *m* SiO_2-reicher Heulandit клиноптилолит
Klinopyroxen *m* клинопироксен
Klinozoisit *m* $Ca_2Al_3[O|OH|SiO_4|Si_2O_7]$ клиноцоизит
Klippe *f* 1. Geomorph. утёс. 2. Tekt. клипп, утёс
Klippen- 1.утёсовый, 2.клипповый
Klippenzone *f* 1. Geomorph. утёсовая зона, зона утёсов. 2. Tekt. клипповая зона, утёсовая зона
Kloake *f* клоака
Klockmannit *m* CuS клокманнит
Kluft *f* трещина
Kluftbildung *f* Kluftentstehung трещинообразование, образование трещин
Kluftdiagramm *n* диаграмма трещиноватости

Kluftfläche *f* Spaltenfläche плóскость трéщины
Kluftfüllung *f* выполнéние трéщины, заполнéние трéщины
klüftig трещиновáтый
Klüftigkeit *f* трещиновáтость
kluftnah spaltennah околотрéщинный
Kluftnetz *n* сеть трéщин
Kluftquelle *f* Spaltenquelle трéщинный истóчник
Kluftrose *f* рóза трéщин
Kluftspeichergestein *n* трéщинный коллéктор
Kluftstreichen *n* простирáние трéщины
Kluftstruktur *f* трéщинная структýра
Kluftsystem *n* Spaltensystem систéма трéщин
Klufttektonik *f* трéщинная тектóника
Klüftung *f* трещиновáтость
Klüftungskoeffizient *m* коэффициéнт трещиновáтости
Klüftungstyp *m* тип трещиновáтости
Kluftwasser *n* трéщинная водá
Klumpen *m* ком
klumpig комковáтый
K-Na-Feldspat *m* калинáтровый полевóй шпат
Knebelit *m* $(Mn, Fe)_2[SiO_4]$ кнебели́т
Knickfestigkeit *f* сопротивлéние перелóму
Knickpunkt *m* тóчка излóма
Knie *n* колéно
Knie- колéнный
Kniefalte *f* колéнчатая склáдка
knieförmig коленообрáзный
Knöchel *m* щи́колотка
Knochen *m* Bein кость
Knochen- кóстный, костянóй
Knochenasche *f* костянáя золá
knochenbildend костеобразовáтельный
Knochenbrekzie *f* костянáя брéкчия, костенóсная брéкчия
Knochenfisch *m* кости́стая ры́ба
knochenführend костенóсный
Knochengewebe *n* кóстная ткань
Knochenmaterial *n* кóстный материáл
Knochenpanzer *m* кóстный пáнцирь
Knochenplatte *f* костянáя пласти́нка
Knochenschill *m* скоплéние костéй
Knochenskelett *n* кóстный скелéт, кóстный óстов
Knochensubstanz *f* кóстное веществó
Knochenwerkzeug *n* костянóе орýдие
Knöllchenbakterien *n/pl* клубенькóвые бактéрии
Knolle *f* клýбень; желвáк
Knollen- knollig клубневóй, желвакóвый
knollenartig клубневи́дный
knollenförmig желвакообрáзный
Knollenkalk *m* желвакóвый известня́к, желвакообрáзный известня́к
knollig клубневи́дный; желвакóвый
Knopit *m* Perowskit mit Cer-Erde кнопи́т
Knorpel *m* хрящ
Knorpel- хрящевóй
Knorpelelement *n* хрящевóй элемéнт
Knorpelfische *m/pl* хрящевы́е ры́бы
Knorpelgewebe *n* хрящевáя ткань
Knorpelskelett *n* хрящевóй скелéт
Knorria *f* кнóррия
knorrig свилевáтый
Knospe *f* пóчка
Knospung *f* Knospenbildung почковáние
Knoten *m* узловóй ýзел
Knoten- узловóй, узловáтый
Knotenerz *n* узловáтая рудá
Knotenkalk *m* узловáтый известня́к
Knotenpunkt *m* узловáя тóчка
Knotenschiefer *m* узловáтый слáнец
knotig узловáтый
Knottenerz *n* желвакóвая рудá
Koagulat *n* коагуля́т, коагули́рованное веществó
Koagulation *f* коагуля́ция, свёртывание
Koagulations- коагуляциóнный
Koagulationsmittel *n* агéнт коагуля́ции, коагули́рующий агéнт, коагуля́тор, коагуля́нт
Koagulationspunkt *m* тóчка коагуля́ции
Koagulationsvorgang *m* процéсс коагуля́ции
Koagulierbarkeit *f* свёртываемость, спосóбность к коагуля́ции
koagulieren коагули́ровать *uv.*, *v.*
Koagulieren *n* коагули́рование, свёртывание
koagulierend коагули́рующий
Koagulierung *f* коагуля́ция, коагули́рование
Koazervattropfen *m* коацервáтная кáпля
Kobalt *n* Co кóбальт

Kobalt- кóбальтовый
Kobaltadamin *m* Mischkristall der Libethenitgruppe кобальтадами́т
Kobaltazetat *n* уксуснокúслый кóбальт
kobaltblau кóбальтово-си́ний
Kobaltblüte *f* Erythrin $Co_3[AsO_4]_2 \cdot 8H_2O$ кóбальтовые цветы́
Kobaltcalcit *m* ? Mischkristall der Kalkspatreihe кобальтокальци́т
Kobalterz *n* кóбальтовая рудá
Kobaltglanz *m* Cobaltin CoAsS кóбальтовый блеск
kobalthaltig кóбальтистый
Kobaltin *m* Glanzkobalt CoAsS кобальти́н
Kobaltit *m* Kobaltspat $CoCO_3$ кобальти́т
Kobaltkies *m* Linneit Co_3S_4 кóбальтовый колчедáн
Kobaltnickelkies *m* Siegenit und Linneit кóбальто-ни́келевый колчедáн
Kobaltnickelpyrit *m* Bravoit кобальтникельпири́т
Kobaltocker *m* † Asbolan кóбальтовая óхра
Kobaltomenit *m* Co-Selenit кобальтомени́т
Kobaltoxid *n* Co_2O_3 óкись кóбальта
Kobaltpyrit *m* teils Pyrit, teils (†) Linneit кобальтпири́т
Kobaltschwärze *f* Asbolan кóбальтовая чёрнь
Kobalt-Serie *f* Präkambrium Nordamerikas сéрия кóбальт
Kobaltspat *m* Sphärokobaltit $CoCO_3$ кóбальтовый шпат
Kobaltsulfat *n* сернокúслый кóбальт
Kobaltvitriol *n* Bieberit $Co[SO_4] \cdot 7H_2O$ кóбальтовый купорóс
Kobellit *m* Sb-haltiger Cosalit кобелли́т
Koblenz *n* Koblenz-Stufe, Devon Mitteleuropas кóбленцский я́рус
Koblenz- кóбленцский
Koblenz-Stufe *f* Devon Mitteleuropas кóбленцский я́рус
kochen sieden кипéть/вскипéть
Kochenit *m* bernsteinähnliches fossiles Harz кохени́т
Kochsalz *n* NaCl повáренная соль
Kochsalzlösung *f* раствóр повáренной сóли
Kochsalzverfahren *n* спóсоб повáренной сóли, солевóй мéтод
Kodurit *m* Metamorphit кодури́т
Koechlinit *m* Bi_2MoO_6 кехлини́т
Koeffizient *m* коэффициéнт
Kofferfalte *f* корóбчатая склáдка
Köflachit *m* bernsteinähnliches Harz кефлахи́т
kohärent когерéнтный, согласóванный
Kohäsion *f* сцеплéние
Kohäsionsbeiwert *m* коэффициéнт сцеплéния
Kohäsionsbruch *m* давлéние сцеплéния, когезиóнное давлéние
Kohäsionskraft *f* си́ла сцеплéния
Kohle *f* ýголь
Kohlebildner *m* углеобразовáтель
kohlefrei безýгольный
kohleführend угленóсный, углесодержáщий
Kohleheizwert *m* теплотвóрность ýгля́
Kohlehydrat *n* углевóд
Kohlen- ýгольный
Kohlenabbau *m* ýгольная вы́работка
Kohlenabbau- угледобывáющий
Kohlenasche *f* ýгольная золá
Kohlenaufbereitung *f* обогащéние ýгля́
Kohlenaufbereitungsanlage *f* углеобогати́тельная устанóвка, углеобогати́тельная фáбрика
Kohlenbecken *n* угленóсный бассéйн, ýгольный бассéйн
Kohlenbildung *f* углеобразовáние
Kohlenbrecher *m* угледроби́лка
Kohlenchemie *f* ýгольная хи́мия
kohlenchemisch углехими́ческий
Kohlendioxyd *n* CO_2 двуóкись углерóда, углекúслый газ, ýгольный ангидри́д
Kohleneisenstein *m* ýглистый железня́к
Kohlenfeuchtigkeit *f* влáжность ýгля́
Kohlenflöz *n* ýгольный пласт, пласт ýгля́
Kohlenförderung *f* добы́ча ýгля́
Kohlenführung *f* Kohlengehalt угленóсность
Kohlengas *n* ýгольный газ
Kohlengemisch *n* ýгольная смесь
Kohlengeologe *m* гeóлог-ýгольщик
Kohlengeologie *f* ýгольная геолóгия
Kohlengewinnung *f* добы́ча ýгля́, угледобы́ча
Kohlengrube *f* Kohlenbergwerk ýгольная копь

Kohlengrus *m* у́гольная ме́лочь
Kohlenhalde *f* отва́л у́гля́
Kohlenindustrie *f* у́гольная промы́шленность
Kohlenkalk *m* у́глистый известня́к
Kohlenlager *n* у́гольная за́лежь
Kohlenlagerstätte *f* у́гольное месторожде́ние
Kohlenmikroskopie *f* у́гольная микроскопи́я
Kohlenmonoxid *n* CO о́кись углеро́да
Kohlenoxid *n* CO о́кись углеро́да
Kohlenoxysulfid *n* COS сероо́кись углеро́да
Kohlenpetrograph *m* углепетро́граф
Kohlenpetrographie *f* углепетрогра́фия, петрогра́фия у́гля́
kohlenpetrographisch углепетрографи́ческий
Kohlenprovinz *f* у́гольная прови́нция
Kohlenpulver *n* у́гольный порошо́к
Kohlenrevier *n* углено́сный райо́н, у́гольный райо́н
Kohlenruß *m* у́гольная са́жа
kohlensauer Kohlensäure- углеки́слый
Kohlensäure *f* углекислота́
Kohlensäureanreicherung *f* обогаще́ние углекислото́й
kohlensäurereich бога́тый углекислото́й
Kohlenschacht *m* Kohlenbergwerk у́гольная ша́хта
Kohlenschiefer *m* у́гольный сла́нец
Kohlenschmitze *f* пропла́сток у́гля́
Kohlenserie *f* углено́сная то́лща
Kohlensorte *f* сорт у́гля́
Kohlenstaub *m* у́гольная пыль
Kohlenstoff *m* C углеро́д
Kohlenstoff- углеро́дный
kohlenstoffarm бе́дный углеро́дом
kohlenstoffhaltig содержа́щий углеро́д, углеро́дистый
Kohlenstoffisotop *n* изото́п углеро́да
Kohlenstoffkoeffizient *m* углеро́дный показа́тель
Kohlenstoffmethode *f* углеро́дный ме́тод
Kohlenstoffreduktion *f* восстановле́ние углеро́дом
kohlenstoffreich бога́тый углеро́дом
Kohlenstoffring *m* углеро́дное кольцо́
Kohlenstoffverbindung *f* углеро́дистое соедине́ние, соедине́ние углеро́да
Kohlensubstanz *f* у́гольное вещество́
Kohlenwasserstoff *m* углеводоро́д
Kohlenwasserstoff- углеводоро́дный
Kohlenwasserstoffanreicherung *f* накопле́ние углеводоро́дов
kohlenwasserstoffbildend углеводородообразу́ющий
Kohlenwasserstoffgas *n* угловодоро́дный газ
Kohlenwasserstoffgehalt *m* углеводоро́дный соста́в
Kohlenwasserstoffradikal *n* углеводоро́дный радика́л
Kohlenwasserstoffreihe *f* ряд углеводоро́дов
Kohlenwirtschaft *f* у́гольное хозя́йство
Kohlepapier *n* Durchschlagpapier копирова́льная бума́га
kohlig-schiefrig углисто-гли́нистый
Koinzidenz *f* коинциде́нция, совпаде́ние, совмеще́ние
Koinzidenzeinstellung *f* устано́вка на совмеще́ние
Koinzidenzintervall *n* интерва́л совпаде́ний
Koinzidenzmethode *f* ме́тод совмеще́ний, ме́тод совпаде́ний
Koinzidenzmikrometer *n* коинциденцио́нный микро́метр
koinzidieren совпада́ть/совпа́сть, совмеща́ться/совмести́ться
Kokardenerz *n* кока́рдовая руда́, ко́льчатая руда́
Kokerei *f* 1. Verkokungsanlage коксова́льная печь, ко́ксовый заво́д. 2. Verkokung коксова́ние
Kokereigas *n* ко́ксовый газ
Kokereiofen *m* коксова́льная печь
Kokereiprozeß *m* проце́сс коксова́ния
Kokereiteer *m* каменноу́гольный дёготь, ко́ксовая смола́
Koks *m* кокс
Koks- ко́ксовый
Koksasche *f* ко́ксовая зола́
Koksausbeute *f* вы́ход ко́кса
Kokscharowit *m* Edenit кокшарови́т
Kokserzeugung *f* произво́дство ко́кса
Koksklein *n* ко́ксовая ме́лочь, ме́лкий кокс
Kokskohle *f* ко́ксовый у́голь, коксу́ющийся у́голь
Kokslöschen *n* туше́ние ко́кса
Koksrest *m* ко́ксовый оста́ток
Koksschicht *f* сло́й ко́кса

Kolbeckin *m* † Herzenbergit кольбеки́н
Kolbeckit *m* ? wasserreiches AlBe-Silikophosphat кольбеки́т
Kolben *m* Glaskolben ко́лба
Kolk *m* промо́ина, вы́моина
Kolkbildung *f* образова́ние промо́ины
Kollanit *m* Konglomerat коллани́т
Kollektor *m* 1. Speichergestein колле́ктор. 2. Geologenhelfer колле́ктор
Kollimation *f* коллима́ция
Kollimationsachse *f* Zielachse коллимацио́нная ось
Kollimationsebene *f* коллимацио́нная пло́скость
Kollimationsfehler *m* коллимацио́нная оши́бка
Kollimationsfläche *f* коллимацио́нная пло́скость
Kollimationskonstante *f* постоя́нная коллима́ции
Kollimator *m* коллима́тор
Kollineation *f* коллинеа́ция
Kolloid *n* колло́ид
kolloid kolloidal, Kolloid- колло́идный
Kolloidalgefüge *n* колло́идная структу́ра
Kolloidchemie *f* колло́идная хи́мия
kolloidchemisch колло́идно-хими́ческий
Kolloidgehalt *m* содержа́ние колло́идов
Kolloidlösung *f* колло́идный раство́р
Kolloidmineral *n* колло́идный минера́л
Kolloidphysik *f* колло́идная фи́зика
Kolloidschlamm *m* коллоида́льный ил
Kolloidstruktur *f* колло́идная структу́ра
Kolloidteilchen *n* колло́идная части́ца
Kolloidtextur *f* колло́идная тексту́ра
Kolloidwasser *n* колло́идная вода́
kollomorph колломо́рфный
Kollophan *n* коллофа́н
Kollophan- коллофа́новый
Kollophankonkretion *f* коллофа́новое стяже́ние
Kolloquium *n* колло́квиум
Kollyrit *m* wohl identisch mit Allophan коллири́т
kolonial in Kolonien lebend колониа́льный
Kolonie *f* Ansiedlung коло́ния
Kolophonit *m* † teils Granit, teils Vesuvian колофони́т
Kolophonium *n* канифо́ль
Kombination *f* комбина́ция
Kombinationsprinzip *n* при́нцип комбина́ции
kommensurabel соизмери́мый
Kommensurabilität *f* соизмери́мость
Kommission *f* Ausschuß коми́ссия
Kommissur *f* bei Brachiopoden Berührungslinie der Ränder beider Klappen спа́йка, соедини́тельный шов, комиссу́ра
kommunizierend сообща́ющийся
kommutativ vertauschbar коммутати́вный
kompakt компа́ктный, пло́тный
Kompaktheit *f* компа́ктность, пло́тность
Komparator *m* компара́тор
Kompaß *m* ко́мпас
Kompaß- ко́мпасный
Kompaßaufnahme *f* ко́мпасная съёмка
Kompaßgehäuse *n* коро́бка ко́мпаса
Kompaßnadel *f* ко́мпасная стре́лка, стре́лка ко́мпаса
Kompaßpeilung *f* ко́мпасный пе́ленг
Kompaßrichtung *f* направле́ние по ко́мпасу
Kompaßstrich *m* румб
Kompendium *n* Handbuch компе́ндиум
Kompensation *f* компенса́ция, выра́внивание
Kompensations- компенсацио́нный
Kompensationsdreieck *n* треуго́льник компенса́ции
Kompensationsdruck *m* компенсацио́нное давле́ние
Kompensationskalorimeter *n* компенсацио́нный калори́метр
Kompensationskammer *f* компенсацио́нная ка́мера
Kompensationsmethode *f* компенсацио́нный ме́тод, ме́тод компенса́ции
Kompensationspendel *n* компенсацио́нный ма́ятник, уравни́тельный ма́ятник
Kompensationsplanimeter *n* компенсацио́нный планиме́тр
Kompensationsplättchen *n* компенсацио́нная пласти́нка
Kompensationssack *m* bei Brachiopoden компенсацио́нный мешо́к, компенсацио́нная су́мка
Kompensationsschreiber *m* компенсацио́нный самопи́сец

Kompensationsstrom *m* компенсацио́нный ток
Kompensationsströmung *f* компенсацио́нное морско́е тече́ние
Kompensationsvorrichtung *f* компенсацио́нное устро́йство
Kompensator *m* компенса́тор
kompensatorisch компенса́торный
Kompensatorkonstante *f* конста́нта компенса́тора
kompensieren ausgleichen компенси́ровать *uv.*, *v.*, ура́внивать / уравня́ть, выра́внивать / вы́ровнять
kompetent компете́нтный, непода́тливый
komplanar компланáрный
komplementär Komplementär- дополни́тельный
Komplementärwert *m* дополни́тельное значе́ние, дополня́ющее значе́ние
Komplementärwinkel *m* дополни́тельный у́гол
komplex Komplex- ко́мплексный
Komplex *m* ко́мплекс
Komplexion *n* ко́мплексный ио́н
Komplexität *f* ко́мплексность
Komplexkarte *f* ко́мплексная ка́рта
Komplexkartierung *f* ко́мплексное карти́рование
Komplexverbindung *f* ко́мплексное соедине́ние, сло́жное соедине́ние
komplizieren усложня́ть / усложни́ть
kompliziert gefaltet сложноскла́дчатый
Kompliziertheit *f* сло́жность
Komponente *f* Bestandteil компоне́нт, составля́ющая, составна́я часть
kompressibel zusammendrückbar сжима́емый
Kompressibilität *f* сжима́емость
Kompressibilitätskoeffizient *m* коэффицие́нт сжима́емости
Kompression *f* сжа́тие
Kompressionskoeffizient *m* коэффицие́нт сжа́тия
Kompressionsmodul *m* мо́дуль объёмного сжа́тия
Kompressionswärme *f* теплота́ сжа́тия
Kompressionswelle *f* Druckwelle волна́ сжа́тия
Kondensation *f* конденса́ция
Kondensations- конденсацио́нный
Kondensationsfähigkeit *f* спосо́бность к конденса́ции
Kondensationskeim *m* центр конденса́ции, конденсацио́нный центр
Kondensationskurve *f* крива́я конденса́ции
Kondensationsprodukt *n* проду́кт конденса́ции
Kondensationspunkt *m* то́чка конденса́ции, конденсацио́нная то́чка
Kondensationstheorie *f* конденсацио́нная тео́рия, тео́рия конденса́ции
Kondensationswärme *f* теплота́ конденса́ции
Kondensationswasser *n* Kondenswasser конденсацио́нная вода́
Kondensator *m* конденса́тор
Kondensatorglimmer *m* конденса́торная слюда́
Kondensatwasser *n* конденсацио́нная вода́
kondensieren конденси́ровать *uv.*, *v.*
Kondensieren *n* конденси́рование
kondensiert verdichtet конденси́рованный
Kondensor *m* конде́нсор
Kondensorlinse *f* конде́нсорная ли́нза
Kondenswasser *n* конденсацио́нная вода́
konditionieren кондициони́ровать *uv.*,*v.*
Konditionierung *f* кондициони́рование
Konfiguration *f* конфигура́ция
konform конфо́рмный
Konformität *f* конфо́рмность
Konglomerat *n* конгломера́т
konglomeratisch Konglomerat- конгломера́товый
kongruent конгруэ́нтный
Kongruenz *f* конгруэ́нтность, конгруэ́нция
Kongruenzgruppe *f* гру́ппа конгруэ́нций
Kongsbergit *m* α-(Ag, Hg) конгсберги́т
Konichalcit *m* Higgensit gelförmiger Entstehung конихальци́т
Königswasser *n* ца́рская во́дка
Koninckit *m* $Fe^{\cdots}[PO_4]\cdot 3H_2O$ конинки́т
konisch kegelförmig кони́ческий
Konit *m* teils Gemenge von Dolomit und Magnesit, teils „Konilith" кони́т
Konjugation *f* конъюга́ция
konkav во́гнутый

Konkavität *f* во́гнутость
Konkavkonvexlinse *f* во́гнуто-вы́пуклая ли́нза
Konkavspiegel *m* во́гнутое зе́ркало
Konkavufer *n* во́гнутый бе́рег
konkordant согла́сный, конкорда́нтный
Konkordanz *f* согла́сие, согла́сное залега́ние
konkret конкре́тный
Konkretion *f* конкре́ция, стяже́ние
Konkretions- konkretionär конкрецио́нный
konkretionsführend конкрецино́сный
Konoskop *n* коноско́п
Konoskop- konoskopisch коноскопи́ческий
konsequent консекве́нтный
konsequentes Tal *n* согла́сная доли́на, консекве́нтная доли́на
Konsequenz *f* консекве́нтность
Konservierung *f* консерви́рование
Konsistenz *f* консисте́нция
Konsistenzprüfung *f* определе́ние консисте́нции
Konsolidation *f* Konsolidierung консолида́ция
konsolidieren консолиди́ровать *uv.*, *v.*
konsolidiert консолиди́рованный
Konsolidierung *f* Konsolidation консолида́ция
konstant unveränderlich постоя́нный, конста́нтный
Konstante *f* конста́нта, постоя́нная (величина́)
Konstanthaltung *f* подде́рживание постоя́нства
Konstanz *f* конста́нтность, постоя́нство
Konstitution *f* конститу́ция, (хими́ческое) строе́ние, (хими́ческая) структу́ра
Konstitutions- конституцио́нный
Konstitutionsformel *f* конституцио́нная фо́рмула, структу́рная фо́рмула, фо́рмула строе́ния
Konstitutionswasser *n* конституцио́нная вода́
Kontakt *m* Berührung конта́кт
Kontakt- конта́ктный, конта́ктовый
Kontaktabzug *m* Fot. конта́ктный отпеча́ток
Kontaktamphibolit *m* SALOMON (1890) конта́ктовый амфиболи́т
Kontaktbildung *f* конта́ктовое образова́ние
Kontaktebene *f* Kontaktfläche пло́скость конта́кта
Kontakteinwirkung *f* конта́ктовое возде́йствие
Kontakterscheinung *f* конта́ктовое явле́ние
Kontaktfilter *n*, *m* конта́ктный фильтр
Kontaktfläche *f* конта́ктовая пло́скость, пове́рхность конта́кта
Kontaktgestein *n* конта́ктовая поро́да
Kontakthof *m* конта́ктовый орео́л
Kontakthornfels *m* конта́ктовый рогови́к
Kontaktlagerstätte *f* конта́ктовое месторожде́ние
Kontaktmarmor *m* конта́ктовый мра́мор
kontaktmetamorph конта́ктово-метаморфи́ческий, конта́ктово-метаморфизо́ванный
Kontaktmetamorphose *f* конта́ктовый метаморфи́зм, конта́ктный метаморфи́зм
Kontaktmineral *n* конта́ктовый минера́л, конта́ктный минера́л
Kontaktmineralisation *f* конта́ктовая минерализа́ция
kontaktnah Kontakt- приконта́ктный
Kontaktparagenese *f* конта́ктовый парагене́зис
Kontaktpneumatolyse *f* конта́ктовый пневматоли́з
kontaktpneumatolytisch конта́ктово-пневматоли́товый
Kontaktpotential *n* конта́ктный потенциа́л
Kontaktsilikat *n* конта́ктовый силика́т
Kontaktskarn *m* конта́ктовый скарн
Kontaktspannung *f* конта́ктное напряже́ние
Kontaktthermometer *n* конта́ктный термо́метр
Kontaktvarietät *f* конта́ктовая разнови́дность
Kontaktveränderung *f* конта́ктовое измене́ние
Kontaktwirkung *f* конта́ктовое возде́йствие, конта́ктное возде́йствие
Kontaktzone *f* конта́ктовая зо́на

Kontamination *f* контаминáция
Kontaminations- контаминациóнный
Kontaminationserscheinung *f* контаминациóнное явлéние
Kontinent *m* континéнт, матерúк
kontinental Kontinent- континентáльный, материкóвый
Kontinentalabfall *m* материкóвый склон, подвóдный склон
Kontinentalabhang *m* склон континентáльной ступéни, континентáльный склон, материкóвый склон
Kontinentalblock *m* Kontinentalmassiv континентáльный массúв
Kontinentalbrücke *f* промежýточный матерúк
Kontinentaldrift *f* движéние материкóв
Kontinentalfazies *f* континентáльная фáция
Kontinentalfeld *n* пóле материкóв
Kontinentalgebiet *n* континентáльная óбласть
Kontinentalgletscher *m* континентáльный леднúк
Kontinentalhang *m* Kontinentalböschung континентáльный склон, материкóвый склон
Kontinentalklima *n* Landklima континентáльный клúмат
Kontinentalmassiv *n* Kontinentalblock континентáльный массúв
Kontinentalrand *m* границá континéнта
Kontinentalscholle *f* континентáльная глы́ба, континентáльный блок, материкóвая глы́ба
Kontinentalstufe *f* континентáльная ступéнь
Kontinentaltafel *f* континентáльная платфóрма
Kontinentalvereisung *f* континентáльное оледенéние
Kontinentalverschiebung *f* континентáльное перемещéние, перемещéние континéнтов, перемещéние материкóв
Kontinentalverschiebungstheorie *f* теóрия перемещéния материкóв
Kontinentalzone *f* континентáльная зóна
kontinuierlich ununterbrochen непреры́вный
Kontinuität *f* непреры́вность, неразры́вность
Kontinuitätsbedingung *f* услóвие неразры́вности
Kontinuitätsgleichung *f* уравнéние непреры́вности, уравнéние неразры́вности
Kontraktion *f* Schrumpfung контрáкция; сжáтие
Kontraktions- контракциóнный
Kontraktionskluft *f* контракциóнная трéщина
Kontraktionstheorie *f* контракциóнная теóрия, теóрия контрáкции
konträr противополóжный
kontrastarm малоконтрáстный
Kontrastätzung *f* контрáстное травлéние
Kontrollbeobachtung *f* контрóльное наблюдéние
Kontrolle *f* Prüfung контрóль, провéрка
Kontrollgerät *n* контрóльный прибóр, провéрочный прибóр
Kontrollgröße *f* контрóльная величинá
kontrollieren контролúровать / проконтролúровать, проверя́ть / провéрить
Kontrollmaß *n* контрóльный размéр
Kontrollmessung *f* контрóльное измерéние, контрóльный замéр
Kontrollmethode *f* контрóльный мéтод
Kontrollpegel *m* контрóльная рéйка
Kontrollprobe *f* контрóльная прóба; контрóльный образéц
Kontrollpunkt *m* контрóльный пункт, контрóльная тóчка
Kontrollrechnung *f* контрóльное вычислéние
Kontrollverfahren *n* контрóльный спóсоб
Kontrollvorrichtung *f* контрóльное приспособлéние
Kontrollziffer *f* Kontrollzahl контрóльная цúфра
Kontur *f* Umgrenzung кóнтур, очертáние
Konvektion *f* конвéкция
Konvektions- конвекциóнный, конвектúвный
Konvektionsaustausch *m* конвекциóнный обмéн
Konvektionsbewegung *f* конвектúвное движéние

Konvektionskreislauf *m* конвективная циркуляция
Konvektionsstrom *m* конвекционный поток
Konvektionsströmung *f* конвекционное течение
Konvektionszelle *f* конвективная ячейка
konvektiv конвективный
konvergent Konvergenz- сходящийся, конвергентный
Konvergenz *f* конвергенция, сходимость
Konvergenzbereich *m* область конвергенции, область сходимости
Konvergenzerscheinung *f* явление конвергенции
Konvergenzfall *m* случай конвергенции
Konvergenzfehler *m* ошибка конвергенции
Konvergenzlinie *f* линия конвергенции
Konvergenzpunkt *m* точка конвергенции
Konvergenzradius *m* радиус сходимости
Konvergenzwinkel *m* угол конвергенции, угол схождения
konvergieren конвергировать *uv.*, *v.*, сходиться / сойтись
konvergierend сходящийся
konvex erhaben выпуклый
Konvexität выпуклость
konvex-konkav выпукло-вогнутый
Konvexkonkavlinse *f* выпукло-вогнутая линза
Konvexlinse *f* выпуклая линза
Konvexufer *n* выпуклый берег
konvolut конволютный
Konzentrat *n* концентрат
Konzentration *f* концентрация; скопление
Konzentrationsabfall *m* падение концентрации, градиент концентрации
Konzentrationsbereich *m* предел концентрации
Konzentrationsgefälle *n* снижение концентрации, перепад концентрации
Konzentrationsgradient *m* градиент концентрации
Konzentrationsisolinie *f* изолиния концентрации
Konzentrationskoeffizient *m* коэффициент концентрации
Konzentrationskurve *f* кривая концентрации
Konzentrationslagerstätte *f* месторождение концентрации
Konzentrationsprozeß *m* Aufbereitungsprozeß процесс обогащения
Konzentrationsschwankung *f* колебание концентрации
konzentrieren концентрировать / сконцентрировать
konzentriert концентрированный
konzentrisch концентрический
konzentrisch-schalig концентрически-скорлуповатый
Konzeption *f* концепция
Konzession *f* концессия
Konzessionsgrenze *f* граница концессии
Koordinate *f* координата
Koordinaten- координатный
Koordinatenachse *f* координатная ось
Koordinatenanfang *m* начало координат, начало системы координат
Koordinatenberechnung *f* вычисление координат
Koordinatenebene *f* координатная плоскость
Koordinatenfehler *m* ошибка координат
Koordinatenfläche *f* координатная поверхность
Koordinatengitter *n* координатная сетка
Koordinatenmethode *f* метод координат
Koordinatennetz *n* координатная сетка
Koordinatenrichtung *f* направление координат
Koordinatenschnittpunkt *m* точка пересечения координатных линий
Koordinatensystem *n* система координат
Koordinatentransformation *f* преобразование координат
Koordinatenursprung *m* начало координат
Koordinatenverfahren *n* метод координат
Koordinatenwert *m* значение координат
Koordination *f* координация
Koordinations- координационный
Koordinationsgitter *n* координационная решётка
Koordinationszahl *f* координационное число
Kopf *m* голова
Kopfbrunnen *m* головной колодец

Kopffüßler *m/pl* Cephalopoda головоно́гие моллю́ски
Kopfpanzer *m* головно́й па́нцирь
Kopfschild *m* Cephalon головно́й щит, цефало́н
Kopfwelle *f* головна́я волна́, нача́льная волна́
Kopie *f* Pause ко́пия
Kopiergerät *n* копирова́льный прибо́р
Kopierstift *m* Tintenstift хими́ческий каранда́ш
Koppelung *f* связь, соедине́ние
Koppit *m* $(Ca,Ce)_2(Nb,Fe_2)O_6(O,OH,F)$ коппи́т
Koprolith *m* Kotstein копроли́т
Koprolith(en)- копроли́товый
Kopulation *f* копуля́ция
Koralle *f* кора́лл
Korallen- кора́лловый
korallenartig коралловидный
Korallenbank *f* кора́лловая ба́нка, кора́лловая о́тмель
Korallenbau *m* кора́лловое сооруже́ние, кора́лловая постро́йка
Korallenfauna *f* кора́лловая фа́уна
Korallenfazies *f* кора́лловая фа́ция
Koralleninsel *f* кора́лловый о́стров
Korallenkalk *m* кора́лловый известня́к
Korallenküste *f* кора́лловый бе́рег
Korallenriff *n* кора́лловый риф
Korallenriffzone *f* зо́на кора́лловых ри́фов
Korallensand *m* кора́лловый песо́к
Kordylit *m* $Ba(Ce,La,Nd)_2[F_2|(CO_3)_3]$ кордили́т
Koreit *m* † Agalmatolith корéи́т
Korioliskraft *f* Корио́лисова си́ла, си́ла Корио́лиса
Kork *m* Pfropfen про́бка
Korkeiche *f* *Quercus suber* L. про́бковый дуб
Korkgewebe *n* про́бковая ткань
Korkhaut *f* надко́жица
Korkkambium *n* Phellogen про́бковый ка́мбий
kormophytisch листостебе́льный
Korn *n* зерно́
Kornaufbau *m* гранулометри́ческий соста́в
Kornbeschaffenheit *f* сво́йства зёрен
Körnchen *n* зёрнышко
Korndiagramm *n* диагра́мма гранулометри́ческого соста́ва
Korndichte *f* пло́тность зерна́
Korndurchmesser *m* диа́метр зерна́
Korneis *n* зерни́стый лёд
Kornelit *m* $Fe_2^{\cdots}(SO_4)_3 \cdot 7^1/_2 H_2O$ корнели́т
körnen granulieren зерни́ть *uv.*
Körneraggregat *n* зерни́стый агрега́т
Kornerupin *m* $(Al_2, Mg_3)[O|(Si, B)O_4]$ (?) корнерупи́н
Kornflächenätzung *f* травле́ние пове́рхности зёрен
Kornform *f* фо́рма зёрен
Korngefüge *n* зерни́стое строе́ние, зерни́стая структу́ра
Korngestalt *f* Kornform фо́рма зёрен
Korngrenzenätzung *f* травле́ние грани́ц зёрен
Korngröße *f* кру́пность зерна́
Korngrößenanalyse *f* механи́ческий ана́лиз, гранулометри́ческий ана́лиз, грануля́рный ана́лиз
Korngrößenintervall *n* фра́кция зёрен по кру́пности
Korngrößenspektrum *n* гранулометри́ческий спектр
Korngrößentrennung *f* сортиро́вка по разме́ру зёрен, классифика́ция по разме́ру зёрен
Korngrößenverteilung *f* распределе́ние зёрен по фра́кциям
Korngrößenzusammensetzung *f* механи́ческий соста́в, гранулометри́ческий соста́в, грануля́рный соста́в
Korngruppe *f* фра́кция зёрен, фра́кция гранулометри́ческого соста́ва
körnig Korn- зерни́стый
Körnigkeit *f* Körnung зерни́стость
Korninnenätzung *f* травле́ние вну́треннего строе́ния зёрен
Kornklasse *f* класс зёрен, класс кру́пности
Kornklassierung *f* классифика́ция по разме́ру зёрен, обогаще́ние по кру́пности зёрен
Kornraum *m* объём зёрен
Kornregelung *f* ориентиро́вка зёрен
Korntransport *m* перено́с зёрен
Körnung *f* грануля́ция, зерни́стость
Kornvergröberung *f* увеличе́ние кру́пности зёрен
Kornverteilungskurve *f* крива́я гранулометри́ческого соста́ва, крива́я механи́ческого соста́ва

Kornverteilungslinie *f* крива́я гранулометри́ческого соста́ва, крива́я механи́ческого соста́ва
Kornvolumen *n* объём зёрен
Kornwachstum *n* рост зерна́
Kornzusammensetzung *f* гранулометри́ческий соста́в, механи́ческий соста́в
Kornzwischenraum *m* межзерново́е простра́нство
Körper *m* те́ло
Körperbau *m* строе́ние те́ла
Körperhöhlung *f* Körperhöhle по́лость те́ла
Körperlänge *f* длина́ те́ла
Körpertemperatur *f* температу́ра те́ла
Körpervolumen *n* объём те́ла
Korpuskel *n* корпу́скула
korpuskular Korpuskular- корпускуля́рный
Korpuskularemission *f* корпускуля́рная эми́ссия
Korrasion *f* корра́зия, выдува́ние
Korrektion *f* корре́кция, исправле́ние, поправле́ние
Korrektionsfaktor *m* попра́вочный коэффицие́нт
Korrektionsformel *f* фо́рмула попра́вок
Korrektionskurve *f* крива́я попра́вок
Korrektionstabelle *f* табли́ца попра́вок
Korrektur *f* Berichtigung корректу́ра, исправле́ние; попра́вка
Korrekturabzug *m* Fahne корректу́рный о́ттиск, гра́нка
Korrekturfaktor *m* попра́вочный коэффицие́нт
Korrekturgröße *f* попра́вочная величина́, попра́вочная попра́вка
Korrekturkoeffizient *m* попра́вочный коэффицие́нт
korrelat корреля́тный
Korrelation *f* корреля́ция, увя́зка
Korrelationsfaktor *m* фа́ктор корреля́ции, коэффицие́нт корреля́ции, корреляцио́нный показа́тель
Korrelationsgesetz *n* зако́н корреля́ции
Korrelationskoeffizient *m* корреляцио́нный коэффицие́нт
Korrelationskurve *f* гра́фик корреля́ции
Korrelationslinie *f* корреляцио́нная ли́ния
Korrelationsmethode *f* корреляцио́нный ме́тод
Korrelationsmethode der Wellen *f* ме́тод корреля́ции преломле́ния волн
Korrelationstheorie *f* корреляцио́нная тео́рия
Korrelationsverfahren *n* спо́соб корреля́ции
Korrelationsverhältnis *n* корреляцио́нное отноше́ние
Korrelationswert *m* корреляцио́нное значе́ние
korrelativ корреляти́вный
Korrelierbarkeit *f* коррели́руемость
korrelieren коррели́ровать *uv.*, увя́зывать / увяза́ть
korreliert коррели́рованный
Korrelierung *f* коррели́рование
korrespondierend соотве́тствующий
korrigieren исправля́ть / испра́вить, поправля́ть / попра́вить
korrigiert испра́вленный
korrodieren корроди́ровать *uv.*, *v.*, изъеда́ть / изъе́сть, разъеда́ть / разъе́сть
korrodiert корроди́рованный, изъе́денный, разъе́денный
Korrosion *f* корро́зия, разъеда́ние
Korrosions- коррозио́нный
korrosionsbeständig коррозио́нноусто́йчивый, усто́йчивый про́тив корро́зии
Korrosionsbeständigkeit *f* коррозиеусто́йчивость, сопротивле́ние корро́зии
Korrosionsfähigkeit *f* коррози́йность
korrosionsfest коррозио́нно-усто́йчивый
Korrosionskontakt *m* коррозио́нный конта́кт
Korrosionsmittel *n* разъеда́ющее вещество́
Korrosionsparameter *m* пара́метр корро́зии
Korrosionsrelikt *n* оста́ток от разъеда́ния
Korrosionssaum *m* коррозио́нная каёмка, коррозио́нная кайма́
Korrosionsschutz *m* защи́та от корро́зии
Korrosionswiderstand *m* сопротивле́ние корро́зии
Korund *m* α-Al_2O_3 кору́нд
Korund- кору́ндовый
Korundanorthosit *m* кору́ндовый анортози́т

Korundellit *m* Margarit корунделли́т
Korundophilit *m* Mineral der Chloritgruppe корундофилли́т
Korynit *m* Mischkristall von Gersdorffit und Ullmannit корини́т
Kosinusfunktion *f* фу́нкция ко́синуса
Kosinuslinie *f* косинусо́ида
Kosinusmethode *f* ме́тод ко́синусов
Kosinusschwingung *f* косинусиода́льное колеба́ние
kosmisch косми́ческий
kosmogen космоге́нный
Kosmogenie *f* космого́ния
kosmogonisch космогони́ческий
Kosmologie *f* космоло́гия
kosmopolitisch всесве́тный
Kosmos *m* Weltall ко́смос
Kössener Schichten *f/pl* alpine Trias ке́ссенские сло́и
Kotangens *m* кота́нгенс
Kotlassia *f* котла́ссия
Kotoit *m* $Mg_3[BO_3]_2$ котои́т
Kotschubeyit *m* Chromchlorit кочубейт
Köttigit *m* $Zn_3[AsO_4]_2 \cdot 8H_2O$ кеттиги́т
kovalent ковале́нтный
Kovalenz *f* ковале́нтность
Kovalenz- ковале́нтный
Kovalenzbildung *f* ковале́нтная связь
kracken креки́ровать *uv., v.*
Krackprozeß *m* кре́кинг-проце́сс
Krackverfahren *n* креки́рование
Kraft *f* Stärke си́ла
Kraftangriff *m* приложе́ние си́лы
Kraftangriffspunkt *m* то́чка приложе́ния си́лы
Kraftanlage *f* силова́я устано́вка
Kraftausnutzung *f* испо́льзование эне́ргии
Kräfteangriff *m* приложе́ние сил
Kräftedreieck *n* треуго́льник сил
Kräftegleichgewicht *n* равнове́сие сил
Krafteinheit *f* едини́ца си́лы
Kräftepaar *n* па́ра сил
Kräfteparallelogramm *n* параллелогра́мм сил
Kraftfeld *n* по́ле сил, силово́е по́ле
Kraftkomponente *f* составля́ющая си́лы
Kraftlinie *f* ли́ния сил, силова́я ли́ния
Kraftrichtung *f* направле́ние си́лы
Kraftverbrauch *m* расхо́д эне́ргии
Kraftwerksanlage *f* электросилова́я устано́вка, электроста́нция
Kraftwirkung *f* силово́е возде́йствие
Kralle *f* Klaue ко́готь
krallig mit Krallen versehen когти́стый
Kramerit *m* Probertit $Na_2CaB_6O_{11} \cdot 6H_2O$ крамери́т
Krantzit *m* bernsteinähnliches Harz кранци́т
Kranz *m* вене́ц
Kranzstruktur *f* венцо́вая структу́ра, ве́нчиковая структу́ра
Krater *m* кра́тер
Krater- кра́терный
Kraterbildung *f* образова́ние кра́тера
Kraterboden *m* дно кра́тера, грунт кра́тера
kraterförmig кратерообра́зный
Krateröffnung *f* кра́терное отве́рстие
Kraterrand *m* кра́й кра́тера, борт кра́тера
Kratersee *m* Maar кра́терное о́зеро
Kratersee- кра́терно-озёрный
Kratersenke *f* кра́терная впа́дина
Kraterwand *f* сте́нка кра́тера
Kratochwilit *m* $C_{13}H_{10}$ кратохвили́т
kratogen кратоге́нный
Kratogen *n* кратоге́н
Kraton *m* крато́н
kratzen ritzen цара́пать / нацара́пать
Kraurit *m* Dufrenit $(Fe_2^{\cdots}, Fe_3^{\cdot\cdot})[(OH)_3|PO_4]$ (?) крауríт
Krausit *m* $KFe^{\cdots}[SO_4]_2 \cdot H_2O$ краузи́т
Kraut *n* трава́
krautartig травяни́стый
Krebs *m* рак
Krebstiere *n/pl* Crustaceae ракообра́зные
Kreide *f* 1. Gestein мел. 2. Formation мел, мелова́я систе́ма, мелово́й пери́од
Kreide- мелово́й
Kreidemergel *m* мелово́й ме́ргель
Kreideschiefer *m* мелово́й сла́нец
Kreidezeit *f* мелово́й пери́од
Kreis *m* круг; окру́жность
Kreis- kreisförmig кругово́й
Kreisablesung *f* отсчёт по кру́гу, отсчёт по ли́мбу
Kreisabschnitt *m* кругово́й сегме́нт
Kreisausschnitt *m* се́ктор кру́га
Kreisbewegung *f* кругово́е движе́ние, круговраща́тельное движе́ние, движе́ние по кру́гу
Kreisbogen *m* дуга́ кру́га, дуга́ окру́жности

Kreisdiagramm *n* кругова́я диагра́мма
Kreisdurchmesser *m* диа́метр
Kreiseinstellung *f* деле́ние кру́га
kreisend вращáющийся, кругово́й, орбита́льный
Kreisfläche *f* пло́щадь кру́га
kreisförmig кругообра́зный, кругово́й
Kreisfrequenz *f* кругова́я частота́
Kreisfunktion *f* кругова́я фу́нкция
Kreisinhalt *m* пло́щадь кру́га
Kreiskegel *m* кругово́й ко́нус
Kreislauf *m* круговоро́т
Kreismittelpunkt *m* центр кру́га
Kreisprozeß *m* кругово́й проце́сс
Kreisschnitt *m* кругово́е сече́ние
Kreisströmung *f* кругово́е тече́ние
Kreisteilung *f* деле́ние кру́га, деле́ние ли́мба
Kreisumfang *m* окру́жность кру́га
Kreiszylinder *m* кругово́й цили́ндр
Kremersit *m* Varietät von Erythrosiderit кремерзи́т
Krennerit *m* $(Au, Ag)Te_2$ креннери́т
kretazisch Kreide- мелово́й
Kreuz *n* крест
kreuzgeschichtet перекрёстно сло́истый
Kreuzmeißel *m* крестово́е долото́
Kreuzschichtung *f* перекрёстное напластова́ние, перекре́щивающаяся слои́стость
Kreuzstellung *f* Min. положе́ние скреще́ния
Kreuzung *f* пересече́ние, перекре́щивание, скре́щивание
Kreuzungspunkt *m* то́чка пересече́ния, то́чка перекре́щивания
Kreuzungsstelle *f* ме́сто пересече́ния
Kreuzungswinkel *m* у́гол пересече́ния
Kreuzwirbel *m* крестцо́вый позвоно́к
Kriechen *n* ползу́честь
Kriechgrenze *f* преде́л ползу́чести
Kriechspur *f* Paläont. след ползáния
Krinoiden *pl* Crinoidea криноиде́и, морски́е ли́лии
Krinoidenstielglieder *n/pl* чле́ники стебле́й криноиде́й
Kristall *n* 1. Min. криста́лл. 2. Glas хруста́ль
Kristallabscheidung *f* кристалли́ческий оса́док; выделе́ние криста́ллов
Kristallachse *f* ось криста́лла
kristallähnlich кристаллови́дный
Kristallbaufehler *m* дефе́кт кристалли́ческой структу́ры
Kristallbildung *f* кристаллообразова́ние
Kristallchemie *f* кристаллохи́мия
kristallchemisch кристаллохими́ческий
Kristallfläche *f* грань криста́лла, пло́скость криста́лла
Kristallform *f* фо́рма криста́лла
Kristallgitter *n* кристалли́ческая решётка
Kristallhabitus *m* о́блик криста́лла
Kristallin кристалли́ческий
Kristallinität *f* кристалли́чность
Kristallinitätsgrad *m* сте́пень кристалли́чности
Kristallkeim *m* заро́дыш криста́лла, ядро́ криста́лла
kristallin-körnig кристалли́чески-зерни́стый
Kristallisation *f* Kristallisierung кристаллиза́ция
Kristallisations- кристаллизацио́нный
Kristallisationsabfolge *f* после́довательность кристаллиза́ции
Kristallisationsablauf *m* ход кристаллиза́ции
Kristallisationsbeginn *m* нача́ло кристаллиза́ции
Kristallisationsbereich *m* о́бласть кристаллиза́ции
Kristallisationsdauer *f* продолжи́тельность кристаллиза́ции
Kristallisationsdifferentiat *n* кристаллизацио́нный дифференциа́т
Kristallisationsdifferentiation *f* кристаллизацио́нная дифференциа́ция
Kristallisationsdruck *m* кристаллизацио́нное давле́ние
Kristallisationsfähigkeit *f* кристаллизацио́нная спосо́бность, спосо́бность к кристаллиза́ции
Kristallisationsfeld *n* по́ле кристаллиза́ции
Kristallisationsfolge *f* после́довательность кристаллиза́ции, поря́док кристаллиза́ции
Kristallisationsform *f* фо́рма кристаллиза́ции
Kristallisationsgeschwindigkeit *f* ско́рость кристаллиза́ции
Kristallisationsgrad *m* сте́пень кристаллиза́ции, сте́пень кристалли́чности

Kristallisationsgrenze *f* грани́ца кристаллиза́ции
Kristallisationskeim *m* Kristallisationskern заро́дыш кристаллиза́ции, ядро́ кристаллиза́ции, центр кристаллиза́ции; затра́вка для кристаллиза́ции
Kristallisationsmedium *n* кристаллизацио́нная среда́
Kristallisationsphase *f* фа́за кристаллиза́ции
Kristallisationsprozeß *m* проце́сс кристаллиза́ции
Kristallisationspunkt *m* то́чка кристаллиза́ции
Kristallisationsraum *m* кристаллизацио́нное простра́нство; объём кристаллиза́ции
Kristallisationsschieferung *f* кристаллизацио́нный клива́ж, кристаллизацио́нная сланцева́тость
Kristallisationsstrahl *m* Geochem. луч кристаллиза́ции
Kristallisationstemperatur *f* температу́ра кристаллиза́ции
Kristallisationsvermögen *n* кристаллизу́емость, спосо́бность к кристаллиза́ции
Kristallisationsvolumen *n* объём кристаллиза́ции
Kristallisationsvorgang *m* проце́сс кристаллиза́ции
Kristallisationswärme *f* теплота́ кристаллиза́ции
Kristallisationswasser *n* кристаллизацио́нная вода́
Kristallisationsweg *m* путь кристаллиза́ции
Kristallisationszentrum *n* центр кристаллиза́ции, кристаллизацио́нный центр
Kristallisierbarkeit *f* кристаллизу́емость, спосо́бность к кристаллиза́ции
kristallisieren кристаллизи́ровать *uv.*, *v.*, кристаллизова́ть *uv.*, *v.*
Kristallisieren *n* кристаллизова́ние
kristallisiert auskristallisiert кристаллизо́ванный, выкристаллизо́ванный
Kristallit *m* криста́ллик
Kristallkante *f* ребро́ криста́лла
Kristallkeim *m* заро́дыш криста́лла
Kristallkonstante *f* конста́нта криста́лла
Kristalloblastese *f* кристаллобласте́з
kristalloblastisch кристаллобла́стовый, кристаллобласти́ческий
Kristallograph *m* кристалло́граф
Kristallographie *f* кристаллогра́фия
kristallographisch кристаллографи́ческий
Kristalloptik *f* кристалloо́птика, о́птика криста́ллов
kristalloptisch кристаллоопти́ческий
Kristallphysik *f* кристаллофи́зика
kristallphysikalisch кристаллофизи́ческий
Kristallporphyr *m* кристаллопорфи́р
Kristallskelett *n* кристалли́ческий скеле́т
Kristallstruktur *f* кристалли́ческая структу́ра; строе́ние криста́лла
kristallstrukturell кристаллострукту́рный
Kristallsystem *n* сингони́я
Kristalltracht *f* о́блик криста́лла, кристалли́ческий о́блик
Kristalltrennung *f* отделе́ние криста́ллов
Kristalluntersuchung *f* иссле́дование криста́лла
Kristallverwachsung *f* сро́сток криста́ллов
Kristallwachstum *n* рост криста́лла
Kristallwasser *n* кристалли́ческая вода́, кристаллизацио́нная вода́
Kristallzone *f* по́яс криста́лла, зо́на криста́лла
Krisuvigit *m* † Brochantit кризувиги́т
Kriterium *n* крите́рий
kritisch крити́ческий
Kritzung *f* Streifung исцара́панность
Kröhnkit *m* $Na_2Cu[SO_4]_2 \cdot 2H_2O$ кренки́т, кронкейт
Krokydolith *m* $(Na, K)_2Mg_2Fe_5^{\cdot\cdot}Fe_4^{\cdot\cdot} \cdot [(OH)_4|Si_{16}O_{44}]$ крокидоли́т
Krokydolithasbest *m* крокидоли́т-асбе́ст
Krone *f* Dammkrone гре́бень плоти́ны
Kronenblatt *n* Blumenblatt лепесто́к
Kronenbreite *f* Inggeol. ширина́ гре́бня (плоти́ны)
Kronenüberlauf *m* перели́в че́рез гре́бень (плоти́ны)
Kropf *m* зоб
Krugit *m* Mineral der Polyhalitgruppe круги́т

Krümelstruktur *f* комкова́тая структу́ра
krummlinig криволине́йный
Krümmung *f* 1. Verbiegung искривле́ние, кривизна́. 2. Windung изви́лина
Krümmungsbeiwert *m* коэффицие́нт кривизны́, коэффицие́нт изви́листости
Krümmungshalbmesser *m* ра́диус кривизны́
Krümmungskreis *m* круг кривизны́
Krümmungslinie *f* ли́ния кривизны́
Krümmungsradius *m* ра́диус кривизны́
Krümmungsverhältnis *n* отноше́ние кривизны́
Krümmungswinkel *m* у́гол кривизны́
Kruste *f* 1. Erdkruste (земна́я) кора́. 2. Umkrustung ко́рка, ко́рочка
Krusten- ко́рковый
krustenartig коркови́дный, коркообра́зный
Krustenaufwölbung *f* выпу́чивание земно́й коры́
Krustenausweitung *f* растяже́ние земно́й коры́
Krustenbereich *m* уча́сток земно́й коры́
Krustenbewegung *f* движе́ние земно́й коры́
Krustenbildung *f* образова́ние коры́
Krustendeformation *f* деформа́ция земно́й коры́
Krusteneinengung *f* сокраще́ние земно́й коры́, сжа́тие земно́й коры́
Krusteneisenstein *m* ко́рковый железня́к
Krustenfalte *f* скла́дка земно́й коры́
Krustenhebung *f* подня́тие земно́й коры́
Krustenniveau *n* у́ровень земно́й коры́
Krustenstockwerk *n* эта́ж земно́й коры́
Krustenstörung *f* наруше́ние земно́й коры́
Krustenstruktur *f* строе́ние земно́й коры́
Krustenteil *m* часть земно́й коры́
Krustentextur *f* ко́рковая тексту́ра
Krustenverbiegung *f* изги́б земно́й коры́
Krustenverschiebung *f* перемеще́ние земно́й коры́
Krustifikation *f* крустифика́ция
Krustifikations- крустификацио́нный
krustifiziert крустифици́рованный
krustig коркова́тый
kryogen криоге́нный
Kryolith *m* $Na_3[AlF_6]$ криоли́т
Kryolith- криоли́товый
Kryolithionit *m* $Na_3Li_3[AlF_6]_2$ криолитиони́т
Kryolithpegmatit *m* криоли́товый пегмати́т
kryonival криониви́льный
Kryopedologie *f* Frostbodenforschung криопедоло́гия
kryophil криофи́льный
Kryophyllit *m* ? dunkelgrüner Biotit криофилли́т
Kryptobatholith *m* криптобатоли́т
kryptobatholithisch криптобатоли́товый
Kryptobiolith *m* криптобиоли́т
kryptoblastisch криптобласти́ческий
kryptodont криптодо́нтный
kryptogen криптоге́нный
kryptogenetisch криптогенети́ческий
kryptographisch скрытографи́ческий
Kryptohalit *m* $(NH_4)_2[SiF_6]$ криптогали́т
kryptoklastisch криптокласти́ческий
kryptokristallin криптокристалли́ческий, скрытокристалли́ческий
Kryptolith *m* Monazit mit mikroskopischen Nädelchen von Apatit криптоли́т
kryptomagmatisch криптомагмати́ческий
Kryptomelan *m* криптомела́н
Krypton *n* Kr крипто́н
kryptoolithisch скрытооли́товый, криптооли́товый
Kryptoperthit *m* криптоперти́т
kryptovulkanisch криптовулкани́ческий, скрытовулкани́ческий
Ktypeit *m* † Aragonit aus dem Erbsenstein ктипейт
Kübel *m* бадья́
Kubikdezimeter *m* куби́ческий децим́етр
Kubikmeter *m* куби́ческий метр
Kubikzentimeter *m* куби́ческий сантиме́тр
kubisch куби́ческий
kubisches Kristallsystem *n* куби́ческая сингони́я (систе́ма), полиги́рная сингони́я (систе́ма)
Kugel *f* шар; ша́рик
Kugelabschnitt *m* шарово́й сегме́нт, сегме́нт шара́

Kugelabsonderung *f* шаровáя отдéльность
kugelartig kugelförmig шаровúдный
Kugelausschnitt *m* шаровóй сегмéнт
Kugelchromerz *n* нодулярная хромúтовая рудá
Kugelelektrode *f* шаровóй электрóд
Kugelfläche *f* повéрхность шарá, шаровáя повéрхность
Kugelform *f* шарообрáзность
kugelförmig шарообрáзный, сферúческий
Kugelfunktion *f* шаровáя фýнкция, сферúческая фýнкция
Kugelgestalt *f* Kugelform шарообрáзность
kugelig Kugel- шаровóй, сфероидáльный
Kugelkondensator *m* сферúческий конденсáтор
Kugellava *f* шаровáя лáва, подýшечная лáва
Kugelmühle *f* шаровáя мéльница
Kugeloberfläche *f* повéрхность шарá, сфéра
Kugelpackung *f* шаровáя упакóвка
Kugelporphyr *m* шаровóй порфúр
Kugelschale *f* сферúческая оболóчка; шаровóй слóй
Kugelsegment *n* шаровóй сегмéнт
Kugelstruktur *f* шаровáя структýра, сфероидáльная структýра
Kugeltextur *f* шаровáя текстýра; орбикулярная текстýра
Kugelwelle *f* шаровáя волнá, сферúческая волнá
Kugelzone *f* шаровóй пóяс
kühl прохлáдный
Kühlmittel *n* охлаждáющее веществó
Kukersit *m* кукерзúт
kulissenförmig kulissenartig кулисообрáзный
Kulm *m* Unterkarbon кульм
Kulmfazies *f* кýльмская фáция
Kulmination *f* кульминáция
Kulminationshöhe *f* высотá кульминáции
Kulminationspunkt *m* Gipfelpunkt кульминациóнная тóчка
Kulminationszeit *f* врéмя кульминáции
kulminieren кульминúровать *uv., v.*
kulmisch Kulm- кýльмский
Kulmkieselschiefer *m* кýльмский кремнúстый слáнец
kultivieren культивúровать *uv., v.*
Kultivierung *f* культивúрование
Kulturboden *m* культýрная пóчва
Kulturlandschaft *f* культýрный ландшáфт
Kulturpflanze *f* культýрное растéние
Kulturschicht *f* культýрный слóй
Kungur-Stufe *f* Kungur, Perm кунгýрский ярус
künstlich искýсственный
Kunststein *m* искýсственный кáмень
Kunzit *m* Spodumen von Edelsteinqualität кунцúт
Kupfer *n* Cu медь
Kupfer- мéдный
Kupferammonchlorid *n* мéдно-аммóниевый хлорúд
Kupferarsenid *n* 1. Cu_2As; 2. Cu_5As_2 мышьякóвистая медь, арсенúд мéди
Kupferausblühung *f* мéдный вы́цвет
Kupferbergwerk *n* мéдный руднúк
kupferbeständig медноустóйчивый
Kupferbezirk *m* мéдный óкруг
Kupferbleispat *m* Linarit мéдно-свинцóвый шпат
Kupferblende *f* Sandbergerit мéдная обмáнка
Kupferchlorid *n* $CuCl_2$ хлóристая медь (2), хлорúд мéди (2)
Kupferchlorür *n* CuCl хлóристая медь (1), хлорúд мéди (1)
Kupferelektrode *f* мéдный электрóд
Kupfererz *n* мéдная рудá
Kupfererz- меднорýдный
Kupfererzgang *m* меднорýдная жúла
Kupferflora *f* Geobot. мéдная флóра
Kupferglanz *m* мéдный блеск
Kupfergrube *f* мéдный руднúк
Kupfergrün *n* Chrysokoll мéдная зéлень
kupferhaltig Kupfer- медьсодержáщий, меденóсный, мéдистый
Kupferhütte *f* меднолитéйный завóд
Kupferindig *n* Covellin CuS мéдное индúго
Kupferkies *m* Chalkopyrit $CuFeS_2$ мéдный колчедáн
Kupferkies- медноколчедáнный
Kupferkieseinsprengung *f* вкрáпленность халькопирúта
Kupferkieshäutchen *n* плёнка халькопирúта

Kupferkieskonzentrat *n* ме́дно-колчеда́нный концентра́т
Kupferkieslamelle *f* пласти́нка халькопири́та
Kupferkiesparagenese *f* халькопири́товый парагене́зис
Kupferkonzentrat *n* ме́дный концентра́т
Kupferlagerstätte *f* ме́дное месторожде́ние
Kupferlasur *f* Azurit $Cu_3[OH|CO_3]_2$ ме́дная лазу́рь
Kupferletten *m* ме́дистый сугли́нок
Kupfermanganerz *n* Lampadit марганцо́вая ме́дная руда́
Kupfermergel *m* ме́дистый ме́ргель
Kupfermineral *n* медьсодержа́щий минера́л
Kupfernickel *n* Rotnickelkies купферни́кель
Kupfernitrat *n* $Cu(NO_3)_2$ азотноки́слая медь (2), нитра́т ме́ди (2)
Kupferoxid *n* CuO о́кись ме́ди (2), окси́д ме́ди (2)
Kupferpecherz *n* Gemenge von Chrysokoll, Stilpnosiderit u. a. ме́дная смоляна́я руда́
Kupferphosphat *n* фосфорноки́слая медь
kupferrot ме́дно-кра́сный
Kupfersandstein *m* ме́дистый песча́ник
Kupferschiefer *m* ме́дистый сла́нец
Kupferschmelze *f* Kupferhütte медеплави́льный заво́д
Kupferschwärze *f* Tenorit z. T. CuO ме́дная чернь
Kupfersesquioxid *n* Cu_2O_3 полутора-о́кись ме́ди, о́кись ме́ди (3), окси́д ме́ди (3)
Kupfersilberglanz *m* Stromeyerit ме́дно-сере́бряный блеск
Kupfersilikat *n* кремнеки́слая медь
Kupfersulfid *n* CuS серни́стая медь, сульфи́д ме́ди
Kupfertellurid *n* теллури́д ме́ди
Kupfervitriol *n* Chalkanthit $Cu[SO_4]\cdot 5H_2O$ ме́дный купоро́с
Kupfervorkommen *n* проявле́ние ме́ди
Kupferwismutglanz *m* † Emplektit ме́дно-ви́смутовый блеск
Kupferzeit *f* ме́дный век
Kupfer-Zink- медноци́нковый
Kupfer-Zinklagerstätte *f* медноци́нковое месторожде́ние
Kupfferit *m* FeO-armer Anthophyllit купффери́т
Kuppe *f* верши́на
Kuppel *f* ку́пол
kuppelartig kuppelförmig куполови́дный
Kuppelbildung *f* куполообразова́ние
Kuppelfalte *f* куполови́дная скла́дка
Kuppelfaltung *f* куполови́дная скла́дчатость
Kuppelscheitel *m* верши́на ку́пола
Kuppelstruktur *f* куполови́дная структу́ра
Kurgantait *m* курганта́йт
Kurnakovit *m* angeblich $Mg_2[B_3O_3(OH)_5]\cdot 5H_2O$ курнакови́т
Kurskit *m* wohl identisch mit Francolith курски́т
Kurumsakit *m* курумсаки́т
Kurve *f* крива́я
Kurvendivergenz *f* диверге́нция кривы́х
Kurvenkonvergenz *f* конверге́нция кривы́х
Kurvenkrümmung *f* кривизна́ криво́й
Kurvenlineal *n* лека́ло
Kurvenmesser *m* курвиме́тр, аппара́т для измере́ния длины́ кривы́х
Kurvenradius *m* ра́диус криво́й
Kurvenschar *f* семе́йство кривы́х
Kurventangente *f* каса́тельная криво́й
Kurvenverlauf *m* ход криво́й, фо́рма криво́й
Kurvenzweig *m* Kurvenast ветвь криво́й
Kurvimeter *n* Kurvenmesser курвиме́тр
kurzbeinig коротконо́гий
Kurzbericht *m* кра́ткий отчёт
kurzbrennweitig короткофо́кусный
kurzfaserig коротковолокни́стый
kurzfristig краткосро́чный
kurzlebig недолгове́чный
Kurzlebigkeit *f* недолгове́чность
kurzperiodisch короткопериоди́ческий
kurzprismatisch короткопризмати́ческий
kurzpyramidal короткопирамида́льный
kurzsäulig короткосто́лбчатый
kurzschwänzig короткохво́стый
kurzstengelig короткостебе́льчатый
Kurzwelle *f* коро́ткая волна́
Kurzwellenbereich *m* коротково́лновый диапазо́н

kurzwellig коротково́лновый
Kuseler Schichten *f/pl* Rotliegend ку́зельские сло́и
Kusnezkbecken *n* Kusbass Кузне́цкий бассе́йн, Кузба́сс
Küste *f* морско́й бе́рег, побере́жье
Küsten- берегово́й, прибре́жный
Küstenabfluß *m* берегово́й сток
Küstenablagerung *f* берегово́е отложе́ние
Küstenabschnitt *m* уча́сток бе́рега
Küstenaufnahme *f* съёмка морски́х берего́в
Küstenausgleich *m* выра́внивание бе́рега, выра́внивание берегово́й ли́нии
Küstenbank *f* прибре́жная мель
Küstenbarre *f* берегово́й бар
Küstenbau *m* берегоукрепи́тельные рабо́ты, укрепле́ние (морско́го) бе́рега
Küstenbefestigung *f* крепле́ние берего́в
Küstenbeobachtung *f* берегово́е наблюде́ние
Küstenbereich *m* прибре́жная о́бласть, берегова́я о́бласть
Küstenbrandung *f* берегово́й прибо́й
Küstendamm *m* берегова́я да́мба
Küstendüne *f* берегова́я дю́на
Küstenebene *f* берегова́я равни́на
Küsteneis *n* прибре́жный лёд, припа́й
Küstenfazies *f* Uferfazies прибре́жная фа́ция, берегова́я фа́ция
Küstenfluß *m* прибре́жная река́
Küstenform *f* 1. Geomorph. фо́рма бе́рега, конфигура́ция бе́рега. 2. Paläont. берегова́я фо́рма
Küstengebiet *n* примо́рье, побере́жье, прибре́жная о́бласть
Küstengestaltung *f* конфигура́ция бе́рега
Küstengewässer *n/pl* прибре́жные во́ды
Küstengliederung *f* расчлене́ние бе́рега
Küstenkarte *f* берегова́я ка́рта
Küstenklima *n* берегово́й кли́мат
Küstenkonglomerat *n* берегово́й конгломера́т
Küstenlagune *f* берегова́я лагу́на
Küstenland *n* прибре́жная ме́стность, побере́жье
Küstenlandschaft *f* прибре́жный ландша́фт
Küstenlinie *f* Uferlinie берегова́я ли́ния
küstennah располо́женный вблизи́ бе́рега
Küstennähe *f* бли́зость к бе́регу
küstenparallel вдольберегово́й, паралле́льный бе́регу
Küstenpegel *m* берегово́й марео́граф
Küstenregion *f* прибре́жная о́бласть
Küstenrelief *n* релье́ф побере́жья
Küstenriff *n* Saumriff берегово́й риф
Küstensand *m* прибре́жный песо́к, берегово́й песо́к
Küstenschutz- Uferschutz берегозащи́тный
Küstenschutzwald *m* берегозащи́тные лесонасажде́ния
Küstenschutzwerk *n* берегозащи́тное сооруже́ние
Küstensee *m* Lagune примо́рское о́зеро
Küstenseife *f* прибре́жная ро́ссыпь
Küstenstation *f* берегова́я ста́нция
Küstenstrom *m* прибре́жный пото́к
Küstenströmung *f* берегово́е тече́ние, прибре́жное тече́ние
Küstenterrasse *f* берегова́я терра́са
Küstentyp *m* тип бе́рега
Küstenverlauf *m* очерта́ние бе́рега, положе́ние бе́рега
Küstenvermessung *f* съёмка бе́рега
Küstenversatz *m* перемеще́ние бе́рега, перемеще́ние берегово́й ли́нии
Küstenvorsprung *m* берегово́й вы́ступ, вы́ступ бе́рега
Küstenwall *m* берегово́й вал
Küstenwasser *n* прибре́жная вода́
Küstenzirkulation *f* прибре́жная циркуля́ция
Küstenzone *f* прибре́жная зо́на, прибре́жная полоса́
Kustos *m* храни́тель
Kutikula *f* кути́кула
kutikular Kutikular- кутикуля́рный
Kutikularschicht *f* надко́жица
Kutin- кути́новый
Kutinhäutchen *n* кути́новая плёнка
kutinisieren кутинизи́ровать *uv.*, *v.*
kutinisiert кутинизи́рованный
Kutinisierung *f* кутиниза́ция
Kutinit *m* кутини́т
Kutnahorit *m* ? wohl MnFeMg-haltiger Kalkspat кутнагори́т
Kylindrit *m* $6PbS \cdot 6SnS_2 \cdot Sb_2S_3$(?) килиндри́т
Kyschtymit *m* kristallines Gestein aus dem Ural кыштыми́т

L

Laanilith *m* grobkörniges Pegmatitgestein лаанили́т
Labiatae *pl* губоцве́тные
Labiatus- лабиа́товый
labil schwankend лаби́льный, неусто́йчивый
Labilität *f* лаби́льность, неусто́йчивость
Labit *m* $Mg_3H_6[Si_8O_{22}] \cdot 2H_2O$ лаби́т
Laborant *m* лабора́нт
Laborantin *f* лабора́нтка
Laboratorium *n* лаборато́рия
Laboratorium(s)- лаборато́рный: камера́льный
Laboratoriumsarbeit *f* лаборато́рная рабо́та
Laboratoriumseinrichtung *f* лаборато́рное обору́дование
Laboratoriumsmethode *f* лаборато́рный ме́тод
Laboratoriumstemperatur *f* лаборато́рная температу́ра
Laboratoriumsuntersuchung *f* лаборато́рное иссле́дование
Laboratoriumsversuch *m* лаборато́рный о́пыт
Labradit *m* kristallines Gestein aus Labrador, Pyroxen und Olivin лабради́т
Labrador *m* лабрадо́р
Labrador- лабрадо́ровый
Labradorandesit *m* лабрадорандези́т
Labradorbasalt *m* лабрадо́ровый база́льт
Labradorit *m* Plagioklas лабradори́т
Labradorit- лабрадори́товый
Labradoritgestein *n* лабрадори́товая поро́да
Labradorporphyr *m* лабрадо́ровый порфи́р
Labradorporphyrit *m* лабрадо́ровый порфири́т
Labradorstrom *m* лабрадо́рское тече́ние
Labyrinth *n* лабири́нт
Labyrinthodontia *pl* лабиринтодо́нты
Lackfilmmethode *f* ме́тод ла́ковой плёнки
Lackmuslösung *f* раство́р ла́кмуса
Lackmuspapier *n* ла́кмусовая бума́га
Lacrimale *n* слёзная кость
Lacroixit *m* Gemenge von Rhodosit und Rhodochrosit лакруа́йт
Ladin *n* Ladin-Stufe лади́нский я́рус
Ladin- ladinisch лади́нский
Ladin-Stufe *f* Ladin лади́нский я́рус
Ladoga-Transgression *f* ла́дожская трансгре́ссия
Ladung *f* заря́д
ladungsarm малозаря́дный
Ladungsdichte *f* пло́тность заря́дов
Ladungseinheit *f* едини́ца заря́да
Ladungsempfindlichkeit *f* чувстви́тельность к заря́ду
Ladungsträger *m* носи́тель заря́да
Ladungstransport *m* перено́с заря́дов
Ladungsverschiebung *f* перемеще́ние заря́дов
Ladungsverteilung *f* распределе́ние заря́дов
Ladungsvorzeichen *n* знак заря́да
Ladungszeichen *n* знак заря́да
Lage *f* местоположе́ние, местонахожде́ние
Lageänderung *f* смеще́ние
Lagebestimmung *f* определе́ние местонахожде́ния, определе́ние положе́ния
Lagentextur *f* слои́стая текстýра
Lageplan *m* план расположе́ния; ситуацио́нный план
Lager *n* Lagerstätte за́лежь
Lagergang *m* пластова́я жи́ла
Lagerkluft *f* L-Kluft (nach Cloos) пластова́я тре́щина
lagern залега́ть/зале́чь
Lagerstätte *f* месторожде́ние
Lagerstättenabschnitt *m* уча́сток месторожде́ния
Lagerstätte seltener Metalle *f* редкомета́льное месторожде́ние
Lagerstättendruck *m* пластово́е давле́ние
Lagerstättengruppe *f* гру́ппа месторожде́ний
Lagerstättenkarte *f* ка́рта месторожде́ний
Lagerstättenkunde *f* уче́ние о месторожде́ниях поле́зных ископа́емых

Lagerstättentyp *m* тип месторождéния
Lagerstättenverteilung *f* размещéние месторождéний
Lagerstättenvorräte *m/pl* запáсы месторождéния
Lagerstättenwasser *n* водá месторождéния
Lagerung *f* залегáние
Lagerungsbedingungen *f/pl* Lagerungsverhältnisse услóвия залегáния
Lagerungselement *n* элемéнт залегáния
Lagerungsform *f* фóрма залегáния
Lagerungsstörung *f* нарушéние залегáния
Lagerungstiefe *f* глубинá залегáния
Lagerungsverhältnisse *n/pl* Lagerungsbedingungen услóвия залегáния
Lageveränderung *f* перемещéние, смещéние, изменéние положéния
Lagonit *m* † Gemenge von Sassolin mit Limonit лагони́т
lagunär Lagunen- лагу́нный
Lagune *f* Strandsee лагу́на
Lagunen- лагу́нный
Lagunenablagerung *f* лагу́нное отложение
Lagunenfazies *f* лагу́нная фáция
Lagunengebiet *n* лагу́нная óбласть
Lagunenküste *f* лагу́нный бéрег, бéрег лагу́нного ти́па
Lagunensediment *n* лагу́нный осáдок
Lagunensee *m* лагу́нное óзеро, лагу́на-óзеро
Lagunenseife *f* лагу́нная рóссыпь
Lakkolith *m* лакколи́т
lakkolithenähnlich лакколитообрáзный
lakustrisch See- озёрный
Lama *n* *Lama glama* L. лáма
Lamarckismus *m* ламарки́зм
Lamella *f* Lamelle ламéль, пласти́нка
lamellar Lamellar- пласти́нчатый
Lamellarstruktur *f* пласти́нчатая структу́ра, пласти́нчатое строéние
Lamelle *f* Lamella ламéль, пласти́нка
Lamellengefüge *n* пласти́нчатое строéние
Lamellennetz *n* сéтка пласти́нок
Lamellenschar *f* систéма пласти́нок
Lamellenstruktur *f* пласти́нчатая структу́ра, пласти́нчатое строéние
Lamellensystem *n* систéма пласти́нок
Lamellenwerk *n* пласти́нчатый агрегáт
Lamellibranchiata *pl* ламеллибранхиáты, пластинчатожáберные
Lamellierung *f* пласти́нчатость
Lamina *f* пласти́нка
laminar Laminar- ламинáрный, безвихревóй, стру́йчатый
Laminarbewegung *f* ламинáрное движéние, безвихревóе движéние, стру́йчатое движéние
Laminarströmung *f* ламинáрное течéние
Lamination *f* ляминáция, пласти́нчатость, листовáтость
laminiert ламини́рованный
Lampadit *m* Kupfermanganerz мéдистый вад
Lampe *f* лáмпа
Lampenstube *f* Bergb. лáмповая
Lampritit *m* Magmengestein ламприти́т
Lamprophanit *m* Sulfat von Ca, Pb, Mn, Mg, Na, K лампрофани́т
Lamprophyllit *m* лампрофилли́т
Lamprophyr *m* лампрофи́р
Lamprophyr- lamprophyrisch лампрофи́ровый
Lamprophyrgang *m* лампрофи́ровая жи́ла
Lamprophyrstruktur *f* лампрофи́ровая структу́ра
lamprophyrisch Lamprophyr- лампрофи́ровый
Lanarkit *m* $Pb_2[O|SO_4]$ ланарки́т
Land *n* странá; су́ша, земля́
Land- назéмный
Landenge *f* перешéек
Landesaufnahme *f* государственная съёмка
Landeskunde *f* краевéдение
landeskundlich краевéдческий
Landesplanung *f* районная планирóвка
Landesvermessung *f* госудáрственная съёмка
Landfauna *f* назéмная фáуна
Landfazies *f* континентáльная фáция
Landform *f* сухопу́тная фóрма
Landhalbkugel *f* материкóвая полусфéра земнóго шáра
Landkarte *f* географи́ческая кáрта
Landklima *n* континентáльный кли́мат
Landmasse *f* материкóвая мáсса, континентáльный масси́в; масси́в су́ши
Landmesser *m* Feldmesser, Geodät землемéр, съёмчик

Landoberfläche *f* поверхность земли
Landpflanze *f* наземное растение
Landschaft *f* ландшафт
landschaftlich Landschafts- ландшафтный
Landschildkröte *f* наземная черепаха
Landschnecke *f* наземная улитка
Landspitze *f* нос
Landtier *n* наземное животное
Landverbindung *f* сухопутная связь
Landvermesser *m* Geometer съёмщик
Landwirbeltier *n* наземное позвоночное животное
Landwirtschaft *f* сельское хозяйство
landwirtschaftlich сельскохозяйственный
Landzunge *f* Nehrung коса
Landzuwachs *m* прирост суши
Laneit *m* Varietät von Barkevikit ланеит
Långbanit *m* $Mn^{\cdot\cdot}Mn_6^{\cdot\cdot\cdot}[O_8|SiO_4]$ лонгбанит
Langbeinit *m* $K_2Mg_2[SO_4]_3$ лангбейнит
Langbeinit- langbeinitisch лангбейнитовый
Langbeinitgestein *n* лангбейнитовая порода
langbrennweitig длиннофокусный
Länge *f* 1. Weg длина, протяжение. 2. Zeit продолжительность. 3. Geogr. Länge долгота
Längenabweichung *f* отклонение длины
Längenänderung *f* изменение длины
Längenausdehnung *f* продольная протяженность, продольное расширение, линейное растяжение, линейное расширение, удленение
Längenausdehnungszahl *f* коэффициент линейного расширения
Längenbestimmung *f* Geogr. определение долготы
Längendifferenz *f* разность долгот
Längeneinheit *f* единица длины
Längenfehler *m* ошибка в длине
Längengrad *m* градус долготы
Längenkreis *m* круг долготы
Längenmaß *n* мера длины
Längenmaßstab *m* горизонтальный масштаб
Längenmessung *f* измерение длины
Längennivellement *n* продольная нивелировка
Längenunterschied *m* разность длины; разность долгот
Längenverzerrung *f* искажение длины
Längenzunahme *f* увеличение длины
Längenzuwachs *m* приращение длины
langfaserig длинноволокнистый
Langflammkohle *f* длиннопламенный уголь
langfristig долгосрочный
Langit *m* $Cu_4[(OH)_6|SO_4]\cdot H_2O$ лангит
langjährig долголетний
langkonisch longicon лонгиконический
langlebig долгоживущий
länglich продолговатый
langnadelig длинноигольчатый
langperiodisch длиннопериодный, длиннопериодический
langprismatisch длиннопризматический
längs вдоль
Längs- продольный
Längsabweichung *f* продольная невязка
Längsachse *f* продольная ось
Längsordnung *f* продольная установка
Längsantiklinale *f* продольная антиклиналь
langsäulig длинностолбчатый
Längsbeanspruchung *f* осевое напряжение
Längsbewegung *f* продольное движение
Längsbruch *m* продольный разрыв
Längsdehnung *f* продольное удлинение, линейное расширение
Längsdepression *f* продольная депрессия
Längsdilatation *f* продольное растяжение
Längsdüne *f* продольная дюна
längsfaserig längs gefasert продольно-волокнистый
Längsfokussierung *f* продольная фокусировка
Längsgefälle *n* продольный уклон
längsgeschichtet продольно-слоистый
Längskluft *f* S-Kluft (nach H. Cloos) продольная трещина
Längsklüftung *f* продольная трещиноватость
Längsküste *f* продольный берег
Längsmoräne *f* продольная морена
Längsnaht *f* продольный шов
Längsneigung *f* продольный уклон
Längsorientierung *f* продольная ориентировка

Längsornament *n* продо́льный орна́мент
Längsprofil *n* продо́льный про́филь
Längsreihe *f* продо́льный ряд
Längsrichtung *f* продо́льное направле́ние
Längsrippung *f* продо́льная ребри́стость
Längsrücken *m* продо́льный хребе́т
Längsscherung *f* продо́льный сдвиг; продо́льный срез
langschnäuzig длиннорылый
Längsschnitt *m* продо́льный разре́з, продо́льное сече́ние
Längsschwingung *f* Longitudinalschwingung продо́льное колеба́ние
Längssenke *f* продо́льная впа́дина
Längsspalte *f* продо́льная рассе́лина, продо́льная тре́щина
Längsstörung *f* продо́льное наруше́ние, продо́льный разры́в
Längsstreifung *f* продо́льная поло́счатость; продо́льная штрихова́тость
Längsstrom *m* продо́льное тече́ние
Längsströmung *f* продо́льное тече́ние
Längstal *n* продо́льная доли́на
Längsverfrachtung *f* продо́льное перемеще́ние
Längsverschiebung *f* продо́льное перемеще́ние
Längsverwerfung *f* продо́льный сброс
Längung *f* удлине́ние
Langwelle *f* дли́нная волна́
Langwellenbereich *m* длинново́лновый диапазо́н
langwellig Langwellen- длинново́лновый
Lansfordit *m* $MgCO_3 \cdot 5H_2O$ лансфорди́т
Lanthan *n* La ланта́н
Lanthaniden *n/pl* лантани́ды
Lanthanit *m* $(La, Dy, Ce)_2[CO_3]_3 \cdot 8H_2O$ лантани́т
Lanthanosuchus *m* лантанозу́х
lanzettartig lanzettförmig ланцетови́дный
Lanzettblatt *n* ланце́тный лист
Lanzettfischchen *n* ланце́тник
lanzettförmig ланце́тный, ланцетови́дный
Lapilli *pl* лапи́лли
Lapilli- лапи́ллиевый
Lapislazuli *m* Lasurit $(Na, Ca)_8[(SO_4, S, Cl)_2 | (AlSiO_4)_6]$ ля́пис-лазу́рь
Lapparentit *m* $Al_2[OH | SO_4]_2 \cdot 9H_2O$ лаппаранти́т
laramisch ларами́йский
laramische Faltung *f* ларами́йская скла́дчатость
Lärche *f* *Larix* Mill. ли́ственница
Larderellit *m* $NH_4[B_5O_6(OH)_4]$ лардерелли́т
Larnit *m* β-$Ca_2[SiO_4]$ ларни́т
Larsenit *m* $PbZn[SiO_4]$ ларсени́т
larval ларва́льный
Larve *f* личи́нка
Larven- личи́ночный
Larvenstadium *n* личи́ночная ста́дия, личи́ночное состоя́ние
Larviformia *pl* личинкоподо́бные
Lasaulx-Linse *f* ли́нза Лазо́
Lassaux-Methode *f* спо́соб Ласо́
Lassenit *m* Bimsstein лассени́т
Last *f* Auflast нагру́зка
Last-Setzungskurve Inggeol. *f* крива́я зави́симости оса́дки гру́нта от нагру́зки
Lastverteilung *f* распределе́ние нагру́зки
Lasurblau *n* лазу́рь
Lasurit *m* Lapislazuli $(Na, Ca)_8[(SO_4, S, Cl)_2 | (AlSiO_4)_6]$ лазури́т
Lasurit- лазури́товый
Lasuritgestein *n* лазури́товая поро́да
latent verborgen лате́нтный, скры́тый
lateral Lateral- латера́льный, боково́й
Lateraleinfluß *m* боково́е влия́ние
Lateralerosion *f* бокова́я эро́зия
Lateralrefraktion *f* бокова́я рефра́кция
Lateralgang *m* побо́чная жи́ла
Laterallobus *m* Seitenlobus латера́льная ло́пасть, бокова́я ло́пасть
Lateralmigration *f* бокова́я мигра́ция
Lateralsekretion *f* бокова́я секре́ция, латера́льная секре́ция
lateralsekretionär латера́льно-секреци́онный
Laterit *m* латери́т
Laterit- lateritisch латери́тный
Lateritbildung *f* латеритообразова́ние; латеритиза́ция
Lateritboden *m* латери́тная по́чва
Lateriteisenerz *n* латери́тная желе́зная руда́
lateritisch Laterit- латери́тный
lateritisiert латеритизи́рованный
Lateritisierung *f* латеритиза́ция
Lateritkruste *f* латери́тная кора́

Lateritprofil *n* латери́тный про́филь
Lateritverwitterung *f* латери́тное вы́ве́тривание
Laterna Aristotelis *f* Laterne des Aristoteles аристо́телев фона́рь
Latimeria *f* латиме́рия
latisellat Sutur bei Cephalopoden латиселла́тный, широкоседе́льный
Latit *m* Andesitgestein лати́т
Latte *f* Meßlatte ре́йка
Lattenablesung *f* отсчёт по ре́йке
Lattorf *n* Lattorf-Stufe латто́рфский я́рус
Lattorf- латто́рфский
Lattorf-Stufe *f* латто́рфский я́рус
Laubanit *m* $Ca_2[(OH)_2|Al_2Si_5O_{14}]\cdot 5H_2O$ лобани́т, лаубани́т
Laubbaum *m* ли́ственное де́рево
Laubfall *m* листопа́д
Laubmoose *n/pl* ли́ственные мхи
Laubwald *m* ли́ственный лес
Laueit *m* лауе́йт
Laue-Methode *f* ме́тод Ла́уэ, ме́тод неподви́жного криста́лла
Lauenburger Interglazial *n* лауэнбу́ргское межледнико́вье
Lauenburger Ton *m* лауэнбу́ргская гли́на
Lauf *m* 1. Flußlauf тече́ние, пото́к. 2. Verlauf бег, ход. 3. Bahn (Gestirn) движе́ние, путь
Laufrichtung *f* направле́ние движе́ния
Laufvogel *m* бе́гающая пти́ца
Laufwerk *n* ходово́й механи́зм
Laufzeit *f* вре́мя пробе́га
Laufzeitanomalie *f* анома́лия вре́мени пробе́га
Laufzeitbeobachtung *f* наблюде́ние вре́мени пробе́га
Laufzeitkurve *f* годогра́ф, крива́я вре́мени пробе́га
Laufzeitmessung *f* измере́ние вре́мени пробе́га
Laufzeitmethode *f* ме́тод времён пробе́га
Laufzeittabelle *f* табли́ца времён пробе́га
Laufzeitunterschied *m* ра́зность пробе́га
Lauge *f* щёлок, рассо́л
Laugenit *m* Oligoklasdiorit лаугени́т
Laugenzusammensetzung *f* соста́в рассо́ла
Laumontit *m* $Ca[AlSi_2O_6]_2\cdot 4H_2O$ ломонти́т
Lauraceae *pl* ла́вровые
Laurdalit *m* grobkörniger Nephelinsyenit лаурдали́т
Laurentia *n* Лавре́нция
laurentisch лавре́нтьевский
Laurionit *m* PbOHCl лаурионит, лаврионит
Laurvikitåkerit *m* hybabyssische Randfazies des Laurvikit (Brögger 1933) лаурвики́товый акери́т, ларвики́товый акери́т
Lausenit *m* $Fe_2^{\cdot\cdot\cdot}[SO_4]_3\cdot 6H_2O$ лаусени́т
Lautarit *m* $Ca[JO_3]_2$ лаутари́т
Lautit *m* CuAsS лаути́т
Lava *f* ла́ва
Lava- ла́вовый
Lavaabfluß *m* отто́к ла́вы
Lavabett *n* ла́вовое ло́же
Lavabrekzie *f* ла́вовая бре́кчия, лавобре́кчия
Lavabrocken *m* обло́мок ла́вы
Lavadecke *f* ла́вовый покро́в
Lavaebene *f* ла́вовая равни́на
Lavaerguß *m* излия́ние ла́вы
Lavafontäne *f* ла́вовый фонта́н
Lavahöhle *f* ла́вовая пеще́ра
Lavakegel *m* ла́вовый ко́нус
Lavaplateau *n* ла́вовое плато́
Lavapfropfen *m* ла́вовая про́бка
Lavasäule *f* ла́вовая коло́нка, столб ла́вы
Lavasee *m* ла́вовое о́зеро
Lavaspalte *f* ла́вовая тре́щина
Lavastrom *m* ла́вовый пото́к, пото́к ла́вы
Lavateilchen *n* части́ца ла́вы
Lavatropfen *m* ка́пля ла́вы
Lavavulkan *m* ла́вовый вулка́н
lavendelblau лава́ндовый, лава́ндово-си́ний
Låvenit *m* $(Na, Ca, Mn)_3Zr[(F, OH, O_2)|Si_2O_7]$ ловени́т
Lavoisit *m* Kalk mit Gips лавуази́т
Lawine *f* лави́на, сне́жный обва́л
Lawinen- лави́нный
Lawinenbewegung *f* движе́ние лави́ны
Lawinenbildung *f* образова́ние лави́н
Lawinenbrecher *m* Inggeol. устро́йство для разруше́ния лави́н
Lawinenerosion *f* лави́нная эро́зия

Lawinenfeld *n* лави́нное по́ле
Lawinengleitfläche *f* пове́рхность скольже́ния лави́ны
Lawinenkegel *m* лави́нный ко́нус, ко́нус лави́ны
Lawinenrinne *f* лави́нная ложби́на
Lawinensee *m* лави́нное о́зеро
Lawinenstation *f* лави́нная ста́нция
Lawinensturz *m* паде́ние лави́ны, лави́нный обва́л
Lawinenverbauung *f* противолави́нные постро́йки
Lawinenwind *m* лави́нный ве́тер
Lawrencit *m* $FeCl_2$ лавренси́т
Lawsonit *m* $CaAl_2[(OH)_2|Si_2O_7]\cdot H_2O$ лавсони́т, лаусони́т
Lazulith *m* Mollit $(Fe^{\cdot\cdot}, Mg)Al_2[OH|PO_4]_2$ лазули́т
Leachit *m* Auslaugungsprodukt личи́т
Leaioidea *pl* леайи́ды
Lebacher Schichten *f/pl* ле́бахские слои́
lebend lebendig живо́й
lebendgebärend живородя́щий
Lebendgebärende *pl* живородя́щие
Lebensbedingungen *f/pl* жи́зненные усло́вия, усло́вия жи́зни
Lebensbezirk *m* о́бласть обита́ния
Lebensdauer *f* продолжи́тельность жи́зни
lebensfähig жизнеспосо́бный, жи́зненный
Lebensfähigkeit *f* жизнеспосо́бность, жи́зненность, живу́честь
Lebensform *f* жи́зненная фо́рма
Lebensgemeinschaft *f* жи́зненное соо́бщество, соо́бщество органи́змов
Lebensgewohnheit *f* жи́зненная привы́чка, о́браз жи́зни
Lebensraum *m* среда́ обита́ния
Lebensstellung *f* Paläont. прижи́зненное положе́ние
Lebenstätigkeit *f* жизнеде́ятельность
Lebensvorgang *m* жи́зненный проце́сс
Lebensweise *f* о́браз жи́зни
Lebenszyklus *m* жи́зненный цикл
Leber *f* пе́чень
Lebermoose *n/pl* печёночные мхи, печёночники
Lebewesen *n* живо́е существо́
Lechatelierit *m* SiO_2 лешательери́т
Lecontit *m* $(NH_4)Na[SO_4]\cdot 2H_2O$ леконти́т
Ledmorit *m* Nephelinsyenit ледмори́т
Lee *f* подве́тренная сторона́
Lee- подве́тренный
Leegebiet *n* подве́тренная о́бласть
Leehang *m* подве́тренный склон
Leeküste *f* подве́тренный бе́рег
Leeseite *f* подве́тренная сторона́
leewärts в подве́тренном направле́нии
Leewelle *f* подве́тренная волна́
Leewellengleichung *f* уравне́ние подве́тренных волн
Legende *f* леге́нда, усло́вные обозначе́ния
Legieren *n* сплавле́ние, леги́рование
Legierung *f* сплав, лигату́ра
Legierungs- лигату́рный
Legrandit *m* $Zn_2[OH|AsO_4]_2\cdot H_2O$ легранди́т
Leguminosae *pl* бобо́вые
Lehiit *m* $Na_2Ca_5Al_8[(OH)_{12}|(PO_4)_8]\cdot 6H_2O$ лехии́т
Lehm *m* су́глинок
Lehmboden *m* сугли́нистая по́чва, сугли́нистый грунт
lehmhaltig сугли́нистый
lehmig сугли́нистый
Lehmkern *m* Inggeol. гли́няное ядро́
Lehmschürze *f* Inggeol. гли́нистая противофильтрацио́нная заве́са
Lehranstalt *f* уче́бное заведе́ние
Lehrarbeit *f* Unterrichtsarbeit уче́бная рабо́та
Lehrbuch *n* уче́бник
Lehre *f* Studium уче́ние
Lehrstuhl *m* ка́федра
Leiche *f* труп
leicht entflammbar легковоспламеня́ющийся
Leichtbeton *m* легкове́сный бето́н
leichtbeweglich легкоподви́жный
leichtflüchtig легколету́чий
leichtlöslich легкораствори́мый
Leichtlöslichkeit *f* легкораствори́мость
Leichtmetall *n* лёгкий мета́лл
Leichtöl *n* лёгкая нефть
leicht schmelzbar легкопла́вкий
Leichtschmelzbarkeit *f* легкопла́вкость, низкопла́вкость
leicht schmelzend легкопла́вкий
leicht siedend легкокипя́щий
Leifit *m* $Na_2[F,OH,H_2O)_{1-2}|(Al,Si)Si_5O_{12}]$ лейфи́т
Leim *m* клей
Leinetalgraben *m* гра́бен доли́ны р. Ле́йне

Leiostegiida *pl* лейостеги́ды
leistenartig лейстови́дный
Leistung *f* Kapazität мо́щность, производи́тельность
Leistungsabfall *m* спад мо́щности
Leistungsabgabe *f* отда́ча мо́щности
Leistungseinheit *f* едини́ца мо́щности, едини́ца производи́тельности
Leistungsfähigkeit *f* Produktivität производи́тельность
Leistungsfaktor *m* коэффицие́нт мо́щности
Leistungsgrenze *f* преде́л мо́щности
Leistungskapazität *f* производи́тельная мо́щность
Leistungskoeffizient *m* коэффицие́нт мо́щности, коэффицие́нт производи́тельности
Leistungskurve *f* крива́я мо́щности
Leistungsniveau *n* у́ровень мо́щности
Leistungsspitze *f* пик мо́щности
Leistungssteigerung *f* повыше́ние мо́щности
Leistungsüberschuß *m* избы́ток мо́щности
Leistungsverlust *m* поте́ря мо́щности
Leistungsverteilung *f* распределе́ние мо́щности
Leit- leitend руководя́щий
Leitbündel *n* проводя́щий пучо́к
leitend 1. elektr. leitend проводи́мый. 2. führend руководя́щий
Leiter *m* 1. elektr. Leiter проводни́к. 2. Führer руководи́тель
Leitergang *m* ле́стничная жи́ла
leitfähig leitend проводи́мый
Leitfähigkeit *f* проводи́мость; электропрово́дность
Leitfähigkeitsanomalie *f* анома́лия проводи́мости
Leitfähigkeitsband *n* зо́на проводи́мости
Leitfähigkeitskoeffizient *m* коэффицие́нт проводи́мости; коэффицие́нт электропрово́дности
Leitfähigkeitsmeßapparat *m* прибо́р для измере́ния проводи́мости
Leitfähigkeitstensor *m* те́нзор проводи́мости
Leitfähigkeitszahl *f* коэффицие́нт проводи́мости
Leitfauna *f* руководя́щая фа́уна
Leitflöz *n* руководя́щий пласт
Leitform *f* руководя́щая фо́рма
Leitfossil *n* руководя́щее ископа́емое
Leitgeschiebe *n* руководя́щий валу́н
Leitgestein *n* руководя́щая поро́да
Leitgewebe *n* проводя́щая ткань
Leitha-Kalk *m* Torton des Wiener Beckens ле́йтский известня́к
Leithorizont *m* марки́рующий горизо́нт, опо́рный горизо́нт
Leitkurve *f* направля́ющая крива́я
Leitmineral *n* веду́щий минера́л
Leitprofil *n* опо́рный разре́з
Leitschicht *f* марки́рующий слой, опо́рный сло́й, руководя́щий пласт
Leitung *f* 1. elektr. Leitung про́вод. 2. Führung ве́дение, руководя́щий о́рган
Leitungselektron *n* электро́н проводи́мости
Leitungsstromdichte *f* пло́тность то́ка проводи́мости
Leitungswasser *n* водопрово́дная вода́
Leitvermögen *n* проводи́мость
Leitwert *m* величина́ проводи́мости; величина́ электропрово́дности
Leitzelle *f* проводя́щая кле́тка
Lembergit *m* лемберги́т
Lemniskate *f* лемниска́та
Lemniskatenring *m* кольцо́ лемниска́ты
Lemuren *pl* Halbaffen лему́ры, полуобезья́ны
Lemuroidea *pl* лему́ры
Lengenbachit *m* $7PbS \cdot 2As_2S_3$ ленгенбахи́т
Leonit *m* Kaliastrakanit $K_2Mg[SO_4]_2 \cdot 4H_2O$ леони́т
Leopardit *m* fleckiger Quarzit леопарди́т
Leopoldit *m* † Sylvin леопольди́т
lepidoblastisch лепидобла́стовый
Lepidodendrales *pl* лепидоде́ндровые
Lepidodendron *n* чешуйча́тник
Lepidokrokit *m* Rubinglimmer γ-FeOOH лепидокроки́т
Lepidolith *m* Mineral der Glimmergruppe лепидоли́т
Lepidolithisierung *f* лепидолитиза́ция
Lepidomelan *m* eisenreicher Biotit лепидомела́н, желе́зистая слюда́
Lepidophyta *pl* чешуйчатоство́льные
Lepidophytineae *pl* лепидофи́ты
Lepidoptera *pl* чешуекры́лые
lepospondyl лепоспонди́льный
Leptit *m* лепти́т

Leptit- лептитовый
Leptitformation *f* лептитовая формация
Leptitgneis *m* лептитовый гнейс
leptitisch Leptit- лептитовый
Leptochlorit *m* Chloritgruppe лептохлорит
Leptofilicales *pl* лептоспорангиатные папоротники
Leptograptus-Schichten *f/pl* Mittl. Ordoviz лептограптовые слои
leptomorph лептоморфный
Leptosporangiatae *pl* лептоспорангиевые
Leptostraca *pl* тонкоскорлупные
leptothermal лептотермальный
Leptynit *m* französische Bezeichnung für Granulit лептинит
Leseband *n* Bergb. разборная лента, рудоразборная лента
Lesestein *m* Gesteinssplitter высыпка, обломок
Lesetisch *m* разборный стол, рудоразборный стол
Lessingit *m* $(Ca, Ce, La, Nd)_5[(O, OH, F)|SiO_4]_3$ лессингит
Letovicit *m* $(NH_4)_3H[SO_4]_2$ летовицит
Lettenkluft *f* глинистая трещина
Lettenschiefer *m* глинистый сланец
Lettsomit *m* Cyanotrichit $Cu_4Al_2[(OH)_{12}|SO_4]\cdot 2H_2O$ леттсомит
Leuchtenbergit *m* † teils Varietät von Pennin, teils Varietät von Klinochlor лейхтенбергит
Leuchtgas *n* светильный газ
Leuchtkraft *f* сила освещения, светосила
Leuchtschirm *m* экран
Leucit *m* β-$K[AlSi_2O_6]$ лейцит
Leucitandesit *m* лейцитовый андезит
Leucitbanakit *m* лейцитовый банакит
Leucitbasalt *m* лейцитовый базальт
Leucitbasanit *m* лейцитовый базанит
Leucitijolith *m* лейцитовый ийолит
leucitisch Leucit- лейцитовый
Leucitit *m* лейцитит
Leucitophyr *m* лейцитофир
Leucitophyr- лейцитофировый
Leucitphonolith *m* лейцитовый фонолит
Leucitporphyr *m* лейцитовый порфир
Leucitrhombenporphyr *m* лейцитовый ромбовый порфир
Leucitshonkinit *m* лейцитовый шонкинит
Leucitsyenit *m* лейцитовый сиенит
Leucittephrit *m* лейцитовый тефрит
Leukochalcit *m* $Cu_2[OH|AsO_4]\cdot H_2O$ (?) лейкохальцит
Leukoglaukit *m* $Fe^{\cdots}H[SO_4]_2\cdot 2H_2O$ лейкоглаукит
leukokrat лейкократный, лейкократовый
Leukopetrit *m* bernsteinähnliches Harz лейкопетрит
Leukophan *m* $(Ca, NaH)_2Be[Si_2O_6(OH, F)]$ (?)лейкофан
Leukophönicit *m* лейкофеницит
Leukophonolith *m* лейкофонолит
Leukophosphit *m* organogenes Phosphat von $Fe^{\cdot\cdot}$, Al, K лейкофосфит
Leukophyllit *m* † Sericit лейкофиллит
Leukophyr *m* лейкофир
Leukopyrit *m* Varietät von Löllingit лейкопирит
Leukosaphyr *m* farbloser Saphir лейкосапфир
Leukosyenit *m* лейкосиенит
Leukoxen *m* лейкоксен
leukoxenisiert лейкоксенизированный
Leuzit s. Leucit
Levantin *n* Levantin-Stufe левантийский ярус
levantinisch Levantin- левантийский
Lewisit *m* $(Ca, Na)_2Sb_2O_6(F, OH, O)$ льюисит
Lewistonit *m* Mineral der Apatitgruppe льюистонит
Lherzolith *m* Peridotit лерцолит
Lianit *m* hypabyssischer Alkaligranit льянит, ланит
Lias *m* лейасовый отдел, лейас
Liaskalk *m* лейасовый известняк
Liassandstein *m* лейасовый песчаник
liassisch Lias- лейасовый
Libelle *f* Wasserwaage уровень, ватерпас
Libellenablesung *f* отсчёт уровня
Libellenachse *f* ось уровня
Libellenblase *f* пузырёк уровня
Libelleneinstellung *f* установка уровня
Libellenfassung *f* оправа уровня
Libellengehäuse *n* коробка уровня
Libollit *m* † Albertit либоллит
Lichenes *pl* лишайники
Lichenometrie *f* лихенометрия
Licht *n* Helligkeit свет
Licht- Leucht- световой

Lichtabsorption *f* поглоще́ние све́та
Lichtätzung *f* светотравле́ние, светово́е травле́ние
Lichtausstrahlung *f* излуче́ние све́та
Lichtbrechung *f* преломле́ние све́та, светопреломле́ние
Lichtbrechungs- светопреломля́ющий
Lichtbrechungsenergie *f* эне́ргия светопреломле́ния
Lichtbrechungsquotient *m* показа́тель преломле́ния све́та
Lichtbündel *n* пучо́к све́та, светово́й пучо́к
Lichtdruck *m* светово́е давле́ние
lichtdurchlässig светопроница́емый
Lichtdurchlässigkeit *f* Transparenz светопроница́емость, светопропуска́емость
Lichteffekt *m* светово́й эффе́кт
Lichteinfall *m* паде́ние све́та
Lichteinfallsrichtung *f* направле́ние паде́ния све́та
Lichteinheit *f* светова́я едини́ца
Lichtemission *f* лучеиспуска́ние
lichtempfindlich светочувстви́тельный
Lichtempfindlichkeit *f* светочувстви́тельность
Lichtenergie *f* светова́я эне́ргия
Lichtes Rotgültigerz *n* Ag_3AsS_3 све́тлая кра́сная сере́бряная руда́
Lichtfilter *m*, *n* светово́й фильтр
Lichtfleck *m* светово́е пятно́
Lichtgeschwindigkeit *f* ско́рость све́та
Lichtgröße *f* светова́я величина́
Lichtintensität *f* си́ла све́та
Lichtinterferenz *f* интерфере́нция све́та
Lichtjahr *n* светово́й год
Lichtmenge *f* коли́чество све́та
Lichtmeßverfahren *n* светометри́я
Lichtminimum *n* светово́й ми́нимум
Lichtpaus- светокопирова́льный
Lichtpause *f* светова́я ко́пия, светоко́пия, си́нька
Lichtpauspapier *n* светокопирова́льная бума́га
Lichtpausverfahren *n* спо́соб светокопирова́ния
Lichtpunkt *m* блик
Lichtquant *n* квант све́та
Lichtquelle *f* исто́чник све́та
Lichtschacht *m* светова́я ша́хта
Lichtschwingung *f* светово́е колеба́ние
Lichtsignal *n* светово́й сигна́л
lichtstark светоси́льный
Lichtstärke *f* Leuchtkraft си́ла све́та, светоси́ла
Lichtstrahl *m* луч све́та, светово́й луч
Lichtstrahlregistrierung *f* светова́я регистра́ция
Lichtstrahlung *f* излуче́ние све́та
Lichtstreuung *f* рассе́яние све́та, диффу́зия све́та
Lichtstrom *m* светово́й пото́к
lichtundurchlässig светонепроница́емый
Lichtverhältnisse *n/pl* светово́й режи́м; усло́вия освещённости
Lichtverlust *m* поте́ря освеще́ния
Lichtwelle *f* светова́я волна́
Lichtwirkung *f* де́йствие све́та
Lichwin-Eiszeit (-Vereisung) *f* лихви́нское оледене́ние
Liebenerit *m* zu dichter Muskovitsubstanz verwitterter Nephelin либенери́т
Liebenerit- либенери́товый
Liebeneritsyenit *m* либенери́товый сиени́т
Liebigit *m* ähnlich Uranothallit либиги́т
Liefergebiet *n* о́бласть снабже́ния
liegend unterlagernd нижележа́щий
liegende Falte *f* лежа́чая скла́дка
Liegendes *n* посте́ль, подо́шва, лежа́чий бок
Liegendfläche *f* Liegendgrenze подо́шва пласта́
Liegendflügel *m* лежа́чее крыло́
Liegendgletscher *m* лежа́щий ледни́к
Liegendserie *f* нижележа́щая то́лща
Liesegangsche Ringe *m/pl* кольца́ Ли́зеганга
Liesegangscher Effekt *m* эффе́кт Ли́зеганга
Lievrit *m* Ilvait $CaFe_2^{\cdot\cdot}Fe^{\cdot\cdot\cdot}[OH|(SiO_4)_2]$ лиеври́т
Ligament *n* свя́зка, лигаме́нт
Ligament- свя́зочный, лигаме́нтный
Ligamentarea *f* свя́зочная площа́дка
Ligamentgrube *f* свя́зочная я́мка, лигаме́нтная я́мка
Ligamentlöffel *m* ло́жечка
Ligamentnymphe *f* свя́зочная подпо́рка
Liginodendron *m* лигинодендро́н
Lignifizierung *f* одревесне́ние
Lignit *m* лигни́т
Lignitgehalt *m* содержа́ние лигни́та
lignitisch Lignit- лигни́товый
lignitisiert лигнитизи́рованный

Lignitkohle *f* лигни́товый у́голь
Lignitschiefer *m* лигни́товый сла́нец
lila violett лило́вый
Liliaceae *pl* лиле́йные
Liliiflorae *pl* лилиецве́тные
Lillianit *m* $3PbS \cdot Bi_2S_3$ лиллиани́т
Liman *m* Strandsee лима́н
Liman- лима́нный
Limanküste *f* бе́рег лима́нного ти́па, лима́нный бе́рег
Limburgit *m* лимбурги́т
Limburgit- лимбурги́товый
Limburgitankaratrit *m* Termier (1928) лимбурги́товый анкаратри́т
Limbus *m* Teilkreis лимб
Limnadiopseoidea *pl* лимнадиопсе́йды
Limnimeter *n* лимни́метр
limnisch Süßwasser- озёрный, лимни́ческий
Limnobenthos *n* лимнобе́нтос
Limnobios *n* лимноби́ос
Limnologe *m* лимно́лог
Limnologie *f* лимноло́гия, озерове́дение
Limnonekton *n* лимнонекто́н
Limnoplankton *n* лимнопланкто́н, озёрный планкто́н
Limonit *m* лимони́т
limonitisch Limonit- лимони́товый
limonitisiert лимонитизи́рованный
Limonitisierung *f* лимонитиза́ция
Limulus *m* ли́мулус, мечехво́ст
Linaceae *pl* лёновые
Linarit *m* $PbCu[(OH)_2|SO_4]$ линари́т
Linde *f* *Tilia* L. ли́па
Linden- ли́повый
Lindenwald *m* липня́к
Lindsayit *m* † Anorthit линдсеи́т
Lindströmit *n* $2PbS \cdot Cu_2S \cdot 3Bi_2S_3$ линдстреми́т
Lineament *n* шо́вная структу́ра, линеаме́нт, глуби́нный разло́м
linear Linear- лине́йный
linear gestreckt лине́йно вы́тянутый
linearer Ausdehnungskoeffizient *m* коэффицие́нт лине́йного расшире́ния
Lineareruption *f* лине́йное изверже́ние
Linearität *f* лине́йность
Linearkombination *f* лине́йная комбина́ция
Linearperspektive *f* лине́йная перспекти́ва
Linearpolarisation *f* лине́йная поляриза́ция
Linearstruktur *f* лине́йная структу́ра
Leartextur *f* лине́йная тексту́ра
Lineation *f* лине́йность, лине́йная ориентиро́вка
Lingula-Sandstein *m* Kambrium линѓуловый песча́ник
Linie *f* ли́ния
Linienelektrode *f* лине́йный электро́д
Linienfolge *f* се́рия спектра́льных ли́ний
Linienführung *f* трассиро́вка
Linienherd *m* лине́йный оча́г
Liniennetz *n* сеть ли́ний, лине́йная сеть
Linienschnittpunkt *m* то́чка пересе́чения ли́ний
Linienspektrum *n* лине́йный спектр, лине́йчатый спектр
Linienstruktur *f* лине́йчатая структу́ра
Linksablenkung *f* отклоне́ние вле́во
linksdrehend Min. левовраща́ющий (пло́скость поляриза́ции)
Linksdrehung *f* Min. ле́вое враще́ние (пло́скости поляриза́ции)
linksseitig левосторо́нный
Linneit *m* Kobaltkies Co_3S_4 линне́йт
Linosit *m* ? ähnlich Kaersutit линози́т
Linse *f* ли́нза
linsenartig линзови́дный
Linsenfassung *f* опра́ва ли́нзы
linsenförmig линзообра́зный, чечевицеобра́зный
Linsensatz *m* набо́р линз, систе́ма линз
Lintonit *m* † radialer Thomsonit линтони́т
liophob лиофо́бный
Lipalian-Intervall *n* Präkambrium Nordamerikas липали́йский интерва́л
Liparit *m* липари́т
liparitisch Liparit- липари́товый
Liparittuff *m* липари́товый туф
Lipopalingenese *f* липопалингене́зис
Lippenfüßer *pl* Chilopoda губоно́гие
Liptobiolith *m* липтобиоли́товый у́голь
liptobiolithisch липтобиоли́товый
Liquation *f* ликва́ция
Liquations- ликвацио́нный
Liquationsdifferentiation *f* ликвацио́нная дифференциа́ция
Liquationslagerstätte *f* ликвацио́нное месторожде́ние

Liquationsprozeß *m* процéсс ликвáции
liquid жи́дкий
liquidmagmatisch жи́дкостно-магмати́ческий, ликвациóнный
Liquiduskurve *f* кривáя ликви́дуса
Lirokonit *m* Linsenerz $Cu_2Al[(OH)_4|AsO_4]\cdot 4H_2O$ лирокони́т
Liskeardit *m* $Al_2[(OH)_3|AsO_4]\cdot 2^1/_2 H_2O$ лискирди́т
Listrium *n* bei Brachiopoden kalkige Verschlußplatte der Stielöffnung ли́стриум, ли́стрий
Liter *n* литр
Literatur *f* Schrifttum литерату́ра
Literaturangaben *f/pl* литерату́рные дáнные
Lithiophilit *m* Li(Mn˙˙, Fe˙˙)[PO$_4$] литиофили́т
Lithioneisenglimmer *m* ли́тиево-желези́стая слюдá
Lithionglimmer *m* Lepidolith ли́тиевая слюдá
lithistid литисти́дный
Lithium *n* Li ли́тий
Lithium- ли́тиевый
Lithiumchlorid *n* LiCl хлóристый ли́тий, хлори́д ли́тия
Lithiumglimmer *m* ли́тиевая слюдá
lithiumhaltig liти́нистый
Lithiumoxid *n* Li_2O óкись ли́тия, окси́д ли́тия
lithofaziell литофациáльный
Lithofazies *f* литофáция
Lithogenese *f* литогенéз
lithogenetisch литогенети́ческий
Lithographie *f* литогрáфия
lithographischer Schiefer *m* литографи́ческий слáнец
lithographischer Stein *m* литогрáфический кáмень
Lithologie *f* литолóгия
lithologisch литологи́ческий
Lithomarge † Halloysit und ähnliche Mineralien литомáрге
lithomorph литомóрфный
lithophil литофи́лный
Lithophyse *f* литофи́за
Lithoralfazies *f* литорáльная фáция
Lithorina-Meer *n* литори́новое мóре
Lithorina-Transgression *f* литори́новая трансгрéссия
Litorina-Zeit *f* литори́новое врéмя
Lithosphäre *f* литосфéра
Lithostratigraphie *f* литостратигрáфия
lithostratigraphisch литостратиграфи́ческий
Lithothamnien-Kalk *m* литотáмниевый известня́к
Lithothamnium *n* литотáмний
Litopterna *pl* литоптéрны
litoral литорáльный, прибрéжный
Litoral *n* литорáль
Litoralbereich *m* литорáльный райóн, прибрéжный райóн
Litoralzone *f* литорáльная зóна, прибрéжная зóна
lituiceracon литуицеракóновый
Livingstonit *m* $HgSb_4S_8$ ливингстони́т
Llandeilo *n* Ordovizium ландéйльский я́рус, ландéйло
Llandeilo- ландéйльский
Llandovery *n* ландóверский я́рус, ландóвери
Llandovery- ландóверский
Llanvirn *n* Llanvirn-Stufe ланви́рнский я́рус, ланви́рн
Llanvirn- ланви́рнский
lobenförmig лопаткообрáзный
Lobenlinie *f* лóпастная ли́ния, суту́ра, суту́рная ли́ния, септáльная ли́ния
lobobactritisch Lobenlinie лобобактри́товый
Lobolithen *pl* Knollen am unteren Stielende von Crinoiden лоболи́ты
Lobopodium *n* лобопóдий
Lobus *m* лóпасть
Loch *n* Öffnung дырá, отвéрстие
löcherig ды́рчатый; ноздревáтый
Lochkov-Kalk *m* Unterdevon лохкóвский известня́к
locker Locker- ры́хлый
Lockerboden *m* ры́хлый грунт
Lockererde *f* ры́хлая земля́
locker gebunden рыхлосвя́занный
Lockergestein *n* ры́хлая порóда
Lockermaterial *n* ры́хлый материáл
Lockerprodukt *n* ры́хлый продýкт
Lockerschnee *m* ры́хлый снег
Lockerung *f* разрыхлéние
Loculus *m* лóкула
Loeweït *m* $Na_2Mg[SO_4]_2\cdot 2^1/_2 H_2O$ лёвейт
Löffelbagger *m* одноковшóвый экскавáтор
Löffelbohrer *m* лóжечный бур

Logarithmenfehler *m* ошибка логарифма
Logarithmenpapier *n* бумага с логарифмической сеткой
Logarithmenschieber *m* логарифмическая линейка
Logarithmentabelle *f* таблица логарифмов
Logarithmentafel *f* таблица логарифмов
logarithmisch Logarithmen- логарифмический
Logarithmus *m* логарифм
lokal Lokal-, örtlich местный, локальный
Lokalbeben *n* местное землетрясение
Lokalbezeichnung *f* местное название
Lokaleinfluß *m* местное влияние
Lokalerscheinung *f* местное явление
Lokalfeld *n* локальное поле
Lokalform *f* местная форма
Lokalgletscher *m* местный ледник
Lokalisation *f* локализация
lokalisieren локализировать *uv., v.*
Lokalisierung *f* локализация
Lokalklima *n* местный климат
Lokalmoräne *f* локальная морена, местная морена
Lokalphase *f* локальная фаза
Lokalströmung *f* местное течение
Lokalterrasse *f* местная терраса, локальная терраса
Lokalveränderung *f* локальное изменение, местное изменение
Lokalvergletscherung *f* местное оледенение, локальное оледенение
Lokation *f* локация
Löllingit *m* $FeAs_2$ лёллингит
London-Stufe *f* Tertiär лондонский ярус
longicon langkonisch лонгиконический
longitudinal Longitudinal- продольный
Longitudinalschwingung *f* Längsschwingung продольное колебание
Longitudinalstreuung *f* продольный разброс
Longitudinalwelle *f* Längswelle продольная волна
Loparit *m* $(Ca, Ce, Na)TiO_3$ лопарит
Lophiodontidae *pl* лофиодонты
lophodont лофодонтный
Lopholith *m* diskordante gangförmige Intrusion лофолит
Lophophor *m* fleischige Basis der Tentakel von Bryozoen лофофор, шупальценосец
Lorandit *m* $TlAsS_2$ лорандит
Loranskit *m* ? ähnlich Samarskit лоранскит
Lorettoit *m* $PbCl_2 \cdot 6PbO$ лореттоит
Loricata *pl* панцырные моллюски
Lösbarkeit *f* решимость
Löschkalk *m* гашёная известь
Loschmidtsche Zahl *f* число Хошмидта
Lösemittel *n* Löslichkeitsmittel растворитель
Loseyit *m* $(Mn, Zn)_7[(OH)_5|CO_3]_2$ лозейит
löslich растворимый
Löslichkeit *f* растворимость
Löslichkeitsabnahme *f* уменьшение растворимости
Löslichkeitsbereich *m* предел растворимости
Löslichkeitsdiagramm *n* диаграмма растворимости
Löslichkeitseigenschaft *f* свойство растворимости
Löslichkeitserhöhung *f* повышение растворимости, увеличение растворимости
Löslichkeitsgrad *m* степень растворимости
Löslichkeitsgrenze *f* предел растворимости
Löslichkeitskoeffizient *m* коэффициент растворимости
Löslichkeitskurve *f* кривая растворимости
Löslichkeitsprodukt *n* произведение растворимости
Löslichkeitsvermögen *n* Lösungsfähigkeit способность к растворению
Löslichkeitswert *m* величина растворимости
Löss *m* лёсс
Löß- лёссовый
Lößablagerung *f* лёссовое отложение
lößartig лёссовидный
Lößbedeckung *f* лёссовый покров
Lößbildung *f* лёссобразование
Lößboden *m* лёссовый грунт
Lößdecke *f* Lößbedeckung лёссовый покров
Lossenit *m* † Gemenge von Skorodit und Beudantit лоссенит
Lößformation *f* лёссовая формация
Lößgebiet *n* лёссовая область
Lößgestein *n* лёссовая порода
Lößkindel *n* журавчик

Lößlehm *m* лёссовый сугли́нок
Lößsedimentation *f* накопле́ние лёссов
Lößstaub *m* лёссовая пыль
Lößterrasse *f* лёссовая терра́са
Lösung *f* 1. Chem. раство́р, растворе́ние. 2. Ergebnis реше́ние, разреше́ние
Lösungsbrekzie *f* бре́кчия растворе́ния
Lösungsdruck *m* давле́ние раство́ра; упру́гость растворе́ния
Lösungsdurchlässigkeit *f* растворопроница́емость
Lösungsfähigkeit *f* растворя́ющая спосо́бность, спосо́бность к растворе́нию
Lösungsfluß *m* пото́к раство́ров
Lösungsgeschwindigkeit *f* ско́рость растворе́ния
Lösungsgleichgewicht *n* равнове́сие в раство́ре
Lösungshohlraum *m* пустота́ растворе́ния
Lösungskurve *f* крива́я раствори́мости
Lösungsmethode *f* ме́тод реше́ния
Lösungsmittel *n* раствори́тель; растворя́ющее сре́дство
Lösungs(ober)fläche *f* пове́рхность растворе́ния
Lösungspore *f* по́ра растворе́ния
Lösungspotential *n* потенциа́л растворе́ния
Lösungsprozeß *m* проце́сс растворе́ния
Lösungsrückstand *m* оста́ток от растворе́ния
Lösungsstärke *f* концентра́ция раство́ра
Lösungstemperatur *f* температу́ра растворе́ния
Lösungsvermögen *n* спосо́бность к растворе́нию
Lösungsvorgang *m* проце́сс растворе́ния
Lösungswärme *f* теплота́ растворе́ния
Lösungswasser *n* вода́-раствори́тель
Lösungszahl *f* коэффицие́нт раствори́мости
Lösungszone *f* зо́на растворе́ния
Lot *n* отве́с, лот
Lotablenkung *f* Lotabweichung отклоне́ние отве́са, уклоне́ние отве́са
Loteinstellung *f* устано́вка отве́са
loten измеря́ть/изме́рить ло́том (глубину́)
Lotharingien- лотари́нгский
lotrecht отве́сный, перпендикуля́рный
Lotrit *m* Mineral der Zoisitreihe лотри́т
Lötrohr *n* пая́льная тру́бка
Lötrohranalyse *f* ана́лиз пая́льной тру́бкой
Lötrohrprüfung *f* испыта́ние пая́льной тру́бкой
Lötrohrspitze *f* наконе́чник пая́льной тру́бки
Lotung *f* Tiefenmessung измере́ние глуби́н, проме́р глуби́н
Lotungsgerät *n* прибо́р для измере́ния глубины́
Lotverfahren *n* спо́соб измере́ния глуби́н ло́том
Love-Wellen *f/pl* во́лны Ло́ве
Löwe *m* *Felis leo* L. лев
Löweit *m* s. Loeweit
Lowoserit *m* Umwandlungsprodukt von Eudialyt ловозери́т
Lowschorrit *m* Umwandlungsprodukt von Rinkolit ловчорри́т
Loxoklas *m* † Na-reicher Orthoklas локсокла́з
Lubeckit *m* $4CuO \cdot {}^1/_2Co_2O_3 \cdot Mn_2O_3 \cdot 4H_2O$ любецки́т
Luch *n* боло́тистый луг; торфяно́е боло́то, торфя́ник
Lucianit *m* Stevensit (amorpher Talk ?) люсиани́т
lucinoid люсино́идный, расщеплённозу́бый
Lücke *f* 1. Schichtlücke переры́в. 2. Hiatus пробе́л, отры́в
lückenhaft fragmentarisch отры́вочный
Lückenhaftigkeit *f* отры́вочность
lückenlos по́лный
Lud *n* Ludische Stufe люди́йский я́рус
Lüdersche Linie *f* ли́ния Лю́дерса
Ludlamit *m* $Fe^{\cdot\cdot}{}_3[PO_4]_2 \cdot 4H_2O$ лудлами́т
Ludlow *n* Ludlow-Stufe лу́дловский я́рус, лу́длоу
Ludlow- лу́длоуский
Ludwigia- людви́гиевый
Ludwigiaschichten *f/pl* людви́гиевые слои́
Ludwigit *n* $(Mg, Fe^{\cdot\cdot})_2Fe^{\cdot\cdot\cdot}[O_2|BO_3]$ людвиги́т
Luft *f* Wetter во́здух; ве́тер
Luft- возду́шный
Luftätzung *f* возду́шное травле́ние
Luftaufnahme *f* 1. Aufnahme аэрофотосъёмка. 2. Bild аэрофотосни́мок

Luftaufnahme- аэрофотосъёмочный
Luftbeobachtung *f* аэровизуа́льное наблюде́ние
luftbeständig сто́йкий на во́здухе
Luftbeständigkeit *f* сто́йкость на во́здухе
Luftbild *n* Luftaufnahme аэросни́мок
Luftbildabteilung *f* аэросъёмочное отделе́ние
Luftbildaufnahme *f* 1. Aufnahme аэросъёмка. 2. Bild аэросни́мок
Luftbildaufnahmegerät *n* аэрофотоаппара́т
Luftbildauswertegerät *n* аэрофотограмметри́ческий развёртывающийся прибо́р
Luftbildauswertung *f* аэрофотодешифри́рование
Luftbildgerät *n* аэрофотоаппара́т
Luftbildinterpretation *f* дешифри́рование аэрофотосни́мков
Luftbildkamera *f* аэрофотоаппара́т, аэрофотосъёмочная ка́мера
Luftbildkarte *f* фотока́рта, фотоплан
Luftbildmaterial *n* аэрофотоматериа́л, аэрофотосъёмочный материа́л
Luftbildmessung *f* аэрофотограмме́трия, аэрофотосъёмка
Luftbildplan *m* фотопла́н
Luftbildwesen *n* аэрофотосъёмочное де́ло
Luftbläschen *n* Luftblase пузырёк во́здуха, возду́шный пузырёк
Luftdämpfung *f* возду́шное демфи́рование, возду́шное затуха́ние
Luftdruck *m* атмосфе́рное давле́ние, давле́ние во́здуха
Luftdruckabnahme *f* пониже́ние атмосфе́рного давле́ния, пониже́ние давле́ния во́здуха
Luftdruckänderung *f* измене́ние атмосфе́рного давле́ния, измене́ние давле́ния во́здуха
Luftdruckanstieg *m* повыше́ние атмосфе́рного давле́ния
Luftdruckdifferenz *f* ра́зность атмосфе́рного давле́ния
Luftdruckmaximum *n* ма́ксимум атмосфе́рного давле́ния
Luftdruckminimum *n* ми́нимум атмосфе́рного давле́ния
Luftdruckschwankung *f* колеба́ние атмосфе́рного давле́ния
Luftdruckverteilung *f* распределе́ние атмосфе́рного давле́ния
Luftdruckzunahme *f* повыше́ние атмосфе́рного давле́ния
luftdurchlässig воздухопроница́емый
Luftdurchlässigkeit *f* воздухопроница́емость
luftelektrisch атмосфе́рно-электри́ческий
Luftfeuchtigkeit *f* вла́жность во́здуха
Lufthebeverfahren *n* аэроли́фт
Lufthülle *f* возду́шная оболо́чка
Luftkalk *m* возду́шная и́звесть
Luftkammer *f* Zool. возду́шная ка́мера
luftleer безвозду́шный
Luftleere *f* безвозду́шность
Luftmeßbild *n* аэрофотогра́мма, аэрофотограмметри́ческий сни́мок
Luftmesser *m* Aerometer воздухоме́р
Luftoxydation *f* окисле́ние во́здухом
Luftphotogrammetrie *f* аэрофотограмме́трия
Luftsack *m* возду́шный мешо́к
Luftsattel *m* возду́шная антиклина́ль, возду́шное седло́, возду́шный свод
Luftsauerstoff *m* кислоро́д во́здуха
Luftschacht *m* вентиляцио́нная ша́хта
Luftschicht *f* возду́шный сло́й
Luftstickstoff *m* атмосфе́рный азо́т
Luftströmung *f* возду́шное тече́ние
Luftteilchen *n* части́ца во́здуха, возду́шная части́ца
Lufttemperatur *f* температу́ра во́здуха
lufttrocken возду́шно-сухо́й
Lufttrocknen *n* возду́шная су́шка, су́шка на во́здухе
luftundurchlässig воздухонепроница́емый
Luftundurchlässigkeit *f* воздухонепроница́емость
Luftwurzel *f* возду́шный ко́рень
Luftziegel *m* возду́шный кирпи́ч
Luftzirkulation *f* циркуля́ция во́здуха, атмосфе́рная циркуля́ция
Luftzutritt *m* до́ступ во́здуха
Lugarit *m* porphyrisches Gestein лугари́т
Luigit *m* ? angeblich amorphes $Ca_4[O_2|SiO_4]$ луиги́т
Lujaurit *m* Nephelinsyenit луяври́т
Lumachelle *f* Schillkalk люмаше́ль, раку́шечный конгломера́т
Lumen *n* яче́йка

Lumineszenz *f* люминесце́нция
Lumineszenz- люминесце́нтный
Lumineszenzanalyse *f* люминесце́нтный ана́лиз
Lumineszenzverfahren *n* люминесце́нтный ме́тод
Lunar- lunar лу́нный
Lunarium *n* Teil der Mündung bei Cyclostomen луна́рий
Lüneburgit *m* $Mg_3[(PO_4)_2|B_2O(OH)_4]\cdot 6H_2O$ люнебурги́т
Lunge *f* лёгкое
Lungen- лёгочный
Lungenatmung *f* лёгочное дыха́ние
Lungensack *m* возду́шный мешо́к
Lungenschnecke *f* лёгочная ули́тка
Lunula *f* лу́нка
Lupe *f* Vergrößerungsglas лу́па
Lupenablesung *f* отсчёт по лу́пе
Lusakit *m* Kobaltstaurolith люсаки́т
Lutet *n* Lutet-Stufe люте́тский я́рус
Lutet- люте́тский
Lutetium *n* Lu люте́ций
Luv *f* наве́тренная сторона́
Luv- наве́тренный
Luvgebiet *n* наве́тренная о́бласть
Luvhang *m* наве́тренный склон
Luvküste *f* наве́тренный бе́рег
Luvrand *m* наве́тренный кра́й, наве́тренная сторона́
Luvseite *f* наве́тренная сторона́, наве́тренный борт
Luzonit *m* Cu_3AsS_4 люцони́т
Lyckholmer Schichten *f/pl* ликго́льмские слои́
Lycopodiales *pl* плау́новые
Lycopodium *n* плау́н, ликопо́дий
Lycopsida *pl* плауновйдные
Lyginodendraceae *pl* лигиноде́ндровые
lymphatisch лимфати́ческий
Lyndochit *m* CaTh-Euxenit mit geringem Urangehalt линдохи́т, линдочи́т
lyophil лиофи́льный
lyotrop лиотро́пный
Lysa-Gora-Überschiebung *f* Лысого́рский на́двиг
Lysimeter *n* лизи́метр
lysimetrisch Lysimeter- лизиметри́ческий
Lythraceae *pl* бербе́нниковые

M

Mäander *m* меа́ндра, излу́чина, изви́лина
Mäander- меандри́ческий
Mäanderabstand *m* шаг меа́ндры
Mäanderbildung *f* образова́ние меа́ндров, образова́ние изви́лин, меандри́рование
Mäanderfluß *m* изви́листая река́
Mäanderkurve *f* крива́я меандри́рования
Mäandrierung *f* меандри́рование
Maar *n* ма́ар
Maastricht *n* Maastricht-Stufe ма́астрихтский я́рус, ма́астрихт
Maastricht- ма́астрихтский
Macedonit *m* Basaltgestein македони́т
MacGovernit *m* ? ähnlich Dixenit макговерни́т
Machairodus *m* маха́йрод
Mache-Einheit *f* ма́хе
Mächtigkeit *f* мо́щность
Mächtigkeitsabnahme *f* уменьше́ние мо́щности
Mächtigkeitsanalyse *f* ана́лиз мо́щностей
Mächtigkeitskarte *f* ка́рта мо́щностей
Mächtigkeitsschwankung *f* колеба́ние мо́щности
Mächtigkeitsverteilung *f* распределе́ние мо́щностей
Mächtigkeitszunahme *f* возраста́ние мо́щности, разду́в
MacIntoshit *m* wahrscheinlich Uranothorit макинтоши́т
Mackayit *m* $Fe_2[TeO_3]_3\cdot xH_2O$ маккейи́т
Mackensit *m* Mineral der Chloritgruppe маккензи́т
MacLaurinsche Reihe *f* ряд Макло́рена
Maclureit *m* † teils Fassait, teils Chondrodit маклуреи́т
Macrocephalus-Schichten *f/pl* oberer Dogger Mitteleuropas макроцефа́ловые слои́
macrochoanitisch макрохоани́товый
Mactra-Fauna *f* ма́ктровая фа́уна
Maculae *pl* пя́тнышки

Madeirit *m* grobkristalliner Essexit мадейри́т
Madelungsche Konstante *f* конста́нта Маделу́нга
Madrepora *pl* мадрепо́ровые кора́ллы
Madreporen- мадрепо́ровый
Madreporenkanal *m* мадрепо́ровый кана́л
Madreporenplatte *f* мадрепо́ровая пласти́нка
Madreporit *m* Platte bei Echinodermen мадрепори́т
mafisch мафи́ческий, цве́тный
Mafit *m* мафи́т
Magdalénien *n* мадле́нский век, мадле́нская культу́ра, мадле́н
Magdalénien- мадле́нский
Magen *m* желу́док
Magen- желу́дочный
Magenstein *m* желу́дочный ка́мень
mager то́щий
Magerbeton *m* то́щий бето́н
Magerkalk *m* то́щая и́звесть
Magerkohle *f* то́щий у́голь
Magerkoks *m* то́щий кокс
Magerton *m* то́щая гли́на
Magerungsmittel *n* отоща́ющий материа́л, отоща́ющее сре́дство
Magerungszusatz *m* Magerungszuschlag отоща́ющая доба́вка
Maghemit *m* γ-Fe_2O_3 маггеми́т
Magma *n* ма́гма
magmatisch Magmen- магмати́ческий
Magmatismus *m* магмати́зм
Magmatit *m* магмати́т
magmatogen магматоге́нный
Magmenaufstieg *m* подъём ма́гмы
Magmenbildung *f* образова́ние ма́гмы
Magmendifferentiation *f* дифференциа́ция ма́гмы
Magmenformation *f* магмати́ческая форма́ция
Magmengeneration *f* генера́ция ма́гмы
Magmenherd *m* магмати́ческий о́чаг
Magmenintrusion *f* внедре́ние ма́гмы
Magmenkomplex *m* магмати́ческий ко́мплекс
Magmenkörper *m* магмати́ческое те́ло
Magmenkristallisation *f* кристаллиза́ция ма́гмы
Magmenprodukt *n* магмати́ческий проду́кт
Magmenquelle *f* магмати́ческий исто́чник
Magmenstrom *m* тече́ние ма́гмы
Magmentätigkeit *f* магмати́ческая де́ятельность, де́ятельность ма́гмы
Magmentektonik *f* магмати́ческая текто́ника
magmentektonisch магмотектони́ческий
Magmenzusammensetzung *f* соста́в ма́гмы
Magmenzyklus *m* магмати́ческий цикл
Magnesia *f* Magnesiumoxyd магне́зия, о́кись ма́гния
Magnesia- магнезиа́льный
Magnesiaalaun *m* Pickeringit ма́гниевые квасцы́
Magnesiadünger *m* магнезиа́льное удобре́ние
Magnesiasalz *n* магнезиа́льная соль
Magnesiatongranat *m* Pyrop $Mg_3Al_2[SiO_4]_3$ магнезиальноглинозёмистый грана́т
Magnesiocalcit *m* † Dolomit магнезиа́льный кальци́т
Magnesioferrit *m* Magnoferrit магнезиоферри́т, магноферри́т
Magnesioludwigit *m* Varietät von Ludwigit магнезиолюдвиги́т
Magnesit *m* Bitterspat $MgCO_3$ магнези́т
magnesitisch Magnesit- магнези́товый
Magnesitspat *m* † Magnesit магнези́товый шпат, магнезиа́льный шпат
Magnesitstein *m* магнези́товый кирпи́ч, магнезиа́льный кирпи́ч
Magnesitziegel *m* магнези́товый кирпи́ч
Magnesium *n* Mg ма́гний
Magnesium- магнезиа́льный
Magnesiumbromid *n* $MgBr_2$ бро́мистый ма́гний, броми́д ма́гния
Magnesiumchlorat *n* $Mg(ClO_3)_2$ хлорноватоки́слый ма́гний, хлора́т ма́гния
Magnesiumchlorid *n* MgCl хло́ристый ма́гний, хлори́д ма́гния
Magnesiumdünger *m* ма́гниевое удобре́ние
Magnesiumgehalt *m* магнезиа́льность
Magnesiumhornblende *f* магнезиа́льная рогова́я обма́нка
Magnesiumhydrosilikat *n* гидросилика́т ма́гния
Magnesiumorthit *m* $CaCeMgAl_2[OH|SiO_4)_3]$ магнезиоорти́т

Magnesiumoxid *n* MgO óкись мáгния, оксúд мáгния
Magnesiumperchlorat *n* $Mg(ClO_4)_2$ хлорнокúслый мáгний, перхлорáт мáгния
Magnesiumpyrophosphat *n* $Mg_2P_2O_7$ пирофосфорнокúслый мáгний, пирофосфáт мáгния
Magnesiumsalz *n* соль мáгния, мáгниевая соль
Magnesiumsulfat *n* $MgSO_4$ сернокúслый мáгний, сульфáт мáгния
Magnesiumsulfid *n* MgS сернúстый мáгний, сульфúд мáгния
Magnesiumsulfit *n* $MgSO_3$ сернистокúслый мáгний, сульфúт мáгния
Magnet *m* магнúт
Magnetabscheider *m* магнúтный сепарáтор
Magnetabweichung *f* магнúтное отклонéние, магнúтное склонéние
Magnetaufbereitungsanlage *f* магнитообогатúтельная установка
Magnetausscheider *m* магнúтный сепарáтор
Magnetdeklination *f* склонéние магнúтной стрéлки
Magneteisenstein *m* Magnetit Fe_3O_4 магнúтный железня́к
Magnetfeld *n* магнúтное пóле
Magnetfeldkomponente *f* компонéнт магнúтного пóля
Magnetik *f* магнитомéтрия
magnetisch Magnet- магнúтный
magnetische Erkundung *f* Magnetik магниторазвéдка
magnetische Erkundungsarbeiten *f/pl* магниторазвéдочные рабóты
magnetisieren намагнúчивать/намагнúтить
magnetisiert намагнúченный
Magnetisierung *f* намагнúчивание
Magnetisierungsdichte *f* плóтность намагнúчивания
Magnetisierungsrichtung *f* направлéние намагнúчивания
Magnetismus *m* магнетúзм
Magnetit *m* Fe_3O_4 магнетúт
Magnetit- магнетúтовый
Magnetiterz *n* магнетúтовая рудá
Magnetitkomponente *f* магнетúтовый компонéнт
Magnetitkonzentrat *n* магнетúтовый концентрáт
Magnetitlagerstätte *f* магнетúтовое месторождéние
Magnetitquarzit *m* магнетúтовый кварцúт
Magnetitsand *m* магнетúтовый песóк
Magnetitschiefer *m* магнетúтовый слáнец
Magnetitskarn *m* магнетúтовый скарн
Magnetkies *m* Pyrrhotin FeS магнúтный колчедáн
Magnetmeridian *m* магнúтный меридиáн
Magnetnadel *f* магнúтная стрéлка
Magnetogramm *n* магнитогрáмма
Magnetograph *m* магнитóграф
magnetographisch магнитографúческий
Magnetometer *n* магнетóметр
Magnetometrie *f* магнитомéтрия
magnetometrisch магнитометрúческий
magnetomotorisch магнитодвúжущий
Magnetoplumbit *m* $PbO \cdot 6FeO_3$ магнитоплюмбúт
Magnetoskop *n* магнитоскóп
magnetotellurisch магнетотеллурúческий
Magnetpol *m* магнúтный пóлюс
Magnetscheider *m* магнúтный сепарáтор
Magnetscheidung *f* магнúтная сепарáция, магнúтное обогащéние
Magnetsystem *n* магнúтная систéма
Magnochromit *m* $MgCr_2O_4$ магнохромúт
Magnoferrit *m* $MgFe_2O_4$ магноферрúт, магнезиоферрúт
Magnoliaceae *pl* магнóлиевые
Magnophorit *m* angeblich KMg-Katophorit магнофорúт
Magura-Flysch *m* магýрский флиш
Magura-Serie *f* Oligozän der Karpaten магýрская сéрия
Mahlanlage *f* дробúльная установка
Mahldauer *f* продолжúтельность размóла
Mahlgut *n* размáлываемый материáл, измельчáемый материáл
Mahlversuch *m* испытáние на размóл
Mahlvorgang *m* процéсс измельчéния
Mahlwerk *n* дробúльная установка
Mahlwirkung *f* измельчáющее дéйствие
Maikop- мáйкопский
Maikop-Serie *f* Maikop, Oligozän-Miozän мáйкопская тóлща
makrocephal большеголóвый

Makrofauna *f* макрофáуна
Makroflora *f* макрофлóра
Makrofossil *n* крýпное ископáемое
Makrogamete *f* макрогамéта
Makrogefüge *n* макрострyктýра
Makrokosmos *m* макрокóсмос
makrokristallin макрокристаллúческий, явнокристаллúческий
Makromolekül *n* макромолéкула
Makroplankton *n* макропланктóн
makroporphyrisch макропорфúровый, мегапорфúровый
Makrorelief *n* макрорельéф
Makroschwingung *f* макроколебáние
Makroseismik *f* макросéйсмика, сéйсмика сúльных движéний
makroseismisch макросейсмúческий
makroskopisch макроскопúческий
Makroskulptur *f* макроскульптýра
makrosphärisch макросферúческий
Makrospore *f* Großspore макроспóра
Makrozoospore *f* макрозооспóра
Malachit *m* $Cu_2[(OH)_2|CO_3]$ малахúт
Malacopoda *pl* мягконóгие
Malacostraca *pl* малакострáки, вы́сшие ракообрáзные
Malakon *m* Varietät von Zirkon малакóн
Malaspinagletscher *m* леднúк маляспúна, маляспúнский леднúк
Malchit *m* dioritisches Ganggestein малхúт
Maldonit *m* Verwachsung von gediegen Gold und Wismut мальдонúт
Malignit *m* Nephelinsyenit малиньúт, малигнúт
Malinowskit *m* Varietät von Tetraedrit малиновскúт
Malladrit *m* $Na_2[SiF_6]$ малладрúт
Mallardit *m* Manganvitriol $Mn[SO_4] \cdot 7H_2O$ маллардúт
Malm *m* мальм
Malonat *n* малонáт, соль (эфúр) малóновой кислоты́
Malonsäure *f* $COOH \cdot CH_2 \cdot COOH$ малóновая кислотá
Malpighiaceae *pl* мальпúгиевые
Maltase *f* мальтáза
Malvaceae *pl* просвúрниковые
Malvales *pl* мальвоцвéтные
Mammut *n* мáмонт
Mammut- мáмонтовый
Manandonit *m* ? Li-Glimmer манандонúт
Mandel *f* миндáлина
Mandel- миндáльный
Mandelstein *m* мáндельштейн, миндалекáменная порóда
Mandelstein- мандельштéйновый, миндалекáменный
Mandelsteindiabas *m* миндалекáменный диабáз
Mandelsteinlava *f* миндалекáменная лáва
Mandelsteinstruktur *f* миндалекáменная структýра, мандельштéйновая структýра
Mandelsteintextur *f* миндалекáменная текстýра, мандельштéйновая текстýра
Mandibel *f* мандúбула, жвáло
Mandibularbogen *m* мандибулярная дугá
Mandibularmuskel *m* мандибулярная мы́шца
Mandibularsegment *n* мандибулярный сегмéнт
Mandschurosaurus *m* манджурозáвр
Manebacher Gesetz *n* Min. манебáхский закóн
Manebacher Zwilling *m* манебáхский двойнúк
Mangan *n* Mn мáрганец
Mangan- мáрганцевый, марганцóвый, марганцóвистый
Manganalaun *m* Apjohnit $MnAl_2[SO_4]_4 \cdot 22H_2O$ мáрганцевые квасцы́
Manganapatit *m* Mineral der Apatitgruppe манганапатúт
Manganat *n* M_2MnO_4 манганáт, соль марганцóвистой кислоты́
-manganat марганцовистокúслый
Manganblende *f* Alabandin α-MnS марганцóвый блеск
Mangancalcit *m* Mischkristall der Kalkspatreihe манганокальцúт
Manganchlorit *m* MnO-haltiger Pennin мáрганцевый хлорúт
Mangandiopsit *m* мáрганцевый диопсúт
Mangandioxid *n* MnO_2 двуóкись мáрганца, óкись мáрганца (4), оксúд мáрганца (4)
Manganepidot *m* Mineral der Epidotreihe мáрганцевый эпидóт
Manganerz- марганцеворýдный
Manganerzkörper *m* марганцеворýдное тéло

manganführend марганценóсный
Manganglanz *m* Alabandin марганцóвый блеск
manganhaltig марганецсодержáщий
Manganilmenit *m* Ilmenit mit 14% MnO манганоильменит
Manganit *m* MnOOH манганит
Mangankonkretion *f* мáрганцевая конкрéция
Mangankruste *f* мáрганцевая кóрка
Manganolangbeinit *m* $K_2Mn_2[SO_4]_3$ манганолангбейнит
Manganophyllit *m* manganreicher Biotit манганофиллит
Manganosit *m* MnO манганозит
Manganostibiit *m* $8(Mn, Fe)O \cdot Sb_2O_5(?)$ манганостибиит
Manganoverbindung *f* соединéние двухвалéнтного мáрганца
Manganoxid *n* 1. MnO; 2. Mn_2O_3; 3. MnO_2; 4. MnO_3; 5. Mn_2O_7 óкись мáрганца, оксид мáрганца
Manganpektolith *m* manganreicher Pektolith марганцóвистый пектолит
Mangansiderit *m* Mischkristall der Kalkspatreihe манганосидерит
Manganspat *m* Rhodochrosit $MnCO_3$ мáрганцевый шпат
Manganspat- мáрганцево-шпáтовый
Manganstahl *m* марганцóвая сталь
Mangansuperoxid *n* MnO_2 двуóкись мáрганца, óкись мáрганца (4), оксид мáрганца(4)
Mangel *m* недостáток, дефицит
Mangerit *m* Granitgestein aus der Reihe der Monzonite мангерит
Mangrove- мáнгровый
Mangrovedickicht *n* мáнгровая зáросль
Mangroveküste *f* мáнгровый бéрег
Mangrovenschlick *m* мáнгровый ил
Mangrovesumpf *m* мáнгровое болóто
Mangrovewald *m* Mangrove мáнгровый лес
Mangrovezone *f* мáнгровая зóна
Mangualdit *m* ? MnCa-Phosphat $R_3[PO_4]_2$ мангуальдит
Manjak *m* † Asphalt манджáк, мэнджáк
Manjakit *m* Varietät des Biotithypersthenit манджакит
Männchen *n* самéц
mannigfaltig vielfältig разнообрáзный
Mannigfaltigkeit *f* разнообрáзие, многообрáзность
männlich мужскóй
Mannschaft *f* Brigade бригáда
Manometer *n* манóметр
Mansfelder Kupferschiefer *m* мáнсфельдский мéдистый слáнец
Mansjöit *m* körniger Diopsid маншейт
Mantel *m* Pallium мáнтия
Mantel- мантийный
Mantelbucht *f* мантийная бýхта
Mantelepithel *n* эпитéлий мантий
mantelförmig плащеобрáзный
Mantelgefäß *n* мантийный сосýд
Mantelhöhle *f* мантийная пóлость
Mantellinie *f* мантийная линия
Mantelsinus *m* мантийный синус
Manticoceras- мантикóцеровый
Manticoceras-Schichten *f/pl* мантикóцеровые слои
Manticula *f* мантикула
Manus *f* Hand кисть
Manuskript *n* рýкопись
Manuskript- рукописный
Mäot *n* unteres Pliozän мэотический ярус, мэóтис
Mäot- mäotisch мэотический
Marahuit *m* † erdiger bituminöser Lignit марахуит
Marattiaceae *pl* марáттиевые
Marekanit *m* † Obsidian мареканит
Mareugit *m* Theralithgestein марежит
Margarit *m* Perlglimmer маргарит
Margarosanit *m* $Pb(Ca,Mn)_2[Si_3O_9]$ маргаросанит
marginal Marginal- маргинáльный, краевóй
Marginalfurche *f* краевáя бороздá
Marginalkanal *m* краевóй канáл, маргинáльный канáл
Marginalplatte *f* маргинáльная пластинка
Marginalstachel *m* Stacheln auf den Ambulakralplatten von Seeigeln маргинáльная иглá
Marginaltäfelchen *n* bei Echinodermen маргинáльная табличка
Marginalzone *f* краевáя зóна
Marialith *m* Mischkristall der Skapolithgruppe мариалит
marin See-, Meer- морскóй
Mariposit *m* teils Fuchsit, teils Mittelglied zwischen Phengit und „Protolithionit" марипосит
maritim морскóй

Markasit *m* FeS_2 марказит
markasitisch марказитовый
Marke *f* 1. Meßmarke репер, отметка. 2. Sorte марка, сорт
Markfieldit *m* Ergußgestein маркфильдит
markieren bezeichnen метить/наметить, обозначать/обозначить
markiert меченный, обозначенный
Markierung *f* отметка, обозначение, маркировка
Markierungspunkt *m* точка отметки, маркированная точка
Markscheide(r)- маркшейдерский
Markscheideaufnahme *f* маркшейдерская съёмка
Markscheidekarte *f* маркшейдерская карта, маркшейдерский план
Markscheidekunde *f* маркшейдерское дело
Markscheidekunst *f* маркшейдерское искусство
markscheiden производить маркшейдерскую съёмку
Markscheider *m* маркшейдер
Markscheider- маркшейдерский
markscheiderisch маркшейдерский
Markscheider-Kompaß *m* маркшейдерский компас
Markscheiderzug *m* съёмочный маркшейдерский ход
Markscheidewesen *n* маркшейдерское дело
Markstrahl *m* сердцевинный луч
Marloesit *m* feinkristallines Ergußgestein марлёзит
Marmolith *m* † Antigorit мармолит
Marmor *m* мрамор
Marmor- мраморный
marmorartig мрамороводный
Marmorbildung *f* мраморизация
Marmorbruch *m* мраморный карьер
marmorisiert in Marmor umgewandelt мраморизованный
Marmorisierung *f* мраморизация
Marmorzement *m, n* мраморная замазка
Marnolith *m* Gemenge aus Ton und Mergel марнолит
Marosit *m* Varietät von Shonkinit марозит
Marsch(en)- маршевый
Marschboden *m* маршевый грунт
Marschen *f/pl* марши
Marschgebiet *n* область маршей
Marschküste *f* маршевый берег
Marschroute *f* Profillinie маршрут
Marschrouten- маршрутный
Marschroutenaufnahme *f* Routenaufnahme маршрутная съёмка
Marshit *m* CuJ маршит
Marsjatskit *m* Mn-Glaukonit марсятскит
Marsupialia *pl* сумчатые
Martinit *m* ? Ca-Phosphat, wahrscheinlich mit Monetit identisch мартинит
Martit *m* Pseudomorphose von Hämatit nach Magnetit мартит
Martiterz *n* мартитовая руда
Martitisierung *f* мартитизация
Marundit *m* Ganggestein, Transvaal марундит
Mascagnit *m* $(NH_4)_2[SO_4]$ масканьит
Maschenöffnung *f* отверстие сита
Maschensieb *n* сетчатое сито
Maschenstruktur *f* сетчатая структура, петельчатая структура
Maschenweite *f* величина отверстия сита
Masovien *n* Interglazial in Polen мазовецкое межледниковье
Maß *n* Maßeinheit мера
Maßanalyse *f* объёмный анализ
maßanalytisch объёмноаналитический
Masse *f* 1. Menge масса. 2. Massiv массив
Maßeinheit *f* единица измерения
Massenabsorptionskoeffizient *m* массовый коэффициент поглощения
Massenanziehung *f* притяжение масс, тяготение масс
Massenanziehungsgesetz *n* закон тяготения масс
Massenausgleich *m* уравновешивание масс
Massenaustausch *m* обмен массы, массообмен
Massenbewegung *f* движение масс
Massenbilanzgleichung *f* уравнение сохранения массы
Massendefekt *m* дефект массы, недостаток массы
Massendefizit *m* недостаток масс
Massendichte *f* механическая плотность

Massendivergenz *f* дивергéнция мáссы
Masseneinheit *f* единица мáссы
Massenelement *n* элемéнт мáссы
Massenfeld *n* пóле мáссы
Massenfluß *m* потóк мáссы
Massenflußmeßgerät *n* весовóй дебитомéр
massenhaft мáссовый
Massenkalk *m* массивный известня́к
Massenpartikel *m* части́ца мáссы
Massenpunkt *m* материáльная тóчка
Massenspektralanalyse *f* масс-спектрáльный анáлиз
Massenspektrograph *m* масс-спектрóграф
massenspektrographisch масспектрографи́ческий
Massenspektrometer *n* масс-спектрóметр
massenspektrometrisch масспектрометри́ческий
Massensterben *n* мáссовая ги́бель
Massensystem *n* материáльная систéма
Massenträgheit *f* инéрция мáссы
Massenträgheitsmoment *n* момéнт инéрции (мáссы)
Massentransport *m* перемещéние масс, мáссовое перемещéние
Massenüberschuß *m* изби́ток масс
Massenverlagerung *f* перемещéние масс
Massenverlust *m* дефици́т мáссы, недостáток мáссы
Massenverteilung *f* распределéние масс
Massenwiderstand *m* сопротивлéние масс, инерциóнное сопротивлéние
Massenwirkung *f* взаимодéйствие масс, воздéйствие масс
Massenwirkungsgesetz *n* закóн (взаимо-)дéйствия масс
Massenzahl *f* мáссовое числó
Massenzufuhr *f* притóк масс
Massicot(it) *m* Bleiglätte γ-PbO массикóт
mäßig gemäßigt умéренный
mäßig temperiert среднетемператýрный
Massigkeit *f* Schwere масси́вность
Massiv *n* Masse масси́в
massiv kompakt, massig масси́вный
Maßstab *m* масштáб; масштáбная линéйка
Maßstab- масштáбный
Maßstabbestimmung *f* определéние масштáба, масштаби́рование
Maßstabdifferenz *f* рáзность масштáбов
maßstäblich масштáбный
Maßsystem *n* систéма едини́ц, систéма мер
Mastigophora *pl* жгутиконóсцы
Mastodonsaurus *m* мастодонзáвр
mastodont Mastodont- мастодóнтовый
Mastodontidae *pl* мастодóнты
Mastogloia-Meer *n* мастоглóевое мóре
Mastoideum *n* сосцеви́дная кость
masurisches Interglazial *n* мазýрское межледникóвье, мазовéцкое межледникóвье
masurisches Stadium *n* мазýрская стáдия
Masurium *n* мазýрий
Material *n* Stoff материáл; веществó
Materialaufwand *m* расхóд материáла
Materialbewegung *f* движéние веществá
Materialfazies *f* материáльная фáция
Materialfließen *n* течéние веществá, течéние материáла
Materialismus *m* материали́зм
materialistisch материалисти́ческий
Materialkonstante *f* Stoffkonstante материáльная констáнта, постоя́нная материáла
Materialprüfung *f* испытáние материáлов
Materialprüfungsanstalt *f* лабораторíя по испытáнию материáлов
Materialschwund *m* потéря в материáле
Materialtransport *m* перенóс материáла, перемещéние материáла
Materialumlagerung *f* перераспределéние материáла
Materialverschiebung *f* перемещéние материáла
Materialzufuhr *f* притóк материáла
Materie *f* Stoff матéрия; веществó
materiell stofflich материáльный
Materieteilchen *n* материáльная части́ца, части́ца матéрии
Mathematik *f* математика
mathematisch математи́ческий
Matildit *m* Schapbachit матильди́т
Matlookit *m* PbFCl матлоки́т
matt trübe тýсклый; мáтовый
Mattkohle *f* мáтовый ýголь
Mattscheibe *f* мáтовое стеклó
Maucherit *m* $Ni_{<3}As_2$ маухери́т

Mauerdamm *m* Inggeol. ка́менная плоти́на, ка́менная да́мба
Mauerfuß *m* Inggeol. подо́шва плоти́ны
Mauerkrone *f* Inggeol. гре́бень плоти́ны
Mauerwerk *n* ка́менная кла́дка
Mauerziegel *m* строи́тельный кирпи́ч
Maufit *m* wasserhaltiges Al-Silikat мауфи́т; моуфи́т
Maul *n* мо́рда
Maulbrecher *m* Backenbrecher щёковая дроби́лка
Maus *f Mus* мышь
Mauzeliit *m* $Ca_2Sb_2O_6O$ мауцели́т
Maxillardrüse *f* максилля́рная железа́
Maxillare верхнечелюстна́я кость
Maxillarsegment *n* максилля́рный сегме́нт
maximal Maximal- максима́льный
Maximalabfluß *m* Hydrogeol. максима́льный сток
Maximalfehler *m* максима́льная оши́бка
Maximalgefälle *n* наибо́льший укло́н
Maximalleistung *f* максима́льная мо́щность
Maximalphase *f* максима́льная фа́за
Maximalpolarisation *f* максима́льная поляриза́ция
Maximaltemperatur *f* максима́льная температу́ра
Maximalthermometer *n* максима́льный термо́метр
Maximalwelle *f* максима́льная волна́
Maximalwert *m* максима́льное значе́ние, преде́льное значе́ние
Maximum *n* ма́ксимум
Maximum-Minimumthermometer *n* максима́льно-минима́льный термо́метр
Maximumtemperatur *f* максима́льная температу́ра
Maximumthermometer *n* максима́льный термо́метр
Maxwellsche Gleichung *f* уравне́ние Ма́ксвелла
Mazapilit *m* Arseniosiderit pseudomorph nach Skorodit мацапили́т
Mazeration *f* мацера́ция, выма́чивание
mazerieren мацери́ровать *uv.*, *v.*, выма́чивать / вы́мочить
Mechanik *f* меха́ника
mechanisch механи́ческий
mechanisiert механизи́рованный
Mechanisierung *f* механиза́ция
Mecostomata *pl* длиннохоботко́вые
Median- медиа́нный, сре́дний, среди́нный
Mediane *f* Mittellinie медиа́на
Medianebene *f* сре́дняя пло́скость, среди́нная пло́скость, медиа́нная пло́скость
Medianrippe *f* среди́нное ребро́
Mediansattel *m* среди́нное седло́
Medianschnitt *m* медиа́нное сече́ние
Medianseptum *n* среди́нная се́пта, среди́нная перегоро́дка
Medianwert *m* медиа́нное значе́ние
Mediolateralia *pl* bei Cystoideen медиолатера́льные табли́чки
Medium *n* Umwelt среда́
Medulla oblongata *f* продолгова́тый мозг
Medullar- медулля́рный
Medullarplatte *f* медулля́рная пласти́нка
Medullosaceae *pl* медулло́зовые
Meduse *f* меду́за
Medusen- меду́зовый
Meer *n* мо́ре
Meerbusen *m* морско́й зали́в
Meereichel *f Balanus* морско́й жёлудь
Meereis *n* морско́й лёд
Meerenge *f* морско́й проли́в
Meeresablagerung *f* морско́е отложе́ние
Meeresalgen *f/pl* морски́е во́доросли
Meeresarm *m* морско́й рука́в, рука́в мо́ря
Meeresbecken *n* морско́й бассе́йн
Meeresbewohner *m* морско́й обита́тель
Meeresbiologie *f* морска́я биоло́гия, биоло́гия мо́ря
Meeresboden *m* Meeresgrund морско́е дно, морско́й грунт
Meeresbucht *f* морско́й зали́в, морска́я бу́хта
Meereseinbruch *m* вторже́ние мо́ря, трансгре́ссия
Meeresfauna *f* морска́я фа́уна
Meeresflora *f* морска́я фло́ра, фло́ра мо́ря
Meeresforschung *f* морско́е иссле́дование
Meeresgeologie *f* геоло́гия мо́ря
Meeresgrund *m* Meeresboden морско́й грунт, морско́е дно
Meereshöhe *f* высота́ над у́ровнем мо́ря, у́ровень мо́ря

Meereskarte *f* морская карта
Meereskunde *f* океанография, мореведение
Meeresküste *f* морской берег
Meeresmolasse *f* морская моласса
Meeresniveau *n* поверхность моря, уровень моря, морская поверхность
Meeresorganismus *m* морской организм
Meeresregression *f* регрессия моря, отступание моря
Meeresrückzug *m* регрессия моря, отступание моря
Meeressand *m* морской песок
Meeressenke *f* впадина моря
Meeresspiegel *m* (свободная) поверхность моря, уровень моря
Meeresspiegelschwankung *f* колебание уровня моря
Meeresstrand *m* морской берег, пляж
Meeresströmung *f* морское течение, океаническое течение
Meerestemperatur *f* температура моря
Meerestiefe *f* морская глубина, глубина моря
Meerestransgression *f* трансгрессия моря, наступание моря
Meeresvegetation *f* морская растительность
Meeresvereisung *f* ледовитость моря
Meeresvorstoß *m* Transgression наступание моря, трансгрессия моря
Meereswärme *f* теплота моря
Meereswasser *n* морская вода
Meersalz *n* морская соль
Meerschaum *m* морская пенка
Meerwasser *n* морская вода
Megagamete *f* мегагамета
Megagametophyt *m* мегагаметофит
Megalaspis-Schichten *f/pl* мегаласписовые слои
Megalodon-Kalk *m* мегалодоновый известняк
megalophyrisch мегалофировый
Megalosauria *pl* мегалозавры
megalosphärisch мегалосферический
Meganthropus *m* мегантроп
Megantiklinorium *n* мегантиклинорий
Megaphyll *n* мегафилл
megaphyrisch мегафировый
megaporphyrisch мегапорфировый, макропорфировый
megaseismisch мегасейсмический
megaskopisch мегаскопический
megasphärisch мегасферический
Megasporangium *n* мегаспорангий
Megaspore *f* Großspore мегаспора, макроспора
Megastrobilus *m* мегастробил
megataxitisch Megataxit- мегатакситовый
Megatheridae *pl* мегатерии
Megatherium *n* мегатерий
Mehl *n* мука
mehlig мучнистый
mehraktig многоактный
mehratomig многоатомный
mehrbasisch многоосновный
mehrdeutig многозначный
mehrdimensional многомерный
Mehrfachreflexion *f* многократное отражение
mehrfarbig многоцветный
mehrgipflig многовершинный
Mehrheit *f* Mehrzahl большинство
Mehrjahresausgleich *m* многолетнее регулирование
mehrjährig perennierend многолетный
mehrjährig gefroren многолетнемёрзлый
mehrkammerig vielkammerig многокамерный
Mehrkomponenten- многокомпонентный
mehrphasig verschiedenphasig многофазный
Mehrphasigkeit *f* многофазность
Mehrporer *m* многопоровая форма
mehrschichtig многослойный
Mehrstoffsystem *n* многокомпонентная система
mehrstrahlig многоструйный
mehrstufig многоярусный, многоступенчатый
mehrwertig многовалентный; многоатомный
Meile *f* миля
Meilerkohle *f* древесный уголь
Meißel *m* Bohrmeißel долото
Meißelbohrer *m* долотчатый бур
Meißeldurchmesser *m* диаметр долота
meißelförmig долотообразный
Meißelwechsel *m* смена долота
Mejonit *m* Mineral der Skapolithgruppe мейонит
Melaconit *m* Tenorit CuO меланонит
Melanien- меланиевый

Melanienkalk *m* мела́ниевый известня́к
Melanienton *m* мела́ниевая гли́на
Melanit *m* $Ca_3Fe_2^{\cdots}[SiO_4]_3$ мелани́т
Melanitsyenit *m* мелани́товый сиени́т
Melanocerit *m* Mineral der Cappelenitreihe меланоцери́т
Melanochroit *m* † Phönicit меланохрои́т
melanokrat меланокра́товый
Melanolith *m* chlorierter Vermiculit меланоли́т
Melanophlogit *m* Quarz paramorph nach Hochcristobalit меланофлоги́т
Melanotekit *m* $Pb_2Fe_2^{\cdots}[O_2 | Si_2O_7]$ меланотеки́т
Melanothallit *m* $CuCl_2 \cdot Cu(OH)_2$ (?) меланоталли́т
Melanovanadit *m* $Ca_2V_{10}O_{25} \cdot 7H_2O$ меланованади́т
Melanterit *m* Eisenvitriol $Fe[SO_4] \cdot 7H_2O$ мелантери́т
Melaphyr *m* мелафи́р
melaphyrisch Melaphyr- мелафи́ровый
Melilith *m* $(Ca, Na)_2[(Al, Mg)(Si, Al)_2O_7]$ мелили́т
Melilith- мелили́товый
Melilithankaratrit *m* melanokrater Nephelinit mit hohem Melilithgehalt (Lacroix 1916) мелили́товый анкаратри́т
Melilithbasalt *m* мелили́товый база́льт
Melilithgestein *n* мелили́товая поро́да
Melilithleucitit *m* мелили́товый лейцити́т
Melilithnephelinit *m* мелили́товый нефелини́т
Melinophan *m* $(Ca, Na)_2(Be, Al)[Si_2O_6F]$ мелинофа́н
Melioration *f* мелиора́ция
Meliorations- мелиорацио́нный, мелиорати́вный
Meliorationsarbeiten *f/pl* мелиорати́вные рабо́ты
Meliphanit *m* † Melinophan мелифани́т
Melnikovit *m* kryptokristalliner Pyrit мельникови́т
Melnikovitpyrit *m* мельникови́т-пири́т
Melonit *m* NiT_2 (?) мелони́т
Melteigit *m* melanokrates Gestein der Urtit-Ijolith-Serie мельтейги́т
Membran *f* мембра́на; перепо́нка
Membranaktivität *f* мембра́нная акти́вность
Menaccanit *m* † Ilmenit менаккани́т
Mendelejewit *m* Ca-U-Niobat-Titanat менделееви́т
Mendelevium *n* Md менделе́вий
Mendipit *m* $PbCl_2 \cdot 2PbO$ мендипи́т
Mendozit *m* Natronalaun $NaAl[SO_4]_2 \cdot 11H_2O$ мендоци́т
Meneghinit *m* $4PbS \cdot Sb_2S_3$ (?) менегини́т
Menge *f* коли́чество
Mengenabnahme *f* уменьше́ние коли́чества, убыва́ние коли́чества
Mengenberechnung *f* расчёт коли́чества
Mengenkoeffizient *m* Hydrogeol. коэффицие́нт расхо́да
Mengenkurve *f* Hydrogeol. крива́я расхо́дов
mengenmäßig коли́чественный
Mengenmessung *f* Hydrogeol. измере́ние расхо́да
Mengenschwankung *f* колеба́ние расхо́да
Mengenverhältnis *n* коли́чественное соотноше́ние
Menilith *m* Opalsubstanz organogener Entstehung менили́т
Meniscotherium *n* мениското́рий
Meniskus *m* мени́ск
Menispermaceae *pl* мениспе́рмовые, луносе́мяниковые
Mennige *f* Minium Pb_3O_4 су́рик
Mensch *m* челове́к
Menschen- челове́ческий
Menschenaffe *m* человекообра́зная обезья́на
Menschheit *f* челове́чество
menschlich Menschen- челове́ческий
Menschwerdung *f* становле́ние челове́ка
Mensur *f* Meßzylinder мензу́рка
Mercalli-Cancani-Skala *f* шкала́ Мерка́льи-Канка́ньи
Mercatorprojektion *f* прое́кция Мерка́тора
Merensky-Horizont(-Reef) *n* горизо́нт Мере́нского
Mergel *m* ме́ргель
Mergel- ме́ргельный
Mergelboden *m* ме́ргелистая по́чва, ме́ргельная по́чва
Mergelfazies *f* ме́ргелистая фа́ция
mergelig Mergel- ме́ргелистый
Mergelsandstein *m* ме́ргелистый песча́ник
Mergelschiefer *m* ме́ргелистый сла́нец, ме́ргельный сла́нец

Mergelton *m* мéргелистая гли́на, мéргельная гли́на
Mergeltuff *m* мéргелистый туф
Meridian *m* Längenkreis меридиáн
Meridian- меридиáнный
Meridianbogen *m* дугá меридиáна, меридиáнная дугá
Meridianebene *f* плóскость меридиáна, меридиáнная плóскость
Meridianellipse *f* меридиáнный элли́пс
Meridiangrad *m* грáдус меридиáна
Meridiangradmessung *f* измерéние грáдуса меридиáна
Meridianhalbmesser *m* рáдиус меридиáна
Meridiankonvergenz *f* сближéние меридиáнов
Meridiankreis *m* меридиáнный круг
Meridianquadrat *n* чéтверть меридиáна
meridional Meridional- меридионáльный
Meridionalschnitt *m* меридионáльное сечéние
Merillith *m* † Francolith aus Meteoriten мерилли́т
Meristem *n* Bildungsgewebe меристéма
Merkzeichen *n* Markierung мéтка, отмéтка
merodont мероднóтный
Merostomata *pl* меростóматы, ракоскорпиóны
Merostomoidea *pl* меростомои́дные
Meroxen *m* eisenarmer Biotit мероксéн
Merwinit *m* $Ca_3Mg[SiO_4]_2$ мерви́нит
Merychippus *m* меричи́пп
Mesoblast *n* срéдний зарóдышевый листóк
mesoblastisch мезобласти́ческий
mesocephal мезоцефáльный
Mesocolpium *n* межборóздный учáсток
Mesoderm *n* мезодéрма, мезодерми́ческая ткань
mesodermal Mesodermal- мезодерми́ческий, мезодермáльный
Mesodialyt *m* Mineral zwischen Eukolit und Eudialyt мезодиали́т
Mesogeosynklinale *f* мезогеосинклинáль
mesohalin мезохали́нный
Mesokarp *n* мезокáрпий, межплóдник
mesokrat мезокрáтовый
Mesolith *m* $Na_2Ca_2[Al_2Si_3O_{10}]_3 \cdot 8H_2O$ мезоли́т
Mesolithikum *n* мезоли́т
mesolithisch Mesolith- мезоли́товый
mesometamorph мезометаморфи́ческий
mesomorph мезомóрфный
Meson *n* мезóн
Mesonenkomponente *f* мезóнная компонéнта
Mesonychidae *pl* мезонихи́ды
Mesoperthit *m* мезоперти́т
Mesophyll *n* мезофи́лл
Mesophyt *m* мезофи́т
Mesophytikum *n* мезофи́т, мезофи́тная э́ра
mesophytisch мезофи́тный
Mesoplankton *n* мезопланктóн
Mesopore *f* bei Bryozoen, Kenozooecium mit polygonalem Querschnitt промежýточная пóра, мезопóра
Mesosauria *pl* Mesosaurier мезозáвры
Mesosoma *n* срéдний отдéл
Mesostasis *f* мезостáзис, промежýточная мáсса
mesotarsal мезотарзáльный
Mesothallium *n* мезотáллий
Mesothelium *n* мезотéлий
mesothermal мезотермáльный
Mesothorax *m* среднегрýдь
Mesothorium *n* мезотóрий
mesotroph мезотрóфный
Mesozoikum *n* мезозóйская э́ра, мезозóйская грýппа, мезозóй
mesozoisch мезозóйский
Mesozone *f* мезозóна
mesozonal мезозонáльный
Meß- измери́тельный; межевóй
Meßanordnung *f* измери́тельное устрóйство
Meßapparat *m* измери́тельный аппарáт, измери́телный инструмéнт
Meßapparatur *f* измери́тельная аппаратýра
Meßband *n* лéнта для промéра, измери́тельная лéнта, мéрная лéнта, рулéтка
meßbar измери́мый
Meßbarkeit *f* измери́мость
Meßbarkeitsgrenze *f* грани́ца измерéния, предéл измерéния
Meßbereich *m* диапазóн измерéния, предéл измерéний; óбласть измерéний
Meßbildapparat *m* Meßbildkammer фотограмметри́ческий аппарáт

Meßbrücke *f* измери́тельный мост, измери́тельный мо́стик
Meßeinrichtung *f* измери́тельное устро́йство
Meßelektrode *f* измери́тельный электро́д
Messelit *m* $Ca_2(Fe, Mn)[PO_4]_2 \cdot 2H_2O$ месселит
messen vermessen измеря́ть / изме́рить, промеря́ть / проме́рить
Messen *n* измере́ние, проме́р
Messer *m* Meßapparatur измери́тель
Meßergebnis *n* результа́т измере́ний
Meßfehler *m* погре́шность измере́ния, оши́бка измере́ния
Meßfläche *f* пло́щадь обме́ра, измеря́емая пове́рхность, пло́щадь измере́ния, пло́щадь проме́ра
Meßflug *m* съёмочный полёт
Meßflügel *m* Hydrogeol. ме́рная верту́шка
Meßflüssigkeit *f* ме́рная жи́дкость
Meßgefäß *n* измери́тельный сосу́д, ме́рный сосу́д, ме́рная посу́да, мензу́рка
Meßgenauigkeit *f* то́чность измере́ния
Meßgerät *n* измери́тельный прибо́р, прибо́р измере́ния, измери́тельный инструме́нт
Meßglas *n* измери́тельный стака́н
Meßgrenze *f* преде́л измере́ния
Meßgut *n* измеря́емое вещество́
Messing *n* лату́нь
Messing- лату́нный
messinggelb лату́нно-жёлтый
Meßinstrument *n* измери́тельный инструме́нт, измери́тельный прибо́р
Meßkammer *f* измери́тельная ка́мера
Meßkeil *m* ме́рный клин, измери́тельный клин
Meßkette *f* ме́рная цепь, измери́тельная цепь, межева́я цепь
Meßkolben *m* ме́рная ко́лба
Meßlänge *f* измери́тельная длина́, расчётная длина́
Meßlatte *f* (ме́рная) ре́йка, нивелиро́вочная ре́йка, репе́р
Meßmarke *f* измери́тельная ма́рка, визи́рная ма́рка
Meßmethode *f* ме́тод измере́ния, спо́соб измере́ния
Meßmethodik *f* мето́дика измере́ний
Meßort *m* ме́сто измере́ния
Meßperiode *f* пери́од измере́ний
Meßprofil *n* проме́рный про́филь
Meßprogramm *n* програ́мма измере́ний
Meßpunkt *m* то́чка измере́ния, пункт заме́ра; пике́т
Meßpunktpotential *n* потенциа́л пике́тов
Meßquerschnitt *m* проме́рный про́филь
Meßreihe *f* Meßserie ряд измере́ний, се́рия измере́ний
Meßschraube *f* измери́тельный винт
Meßsonde *f* измери́тельная скважи́на; приёмный зонд
Meßspannung *f* приёмное напряже́ние
Meßstation *f* измери́тельная ста́нция
Meßstelle *f* ме́рный пост, ме́сто заме́ра, ме́сто проме́ра
Meßstrecke *f* измери́тельный уча́сток, измеря́емый уча́сток; приёмная ли́ния
Meßtechnik *f* измери́тельная те́хника
Meßtisch *m* ме́нзула
Meßtisch- ме́нзульный
Meßtischaufnahme *f* ме́нзульная съёмка
Meßtischblatt *n* ме́нзульный планше́т, лист ме́нзульной ка́рты
Messung *f* Vermessung измере́ние, обме́р
Messungsergebnis *n* результа́т измере́ния
Messungsmethode *f* Meßmethode ме́тод измере́ний
Meßverfahren *n* спо́соб измере́ния, ме́тод измере́ний
Meßvorrichtung *f* измери́тельное устро́йство
Meßwasserstand *m* заме́ренный у́ровень воды́
Meßwehr *n* ме́рный водосли́в
Meßwert *m* измеря́емая величина́, величина́ измере́ния
Meßzentrale *f* центра́льный измери́тельный пункт
Meßzylinder *m* ме́рный цили́ндр
Metaamphibolit *m* метаамфиболи́т
Metabasalt *m* метабаза́льт
Metabasit *m* метабази́т
Metabasit- метабази́товый
Metabentonit *m* метабентони́т
Metabisulfit *n* метабисульфи́т
Metabitumen *n* метабиту́м
metabituminös метабитумино́зный

metablastisch метабластический
Metabor- метабо́рный
Metaborat *n* MBO_2 соль метабо́рной кислоты́, метабора́т
Metaborsäure *f* HBO_2 метабо́рная кислота́
Metacarpale *n* пя́стная кость
Metacarpus *m* пясть
Metachlorit *n* метахлори́т
Metacinnabarit *m* HgS метациннабари́т
Metacon *n* метако́н
Metaconid *n* метакони́д
Metadiabas *m* метадиаба́з
Metadiabas- метадиаба́зовый
metafluidal Metafluidal- метафлюида́льный
Metagabbro *m* метага́ббро
Metagabbrodiabas *m* метага́ббродиаба́з
Metagenese *f* метагене́з
Metagreenalith *m* † Greenalith метагринали́т
Metahalloysit *m* $Al_4[(OH)_8|Si_4O_{10}]\cdot(H_2O)_4$ метагаллуази́т
Metahewettit *m* s. Hewettit метагевetти́т, метахьюэтти́т
Metahydroboracit *m* метагидроборaци́т
Metakiesel- метакремнёвый
Metakieselsäure *f* $(H_2SiO_3)_n$ метакремнёвая кислота́
metaklastisch метакластический
Metakolloid *n* метаколло́ид
metakolloidal Metakolloid- метаколло́идный
metakristallin метакристалли́ческий
Metall *n* мета́лл
Metall der seltenen Erden *n* редкоземе́льный мета́лл
metallähnlich металлоподо́бный
metallartig металлови́дный
Metallausbringen *n* извлече́ние мета́лла
Metallelektrode *f* металли́ческий электро́д
metallführend металлоно́сный, металлсодержа́щий
Metallführung *f* Metallgehalt металлоно́сность
Metallglanz *m* металли́ческий блеск
metallhaltig металлоно́сный
Metallisation *f* металлиза́ция
metallisch Metall- металли́ческий
metallisieren металлизи́ровать *uv.*, *v.*
metallisiert металлизи́рованный
Metallkönig *m* королёк
Metallkonzentration *f* концентра́ция мета́ллов
metallogen металлоге́нный
Metallogenese *f* металлогене́з
metallogenetisch металлогенети́ческий
Metallogenie *f* металлоге́ния
Metallographie *f* металлогра́фия
Metallometrie *f* металломе́трия
metallometrisch металлометри́ческий
Metalloxid *n* о́кись мета́лла
metallreich бога́тый мета́ллом
Metallschmelze *f* металлоплави́льный заво́д
Metallurgie *f* Hüttenkunde металлу́ргия
metallurgisch Hütten- металлурги́ческий
Metallverbindung *f* соедине́ние мета́лла
Metallverteilung *f* распределе́ние мета́лла
Metallzufuhr *f* привно́с мета́лла
Metaloph *m* метало́ф
Metalophid *m* металофи́д
metamer метаме́рный
metamikt метами́ктный
metamorph метаморфи́ческий, метаморфизо́ванный
Metamorphiden *pl* метаморфи́ды
Metamorphismus *m* метаморфи́зм
Metamorphose *f* метаморфиза́ция, метаморфи́зм
Metamorphosegrad *m* сте́пень метаморфи́зма
Metamorphosestadium *n* ста́дия метаморфи́зма
metamorphosiert метаморфизо́ванный
Metanauplius *m* метана́уплиус
Metaphosphat *n* MPO_3 соль метафо́сфорной кислоты́, метафосфа́т
Metaphosphit *n* MPO_2 соль метафосфористой кислоты́, метафосфи́т
Metaphosphor- метафо́сфорный
Metaphosphorsäure *f* HPO_3 метафо́сфорная кислота́
Metaphysik *f* метафи́зика
metaphysisch метафизи́ческий
Metaphyt *m* многокле́точный органи́зм
Metarhyolith *m* метариоли́т
Metarossit *m* $Ca[V_2O_6]\cdot 2H_2O$ метаросси́т
Metaseptum *n* перегоро́дка второ́го поря́дка
Metasequoia *f* метасекво́йя

Metasicula *f* метаси́кула
Metasideronatrit *m* $Na_2Fe^{\cdots}[OH|(SO_4)_2]\cdot 1^1/_2H_2O$ метасидеронатри́т
Metasilikat *n* $(M_2SiO_3)_n$ метасилика́т, соль метакремнёвой кислоты́
metasilikatisch Metasilikat- метасилика́тный, метакремнёвый
Metasilikatkette *f* метасилика́тная це́почка
Metasoma *f* за́дний отде́л
metasomatisch метасомати́ческий
Metasomatit *m* метасомати́т
Metasomatose *f* метасомато́з, метасомати́зм
metastabil метастаби́льный
Metastibnit *m* Sb_2S_3 метастибни́т
Metastruktur *f* метастру́ктура
Metatarsus *m* плюсна́
metataxitisch метатакси́товый
Metatergum *n* заднеспи́нка
Metatexis *f* метате́ксис
Metathorax *m* заднегру́дь
metatroph метатро́фный
Metatyp *m* метати́п
Metavariscit *m* $Al[PO_4]\cdot 2H_2O$ метаварисци́т
Metavauxit *m* ähnlich Vauxit метавокси́т
Metavoltin *m* α-$K_5Fe_3^{\cdots}[(OH|(SO_4)_3]_2\cdot 8H_2O$ метавольти́н
Metaxylem *n* метаксиле́ма, полудревеси́нное волокно́
Meteor *m* метео́р
Meteor- метео́рный
Meteoreisen *n* метео́рное желе́зо
Meteorit *m* метеори́т
Meteoriten- метеори́тный
Meteoritenfall *m* паде́ние метеори́тов
Meteoritenkrater *m* метеори́тный кра́тер
Meteoritenmaterial *n* метеори́тное вещество́
Meteoritenmineral *n* метеори́тный минера́л
Meteorograph *m* метеоро́граф
Meteorologie *f* метеороло́гия
meteorologisch метеорологи́ческий
Meteorstaub *m* метео́рная пыль, метеори́тная пыль
Meter *n* метр
Meterkilogramm *n* килограммоме́тр
Metermaßstab *m* метри́ческий масшта́б
Meterprozent *n* метропроце́нт
Metersystem *n* метри́ческая систе́ма
Meterzahl *f* метра́ж
Methan *n* CH_4 мета́н
Methan- мета́новый
Methanentwicklung *f* образова́ние мета́на, выделе́ние мета́на
Methanführung *f* метаноно́сность
Methanöl *n* мета́новая нефть
methanoxydierend метаноокисля́ющий
Methanreihe *f* мета́новый ряд
Methode *f* ме́тод; спо́соб
Methodik *f* мето́дика
methodisch методи́ческий; методи́чный
methodologisch методологи́ческий
Methylalkohol *m* CH_3OH мети́ловый спирт
Methylblau *n* мети́ловый си́ний
Methylenblau *n* метиле́новый голубо́й
Methylenjodid *n* CH_2J_2 ио́дистый метиле́н
Methylorange *f* метилора́нж, мети́л ора́нжевый
Metoposaurus *m* метопоза́вр
metrisch метри́ческий
Meyerhofferit *m* $Ca[B_3O_3(OH)_5]_2\cdot 6H_2O$ мейергоффери́т
Meyersit *m* kryptokristallines $AlPO_4\cdot 2H_2O$ мейерси́т
Meymacit *m* angeblich $WO_2(OH)_2\cdot H_2O$ меймаки́т, меймаци́т
Miacidae *pl* миаци́ды
Miargyrit *m* $AgSbS_2$ миаргири́т
Miarolith *m* миароли́т
miarolitisch миароли́товый
Miaskit *m* миаски́т
Micell *n* мице́лла
Micoquian *n* мико́к
Microsaurus *m* микроза́вр
Microspermae *pl* мелкосеменны́е
Middletonit *m* bernsteinähnliches Harz миддлтони́т
Miersit *m* α-AgJ майерси́т
Miesit *m* Ca-haltiger Pyromorphit миези́т
Migma *n* ми́гма
migmatisch Migmatit- мигмати́товый
migmatisiert мигматизи́рованный
Migmatisierung *f* мигматиза́ция
Migmatit *m* мигмати́т
Migmatitfront *f* мигмати́товый фронт
Migmatitgestein *n* мигмати́товая поро́да
Migmatitkern *m* мигмати́товое ядро́

Migration *f* Wanderung миграция
Migrations- миграционный
migrationsfähig миграционноспособный
Migrationsfähigkeit *f* миграционная способность
Migrationskoeffizient *m* коэффициент миграции
Migrationsprozeß *m* процесс миграции
Migrationsvermögen *n* миграционная способность
Migrationsvorgang *m* процесс миграции
Migrationszyklus *m* цикл миграции
migrieren wandern мигрировать *uv., v.*
Mikroamperemeter *n* микроамперметр
Mikroanalyse *f* микроанализ
mikrobiologisch микробиологический
mikroblastisch микробластический
Mikrobrekzie *f* микробрекчия
Mikrochemie *f* микрохимия
mikrochemisch микрохимический
Mikrocurie *n* микрокюри
Mikroeinschluß *m* микровключение
Mikrofauna *f* микрофауна
mikrofaunistisch микрофаунистический
Mikrofelsit *m* микрофельзит
mikrofelsitisch Mikrofelsit- микрофельзитовый
Mikroflora *f* микрофлора
mikrofluidal Mikrofluidal- микрофлюидальный
Mikrofossil *n* микроокаменелость, микроископаемое
Mikrogamete *f* микрогамета
Mikrogametophyt *m* микрогаметофит
Mikrogranit *m* микрогранит
mikrogranitisch Mikrogranit- микрогранитовый
mikrographisch микрографический
Mikroklima *n* микроклимат
Mikroklin *m* $K[AlSi_3O_8]$ микроклин
Mikroklin- микроклиновый
Mikroklingesetz *n* микроклиновый закон
Mikroklingitter *n* микроклиновая решётка
Mikroklingranit *m* микроклиновый гранит
Mikroklinisierung *f* микроклинизация
Mikroklinpegmatit *m* микроклиновый пегматит
Mikroklinzwilling *m* микроклиновый двойник
mikrokristallin Mikrokristallin- микрокристаллический
mikrolepidoblastisch микролепидобластовый
Mikrolith *m* микролит
mikrolithisch Mikrolith- микролитовый
Mikromeren *pl* микромеры
Mikrometer *n* микрометр
Mikrometer- микрометрический
Mikrometermikroskop *n* микрометрический микроскоп
Mikrometerschraube *f* микрометрический винт
Mikroorganismus *m* Kleinlebewesen микроорганизм
Mikropaläontologie *f* микропалеонтология
mikropaläontologisch микропалеонтологический
Mikropegmatit *m* микропегматит
mikropegmatitisch Mikropegmatit- микропегматитовый
Mikroperthit *m* микропертит
mikroperthitisch микропертитовый
Mikrophotographie *f* микрофотография
Mikrophyll микрофилл
Mikrophyllit *m* микрофиллит
mikrophyrisch микрофировый
Mikroplankton *n* микропланктон
mikropoikilitisch микропойкилитовый
Mikroporphyr *m* микропорфир
mikroporphyrisch микропорфировый
Mikroporphyrit *m* микропорфирит
Mikropyle *f* микропиле
Mikroradiographie *f* микрорадиография
mikroradiographisch микрорадиографический
Mikrorelief *n* микрорельеф
Mikrorelief- микрорельефный
Mikroseismik *f* микросейсмика, сейсмика слабых движений
mikroseismisch микросейсмический
Mikrosklere *f* маленькая спикула
Mikroskop *n* микроскоп
Mikroskopablesung *f* отсчёт по микроскопу
Mikroskopie *f* микроскопия
mikroskopisch микроскопический
mikroskopisch klein микроскопический
Mikroskoptubus *m* труба микроскопа
Mikroskulptur *f* Pal. микроскульптура

Mikrosommit *m* микросомми́т
Mikrosphäre *f* микросфе́ра
mikrosphärisch микросфери́ческий
Mikrosporangium *n* микроспора́нгий
Mikrospore *f* микроспо́ра
Mikrostruktur *f* Kleingefüge микростру́ктура
mikrostrukturell Mikrostruktur- микростру́ктурный
mikrotaxitisch микротакси́товый
Mikrotom *n* микрото́м
Mikrotuffbrekzie *f* микротуфобре́кчия
Mikrozoospore *f* микрозооспо́ра
Milarit *m* $KCa_2AlBe_2[Si_{12}O_{30}] \cdot {}^1/_2H_2O$ милари́т
Milazzo-Terrasse *f* мила́ццская терра́са
Milchdrüse *f* моло́чная железа́
Milchquarz *m* моло́чный кварц
Milchsäure *f* $C_3H_6O_3$ моло́чная кислота́
Milchstraße *f* мле́чный путь
milchweiß моло́чно-бе́лый
Milchzahn *m* моло́чный зуб
Milieufaktor *m* фа́ктор среды́
Miliolidae *pl* милиоли́ды
Milioliden-Kalk *m* милиоли́довый известня́к
Millerit *m* β-NiS миллери́т
Millerosaurus *m* миллероза́вр
Millicurie *n* милликюри́
Millidarcy *n* миллидарси́
Milligal *n* миллига́л
Milligramm *n* миллигра́мм
Millimeter *n* миллиме́тр
Millimeterpapier *n* миллиметро́вая бума́га
Millimikron *n* миллимикро́н
Millisit *m* $(Na, Ca)Al_3[(OH, O)_4 | (PO_4)_2] \cdot 2H_2O$ миллиси́т
Miloschin *m* † Cr-haltiger Allophan милоши́т
Mimesit *m* мимези́т
Mimetesit *m* $Pb_5[Cl | (AsO_4)_3]$ миметези́т
mimetisch миметиче́ский
Mimetit *m* мимети́т
Mimosit *m* Dolerit мимози́т
Minasragrit *m* $V_2^{....}[(OH)_2 | (SO_4)_3] \cdot 15H_2O$ минасрагри́т
Mindel *n* Mindel-Vereisung ми́ндель, ми́ндельское оледене́ние
Mindel- ми́ндельский
Mindelmoräne *f* ми́ндельская море́на
Mindel-Riß ми́ндель-ри́сский
Mindel-Riß-Interglazial *n* ми́ндель-ри́сское межледнико́вье
Mindelzeit *f* Mindel ми́ндельская эпо́ха
minderwertig неполноце́нный, малоце́нный, недоброка́чественный
Mindest- минима́льный
Mindestabfluß *m* минима́льный сток
Mindestgeschwindigkeit *f* минима́льная ско́рость
Mindestlast *f* минима́льная нагру́зка
Mindestleistung *f* минима́льная мо́щность
Mindestleistungsfähigkeit *f* минима́льная производи́тельность, минима́льная мо́щность
Mindestmaß *n* минима́льный разме́р
Mindestreichweite *f* минима́льная величина́ пробе́га
Mindestvorräte *m/pl* минима́льные запа́сы
Mindestwasserabgabe *f* минима́льная водоотда́ча
Mindestwassertiefe *f* минима́льная глубина́ воды́
Mindestwert *m* минима́льное значе́ние
Mindigit *m* $2Co_2O_3 \cdot CuO \cdot 3H_2O$ минди́ги́т
Mineral *n* минера́л
Mineralablagerung *f* минералоотложе́ние
Mineralaggregat *n* минера́льный агрега́т
Mineralart *f* минера́льный вид
Mineralassoziation *f* Mineralgemeinschaft минера́льная ассоциа́ция
Mineralausfüllung *f* минера́льное выполне́ние
Mineralbestand *m* минера́льный соста́в
mineralbildend минералообразова́тельный, минералообразу́ющий
Mineralbildner *m* минералообразова́тель
Mineralbildung *f* минералообразова́ние
Mineraldünger *m* минера́льное удобре́ние
Mineraleinschluß *m* минера́льное включе́ние
Mineralfarbe *f* минера́льная кра́ска
Mineralfazies *f* минера́льная фа́ция
Mineralformel *f* фо́рмула минера́ла
Mineralfraktion *f* минера́льная фра́кция
Mineralgel *n* минера́льная гель
Mineralgemenge *n* минера́льная смесь
mineralgenetisch минералогенети́ческий

Mineralindikator *m* минера́льный индика́тор
Mineralisation *f* Mineralisierung минерализа́ция
Mineralisationsabfolge *f* поря́док минерализа́ции
Mineralisationsfeld *n* по́ле минерализа́ции
Mineralisationshof *m* орео́л минерализа́ции
Mineralisationskoeffizient *m* коэффицие́нт минерализа́ции
Mineralisationsprodukt *n* Mineralisierungsprodukt проду́кт минерализа́ции
Mineralisator *m* минерализа́тор
mineralisch Mineral- минера́льный
mineralisiert минерализо́ванный
Mineralisierung *f* Mineralisation минерализа́ция
Mineralkombination *f* минера́льная комбина́ция, комбина́ция минера́лов
Mineralkomplex *m* ко́мплекс минера́лов
Mineralkomponente *f* минера́льный компоне́нт
Minerallagerstätte *f* минера́льное месторожде́ние
Minerallösung *f* минера́льный раство́р
Mineralneubildung *f* новообразова́ние минера́лов
Mineralöl *n* минера́льное ма́сло
Mineraloge *m* минерало́г
Mineralogie *f* минерало́гия
mineralogisch минерологи́ческий
Mineralparagenese *f* минера́льный параге́незис, параге́незис минера́лов
Mineralphase *f* минера́льная фа́за
Mineralquelle *f* минера́льный исто́чник
Mineralregelung *f* ориентиро́вка минера́лов
Mineralreich *n* минера́льное ца́рство
Mineralsalz *n* соль минера́льной воды́, минера́льная соль
Mineralsäure *f* минера́льная кислота́
Mineralschlamm *m* минера́льная грязь
Mineralsee *m* минера́льное о́зеро
Mineralstoffe *m/pl* минера́льные вещества́
Mineralstufe *f* штуф минера́лов
Mineralsubstanz *f* минера́льное вещество́
Mineralteilchen *n* минера́льная части́ца
Mineralvergesellschaftung *f* минера́льное соо́бщество
Mineralverwachsung *f* прораста́ние минера́лов
Mineralvorkommen *n* месторожде́ние минера́лов
Mineralwasser *n* минера́льная вода́
Mineralwassergewinnung *f* добы́ча минера́льных вод
Mineralzusammensetzung *f* минера́льный соста́в
Minervit *m* ? $Al[PO_4]\cdot 3^1/_2H_2O$ минерви́т
Minette *f* мине́тта
Minette-Erz *n* мине́ттовая руда́
Minguetit *m* Fe-reicher Chlorit мингети́т
minimal Minimal- минима́льный
Minimalabfluß *m* минима́льный сток
Minimalbeschleunigung *f* минима́льное ускоре́ние
Minimaldichte *f* минима́льная пло́тность
Minimalgehalt *n* минима́льное содержа́ние
Minimalgeschwindigkeit *f* минима́льная ско́рость
Minimalwert *m* минима́льное значе́ние
Minimumthermometer *n* минима́льный термо́метр
Minuspol *m* отрица́тельный по́люс, ми́нусовый по́люс
Minuszeichen *n* знак ми́нуса
Minverit *m* Proterobas минвери́т
Minyulit *m* ? $KAl_2[(OH, F)|(PO_4)_2]\cdot 4H_2O$ миниюли́т, миньюли́т
Miogeosynklinale *f* миогеосинклина́ль
Mio-Pliozän- миоплиоце́новый
Miozän *n* миоце́н
miozän Miozän- миоце́новый
Mirabilit *m* Glaubersalz $Na_2[SO_4]\cdot 10H_2O$ мирабили́т
Misch- gemischt сме́шанный; смеси́тельный
Mischanlage *f* смеси́тельная устано́вка
Mischapparat *m* смеси́тель
mischbar сме́шиваемый, смеси́мый
Mischbarkeit *f* сме́шиваемость, смеси́мость
Mischbarkeitsgrenze *f* грани́ца смеси́мости
Mischdünger *m* сме́шанное удобре́ние
Mischerz *n* ко́мплексная руда́
Mischfazies *f* сме́шанная фа́ция

Mischform *f* сме́шанная фо́рма
Mischgefäß *n* смеси́тельный сосу́д
Mischgneis *m* сме́шанный гне́йс
Mischgut *n* сме́шиваемый материа́л
Mischkristall *m* сме́шанный криста́лл; твёрдый раство́р
Mischkristallbildung *f* образова́ние твёрдого раство́ра, образова́ние сме́шанных криста́ллов
Mischkristallreihe *f* ряд твёрдых раство́ров
Mischkristallsystem *n* систе́ма твёрдых раство́ров
Mischkugelmühle *f* сме́шивающая шарова́я ме́льница
Mischmühle *f* сме́шивающая ме́льница
Mischtrommel *f* бараба́нный смеси́тель, смеси́тельный бараба́н
Mischtypus *m* Mischtyp сме́шанный тип
Mischung *f* 1. Gemenge смесь. 2. Mischen сме́шивание, смеше́ние
Mischungsglied *n* сме́шанный член
Mischungsgrenze *f* преде́л смеси́мости
Mischungsintensität *f* интенси́вность переме́шивания
Mischungslücke *f* разры́в смести́мости
Mischungsprodukt *n* проду́кт переме́шивания
Mischungsprozeß *m* проце́сс переме́шивания
Mischungsregel *f* пра́вило смеше́ния
Mischungsreihe *f* ряд сме́сей
Mischungstemperatur *f* температу́ра смеси́мости
Mischungsverhältnis *n* отноше́ние сме́си, соста́в сме́си
Mischungsvorgang *m* проце́сс переме́шивания, проце́сс смеше́ния
Mischungszone *f* зо́на переме́шивания
Mischwald *m* сме́шанный лес
Mischwasser *n* сме́шанная вода́
Mischzement *m* сме́шанный цеме́нт
Mischzone *f* зо́на переме́шивания
Misenit *m* $K_8H_6[SO_4]_7$ мизени́т
Mispickel *m* Arsenkies миспи́кель
Mißbildung *f* уро́дство
mißgestaltet уро́дливый
Mississippi-System *n* Karbon Nordamerikas миссиси́пская систе́ма
Missourit *m* Intrusivgestein миссури́т
Mißverhältnis *n* несоразме́рность, несоотве́тствие
Mißweisung *f* оши́бка показа́ния
Mitscherlichit *m* $K_2[CuCl_4(H_2O)_2]$ митчерлихи́т
Mitschwingen *n* сокача́ние, соколеба́ние
Mitte *f* середи́на
Mitteilung *f* сообще́ние
Mittel *n* 1. Hilfsmittel сре́дство. 2. Mittelwert сре́дняя
Mittel- Median- сре́дний, среди́нный
Mittelachse *f* сре́дняя ось
Mittelatlantischer Wall *m* Среднеатланти́ческий вал
Mittelatlantische Schwelle *f* Среднеатланти́ческий хребе́т
Mitteldeutsche Schwelle *f* Среднегерма́нский поро́г
mitteldevonisch среднедево́нский
Mittelebene *f* сре́дняя пло́скость
Mittelfrequenz- среднечасто́тный
Mittelgebirge *n* сре́дние го́ры, средневысо́тные го́ры, среднего́рье
Mittelgebirgs- среднего́рный
Mittelgebirgslandschaft *f* среднего́рный ландша́фт
Mittelgebirgsrelief *n* среднего́рный релье́ф
Mittelgröße *f* сре́дняя величина́
Mittelhirn *n* сре́дний мозг
mittelhoch средневысо́тный
Mittelhochwasser *n* сре́дний па́водок
Mittelhochwasserstand *m* сре́дний у́ровень высо́ких вод
Mittelholozän *n* сре́дний голоце́н
mittelkambrisch среднекембри́йский
mittelkörnig среднезерни́стый
mittelkristallin среднекристалли́ческий
Mittellage *f* сре́днее положе́ние
Mittelländisches Meer *n* Mittelmeer Средизе́мное мо́ре
Mittellauf *m* сре́днее тече́ние (реки́)
Mittellinie *f* сре́дняя ли́ния
Mittelmeer *n* Mittelländisches Meer Средизе́мное мо́ре
Mittelmeer- средиземномо́рский
Mittelmeerdepression *f* средиземномо́рская депре́ссия
Mittelmeergebiet *n* средиземномо́рская о́бласть
Mittelmeer-Mjösen-Zone *f* средиземномо́рско-мьёзенская зо́на
Mittelmoräne *f* среди́нная море́на, сре́дняя море́на
Mittelohr *n* сре́днее у́хо

Mittelöl *n* срéднее мáсло
mittelpolnische Vereisung *f* центральнопóльское оледенéние
mittelporös среднепóристый
Mittelpunkt *m* центр
mittelsauer среднекúслый
Mittelschicht *f* срéдний слóй, промежýточный слóй
mittelstabil среднеустóйчивый
Mittelstellung *f* срéднее положéние
Mitteltemperatur *f* срéдняя температýра
mitteltemperiert среднетемператýрный
mittelthermal среднетемператýрный
Mittelung *f* усреднéние
Mittelwasserstand *m* срéдний ýровень водьí
mittelwellig Geomorph. среднеувáлистый
Mittelwert *m* срéдняя величинá, срéднее значéние
mittlere freie Weglänge *f* длинá свобóдного пробéга
mittlere Jahresgeschwindigkeit *f* среднегодовáя скóрость
mittlere Spaltbarkeit *f* срéдняя спáйность
mittlere Tagestemperatur *f* среднесýточная температýра
mittlerer Brechungsindex *m* срéдний показáтель преломлéния
mittlerer Wasserstand *m* срéдний ýровень водьí
Mixit *m* $BiCu_{10}[(OH)_8|(AsO_4)_5]\cdot 7H_2O$ миксúт
Mizelle *f* мицéлла
Mizzonit *m* Mineral der Skapolithgruppe мицконúт
mobil мобúльный, подвúжный
Mobilisat *n* мобилизáт
Mobilisation *f* мобилизáция
Mobilisationstemperatur *f* температýра мобилизáции
mobilisiert мобилизóванный
Mobilismus *m* мобилúзм
mobilistisch мобилистúческий
Mobilität *f* Beweglichkeit мобúльность, подвúжность
modal Modal- модáльный
Modalanalyse *f* модáльный анáлиз
Modalwert *m* модáльная величинá
Modalzusammensetzung *f* модáльный состáв
Modderit *m* Arsenkobalt CoAs моддерúт
Modell *n* модéль
Modell- модéльный
Modellfeld *n* модéльное пóле
Modelluntersuchung *f* модéльное исслéдование
Modellversuch *m* моделúрование, óпыт на модéли, модéльное испытáние
moderig тúнистый
Modifikation *f* модификáция, видоизменéние
modifizieren модифицúровать *uv.*, *v.*, видоизменя́ть / видоизменúть
modifiziert модифицúрованный, видоизменённый
Modifizierung *f* модификáция
Modul *m* мóдуль
Modulation *f* модуля́ция, изменéние
Moeritherium *n* меритéрий
Mofette *f* мофéтта, углекúслая фумарóла
Mohawkit *m* † Gemenge von Domeykit mit Rotnickelkies und Breithauptit могавкúт
Mohntextur *f* мáковая текстýра
Mohorovičič-Diskontinuität(-Fläche) *f* повéрхность Мохоровúчича
Mohrscher Spannungskreis *m* круг напряжéний Мóра
Mohssche Härteskala *f* шкалá Мóоса
moiréeartig муáровый
Moissanit *m* Carborund in Meteoriten муассанúт
Mol *n* моль
Mol- molar мóльный
Molar *m* Backenzahn креннóй зуб
Molarisierung *f* моляризáция
Molasse *f* молáсс
Molasse- молáссовый
Molassebecken *n* молáссовый бассéйн
Molassefazies *f* молáссовая фáция
Molasseformation *f* молáссовая формáция
Molassegestein *n* молáссовая порóда
Molassekonglomerat *n* молáссовый конгломерáт
Molassesedimentation *f* молáссовое осадконакоплéние
Molassesenke *f* молáссовая впáдина
Molassetrog *m* молáссовый трог
Molassezone *f* молáссовая зóна
Moldanubikum *n* Молданýбская зóна
moldanubisch молданýбский

Moldavit *m* teils Glas, teils (†) schwarzer Ozokerit молдави́т
Moldispersion *f* моля́рная (молекуля́рная) диспе́рсия
Mole *f* мол
Molekül *n* Molekel моле́кула
Molekülabstand *m* молекуля́рное расстоя́ние
molekular Molekular- молекуля́рный
Molekularanziehung *f* молекуля́рное притяже́ние
Molekularbewegung *f* молекуля́рное движе́ние
Molekulardiffusion *f* молекуля́рная диффу́зия
molekulardispers молекулярнодиспе́рсный
Molekulardispersion *f* молекуля́рная диспе́рсия
Molekulardruck *m* молекуля́рное давле́ние
Molekulargeschwindigkeit *f* молекуля́рная ско́рость
Molekulargewicht *n* молекуля́рный вес
Molekulargruppe *f* Molekülgruppe молекуля́рная гру́ппа
Molekularrefraktion *f* молекуля́рная рефра́кция
Molekularspannung *f* молекуля́рное напряже́ние
Molekulartheorie *f* молекуля́рная тео́рия
Molekularverbindung *f* молекуля́рное соедине́ние
Molekularverhältnis *n* молекуля́рное отноше́ние
Molekularvolumen *n* молекуля́рный объём
Molekularwärme *f* молекуля́рная теплоёмкость
Molekularwasser *n* молекуля́рная вода́
Molekularzustand *m* молекуля́рное состоя́ние
Molekülgeschwindigkeit *f* ско́рость движе́ния моле́кул
Molekülkomplex *m* ко́мплекс моле́кул
Molekülkristall *m* молекуля́рный криста́лл
Molekülverbindung *f* молекуля́рное соедине́ние
Molekülzahl *f* число́ моле́кул
Molenkopf *m* голова́ мо́ла
Molgewicht *n* молекуля́рный вес
Molgewichtsbestimmung *f* определе́ние молекуля́рного ве́са
Molluscoidea *pl* моллюскообра́зные
Mollusken *m/pl* Mollusca моллю́ски
molluskenartig моллюскови́дный
Molluskenfauna *f* моллю́сковая фа́уна, фа́уна моллю́сков
Molluskenschale *f* ра́ковина моллю́сков
Molossidae *pl* бульдо́говые
Molprozent *n* молекуля́рный проце́нт
Molvolumen *n* моля́рный объём
Molwärme *f* молекуля́рная теплоёмкость
Molybdän *n* Mo молибде́н
Molybdän- молибде́новый
Molybdänbromid *n* 1. $MoBr_2$; 2. $MoBr_3$; 3. $MoBr_4$ бро́мистый молибде́н, броми́д молибде́на
Molybdänchlorid *n* 1. Mo_3Cl_6; 2. $MoCl_3$; 3. $MoCl_4$; 4. $MoCl_5$ хло́ристый молибде́н, хлори́д молибде́на
Molybdänerz *n* молибде́новая руда́
Molybdänformation *f* молибде́новая форма́ция
Molybdänführung *f* молибденоно́сность
Molybdänglanz *m* молибде́новый блеск
Molybdänit *m* Molybdänglanz MoS_2 молибдени́т
Molybdänit- молибдени́товый
Molybdänitkonzentrat *n* молибдени́товый концентра́т
Molybdänkonzentrat *n* молибде́новый концентра́т
Molybdänocker *m* Molybdit MoO_3 молибде́новая о́хра
molybdänometrisch молибденометри́ческий
Molybdänvererzung *f* молибде́новое оруденение
Molybdat *n* молибда́т, соль молибде́новой кислоты́
Molybdit *m* Molybdänocker MoO_3 молибди́т
Molybdomenit *m* ? rhombisches Bleiselenit молибдомени́т
Molybdophyllit *m* $Pb_2Mg_2[(OH)_2|Si_2O_7]$ молибдофилли́т
Molybdosodalith *m* ? MoO_3-haltiger Sodalith молибдосодали́т
Molysit *m* $FeCl_3$ моли́зит
Moment *m* 1. Augenblick. 2. Faktor моме́нт
Momentablesung *f* мгнове́нный отсчёт

Momentangeschwindigkeit *f* мгнове́нная ско́рость
Momentanwert *m* мгнове́нное значе́ние
Monastir- монасты́рский
Monastir-Terrasse *f* монасты́рская терра́са
Monastir-Transgression *f* монасты́рская трансгре́ссия
monatlich (еже)ме́сячный
Monatsabfluß *m* ме́сячный сток, сток за ме́сяц
Monatsabflußmenge *f* ме́сячный сток, сток за ме́сяц
Monatsdurchschnitt *m* среднеме́сячное значе́ние, среднеме́сячная но́рма, среднеме́сячное коли́чество
Monatsheft *n* Monatsschrift ежеме́сячник, ежеме́сячный журна́л
Monatsmittel *n* ме́сячная сре́дняя
Monatsmittelwert *m* ме́сячная сре́дняя, среднеме́сячное значе́ние
Monatsschwankung *f* ме́сячное колеба́ние
Monatsversammlung *f* ежеме́сячное собра́ние
Monatswasserstand *m* ме́сячный у́ровень воды́
Monatswert *m* ме́сячное значе́ние
Monatszuflußmenge *f* объём ме́сячного прито́ка
Monazit *m* $Ce[PO_4]$ монаци́т
Monazit- монаци́товый
Monazitkonzentrat *n* монаци́товый концентра́т
Monazitsand *m* монаци́товый песо́к
Monazitseife *f* монаци́товая ро́ссыпь
Monchiquit *m* Alkaliganggestein мончики́т
Mond *m* луна́
Mond- lunar лу́нный
Mondanziehung *f* лу́нное притяже́ние
Mondbahn *f* орби́та луны́
Mondflut *f* лу́нный прили́в
Mondflutwelle *f* волна́ лу́нного прили́ва
Mondgezeiten *pl* лу́нные прили́вы
Mondhochwasser *n* по́лная вода́ лу́нного прили́ва
Mondjahr *n* лу́нный год
Mondkrater *m* лу́нный кра́тер
Mondstein *m* getrübter Sanidin лу́нный ка́мень
Mondtag *m* лу́нные су́тки
mondtägig геолунносу́точный
Mondwelle *f* волна́ лу́нного прили́ва
Mondzyklus *m* лу́нный цикл
Monetit *m* $CaH[PO_4]$ монети́т
Monheimit *m* † Ferrosmithsonit монгейми́т
Monimolit *m* $Pb_2Sb_2O_6O$ монимоли́т
Monmouthit *m* leukokrates Alkaligestein монмути́т
monoatomar одноа́томный
monobasisch одноосно́вный
Monobenzylester *m* $R \cdot CO \cdot OCH_2 \cdot C_6H_5$ сло́жный монобензи́ловый эфи́р
Monobromnaphtalin *n* монобромнафтали́н
monochrom одноцве́тный, монохро́мный
Monochromat *n* M_2CrO_4 соль хро́мовой кислоты́, монохрома́т
monochromatisch монохромати́ческий
monocotyledon однодо́льный
Monocotyledones *pl* односеменодо́льные, однодо́льные
monodont однозу́бый
Monoeder *m* моноэ́др
monoedrisch моноэдри́ческий
Monofluorid *n* однофто́ристое соедине́ние
monogen моноге́нный
monogenetisch моногенети́ческий
Monogeosynklinale *f* моногеосинклина́ль
Monographie *f* Einzeldarstellung моногра́фия
monographisch монографи́ческий
Monograptus-Schichten *f/pl* Obersilur моногра́птовые слои́
monoharmonisch моногармони́ческий
monohydratisch моногидра́тный, одново́дный
Monoisotop *n* моноизото́п
Monokalzium- монока́льциевый, однока́льциевый
monoklin моноклі́нный, одноклиноме́рный, моносимметри́чный
monoklinal Monoklinal- моноклина́льный
Monoklinale *f* моноклина́ль
Monoklinalfalte *f* моноклина́льная скла́дка
Monoklinaltal *n* моноклина́льная доли́на

monokline Symmetrie *f* Krist. моносимметри́я
monoklines Kristallsystem *n* моноклинная сингони́я, моноги́рная сингони́я, одноклиноме́рная сингони́я
monokristallin монокристалли́ческий
monolet однорубцо́вый
Monolith *m* моноли́т
Monom *n* одночле́н
monomer мономе́рный
monomikt мономи́ктный
monomineralisch мономинера́льный
monomolekular одномолекуля́рный, мономолекуля́рный
monomorph мономо́рфный
monomyar одному́скульный
Mononatriumphosphat *n* мононатрийфосфа́т
Monophosphat *n* монофосфа́т
monophyletisch монофилети́ческий
Monophylie *f* монофи́лия, монофилети́ческое происхожде́ние
monophyodont монофиодо́нтный
Monoplacophora *pl* моноплакофо́ры
Monothermit *m* identisch mit Kaolinit монотерми́т
Monotis- моноти́совый
Monotremata *pl* однопрохо́дные, клоа́чные птицезве́ри
monotrop монотро́пный
monotyp моноти́пный, монотипи́ческий
Monotyp *m* моноти́п
Monotypie *f* моноти́пность
monovalent одновале́нтный
Monovalenz *f* одновале́нтность
monovariant моновариа́нтный
monozonal однозо́нный
monozyklisch однопояско́вый, моноцикли́ческий
Mons-Stufe *f* Montium, Unteres Paläozän мо́нтский я́рус
Monsun *m* муссо́н
Monsun- муссо́нный
Monsungebiet *n* о́бласть муссо́нов
Monsunklima *n* муссо́нный кли́мат
Monsunregen *m* муссо́нный дождь
Monsunwald *m* муссо́нный лес
Monsunwetter *n* муссо́нная пого́да
Monsunwind *m* муссо́нный ве́тер
Monsunwirkung *f* де́йствие муссо́на
Monsunzone *f* муссо́нная зо́на
Montanindustrie *f* го́рная промы́шленность
Montanit *m* $[(BiO)_2|TeO_4]\cdot 2H_2O$ монтани́т
Montanprodukt *n* проду́кт го́рного произво́дства
Montbrayit *m* Au_2Te_3 монтбрейи́т
Montebrasit *m* † Amblygonit монтебрази́т
Montgomeryit *m* $Ca_4Al_5[(OH)_5|(PO_4)_6]\cdot 11H_2O$ монтгомери́т
Monticellit *m* $CaMg[SiO_4]$ монтичелли́т
Monticellit- монтичелли́товый
Monticellitalnöit *m* olivinreicher Alnöit (Bowen 1922) монтичелли́товый альнёйт
Montmorillonit *m* $Al_2[(OH)_2|Si_4O_{10}]\cdot nH_2O$ монтмориллони́т
Montmorillonit- монтмориллони́товый
Montmorillonitgruppe *f* монтмориллони́товая гру́ппа
Montroseit *m* (V, Fe)OOH монтрозе́йт
Montroydit *m* HgO монтроиди́т
Monzodiorit *m* монцодиори́т
Monzogabbro *m* монцога́ббро
Monzonit *m* монцони́т
Monzonitaplit *m* монцони́товый апли́т
Monzonitdiorit *m* монцони́т-диори́т
Monzonitgruppe *f* монцони́товая гру́ппа
monzonitisch Monzonit- монцони́товый
Monzonitporphyr *m* монцони́товый порфи́р
Monzonitreihe *f* монцони́товый ряд
Monzonitstruktur *f* монцони́товая структу́ра
Moor *n* боло́то
Moor- боло́тный
Moorbedeckung *f* боло́тный покро́в
Moorboden *m* боло́тная по́чва, боло́тный грунт
Moorerde *f* боло́тная земля́
Moorfazies *f* боло́тная фа́ция
Moorgegend *f* заболо́ченная ме́стность
Moorkiefer *f* боло́тная сосна́
Moorkultur *f* мелиора́ция боло́т
Moorkunde *f* болотове́дение
Moorland *n* боло́тистая ме́стность
Moorpflanze *f* боло́тное расте́ние
Moorprofil *n* боло́тный про́фил
Moorsche Waage *f* весы́ Мо́ра
Moorstadium *n* боло́тная ста́дия
Moortorf *m* боло́тный торф
Moorwasser *n* боло́тная вода́
Moos *n* мох

Moos- moosig моховóй
moosartig мохови́дный, мохообрáзный
Mooshügel *m* кочкáрник
Mooshügeltundra *f* кочкáрная тýндра
moosig bemoost мши́стый
Moosmoor *n* моховóе болóто
Moostierchen *n/pl* Bryozoa мшáнки
Moostorf *n* моховóй торф
Moostundra *f* моховáя тýндра
Moraceae *pl* шелкови́дные, тýтовые
Moräne *f* морéна
Moränen- морéнный
Moränenablagerung *f* морéнное отложéние
Moränenbedeckung *f* морéнный покрóв
Moränenebene *f* морéнная равни́на
Moränengestein *n* морéнная порóда
Moränenhügel *m* морéнный холм
Moränenhügelrelief *n* морéнно-холми́стый рельéф
Moränenkette *f* Moränenzug морéнная грядá
Moränenkies *m* морéнный грáвий
Moränenlandschaft *f* морéнный ландшáфт
Moränenlehm *m* морéнный сугли́нок
Moränenmaterial *n* морéнный материáл
Moränenrelief *n* морéнный рельéф
Moränensand *m* морéнный песóк
Moränenschotter *m* морéнный щéбень
Moränenschutt *m* морéнный щéбень
Moränensee *m* морéнное óзеро
Moränenton *m* морéнная гли́на
Moränenwall *m* морéнная грядá
Morast *m* Moorgrund тряси́на, топь
morastig болóтистый, заболóченный
Morawit *m* † Mackensit морави́т
Mordenit *m* $(Ca,K_2,Na_2)[AlSi_5O_{12}]_2 \cdot 6H_2O$ мордени́т
Morenosit *m* „Nickelvitriol" $Ni[SO_4] \cdot 7H_2O$ морензи́т
Morganit *m* Varietät von Beryll моргани́т
Morinit *m* $Ca_2NaAl_2[(F,OH)_5|(PO_4)_2] \cdot 2H_2O$ морини́т
Morion *m* Quarzvarietät мориóн
Moronolith *m* † Jarosit моронoли́т
Morphogenese *f* морфогенéз
morphogenetisch морфогенети́ческий
Morphographie *f* морфогрáфия
morphographisch морфографи́ческий
morphoklimatisch морфоклимати́ческий
Morphologe *m* морфóлог
Morphologie *f* морфолóгия
morphologisch морфологи́ческий
Morphometrie *f* морфометри́я
Morphostruktur *f* морфострyктýра
morphotektonisch морфотектони́ческий
Morphotropie *f* морфотропи́я
morphotropisch морфотропи́ческий
Morrow-Formation *f* Karbon Amerikas отдéл Мóрроу
Mörser *m* стýпка
Mörserkeule *f* Pistill пéстик
Mörtel *m* строи́тельный раствóр
Mörtelsand *m* песóк для раствóра
Mörtelstruktur *f* Petr. бетóнная структýра
Mosaik *n* мозáика
Mosaik- mosaikartig мозаи́чный
Mosaikpanzer *m* мозаи́чный пáнцирь
Mosaikstruktur *f* мозаи́чная структýра, мозаи́чное строéние
Mosaiktextur *f* мозаи́чная текстýра
Mosandrit *m* $(Ca, Na, Y)_3(Ti, Zr, Ce)[(F,OH.O)_2|(SiO_2)_7]$ мозандри́т
Mosasauria *pl* мозазáвры
Moschellandsbergit *m* γ-Silberamalgam γ-(Ag, Hg) мошелансберги́т
Mosesit *m* $[Hg_2N]Cl \cdot H_2O$ мозези́т
Moshidae *pl* кабарги́
Moskauer Becken *n* Подмоскóвный бассéйн
Moskau(er)-Vereisung *f* москóвское оледенéние
Mossit *m* $(Fe, Mn)(Nb, Ta)_2O_6$ моссúт
Mottramit *m* $Pb(Cu, Zn)[OH|VO_4]$ моттрами́т
Moustérien *n* мустьéрская культýра, мýстье
Moustérien- мустьéрский
Moustérien-Fauna *f* мустьéрская фáуна
Moustérien-Kultur *f* Moustérien мустьéрская культýра
Muckit *m* bernsteinähnliches Harz муки́т
Mucronaten- мукронáтовый
Mucronatenkreide *f* мукронáтовый мел
Mucronatensenon *n* мукронáтовый сенóн
Muffel *m* мýфель, мýфельная печь
Muffelofen *m* мýфельная печь, мýфель
Mugearit *m* hypabyssisches Äquivalent von Essexit муджиэри́т
Mühle *f* мéльница

Mühlstein *m* жерновóй кáмень
Mulde *f* мýльда, синклинáль
Muldenachse *f* ось мýльды
Muldenfalte *f* синклинáльная склáдка
Muldenflügel *m* мýльдовое крылó, крылó мýльды
muldenförmig мульдообрáзный
Muldengletscher *m* мýльдовый ледни́к
Muldengraben *m* грáбен-синклинáль
Muldenkern *m* синклинáльное ядрó, ядрó мýльды, ядрó синклинáли
Muldensattel *m* седлó мýльды
Muldental *n* синклинáльная доли́на
Muldenterrasse *f* ложбинообрáзная террáса
Muldentiefstes *n* верши́на мýльды, замóк синклинáли
Müllerit *m* teils Nontronit, teils Schertelit мюллери́т
Mullion- муллиóнный
Mullionstruktur *f* муллиóнная структýра
Mullit *m* $Al_4[Al_4(AlSi_3)O_{19}(F, {}^1/_2O, OH)]$ мулли́т
Mullitisierung *f* муллитизáция
Mullitstein *m* мулли́товый кирпи́ч
mulmig рыхлый
multicuspid многобугóрчатый
multiflaggellat многожгýтиковый
multilinear многолинéйный
multilobat многодóльчатый
multinuklear многоя́дерный
multipel многокрáтный
Multiplikation *f* Math. умножéние
Multiplikator *m* Math. множи́тель
Multiplizieren *n* Math. умножéние
multipolar многопóлюсный
multitubercular многобугóрчатый
Multituberculata *pl* многобугóрчатые
multivalent многовалéнтный
Multivalenz *f* многовалéнтность
Mumie *f* мýмия
Mumifikation *f* мумификáция
mumifizieren мумифици́ровать *uv., v.*
Mumifizierung *f* мумификáция
Mund *m* рот
Mund- ротовóй
münden впадáть/впасть, вливáться/ вли́ться
Mundfeld *n* Peristom околоротовóе пóле, ротовóе пóле
mündlich ýстный
Mundloch *n* Stollenmundloch ýстье
Mundöffnung *f* ротовóе отвéрстие
Mundsaum *m* ротовóй крáй
Mündung *f* впадéние, ýстье
Mündungs- устьевóй, ýстьевый
Mündungsarm *m* устьевóй рукáв реки́
Mündungsbarre *f* устьевóй бар, устьевáя óтмель
Mündungsbreite *f* ширинá ýстья
Mündungsdelta *n* устьевáя дéльта
Mündungsebene *f* устьевáя равни́на
Mündungsgebiet *n* устьевáя óбласть; устьевóй учáсток
Mündungsgeschwindigkeit *f* устьевáя скóрость
Mündungshügel *m* устьевóй бугорóк
Mündungslippe *f* мýскульный отпечáток
mündungsnah приýстьевый, приустьевóй
Mündungsrand *m* устьевóй крáй
Mündungs(sand)bank *f* устьевóй бар
Mündungssee *m* устьевóе óзеро
Mündungstrichter *m* Ästuar эстуáрий
Muniongit *m* Varietät von Tinguait мунионджи́т
Munkforssit *m* Mineral der Beudantitreihe мункфорси́т
Munkrudit *m* Mineral der Beudantitreihe мункруди́т
Muntenit *m* † Bernstein мунтени́т
Münzgold *n* монéтное зóлото
mural мурáльный, пристéнный, стеннóй
Murallinie *f* мурáльная ли́ния, стеннáя ли́ния
Murambit *m* vulkanisches Gestein мурамби́т
Murasakit *m* Schiefergestein мурасаки́т
Murchisonit *m* Varietät von Orthoklas мурчисони́т
Mure *f* Blockstrom мур, селевóй потóк, сель, силь, камнегрязевóй потóк
Murenbecken *n* селевóй бассéйн
Muriacit *m* † Anhydrit муриаци́т
Murit *m* Varietät von Phonolith мюри́т
Murmanit *m* etwa $Na_2MnTi_3[SiO_4]_4 \cdot H_2O$ мурмани́т
Muromontit *m* † Orthit муромонти́т
Murree-Serie *f* Miozän, Nordwestindien сéрия Мýрри
Murus *m* Pal. вáлик экзи́ны
Muschel *f* рáковина, ракýшка
Muschel- ракýшечный, рáковинный

Muschelbank *f* ракушечная банка
Muschelbewuchs *m* обрастание раковинами
Muschelbrekzie *f* ракушечная брекчия
Muscheldetritus *m* раковинный детрит
muschelförmig раковиннообразный
muschelig раковистый
muscheliger Bruch *m* раковистый излом
Muschelkalk *m* раковинный известняк, ракушечный известняк, известняк-ракушечник
Muschelsand *m* ракушечный песок
Muschelsandstein *m* ракушечный песчаник
Muschelschale *f* раковина
Muschelschill *m* скопление раковин
Muschketowit *n* Magnetit, pseudomorph nach Hämatit мушкетовит
Musci *pl* Moose мхи
Museum *n* Sammlung музей
Museumskunde *f* музееведение
Muskel *m* мускул, мышца
Muskel- мускульный, мышечный
Muskelansatzstelle *f* место прикрепления мускулов
Muskelbündel *n* мышечный пучок
Muskeleindruck *m* мускульное впечатление, отпечаток мускула
Muskelelement *n* мускульный элемент
Muskelfaser *f* мускульное волокно
Muskelfeld *n* мускульное поле
Muskelgewebe *n* мышечная ткань
Muskelsegment *n* мускульный сегмент
Muskovit *m* $KAl_2[(OH, F)_2|AlSi_3O_{10}]$ мусковит
Muskovit- мусковитовый
Muskovitgranit *m* мусковитовый гранит
Muskovitgreisen *m* мусковитовый грейзен
muskovitisiert мусковитизированный
Muskovitisierung *f* мусковитизация
Muskovitrosette *f* розетка мусковита
Muskulatur *f* мускулатура
muskulös мускулистый
Mustelidae *p* мустелиды, куницы
Muster *n* Ornament узор
Mutation *f* мутация
Mutationsreihe *f* ряд мутаций
Muthmannit *m* etwa (Ag,Au)Te мутманнит
Mutter- материнский
Mutterboden *m* растительный слой грунта
Mutterelement *n* материнский элемент
Muttererz *n* материнская руда
Muttergestein *n* материнская порода
Mutterlauge *f* маточный рассол, маточный щёлок
Mutterlaugeneinschluß *m* включение материнского раствора
Mutterlösung *f* маточный раствор
Muttersubstanz *f* материнское вещество
Mya-Meer *n* миевое море
Mycelium *n* мицелий
Mycorrhiza *f* микориза
Mylonit *m* милонит
Mylonit- mylonitisch милонитовый
Mylonitgefüge *n* милонитовая структура
mylonitisch Mylonit- милонитовый
Mylonitisierung *f* милонитизация
Mylonitstruktur *f* милонитовая структура
Mylonitzone *f* милонитовая зона
Myophor *m* Gebilde am Ansatz von Muskeln миофор
Myophorellinae *pl* миофореллины
Myophorien- миофориевый
Myophorienschichten *f/pl* миофориевые слои
Myriapoda *pl* многоножки
Myricaceae *pl* восковниковые, мириковые
Myrmecophaga *pl* Ameisenfresser муравьеды
Myrmekit *m* мирмекит
myrmekitisch мирмекитовый
Myrmekitisierung *f* мирмекитизация
Myrmekitplagioklas *m* мирмекитовый плагиоклаз
Myrmekitverwachsung *f* мирмекитовое срастание
Myrtaceae *pl* миртовые
Myrtiflorae *pl* миртоцветные
Mysidacea *pl* мизиды
Mystacoceti *pl* беззубые киты
Myxine glutinosa *f* миксина
Myxomycetes *pl* слизистые грибы, миксомицеты
Myzel *n* Pilzgewebe мицелий, грибница
Myzostomida *pl* мизостомиды

N

Nabel *m* пупо́к, у́мбо
Nabel- Umbonal- пупко́вый, пу́почный
Nabelrand *m* пупко́вый кра́й
Nabelritze *f* пупко́вая щель
Nabelvertiefung *f* пу́почная вы́емка, пу́почное углубле́ние
Nabelwand *f* умбона́льная стена́, пупко́вая стена́
Nachbaratom *n* сосе́дний а́том
Nachbargebiet *n* сосе́дняя о́бласть
Nachbarschaft *f* сосе́дство
Nachbarwissenschaft *f* сме́жная нау́ка
Nachbeben *n* после́дующее землетрясе́ние
Nachbohrer *m* бур-расшири́тель
Nachbrand *m* повто́рный обжи́г
Nachbrecher *m* втори́чная дроби́лка
Nachbrennen *n* втори́чное обжига́ние; допольни́тельный обжи́г
Nachdruck *m* перепеча́тка
Nacheiszeit *f* Postglazial послеледнико́вое вре́мя
nacheiszeitlich postglazial послеледнико́вый
nachgiebig пода́тливый
Nachgiebigkeit *f* пода́тливость
Nachkomme *m* пото́мок
Nachkommenschaft *f* Nachkommen пото́мство
Nachläufer(welle) *m* (*f*) волна́ коне́чной фа́зы, хвостова́я волна́
Nachmessung *f* повто́рное измере́ние, дополни́тельное измере́ние
Nachprüfung *f* пересмо́тр, прове́рка
Nachräumer *m* Bohr. долото́-расшири́тель
nachrechnen перес.чи́тывать / пересчита́ть
Nachrichten *f/pl* Mitteilungen изве́стия
Nachsacken *n* Inggeol. после́дующая проса́дка
Nachstörung *f* после́дующее возмуще́ние
Nachweis *m* доказа́тельство
nachweisbar доказу́емый
Nachweisempfindlichkeit *f* чувстви́тельность определе́ния
Nachwirkung *f* последе́йствие, после́дующее де́йствие
Nachwirkungsstrom *m* ток последе́йствия
Nachzerkleinerung *f* дополни́тельное дробле́ние
Nackenfurche *f* заты́лочная борозда́
Nackenring *m* Occipitalring заты́лочное кольцо́, окципита́льное кольцо́
Nackenwirbel *m* ше́йный позвоно́к
nackt kahl го́лый
nacktsamig голосемя́нный
Nadel *f* 1. Nadel игла́, хвоя́. 2. Zeiger стре́лка
Nadelabweichung *f* склоне́ние магни́тной стре́лки
Nadelbaum *m* хво́йное де́рево
Nadeleis *n* иго́льчатый лёд
Nadeleisbildung *f* образова́ние иго́льчатого льда
Nadeleisenerz *n* Goethit α-FeOOH иго́льчатая желе́зная руда́, иго́льчатый бу́рый железня́к
nadelförmig иглообра́зный, иглови́дный
Nadelgewächs *n* хво́йное расте́ние
Nadelholz *n* хво́йная древеси́на
Nadelhölzer *n/pl* хво́йные
nadelig Nadel- иго́льчатый
Nadelwald *m* хво́йный лес, бор, красноле́сье
Nadorit *m* $PbSbO_2Cl$ надори́т
Nagatelit *m* Mineral der Epidotreihe нагатели́т
Nagelfluh *m* на́гельфлю
Nagetier *n* Nager грызу́н
Nagyagit *m* $AuTe_2 \cdot 6Pb(S, Te)(?)$ нагиаги́т
Nahbeben *n* бли́зкое землетрясе́ние
Nahbebenvorläufer *m* предве́стник бли́зкого землетрясе́ния
Nahcolith *m* $NaHCO_3$ нахколи́т
Nähe *f* бли́зость, сосе́дство
Näherung *f* приближе́ние
Näherungs- приближённый
Näherungsausdruck *m* приближённое выраже́ние
Näherungsformel *f* приближённая фо́рмула
Näherungsfunktion *f* апроксими́рующая фу́нкция

Näherungsgrad *m* сте́пень приближе́ния
Näherungsgröße *f* приближённая величина́
Näherungslinie *f* ли́ния приближе́ния, приблизи́тельная ли́ния
Näherungslösung *f* приближённое реше́ние
Näherungsmethode *f* Näherungsverfahren приближённый ме́тод, ме́тод приближённого расчёта
Näherungsrechnung *f* приближённое вычисле́ние, приблизи́тельный подсчёт
Näherungsverfahren *n* приближённый спо́соб, спо́соб приближе́ний
Näherungswert *m* приближённое значе́ние, приближённая величина́
nahe verwandt близкоро́дственный
Nähr- пита́тельный, пита́ющий
Nährgebiet *n* о́бласть пита́ния
Nährlösung *f* пита́ющий раство́р
Nährpolyp *m* пита́ющий поли́п
Nährsalz *n* пита́тельная соль
Nährstoff *m* пита́тельное вещество́
Nährstoffgehalt *m* содержа́ние пита́тельных веще́ств
Nährstoffhaushalt *m* режи́м пита́тельных веще́ств, режи́м пи́щи
Nährstoffmenge *f* коли́чество пита́тельных веще́ств
nährstoffreich бога́тый пита́тельными вещества́ми
Nahrung *f* пита́ние, пи́ща
Nahrungspartikel *m* пищева́я части́ца
Nahrungsquelle *f* исто́чник пи́щи
Nährwasser *n* пита́ющая вода́
Nährzelle *f* пита́ющая кле́тка
Naht *f* Erdnaht, Lineament шов
Naht- Erdnaht-, Lineament- шо́вный
nahtlos бесшо́вный
Nahtstruktur *f* Lineament шо́вная структу́ра
Nahtzone *f* шо́вная зо́на
Nakrit *m* $Al_4[(OH)_8|Si_4O_{10}]$ накри́т
Nama-Transvaal-System *n* систе́ма на́ма-трансва́аль
Name *m* Benennung назва́ние
Namur *n* Namur-Stufe наме́р, намю́рский я́рус
Namur- намю́рский
Nannoplankton *n* наннопланкто́н
nannoplanktonisch наннопланкто́нный
Nansen-Schwelle *f* поро́г На́нсена
Nantokit *m* CuCl нантоки́т
Napalith *m* Kohlenwasserstoff напали́т
Naphthalin *n* нафтали́н
Naphthalin- нафтали́новый
Naphthalinreihe *f* нафтали́новый ряд
Naphten- нафте́новый
Naphtenöl *n* нафте́новая нефть
Naphtenreihe *f* нафте́новый ряд
Naphtenring *m* нафте́новое кольцо́
Naphtensäure *f* нафте́новая кислота́
Naphtenstruktur *f* нафте́новая структу́ра
Naphtholith *m* Kohlenwasserstoff нафтоли́т
Napoleonit *m* † teils Orthoklas, teils Amphibol наполеони́т
Narbe *f* Naht рубе́ц; шов
narbig рубцева́тый
Narsarsukit *m* $Na_2Ti[O|Si_4O_{10}]$ нарсарсуки́т
Nasale *f* носова́я кость
Nase *f* нос
Nasen- носово́й
Nasenloch *n* Nüster ноздря́
Nasenöffnung *f* Naris носово́е отве́рстие
Nashorn *n* *Rhinoceros* L. носоро́г
Nasonit *m* $Pb_6Ca_4[Cl_2|(Si_2O_7)_3]$ назони́т
naß мо́крый, вла́жный
Naßaufbereitung *f* обогаще́ние мо́крым спо́собом, мо́крое обогаще́ние
Naßbohren *n* мо́крое буре́ние
Nässegrad *m* сте́пень вла́жности
Naßgas *n* жи́рный га́з
Naßgut *n* мо́крый материа́л, вла́жный материа́л
Naßkohle *f* вла́жный у́голь
naßmechanisch мокромехани́ческий
Naßprobe *f* мо́края про́ба
Naßsiebung *f* мо́крое грохоче́ние
Naßverfahren *n* мо́крый спо́соб
Naßzerkleinerung *f* мо́крое дробле́ние, мо́крое измельче́ние
Nasturan *m* † Uranpecherz насту́ран
Natrit *m* Soda $Na_2CO_3 \cdot 10H_2O$ натри́т
Natrium *n* Na на́трий
Natrium- на́триевый
Natriumacetat *n* уксуснoки́слый на́трий
Natriumalumosilikat *n* на́триевый алюмосилика́т
Natriumazid *n* NaN_3 ази́д на́трия
Natriumbichromat *n* $Na_2Cr_2O_7$ двухромовоки́слый на́трий, бихрома́т на́трия

Natriumbikarbonat *n* $NaHCO_3$ двууглекислый натрий, кислый углекислый натрий, бикарбонат натрия
Natriumbisulfat *n* $NaHSO_4$ кислый сернокислый натрий, бисульфат натрия
Natriumbisulfit *n* $NaHSO_3$ кислый сернистокислый натрий, бисульфит натрия
Natriumbromat *n* $NaBrO_3$ бромноватокислый натрий, бромат натрия
Natriumbromid *n* NaBr бромистый натрий, бромид натрия
Natriumchlorat *n* $NaClO_3$ хлорноватокислый натрий, хлорат натрия
Natriumchlorid *n* NaCl хлористый натрий, хлорид натрия, поваренная соль
Natriumchlorit *n* $NaClO_2$ хлористокислый натрий, хлорит натрия
Natriumchromat *n* Na_2CrO_4 хромовокислый натрий, хромат натрия
Natriumdampf *m* пар натрия
Natriumdichromat *n* $Na_2Cr_2O_7$ двухромовокислый натрий
Natriumfluorid *n* NaF фтористый натрий, фторид натрия
Natriumhydrid *n* NaH водородистый натрий, гидрид натрия
Natriumhydroxid *n* NaOH гидроокись натрия, едкий натр
Natriumhypochlorit *n* NaOCl хлорноватистокислый натрий, гипохлорит натрия
Natriumjodat *n* $NaJO_3$ иодоватокислый натрий, иодат натрия
Natriumjodid *n* NaJ иодистый натрий, иодид натрия
Natriumlaktat *n* $NaC_3H_5O_3$ молочнокислый натрий
Natriumlicht *n* натриевый свет
Natriummanganat *n* Na_2MnO_4 марганцовистокислый натрий, манганат натрия
Natriummetaphosphat *n* $NaPO_3$ метафосфорнокислый натрий, метафосфат натрия
Natriummetasilikat *n* Na_2SiO_3 метакремнекислый натрий, метасиликат натрия
Natriumnitrat *n* $NaNO_3$ азотнокислый натрий, нитрат натрия
Natriumnitrit *n* $NaNO_2$ азотистокислый натрий, нитрит натрия
Natriumoxalat *n* $Na_2C_2O_4$ щавелевокислый натрий, оксалат натрия
Natriumpermanganat *n* $NaMnO_4$ марганцовокислый натрий, перманганат натрия
Natriumperoxid *n* Na_2O_2 перекись натрия, пероксид натрия
Natriumphosphat *n* $NaPO_3$; Na_3PO_4; $Na_4P_2O_7$ фосфорнокислый натрий, фосфат натрия
Natriumpyrosulfat *n* $Na_2S_2O_7$ пиросернокислый натрий, пиросульфат натрия
Natriumpyrosulfit *n* $Na_2S_2O_5$ пиросернистокислый натрий, пиросульфит натрия
Natriumsalpeter *m* натриевая селитра
Natriumselenid *n* Na_2Se селенистый натрий, селенид натрия
Natriumselenit *n* Na_2SeO_3 селенистокислый натрий, селенит натрия
Natriumsilikat *n* Na_2SiO_3; Na_4SiO_4 кремнекислый натрий, силикат натрия
Natriumstannat *n* Na_2SnO_3 оловяннокислый натрий, станнат натрия
Natriumsulfat *n* Na_2SO_4 сернокислый натрий, сульфат натрия
Natriumsulfid *n* Na_2S сернистый натрий, сульфид натрия
Natriumsulfit *n* Na_2SO_3 сернистокислый натрий, сульфит натрия
Natriumtetraborat *n* $Na_2B_4O_7$ тетраборнокислый натрий, тетраборат натрия
Natriumthiosulfat *n* Na_2SO_3S серноватистокислый натрий, тиосульфат натрия
Natriumwolframat *n* Na_2WO_4 вольфрамовокислый натрий, вольфрамат натрия
Natriumzufuhr *f* привнос натрия
Natroalunit *m* $NaAl_3[(OH)_6|(SO_4)_2]$ натроалунит
Natrocalcit *m* † teils Gaylussit, teils Datolith натрокальцит
Natrochalcit *m* $NaCu_2[OH|(SO_4)_2]\cdot H_2O$ натрохальцит
Natrojarosit *m* $NaFe_3^{\cdots}[(OH)_6|(SO_4)_2]$ натроярозит

Natrolith *m* $Na_2[Al_2Si_3O_{10}]\cdot 2H_2O$ натроли́т
Natrolith- натроли́товый
Natron *n* 1. Na_2O натр, о́кись на́трия, окси́д на́трия 2. $Na_2CO_3\cdot 10H_2O$ приро́дная со́да
Natron- на́тровый
Natronalaskit *m* Varietät des Aplitgranits на́тровый аляски́т
Natronalaun *m* $NaAl[SO_4]_2\cdot 12H_2O$ на́триевоалюми́ниевые квасцы́, двойна́я сернокислая соль на́трия и алюми́ния
Natronamphibol *m* на́тровый амфибо́л
Natronamphibolit *m* eklogitischer Glimmerschiefer mit vorw. Pyroxen, Granat und hellem Glimmer на́тровый амфиболи́т
Natronandesit *m* на́триевый андези́т
Natronaplit *m* на́тровый апли́т
Natrongestein *n* на́тровая поро́да
Natronglimmer *m* Paragonit $NaAl_2[(OH, F)_2|AlSi_3O_{10}]$ на́триевая слюда́
Natronlauge *f* раство́р е́дкого на́тра, натро́нный щёлок
Natronlösung *f* раство́р е́дкого на́тра
Natronmargarit *m* на́триевый маргари́т
Natronorthoklas *m* $(K, Na)[AlSi_3O_8]$ на́триевый ортокла́з
Natronsalpeter *m* $NaNO_3$ на́триевая сели́тра, азотноки́слый на́трий, нитра́т на́трия
Natronsanidinit *m* на́тровый санидини́т
Natronsyenit *m* на́триевый сиени́т
Natrontrachyt *m* на́триевый трахи́т
Natronzufuhr *f* привно́с на́трия
Natrophilit *m* $Na(Mn^{\cdot\cdot}, Fe^{\cdot\cdot})[PO_4]$ натрофили́т
Natur *f* приро́да
Natur- приро́дный
Naturdenkmal *n* па́мятник приро́ды
Naturdiamant *m* приро́дный алма́з
Naturerscheinung *f* явле́ние приро́ды
Naturforscher *m* естествоиспыта́тель
Naturforschung *f* иссле́дование приро́ды, изуче́ние приро́ды
Naturgas *n* есте́ственный газ, приро́дный газ
Naturgeschichte *f* есте́ственная исто́рия
naturgeschichtlich естественноистори́ческий
Naturgesetz *n* зако́н приро́ды
Naturkoks *m* приро́дный кокс, есте́ственный кокс
Naturkunde *f* естествове́дение, естествозна́ние, природове́дение
Naturkundemuseum *n* природове́дческий музе́й
naturkundlich Naturkunde- природове́дческий
Naturlandschaft *f* приро́дный ландша́фт
natürlich Natur- есте́ственный, приро́дный
Naturprodukt *n* приро́дное образова́ние
Naturschätze *pl* Bodenschätze есте́ственные бога́тства
Naturschlamm *m* приро́дная грязь
Naturschutz *m* охра́на приро́ды
Naturschutzgebiet *n* запове́дник
Naturstein *m* есте́ственный ка́мень
Naturvorkommen *n* приро́дное проявле́ние
Naturwissenschaft *f* естествозна́ние
Naujait *m* Varietät von Nephelin-Sodalithsyenit науяи́т
Naumannit *m* Ag_2Se науманни́т
Nauplius-Stadium *n* ста́дия нау́плиуса
Nauruit *m* Varietät von Kolloquan науруи́т
nautilocon bei Nautiloidea наутилоко́новый
Nautiloidea *pl* наутилоиде́и
Navigationskarte *f* навигацио́нная ка́рта
Navit *m* Melaphyr нави́т
Neandertaler *m* *Homo neandertalensis* неандерта́лец, неандерта́льский челове́к
Nebel *m* тума́н
Nebel- тума́нный
Nebelbildung *f* образова́ние тума́на
Neben- боково́й; побо́чный
Nebenblatt *n* Bot. прили́стник
Nebeneinanderbestehen *n* сосуществова́ние
Nebeneinandervorkommen *n* сонахожде́ние
Nebenerscheinung *f* побо́чное явле́ние
Nebenfluß *m* Zufluß прито́к (реки́)
Nebengang *m* Nebentrum побо́чная жи́ла
Nebengestein *n* бокова́я поро́да, вмеща́ющая поро́да
Nebengesteinsbruchstück *n* обло́мок боковы́х поро́д

Nebengesteinsscholle *f* блок вмеща́ющих поро́д
Nebengesteinsserie *f* вмеща́ющая то́лща
Nebengesteinsumwandlung *f* преобразова́ние боковы́х поро́д
Nebenkomponente *f* побо́чный компоне́нт
Nebenkrater *m* Adventivkrater побо́чный кра́тер, латера́льный кра́тер
Nebenmaximum *n* втори́чный ма́ксимум
Nebenmeer *n* Randmeer окра́инное мо́ре
Nebenprodukt *n* побо́чный проду́кт
Nebenreaktion *f* попу́тная реа́кция
Nebenspannung *f* доба́вочное напряже́ние
Nebenströmung *f* побо́чное тече́ние
Nebenwelle *f* сосе́дняя волна́
Nebenwert *m* дополни́тельное значе́ние
Nebenwinkel *m* прилежа́щий у́гол, сме́жный у́гол
Nebenwirkung *f* побо́чное влия́ние, побо́чное де́йствие
Nebenwurzel *f* побо́чный ко́рень
neblig тума́нный
Nebraskan-Vereisung *f* небра́скское оледене́ние
nebular небуля́рный
Nebularhypothese *f* небуля́рная гипо́теза
Nebulit *m* небули́т
Nebulit- небули́товый
nebulitisch небули́товый
Neck *m* некк
Nefedievit *m* ? identisch mit Montmorillonit нефедиеви́т
Negation *f* отрица́ние
Negativ *n* негати́в
negativ Negativ- негати́вный; отрица́тельный
Negativform *f* негати́вная фо́рма; отрица́тельная фо́рма
Nehrung *f* коса́, пе́ресыпь
Neigung *f* Gefälle накло́н, укло́н
Neigungsdiagramm *n* диагра́мма накло́на
Neigungsempfindlichkeit *f* чувстви́тельность к накло́ну
Neigungsfehler *m* оши́бка накло́на
Neigungslinie *f* ли́ния укло́на
Neigungsmaß *n* сте́пень накло́на
Neigungsmesser *m* уклономе́р
Neigungsmessung *f* измере́ние укло́на
Neigungsverhältnis *n* крутизна́ скло́на
Neigungswelle *f* накло́нная волна́
Neigungswinkel *m* у́гол накло́на, у́гол наклоне́ния; у́гол паде́ния; у́гол склоне́ния
Nekrocoenose *f* некроцено́з
Nekrophagen *pl* некрофа́ги
Nekroplankton *n* мёртвый планкто́н, некропланкто́н
Nekton *n* некто́н
nektonisch Nekton- некто́нный
Nelkenöl *n* гвозди́чное ма́сло
Nelsonit *m* Ganggestein нельсони́т
Nemalith *m* faseriger Brucit немали́т
Nemathelminthes *pl* кру́глые че́рви
nematoblastisch нематобласти́ческий, нематобла́стовый
nematomorph нематомо́рфный
Nematophyta *pl* нематофи́ты
Nematopore *f* bei Bryozoen fadenförmige Perforation нематопо́ра
Nemertini *pl* немерти́ны
Nenndruck *m* номина́льное давле́ние
Nenner *m* знамена́тель
Nennlast *f* номина́льная нагру́зка
Nennleistung *f* номина́льная мо́щность
Nennspannung *f* номина́льное напряже́ние
Nennwert *m* номина́льная величина́, номина́льное значе́ние
Neoammonoidea *pl* но́вые аммонoиде́и
Neoamphibia *pl* но́вые амфи́бии
Neodarwinismus *m* неодарвини́зм
Neodym *m* Nd неоди́м
Neogäikum *n* но́вый мегахро́н
neogäisch неоге́йский
Neogea *f* неоге́я
Neogen *n* неоге́н
neogen Neogen- неоге́новый
Neognathae *pl* неогнати́ческие пти́цы
Neoholotyp *m* неоголоти́п
Neointrusion *f* неоинтру́зия
Neokom *n* неоко́м, неоко́мский я́рус
Neolamarckismus *m* неоламарки́зм
Neolithikum *n* Jungsteinzeit неоли́т, неолити́ческий век, но́вый ка́менный век
neolithisch jungsteinzeitlich неолити́ческий
Neon *n* Ne нео́н
Neopallium *n* но́вый мозг
Neoptera *pl* новокры́лые
Neoschwagerinen *pl* неошвагери́ны

Neotantalit *m* Varietät von Pyrochlor неотанталит
Neotenie *f* неотения
neotyrrhenisch неотирренский
Neotokit *m* ? Verwitterungsprodukt von Rhodonit неотокит
Neotyp *m* неотип
neovulkanisch неовулканический
Neowürm *n* неовюрм
Neozoikum *n* неозой
Nephelin *m* нефелин
Nephelin- нефелиновый
Nephelinanamesit *m* feinkörniger Nephelinbasanit нефелиновый анамезит
Nephelinandesit *m* Tröger (1935) нефелиновый андезит
Nephelinaplit *m* Rosenbusch (1896) нефелиновый аплит
Nephelinbasalt *m* нефелиновый базальт
Nephelinbasanit *m* нефелиновый базанит
nephelinfrei безнефелиновый
Nephelinglas *n* нефелиновое стекло
Nephelinhauynalnöit *m* Modlibovit mit Augit (Ross 1926) нефелино-гаюиновый альнёит
Nephelinit *m* нефелинит
Nephelinit- nephelinitisch нефелинитовый
Nephelinsand *m* нефелиновый песок
Nephelinshonkinit *m* нефелиновый шонкинит
Nephelinsyenit *m* нефелиновый сиенит
Nephelinsyenitaplit *m* Rosenbusch (1896) нефелиново-сиенитовый аплит
Nephelintephrit *m* нефелиновый тефрит
Nephridium *n* нефридий
Nephrit *m* нефрит
nephritisch Nephrit- нефритовый
nepionisch frühjugendlich непионический, младенческий
Nepouit *m* $(Ni, Mg)_6[(OH)_8|Si_4O_{10}]$ непуит
Neptunit *m* $Na_2FeTi[Si_4O_{12}]$ нептунит
neptunistisch нептунистический
Neptunium *n* Np нептуний
Nerineidae *pl* неринеиды
Neritikum *n* неритовая область
neritisch неритический, неритовый
Nerv *m* нерв
Nervation *f* Aderung нервация
Nervenganglion *n* нервный ганглий
Nervengewebe *n* нервная ткань
Nervenstrang *m* нервный тяж
Nervenzelle *f* нервная клетка
Nervenzentrum *n* нервный центр
Nesquehonit *m* $MgCO_3 \cdot 3H_2O$ несквегонит
Nesselzelle *f* Nematocyste стрекательная клетка
Nest *n* гнездо
nesterartig nestförmig гнездеобразный
Nettogewicht *n* чистый вес
Netz *n* сеть
Netz- netzartig сечатый
Netzbelastung *f* нагрузка сети
Netzdichte *f* густота сети
Netzebene *f* Min. плоская сетка, сетчатая плоскость
netzförmig сетеобразный, сетчатовидный
netznervig сетчатый, сетчатонервный
Netzpunkt *m* пункт сети
Netzrichtung *f* направление сети
Netzspannung *f* напряжение в сети
Netzstruktur *f* сетчатая структура
Netzverzerrung *f* искажение сети, деформация сети
Neuablagerung *f* innerhalb eines Jahreszyklus aus einer Oberflächensole ausgeschiedenes Salz новосадка
Neuanlage *f* новое сооружение, новая установка
Neuaufnahme *f* новая съёмка
Neuausgabe *f* Neuauflage переиздание
Neubenennung *f* переименование
neubestimmen переопределить/переопределять
Neubestimmung *f* переопределение
Neubildung *f* новообразование
Neubildungsprodukt *n* продукт новообразования
Neudefinition *f* новое определение
Neudorfit *m* bernsteinähnliches Harz нейдорфит
neugebildet новообразованный
Neukristallisation *f* Rekristallisation рекристаллизация
Neuland *n* целина
Neulandboden *m* целинная почва
Neuorientierung *f* переориентировка
Neuralbogen *m* невральная дуга
Neuralfortsatz *m* невральный отросток
Neuralplatte *f* невральная пластинка
Neurapophyse *f* верхняя дуга позвонка
Neurocranium *n* мозговой череп
Neuroptera *pl* перепончатокрылые, сетчатокрылые

Neuropterides *pl* невроптери́дные
neuropteridisch сетчатокры́лый
Neuropteris *f* невропте́рис
neutral нейтра́льный
Neutralisation *f* Neutralisierung нейтрализа́ция
neutralisieren нейтрализова́ть *uv.*, *v.*
Neutralisieren *n* нейтрализова́ние
neutralisiert нейтрализо́ванный
Neutralisierung *f* нейтрализа́ция
Neutralpunkt *m* нейтра́льная то́чка
Neutron *n* нейтро́н
Neutronenabsorption *f* абсо́рбция нейтро́нов
Neutronendispersion *f* нейтро́нное рассе́яние
Neutronengeophysik *f* нейтро́нная геофи́зика
Neutronenmethode *f* нейтро́нный ме́тод
Neutronenstrom *m* нейтро́нный пото́к
Neutronenüberschuß *m* избы́ток нейтро́нов
Neutronenverteilung *f* распределе́ние нейтро́нов
Neuuntersuchung *f* переизуче́ние
neu verteilen перераспределя́ть/перераспредели́ть
Neuverteilung *f* перераспределе́ние
nevadisch нева́дский, невади́йский
Nevadit *m* невади́т
Nevaditstruktur *f* невади́товая структу́ра, полифи́ровая структу́ра
Newberyit *m* $MgH[PO_4]\cdot 3H_2O$ ньюбери́т
Newjanskit *m* Osmiridium (Os, Ir) невьянски́т
Newlandit *m* Eklogit ньюланди́т
Newtonsches Gesetz *n* закон Нью́тона
Nexine *f* нэкзи́на
N'hangellit *m* Varietät von Bitumen нангелли́т
Nicholsonit *m* Zinkaragonit никольсонит
nicht abgerollt неока́танный
nicht aufgeschlossen невскры́тый
nicht austauschbar необме́нный
nicht backend неспека́ющийся
nicht bündig несвя́зный
Nichteisenlegierung *f* цветно́й сплав
Nichteisenmetall *n* цветно́й мета́лл
nicht erkundet неразве́данный
Nichterz- неру́дный
Nichterzführung *f* неру́дность
Nichterzmineral *n* неру́дный минера́л
Nichterzmineralisation *f* неру́дная минерализа́ция
Nichterzrohstoff *m* неру́дное сырьё
nichteutektisch неэвтекти́ческий
nicht flüchtig нелету́чий
nichtfündige Bohrung *f* безрезульта́тная скважи́на
nicht gesättigt ненасы́щенный
nicht klüftig нетрещинова́тый
nicht lebensfähig нежизнеспосо́бный
nichtleitend непроводя́щий
Nichtleiter *m* непроводни́к
nicht linear нелине́йный
nicht löslich нераствори́мый
nichtmetallisch Nichtmetall- неметалли́ческий
Nichtmischbarkeit *f* несмеси́мость
nicht orientiert неориенти́рованный
nichtrostend нержаве́ющий
nichtstationär нестациона́рный
nicht substituiert незамещённый
Nichtübereinstimmung *f* Inkongruenz несовпаде́ние
nicht umkehrbar irreversibel необрати́мый
nicht verwandt несро́дный
Nickel *n* Ni ни́кель
Nickel- ни́келевый
Nickelantimonglanz *m* † Ullmannit ни́келево-сурьмя́ный блеск
Nickelarsenglanz *m* † Gersdorffit ни́келево-мышьяко́вый блеск
Nickelblüte *f* Annabergit $Ni_3[AsO_4]\cdot 8H_2O$ ни́келевые цветы́
Nickelchlorid *n* $NiCl_2$ хло́ристый ни́кель, хлори́д ни́келя
Nickeleisen *n* (Fe, Ni) ни́келевое желе́зо
Nickelerz *n* ни́келевая руда́
Nickelglanz *m* teils Gersdorffit, teils Ullmannit ни́келевый блеск
Nickelgymnit *m* Mineral der Chrysotilgruppe никельгимни́т
nickelhaltig Nickel- никелено́сный, ни́келистый
Nickelhydrosilikat *n* гидросилика́т ни́келя
Nickelin Rotnickelkies NiAs никели́н
Nickeloxid *n* Ni_2O_3 о́кись ни́келя (3), окси́д ни́келя (3)
Nickelpyrit *m* Bravoit $(Ni, Co, Fe)S_2$ ни́келевый пири́т
Nickelsilikat *n* силика́т ни́келя

Nickel-Skutterudit *m* $NiAs_3$ никельскуттерудит
Nickelsmaragd *m* † Zaratit никелевый изумруд
Nickelsulfat *n* $NiSO_4$ сернокислый никель (2), сульфат никеля (2)
Nicolsches Prisma *n* Nicol призма Николя, николь
Nicomelan *m* ? fragliches Ni-Oxyd никомелан
Niederbringen *n* проходка
Niederdruck *m* низкое давление
Niederdruckanlage *f* низконапорная установка
niedere Krebse *m/pl* Entomostraca низшие раки
niederfrequent низкочастотный
Niederfrequenz *f* низкая частота
Niederfrequenzstrom *m* ток низкой частоты
niedermolekular низкомолекулярный
Niedermoor *n* низинное болото, низменное болото
Niederschlag *m* Meteor., Chem. осадок
Niederschlagsansammlung *f* накопление осадков
Niederschlagsarmut *f* недостаточность осадков
Niederschlagsbeobachtung *f* наблюдение над осадками
Niederschlagsbildung *f* осадкообразование, образование осадков
Niederschlagscharakter *m* характер осадков
Niederschlagsdauer *f* продолжительность осадков
Niederschlagsdichte *f* плотность осадков
Niederschlagsergiebigkeit *f* количество выпадающих осадков
Niederschlagsfaktor *m* фактор осадков
Niederschlagsfläche *f* площадь выпадения осадков
niederschlagsfrei без осадков
Niederschlagsgebiet *n* область осадков
Niederschlagsgürtel *m* пояс обильных осадков, пояс дождей
Niederschlagshäufigkeit *f* частота осадков, повторяемость атмосферных осадков
Niederschlagshöhe *f* высота слоя осадков, количество осадков
Niederschlagsintensität *f* интенсивность осадков
Niederschlagsmaximum *n* максимум осадков
Niederschlagsmenge *f* количество осадков
Niederschlagsmesser *m* плювиограф, дождемер
Niederschlagsmessung *f* измерение осадков
Niederschlagsminimum *n* минимум осадков
Niederschlagsmittel *n* Fällungsmittel осадитель
niederschlagsreich богатый осадками, обильный осадками
Niederschlagsreichtum *m* обилие осадков
Niederschlagsstärke *f* интенсивность осадков
Niederschlagssumme *f* сумма осадков
Niederschlagssummenkarte *f* карта суммарных осадков
Niederschlagstätigkeit *f* деятельность осадков
Niederschlagsversickerung *f* инфильтрация атмосферных осадков, просачивание атмосферных осадков
Niederschlagsverteilung *f* распределение (атмосферных) осадков
Niederschlagswasserableitung *f* отвод дождевых вод
Niederschlagswert *m* количество осадков
Niederspannung *f* низкое напряжение
Niederspannungsstrom *m* ток низкого напряжения
niedertemperiert niedrigtemperiert низкотемпературный
Niederterrasse *f* нижняя терраса, низкая терраса
Niederterrassenschotter *m* наносы нижней террасы, галька нижней террасы
niederthermal низкотемпературный
Niederung *f* Tiefebene низина, низменность
Niederwasserstand *m* меженный уровень
niedrig Nieder-, Niederungs- низинный, низменный
niedrig schmelzend низкоплавкий
niedriger Wald *m* Buschwald мелколесье
niedrigtemperiert низкотемпературный
niedrigthermal низкотемпературный
Niedrigwasser *n* малая вода; низкая вода, меженная вода

Niedrigwasser- меже́нный
Niedrigwasserabfluß *m* сток меже́нных вод, меже́нный сток
Niedrigwasserbett *n* меже́нное ру́сло
Niedrigwassergelände *n* меже́нная по́йма
Niedrigwasserhöhe *f* высота́ ма́лой воды́, у́ровень ни́зких вод
Niedrigwasserlinie *f* ли́ния меже́нных горизо́нтов
Niedrigwassermarke *f* ма́рка ма́лой воды́, отме́тка ма́лой воды́
Niedrigwassermenge *f* меже́нный расхо́д воды́
Niedrigwasserniveau *n* у́ровень ни́зких вод, у́ровень меже́нных вод, отме́тка меже́ни
Niedrigwasserstand *m* меже́нный у́ровень воды́
Niedrigwasservorhersage *f* прогно́з маловóдья, прогно́з мелково́дья
nierenförmig почкови́дный
Nierenstruktur *f* желвако́вая структу́ра
Niggliit *m* $PtTe_3$ ниггли́йт
Niggli-Wert *m* показа́тель Ни́ггли
Nigrin *m* Varietät von Rutil нигри́н
Nigrit *m* ? „Asphaltmineral" нигри́т
Niligongit *m* Leucitijolith нилигонги́т
Nilssonia *f* нильссо́ния
Niob *n* Nb нио́бий
Niob- нио́биевый
Niobat *n* ниоба́т, соль нио́биевой кислоты́
Niobit *m* Columbit $(Fe, Mn)(Nb, Ta)_2O_6$ ниоби́т
Niobmineralisierung *f* нио́биевая минерализа́ция
Niobtantalat *n* ниоботантала́т
Nippebbe *f* квадрату́рный отли́в
Nippflut *f* квадрату́рный прили́в
Nipphochwasser *n* по́лная вода́ квадрату́рного прили́ва
Nippniedrigwasser *n* ма́лая вода́ квадрату́рного прили́ва
Nipptide *f* квадрату́рный прили́в
Nipptidenhochwasser *n* по́лная вода́ квадрату́рного прили́ва
Nipptidenniedrigwasser *n* ма́лая вода́ квадрату́рного прили́ва
Nippzeit *f* вре́мя квадрату́рного прили́ва, пери́од квадрату́рного прили́ва
Nische *f* Höhle ни́ша
Nitrat *n* нитра́т, соль азо́тной кислоты́
Nitratgehalt *m* содержа́ние нитра́тов
nitratisch нитра́тный
Nitratstickstoff *m* азо́т нитра́та, нитра́тный азо́т
Nitrieren *n* нитрова́ние, нитри́рование
Nitriergemisch *n* нитру́ющая смесь
nitriert нитро́ванный
Nitrierung *f* азотиза́ция
nitrifizieren нитрифици́ровать *uv.*, *v.*
nitrifizierend нитрифици́рующий
Nitrifizierung *f* нитрифика́ция
Nitrit *n* соль азо́тистой кислоты́, нитри́т
Nitrobarit *m* Barytsalpeter $Ba[NO_3]_2$ нитробари́т
Nitrobenzol *n* $C_6H_5NO_2$ нитробензо́л
Nitrocalcit *m* Kalksalpeter, wohl $Ca[NO_3]_2 \cdot 4H_2O$ нитрокальци́т
Nitroglauberit *m* † Gemenge von Natronsalpeter und Darapskit нитроглаубери́т
Nitroglyzerin *n* нитроглицери́н
Nitromagnesit *m* Magnesiasalpeter, wahrscheinlich $Mg[NO_3]_3 \cdot 2H_2O$ нитромагнези́т
nitrophil нитрофи́льный
Nitrozellulose *f* нитроцеллюло́за
nival Nival- нива́льный, сне́жный
nivalisch нива́льный
Nivation *f* Schnee-Erosion нива́ция, снегова́я эро́зия
Nivations- нивацио́нный
Nivationsnische *f* нивацио́нная ни́ша
Niveau *n* у́ровень
Niveau- у́ровенный
Niveaudifferenz *f* ра́зность у́ровней
Niveaufläche *f* у́ровенная пове́рхность, пове́рхность у́ровня
Niveauhöhe *f* высота́ у́ровня
Niveaukurve *f* у́ровенная крива́я
Niveaulage *f* положе́ние у́ровня
Niveaupendel *n* у́ровенный ма́ятник
Niveaureduktion *f* попра́вка за у́ровень
Niveauregulierung *f* регули́рование у́ровня
Niveauschwankung *f* колеба́ние у́ровня
Niveauunterschied *m* ра́зница у́ровней
Nivellement *n* нивели́рование, нивелиро́вка
Nivellementslinie *f* ли́ния нивели́рования
Nivellementsnetz *n* нивели́рная сеть
Nivellementsprofil *n* нивелиро́вочный про́фил

Nivellementspunkt *m* то́чка нивели́рной се́ти, то́чка нивели́рного хо́да, нивели́рная то́чка
Nivellementszug *m* ход нивели́рования, нивели́рный ход
Nivellier- нивели́рный
nivellieren нивели́ровать *uv., v.*
Nivellierinstrument *n* нивели́р
Nivellierlatte *f* нивели́рная ре́йка, нивелиро́вочная ре́йка
Nivellierlinie *f* нивели́рная ли́ния, нивелиро́вочная ли́ния
Nivellierpflock *m* нивели́рный кол, нивели́рная ве́ха
Nivellierung *f* нивели́рование, нивелиро́вка
Nivenit *m* Uranpecherz ниведи́т
Nivometer *m* снегоме́р
Nobelium *n* No нобе́лий
Nocerin *m* $Mg_3[F_3|BO_3]$ ноцери́т
Nodal- нода́льный
Nodalplatte *f* нода́льная пласти́нка
Nodosus-Kalk *m* нодо́зусовый известня́к
Nodularstruktur *f* нодуля́рная структу́ра
Nodulartextur *f* нодуля́рная тексту́ра
Noeggerathiales *pl* неггера́тиевые
Noeggerathiineae *pl* неггера́тиевые
Nohlit *m* † zersetzter Samarskit von Nohl ноли́т
nomenklatorisch Nomenklatur- номенклату́рный
Nomenklatur *f* номенклату́ра
Nominalwert *m* Nennwert номина́л
nominell Nominal-, Nenn- номина́льный
Nomogramm *n* номогра́мма
nomographisch номографи́ческий
Nonionidae *pl* нониони́ды
Nonius *m* но́ниус, вернье́р
Nontronit *m* $Fe_2^{\cdots}[(OH)_2|Si_4O_{10}]\cdot nH_2O$ нонтрони́т
nontronitisiert нонтронитизи́рованный
nonvariant инвариа́нтный
Nor *n* нори́йский я́рус
Nor- norisch нори́йский
Norbergit *m* $Mg_3[(OH,F)_2|SiO_4]$ норберги́т
Norddeklination *f* се́верное склоне́ние
Norddeutsche Tiefebene *f* Се́веро-Герма́нская ни́зменность
Norden *m* N се́вер
Nordenskiöldit *m* Grammatit норденшельди́т
Nordhalbkugel *f* се́верное полуша́рие
Nordhemisphäre *f* се́верное полуша́рие
Nordit *m* Varietät von Turmalin норди́т
Nordkomponente *f* се́верная составля́ющая
nördlich се́верный
Nördliches Eismeer *n* Се́верный Ледови́тый океа́н
Nordmarkit *m* 1. † Staurolith. 2. Holokristallines Magmengestein нордмарки́т
Nordmarkit- нордмарки́товый
Nordmarkitaplit *m* Brögger (1906) нордмарки́товый апли́т
Nordnordost NNE се́вер-се́веро-восто́к
Nordnordwest NNW се́вер-се́веро-за́пад
Nordost NE се́веро-восто́к
nordöstlich се́веро-восто́чный
Nordostpassat *m* се́веро-восто́чный пасса́т
Nordpol *m* Се́верный по́люс
Nordpolargebiet *n* се́верная поля́рная о́бласть
Nordpolarmeer *n* Се́верное Поля́рное мо́ре
Nordpunkt *m* то́чка се́вера
Nordrichtung *f* се́верное направле́ние
Nordseite *f* се́верная сторона́
Nordspitze *f* се́верная оконе́чность
Nordstamm *m* Tekt. се́верная ветвь
Nordströmung *f* се́верное тече́ние
Nordwest NW се́веро-за́пад
nordwestlich се́веро-за́падный
Nordwind *m* се́верный ве́тер
Norit *m* Gabbrogestein нори́т
Norm *f* но́рма
normal Normal- норма́льный
Normalabfolge *f* норма́льная после́довательность
Normalausrüstung *f* постоя́нная принадле́жность, станда́ртное обору́дование
Normalbedingungen *f/pl* норма́льные усло́вия
Normalbeschleunigung *f* норма́льное ускоре́ние
Normaldruck *m* норма́льное давле́ние станда́ртное давле́ние
Normale *f* норма́ль, перпендикуля́р

Normalebene *f* нормáльная плóскость
Normalenfläche *f*повéрхность нормáлей
Normalfeld *n* нормáльное пóле
Normalgleichung *f* нормáльное урав-нéние
Normalgradient *m* нормáльный гра-диéнт
Normalisierung *f* нормализáция
Normalkomponente *f* нормáльный ком-понéнт
Normalkraft *f* нормáльная сúла
Normallauge *f* нормáльный раствóр щёлочи
Normalleistung *f* нормáльная мóщ-ность
Normallösung *f* нормáльный раствóр
Normalmaß *n* нормáльная мéра; эталóн
Normalnull *n* нормáльный нуль, нуль нивелирóвки
Normalperiode *f* нормáльный перúод
Normalprofil *n* нормáльный прóфиль, нормáльный разрéз
Normalschnitt *m* нормáльное сечéние
Normalschwere *f* нормáльная сúла тя́жести
Normalspannung *f* нормáльное напря-жéние
Normalspannungsfeld *n* пóле нормáль-ных напряжéний
Normalsphäroid *n* нормáльный сферóид
Normalspiegelsenkung *f* понижéние нормáльного горизóнта воды́
Normalstau *m* нормáльный подпóр
Normalstromstärke *f* нормáльная сúла тóка
Normaltemperatur *f* нормáльная тем-ператýра
Normalthermometer *n* нормáльный термóметр
Normalverteilung *f* нормáльное рас-пределéние
Normalwasser *n* нормáльная водá
Normalwasserstand *m* межéнь
Normalwert *m* нормáльная величинá, нормáльное значéние
Normalzustand *m* нормáльное состоя́ние
normativ норматúвный
Normierung *f* Normung нормирóвка
Northupit *m* $Na_3Mg[Cl|(CO_3)_2]$ нортупúт
Norwich Crag *m* Oberpliozän Englands нóрвичский краг
Nosean *m* $Na_8[SO_4|(AlSiO_4)_6]$ нозеáн
Nosean- нозеáновый
Noseanit *m* noseanreicher Nephelinbasalt нозеанúт
Noseanphonolith *m* нозеáновый фонолúт
Noseantrachyt *m* нозеáновый трахúт
Nothosauria *pl* нотозáвры
Nothosauridae *pl* нотозáвры
Notiz *f* Vermerk отмéтка
Notizblock *m* блокнóт
Notizbuch *n* записнáя кни́жка
Notostraca *pl* сидячеглáзые ры́бы, щúтни
Nototherium *n* нототéрий
Notothyrium *n* bei Brachiopoden drei-eckiger Einschnitt unter dem Schna-bel der Armklappe нототúриум
Notoungulata *pl* нотоунгулáты
notozentral нотоцентрáльный
Noumeait *m* † Garniorit нумеúт
nubisch нубúйский
Nubischer Sandstein *m* Нубúйский песчáник
Nucleoconch *m* нуклеокóнх
Nugget *m* саморóдок
Nukleinsäure *f* нуклеúновая кислотá
Nukleoproteide *pl* нуклеопротеúды
Nukleus *m* клéточное ядрó
Null *f* нуль
Null- нулевóй
Nullablesung *f* нулевóй отсчёт
Nullage *f* нулевóе положéние
Nullausschlag *m* нулевóе отклонéние
Nullebene *f* нулевáя плóскость; нуле-вóй ýровень
Nulleffekt *m* натурáльный фон, нату-рáльное рассéяние
Nulleffektkompensation *f* компенсáция натурáльного рассéяния
Nulleiter *m* нулевóй прóвод
Nullfläche *f* нулевáя повéрхность
Nullfolge *f* нулевáя послéдовательность
Nullgerät *n* нулевóй прибóр
Nullinie *f* нулевáя лúния, нейтрáльная ось, вéдущая лúния
Nullipora *pl* нуллипóры, нуллипóровые вóдоросли
Nulliporen- нуллипóровый
Nulliporen-Kalk *m* нуллипóровый известня́к
Nulliporensand *m* нуллипóровый песóк
Nullisokline *f* нулевáя изоклúна
Nullisotherme *f* нулевáя изотéрма
Nullmarke *f* Nullpunkt нулевáя тóчка, тóчка нуля́

Nullmeridian *m* нулевóй меридиáн, начáльный меридиáн
Nullmethode *f* нулевóй мéтод
Nullösung *f* нулевóе решéние
Nullpotential *n* нулевóй потенциáл
Nullpunkt *m* нуль, нулевáя тóчка, начáло координáт
Nullpunktabweichung *f* смещéние тóчки нуля́, отклонéние тóчки нуля́
Nullpunktdepression *f* депрéссия тóчки нуля́, понижéние тóчки нуля́
Nullpunkteinstellung *f* нулевáя блокирóвка
Nullpunktlage *f* положéние нуля́, нулевóе положéние
Nullpunktschwingung *f* нулевóе колебáние
Nullpunktvolumen *n* объём при нулé
Nullrichtung *f* нулевóе направлéние, начáльное направлéние
Nullschichteffekt *m* эффéкт нулевóго слóя
Nullspannung *f* нулевóе напряжéние
Nullstellung *f* Nullage мéсто нуля́, нулевóе положéние
Nullstrich *m* нулевóе делéние (шкалы́)
Nullvektor *m* нулевóй вéктор
Nullwert *m* нулевáя величинá
nullwertig нульвалéнтный
Nullwertigkeit *f* нулевáя валéнтность
Numeait *m* † Garnierit нумéйт
numerisch чи́сленный, числовóй
Nummer *f* Zahl нóмер
Nummoloculina-Kalk *m* нуммолокули́новый известня́к
Nummuliten- нуммули́товый
Nummulitenfauna *f* нуммули́товая фáуна
Nummulitenfazies *f* нуммули́товая фáция
Nummulitenkalk *m* нуммули́товый известня́к
Nummulites *pl* Nummuliten нуммули́ты
Nunatakker *pl* нунатáки
Nuolait *m* Verwachsung zweier NbTaTi-Minerale нуолáйт
Nuß *f* орёх
Nuß- орéховый
Nußkohle *f* орéшек, ýголь-орéшек
Nutation *f* нутáция
nutzbare Bodenschätze *pl* полéзные ископáемые
Nutzbarmachung *f* испóльзование
Nutzbelastung *f* полéзная нагрýзка
Nutzeffekt *m* полéзное дéйствие, коэффициéнт полéзного дéйствия
Nutzfaktor *m* коэффициéнт испóльзования
Nutzfläche *f* полéзная плóщадь
Nutzkapazität *f* полéзная ёмкость
Nutzlast *f* полéзный груз, полéзная нагрýзка
Nutzleistung *f* полéзная мóщность; эффекти́вная производи́тельность
Nutzpflanze *f* полéзное растéние
Nutzspannung *f* полéзное напряжéние
Nutzwasser *n* хозя́йственная водá
Nutzwasserabgabe *f* отдáча полéзной воды́
Nutzwasserentnahme *f* забóр эксплуатациóнной воды́
Nutzwasserversorgung *f* промы́шленное водоснабжéние
Nutzwirkung *f* полéзное дéйствие
Nymphaeaceae *pl* кувши́нковые
Nyssaceae *pl* ни́ссовые

O

Oase *f* оáзис
Oasen- оáзисный
Ober- вéрхний, вéрхне-
Oberbergamt *n* глáвное гóрное управлéние
oberdevonisch Oberdevon- верхнедевóнский
oberer Dornfortsatz *m* вéрхний ости́стый отрóсток
Oberfläche *f* повéрхность
Oberflächen- oberflächig повéрхностный
Oberflächenabdruck *m* повéрхностный отпечáток
Oberflächenabfluß *m* повéрхностный сток
Oberflächenablation *f* повéрхностная абля́ция
Oberflächenabsätze *m/pl* повéрхностные отложéния

Oberflächenakkumulation *f* поверхностная аккумуляция
oberflächenaktiv поверхностно активный
Oberflächenaktivität *f* поверхностная активность
Oberflächenanziehung *f* притяжение поверхностью
Oberflächenarbeit *f* работа образования поверхности
Oberflächenaufschluß *m* поверхностное обнажение
Oberflächenauslaugung *f* поверхностное выщелачивание
Oberflächenbedingung *f* условие на поверхности
Oberflächenbehandlung *f* поверхностная обработка
Oberflächenberieselung *f* поверхностное орошение
Oberflächenbeschaffenheit *f* состояние поверхности, характер поверхности, свойства поверхности
Oberflächenbewässerung *f* поверхностное орошение
Oberflächendruck *m* давление на поверхность, поверхностное давление
Oberflächendurchfeuchtung *f* поверхностное увлажнение
Oberflächeneffekt *m* поверхностный эффект
Oberflächeneinheit *f* единица поверхности
Oberflächenelement *n* поверхностный элемент
Oberflächenenergie *f* поверхностная энергия
Oberflächenentlastungsanlage *f* Hydrol. поверхностный водосброс
Oberflächenentwässerung *f* поверхностное осущение, открытый дренаж
Oberflächenerdrutsch *m* поверхностный оползень
Oberflächenerguß *m* поверхностное излияние
Oberflächenerosion *f* Oberflächenabtragung смыв поверхности
Oberflächeneruption *f* наземное извержение
Oberflächenform *f* поверхностная форма (организмов); рельеф поверхности, форма поверхности
Oberflächengefälle *n* поверхностный уклон
Oberflächengeschwindigkeit *f* поверхностная скорость
Oberflächengestaltung *f* топографическое очертание поверхности
Oberflächengestein *n* поверхностная порода
Oberflächengewässer *n/pl* поверхностные воды
Oberflächenhäutchen *n* поверхностная плёночка
Oberflächenhof *m* Geochem. поверхностный ореол
Oberflächenhorizont *m* поверхностный горизонт
Oberflächenisotropisierung *f* поверхностная изотропизация
Oberflächenkraft *f* поверхностная сила
Oberflächenkrümmung *f* кривизна поверхности
Oberflächenladung *f* поверхностный заряд
Oberflächenleitfähigkeit *f* поверхностная проводимость
Oberflächenmagnetisierung *f* поверхностное намагничивание
oberflächennah близкий к поверхности, подповерхностный, близповерхностный, приповерхностный
Oberflächennähe *f* близость к поверхности
Oberflächenoxydation *f* поверхностное окисление
Oberflächenquelle *f* поверхностный источник
Oberflächenreflexion *f* поверхностное отражение
Oberflächenreibung *f* поверхностное трение, трение поверхностей
Oberflächenrelief *n* рельеф поверхности
Oberflächenschicht *f* поверхностный слой, поверхностный пласт
Oberflächensole *f* поверхностная рапа
Oberflächenspannung *f* поверхностное напряжение, поверхностное натяжение
Oberflächenstörung *f* поверхностное нарушение
Oberflächenströmung *f* поверхностное течение

Oberflächenstruktur *f* повéрхностная структýра
Oberflächentemperatur *f* повéрхностная температýра, температýра повéрхности
Oberflächentyp *m* тип повéрхности
Oberflächenveränderung *f* изменéние повéрхности
Oberflächenverhältnisse *n/pl* повéрхностный режи́м, повéрхностные услóвия
Oberflächenvorgang *m* повéрхностный процéсс
Oberflächenvulkanismus *m* повéрхностный вулкани́зм
Oberflächenwasser *n* повéрхностная водá, водá повéрхностного слóя
Oberflächenwasserprobe *f* прóба повéрхностной воды́
Oberflächenwelle *f* повéрхностная волнá
Oberflächenwirkung *f* Skineffekt повéрхностное дéйствие
Oberflächenwurzel *f* повéрхностный кóрень
oberflächlich Oberflächen- повéрхностный
Oberflöz *n* вéрхний пласт
Obergrenze *f* вéрхняя грани́ца
oberirdisch übertage, Übertage- надзéмный
Oberkante *f* вéрхний крáй
Oberkiefer *m* вéрхняя чéлюсть
Oberkiefer- верхнечелюстнóй
Oberkreide *f* вéрхний мел
Oberkreideflysch *m* верхнемеловóй флиш
oberkretazisch Oberkreide- верхнемеловóй
Oberlauf *m* вéрхнее течéние, верхóвье
Oberlaufstrecke *f* учáсток вéрхнего течéния реки́
Oberschlundganglion *n* надглóточный гáнглий
Oberschwingung *f* вы́сшее колебáние
obersilurisch верхнесилури́йский
Obersteiger *m* стáрший штéйгер
Oberwasser *n* вéрхняя водá
Oberwasserabfuhr *f* повéрхностный сток
Oberwasserzufluß *m* притóк свéрху (с верхóвьев реки́)
Objekt *n* Gegenstand объéкт, предмéт
Objektiv *n* объекти́в
Objektivaufsatz *m* насáдка на объекти́в
Objektivbrennweite *f* фóкусное расстоя́ние объекти́ва
Objektivdiopter *m* предмéтный диóптр
Objektivebene *f* плóскость объекти́ва
Objektivfassung *f* опрáва объекти́ва
Objektivität *f* объекти́вность
Objektivlinse *f* ли́нза объекти́ва
Objektivöffnung *f* отвéрстие объекти́ва
Objektivsatz *m* набóр объекти́ва, комплéкт объекти́ва
Objektivträger *m* опрáва объекти́ва, держáтель объекти́ва
Objekttisch *m* предмéтный стóлик, стóлик микроскóпа
Objektträger *m* объектодержáтель, предмéтное стеклó
oblat сплю́щенный
obligatorisch обязáтельный
Obolus- Obolen- обóловый
Obolus-Sandstein *m* Ordovizium des Baltischen Schildes обóловый песчáник
obsequent обсеквéнтный
Observatorium *n* обсерватóрия
Obsidian *m* обсидиáн
Obsidian- обсидиáновый
Obsidianporphyr *m* обсидиáновый порфи́р
Obsidianwerkzeug *n* обсидиáновое орýдие
Obstruktionsring *m* bei Cephalopoda соедини́тельное кольцó
Occipital- occipital окципитáльный, заты́лочный
Occipitale *n* заты́лок
Occipitalfurche *f* окципитáльная бороздá, заты́лочная бороздá
Occipitallobus *m* заты́лочная лóпасть
Occipitalring *m* окципитáльное кольцó, заты́лочное кольцó
Occipitalsegment *n* заты́лочный сегмéнт
Ocellarplatte *f* Augenplatte окуля́рная пласти́нка, глазнáя пласти́нка
Ocellus *m* простóй глаз
Ochrolith *m* охроли́т
Ocker *m* óхра
Ockererz *n* óхристая рудá
ockerhaltig Ocker- óхристый
Octocoralla *pl* восьмилучевы́е корáллы
Octopoda *pl* восьминóгие
Octopodus *m* осьминóг
Odinit *m* † Biotit von Finbo одини́т
Odinit- одини́товый

Ödland *n* пу́стошь; пусты́рь
Odobenus *m* морж
Odometer *m* одо́метр
Odontoblast *m* одонтобла́ст
Odontoceti *pl* зуба́тые ки́ты, зуба́стые ки́ты
Odontolith *m* Varietät von Kolloquan одонтоли́т
Oersted *n* эрсте́д
Oerstedtit *m* radioaktiv veränderter Zirkon эрстедти́т
Ofen *m* печь
Ofenfutter *n* футеро́вка пе́чи
Ofenleistung *f* производи́тельность пе́чи
Ofenschlacke *f* печно́й шлак
Ofentrocknung *f* печна́я су́шка
offen откры́тый
Öffnermuskel *m* му́скуль-открыва́тель
Öffnung *f* Loch, Spalt отве́рстие
Öffnungshohlraum *m* пустота́ приоткрыва́ния
Öffnungswinkel *m* у́гол раскры́тия
Offretit *m* † Zeolith оффрети́т
Offsetdruck *m* офсе́тная печа́ть, офсе́т
Offsetdruckverfahren *n* спо́соб офсе́тной печа́ти
Ogdoedrie *f* огдоэдри́я
ogival оживá́льный
Ogive *f* оги́ва, ва́лик на пове́рхности ледника́
Ohm *n* ом
Ohmscher Widerstand *m* оми́ческое сопротивле́ние
Ohr *n* у́хо
Öhrchen *n* bei Ammonoideen забра́ло
Ohrwurm *m* уховёртка
Oka-Vereisung *f* о́кское оледене́ние
Okeanit *m* melanokrater Basalt океани́т
Okenit *m* $Ca_{1,5}[Si_3O_6(OH)] \cdot 1,5H_2O$ океки́т
Okklusion *f* окклю́зия
Ökologie *f* эколо́гия
ökologisch экологи́ческий
Ökonomie *f* эконо́мия
Oktaeder *m* окта́эдр
Oktaederpackung *f* октаэдри́ческая упако́вка
Oktaederspitze *f* верши́на окта́эдра
oktaedrisch октаэдри́ческий
Oktaedrit *m* † Anatas октаэдри́т
Oktan- окта́новый
Oktansäure *f* окта́новая кислота́
Oktanzahl *f* окта́новое число́
Oktophyllit *m* Gruppenname für Glimmer vom Formeltypus Phlogopit, Biotit, Zinnwaldit октофилли́т
Okular *n* окуля́р
Okular- окуля́рный
Okularbrennweite *f* фо́кусное расстоя́ние окуля́ра
Okulardiopter *n* глазно́й дио́птр
Okularmikrometer *n* окуля́рный микро́метр
Okularmuschel *f* окуля́рная опра́ва
Okularring *m* окуля́рное кольцо́
Okularskala *f* окуля́рная шкала́
Öl *n* 1. ма́сло. 2. нефть
Ölanreicherung *f* аккумуля́ция не́фти, нефтенакопле́ние, скопле́ние не́фти
Ölanzeichen *n* нефтепроявле́ние, проявле́ние не́фти
ölartig маслянистый
Ölaufbereitung *f* ма́сляное обогаще́ние
Ölausbruch *m* вы́брос не́фти
Ölaustritt *m* вы́ход не́фти
Ölbad *n* ма́сляная ба́ня
ölbeständig маслоупо́рный, маслосто́йкий
Ölbeständigkeit *f* маслоупо́рность, маслосто́йкость, сопротивле́ние де́йствию ма́сел
Öldämpfung *f* ма́сляное затуха́ние
Oldhamit *m* CaS ольдгами́т
Öldruck *m* давле́ние не́фти
Oleaceae *pl* масли́нные
Olefinacetylen *n* олефинацетиле́н
Olefinit *m* олефини́т
Olein- олеи́новый
Oleinsäure *f* олеи́новая кислота́
Ölemulsion *f* 1. ма́сляная эму́льсия. 2. нефтяна́я эму́льсия
Olenellidae *pl* оленелли́ды
Ölfeld *n* Erdölfeld нефтяно́е по́ле
Ölfestigkeit *f* маслоупо́рность, маслосто́йкость, сопротивле́ние де́йствию ма́сел
Ölflotation *f* ма́сляная флота́ция, флота́ция ма́слом
Ölfraktion *f* 1. ма́сляная фра́кция. 2. нефтяна́я фра́кция
ölführend erdölführend нефтено́сный
Ölführung *f* Erdölführung нефтено́сность
Öl-Gasbildungseigenschaften *f/pl* нефтегазопроизводя́щие сво́йства

ölgetränkt пропи́танный не́фтью
Ölhaut *f* 1. ма́сляная плёнка. 2. нефтяна́я плёнка
Ölhorizont *m* нефтяно́й горизо́нт
ölig маслянй́стый
oligobaculat редкосто́лбчатый
Oligobas *m* nach BELJANKIN Oligoklasdiabas олигоба́з
oligoblastisch олигобласти́ческий
oligobrochat редкояче́истый
oligohalin олигохали́нный
Oligoklas *m* олигокла́з
Oligoklas- олигокла́зовый
Oligoklasandesit *m* олигокла́зовый андези́т
Oligoklasbasalt *m* олигокла́зовый база́льт
Oligoklasit *m* олигоклази́т
oligomikt олигоми́ктовый
Oligonit *m* † Mangansiderit олигони́т
oligopalmat bei Brachiopoden олигопальма́тный
oligophyrisch олигофи́ровый
Oligosit *m* leukokrates Oligoklasgestein олигози́т
oligotroph олиготро́фный
Oligozän *n* олигоце́н, олигоце́новый отде́л
oligozän Oligozän- олигоце́новый
Ölimmersionsobjektiv *n* иммерсио́нный объекти́в
ölimprägniert импрегни́рованный не́фтью, пропи́танный не́фтью
Ölindustrie *f* нефтяна́я промы́шленность, нефтепромы́шленность
Olivenit *m* $Cu_2[OH|AsO_4]$ оливени́т
olivgrün оли́вково-зелёный
Olivin *m* Peridot $(Mg, Fe)_2[SiO_4]$ оливи́н
Olivin- оливи́новый
Olivinandesit *m* оливи́новый андези́т
Olivinanorthosit *m* оливи́новый анортози́т
Olivinbasalt *m* оливи́новый база́льт
Olivindiabas *m* оливи́новый диаба́з
Olivindolerit *m* оливи́новый долери́т
Olivingabbro *m* оливи́новое га́ббро
Olivingestein *n* оливи́новая поро́да
Olivingruppe *f* оливи́новая гру́ппа
Olivinit *m* Amphibolpikrit оливини́т
Olivinleucitit *m* оливи́новый лейцити́т
Olivinnephelinit *m* оливи́новый нефелини́т
Olivinnorit *m* оливи́новый нори́т
Ölkoks *m* нефтяно́й кокс
Öllacherit *m* Bariummuskovit эллахери́т
Öllager *n* Öllagerstätte нефтеза́лежь
Öllagerstätte *f* Erdöllagerstätte нефтяно́е месторожде́ние
Ölleitung *f* Erdölleitung нефтепрово́д
Olocyste *f* bei Bryozoen vom Cystid ausgeschiedene Kalkhaut олоци́ст
Ölsand *m* нефтяно́й песо́к, нефтено́сный песо́к
Ölsandstein *m* нефтяно́й песча́ник
Ölschiefer *m* Brennschiefer горю́чий сла́нец
Ölspur *f* Erdölspur след не́фти
Öl-Wasser-Zone *f* во́до-нефтяна́я зо́на
Ölzufluß *m* прито́к не́фти
Omasum *n* кни́жка
Ombrometer *n* Regenmesser омбро́метр
omnilateral Omnilateral- омнилатера́льный, всебоково́й
Omnilaterallobus *m* омнилатера́льная ло́пасть, всебоково́й ло́пасть
omnivor allesfressend всея́дный
Omnivor *m* Allesfresser всея́дное живо́тное
Omosternum *n* предгру́дник
Omphacit *n* Mineral der Augitreihe омфаци́т
Omphacit- омфаци́товый
Omphacitamphibolit *m* омфаци́товый амфиболи́т
Omphacitgestein *n* омфаци́товая поро́да
Omphacitit *m* омфацити́т
Omphalotrochus- омфалотро́ховый
Omphalotrochus-Horizont *m* омфалотро́ховый горизо́нт
Onagraceae *pl* кипре́йные
Oncophora-Schichten *f/pl* онкофо́ровые слои́
Ondometrie *f* ондометри́я
ondometrisch ондометри́ческий
Onega-Transgression *f* оне́жская трансгре́ссия
Onegit *m* † Goethit in Quarz vom Onegasee онеги́т
Onkilonit *m* Feldspatbasalt онкилони́т
Onkoit *m* † eisenreicher Prochlorit онкои́т
Onofrit *m* Hg(S, Se) онофри́т
Ontogenese *f* Ontogenie онтогене́з, онтогени́я
ontogenetisch онтогенети́ческий

Ontogenie *f* Ontogenese онтогени́я, онтогене́з
Onyx *m* Subvarietät von Chalcedon о́никс
Ooecium *n* ооэ́ция
Oogonium *n* ого́ний
Ooid- ооидный
Oolith *m* ооли́т
oolithisch Oolith- ооли́товый
Oolithkalk *m* ооли́товый известня́к
Oolithstruktur *f* ооли́товая структу́ра
Opacit *m* schwarze undurchsichtige Körner oder Schuppen опаци́т
Opacit- опаци́товый
Opacitisierung *f* опацитиза́ция
Opacitsaum *m* опаци́товая каёмка
Opal *m* $SiO_2 + aq$ опа́л
Opal- опа́ловый
Opaleszenz *f* опалесце́нция
opaleszierend опалесци́рующий
Opalinus- опали́нусовый
Opalinuston *m* опали́нусовая гли́на
opalisieren опалесци́ровать *uv.*, *v.*
Opalisieren *n* опалесце́нция
opalisierend опалесци́рующий
opalisiert опализи́рованный
Opalmasse *f* опа́ловая ма́сса
Opazität *f* непрозра́чность
Opdalit *m* Quarzdiorit опдали́т
Operculum *n* кры́шечка, кры́шка
Ophicalcit *m* feinkörniger Kalk офикальци́т, офиокальци́т
Ophidia *pl* зме́и
Ophimagnesit *m* Magnesit-Forsteritgestein офимагнези́т
ophiocon bei Ammonoidea офиоко́новый
Ophioglossaceae *pl* ужо́вниковые
Ophiolith *m* офиоли́т
Ophiolithformation *f* офиоли́товая форма́ция
ophiolithisch Ophiolith- офиоли́товый
Ophiolithserie *f* офиоли́товая се́рия
Ophiolithzone *f* офиоли́товая зо́на, офиоли́товый по́яс
Ophit *m* Serpentin офи́т
ophitisch Ophit- офи́товый
Ophitstruktur *f* офи́товая структу́ра
Ophiuren *pl* Ophiuroidea офиу́ры, змеехво́стки
Opisthobranchia *pl* заднежа́берные
opisthocoel опистоце́льный
opisthodet опистоде́тный
opisthogyr опистоги́рный
opisthopar опистопа́рный, заднещёчный
Opisthoparia *pl* заднещёчные
Opisthoticum *n* заднеушна́я кость, за́дняя слухова́я кость
Opoka *f* опо́ка
opokaartig опокови́дный
Opposition *f* противостоя́ние
Optik *f* о́птика
optimal оптима́льный
Optimum *n* о́птимум
optisch опти́ческий
optisch aktiv опти́чески де́ятельный
optisch inaktiv опти́чески неде́ятельный
optische Achsenfläche *f* пло́скость опти́ческих осе́й
optische Drehung *f* враще́ние пло́скости поляриза́ции
optische Indikatrix *f* эллипсо́ид показа́телей преломле́ния
optischer Achsenwinkel *m* у́гол опти́ческих осе́й
Opuntiales *pl* Cactaceae ка́ктусовые
oral Oral- ора́льный, ротово́й
Oralia *pl* ора́льные табли́чки
Oralplatte *f* ора́льная пласти́нка
Oralseite *f* ротова́я сторона́
Oraltafel *f* ора́льная табли́чка
Orangit *m* Thorit $Th[SiO_4]$ оранжи́т
Orbikular- орбикуля́рный
Orbital- орбита́льный
Orbitalbewegung *f* орбита́льное движе́ние
Orbitalgeschwindigkeit *f* орбита́льная ско́рость
Orbitalkreis *m* орбита́льная окру́жность
Orbitoideae *pl* орбитои́ды
Orbitoides- орбито́идный
Orbitoides-Schichten *f/pl* орбито́идные слои́
Orbitolina *f* орбитоли́на
Orbitosphenoid *n* орбитосфено́ид
Ordanchit *m* Trachyandesit орданши́т
ordentlicher Strahl *m* обыкнове́нный луч
Ordinarius *m* ордина́рный профе́ссор, заве́дующий ка́федрой
Ordinate *f* ордина́та
Ordinatenachse *f* ось ордина́т
Ordinatendifferenz *f* ра́зность ордина́т

Ordnung *f* 1. Größenordnung порядок. 2. Syst. Ordnung отряд
Ordnungs- порядковый
Ordnungsgrad *m* степень упорядоченности
Ordnungszahl *f* порядковый номер, порядковое число
ordovizisch ордовикский
Ordovizium *n* ордовик, ордовикская система, ордовикский период
Orendit *m* Basaltgestein орендит
Oreodontidae *pl* ореодонты
Oreopithecus *m* ореопитек
Organ *n* орган
Organell *n* Organelle органелла
organisch органический
Organismus *m* организм
organogen органогенный
Organolith *m* organogenes Gestein органолит
orientalischer Rubin *m* восточный рубин
orientieren ориентировать *uv., v.*
orientiert ориентированный
Orientierung *f* ориентировка, ориентирование; ориентация
Orientierungs- ориентирный, ориентировочный
Orientierungspunkt *m* ориентирный пункт
Orientit *m* $Ca_4Mn_4\cdots[SiO_4]_5\cdot4H_2O$ ориентит
Original *n* оригинал, подлинник
original Original- оригинальный
Originalfundpunkt *m* первоначальный пункт нахождения, место первой находки
Orileyit *m* † unreiner Domeykit орилейт
Oriskany *n* Devon Nordamerikas ярус орискэни
orkadische Phase *f* оркадская фаза складчатости
Orkan *m* оркан, ураган
ornamentiert орнаментированный
Ornatenton *m* орнатовая глина
Ornithischia *pl* птицетазовые
Ornithit *m* Varietät von Phosphorit oder Metabrushit орнитин
Ornithologie *f* орнитология
Ornithopoda *pl* птиценогие
Ornithorhynchus *m* утконос
Ornöit *m* Dioritgestein орнёйт
Ornöitaplit *m* орнёйтовый аплит
Orogen *n* складчатое сооружение, ороген
orogen орогенный
Orogenese *f* орогенезис, орогенез
orogenetisch орогенический, горообразующий
Orographie *f* орография
orographisch орографический
Orologie *f* орология
Orometrie *f* орометрия
Ort *m* 1. Stelle место. 2. Ortstoß забой
Ortbestimmung *f* определение места
Orthit *m* Mineral der Epidotreihe ортит
Orthoalaskit *m* albitfreier Alaskit ортоаляскит
Orthoamphibolit *m* ортоамфиболит
Orthobromit *m* † Embolit ортобромит
orthoceracon bei Nautiloidea ортоцераконовый
orthoceratisch Lobenlinie bei Nautiloidea ортоцерасовый
Orthocerenkalk *m* ортоцератитовый известняк
Orthochlorit *m* ортохлорит
orthochoanitisch ортохоанитовый
orthochromatisch ортохроматический
Orthofelsit *m* ортофельзит
Orthogenese *f* ортогенез
orthogeosynklinal Orthogeosynklinal- ортогеосинклинальный
Orthogeosynklinale *f* ортогеосинклиналь
Orthogestein *n* ортопорода, ортометаморфическая порода
Orthogneis *m* ортогнейс
orthogonal Orthogonal- ортогональный, прямоугольный
Orthogonalität *f* ортогональность
Orthogonalprojektion *f* ортогональная проекция
Orthogranit *m* ортогранит
Orthokiesel- ортокремниевый
Orthokieselsäure *f* ортокремниевая кислота
Orthoklas *m* $K[AlSi_3O_8]$ ортоклаз
Orthoklas- ортоклазовый
Orthoklasbasalt *m* ортоклазовый базальт
Orthoklasgabbro *m* ортоклазовый габбро
Orthoklasit *m* ортоклазит
Orthoklasnorit *m* ортоклазовый норит
Orthoklasporphyr *m* ортоклазовый порфир

orthoklastisch ортокласти́ческий
orthomagmatisch ортомагмати́ческий, со́бственно магмати́ческий
Orthomigmatit *m* ортомигмати́т
Orthoozokerit *m* ортоозокери́т
Orthophonit *m* ортофони́т
Orthophosphor- ортофо́сфорный
Orthophosphorsäure *f* H_3PO_4 ортофо́сфорная кислота́
Orthophyr *m* Orthoklasporphyr ортофи́р, ортокла́зовый порфи́р
orthophyrisch Orthophyr- ортофи́ровый
Orthopinakoid *n* ортопинако́ид
Orthoptera *pl* прямокры́лые
Orthopyroxen *m* ромби́ческий пироксе́н
Orthoquarzit *m* ортокварци́т
orthorhombisch орторомби́ческий
Orthoschiefer *m* ортосла́нец
Orthosilikat *n* ортосилика́т
Orthosit *m* ортози́т
Orthoskop *n* ортоско́п
Orthoskopie *f* ортоскопи́я
orthoskopisch ортоскопи́ческий
orthostroph ортостро́фный
Orthotektit *m* ортотекти́т
orthotektitisch ортотекти́товый
Orthotektonik *f* ортотекто́ника
orthotektonisch ортотектони́ческий
orthozentrisch ортоцентри́ческий
Ortlerit *m* ортлери́т
örtlich ме́стный, лока́льный
Ortsabhängigkeit *f* зави́симость от ме́ста
Ortsbeben *n* ме́стное землетрясе́ние
Ortsbestimmung *f* определе́ние (координа́т) ме́ста, определе́ние местоположе́ния
Ortsbezeichnung *f* обозначе́ние населённого пу́нкта
Ortsentwässerung *f* канализа́ция населённого пу́нкта
Ortsentwässerungsanlage *f* ста́нция ме́стной канализа́ции
Ortshöhe *f* отме́тка ме́стности
Ortsmeridian *m* ме́стный меридиа́н
Ortstein *m* ортште́йн
ortsteinartig ортштейноподо́бный
Ortsteinschicht *f* ортште́йновый сло́й
Ortszeit *f* ме́стное вре́мя
Ortszeitkoordinate *f* координа́та ме́стного вре́мени
Oruetit *m* Bi_8S_4Te оруэти́т
Orvillit *m* † zersetzter Zirkon орвилли́т
Os *m* Ås оз
Os- о́зовый
Os ilium *n* подвздо́шная кость
Os petrosum *n* камени́стая кость
Osannit *m* Mineral der Riebeckitreihe озанни́т
Osbornit *m* TiN осборни́т
Osculum *m* о́скулюм, выходно́е отве́рстие гу́бок
Ösel-Schichten *f/pl* э́зельские сло́и
Oser *m/pl* о́зы
Osmiridium *n* Newjanskit (Os, Ir) о́смистый ири́дий
Osmit *m* Mischung von Platinmetallen осми́т
Osmium *n* Os о́смий
Osmose *f* о́смос
osmotisch осмоти́ческий
Osmundaceae *pl* чистоу́стовые
Osphradium *n* осфра́дий
Ossipit *m* Olivinnorit оссипи́т
Ost Osten восто́к
Ostalpen *pl* Восто́чные А́льпы
Ostariphyri *pl* костнопузы́рные
Osteichthyes *pl* ко́стные ры́бы
Osteoblast *m* остеобла́ст
Osteologie *f* остеоло́гия
Osteoseptum *n* ко́стная перегоро́дка
Osteostraci *pl* костнощитко́вые
Osteuropäische Tafel *f* Восто́чно-Европе́йская платфо́рма
Ostgrönlandstrom *m* Восто́чно-гренла́ндское тече́ние
Ostislandstrom *m* Восто́чно-исла́ндское тече́ние
Ostkomponente *f* восто́чная составля́ющая
Ostküste *f* восто́чный бе́рег
östlich восто́чный
Ostracoda *pl* Ostracoden, Schalenkrebse острако́ды, ра́ковинчатые, ра́ковинчатые ра́ки
Ostracoden- острако́довые
Ostracodenfazies *f* острако́довая фа́ция
Ostracodenkalk *m* острако́довый известня́к
Ostracoderma *pl* остракоде́рмы, па́нцирные
Ostracodermi *pl* щитко́вые
Ostrait *m* Varietät von Ariegit острайт
Ostreidea *pl* у́стрицы
Ostsee *f* Балти́йское мо́ре
Ostseestadium *n* балти́йская ста́дия

Ostspitze *f* восто́чная оконе́чность
Ostströmung *f* восто́чное тече́ние
Ostsüdost восто́к-юго-восто́к
Ostwaldsches Gesetz *n* зако́н О́ствальда
ostwärts в направле́ние к восто́ку
Ostwind *m* восто́чный ве́тер
Oszentrum *n* о́зовый центр
Oszillation *f* оцилля́ция, колеба́ние, кача́ние
Oszillations- осцилляцио́нный
Oszillationsbewegung *f* колеба́тельное движе́ние
Oszillationshypothese *f* осцилляцио́нная гипо́теза
Oszillationsmethode *f* ме́тод кача́ний
Oszillationsperiode *f* пери́од колеба́ния
Oszillationstheorie *f* осцилляцио́нная тео́рия
Oszillator *m* осцилля́тор
Oszillogramm *n* осциллогра́мма
Oszillograph *m* осцилло́граф
Oszillographenschirm *m* осциллографи́ческий экра́н
oszillographisch осциллографи́ческий
Otarioidea *pl* сиву́чи
Otavit *m* Cadmiumspat $CdCO_3$ отави́т
Otolith *m* отоли́т
Ottajanit *m* Leucittephrit оттаяни́т
Ottrelith *m* $Mn_2AlAl_3[(OH)_4|O_2|(SiO_4)_2]$ оттрели́т
Ottrelith- *m* оттрели́товый
Ottrelithschiefer *m* оттрели́товый сла́нец
Ottweiler Schichten *f/pl* Stefan des Saarbeckens оттве́йлерские сло́и
Ouachitit *m* porphyrisches Ganggestein уашити́т
oval ова́льный
Ovaloid *m* овало́ид
Ovarialabdruck *m* bei Brachiopoden овариа́льный отпеча́ток, генита́льный отпеча́ток, овариа́льное впечатле́ние, генита́льное впечатле́ние
Overit *m* $Ca_3Al_8[(OH)_3|(PO_4)_4]_2 \cdot 15H_2O$ овери́т
Ovibos *m* овцебы́к
Ovibos moschatus *m* му́скусный бык
ovipar яйцекладу́щий, яйцеродя́щий
Ovoid *n* ово́ид
ovoid яйцеви́дный
Owenit *m* † Thuringit уэни́т
Owrutsch- о́вручский
Owyheeit *m* $5PbS \cdot Ag_2S \cdot 3Sb_2S_3$ овихи́йт

Oxacalcit *m* † Whewellit оксакальци́т
Oxal- щаве́левый
Oxalat *n* соль щаве́левой кислоты́
-oxalat щавелевоки́слый
Oxalidaceae *pl* кисли́чные
oxalsauer щавелевоки́слый
Oxalsäure *f* COOH·COOH щаве́левая кислота́
Oxammit *n* $(NH_4)_2[C_2O_4] \cdot 2H_2O$ оксамми́т
Oxford *n* Oxford-Stufe оксфо́рд, оксфо́рдский я́рус
Oxford- оксфо́рдский
Oxid *n* о́кись, окси́д
oxidisch о́кисный
Oxidring *m* о́кисное кольцо́
Oxidsalz *n* о́кисная соль
Oxyapatit *m* Mineral der Apatitgruppe оксиапати́т
oxybasiophitisch оксибазиофи́товый
Oxychlorid *n* оксихлори́д, хлоро́кись
oxydabel окисля́емый, окисля́ющийся
Oxydase *f* оксида́за
Oxydation *f* оксида́ция, окисле́ние
Oxydations- окисли́тельный
Oxydationsfähigkeit *f* окисли́тельная спосо́бность
Oxydationsfläche *f* пове́рхность окисле́ния
Oxydationsflamme *f* окисли́тельное пла́мя
Oxydationsgeschwindigkeit *f* ско́рость окисле́ния
Oxydationsgrad *m* сте́пень окисле́ния
Oxydationsmineral *n* минера́л зо́ны окисле́ния, о́кисный минера́л
Oxydationsmittel *n* окисли́тель
Oxydationspotential *n* окисли́тельный потенциа́л, потенциа́л окисле́ния
Oxydationsprodukt *n* проду́кт окисле́ния
Oxydationsprozess *m* окисли́тельный проце́сс
Oxydationsquotient *m* окисли́тельный коэффицие́нт
Oxydationsreaktion *f* реа́кция окисле́ния
Oxydations-Reduktions-Potential *n* окисли́тельно-восстанови́тельный потенциа́л
Oxydationsschicht *f* сло́й о́киси, плёнка о́киси

Oxydationsstufe *f* сте́пень окисле́ния
Oxydationsverfahren *n* спо́соб окисле́ния
Oxydationsvorgang *m* проце́сс окисле́ния
Oxydationswärme *f* теплота́ окисле́ния
Oxydationszerfall *m* окисли́тельное разложе́ние
Oxydationszone *f* зо́на окисле́ния
oxydativ окисли́тельный
oxydierbar окисля́емый, окисля́ющийся
Oxydierbarkeit *f* окисля́емость
oxydieren окисля́ть / окисли́ть
oxydierend окисля́ющий
oxydiert оки́сленный
Oxydimetrie *f* оксидиме́трия
Oxydul *n* за́кись, за́кисная соль
-oxydul за́кисный
Oxydulsalz *n* за́кисная соль
Oxydulverbindung *f* соедине́ние за́киси, за́кисное соедине́ние
Oxyfluorid *n* оксифлюори́д
Oxyhumin- оксигуми́новый
Oxyhuminsäure *f* оксигуми́новая кислота́
Oxykertschenit *m* ? Oxydationsprodukt von Vivianit оксикерчени́т
Oxymagnetit *m* оксимагнети́т
Oxymagnit *m* † Maghemit оксимагни́т
Oxysäure *f* оксикислота́
Oxysulfid *n* оксисульфи́д
Oxyverbindung *f* оксисоедине́ние
Oyamalith *m* Mischkristall der Zirkongruppe ойямали́т
Ozarkian *n* Ordovizium Nordamerikas оза́ркская систе́ма, оза́ркиан
Ozarkit *m* † Thomsonit озаркит
Ozean *m* океа́н
Ozeanbecken *n* бассе́йн океа́на, океани́ческий бассе́йн
Ozeanboden *m* грунт океа́на, дно океа́на, океани́ческое дно
Ozeangraben *m* Tiefseegraben океани́ческий ров
ozeanisch океани́ческий
Ozeanit *m* melanokrater Basalt океани́т
Ozeanküste *f* побере́жье океа́на
Ozeanograph *m* океано́граф
Ozeanographie *f* океаногра́фия
ozeanographisch океанографи́ческий
Ozeanologie *f* океаноло́гия
Ozeansenke *f* океани́ческая впа́дина
Ozellarstruktur *f* Augenstruktur оцеля́рная (оцеля́ровая) структу́ра, гла́зковая структу́ра
Ozokerit *m* Erdwachs озокери́т
Ozokerit- *m* озокери́товый
Ozokeritlagerstätte *f* озокери́товое месторожде́ние
Ozon *n* озо́н

P

Paar *n* па́ра
Paarhufer *m/pl* Artiodactyla двукопы́тные
paarig па́рный
Pachiostosis *f* пахиосто́зис
Pachnolith *m* $NaCa[AlF_6] \cdot H_2O$ пахноли́т
Pachydermata *pl* толстоко́жие
pachydont толстозу́бый
pachyodont пахиодо́нтный
Pachyodonta *pl* толстозу́бые
Pachypleurosaurier *m* пахиплевроза́вр
Packeis *n* па́ковый лёд, пак, торо́систый лёд
Packeisdecke *f* па́ковый ледо́вый покро́в
Packeisgrenze *f* грани́ца па́кового льда
Packung *f* упако́вка
Packungsdichte *f* пло́тность упако́вки (а́томов в кристалли́ческой решётке)
Packwerk *n* тюфя́чная кла́дка
Pagodit *m* † Agalmatolith пагоди́т
Pahoehoe *f* пахоэхо́э
Pahoehoe-Lava *f* ла́ва пахоэхо́э, кишкообра́зная ла́ва
Paigeit *m* Mineral der Ludwigit-Gruppe пайгеи́т, пэджеи́т
Painit *m* пейни́т
Paisanit *m* Eläolithsyenit пэзани́т
Pajsbergit *m* † Rhodonit пайсберги́т
Palaeodictyoptera *pl* древнесетчатокры́лые
Palaoechinoidea *pl* палеоэхинои́деи, дре́вние морски́е е́жи

Palaeognathae *pl* палеогна́ты, палеогнати́ческие пти́цы, древненёбные пти́цы
Palaeoniscidae *pl* палеонисци́ды
Palaeopithecus *m* палеопите́к
Palaeoptera *pl* древнекры́лые
Palaeostraca *pl* дре́вние ракообра́зные
Palaeotheridae *pl* палеоте́рии
Palaeotherium *n* палеоте́рий
Palagonit *m* палагони́т
Palagonitdolerit *m* палагони́товый долери́т
palagonitisch Palagonit- палагони́товый
Palagonittuff *m* палагони́товый туф
Palait *m* $Mn_5H_2[PO_4]_4 \cdot 3H_2O$ пала́йт
Paläoanatomie *f* палеоанато́мия
Paläobiochemie *f* палеобиохи́мия
Paläobiogeographie *f* палеобиогеогра́фия
Paläobiologie *f* палеобиоло́гия
paläobiologisch палеобиологи́ческий
Paläobotanik *f* палеобота́ника
Paläobotaniker *m* палеобота́ник
paläobotanisch палеоботани́ческий
Paläoconchae *pl* палеоко́нхи
Paläodinariden *pl* палеодинари́ды
Paläoechinoidea *pl* дре́вние морски́е е́жи, палеоэхинoиде́и
Paläogen *n* палеоге́н, палеоге́новая эпо́ха, палеоге́новый пери́од
paläogen Paläogen- палеоге́новый
Paläogeographie *f* палеогеогра́фия
paläogeographisch палеогеографи́ческий
Paläognathae *pl* палеогна́ты
paläohistologisch палеогистологи́ческий
paläoklimatisch палеоклимати́ческий
Paläoklimatologie *f* палеоклиматоло́гия
paläoklimatologisch палеоклиматологи́ческий
Paläolimnologie *f* палеолимноло́гия
Paläolithikum *n* Altsteinzeit палеоли́т, дре́вний ка́менный век
paläolithisch altsteinzeitlich палеолити́ческий
paläomagnetisch палеомагни́тный
Paläomagnetismus *m* палеомагнети́зм
Paläontologe *m* палеонто́лог
Paläontologie *f* палеонтоло́гия
paläontologisch палеонтологи́ческий
Paläoökologie *f* палеоэколо́гия
paläoökologisch палеоэкологи́ческий
Paläopathologie *f* палеопатоло́гия
paläopedologisch палеопедологи́ческий
Paläophyr *m* палеофи́р
Paläophyrit *m* палеофири́т
Paläopikrit *m* палеопикри́т
Paläopithecus *m* палеопите́к
Paläopollage *f* расположе́ние дре́вних по́люсов
Paläoporphyr *m* палеопорфи́р
Paläoporphyrit *m* палеопорфири́т
paläotektonisch палеотектони́ческий
paläothyrrhenisch палеотирре́нский
paläotyp палеоти́пный
paläovulkanisch палеовулкани́ческий, древневулкани́ческий
Paläovulkanologie *f* палеовулканоло́гия
Paläozän *n* палеоце́н, палеоце́новый отде́л
paläozän Paläozän- палеоце́новый
Paläozoikum *n* палеозо́й, палеозо́йская гру́ппа, палеозо́йская э́ра
paläozoisch палеозо́йский
Paläozoologie *f* палеозооло́гия
Palästina-Mensch *m* палести́нский челове́к
Palatin *m* нёбная кость
Palatinit *m* Diabasporphyrit палатини́т
Palatinum *n* нёбная кость
Palatoquadratum *n* нёбноквадра́тный хрящ, перви́чная ве́рхняя че́люсть
Palichnologie *f* палеоихноло́гия
palimpsest Palimpsest- палимпсе́стовый
palimpsestes Relief *n* палимпсе́стовый релье́ф, унасле́дованный релье́ф
Palimpseststruktur *f* палимпсе́стовая структу́ра, оста́точная структу́ра
palingen палинге́нный
Palingenese *f* палингене́з, палингене́зис
palingenetisch палингенети́ческий
palingenisiert palingen палингенези́рованный
Palintrope *f* bei Brachiopoden Teil der Klappe zwischen Apex und Schloßrand палинтро́п
Palladinit *m* PdO палладини́т
Palladium *n* Pd палла́дий
Palladium- палла́диевый
Palladiumgold *n* Porpezit палла́дистое зо́лото
Pallasit *m* Meteoreisen палласи́т, па́лласово желе́зо

Pallialeindruck *m* Vasculareindruck, Eindrücke von Gefäßkanälen auf der Innenseite der Klappen von Brachiopoden паллиа́льный отпеча́ток, паллиа́льное впечатле́ние
Pallium *n* ма́нтия, епанча́ ра́ковины
Palmae *pl* па́льмы
Palmerit *m* $KAl_3[OH|(PO_4)_3]$ пальмери́т
Palmierit *m* $PbK_2[SO_4]_2$ пальмьери́т
Palmitin- пальмити́новый
Palmitinsäure *f* $C_{15}H_{31}COOH$ пальмити́новая кислота́
palpebral пальпебра́льный
Palpus *m* па́льпа
Paludina- Paludinen- палюди́новый
Paludinen-Schichten *f/pl* палюди́новые слои́
Palus *m* сва́йка
Palygorskit *m* Mineral der Chrysotilgruppe палыгорски́т
palynologisch палинологи́ческий
panallotriomorph паналлотриомо́рфный
Pandanales *pl* панда́новые
Pandermit *m* $Ca_2[B_5O_6(OH)_7]$ пандерми́т
panidiomorph панидиомо́рфный, панидиоморфнозерни́стый
Pannon *n* Pannonium панно́н, панно́нский я́рус
pannonisch панно́нский
Panspermie *f* пансперми́я
Pantellerit *m* ähnlich Alkaliliparit пантеллери́т
Pantellerittrachyt *m* пантеллери́товый трахи́т
Pantograph *m* Storchschnabel панто́граф
Pantotheria *pl* пантоте́рии
Panzer *m* па́нцирь
Panzer- gepanzert па́нцирный
Panzereis *n* щитови́дный лёд
Panzerfisch *m* па́нцирная ры́ба
Papaveraceae *pl* ма́ковые
Papier *n* бума́га
Papierchromatographie *f* бума́жная хроматогра́фия
Papierfilter *m, n* бума́жный фи́льтр
Papierkohle *f* бума́жный у́голь, листова́тый у́голь
Papiermergel *m* листова́тый ме́ргель, ме́ргель листова́того сложе́ния
Papierschiefer *m* бума́жный сла́нец
Papilla *f* папи́лля, сосо́чек
Pappel *f* *Populus* L. то́поль
Paraamphibolit *m* параамфиболи́т
Parabactritidae *pl* парабастрити́ды
Parabel *f* пара́бола
Parabelabschnitt *m* параболи́ческий сегме́нт
Parabeldüne *f* параболи́ческая дю́на, дре́вняя материко́вая дю́на
Parabelquerschnitt *m* параболи́ческое сече́ние
parabituminös парабитумино́зный
parabolisch Parabel- параболи́ческий
Paraboloid *n* параболо́ид
Parabutlerit *m* $Fe_3^{\cdots}[OH|SO_4]\cdot 2H_2O$ парабутлери́т
Paracelsian *m* ? entspricht Celsian парацельзиа́н
Paracon *n* парако́н
Paraconid *m* паракони́д
Paracoquimbit *m* $Fe_2^{\cdots}[SO_4]_3\cdot 9H_2O$ паракокимби́т
Paracrinoidea *pl* паракриноиде́и
Paradoxit *m* Kalifeldspat in Adularform парадокси́т
Paraffin *n* парафи́н
Paraffinablagerung *f* запарафини́рование, отложе́ние парафи́на
Paraffin- paraffinhaltig парафи́новый
Paraffinbasis *f* парафи́новое основа́ние
paraffinbasisches Öl *n* парафи́новая нефть
paraffinhaltig парафи́нистый, содержа́щий парафи́н
Paraffinkohlenwasserstoff *m* парафи́новый углеводоро́д
Paraffinöl *n* парафи́новая нефть; парафи́новое ма́сло
Paraffinreihe *f* парафи́новый ряд
Paragenese *f* парагене́зис
paragenetisch парагенети́ческий
Parageosynklinal- парагеосинклина́льный
Parageosynklinale *f* парагеосинклина́ль
Paragestein *n* параметаморфи́ческая поро́да, па́ра-поро́да
Paragneis *m* парагне́йс
Paragneis- парагне́йсовый
Paragneiskomplex *m* парагне́йсовый ко́мплекс
Paragonit *m* $NAl_2[(OH, F)_2|AlSi_3O_{10}]$ парагони́т
Paraguanajuatit *m* парагуанахуати́т
Parahopeit *m* Hopeit парагопеи́т

parakinematisch паракинематический
Paraklase *f* параклаза
parakristallin паракристаллический
Paralaurionit *m* PbOHCl паралаурионит, паралаврионит
paralisch паралический
parallaktisch параллактический
Parallaxe *f* параллакс
Parallaxenbewegung *f* изменение параллаксов
Parallaxenmikroskop *n* параллактический микроскоп
Parallaxenwinkel *m* параллактический угол
parallel gleichlaufend параллельный
Parallelbewegung *f* параллельное движение
Parallelbohrverfahren *n* способ параллельного бурения
Parallele *f* параллель
Parallelepiped *n* параллелепипед
parallelepipedisch параллелепипедальный
Parallelfaltung *f* параллельная складчатость
parallelfaserig параллельно-волокнистый
Parallelisierung *f* параллелизация
Parallelität *f* параллельность
Parallelkreis *m* круг параллели, параллель, параллельный круг
Parallelmessung *f* параллельное измерение
parallelnervig параллельнонервный
Parallelogramm *n* параллелограмм
Parallelogrammregel *f* правило параллелограмма
Parallelschaltung *f* параллельное включение
Parallelschichtung *f* параллельное напластование, параллельное наслоение, параллельная слоистость
Parallelschieferung *f* параллельный кливаж, осевой кливаж, параллельная сланцеватость
parallelstenglig параллельно-стебельчатый
parallelstreifig параллельно-полосчатый
Parallelstruktur *f* параллельная структура
Paralleltextur *f* параллельная текстура
Parallelüberschiebung *f* параллельный надвиг
Parallelverschiebung *f* параллельное перемещение, параллельный сдвиг
paramagmatisch парамагматический
paramagnetisch парамагнитный
Paramelaconit *m* CuO парамелаконит
parametamorph параметаморфический
Parameter *m* параметр
Parameter- параметрический
paramorph параморфный
Paramorphose *f* параморфоза, параморфизм
Paraphore *pl* парафоры
Parapithecus *m* парапитек
parapneumatogen парапневматогенный
Parapophyse *f* парапофиза
Parapsida *pl* парапсиды
Paraquarzit *m* паракварцит
Pararammelsbergit *m* $NiAs_2$ парараммельсбергит
Paraschiefer *m* парасланец
Parasepiolith *m* † Sepiolith парасепиолит
Parasit *m* Schmarotzer паразит
parasitär parasitisch паразитический
Parasitärkrater *m* Nebenkrater паразитический кратер
Parasphenoid *n* парасфеноид, добавочная клиновидная кость
Parastichen *pl* парастихи
Parasuchia *pl* паразухии
Paratektonik *f* паратектоника
paratektonisch паратектонический
Paratyp *m* паратип
parautochthon паравтохтонный
Paravauxit *m* ähnlich Vauxit паравоксит
Parcinsoni- паркинсониевый
Parcinsoniton *m* паркинсониевая глина
Pareiasauridae *pl* парейазавры
Pareiasaurus-Schichten *f/pl* парейазавровые слои
Parenchym *n* паренхима, основная ткань
Parenchym- паренхимный
Parenchymgewebe *n* паренхимная ткань
Parenchymzelle *f* паренхимная клетка
Pargasit *m* z. T. Edenit, z. T. gemeine Hornblende паргасит
Parianit *m* † Asphalt von Trinidad парианит

parietal теменной
Parietalablagerung *f* париетальное отложение
Parietale *n* теменная кость
Parietalorgan *n* теменной орган
Pariser Becken *n* Парижский бассейн
Parisit *m* $CaCe_2[F_2|(CO_3)_3]$ паризит
Parkerit *m* α-$Ni_3(Bi, Pb)_2S_2$ паркерит
Paroxysmus *m* пароксизм
Parsettensit *m* $Mn_3[(OH, H_2O)_4|Si_4O_{10}]$ парсеттенсит
Parsonsit *m* $Pb_2[UO_2|(PO_4)_2]\cdot 2H_2O$ парсонсит
Parthenogenese *f* партеногенез
parthenogenetisch партеногенетический
Partialdämpfung *f* парциальное затухание
Partialdruck *m* парциальное давление
Partialschwingung *f* частное колебание
Partialspannung *f* частичное напряжение
Partialtide *f* частный прилив
Partialvolumen *n* удельный объём
Partialwelle *f* составляющая волна
partiell Partial- парциальный, частный, частичный
Partikel *m* частица
Partikelgeschwindigkeit *f* скорость частицы
Partikelgröße *f* величина частицы
Partikelströmung *f* поток частиц
Partikelvolumen *n* объём частицы
Partikelzahl *f* число частиц
Partnach-Schichten *f/pl* alpine Trias партнахские слои
Partnach-Schiefer *m* партнахский сланец
Partschin *m* Partschinit парчинит, парчин
pasadenische Phase *f* пасаденская фаза складчатости
Pascoit *m* $Ca_3[V_{10}O_{28}]\cdot 16H_2O$ паскоит
Paß *m* Gebirgspaß перевал
Paß- перевальный
Passat *m* пассат
Passat- пассатный
Passatgebiet *n* область пассатов
Passatgrenze *f* граница пассата
Passatgürtel *m* пояс пассатов, зона пассатов
Passatregen *m* дождь пассата
Passatströmung *f* пассатное течение
Passatwind *m* пассатный ветер
Passatzone *f* зона пассатов
Passierbarkeit *f* проходимость
Passivität *f* пассивность
patelliform пателообразный
Paternoit *m* $MgB_8O_{13}\cdot 4H_2O$ патерноит
patogen патогенный
Patricia-Zentrum *n* Quartär Nordamerikas патрисианский центр оледенения
Patrinit *m* $2PbS\cdot Cu_2S\cdot Bi_2S_3$ патринит
Paulingsche Regel *f* правило Паулинга
paulopost паулопостумный
Pause *f* калька, копия (чертежа) на кальке
Pauspapier *n* калька, чертёжная калька
Pawdit *m* Quarzdiorit павдит
Paxilla *f* паксилла
pazifisch тихоокеанский
pazifischer Gürtel *m* тихоокеанское кольцо
Pazifischer Ozean *m* Pazifik Тихий океан
Pearceit *m* Arsenpolybasit $8(Ag, Cu)_2S\cdot As_2S_3$ пирсеит
Pechblende *f* Uraninit UO_2 смоляная обманка
Pechbraunkohle *f* смолистый бурый уголь
Pecheisenstein *m* смолистый железняк
Pechglanz *m* смолистый блеск, смоляной блеск
Pechkohle *f* смолистый уголь, смоляной уголь
pechschwarz смоляно-чёрный
Pechstein *m* смоляной камень, пехштейн
Peckhamit *m* wahrscheinlich Gemenge von Enstatit und Olivin пекгамит
Pecopterides *pl* пекоптеридные
Pecopteris *m* гребенчатый папоротник
Pectinirhomben *pl* пектиниромбы
pediale Symmetrieklasse *f* C_1 педиальный класс симметрии, моноэдрический класс симметрии
Pedicellariae *pl* bei Echinodermen mikroskopisch kleine Gebilde auf der Haut педицеллярии, щипчики
Pediment *n* педимент, предгорная скалистая равнина
Pedrosit *m* Hornblendit педрозит
Peganit *m* † Variscit пеганит

Pegel *m* водоме́рная ре́йка, футшто́к; мареóграф
Pegel- футшто́чный
Pegelablesung *f* отсчёт по водоме́рной ре́йке
Pegelaufzeichnung *f* за́пись мареóграфа
Pegelbeobachtung *f* футшто́чное наблюде́ние, наблюде́ние по водоме́рной ре́йке
Pegelbezugskurve *f* крива́я свя́зи (у́ровней) водоме́рных посто́в
Pegelfestpunkt *m* ре́пер водоме́рного поста́
Pegelkurve *f* крива́я колеба́ний у́ровня воды́
Pegellatte *f* водоме́рная ре́йка
Pegelmesser *m* измери́тель у́ровня (воды́)
Pegelmeßstelle *f* створ водоме́рного поста́, водоме́рный пост
Pegelnetz *n* сеть водоме́рных посто́в
Pegelnullpunkt *m* нуль (ре́йки) водоме́рного поста́
Pegelprofil *n* про́филь водоме́рного поста́
Pegelregistrierung *f* за́пись у́ровня
Pegelschreiber *m* водоме́рный самопи́сец
Pegelstand *m* у́ровень воды́ по ре́йке
Pegelstandskurve *f* крива́я у́ровней
Pegelstandslinie *f* ли́ния у́ровня воды́
Pegelstation *f* водоме́рный пост, водоме́рная ста́нция
Pegelstelle *f* водоме́рный пост
Pegmatisierung *f* пегматиза́ция
Pegmatit *m* пегмати́т
Pegmatit- pegmatitisch пегмати́товый
Pegmatitgang *m* пегмати́товая жи́ла
pegmatitisch Pegmatit- пегмати́товый
Pegmatitgranit *m* пегмати́товый грани́т
Pegmatitkörper *m* пегмати́товое те́ло
Pegmatitlagerstätte *f* пегмати́товое месторожде́ние
Pegmatitmineral *n* пегмати́товый минера́л
Pegmatitprovinz *f* пегмати́товая прови́нция
Pegmatitschmelze *f* пегмати́товый распла́в
Pegmatitstruktur *f* пегмати́товая структу́ра
Pegmatoid *m* пегмато́ид
Pegmatophyr *m* пегматофи́р
pegmatophyrisch Pegmatophyr- пегматофи́ровый
pegmatophytisch пегматофи́товый
pegnitogen пегнитоге́нный
peilen пеленгова́ть/запеленгова́ть
Peilkompaß *m* пелько́мпас
Peillot *n* лот
Peilrohr *n* водоме́рная тру́бка
Peilstange *f* измери́тельная ре́йка, проме́рная ре́йка, футшто́к
Peilung *f* пеленга́ция, пе́ленг, пеленгова́ние
Peilverfahren *n* ме́тод пеленгова́ния
Peking-Mensch *m* Sinanthropus пеки́нский челове́к, сина́нтроп
Pektolith *m* $Ca_2Na[Si_3O_8OH]$ пектоли́т
Pektolith- пектоли́товый
Pektolithreihe *f* пектоли́товый ряд
pelagisch пелаги́ческий
pelagische Zone *f* пелагиа́ль
Pelagit *m* Manganoxidknollen пелаги́т
Pelagosit *m* † unreiner Aragonit пелагози́т
Pelecypoda *pl* пелеципо́ды, пластинчатожа́берные
Pelecypoden-Schichten *f/pl* пелеципо́довые слои́
Pelikanit *m* entspricht Cimolit пеликани́т
Peliom *m* † Cordierit пелио́м
Pelit *m* пели́т
Pelitaleurolit *m* 50–70% Aleurit, 0–5% Psammit, 25–50% Pelit пели́товый алевроли́т
pelitisch Pelit- пели́товый
pelitischer Aleurolit *m* 95–70% Aleurit, 0–5% Psammit, 5–30% Pelit пели́тистый алевроли́т
pelitisch-psammitischer Aleurolit *m* 70–50% Aleurit, 5–25% Psammit, 25–45% Pelit пели́тово-псамми́тистый алевроли́т
Pelitisierung *f* пелитиза́ция
pelitomorph пелитоморфный
Pelitstruktur *f* пели́товая структу́ра, и́листая структу́ра, и́ловая структу́ра
Pelmatozoa *pl* пельматозо́и, прикреплённые иглоко́жие
Pelvis *m* таз
Pelycosauria *pl* пеликоза́вры
Pencatit *m* Marmor пенкати́т
Pendel *n* ма́ятник

Pendel- ма́ятниковый
Pendelabweichung *f* отклоне́ние ма́ятника
Pendelamplitude *f* амплиту́да ма́ятника
Pendelapparat *m* ма́ятниковый прибо́р
Pendelaufhängung *f* подве́с ма́ятника
Pendelaufnahme *f* ма́ятниковая съёмка
Pendelausschlag *m* отклоне́ние ма́ятника, амплиту́да ма́ятника, разма́х ма́ятника
Pendelbeobachtung *f* ма́ятниковое наблюде́ние
Pendelchronometer *n* ма́ятниковый хроно́метр
Pendelelongation *f* элонга́ция ма́ятника
Pendelgerät *n* ма́ятниковый прибо́р
Pendelgeschwindigkeit *f* ско́рость колеба́ний ма́ятника
Pendelgesetz *n* зако́н колеба́ний ма́ятника
Pendelgewicht *n* вес ма́ятника
Pendellänge *f* длина́ ма́ятника
Pendelmasse *f* ма́сса ма́ятника
Pendelmessung *f* ма́ятниковое измере́ние
Pendelmethode *f* ма́ятниковый ме́тод
pendeln колеба́ться/поколеба́ться, кача́ться/качну́ться
Pendeln *n* колеба́ние, кача́ние
Pendelquadrant *m* ма́ятниковый квадра́нт
Pendelschwingung *f* колеба́ние ма́ятника, ма́ятниковое колеба́ние
Pendelseismograph *m* ма́ятниковый сейсмо́граф
Pendelseismometer *n* ма́ятниковый сейсмо́метр
Pendelspiegel *m* ма́ятниковое зе́ркало
Pendelspule *f* кату́шка ма́ятника
Pendelstange *f* сте́ржень ма́ятника
Pendelstativ *n* ма́ятниковый штати́в
Pendelsystem *n* ма́ятниковая систе́ма
Pendeluhr *f* ма́ятниковые часы́
Pendelverfahren *n* ме́тод ма́ятниковых наблюде́ний
Pendelzähler *m* ма́ятниковый счётчик
pendular пендуля́рный
Peneplain *f* Fastebene пенепле́н; полуравни́на
Penetrometer *n* пенетро́метр
Penfieldit *m* Pb_2OHCl_3 пенфильди́т
Pennantit *m* Mineral der Chloritgruppe пеннанти́т
Pennatulacea *pl* Seefedern морски́е пе́рья
Pennin *m* Mineral der Chloritoidgruppe пенни́н
Pennin- пенни́новый
Penningesetz *n* пенни́новый зако́н
Penninikum *n* Penninische Zone пенни́нская зо́на
penninisch Pennin- пенни́нский
Pennische Decke *f* пенни́нский покро́в
Pennsylvanian *n* Karbon Nordamerikas пенсильва́нский отде́л
Penroseit *m* † Gemenge von Blochit mit anderen Selenerzen пенрозе́йт
Pentacalciumsulfat *n* $5CaSO_4 \cdot K_2SO_4 \cdot H_2O$ пентака́льций сульфа́та
-pentachlorid пятихло́рный
Pentacrinus-Schichten *f/pl* пентакри́нусовые слои́
Pentacrinus-Stadium *m* пентакри́нусовая ста́дия
pentagonal fünfeckig пентагона́льный
Pentagondodekaeder *m* hkO пентаго́н-додека́эдр, пентагона́льный додека́эдр
pentagondodekaedrisch пентаго́н-додекаэдри́ческий
pentagon-ikositetraedrische Symmetrieklasse *f* O полиги́рно-аксиа́льный вид симметри́и, пентаго́н-три-октаэдри́ческий вид симметри́и
Pentaisotop *n* пентаизото́п
pentalobat пятило́пастный
Pentamerus- пентаме́русовый
Pentamerus-Kalk *m* пентаме́русовый известня́к
Pentamerus-Schichten *f/pl* пентаме́русовые слои́
Pentan *n* C_5H_{12} пента́н
Pentlandit *m* Eisennickelkies $(Fe, Ni)_9S_8$ пентланди́т
Pentoxid *n* пятио́кись
Pentoxylales *pl* пентокси́лиевые
Pentylen *n* пентиле́н
Penwithit *m* † verwitterter Rhodonit пенвити́т
Peorian (-Interglazial) *n* пэори́йское межледнико́вье
Peperit *m* vulkanischer Tuff пепери́т
Peptisation *f* пептиза́ция
peptisieren пептизи́ровать *uv., v.*
peptisiert пептизо́ванный
Peptisierung *f* пептиза́ция

Perchlorat *n* $MClO_4$ соль хло́рной кислоты́, перхлора́т
Perchromsäure *f* надхро́мовая кислота́, перхро́мовая кислота́
Percylith *m* $PbCl_2 \cdot Cu(OH)_2$ перцили́т
Perforata *pl* перфори́рованные моллю́ски
Perforation *f* перфора́ция
perforieren перфори́ровать *uv.*, *v.*
perforiert перфори́рованный, ды́рчатый, пробо́дённый
perhyalin пергиали́новый
peribranchial перибранхиа́льный, околожа́берный
Peribranchialhöhle *f* перибранхиа́льная по́лость
Pericardium *n* перика́рдий
Pericyste *f* bei Brachiopoden перици́ст
Periderm *n* периде́рма, про́бковая кора́
Peridineae *pl* Peridineen перидине́и
Peridot *m* Olivin $(Mg, Fe)_2[SiO_4]$ перидо́т
Peridotit *m* перидоти́т
Peridotit- peridotitisch перидоти́товый
Peridotitmagma *n* перидоти́товая ма́гма
Peridotitschale *f* перидоти́товая оборо́чка
Perigäum *n* периге́й
periglazial Periglazial- перигляциа́льный, приледнико́вый
Periglazialgebiet *n* Periglazialbereich перигляциа́льная о́бласть
Periglazialzone *f* перигляциа́льная зо́на, приледнико́вая зо́на
perignath перигнати́ческий, околоче́люстно́й
Perigynium *n* периги́ний
Perihel *n* периге́лий
Perikambium *n* перика́мбий
Periklas *m* MgO перикла́з
Periklasfazies *f* перикла́зовая фа́ция
Periklin *m* перикли́н
Periklin- перикли́новый
periklinal Periklinal-, umlaufend периклина́льный
Periklingesetz *n* перикли́новый зако́н
Periklinzwilling *m* перикли́новый двойни́к
perimagmatisch перимагмати́ческий
Perimorphose *f* периморфо́за
Periode *f* Zeitabschnitt пери́од, отре́зок вре́мени
Periodenbereich *m* диапазо́н пери́одов
Periodendauer *f* Periodenlänge продолжи́тельность пери́ода
Periodenspektrum *n* спектр пери́одов
Periodenzahl *f* число́ пери́одов
periodisch периоди́ческий
periodisches System der Elemente *n* периоди́ческая систе́ма элеме́нтов
Periodizität *f* периоди́чность
Periostracum *n* периостра́кум, рогово́й сло́й
Peripherie *f* перифери́я
peripherisch перифери́ческий
Periprokt *n* Analfeld перипро́кт, ана́льное по́ле
Perispatial- периспатиа́льный
Perispatialablagerung *f* периспатиа́льное отложе́ние
Perispatium *n* периспа́тиум
Perisporium *n* периспо́рий, плёнчатый мешо́чек
Perissodactyla *pl* непарнокопы́тные, однокопы́тные
Peristom *n* Mundfeld перисто́м, околоу́стье, ротово́е по́ле
peristomal перистома́льный
Peristomium *n* bei Bryozoen перисто́мий
Peritektikum *n* перите́ктика
peritektisch перитекти́ческий
Perithallium *n* перита́ллий
Perithecium *n* перите́ций
Peritricha *pl* кругоресни́чные
perizentrisch перицентри́ческий
Perknit *m* Sammelname für Pyroxenite und Hornblendite перкни́т
Perkolationsreinigung *f* перколяцио́нная очи́стка
Perle *f* жемчу́жина
Perl(en)- жемчу́жный
Perlit *m* vulkanisches Glas перли́т
perlitisch Perlit- перли́товый
Perlitrhyolith *m* перли́товый риоли́т
Perlitstruktur *f* перли́товая структу́ра
Perlmutter- перламу́тровый
Perlmutterglanz *m* перламу́тровый блеск
Perlmutterschicht *f* Hypostrakum перламу́тровый сло́й
perlschnurartig четкови́дный, четкообра́зный
Perlspat *m* † teils Aragonit, teils Dolomit жемчу́жный шпат

Perluvium *n* перлю́вий, оста́точные образова́ния
Perm *n* пермь, пе́рмская систе́ма, пе́рмский пери́од
Perm- permisch пе́рмский
permanent перманéнтный, постоя́нный, непреры́вный
permanente Härte *f* bleibende Härte постоя́нная жёсткость, некарбона́тная жёсткость
Permanenz *f* перманéнтность, постоя́нство, непреры́вность
Permanenzmethode *f* ме́тод перманéнтности
Permanenzprinzip *n* при́нцип перманéнтности
Permanganat *n* MnO_4 соль ма́рганцевой кислоты́, пермангана́т
Permanganatzahl *f* пермангана́тное число́
permeabel durchlässig проница́емый
Permeabilität *f* Durchlässigkeit проница́емость
permisch Perm- пе́рмский
Permokarbon *n* пермокарбо́н
Permokarbon- permokarbonisch пермокарбо́новый
permotriadisch Permotrias- пермотриа́совый
Permotrias *f* пе́рмо-три́ас
Permotrias- permotriadisch пермотриа́совый
Permutation *f* Umstellung перестано́вка
Permutit *m* пермути́т
Permutitanlage *f* пермути́товая ста́нция
Permutitfilter *m, n* пермути́товый фильтр
peroblat сверхсплю́щенный
Perowskit *m* $CaTiO_3$ перовски́т
Perowskitolivinit *m* перовски́товый оливини́т
Perowskitstruktur *f* перовски́товая структу́ра
Perowskyn *m* † Triphylin перовски́н
Peroxid *n* пе́рекись
peroxidisch перекисный
perprolat сверхпродолгова́тый
Perrhenat *n* перрена́т
persistent персисте́нтный, усто́йчивый; жи́зненно-усто́йчивый
Persistenz *f* усто́йчивость, постоя́нство
Perspektive *f* перспекти́ва
perspektivisch Perspektiv- перспекти́вный
Perspektivplan *m* перспекти́вный план
Perspektivplanung *f* перспекти́вное плани́рование
Persulfat *n* $M_2S_2O_8$, $M_2S_2O_6[O_2]$ соль надсе́рной кислоты́, соль пер-пиросе́рной кислоты́, персульфа́т
-persulfat надсернокислый
Persulfid *n* серни́стое соедине́ние, содержа́щее персе́ру $[S_2]$, персульфи́д
Perthit *m* Verwachsung von Orthoklas und Albit перти́т
perthitisch Perthit- перти́товый
perthitisiert пертитизи́рованный
Perthitophyr *m* пертитофи́р
Perthosit *m* Syenitgestein пертози́т
Petalit *m* $Li[AlSi_4O_{10}]$ петали́т
petalodont петалодо́нтовый
petaloid лепестковидный, петало́идный
Petrochemie *f* петрохи́мия
petrochemisch петрохими́ческий
Petrofazies *f* петрографи́ческая фа́ция
petrogen gesteinsbildend петроге́нный
Petrogenese *f* петрогене́зис
Petrograph *m* петро́граф
Petrographie *f* Gesteinskunde петрогра́фия
petrographisch петрографи́ческий
Petroleum 1. нефть. 2. кероси́н
Petroleumkoks *m* Petrolkoks нефтяно́й кокс
Petrologe *m* петро́лог
Petrologie *f* петроло́гия
petrologisch петрологи́ческий
Petromyzon *n* мино́га
petrostrukturell gefügekundlich петрострукту́рный
Petrosum *n* камени́стая кость
Petrotektonik *f* петротекто́ника
Petzit m Ag_3AuTe_2 петци́т
Pfad *m* тропа́, тропи́нка
Pfahl *m* сва́я, кол
Pfahlgründung *f* Inggeol. сва́йное основа́ние
Pfahlrost *m* Inggeol. сва́йный ро́стверк
Pfahlrostgründung *f* Inggeol. основа́ние на сва́йном ро́стверке
Pfahlwand *f* Inggeol. сва́йная стена́
Pfahlwurzel *f* стержнево́й ко́рень
pfälzische Phase *f* пфа́льцская фа́за скла́дчатости

Pfannkucheneis *n* бли́нчатый лёд
Pfeilerabbau *m* разрабо́тка столба́ми
Pfeilerbau *m* разрабо́тка столба́ми
Pfeilermauer *f* Inggeol. контрфо́рсная плоти́на
Pfeilersperre *f* контрфо́рсная плоти́на
Pfeilerstaumauer *f* контрфо́рсная плоти́на
Pferd *n Equus* ло́шадь
Pferdestärke *f* PS лошади́ная си́ла
Pflanze *f* расте́ние
Pflanzen- pflanzlich расти́тельный
Pflanzenabdruck *m* отпеча́ток расте́ний
Pflanzenart *f* вид расте́ний
Pflanzenasche *f* расти́тельная зола́
Pflanzenatlas *m* атла́с расте́ний
Pflanzendecke *f* расти́тельный покро́в
Pflanzendetritus *m* расти́тельный детри́т
Pflanzenelement *n* расти́тельный элеме́нт
pflanzenfressend растительноя́дный, растениея́дный
Pflanzenfresser *m* растениея́дный органи́зм
Pflanzengemeinschaft *f* Phytocoenose расти́тельное сообщество
pflanzengeographisch phytogeographisch фитогеографи́ческий
Pflanzengewebe *n* расти́тельная ткань
Pflanzenmaterial *n* расти́тельное вещество́
Pflanzennahrung *f* пи́ща расте́ний, пита́ние расте́ний
Pflanzenökologie *f* эколо́гия расте́ний
Pflanzenorganismus *m* расти́тельный органи́зм
Pflanzenreich *n* расти́тельное ца́рство, ца́рство расте́ний
Pflanzenrest *m* расти́тельный оста́ток, оста́ток расте́ний
Pflanzenstruktur *f* структу́ра расте́ний
Pflanzensubstanz *f* расти́тельное вещество́
Pflanzenwelt *f* расти́тельный мир
pflanzlich Pflanzen- расти́тельный
Pflaster *n* Straßenpflaster мостова́я
pflasterartig мостови́дный
Pflasterstein *m* мостово́й ка́мень
Pflasterstruktur *f* мостова́я структу́ра, торцо́вая (торцева́я) структу́ра
Pfote *f* Tatze ла́па
pfotenartig tatzenähnlich ла́пчатый
Pfuhl *m* блю́дце; лу́жа
Phaeophyta *pl* Braunalgen бу́рые во́доросли
Phakolith *m* факоли́т
phakolithisch Phakolith- факоли́товый
Phalangenformel *f* фала́нговая фо́рмула
Phalangerinae *pl* куску́сы
Phalanx *n* фала́нга
Phanerit *m* фанери́т
Phanerobiolith *m* фанеробиоли́т
Phanerodazit *m* фанеродаци́т
Phanerogamen *pl* явнобра́чные, цветко́вые расте́ния
phanerogenetisch фанерогенети́ческий
phanerokristallin фанерокристалли́ческий, явнокристалли́ческий
phaneromer фанероме́рный
phänomenologisch феноменологи́ческий
Phänotyp *m* феноти́п
Pharciceras-Schicht *f* фарци́церовый сло́й
Pharmakolith *m* $CaH[AsO_4]\cdot 2H_2O$ фармаколи́т
Pharmakosiderit *m* $KFe_4^{\cdots}[(OH)_4|(AsO_4)_3]\cdot 6-7H_2O$фармакосидери́т
Pharynx *m* Rachen гло́тка
Phase *f* фа́за
Phasen- фа́зовый, фа́зный
Phasenanalyse *f* фа́зовый ана́лиз
Phasenausgleich *m* выра́внивание фаз
Phasenbeschleunigung *f* ускоре́ние фа́зы, фа́зовое ускоре́ние
Phasencharakter *m* фа́зовость
Phasendetektor *m* фазочувстви́тельный дете́ктор
Phasendiagramm *n* фа́зовая диагра́мма
Phasendifferenz *f* Phasenunterschied ра́зность фаз, ра́зница фаз
Phasenentzerrung *f* корре́кция фаз
Phasenfläche *f* фа́зовая пло́скость
Phasenfolge *f* после́довательность фаз
Phasengeschwindigkeit *f* фа́зовая ско́рость; ско́рость измене́ния фаз
Phasengesetz *n* зако́н фаз
Phasengleichgewicht *n* равнове́сие фаз, фа́зовое равнове́сие
Phasengleichheit *f* совпаде́ние фаз
Phasenkonstante *f* фа́зовая постоя́нная
Phasenkontrast- фа́зово-контра́стный
Phasenkontrasteinrichtung *f* фа́зово-контра́стное устро́йство

Phasenkontrastmikroskopie *f* фа́зово-контра́стная микроскопи́я
Phasenreduktion *f* реду́кция фаз
Phasenregel *f* пра́вило фаз
Phasenspannung *f* фа́зное напряже́ние
Phasenspektrum *n* фа́зовый спектр
Phasensprung *m* фа́зовый сдвиг, скачо́к фа́зы
Phasenübereinstimmung *f* совпаде́ние фаз
Phasenübergang *m* фа́зовый перехо́д
Phasenüberlagerung *f* наложе́ние фаз
Phasenumkehr *f* обраще́ние фаз
Phasenumschlag *m* обраще́ние фаз
Phasenumwandlung *f* превраще́ние фа́з, обраще́ние фаз, фа́зовое превраще́ние
Phasenunterschied *m* Phasendifferenz ра́зность фаз
Phasenverschiebung *f* фа́зовый сдвиг, сдвиг фаз, смеще́ние фаз
phasenverschoben сдви́нутый по фа́зе
Phasenverzerrung *f* фа́зное искаже́ние
Phasenverzögerung *f* фа́зное отстава́ние, отстава́ние по фа́зе, запа́здывание по фа́зе
Phasenwelle *f* фа́зовая волна́
Phasenwinkel *m* фа́зовый у́гол
Phasenzahl *f* число́ фаз
Phasenzusammensetzung *f* фа́зовый соста́в
Phasenzustand *m* фа́зовое состоя́ние
Phaseolinenschlamm *m* фазеоли́новый ил
pH-Bereich *m* о́бласть pH
pH-Wert *m* водоро́дный показа́тель, значе́ние pH
Phelloderm *n* феллоде́рма
Phellogen *n* Korkkambium феллоге́н, про́бковый ка́мбий
Phenakit *m* $Be_2[SiO_4]$ фенаки́т
Phengit *m* Mineral der Glimmergruppe фенги́т
Phenokristall *n* фенокриста́лл
Phenol *n* фено́л
Phenol- фено́льный
Philipstadit *m* † gemeine Hornblende филипстади́т
Phillipit *m* angeblich $CuFe_2^{\cdots}[SO_4]_4 \cdot 12H_2O$ филипи́т
Phillipsit *m* Mineral der Harmotom-Gruppe филлипси́т
Phloem *n* флоэ́ма, луб
Phloem- флоэ́мный
Phlogopit *m* Mineral der Glimmergruppe флогопи́т
Phlogopit- флогопи́товый
Phlogopitisierung *f* флогопитиза́ция
Phocidae *pl* тюле́ни
Pholerit *m* † grobkristalliner Nakrit фолери́т
Pholidolith *m* wohl F-freier tonerdearmer Phlogopit фолидоли́т
Phönicit *m* $Pb_3[O|(CrO_4)_2]$ феници́т
Phönicochroit *m* Phönicit фойникохрои́т, феникохрои́т
Phonolith *m* фоноли́т
phonolithisch Phonolith- фоноли́товый
Phonolithstruktur *f* фоноли́товая структу́ра
Phonolithtuff *m* фоноли́товый туф
Phoronoidea *pl* форони́ды
Phosgenit *m* $Pb_2[Cl_2|CO_3]$ фосгени́т
Phosphat *n* соль фо́сфорной кислоты́, фосфа́т
Phosphat- фосфа́тный
phosphatarm бе́дный фосфа́тами
Phosphatbedarf *m* потре́бность в фосфа́тах
Phosphatdünger *m* фосфа́тное удобре́ние
Phosphatgehalt *m* содержа́ние фосфа́тов, фосфа́тность
Phosphatgestein *n* фосфа́тная поро́да
phosphatisch Phosphat- фосфа́тный
phosphatisiert фосфатизи́рованный
Phosphatisierung *f* фосфатиза́ция
Phosphatkruste *f* фосфа́тная ко́рка
Phosphatlagerstätte *f* фосфа́тное месторожде́ние
phosphatreich бога́тый фосфа́тами
Phosphit *n* соль фо́сфористой кислоты́, фосфи́т
Phosphoferrit *n* $(Fe^{\cdot\cdot}, Mn)_3[PO_4]_2 \cdot 3H_2O$ фосфоферри́т
Phosphophyllit *m* $Zn_2Fe[PO_4]_2 \cdot 4H_2O$ фосфофилли́т
Phosphor *m* P фо́сфор
Phosphor- фо́сфорный
Phosphorbakterien *n/pl* фосфоробакте́рии
Phosphoreszenz *f* фосфоресце́нция
Phosphoreszenzschirm *m* фосфоресци́рующий экра́н
phosphoreszieren фосфоресци́ровать *uv.*

Phosphoreszieren *n* фосфоресци́рование
phosphoreszierend фосфоресци́рующий
phosphorhaltig фосфорсодержа́щий, фосфори́ческий
Phosphorigsäureanhydrid *n* P_4O_6 фо́сфористый ангидри́д, ангидри́д фо́сфористой кислоты́, трёхо́кись фо́сфора
Phosphorit *m* фосфори́т
phosphoritisch Phosphorit- фосфори́товый
Phosphoritknolle *f* желва́к фосфори́та
Phosphoritlagerstätte *f* фосфори́товое месторожде́ние
Phosphoritvorkommen *n* фосфори́товое проявле́ние
Phosphorößlerit *m* $MgH[PO_4]\cdot 7H_2O$ фосфоресслери́т
Phosphorpentachlorid *n* PCl_5 пятихло́ристый фо́сфор, пентахлори́д фо́сфора
Phosphorpentoxid *n* P_2O_5 фо́сфорный ангидри́д, пятио́кись фо́сфора
phosphorsauer Phosphorsäure- фосфорноки́слый
Phosphorsäure *f* фо́сфорная кислота́
Phosphorsäureanhydrid *n* P_2O_5, P_4O_{10} фо́сфорный ангидри́д, ангидри́д фо́сфорной кислоты́, пятио́кись фо́сфора
Phosphorstickstoff *m* 1. P_3N_5; 2. P_4N_6; 3. PN азо́тистый фо́сфор, нитри́д фо́сфора
Phosphortrichlorid *n* PCl_3 трёххло́ристый фо́сфор, трихлори́д фо́сфора
Phosphortrijodid *n* PJ_3 трёхйо́дистый фо́сфор, трийоди́д фо́сфора, по́лный йодангидри́д фо́сфористой кислоты́
Phosphorwasserstoff *m* H_3P фо́сфористый водоро́д, фосфи́д водоро́да
Phosphosiderit *m* $Fe^{\cdots}[PO_4]\cdot 2H_2O$ фосфосидери́т
Phosphoruranylit *m* $[(UO_2)_4|(OH)_4|(PO_4)_2]\cdot 8H_2O$ (?) фосфуранили́т
Photo *n* s. auch Foto фо́то, фотогра́фия, фотосни́мок
Photoaufnahme *f* фотосни́мок
photochemisch фотохими́ческий
Photodissoziation *f* фотодиссоциа́ция
Photoeffekt *m* фотоэффе́кт, фотоэлектри́ческий эффе́кт
photoelektrisch фотоэлектри́ческий
Photoelektronen- фотоэлектро́нный
Photoelement *n* фотоэлеме́нт
Photogeologie *f* фотогеоло́гия
photogeologisch фотогеологи́ческий
Photogrammetrie *f* фотограмме́трия
photogrammetrisch фотограмметри́ческий
photographisch фотографи́ческий
Photokartograph *m* фотокарто́граф
Photokopie *f* фотоко́пия
Photoleitfähigkeit *f* фотопроводи́мость
Photolumineszenz *f* фотолюминесце́нция
photomechanisch фотомехани́ческий
Photometer *n* фото́метр
Photometerablesung *f* фотометри́ческий отсчёт
Photometeraufsatz *m* фотометри́ческая голо́вка
Photometerokular *n* фотометрокуля́р
Photometrie *f* фотоме́трия
photometrisch фотометри́ческий
Photoplatte *f* photographische Platte фотопласти́нка
Photoregistrier- фоторегистри́рующий
Photoregistrierung *f* фоторегистра́ция
Photosynthese *f* фотоси́нтез
photosynthetisch фотосинтети́ческий
Phototheodolit *m* фототеодоли́т
Phototheodolitverfahren *n* фототеодоли́тный ме́тод, ме́тод фототеодоли́тных измере́ний
Photozelle *f* фотоэлеме́нт, фотоэлектри́ческий элеме́нт
Phraetophyten *pl* фраетофи́ты
Phragmocon *n* фрагмоко́н
Phtanit *m* фтани́т
Phycomycetes *pl* Algenpilze фикомице́ты
Phylactolaemata *pl* покрыторо́тые
phyletisch филети́ческий
Phyllit *m* филли́т
phyllitisch Phyllit- филли́товый
phyllitisiert филлитизи́рованный
Phyllitisierung *f* филлитиза́ция
Phyllitschiefer *m* филли́товый сла́нец
Phyllitserie *f* филли́товая се́рия
Phyllocarida *pl* филлокари́ды
Phyllodium *n* филло́дий
Phyllonit *m* филлони́т
Phyllopoda *pl* листоно́гие, филлопо́ды, жаброно́гие
Phylloretin *m* ähnlich Köhnleinit филорети́н

Phyllospermidae *pl* филлоспермиды
Phylogenese *f* Phylogenie филогения
phylogenetisch филогенетический
Physalit *m* † undurchsichtiger Topas физалит
Physik *f* физика
physikalisch физический
physiogeographisch физиогеографический
Physiographie *f* физиография
physiographisch физиографический
Physiologie *f* физиология
physiologisch физиологический
physisch физический
physische Geographie *f* физическая география
Phyteral *n* форменные элементы
Phytocoenologie *f* фитоценология
Phytocoenose *f* фитоценоз
phytogen фитогенный
Phytomonadina *pl* растительные монады
phytophag pflanzenfressend фитофагический
Phytophagen *pl* фитофаги
Phytoplankton *n* фитопланктон
Phytoplankton- фитопланктонный
Phytosauria *pl* фитозавры
Piauzit *m* Bernsteingruppe пиаузит
Pickeringit *m* $MgAl_2[SO_4]_4 \cdot 22H_2O$ пиккерингит
Picotit *m* $(Fe, Mg)(Al, Cr, Fe)_2O_4$ пикотит
Piedmontfläche *f* предгорная поверхность
Piedmontgletscher *m* Vorlandgletscher предгорный ледник, ледник подножья
Piedmonttreppe *f* предгорная лестница
Piemontit *m* $Ca_2(Al, Fe, Mn)_3[OH|(SiO_4)_3]$ пьемонтит
Pietricikit *m* Kohlenwasserstoff der Methanreihe пиетрицикит
Piezoeffekt *m* пьезоэффект
piezoelektrisch пьезоэлектрический
Piezoelektrizität *f* пьезоэлектричество
piezogen пьезогенный
Piezogranit *m* пьезогранит
Piezometer *n* пьезометр
Piezometerhöhe *f* пьезометрическая высота
Piezometerrohr *n* пьезометрическая трубка
Piezometerstand *m* пьезометрический уровень
piezometrisch Piezometer- пьезометрический
Piezoquarz *m* пьезокварц
Piezoquarz- пьезокварцевый
Pigeonit *m* Mischkristall aus Diopsid und Klinoenstatit пиджонит
Pigment *n* Farbstoff пигмент, красящее вещество
Pigmentierung *f* пигментация
Pik *m* Bergspitze пик
Pikrat *n* пикрат, соль пикриновой кислоты
pikrinsauer пикриновокислый
Pikrinsäure *f* $(NO_3)_5 \cdot C_6H_2 \cdot OH$ пикриновая кислота
Pikrit *n* пикрит
Pikritbasalt *m* пикритовый базальт
Pikritdiabas *m* пикритовый диабаз
Pikritdolerit *m* пикритовый долерит
pikritisch Pikrit- пикритовый
Pikritporphyrit *m* пикритовый порфирит
Pikrolith *m* пикролит
Pikromerit *m* Schönit $K_2Mg[SO_4]_2 \cdot 6H_2O$ пикромерит
Pikropharmakolith *m* etwa $(Ca, Mg)_3[AsO_4]_2 \cdot 6H_2O$ пикрофармаколит
Pikrophyr *m* пикрофир
Pikrotephroit *m* † Mg-haltiger Tephroit пикротефроит
Pilandit *m* nach LEWINSON-LESSING Anorthoklassyenitporphyr пиландит
Pilbarit *m* † amorphes Zersetzungsprodukt von Thorit пильбарит
Pilidium *n* пилидий
Pilit *m* † teils Aktinolith pseudomorph nach Olivin, teils „Zundererz" пилит
pillowartig подушковидный
Pillowstruktur *f* подушечное строение
Pilolith *m* † Chrysotil пилолит
pilotaxitisch Pilotaxit- пилотакситовый
Pilotaxitstruktur *f* пилотакситовая структура
Piltdown-Mensch *m* пильтдаунский человек
Pilton beds *pl* Unterkarbon Englands пильтонские слои
Pilum *n* палочковидный вырост
Pilz *m* гриб

Pilz- грибно́й
Pilzfelsen *m* грибообра́зная скала́, грибови́дная скала́
Pilzflora *f* грибна́я фло́ра
pilzförmig грибообра́зный
Pilzspore *f* спо́ра грибо́в
Pimelit *m* Mineral der Montmorillonitgruppe пимели́т
Pinaceae *pl* сосно́вые
Pinakiolith *m* $(Mg, Mn^{\cdot\cdot})_2Mn^{\cdot\cdot\cdot}[O_2|BO_3]$ пинакиоли́т
Pinakoid *n*
erstes пе́рвый пинако́ид (100),
zweites второ́й пинако́ид (010),
drittes основно́й пинако́ид {001}
pinakoidale Symmetrieklasse *f* пинакоида́льный вид симметри́и, аги́рноцентра́льный вид симметри́и
Pineal- пинеа́льный
Pinealöffnung *f* пинеа́льное отве́рстие
Pinealorgan *n* пинеа́льный о́рган
Pinge *f* котлови́на, котлообра́зная впа́дина, воро́нка
Pinguit *m* Varietät von Nontronit пингви́т
pinienförmig пиниеобра́зный
Pinienwolke *f* пиниеобра́зное о́блако
Pinit *m* Pseudomorphosen glimmerartiger Minerale пини́т
Pinna *f* перо́
pinnatilobat перистодо́льчатый
Pinnipedia *pl* ластоно́гие
Pinnoit *m* $Mg[B_2O(OH)_6]$ пинно́йт
Pinnula *f* пёрышко
Pinolit *m* † Magnesit пиноли́т
Pintadoit *m* ? $CaH[VO_4]\cdot 4\,H_2O$ пинтадо́йт
Pinus *f* Kiefer сосна́
Piperales *pl* пере́чные
Pipette *f* пипе́тка
Pirolaceae *pl* груша́нковые
Pirssonit *m* $Na_2Ca[CO_3]_2\cdot 2\,H_2O$ пирсони́т
Pisanit *m* Kupfermelanterit $(Fe, Cu)[SO_4]\cdot 7\,H_2O$ пизани́т
Pisekit *m* amorphes Niobat und Tantalat von Uran u. a. писеки́т
Pisolith *m* Erbsenstein пизолит
Pisolitherz *n* пизоли́товая руда́
pisolithisch Pisolith- пизоли́товый
Pisolithkalk *m* пизоли́товый известня́к
Pisolithstruktur *f* пизоли́товое строе́ние
Pissophan *n* ? AlFe-Gel mit SO_3 писсофа́н

pistaziengrün фиста́шково-зелёный
Pistazit *m* † Epidot пистаци́т
Pistomesit *m* Varietät von Mesitinspat пистомези́т
Pithecanthropus *m* питека́нтроп
pithecoid питеко́идный
Pitotrohr *n* тру́бка Пито́
Pitticit *m* Arseneisensinter питтици́т
Pittosporaceae *pl* питтоспо́ровые
Placenta *f* после́д
Placentalia *pl* после́довые
placodermal пластиноко́жий
Placodermi *pl* пластиноко́жие, плакоде́рмы
Placodontia *pl* плакодо́нты
Placoidschuppe *f* плако́идная чешуя́
Plagioaplit *m* плагиоапли́т, плагиокла́зовый апли́т
Plagiocitrit *m* Gemenge, chemisch ähnlich Voltait плагиоцитри́т
plagiodont плагиодо́нтный
Plagiogranit *m* плагиограни́т
Plagioklas *m* Natronkalkfeldspat плагиокла́з
Plagioklas- плагиокла́зовый
Plagioklasanamesit *m* плагиокла́зовый анамези́т
Plagioklasbasalt *m* плагиокла́зовый база́льт
Plagioklasgranit *m* плагиограни́т, плагиокла́зовый грани́т
Plagioklashülle *f* плагиокла́зовая оболо́чка
Plagioklasit *m* плагиоклази́т
Plagioklasperidotit *m* плагиокла́зовый перидоти́т
Plagioklasporphyr *m* плагиокла́зовый порфи́р, плагиопорфи́р
Plagioklassaum *m* каёмка плагиокла́за
Plagioklastrachyt *m* плагиокла́зовый трахи́т
Plagioliparit *m* плагиолипари́т
Plagionit *m* $5\,PbS\cdot 4\,Sb_2S_3$ плагиони́т
Plagiophyr *m* плагиофи́р
Plagioporphyr *m* Plagioklasporphyr плагиопорфи́р, плагиокла́зовый порфи́р
Plagiosauria *pl* плагиозаври́ды
Plagiostomi *pl* поперечноро́тые
Plagitrachyt *m* плагитрахи́т
Plakantiklinale *f* плакантиклина́ль
Plakoidschuppe *f* плако́идная чешуя́
Plan *m* 1. Entwurf. 2. Karte план

Plancheit *m* etwa $(Cu, Ca)_3[Si_3O_9] \cdot 1^1/_2H_2O$ планшейт
planen entwerfen планировать/запланировать
Planen *n* Planung планирование
Planerit *m* verwandt mit Evansit планерит
Planet *m* планета
Planeten- планетный
Planetensystem *n* планетная система
Planetesimaltheorie *f* планетезимальная гипотеза
Planetoid *m* планетоид
Planierungsarbeit *f* планировочная работа
Planimeter *n* планиметр
Planimetrie *f* планиметрия
planimetrisch планиметрический
plankonkav Plankonkav- плосковогнутый
Plankonkavlinse *f* плосковогнутая линза
plankonvex Plankonvex- плосковыпуклый
Plankonvexlinse *f* плосковыпуклая линза
planktogen планктогенный
Plankton *n* планктон
Plankton- planktonisch планктонный
Planktonbesied(e)lung *f* заселение планктоном
Planktonform *f* планктонная форма
Planktonformen *f/pl* формы планктона
Planktonforschung *f* исследование планктона
Planktonfresser *m* планктонофаг
Planktongehalt *m* содержание планктона
Planktongemeinschaft *f* сообщество планктона
planktonisch Plankton- планктонный
planktonische Lebensweise *f* планктонный образ жизни
Planktonnetz *n* планктонная сетка
Planktonorganismen *m/pl* планктонные организмы
Planoferrit *m* $Fe_2[(OH)_4]SO_4 \cdot 13H_2O$ (?) планоферрит
planparallel плоскопараллельный
Planquadrat *n* клетка карты
Planspiegel *m* плоское зеркало
planspiral плоскоспиральный
Plantaginacea *pl* подорожниковые
Plantigrada *pl* стопоходящие
Planwelle *f* плоская волна
Planzeiger *m* координатомер
Plasma *n* плазма
Plasma- плазматический
Plasmakörper *m* плазматическое тело
plastisch formbar пластичный
Plastizität *f* Formbarkeit пластичность
Plastizitätsbeiwert *m* коэффициент пластичности
Plastizitätsgrenze *f* предел пластичности
Plastizitätsmodul *m* модуль пластичности
Plastizitätszahl *f* число пластичности, показатель пластичности
Plastron *n* брюшной щит
Platanaceae *pl* платановые
Platane *f* *Platanus* L. платан
Plateau *n* Gebirgsplateau плато, плоскогорье
Plateaubasalt *m* плато-базальт
Plateaubasalt- платобазальтовый
plateauförmig платообразный
Plathelminthes *pl* плоские черви
Platin *n* Pt платина
Platin- платиновый
Platinchlorid *n* хлористая платина, хлорид платины
Platindraht *m* платиновая проволока
Platinelektrode *f* платиновый электрод
Platingruppe *f* платиновая группа
Platiniridium *n* платинистый иридий
Platinmetall *n* платиновый металл
Platinprovinz *f* платиновая провинция
Platinschale *f* платиновая чашка
Platinschwarz *n* платиновая чернь
Platinseife *f* платиновая россыпь, платиносодержащая россыпь
Platintiegel *m* платиновый тигель, платиновая чашка
Plättchen *n* пластинка
Platte *f* 1. Allgem. пластинка, пластина. 2. Tekt. плита
Platten- Scheiben-, Lamellen пластинчатый; плитчатый, плитняковый
Plattendolomit *m* плитчатый доломит
Platteneis *n* плиточный лёд
Plattenelektrode *f* пластинчатый электрод
plattenförmig Platten- плитообразный, плитняковый
plattenförmige Absonderung *f* плитняковая отдельность

Plattenkalk *m* пли́тчатый известня́к, плитняко́вый известня́к
Plattenkondensator *m* пло́ский конденса́тор
Plattenmergel *m* пли́тчатый ме́ргель
Plattenschiefer *m* пли́точный сла́нец, плитняко́вый сла́нец
Plattenverkleidung *f* облицо́вка пли́тами
Plattform *f* Tafel платфо́рма
plattgedrückt abgeplattet сплю́щенный
plattig plattenförmig плитняко́вый, пли́тчатый, пли́точный
Plattnerit *m* PbO_2 платнери́т
Plättung *f* сплю́щивание
Plättungsfläche *f* пло́скость сплю́щивания
Plättungskluft *f* тре́щина сплю́щивания
Plättungsschieferung *f* клива́ж сплю́щивания
Platybelodon *n* платибелодо́н
Platycephalidae *pl* плоскоголо́вые
Platyclymenia-Horizont *m* платиклиме́ниевый горизо́нт
platycoel платице́льный
Platyhelminthes *pl* пло́ские че́рви
Platynit *m* $Pb_4Bi_7Se_7S_4$ платини́т
Platyrrhini *pl* широконо́сные обезья́ны
Platz *m* Fläche площа́дка
platzen springen, bersten тре́скаться/тре́снуться
Platzregen *m* ли́вень, проливно́й дождь ливнево́й дождь
Plauenit *m* плауени́т, пла́уенский сиени́т
Plazenta *f* после́д, семяно́сец
Plazolith *m* $Ca_3Al_2[(Si, H_4)O_4]_3$ плазоли́т
pleistophyrisch плейстофи́ровый
Pleistoseiste *f* плейстосе́йста
pleistoseistisch плейстосе́йстовый
Pleistozän *n* плейстоце́новый отде́л, плейстоце́н
pleistozän Pleistozän- плейстоце́новый
Pleistozänflora *f* плейстоце́новая фло́ра
Pleniale *n* пласти́нчатая кость
Pleochroismus *m* плеохрои́зм
pleochroitisch плеохрои́чный
Pleonast *m* $MgAl_2O_4$ плеона́ст
Plesianthropus *m* плезиа́нтроп
plesiomorph плезиомо́рфный
Plesiomorphose *f* плезиоморфи́зм
plesiophyrisch плезиофи́ровый
Plesiosauria *pl* плезиоза́вры
Plesiotyp *m* дополни́тельный тип
Plessit *m* Fülleisen in Eisenmeteoriten плесси́т
plethodont безлёгочный
Plethorit *m* Granit плетори́т, пледори́т
Pleuracanthodii *pl* плевраканто́ды
pleural Pleural- плевра́льный
Pleuralfurche *f* плевра́льная борозда́
Pleurallobus *m* плевра́льная ло́пасть
Pleuralregion *f* плевра́льная часть
Pleuralsegment *n* плевра́льный сегме́нт
Pleurapophyse *f* плевра́льное ребро́
Pleuren *f/pl* пле́вры
Pleuroconch *m* плевроко́нх
Pleurocyste *f* bei Bryozoen плевроци́ст
Pleurokarp *n* бокопло́дный мох
Pleuromeiaceae *pl* неразветвлённые
Pleuropterygii *pl* плевроптери́гии
Pleurotomaria *f* плевротома́рия
Pliensbacher Stufe *f* Pliensbachien пли́нсбахский я́рус, пли́нсбах
Pliensbachien *n* пли́нсбахский я́рус, пли́нсбах
Pliensbachien- пли́нсбахский
plinianischer Typ *m* Vulk. пли́ниевский тип
Plinthit *m* roter Ton плинти́т
pliomagmatisch плиомагмати́ческий
Pliopithecus *m* плиопи́тек
Pliosauria *pl* плиоза́вры
Pliozän *n* плиоце́новый отде́л, плиоце́н
pliozän Pliozän- плиоце́новый
Plombierit *m* † Gemenge von Zeolithen пломбиери́т
Plumasit *m* Ganggestein плюмази́т
Plumbiverbindung *f* соедине́ние четырёхвале́нтного свинца́
Plumbobinnit *m* † Dufrenoysit плюмбобинни́т
Plumbocalcit *m* Mineral der Kalkspatgruppe плюмбокальци́т
Plumbocolumbit *m* Plumboniobit, Mineral der Samarskitgruppe плюмбоколумби́т
Plumbocuprit *m* † Gemenge von Chalkosin und Bleiglanz плюмбокупри́т
Plumboferrit *m* $PbO \cdot 2Fe_2O_3$ плюмбоферри́т
Plumbogummit *m* $PbAl_3H[(OH)_6](PO_4)_2$ плюмбогумми́т
Plumbojarosit *m* $PbFe_6^{\cdot\cdot}[(OH)_6|(SO_4)_2]_2$ плюмбоярози́т

plumbometrisch плюмбометри́ческий
Plumboniobit *m* Plumbocolumbit, Mineral der Samarskitgruppe плюмбониоби́т
Plumbostannit *m* † Gemenge von Bleiglanz und Zinnkies плюмбостанни́т
Plumbostibit *m* † faseriger Boulangerit плюмбостиби́т
Plumbosulfat *n* $PbSO_4$ сернoки́слый свинéц (2), сульфáт свинцá (2)
Plumosit *m* Federerz, filzig-faseriger Bleiantimonspießglanz плюмози́т
Pluszeichen *n* знак плюс
Pluton *m* плутóн
plutonisch Pluton- плутони́ческий
Plutonismus *m* плутони́зм
Plutonit *m* плутони́т
Plutonium *n* Pu плутóний
Pluvial *n* Pluvialzeit плювиáл, плювиáльный век, плювиáльный пери́од
pluvial Pluvial- плювиáльный, дождевóй
Pluvialgebiet *n* плювиáльная óбласть
Pluvialzeit *f* Pluvial плювиáльный век, плювиáльный пери́од, плювиáл
pneumatisch пневмати́ческий
pneumatogen пневматогéнный
Pneumatolyse *f* пневматоли́з
pneumatolytisch пневматолити́ческий
pneumatomorph пневматомóрфный
Pneumatophoren *pl* пневматофóры
Pockenerz *n* óспенная рудá
Pockenstein *m* óспенный кáмень
Podolit *m* wohl identisch mit Dahllit подоли́т
Podozamitaceae *pl* подозами́товые
Podsol *m* Podsolboden подзóл
Podsol- подзóлевый, подзóлистый
Podsolbildung *f* подзолообразовáние
Podsolboden *m* подзóлистая пóчва
Podsolhorizont *m* подзóлистый горизóнт
Podsolisierung *f* оподзóливание
Podsolsand *m* подзóлистый песóк
Podsolverwitterung *f* подзóлистое вывéтривание
podsolig оподзóленный
poikilitisch пойкили́товый
poikilitische Verwachsung *f* пойкили́товое прорастáние
Poikiloblast *m* пойкилоблáст
poikiloblastisch пойкилобласти́ческий
poikiloklastisch пойкилокласти́ческий
poikilotherm пойкилотéрмный, холоднокрóвный
Poise *n* P пуáз
Pol *m* пóлюс
Polachse *f* Polarachse поля́рная ось
polar Polar-, Pol- поля́рный; полюсный
Polarbecken *n* поля́рный бассéйн
Polardrift *f* поля́рный дрéйф
Polarebene *f* поля́рная плóскость
Polareis *n* поля́рный лёд
Polareisrand *m* крóмка поля́рных льдов
Polarfesteis *n* неподви́жный поля́рный лёд
Polargebiet *n* поля́рная óбласть
Polargegend *f* поля́рная óбласть
Polargewässer *n/pl* поля́рные вóды
Polargletscher *m* поля́рный ледни́к
Polarimeter *n* поляри́метр
Polarisation *f* поляризáция
Polarisations- поляризациóнный
Polarisationsachse *f* ось поляризáции
Polarisationsdeformation *f* поляризациóнная деформáция
Polarisationsebene *f* плóскость поляризáции
Polarisationseffekt *m* явлéние поляризáции
Polarisationsenergie *f* энéргия поляризáции
Polarisationsfarbe *f* поляризациóнная окрáска
Polarisationsfeld *n* пóле поляризáции
Polarisationsgesetz *n* закóн поляризáции
Polarisationsgrad *m* стéпень поляризáции
Polarisationsgröße *f* стéпень поляризáции
Polarisationskompensator *m* компенсáтор поляризáции
Polarisationsmessung *f* измерéние поляризáции
Polarisationsmikroskop *n* поляризациóнный микроскóп
Polarisationsphotometer *n* поляризациóнный фотóметр
Polarisationsprisma *n* при́зма-поляризáтор
Polarisationsradius *m* поляризациóнный рáдиус

Polarisationsspannung *f* поляризацио́нное напряже́ние, напряже́ние поляриза́ции
Polarisationsspektrometer *n* поляризацио́нный спектро́метр
Polarisationsspiegel *m* зе́ркало-поляриза́тор
Polarisationsstrom *m* поляризацио́нный ток
Polarisationsstromdichte *f* пло́тность то́ка поляриза́ции
Polarisationsvektor *m* ве́ктор поляриза́ции
Polarisationsverhältnisse *n/pl* усло́вия поляриза́ции
Polarisationsverschiebung *f* поляризацио́нное перемеще́ние
Polarisationswelle *f* поляризацио́нная волна́
Polarisationswinkel *m* у́гол поляриза́ции
Polarisationszustand *m* состоя́ние поляриза́ции
Polarisator *m* поляриза́тор
polarisierbar поляризу́емый, поляризу́ющийся
Polarisierbarkeit *f* поляризу́емость
polarisieren поляризова́ть *uv., v.*
Polarisieren *n* поляризова́ние
polarisierend поляризу́ющийся
polarisiert поляризо́ванный
Polarisierung *f* поляриза́ция
Polariskop *n* поляриско́п
Polarität *f* поля́рность
Polarjahr *n* поля́рный год
Polarklima *n* поля́рный кли́мат
Polarkoordinate *f* поля́рная координа́та
Polarkreis *m* поля́рный круг
polarmagnetisch полярномагни́тный
Polarograph *m* поляро́граф
polarographisch полярографи́ческий
Polarplanimeter *n* поля́рный плани́метр
Polarregion *f* поля́рный регио́н, поля́рная о́бласть
Polarstern *m* поля́рная звезда́
polarsymmetrisch полярносимметри́ческий
Polarweide *f* *Salix polaris* поля́рная и́ва
Polarzone *f* поля́рная зо́на
Polbahn *f* по́люсный путь
Polbewegung *f* движе́ние по́люса
Polder *m* по́льдер
Polderboden *m* грунт по́льдера
Poldergebiet *n* о́бласть по́льдеров
Polderkanal *m* кана́л в по́льдере
Polderlandschaft *f* ландша́фт по́льдеров
Poldistanz *f* Polentfernung по́люсное расстоя́ние
Polemoniaceae *pl* синюхо́вые
Polflucht der Kontinente *f* перемеще́ние материко́в от по́люса
Polhöhe *f* высота́ по́люса
Polianit *m* Pyrolusit MnO_2 полиани́т
Polier- полирова́льный
polieren полирова́ть/наполирова́ть
Polieren *n* полирова́ние
Polierfähigkeit *f* спосо́бность к полирова́нию
Poliermaschine *f* полирова́льная маши́на
Poliermineral *n* абрази́вный минера́л
Poliermittel *n* полирова́льный материа́л
Polierpulver *n* полирова́льный порошо́к
Polierscheibe *f* полирова́льный диск
Polierschiefer *m* полирова́льный сла́нец
poliert отполиро́ванный
Polierverhalten *n* поведе́ние при полирова́нии
poligonal многоуго́льный
Polje *f* Senkungsmulde in Karstgebieten по́лье
Polkappe *f* поля́рная ша́пка
Pollage *f* положе́ние по́люсов
Pollen *m* пыльца́
Pollen- пыльцево́й
Pollenanalyse *f* пыльцево́й ана́лиз
Pollendiagramm *n* пыльцева́я диагра́мма
Pollenit *m* Varietät von Campanit полленит
Pollenkorn *n* пыльцево́е зерно́
Pollenprofil *n* пыльцево́й про́филь
Pollensack *m* пыльцево́й мешо́к, пыльцева́я мешо́чка
Pollenspektrum *n* пыльцево́й спектр
Pollucit *m* $(Cs, Na)[AlSi_2O_6] \cdot H_2O_{<1}$ поллуци́т
Pollux *m* Pollucit по́ллукс
Polonium *n* Po поло́ний
Polradius *m* поля́рный ра́диус
Polschwankung *f* колеба́ние по́люса
Polspannung *f* напряже́ние на по́люсах
Poltawa- полта́вский
Poltawa-Flora *f* полта́вская фло́ра
Polverschiebung *f* перемеще́ние по́люса

Polwanderung *f* перемеще́ние по́люсов, смеще́ние по́люсов
Polyadelphit *m* † Andradit полиадельфи́т
Polyargit *m* † zersetzter Anorthit полиарги́т
Polyargyrit *m* wohl Silberglanz, verwachsen mit Polybasit oder Pyrargerit полиаргири́т
polyatomar многоа́томный
Polybasit *m* $8(Ag,Cu)_2S \cdot Sb_2S_3$ полибази́т
Polybitumen- полибиту́мный
polyblastisch полибласти́ческий
polychrom polychromatisch полихромати́ческий, многоцве́тный
Polychromie *f* многоцве́тность
Polydymit *m* Ni_3S_4 полидими́т
Polyeder *m* многогра́нник
Polyederprojektion *f* многогра́нная прое́кция
polyedrisch полиэдри́ческий
polygen полиге́нный
Polygon *n* полиго́н, многоуго́льник
Polygonaceae *pl* греч́ишные
polygonal Polygonal-, Polygon- полигона́льный
Polygonalboden *m* Polygonboden полигона́льная по́чва, яче́истая по́чва
Polygonales *pl* Polygonaceae греч́ишные
Polygonalstruktur *f* полигона́льная структу́ра
Polygonaltextur *f* полигона́льная тексту́ра
Polygonaufnahme *f* полиго́нная съёмка
Polygonausgleichung *f* выра́внивание многоуго́льников
Polygonberechnung *f* вычисле́ние полиго́на
Polygonboden *m* Polygonalboden полигона́льная по́чва
Polygonnetz *n* полиго́нная сеть; полигонометри́ческая сеть
Polygonpunkt *m* полиго́нная то́чка; полигонометри́ческий пункт
Polygonvermessung *f* полиго́нное измере́ние
Polygonwinkel *m* у́гол полиго́на
Polygonzug *m* полигона́льный ход, полиго́нный ход, полигонометри́ческий ход
polyhalin полихали́нный
Polyhalit *m* $K_2Ca_2Mg[SO_4]_4 \cdot 2H_2O$ полигали́т
Polyhalit- полигали́товый
polykarp многопло́дный
Polykiesel- поликремнёвый
Polykieselsäure *f* поликремнёвая кислота́
Polykras *m* Euxenit поликра́з
polykristallin поликристалли́ческий
Polylithionit *m* Glimmergruppe securities полилитиони́т
Polymastigina *pl* многожгу́тиковые
polymer полиме́рный
Polymera *pl* многочле́нистые
Polymerie *f* полимери́я
Polymerisat *n* полимериза́т, проду́кт полимериза́ции
Polymerisation *f* Polymerisierung полимериза́ция
Polymerisationsgrad *m* сте́пень полимериза́ции
Polymerisationsmittel *n* аге́нт полимериза́ции
Polymerisationsprodukt *n* полимериза́т, проду́кт полимериза́ции
Polymerisationsprozeß *m* Polymerisationsvorgang проце́сс полимериза́ции
polymerisieren полимеризи́ровать *uv.*, *v.*
Polymerisieren *n* полимеризова́ние
polymerisiert полимеризо́ванный
Polimerisierung *f* Polymerisation полимериза́ция
Polymetall *n* полимета́лл
polymetallisch Polymetall- полиметалли́ческий
Polymetall-Lagerstätte *f* полиметалли́ческое месторожде́ние
Polymetallsulfid *n* полиметалли́ческий сульфи́д
polymetamorph полиметаморфи́ческий
Polymetamorphose *f* полиметаморфи́зм
Polymignit *m* Mineral der Euxenitgruppe полимигни́т
polymikt полими́ктовый
polymineralisch полиминера́льный
polymolekular многомолекуля́рный, полимолекуля́рный
polymorph vielgestaltig полиморфи́ческий, полимо́рфный
Polymorphie *f* Polymorphismus полиморфи́зм, многофо́рмность
Polymorphose *f* полиморфи́зм
Polynom *n* многочле́н
polynuklear многоя́дерный
Polyovoid *n* полиово́ид

Polyp *m* поли́п
polypalmat bei Brachiopoden полипальма́тный
Polypeptide *n/pl* полипепти́ды
polyphyletisch полифилети́ческий
Polypide *pl* frei bewegliche Weichteile des Zooids (Bryozoen) полипи́ды
Polypodiaceae *pl* кочедыжниковые
Polyprotodontia *pl* полипротодо́нты, многорезцо́вые
Polysphärit *m* Calciumpyromorphit полисфери́т
Polysulfid *n* полисульфи́д
polysulfidisch Polysulfid- многосерни́стый, многосе́рный
Polysymmetrie *f* полисимметри́я
polysynthetisch полисинтети́ческий
polytaxitisch политакси́товый
Polytechnikum *n* полите́хникум, политехни́ческий институ́т
polytechnisch политехни́ческий
polytektonisch политектони́ческий
polytherm(isch) политерми́ческий
polyvalent многовале́нтный; поливале́нтный
polyvariant поливариа́нтный
Polyxen *m* Platingruppe поликсе́н
polyzyklisch полицикли́ческий
Polzenit *m* Ganggestein польцени́т
Pommersches Stadium *n* помо́рская ста́дия
Ponit *m* † Ferrorhodochrosit пони́т
Ponor *m* поно́р
Pont *n* pontische Stufe понти́ческий я́рус, понт
Pontiden *pl* Понти́ды
pontisch Pont- понти́ческий
Pontische Stufe *f* Pont понти́ческий я́рус, понт
pontoperculat мостови́дно-перку́лиевый
Population *f* Faunengemeinschaft популя́ция
Pore *f* Gesteinspore по́ра
porenarm бе́дный по́рами
Porenausfüllung *f* заполне́ние пор
Porendruck *m* по́ровое давле́ние
Porendurchmesser *m* диа́метр пор
Porenfüllung *f* заполне́ние пор
Porengehalt *m* по́ристость
Porenkanal *m* по́ровый кана́л
Porenkanalzone *f* по́рово-кана́льная зо́на
Porenlösung *f* по́ровый раство́р
Porenöffnung *f* по́ровое отве́рстие
Porenraum *m* по́ровое простра́нство
Porenraute *f* bei Cystoidea по́ровый ромб
Porenrestlösung *f* оста́точный по́ровый раство́р
Porensaugwasser *n* капилля́рная вода́
Porensauswirkung *f* капилля́рное де́йствие
Porensystem *n* систе́ма пор
Porentextur *f* по́ристая тексту́ра
Porenverteilung *f* распределе́ние пор (по разме́рам)
Porenvolumen *n* Porenraum объём пор
Porenwasser *n* внутрипо́ровая вода́, вода́ в по́рах
Porenwasserdruckentlastung *f* пониже́ние давле́ния воды́ в по́рах
Porenwasserströmung *f* тече́ние по́ровой воды́
Porenwasserüberdruck *m* избы́точное по́ровое давле́ние, избы́точное давле́ние воды́ в по́рах
Porenwasserunterdruck *m* пони́женное давле́ние воды́ в по́рах
Porenweite *f* величина́ пор
Porenziffer *f* коэффицие́нт по́ристости
porig porös по́ристый, ноздрева́тый
Porigkeit *f* по́ристость
Porodit *m* klastische Form von Ergußgesteinen породи́т
porös porig по́ристый; сква́жистый
Porosität *f* Porengehalt по́ристость, ноздрева́тость, сква́жность
Porositätsbestimmung *f* определе́ние по́ристости
Porositätsdiagramm *n* диагра́мма по́ристости
Porositätsfaktor *m* коэффицие́нт по́ристости
Porositätskoeffizient *m* коэффицие́нт по́ристости
Porositätsmessung *f* измере́ние по́ристости
Porositätszahl *f* коэффицие́нт по́ристости
Porpezit *m* Legierung von Gold mit Rhodium bzw. Palladium порпеси́т
Porphyr *m* порфи́р
Porphyr- порфи́ровый
porphyrartig порфирови́дный
Porphyrgestein *n* порфи́ровая поро́да
Porphyrin *n* порфири́н

porphyrisch Porphyr- порфи́ровый
Porphyrit *m* порфири́т
Porphyroblast *m* порфиробла́ст
Porphyroblastenbildung *f* образова́ние порфиробла́стов
Porphyroblastengestein *n* порфиро-бла́стовая поро́да
porphyroblastisch Porphyroblasten- порфиробла́стовый
Porphyroklast *m* порфирокла́ст
porphyroklastisch порфирокласти́ческий
Porphyrstruktur *f* порфи́ровая структу́ра
Portland *n* Portlandstufe по́ртланд, по́ртдандский я́рус
Portland- портла́ндский
Portlandit *m* $Ca(OH)_2$ портланди́т
Portlandzement *m* по́ртланд-цеме́нт
Portlandzement- портландцеме́нтный
Portlandzementklinker *m* портланд-цеме́нтный кли́нкер
Portlandzementmörtel *m* портланд-цеме́нтный раство́р
Porzellan *n* фарфо́р
Porzellan- фарфо́ровый
porzellanartig фарфорови́дный
Porzellanit *m* порцеллани́т, фарфо́ровая я́шма, земляно́й шлак
Porzellanjaspis *m* фарфо́ровая я́шма
Porzellanschicht *f* фарфорови́дный сло́й
Porzellanton *m* фарфо́ровая гли́на
Posener Stadium *n* позна́нская ста́дия
Pošepnyit *m* Kohlenwasserstoff der Methanreihe пошеппни́т
Posidonien- позидо́ниевый
Posidonienschichten *f/pl* позидо́ниевые слои́
Posidonienschiefer *m* позидо́ниевый сла́нец
Position *f* пози́ция, местоположе́ние
Positions- позицио́нный
Positionskorrelation *f* позицио́нная корреля́ция
Positionsprinzip *n* позицио́нный при́нцип
positiv положи́тельный, позити́вный
Positivform *f* позити́вная фо́рма
Positron *n* позитро́н
Positronen- позитро́нный
Positronenzerfall *m* позитро́нный распа́д
postalgonkisch послеальго́нкский
Postanal- постана́льный
Postanalplatte *f* постана́льная пласти́нка
postaxial постаксиа́льный
postcranial Postcranial- посткраниа́льный
postdiagenetisch постдиагенети́ческий
postembryonal Postembryonal- постэмбриона́льный
Posten *m* Stelle пост
posterosiv послеэрозио́нный
postfrontal заднело́бный
Postfrontale *n* заднело́бная кость
postgenital постгенита́льный
Postglazial *n* послеледнико́вый пери́од, послеледнико́вая эпо́ха
postglazial Postglazial-, nacheiszeitlich послеледнико́вый, постгляциа́льный
Postglazialzeit *f* послеледнико́вый пери́од
posthum посту́мный, унасле́дованный
Posthumität *f* посту́мность, унасле́дованность
postjurassisch послею́рский
postkinematisch посткинемати́ческий
postkristallin посткристалли́ческий
postmagmatisch послемагмати́ческий, постмагмати́ческий
postoral послеротово́й
postorbital Postorbital- заглазни́чный
Postorbitale *n* заглазни́чная кость
Postorbitalfortsatz *m* посторбита́льный отро́сток
postorogen посторoге́нный
postplenial заднепласти́нчатый
postplinianisch послеплиниа́ский
Postpliozän *n* постплиоце́н
postpliozän Postpliozän- постплиоце́новый
Postsalinar *n* надсолевы́е отложе́ния
postsalinar- Postsalinar- надсолево́й
postsedimentär постседиментацио́нный
Postspleniale *n* заднепласти́нчатая кость
posttektonisch посттектони́ческий
Posttemporale *n* задневисо́чная кость
posttertiär послетрети́чный
postthorakal metathorakal заднегру́дный
postum посту́мный
postvulkanisch послевулкани́ческий, поствулкани́ческий

Postwürm *n* поствю́рм
Postwürm- поствю́рмский
potamogen потамоге́нный
Potamogeton *n* рдест
Potarit *m* PdHg oder Pd_3Hg_2 потари́т
Potential *n* потенциа́л
Potential- потенциа́льный
Potentialabfall *m* паде́ние потенциа́ла
Potentialänderung *f* измене́ние потенциа́ла
Potentialausgleich *m* выра́внивание потенциа́лов, уравне́ние потенциа́лов
Potentialbewegung *f* потенциа́льное движе́ние
Potentialdifferenz *f* ра́зность потенциа́лов
Potentialempfindlichkeit чувстви́тельность к потенциа́лу
Potentialfeld *n* потенциа́льное по́ле
Potentialfeldstruktur *f* структу́ра потенциа́льного по́ля
Potentialfläche *f* потенциа́льная пове́рхность
Potentialfunktion *f* потенциа́льная фу́нкция, степе́нная фу́нкция
Potentialgefälle *n* Potentialabfall паде́ние потенциа́ла, градие́нт потенциа́ла
Potentialgradient *m* градие́нт потенциа́ла, потенциа́льный градие́нт
Potentialmessung *f* измере́ние потенциа́ла
Potentialschwankung *f* колеба́ние потенциа́ла
Potentialsprung *m* скачо́к потенциа́ла
Potentialstörung *f* анома́лия потенциа́ла
Potentialströmung *f* потенциа́льное тече́ние
Potentialtheorie *f* тео́рия потенциа́ла
Potentialunterschied *m* ра́зность потенциа́лов
Potentialveränderung *f* измене́ние потенциа́ла
Potentialwert *m* значе́ние потенциа́ла
Potentialzahl *f* потенциа́льное число́
Potentialzuwachs *m* прираще́ние потенциа́ла
potentiell Potential- потенциа́льный
Potentiometer *n* потенцио́метр
Potentiometrie *f* потенциоме́трия
potentiometrisch потенциометри́ческий
Potenz *f* 1. поте́нция. 2. сте́пен, показа́тель сте́пени
Potenzialunterschied *m* ра́зность потенциа́лов
potenziell потенциа́льный
potenzieren потенци́ровать *uv.*, *v.*, возводи́ть/возвести́ в сте́пень
Potenzreihe *f* степе́нный ряд
poterioceracon bei Nautiloidea потериоцерако́новый
Potsdam-Sandstein *m* Kambrium Nordamerikas потсда́мский песча́ник
Powellit *m* $Ca[MoO_4]$ повелли́т
präanal преана́льный
präantennal предантенна́льный
präarid доари́дный
präbaltisches Stadium *n* добалти́йская ста́дия
Praearticulare *n* предсочлено́вная кость
Praearticularia *pl* предсочлено́вые
Präepipodit *m* преэпиподи́т
Praefrontale *n* переднело́бная кость, предло́бная кость
praemaxillar предчелюстно́й
Praemaxillare *n* предчелюстна́я кость
Praemaxillaria *pl* предчелюстны́е
Praemolares *pl* предкоренны́е
Praeoperculum *n* предкры́шечная, предкры́шка
Praepubis *n* предлобко́вая кость
Praevomer *n* предсошни́к
präglabellar предглабелля́рный
präglazial Präglazial- доледнико́вый
prähistorisch доистори́ческий
prähistorische Siedlung *f* городи́ще
präintrusiv доинтрузи́вный
präjurassisch доюрский
präkambrisch vorkambrisch докембри́йский
Präkambrium *n* Vorkambrium доке́мбрий, докембрийский пери́од
prä-Kelloway- предкеллове́йский
Prallhang *m* подмывно́й бе́рег, размыва́емый берегово́й отко́с
prämetamorph дометаморфи́ческий
prä-mitteldevonisch досреднедево́нский
prämolar предкоренно́й
Prämolar *m* предкоренно́й зуб
prä-oberdevonisch предверхнедево́нский
prä-oberpermisch предверхнепе́рмский
Präoccipitalring *m* предзаты́лочное кольцо́

präoral Präoral- предротовóй
präorogen преорогéнный
Präparat *n* препарáт
Präparation *f* препарирóвка
Präparator *m* препарáтор
präparieren препарúровать *uv., v.*
Präpariernadel *f* препарáторская иглá, препаровáльная иглá
Präparierung *f* препарúрование, препарóвка
präquartär vorquartär дочетвертúчный
Prärie *f* прéрия
präripheisch дорифéйский
Präsalinar *n* досоленóсные отложéния
präsalinar досоленóсный
Prasem *m* Varietät von Quarz прáзем
Praseodym *n* Pr празеодúм(ий)
Praseolith *m* † zersetzer Cordierit празеолúт
präseptal Präseptal- пресептáльный
Prasinit *m* празинúт
Prasinit- празинúтовый
Prasinitschiefer *m* празинúтовый слáнец
Prasopal *m* Varietät von Opal празопáл
prätektonisch дотектонúческий, претектонúческий
Präuraliden *pl* Доуралúды
Praxis *f* Praktikum прáктика
Präzession *f* прецéссия
Präzessions- прецессиóнный
Präzessionsbewegung *f* прецессиóнное движéние
Präzessionskonstante *f* постоя́нная прецéссии
Präzessionspendelung *f* прецессиóнные колебáния
Präzipitatdünger *m* преципитáт-удобрéние
Präzision *f* тóчность
Präzisions- тóчный, прецизиóнный
Präzisionsarbeit *f* тóчная рабóта
Präzisionsgrenze *f* предéл тóчности, предéльная тóчность
Präzisionsinstrument *n* тóчный инструмéнт, прецизиóнный инструмéнт
Präzisionsnivellement *n* тóчная нивелирóвка, тóчное нивелúрование
Präzisionslatte *f* прецизиóнная рéйка
Präzisionsmeßinstrument *n* высокотóчный измерúтельный прибóр
Präzisionsmessung *f* тóчное измерéние, прецизиóнное измерéние
Präzisionsnivellierlatte *f* прецизиóнная нивелúрная рéйка
Präzisionstheodolit *m* прецизиóнный теодолúт
Predazzit *m* предаццúт
Prehnit *m* $Ca_2Al_2[(OH)_2|Si_3O_{10}]$ пренúт
Prehnitisierung *f* пренитизáция
Preßbarkeit *f* прессýемость
Preßbeton *m* прессóванный бетóн
Preßeishügel *m* Eisschollen торóс
Preßflüssigkeit *f* жúдкость под давлéнием
Preßkohle *f* брикетúрованный ýголь, прессóванный ýголь
Preßkopf *m* Inggeol. нагнетáльная головка
Preßluftbohrhammer *m* пневматúческий буровóй мóлот
Preßluftbohrung *f* пневматúческое бурéние, бурéние пневматúческим инструмéнтом
Preßlufthammer *m* пневматúческий молотóк
Preßtorf *m* брикетúрованный торф; прессóванный торф
Pressung *f* Einengung сжáтие
Pressungsfeld *n* учáсток сжáтия
Pressungsgebiet *n* райóн сжáтия, плóщадь сжáтия, учáсток сжáтия
Pressungsrichtung *f* направлéние сжáтия
Pressungsspalte *f* трéщина от давлéния, трéщина от сжáтия
Preßzementdichtung *f* Inggeol. уплотнéние цементáцией
Preußischblau *n* берлúнская лазýрь
Priabona- приабóнский
Priabona(-Stufe) *n(f)* приабóнский я́рус
Příbramit *m* teils Cd-haltige Zinkblende, teils „Samtblende" пшибрамúт
Priceit *m* † Pandermit прицеит, прайсейт
Priel *m* залúвчик
Prilepit *m* fossiles Harz von Prilep прилепúт
primär Primär- первúчный
primär gestreift первúчно-полóсчатый
primäre Alkalinität *f* пéрвая щёлочность
primäre Lagerstätte *f* первúчное месторождéние, кореннóе месторождéние
primäre Salinität *f* пéрвая солёность

primäre Schieferung *f* первичная сланцеватость
primäres Einfallen *n* первоначальное падение
Primärfarbe *f* основной цвет
Primärfeld *n* первичное поле
Primärgestein *n* первичная порода
Primärgewebe *n* первичная ткань
Primärionisation *f* начальная ионизация
Primärladung *f* первичный заряд
Primärlagerstätte *f* первичное месторождение, коренное месторождение
primärmagmatisch первично-магматический
Primäroxid *n* первичный окисел
primär-sedimentär первичноосадочный
Primärspannung *f* первичное напряжение
Primärstrahlung *f* первичное излучение
Primärstruktur *f* первичная структура
Primärteer *m* первичный дёготь
Primärtektogenese *f* первичный тектогенез
Primärverwachsung *f* первичное срастание
Primärzelle *f* первичная ячейка
Primaten *pl* приматы
Primofilices *pl* прапапоротники
primordial Primordial- примордиальный, первичный, изначальный
Primordialfauna *f* примордиальная фауна
Primulaceae *pl* первоцветные
Principes *pl* пальмоцветные
Prinzip *n* Grundsatz принцип
prionidisch gezackte Lobenlinie прионидный
Priorit *m* Blomstrandin приорит
Priorität *f* приоритет, первенство
Prisma *n* призма
Prismatin *m* ähnlich Kornerupin призматин
prismatisch Prismen- призматический
prismatische Symmetrieklasse *f* моногирно-планаксиальный вид симметрии, призматический вуд симметрии
Prismenaufsatz *m* призменная насадка
Prismenfeldstecher *m* призматический бинокль
Prismeninstrument *n* призменный инструмент, инструмент с системой призм
Prismenkompaß *m* призматический компас
Prismenmethode *f* способ призмы
Prismensatz *m* набор призм, система призм
Prismenschicht *f* призматический слой
Prixit *m* identisch mit Mimetesit приксит
Probe *f* 1. Handstück образец, проба. 2. Versuch опыт
Probe- 1. пробный. 2. опытный, пробный
Probebelastung *f* пробная нагрузка, испытание пробной нагрузкой
Probedruck *m* пробное давление
Probeentnahmegerät *n* пробоотборник
Probekern *m* пробный керн
Probekörper *m* образец для испытания
Probelast *f* пробная нагрузка
Probematerial *n* вещество пробы; пробный материал
Probenahme *f* 1. Gestein отбор пробы, взятие пробы. 2. Wasser пробная откачка
Probenahmenetz *n* сетка опробования
Probenahmepunkt *m* место взятия образца
Probenahmetiefe *f* глубина взятия проб
Probenaufsammlung *f* сбор проб, сбор образцов
Probenbeschreibung *f* описание образцов
Probenehmer *m* прибор для взятия проб
Probematerial *n* вещество пробы; пробный материал
Probenteiler *m* разделитель образцов
Probepumpversuch *m* пробная откачка
Proberechnung *f* поверочное вычисление
Probertit *m* Kramerit $NaCa[B_5O_6(OH)_6] \cdot 2H_2O$ пробертит
Probeschlitz *m* борозда
Probesprengung *f* пробный взрыв
Probestück *n* Handstück образец, проба
Probeverfahren *n* контрольный способ, метод поверки
Probier- пробирный
Probieranalyse *f* пробирный анализ
Probierkunst *f* пробирное искусство
Probierstein *m* пробирный камень

Probierwaage *f* пробирные весы
Problem *n* проблема
problematisch zweifelhaft проблематический
Proboscidea *pl* хоботные
Procambium *n* прокамбий
Prochlorit *m* $(Mg, Fe)_5Al[(OH)_8|AlSi_3O_{10}]$ прохлорит
prochoanitisch прохоанитовый
procoel процельный
Prodissoconch *n* продиссоконх
Productidae *pl* продуктиды
Productus- продуктусовый
Productus-Kalk *m* продуктусовый известняк
Produkt *n* 1. Erzeugnis продукт. 2. Math. произведение
Produktion *f* Erzeugung продукция; добыча
Produktionsabfall *m* Produktionsrückgang падение добычи
Produktionsbohren *n* эксплуатационное бурение
Produktionsbohrung *f* эксплуатационная скважина
Produktionserhöhung *f* повышение добычи
Produktionsertrag *m* выход продукции
Produktionsfeld *n* эксплуатационный район
Produktionsrückgang *m* падение добычи
Produktionsverfahren *n* способ добычи, метод добычи
Produktionszweig *m* отрасль производства
produktiv bauwürdig продуктивный
Produktivität *f* Leistungsfähigkeit продуктивность; производительность
Produktivkräfte *f/pl* производительные силы
Produktuskalk *m* продуктусовый известняк
Profil *n* профиль, разрез, сечение
Profiländerung *f* изменение профиля
Profilaufnahme *f* съёмка профиля
Profilberechnung *f* расчёт профиля
Profilbohren *n* профильное бурение
Profilierung *f* профилирование
Profilknick *m* перелом профиля
Profilkonstruktion *f* построение профиля
Profilkoordinate *f* координата профиля
Profillinie *f* линия профиля
Profilmessung *f* профилирование
Profilmethode *f* метод разрезов
Profilrichtung *f* направление профиля
Profilschnitt *m* профильный разрез
Profilvermessung *f* профилирование
Prognose *f* Vorhersage прогноз, предсказание
Prognosekarte *f* карта прогноза
Prognosenmethode *f* метод прогноза
Programm *n* программа
progressiv прогрессивный
Projekt *n* Plan, Entwurf проект, план
projektieren planen, entwerfen проектировать/спроектировать
Projektion *f* проекция
Projektions- проекционный
Projektionsachse *f* ось проекции
Projektionsebene *f* плоскость проекции
Projektionsentfernung *f* проекционное расстояние
Projektionsfläche *f* поверхность проекции, площадь проекции
Projektionsgerät *n* проектирующий прибор
Projektionslinie *f* проекционная линия
Projektionspunkt *m* точка проекции
Projektionsschirm *m* экран
Projektionszentrum *n* центр проекции
projektiv проективный
Projizierung *f* проектирование
prolat продолговатый
Prolobites- пролобитовый
Prolobites-Schichten *f/pl* пролобитовые слои
Proloculum *n* пролокулум
proluvial пролювиальный
Proluvium *n* пролювий
Promethium *n* Pm прометий
Proostracum *n* проостракум
Prooticum *n* переднеушная кость, передняя слуховая кость
Propan *n* C_3H_8 пропан
Propan- пропановый
Propanfraktion *f* пропановая фракция
propanoxydierend пропаноокисляющий
propar пропарный, переднешовный, переднещечный
Proparia *pl* пропарные, переднешовные, переднещечные (трилобиты)
Propionsäure *f* $C_2H_5 \cdot COOH$ пропионовая кислота
Propliopithecus *m* проплиопитек

Proportion *f* пропо́рция, соотноше́ние
proportional пропорциона́льный
Proportionalität *f* пропорциона́льность
Proportionalitätsfaktor *m* коэффицие́нт пропорциона́льности
Proportionalitätsgesetz *n* зако́н пропорциона́льности
Proportionalitätsgrenze *f* преде́л пропорциона́льности
Proportionalitätskoeffizient *m* коэффицие́нт пропорциона́льности
Proportionalitätszahl *f* коэффицие́нт пропорциона́льности
Propylit *m* пропили́т
Propylit- пропили́товый
propylitisieren пропилитизи́ровать *uv.*, *v.*
propylitisiert пропилитизи́рованный
Propylitisierung *f* пропилитиза́ция
Propylitisierungszone *f* зо́на пропилитиза́ции
Prosenchym- прозенхи́мный
Prosenchymzelle *f* прозенхи́мная кле́тка
Prosicula *f* проси́кула
Prosimiae *pl* полуобезья́ны
Prosiphon *m* просифо́н
Prosobranchia *pl* переднежа́берные, верхнежа́берные
prosogyr прозоги́рный
Prosoma просо́ма, пере́дний отде́л
Prosopit *m* $Ca[Al(F, OH)_4]_2$ прозопи́т
Prospektion *f* по́иск
Prospektions- Prospektierungs- по́исковый
Prospektierungsarbeiten *f/pl* по́исковые рабо́ты
Prospektionsbohren *n* по́исковое буре́ние
Prospektionsbohrung *f* по́исковая скважина
Prospektionsgeologe *m* гео́лог-поискови́к
Prospektionshinweis *m* по́исковый при́знак
Prospektionsmethode *f* по́исковый ме́тод
Prospektor *m* Prospektionsgeologe проспе́ктор, поискови́к, разве́дчик
Prosutur *f* просуту́ра
Protaktinium *n* Pa протакти́ний
Proteaceae *pl* проте́йные
Protease *f* протеа́за
Protegulum *n* bei Brachiopoden horniges Embryonalgehäuse проте́гулум
Proteide *pl* протеи́ды
Protein *n* протеи́н, бело́к
Proteinstoffwechsel *m* белко́вый обме́н
Proterobas *m* протероба́з
Proterobas- протероба́зовый
Proterobasgang *m* протероба́зовая жи́ла
proteroblastisch протеробласти́ческий
Proterogenese *f* протерогене́з
Proterosuchidae *pl* протерозу́хии
Proterozoikum *n* протерозо́й, протерозо́йская э́ра, протерозо́йская гру́ппа
proterozoisch протерозо́йский
Prothallium *n* заро́сток
Protheca *f* проте́ка
Prothorax *m* прото́ракс, переднегру́дь
Protista *pl* проти́сты
protoaquatisch первичново́дный
Protobastit *m* Bronzit протобасти́т
Protobitumen *n* протобиту́м
Protoblastese *f* протобласте́з
Protocephalon *n* протоцефало́н
Protochoanites *pl* протохоани́ты
Protocon *n* протоко́н
Protoconch *n* Anfangskammer протоко́нх, нача́льная ка́мера
Protoconid протокони́д
protodont протодо́нтный
Protofulgoridae *pl* древнесветоно́сковые
protogen протоге́нный
Protoklas *m* Strukturbezeichnung metamorpher Gesteine протокла́з
protoklastisch протокласти́ческий
Protolenidae *pl* протолени́ды
Protolepidodendrales *pl* протолепидоде́ндровые
Protoloph *m* протоло́ф
protomagmatisch протомагмати́ческий
Protomonadina *pl* перви́чные мона́ды
Protomylonit *m* протомилони́т
Proton *n* прото́н
Protonema *n* протоне́ма
Protooecium *n* Anfangsteil der Ancestrula bei Bryozoen протоэ́циум
Protoparia *pl* первичнощёчные
Protoplasma *n* протопла́зма
Protoplasma- протоплазмати́ческий
Protopodit *m* протоподи́т

Protorthoptera *pl* дре́вние прямокры́лые, предпрямокры́лые
Protosauria *pl* протоза́вры
Protoseptum *n* перегоро́дка пе́рвого поря́дка, перви́чная перегоро́дка, перви́чная се́пта
Protostele *f* протосте́ла
Prototheria *pl* прототе́рии, первозве́ри, первобы́тные млекопита́ющие
prototroph прототро́фный
Prototyp *m* перви́чный тип
Protoxylem *n* протоксиле́ма
Protozoen *pl* просте́йшие
Protracheata *pl* первичнотрахе́йные
Protractores *pl* paarige Muskeln bei inarticulaten Brachiopoden протра́кто́ры
Proustit *m* Lichtes Rotgültigerz Ag_3AsS_3 прусти́т, кра́сная серебряная руда́
Provinz *f* прови́нция, о́бласть
proximal Proximal- прокси́ма́льный, адаксиа́льный
Prozent *n* Prozentsatz проце́нт
Prozent- prozentig проце́нтный
Prozentgehalt *m* проце́нтное содержа́ние
prozentual проце́нтный
Prozentverhältnis *n* проце́нтное соотноше́ние
Prozeß *m* Vorgang проце́сс
Prüfeinrichtung *f* испыта́тельное устро́йство
Prüfmaß *n* прове́рочный разме́р, контро́льный разме́р
Prüfmessung *f* Kontrollmessung контро́льное измере́ние
Prüfmethode *f* ме́тод испыта́ния
Prüfspannung *f* про́бное напряже́ние
Prüfung *f* 1. Kontrolle прове́рка, пове́рка. 2. Erprobung испыта́ние
Prüfungs- Probe-, Versuchs- испыта́тельный
Prüfungsverfahren *n* спо́соб испыта́ния, ме́тод испыта́ния
Psammit *m* псамми́т
Psammitaleurolit *m* 50—70% Aleurit, 25—50% Psammit, 0—5% Pelit псамми́товый алевроли́т
psammitisch Psammit- псамми́товый
psammitischer Aleurolit *m* 70—90% Aleurit, 5—30% Psammit, 0—5% Pelit псамми́тистый алевроли́т
psammitischer Pelitaleurolit *m* 50—70% Aleurolit, 5—25% Psammit, 5—25% Pelit псамми́тово-пели́товый алевроли́т
psammitisch-pelitischer Aleurolit *m* 50 bis 70% Aleurit, 25—45% Psammit, 5—25% Pelit псамми́тово-пели́тистый алевроли́т
Psammitstruktur *f* псамми́товая структу́ра, псамми́товое строе́ние
psammodont псаммодо́нтовый
Psephit *m* псефи́т
psephitisch Psephit- псефи́товый
Pseudoabsorption *f* псевдоабсо́рбция
pseudoabyssisch псевдоабисса́льный
Pseudoalveole *f* псевдоальвео́ла
Pseudoboleit *m* $5PbCl_2 \cdot 4Cu(OH)_2 \cdot 2^1/_2H_2O$ псевдоболеи́т
Pseudoborniales *pl* псевдобо́рниевые
Pseudobrekzie *f* псевдобре́кчия
Pseudobrookit *m* Fe_2TiO_5 псевдобруки́т
Pseudochilidium *n* псевдохили́диум, ло́жный хили́диум
Pseudochitin *n* псевдохити́н
Pseudochrysolith *m* псевдохризоли́т
Pseudocolumella *f* псевдоколуме́лла, ло́жный сто́лбик
Pseudodeltidium *n* псевдодельти́диум, ло́жный дельти́диум
pseudoeutektisch псевдоэвтекти́ческий
pseudofluidal Pseudofluidal- псевдофлюида́льный
Pseudofossil *n* псевдоокамене́лость
Pseudofusulinen-Horizont *m* псевдофузули́новый горизо́нт
Pseudoglaukophan *m* Varietät von Glaukophan псевдоглаукофа́н
pseudoglazial ложноледнико́вый
Pseudoglimmerschiefer *m* псевдослюдяно́й сла́нец
Pseudohof *m* ло́жный орео́л, псевдоорео́л
pseudoinvolut псевдоинволю́тный
Pseudokampylit *m* † tonnenförmiger Pyromorphit псевдокампили́т
Pseudokennelkohle *f* псевдокенне́левый у́голь
Pseudokiemen *f/pl* ло́жные жа́бры
pseudoklastisch псевдокласти́ческий
Pseudokonkordanz *f* ло́жное согла́сие
Pseudokonkretion *f* псевдоконкре́ция
pseudokristallin псевдокристалли́ческий, ложнокристалли́ческий

pseudokubisch псевдокуби́ческий
pseudolabil псевдонеусто́йчивый
Pseudoleucit *m* Gemenge von Orthoklas und Nephelin pseudomorph nach Leucit псевдолейци́т
pseudoleucitisch псевдолейци́товый
Pseudolösung *f* псевдораство́р
pseudometallisch псевдометалли́ческий
pseudomonoklin псевдомонокли́нный
pseudomorph псевдомо́рфный
Pseudomorphose *f* псевдоморфо́за
Pseudomorphose(n)- псевдоморфо́зный
pseudomorphosiert псевдоморфизо́ванный
Pseudoneuroptera *pl* ложносетчатокры́лые
pseudooktaedrisch псевдооктаэдри́ческий
Pseudoperthit *m* псевдоперти́т
Pseudophit *m* dichte Orthochlorite псевдофи́т
Pseudophyllodium *n* псевдофилло́дий
Pseudoplankton *n* псевдопланкто́н
pseudoplanktonisch Pseudoplankton- псевдопланкто́нный
Pseudopodien *n/pl* Scheinfüßchen псевдопо́дии, ложноно́жки
Pseudopodium- псевдопо́диевый
pseudoporig ложнопо́ристый
Pseudoporphyr *m* псевдопорфи́р
pseudoporphyrisch псевдопорфи́ровый, ложнопорфи́ровый
Pseudopyrochroit *m* † Bäckströmit псевдопирохрои́т
Pseudosageceras-Zone *f* псевдосаге́церасовая зо́на
Pseudosalz *n* псевдосо́ль
Pseudosäure *f* псевдокислота́
Pseudoschichtung *f* псевдослои́стость, ло́жная слои́стость, ло́жное наслое́ние
Pseudoschieferung *f* ло́жная сланцева́тость, ло́жный клива́ж
Pseudospondylium *n* псевдоспонди́лиум, ло́жный спонди́лий
Pseudostruktur *f* псевдострукту́ра
Pseudosuchia *pl* псевдозу́хии
Pseudotachylyt *m* псевдотахили́т, ло́жный тахили́т
Pseudotaxit *m* структу́рный такси́т
Pseudoterrasse *f* псевдотерра́са, ло́жная терра́са
Pseudotheca *f* ло́жная сте́нка
pseudoviskos псевдовя́зкий
pseudovitrophyrisch псевдовитрофи́ровый
Pseudowavellit *m* Mineral der Hamlinitgruppe псевдовавелли́т
pseudowissenschaftlich лженау́чный
Pseudozwilling *m* псевдодвойни́к, ло́жный двойни́к
Psilogena *pl* псилоге́новые
Psilomelan *m* Hartmanganerz псиломела́н
Psilomelan- псиломела́новый
Psilomelanerz *n* псиломела́новая руда́
Psilomelanhut *m* псиломела́новая шля́па
Psilonoten- псилоно́товый
Psilonoten-Schichten *f/pl* псилоно́товые слои́
Psilophyta *pl* псилофи́ты, псилофи́товые
Psilophyten- псилофи́товый
Psilophytenflora *f* псилофи́товая фло́ра
Psilotaceae *pl* псило́товые
Psilotales *pl* псило́товые
Psittacosauria *pl* пситтакоза́вры
Psychrometer *n* Feuchtigkeitsmesser психро́метр
psychrometrisch психрометри́ческий
Pteranodon *n* птеранодо́н
Pterichtys *pl* крылопа́нцирные
Pteridophyta *pl* птеридофи́ты, папоротникообра́зные
Pteridospermatophyta *pl* птеридоспе́рмы, папоротникови́дные семенны́е
Pteridospermidae *pl* птеридосперми́ды
Pterobranchia *pl* крылож́аберные
Pterodactyloidea *pl* птерода́ктили
Pteromyidae *pl* летя́ги
Pteropoda *pl* птеропо́ды, крылоно́гие
Pteropoden- птеропо́довый
Pteropodenschlamm *m* птеропо́довый ил
Pteropsida *pl* папоротникови́дные
Pterosauria *pl* Flugsaurier птероза́вры, лета́ющие я́щеры
Pterygoid *n* крылови́дная кость, птериго́ид
Pterygota *pl* крыла́тые насеко́мые, крылоу́хие
Ptilolith *m* † Mordenit птилоли́т
ptygmatisch птигмати́товый
Ptygmatit *m* птигмати́т
Pubis *m* лобко́вая кость

Pucherit *m* Bi[VO_4] пухери́т
Puddingstein *m* пу́ддинг, пу́ддинговый ка́мень
Pufahlit *m* † Gemenge von Zinkblende und Teallit пуфали́т
Puffer- бу́ферный
Puffergemisch *n* бу́ферная смесь
Pufferlösung *f* бу́ферный раство́р
Puffermischung *f* бу́ферная смесь
Pufferung *f* бу́ферность
Pufferungsfähigkeit *f* бу́ферность
Pulaskit *m* Ganggestein пуласки́т
Pulaskit- пуласки́товый
Pulaskitaplit *m* ROSENBUSCH (1896) пуласки́товый апли́т
Pulaskitporphyr *m* пуласки́товый порфи́р
Pulmonata *pl* лёгочные (моллю́ски)
Pulpa *f* пу́льпа
Pulsation *f* пульса́ция
Pulsations- пульсацио́нный
Pulsationsgeschwindigkeit *f* ско́рость пульса́ции
Pulsationstheorie *f* пульсацио́нная тео́рия
pulsieren пульси́ровать *uv.*
Pulver *n* порошо́к
pulverartig порошкова́тый
Pulverdiagramm *n* дебаегра́мма
pulverförmig порошкообра́зный
pulverig порошкова́тый
Pulverisieren *n* измельче́ние в порошо́к; распыле́ние, пульвериза́ция
Pulvermethode *f* ме́тод порошка́, порошко́вый ме́тод
Pulverschnee *m* порошкова́тый снег
Pulververfahren *n* ме́тод порошка́, ме́тод получе́ния рентге́новской диагра́ммы от кристалли́ческого порошка́
Pumpanlage *f* насо́сная устано́вка
Pumpe *f* насо́с
Pumpeinrichtung *f* насо́сное устро́йство
Pumpellyit *m* Mineral der Zoisitreihe пумпеллии́т
Pumpen *n* Entnahme отка́чка
Pumpenaggregat *n* насо́сный блок
Pumpenanlage *f* насо́сная устано́вка
Pumpenleistung *f* мо́щность насо́са, производи́тельность насо́са
Pumpenschacht *m* насо́сная ша́хта
Pumpspeicherung *f* насо́сное аккумули́рование
Pumpspeicherwerk *n* насосноаккумули́рующая электроста́нция (устано́вка)
Pumpstation *f* Pumpwerk насо́сная ста́нция
Pumpversuch *m* о́пытная отка́чка, про́бная отка́чка
Pumpwerk *n* водока́чка
Punkt *m* то́чка, пункт
Punktberechnung *f* вычисле́ние то́чек, вычисле́ние пу́нктов
Punktbestimmung *f* определе́ние то́чек, определе́ние пу́нктов
Punktdiagramm *n* то́чечная диагра́мма
Punktdichte *f* частота́ пу́нктов
Punktdiagramm *n* то́чечная диагра́мма
Punktelektrode *f* Geophys. то́чечный электро́д
Punktelektrodensystem *n* Geophys. систе́ма то́чечных электро́дов
Punkterdung *f* Geophys. то́чечное заземле́ние
punktförmig то́чечный
Punktgruppe *f* гру́ппа то́чек, совоку́пность то́чек
Punktherd *m* то́чечный оча́г
punktieren пункти́ровать *uv.*, *v.*
punktiert пункти́рный
punktierte Linie *f* пункти́р
Punktierung *f* пунктиро́вка
Punktladung *f* то́чечный заря́д
Punktlast *f* сосредото́ченная нагру́зка
Punktmeßverfahren *n* то́чечный ме́тод измере́ния
Punktmethode *f* то́чечный ме́тод
Punktquelle *f* то́чечный исто́чник
Punktquellenpotential *n* потенциа́л то́чечных исто́чников
Punktreihe *f* ряд то́чек
Punktsystem *n* то́чечная систе́ма
Punktverfahren *n* то́чечный ме́тод, пункти́рный ме́тод
Purbeck *n* пу́рбек, пурбе́кский я́рус
Purbeck- пурбе́кский
Purbeck-Fauna *f* пурбе́кская фа́уна
Purpurit *m* ($Mn^{\cdots}$, $Fe^{\cdots}$)[PO_4] пурпури́т
Puschkinit *m* † Epidot пушкини́т
Puzzolan- пуццола́новый
Puzzolanerde *f* пуццола́н
Puzzolanzement *m* пуццоланцеме́нт, пуццола́новый це́мент

Pygidium *n* Schwanzschild пиги́дии, пиги́диум, хвостово́й щит
Pyknit *m* stengeliger Topas пикни́т
Pyknometer *n* пикно́метр
Pyrallolith- пиралloли́товый
Pyrallolithisierung *f* пираллолитиза́ция
Pyramide *f* Min. пирами́да
Pyramidenokteader *m* Trisoktaeder hhl пирамида́льный окта́эдр, тригон-триокта́эдр
Pyramidenstumpf *m* усечённая пирами́да
Pyramidentetraeder *m* Tristetraeder +{hll}, −{h$\bar{l}$l} пирамида́льный тетра́эдр, триго́н-тритетра́эдр
Pyramidenwürfel *m* Tetrakishexaeder {hkO} пирамида́льный куб, тетрагекса́эдр
Pyrargillit *m* Umwandlungsprodukt von Cordierit пираргилли́т,
Pyrargyrit *m* Dunkles Rotgültigerz Ag_3SbS_3 пираргири́т, сере́бряная обма́нка
pyrenäisch пирене́йский
pyrenäische Phase *f* пирене́йская фа́за скла́дчатости
Pyreneit *m* † Grossular mit graphitischen Einschlüssen пиреней́т
Pyrit *m* Eisenkies, Schwefelkies FeS_2 пири́т, се́рный колчеда́н
Pyrit- пири́товый
Pyriteinsprengling *m* пири́товое вкрапле́ние
pyritführend пиритоно́сный
pyrithaltig pyritführend пиритсодержа́щий
pyritisiert пиритизи́рованный
Pyritisierung *f* пиритиза́ция
Pyritkonkretion *f* пири́товая конкре́ция
Pyritlinse *f* ли́нса пири́та
Pyritofengas *n* газ колчеда́нной пе́чи
Pyritröstofen *m* колчеда́нная печь
Pyroantimonat *n* $M_4Sb_2O_7$ соль пиросурьмя́ной кислоты́, пироантимона́т
Pyroaurit *m* $Mg_6Fe_2[(OH)_{16}|CO_3]\cdot 4H_2O$ пироаури́т
Pyrobelonit *m* $PbMn[OH|VO_4]$ пиробелони́т
Pyrobitumen *n* пиробиту́м
Pyrochlor *m* $(Ca, Na)_2(Nb, Ta)_2O_6\cdot(O, OH, F)$ пирохло́р
Pyrochroit *m* $Mn(OH)_2$ пирохрои́т
pyroelektrisch пироэлектри́ческий
Pyroelektrizität *f* пироэлектри́чество
pyrogen пироге́нный
Pyrogenese *f* пирогене́з
pyrogenetisch пирогенети́ческий
pyroklastisch пирокласти́ческий
Pyrolusit *m* Polianit MnO_2 пиролюзи́т
Pyrolusit- пиролюзи́товый
Pyrolusithut *m* пиролюзи́товая шля́па
Pyromelin *m* † Morenosit mit etwas Mg пиромели́н
Pyrometamorphose *f* пирометаморфи́зм, пироморфи́зм
pyrometasomatisch пирометасомати́ческий
Pyrometasomatose *f* пирометасомати́зм
Pyrometer *n* пиро́метр
Pyrometrie *f* пирометри́я
pyrometrisch пирометри́ческий
pyromorph пиромо́рфный
Pyromorphit *m* $Pb_5[Cl|(PO_4)_3]$ пироморфи́т
Pyrop *m* $Mg_3Al_2[SiO_4]_3$ пиро́п
Pyrop- пиро́повый
Pyrophanit *m* $MnTiO_3$ пирофани́т
Pyrophosphat *n* $M_4P_2O_7$ соль пирофо́сфорной кислоты́, пирофосфа́т
Pyrophosphit *n* $M_4P_2O_5$ соль пирофо́сфористой кислоты́, пирофосфи́т
Pyrophosphor- пирофо́сфорный
Pyrophosphorit *m* † wohl Gemenge пирофосфори́т
Pyrophosphorsäure *f* $H_4P_2O_7$ пирофо́сфорная кислота́
Pyrophyllit *m* $Al_2[(OH)_2|Si_4O_{10}]$ пирофилли́т
Pyrophysalit *m* Varietät von Topas пирофизали́т
Pyropissit *m* Gemenge wachsartiger Substanzen пирописси́т
Pyropkomponente *f* пиро́повая составля́ющая
Pyropperidotit *m* пиро́повый перидоти́т
Pyroretin *m* fossiles Harz пирорети́н
Pyroschwefel- пиросе́рный
Pyroschwefelsäure *f* $H_2S_2O_7$ пиросе́рная кислота́
Pyrosklerit *m* in Pennin zersetzer Diallag пиросклери́т
Pyrosmalith *m* $(Mn,Fe)_8[(OH,Cl)_{10}|Si_6O_{15}]$ пиросмали́т
Pyrosmaragd *m* † Flußspat пиросмара́гд
Pyrostilpnit *m* Feuerblende Ag_3SbS_3 пиростильпни́т, о́гненная обма́нка

Pyrosulfat *n* $M_2S_2O_7$ соль пиросе́рной кислоты́, пиросульфа́т
Pyrosulfit *n* $M_2S_2O_5$ соль пиросерни́стой кислоты́, пиросульфи́т, метабисульфи́т
Pyrotechnit *m* † Thenardit пиротехни́т
Pyrotheria *pl* пироте́рии
Pyroxen *m* пироксе́н
Pyroxen- пироксе́новый
Pyroxenandesit *m* пироксе́новый андези́т
Pyroxenanorthosit *m* Lewinson-Lessing (1900) пироксе́новый анортози́т
Pyroxenaplit *m* Spurr (1902) пироксе́новый апли́т
Pyroxendazit *m* пироксе́новый даци́т
Pyroxengneis *m* пироксе́новый гне́йс
Pyroxengruppe *f* гру́ппа пироксе́на
Pyroxenhornfels *m* пироксе́новый рогови́к
Pyroxenit *m* пироксени́т
pyroxenitisch пироксени́товый
Pyroxenporphyrit *m* пироксе́новый порфири́т
Pyroxmangit *m* $(Fe, Mn)_7[Si_7O_{21}]$ пироксманги́т
Pyrrhoarsenit *m* † Mn-reicher Berzeliit пиррарсени́т
Pyrrhosiderit *m* † Goethit пирросидери́т
Pyrrhotin *m* Magnetkies FeS пирроти́н
Pyrrhotin- пирроти́новый
Pyrrhotinerz *n* пирроти́новая руда́
Pyrrophyta *pl* пирро́фи́товые во́доросли
Pyterlit *m* Rapakiwi питерли́т

Q

Quader- quaderförmig ква́дерный
Quadermauerwerk *n* тёсовая кла́дка
Quadersandstein *m* ква́дерный песча́ник, тёсовый песча́ник
Quaderverblendung *f* облицо́вка тёсовым ка́мнем
Quadrant *m* квадра́нт
Quadrantenelektrometer *m* квадра́нтный электро́метр
Quadrat *n* квадра́т
Quadrat- quadratisch квадра́тный
Quadratdezimeter *m* квадра́тный деци́метр
Quadratgleichung *f* квадра́тное уравне́ние, уравне́ние второ́й сте́пени
quadratisch Quadrat- квадра́тный
Quadratkilometer *m* квадра́тный кило́метр
Quadratmaß *n* квадра́тная ме́ра
Quadratmeter *m* квадра́тный метр
Quadratmethode *f* ме́тод квадра́тов, спо́соб квадра́тов
Quadratnetz *n* квадра́тная се́тка, прямоуго́льная се́тка, се́тка квадра́тов
Quadratojugale *n* квадратноскулова́я кость
Quadratwurzel *f* квадра́тный ко́рень
Quadratzentimeter *n,m* квадра́тный сантиме́тр
quadrivalent четырёхвале́нтный
Quadrivalenz *f* четырёхвале́нтность
quadrupol Quadrupol- квадрупо́льный
Qualifikation *f* Qualifizierung квалифика́ция
qualifiziert квалифици́рованный
Qualität *f* ка́чество
qualitativ ка́чественный
Qualitäts- ка́чественный, высокосо́ртный
Qualitätsbewertung *f* оце́нка ка́чества
Qualitätsstahl *m* ка́чественная сталь
Quant *n* квант
Quanten- ква́нтовый
Quantenmechanik *f* ква́нтовая меха́ника
quantenmechanisch квантомехани́ческий
Quantentheorie *f* ква́нтовая тео́рия
Quantenzahl *f* ква́нтовое число́
Quantenzähler *m* счётчик фото́нов
Quantenzustand *m* ква́нтовое состоя́ние
Quantität *f* Menge, Anzahl коли́чество
quantitativ zahlenmäßig коли́чественный
Quartal *n* Vierteljahr кварта́л
Quartal(s)- vierteljährlich кварта́льный
Quartär *n* квартéр, четверти́чная систе́ма, четверти́чный пери́од
quartär Quartär- четверти́чный
Quartärbedeckung *f* четверти́чный покро́в
Quartärgeologe *m* гео́лог-четверти́чник

Quartärgeologie *f* геоло́гия четверти́чного пери́ода, четверти́чная геоло́гия
Quartärvergletscherung *f* четверти́чное оледене́ние
Quartärzeit *f* четверти́чное вре́мя
Quarz *m* SiO_2 кварц
Quarzalbitit *m* Varietät des Granitaplit (Tilley 1919) ква́рцевый альбити́т
Quarzalbitophyr *m* ква́рцевый альбитофи́р
Quarzamphibolit *m* ква́рцевый амфиболи́т
Quarzanatektit *m* ква́рцевый анатекти́т
Quarzandesit *m* ква́рцевый андези́т
Quarzanorthitit *m* Synonym für Calciclasit ква́рцевый анортити́т
Quarzanorthosit *m* Loughlin (1912) ква́рцевый анортози́т
Quarzbanakit *m* ква́рцевый банаки́т
Quarzbasalt *m* ква́рцевый база́льт
Quarzbostonit *m* ква́рцевый бостони́т
Quarzdiabas *m* ква́рцевый диаба́з
Quarzdiorit *m* ква́рцевый диори́т
quarzdioritisch Quarzdiorit- кварцдиори́товый
Quarzdioritporphyrit *m* кварцеводиори́товый порфири́т
Quarzeinschluß *m* включе́ние ква́рца
Quarzfaden *m* ква́рцевая нить
Quarz-Feldspat- кварцевополевошпа́товый
Quarz-Feldspat-Sandstein *m* кварцевополевошпа́товый песча́ник
Quarzformation *f* ква́рцевая форма́ция
quarzfrei бескварцевый
quarzführend quarzhaltig кварцсодержа́щий
Quarzgang *m* ква́рцевая жи́ла
Quarzgangmasse *f* ква́рцевая жи́льная ма́сса
Quarzgeröll *n* ква́рцевая га́лька, га́лька ква́рца
Quarzgestein *n* ква́рцевая поро́да
Quarzglas *n* ква́рцевое стекло́
Quarz-Glimmerschiefer *m* ква́рцевослю́дистый сла́нец
Quarzgravimeter *n* ква́рцевый гравиме́тр
Quarzgreisen *pl* ква́рцевый гре́йзен
quarzhaltig quarzführend кварцсодержа́щий
Quarzin *m* Varietät von Chalcedon кварци́н
Quarzit *m* кварци́т
quarzitisch кварци́товый
Quarzitisierung *f* кварцитиза́ция
Quarzitschiefer *m* кварци́товый сла́нец
Quarz-Kassiteritformation *f* ква́рцево-касситери́товая форма́ция
Quarzkeil *m* ква́рцевый клин
Quarzkeratophyr *m* ква́рцевый кератофи́р
Quarzkies *m* ква́рцевый гра́вий
Quarzkiessand *m* ква́рцевый граве́листый песо́к
Quarzkonglomerat *n* ква́рцевый конгломера́т
Quarzkorn *n* зерно́ ква́рца
Quarzkristall *n* криста́лл ква́рца
Quarzlampe *f* ква́рцевая ла́мпа
Quarzlatit *m* ква́рцевый лати́т
Quarzmangerit *m* ква́рцевый мангери́т
Quarzmehl *n* ква́рцевая мука́
Quarzmonzonit *m* ква́рцевый монцони́т
Quarzmonzonit- quarzmonzonitisch ква́рцево-монцони́товый
Quarzmonzonitaplit *m* Rosenbusch (1907) ква́рцево-монцони́товый апли́т
Quarznorit *m* ква́рцевый нори́т
Quarzpendel *n* ква́рцевый ма́ятник
Quarzplatte *f* ква́рцевая пласти́нка
Quarzporphyr *m* ква́рцевый порфи́р
Quarzporphyrfazies *f* ква́рцево-порфи́ровая фа́ция
Quarzprisma *n* ква́рцевая при́зма
Quarzpulver *n* ква́рцевая мука́
Quarzsand *m* ква́рцевый песо́к
Quarzsandstein *m* ква́рцевый песча́ник
Quarzschamottestein *m* ква́рцево-шамо́тный кирпи́ч
Quarzschiefer *m* ква́рцевый сла́нец
Quarzspektrograph *m* ква́рцевый спектро́граф
Quarzsprossung *f* вро́сток ква́рца
Quarzstaub *m* ква́рцевая пыль
Quarzsyenitaplit *m* Romberg (1902—1903) ква́рцево-сиени́товый апли́т
Quarztrachyt *m* ква́рцевый трахи́т
Quarztrum *n* ква́рцевая прожи́лка
Quarzuhr *f* ква́рцевые часы́
quasihomogen квазигомоге́нный, квазиоднoро́дный
quasikratonisch квазикрато́новый
quasikristallin квазикристалли́ческий

quasilinear квазилинейный
quasipermanent квазиперманентный
Quasipotential- квазипотенциальный
Quasipotentialfeld *n* квазипотенциальное поле
quasistationär квазистационарный
quasistatisch квазистатический
quaternär четверной
Quecksilber *n* Hg ртуть
Quecksilber- ртутный
Quecksilberbarometer *n* ртутный барометр
Quecksilberchlorid *n* $HgCl_2$ хлористая ртуть, хлорная ртуть, хлорид ртути (2), сулема
Quecksilbercyanid *n* $Hg(CN)_2$ цианистая ртуть, синеродистая ртут (2), цианид ртути (2)
Quecksilberdruck *m* давление ртутного столба
Quecksilberfaden *m* ртутный столбик
Quecksilberfahlerz *n* ртутная блёклая руда
quecksilberhaltig quecksilberführend ртутьсодержащий
Quecksilberhof *m* ртутный ореол
Quecksilberhornerz *n* Chlorquecksilber, Kalomel HgCl ртутная роговая руда, хлорортутный шпат
Quecksilberjodid *n* HgJ_2 йодистая ртуть (2), йодная ртуть, йодид ртути (2)
Quecksilberlampe *f* ртутная лампа
Quecksilbernitrat *n* 1. $Hg(NO_3)_2$; 2. $Hg_2(NO_3)_2$ азотнокислая ртуть, нитрат ртути
Quecksilberoxid *n* HgO окись ртути (2), оксид ртути (2)
Quecksilbersäule *f* ртутный столб
Quecksilberselenid *n* HgSe селенистая ртуть, селенид ртути
Quecksilbersulfat *n* 1. $HgSO_4$; 2. Hg_2SO_4 сернокислая ртуть, сульфат ртути
Quecksilbersulfid *n* HgS сернистая ртуть, сульфид ртути, киноварь
Quecksilberthermometer *n* ртутный термометр
Quell- ключевой, родниковый
Quellabfluß *m* расход источника
Quellableitung *f* обведение родника
Quellaustritt *m* выход источника, место выхода источника
Quellbarkeit *f* набухаемость, способность к разбуханию
quellbeständig ненабухающий
Quelle *f* ключ, родник, источник
Quellenergiebigkeit *f* дебит источника
Quellenkartierung *f* картирование водных источников
Quellenkunde *f* Dokumentation источниковедение
Quellenlinie *f* линия источников
Quellergiebigkeit *f* дебит источника
Quellerscheinung *f* явление разбухания
Quellfähigkeit *f* набухаемость, способность к набуханию
Quellfassung *f* каптаж источника
Quellfluß *m* приток реки
Quellgebiet *n* бассейн источника, водосбор источника
Quellhügel *m* бугор вспучивания
Quellinie *f* линия источников
Quellschüttung *f* дебит источника, производительность источника, расход источника
Quellung *f* Blähung пучение, набухание, вспучивание
Quellwasser *n* вода источника, вода родника, ключевая вода, родниковая вода
Quellwasservorrat *m* запас родниковых вод
Quellwert *m* коэффициент разбухания, коэффициент вспучивания
Quellzufluß *m* приток источника, дебит источника
Quenselit *m* PbO·MnOOH квенселит
Quenstedtit *m* ? wohl identisch mit Copiapit квенштедтит
Quer- поперечный; сквозной
Querablenkung *f* поперечное отклонение
Querabweichung *f* поперечная невязка
Queranordnung *f* поперечная установка
Querantiklinale *f* поперечная антиклиналь
Queraufhängung *f* поперечная подвеска
Querbank *f* поперечная отмель
Querbeanspruchung *f* поперечное напряжение
Querbecken *n* поперечный бассейн
querberippt поперечноребристый
Querbewegung *f* поперечное движение, движение в поперечном направлении
Querbiegung *f* поперечный изгиб

Querboden *m* Tabula потоло́чек, дни́ща
Querbruch *m* Querstörung попере́чный разры́в, попере́чный изло́м
Querdehnung *f* попере́чное расшире́ние
Querdehnungszahl *f* коэффицие́нт попере́чного расшире́ния
Querdepression *f* попере́чная депре́ссия
Querdislokation *f* попере́чная дислока́ция
Querfalte *f* попере́чная скла́дка
Querfaltensystem *n* попере́чная скла́дчатая систе́ма
Querfaltung *f* попере́чная скла́дчатость
querfaserig попере́чно-волокни́стый
Querfurche *f* Querrille попере́чная борозда́
Quergang *m* попере́чная жи́ла, секу́щая жи́ла
Quergefälle *n* попере́чный укло́н
quergefurcht поперечноборо́здный
Quergliederung *f* попере́чное расчлене́ние
Querkippung *f* Querneigung попере́чный накло́н
Querkluft *f* Q-Kluft (nach H. CLOOS) попере́чная тре́щина, пересека́ющая тре́щина
Querklüftung *f* попере́чная трещинова́тость
Querkontraktion *f* попере́чное сжа́тие
Querleitfähigkeit *f* попере́чная проводи́мость
Querlibelle *f* попере́чный у́ровень
Quermoräne *f* попере́чная море́на
Querneigung *f* попере́чный укло́н, попере́чный накло́н
Querornament *n* Radialornament попере́чный орна́мент, радиа́льный орна́мент
Querpressung *f* попере́чное сжа́тие
Querprofil *n* попере́чный про́филь, попере́чный разре́з
Querrichtung *f* попере́чное направле́ние
Querrippe *f* попере́чное ребро́
Querrippung *f* попере́чная ребри́стость
Querrücken *m* попере́чный хребе́т
Querscheidewand *f* попере́чная перего-ро́дка
Querschlag *m* Bergb. квершла́г
Querschnitt *m* попере́чное сече́ние, попе́речник
Querschnittfläche *f* пло́щадь попере́чного сече́ния, пло́щадь живо́го сече́ния
Querschnittsänderung *f* измене́ние попере́чного сече́ния
Querschnittsbelastung *f* попере́чная нагру́зка
Querschnittsbreite *f* ширина́ попере́чного сече́ния (водото́ка)
Querschnittserweiterung *f* увеличе́ние попере́чного сече́ния, расшире́ние попере́чного сече́ния
Querschnittsfläche *f* пло́щадь попере́чного сече́ния
Querschnittsverengung *f* суже́ние попере́чного сече́ния
Querschnittsverringerung *f* уменьше́ние попере́чного сече́ния
Querschwingung *f* попере́чное колеба́ние
Quersenke *f* Querdepression попере́чная впа́дина, попере́чный проги́б
Querspalte *f* попере́чная тре́щина
Querspannung *f* попере́чное напряже́ние
Querstreifung *f* попере́чная полоса́тость, попере́чная штрихова́тость
Querströmung *f* попере́чное тече́ние
Quertal *n* попере́чная доли́на
Querteilung *f* попере́чное деле́ние
Querverbiegung *f* попере́чный переги́б; попере́чное искривле́ние
Querverschiebung *f* попере́чное смеще́ние
Querverwerfung *f* попере́чный сброс
Querwelle *f* Transversalwelle попере́чная волна́
Querzone *f* попере́чная зо́на, сквозна́я зо́на
Quetenit *m* Fehlbestimmung, Botryogen кветени́т
Quicksand *m* плыву́чий песо́к, зыбу́чий песо́к
quinär пятерно́й, пятикомпоне́нтный
Quinqueloculina-Stadium *n* квинквелокули́новая ста́дия
Quirl *m* Bot. муто́вка, кольцо́ ли́стьев
quirlig муто́вчатый
Quisqueit *m* † vanadinreiche Braunkohle кискейт
Quotient *m* ча́стное

R

Racewinit *m* ? fraglicher Zeolith расевини́т
Rachis *f* ра́хис, сте́ржень ва́йи
Rädelerz *n* Bourmonit $2PbS \cdot Cu_2S \cdot Sb_2S_3$ колёсная руда́, бурнони́т
Rädertiere *n/p* Rotatoria коловра́тки
radial Radial- радиа́льный, лучево́й
Radialbeschleunigung *f* радиа́льное ускоре́ние, ускоре́ние по ра́диусу
Radialbewegung *f* радиа́льное движе́ние
radialfaserig радиа́льно-волокни́стый
Radialgang *m* радиа́льная да́йка
Radialgefäß *n* bei Echinodermen радиа́льный сосу́д
Radialgeschwindigkeit *f* радиа́льная ско́рость
Radialia *pl* лучевы́е пласти́нки, радиа́льные пласти́нки
Radialkanal *m* радиа́льный кана́л, лучево́й кана́л, продо́льная труба́, радиа́льная труба́
Radialkomponente *f* радиа́льный компоне́нт, радиа́льная слага́ющая, радиа́льная составля́ющая
Radialkraft *f* радиа́льное уси́лие
Radialplatte *f* лучева́я пласти́нка, радиа́льная табли́чка
Radialseptum *n* радиа́льная перегоро́дка
Radialskulptur *f* радиа́льная скульпту́ра
Radialsondierung *f* радиа́льное зонди́рование
Radialspalte *f* радиа́льная тре́щина
Radialspannung *f* радиа́льное напряже́ние
Radialstörung *f* радиа́льная дислока́ция
radialstrahlig радиа́льно-волокни́стый
radialstrahlige Struktur *f* радиоли́товая структу́ра, радиа́льно-лучи́стая структу́ра
Radialstrahligkeit *f* радиа́льная лучи́стость
radialsymmetrisch радиа́льно-симметри́чный, радиа́льно-симметри́ческий
Radialsystem *n* радиа́льная систе́ма
Radiation *f* радиа́ция, излуче́ние
radikal радика́л
Radioaktinium *n* радиоакти́ний
radioaktiv радиоакти́вный
radioaktiver Zerfall *m* радиоакти́вный распа́д
radioaktives Element *n* радиоэлеме́нт
Radioaktivität *f* радиоакти́вность
Radioaktivitätsmessung *f* измере́ние радиоакти́вности
Radiobaryt *m* Varietät von Baryt, radioaktiv радиобари́т
radiochemisch радиохими́ческий
Radioelement *n* радиоэлеме́нт, радиоакти́вный элеме́нт
Radioerkundung *f* радиоразве́дкэ
Radiofluorit *m* радиофлюори́т
radiogen радиоге́нный
Radiographie *f* радиогра́фия
radiohydrogeologisch радиогидрогеологи́ческий
Radiokarbon- радиоуглеро́дный
Radiokarbonbestimmung *f* радиоуглеро́дное определе́ние
Radiokarbon-Datierung *f* дати́рование радиоуглеро́дным ме́тодом, радиоуглеро́дная датиро́вка
Radiokarbon-Methode *f* радиоуглеро́дный ме́тод, радиокарбо́новый ме́тод
Radiokohlenstoff- радиоуглеро́дный
Radiolae *pl* и́глы
Radiolaria *pl* радиоля́рии, лучевики́
Radiolarien- радиоля́риевый
Radiolarienschlamm *m* радиоля́риевый ил
Radiolarit *m* радиоляри́т
Radiolateralia *pl* bei Cystoideen радиолатера́льные табли́чки
Radiolith *m* radialer Natrolith радиоли́т
Radiologie *f* радиоло́гия
Radiometallographie *f* радиометаллогра́фия
Radiometer *n* радио́метр
Radiometrie *f* радиоме́трия
radiometrisch радиометри́ческий
Radiomigrationshypothese *f* радиомиграцио́нная гипо́теза
Radiophotographie *f* радиофотогра́фия
Radiophyllit *m* Zeophyllit $Ca_4[F_2|(OH_2)|Si_3O_8] \cdot 2H_2O$ радиофилли́т

Radiothorium *n* радиоторий
Radium *n* Ra ра́дий
Radium- ра́диевый
Radiumbromid *n* $RaBr_2$ бро́мистый ра́дий, броми́д ра́дия
Radiumemanation *f* эмана́ция ра́дия
Radius *m* 1. Halbmesser ра́диус. 2. Speiche, Unterarmknochen лучева́я кость
Radiusvektor *m* ра́диус-ве́ктор
radizieren извлека́ть ко́рень
Radon *n* Rn радо́н
Radon- радо́новый
Radonanomalie *f* радо́новая анома́лия
Radonhof *m* радо́новый орео́л
Radonkonzentration *f* концентра́ция радо́на
Radonmethode *f* радо́новый ме́тод
Radstockian *n* Oberkarbon Englands рэдсто́кский я́рус
Radula *f* Reibzunge тёрка, ра́дула
Rafaelit *m* † ähnlich Albertit рафаели́т
Rahmen *f* Umrahmung обрамле́ние
Raibler Schichten *f/pl* alpine Trias ра́йбльские слои́
Raimondit *m* wohl identisch mit Karphosiderit раймонди́т
Ralstonit *m* $Al_2(F, OH)_6 \cdot H_2O$ ральстони́т
Ramanspektrum *n* спектр Ра́мана
Ramapithecus *m* рамапите́к
Ramdohrit *m* $Pb_6Ag_4Sb_{10}S_{23}$ рамдори́т
Rammbrunnen *m* Schlagbrunnen, Stoßbrunnen забивно́й коло́дец
Rammelsbergit *m* $NiAs_2$ раммельсберги́т
Rammpfahl *m* Inggeol. забивна́я сва́я
Ramp-Hypothese *f* Tekt. гипо́теза ра́мпа
Ramsayit *m* $Na_2Ti_2[O_3|Si_2O_6]$ рамзаи́т
Ramsdellit *m* γ-MnO_2 рамсделли́т
Ranales *pl* лягу́шечниковые
Rand *m* 1. Randbereich кра́й, окра́ина. 2. Kante кро́мка. 3. Saum ка́йма́, окаймле́ние
Rand- randlich, Grenz- краево́й, окра́инный
Randbedingung *f* грани́чное усло́вие, усло́вие пограни́чного сло́я, преде́льное усло́вие
Randbruch *m* краево́й разло́м
Randfazies *f* краева́я фа́ция
Randgebiet *n* Grenzgebiet окра́инная о́бласть, пограни́чная о́бласть
Randgebirge *n* окаймля́ющие го́ры
randlich Rand- краево́й, окра́инный
Randmeer *n* окра́инное мо́ре, краево́е мо́ре
Randmoräne *f* краева́я море́на
Randsaum *m* краево́е окаимле́ние
Randscholle *f* окра́инная глы́ба
Randsee *m* окра́инное о́зеро
Randsenke *f* краево́й проги́б, краева́я депре́ссия
Randspalte *f* Randkluft бокова́я тре́щина
Randspannung *f* краево́е напряже́ние
Randstörung *f* краева́я дислока́ция, краево́й разло́м
Randverwerfung *f* краево́й сброс
Randwasser *n* краева́я вода́, ко́нтурная вода́
Randwasserdruck *m* давле́ние краево́й воды́
Randwasserfluten *n* зако́нтурное заводне́ние
Randwasserlinie *f* ко́нтур краево́й воды́
Randwert *m* грани́чное значе́ние, краево́е значе́ние
Randwertaufgabe *f* Randwertproblem грани́чная зада́ча
Randwinkel *m* краево́й у́гол
Randwulst *m* краево́й ва́лик, краева́я поро́га
Randzone *f* краева́я зо́на
Rankinit *m* $Ca_3[Si_2O_7]$ ранкини́т
Ransomit *m* $CuFe_2^{\cdots}[SO_4]_4 \cdot 7H_2O$ рансоми́т
Ranunculaceae *pl* лю́тиковые
Raoultsches Gesetz *n* зако́н Ра́уля
Rapakiwi *m* рапаки́ви
rapakiwiähnlich рапакивиобра́зный
Rapakiwigranit *m* грани́т-рапаки́ви
Rapakiwistruktur *f* рапаки́ви-структу́ра
Rapid-Feldwaage *f* магни́тные весы́ для бы́строго измере́ния
Rasenboden *m* дерно́вая по́чва
Rasendecke *f* дерно́вый покро́в
Raseneisenerz *n* Limonit дерно́вая желе́зная руда́
Rasenerz *n* дерно́вая руда́
Rasenhorizont *m* дерно́вый горизо́нт
Rasenplacke *f* дерни́на
Rasenpodsolboden *m* дерновоподзо́листая по́чва
Rasensode *f* дерни́на
Rasentorf *m* дерново́й то́рф

Rasorit *m* † Kernit разори́т
Raspit *m* α-$PbWO_4$ распи́т
Rasse *f* ра́са
Raster *m* растр
Raster- ра́стровый
Rastergitter *n* ра́стровая се́тка
Rasterkorn *n* зерно́ ра́стра
Rastplatz *m* Archäol. стоя́нка
Rastrites-Schichten *f/pl* Untersilur растри́товые слои́
Rat für gegenseitige Wirtschaftshilfe *m* RgW Сове́т экономи́ческой взаимопо́мощи
Rathit *m* $Pb_7As_9S_{20}$ рати́т
rational Rational- рациона́льный
rationalisieren рационализи́ровать *uv., v.*
Rationalität *f* рациона́льность
rationell рациона́льный, целесообра́зный
Ratitae *pl* беский́левые
Ratofkit *m* † Flußspat ратовки́т
Raubbau *m* хи́щническая рабо́та
räuberisch Raub хи́щнический, хи́щный
Raubfisch *m* хи́щная ры́ба
Raubtiere *n/pl* Carnivora хи́щники, хи́щные
Rauch *m* дым
rauchend дымя́щийся
Rauchentwicklung *f* образова́ние ды́ма
Rauchgas *n* дымово́й газ
Rauchglas *n* ды́мчатое стекло́
Rauchpartikel *f* части́ца ды́ма
Rauchquarz *m* SiO_2 ды́мчатый кварц
Rauchtopas *m* fälschlich für Rauchquarz раухтопа́з
rauh uneben шерохова́тый, неро́вный
Rauheit *f* Rauhigkeit шерохова́тость, неро́вность
Rauhigkeitsbeiwert *m* коэффицие́нт шерохова́тости
Rauhigkeitseinfluß *m* влия́ние шерохова́тости
Rauhigkeitsgrad *m* сте́пень шерохова́тости
Rauhigkeitswert *m* коэффицие́нт шерохова́тости
Rauhreif *m* и́зморозь, и́ней
Raum *m* 1. Fläche простра́нство, о́бласть. 2. Volumen объём
Raum- 1. Flächen- простра́нственный. 2. Volumen- объёмный
Raumbedarf *m* потре́бность ме́ста
Raumbeständigkeit *f* постоя́нство объёма
Raumbild *n* стереоскопи́ческий сни́мок, стереоскопи́ческое изображе́ние
Raumbildmeßgerät *n* стереофотограмметри́ческий прибо́р
Raumbildmessung *f* стереофотограмме́трия
Raumdiagramm *n* диагра́мма объёмов, простра́нственная диагра́мма
Raumdichte *f* объёмная пло́тность
Raumeinheit *f* едини́ца объёма
Raumelement *n* простра́нственный элеме́нт, элеме́нт объёма
Raumerfüllung *f* выполне́ние простра́нства; простра́нственное заполне́ние
Raumformel *f* простра́нственная фо́рмула
Raumgewicht *n* объёмный вес
Raumgitter *n* простра́нственная решётка; стереоскопи́ческая решётка (се́тка)
Raumgitterstruktur *f* карка́сная структу́ра
Raumgruppe *f* простра́нственная гру́ппа
Raumherd *m* простра́нственный оча́г
Rauminhalt *m* Fassungsvermögen ёмкость; объём
Raumkoordinate *f* простра́нственная координа́та
Raumkurve *f* простра́нственная крива́я
Raumladung *f* объёмный заря́д, простра́нственный заря́д
Raumladungsbildung *f* образова́ние объёмного заря́да
Raumladungsdichte *f* пло́тность объёмного заря́да
räumlich Raum- простра́нственный
räumliche Ausdehnung *f* простра́нственное распростране́ние
räumliche Darstellung *f* Raumbild простра́нственное изображе́ние
Raummaß *n* объёмная ме́ра, ме́ра ёмкости
Raummodell *n* простра́нственная моде́ль
Raumnetz *n* простра́нственная сеть
Raumperspektive *f* простра́нственная перспекти́ва

Raumproblem *n* проблéма прострáнства
Raumstruktur *f* прострáнственная структýра
Raumsystem *n* прострáнственная систéма
Raumverhältnis *n* Volumenverhältnis объёмное соотношéние
Raumwelle *f* прострáнственная волнá
Raumwinkel *m* телéсный ýгол, прострáнственный ýгол
Raumwinkelelement *n* элемéнт телéсного углá
raumzentriert объемноцентрúрованный
Rauracien *n* Oberer Jura Westeuropas рорáкский ярус
Rauschgelb *n* Auripigment As_2S_3 жёлтая мышьякóвая обмáнка, аурипигмéнт
Rauschrot *n* Realgar AsS крáсный мышьяк, реальгáр
Rauvit *m* $Ca[(UO_2)_2|V_{10}O_{28}]\cdot 16\,H_2O$ раувúт
Rayleigh-Welle *f* волнá Рэлея, рэлéевская волнá
Reagens *n* реактúв, реагéнт
Reagenzglas *n* пробúрка
Reagenzlösung *f* раствóр реактúва
Reagenzpapier *n* реактúвная бумáга
Reaktion *f* реáкция
Reaktions- реакциóнный
Reaktionsablauf *m* ход реáкции
Reaktionsbeschleuniger *m* ускорúтель реáкции
Reaktionsbeschleunigung *f* ускорéние реáкции
Reaktionsbildung *f* реакциóнное образовáние
Reaktionsdifferentiation *f* реакциóнная дифференциáция
Reaktionseinschluß *m* реакциóнное включéние
reaktionsfähig реакционноспосóбный, спосóбный к реáкции
Reaktionsfähigkeit *f* реакциóнная спосóбность, спосóбность к реáкции
Reaktionsflüssigkeit *f* жúдкий реактúв
Reaktionsgefäß *n* реакциóнный сосýд
Reaktionsgefüge *n* реакциóнная структýра
Reaktionsgemisch *n* реакциóнная смесь
Reaktionsgeschwindigkeit *f* скóрость реáкции
Reaktionsgleichung *f* уравнéние реáкции
Reaktionshemmung *f* торможéние реáкции
Reaktionskette *f* цепь реагúрующих вещéств
Reaktionskokarde *f* реакциóнная кокáрда
Reaktionskonstante *f* констáнта скóрости реáкции
Reaktionskraft *f* сúла реáкции, реактúвная сúла
Reaktionslagerstätte *f* реакциóнное месторождéние
Reaktionsmechanismus *m* механúзм реáкции
Reaktionsmetasomatose *f* реакциóнный метасоматóз
Reaktionsmischung *f* реакциóнная смесь
Reaktionsmittel *n* реактúв
Reaktionsprinzip *n* реакциóнный прúнцип
Reaktionsprodukt *n* продýкт реáкции, реакциóнный продýкт
Reaktionssaum *m* Reaktionsrand реакциóнная каймá (каёмка), реакциóнная оболóчка
Reaktionsstruktur *f* реакциóнная структýра
Reaktionsstufe *f* ступéнь реáкции
Reaktionsträgheit *f* реакциóнная инéртность, неспосóбность реагúровать
Reaktionsverlauf *m* Reaktionsablauf ход реáкции
Reaktionswärme *f* теплотá реáкции
Reaktivieren *n* реактивúрование
Reaktivierung *f* реактивáция
Reaktivität *f* реактúвность
Realgar *m* Rauschrot AsS реальгáр, крáсный мышьяк
realisierbar реализýемый, осуществúмый
realisiert verwirklicht реализóванный, осуществлённый
Realisierung *f* Verwirklichung реализáция, осуществлéние
Rechenfehler *m* ошúбка в вычислéнии
Rechenschieber *m* счётная линéйка
Rechentafel *f* расчётная таблúца
Rechentechnik *f* тéхника вычислéния
rechnen berechnen считáть/счесть, вычислять/вычислить

rechnerisch математи́ческий, счётный
Rechnungsart *f* спо́соб вычисле́ния
Rechteck *n* прямоуго́льник
rechteckig прямоуго́льный
rechtes Ufer *n* правобере́жье
Rechtsablenkung *f* отклоне́ние впра́во
rechtsdrehend Min. правовраща́ющий
Rechtsdrehung *f* враще́ние впра́во, пра́вое враще́ние (пло́скости поляриза́ции)
rechtwinklig rechteckig прямоуго́льный
Red Crag *m* Oberpliozän Englands кра́сный краг
Redaktion *f* Redigierung редакти́рование
Reddingit *m* $(Mn, Fe^{\cdot\cdot})_3[PO_4]_2 \cdot 3H_2O$ реддинги́т
Redingtonit *m* ? angeblich ein Cr-Sulfat рединктони́т
Redoxpotential *n* Reduktions-Oxydationspotential окисли́тельно-восстанови́тельный потенциа́л
Redruthit *m* † Kupferglanz редрути́т
Reduktion *f* 1. Kürzung реду́кция, сокраще́ние. 2. Zurückführung приведе́ние. 3. Sauerstoffentzug восстановле́ние
Reduktions- восстанови́тельный
Reduktionsanalyse *f* восстанови́тельный ана́лиз
Reduktionsbedingungen *f/pl* восстанови́тельные усло́вия
Reduktionsebene *f* пло́скость реду́кции
Reduktionsfähigkeit *f* восстана́вливающая спосо́бность
Reduktionsfaktor *m* коэффицие́нт редуци́рования, редуциро́вочный фа́ктор; перево́дный множи́тель
Reduktionsflamme *f* восстанови́тельное пла́мя
Reduktionsformel *f* фо́рмула приведе́ния
Reduktionsgleichgewicht *n* равнове́сие реа́кции восстановле́ния
Reduktionsgrad *m* редуци́рованность
Reduktionskurve *f* редукцио́нная крива́я
Reduktionsmittel *n* восстанови́тель, восстановля́ющее сре́дство
Reduktionspotential *n* восстанови́тельный потенциа́л
Reduktionsprodukt *n* проду́кт восстановле́ния
Reduktionsprozeß *m* Reduktionsvorgang восстанови́тельный проце́сс
Reduktionsreaktion *f* реа́кция восстановле́ния, восстанови́тельная реа́кция
Reduktionsschmelzen *n* восстанови́тельное плавле́ние, восстанови́тельная пла́вка
Reduktionsstufe *f* ступе́нь восстановле́ния
Reduktionstabelle *f* табли́ца реду́кций, табли́ца попра́вок
Reduktionsverfahren *n* ме́тод редуци́рования; ме́тод приведе́ния; ме́тод восстановле́ния
Reduktionsvorgang *m* Reduktionsprozeß восстанови́тельный проце́сс
Reduktionszone *f* восстанови́тельная зо́на, зо́на восстановле́ния
reduzierbar восстановля́емый, восстана́вливающийся
Reduzierbarkeit *f* восстановля́емость
reduzieren редуци́ровать *uv., v.*
Reduzieren *n* редуци́рование
reduzierend Reduktions- восстанови́тельный, восстана́вливающий
Reduzierfähigkeit *f* восстана́вливающая спосо́бность
reduziert редуци́рованный; приведённый; восстано́вленный
reduzierte Größe *f* приведённая величина́
reduzierte Mächtigkeit *f* сокращённая мо́щность
reduzierter Maßstab *m* уменьшённый масшта́б
Reduzierung *f* реду́кция
Reduziervermögen *n* восстана́вливающая спосо́бность
referiert рефери́рованный
Refikit *m* † fossiles Harz рефики́т
reflektieren отража́ть/отрази́ть
reflektierend Reflexions- отража́ющий
reflektiert отражённый
Reflektometer *n* рефлекто́метр
Reflektor *m* отража́тель
Reflex *m* Lichtreflex о́тблеск
Reflexfarbe *f* цвет в отражённом све́те
Reflexion *f* отраже́ние
Reflexions- reflektierend отража́тельный

Reflexionsebene *f* плоскость отражения, отражающая плоскость
Reflexionsfaktor *m* коэффициент отражения
Reflexionsgoniometer *n* отражательный гониометр
Reflexionsgrad *m* степень отражения
Reflexionshorizont *m* отражающий горизонт
Reflexionskoeffizient *m* коэффициент отражения
Reflexionsmethode *f* метод отражённых волн
Reflexionsprofil *n* отражённый профиль
Reflexionspunkt *m* точка отражения, пункт отражения
reflexionsseismisch отражательно-сейсмический
Reflexionsseismograph *m* отражательный сейсмограф
Reflexionsspektrometer *n* отражательный спектрометр
Reflexionsspektrum *n* спектр отражения
Reflexionsstrahlung *f* отражённое излучение
Reflexionsvermögen *n* отражающая способность, отражательная способность, способность отражения
Reflexionswelle *f* отражённая волна
Reflexionswinkel *m* угол отражения
Refraktion *f* рефракция, преломление
Refraktions- рефракционный
Refraktionsebene *f* плоскость рефракции, плоскость преломления
Refraktionseinfluß *m* влияние рефракции
Refraktionsfläche *f* поверхность рефракции, поверхность преломления
Refraktionshorizont *m* преломляющий горизонт
Refraktionskoeffizient *m* коэффициент рефракции, коэффициент преломления
Refraktionskonstante *f* постоянная рефракции, постоянная преломления
Refraktionsmethode *f* метод преломлённых волн, метод преломлений, рефракционный метод
Refraktionsvermögen *n* преломляющая способность, способность преломления
Refraktionswinkel *m* Brechungswinkel угол преломления
Refraktometer *n* рефрактометр
Refraktometrie *f* рефрактометрия
refraktometrisch рефрактометрический
Regelation *f* режеляция, смерзание
regelbar регулируемый
Regelleistung *f* Normalleistung нормальная мощность
regellos беспорядочный
Regellosigkeit *f* беспорядочность
regelmäßig регулярный
Regelmäßigkeit *f* регулярность
Regelung *f* упорядочение
Regelungs- упорядоченный
Regelungsgefüge *n* упорядоченное строение
Regen *m* дождь
Regen- дождевой
Regenabfluß *m* дождевой сток
regenarm бедный осадками
Regenarmut *f* недостаточность осадков
Regenbilanz *f* баланс осадков
Regendauer *f* продолжительность дождя
Regendichte *f* интенсивность дождя
Regeneration *f* Regenerierung регенерация
Regenerations- регенерационный; регенеративный
Regenerationsfähigkeit *f* способность регенерации
Regenerationsgas *n* регенеративный газ
Regenerationsperiode *f* период регенерации
Regenerationsprozeß *m* процесс регенерации
Regenerationsstruktur *f* регенерационная структура
regenerativ регенеративный
regenerieren регенерировать *uv.*, *v.*, восстанавливать/восстановить, возрождать/возродить
Regenerieren *n* регенерирование, восстановление, возрождение
regeneriert регенерированный, восстановленный, возрождённый
Regenerierung *f* Regeneration регенерация

Regenfaktor *m* фа́ктор дождя́
Regenfall *m* выпаде́ние дождя́
Regenflut *f* ли́вневый пото́к; дождево́й па́водок, ли́вневый па́водок
Regengebiet *n* о́бласть дождя́; дождли́вая о́бласть
Regengürtel *m* по́яс дождя́, зо́на дождя́
Regenguß *m* ли́вень
Regenhäufigkeit *f* частота́ дожде́й, повторя́емость дожде́й
Regenintensität *f* интенси́вность дождя́
regenlos без дождя́
Regenlosigkeit *f* отсу́тствие дожде́й, бездо́ждие
Regenmaximum *n* наибо́льшее коли́чество дождя́
Regenmenge *f* коли́чество атмосфе́рных оса́дков
Regenmesser *m* дождеме́р
Regenmeßstelle *f* дождеме́рный пост
Regenmessung *f* измере́ние (дождевы́х) оса́дков
Regenperiode *f* дождли́вый пери́од, пери́од дожде́й
regenreich оби́льный дождя́ми, дождли́вый
Regenreichtum *m* оби́лие дождя́
Regenstärke *f* интенси́вность дождя́
Regentropfen *m* дождева́я ка́пля
Regentropfeneindruck *m* отпеча́ток дождево́й ка́пли, дождево́й знак
Regenverhältnisse *n/pl* режи́м дожде́й
Regenverteilung *f* распределе́ние дожде́й
Regenwasser *n* дождева́я вода́
Regenwasserabfluß *m* сток дождевы́х вод
Regenwetter *n* дождли́вая пого́да, обложно́й дождь
Regenzeit *f* дождли́вый пери́од, дождли́вый сезо́н, сезо́н дожде́й, пери́од дожде́й
Regenzone *f* зо́на дожде́й, о́бласть дожде́й
Regime *n* Verhältnisse, Haushalt режи́м
Region *f* о́бласть, райо́н; зо́на
regional региона́льный
Regionalfeld *n* региона́льное по́ле
regionalgeologisch региона́льно-геологи́ческий
Regionalmetamorphose *f* региона́льный метаморфи́зм
Regionalvermessung *f* Regionalaufnahme региона́льная съёмка
Registration *f* Registrierung регистра́ция, за́пись
Registrieranlage *f* регистри́рующее устро́йство, регистри́рующая устано́вка
Registrierapparat *m* запи́сывающий аппара́т, регистри́рующий аппара́т, регистра́тор
Registrierbarometer *n* баро́граф
registrieren aufzeichnen регистри́ровать/зарегистри́ровать, запи́сывать/записа́ть
registrierend Registrier- регистри́рующий
Registriergerät *n* регистри́рующий прибо́р, самопи́сец
Registriergeschwindigkeit *f* ско́рость регистра́ции
Registrierkanal *m* запи́сывающий кана́л
Registrierkurve *f* крива́я регистра́ции, крива́я за́писи прибо́ра
Registriermethode *f* ме́тод регистра́ции
Registrierpegel *m* самопи́шущий водоме́рный пост, марео́граф
Registrierstation *f* регистри́рующая ста́нция
Registrierstreifen *m* ле́нта для регистра́ции, ле́нта самопи́сца
registriert зарегистри́рованный
Registriertrommel *f* бараба́н самопи́сца
Registrierung *f* Registrieren регистра́ция, за́пись
Registrierverfahren *n* спо́соб регистра́ции
Registriervorrichtung *f* регистри́рующее устро́йство, запи́сывающее устро́йство, регистри́рующее приспособле́ние
Registrierwalze *f* регистри́рующий ва́лик
Registrierwerk *n* регистри́рующая устано́вка, регистрацио́нный прибо́р
Regler *m* регуля́тор
Regnolit *m* † Tennantit регноли́т
Regression *f* Zurückweichen регре́ссия, отступле́ние
Regressionsperiode *f* пери́од регре́ссии
Regressionsphase *f* фа́за регре́ссии
Regressionstal *n* регрессио́нная доли́на
regressiv zurückweichend регресси́вный, отступа́ющий

regressive Metamorphose *f* повто́рный метаморфи́зм, регресси́вный метаморфи́зм
regulär regelmäßig регуля́рный
Regularia *pl* пра́вильные морски́е е́жи
Regulator *m* Regler регуля́тор
regulieren einstellen регули́ровать/отрегули́ровать
Regulierschraube *f* регулиро́вочный винт
Regulierung *f* Einstellung (у)регули́рование, регулиро́вка
Reguliervorrichtung *f* регулиро́вочное приспособле́ние
Rehburger Stadium *n* ре́бургская ста́дия
Reibung *f* тре́ние
Reibungsabnutzung *f* Zerreiben истира́ние
Reibungsarbeit *f* рабо́та тре́ния
Reibungsbrekzie *f* бре́кчия тре́ния, дислокацио́нная бре́кчия
Reibungsbremsung *f* торможе́ние тре́нием
Reibungseinfluß *m* влия́ние тре́ния
Reibungserscheinung *f* явле́ние тре́ния
Reibungsfaktor *m* компоне́нт тре́ния
Reibungsfläche *f* пове́рхность тре́ния, пло́скость тре́ния
Reibungsgleichgewicht *n* равнове́сие тре́ния
Reibungshöhe *f* высота́ тре́ния, у́ровень тре́ния
Reibungskoeffizient *m* Reibungszahl коэффицие́нт тре́ния
Reibungskonglomerat *n* конгломера́т тре́ния
Reibungskraft *f* си́ла тре́ния
Reibungsmoment *n* моме́нт тре́ния
Reibungsschicht *f* сло́й тре́ния
Reibungsspannung *f* напряже́ние тре́ния
Reibungstiefe *f* глубина́ тре́ния
Reibungston *m* гли́на тре́ния
Reibungsverlust *m* поте́ря на тре́ние
Reibungswärme *f* теплота́ тре́ния
Reibungswert *m* величина́ тре́ния, коэффицие́нт тре́ния, коэффицие́нт вя́зкости
Reibungswiderstand *m* сопротивле́ние тре́нию
Reibungswinkel *m* у́гол тре́ния
Reibungszahl *f* коэффицие́нт тре́ния
Reich *n* ца́рство, мир
reich üppig бога́тый, изоби́льный
Reichardit *m* † Bittersalz рейхарди́т
Reicherz *n* бога́тая руда́
Reicherzgang *m* жи́ла бога́тых руд
Reicherzzone *f* зо́на бога́тых руд
Reichgas *n* бога́тый газ
Reichtum *m* бога́тство
Reichweite *f* да́льность де́йствия, ра́диус де́йствия; длина́ пробе́га
Reichweitenstreuung *f* разбро́с длины́ пробе́га
Reif *m* и́ней
reif зре́лый
Reifbildung *f* образова́ние и́нея
Reife *f* зре́лость
reifen reif werden созрева́ть/созре́ть
Reifen *n* Ausreifen созрева́ние
Reifestadium *n* зре́лая ста́дия, ста́дия созрева́ния
Reihe *f* ряд; се́рия
Reihenbeobachtung *f* сери́йное наблюде́ние
Reihenbildaufnahme *f* маршру́тная аэрофотосъёмка
Reihenbildkammer *f* маршру́тная автомати́ческая ка́мера
Reihenfolge *f* Aufeinanderfolge после́довательность, чередова́ние
Reihenglied *n* член ря́да
Reihenmessung *f* ма́ссовое измере́ние
Reihenschaltung *f* после́довательное включе́ние
rein sauber чи́стый
Reinbenzol *n* чи́стый бензо́л
Reinheit *f* Feinheit чистота́
Reinheitsgrad *m* сте́пень чистоты́
Reinheitsprüfung *f* испыта́ние на чистоту́
Reinigung *f* Säuberung чи́стка, очи́стка
Reinigungsbecken *n* Hydrol. отсто́йник, водоочисти́тельный бассе́йн, освети́тельный бассе́йн
Reinit *n* Ferberit pseudomorph nach Scheelit рейни́т
Reinwasser *n* чи́стая вода́, осветлённая вода́
Reißbrett *n* чертёжная доска́
Reißfeder *f* рейсфе́дер, чертёжное перо́
Reißschiene *f* чертёжная лине́йка, рейсши́на
Reißzeug *n* гото́вална
Reißzwecke *f* чертёжная кно́пка
Reiterlibelle *f* накладно́й у́ровень

Rejuvenation *f* Verjüngung реювена́ция, омоложе́ние
rejuvenieren омола́живать/омолоди́ть
rejuveniert омоложённый
Rekognoszierung *f* Erkundung рекогносциро́вка
Rekombination *f* рекомбина́ция
Rekombinationskoeffizient *m* коэффицие́нт рекомбина́ции
Rekonstruktion *f* Rekonstruierung, Umgestaltung реконстру́кция
Rekristallisat *n* проду́кт рекристаллиза́ции, проду́кт перекристаллиза́ции
Rekristallisation *f* Rekristallisierung рекристаллиза́ция, перекристаллиза́ция
Rekristallisationsaggregat *n* перекристаллизо́ванный агрега́т
Rekristallisationsfähigkeit *f* спосо́бность перекристаллиза́ции
Rekristallisationsgefüge *f* структу́ра перекристаллиза́ции
Rekristallisationsgeschwindigkeit *f* ско́рость перекристаллиза́ции
Rekristallisationsstruktur *f* структу́ра перекристаллиза́ции
Rekristallisationstemperatur *f* температу́ра перекристаллиза́ции
rekristallisieren перекристаллизо́вываться *uv.*, *v.*, рекристаллизова́ться *uv.*, *v.*
rekristallisiert перекристаллизо́ванный
Rektifikation *f* ректифика́ция
Rekuperation *f* рекупера́ция
rekurrent Rekurrenz-, zurücklaufend рекурре́нтный
Rekurrenz *f* рекурре́нция, повто́рное отложе́ние
Relation *f* отноше́ние, соотноше́ние
relativ Relativ- относи́тельный
Relativbeschleunigung *f* относи́тельное ускоре́ние
Relativbewegung *f* относи́тельное движе́ние
Relativdruck *m* относи́тельное давле́ние
Relativgeschwindigkeit *f* относи́тельная ско́рость
Relativität *f* относи́тельность
Relativitätstheorie *f* тео́рия относи́тельности
Relativmessung *f* относи́тельное измере́ние
Relativströmung *f* относи́тельное тече́ние
Relativtemperatur *f* относи́тельная температу́ра
Relativverschiebung *f* относи́тельное перемеще́ние
Relativwert *m* относи́тельная величина́
Relaxation *f* релакса́ция
Relaxations- релаксацио́нный
Relaxationsgenerator *m* релаксацио́нный генера́тор
Relaxationsmethode *f* релаксацио́нный ме́тод
Relaxationszeit *f* вре́мя релакса́ции
Relief *n* Oberflächengestaltung релье́ф
Relief- релье́фный
reliefbildend рельефообразу́ющий
Reliefbildung *f* рельефообразова́ние, формирова́ние релье́фа
Reliefbildungsfaktor *m* фа́ктор рельефообразова́ния
Reliefeinfluß *m* влия́ние релье́фа
Reliefelement *n* элеме́нт релье́фа
Reliefenergie *f* эне́ргия релье́фа, разма́х релье́фа
Reliefform *f* фо́рма релье́фа, скульпту́рная фо́рма
relieffrei безрелье́фный
Reliefkarte *f* релье́фная ка́рта
Reliefpolitur *f* релье́фная полиро́вка
Reliefrhythmus *m* ритм релье́фа
Reliefstruktur *f* строе́ние релье́фа
Relieftyp *m* тип релье́фа
Reliefüberschiebung *f* эрозио́нный на́двиг
Reliefumkehr *f* инве́рсия релье́фа, обраще́ние релье́фа
Reliefunterschied *m* разли́чие релье́фа
Relikt *n* рели́кт
Relikt(en)- рели́ктовый
Reliktgefüge *n* рели́ктовая структу́ра
reliktisch Relikt(en)- рели́ктовый
Reliktsee *m* рели́ктовое о́зеро, оста́точное о́зеро
Reliktstruktur *f* рели́ктовая структу́ра, оста́точная структу́ра
Relikttextur *f* рели́ктовая тексту́ра
Reliktwasser *n* рели́ктовая вода́
remanent оста́точный
Remanenz *f* оста́точная намагни́ченность
Remobilisierung *f* ремобилиза́ция
Renardit *m* $Pb[(UO_2)_4(OH)_4|(PO_4)_2] \cdot 8H_2O$ ренарди́т

renegant нало́женный
Renierit *m* etwa $Cu_3(Fe, Ge)S_4$ реньери́т
Reniformit *m* † nieriger Jordanit рениформи́т
Rensselaerit *m* Talk pseudomorph nach Augit ренселери́т
rentabel рента́бельный, дохо́дный
Rentabilität *f* рента́бельность, дохо́дность
Rentabilitätsgrenze *f* преде́л рента́бельности
Rentabilitätsrechnung *f* вычисле́ние дохо́дности
Rentier *n* се́верный оле́нь
Reorganisation *f* Umgestaltung реоргаиза́ция
Reoxydieren *n* повто́рное окисле́ние
Reparatur *f* Instandsetzung ремо́нт
reparieren instandsetzen ремонти́ровать *uv.*, *v.*
Repetitionsverwerfung *f* повторя́ющийся сдвиг
Reproduzierbarkeit *f* воспроизводи́мость
Reptilien *n/p* Kriechtiere пресмыка́ющиеся
resequent ресекве́нтный
residual- резидуа́льный, оста́точный
Residualbildung *f* резидуа́льное образова́ние, оста́точное образова́ние
Residualerz *n* Rückstandserz резидуа́льная руда́, оста́точная руда́
Residuallagerstätte *f* оста́точное месторожде́ние
Residualprodukt *n* оста́точный проду́кт
Residualsediment *n* Eluvium оста́точные нано́сы
Residuum *n* оста́ток
resistent резисте́нтный
Resistenz *f* сопротивле́ние; сто́йкость
Resonanz *f* резона́нс
Resonanz- резона́нсный
Resonanzbreite *f* ширина́ резона́нса
Resonanzdetektor *m* резона́нсный дете́ктор
Resonanzeffekt *m* эффе́кт резона́нса
Resonanzerscheinung *f* резона́нсное явле́ние
Resonanzfrequenz *f* резона́нсная частота́
Resonanzkurve *f* крива́я резона́нса
Resonanzmaximum *n* ма́ксимум резона́нса
Resonanzmethode *f* резона́нсный ме́тод
Resonanzschärfe *f* острота́ резона́нса
Resonanzschwingung *f* резона́нсное колеба́ние
Resonanzspektrum *n* резона́нсный спектр
Resonanzsystem *n* резона́нсная систе́ма
Resonanzverstärker *m* резона́нсный усили́тель
Resorber *m* поглоти́тель
Resorbierbarkeit *f* вса́сывающая спосо́бность
resorbiert резорби́рованный
Resorption *f* резо́рбция, вса́сывание
Resorptions- резорбцио́нный
Respiration *f* дыха́ние
respiratorisch дыха́тельный
Rest *m* Rückstand оста́ток
Rest- Rückstands- оста́точный
Restabweichung *f* оста́точное отклоне́ние
Restberg *m* Zeugenberg, Inselberg оста́нец, оста́точная гора́
Restbildung *f* оста́точное образова́ние
Restbindung *f* оста́точная связь
Restdämpfung *f* оста́точное затуха́ние
Restdeformation *f* оста́точная деформа́ция
Restdifferentiat *n* оста́точный дифференциа́т
Restdruck *m* оста́точное давле́ние
Restebene *f* оста́точная равни́на
Restfehler *m* оста́точная оши́бка
Restgebirge *n* оста́точные го́ры
Restgeosynklinale *f* оста́точная геосинклина́ль
Restglied *n* оста́точный член
Restgröße *f* оста́точная величина́
Resthärte *f* оста́точная жёсткость (воды́)
Restkohle *f* оста́точный у́голь
Restkohlenstoff *m* оста́точный углеро́д
Restkristallisation *f* оста́точная кристаллиза́ция
Restladung *f* оста́точный заря́д
Restlagerstätte *f* оста́точное месторожде́ние
Restlauge *f* оста́точный рассо́л
Restleitfähigkeit *f* оста́точная электропрово́дность
restlich Rest- оста́точный
Restlösung *f* оста́точный раство́р

Restmagma *n* остáточная мáгма
Restmagnetisierung *f* остáточное намагничéние
Restmagnetismus *m* остáточный магнети́зм
Restmasse *f* остáточная мáсса
Restmenge *f* остáточное коли́чество
Restorientierung *f* рели́ктовая ориентирóвка
Restprodukt *n* Rückstandsprodukt остáточный продýкт
Restschmelze *f* остáточный расплáв
Restsee *m* рели́ктовое óзеро, остáточное óзеро
Restseifenbildung *f* остáточно-рóссыпное образовáние
Restsenke *f* остáточная проги́ба
Restspannung *f* остáточное напряжéние
Reststrahlung *f* остáточное излучéние
Reststrom *m* остáточный ток
Restströmung *f* остáточное течéние
Restsubstanz *f* остáточное веществó
Restsulfid *n* остáточный сульфи́д
Restton *m* остáточная гли́на
Restvalenz *f* остáточная валéнтность
Restwasser *n* остáточная водá
Restwassersättigung *f* остáточная водонасы́щенность
Restwirkung *f* остáточное дéйствие
Resultante *f* равнодéйствующая, результи́рующая
Resultat *n* Ergebnis результáт
resultierend равнодéйствующий, результи́рующий
Resultierende *f* равнодéйствующая, результи́рующая
Resümee *n* Zusammenfassung резюмé
resupinat Gehäuseform bei Brachiopoden ресупинáтный
resurgent ресургéнтный
Reticulum *n* рети́кула, сéтка (экзи́ны), сеть утолщéний
retikular ретикуля́рный
Retinalith *m* massiger Serpentin ретиналит
Retinasphalt *m* † fossiles Harz ретинасфáльт
Retiolites-Schichten *f/pl* ретиоли́товые слои́
Retorte *f* ретóрта
Retorten- ретóртный
Retortengraphit *m* ретóртный графи́т
Retortenkoks *m* ретóртный кокс
retrochoanisch bei Cephalopoden ретрохоани́товый
retrograd ретрогрáдный, возврáтный
Retromorphose *f* ретроморфи́зм
Retzian *m* ? basisches Arsenat von Mn, Ca und seltenen Erden ретциáн
reversibel обрати́мый
Reversibilität *f* обрати́мость
Reversions- реверсиóнный
Reversionspendel *n* Umkehrpendel реверсиóнный мáятник, оборóтный мáятник
Revier *n* учáсток; рýдный райóн; гóрный óкруг
Revierbergamt *m* окружнóе гóрное управлéние
Rewdinskit *m* Nickelchlorit ревдински́т
Rézbányit *m* $2PbS \cdot Cu_2S \cdot nBi_2S_3$ рецбани́йт
Rezension *f* Besprechung рецéнзия, óтзыв
rezent совремéнный
rezeptorisch рецептóрный
reziprok обрáтный
Reziprokwert *m* обрáтное значéние, обрáтная величинá
Rhabdionit *m* Varietät von Wad рабдиони́т
Rhabdit *m* Schreibersit $(Fe, Ni, Co)_3P$ рабди́т
Rhabdophan *m* wahrscheinlich $(La, Di, Y, Er)[PO_4] \cdot {}^1/_2 H_2O$ рабдофáн
Rhabdoporellenkalk *m* рабдопорéлловый известня́к
Rhabdosom *n* рабдосóма
Rhabdus рáбда
Rhachis *f* рáхис, ось, осевáя часть
rhachitom рахитóмный
Rhagit *m* $Bi_5[(OH)_9|(AsO_4)_2]$ раги́т
Rhamnales *pl* Rhamnaceae круши́новые
Rhamphorhynchus *m* рамфори́нх
Rhät *n* Rhät-Stufe рэт, рэ́тский я́рус
Rhätizit *m* Disthen in wirrstrahligen Aggregaten ретици́т
Rheinische Masse *f* Рéйнский масси́в
rheinische Richtung *f* рéйнское направлéние
Rheinisches Braunkohlengebiet *n* Рéйнский буроýгольный райóн
Rheinisches Schiefergebirge *n* Рéйнские Слáнцевые гóры
rheinisches Streichen *n* рéйнское простирáние

Rhenat *n* M_2ReO_4 соль ре́нистой кислоты́, рена́т
Rhenium *n* Re ре́ний
rheniumhaltig ренийсодержа́щий
rhenoherzynisch ре́но-герци́нский
rhenoherzynische Zone *f* Rhenoherzynikum ре́но-герци́нская зо́на
rheomorph реоморфи́ческий
Rheomorphose *f* реоморфи́зм
Rheoplankton *n* планкто́н теку́чих вод
rheotaxitisch реотакси́товый
Rhexistasie *f* рексиста́зия
Rhinoceridae *pl* носоро́ги
Rhipidolith *m* Mineral der Chloritgruppe рипидоли́т
Rhizocarpeae *pl* ризока́рповые
Rhizocephala *pl* корнеголо́вые
Rhizom *n* Wurzelstock корневи́ще
Rhizomastigina *pl* корнежгу́тиковые
Rhizophoraceae *pl* ризофо́ровые
Rhizopoda *pl* Wurzelfüßer корнено́жки, ризопо́ды, ридзопо́ды
rhodanische Faltungsphase *f* рода́нская фа́за скла́дчатости
Rhodit *m* Legierung von Gold mit Rhodium роди́т
Rhodium *n* Rh ро́дий
Rhodiumgold *n* Rhodit ро́дистое зо́лото
Rhodizit *m* $KNaLi_4Al_4[Be_3B_{10}O_{27}]$ родици́т
Rhodochrom *m* chromhaltiger Orthochlorit родохро́м
Rhodochrosit *m* Manganspat $MnCO_3$ родохрози́т
Rhodolith *m* † Pyrop родоли́т
Rhodonit *m* $CaMn_4[Si_5O_{15}]$ родони́т, орле́ц
Rhodonitgestein *n* родони́товая поро́да
Rhodophyllit *m* † Chromchlorit родофилли́т
Rhodophyta *pl* кра́сные во́доросли, багря́ные во́доросли
Rhodusit *m* Varietät von Crossit родуси́т
rhombenartig rhombenförmig ромбови́дный
Rhombendodekaeder *m* {110} ро́мбододека́эдр
Rhombenporphyr *m* ромби́ческий порфи́р
Rhombifera *pl* ромбоно́сные
rhombisch ромби́ческий
rhombisches Kristallsystem *n* ромби́ческая сингони́я, диги́рная сингони́я
rhombisch-pyramidal ро́мбо-пирами-да́льный
Rhomboeder *n* ромбо́эдр
Rhomboederfläche *f* ромби́ческая площа́дка
rhomboedrisch ромбоэдри́ческий; ромбоида́льный
rhomboedrische Teilbarkeit *f* ромбоида́льная отде́льность
Rhomboid *n* ромбо́ид
rhomboidal ромбоида́льный
Rhomboklas *m* $Fe^{\cdots}H[SO_4]_2 \cdot 4H_2O$ ромбокла́з
Rhombus *m* ромб
Rhönit *m* Mineral der Aenigmatitgruppe рени́т
Rhyakolith *m* † Sanidin риаколи́т
Rhynchocephalia *pl* клювоголо́вые
Rhyncholithes *pl* ринхоли́ты
Rhynchonellida *pl* ринхонелли́ды
Rhynchosaurus *m* ринхоза́вр
Rhyoalaskit *m* риоаляски́т
Rhyobasalt *m* риобаза́льт
Rhyodazit *m* риодаци́т
Rhyolith *m* риоли́т
Rhyolith- риоли́товый
Rhyolithbimsstein *m* риоли́товая пе́мза
Rhyolithbrekzie *f* риоли́товая бре́кчия
rhyolithisch Rhyolith- риоли́товый
Rhyolithobsidian *m* риоли́товый обсидиа́н
Rhyolithporphyr *m* риоли́товый порфи́р
Rhyolithtuff *m* риоли́товый туф
rhyotaxitisch риотакси́товый
Rhythmik *f* ритми́чность
rhythmisch ритми́ческий
Rhythmus *m* ритм
Rhytina *f* Stellersche Seekuh морска́я коро́ва, Сте́ллерова коро́ва
Riasküste *f* риа́совый бе́рег, риа́совый тип бе́рега
Richellit *m* etwa $Ca_3Fe_{10}^{\cdots}[(OH, F)_3| \cdots (PO_4)_2]_4 \cdot nH_2O$ ришелли́т
richten lenken направля́ть/напра́вить
Richterit *m* Mineral der Amphibolgruppe рихтери́т
Richtigkeit *f* Regelmäßigkeit пра́вильность
Richtstange *f* Fluchtstab веха́
Richtung *f* направле́ние
Richtungsabhängigkeit *f* зави́симость от направле́ния

Richtungsänderung *f* Richtungswechsel изменéние направлéния; перемéна направлéния
Richtungsangabe *f* задáние направлéния
Richtungsbeständigkeit *f* устóйчивость направлéния
Richtungsbestimmung *f* определéние направлéния
Richtungsebene *f* направля́ющая плóскость
Richtungsfehler *m* ошибка направлéния
Richtungsfeld *n* пóле направлéния
Richtungskonstanz *f* постоя́нство направлéния
richtungslos ненапрáвленный; неориентированный
Richtungssinn *m* напрáвленность
Richtungsverteilungskurve *f* кривáя распределéния направлéний
Richtungswechsel *m* изменéние направлéния, смéна направлéния
Richtungswinkel *m* ýгол направлéния; áзимут
Richtwert *m* Leitwert направля́ющее дáнное, ориентирóвочное дáнное, руководя́щее дáнное
Rickardit *m* Cu_3Te_2 риккардит
Riebeckit *m* Mineral der Amphibolgruppe рибекит
Riebeckit- рибекитовый
Riebeckitaplit *m* рибекитовый аплит
Riebeckitgranit *m* рибекитовый гранит
Riebeckitisierung *f* рибекитизáция
Riebeckitporphyr *m* рибекитовый порфир
Riebeckitrhyolith *m* рибекитовый риолит
Riebeckittrachyt *m* рибекитовый трахит
Rieckesches Prinzip *n* принцип Рике
Riedgras *n* осóка
Riedgras- осóковый
Riedgrastorf *m* осóковый торф
Riegel *m* Geomorph. ригель
Riesenform *f* гигáнтская фóрма
Riesengebirgsgneis *m* Исполиногóрский гнéйс
Riesenhirsch *m* гигáнтский олéнь
Riesenkessel *m* исполиновый котёл
riesenkörnig гигантозернистый
Riesenkristall *m* гигáнтский кристáлл
Riesenlaufvogel *m* гигáнтская бéгающая птица
Riesenzelle *f* гигáнтская клéтка
riesig riesenhaft исполинский, гигáнтский
Riff *n* риф
Riff- рифовый
Riffazies *f* рифовая фáция, фáция рифов
riffbauend рифостроя́щий
Riffbauer *m* рифострóйтель
Riffbauten *pl* рифовые постройки
Riffbewohner *m* рифообитáтель
riffbildend рифообразýющий
Riffbildner *m* рифообразовáтель
Riffbrandung *f* бурýн на рифе
Riffkoralle *f* рифовый корáлл, рифообразýющий корáлл
Righeit *f* Starrheit жёсткость
Rilandit *m* † Gemenge риландит
Rille *f* Furche борóздка, бороздá, желобóк
Rillung *f* борóзчатость
Rimpylith *m* Varietät von Hornblende римпилит
Rinde *f* Kruste корá, кóрка
Rinden- Krusten- кóрковый
Rindentextur *f* кóрковая текстýра
Ring *m* кольцó
Ring- кольцевóй
Ringdeich *m* кольцевáя дáмба
Ringel- кóльчатый
Ringelerz *n* кóльчатая рудá
Ringelstruktur *f* кольцевáя структýра
Ringelwürmer *m/pl* Annelida кóльчатые чéрви
ringförmig кольцеобрáзный
Ringgang *m* кольцевáя дáйка
Ringintrusion *f* кольцевáя интрýзия
Ringkanal *m* bei Echinodermen кольцевóй канáл
Ringkrater *m* кольцевóй крáтер
Ringofen *m* кольцевáя печь
Ringsektor *m* кольцевóй сéктор
Ringstruktur *f* кольцевáя структýра, кольцевóе строéние; циклическое строéние
Ringtal *n* кольцевáя долина
Ringwall *m* кольцевóй вал
Rinkit *m* $(Na,Ca,Ce)_3(Ti,Ce)[(F,OH,O)_2|Si_2O_7]$ ринкит
Rinkolit *m* Sr-haltiger Rinkit ринколит
Rinne *f* Abflußrinne, Wasserriß жёлоб, промóйна

Rinneit *m* $K_3Na[Fe, Cl_6]$ риннейт
rinnenförmig ложбинообра́зный
Rinnensee *m* ложби́нное о́зеро, ры́твинное о́зеро
Rinnsal *n* водосто́к, ру́сло, вы́моина, стру́йка
Ripheikum *n* рифе́йская гру́ппа, рифе́йская систе́ма
ripheisch рифе́йский
Rippe *f* ребро́
Rippelfeld *n* по́ле волноприбо́йных зна́ков
Rippelmarken *f/pl* зна́ки ря́би, волноприбо́йные зна́ки
Rippelmarkensystem *n* систе́ма волноприбо́йных зна́ков
Rippeln *f/pl* волноприбо́йные зна́ки
Rippung *f* ребри́стость
Risörit *m* (Y, ...)(Nb, Ti)O_4 ризери́т
Riß *n* Riß-Eiszeit рисс, ри́сское оледене́ние
Riß *m* Spalte тре́щина, рассе́лина
Riss- ри́сский
Riß-Eiszeit *f* Riß-Vereisung ри́сское оледене́ние
rissig ще́листый
Rißmoräne *f* ри́сская море́на
Riss-Würm- рисс-вю́рмский
Riß-Würm-Interglazial *n* рисс-вю́рмское межледнико́вье, рисс-вю́рмский межледнико́вый век
Rittingerit *m* † Xanthokon риттингери́т
ritzen цара́пать *uv.*
Ritzen *n* цара́панье
Ritzhärte *f* твёрдость по цара́панию, склерометри́ческая твёрдость
Ritzprobe *f* про́ба цара́панием
Rivait *m* † Gemenge ривайт
Riversideit *m* $Ca_5H_2[Si_3O_9]_2 \cdot 2H_2O$ риверсайди́т
Robinsonit *m* $7PbS \cdot 6Sb_2S_3$ робинсони́т
Rochlederit *m* bernsteinähnliches Harz рохледери́т
Rockbridgeit *m* $(Fe^{\cdot\cdot},Mn)Fe_4^{\cdot\cdot\cdot}[(OH)_5|(PO_4)_3]$ рокбриджейт
Rockwellhärte *f* твёрдость по Ро́кведлу
Rodentia *pl* грызуны́
Roeblingit *m* $PbCa_3H_6[SO_4|(SiO_4)_3]$ реблинги́т
Roepperit *m* Zn- und Mg-haltiger Knebelit реппери́т
Rogenstein *m* икряно́й ка́мень
Rohdiamant *m* приро́дный алма́з
Roherz *n* сыра́я руда́
Rohfeinkohle *f* ме́лкий рядово́й у́голь
Rohgas *n* неочи́щенный газ
Rohgips *m* $CaSO_4 \cdot 2H_2O$ необожжённый гипс
Rohkalk *m* необожжённая и́звесть
Rohkies *m* рядово́й колчеда́н
Rohkohle *f* Förderkohle рядово́й у́голь, несортиро́ванный у́голь
Rohkohlenwassergehalt *m* вла́жность рядово́го угля́
Rohkupfer *n* чёрная медь
Rohmaterial *n* сыро́й материа́л, сырьё
Rohmetall *n* мета́лл, не подверга́вшийся обрабо́тке
Rohöl *n* сыра́я нефть
Rohölförderung *f* добы́ча сыро́й не́фти
Rohölproduktion *f* добы́ча сыро́й не́фти
Rohprodukt *n* первичный проду́кт
Rohr *n* 1. Röhre труба́, тру́бка. 2. Schilf тростни́к
Röhrchen *n* тру́бочка
Röhre *f* 1. Rohr труба́, тру́бка. 2. Lampe ла́мпа
Röhren- 1. тру́бчатый. 2. ла́мповый
Röhrenbrunnen *m* тру́бчатый коло́дец
Röhrenelektrometer *n* ла́мповый электро́метр
Röhrenerz *n* тру́бчатая руда́
röhrenförmig трубообра́зный
Röhrenlibelle *f* цилиндри́ческий у́ровень, тру́бчатый у́ровень
Röhrenstruktur *f* тру́бчатая структу́ра
Röhrentextur *f* тру́бчатая тексту́ра
Röhrenverstärker *m* ла́мповый усили́тель
Rohrfilter *n, m* тру́бчатый фильтр
Rohrleitung *f* трубопрово́д
Rohrlot *n* лот с тру́бкой
Rohrmühle *f* тру́бная ме́льница
Rohrschuh *m* Bohr. забивно́й башма́к (для обса́дных труб)
Rohrtour *f* обса́дная коло́нна, коло́нна труб
Rohschmelze *f* сыро́й плав
Rohschwefel *m* комова́я се́ра
Rohstoff *m* сырьё
Rohstoff- сырьево́й
Rohstoffbasis *f* сырьева́я ба́за
Rohstoffgrundlage *f* сырьева́я ба́за
Rohstoffquelle *f* сырьево́й исто́чник, исто́чник сырья́
Rohziegel *m* кирпи́ч-сыре́ц

Rohzustand *m* сырой вид
Rollen- шарошечный, роликовый
Rollenbohrer *m* шарошечный бур
Rollenkrone *f* шарошечная коронка
Rollenmeißel *m* шарошечное долото
rollig schüttig сыпучий
Rollstein *m* Geröll валун
Romanechit *m* † Gemenge романешит
Romanzement *m* роман-цемент
Romeit *m* (Ca, NaH)$_2$Sb$_2$O$_6$(F, OH, O) ромеит
Römerit *m* Fe$^{\cdot\cdot}$Fe$_2^{\cdot\cdot\cdot}$[SO$_4$]$_4$·14H$_2$O рёмерит
Röntgen- рентгеновский
Röntgenabsorptionsspektrum *n* рентгеновский спектр поглощения
röntgenamorph рентгеноаморфный
Röntgenanalyse *f* рентгеновский анализ
Röntgenbefund *m* рентгеновские данные
röntgenchemisch рентгено-химический
Röntgendiagramm *n* рентгенограмма
Röntgendiffraktometer *n* рентгеновский диффрактометр
Röntgenfilm *m* рентгеновская плёнка
Röntgenfluoreszenzanalyse *f* рентгеновский флуоресцентный анализ
Röntgenlaboratorium *n* рентгенолаборатория
Röntgenmethode *f* рентгеновский метод
Röntgenogramm *n* рентгенограмма
Röntgenographie *f* Röntgenphotographie рентгенография
röntgenographisch рентгенографический
röntgenometrisch рентгенометрический
röntgenoskopisch рентгеноскопический
Röntgenspektral- рентгеноспектральный
Röntgenspektralanalyse *f* рентгеноспектральный анализ
Röntgenspektrometer *n* рентгеноспектрометр, рентгеновский спектрометр
Röntgenspektrum *n* рентгеновский спектр, спектр рентгеновского луча
Röntgenstrahlen *m/pl* рентгеновские лучи
Röntgenstruktur- рентгеноструктурный
Röntgenstrukturanalyse *f* рентгеноструктурный анализ
Röntgenstrukturuntersuchung *f* рентгеноструктурное изучение
Röntgenwellen *f/pl* рентгеновские волны
Rosaceae *pl* розовые
rosafarben розовый
Rosales *pl* розоцветные
Roscherit *m* (Fe, Mn, Ca)$_2$Be[OH|PO$_4$]·$^2/_3$H$_2$O рошерит
Roscoelit *m* V$_2$O$_3$-reicher Muskovit роскоэлит
Roselith *m* α-Ca$_2$Co[AsO$_4$]$_2$·2H$_2$O розелит
Rosenbuschit *m* (Ca,Na)$_6$Zr(Ti, Mn, Nb,...) [(F, O)|(Si$_2$O$_7$]$_2$ розенбушит
Rosenquarz *m* розовый кварц
Rosenthaler Staffel *f* розентальская ступень
Rosette *f* розетка
rosettenartig rosettenförmig розетковидный
Rosickyit *m* γ-Schwefel розицкит
Rosieresit *m* ?Pb- und Cu-haltiger Evansit розьерезит
Roßbarriere *f* барьер Росса
Rossit *m* Ca[V$_2$O$_6$]·4H$_2$O россит
Rost *m* ржавчина
rostbeständig нержавеющий, коррозиеустойчивый
Rostbeständigkeit *f* коррозиеустойчивость
Rostbildung *f* ржавление
rosten ржаветь/заржаветь
rösten brennen обжигать/обжечь
Rosten *n* Korrodieren ржавление
Rosterit *m* optische Varietät von Beryll ростерит
rostfrei nichtrostend, rostbeständig нержавеющий
Röstgas *n* газ обжигательной печи
Röstgut *n* 1. обжигаемый материал. 2. обжариваемый материал
Rosthornit *m* bernsteinähnliches Harz росторнит
rostig korrodiert ржавый
Röstofen *m* Brennofen обжигательная печь
Rostpfahl *m* Inggeol. свая ростверка
rostral ростральный
Rostrale *n* ростральная кость
Rostralplatte *f* ростральный щит
rostriform клювообразный
Rostrum *n* ростр, клювовидный отросток
rostsicher нержавеющий

Rotalgen *f/pl* багря́ные во́дорсли, багря́нки, кра́сные во́доросли
Rotaliidae *pl* роталии́ды
Rotarybohren *n* враща́тельное буре́ние
Rotarybohrverfahren *n* враща́тельный спо́соб буре́ния
Rotation *f* Drehung враще́ние
Rotationsachse *f* Drehachse ось враще́ния
Rotationsbewegung *f* Drehbewegung враща́тельное движе́ние
Rotationsellipsoid *n* эллипсо́ид враще́ния
Rotationsenergie *f* эне́ргия враще́ния
Rotationsfläche *f* пове́рхность враще́ния
Rotationsgeschwindigkeit *f* ско́рость враще́ния
Rotationskörper *m* те́ло враще́ния
Rotationsovaloid *n* овало́ид враще́ния
Rotationsparaboloid *n* параболо́ид враще́ния
Rotationsstress *m* ротацио́нный стресс
rotationssymmetrisch осесимметри́чный
Rotationsträgheit *f* ине́рция враще́ния
Rotationswinkel *m* у́гол враще́ния, у́гол поворо́та
Rotbleierz *n* Krokoit $Pb[CrO_4]$ кра́сная свинцо́вая руда́
Rotbuche *f* *Fagus silvatica L.* кра́сный бук
Roteisenoolith *m* ооли́т кра́сного железняка́
Roteisenstein *m* кра́сный железня́к
Rötelfarbe *f* Eisenmennige, Eisenminium му́мия
roter Tiefseeton *m* кра́сная морска́я гли́на
Roterde *f* краснозём
Roterde- краснозёмный
Roterdeboden *m* краснозёмная по́чва
rotes Blutlaugensalz *n* кра́сная кровяна́я соль
Rotfärbung *f* красноцве́тность
Rotfilter *m* кра́сный фильтр
Rotglut *f* кра́сное кале́ние
Rotgültigerz *n* кра́сная сере́бряная руда́
Rothoffit *m* † Mn-haltiger Andradit ротгоффи́т
rotieren враща́ться *uv.*
rotierend враща́ющийся
Rotkupfererz *n* Cuprit Cu_2O кирпи́чная ме́дная руда́, кра́сная ме́дная руда́, купри́т
Rotliegendes *n* Unteres Perm кра́сный ле́жень
Rotnickelkies *n* Nickelin NiAs кра́сный ни́келевый колчеда́н
Rotschiefer *m* кра́сный сла́нец
Rotschlick *m* кра́сный ил
Röttisit *m* $(Ni, Al)_6[(OH)_8|(Al, Si)Si_3O_{10}]$ реттизи́т
Rotzinkerz *n* Zinkit ZnO кра́сная ци́нковая о́кись
Rougemontit *m* holokristallines Gestein ружмонти́т
Routenaufnahme *f* съёмка маршру́та, маршру́тная съёмка
Rouvillit *m* leukokrater Theralith рувилли́т
Rowlandit *m* annähernd $(Y, Fe, Ce)_3[(Fe,OH)|(Si_2O_4)_2]$ роуланди́т
Rubellan *m* Zersetzungsprodukt von Biotit рубелла́н
Rubellit *m* Mineral der Turmalingruppe рубелли́т, кра́сный турмали́н
Rubiaceae *pl* маре́новые
Rubiales *pl* мареноцве́тные
Rubicell *m* orangegelber Spinell ора́нжево-кра́сный шпине́ль
Rubidium *n* Rb руби́дий
Rubidiummethode *f* руби́диевый ме́тод
Rubidium-Strontium-Methode *f* руби́диево-стро́нциевый ме́тод
Rubin *m* руби́н
Rubin- руби́новый
Rubinbalais *m* ро́зово-кра́сный шпине́ль
Rubinblende *f* teils Varietät von Zinkblende, teils (†) Rotgültigerz руби́новая обма́нка
Rubinglimmer *m* Lepidokrokit γ-FeOOH руби́новая слюда́
Rubrit *m* $MgFe_2 \cdots [SO_4]_4 \cdot 18H_2O$ рубри́т
Rück- обра́тный; за́дний
Rückbewegung *f* возвра́тное движе́ние
Rückbildung *f* обра́тное образова́ние; восстанови́тельный проце́сс
Rückdrehung *f* обра́тное враще́ние
Rücken *m* 1. Geomorph. хребе́т. 2. Anat. спина́
Rücken- dorsal, Dorsal- спинно́й
Rückenflosse *f* спинно́й плавни́к
Rückenfurche *f* Dorsalfurche спинна́я борозда́

Rückenklappe *f* Dorsalklappe спинна́я створка
Rückenpanzer *m* спинно́й па́нцирь
Rückenschild *n* спинно́й щит
Rückenseite *f* Dorsalseite спинна́я сторона́
Rückenstachel *m* спинно́й шип
Rückenwirbel *m* спинно́й позвоно́к
Rückfließen *n* обра́тное тече́ние
Rückgang *m* 1. Zurückweichen отступле́ние. 2. Abfall спад, паде́ние
Rückgewinnung *f* рекупера́ция
Rückgrat *n* позвоно́чный столб, спинно́й хребе́т
Rückhaltebecken *n* заде́рживающее водохрани́лище
Rückhaltung *f* задержа́ние
Rückland *n* тылова́я о́бласть
Rücklauf *m* обра́тный ход, обра́тное движе́ние
rückläufig обра́тный, обрати́мый
rückschreitende Erosion *f* пятя́щаяся эро́зия
Rückseite *f* обра́тная сторона́
Rückspülung *f* обра́тная промы́вка
Rückstand *m* Abgänge хвосты́
Rückstandsbildung *f* оста́точное образова́ние
Rückstandsboden *m* оста́точная по́чва
Rückstandserz *n* оста́точная руда́
rückstandslos без оста́тка
Rückstandston *m* оста́точная гли́на
Rückstau *m* обра́тный подпо́р
Rückstaugebiet *n* зо́на обра́тного подпо́ра
Rückstauspiegel *m* у́ровень обра́тного подпо́ра
Rückstaustrecke *f* уча́сток обра́тного подпо́ра
Rückstrom *m* Rückströmung обра́тный пото́к, возвра́тное тече́ние, возвра́тный пото́к
Rückströmung *f* возвра́тное тече́ние, обра́тное тече́ние
Rückstromwasser *n* вода́ обра́тного тече́ния
Rückverwandlung *f* обра́тное превраще́ние
rückwärtig Rück- тылово́й
Rückwärtseinschnitt *m* обра́тная засе́чка
Rückwirkung *f* обра́тное де́йствие, обра́тное влия́ние
Rückzug *m* отступле́ние, отступа́ние
Rückzugsperiode *f* пери́од отступле́ния (ледника́)
Rückzugsphase *f* фа́за отстава́ния
Rückzugsstadium *n* ста́дия отступле́ния, ста́дия отступа́ния
ruderförmig веслеобра́зный
Rudiment *n* рудиме́нт
rudimentär рудимента́рный, оста́точный
Rudistae *pl* Rudisten руди́сты
Rugae *pl* морщи́ны, ло́жные рёбра
Ruhelage *f* положе́ние равнове́сия, положе́ние поко́я
Ruheperiode *f* пери́од поко́я
Ruhepunkt *m* неподви́жная то́чка
Ruhespiegel *m* зе́ркало споко́йной пове́рхности
Ruhestadium *n* ста́дия поко́я
Ruhestellung *m* Ruhelage споко́йное положе́ние
Ruhezustand *m* Ruhelage состоя́ние поко́я
Ruhrkarbon *n* ру́рский карбо́н
Rumänit *m* bernsteinähnliches Harz румэни́т
Ruminantia *pl* жва́чные
Rumpf *m* Thorax ту́ловище
Rumpf- ту́ловищный
Rumpfabschnitt *m* ту́ловищный отде́л
Rumpfebene *f* оста́точная равни́на
Rumpffläche *f* денудацио́нная равни́на, оста́точная равни́на
Rumpfgebirge *n* Rumpfschollengebirge оста́точные го́ры
Rumpfit *m* Mineral der Chloritgruppe румпфи́т
Rumpfschild *m* ту́ловищный щит
Rumpfschollengebirge *n* оста́точно-глы́бовые го́ры
Rumpfsegment *n* сегме́нт ту́ловища, ту́ловищный сегме́нт
Rumpfwirbel *m* ту́ловищный позвоно́к
rund rundlich, abgerundet окру́глый
Rundhöcker *m* бара́ний лоб, курча́вая скала́
Rundmäuler *pl* Cyclostomata кругло-ро́тые
Rundofen *m* кру́глая печь
Rundung *f* Rundungsgrad, Abrundung окру́гленность, ока́танность
Rundungsgrad *m* сте́пень ока́танности
Rundwürmer *m/pl* кру́глые че́рви

Runse *f* вы́моина, промо́ина, овра́г; первичное ру́сло
Runzel *f* Falte морщи́на
runzelig faltig морщи́нистый
Runzeligkeit *f* морщи́нистость
Runzelung *f* смо́рщивание
Rupel- рю́пельский
Rupel-Stufe *f* Rupel рю́пельский я́рус
Rupelton *m* рю́пельская гли́на
Rupicaprinae *pl* се́рны
Ruptur *f* разры́в
rupturell разрывно́й
Rupturfläche *f* пове́рхность разры́ва
Rupus *m* Colpus морщи́но-борозда́
Ruschelzone *f* зо́на дробле́ния
Ruß *m* са́жа
Russellit *m* $(Bi_2, W)O_3$ русселит
Russische Tafel *f* Osteuropäische Tafel Ру́сская платфо́рма
Rutaceae *pl* ру́товые
rutenähnlich rutenartig лозоподо́бный
Ruthenium *n* Ru руте́ний
Rutherfordin *m* $[UO_2|CO_3]$ рутзерфорди́н
Rutil *m* TiO_2 ру́тил
Rutil- рути́ловый
Rutilkonzentrat *m* рути́ловый концентра́т
Rutilseife *f* рути́ловая ро́ссыпь
Rutschebene *f* пове́рхность скольже́ния
rutschen gleiten скользи́ть / сползну́ть
Rutschen *n* Gleiten скольже́ние
Rutscherscheinung *f* о́ползневое явле́ние
Rutschfläche *f* Gleitfläche пло́скость скольже́ния, пло́скость оползáния, пове́рхность скольже́ния
Rutschstreifen *m/pl* штри́хи скольже́ния
Rutschung *f* оползáние, о́ползень
Rutschungserscheinung *f* о́ползневое явле́ние
Rutschungsvorgang *m* Rutschungsprozeß проце́сс оползáния, проце́сс скольже́ния (гру́нта), о́ползневый проце́сс
Rutschungswinkel *m* у́гол оползáния
Rüttelbeton *m* вибри́рованный бето́н
Rüttelsieb *n* Schüttelsieb вибрацио́нный гро́хот, кача́ющийся гро́хот, кача́ющееся си́то
Rüttelvorrichtung *f* вибрацио́нное приспособле́ние
Rüttler *m* трясу́чка

S

Saale-Eiszeit (-Vereisung) *f* зáальское оледене́ние
saalische (Faltungs-)Phase *f* зáальская фа́за скла́дчатости
Saamiden *pl* саами́ды
saamisch са́амский
Saamit *m* Strontiumapatit саами́т
Saarbrücker Schichten *f/pl* Rotliegend des Saarbeckens саарбрю́кенские слои́
saavische (Faltungs)-Phase *f* са́вская фа́за скла́дчатости
Säbeltiger *m* саблезу́бый тигр
Saccharit *m* † Gemenge von Plagioklas und Quarz mit Serpentin сахари́т
Sachregister *m* предме́тный указа́тель
Sachverständiger *m* экспе́рт
Sachverzeichnis *n* Sachregister предме́тный указа́тель
sackförmig sackartig мешкообра́зный
Sacktal *n* мешкообра́зная доли́на
Sacrum *n* кресте́ц
Saernait *m* Nephelinsyenit сернайт, сэрнайт
Safflorit *m* $CoAs_2$ саффлори́т
Safflorit- саффлори́товый
Sagenit *m* feinnadeliger Rutil сагени́т
Sagenit- сагени́товый
sagittal Sagittal- сагитта́льный
Sagittalschnitt *m* сагитта́льное сече́ние, сагитта́льный разре́з
Sagvandit *m* olivinfreies Enstatitgestein сагванди́т
Saiginae *pl* сайга́ки
Saitenelektrometer *n* стру́нный электро́метр
Saitengalvanometer *n* стру́нный гальвано́метр
Sakmara-Stufe *f* Sakmara, Unteres Perm der Osteuropäischen Tafel сакма́рский я́рус

säkular вековóй
Säkularaberration *f* вековáя аберрáция
Säkulareffekt *m* вековóй эффéкт, вековóе дéйствие
Säkularschwankung *f* вековóе колебáние
Säkularvariation *f* вековáя вариáция, вековóе изменéние
Säkularveränderung *f* вековóе изменéние, вековóе колебáние
Salair- салаи́рский
Salair-Phase *f* салаи́рская фáза
Salband *n* зáльбанд
salbandnah призáльбандовый
Saleit *m* Magnesiumphosphoruranit салеи́т
Salicaceae *pl* и́вовые
Salicales *pl* ивоцвéтные
salinar Salinar-, Salz- солевóй
Salinargestein *n* солянáя порóда
Salinarprofil *n* солянóй разрéз
Salinarserie *f* соленóсная тóлща
Saline *f* вáрница
Salinität *f* Salzigkeit солёность
salisch сали́ческий
Salit *m* tiefgrüner Pyroxen сали́т
Salit- сали́товый
Salitamphibolit *m* BECKE (1882) зали́товый амфиболи́т
Salitskarn *m* сали́товый скарн
Salizylsäure *f* $OH \cdot C_6H_4 \cdot COOH$ салици́ловая кислотá
Salmiak *m* NH_4Cl нашаты́рь, хлóристый аммóний
Salmoit *m* teils Montmorillonit, teils Labradorit салмои́т
Salmonsit *m* $(MnFe^{\cdots})_5H_2[PO_4,(OH)_4]_4 \cdot 4H_2O$ сальмонси́т
Salopian *n* Salopium, Wenlock-Ludlow Englands салóпский я́рус
Salpeter *m* сели́тра
Salpeter- сели́тровый
salpetersauer азотноки́слый
Salpetersäure *f* HNO_3 азóтная кислотá
Salpetersäureauszug *m* азотноки́слая вы́тяжка
Salpeterstickstoff *m* нитрáтный азóт
Salpeterwüste *f* сели́тровая пусты́ня
salpetrig азóтистый
salpetrigsauer азотистоки́слый
Salse *f* Schlammvulkan сáльза
Salvadorit *m* † verzwillingter Kröhnkit сальвадори́т
Salviniaceae *pl* сальви́ниевые

Salz *n* соль
Salz- Salinar- солянóй, солевóй
Salzablagerung *f* отложéние сóли, солеотложéние, солянóе отложéние
Salzablagerungsbecken *n* самоосáдочный бассéйн
Salzabscheidung *f* выделéние сóли
Salzabwanderung *f* оттóк сóли
Salzanflug *m* солевóй налёт
Salzanreicherung *f* увеличéние солёности
salzartig солеобрáзный
Salzaufbruch *m* вы́ступ сóли
Salzaufstieg *m* подъём сóли
Salzausblühung *f* вы́цвет солéй, солянóй вы́цвет
Salzaustausch *m* солевóй обмéн
Salzaustritt *m* вы́ход сóли
Salzauszug *m* солевáя вы́тяжка
Salzbergwerk *n* солянáя копь, солянóй рудни́к
salzbeständig солевынóсливый
Salzbeständigkeit *f* солевынóсливость
Salzbetrieb *m* солянóй прóмысл
Salzbewegung *f* движéние сóли
salzbildend солеобразýющий
Salzbildung *f* солеобразовáние
Salzbildungsstadium *n* самоосáдочная стáдия
Salzboden *m* Salzgrund засóленная пóчва, солончáк
Salzbrekzie *f* солянáя брéкчия
Salzdiapir *m* солянóй диапи́р
Salzdom *m* солянóй кýпол
Salzfolge *f* солянáя сви́та
salzförmig солеобрáзный
salzfrei не содержáщий сóли
salzführend соленóсный
Salzführung *f* соленóсность
Salzgebirge *n* соленóсные гóрные порóды
Salzgehalt *m* Salinität солёность, содержáние сóли
Salzgehaltsabnahme *f* уменьшéние солёности, понижéние солёности
Salzgehaltsänderung *f* изменéние солёности, изменéние содержáния солéй
Salzgehaltsbestimmung *f* определéние солёности
Salzgehaltsdifferenz *f* рáзность солёности
Salzgehaltserhöhung *f* повышéние солёности

Salzgehaltsunterschied *m* ра́зница в содержа́нии соле́й
Salzgehaltsverteilung *f* распределе́ние солёности
Salzgehaltszunahme *f* увеличе́ние солёности, повыше́ние солёности
Salzgeologe *m* гео́лог-солеви́к
salzhaltig солесодержа́щий, содержа́щий соль
Salzhaltigkeit *f* Salzgehalt содержа́ние со́ли, солёность
Salzhang *m* соляно́й склон
Salzhof *m* Geochem. солево́й орео́л
Salzhorizont *m* солево́й горизо́нт
Salzhorst *m* соляно́й горст
Salzhut *m* соляна́я шля́па
Salzigkeit *f* Salinität солёность
Salzkern *m* соляно́е ядро́
Salzkonzentration *f* концентра́ция солёности
Salzkristall *m* криста́лл со́ли
Salzkruste *f* соляна́я ко́рка, ко́рка соле́й
Salzkupfererz *n* † Atakamit атака́ми́т
Salzkuppel *f* Salzdom соляно́й ку́пол
Salzkuppel- солянокупо́льный
Salzkuppelgebiet *n* о́бласть соляны́х куполо́в, солянокупо́льная о́бласть
Salzkuppelstruktur *f* солянокупо́льная структу́ра
Salzkuppeltektonik *f* солянокупо́льная текто́ника
Salzlager *n* Salzschicht соляно́й пласт
Salzlagerstätte *f* месторожде́ние соле́й, соляно́е месторожде́ние
Salzlauge *f* Sole рассо́л, соляно́й раство́р
Salzlösung *f* соляно́й раство́р, раство́р со́ли
Salzmergel *m* солено́сный ме́ргель
Salzmoor *n* Salzsumpf засо́ленное боло́то
Salzpetrograph *m* петро́граф-солеви́к
Salzpfeiler *m* соляно́й цели́к
Salzpflanze *f* солелюби́вое расте́ние
Salzquelle *f* соляно́й исто́чник
salzreich бога́тый соля́ми
salzsauer Salzsäure- солянокислый, хлористоводоро́дный
Salzsäure *f* HCl соляна́я кислота́
Salzsäureauszug *m* солянокислая вы́тяжка
Salzsäurelösung *f* раство́р соляно́й кислоты́, солянокислый раство́р
Salzschicht *f* соляно́й пласт
Salzsee *m* минера́льное о́зеро, соляно́е о́зеро, самооса́дочное о́зеро
Salzsole *f* соляно́й рассо́л, рапа́
Salzspiegel *m* соляно́е зе́ркало, пове́рхность со́ли
Salzsteppe *f* солончако́вая пусты́ня, засо́ленная степь
Salzstock *m* соляно́й шток
Salzstruktur *f* соляна́я структу́ра
Salzsumpf *m* соляно́е боло́то
Salztektonik *f* соляна́я текто́ника, текто́ника со́ли
Salzton *m* засо́ленная гли́на, соляна́я гли́на, солончако́вая гли́на
Salzüberhang *m* соляно́й карни́з, соляно́й наве́с
Salzverhältnisse *n/pl* усло́вия солёности, режи́м солёности
Salzwasser *n* солёная вода́
Salzwasser- солоноватово́дный
Salzwasserfazies *f* солоноватово́дная фа́ция
Salzwasserhorizont *m* горизо́нт солёных вод
Salzwasserschicht *f* сло́й солёной воды́
Salzwiese *f* засо́ленный луг
Salzzufuhr *f* прито́к солёной воды́
Samarium *n* Sm сама́рий
Samarskit *m* Uranniobit $(Y,Er,Fe,Mn,Ca,U,Th,Zr)(Nb,Ta)_2(O,OH)_6$ самарски́т
Same *m* Samen семья́
Samen- семенно́й
Samenhaut *f* Samenhülle семенна́я оболо́чка
Samenkapsel *f* (семенна́я) коро́бочка
Samenknospe *f* семяпо́чка
Samenlappen *m* семядо́ля
Samenpflanze *f* семенно́е расте́ние
Samiresit *m* Mineral der Pyrochlorgruppe самерези́т
Sammelbecken *n* аккумуляти́вный бассе́йн, собира́тельный бассе́йн, сбо́рный бассе́йн
Sammelbrunnen *m* сбо́рный коло́дец
Sammeldiagramm *n* сво́дная диагра́мма, обобщённая диагра́мма
Sammelelektrode *f* собира́ющий электро́д
Sammelgraben *m* сбо́рная кана́ва, водосбо́рная кана́ва

Sammelgruppe *f* сбóрная грýппа
Sammelkanal *m* сбóрный канáл
Sammelkristallisation *f* собирáтельная кристаллизáция
Sammellinse *f* Kondenserlinse, Kondensor собирáтельная лúнза
Sammelname *m* Sammelbezeichnung собирáтельное назвáние
Sammelprofil *n* свóдный прóфиль, свóдный разрéз
Sammelrinne *f* сбóрный жёлоб
Sammelteich *m* водосбóрный пруд
Sammelwerk *n* Sammelband сбóрник
Sammeterz *n* бáрхатная рудá, цианотрихúт
sammet-schwarz бáрхатно-чёрный
Sammlung *f* Kollektion коллéкция; музéй
Sammlungsmaterial *n* материáл коллéкций, коллекциóнный материáл
Sampleit *m* $CaNaCu_5[Cl|(PO_4)_4]\cdot 5H_2O$ семплейт
Samsonit *m* $2Ag_2S\cdot MnS\cdot Sb_2S_3$ самсонúт
Samtblende *f* hauptsächlich Nadeleisenerz, teils Lepidokrokit бáрхатная обмáнка
Sanbornit *m* $Ba_2[Si_4O_{10}]$ санборнúт
Sand *m* песóк, песчáный
Sand- песóчный
Sandablagerung *f* песчáное отложéние
Sandbad *n* песóчная бáня
Sandbank *f* песчáный перекáт, песчáная мель, песчáная óтмель, песчáная косá, бережúна, лéщадь, бáнка
Sandbarchan *m* песчáный бархáн
Sandbewegung *f* движéние пескá
Sandboden *m* песчáный грунт, песчáная пóчва; песчáное дно
Sanddamm *m* песчáная дáмба, перемы́чка
Sanddüne *f* песчáная дю́на
Sander *m* Sandr зандр
Sander- Sandr- зáндровый
Sanderebene *f* Sandrebene зáндровая равнúна
Sanderfläche *f* Sandrfläche зáндровая равнúна, зáндровое пóле
Sanderkegel *m* Sandrkegel зáндровый кóнус
Sanderz *n* песчáная рудá
Sandfilter *m, n* песóчный фúльтр
Sandfolge *f* песчáная свúта
Sandfraktion *f* песчáная фрáкция
Sandgehalt *m* песчáнистость, содержáние пескá
Sandgletscher *m* песчáный глéтчер
Sandgrube *f* карьéр пескá, песчáный карьéр
Sandgrund *m* песчáное дно
Sandhügel *m* песчáный холм
sandig песчáнистый
sandig-kiesig песчáно-гравелúстый
sandiger Lehm *m* сýпесь
Sandinsel *f* песчáный óстров
Sandkomponente *f* песчáная составля́ющая
Sandkorn *n* песчáное зернó, песчúнка
Sandküste *f* песчáный бéрег, песчáное побережье
Sandlawine *f* песчáная лавúна
Sandlinse *f* песчáная лúнза
Sandmoräne *f* песчáная морéна
Sandnehrung *f* песчáная косá
Sandomirien *n* сандомúрское межледникóвье
Sandr *m* siehe Sander
Sandriff *n* песчáная мель, песчáная бáнка, бар
Sandrippel *f* песчáная рябь
Sandschicht *f* песчáный пласт, песчáный слóй
Sandschiefer *m* песчáнистый слáнец
Sandschmitze *f* песчáный прослóй
Sandschüttung *f* песчáная óтсыпь, песчáная отсы́пька, песчáная нáсыпь, песчáная засы́пка
Sandstein *m* песчáник
Sandstein- sandsteinartig песчáниковый
Sandsteinbruch *m* песчáниковый карьéр
Sandsteinerz *n* песчáниковая рудá
Sandsteinlinse *f* лúнза песчáника, песчáниковая лúнза
Sandsteppe *f* песчáная степь
Sandstrand *m* песчáный бéрег, песчáный пляж
Sandstrandwall *m* береговóй песчáный вал
Sandsturm *m* песчáная бýря, самýм
Sandteilchen *n* частúца пескá
Sandtransport *m* перенóс пескá
Sandufer *n* песчáный бéрег
Sandunterlage *f* Inggeol. песчáная подготóвка
Sandwanderung *f* перенóс пескá, мигрáция пескá, передвижéние пескá
Sandwäsche *f* пескомóйка

Sandwolke *f* песчáное óблако, песчáная тýча
Sandwüste *f* песчáная пусты́ня
Sandzufuhr *f* принóс пескá
Sangamon-Interglazial *n* сангамóнское межледникóвье
Sanguinit *m* ? Ag-Sulfarsenit сангвини́т
Sanidin *m* $K[AlSi_3O_8]$ санидúн
Sanidin- санидúновый
Sanidinit *m* санидини́т
Sanidinit- санидини́товый
Sanidinitfazies *f* санидини́товая фáция
Sanidintraxyt *m* санидúновый трахи́т
Sannoisien *n* Unteroligozän саннуáзский я́рус
Santon *n* Santon-Stufe сантóнский я́рус, сантóн
Santon- сантóнский
Santorinit *m* Ergußgestein санторини́т
Sapindaceae *pl* сапи́ндовые
Saponit *m* Seifenstein $Mg_4AlH[(OH)_6|SiO_{11}]\cdot 3H_2O(?)$ сапони́т
Sapotaceae *pl* сапóтовые
Sapperit *m* „mineralische Cellulose" саппери́т
Sapphir *m* сапфи́р
Sapphir- сапфи́рный
Sapphirin *m* Mineral der Sapphiringruppe сапфири́н
Saprokoll *m* сапрокóль
Saprokollit *m* сапроколли́т
Sapropel *m* Faulschlamm сапропéль
Sapropel- sapropelitisch сапропéлевый
Sapropelgestein *n* сапропéлевая порóда, сапропели́т
Sapropelisierung *f* сапропелизáция
Sapropelit *m* сапропели́т
sapropelitisch Sapropelit- сапропели́товый
Sapropelitschiefer *m* сапропели́товый слáнец
Sapropelkohle *f* сапропéлевый ýголь
Sapropelton *m* сапропéлевая гли́на
Sapropeltorf *m* сапропéлевый торф
Saprophagen *pl* сапрофáги
Saprophyten *pl* сапрофи́ты
saprophytisch сапрофи́тный
Sarcodina *pl* саркóдовые
sardisch сарди́йский
sardische Phase *f* сарди́йская фáза склáдчатости
Sardonyx *m* schwarz und weißer Bandachat сардони́кс, сердоли́к
Sargassosee *f* Саргáссовое мóре
Sarkinit *m* $Mn_2[OH|AsO_4]$ саркини́т
Sarkolith *m* $(Ca, Na)_8[O_2|(Al(Al, Si)Si_2O_8)_6](?)$ сарколи́т
Sarkopsid *m* Mineral der Wagneritgruppe саркопси́д
Sarmat *n* сармáт, сармáтский я́рус
Sarmat- sarmatisch сармáтский
Sartan-Vereisung *f* сартáнское оледенéние
Sartorit *m* Skleroklas $PbS\cdot As_2S_3$ сартори́т
Sassolin *m* $B(OH)_3$ сассоли́н
Sattel *m* Einsattelung седлó, седлови́на, антиклинáль; вы́ступ
Sattelachse *f* ось антиклинáли
Sattelflanke *f* крылó седлови́ны, крылó антиклинáли
sattelförmig sattelartig седлообрáзный, седлови́дный, антиклинáльный
Sattelgang *m* седлови́дная жи́ла
Sattelgletscher *m* седлови́дный ледни́к, седлови́дный глéтчер
Sattelkern *m* ядрó антиклинáли
Sattelscheitel *m* верши́на антиклинáли
Satteltal *n* Antiklinaltal антиклинáльная доли́на
Satteltiefe *f* подвóдная седлови́на
Sattelüberschiebung *f* антиклинáльный нáдвиг
Sättigung *f* насыщéние; насы́щенность
Sättigungsbeiwert *m* коэффициéнт насыщéния
Sättigungsdampfdruck *m* давлéние насы́щенных парóв воды́
Sättigungsdefizit *n* дефици́т насыщéния, недостáток насыщéния
Sättigungsdruck *m* давлéние насыщéния, упрýгость насыщéния
Sättigungsfaktor *m* коэффициéнт насыщéния
Sättigungsfeld *n* пóле насыщéния
Sättigungsgrad *m* стéпень насыщéния, стéпень насы́щенности
Sättigungsgrenze *f* предéл насыщéния
Sättigungs-Ionisationsstrom *m* ионизациóнный ток насыщéния
Sättigungskoeffizient *m* коэффициéнт насыщéния, коэффициéнт насы́щенности
Sättigungskonzentration *f* концентрáция насыщéния
Sättigungskurve *f* кривáя насыщéния

Sättigungslinie *f* ли́ния насыще́ния
Sättigungsmaximum *n* ма́ксимум насыще́ния
Sättigungsmethode *f* ме́тод насыще́ния
Sättigungspunkt *m* то́чка насыще́ния, то́чка насы́щенности
Sättigungsstrom *m* ток насыще́ния
Sättigungstemperatur *f* температу́ра насыще́ния
Sättigungsvermögen *n* спосо́бность насыще́ния
Sättigungswert *m* величина́ насыще́ния, значе́ние насыще́ния
Sättigungszahl *f* коэффицие́нт насыще́ния
Sättigungszone *f* зо́на насыще́ния
Sättigungszustand *m* состоя́ние насыще́ния
Saturit *m* Setzungsprodukt сатури́т
Saualpit *m* † Zoisit зауальпи́т
Sauconit *m* Ton von Saucon сауконит
sauer ки́слый
Säuerling *m* ки́слый исто́чник
Sauerstoff *m* O кислоро́д
Sauerstoff- кислоро́дный
Sauerstoffanreicherung *f* обогаще́ние кислоро́дом
sauerstoffarm бе́дный кислоро́дом
Sauerstoffarmut *f* бе́дность насыще́ния кислоро́дом
Sauerstoffbedarf *m* потре́бность в кислоро́де
Sauerstoffbindung *f* кислоро́дная связь
Sauerstoffentzug *m* лише́ние кислоро́да
sauerstoffrei бескислоро́дный
Sauerstoffgehalt *m* содержа́ние кислоро́да
sauerstoffhaltig кислородсодержа́щий, содержа́щий кислоро́д
Sauerstoffkette *f* кислоро́дная цепо́чка
Sauerstoffmangel *m* дефици́т кислоро́да, недоста́ток кислоро́да
Sauerstoffmethode *f* кислоро́дный ме́тод
Sauerstoffpackung *f* кислоро́дная упако́вка
Sauerstoffpotential *n* кислоро́дный потенциа́л
sauerstoffreich бога́тый кислоро́дом
Sauerstoffring *m* кислоро́дное кольцо́; кольцо́, содержа́щее а́томы кислоро́да
Sauerstoffsalz *n* кислоро́дная соль
Sauerstoffsäure *f* кислоро́дная кислота́
Sauerstoffübersättigung *f* перенасыще́ние кислоро́дом
Sauerstoffüberschuß *m* избы́ток кислоро́да
Sauerstoffuntersättigung *f* кислоро́дная недоста́точность
Sauerstoffverbindung *f* кислоро́дное соедине́ние
Sauerstoffverbrauch *m* потребле́ние кислоро́да
Sauerstoffwertigkeit *f* вале́нтность по кислоро́ду
Sauerstoffzone *f* кислоро́дная зо́на
Sauerstoffzutritt *m* до́ступ кислоро́да
Saugapparat *m* приса́сывательный аппара́т
Saugbagger *m* землесо́сная маши́на
Saugbrunnen *m* вса́сывающий коло́дец, поглоща́ющий коло́дец
Säugetiere *n/pl* Mammalia млекопита́ющие
Säugetierfauna *f* фа́уна млекопита́ющих
Saugfähigkeit *f* впи́тываемость, вса́сываемость, вса́сывающая спосо́бность, спосо́бность вса́сывания, поглоща́ющая спосо́бность
Saugfilter *m, n* вса́сывающий фильтр
Saugfunktion *f* приса́сывательная фу́нкция
Saugheber *m* сифо́н
Saughöhe *f* высота́ вса́сывания
Saugmund *m* Saugorgan, Saugvorrichtung присо́ска, о́рган приса́сывания
Saugwirkung *f* вса́сывающее де́йствие
Säule *f* столб, сто́лбик
säulenförmig сто́лбчатый
Säulenprofil *n* коло́нка, коло́нковый разре́з
Säulenstativ *n* колоннообра́зный штати́в
Säulenstruktur *f* сто́лбчатая структу́ра
Säulentextur *f* сто́лбчатая тексту́ра
säulig Säulen- сто́лбчатый
säulige Teilbarkeit *f* сто́лбчатая отде́льность
Saum *m* Rand каёмка, кайма́
Saum- окаймля́ющий
Saumriff *n* окаймля́ющий риф, краево́й риф
Saumtiefe *f* окра́инная глубина́
Säure *f* кислота́
Säure- кисло́тный

Säureanion *n* кислóтный аниóн
Säurebehandlung *f* кислóтная обрабóтка
säurebeständig säurefest кислотоупóрный, кислотоустóйчивый
Säurebeständigkeit *f* Säurefestigkeit кислотоупóрность, кислотостóйкость, кислотоустóйчивость
säurebildend кислотообразýющий
Säureeigenschaft *f* кислóтное свóйство
säurefest säurebeständig кислотоупóрный, кислотостóйкий, кислотоустóйчивый
Säurefestigkeit *f* Säurebeständigkeit кислотоупóрность, кислотостóйкость, кислотоустóйчивость
säurefrei бескислóтный, не содержáщий кислоты́
Säuregehalt *m* кислóтность (содержáние кислоты́)
Säuregrad *m* стéпень кислóтности
säurehaltig содержáщий кислотý
Säurekomplex *m* кóмплекс кислоты́
Säurelöslichkeit *f* раствори́мость в кислотé
Säurelösung *f* раствóр кислоты́
säureneutralisierend кислотонейтрализýющий
Säureradikal *n* кислóтный радикáл, радикáл кислоты́
Säurerest *m* кислóтный остáток
Säureüberschuß *m* избы́ток кислоты́
Säureunempfindlichkeit *f* нечувстви́тельность к кислотé
Säureunlöslichkeit *f* нераствори́мость к кислотé
Säurezahl *f* кислóтное числó
Säurezusatz *m* für Bohrspülungen глинокислотá, грязевáя кислотá
Saurier *m* завр, я́щер
Saurischia *pl* ящеротáзовые
Saurolophus *m* завролóф
Sauropoda *pl* завропóды, ящеронóгие
sauropsid завропси́дный
Sauropterygii *pl* завроптери́гии
Saussurit *m* Pseudomorphose соссюри́т
Saussurit- соссюри́товый
Saussuritgabbro *m* соссюри́товое гáббро
saussuritisch соссюри́товый
saussuritisiert соссюритизи́рованный
Saussuritisierung *f* соссюритизáция
Savanne *f* савáнна
Savannen- савáнновый, савáнный
Savannengebiet *n* савáнная óбласть
Savannengemeinschaft *f* савáнное сообщество
Savannengürtel *m* пóяс савáнн
Savannenwald *m* савáнновый лес
Sawodinskit *m* † Hessit заводински́т
Saxifragaceae *pl* камнелóмковые
Saxonien *n* Perm Mitteleuropas саксóнский отдéл, саксóнский я́рус
Saxonien- саксóнский
saxonisch саксóнский
Saxonit *m* Peridotit саксони́т
saxothuringisch саксотюри́нгский
Saxothuringische Zone *f* Саксотюри́нгская зóна
Scacchit *m* $MnCl_2$ скакки́т
Scandium *n* Sc скáндий
Scaphopoda *pl* лопатонóгие, ладьенóгие
Scapula *f* лопáтка
Scarbroit *m* ? Al-Silikat mit H_2O von Scarborough скарброи́т
Scawtit *m* $Ca_6[Si_3O_9]_2 \cdot CaCO_3 \cdot 2H_2O$ скоути́т
Schachbrettanordnung *f* шáхматный поря́док
schachbrettartig Schachbrett- шáхматный
Schacht *m* шáхта
Schacht- шáхтный
Schacht abteufen проходи́ть шáхту
Schachtabteufen *n* прохóдка стволá шáхты, проведéние стволá шáхты
Schachtansatzpunkt *m* мéсто заложéния шáхты
Schachtausbau *m* креплéние шáхты, крепь стволá шáхты
Schachtbohren *n* бурéние стволá шáхты
Schachtbrunnen *m* шáхтный колóдец
Schachtdurchmesser *m* диáметр стволá шáхты
Schachtelhalm *m* *Equisetum* хвощ
Schachtfeld *n* шáхтное пóле
Schachtmündung *f* ýстье (стволá) шáхты
Schachtofen *m* шáхтная печ
Schachtöffnung *f* ýстье шáхты
Schachtrevier *n* шáхтный учáсток, шáхтное пóле
Schachtsole *f* подóшва шáхты, забóй стволá шáхты
Schachtteufe *f* глубинá стволá шáхты

Schachtüberfall *m* шáхтный водосбрóс, шáхтный водослúв
Schachtverkleidung *f* затя́жка бокóв стволá шáхты
Schachtwasser *n* шáхтная водá
Schachtwasserhaltung *f* шáхтный водоотлúв
Schädel *m* Cranium чéреп
Schädel- черепнóй
Schädeldach *n* кры́ша чéрепа
Schädelwölbung *f* черепнóй свод
Schadenhochwasser *n* разрушúтельное наводнéние
Schafarzikit *m* $FeSb_2O_4$ шафарцикúт
Schairerit *m* $Na_3[(F, Cl)|SO_4]$ шайрерúт
Schale *f* 1. Gehäuse рáковина; скорлупá. 2. Gefäß чáшка
Schalenbau *m* скорлуповáтое строéние
Schalenbildung *f* образовáние рáковин
Schalenblatt *n* bei Ostracoden листóк
Schalenblende *f* teilweise Wurtzit, teilweise Zinkblende скорлуповáтый сфалерúт, скорлуповáтая цúнковая обмáнка
Schalenform *f* фóрма рáковины
Schalenmündung *f* ýстье рáковины
Schalentextur *f* скорлуповáтая текстýра
schalig Schalen- скорлуповáтый
Schall *m* звук
Schallamplitude *f* амплитýда звýка
Schallausbreitung *f* распространéние звýка
Schalldämpfung *f* заглушéние звýка
Schalldruck *m* звуковóе давлéние
Schallempfänger *m* приёмник звýка
Schallenergie *f* энéргия звýка, звуковáя энéргия
Schallenergieverlust *m* потéря энéргии звýка
Schallerit *m* $(Mn, Fe)_8[(OH)_{10}|(Si,As)_6O_{15}]$ шаллерúт
Schallfortpflanzung *f* Schallausbreitung распространéние звýка
Schallfortpflanzungsrichtung *f* направлéние распространéния звýка
Schallfrequenz *f* звуковáя частотá
Schallgeber *m* истóчник звýка
Schallgenerator *m* звуковóй генерáтор
Schallgeschwindigkeit *f* скóрость (распространéния) звýка
Schallimpuls *m* звуковóй úмпульс
Schallmessung *f* звукомéтрия
Schallquelle *f* истóчник звýка
schallreflektierend звукоотражáющий
Schallreflexion *f* отражéние звýка
Schallrefraktion *f* рефрáкция звýка
Schallweg *m* путь звýка
Schallwelle *f* звуковáя волнá, акустúческая волнá
Schallwellenlänge *f* длинá звуковóй волны́
Schalstein *m* шальштéйн
Schalstein- шальштéйновый
Schalsteinfazies *f* шальштéйновая фáция
Schalsteinserie *f* шальштéйновая сéрия
Schaltanlage *f* распределúтельный щит
Schaltsee *m* Flußsee протóчное óзеро
Schalttafel *f* распределúтельный щит
Schaltung *f* включéние
Schambein *n* лобкóвая кость
Schamotte *f* шамóт
Schamottestein *m* Schamotteziegel шамóтный кирпúч
Schanjawskit *m* ? identisch mit Alumogel шанявскúт
Schapbachit *m* α-$AgBiS_2$ шапбахúт
Schappe *f* лóжечный бур
Schären *f/pl* шхéры
Schären- шхéрный
Schärengebiet *n* шхéрный райóн
Schärengewässer *n/pl* шхéрные вóды, шхéрный райóн
Schäreninsel *f* шхéрный óстров
Schärenküste *f* шхéрный бéрег, бéрег шхéрного тúпа
Scharfbrand *m* сúльный обжúг
Schärfe *f* остротá; рéзкость
Scharfeinstellung *f* тóчная установка, наведéние на рéзкость, фокусирóвка
scharfkantig остроугóльный, острогрáнный
Scharnierverwerfung *f* шарнúрный сброс
Scharte *f* зазýбрина
Schatten *m* тень
Schattierung *f* Tönung, Schummerung оттéнок
schattig тенúстый
Schätzung *f* Abschätzung оцéнка
Schätzungs- Abschätzungs- оцéночный
schätzungsweise приблизúтельно, примéрно
Schauer *m* лúвень

Schaufel *f* Spaten лопа́та
Schaufelbagger *m* многоковшо́вый экскава́тор
schaufelförmig schaufelartig лопатообра́зный
Schaum *m* пе́на
Schaumanhydrit *m* пеноангидри́т
Schaumbeton *m* пенобето́н
Schaumbildung *f* вспе́нивание, пенеобразова́ние
Schaumflotation *f* пе́нная флота́ция
Schaumgips *m* пеноги́пс
schaumig Schaum- пе́нистый
Schaumkalk *m* пе́нистый известня́к
Schaumkonzentrat *n* пе́нный концентра́т
Schaumstein *m* Aphrolith пе́нный ка́мень
Schäumungskoeffizient *m* Hydrogeol. коэффицие́нт вспе́нивания
Scheelit *m* Tungstit $Ca[WO_4]$ шеели́т
Scheelitmetasomatose *f* шеели́товый метасомато́з
Scheelitskarn *m* шеелитоно́сный скарн
Schefferit *m* Mischkristall der Pyroxengruppe шеффери́т
Scheibe *f* диск, круг
scheibenförmig scheibenartig дискови́дный, дискоида́льный
Scheide- Trennungs-, Teilungs- раздели́тельный
Scheidegrube *f* Hydrogeol. отсто́йная я́ма, отсто́йник
Scheider *m* сепара́тор, отдели́тель
Scheidetrichter *m* дели́тельная воро́нка
Scheidewand *f* перегоро́дка
Scheidewasser *n* HNO_3 азо́тная кислота́
Scheidungsmittel *n* раздели́тель, сре́дство для разделе́ния
scheinbar ви́димый, ка́жущийся
scheinbares Einfallen *n* ка́жущееся паде́ние
Scheingeschwindigkeit *f* ка́жущаяся ско́рость
Scheitel *m* 1. Geogr. верши́на. 2. Tekt. свод, шарни́р. 3. Hydrol. гре́бень
Scheitel- 1. Geogr. верши́нный. 2. Tekt. сво́довый, шарни́рный. 3. Maximal- максима́льный, пи́ковый, преде́льный. 4. Anatom. теменно́й
Scheitelabfluß *m* пи́ковый расхо́д
Scheitelauge *n* теменно́й глаз
Scheiteldurchfluß *m* максима́льный расхо́д, пи́ковый расхо́д
Scheitelgeschwindigkeit *f* преде́льная ско́рость, максима́льная ско́рость
Scheitelhöhe *f* высота́ гре́бня (волны́)
Scheitellinie *f* ли́ния сво́да
Scheitelpunkt *m* наивы́сшая то́чка
Scheitelschild *n* верши́нный щито́к
Scheiteltal *n* водоразде́льная доли́на
Scheitelteil *m* Scheitelgebiet присво́довая часть, сво́довая часть
Scheitelung *f* Hydrogeol. водоразде́л
Scheitelwasserstand *m* максима́льный у́ровень воды́
Scheitelwert *m* максима́льное значе́ние, преде́льное значе́ние
Scheitelwinkel *m* вертика́льный у́гол, верши́нный у́гол
Scheitelzone *f* шарни́рная зо́на
Schelf *m* шельф, материко́вая о́тмель
Schelf- ше́льфовый
Schelfablagerung *f* отложе́ние на материко́вой о́тмели
Schelfboden *m* дно материко́вой о́тмели
Schelfeis *n* ше́льфовый лёд
Schelffazies *f* ше́льфовая фа́ция
Schelfgebiet *n* райо́н материко́вой о́тмели
Schelfgewässer *n/pl* ше́льфовые во́ды
Schelfgletscher *m* ше́льфовый ледни́к
Schelfinsel *f* ше́льфовый о́стров
Schelfmeer *n* ше́льфовое мо́ре
Schelfrand *m* грани́ца материко́вой о́тмели, кро́мка материко́вой о́тмели
Schelfsockel *m* ше́льфовый цо́коль
Schelfzone *f* ше́льфовая зо́на
Schema *n* схе́ма
Schemaprofil *n* схемати́ческий про́филь
schematisch Schema- схемати́ческий
Schenkel *m* бедро́
Schenkel- Hüft- бе́дренный
Schenkelknochen *m* бе́дренная кость
Scherbe *f* черепо́к
Scherbeanspruchung *f* напряже́ние на срез, напряже́ние на сдвиг
Scherfalte *f* скла́дка ска́лывания
Scherfaltensystem *n* систе́ма скла́док ска́лывания
Scherfaltung *f* скла́дчатость ска́лывания
Scherfestigkeit *f* про́чность на срез, про́чность на сдвиг, сопротивле́ние на ска́лывание

Scherfiederkluft *f* скóловая оперяющая трéщина
Scherfläche *f* плóскость скáлывания, повéрхность сдвúга
Scherflächensystem *n* систéма плóскостей скáлывания
Scherfuge *f* трéщина скáлывания
Scherkluft *f* Scherfalte трéщина скáлывания
Scherkluftsystem *n* систéма трéщин скáлывания, систéма скóловых трéщин
Scherkraft *f* срéзывающая сúла, скáлывающая сúла
Scherspalte *f* Scherkluft трéщина скáлывания, трéщина скóла
Scherspannung *f* напряжéние сдвúга, скáлывающее напряжéние, срéзывающее напряжéние
Scherstörung *f* скóловое нарушéние
Schersystem *n* систéма скóлов
Schertelit *m* $(NH_4)_2MgH_2[PO_4]_2 \cdot 4H_2O$ шертелúт
Scherung *f* сдвиг, срез, скáлывание
Scherungsdeformation *f* деформáция сдвúга
Scherungsmodul *m* мóдуль сдвúга
Scherversuch *m* испытáние на скáлывание
Scherwirkung *f* срéзывающее дéйствие
Scherzone *f* скóловая зóна
Scheuchzeria- шейхцéриевый
Scheuchzeria-Torf *m* шейхцéриевый торф
Schicht *f* слóй, пласт
Schicht- послóйный, слойстый, пластовóй
Schichtaufbau *m* слоúстое строéние
Schichtbildung *f* слоеобразовáние, образовáние слоёв
Schichtdicke *f* Schichtmächtigkeit мóщность слóя
Schichtdruck *m* пластовóе давлéние
Schichtenabbau *m* послóйная вы́емка пластá
Schicht(en)anstieg *m* подъём пластá
Schicht(en)ausfall *m* выпадéние пластá
Schichtenbau *m* слойстое строéние
Schichtenbildung *f* слоеобразовáние, образовáние слоёв
Schichteneinfall *m* падéние слоёв, падéние пластóв
Schichtenergie *f* пластовáя энéргия
Schicht(en)folge *f* Serie свúта пластóв, тóлща
schicht(en)förmig пластообрáзный
Schicht(en)gitter *n* слойстая решётка
Schicht(en)komplex *m* кóмплекс пластóв
Schicht(en)paket *n* пакéт пластóв, пáчка пластóв
Schicht(en)reihe *f* сéрия пластóв
Schicht(en)verdrückung *f* пережúм пластá
Schichtfläche *f* плóскость наслоéния, плóскость напластовáния, повéрхность напластовáния
Schichtflut *f* плоскостнóй потóк, пластóвый потóк
Schichtfuge *f* трéщина напластовáния; плóскость напластовáния
Schichtgestein *n* слойстая порóда
Schichtgitter *n* слойстая решётка
Schichtgitterfuge *f* шов слойстой структýры
Schichtgittermineral *n* минерáл со слойстой кристаллúческой структýрой
Schichtgittersilikat *n* силикáт со слойстой кристаллúческой структýрой
Schichtgitterstruktur *f* слойстая структýра
Schichtgrenze *f* границá слóя
Schichthöhe *f* мóщность пластá
schichtig слойстый
Schichtintrusion *f* слойстая интрýзия
Schichtkopf *m* головá слóя
Schichtlinie *f* горизонтáль, изогúпса
Schichtlücke *f* Unterbrechung переры́в
Schichtmächtigkeit *f* толщинá слóя, мóщность пластá
Schichtneigungsmesser *m* пластовóй наклономéр
Schichtparallelisierung *f* параллелизáция пластóв
Schichtquelle *f* пластовóй истóчник, контáктовый истóчник
Schichtschwingung *f* колебáние слóя
Schichtsilikat *n* слойстый силикáт
Schichtstärke *f* мóщность слóя, толщинá слóя
Schichtstruktur *f* слойстая структýра, слойстое строéние
Schichtstufe *f* ступéнь рельéфа
Schichtstufenlandschaft *f* ступéнчатый ландшáфт

Schichtstufenrelief *n* ступе́нчатый релье́ф, куэ́стовый релье́ф
Schichttextur *f* слоева́я тексту́ра
Schichtüberschiebung *f* пластово́й на́двиг
Schichtung *f* сло́истость, наслое́ние, напластова́ние, расслое́ние, слоева́тость
Schichtungsfläche *f* пло́скость напластова́ния, пло́скость наслое́ния
Schichtungsmerkmal *n* стратификацио́нный при́знак
Schichtverbiegung *f* изги́б пласта́, заги́б сло́я
Schichtverdrückung *f* пережи́м пласта́
Schichtvulkan *m* сло́истый вулка́н
Schichtwasser *n* пластова́я вода́, межпластова́я вода́
schief косо́й, накло́нный
Schiefe *f* накло́н, кривизна́
Schiefe der Ekliptik *f* накло́н эклиптики
Schiefer *m* сла́нец
Schieferbergbau *m* добы́ча сла́нца
Schieferbruch *m* сла́нцевый карье́р
Schieferfazies *f* сла́нцевая фа́ция
Schieferfolge *f* сла́нцевая сви́та
Schiefergebirge *n* сла́нцевые го́ры
Schiefergestein *n* сла́нцевая поро́да
Schiefergrube *f* сла́нцевый карье́р
Schieferhülle *f* сла́нцевая оболо́чка
schieferig geschiefert сланцева́тый
Schiefermergel *m* сланцеви́дный ме́ргель
Schieferöl *n* сла́нцевое ма́сло
Schieferserie *f* сла́нцевая се́рия
Schiefersteinbruch *m* сла́нцевый карье́р
Schieferstruktur *f* сланцева́тое строе́ние, сла́нцевая структу́ра
Schieferteer *m* сла́нцевый дёготь
Schieferton *m* сланцева́тая гли́на
Schieferung *f* сланцева́тость, клива́ж
Schieferungsebene *f* пло́скость сланцева́тости, пло́скость клива́жа
Schieferungsfläche *f* пове́рхность клива́жа
Schieferungskluft *f* тре́щина клива́жа
Schieferungszone *f* зо́на сланцева́тости
schiefwink(e)lig косоуго́льный
Schiffahrt *f* судохо́дство; морепла́вание
Schiffahrtskanal *m* судохо́дный кана́л
schiffbar судохо́дный
Schiffbarkeit *f* судохо́дность
Schiffshebewerk *n* судоподъёмник
Schild *m* щит
schildartig Schild- щитови́дный
schildförmig Schild- щитообра́зный
Schildkröte *f* черепа́ха
Schildvulkan *m* щитови́дный вулка́н
Schilf *n* камы́ш; тростни́к
Schilf- камы́шовый; тростнико́вый
Schilftorf *m* тростнико́вый торф
Schilfzone *f* по́яс камыше́й
Schilkinit *m* Mineral der Hydromuskovit-Reihe шилкини́т
schillern schimmern отлива́ть *uv.*
Schillern *n* Schattierung отли́в
schillernd пере́ли́вчатый
Schirmerit *m* $PbS \cdot 2Ag_2S \cdot 2Bi_2S_3$ ширмери́т
Schirmwirkung *f* экрани́рующее влия́ние
schizochroal шизохрои́ческий
schizodont схизодо́нтный, шизодо́нтный, расщеплённозу́бый
Schizodonta *pl* расщеплённозу́бые, шизодо́нтные
Schizolith *m* $(Ca, Mn)_2NaH[Si_3O_9]$ шизоли́т, схизоли́т
Schizolithporphyr *m* схизоли́товый порфи́р
schizomorph шизомо́рфный
Schizomycetes *pl* схизомице́ты
Schlacke *f* шлак
Schlacken- шла́ковый
Schlackenagglomerat *n* шла́ковый агломера́т
Schlackenauswurf *m* шла́ковый вы́брос
Schlackenbimsstein *m* шла́ковая пе́мза
Schlackenbrekzie *f* шла́ковая бре́кчия
Schlackenhalde *f* отва́л шла́ков
Schlackenkegel *m* шла́ковый ко́нус
Schlackenlava *f* шла́ковая ла́ва
Schlackensand *m* шла́ковый песо́к
Schlackentextur *f* шла́ковая тексту́ра
Schlackentuff *m* шла́ковый туф
Schlackenüberzug *m* шла́ковая оболо́чка
Schlackenzement *m* шла́ковый цеме́нт, шлакоцеме́нт
Schlackenzone *f* шла́ковая зо́на
schlackig Schlacken- шла́ковый
Schläfe *f* висо́к
Schläfen- висо́чный
Schläfenbogen *m* висо́чная дуга́
Schläfengrube *f* висо́чная впа́дина

Schläfenöffnung *f* висо́чное отве́рстие
Schläfenregion *f* висо́чная о́бласть
Schlag *m* уда́р
Schlag- уда́рный
Schlagbeanspruchung *f* уда́рная нагру́зка, напряже́ние от уда́ра
Schlagbohren *n* уда́рное буре́ние
Schlagbohrer *m* уда́рный бур
Schlagbohrung *f* уда́рное буре́ние
Schlagbohrverfahren *n* спо́соб уда́рного буре́ния
Schlagbrunnen *m* абисси́нский коло́дец
Schlagfestigkeit *f* про́чность на уда́р, сопротивле́ние уда́ру
Schlagfigur *f* фигу́ра уда́ра, знак уда́ра
Schlagwirkung *f* уда́рное возде́йствие
Schlagzahl *f* число́ уда́ров
Schlamm *m* Schlick ил
Schlammablagerung *f* отложе́ние и́ла
Schlammabscheider *m* Hydrol. грязеотдели́тель, шламоотдели́тель
Schlämmanalyse *f* (гранулометри́ческий) ана́лиз отму́чиванием
Schlämmapparat *m* аппара́т для отму́чивания
Schlammbassin *n* Schlammbecken отса́дочный бассе́йн
Schlammbehälter *m* шламосбо́рник
Schlammbildung *f* образова́ние и́ла; образова́ние шла́ма
Schlammboden *m* Schlickboden и́листая по́чва, и́листый грунт
Schlammdichtung *f* уплотне́ние и́ла
schlämmen отму́чивать/отмути́ть
Schlämmen *n* отму́чивание
Schlammfilter *n*, *m* грязево́й фильтр
Schlammfresser *m* илое́д
Schlammgehalt *m* му́тность, и́листость
Schlammgrund *m* и́листое дно
schlammig verschlammt и́листый
Schlammkegel *m* грязево́й ко́нус
Schlammregen *m* грязево́й дождь
Schlammsand *m* и́листый песо́к
Schlammstein *m* отверде́вший ил
Schlammstrom *m* грязево́й пото́к, силево́й пото́к
Schlammstrom- грязепото́ковый
Schlammteich *m* и́ловый пруд
Schlammvulkan *m* Salse грязево́й вулка́н, грязева́я со́пка
Schlammvulkan- Salsen- грязевулкани́ческий
Schlammvulkanismus *m* грязево́й вулкани́зм
Schlammwasser *n* и́ловая вода́
Schlammwolke *f* о́блако му́ти
Schlange *f* змея́
schlangenförmig змееобра́зный
Schlangenlinie *f* изви́листая ли́ния
Schlangensterne *m/pl* Ophiuridea змеехво́стки, офиу́ры
schlauchförmig рукавообра́зный
Schlauchwaage *f* гидростати́ческий ниве́ли́р
Schlechtwettergebiet *n* о́бласть плохо́й пого́ды
Schlechtwetterperiode *f* пери́од плохо́й пого́ды
Schlechtwetterzone *f* зо́на плохо́й пого́ды, полоса́ плохо́й пого́ды
Schleif- Wetz- шлифова́льный, точи́льный; абрази́вный
Schleife *f* Schlinge пе́тля; излу́чина
Schleifen *n* шлифова́ние
Schleifenelektrometer *n* пе́тельный электро́метр
Schleifengalvanometer *n* шле́йфовый гальвано́метр
Schleifenmethode *f* ме́тод пе́тли
Schleifenoszillograph *m* шле́йфовый осцилло́граф
Schleifenpotentiometer *n* стру́нный потенцио́метр
Schleiferei *f* грани́льня
Schleifhärte *f* твёрдость по шлифова́нию, твёрдость шлифова́ния
Schleifkratzer *m* цара́пина шлифова́ния
Schleifmaterial *n* абрази́вный материа́л, абрази́в
Schleifmineral *n* шлифова́льный минера́л
Schleifmittel *n* абрази́вный материа́л, абрази́в, шлифу́ющий материа́л
Schleifscheibe *f* шлифова́льный круг
Schleifspaltbarkeit *f* спа́йность шлифова́ния
Schleifstein *m* Wetzstein точи́льный ка́мень
Schleppfalte *f* скла́дка волоче́ния
Schleppung *f* волоче́ние
Schleppungseffekt *m* эффе́кт волоче́ния
Schlern- шле́рнский
Schlerndolomit *m* alpine Trias шле́рнский доломи́т

Schleudermühle *f* центробе́жная дроби́льная ме́льница
Schleuse *f* шлюз
Schleusenanlage *f* Inggeol. шлюзово́е устро́йство
Schleusenkammer *f* шлю́зная ка́мера
Schleusenkanal *m* шлю́зный кана́л
Schleusenmauer *f* сте́нка шлю́зной ка́меры
Schleusensohle *f* дно шлю́за
Schleusenstufe *f* шлю́зная ступе́нь
Schleusentor *n* шлю́зные воро́та
Schleusentreppe *f* шлю́зная ле́стница
Schlich *m* шлих
Schlich- шлихово́й
Schlichanalyse *f* шлихово́й ана́лиз
Schlichaufnahme *f* шлихова́я съёмка
Schlichbemusterung *f* шлихово́е опро́бование
Schlichkarte *f* шлихова́я ка́рта
Schlichprobe *f* шлихова́я про́ба
Schlichprobenahme *f* шлихово́е опро́бование
Schlick *m* Schluff ил
Schlick- Schluff- и́листый
Schlickboden *m* и́листый грунт, илова́тая по́чва; и́листое дно
schlickig и́листый
Schlickteilchen *n* Schlammteilchen и́листая части́ца (взве́шенных нано́сов)
Schlickwatt *n* и́листая о́тмель
Schliere *f* шли́ра
Schlieren- шли́ровый
Schlierenbau *m* Schlierenstruktur шли́ровое строе́ние
schlierenförmig шлирообра́зный
Schlierenstruktur *f* шли́ровое строе́ние
Schlierentextur *f* шли́ровая текстýра
schlierig Schlieren- шли́ровый
Schließmuskel *m* сводя́щий му́скул, замыка́ющий му́скул
Schließmuskeleindruck *m* отпеча́ток сводя́щих му́скулов
Schliff *m* Dünnschliff шлиф
Schliffdicke *f* толщина́ шли́фа
Schliffgüte *f* ка́чество шли́фа
Schlinge *f* Schleife пе́тля
schlingenförmig Schlingen- пете́льчатый, петлеви́дный
Schlingenstruktur *f* пете́льчатая структу́ра, петлеви́дная структу́ра
Schlitz *m* борозда́
Schlitzbemusterung *f* бороздово́е опро́бование
Schlitzmethode *f* бороздово́й ме́тод
Schlitzprobe *f* бороздова́я про́ба
Schlitzprobenahme *f* отбо́р бороздово́й про́бы
Schloß *n* Verschluß замо́к
Schloß- замо́чный
Schloßapparat *m* замо́чный аппара́т
Schloßfortsatz *m* замо́чный отро́сток, замо́чное остроконе́чие, кардина́льное остроконе́чие
Schloßplatte *f* замо́чная пласти́на
Schloßrand *m* замо́чный кра́й
Schloßverbindung *f* замо́чный соедине́ние
Schlot *m* жерло́
Schlotagglomerat *n* же́рловый агломера́т
Schlotfazies *f* же́рловая фа́ция
Schlucht *f* овра́г, уще́лье, про́пасть, ба́лка
Schluchtenrelief *n* ба́лочный релье́ф
Schluckbrunnen *m* поглоща́ющий коло́дец
Schluckfähigkeit *f* поглоща́ющая спосо́бность
Schluckwassermenge *f* пропуска́емый расхо́д
Schluff *m* ил; пыль
Schluff- и́листый; пылева́тый
Schluffboden *m* и́листый грунт, илова́тая по́чва
schluffig Schluff- и́листый; пылева́тый
Schlufflehm *m* пылева́тый сугли́нок
Schluffsand *m* и́листый песо́к, пылева́тый песо́к, плыву́н
Schlund *m* Kehle гло́тка
Schlund- гло́точный
Schlundrohr *n* гло́точная тру́бка
Schlüsselbein *n* ключи́ца
schmal eng у́зкий
schmalblättrig узколи́стный
Schmandtrommel *f* Bohr. жело́ночный бараба́н, корта́льный бараба́н, чисти́льный бараба́н
schmelzbar пла́вкий
Schmelzbarkeit *f* пла́вкость
Schmelzbedingung *f* режи́м плавле́ния, режи́м та́яния
Schmelzdiagramm *n* диагра́мма плавле́ния

Schmelzdruck *m* давлéние плавлéния, давлéние тáяния
Schmelze *f* 1. Tauen тáяние, оттáивание. 2. Schmelzen von Metall u. a. расплáвливание, плавлéние. 3. Schmelzfluß расплáв
schmelzen 1. tauen тáять/растáять. 2. Metall u. a. schmelzen плáвить/расплáвить
Schmelzfaktor *m* фáктор тáяния
Schmelzfluß *m* расплáв
schmelzflüssig óгненно-жи́дкий
Schmelzgrenze *f* грани́ца тáяния
Schmelzhitze *f* температýра тáяния; температýра плавлéния
Schmelzhochwasserwelle *f* пáводковая волнá тáлых вод
Schmelzkoks *m* литéйный кокс
Schmelzkruste *f* корá плавлéния
Schmelzkurve *f* кривáя тáяния; кривáя плавлéния
Schmelzofen *m* плави́льная печь
Schmelzprozeß *m* процéсс тáяния, процéсс расплавлéния
Schmelzpunkt *m* тóчка тáяния; тóчка плавлéния
Schmelzpunktdepression *f* понижéние тóчки плавлéния
Schmelzreaktion *f* реáкция плавлéния
Schmelztemperatur *f* температýра тáяния; температýра плавлéния
Schmelzversuch *m* óпыт плавлéния
Schmelzwärme *f* теплотá тáяния; теплотá плавлéния
Schmelzwasser *n* тáлая водá, водá тáяния
Schmelzwasserabfluß *m* сток тáлых вод
Schmelzwasserablagerung *f* отложéние тáлых вод
Schmelzwassermoräne *f* морéна вытáивания
Schmelzwasserrinne *f* рýсло тáлых вод
Schmelzwasserstrom *m* потóк тáлой воды́
Schmelzwassertümpel *m* снежни́ца
Schmelzwirkung *f* дéйствие тáяния, рабóта тáяния
Schmelzzone *f* зóна тáяния
Schmelzzustand *m* состоя́ние расплáва
Schmidt'sche Feldwaage *f* весы́ Шми́дта
schmiedbar streckbar кóвкий
Schmiedbarkeit *f* Streckbarkeit кóвкость
Schmiedeeisen *n* кóвкое железó
Schmiedekohle *f* кузнéчный ýголь
Schmier- смáзочный
Schmiermineral *n* смáзочный минерáл
Schmiermittel *n* примáзка
Schmieröl *n* смáзочное мáсло
Schmirgel *m* наждáк
Schmirgelpapier *n* наждáчная бумáга
Schmuckstein *m* подéлочный кáмень, декорати́вный кáмен
schmutzigweiß гря́зно-бéлый
Schmutzwasser *n* Hydrol. загрязнённая стóчная водá
Schmutzwasserabfluß *m* Hydrol. сток загрязнённых стóчных вод
Schmutzwasseranfall *m* Hydrol. притóк загрязнённых стóчных вод
Schnabel *m* клюв
schnabelförmig клювообрáзный
Schnauze *f* Maul мóрда
Schnecke *f* ули́тка
schneckenartig улиткови́дный
schneckenförmig улиткообрáзный
Schnee *m* снег
Schnee- снéжный, снеговóй
Schneeanhäufung *f* скоплéние снéга, снеговы́е занóсы
Schneeauflage *f* снéжный нанóс, снéжная наслóйка
schneebedeckt заснежённый
Schneebedeckung *f* снéжный покрóв, снеговóй покрóв
Schneebewegung *f* движéние снéга
Schneebruch *m* снеголóм
Schneedecke *f* снéжный покрóв, снеговóй покрóв
Schneedeckenzuwachs *m* приращéние снéжного покрóва
Schneedichte *f* плóтность снéга
Schneedicke *f* толщинá снéжного покрóва
Schneedruck *m* давлéние снéжного покрóва; снеговáл
Schneefall *m* снегопáд
Schneefeuchtigkeit *f* влáжность снéга
Schneefleckenzone *f* зóна снéжных пя́тен
schneefrei лишённый снéга, бесснéжный
Schneegefüge *n* снéжная структýра
Schneegrenze *f* снеговáя грани́ца, снеговáя ли́ния

Schneegrenzendepression *f* пониже́ние снегово́й грани́цы
Schneegrenzenhöhe *f* высота́ снегово́й грани́цы
Schneegrube *f* сне́жный котлова́н
Schneehöhe *f* высота́ снегово́го (сне́жного) покро́ва
Schneehöhenmessung *f* измере́ние высоты́ сне́жного покро́ва
Schneehöhle *f* сне́жная пеще́ра
Schneekristall *m* сне́жный криста́лл
Schneelast *f* снегова́я нагру́зка
Schneelawine *f* сне́жная лави́на
Schneelinie *f* Schneegrenze снегова́я ли́ния
schneelos бессне́жный, лишённый сне́га
Schneelosigkeit *f* бессне́жие
Schneemasse *f* сне́жная ма́сса
Schneematsch *m* снежни́ца
Schneemenge *f* коли́чество сне́га
Schneepegel *m* ре́йка снегоме́рного поста́, снегоме́рный пост, снегоме́рная ре́йка
Schneepegelstation *f* снегоме́рная ста́нция
Schneeprobe *f* про́ба сне́га
Schneeregion *f* о́бласть снего́в
schneereich оби́льный сне́гом, сне́жный
Schneereichtum *m* оби́лие сне́га
Schneerosion *f* сне́жная эро́зия, снегова́я эро́зия
Schneescheide *f* снегова́я грани́ца, ли́ния снего́в
Schneeschicht *f* сне́жный сло́й, сне́жный пласт
Schneeschlamm *m* снежура́
Schneeschmelze *f* та́яние сне́га, снегота́яние; вре́мя та́яния сне́га
Schneeschmelzwasser *n* та́лые во́ды
Schneeschutz *m* снегова́я защи́та, защи́та от сне́га
Schneesedimentation *f* седимента́ция сне́га
Schneestand *m* высота́ сне́жного покро́ва
Schneesturm *m* сне́жная бу́ря, пурга́, вью́га, мете́ль
Schneesturz *m* сне́жный обва́л
Schneetemperatur *f* температу́ра сне́га
Schneetiefe *f* глубина́ снегово́го покро́ва, мо́щность сне́жного покро́ва
Schneeverdunstung *f* испаре́ние сне́га
Schneeverhältnisse *n/pl* усло́вия снегонакопле́ния, снегові́е усло́вия
Schneeverteilung *f* распределе́ние снегово́го покро́ва, распределе́ние сне́га
Schneeverwehung *f* сне́жный зано́с
Schneeverwitterung *f* снегово́е выве́тривание, нива́ция
Schneewall *m* снегозащи́тный вал
Schneewasser *n* снегова́я вода́
Schneewehe *f* Schneedüne сугро́б
Schneewehengletscher *m* наве́янный ледни́к
Schneide *f* Meißelschneide ле́звие
Schneidezahn *m* разреза́ющий зуб
Schnellanalyse *f* уско́ренный ана́лиз, экспре́сс-ана́лиз
Schnelläufer *m* Geophys. бы́страя фронта́льная волна́
schnell bindend Beton быстросхва́тывающий
Schnellbohrverfahren *n* спо́соб скоростно́го буре́ния
Schnellfilter *n, m* ско́рый фу́льтр
Schnellfilterung *f* ско́рое фильтрова́ние
Schnellmethode *f* скоростно́й ме́тод
Schnellschlag- быстроуда́рный
Schnellschlagbohren *n* быстроуда́рное буре́ние
Schnellschlagbohrung *f* быстроуда́рное буре́ние
Schnellverfahren *n* скоростно́й ме́тод
schnellwachsend быстрорасту́щий
Schnittebene *f* пло́скость пересече́ния, пло́скость разре́за
Schnitteffekt *m* эффе́кт пересече́ния
Schnittkurve *f* крива́я сече́ния, крива́я пересечённости
Schnittlage *f* положе́ние сече́ния
Schnittlinie *f* ли́ния пересече́ния
Schnittpunkt *m* то́чка пересече́ния
Schnittwinkel *m* у́гол пересече́ния
Schoepit *m* $8[UO_2|(OH)_2]\cdot 8H_2O$ шепи́т
schokoladenbraun шокола́дно-бу́рый
Scholle *f* Block глы́ба, блок
Schollen- глы́бовый, бло́ковый
Schollenbau *m* глы́бовое строе́ние, бло́ковое строе́ние
Schollenbewegung *f* движе́ние глыб, бло́ковое движе́ние
Schollencharakter *m* бло́ковый хара́ктер
Schollengebirge *n* глы́бовые го́ры

Schollenhebung *f* глы́бовое подня́тие
Schollenlava *f* глы́бовая ла́ва
Schollenmosaik *n* глы́бовая моза́ика
Schollenstruktur *f* глы́бовая структу́ра, бло́ковая структу́ра
Schollensystem *n* глы́бовая систе́ма
Schollentektonik *f* глы́бовая текто́ника, бло́ковая текто́ника
Schollenüberschiebung *f* глы́бовый на́двиг
Schollenverschiebung *f* глы́бовое перемеще́ние, перемеще́ние бло́ков, бло́ковое перемеще́ние
Schönfelsit *m* Porphyrit mit Intersertalstruktur шенфельзи́т
Schönit *m* Pikromerit $K_2Mg[SO_4]_2 \cdot 6H_2O$ шёнит
Schorenbergit *m* feldspatfreies Endglied der Tinguaitreihe шоренберги́т
Schörl *m* schwarzer Fe-reicher Turmalin шерл
Schorlomit *m* Varietät von Melanit шорломи́т
Schotter *m* Steinschutt ще́бень, щебёнка
Schotter- щебёнчатый
Schotterboden *m* щебнева́тая по́чва
Schotterdecke *f* Inggeol. щебёночное покры́тие
Schottergrube *f* щебёночный карье́р
Schottergründung *f* щебёночное основа́ние
Schotterkegel *m* ко́нус ще́бня, ко́нус нано́сов, ко́нус обло́мков
Schottermaterial *n* щебёнчатый материа́л
Schotterschicht *f* Schotterlage щебёнчатый сло́й
Schotterstrom- щебнепото́ковый
Schotterterrasse *f* га́лечниковая терра́са
Schotterung *f* Inggeol. балластиро́вка
Schotterunterlage *f* щебёночная подгото́вка
Schotterwüste *f* ще́бневая пусты́ня
schraffieren штрихова́ть/заштрихова́ть
Schraffierung *f* Schraffur штрихо́вка
Schraffierungslinie *f* ли́ния штрихо́вки
Schraffur *f* Schraffierung штрихо́вка
Schrägaufnahme *f* перспекти́вный аэрофотосни́мок, перспекти́вная съёмка
schräggeschichtet косослои́стый
Schräglage *f* Schrägstellung накло́нное положе́ние
Schrägschicht *f* кососло́й
Schrägschichtung *f* коса́я слои́стость, косо́е наслое́ние
Schrägschnitt *m* косо́е сече́ние
Schrämmaschine *f* вру́бовая маши́на
Schramme *f* цара́пина
Schrapper *m* скре́пер
Schrapperanlage *f* скре́перная устано́вка
Schraube *f* винт
Schraubenachse *f* Min. винтова́я ось (симметри́и)
Schraubenfeder *f* винтова́я пружи́на
schraubenförmig винтообра́зный
schraubenhörnig винторо́гий
Schraubenlinie *f* винтова́я ли́ния
Schreibersit *m* Rhabdit $(Fe, Ni, Co)_3P$ шрейберзи́т
Schreibkreide *f* пи́шущий мел
Schreibpegel *m* самопи́шущий водоме́рный пост, марео́граф
Schreibvorrichtung *f* регистри́рующее устро́йство самопи́сца
Schreibwerk *n* пи́шущий механи́зм, самопи́сец
Schreitbagger *m* шага́ющий экскава́тор
Schreitfuß *m* хо́дная но́жка, ходи́льная нога́
Schriesheimit *m* Amphibolperidotit шрисгейми́т
Schrifterz *n* пи́сьменная руда́
Schriftgranit *m* пи́сьменный грани́т
schriftgranitisch письменногрни́тный
schriftgranitische Verwachsung *f* письменногрни́тное прораста́ние
Schriftstruktur *f* пи́сьменная структу́ра, графи́ческая структу́ра
Schrifttextur *f* пи́сьменная тексту́ра, графи́ческая тексту́ра
Schrifttum *n* библиогра́фия
Schrittmaß *n* ме́ра шага́ми
Schrittmesser *m* Pedometer шагоме́р, педо́метр
Schröckingerit *m* Mineral der Skarpit-Uranothallitgruppe шрекингери́т
Schrot- дробово́й
Schrotbohren *n* дробово́е буре́ние
Schrötterit *m* † Gemenge von Halloysit mit Variscit шреттери́т
Schrumpfspannung *f* уса́дочное напряже́ние
Schrumpfung *f* уса́дка; контра́кция
Schrumpfungskluft *f* контракцио́нная тре́щина

Schrumpfungskoeffizient *m* коэффициéнт усáдки
Schrumpfungstheorie *f* Kontraktionstheorie контракциóнная теóрия
Schub *m* сдвиг, срез, скáлывание
Schubbeanspruchung *f* напряжéние сдвига, скáлывающее напряжéние
Schubbeben *n* сдвиговое землетрясéние
Schubfestigkeit *f* сопротивлéние сдвигу, прóчность на сдвиг
Schubkraft *f* сила сдвига
Schubmodul *m* мóдуль сдвига
Schubrichtung *f* направлéние сдвига
Schubspannung *f* напряжéние сдвига, скáлывающее напряжéние, сдвигáющее напряжéние
Schubweite *f* амплитýда перемещéний
Schuchardtit *m* Nickelchlorit шухардит
Schultenit *m* $PbH[AsO_4]$ шультенит
Schulter *f* плечó
Schulter- плечевóй
Schulterblatt *n* плечевóй щитóк
Schultergürtel *m* плечевóй пóяс
Schulterregion *f* плечевáя óбласть
Schulzenit *m* Gemenge, hauptsächlich Heterogenit шульценит
Schulzesches Mazerationsgemisch *n* смесь Шýльце
Schulzit *m* † Geokronit шульцит
Schummerung *f* тушóвка, отмы́вка
Schungit *m* hoch inkohlter Anthracit шунгит
Schungit- шунгитовый
Schungitschiefer *m* шунгитовый слáнец
Schuppe *f* чешуя́
Schuppen- чешýйчатый
Schuppenbau *m* Schuppenstruktur чешýйчатое строéние
schuppenförmig чешýйчатый
Schuppenstruktur *f* Schuppenbau чешýйчатая структýра
Schuppentektonik *f* чешýйчатая тектóника
Schuppenzone *f* чешýйчатая зóна
schuppig Schuppen- чешýйчатый
schuppiger Bruch *m* Min. чешýйчатый излóм
Schurf *m* шурф
Schürfarbeit *f* Schürfung шурфовáние
Schürfbohren *n* развéдочное бурéние
Schürfbohrung *f* развéдочная сквáжина
schürfen шурфовáть *uv.*
Schürfen *n* шурфовáние
Schurfgraben *m* развéдочная канáва
Schurflinie *f* шýрфовая линия
Schurfloch *n* дýдка
Schurfprofil *n* шýрфовый прóфиль
Schurfregister *n* журнáл шурфовáния
Schürfschacht *m* Versuchsschacht развéдочная шáхта
Schürfschlitz *m* развéдочный разрéз
Schürfstollen *m* развéдочная штóльня
Schürfung *f* шурфовáние
Schurfwand *f* стенá шýрфа
schüsselförmig блюдцеобрáзный
Schußpunkt *m* очáг сейсмического взры́ва, пункт взры́ва
Schutt *m* Gesteinsschutt щéбень, облóмки гóрной порóды, óсыпь
Schüttbeton *m* насыпнóй бетóн
schütteln rütteln трясти *uv.*
Schütteln *n* Rütteln тря́ска, трясéние, взбáлтывание
Schüttelrost *m* качáющийся колосникóвый грóхот
Schüttelsieb *n* сотрясáтельное сито, вибрациóнный грóхот, сотрясáтельное решетó
Schütteltisch *m* вибрациóнный стол
Schuttfächer *m* Schuttkegel кóнус вы́носа, насыпнóй кóнус
Schuttgebirge *n* шлéйф
Schuttgesteinsdecke *f* щебёночный покрóв
Schüttgut *n* насыпнóй материáл
Schutthalde *f* óсыпь
Schutthang *m* осыпнóй склон
Schuttkegel *m* Schuttfächer кóнус вы́носа, насыпнóй кóнус
Schuttquelle *f* истóчник óсыпей, истóчник в óсыпи
Schuttrückstand *m* щебёнчатый остáток
Schüttung *f* 1. Fördermenge дебит. 2. Schüttung von Material отсы́пь
Schuttwasser *n* сбросня́я водá
Schutz *m* защита
Schutz- защитный
Schutzbauten *pl* защитные сооружéния
Schutzbildung *f* защитное образовáние
Schutzdamm *m* Inggeol. защитная дáмба, предохранительный вал, ограждáющая дáмба
Schutzdecke *f* защитное покры́тие
Schutzdeich *m* защитный вал, защитная дáмба

schützen sichern предохраня́ть / предохрани́ть
Schutzhülle *f* Integument защи́тная о́бласть
Schutzkolloid *n* защи́тный колло́ид
Schutzmaßnahme *f* защи́тное мероприя́тие
Schutzmole *f* защи́тный мол
Schutzringmethode *f* ме́тод охра́ннего кольца́
Schutzschicht *f* защи́тный сло́й
Schutzvorrichtung *f* предохрани́тельное приспособле́ние
Schutzwald *m* защи́тный лес
Schutzwaldanpflanzung *f* лесозащи́тное насажде́ние
Schutzwaldstreifen *m* лесозащи́тная полоса́
Schutzwall *m* защи́тный вал
Schutzwand *f* защи́тная сте́нка
Schutzwirkung *f* защи́тное де́йствие
schwach alkalisch слабощелочно́й
schwach eisenhaltig низкожеле́зистый, маложеле́зистый
Schwächezone *f* осла́бленная зо́на, зо́на ослабле́ния
schwach gestört слабодислоци́рованный
schwach hügelig редкохолми́стый; мелкосо́почный
schwach kalkig schwach kalkhaltig слабоизвестко́вый, слабоизвестко́вистый
schwach salzig соленова́тый
schwach sauer слабоки́слый
schwach tonerdehaltig низкоглинозёмистый
Schwächung *f* Abschwächung ослабле́ние
Schwächungskoeffizient *m* коэффицие́нт ослабле́ния
Schwächungskurve *f* крива́я ослабле́ния
schwach verfestigt wenig verfestigt слабосцементи́рованный
schwach verkarstet слабозакарсто́ванный
Schwagerina *f* швагери́на
Schwagerinen- швагери́новый
Schwagerinenkalk *m* швагери́новый известня́к
Schwamm *m* гу́бка
schwammig Schwamm- гу́бчатый; гу́бковый
Schwammriff *n* гу́бковый риф
Schwammtextur *f* гу́бчатая тексту́ра
schwanken schwingen, oszillieren колеба́ться / поколеба́ться
Schwankung *f* Schwingung, Oszillation колеба́ние
Schwankungsamplitude *f* амплиту́да колеба́ний
Schwankungsbereich *m* интерва́л колеба́ний, диапазо́н колеба́ний
Schwankungsbreite *f* амплиту́да колеба́ния
Schwankungsform *f* фо́рма колеба́ний
Schwankungsintervall *n* диапазо́н колеба́ний
Schwanz *m* Schweif хвост
Schwanz- хвостово́й
Schwanzflosse *f* хвостово́й плавни́к
schwanzlos бесхво́стый
Schwanzschild *n* Pygidium хвостово́й щит, пиги́дий
Schwanzwirbel *m* хвостово́й позвоно́к
Schwartzembergit *m* $Pb_5[Cl_3O_3|JO_3]$ шварцемберги́т
Schwarzerde *f* чернозём
Schwarzerde- чернозёмный
Schwarzerdeboden *m* чернозёмная по́чва
Schwarzerdegebiet *n* чернозёмная область
Schwarzerdegebirgsboden *m* горночернозёмная по́чва
Schwarzerdesteppe *f* чернозёмная степь
Schwarzerdezone *f* чернозёмная зо́на
Schwarzes Meer *n* Чёрное мо́ре
schwärzlich чернова́тый
Schwarzmeer- черномо́рский
Schwarzmeer-Terrasse *f* черномо́рская терра́са
Schwarzschieferformation *f* форма́ция чёрных сла́нцев
Schwarzsilberglanz *m* † Stephanit чёрный серёбряный блеск
Schwärzung *f* почерне́ние, черне́ние
Schwärzungsintensität *f* густота́ почерне́ния
Schwazit *m* Hg-haltiger Tetraedrit швацит
Schweb *m* Schweb(e)stoff взве́шенные вещества́, взвесь
Schwebeteilchen *n* взве́шенная части́ца

Schwebgehalt *m* содержáние взвéси в водé, мýтность
Schwebstoff *m* взвéшенные нанóсы, взвесь
Schwebstoffablagerung *f* отложéние взвéшенных нанóсов
Schwebstoffilter *m, n* фильтр для взвéшенных веществ
Schwebstofftransport *m* перенóс взвéшенных нанóсов
Schwefel *m* S сéра
Schwefel- сéрный; тиóновый
schwefelabscheidend сероотлагáющий
Schwefelammonium *n* $(NH_4)S$ серни́стый аммóний, сульфи́д аммóния
Schwefelbakterien *n/pl* сéрные бактéрии, серобактéрии, тиóновые бактéрии
Schwefelbergwerk *n* сéрный рудни́к
Schwefelblüte *f* сéрный цвет
Schwefeldioxid *n* SO_2 двуóкись сéры, серни́стый ангидри́д, ангидри́д серни́стой кислоты́
Schwefelgeruch *m* зáпах сéры
Schwefelgewinnung *f* добы́ча сéры
Schwefelgrube *f* сéрный рудни́к
schwefelhaltig серосодержáщий, серни́стый
schwefelig schwefelhaltig, sulfidisch серни́стый
schwefelige Säure *f* серни́стая кислотá
Schwefelkies *m* Pyrit FeS_2 сéрный колчедáн
Schwefelkies- серноколчедáнный
Schwefelkiesabbrand *m* пири́товый огáрок
Schwefelkieskonzentrat *n* пири́товый концентрáт
Schwefelkiesvererzung *f* серноколчедáнное орудене́ние
Schwefelkohle *f* серни́стый ýголь
Schwefelkohlenstoff *m* CS_2 сероуглерóд, серни́стый углерóд
Schwefelkreislauf *m* цикл сéры, сéрный круговорóт
Schwefelquelle *f* серни́стый истóчник
schwefelsauer -sulfat сернoки́слый
Schwefelsäure *f* H_2SO_4 сéрная кислóта
Schwefelsäure сернокислóтный
Schwefelsäureherstellung *f* сернокислóтное произвóдство
Schwefelsäureindustrie *f* сернокислóтная промы́шленность
Schwefelsesquioxid *n* S_2O_3 полýторная óкись сéры, сесквиокси́д сéры
Schwefeltrioxid *n* SO_3 трёхóкись сéры, ангидри́д сéрной кислоты́, сéрный ангидри́д
Schwefelverbindung *f* соединéние сéры
Schwefelwasserstoff *m* H_2S сероводорóд, серни́стый водорóд
Schwefelwasserstoff- сероводорóдный
Schwefelwasserstoffgärung *f* сероводорóдное брожéние
Schwefelwasserstoffvergiftung *f* сероводорóдное заражéние
schwefligsauer сернистоки́слый
Schweif *m* 1. Schwanz хвост. 2. Dünenschweif рог
Schweißtuff *m* свáренный туфф
Schweizerit *m* † massiger Serpentin швейцери́т
Schweizers Reagenz *n* реакти́в Швéйцера
Schwelen *n* полукоксовáние
Schwelkohle *f* ýголь для полукоксовáния
Schwelkoks *m* полукóкс
Schwelle *f* Stufe, Barre порóг
Schwellenwert *m* предéльное значéние
Schwellung *f* Schwellen, Blähung вздýтие
Schwelprozeß *m* процéсс швелевáния, процéсс полукоксовáния
Schwelteer *m* дёготь, полýченный при полукоксовáнии
Schwemm- нанóсный
Schwemmland *n* нанóсная пóчва
Schwemmasse *f* нанóсная мáсса
Schwemmaterial *n* нанóсный материáл
Schwemmbauxit *m* нанóсный бокси́т
Schwemmboden *m* нанóсная пóчва
Schwemmland *n* нанóсная земля́, нанóсная пóчва, нанóсный грунт, нанóс
Schwemmlandebene *f* нанóсная равни́на, намывнáя равни́на
Schwemmlandküste *f* нанóсный бéрег, намывнóй бéрег
Schwemmlehm *m* нанóсный сугли́нок
Schwemmsand *m* Flugsand нанóсный песóк, плывýн
Schwemmstoff *m* взвéшенные нанóсы, взвéшенное веществó
Schwemmstoffbewegung *f* движéние взвéшенных нанóсов

Schwemmstofführung *f* расхóд взвéшенных нанóсов
Schwemmton *m* нанóсная глúна
Schwenkbagger *m* поворóтный экскавáтор
Schwerbenzol *n* тяжёлый бензóл
schwerbeweglich трудноподвúжный
Schwere *f* Schwerkraft сúла тя́жести
Schwereabfall *m* уменьшéние сúлы тя́жести
Schwereänderung *f* изменéние сúлы тя́жести
Schwereanomalie *f* аномáлия (сúлы) тяжести, гравитациóнная аномáлия
Schwereanstieg *m* увеличéние сúлы тя́жести
Schwereaufnahme *f* гравиметрúческая съёмка
Schwerebeschleunigung *f* ускорéние сúлы тя́жести
Schwerebestimmung *f* определéние сúлы тя́жести, измерéние сúлы тя́жести
Schweredefizit *n* недостáток сúлы тя́жести
Schwereeinfluß *m* влия́ние сúлы тя́жести
Schwereerkundung *f* гравиразвéдка
Schwerefeld *n* пóле сúлы тя́жести, гравитациóнное пóле
Schwereflüssigkeit *f* тяжёлая жúдкость
Schwergewichtstaumauer *f* Hydrogeol. гравитациóнная плотúна
Schweregradient *m* градиéнт сúлы тя́жести
Schwerekarte *f* gravimetrische Karte кáрта (аномáлий) сúлы тя́жести, гравитациóнная кáрта, гравиметрúческая кáрта
Schweremaximum *n* мáксимум (аномáлий) сúлы тя́жести, гравитациóнный мáксимум
Schweremessung *f* измерéние, сúлы тя́жести, определéние сúлы тя́жести
Schwereminimum *n* мúнимум сúлы тя́жести, гравитациóнный мúнимум
Schwerenetz *n* гравиметрúческая сеть
Schwerepotential *n* потенциáл сúлы тя́жести
Schwereprofil *n* гравитациóнный прóфиль
Schwerereduktion *f* попрáвка сúлы тя́жести
Schwerestation *f* стáнция определéния сúлы тя́жести, гравиметрúческая стáнция
Schwerestörung *f* Schwereanomalie аномáлия сúлы тя́жести, гравитациóнная аномáлия
Schwerestufe *f* гравитациóнная ступéнь
Schwereverteilung *f* распределéние сúлы тя́жести, гравитациóнное распределéние
Schwerewert *m* величинá сúлы тя́жести, значéние сúлы тя́жести
Schwerewirkung *f* эффéкт сúлы тя́жести
Schwerezentrum *n* центр тя́жести
schwerflüchtig труднолетýчий
Schwergewichtsmauer *f* Hydrogeol. гравитациóнная плотúна
Schwergewichtstalsperre *f* гравитациóнная (водохранúлищная) плотúна
Schwerindustrie *f* тяжёлая промы́шленность
Schwerkraft *f* сúла тя́жести
Schwerkraftabscheider *m* гравитациóнный сепарáтор
Schwerkraftaufbereitung *f* гравитациóнное обогащéние
Schwerkraftbeschleunigung *f* ускорéние сúлы тя́жести
Schwerkraftgradient *m* градиéнт сúлы тя́жести
Schwerkraftkomponente *f* составля́ющая сúлы тя́жести
Schwerkraftmauer *f* гравитациóнная плотúна
Schwerkraftmessung *f* измерéние сúлы тя́жести
Schwerkraftpotential *n* потенциáл сúлы тя́жести
Schwerkraftbestimmung *f* определéние сúлы тя́жести
Schwerkraftscheider *m* гравитациóнный сепарáтор
Schwerkraftschwankung *f* изменéние сúлы тя́жести
Schwerkraftgradient *m* градиéнт сúлы тя́жести
Schwerkraftsperre *f* гравитациóнная плотúна
Schwerkraftunterschied *m* рáзность сил тя́жести
schwerlöslich труднорастворúмый

Schwerlöslichkeit *f* тру́дная раствори́мость
Schwermetall *n* тяжёлый мета́лл
Schwermetall-Lagerstätte *f* месторожде́ние тяжёлых мета́ллов
Schwermineral *n* тяжёлый минера́л
Schwermineralseife *f* ро́ссыпь тяжёлых минера́лов
Schweröl *n* 1. тяжёлая нефть. 2. тяжёлое ма́сло
schwer passierbar труднопроходи́мый
Schwerpunkt *m* центр тя́жести
schwer schmelzbar тугопла́вкий
Schwerschmelzbarkeit *f* тугопла́вкость
schwer schmelzend тугопла́вкий
schwer siedend высококипя́щий
Schwerspat *m* Baryt $Ba[SO]_4$ тяжёлый шпат, бари́т
Schwerspat- бари́товый
Schwerspatgang *m* бари́товая жи́ла
Schwerspatlagerstätte *f* бари́товое месторожде́ние
schwertförmig мечеви́дный
schwer trennbar тру́дно раздели́мый
Schwertrennbarkeit *f* тру́дная раздели́мость
schwer verwitterbar трудновыве́тривающийся, слабовыве́тривающийся
schwer zugänglich труднодосту́пный
Schwiele *f* мозо́ль
schwielig мозо́листый
Schwimm- пла́вательный, плаву́чий
Schwimmaufbereitung *f* флота́ция, флотацио́нное обогаще́ние
Schwimmblase *f* пла́вательный пузы́рь
Schwimmeis *n* плаву́чий лёд
schwimmend Schwimm- пла́вательный, плаву́чий
schwimmende Insel *f* сплави́на
Schwimmerpegel *m* поплавко́вый марео́граф, поплавко́вый измери́тель
Schwimmervorrichtung *f* поплавко́вое приспособле́ние
Schwimmfähigkeit *f* Schwimmkraft плаву́честь
Schwimmfuß *m* пла́вательная нога́
Schwimmhaut *f* пла́вательная перепо́нка
Schwimmkonzentrat *n* флотацио́нный концентра́т
Schwimmsand *m* Fließsand, Triebsand плыву́н
Schwimmsandschicht *f* пласт плывуна́, сло́й плывуна́
Schwimmsandvorkommen *n* нали́чие плывуна́
Schwimmverfahren *n* флотацио́нный спо́соб
Schwimmvermögen *n* плаву́честь
Schwingbereich *m* колеба́тельный диапазо́н, о́бласть колеба́ний
schwingend Schwingungs- колеба́тельный
Schwingmoor *n* зы́блющееся боло́то
Schwingquarz *m* пьезоква́рц
Schwingsieb *n* вибрацио́нный гро́хот, кача́ющийся гро́хот, кача́ющееся си́то
Schwingtisch *m* вибросто́л
Schwingung *f* колеба́ние
Schwingungs- колеба́тельный
Schwingungsachse *f* ось колеба́ния
Schwingungsamplitude *f* амплиту́да колеба́ний
Schwingungsart *f* вид колеба́ния
Schwingungsausschlag *m* амплиту́да колеба́ний
Schwingungsbewegung *f* колеба́тельное движе́ние
Schwingungscharakter *m* колеба́тельный хара́ктер
Schwingungsdauer *f* Schwingungsperiode вре́мя колеба́ния, продолжи́тельность колеба́ния, пери́од волны́
Schwingungsebene *f* пло́скость колеба́ний
Schwingungsellipse *f* элли́пс колеба́ния
Schwingungsenergie *f* эне́ргия колеба́ния
Schwingungserregung *f* возбужде́ние колеба́ний
Schwingungserscheinung *f* явле́ние колеба́ний; явле́ние вибра́ции
Schwingungserzeugung *f* возбужде́ние колеба́ний
Schwingungsfeld *n* по́ле колеба́ний
Schwingungsform *f* фо́рма колеба́ний
Schwingungsfrequenz *f* частота́ колеба́ний
Schwingungsgebiet *n* о́бласть колеба́ний
Schwingungsimpuls *m* и́мпульс колеба́ния
Schwingungsknoten *m* у́зел колеба́ний, у́зел колеба́тельного движе́ния
Schwingungskoeffizient *m* коэффицие́нт колеба́ния
Schwingungskomponente *f* составля́ющая колеба́ний

Schwingungslehre *f* уче́ние о колеба́ниях
Schwingungsmesser *m* вибро́граф, измери́тель колеба́ний
Schwingungsperiode *f* пери́од колеба́ния
Schwingungspunkt *m* центр колеба́ния
Schwingungsrichtung *f* направле́ние колеба́ний
Schwingungsrichtung *f* направле́ние колеба́ний
Schwingungsspektrum *n* спектр колеба́ний
Schwingungssystem *n* колеба́тельная систе́ма
Schwingungsverdichter *m* Inggeol. вибра́тор
Schwingungsvorgang *m* проце́сс колеба́ний, колеба́тельный проце́сс
Schwingungswärme *f* теплота́ колеба́ния
Schwingungsweite *f* амплиту́да колеба́ния
Schwingungswelle *f* колеба́тельная волна́
Schwingungswinkel *m* у́гол колеба́ний
Schwingungszahl *f* частота́ колеба́ний, число́ колеба́ний
Schwingungszeit *f* вре́мя колеба́ний
Schwingungszentrum *n* центр колеба́ний
Schwitzwasser *n* выпотева́ющая вода́
Scitamineae *pl* бананоцве́тные
Scleroseptum *n* склеросе́пта
Sclerotecalring *m* склероти́ческое кольцо́
Sclerotium *n* склеро́ция
Scolecodontia *pl* сколекодо́нты
Scorpionida *pl* скорпио́ны
Scropnulariaceae *pl* нори́чниковые
Scuiromorphae *pl* мышеобра́зные
Scutella ма́ленький щито́к
Scyphomeduse *f* сцифомеду́за, кише́чно-полостна́я меду́за
Scyphozoa *pl* сцифо́идные, сцифозо́и
Scyth *n* ски́фский я́рус
scythisch Scyth- ски́фский
Seamanit *m* ? FeMn-Borophosphat симани́т
Searlesit *m* $NaB[Si_2O_6]\cdot H_2O$ сирлези́т
Sebakwian-System *n* Präkambrium Afrikas себакви́йская систе́ма
Sechseck *n* Hexagon шестиуго́льник
sechseckig шестиуго́льный
Sechserring *m* шестичле́нное кольцо́
sechsfingrig шестипа́лый
Sechsflach *m* шестигра́нник
sechsfüßig hexapod шестино́гий
Sechsling *m* шестерни́к
sechsstrahlig шестилучево́й
sechswertig шестивале́нтный; шестиа́томный
Sechswertigkeit *f* шестивале́нтность; шестиа́томность
sechszählig шестерно́й
Sediment *n* оса́док
Sedimentanhäufung *f* Sedimentation осадконакопле́ние
sedimentär Sediment- оса́дочный
sedimentär-metamorph оса́дочно-метаморфи́ческий
Sedimentation *f* седимента́ция, осадконакопле́ние, отложе́ние оса́дков, осадкообразова́ние
Sedimentations- седиментацио́нный
Sedimentationsabfolge *f* после́довательность осадконакопле́ния
Sedimentationsbecken *n* седиментацио́нный бассе́йн, бассе́йн седимента́ции, бассе́йн осадконакопле́ния
Sedimentationsdauer *f* дли́тельность осадконакопле́ния
Sedimentationsgebiet *n* о́бласть осадконакопле́ния
Sedimentationsgeschwindigkeit *f* ско́рость седимента́ции, ско́рость осадконакопле́ния
Sedimentationslücke *f* переры́в
Sedimentationsprozeß *m* Sedimentationsvorgang проце́сс седимента́ции, седиментацио́нный проце́сс
Sedimentationsraum *m* седиментацио́нная пло́щадь
Sedimentationsverhältnisse *n/pl* усло́вия осадкообразова́ния
Sedimentationsverlauf *m* ход осадкообразова́ния
Sedimentationsvorgang *m* проце́сс седимента́ции, седиментацио́нный проце́сс
Sedimentationszone *f* зо́на осадкообразова́ния, зо́на осадконакопле́ния
Sedimentationszyklus *m* цикл осадкообразова́ния, седиментацио́нный цикл
Sedimentbewegung *f* движе́ние нано́сов
Sedimentbildung *f* осадкообразова́ние

Sedimentgestein *n* оса́дочная поро́да
Sedimentierung *f* седимента́ция, осажде́ние
Sedimentmaterial *n* оса́дочный материа́л
sedimentogen седиментоге́нный
sedimentologisch седиментологи́ческий
Sedimentpetrograph *m* петро́граф-оса́дочник
Sedimentpetrographie *f* оса́дочная петрогра́фия, петрогра́фия оса́дочных поро́д
See *m* о́зеро
See *f* мо́ре
See- 1. lakustrisch озёрный. 2. marin морско́й
Seeabfluß *m* озёрный сток
Seeablagerung *f* озёрное отложе́ние
Seealpen *pl* прибре́жные А́льпы
Seebauwerk *n* морско́е гидротехни́ческое сооруже́ние
Seebeben *n* подво́дное землетрясе́ние, моретрясе́ние
Seebebenwelle *f* волна́ моретрясе́ния, сейсми́ческая волна́
Seebecken *n* озёрный бассе́йн; впа́дина о́зера
Seebenit *m* Hornblendegestein зебени́т
Seeboden *m* дно о́зера; дно мо́ря, морско́й грунт
Seebodenerz *n* озёрная до́нная руда́
Seebohrung *f* морско́е буре́ние
Seedeich *m* морска́я да́мба
See-Elefant *m* *Mirounga leonina* морско́й слон
See-Erz *n* озёрная руда́
Seefedern *pl* Pennatulacea морски́е пе́рья
Seegang *m* Wogen волне́ние
Seegangsstärke *f* си́ла волне́ния
Seegebiet *n* 1. озёрная зо́на, озёрный кра́й. 2. о́бласть мо́ря, примо́рская зо́на
Seegras *n* *Zostera marina* морска́я трава́
Seegrund *m* морско́й грунт
Seehafen *m* морско́й порт, га́вань
Seehöhe *f* высота́ над у́ровнем мо́ря
Seeigel *m* морско́й еж
Seeis *n* озёрный лёд
Seekanal *m* морско́й кана́л
Seekarte *f* морска́я ка́рта
Seeklima *n* морско́й кли́мат
Seekreide *f* озёрный мел
Seekuh *f* *Rhytina* морска́я коро́ва
Seelilie *f* морска́я ли́лия
Seelöß *m* озёрный лёсс
Seelöwe *m* морско́й лев
Seemeile *f* морска́я ми́ля
Seemergel *m* озёрный ме́ргель
Seenfläche *f* пло́щадь озёр, озёрность
Seenkette *f* цепь озёр
Seenlandschaft *f* озёрный ландша́фт
Seeregulierung *f* регули́рование озёра, озёрное регули́рование
Seesalz *n* морска́я соль
Seesand *m* озёрный песо́к; морско́й песо́к
Seeschlamm *m* Schlick озёрный ил, морско́й ил
Seeseife *f* озёрная ро́ссыпь
Seespiegel *m* зе́ркало озёра, свобо́дная пове́рхность озёра; зе́ркало мо́ря, свобо́дная пове́рхность мо́ря
Seespiegelschwankung *f* колеба́ние у́ровня озёра, колеба́ние у́ровня мо́ря
Seestern *m* морска́я звезда́
Seeströmung *f* морско́е тече́ние
Seetang *m* морска́я во́доросль
Seeterrasse *f* озёрная терра́са, морска́я терра́са
Seeton *m* озёрная гли́на
Seetorf *m* озёрный торф
Seeufer *n* бе́рег озёра; морско́й бе́рег
Seeuferbau *m* укрепле́ние морски́х берего́в
Seevermessung *f* морско́й проме́р, морска́я съёмка
Seewall *m* морска́я плоти́на, морска́я да́мба
Seewalze *f* морска́я кубы́шка
Seewasser *n* озёрная вода́, морска́я вода́
Seewasserdienst *m* гидрографи́ческая слу́жба
Seewasserprobe *f* про́ба озёрной воды́, про́ба морско́й воды́
Seeweg *m* морско́й путь
Seewetterdienst *m* морска́я метеорологи́ческая слу́жба
Seewind *m* морско́й ве́тер, ве́тер с мо́ря
Seezufluß *m* прито́к в о́зеро
Segerkegel *m* ко́нус Зе́гера
Segge *f* Riedgras, *Carex* L. осо́ка
Seggentorf *m* осо́ковый торф

Seggenzone *f* по́яс осо́к
Segment *n* сегме́нт
segmentiert сегменти́рованный
Segmentierung *f* сегмента́ция
Segregation *f* Ausscheidung сегрега́ция, выделе́ние
Segregations- сегрегацио́нный
Segregationsbildung *f* сегрегацио́нное образова́ние
Segregationslagerstätte *f* сегрегацио́нное месторожде́ние
Sehachse *f* зри́тельная ось
Sehfeld *n* по́ле зре́ния
Sehfeldwinkel *m* у́гол по́ля зре́ния
Sehkreis *m* ви́димый горизо́нт, кругозо́р
Sehlinie *f* ли́ния зре́ния, ли́ния визи́рования
Sehorgan *n* зри́тельный о́рган, о́рган зре́ния
Sehschlitz *m* смотрова́я щель
Sehstrahl *m* луч зре́ния, луч визи́рования
Sehwinkel *m* у́гол зре́ния
seicht неглубо́кий, мелково́дный
Seichtwasser *n* Flachwasser мелково́дье
Seichtwasserfazies *f* Flachwasserfazies мелково́дная фа́ция
Seichtwassergebiet *n* Flachwassergebiet мелково́дный райо́н, уча́сток мелково́дья
Seichtwassersediment *n* Flachwassersediment мелково́дная оса́дка
Seichtwerden *n* Verlanden обмеле́ние
seidenartig шелкови́стый
Seidenglanz *m* шелкови́стый блеск
seidig Seiden- шелкови́стый
Seife *f* ро́ссыпь
Seifen- ро́ссыпный
Seifengold *n* ро́ссыпное зо́лото
Seifenkonzentrat *n* ро́ссыпный концентра́т
Seifenlagerstätte *f* ро́ссыпное месторожде́ние
Seifenlösung *f* мы́льный раство́р
Seifenmineral *n* минера́л ро́ссыпей
Seifenplatin *n* ро́ссыпная пла́тина
Seifenzinn *n* ро́ссыпное о́лово
seiger вертика́льный
Seigerriß *m* вертика́льный разре́з
Seigerung *f* зейгерова́ние, выделе́ние спла́вов
Seilbohren *n* кана́тное буре́ние
Seilbohrgerät *n* кана́тная бурова́я устано́вка
Seilbohrverfahren *n* кана́тный спо́соб буре́ния
Seilschacht *m* подъёмный ствол ша́хты
Seilschlagbohren *n* уда́рно-кана́тное буре́ние
Seiltrommel *f* кана́тный бараба́н
Seilzug *m* Geodäs. верёвочный многоу́гольник
Seilzuglinie *f* Geodäs. ли́ния верёвочного многоуго́льника
Seisser Schichten *f/pl* alpine Trias се́йские слои́
Seismik *f* seismische Erkundung се́йсмика, сейсморазве́дка
seismisch сейсми́ческий
seismische Erkundung *f* Seismik сейсморазве́дка
seismische Registrierapparatur *f* сейсмозапи́сывающая аппарату́ра
seismischer Beobachtungsdienst *m* слу́жба сейсми́ческих наблюде́ний
seismischer Meßtrupp *m* сейсморазве́дочная па́ртия, сейсмопа́ртия
Seismizität *f* Erdbebentätigkeit сейсми́чность
Seismogramm *n* сейсмогра́мма
Seismograph *m* сейсмо́граф; сейсмоприёмник
Seismographenpendel *n* ма́ятник сейсмо́графа
Seismologie *f* сейсмоло́гия
Seismometer *n* сейсмо́метр
Seismometerstation *f* сейсмометри́ческая ста́нция, сейсми́ческая ста́нция
Seismometrie *f* сейсмоме́трия
seismometrisch сейсмометри́ческий
Seismoskop *n* сейсмоско́п
Seismotektonik *f* сейсмотекто́ника
seismotektonisch сейсмотектони́ческий
Seite *f* сторона́; бок
Seiten- Rand- боково́й
Seitenabberation *f* попере́чная аббера́ция
Seitenarm *m* боково́й рука́в
Seitenast *m* бокова́я ветвь
Seitenbach *m* боково́й руче́й, руче́й-прито́к
Seitenbewegung *f* боково́е движе́ние
Seitenböschung *f* боково́й отко́с
Seitendruck *m* боково́е давле́ние
Seiteneinstellung *f* бокова́я устано́вка

Seitenerosion *f* боковáя эрóзия
Seitenfläche *f* боковáя повéрхность
Seitengletscher *m* боковóй ледни́к, краевóй ледни́к
Seitenknospe *f* боковáя пóчка
Seitenlinie *f* Pal. боковáя ли́ния
Seitenlinienkanal *m* Pal. канáл боковóй ли́нии
Seitenlinienorgan *n* óрган боковóй ли́нии
Seitenlobus *m* боковáя лóпасть
Seitenmoräne *f* боковáя морéна
Seitenprofil *n* боковóй прóфиль
Seitenrefraktion *f* боковáя рефрáкция
Seitenstollen *m* боковáя штóльня
Seitenstrecke *f* боковóй штрек
Seitenströmung *f* боковóе течéние
Seitental *n* боковáя доли́на
Seitenverschiebung *f* Blattverschiebung сдвиг, боковóе смещéние, боковóе перемещéние
Seitenwasser *n* Hydrogeol. боковáя питóчность
Seitenwind *m* боковóй вéтер
Seitenwurzel *f* боковóй кóрень
Seitenzahn *m* боковóй зуб
Seitenzufluß *m* боковóй питóк
seitlich боковóй
seitliche Einengung *f* боковóе сжáтие
Sekante *f* секýщая
Sekretion *f* секрéция, отделéние, выделéние
Sekretions- секреционный, выдели́тельный
Sekretionsgewebe *n* выдели́тельная ткань
Sekretionskanal *m* выдели́тельный канáл
sekretorisch секретóрный, выдели́тельный
sekundär Sekundär- втори́чный
Sekundärdepression *f* втори́чная депрéссия
Sekundärfalte *f* втори́чная склáдка
Sekundärfaltung *f* второстепéнная склáдчатость
Sekundärgewebe *n* втори́чная ткань
sekundärhydrothermal втори́чно-гидротермáльный
Sekundärprozeß *m* втори́чный процéсс
Sekundärstrahl *m* втори́чный луч
Sekundärstrahlenmaximum *n* мáксимум втори́чных лучéй
Sekundärstrahlenminimum *n* ми́нимум втори́чных лучéй
Sekundärstrahlung *f* втори́чное излучéние
Sekundärströmung *f* втори́чное течéние
Sekundärstruktur *f* втори́чная структýра
Sekundärtektogenese *f* втори́чный тектогенéз
Sekundärumwandlung *f* втори́чное преобразовáние
Sekundärwelle *f* втори́чная волнá
Sekunde *f* секýнда
Sekunden- секýндный
Sekundenpendel *n* секýндный мáятник
Selachii *pl* селáхии, акýлы
Seladonit *m* verwandt mit Glaukonit селадони́т
Selaginellaceae *pl* селягинéллевые
selbstaktiviert самоактиви́рованный
selbständig самостоя́тельный
Selbständigkeit *f* самостоя́тельность
selbstbefruchtend самооплодотворя́ющийся
Selbstbefruchtung *f* самооплодотворéние
Selbstbestäubung *f* самоопылéние
Selbstentflammung *f* самовоспламенéние
Selbstentladung *f* саморазряжáние
Selbstentzündbarkeit *f* самовоспламеня́емость
Selbstentzündung *f* Selbstzündung самовозгорáние, самовоспламенéние, самозажигáние
Selbstentzündungstemperatur *f* температýра самовоспламенéния
selbsterregend самовозбуждáющийся
Selbsterregung *f* самовозбуждéние
Selbstinduktion *f* самоиндýкция
Selbstinduktivität *f* самоиндýкция
Selbstkompensator *m* автокомпенсáтор
Selbstoxydation *f* аутоксидáция, самоокислéние
Selbstreduktion *f* самопроизвóльное восстановлéние, самовосстановлéние
Selbstregelung *f* саморегули́рование
selbstregistrierend саморегистри́рующий, самопи́шущий, самоотмечáющий
selbstregulierend саморегули́рующий
Selbstreinigung *f* самоочищéние, самоочи́стка

selbstschreibend самопи́шущий, саморегистри́рующий
Selbstschreiber *m* автома́т за́писи
selbstsedimentierend самооса́дочный
selbsttätig самоде́йствующий, автомати́ческий
Selbstzersetzung *f* саморазложе́ние, самопроизво́льное разложе́ние
selbstzündend самовоспламеня́ющийся, самовозгора́ющийся
Selbstzündung *f* самовозгора́ние, самовоспламене́ние, самозажига́ние
Selektion *f* селе́кция, отбо́р
Selektionsvermögen *n* спосо́бность к отбо́ру
selektiv селекти́вный, избира́тельный, вы́борочный
selektive Denudation *f* избира́тельная денуда́ция
Selektivität *f* селекти́вность, избира́тельность
Selen *n* Se селе́н
Selenat *n* M_2SeO_4 селена́т, соль селе́новой кислоты́
Selenid *n* M_2Se соль селеноводоро́дной кислоты́, селени́д
-selenid селе́нистый
selenige Säure *f* H_2SeO_3 селе́нистая кислота́
Selenit *n* M_2SeO_3 соль селе́нистой кислоты́, селени́т
Selenkupfer *n* † Berzelianit селе́нистая медь
Selenobismutit *m* † Guanajuatit селенобисмути́т
selenodont селенодо́нтный, лунчатозу́бый
Selenodontia *pl* селенодо́нтные, лунчатозу́бые
Selenolith *m* SeO_2 селеноли́т
Selenoxyd *n* SeO_2 двуо́кись селе́на, ангидри́д селе́нистой кислоты́, селе́нистый ангидри́д
Selensäure *f* H_2SeO_4 селе́новая кислота́
Selenwismutglanz *m* Guanajuatit селе́ново-ви́смутовый блеск
Selenzelle *f* селе́новый элеме́нт
Seligmannit *m* $2PbS \cdot Cu_2S \cdot As_2S_3$ зелигманни́т
Sellait *m* MgF_2 селлаи́т
selten ре́дкий
seltene Erden *f/pl* ре́дкие зе́мли
Semelin *m* † Titanit vom Laacher See семели́н
semiarid семиари́дный, полуари́дный, полузасу́шливый
semifluid полужи́дкий
Semifusinit *m* семифюзини́т
semiklastisch полуобло́мочный
Seminula-Zone *f* семину́льская зо́на
Semipermeabilität *f* полупроница́емость
semiquantitativ halbquantitativ полуколи́чественный
Semseyit *m* $9PbS \cdot 4Sb_2S_3$ семсеи́т
Senait *m* Pyrophanit mit Fe und Pb сенаи́т
Senarmontit *m* Sb_2O_3 сенармонти́т
Senkblei *n* лот, грузи́ло; отве́с
Senkbrunnen *m* опускно́й коло́дец
Senke *f* 1. Tiefebene ни́зменность. 2. Niederung низи́на, ложби́на
senken sich 1. sich setzen оседа́ть/осе́сть. 2. absinken опуска́ться/опусти́ться
Senkgründung *f* Inggeol. опускно́й фунда́мент
Senkkastengründung *f* Inggeol. 1. устро́йство кессо́нного основа́ния. 2. кессо́нное основа́ние, основа́ние на кессо́нах
senkrecht vertikal, lotrecht отве́сный, перпендикуля́рный, вертика́льный
Senkrechtaufnahme *f* пла́новый аэрофотосни́мок, пла́новая аэрофотосъёмка
Senkrechtbewegung *f* ветрика́льное перемеще́ние
Senkrechte *f* перпендикуля́р, отве́сная ли́ния, вертика́льная ли́ния
Senkrechtlotung *f* вертика́льное зонди́рование
Senkrechtstellung *f* вертика́льное положе́ние; вертика́льная устано́вка
Senkung *f* 1. Absenkung опуска́ние. 2. Setzung проседа́ние, проса́дка, оседа́ние. 3. Abnahme сниже́ние
Senkungsbecken *n* Einbruchsbecken котлообра́зный прова́л
Senkungsbereich *m* сфе́ра опуска́ния
Senkungsbildung *f* прова́льное образова́ние
Senkungsebene *f* опу́щенная равни́на

Senkungsgebiet *n* о́бласть опуска́ния, о́бласть погруже́ния, о́бласть пониже́ния; террито́рия оседа́ния по́чвы
Senkungsgefahr *f* опа́сность оса́дки, опа́сность пониже́ния
Senkungsküste *f* бе́рег опуска́ния, бе́рег погруже́ния, опуска́ющийся бе́рег, погружа́ющийся бе́рег
Senkungsspiegel *m* у́ровень пониже́ния воды́, у́ровень спа́да воды́
Senkungsstrecke *f* уча́сток пониже́ния
Senkungstrichter *m* воро́нка пониже́ния, воро́нка депре́ссии
Senkungswinkel *m* Inggeol. у́гол оседа́ния
Senkwaage *f* Aräometer арео́метр
Senon *n* сено́н, сено́нский я́рус
Sensibilität *f* Empfindlichkeit чувстви́тельность
sensorisch сенсо́рный
separabel сепара́бельный
Separation *f* Absonderung сепара́ция, разделе́ние, обособле́ние
Separationsmethode *f* ме́тод разделе́ния
Separator *m* сепара́тор
Sepiolith *m* Meerschaum $Mg_4[(OH)_2|Si_6 \cdot O_{15}] \cdot 2H_2O + 4H_2O$ сепиоли́т, морска́я пе́нка
septal Septal- септа́льный, перегоро́дочный
Septalfurche *f* Fossula септа́льная борозда́, перегоро́дочная борозда́
Saptalium *n* Plättchen bei der Rhynchonellidengattung Septalaria септа́лий
Septallamelle *f* септа́льная пласти́на
Septallinie *f* Sutur перегоро́дочная ли́ния
Septallobus *m* септа́льная ло́пасть, перегоро́дочная ло́пасть
Septalöffnung *f* перегоро́дочное отве́рстие, септа́льное отве́рстие
Septalpore *f* септа́льная по́ра
Septalsattel *m* перегоро́дочное седло́, септа́льное седло́
Septarien *pl* септа́рии
Septarien- септа́риевый
Septarienton *m* септа́риевая гли́на
Septarium *n* септа́рия, интеркре́ция
Septulum *n* втори́чная се́пта, втори́чная перегоро́дка
Septum *n* се́пта, перего́дка

Sequan *n* секва́н, секва́нский я́рус
Sequoia *f* секво́йя
Serandit *m* Mn-Pektolith (Schizolith) серанди́т
Serendibit *m* $(Ca, Mg)_5(AlO)_5[BO_3|SiO_4]_3$ серендиби́т
Sericit *m* сērици́т
Sericit-Chlorit-Schiefer *m* серици́то-хлори́товый сла́нец
Sericitgestein *n* серици́товая поро́да
sericitisch Sericit- серици́товый
sericitisiert серицитизи́рованный
Sericitisierung *f* серицитиза́ция
Sericitphyllit *m* серици́товый филли́т
Sericitquarzit *m* серици́товый кварци́т
Sericitschiefer *m* серици́товый сла́нец
Serie *f* Reihe се́рия
Serien- сери́йный, сериа́льный
Serienanalyse *f* ма́ссовый ана́лиз
Serienbeobachtung *f* сери́йное наблюде́ние
Serienbestimmung *f* ма́ссовое определе́ние
Serienspektrum *n* сери́йный спектр
serorogen spätorogen серороге́нный
Serpentin *m* серпенти́н, змееви́к
Serpentin- серпенти́новый, змееви́ковый
Serpentinasbest *m* змееви́ковый асбе́ст
Serpentinflora *f* Geobot. серпенти́новая фло́ра
serpentinisieren змеи́ться *uv.*, серпентинизи́ровать *uv.*, *v.*
serpentinisiert серпентинизи́рованный
Serpentinisierung *f* серпентиниза́ция
Serpentinit *m* серпентини́т
Serpentinit- серпентини́товый
Serpentinitmassiv *n* серпентини́товый масси́в
Serpentinitzement *m* серпентини́товый цеме́нт
Serpentinmineral *n* минера́л гру́ппы серпенти́на
Serpentinschiefer *m* серпенти́новый сла́нец, змееви́ковый сла́нец
Serpierit *m* $Ca(Cu, Zn)[(OH)_3|SO_4]_2 \cdot 3H_2O$серпиери́т
Serpophyt *m* серпофи́т
Serpula *f* се́рпула
Serpula- серпу́лиевый
Serpulit *m* серпули́т
Serpulit- серпули́товый
Sesquioxid *n* полу́торный о́кисел, полу́торная о́кись

sessil сидя́чий, прикреплённый
sessiles Benthos *n* сидя́чий бенто́с
Settlingit *m* wahrscheinlich bernsteinähnliches Harz сеттлинги́т
Setzfuge *f* Inggeol. оса́дочный шов
Setzriß *m* Inggeol. оса́дочная тре́щина
Setzung *f* оса́дка, оседа́ние
Setzungsberechnung *f* расчёт оса́дки
Setzungserscheinung *f* проса́дочное явле́ние, явле́ние проса́дки, явле́ние оса́дки
Setzungsgebiet *n* Setzungsbereich райо́н оседа́ния
Setzungsgeschwindigkeit *f* ско́рость оса́дки
Setzungsgrad *m* сте́пень оса́дки
Setzungskurve *f* крива́я оса́дки
Setzungsschaden *m* поврежде́ние в результа́те оса́дки
Setzungsspalte *f* Setzungsfuge тре́щина оседа́ния
Seybertit *m* † Clintonit зейберти́т
Seymouriamorpha *pl* сеймуриамо́рфы
Shandit *m* β-$Ni_3Pb_2S_2$ шанди́т
Shannonit *m* † Monticellit шанноно́нит
Sharpit *m* $[UO_2|CO_3]\cdot H_2O$ шарпи́т
Shastait *m* Andesitdazit шаста́йт
Shattuckit *m* † Plancheit шаттуки́т
Shepardit *m* † Brucit шепарди́т
Sheridanit *m* † Korundophilit шеридани́т
Shinkolobwit *m* † Sklodowskit шинколобви́т
Shonkinit *m* шонкини́т
Shoshonit *m* Effusivgestein aus der Familie der Tephrite und Basanite шошони́т
Sialhülle *f* Sial сиали́ческая оболо́чка, си́аль
sialisch Sial- сиали́ческий
Sialkruste *f* сиали́ческая кора́
Siallit *m* сиалли́т
Sialmasse *f* сиали́ческая ма́сса
Sialscholle *f* сиали́ческая глы́ба
Sibirische Tafel *f* Сиби́рская платфо́рма
Sicheldüne *f* барха́н, серпови́дная дю́на
sichelförmig Sichel- серпови́дный
Sicherheit *f* безопа́сность
Sicherheitsabstand *m* безопа́сное расстоя́ние
Sicherheitseinrichtung *f* предохрани́тельное устро́йство
Sicherheitsfaktor *m* коэффицие́нт надёжности, коэффицие́нт запа́са, коэффицие́нт безопа́сности
Sicherheitsgrad *m* сте́пень безопа́сности, сте́пень надёжности
Sicherheitskoeffizient *m* коэффицие́нт надёжности, коэффицие́нт запа́са, коэффицие́нт безопа́сности
Sicherheitslampe *f* взрывобезопа́сная ла́мпа, безопа́сная ла́мпа, предохрани́тельная ла́мпа
Sicherheitspfeiler *m* предохрани́тельный цели́к
Sicherheitstechnik *f* те́хника безопа́сности
Sicherheitsvorrichtung *f* предохрани́тельное приспособле́ние, предохрани́тельное устро́йство
Sicherheitsvorschrift *f* пра́вило безопа́сности
Sicherheitswasserstand *m* безопа́сный у́ровень воды́
Sicherheitszahl *f* коэффицие́нт безопа́сности
Sicherheitszuschlag *m* доба́вка для увеличе́ния надёжности
Sicherungsmaß *n* контро́льный разме́р
Sicht *f* ви́димость
sichtbar ви́димый
Sichtbarkeit *f* Sicht ви́димость
Sichtbarkeitsbereich *m*, *n* да́льность ви́димости, грани́ца ви́димости
Sichtfeld *n* по́ле ви́димости
Sichtlinie *f* визи́рная ли́ния
Sichtscheibe *f* Hydrogeol. диск для определе́ния прозра́чности
Sichtverhältnisse *n/pl* усло́вия ви́димости
Sichtweite *f* расстоя́ние ви́димости, да́льность ви́димости, ви́димость
Sichtwinkel *m* у́гол ви́димости
Sickerbecken *n* бассе́йн инфильтра́ции
Sickerbrunnen *m* инфильтрацио́нный коло́дец
Sickerfläche *f* пло́щадь инфильтра́ции, уча́сток инфильтра́ции
Sickergalerie *f* дрена́жная галере́я
Sickergeschwindigkeit *f* ско́рость фильтра́ции
Sickergraben *m* дрена́жная кана́ва, дре́на
Sickergrube *f* Sickerloch сто́чная я́ма

Sickerkanal *m* сточная канава, дренажный канал
Sickerloch *n* Sickergrube сточная яма
Sickermenge *f* фильтрационный расход
sickern просачиваться/просочиться
Sickerrohr *n* дренажная труба
Sickerschacht *m* дренажная шахта
Sickerschicht *f* фильтрующий слой
Sickerstelle *f* место инфильтрации, место просачивания воды
Sickerstrom *m* инфильтрационный поток, фильтрационный поток
Sickerung *f* фильтрация, просачивание
Sickerungsschutz *m* защита от фильтрации
Sickerverlust *m* потери при инфильтрации, инфильтрационные потери
Sickerwasser *n* просачивающаяся вода, фильтрационная вода
Sickerwasserabfluß *m* сток фильтрационной воды
Sickerwasserabführung *f* отвод фильтрационной воды
Sickerwassermenge *f* расход фильтрационной воды, фильтрационный расход
Sickerweg *m* путь фильтрации
Sicklerit *m* $Li_{<1}(Mn^{\cdot\cdot}, Fe^{\cdot\cdot\cdot})[PO_4]$ сиклерит
Sicula *f* сикула
Siderit *m* Eisenspat $FeCO_3$ сидерит
sideritisch Siderit- сидеритовый
Sideritisierung *f* сидеритизация
Sideritkonkretion *f* сидеритовая конкреция
Siderodot *m* † Eisenspat mit etwas Ca сидеродот
Siderolith *m* Eisenmeteorit сидеролит
Sideronatrit *m* $Na_2Fe^{\cdot\cdot\cdot}[OH|(SO_4)_2]\cdot 3H_2O$ сидеронатрит
sideronitisch Sideronit- сидеронитовый
Sideronitstruktur *f* сидеронитовая структура
siderophil сидерофильный
Siderophyllit *m* † eisenreicher Biotit сидерофиллит
Siderophyr *m* Eisenmeteorit сидерофир
Sideroplesit *m* Mg-haltiger Siderit сидероплезит
Siderotil *m* $Fe[SO_4]\cdot 5H_2O$ сидеротил
Sieb *n* сито, решето
Sieb- ситочный, ситовый

Siebanalyse *f* ситочный анализ, ситовый анализ, механический анализ
Siebanlage *f* ситовая установка, установка для просеивания, установка для грохочения
Siebdurchgang *m* подрешётный продукт
Sieberz *n* грохочёная руда
Siebfilter *m*, *n* сетчатый фильтр
Siebfläche *f* поверхность сита
Siebgewebe *n* ткань для сит
Siebgröße *f* размер сита, номер сита
Siebkohle *f* отсеянный уголь, грохочёный уголь
Siebkoks *m* грохочёный кокс
Siebkurve *f* кривая просеивания, кривая ситового анализа, кривая гранулометрического состава
Siebloch *n* отверстие сита, отверстие решета
Sieblochgröße *f* размер отверстий сита
Siebmasche *f* отверстие сита, ячейка сита
Siebmündung *f* Pal. ситовидное устье
Siebnummer *f* номер сита
Siebplatte *f* Pal. ситовидная пластинка
Siebprobe *f* ситовый анализ
Siebrückstand *m* остаток на сите, высевки
Siebsatz *m* набор сит, комплект сит
Siebskala *f* шкала сит
Siebstruktur *f* Petr. ситовая структура, ситовидная структура
Siebtrommel *f* барабанное сито, цилиндрический грохот
Siebtrommelanlage *f* установка с барабанными ситами
Siebung *f* просеивание, грохочение
Siebwiderstand *m* сопротивление рассеву
Siedeanalyse *f* анализ кипячением
Siedebeginn *m* начало кипения
Siedediagramm *n* диаграмма кипения
Siedehitze *f* температура кипения
Siedekurve *f* кривая кипения
Sieden *n* Kochen кипение, кипячение
Siedepunkt *m* точка кипения
Siedepunkterhöhung *f* повышение точки кипения
Siedepunktintervall *n* интервал точек кипения
Siedetemperatur *f* температура кипения
Siedetrennung *f* дистилляция
Siedeverlust *m* потеря при кипячении

Siedeverzug *m* депрéссия температýры кипéния
Siedlungsform *f* Pal. фóрма поселéния
Siedlungskarte *f* кáрта заселённости
Siegburgit *m* wahrscheinlich bernsteinähnliches Harz зигбургúт
Siegener Schichten *f/pl* Unterdevon Rheinisches Schiefergebirge зúгенские слои́
Siegenit *m* $(Co, Ni)_3S_4$ зигенúт
Siel *n* водоспýск
Siemens-Martinstahl *m* мартéновская сталь
Siemens-Martinverfahren *n* мартéновский процéсс
Sigillarien *pl* сигилля́рии
Signatur *f* сигнатýра, услóвный знак
Signaturzeichen *n* услóвный знак
Silber *n* Ag серебрó
Silber- серéбряный
Silberamalgam *n* амальгáма серебрá, серéбряная амальгáма
Silberarsenid *n* Ag_3S мышьякóвистое серебрó, арсенúд серебрá
Silberarsenit *n* Ag_3AsO_3 мышьяковистокúслое серебрó, арсенúт серебрá
Silberbergwerk *n* серéбряный руднúк
Silberbromat *n* $AgBrO_3$ бромноватокúслое серебрó, бромáт серебрá
Silberbromid *n* AgBr брóмистое серебрó, бромúд серебрá
Silbererz *n* серéбряная рудá
Silbererz- сереброрýдный
Silbererzgang *m* жúла серéбряной руды́
Silbererzgrube *f* серéбряный руднúк
Silberfluorid *n* AgF фтóристое серебрó, фторúд серебрá
Silberglanz *m* Ag_2S серéбряный блеск
silberhaltig серебросодержáщий, серебрúстый
Silberhornerz *n* † Chlorargyrit роговáя серéбряная рудá, роговáя серéбряная обмáнка
Silberjodid *n* AgJ йóдистое серебрó, йодúд серебрá
Silberkies *m* серéбряный колчедáн
Silberkiesgruppe *f* грýппа серéбряных колчедáнов
Silberkupferglanz *m* † Strohmeyerit серéбряно-мéдный блеск
silbern silberhaltig серебрúстый
Silbernitrat *n* $AgNO_3$ азотнокúслое серебрó, нитрáт серебрá
Silbernitratlösung *f* раствóр азотнокúслого серебрá
Silbernitrit *n* $AgNO_2$ азотистокúслое серебрó, нитрúт серебрá
Silberoxid *n* Ag_2O óкись серебрá, оксúд серебрá
Silbersalz *n* серéбряная соль
Silberschwärze *f* серéбряная чернь
Silbersulfid *n* Ag_2S сернúстое серебрó, сульфúд серебрá
Silberträger *m* носúтель серебрá
silberweiß серебрúсто-бéлый
Silexit *m* силексúт
Silfbergit *m* Varietät von Dannemorit сильфбергúт
Silicinidae *pl* силицинúды
Siliciophit *m* mit Opal durchtränkter Serpentin силициофúт
Silicit *m* † Labradorit силицúт
Silicium *n* Si, siehe auch Silizium крéмний
siliciumhaltig крéмнийсодержáщий
Silicoflagellata *pl* крéмниевые жгýтиковые вóдоросли
Silicomagnesiofluorit *m* ? angeblich $Ca_4Mg_3H_2F_{10}Si_2O_7$ силикомагнезиофлюорúт
Silifizierung *f* силицификáция, окремнéние
Silikagel- силикагéлевый
Silikat *n* силикáт, соль кремнёвой кислоты́
Silikat- силикáтный
silikatarm бéдный силикáтами
Silikatbakterien *n/pl* силикáтные бактéрии
Silikatbauxit *m* силикáтный боксúт
Silikatgehalt *m* содержáние силикáтов
Silikathärte *f* жёсткость воды́, обуслóвленная кремнекúслыми соединéниями
Silikathülle *f* силикáтная оболóчка
silikatisch Silikat- силикáтный
Silikatisierung *f* силикатизáция
Silikatkomponente *f* силикáтный компонéнт
Silikatmolekül *n* силикáтная молекýла
silikatreich богáтый силикáтами
Silikatschale *f* силикáтная оболóчка
Silikatschicht *f* силикáтный слой
Silikatschmelze *f* силикáтный расплáв
Silikatsystem *n* силикáтная систéма
Silikose *f* силикóз

Silikosegefahr *f* опа́сность силико́за
Silizifizierung *f* Verkieselung силицифика́ция
Silizium *n* Si siehe auch Silicium кре́мний
siliziumhaltig кремнийсодержа́щий
Siliziumstahl *m* кремни́стая сталь
Siliziumtetrachlorid *n* $SiCl_4$ четырёххло́ристый кре́мний
Siliziumtetrafluorid *n* SiF_4 четырёхфто́ристый кре́мний, фто́ристый кре́мний (4)
Siliziumwasserstoff *m* кремни́стый водоро́д
Sillénit *m* (γ)-Bi_2O_3 силлени́т
Sillimanit *m* $Al^{[6]}Al^{[4]}[O|SiO_4]$ силлимани́т
Sillimanit- силлимани́товый
Sillimanitgneis *m* силлимани́товый гне́йс
Silt *m* сильт, гру́бый ил
Silur *n* силури́йская систе́ма, силури́йский пери́од, силу́р
silurisch Silur- силури́йский
Sima *n* си́ма
Sima- симати́ческий
Simaroubaceae *pl* симару́бовые
Simbirskit *m* симбирски́т
Simetit *m* Bernsteingruppe симети́т
Simiae *pl* Affen обезья́ны
simisch сими́ческий
Simonellit *m* Kohlenwasserstoff $C_{15}H_{20}$ симонелли́т
Simplicidentata *pl* двурезцо́вые
Simpsonit *m* Mineral der Samarskitgruppe симпсони́т
Sinanthropus *m* сина́нтроп, пеки́нский челове́к
Sincosit *m* $Ca[V(OH)_2|PO_4]_2 \cdot 3H_2O$ синкози́т
Sinémourien *n* синемю́р, синему́рский я́рус
Sinemoúrien- синему́рский
Sinisches System *n* Sinium сини́йская систе́ма
sinistrodont синистродо́нтный
Sinium *m* Sinisches System сини́йская систе́ма
Sinkgeschwindigkeit *f* ско́рость опуска́ния, ско́рость осажде́ния, ско́рость погруже́ния
Sinkstoff *m* оса́дочный материа́л, осажда́ющийся материа́л; до́нные нано́сы
Sinkstoffablagerung *f* отложе́ние нано́сов
sinkstoffreich насы́щенный нано́сами
Sinneskanal *m* чувстви́тельный кана́л
Sinnesorgan *n* о́рган чувств
Sinopit *m* roter Ton aus Anatolien синопи́т
Sinter *m* Inkrustation на́кипь
Sinterablagerung *f* натёчное отложе́ние
Sinterbrennen *n* спека́ние
Sinterfähigkeit *f* спека́емость
Sinterkohle *f* спека́ющийся у́голь
sintern спека́ться/спе́чься
Sintern *n* агломера́ция, спека́ние
Sinterprozeß *m* проце́сс спека́ния
Sinterpunkt *m* то́чка спека́ния
Sinterröstung *f* обжи́г со спека́нием
Sintertemperatur *f* Sinterungshitze температу́ра спека́ния
Sinterung *f* агломера́ция, спека́ние
Sinterungsgrenze *f* интерва́л спека́ния
Sinterungshitze *f* температу́ра спека́ния
Sinterungszone *f* зо́на спека́ния
Sintervorgang *m* проце́сс спека́ния
Sinterzone *f* зо́на спека́ния
sinupalliat синупалиа́тный
Sinus *m* 1. Math. си́нус. 2. Pal. па́зуха
Sinus- синусоида́льный
Sinusbedingung *f* усло́вие си́нусов
Sinusfeld *n* синусоида́льное по́ле
sinusförmig синусообра́зный, синусоида́льный
Sinusfunktion *f* синусоида́льная фу́нкция
Sinuskurve *f* синусоида́льная крива́я
Sinuslinie *f* синусо́ида
Sinuspapier *n* синусоида́льная клетча́тка
Sinusregel *f* пра́вило си́нусов
Sinusschwingung *f* синусоида́льное колеба́ние
Sinuswelle *f* синусоида́льная волна́
Sipho(n) *m* сифо́н
Siphonal- сифо́нный
Siphonaldüte *f* перегоро́дочная тру́бка, септа́льная тру́бка, сифо́нная воро́нка, сифо́нная ду́дка, септа́льный некк
Siphonaldute *f* s. Siphonaldüte
Siphonalhülle *f* сифо́нная оболо́чка
Siphonallobus *m* сифо́нная ло́пасть, сифона́льная ло́пасть
Siphonalsegment *n* сифо́нный сегме́нт

Siphonalsystem *n* сифóнная систéма
Siphonalwand *f* сифóнная стéнка, сифóнный футляр
Siphoneae *pl* сифонéи, сифóновые, сифóнниковые
Siphonophoren *pl* Siphonophora сифонофóры
Siphonostele *f* сифоностéла, трýбчатый столб
siphonostom сифоностóмный
Siphonostomata *pl* трубкорóтые рыбы
Sirenia *pl* сирéны, сирéновые
Sismondin *m* † Chloritoid сисмондин
Sitaparit *m* $(Mn, Fe)_2O_3$ ситапарит
Situationsplan *m* Lageplan ситуациóнный план
sitzend sessil сидячий
Sitzung *f* Versammlung заседáние
Sitzungsprotokoll *n* протокóл заседáния
Sivapithecus *m* сивапитéк
sizilische Terrasse *f* сицилийская террáса
Sjögrenit *m* $Mg_6Fe_2[(OH)_{16}|CO_3]\cdot 4H_2O$ шегренит
Skala *f* шкалá
skalar скалярный
Skalarfeld *n* скалярное пóле
Skalargröße *f* скалярная величинá
Skalarwelle *f* скалярная волнá
Skalenablesung *f* отсчёт шкалы, отсчёт по шкалé
Skaleneinteilung *f* градуирóвка
Skalenoeder *n* скаленóэдр
skalenoedrisch скаленоэдрический
Skalenteilung *f* делéние шкалы
Skaerumhede-Interstadial *n* интерстадиáл Шерумхéде
Skapolith *m* скаполит
Skapolith- скаполитовый
Skapolithamphibolit *m* скаполитовый амфиболит
Skapolithgruppe *f* скаполитовая грýппа
skapolithisiert скаполитизированный
Skapolithisierung *f* скаполитизáция
Skapolithschiefer *m* скаполитовый сланец
Skarn *m* скарн
Skarn- скáрновый
Skarnablagerung *f* скáрновое отложéние
Skarnbildung *f* скарнообразовáние
Skarnerz *n* скáрновая рудá
Skarnerz- скáрново-рýдный
Skarnerzapophyse *f* скáрново-рýдная апофиза
Skarnerzformation *f* скáрново-рýдная формáция
Skarnerzkörper *m* скáрново-рýдное тéло
Skarnerzlagerstätte *f* скáрново-рýдное месторождéние
Skarngestein *n* скáрновая порóда
Skarnkörper *m* скáрновое тéло
Skarnlagerstätte *f* скáрновое месторождéние
Skarnmineral *n* скáрновый минерáл
Skarnnebengestein *n* околоскáрновая порóда
Skelett *n* Gerippe костяк, скелéт
Skelett- скелéтный
skelettartig скелетообрáзный
Skelettbildung *f* образовáние скелéта
Skelettboden *m* скелéтная пóчва
Skelettform *f* скелéтная фóрма
skelettförmig скелетобрáзный
Skelettgefüge *n* скелéтная структýра
Skelettgerüst *n* скелéтный óстов
Skelettgewebe *n* скелéтная ткань
Skelettkristall *n* скелéтный кристáлл
Skelettrest *m* скелéтный остáток
Skelettstruktur *f* скелéтная структýра
Skelettsystem *n* скелéтная систéма
Skelettwachstum *n* скелéтный рост
Skemmatit *m* Gemenge скемматит
Skiagit *m* Granat скиагит
Skiddav *n* Skiddavian скиддáвский ярус
Skiddav(ian)- скиддáвский
Skiddavian *n* Skiddav скиддáвский ярус
Skineffekt *m* скинэффéкт
Sklerenchym *n* склеренхима
Skleroklas *m* Sartorit $PbS\cdot As_2S_3$ склероклáз
Sklerometer *n* склерóметр
sklerometrisch склерометрический
Skleroskop *n* склероскóп
Skleroskophärte *f* склероскопическая твёрдость, твёрдость по склероскóпу
Sklodowskit *m* $MgH_2[UO_2|SiO_4]_2\cdot 5H_2O$ склодовскит
Skogbölit *m* † Tapiolith скогбелит
Skolezit *m* $Ca[Al_2Si_3O_{10}]\cdot 3H_2O$ сколецит
Skolit *m* Mineral der Glimmergruppe сколит

Skorodit *m* $Fe^{\cdots}[AsO_4]\cdot 2H_2O$ скородит
skulptiert скульптированный
Skulptur *f* скульптура
Skulptur- скульптурный
Skulpturform *f* скульптурная форма
Skutterudit *m* $CoAs_3$ скуттерудит
Skythische Stufe *f* Skyth скифский ярус
Slavikit *m* ? ähnlich Copiapit славикит
Smaltin *m* Speiskobalt $CoAs_{3-2}$ смальтин
Smaragd *m* Varietät von Beryll $Al_2Be_3[Si_6O_{18}]$ изумруд
Smaragd- изумрудный
smaragdgrün изумрудно-зелёный
Smaragdit *m* Varietät von Omphacit (Pyroxengruppe) смарагдит
Smegmatit *m* † Montmorillonit смегматит
Smektit *m* † Montmorillonit смектит
Smithit *m* $Ag_2S\cdot As_2S_3$ смизит, смитит
Smithsonit *m* Zinkspat $ZnCO_3$ смитсонит
Sobralit *m* † Pyroxmangit собралит
Sockel *m* Fundament цоколь, фундамент
Sockelgestein *n* порода цоколя, порода фундамента
Soda *n* сода
Soda- содовый
Sodalith *m* $Na_8[Cl_2|(AlSiO_4)_6]$ содалит
Sodalith- содалитовый
Sodalithophyr *m* Monchiquitgestein содалитофир
Sodalithphonolith *m* содалитовый фонолит
Sodalithsyenit *m* содалитовый сиенит
Sodalithtrachyt *m* содалитовый трахит
Sodasee *m* содовое озеро
Soddyit *m* $(UO_2)^{2+}_{15}[(OH)_{20}|Si_6O_{17}]\cdot 8H_2O$(?) соддит
Sogerscheinung *f* явление подсоса
Sohl- забойный
Sohldruck *m* забойное давление; давление по основанию (сооружения)
Sohle *f* 1. Stollensohle usw. подошва, забой, постель. 2. Talsohle usw. дно. 3. Flußsohle русло
Sohlenaufhöhung *f* повышение русла реки
Sohlenausbildung *f* формирование русла реки
Sohlenaustiefung *f* углубление дна, углубление русла
Sohlenauswaschung *f* размыв дна
Sohlenbefestigung *f* укрепление русла, укрепление дна реки
Sohlenfließdruck *m* забойное динамическое давление
Sohlendruck *m* давление на забой, нажим на забой
Sohlengefälle *n* уклон дна
Sohlenkrümmung *f* кривизна русла
Sohlenneigung *f* наклон дна
Sohlenoberfläche *f* поверхность дна
Sohlenreibung *f* трение о дно
Sohlenschwankung *f* колебание дна
Sohlensenkung *f* понижение дна, углубление дна
Sohlenströmung *f* донное течение
Sohlenstufe *f* уступ дна
Sohlentiefe *f* глубина дна
söhlig horizontal горизонтальный
Sohlwässer *n/pl* подошвенные воды
Soimonit *m* † Korund соймонит
Soissonien *n* Paläogen Pariser Becken суассонский ярус
Sol *n* золь
Solanaceae *pl* паслёновые
Solar- solar, Sonnen- солярный, солнечный
Solaraktivität *f* солнечная активность
Solarklima *n* солярный климат
Solarkonstante *f* солнечная постоянная
solbildend зольобразующий
Sole *f* рассол
Solfatara- Solfataren- сольфатарный
Solfatare *f* сольфатара
Solfataren- сольфатарный
solführend зольсодержащий
Soliduskurve *f* кривая солидуса
Solifluktion *f* Bodenfließen солифлюкция, течение почвы, течение грунта
Solifluktions- solifluktiv солифлюкционный
Solifluktionsbewegung *f* солифлюкционное движение
Solifluktionskegel *m* солифлюкционный конус
Solifluktionsprozeß *m* солифлюкционный процесс
Solifluktionsterrasse *f* солифлюкционная терраса
Solonezboden *m* солонцовая почва, солонец
Solontschak *m* Salzsteppenboden солончак

Solontschak- солончако́вый
Solontschakboden *m* солончако́вая по́чва
Solquelle *f* соляно́й исто́чник
Solutréen *n* солютре́, солютре́йская культу́ра
Solutréen- солютре́йский
Sölvsbergit *m* Ganggestein сельвсберги́т
Solzustand *m* состоя́ние зо́ля
Somasteroidea *pl* сомастероиде́и
Sommaauswürfling *m* вы́брос Со́ммы
Sommait *m* † Leucit сомма́йт
Sommerdeich *m* ле́тний вал
Sommerhochflut *f* ле́тний па́водок
Sommerhochwasser *n* ле́тний па́водок
Sommermaximum *n* ле́тний ма́ксимум
Sommerminimum *n* ле́тний ми́нимум
Sommermittelwasser *n* сре́дний ле́тний у́ровень
Sommerwasserführung *f* ле́тняя водоно́сность, водоно́сность ле́тнего пери́ода
Sommer(wasser)spiegel *m* ле́тний у́ровень воды́
Sommerwasserstand *m* ле́тний у́ровень воды́
Sommerzeit *f* ле́тнее вре́мя
Sonde *f* зонд
Sondendruck *m* устьево́е давле́ние
Sondendurchmesser *m* диа́метр зо́нда
Sondenlänge *f* длина́ зо́нда
Sonderdruck *m* Separat о́ттиск
Sondierung *f* зонди́рование
Sonne *f* со́лнце
Sonnen- Solar- со́лнечный
sonnenaktiv со́лнечно-акти́вный
Sonnenaktivität *f* со́лнечная акти́вность
Sonnenanziehung *f* притяже́ние со́лнца, со́лнечное притяже́ние
Sonnenatmosphäre *f* атмосфе́ра со́лнца, со́лнечная атмосфе́ра
Sonnenbahn *f* орби́та со́лнца
Sonnenbrand *m* со́лнечный зага́р
Sonnendeklination *f* склоне́ние со́лнца
Sonneneinfluß *m* со́лнечное влия́ние, влия́ние со́лнца
Sonneneinstrahlung *f* облуче́ние со́лнцем, инсоля́ция
Sonnenenergie *f* со́лнечная эне́ргия
Sonnenfackel *f* со́лнечный фа́кел
Sonnenferne *f* афе́лий
Sonnenfleck *m* со́лнечное пятно́
Sonnenfleckeneinfluß *m* влия́ние со́лнечных пя́тен
Sonnenfleckenkurve *f* крива́я со́лнечных пя́тен
Sonnenfleckenminimum *n* ми́нимум со́лнечных пя́тен
Sonnenfleckenperiode *f* пери́од со́лнечных пя́тен
Sonnenfleckentätigkeit *f* де́ятельность со́лнечных пя́тен
Sonnenfleckenzahl *f* число́ со́лнечных пя́тен, коли́чество со́лнечных пя́тен
Sonnenfleckenzyklus *m* цикл со́лнечных пя́тен
Sonnengezeiten *f/pl* со́лнечные прили́вы
Sonnenhochwasser *n* по́лная вода́ со́лнечнего прили́ва
Sonnenhöhe *f* высота́ со́лнца
Sonnenintensität *f* интенси́вность со́лнечной радиа́ции
Sonnenkompaß *m* со́лнечный ко́мпас
Sonnennähe *f* Perihel периге́лий
Sonnenrotation *f* враще́ние со́лнца
Sonnenspektrum *n* спектр со́лнца, со́лнечный спектр
Sonnenstand *m* стоя́ние со́лнца, солнцестоя́ние
Sonnenstein *m* со́лнечный ка́мень
Sonnenstrahlung *f* со́лнечная радиа́ция
Sonnensystem *n* со́лнечная систе́ма
Sonnentag *m* со́лнечные су́тки
sonnentägig гелиосу́точный
Sonnentätigkeit *f* со́лнечная де́ятельность, со́лнечная акти́вность
Sonnentide *f* со́лнечный прили́в
Sonniniaschichten *f/pl* Dogger сонни́ниевые сло́и
sorbiert сорби́рованный
Sorby-Methode *f* ме́тод Со́рби
Soretit *m* optische Varietät von Pargasit сорети́т
Soricidae *pl* землеро́йки
Sorption *f* со́рбция, поглоще́ние
Sorptions- сорбцио́нный, поглоти́тельный
Sorptionseigenschaft *f* сорбцио́нное сво́йство
Sorptionsenergie *f* эне́ргия поглоще́ния
Sorptionserscheinung *f* сорбцио́нное явле́ние
Sorptionsfähigkeit *f* поглоти́тельная спосо́бность

Sorptionskraft *f* сорбцио́нная си́ла
Sorptionsprodukt *n* проду́кт со́рбции
Sortieranlage *f* сортиро́вочная устано́вка, сортиро́вка
sortieren сортирова́ть/рассортирова́ть
Sortieren *n* сортиро́вка
Sortierrost *m* классификацио́нный гро́хот
Sortiersieb *n* сортирова́льное си́то
sortiert aussortiert сортиро́ванный, отсортиро́ванный
Sortiertrommel *f* сортиро́вочный бараба́н, бараба́нный гро́хот-классифика́тор
Sortierung *f* 1. Sortieren сортиро́вка. 2. Sortierungsgrad отсортиро́ванность, сте́пень сортиро́ванности
Sortierungsgrad *m* сте́пень сортиро́ванности, сте́пень сортиро́вки
Souesit *m* tellurisches Nickel суэзи́т
Spadait *m* Montmorillonitgruppe спадаи́т
Spadix гектоки́ль
Spalacidae *pl* слепыши́
Spalt(e) *m* (*f*) щель; тре́щина
spaltbar спа́йный; расщепля́емый, расщепля́ющийся
Spaltbarkeit *f* спа́йность; расщепля́емость
Spaltblättchen *n* спа́йный листо́чек
Spalt(en)- щелево́й; тре́щинный
spalten zerspalten раска́лывать/расколо́ть, расщепля́ть/расщепи́ть
spalten sich sich teilen раздва́иваться/раздвои́ться
Spalten *n* Zerspalten раска́лывание
spaltenartig щелеви́дный
Spaltenausfüllung *f* выполне́ние тре́щины, заполне́ние тре́щин
Spaltenbildung *f* образова́ние тре́щин
Spaltenerguß *m* Spalteneruption тре́щинное излия́ние, тре́щинное изверже́ние
Spalteneruption *f* Spaltenerguß тре́щинное изверже́ние, тре́щинное излия́ние
Spaltenfüllung *f* выполне́ние тре́щин, заполне́ние тре́щин
Spaltengang *m* тре́щинная жи́ла
Spaltenintrusion *f* тре́щинная интру́зия
Spaltennetz *n* сеть тре́щин
Spaltenquelle *f* тре́щинный исто́чник
Spaltensystem *n* систе́ма тре́щин
Spaltental *n* сбро́совая доли́на
Spaltenvulkan *m* тре́щинный вулка́н, вулка́н тре́щинного ти́па
Spaltenwasser *n* Kluftwasser тре́щинная вода́
Spaltenzone *f* трещинова́тая зо́на
Spaltfläche *f* пло́скость спа́йности
spaltförmig щелеобра́зный
Spaltfuß *m* расщеплённая но́жка
Spaltglimmer *m* ко́лотая слюда́, раско́лотая слюда́
Spaltöffnung *f* у́стьице, у́стьичная щель, щель вскры́тия, щель разверза́ния
Spaltphotometerokular *n* щелево́й фотометрокуля́р
Spaltprodukt *n* проду́кт деле́ния, проду́кт расщепле́ния
Spaltrichtung *f* направле́ние спа́йности
Spaltriß *m* тре́щинка спа́йности
Spaltstück *n* спа́йный обло́мок
Spaltung *f* Aufspaltung расщепле́ние; раздвое́ние
Spaltungsgrad *m* сте́пень расщепле́ния
Spaltungsprodukt *n* проду́кт расщепле́ния
Spaltwinkel *m* у́гол спа́йности
Spaltzelle *f* у́стьичная кле́тка
Spandit *m* Granat спанди́т
Spangolith *m* $Cu_6Al[(OH)_{12}Cl|SO_4]\cdot 3H_2O$ спанголи́т
Spaniodontellen-Schichten *f/pl* Tertiär спаниодонте́лловые сло́и
Spannbeton *m* Inggeol. напряжённый бето́н
Spannung *f* напряже́ние
Spannungsabfall *m* паде́ние напряже́ния, перепа́д напряже́ния, сниже́ние напряже́ния
Spannungsanisotropie *f* анизотропи́я натяже́ния
Spannungsanstieg *m* повыше́ние напряже́ния
Spannungsbild *n* диагра́мма напряже́ний, изображе́ние распределе́ния напряже́ний
Spannungsdiagramm *n* диагра́мма напряже́ний
Spannungsdifferenz *f* ра́зность напряже́ний
Spannungsdoppelbrechung *f* двупреломле́ние при напряже́ниях

Spannungseinheit *f* единица напряжения
Spannungsellipse *f* эллипс напряжений
Spannungsellipse *f* эллипс напряжений
Spannungsellipsoid *n* эллипсоид напряжений
Spannungsenergie *f* энергия напряжения
Spannungsfeld *n* поле напряжений, напряжённая область
Spannungsfestigkeit *f* стабильность напряжения
Spannungsfläche *f* поверхность напряжений
spannungsfrei безнапорный, ненапряжённый, свободный от напряжений
Spannungsgrad *m* степень напряжения
Spannungsgrenze *f* предел напряжения
Spannungskomponente *f* компонента напряжения, составляющая напряжения
Spannungskraft *f* сила натяжения
Spannungskreis *m* круг напряжений
Spannungskurve *f* кривая напряжений
Spannungslinie *f* линия напряжения
spannungslos ненапряжённый
Spannungspotential *n* потенциал напряжения
Spannungsregler *m* регулятор напряжения
Spannungsreihe *f* ряд напряжений
Spannungsrückgang *m* Spannungsabfall понижение напряжения
Spannungsteiler *m* делитель напряжения
Spannungstensor *m* тензор напряжения
Spannungsumkehr *f* перемена знака напряжений
Spannungsunterschied *m* разность напряжения
Spannungsvektor *m* вектор напряжений
Spannungsverlust *m* потеря напряжения
Spannungsverteilung *f* распределение напряжений
Spannungswechsel *m* перемена напряжений
Spannungszustand *m* напряжённое состояние, состояние напряжения
Sparagmit *m* спарагмит
Sparagmit- спарагмитовый
Sparagmit-Formation *f* спарагмитовая формация
Sparganiaceae *pl* ежеголовниковые
spärlich verkümmert чахлый
Sparnacien *n* Sparnacien, Sparnac спарнакский ярус
Spartalith *m* † Zinkit спарталит
Spat *m* шпат
Spat- spätig шпатовый
spätalpidisch позднеальпийский
spatartig шпатовидный
Spätausscheidung *f* позднее выделение
Spätdiagenese *f* поздний диагенез
spätdiagenetisch позднедиагенетический
Spateisengang *m* сидеритовая жила
Spateisenstein *m* сидерит, железный шпат, шпатовый железняк
Spateisensteingang *m* сидеритовая жила
Späteiszeit *f* позднеледниковое время
Spaten *m* Schaufel лопата, заступ
Spätgeneration *f* поздняя генерация
Spatgips *m* шпатовый гипс
Spätglazial *n* позднеледниковье
spätglazial Spätglazial- позднеледниковый
Spathiflorae *pl* початкоцветные
spätkaledonisch позднекаледонский
Spätkristallisation *f* поздняя кристаллизация
spätmagmatisch hysteromagmatisch позднемагматический
Spätmineralisation *f* поздняя минерализация
Spätmolasse *f* поздняя моласса
spätorogen serorogen позднеорогенный
spätpaläozoisch позднепалеозойский
spätquartär Spätquartär- позднеледниковый
Spätquarz *m* поздний кварц
Spätstadium *n* поздняя стадия
spätvariscisch позднегерцинский
Speckstein *m* Steatit жировик
Specularit *m* gut kristallisierter Hämatit железная слюдка
Speerkies *m* Varietät von Markasit копьевидный колчедан
Speicheldrüse *f* слюнная железа
Speicher *m* 1. аккумулирующее водохранилище; резервуар. 2. аккумулятор
Speicherbecken *n* аккумулирующий резервуар, аккумулирующий бассейн

Speichereigenschaft *f* коллекторское свойство
Speichereinzugsgebiet *n* бассейн питания водохранилища
Speicherentlastung *f* опорожнение водохранилища
Speicherfähigkeit *f* регулирующая способность, аккумулирующая способность
Speichergestein *n* порода-коллектор
Speicherinhalt *m* ёмкость водохранилища, объём водохранилища
Speicherkette *f* каскад водохранилищ
Speichermöglichkeit *f* возможность аккумулирования
speichern аккумулировать *uv.*, *v.*
Speicherraum *m* аккумулирующий объём; ёмкость водохранилища
Speicherschicht *f* 1. Erdöl коллекторский пласт, пласт-коллектор. 2. Wasser водосборный слой, аккумулирующий слой
Speicherung *f* аккумулирование, накопление
Speichervermögen *n* регулирующая способность, аккумулирующая способнсть
Speicherwasserstand *m* уровень воды в водохранилище
Speisebatterie *f* питающая батарея
Speisekabel *n* питающий кабель
Speisesalz *n* пищеварительная соль
Speisestromkreis *m* ток питающей цепи
Speisewasser *n* питательная вода
Speisewasserenthärtung *f* умягчение питательной воды
Speiskobalt *m* Smaltin $CoAs_3$ шпейсовый кобальт
Speisung *f* Hydrogeol. питание
spektral спектральный
Spektralanalyse *f* спектральный анализ
Spektralbereich *m* область спектра
Spektralfarbe *f* цвет спектра, спектральный цвет
Spektralgebiet *n* спектральная область, участок спектра, область спектра
Spektralkurve *f* спектральная кривая
Spektrallinie *f* спектральная линия
Spektralmethode *f* спектральный метод
Spektralphotometer *n* спектральный фотометр, спектрофотометр
Spektralserie *f* спектральная серия
Spektralverteilung *f* спектральное распределение
Spektralzerlegung *f* спектральное разложение
spektrochemisch спектрохимический
Spektrogramm *n* спектрограмма
Spektrograph *m* спектрограф
spektrographisch спектрографический
Spektrometer *n* спектрометр
Spektrophotometer *n* спектрофотометр
spektrophotometrisch спектрофотометрический
Spektroskop *n* спектроскоп
Spektroskopie *f* спектроскопия
spektroskopisch спектроскопический
Spektrum *n* спектр
Speläologie *f* Höhlenkunde спелеология
speläologisch спелеологический
Spencerit *m* $Zn_2[OH|PO_4]\cdot 1^1/_2H_2O$ спенсерит
Spermatophyta *pl* семенные
Sperrdamm *m* запруда, заградительная дамба
Sperrfläche *f* задерживающая поверхность
Sperrmauer *f* водохранилищная плотина
Sperrmauerkörper *m* тело плотины
Sperrmauerkrone *f* гребень плотины
Sperrschicht *f* экранирующий слой, изоляционный слой
Sperrylith *m* $PtAs_2$ сперрилит, мышьяковистая платина
Spessartin *m* $Mn_3Al_2[SiO_4]_3$ спессартин
Spessartit *m* Lamprophyrgestein спессартит
spezialisiert специализированный
Spezialisierung *f* специализация
Spezialist *m* Fachmann специалист
Spezialkarte *f* детальная карта, специальная карта
Spezialkartierung *f* детальное картирование
Spezialliteratur *f* специальная литература
Spezialmeißel *m* специальное долото
Spezialmulde *f* Tekt. второстепенная мульда
Spezialuntersuchung *f* специальное исследование
speziell Spezial- специальный
Spezifikation *f* спецификация
spezifisch специфический; удельный

spezifische Ergiebigkeit *f* удéльный деби́т
spezifische Oberfläche *f* удéльная повéрхность
spezifische Teilchenenergie *f* пóльный напóр в тóчке, удéльная энéргия части́ц
spezifische Wärme *f* теплоёмкость
spezifisches Gewicht *n* spez. Gew. удéльный вес, уд. в.
Sphagnum- сфáгновый
Sphagnummoos *n* сфáгновый мох
Sphagnumtorf *m* сфáгновый торф
Sphagnumvegetation *f* сфáгновая расти́тельность
Sphalerit *m* Zinkblende сфалери́т
Sphäre *f* Bereich, Gebiet сфéра
sphärisch сфери́ческий, шарообрáзный
Sphärit *m* ? wohl identisch mit Evansit сфери́т
Sphäroid *n* сферóид
sphäroidal сфероидáльный
Sphärokobaltit *m* Kobaltspat $CoCO_3$ сферокобальти́т
Sphärolith *m* сфероли́т
Sphärolithenkreuz *n* сфероли́товый крест
sphärolithisch Sphärolith- сфероли́товый
Sphärolithporphyr *m* сфероли́товый порфи́р
Sphärolithstruktur *f* сфероли́товая структýра
Sphärometer *n* сферóметр
Sphärosiderit *m* † teils traubiger Siderit, teils toniger Siderit сферосидери́т
Sphärosiderit- sphärosideritisch сферосидери́товый
Sphärosideritgeode *f* сферосидери́товая жеóда
sphärosideritisch Sphärosiderit- сферосидери́товый
Sphärosideritknolle *f* сферосидери́товый желвáк
sphärosymmetrisch сферосимметри́чный
Sphen *m* сфен
Sphenomanganit *m* † Manganit mit sphenoidischem Habitus сфеномангани́т
Sphenophyllales *pl* клинолистникóвые, сфенофи́лловые
Sphenopsida *pl* членистостéбельные
Sphenopterides *pl* сфеноптери́дные
Sphenopteris *f* сфеноптéрис
Spiculae *f/pl* спи́кулы
Spiegel *m* 1. Allgem. зéркало. 2. Wasserspiegel ýровень воды́
Spiegelablesung *f* зеркáльный отсчёт
Spiegelabsenkung *f* понижéние ýровня, депрéссия ýровня (воды́)
Spiegelausgleich *m* вырáвнивание ýровня
Spiegelausschlag *m* амплитýда колебáния ýровня, размáх колебáния ýровня
Spiegelbewegung *f* движéние ýровня воды́, ход ýровня воды́
Spiegelbild *n* зеркáльное отображéние
Spiegeldifferenz *f* рáзность ýровней
Spiegelebene *f* 1. плóскость зéркала воды́. 2. плóскость отражéния
Spiegelerhöhung *f* поднятие ýровня воды́, повышéние ýровня воды́
Spiegelgalvanometer *n* зеркáльный гальванóметр
Spiegelgang *m* ход ýровня воды́, движéние ýровня воды́
Spiegelgangkurve *f* кривáя движéния ýровня
Spiegelganglinie *f* ли́ния изменéния ýровня, кривáя движéния ýровня
Spiegelhöhe *f* высотá ýровня, отмéтка ýровня (воды́)
Spiegelhöhenänderung *f* изменéние ýровня
Spiegelkrümmung *f* кривизнá повéрхности воды́
Spiegellage *f* положéние зéркала воды́, ýровень зéркала воды́
Spiegelmesser *m* Hydrogeol. уровномéр
Spiegelmessung *f* измерéние ýровня (воды́)
Spiegelruhelage *f* положéние спокóйного зéркала воды́, ýровень спокóйного зéркала воды́
Spiegelschwankung *f* колебáние ýровня
Spiegelsenkung *f* понижéние ýровня воды́
Spiegelskala *f* зеркáльная шкалá
Spiegelstand *m* положéние ýровня воды́
Spiegelung *f* отражéние
Spiegelverlauf *m* ход ýровня
Spiegelvorrichtung *f* зеркáльный аппарáт

spießig Spieß- копьеви́дный
Spilit *m* спили́т
Spilitformation *f* спили́товая форма́ция
Spilit-Keratophyr- спили́то-кератофи́ровый
Spilit-Keratophyrformation *f* спили́то-кератофи́ровая форма́ция
Spilitporphyrit *m* спили́товый порфири́т
Spilitstruktur *f* спили́товая структу́ра
Spindel *f* веретено́
spindelförmig веретенообра́зный
Spinell *m* $MgAl_2O_4$ шпине́ль
Spinell- шпине́левый
Spinelleinschluß *m* шпине́левое включе́ние
Spinellgesetz *n* шпине́левый зако́н
Spinellgruppe *f* шпине́левая гру́ппа
Spinellmineral *n* шпине́левый минера́л
Spinellphase *f* шпине́левая фа́за
Spinne *f* пау́к
spinnenförmig паукообра́зный
Spinnentiere *n/pl* паукообра́зные
Spinvektor *m* ве́ктор враще́ния
Spiraculum *n* бры́згальце
spiralartig спиралеви́дный, винтообра́зный
Spiralbohrer *m* спира́льное сверло́
Spirale *f* спира́ль
Spiralfeder *f* спира́льная пружи́на
spiralig Spiral- спира́льный
spiralig aufgewunden спира́льно зави́тый
Spiriferida *pl* спирифери́ды
Spiritus *m* Alkohol спирт, алкого́ль
Spiritusbrenner *m* спиртова́я горе́лка
spirogyr спироги́рный
Spirorbiskalk *m* спиро́рбисовый известня́к
Spirotheca *f* спироте́ка
Spirotricha *pl* спиральноресни́чные
spitz zugespitzt о́стрый, заострённый, остроконе́чный
spitzblättrig остроли́стный
Spitze *f* 1. Gipfel верши́на, пик. 2. Landspitze оконе́чность, мыс. 3. Baumspitze верху́шка 4. Maximum пик
spitze Bisektrix *f* о́страя биссектри́са
Spitzenbelastung *f* пи́ковая нагру́зка
Spitzenbelastungszeit *f* вре́мя пи́ковой нагру́зки, пери́од пи́ка
Spitzendruck *m* максима́льное давле́ние
Spitzenenergie *f* пи́ковая эне́ргия
Spitzenentnahme *f* пи́ковый водозабо́р, пи́ковый забо́р
Spitzengeschwindigkeit *f* пик ско́рости, максима́льная ско́рость
Spitzenkraftwerk *n* пи́ковая электроста́нция
Spitzenleistung *f* максима́льная мо́щность, максима́льная производи́тельность, пи́ковая мо́щность
Spitzenverbrauch *m* пи́ковое потребле́ние
Spitzenwert *m* максима́льное значе́ние, наивы́сшее значе́ние, пи́ковое значе́ние
Spitzenzeit *f* пери́од пи́ка, вре́мя пи́ковой нагру́зки
Spitzfalte *f* остроуго́льная скла́дка
spitzpyramidal остропирамида́льный
spitzrhombisch остроромби́ческий
spitzwink(e)lig остроуго́льный
Splanchnocranium *n* лицево́й че́реп
Spleniale *n* кры́шечная кость
Splitt *m* ще́бень, ме́лкий ще́бень, ка́менная ме́лочь
Splitter *m* Bruchstück оско́лок
Splitter- splitt(e)rig оско́лочный, оско́льчатый
Splitterprobe *f* оско́лочная про́ба
splittrig scherbig оско́лочный, оско́льчатый
splittriger Bruch *m* оско́льчатый изло́м
Spodiophyllit *m* ? angeblich ein glimmerartiges Mineral сподиофилли́т
Spodiosit *m* Pseudomorphose von Apatit nach einem unbekannten Mineral сподиози́т
Spodumen *m* $LiAl[Si_2O_6]$ сподуме́н
Spodumen- сподуме́новый
Spodumenpegmatit *m* сподуме́новый пегмати́т
Spondylium *n* сponди́лиум, спонди́лий
Spondylus- спонди́лусовый
Spongia *pl* Schwämme гу́бки
Spongin *n* спонги́н
Spongiolith *m* спонгиоли́т, спонголи́т
Spongiolith- спонгиоли́товый
sporadisch спорадически́й
Sporangienträger *m* спорангиено́сец
Spore *f* спо́ра
Sporen- спо́ровый
sporenähnlich спороподо́бный
sporenbildend спорообразу́ющий
Sporenbildung *f* спорообразова́ние

Sporenhülle *f* оболо́чка спо́ры
Sporenkomplex *m* спо́ровый ко́мплекс
Sporensack *m* спороно́сная мешо́чка
Sporenträger *m* спороно́сец
Sporenzapfen *m* спо́ровая ши́шка
Sporidium *n* ме́лкая спо́ра
Sporinit *m* споринит
Sporit *m* спори́т
Sporogenese *f* спорогене́з
Sporogonium *n* спорого́н
Sporomorphidium *n* спороморфи́дия
Sporophydium *n* споропо́чка
Sporophyll *n* споролистик, спорофи́лл
Sporophyt *m* Sporenpflanze спорофи́т, спо́ровое расте́ние
Sporozoa *pl* споровики́
Spreng- Explosions-, Schieß- взры́вчатый, взрывно́й, разрывно́й
Sprengarbeit *f* Schießarbeit взрывна́я рабо́та
Sprengbohrloch *n* Sprengloch шпур
sprengen schießen взрыва́ть/взорва́ть
Sprengherd *m* оча́г взры́ва
Sprengkammer *f* взрывна́я ка́мера
Sprengkapsel *f* ка́псюль-детона́тор, запа́льный ка́псуль
Sprengladung *f* взрывно́е заря́д, подрывно́й заря́д
Sprenglinie *f* ли́ния взры́ва
Sprengloch *n* шпур
Sprengmeister *m* Schießmeister запа́льщик
Sprengmoment *m* моме́нт взры́ва
Sprengort *m* ме́сто взры́ва
Sprengpunkt *m* Schußpunkt пункт взры́ва
Sprengstoff *m* Sprengmittel взры́вчатое вещество́, взрывча́тка
Sprengtechnik *f* те́хника взрывно́го де́ла
Sprengtrichter *m* воро́нка сры́ва
Sprengung *f* взрыва́ние, взрыв
Sprengversuch *m* о́пытный взрыв
Sprengvorschrift *f* пра́вила (выполне́ния) взрывны́х рабо́т
Sprengwirkung *f* разруша́ющее де́йствие взры́ва, взрывно́е де́йствие, де́йствие взры́ва
Sprenkelchromerz *n* вкра́пленная хроми́товая руда́
Sprenkelerz *n* пятни́стая руда́, вкра́пленная руда́
Springer *m* фонта́н, вы́брос
Springersonde *f* фонтани́рующая сква́жина
Springflut *f* сизиги́йный прили́в
Springfluthochwasser *n* по́лная вода́ сизиги́йного прили́ва
Springflutniedrigwasser *n* ма́лая вода́ сизиги́йного прили́ва
Springhochwasser *n* сизиги́йная по́лная вода́, по́лная вода́ сизиги́йного прили́ва
Springniedrigwasser *n* сизиги́йная ма́лая вода́, ма́лая вода́ сизиги́йного прили́ва
Springtide *f* сизиги́йный прили́в
Springtidenhochwasser *n* по́лная вода́ сизиги́йного прили́ва
Springtidenhub *n* амплиту́да сизиги́йного прили́ва
Springverspätung *f* запа́здывание сизиги́йного прили́ва
Springwelle *f* волна́ сизиги́йного прили́ва
Springzeit *f* вре́мя наступле́ния сизиги́йного прили́ва
spröd(e) brüchig хру́пкий
Sprödglimmer *m* хру́пкая слюда́
Sprödigkeit *f* Brüchigkeit хру́пкость
Sproß *m* Fortsatz отро́сток
Sprossung *f* почкова́ние
Sprudelstein *n* шпрудельште́йн
Sprung *m* скачо́к; смеще́ние жи́лы
sprunghaft скачкообра́зный
Sprunghöhe *f* амплиту́да сбро́са (взбро́са), высота́ сбро́за (взбро́са)
Spülbohren *n* буре́ние с промы́вкой
spülen schlämmen промыва́ть/промы́ть
Spülflüssigkeit *f* промы́вочная жи́дкость
Spülgrube *f* грязево́й бассе́йн
Spülgut *n* намыва́емый материа́л
Spülkopf *m* промы́вочная голо́вка
Spülpumpe *f* промы́вочный насо́с
Spülrohr *n* грязева́я труба́
Spülschlamm *m* грязево́й раство́р
Spülsieb *n* промывно́е си́то
Spülung *f* 1. Bohrspülung промы́вка. 2. Unterspülung, Ausspülung размы́в
Spül(ungs)verlust *m* поте́ря раство́ра, поглоще́ние раство́ра
Spülverlustzone *f* зо́на поглоще́ния бурово́го раство́ра
Spülverfahren *n* спо́соб промы́вки, намывно́й спо́соб

Spülversatz *m* мо́края закла́дка, гидравли́ческая закла́дка, замы́в
Spülversatzverfahren *n* спо́соб гидравли́ческой закла́дки
Spülwasser *n* промывна́я вода́
Spülwirkung *f* промывно́е де́йствие
Spundpfahl *m* шпунтова́я сва́я
Spundpfahlwand *f* шпунтова́я сте́нка, шпунтово́й ряд
Spur *f* след
Spureneindrücke *m/pl* отпеча́тки следо́в
Spurenelement *n* микроэлеме́нт, элеме́нт-при́месь, ма́лый элеме́нт
Spurenelementverteilung *f* распределе́ние ма́лых элеме́нтов
Spurlinie *f* ли́ния сле́да
Spurrit *m* $Ca_5[CO_3|(SiO_4)_2]$ сперри́т, спурри́т
Squamata *pl* чешуено́сные пресмыка́ющиеся, чешу́йчатые
Squamosum *n* чешу́йчатая кость
Staatsgrenze госуда́рственная грани́ца
Stabelektrode *f* шпи́лька
stabförmig палкоо́бразный
stabil beständig усто́йчивый
stabiler Schelf *m* неподви́жное мелко-мо́рье, стаби́льный шельф
Stabilisierung *f* стабилиза́ция
Stabilität *f* усто́йчивость, стаби́льность
Stabilitätsbereich *m* диапазо́н усто́йчивости
Stabilitätsbeziehung *f* усло́вия усто́йчивости
Stabilitätsenergie *f* эне́ргия усто́йчивости
Stabilitätsfeld *n* по́ле стаби́льности
Stabilitätsgrad *m* сте́пень усто́йчивости
Stabilitätsgrenze *f* грани́ца усто́йчивости, преде́л усто́йчивости
Stabilitätskriterium *n* крите́рий усто́йчивости
Stabilitätskurve *f* крива́я усто́йчивости
Stabilitätsmoment *n* моме́нт усто́йчивости
Stabilitätsschicht *f* сло́й усто́йчивости
Stabilitätsverhältnisse *n/pl* усло́вия усто́йчивости
Stabthermometer *n* па́лочный термо́метр
Stacheites-Zone *f* стахейтовая зо́на
Stachel *m* жа́ло; колю́чка; шип
stachelförmig шипови́дный
Stachelhäuter *m/pl* Echinodermata иглоко́жие
Stachiospermidae *pl* стахиосперми́ды
Stadium *n* ста́дия
Städtebau *m* градострои́тельство
Staffelbruch *m* ступе́нчатый сброс, ступе́нчатый разло́м
Staffelit *m* † Francolith штаффели́т
Staffelsenkung *f* ступе́нчатое спуска́ние, ступе́нчатое пониже́ние
Staffelverschiebung *f* ступе́нчатый сдвиг
Staffordian *n* стаффо́рдский я́рус
Stagnationswasser *n* засто́йная вода́
stagnierend stockend засто́йный, неподви́жный
Stahl *m* сталь
Stahlbeton *m* железобето́н
Stahlbetonpfahl *m* Inggeol. железобето́нная сва́я
stahlblau ста́льно-си́ний
stahlgrau ста́льно-се́рый
Stahlguß *m* ста́льное литье́
Stahllegierung *f* ста́льный сплав
Stahlmeßband *n* ста́льная ме́рная ле́нта
Stainierit *m* α-CoOOH стениери́т
Stalagmit *n* сталагми́т
stalagmitisch сталагми́товый
Stalaktit *m* сталакти́т
Stalaktiten- сталакти́товый
stalaktitenförmig сталактитообра́зный
Stalaktitenhöhle *f* сталакти́товая пеще́ра
stalaktitisch сталактитообра́зный
Stamm *m* Baumstamm ствол
Stammagma *n* матери́нская ма́гма, перви́чная ма́гма
Stammbaum *m* родосло́вное де́рево
Stampfbeton *m* Inggeol. набивно́й бето́н, трамбо́ванный бето́н
Stampfmasse *f* Inggeol. трамбу́емая ма́сса
Stampien *n* стампи́йский я́рус
Stampien- стампи́йский
Stand *m* 1. Standort (место)положе́ние, ме́сто. 2. Niveau у́ровень. 3. Zustand положе́ние, состоя́ние
Standard *m* Norm станда́рт
Standardisierung *f* стандартиза́ция
Standardlösung *f* станда́ртный раство́р
Standardpräparat *n* этало́нный препара́т
Standfähigkeit *f* Inggeol. усто́йчивость; сто́икость
ständig stetig постоя́нный

Standort *m* местоположе́ние, местонахожде́ние
Standpunktvermarkung *f* закрепле́ние то́чки
Standsicherheit *f* Inggeol. усто́йчивость
Standwasser *n* стоя́чая вода́
Stannat *n* соль оловя́нной кислоты́, станна́т
Stannin *n* Zinnkies Cu_2FeSnS_4 станни́н
Stanniverbindung *f* соедине́ние четырёхвале́нтного о́лова
stannometrisch станнометри́ческий
Stannopaladinit *m* Pd_3Sn_2 станнопаладини́т
Stannoverbindung *f* соедине́ние двухвале́нтного о́лова
Stantienit *m* Kohlenwasserstoff стантиени́т
Stapelmoräne *f* отло́женная море́на
Stapes *m* стре́мечко
stark hügelig частохолми́стый
stark sauer сильноки́слый
stark verkarstet сильнозакарсто́ванный
stark verzweigt сильноветви́стый
Stärke *f* 1. Intensität си́ла, интенси́вность. 2. chem. Verb. крахма́л
Stärke- крахма́льный
starke Base *f* си́льное основа́ние
stärkehaltig крахма́листый
Stärkelösung *f* раство́р крахма́ла
Stärkeskala *f* шкала́ си́лы, шкала́ интенси́вности
Starlit *m* Starlight †, blauer Zirkon старли́т
Stasit *m* Dewindtit стаси́т
Staßfurtit *m* β-Boracit $Mg_6[Cl_2|B_{14}O_{26}]$ стассфурти́т
Staßfurtsalz *n* ста́ссфуртская соль
Staszizit *n* Zn-haltiger Higginsit gelförmiger Entstehung сташици́т
Station *f* Meßstelle ста́нция
stationär ortsfest стациона́рный, установи́вшийся
Stationsnetz *n* сеть ста́нций
statisch стати́ческий
Statistik *f* стати́стика
statistisch статисти́ческий
Stativ *n* Gestell штати́в
Stativkopf *m* голо́вка штати́ва
Statoblasten *pl* durch innere Sprossung bei Bryozoen entstandene Kapseln статобла́сты, поко́ящиеся то́чки
Stau *m* Einstau подпо́р
Stau- плоти́нный, подпо́рный
Stauanlage *f* подпо́рное сооруже́ние, плоти́на
Staub *m* пыл
Staub- пы́льный, пылево́й
Staubablagerung *f* пылево́е отложе́ние
Staubanteil *m* пылева́тая часть
staubartig пылеви́дный
Staubausfilterung *f* фильтра́ция пы́ли
Staubbeutel *m* пы́льник
Stäubchenmethode *f* ме́тод пыли́нок
staubdicht пыленепроница́емый
Staubecken *n* водоём, водохрани́лище
Staubereich *m, n* о́бласть подпо́ра
Staubfaden *m* тычи́нка
Staubfall *m* выпаде́ние пы́ли
staubförmig пылеви́дный
Staubgehalt *m* пылесодержа́ние
staubig Staub- пылева́тый
Staubkohle *f* пылеви́дный у́голь
Staublawine *f* Trockenschneelawine пылева́я лави́на, суха́я лави́на, пылеобра́зная лави́на
Staubpartikel *f* Staubteilchen части́ца пы́ли
staubreich пы́льный, насы́щенный пы́лью
Staubsand *m* Feinsand су́песь, пылеви́дный песо́к
Staubsturm *m* пы́льная бу́ря
Staubteilchen *n* Staubpartikel части́ца пы́ли
Staubtrübung *f* пы́льная мгла
Staubübertragung *f* перено́с пы́ли
Staubwolke *f* пылево́е о́блако
Stauchmoräne *f* напо́рная море́на
Staudamm *m* Staumauer водохрани́лищная плоти́на, запру́дная да́мба
stauen einstauen запруди́ть/запру́живать
Stauerscheinung *f* явле́ние подпо́ра
Staufläche *f* напо́рная пове́рхность; пове́рхность подпо́ра
Staugebiet *n* о́бласть подпо́ра
Stauhöhe *f* напо́р, высота́ подпо́ра, высота́ напо́ра
Stauhorizont *m* подпо́рный горизо́нт
Staukuppe *f* экструзи́вный ку́пол
Staukurve *f* Staulinie крива́я подпо́ра, крива́я подпру́ды
Staumauer *f* плоти́на
Staumauerhöhe *f* высота́ плоти́ны
Staumauerkörper *m* те́ло плоти́ны

Staumoräne *f* Stauchmoräne море́на напо́ра, напо́рная море́на
Staupunkt *m* то́чка подпо́ра
Stauquelle *f* подпо́рный исто́чник, плоти́нный исто́чник, восходя́щий исто́чник
Stauraum *m* объём запру́женной воды́, объём водохрани́лища
Stauregelung регули́рование подпо́ра
Staurolith *m* $2FeO \cdot AlOOH \cdot 4Al_2[O|SiO_4]$ ставроли́т
Staurolith- ставроли́товый
Staurolithschiefer *m* ставроли́товый сла́нец
Stausee *m* плоти́нное о́зеро, подпру́дное о́зеро, водохрани́лище
Stauspiegel *m* подпо́рный у́ровень воды́, горизо́нт подпо́ра
Stauspiegelhöhe *f* высота́ подпёртого у́ровня
Stauspiegelschwankung *f* колеба́ние подпёртого у́ровня
Staustrecke *f* уча́сток распростране́ния подпо́ра
Staustrom *m* подпо́рное тече́ние
Staustufe *f* ступе́нь подпо́ра
Stauung *f* подпру́живание
Stauvolumen *n* объём водохрани́лища
Stauvorrichtung *f* подпо́рное устро́йство, подпо́рное сооруже́ние
Stauwasser *n* подпру́женная вода́
Stauwasserspiegel *m* подпо́рный горизо́нт
Stauwehr *n* подпо́рная плоти́на
Stauwerk *n* подпо́рная запру́да
Stauwirkung *f* де́йствие наго́на (воды́)
Stavrit *m* Ganggestein ставри́т
Stearinsäure *f* стеари́новая кислота́
Steatit *m* dichte Varietät von Kalk стеати́т
Steenstrupin *m* Titanit-Epistolit-Gruppe стенструпи́н
Stefan-Boltzmannsche Konstante *f* постоя́нная Стефа́на-Бо́льцмана
Stefanflora *f* стефа́нская фло́ра
stefanisch Stefan- стефа́нский
Stegidium *n* стеги́дий
stegocephal покрытоголо́вый
Stegocephalia *pl* па́нцырные амфи́бии, панцирноголо́вые, покрытоголо́вые
Stegosauria *pl* стегоза́вры
stehende Falte *f* стоя́чая скла́дка
stehendes Wasser *n* непрото́чная вода́
Steigbrunnen *m* артезиа́нский коло́дец
Steigdauer *f* Gezeiten вре́мя ро́ста прили́ва
steigen sich erhöhen, sich heben повыша́ться/повы́ситься
Steiger *m* ште́йгер
Steigerung *f* Erhöhung повыше́ние, подъём
Steiggeschwindigkeit *f* ско́рость подъёма (у́ровня воды́, температу́ры)
Steighöhe *f* высота́ подъёма, высота́ подня́тия
Steigkurve *f* крива́я подъёма
steil abschüssig круто́й
steil einfallend крутопа́дающий
steil gefaltet крутоскла́даатый
Steilabbruch *m* чинк
Steilabfall *m* Steilwand обры́вистый склон, круто́й склон
Steilabsturz *m* круто́й поро́г
Steilhang *m* обры́в
Steilheit *f* Steile крутизна́
Steilküste *f* Steilufer круто́й бе́рег, отве́сный бе́рег
steilpyramidal крутопирамида́льный
steilstehend крутопа́дающий
Steilufer *n* Steilküste круто́й бе́рег, отве́сный бе́рег
steilwandig крутосте́нный
Stein *m* ка́мень
Stein- ка́менный
Steinbock *m* *Capra ibex* ка́менный козёл
Steinboden *m* камени́стая по́чва, камени́стый грунт
Steinbrecher *m* камнедроби́лка
Steinbruch *m* каменоло́мня, карье́р
Steinbruch(s)feld *n* карье́рное по́ле
Steinbruchhalde *f* карье́рный отва́л
Steinbruchindustrie *f* камнедобыва́ющая промы́шленность
Steinbruchwand *f* стена́ карье́ра
Steinbuhne *f* ка́менная бу́на
Steindamm *m* ка́менная плоти́на, ка́менная да́мба
Steineis *n* ка́менный лёд, ископа́емый лёд
Steinfrucht *f* костя́нка
Steingehalt *m* камени́стость
Steingerät *n* Steinwerkzeug Arch. ка́менное ору́дие
Steingitter *n* ка́менная решётка
Steinhügel *m* камени́стый холм

steinig каменистый
Steinkanal *m* Pal. каменистый канал
Steinkern *m* ядро
Steinkistendamm *m* Inggeol. ряжевая плотина
Steinkohle *f* каменный уголь
Steinkohlenaufbereitung *f* обогащение каменного угля
Steinkohlenbecken *n* каменноугольный бассейн
Steinkohlenbrikett *n* брикетированный уголь
Steinkohlenflöz *n* каменноугольный пласт, пласт каменного угля
Steinkohlengas *n* газ из каменного угля, каменноугольный газ
Steinkohlengebiet *n* каменноугольная область
Steinkohlengewinnung *f* добыча каменного угля
Steinkohlengrube *f* каменноугольная копь, каменноугольная шахта
Steinkohlenlager *n* залежь каменного угля
Steinkohlenlagerstätte *f* месторождение каменного угля
Steinkohlenrevier *n* каменноугольный район
Steinkohlentagebau *m* каменноугольный карьер
Steinkohlenteer *m* каменноугольный дёготь, каменноугольная смола
Steinkohlenteerasphalt *m* каменноугольный асфальт
Steinkohlenveredlung *f* обогащение каменного угля
Steinkohlenverkokung *f* коксование каменного угля
Steinkranz *m* каменное кольцо, каменный венец
Steinmeer *n* каменное море
Steinmeteorit *m* каменный метеорит
Steinmeteoritenregen *m* каменный метеоритный дождь
Steinmetz *m* каменотёс
Steinnetz *n* каменная сеть
Steinpolygon *n* каменный многоугольник
Steinriff *n* каменный риф
Steinring *m* каменное кольцо, каменный венец
Steinsalz *n* каменная соль
Steinsalzgitter *n* структура каменной соли, кристаллическая структура типа каменной соли
Steinsalzlagerstätte *f* месторождение каменной соли
Steinsalzstruktur *f* структура каменной соли
Steinschlag *m* 1. Grus щебень, дресва. 2. Steinfall камнепад, падение камня
Steinschlaggefahr *f* опасность камнепада
Steinschlaggründung *f* Inggeol. щебёночное основание
Steinschleifer *m* гранильщик
Steinschotter *m* щебень
Steinschüttung *f* каменная наброска, каменная отсыпка, отсыпка каменной мелочи
Steinschwämme *m/pl* каменистые губки, литистидные губки
Steinsplitt *m* каменные высевки
Steinstrom *m* каменный поток, курум
Steinwerkzeug *n* каменное орудие
Steinwüste *f* каменистая пустыня
Steinzeit *f* каменный век, каменный период
steirisch штирийский
steirische Phase *f* штирийская фаза складчатости
Steißbein *n* копчик
Stele *f* Bot. стела
stellar звёздный
Stellarit *m* Asphalt von Nova Scotia стелларит
Stelleinrichtung *f* установочное приспособление
stellenweise an einigen Stellen местами
Stellerit *m* Abart von Desmin стеллерит
Stellring *m* установочное кольцо
Stellschraube *f* установочный винт, регулирующий винт
Stellvorrichtung *f* установочный механизм, регулирующий механизм, установочное устройство
Stelzwurzel *f* ходульный корень
Stengel *m* Stiel стебель
Stengel- stengelig стебельчатый, стеблёвый
Stengelgneis *m* стебельчатый гнейс, древовидный гнейс
Stengelteil *m* стеблёвая часть
Stengligkeit *f* стебельчатость

stenobath стенобáтный
stenobiont стенобиóнтный
stenohalin стеногали́нный
stenooxybiont стенооксибиóнтный
Stenosiphonata *pl* узкосифóнные
stenotherm стенотéрмный
Stephanflora *f* стефáнская флóра
stephanisch Stephan- стефáнский
Stephanit *m* Sprödglaserz $5Ag_2S \cdot Sb_2S_3$ стефани́т, хрýпкая серéбряная рудá
Steppe *f* степь
Steppen- степнóй
Steppenboden *m* степнáя пóчва
Steppenklima *n* кли́мат степéй
Steppenlöß *m* степнóй лёсс
Steppenpflanze *f* степнóе растéние
Steppenpfuhl *m* степнóе блю́дце
Steppenphase *f* степнáя фáза
Steppenrelief *n* степнóй рельéф
Steppensee *m* степнóе óзеро
Steppenvegetation *f* степнáя расти́тельность, расти́тельность стéпи
Steppenzone *f* степнáя зóна, степнáя полосá
Stercorit *m* $(NH_4)NaH[PO_4] \cdot 4H_2O$ стеркори́т
Sterculiaceae *pl* стеркýлиевые
stereochemisch стереохими́ческий
Stereogramm *n* стереогрáмма
Stereogrammetrie *f* стереограммéтрия
Stereographie *f* стереогрáфия
stereographisch стереографи́ческий
Stereokartierung *f* стереокарти́рование
Stereokartograph *m* стереокартóграф
Stereometrie *f* стереомéтрия
stereometrisch стереометри́ческий
Stereomikrometer *n* стереомикрóметр
Stereomikrophotographie *f* стереомикрофотогрáфия
Stereomikroskop *n* стереомикроскóп
Stereophotogrammetrie *f* стереофотограммéтрия
stereophotogrammetrisch стереофотограмметри́ческий
Stereoskop *n* стереоскóп
Stereoskopie *f* стереоскопи́я
stereoskopisch стереоскопи́ческий
stereospondyl стереоспонди́льный
Stereostolonata *pl* стереостолонáты
Sterilität *f* стери́льность
Stern *m* звездá
Sternbergit *m* $AgFe_2S_3$ штернберги́т, серéбряный колчедáн
sternförmig звездообрáзный
Sternhaufen *m* звёздное скоплéние
Sternum *n* груди́на
Sternzeit *f* звёздное врéмя
Sterrettit *m* $Sc[PO_4] \cdot 2H_2O$ стерретти́т
stetig непреры́вный, постоя́нный, равномéрный
Stetigkeit *f* непреры́вность, устóйчивость
Steuerfrequenz *f* Geophys. контрóльная частотá
Stevensit *m* Talk pseudomorph nach Pektolith стевенси́т
Stewartit *m* $MnFe_2^{\cdots}[OH|PO_4]_2 \cdot 8H_2O$ стюарти́т
Stibiconit *m* SbS_2O_6OH стибикони́т
Stibiocolumbit *m* Stibioniobit стибиоколумби́т
Stibioluzonit *m* Cu_3SbS_4 стибиолуцони́т
Stibioniobit *m* Stibiocolumbit стибиониоби́т
Stibiopalladinit *m* Pd_3Sb стибиопаллади́ни́т
Stibiotantalit *m* $Sb(Ta, Nb)O_4$ стибиотантали́т
Stibnit *m* Antimonglanz, Grauspießglanz Sb_2S_3 сéрая сурьмя́ная рудá
Stichtit *m* $Mg_6Cr_2[(OH)_{16}|CO_3] \cdot 4H_2O$ стихти́т
Stichtorf *m* резнóй торф, лопáтный торф
Stichwortverzeichnis *n* алфави́тный указáтель
Stickoxid *n* NO óкись азóта (2), окси́д азóта (2)
Stickstoff *m* N азóт
Stickstoffbase *f* азóтистое основáние
Stickstoffbedarf *m* потрéбность в азóте
stickstoffbindend азотфикси́рующий
Stickstoffbindung *f* свя́зывание азóта; фиксáция азóта
stickstofffrei безазóтный, безазóтистый
Stickstoffgleichgewicht *n* азóтистое равновéсие
stickstoffhaltig азóтистый
Stickstoffmangel *m* дефици́т азóта
Stickstoffmonoxid *n* NO óкись азóта
Stickstoffumsatz *m* обмéн азóта
Stickstoffverbindung *f* соединéние азóта, азóтистое соединéние
Stickstoffwasserstoffsäure *f* HN_3 азотистоводорóдная кислотá
Stiel *m* Stengel стéбель

Stiel- стебе́льчатый
Stielauge *n* стебе́льчатый глаз
stieläugig стебельчатогла́зый
Stiepelmannit *m* Hamlinitgruppe штипельманни́т
Stier *m* бык
Stigma *n* сти́гма, ры́льце
Stigmarien *f/pl* стигма́рии
Stigmarien- стигма́риевый
Stigmarienhorizont *m* стигма́риевый горизо́нт
Stilbit *m* Desmin $Ca[Al_2Si_7O_{18}]\cdot 7H_2O$ стильби́т
Stille *f* Windstille штиль, безве́трие, зати́шье
Stilleit *m* ZnSe штиллеи́т
Stiller Ozean *m* Ти́хий океа́н
Stillstand *m* остано́вка, засто́й
Stillwasser *n* засто́й воды́
Stilpnochloran *m* Vermiculitgruppe стильпнохлора́н
Stilpnomelan *m* Chloritoidgruppe стильпномела́н
Stilpnosiderit *m* стилпносидери́т
Stink- воню́чий
Stinkkalk вонючий известня́к
Stinkkohle *f* вонючий у́голь
Stinkspat *m* Antozonit вонючий шпат
Stirn *f* лоб
Stirn- ло́бный
Stirnbein *n* ло́бная кость
Stirnrand *m* bei Brachiopoden ло́бный кра́й
Stirnseite *f* лобова́я сторона́
Stöchiometrie *f* стехиоме́трия
stöchiometrisch стехиометри́ческий
Stock *m* шток
stockförmig штокообра́зный
Stockwerk *n* Tekt. што́кверк, эта́ж
Stockwerk- штокве́рковый, эта́жный
Stockwerkbau *m* эта́жное строе́ние
Stockwerktektonik *f* штокве́рковая текто́ника
Stockwerkzone *f* штокве́рковая зо́на
Stoff *m* вещество́
Stoff- stofflich веще́ственный
Stoffabfuhr *f* вы́нос вещества́
Stoffaustausch *m* материа́льный обме́н
Stoffbestand *m* веще́ственный соста́в
Stoffbilanz *f* материа́льный бала́нс
Stoffbilanzgleichung *f* уравне́ние материа́льного бала́нса
Stoffertit *m* wohl identisch mit Brushit стофферти́т
Stoffgleichgewicht *n* веще́ственный бала́нс
Stoffherkunft *f* исто́чник вещества́
stofflich Stoff- веще́ственный
Stofflieferant *m* исто́чник вещества́
Stofflieferung *f* поступле́ние материа́ла
Stoffmobilisation *f* мобилиза́ция вещества́
Stofftransport *m* перено́с вещества́, перемеще́ние вещества́
Stoffumlagerung *f* переотложе́ние вещества́, перегруппиро́вка вещества́
Stoffumsatz *m* обме́н веще́ств
Stoffverschiebung *f* перемеще́ние вещества́
Stoffwanderung *f* мигра́ция вещества́
Stoffwechsel *m* обме́н веще́ств
Stoffwechselprodukt *n* проду́кт обме́на веще́ств
Stoffwechselvorgang *m* круговоро́т веще́ств
Stoffzufuhr *f* привно́с вещества́
Stockessche Gleichung *f* уравне́ние
Stokessche Reaktion *f* реа́кция Што́кса Сто́кса
Stokessches Gesetz *n* зако́н Сто́кса
Stokesit *m* $Ca_2Sn_2[Si_6O_{18}]\cdot 4H_2O$ стокези́т
Stollen *m* што́льня
Stollen- што́льневый
Stollenabbau *m* што́льневая вы́работка
Stollenachse *f* ось вы́работки
Stollenausbau *m* крепь што́льни
Stollenfirste *f* кро́вля што́льни
Stollenmund *m* у́стье што́льни
Stollensohle *f* подо́шва што́льни, забо́й што́льни
Stollenvortrieb *m* проведе́ние што́льни, прохо́дка што́льни
Stolzit *m* β-$Pb[WO_4]$ штольци́т
Stoma *f* у́стьице
Stomochordata *pl* стомохо́рдовые
Storchschnabel *m* Pantograph панто́граф
Störkörper *m* возмуща́ющее те́ло
Störung *f* 1. Dislokation наруше́ние. 2. Anomalie анома́лия; возмуще́ние
Störungsbrekzie *f* дислокацио́нная бре́кчия, сбро́совая бре́кчия
Störungsenergie *f* эне́ргия возмуще́ния

Störungsfeld *n* возмущённое по́ле, по́ле анома́лии
Störungsfläche *f* Tekt. пове́рхность сбро́са, пло́скость наруше́ния
Störungsgebiet *n* Tekt. сбро́совая о́бласть, о́бласть сбро́сов
Störungsgleichung *f* уравне́ние возмуще́ния
Störungsglied *n* возмуща́ющий член
Störungsgrad *m* сте́пень возмуще́ния
Störungshäufigkeit *f* повторя́емость возмуще́ний, частота́ возмуще́ний
Störungsherd *m* оча́г возмуще́ния
Störungslinie *f* ли́ния сбро́са, ли́ния разры́ва, ли́ния дислока́ции
Störungsnetz *n* сеть дислока́ций
Störungsphase *f* фа́за возмуще́ния
Störungsquelle *f* исто́чник возмуще́ний
Störungsschicht *f* сло́й возмуще́ния
Störungsstelle *f* ме́сто возмуще́ния, ме́сто наруше́ния
Störungssystem *n* Tekt. систе́ма сбро́сов
Störungsvektor *m* ве́ктор возмуще́ния
Störungsverlauf *m* ход возмуще́ния
Störungszentrum *n* центр возмуще́ния
Störungszone *f* 1. Tekt. зо́на наруше́ний, сбро́совая зо́на, зо́на дислока́ции, дислокацио́нная зо́на. 2. Geophys. зо́на возмуще́ний
Stoß *m* 1. Seism. толчо́к, уда́р. 2. Bergb. бок
Stoß- уда́рный
Stoßbohren *n* уда́рное буре́ние
stoßempfindlich чувстви́тельный к уда́ру
Stoßerregung *f* Geophys. уда́рное возбужде́ние
Stoßfestigkeit *f* сопротивле́ние уда́ру
Stoßionisation *f* уда́рная иониза́ция
Stoßkraft *f* уда́рная си́ла
Stoßkuppe *f* Vulk. экструзи́вный ку́пол
Stoßrohr *n* уда́рная тру́бка для взя́тия проб гру́нта
Stoßstrahl *m* луч толчка́
Stoßvorgang *m* проце́сс уда́ра
Stoßwelle *f* волна́ давле́ния; уда́рная волна́
Stoßwirkung *f* уда́рное де́йствие (волны́)
Stoßzahn *m* би́вень
Strahl *m* луч
Strahl- лучево́й
Strahlen- Strahlungs- лучи́стый
Strahlenbrechung *f* преломле́ние луче́й, лучепреломле́ние
Strahlenbündel *n* Strahlenbüschel пучо́к луче́й
strahlend leuchtend лучеза́рный
Strahlendiagramm *n* лучева́я диагра́мма
Strahlenellipse *f* э́ллипс луче́й
Strahlenfläche *f* лучева́я пове́рхность
strahlenförmig лучеобра́зный, лучеви́дный, лучи́стый
Strahlengang *m* ход луче́й
Strahlengeschwindigkeit *f* ско́рость луча́, лучева́я ско́рость
Strahlengeschwindigkeitsfläche *f* пове́рхность лучевы́х ско́ростей
Strahlenkegel *m* ко́нус луче́й
Strahlenpilze *m/pl* Actynomycetes лучи́стые грибы́
Strahlenrichtung *f* направле́ние луче́й
Strahlenschutz *m* защи́та от излуче́ния
Strahler *m* излуча́тель
Strahlerz *n* Klinoklas лучи́стая руда́
Strahlgleichung *f* уравне́ние луча́
strahlig лучи́стый
Strahligkeit *f* лучи́стость
Strahlkies *m* † faseriger Markasit магни́тный колчеда́н
Strahlstein *m* Aktinolith лучи́стый ка́мень
Strahlung *f* Ausstrahlung излуче́ние, радиа́ция
Strahlungsabkühlung *f* радиацио́нное выхола́живание
Strahlungsabnahme *f* ослабле́ние радиа́ции
Strahlungsabsorption *f* абсо́рбция радиа́ции, поглоще́ние радиа́ции
Strahlungsart *f* вид излуче́ния, род излуче́ния
Strahlungsbedingung *f* усло́вие излуче́ния
Strahlungsbilanz *f* радиацио́нный бала́нс
Strahlungsdichte *f* пло́тность излуче́ния
Strahlungsdiffusion *f* радиацио́нное рассе́яние
Strahlungsdruck *m* давле́ние световы́х луче́й
Strahlungseffekt *m* радиацио́нный эффе́кт
Strahlungseinfluß *m* влия́ние радиа́ции, возде́йствие излуче́ния

Strahlungsenergie *f* радиацио́нная эне́ргия, лучи́стая эне́ргия
Strahlungsfaktor *m* радиацио́нный фа́ктор
Strahlungsfehler *m* радиацио́нная оши́бка
Strahlungsfläche *f* пове́рхность излуче́ния, пове́рхность лучеиспуска́ния
Strahlungsgesetz *n* зако́н излуче́ния
Strahlungsgleichgewicht *n* радиацио́нное равнове́сие, лучи́стое равнове́сие
Strahlungsgleichung *f* радиацио́нное уравне́ние
Strahlungshaushalt *m* радиацио́нный бала́нс
Strahlungshöchstwert *m* Strahlungsmaximum ма́ксимум излуче́ния, максима́льное излуче́ние
Strahlungsintensität *f* интенси́вность излуче́ния, интенси́вность радиа́ции
Strahlungsinversion *f* радиацио́нная инве́рсия
Strahlungsklima *n* радиацио́нный кли́мат
Strahlungskonstante *f* радиацио́нная постоя́нная, постоя́нная лучеиспуска́ния
Strahlungskraft *f* интенси́вность излуче́ния
Strahlungskurve *f* крива́я радиа́ции, крива́я излуче́ния
strahlungslos безизлуча́тельный
Strahlungsmenge *f* коли́чество радиа́ции, су́мма радиа́ции
Strahlungsmessung *f* радиацио́нное измере́ние, измере́ние радиа́ции, актиноме́трия
Strahlungsprozeß *m* радиацио́нный проце́сс
Strahlungsquantität *f* коли́чество радиа́ции
Strahlungsquelle *f* исто́чник излуче́ния
Strahlungsrichtung *f* направле́ние радиа́ции, направле́ние луче́й
Strahlungsschwankung *f* радиацио́нное колеба́ние, колеба́ние интенси́вности радиа́ции
Strahlungsstärke *f* Strahlungsintensität интенси́вность излуче́ния, интенси́вность радиа́ции
Strahlungsstrom *m* пото́к излуче́ния, радиацио́нный пото́к
Strahlungssumme *f* су́мма радиа́ции
Strahlungstemperatur *f* температу́ра излуче́ния, радиацио́нная температу́ра
Strahlungsthermometer *n* радиацио́нный термо́метр
Strahlungsumsatz *m* обме́н излуче́нием
Strahlungsuntersuchung *f* иссле́дование радиа́ции
Strahlungsverhältnisse *n/pl* радиацио́нные усло́вия, радиацио́нный режи́м
Strahlungsverminderung *f* ослабле́ние радиа́ции
Strahlungsvermögen *n* лучеиспуска́тельная спосо́бность, излуча́тельная спосо́бность
Strahlungsvorgang *m* радиацио́нный проце́сс, проце́сс излуче́ния
Strahlungswärme *f* лучи́стая теплота́, теплота́ излуче́ния
Strahlungswiderstand *m* сопротивле́ние излуче́нию
Strahlungswirkung *f* влия́ние радиа́ции, возде́йствие излуче́ния
Strahlungszahl *f* коэффицие́нт излуче́ния
Strahlungszone *f* зо́на излуче́ния, зо́на инсоля́ции
Strahlungszunahme *f* усиле́ние радиа́ции
Strain *m* натяже́ние
Strand *m* бе́рег; пляж, взмо́рье
Strandablagerung *f* берегово́е отложе́ние, берегово́е нано́сы
Strandbildung *f* формирова́ние бе́рега
Strandbuhne *f* берегово́й мол, берегова́я морска́я бу́на
Stranddüne *f* берегова́я дю́на
Strandgeröll *n* берегова́я га́лька, прибре́жная га́лька
Strandgewässer *n* берегово́е во́ды, прибре́жные во́ды
Strandkliff *n* берегово́й утёс
Strandlinie *f* берегова́я ли́ния
Strandlinienverschiebung *f* перемеще́ние берегово́й ли́нии
Strandneigung *f* укло́н морско́го бе́рега
strandparallel küstenparallel паралле́льный побере́жью, вдольберегово́й
Strandprofil *n* про́фил бе́рега
Strandriff *n* берегово́й риф

Strandsand *m* Küstensand береговóй песóк
Strandschotter *m* прибрéжный щéбень
Strandsee *m* прибрéжное óзеро
Strandseife *f* береговáя рóссыпь, прибрéжная рóссыпь; озёрная рóссыпь
Strandterrasse *f* береговáя террáса, морскáя террáса
Strandversatz *m* Küstenversatz перемещéние морскóго бéрега
Strandverschiebung *f* Strandversetzung перемещéние морскóго бéрега
Strandwall *m* береговóй вал; прибрéжный вал
Strandwallhöhe *f* высотá береговóго вáла
Strandwallneigung *f* уклóн береговóго вáла
Strandwelle *f* прибóйная волнá
Strandzone *f* береговáя зóна, пляжевая зóна
Straße *f* 1. Fahrstraße дорóга. 2. Meerenge пролив
Straßenbau *m* дорóжное строительство
Straßenbaumaterial *n* дорóжно-строительный материáл
Straßenbeton *m* дорóжный бетóн
Straßendecke *f* дорóжное покрытие
Straßeneinschnitt *m* дорóжная вы́емка
Stratigraph *m* стратиграф
Stratigraphie *f* стратигрáфия
stratigraphisch стратиграфический
Stratonomie *f* стратонóмия
Stratosphäre *f* стратосфéра
Stratovulkan *m* стратовулкáн, слоистый вулкáн
Strauch *m* куст, кустáрник
Strauch- кустáрниковый
strauchartig кустиковидный
Straus *m Struthio* стрáус
streckbar кóвкий
Streckbarkeit *f* растяжимость, кóвкость
Strecke *f* штрек
Streckenabschnitt *m* учáсток штрéка
Streckenauffahrung *f* проведéние штрéка
Streckenbau *m* разрабóтка штрéками
Streckenbreite *f* ширинá штрéка
Streckeneinschnitt *m* Geodäs. рассéчка
Streckenfirste *f* крóвля штрéка
Streckenführung *f* проведéние штрéка
Streckenvortrieb *m* проведéние гóрной вы́работки, продвигáние гóрной вы́работки
Streckgrenze *f* предéл текýчести
Streckung *f* вытягивание
Streichen *n* простирáние
streichende Erstreckung *f* протяжéние по простирáнию
Streichlinie *f* линия простирáния
Streichrichtung *f* направлéние простирáния
Streichwinkel *m* ýгол простирáния
Streifen *m* Zone полосá
Streifenerz *n* Bändererz полóсчатая рудá
Streifengneis *m* полóсчатый гнéйс
Streifenkohle *f* полóсчатый ýголь, штриховáтый ýголь
Streifentextur *f* Bändertextur полóсчатая текстýра
Streifigkeit *f* полосáтость, борóздчатость
Streifung *f* полóсчатость, борóздчатость, штрихóвка, штриховáтость
Strengit *m* $Fe^{\cdots}[PO_4]\cdot 2H_2O$ штренгит
Streptelasmatidae *pl* стрептелазмидные ругóзы
Stress *m* стресс, напряжéние
Stressachse *f* ось стрéсса
Stress-Mineral *n* стресс-минерáл, стрéссовый минерáл
Streufaktor *m* коэффициéнт рассéивания
Streufläche *f* плóщадь рассéивания
Streustrahlung *f* рассéянное излучéние
Streuung *f* рассéивание, рассеяние, разбрóс
Streuungsvermögen *n* рассéивающая спосóбность
Streuvolumen *n* рассéивающий объём
Streuwinkel *m* ýгол рассéяния
Streuzentrum *n* центр рассéяния
Strich *m* штрих, линия, чертá
Strichätzung *f* штриховóе клишé
Strichdarstellung *f* изображéние штрихáми
Strichdüne *f* линéйная дю́на, грядовы́е пески
Strichelung *f* Schraffierung штрихóвка
Strichfarbe *f* Strich цвет черты́
Strichplatte *f* фарфóровая пластинка, бисквит
Strichprobe *f* прóба чертóй
Strichstärke *f* толщинá штрихá
Strichtafel *f* бисквит
Strigovit *m* Mineral der Chloritgruppe стриговит

Striktionseffekt *m* стрикцио́нный эффе́кт
Stringocephalenkalk *m* стрингоцефа́ловый известня́к
Stringocephalenschichten *f/pl* стрингоцефа́ловые слои́
Strobilius *m* строби́л, строби́лус
strohgelb соло́менно-жёлтый, па́левый
Strom *m* 1. Fluß река́. 2. Strömung тече́ние, пото́к. 3. elektr. Strom ток
Stromablenkung *f* отклоне́ние тече́ния, отклоне́ние пото́ка
Stromabschnitt *m* уча́сток пото́ка
stromabwärts вниз по тече́нию, вниз по пото́ку
Stromachse *f* ось тече́ния
Stromart *f* род то́ка
Stromatolith *m* строматоли́т
Stromatolithen- строматоли́товый
Stromatolithenkalk *m* строматоли́товый известня́к
Stromatopora *f/pl* строматопо́ры
Stromatoporen- строматопо́ровый
Stromatoporenkalk *m* строматопо́ровый известня́к
Stromatoporoida *pl* строматопороиде́и
stromaufwärts про́тив тече́ния, вверх по тече́нию
Strombett *n* ло́же реки́, ру́сло реки́
strombolianisch стромболиа́нский
Stromdeich *m* плоти́на реки́, речна́я плоти́на, речно́й вал
Stromdichte *f* пло́тность то́ка
Stromdichtevektor *m* ве́ктор пло́тности то́ка
Stromdurchgang *m* прохожде́ние то́ка
Stromelement *n* элеме́нт пото́ка
Stromenergie *f* эне́ргия тече́ния
Stromergiebigkeit *f* деби́т пото́ка, расхо́д пото́ка
Stromeyerit *m* $Cu_2S \cdot Ag_2S$ штромейери́т
Stromfaden *m* ли́ния то́ка
Stromfadenrichtung *f* направле́ние ли́ний то́ка, направле́ние струй тече́ния
Stromfeld *n* по́ле то́ка
Stromfelddivergenz *f* диверге́нция по́ля то́ка
Stromfigur *f* структу́ра пото́ка
Stromfläche *f* пове́рхность зе́ркала пото́ка, пло́щадь зе́ркала пото́ка
Stromgebiet *n* речно́й бассе́йн
Stromgeschwindigkeit *f* ско́рость тече́ния, ско́рость пото́ка
Stromgrenze *f* грани́ца тече́ния, грани́ца пото́ка
Stromintensität *f* си́ла то́ка
Stromkapazität *f* ёмкость то́ка
Stromkarte *f* Strömungskarte ка́рта тече́ний
Stromkonvergenz *f* конверге́нция тече́ний
Stromkorrektion *f* выправле́ние реки́, выра́внивание реки́
Stromkraft *f* си́ла тече́ния
Stromkreis *m* цепь то́ка
stromleitend токопроводя́щий
Stromleiter *m* проводни́к то́ка
Stromlinie *f* ли́ния то́ка; ли́ния тече́ния
Stromliniendarstellung *f* изображе́ние ли́ний то́ка
Stromliniendichte *f* пло́тность ли́ний то́ка
Stromliniendivergenz *f* диверге́нция ли́ний тока́
Stromlinienfluß *m* пото́к ли́ний то́ка
Stromlinienform *f* фо́рма ли́ний то́ка
Stromliniengleichung *f* уравне́ние ли́ний то́ка
Stromlinienkarte *f* ка́рта ли́ний то́ка
Stromlinienverlauf *m* ход ли́ний то́ка
Strommesser *m* прибо́р для измере́ния ско́рости тече́ния, измери́тель тече́ния
Strommessung *f* измере́ние тече́ний
Strommitte *f* среди́на тече́ния, стре́жень пото́ка
Strommündung *f* у́стье реки́
Stromprofil *n* про́фил пото́ка, сече́ние пото́ка
Stromquelle *f* исто́чник то́ка
Stromquerschnitt *m* сече́ние пото́ка
Stromregelung *f* регули́рование реки́, регули́рование пото́ка
Stromrichtung *f* направле́ние тече́ния, направле́ние пото́ка; направле́ние то́ка
Stromrinne *f* ру́сло пото́ка
Stromschnelle *f* быстрина́, стремни́на, поро́г
Stromschwankung *f* колеба́ние си́лы то́ка
Stromschwelle *f* речно́й поро́г
Stromsohle *f* дно реки́

Stromspaltung *f* разветвле́ние пото́ка, разделе́ние пото́ка, разветвле́ние реки́
Stromspannung *f* напряже́ние то́ка
Stromstärke *f* ско́рость тече́ния, си́ла тече́ния; си́ла то́ка
Stromstrecke *f* уча́сток пото́ка, уча́сток реки́
Stromstrich *m* стре́жень, динами́ческая ось тече́ния
Stromsystem *n* систе́ма тече́ний, систе́ма пото́ков
Stromteilung *f* разветвле́ние реки́, разделе́ние пото́ка
Stromtiefe *f* глубина́ пото́ка
Stromtrennung *f* разветвле́ние реки́, бифурка́ция
Strömung *f* тече́ние, пото́к
Strömungsabweichung *f* отклоне́ние тече́ния, отклоне́ние пото́ка
Strömungsanordnung *f* расположе́ние тече́ния
Strömungsart *f* тип тече́ния, вид тече́ния, разнови́дность тече́ния
Strömungsbewegung *f* движе́ние тече́ния, движе́ние пото́ка
Strömungsbild *n* карти́на тече́ния, спектр пото́ка
Strömungsbildung *f* возникнове́ние тече́ний
Strömungsdiagramm *n* диагра́мма тече́ний
Strömungsdivergenz *f* диверге́нция тече́ний
Strömungsdruck *m* давле́ние пото́ка
Strömungsebene *f* пло́скость пото́ка
Strömungsenergie *f* эне́ргия тече́ния, эне́ргия пото́ка
Strömungserscheinung *f* явле́ние тече́ний
Strömungsfeld *n* по́ле тече́ния
Strömungsform *f* фо́рма тече́ния, фо́рма пото́ка
Strömungsfortpflanzung *f* распростране́ние тече́ний
Strömungsgebilde *n* структу́ра тече́ния
Strömungsgeschwindigkeit *f* ско́рость тече́ния
Strömungsgesetz *n* зако́н тече́ния
Strömungsgleichung *f* уравне́ние тече́ния
Strömungsgradient *m* градие́нт пото́ка
Strömungskarte *f* ка́рта тече́ний
Strömungskonvergenz *f* конверге́нция тече́ния
Strömungskraft *f* си́ла тече́ния
Strömungskreis *m* круговоро́т тече́ний
Strömungslehre *f* уче́ние о тече́ниях
Strömungsmenge *f* расхо́д пото́ка, расхо́д тече́ния, деби́т тече́ния
Strömungsmesser *m* измери́тель тече́ния
Strömungsmessung *f* измере́ние тече́ния
Strömungspotential *n* потенциа́л тече́ния
Strömungsquerschnitt *m* попере́чное сече́ние пото́ка, живо́е сече́ние пото́ка
Strömungsrichtung *f* направле́ние тече́ния, направле́ние пото́ка
Strömungsrippel *f* Fließrippel рябь тече́ний
Strömungssystem *n* систе́ма тече́ний
Strömungssymmetrie *f* симметри́я пото́ка
Strömungsumbildung *f* преобразова́ние тече́ния
Strömungsungleichheit *f* неравноме́рность пото́ка
Strömungsverhältnisse *pl* режи́м тече́ния, режи́м пото́ка
Strömungsverlauf *m* движе́ние пото́ка
Strömungsverlust *m* поте́ри тече́ния, поте́ри пото́ка
Strömungsverteilung *f* распределе́ние тече́ний
Strömungswiderstand *m* сопротивле́ние тече́нию
Strömungswinkel *m* у́гол направле́ния тече́ния, у́гол направле́ния пото́ка
Strömungswirbel *m* Stromwirbel завихре́ние тече́ния
Strömungszustand *m* состоя́ние пото́ка
Stromunterbrecher *m* прерыва́тель то́ка
Stromunterbrechung *f* прерыва́ние то́ка
Stromvektor *m* ве́ктор пото́ка
Stromverbrauch *m* расхо́д то́ка
Stromvereinigung *f* слия́ние тече́ний, слия́ние пото́ков
Stromverhältnisse *pl* режи́м пото́ка
Stromversorgung *f* энергоснабже́ние
Stromverteilung *f* распределе́ние тече́ний; распределе́ние то́ка
Stromverzweigung *f* ответвле́ние то́ка
Strontianit *m* $SrCO_3$ стронциани́т
Strontium *n* Sr стро́нций

Strontiumführung *f* стронциенóсность
Strontiumkarbonat *n* $SrCO_3$ углекúслый стрóнций, карбонáт стрóнция
Strontiummethode *f* стрóнциевый мéтод
Strontiumnitrat *n* $Sr(NO_3)_2$ азотнокúслый стрóнций, нитрáт стрóнция
Strontiumsulfat *n* $SrSO_4$ сернокúслый стрóнций, сульфáт стрóнция
Strosse *f* устýп
Strossenbau *m* разрабóтка устýпами
Strossenhöhe *f* высотá устýпа
Strudel *m* Wasserwirbel водоворóт, пучúна
Strudelbewegung *f* вихревóе движéние (воды́)
Strudelloch *n* Riesenkessel исполúнский котёл
Strudelwürmer *m/pl* Turbellaria ресничные чéрви, турбеллярии
Struktur *f* Gefüge структýра, строéние
Struktur- strukturell, Gefüge- структýрный
Strukturanalyse *f* структýрный анáлиз
Strukturätzmittel *n* реактúв для структýрного травлéния
Strukturätzung *f* структýрное травлéние
Strukturbild *n* структýрная картúна
Strukturbildung *f* структурообразовáние
Strukturboden *m* структýрная пóчва, структýрный грунт
Strukturbohrung *f* структýрная буровáя сквáжина
Strukturdiagramm *n* Gefügediagramm стрýктурная диагрáмма
Strukturdiskordanz *f* структýрное несоглáсие
Struktureinheit *f* структýрная единúца
Strukturelement *n* элемéнт структýры
strukturell Struktur-, Gefüge структýрный
Strukturfalle *f* структýрная ловýшка
Strukturform *f* фóрма структýры
Strukturformel *f* структýрная фóрмула, фóрмула строéния
Strukturforschung *f* изучéние строéния
Strukturgeologie *f* структýрная геолóгия
Strukturgitter *n* структýрная решётка
Strukturhorizont *m* структýрный горизóнт
Strukturkarte *f* структýрная кáрта
Strukturlinie *f* структýрная лúния
strukturlos бесструктýрный
Strukturlosigkeit *f* бесструктýрность
Strukturmerkmal *n* прúзнак строéния
Strukturnaht *f* структýрный шов
Strukturplan *m* структýрный план, план структýры
Strukturprofil *n* структýрный прóфил, структýрный разрéз
Strukturrelief *n* структýрный рельéф
Strukturrelikt *n* структýрный релúкт
Strukturstockwerk *n* структýрный этáж
Strukturstufe *f* структýрный устýп
Strukturstufenrelief *n* структурноступéнчатый рельéф
Strukturtyp *m* структýрный тип
strukturunabhängig аструктýрный
Strukturuntersuchung *f* исслéдование структýры, структýрное исслéдование, структýрное изучéние
Strukturveränderung *f* структýрное изменéние, структýрное превращéние
Strukturverwandschaft *f* структýрное рóдство
Struthioniformes *pl* Struthiones стрáусы
Strüverit *m* Mischkristall von TiO_2 und Tapiolit стрюверúт, струверúт
Struvit *m* $NH_4Mg[PO_4]\cdot 6H_2O$ струвúт
Stück(en)kohle *f* кусковóй ýголь
Stückerz *n* кусковáтая рудá
Stuckgips *m* штукатýрный гипс
Studienjahr *n* учéбный год
Studienplan *m* учéбный план
Studium *n* 1. Untersuchung изучéние. 2. Lehre учéние, учёба
Stufe *f* 1. Strat. ярус. 2. Strosse устýп, ярус. 3. Abstufung ступéнь. 4. Erz (Gesteins-)stufe штуф
Stufenbau *m* Stufenabbau ярусное строéние
stufenförmig gestuft ярусный, ступéнчатый
Stufenlandschaft *f* ступéнчатый ландшáфт
Stufenrelief *n* ступéнчатый рельéф
Stufenspektrometer *n* порóговый спектрóметр
Stufenverfahren *n* ступéнчатый спóсоб
Stufenwehr *n* ступéнчатая водослúвная плотúна
stufenweise in Absätzen устýпный
stufig abgestuft ступéнчатый
stumpf тупóй; притýпленный

stumpfe Bisektrix *f* тупа́я биссектри́са
stumpfwink(e)lig тупоуго́льный
Sturm *m* бу́ря; урага́н; шторм
Sturm- штормово́й
Sturmbrandung *f* штормово́й прибо́й
Sturmbruch *m* бурело́м, ветрова́л
Sturmflut *f* штормово́й наго́н воды́, штормово́й прили́в
Sturmfluthochwasser *n* высо́кая вода́ штормово́го наго́на
Sturmflutkatastrophe *f* катастрофи́ческий штормово́й наго́н воды́
Sturmgeschwindigkeit *f* ско́рость бу́ри
Sturmwelle *f* штормова́я волна́
Sturmwind *m* штормово́й ве́тер
Sturmzentrum *n* центр бу́ри
Sturtit *m* etwa $(Mn, Ca, Mg)_3Fe^{\cdots}H_3Si_4O_{14} \cdot 10H_2O$ стурти́т
Sturzregen *m* Wolkenbruch ли́вень
Sturzregen- Wolkenbruch- ли́вневый
Sturzregenmenge *f* коли́чество ли́вневых вод
Sturzregenwasser *n* ли́вневая вода́
Sturzwelle *f* прибо́йная волна́, прибо́йный вал
Stütz- подпо́рный
Stützit *m* Ag_5Te_3 штютци́т
Stützmauer *f* подпо́рная стена́
Stützquelle *f* Stauquelle подпо́рный исто́чник, плоти́нный исто́чник
Stützwand *f* подпо́рная сте́нка
Styliolinenschiefer *m* стилиоли́новый сла́нец
Styloid *n* Stielstück einiger Carpoideen стило́ид
Stylolith *m* стилоли́т
Stylolithen- стилоли́товый
Stylolithenbildung *f* стилолитиза́ция
Stylommatophora *pl* стебельчатогла́зые
Stylotyp(it) *m* Fahlerz стилотипи́т
Styracaceae *pl* стира́ксовые
subalpidisch субальпи́йский
subanal субана́льный
subandin субанди́йский
subandine Zone *f* субанди́йская зо́на
subangular полуугловатый
subantarktisch субантаркти́ческий
subaquatisch субаква́льный
subaquatische Rutschungserscheinung *f* подводноо́ползневое явле́ние
subäquatorial субэкваториа́льный
subärisch субаэра́льный
subarktisch субаркти́ческий
subatlantisch субатланти́ческий
subboreal суббореа́льный
Subchela *f* подклешня́
subdermal подко́жный
subdorsal субдорса́льный
subeffusiv подэффузи́вный
Suberin *n* субери́н
Suberin- субери́новый
subfossil субфосси́льный
Subgenus *m* подро́д
subglazial Subglazial- подледнико́вый
subherzynisch Subherzyn- субгерци́нский
subherzynische Phase *f* субгерци́нская фа́за скла́дчатости
subholochoanitisch bei Endoceratoidea субголохоани́товый
subhumid субгуми́дный
subidiomorph субидиомо́рфный
Subindividuum *n* субиндиви́д
subkapillar Subkapillar- субкапилля́рный
Subkapillare *f* субкапилля́р
subkrustal подко́ровый
Sublimat *n* возго́н, сублима́т
Sublimation *f* сублима́ция, возго́нка
Sublimations- сублимацио́нный
Sublimationskurve *f* крива́я возго́нки, крива́я сублима́ции
Sublimationsprodukt *n* проду́кт возго́нки, проду́кт сублима́ции
Sublimationsrückstand *m* оста́ток от возго́нки
Sublimationswärme *f* теплота́ сублима́ции
sublimierbar возгоня́емый, возгоня́ющийся
Sublimierbarkeit *f* возгоня́емость
sublimieren сублими́ровать *uv.*, *v.*
Sublimieren *n* возго́нка, сублими́рование
Sublimierung *f* возго́нка, сублима́ция
sublitoral Sublitoral- сублитора́льный
Sublitoral *n* сублитора́ль
Sublitoralzone *f* сублитора́льная зо́на, сублитора́ль
submarin Unterwasser- подво́дный, субмари́нный
submarine Rutschung *f* подво́дный о́ползень
submikroskopisch субмикроскопи́ческий
subnodal подузелко́вый

Suboperculum *n* подкры́шечная кость, подкры́шка
subparallel субпаралле́льный
subpetaloid субпетало́идный
subpolar Subpolar- приполя́рный, субполя́рный
subquadratisch субквадра́тный
Subregion *f* подо́бласть
subregional субрегиона́льный
subsalinar Subsalinar- подсолево́й
subsequent после́дующий, субсекве́нтный
subsilesisch подсиле́зский
Subspezies *f* подви́д
Substanz *f* Stoff вещество́, субста́нция
Substituent *m* замести́тель
substituierbar замеща́емый, замеща́ющийся
Substituierbarkeit *f* замеща́емость
Substituieren *n* замеще́ние
substituiert замещённый
Substitution *f* замеще́ние
Substitutionsmethode *f* ме́тод замеще́ния
Substrat *n* субстра́т
Subtangente *f* подкаса́телная
subtatrisch субта́трский
subterminal Subterminal- субтермина́льный
Subtraktionsmischkristall *n* твёрдый раство́р вычита́ния
Subtropen *pl* subtropisches Gebiet субтро́пики
subtropisch субтропи́ческий
Subungulata *pl* полукопы́тные
subvariscisch субвари́сский
Subvulkan *m* субвулка́н
subvulkanisch субвулкини́ческий
Subzone *f* Unterzone подзо́на
Succinit *m* Bernstein сукцини́т
Sucharbeit *f* Prospektionsarbeit поиско́вая рабо́та
Suche *f* Suchen по́иски
Suchmerkmal *n* поиско́вый при́знак
Suchmethodik *f* мето́дика по́исков
Suchtrupp *m* поиско́вая па́ртия
Süd *m* юг
Süd- ю́жный
Südäquatorialstrom *m* ю́жное экваториа́льное тече́ние
Südbreite *f* ю́жная широта́
Sudburian *n* сэдбери́йский отде́л
Sudburit *m* Basalt сэдбери́т
Süddeklination *f* ю́жное склоне́ние
Süden *m* юг
Sudeten-Randbruch *m* Суде́тский краево́й разры́в
sudetische Phase *f* суде́тская фа́за скла́дчатости
Südhalbkugel *f* Südhemisphäre ю́жное полуша́рие
Südküste *f* ю́жный бе́рег
südlich Süd- ю́жный
Südliches Eismeer *n* антаркти́ческий океа́н
Südost(en) *m* юго-восто́к
südöstlich Südost- юго-восто́чный
Südostpassat *m* юго-восто́чный пасса́т
Südpol *m* Ю́жный по́люс
Südpolarmeer *n* Ю́жное Поля́рное мо́ре
Südseite *f* ю́жная сторона́
Südspitze *f* ю́жная оконе́чность
Südstamm *m* ю́жная ветвь
Südströmung *f* ю́жное тече́ние
Südsüdost(en) *m* юг-юго-за́пад
südsüdöstlich юг-юго-восто́чный
südsüdwestlich юг-юго-за́падный
Südwest(en) *m* юго-за́пад
südwestlich Südwest- юго-за́падный
Suffosion *f* суффо́зия
Suffosions- суффозио́нный
Suffosionsform *f* суффозио́нная фо́рма
Suidae *pl* сви́ньи
Sukzession *f* после́довательность
sukzessiv после́довательный
Suldenit *m* Quarzporphyrit сульдени́т
Sulfat *n* соль се́рной кислоты́, сульфа́т, сернoки́слая соль
Sulfat- sulfatisch сульфа́тный
sulfatbeständig сульфатосто́йкий
Sulfatbeständigkeit *f* сулфатосто́йкость
Sulfatbildung *f* сульфатиза́ция
Sulfatgehalt *m* сульфа́тность
Sulfatgestein *n* сульфа́тная поро́да
Sulfathärte *f* сульфа́тная жёсткость
Sulfathof *m* сульфа́тный орео́л
Sulfation *n* сульфа́тный ио́н
sulfatisch Sulfat- сульфа́тный
Sulfatlösung *f* сульфа́тный раство́р
sulfatreduzierend сульфатредуци́рующий
Sulfatsee *m* Geochemie der Salze сульфа́тное о́зеро
Sulfatwasser *n* сульфа́тная вода́
Sulfid *n* сернистоки́слая соль, сульфи́д

Sulfidausscheidung *f* сульфи́дное обособле́ние
Sulfiderz *n* сульфи́дная руда́
sulfidisch Sulfid- сульфи́дный
Sulfidlagerstätte *f* сульфи́дное месторожде́ние
Sulfidschmelze *f* сульфи́дный распла́в
Sulfidvererzung *f* сульфи́дное орудене́ние
Sulfit *n* M_2SO_3 соль серни́стой кислоты́, сульфи́т
sulfitisch Sulfit- сульфи́товый
Sulfitlauge *f* сульфи́товый щёлок
Sulfoantimonit *m* сульфоантимони́т
Sulfoarsenit *n* сульфоарсени́т
Sulfobismutit *m* сульфовисмути́т
Sulfoborit *m* $Mg_3[SO_4|(BO_2OH)_2]\cdot 4H_2O$ сульфобори́т
Sulfohalit *m* $Na_6[F|Cl|(SO_4)_2]$ сульфогали́т
Sulfosalizyl- сульфосалици́ловый
Sulfosalizylsäure *f* сульфосалици́ловая кислота́
Sulfosalz *n* сульфосо́ль
Sulfosäure *f* $R\cdot SO_3H$ сульфокислота́
Sulfostannat *n* M_2SnS_4 соль тиооловя́нной кислоты́, сульфостанна́т
Sulfotellurid *n* сульфотеллури́д
Sulfurierung *f* сульфи́рование
Sulvanit *m* Cu_3VS_4 сульвани́т
Summand *m* слага́емое
Summe *f* Betrag су́мма
Summeneffekt *m* сумма́рный эффе́кт
Summenkurve *f* крива́я сумм
Summenverteilungslinie *f* крива́я гранулометри́ческого (зерново́го) соста́ва
Summenzufluß *m* сумма́рный прито́к
summieren addieren скла́дывать/сложи́ть, сумми́ровать *uv.*, *v.*
Summierung *f* сумми́рование
Sumpf *m* Bruch, Moor боло́то, топь, тряси́на
Sumpf- боло́тный, боло́тистый
Sumpfbildung *f* Moorbildung болотообразова́ние
Sumpfboden *m* боло́тная по́чва, боло́тистая ме́стность
Sumpfebene *f* боло́тистая равни́на
Sumpferz *n* боло́тная руда́
Sumpfgas *n* боло́тный газ
Sumpfgebiet *n* боло́тистая ме́стность
sumpfig morastig, anmoorig боло́тистый, боло́тный, то́пкий
Sumpfland *n* Sumpfgelände боло́тистая ме́стность
Sumpfpflanze *f* боло́тное расте́ние
Sumpfschildkröte *f* боло́тная черепа́ха
Sumpfschlamm *m* боло́тный ил
Sumpfvegetation *f* боло́тная расти́тельность
Sumpfwasser *n* Moorwasser боло́тная вода́
Sumpfwiesenboden *m* боло́тно-лугова́я по́чва
Sumpfzypresse *f* боло́тный кипари́с
Sund *m* Meerenge, Straße проли́в
Sundvikit *m* † Anorthit сундвики́т
Sungulit *m* † Serpentin von Sungul (Ural) сунгули́т
super- Super-, Hyper- сверх-, супер-
Superfamilie *f* надсеме́йство
supergen суперге́нный
Supergenese *f* супергене́з
superkapillar сверхкапилля́рный
superkrustal Superkrustal- суперкруста́льный
Superoxid *n* Hyperoxid, Peroxid пе́рекись
Superphosphat *n* суперфосфа́т
Superposition *f* Überlagerung суперпози́ция, налега́ние, наложе́ние
Superpositionsgesetz *n* зако́н наложе́ния
Superpositionsprinzip *n* Überlagerungsprinzip при́нцип суперпози́ции, при́нцип наложе́ния
Supraangulare *n* надуглова́я кость
suprakrustal супракруста́льный
Supramarginal- супрамаргина́льный
Supraoccipetale *n* надзаты́лочная кость
Supraorbitale *n* надглазни́чная кость
Supratemporale *n* надвисо́чная кость, верхневисо́чная кость
Sursassit *m* Mineral der Zoisitreihe сюрсасси́т
Susannit *m* † Leadhillit сузанни́т
suspendiert суспенди́рованный, взве́шенный
Suspension *f* взвесь, суспе́нзия
Suspensionsdichte *f* пло́тность суспе́нзии
Suspensionsmethode *f* ме́тод суспе́нзий, ме́тод взве́шивания
Suspensionsstrom *m* пото́к суспе́нзии, суспензио́нный пото́к
Suspensionsverteilung *f* распределе́ние суспе́нзии

Suspensionswolke *f* óблако взвéсей
Sussexit *m* $Mn_2[B_2O_5] \cdot H_2O$ суссексúт
Süßwasser *n* прéсная водá
Süßwasser- limnisch пресновóдный
Süßwasserablagerung *f* пресновóдное отложéние
Süßwasserbecken *n* пресновóдный водоём, прéсный водоём, пресновóдный бассéйн
Süßwasserbildung *f* пресновóдное образовáние, пресновóдное отложéние
Süßwasserfaulschlamm *m* пресновóдный гнúлостный ил
Süßwasserfazies *f* пресновóдная фáция
Süßwasserform *f* пресновóдная фóрма
Süßwassergebiet *n* óбласть прéсных вод
Süßwasserhaushalt *m* режúм прéсных вод
Süßwasserkalk *m* пресновóдный известня́к
Süßwasserlinse *f* лúнза прéсных вод
Süßwassermenge *f* колúчество прéсной воды́
Süßwassermergel *m* пресновóдный мéргель
Süßwassermolasse *f* пресновóдная молáсса
Süßwassermollusk *m* пресновóдный моллю́ск
Süßwasserplankton *n* пресновóдный планктóн
Süßwasserquelle *f* истóчник прéсной воды́
Süßwasserschildkröte *f* пресновóдная черепáха
Süßwassersee *m* пресновóдное óзеро
Süßwasserton *m* пресновóдная глúна
Süßwasserzufluß *m* Süßwasserzufuhr притóк прéсной воды́
Suszeptibilität *f* восприúмчивость
Sutur *f* Lobenlinie сутýрная лúния, сутýра, шóвная лúния, шов, перегорóдочная лúния
Sutur- сутýрный
Svabit *m* $Ca_5[F|(AsO_4)_3]$ свабúт
Svanbergit *m* $SrAl_3[(OH)_6|SO_4PO_4]$ сванбергúт
svekofennisch svekofennidisch свекофéнский
svionisch свионúйский
Svionium *n* свионúйская систéма
Swaziland-System *n* Präkambrium Afrikas свазилéндская систéма
Swedenborgit *m* $NaSbBe_4O_7$ сведенборгúт
Swjatonosit *m* Anhydritsyenit святоносúт
Syenit *m* сиенúт
Syenitaplit *m* Chelius (1892) сиенúтовый аплúт
syenitisch Syenit- сиенúтовый
Syenodiorit *m* сиенитодиорúт
Sylvanit *m* $AuAgTe_4$ сильванúт
Sylvin *m* KCl сильвúн
Sylvinit *m* сильвинúт
sylvinitisch Sylvinit- сильвинúтовый
Sylvinitzone *f* сильвинúтовая зóна
Symbiose *f* симбиóз
Symbol *n* сúмвол
Symmetrie *f* симметрúя
Symmetrieachse *f* ось симметрúи
Symmetrieebene *f* плóскость симметрúи
Symmetrieeigenschaft *f* свóйство симметрúи
Symmetrieelement *n* элемéнт симметрúи
Symmetriegesetz *n* закóн симметрúи
Symmetriegruppe *f* грýппа симметрúи
Symmetrieklasse *f* клáсса симметрúи, вид симметрúи
Symmetrieprinzip *n* прúнцип симметрúи
Symmetriezentrum *n* центр симметрúи
symmetrisch симметрúчный
Symmetrodonta *pl* симметродóнты
Symplektit *m* симплектúт
Symplektit- symplektitisch симплектúтовый
Symplektitstruktur *f* симплектúтовая структýра
Symplesit *m* $Fe^{\cdot\cdot}[AsO_4]_2 \cdot 8H_2O$ симплезúт
Symposium *n* симпóзиум
Synadelphit *n* $Mn_4[(OH)_5|AsO_4]$ синадельфúт
Synangium *n* синáнгия
Synapsida *pl* синапсúды
Synchisit *m* $CaCe[F|(CO_3)_2]$ синхизúт
synchron gleichzeitig синхрóнный
Synchronisierung *f* синхронизáция
Synchronismus *m* Gleichzeitigkeit синхронúзм, синхрóнность
Syngenese *f* сингенéз
syngenetisch сингенетúческий

Syngenit *m* $K_2Ca[SO_4]_2 \cdot H_2O$ сингени́т
synkinematisch синкинемати́ческий
synklinal Synklinal- синклина́льный
Synklinalachse *f* Muldenachse ось синклина́ли
Synklinalbau *m* синклина́льное строе́ние
Synklinale *f* синклина́ль
Synklinalfalte *f* синклина́льная скла́дка
Synklinalstruktur *f* синклина́льная структу́ра
Synklinaltal *n* синклина́льная доли́на
Synklinalzone *f* синклина́льная зо́на
Synklinorium *n* синклино́рий
synmetamorph синметаморфи́ческий
Synoptik *f* сино́птика
synorogen синороге́нный, синорогени́ческий
Synorogenese *f* синорогени́я
Synrhabdosom *n* синрабдосо́ма
synsedimentär синседиментацио́нный; конседиментацио́нный
Syntagmatit *m* синтагмати́т
syntektisch синтекти́ческий
syntektonisch синтектони́ческий
Syntexis *f* синте́ксис, по́лное переплавле́ние
Synthese *f* си́нтез
synthetisch синтети́ческий
Syssertskit *m* Iridosmium (Ir, Os) сысертски́т
System *n* систе́ма
Systematik *f* система́тика
systematisch системати́ческий
systematisieren систематизи́ровать *uv.*, *v.*
Systematisierung *f* систематиза́ция
Szaboit *m* † Hypersthen сабои́т
Szaibelyit *m* Boromagnesit ссайбели́т
Szechenyit *m* ähnlich Arfvedsonit сечени́т
Szintillation *f* сцинтилля́ция
Szintillations- сцинтилли́рующий
Szintillationsschirm *m* сцинтилли́рующий экра́н
Szintillationszähler *m* сцинтилляцио́нный счётчик
Szintillometer *n* сцинтилло́метр, искроме́р
Szmikit *m* $Mn[SO_4] \cdot H_2O$ смики́т
Szomolnokit *m* Schmöllnitzit $Fe[SO_4] \cdot H_2O$ ссомольноки́т

T

Tabbyit *m* Asphaltit (Handelsname) табби́т, тэбби́т
tabellarisch табли́чный
Tabelle *f* табли́ца; спи́сок
Tabellengröße *f* табли́чная величина́
Tabellenspalte *f* графа́
Tabellenwert *m* табли́чное значе́ние, табли́чная величина́
Tabula *f* Dissepiment потоло́чек
Tabulare *n* табли́тчатая кость
Tabulata *pl* табуля́ты, тру́бчатые кора́ллы
Tachygenese *f* тахигене́зис
Tachylyth *m* basaltisches Glas тахили́т
Taeniodontia *pl* тениодо́нты
Taeniolith *m* $KLiMg_2[F_2|Si_4O_{10}]$ тэниоли́т
Taenit *m* Nickel-Eisengruppe тэни́т
Tafel *f* 1. Tekt. платфо́рма. 2. Abbildung табли́ца
Tafel- платфо́рменный
Tafelbecken *n* платфо́рменный бассе́йн
Tafelbereich *m* платфо́рменный уча́сток
Tafelberg *m* столо́вая гора́, столо́вое плоского́рье
Tafelberg-Folge *f* Silur Südafrikas сви́та Столо́вой горы́
Tafelberglandschaft *f* столо́вый го́рный ландша́фт
Tafelberg-Sandstein *m* Silur Südafrikas песча́ник Столо́вой горы́
tafelbildend платформеннообразу́ющий
Tafeldeckgebirge *n* платфо́рменный чехо́л
Tafeleisberg *m* столообра́зный айсбе́рг, столо́вый айсбе́рг
Tafelfaltung *f* платфо́рменная скла́дчатость
Tafelfazies *f* платфо́рменная фа́ция
tafelförmig столообра́зный
Tafelgebiet *n* платфо́рменная о́бласть
tafelig табли́тчатый

Tafelland *n* столо́вая страна́
Tafelschiefer *m* досча́тый сла́нец
Tafelschollengebirge *n* столо́вые глы́бовые го́ры
Tafelspalt *m* Wollastonit табли́тчатый шпат, доща́тый шпат
Tafelstruktur *f* 1. Tekt. платфо́рменная структу́ра. 2. Geomorph. столо́вая структу́ра
Tagebau *m* откры́тая разрабо́тка
Tagebaubetrieb *m* разрабо́тка месторожде́ния откры́тым спо́собом
Tagebaugewinnung *f* добы́ча откры́тым спо́собом
Tagesabflußmenge *f* су́точный сток
Tagesablation *f* су́точная абля́ция
Tagesamplitude *f* амплиту́да су́точного хо́да, су́точная амплиту́да
Tagesanomalie *f* су́точная анома́лия, су́точное отклоне́ние
Tagesausgleichsspeicher *m* бассе́йн су́точного регули́рования
Tagesbericht *m* су́точный отчёт
Tagesbewegung *f* су́точное движе́ние
Tagesergiebigkeit *f* су́точное коли́чество
Tagesflut *f* су́точный прили́в
Tagesförderung *f* Tagesproduktion су́точный деби́т, су́точный добы́ча, среднесу́точная добы́ча
Tagesgang *m* су́точный ход
Tageshöchsttemperatur *f* максима́льная су́точная температу́ра
Tagesleistung *f* су́точная производи́тельность
Tageslicht *n* дневно́й свет, дневно́е освеще́ние
Tagesmaximum *n* су́точный ма́ксимум
Tagesmenge *f* су́точное коли́чество
Tagesminimum *n* су́точный ми́нимум
Tagesmittel *n* среднесу́точная величина́, су́точная сре́дняя
Tagesmitteltemperatur *f* среднесу́точная температу́ра
Tagesmittelwert *m* среднесу́точная величина́
Tagesoberfläche *f* дневна́я пове́рхность
Tagesperiode *f* су́точный пери́од
Tagesrhythmus *m* су́точный ритм
Tagesschwankung *f* су́точное колеба́ние
Tagesspitze *f* су́точный пик
Tagestiefsttemperatur *f* минима́льная су́точная температу́ра
Tagesvariation *f* су́точная вариа́ция
Tagesverbrauch *m* су́точный расхо́д; су́точное потребле́ние
Tageswasser *n* пове́рхностная вода́
Tageswassermenge *f* су́точный расхо́д воды́
Tageswert *m* су́точная величина́, су́точное значе́ние
Tageszufluß *m* су́точный прито́к
Tageszyklus *m* су́точный цикл
Tagilit *m* $Cu_2[OH|PO_4]\cdot H_2O$(?) тагили́т
täglich Tages- ежедне́вный; су́точный
Tagundnachtgleiche *f* равноде́нствие
Tahitit *m* Alkalieffusivgestein таити́т
Taifun *m* тайфу́н
Taiga *f* тайга́
Taiga- таёжный
Taimyrit *m* nach LEWINSON-LESSING Natrontrachyt; nach SAWARITZKI Noseanphonolith таймыри́т
takonische Faltung *f* такони́йская скла́дчатость
Takyrbildung *f* такырообразова́ние
Takyrboden *m* такы́рная по́чва
Tal *n* Talung доли́на
Tal- доли́нный
Talablagerung *f* доли́нное отложе́ние
Talabschluß *m* замыка́ние доли́ны, преграждéние доли́ны
talabwärts вниз по реке́, вниз по тече́нию
talähnlich долинопо̀до́бный
talartig долинообра́зный
Talasskit *m* Olivingruppe таласски́т
Talaue *f* по́йма, по́йменная терра́са, заливна́я терра́са, по́йменный луг, заливно́й луг
Talauffüllung *f* выполне́ние доли́ны (отложе́ниями)
talaufwärts вверх по реке́, вверх по тече́нию
Talbett *n* ло́же доли́ны, ру́сло доли́ны
Talbildung *f* образова́ние доли́ны
Talboden *m* дно доли́ны
Taldichte *f* густота́ расчлене́ния
Taldurchbruch *m* проры́в доли́ны
Talebene *f* доли́нная равни́на
Taleinschnitt *m* вреза́ние доли́ны
Talenge *f* тесни́на
Talerweiterung *f* расшире́ние доли́ны
Talflanke *f* склон доли́ны
Talform *f* фо́рма доли́ны, конфигура́ция доли́ны

Talgebiet *n* доли́нная о́бласть
Talgefälle *n* укло́н доли́ны, паде́ние доли́ны
Talgletscher *m* доли́нный ледни́к
Talgliederung *f* доли́нное расчлене́ние
Talgrund *m* дно доли́ны
Talhang *m* склон доли́ны
Talk *m* $Mg_3[(OH)_2|Si_4O_{10}]$ тальк
Talk- та́льковый
Talkessel *m* Talsenke (доли́нная) котлови́на
Talkesselrelief *n* котлови́нный релье́ф
Talklagerstätte *f* та́льковое месторожде́ние
Talkschiefer *m* та́льковый сла́нец
Talktriplit *m* † Mg-haltiger Triplit тальктрипли́т
Tallandschaft *f* доли́нный ландша́фт, ландша́фт доли́ны
Tallängsschnitt *m* продо́льный про́филь доли́ны
Tallingit *m* $CuCl_2 \cdot 4Cu(OH)_2 \cdot 4H_2O$(?) таллинги́т
Tallophyta *pl* слоевцо́вые
Talmäander *m* доли́нный меа́ндр
Talmagehärte *f* твёрдость по Талме́йджу
Talmündung *f* у́стье доли́ны
Talnetz *n* доли́нная сеть
Talonid *n* талони́д, пя́тка
Talpidae *pl* кроты́
Talprofil *n* про́фил доли́ны
Talrand *m* кра́й равни́ны, борт доли́ны
Talrelief *n* доли́нный релье́ф
Talsand *m* доли́нный песо́к, речно́й песо́к
Talschlucht *f* овра́г, уще́лье
Talsee *m* доли́нное о́зеро
Talseife *f* доли́нная ро́ссыпь
Talsohle *f* дно доли́ны, подо́шва доли́ны
Talsohlenhöhe *f* отме́тка дна доли́ны
Talsperre *f* водохрани́лище, водохрани́лищная плоти́на
Talsperrenbau *m* плотинострое́ние
Talsperrenwasser *n* вода́ водохрани́лища
Talstrecke *f* уча́сток доли́ны
Talterrasse *f* доли́нная терра́са
Talübertiefung *f* переуглубле́ние доли́ны
Talverbindung *f* соедине́ние доли́ны
Talverengung *f* суже́ние доли́ны
Talvertiefung *f* углубле́ние доли́ны
Talverzweigung *f* разветвле́ние доли́ны
Talwand *f* бок доли́ны, склон доли́ны
talwärts вниз по тече́нию
Talwasser *n* доли́нная вода́
Talwasserscheide *f* доли́нный водоразде́л
Talweg *m* та́львег
Tamanit *m* † Anapait тамани́т
Tamarugit *m* $NaAl[SO_4]_2 \cdot 6H_2O$ тамаруги́т
Tanatarit *m* † Kayserit танатари́т
Tangeit *m* Volbortith $CaCu[OH|VO_4]$ тангеи́т
Tangens *m* та́нгенс
Tangenslinie *f* тангенсо́ида
Tangente *f* каса́тельная
Tangentengleichung *f* тангенциа́льное уравне́ние
tangential Tangential- каса́тельный
Tangentialbeschleunigung *f* ускоре́ние по каса́тельной, каса́тельное ускоре́ние, тангенциа́льное ускоре́ние
Tangentialbewegung *f* тангенциа́льное движе́ние, движе́ние по каса́тельной
Tangentialdruck *m* тангенциа́льное давле́ние, давле́ние по каса́тельной
Tangentialebene *f* каса́тельная пло́скость
Tangentialfeld *n* тангенциа́льное по́ле
Tangentialgeschwindigkeit *f* тангенциа́льная ско́рость, ско́рость по каса́тельной
Tangentialkomponente *f* каса́тельный компоне́нт
Tangentialkraft *f* каса́тельная си́ла, тангенциа́льная си́ла, тангенциа́льное уси́лие
Tangentialspannung *f* каса́тельное напряже́ние, тангенциа́льное напряже́ние, напряже́ние по каса́тельной
Tangentialspannungsfeld *n* по́ле каса́тельных напряже́ний
Tanne *f* *Abies* Hill. пи́хта
Tannenwald *m* пи́хтовый лес
Tannenzapfen *m* пи́хтовая ши́шка
Tantal *n* Ta тант́ал
Tantalat *n* $MTaO_3$; M_3TaO_4 тантала́т, соль танта́ловой кислоты́
Tantalat- тантала́товый

Tantalatpegmatit *m* танталáтовый пегматит
Tantalit *m* (Fe, Mn) $(Ta, Nb)_2O_6$ танталит
Tantalkonzentrat *n* тантáловый концентрáт
Tanteuxenit *m* † Euxenit mit höherem Ta-Gehalt тантэвксинит
Tapalpit *m* $3Ag_2S \cdot Bi_2(S, Te)_3$(?) тапальпит
Taphocoenose *f* тафоценóз
Taphonomie *f* тафонóмия
taphonomisch тафономúческий
Taphrogenese *f* тафрогенéз
Tapiolit *m* (Fe, Mn) $(Ta, Nb)_2O_6$ тапиолит
Tapiridae *pl* тапиры
Taramellit *m* $Ba_2(Fe^{\cdots}, Ti, Fe^{\cdot\cdot})_2[(OH)_2|Si_4O_{12}]$ тарамеллит
Taramit *m* basaltische Hornblende тарамит
Taranakit *m* K-haltiger Wavellit таранакит
Tarannon *n* Tarannon-Stufe таранн́он, таранн́онский я́рус
Tarannon- таранн́онский
Tarapacait *m* $K_2[CrO_4]$ тарапакайт
Taraspit *m* † Dolomitsinter тараспит
Tarbuttit *m* $Zn_2[OH|PO_4]$ тарбуттит
Tardenoise *n* тардену́азский век
Tardenoise- тардену́азский
Tardenoisien *n* тардену́азская культу́ра, тардену́аз
Tardenoisien- тардену́азский
Tarnowitzit *m* Bleiaragonit тарновитцит
tarphyceracon bei Cephalopoden тарфицеракóновый
tarsal предплюсневóй
Tarsioidea *pl* долгопя́ты
Tarsus *m* предплю́сна, тáрсус
Tartrat *n* соль винной кислоты́, виннокислая соль, тартрáт
Tasche *f* кармáн
taschenförmig карманообрáзный
Taschenkompaß *m* кармáнный кóмпас
Tasmanit *m* Bernsteingruppe тасманит
Tastorgan *n* óрган осязáния
Tatar-Stufe *f* Tatar татáрский я́рус
tätiger Vulkan *m* дéйствующий вулкáн
Tätigkeit *f* дéятельность
Tatriden *pl* татриды
Tatsachenmaterial *n* фактический материáл
taub безру́дный, пустóй
Taucher *m* водолáз
Taucher- водолáзный
Tauen *n* Schmelzen тáяние
Taupunkt *m* тóчка росы́, температу́ра тáяния
Taupunktsänderung *f* изменéние тóчки росы́
Taupunktskurve *f* кривáя тóчки росы́
Tauriden *pl* Таврúды
Tautholith *m* † Orthit таутолит
Tautonomie *f* тавтонóмия
Tauwasser *n* Schmelzwasser тáлая водá
Tauwetter *n* óттепель
Tavistockit *m* $Ca_3Al_2[(OH)_3|PO_4]_2$ тавистокит
Tavolatit *m* leucitreicher Vulkanit таволатит
Tawit *m* Gestein der Ijolith-Urtit-Reihe тавит
Tawitporphyr *m* тавитовый порфи́р
Tawmawit *m* Chromepidot тавмавит
Taxaceae *pl* Taxales тисовые
Taxionomie *f* таксонóмия
Taxit *m* таксит
taxitisch таксúтовый
taxitisch-ophitsche Struktur *f* nach LEWINSON-LESSING Struktur einiger sibirischer Trappe; unregelmäßige Aufeinanderfolge von Bereichen mit verschiedener Mineralzusammensetzung und Struktur таксúто-офитовая структу́ра
Taxodiaceae *pl* таксóдиевые
Taxodium *n* болóтный кипарис, таксóдий, таксóдиум
taxodont таксодóнтный, рядозу́бый
Taxodonta *pl* рядозу́бые
Taxonomie *f* таксонóмия
taxonomisch таксономúческий
Taxus *m* тис
Taylorit *m* Mischkristall $(K, NH_4)_2[SO_4]$ тейлорит, тэйлорит
Taylorsche Reihe *f* ряд Тéйлора
Teallit *m* $PbSnS_2$ теаллит, тиллит
Technetium *n* Tc технéций
Technik *f* тéхника
Techniker *m* тéхник
technisch технúческий
technisch-ökonomisch тéхнико-экономúческий

Technologe *m* технолог
Technologie *f* технология
technologisch технологический
Tectorium *n* текториум
Teepleit *m* $Na_2[Cl|B(OH)_4]$ типлейт
Teer *n* дёготь; смола
Teerabscheidung *f* выделение дёгтя
teerartig смолистый, дёгтеобразный
Teerbildung *f* смолообразование
Teergehalt *m* содержание смолы
teerhaltig Teer- смолистый
Teerkoks *m* смоляной кокс
Teerkörperchen *n* смоляное тельце
Teerrückstand *m* дёгтевой остаток
Tegelen-Interglazial *n* тегеленское межледниковье
Tegelen-Schichten *f/pl* телегенские слои
Tegmen *n* Kelchdecke крышка, тегмен
Teich *m* пруд
Teichdamm *m* прудовая плотина
teigartig тестообразный
Teil *m* Anteil часть, доля
Teilanalyse *f* частичный анализ
Teilbarkeit *f* Trennbarkeit отдельность, делимость, разделяемость
Teilbarkeitsfläche *f* поверхность отдельности, поверхность делимости
Teilbarkeitskluft *f* трещина отдельности
Teilbelastung *f* частичная нагрузка
Teilchen *n* Partikel частица
Teilchendurchmesser *m* диаметр частиц
Teilchenenergie *f* энергия частицы
Teilchengeschwindigkeit *f* скорость частиц
Teilchengröße *f* величина частицы
Teilchenkonzentration *f* концентрация частиц
Teilchenladung *f* заряд частицы
Teilchenpolarisation *f* поляризация частиц
Teilchenradius *m* радиус частицы
Teilchenspektrum *n* спектр частиц
Teilchenzähler *m* счётчик частиц
Teildissoziation *f* частичная диссоциация
Teildruck *m* парциальное давление
Teilfrequenz *f* составляющая частота, слагающая частота
Teilkreis *m* круг делений, делительный круг, лимб
Teillinie *f* делительная линия
Teilresorption *f* частичная резорбция
Teilstrich *m* деление шкалы, штрих делений
Teilströmung *f* частное течение
Teilung *f* 1. Gliederung (раз)деление. 2. Gradeinteilung градуировка
Teilverdrängung *f* частичное замещение
tektisch тектический
Tektit *m* тектит
tektitisch тектический
Tektogenese *f* тектогенез
tektogenetisch тектогенетический
tektomorph тектоморфный
Tektonik *f* тектоника
tektonisch тектонический
Tektonit *m* тектонит
tektonoblastisch тектонобластический
Tektonosphäre *f* тектоносфера, тектоническая сфера
Tektostele *f* тектостела
Telegdit *m* Bernsteingruppe телегдит
Teleostei *pl* костистые
Teleostomi *pl* совершеннортые
teleseismisch телесейсмический
teleskopiert телескопированный
telethermal телетермальный
Tellereis *n* блинчатый лёд
Tellur *n* Te теллур
Tellur- теллуровый
Tellurat *n* Me_2TeO_4 соль теллуровой кислоты, теллурат
Tellurid *n* M_2Te соль теллуроводородной кислоты, теллурид
-tellurid теллуристый
tellurisch теллурический
Tellurit *n* M_2TeO_3 соль теллуристой кислоты, теллурит
Tellurnickel *m* Melonit теллуристый никель
Tellurobismutit *m* Bi_2Te_3 теллуровисмутит
Tellurogramm *n* теллурограмма
Telson *n* Schwanzstachel хвостовой шип, тельсон
Temeside-Schiefer *m/pl* Unterdevon тимсайдские сланцы
Temperatur *f* температура
Temperatur- температурный
Temperaturabfall *m* падение температуры, понижение температуры
Temperaturabfolge *f* последовательность температур

Temperaturabhängigkeit *f* температу́рная зави́симость, зави́симость от температу́ры
Temperaturablauf *m* ход температу́ры, температу́рный ход
Temperaturablesung *f* отсчёт температу́ры
Temperaturabnahme *f* паде́ние температу́ры, пониже́ние температу́ры, сниже́ние температу́ры
Temperaturabweichung *f* отклоне́ние температу́ры
Temperaturamplitude *f* амплиту́да температу́ры, температу́рная амплиту́да
Temperaturänderung *f* измене́ние температу́ры
Temperaturanomalie *f* температу́рная анома́лия
Temperaturanstieg *m* повыше́ние температу́ры
Temperaturanzeiger *m* указа́тель температу́ры
Temperaturausgleich *m* вырáвнивание температу́ры
Temperaturausstrahlung *f* температу́рное излуче́ние
Temperaturaustausch *m* теплово́й обме́н
Temperaturbeobachtung *f* наблюде́ние температу́ры
Temperaturbereich *m* температу́рный диапазо́н, интерва́л температу́ры, о́бласть температу́р
temperaturbeständig температуросто́йкий
Temperaturbestimmung *f* определе́ние температу́ры
Temperaturdifferenz *f* ра́зница температу́р, ра́зность температу́р
Temperatur-Druckkurve *f* крива́я температу́ры и давле́ния
Temperatureffekt *m* температу́рный эффе́кт
Temperatureinfluß *m* Temperatureinwirkung влия́ние температу́ры
temperaturempfindlich чувстви́тельный к температу́ре
Temperaturerhöhung *f* повыше́ние температу́ры
Temperaturerniedrigung *f* пониже́ние температу́ры
Temperaturfaktor *m* температу́рный фа́ктор
Temperaturfall *m* паде́ние температу́ры
Temperaturfeld *n* Temperaturbereich температу́рное по́ле
Temperaturfuge *f* температу́рный шов
Temperaturfunktion *f* температу́рная фу́нкция
Temperaturgefälle *n* градие́нт температу́ры, температу́рный градие́нт, перепа́д температу́ры
Temperaturgleichgewicht *n* температу́рное равнове́сие
Temperaturgradient *m* Temperaturgefälle температу́рный градие́нт, градие́нт температу́ры
Temperaturgrenze *f* температу́рный преде́л
Temperaturgürtel *m* температу́рный по́яс, теплово́й по́яс
Temperaturintervall *m* температу́рный интерва́л, интерва́л температу́р
Temperaturkarte *f* ка́рта температу́р
Temperaturkoeffizient *m* температу́рный коэффицие́нт
Temperaturkonstanz *f* постоя́нство температу́ры
Temperaturkorrektion *f* температу́рная попра́вка
Temperaturkurve *f* температу́рная крива́я, крива́я температу́р
Temperaturleitfähigkeit *f* терми́ческая проводи́мость
Temperaturmaximum *n* ма́ксимум температу́р, максима́льная температу́ра, температу́рный ма́ксимум
Temperaturmessung *f* измере́ние температу́р
Temperaturmethode *f* температу́рный ме́тод
Temperaturminimum *n* ми́нимум температу́р, минима́льная температу́ра, температу́рный ми́нимум
Temperaturmittel *n* сре́дняя температу́ра
Temperaturpotenzial *n* температу́рный потенциа́л
Temperaturpunkt *m* температу́рная то́чка
Temperaturreduktion *f* приведе́ние температу́ры
Temperaturreihe *f* ряд температу́р
Temperaturrückgang *m* пониже́ние температу́ры

Temperaturschichtung *f* слойстость температу́ры
Temperaturschwankung *f* колеба́ние температу́ры
Temperaturschwelle *f* температу́рный поро́г
Temperaturschwingung *f* колеба́ние температу́ры
Temperaturskala *f* шкала́ температу́ры, температу́рная шкала́
Temperaturspannung *f* температу́рное напряже́ние
Temperatursprung *m* температу́рный скачо́к, скачо́к температу́ры
Temperatursteigerung *f* повыше́ние температу́ры; потепле́ние
Temperaturstrahlung *f* температу́рное излуче́ние, теплово́е излуче́ние
Temperaturstufe *f* температу́рная ступе́нь
Temperaturumkehr(ung) *f* температу́рная инве́рсия, обраще́ние температу́ры
Temperaturumschlag *m* переме́на температу́ры
temperaturunabhängig незави́симый от температу́ры
Temperaturunterschied *m* ра́зность температу́р
Temperaturveränderlichkeit *f* изме́нчивость температу́ры
Temperaturverhältnisse *pl* температу́рные усло́вия, температу́рный режи́м
Temperaturverlauf *m* ход температу́ры
Temperaturverteilung *f* распределе́ние температу́ры
Temperaturwechsel *m* переме́на температу́ры
Temperaturwert *m* показа́тель температу́ры, значе́ние температу́ры, температу́рный коэффицие́нт
Temperaturzunahme *f* повыше́ние температу́ры
Temporalregion *f* висо́чная о́бласть
temporäre Härte *f* временна́я жёсткость, устрани́мая жёсткость
Tendenz *f* тенде́нция, напра́вленность
Tendenzgleichung *f* уравне́ние тенде́нций
Tengerit *m* Ytterit тенгери́т
Tennantit *m* $Cu_3AsS_{3,25}$ теннанти́т, блёклая мышьяко́вая руда́
Tenorit *m* Melaconit CuO тенори́т
Tensor *m* те́нзор
Tensor- те́нзорный
Tensorgleichung *f* те́нзорное уравне́ние
Tensorgröße *f* те́нзорная величина́
Tentaculata *pl* тентакуля́ты, щу́пальцевые
Tentaculitenschiefer *m* тентакули́товый сла́нец
Tentakel *f* Fühler щу́пальце
Tentakelkranz *m* ве́нчик щу́палец
Tenuicostata-Zone *f* тенуикоста́товая зо́на
Tephrit *m* тефри́т
Tephritlabradorit *m* тефри́товый лабradори́т
Tephroit *m* тефрои́т
Teratologie *f* тератоло́гия
teratologisch тератологи́ческий
Terbium *n* **Tb** те́рбий
Terebratulida *pl* теребратули́ды
Terenit *m* † zersetzter Skapolith терени́т
Tergit *m* терги́т
Tergopore *f* bei Bryozoen Kenozooecium mit polygonaler Öffnung тергопо́ра
Terlinguait *m* $HgO \cdot Hg_2Cl_2$ терлингуайт
Termierit *m* † Bol термиери́т
Termin *m* Zeitpunkt, Frist срок
terminal Terminal- термина́льный, концево́й
Terminalpore *f* термина́льная по́ра
Terminalstadium *n* термина́льная ста́дия
Terminologie *f* терминоло́гия
terminologisch терминологи́ческий
ternär тройно́й
ternäre Nomenklatur *f* тройна́я номенклату́ра
Ternowskit *m* Alkalihornblende терновски́т
Terpenreihe *f* терпе́новый ряд
Terrasse *f* терра́са
Terrassen- терра́совый
Terrassenablagerung *f* терра́совое отложе́ние
terrassenartig террасови́дный
Terrassenboden *m* терра́совая по́чва
Terrassenebene *f* терра́совая равни́на
Terrassenfläche *f* Terrassenflur пове́рхность терра́сы, площа́дка терра́сы
terrassenförmig террасообра́зный
Terrassenhang *m* склон терра́сы

Terrassenkante *f* бровка террасы, край террасы
Terrassenniveau *n* террасовый уровень
Terrassenrand *m* борт террасы
Terrassenseife *f* террасовая россыпь
Terrassenstufe *f* уступ террасы
terrassiert террасированный
terrestrisch наземный, земной
Territorium *n* Gebiet, Gelände территория
tertiär Tertiär- третичный
Tertiär *n* третичный период
tertiäre Alkalinität *f* третья щёлочность
tertiäre Salinität *f* третья солёность
Teschemacherit *m* NH_4HCO_3 тешемахерит
Teschenit *m* melanokrates Alkaliganggestein тешенит
Testlösung *f* раствор-эталон
Testudines *pl* черепахи
tetardoidische Symmetrieklasse *f* T примитивный вид симметрии
Tetartoedrie *f* тетартоэдрия
tetartoedrisch тетартоэдрический
Tethys *f* Тетис
tetrabasisch четырёхосновный
Tetraborat *n* $M_2B_4O_7$ соль тетраборной кислоты, тетраборат
Tetrabranchia *pl* Tetrabranchiata четырёхжаберные
Tetrabromid *n* четырёхбромистое соединение
Tetrachlorid *n* четырёххлористое соединение
Tetrachlorkohlenstoff *m* CCl_4 четырёххлористый углерод, тетрахлорметан
Tetrachromat *n* $M_2Cr_4O_{13}$ соль тетрахромовой кислоты, тетрахромат
Tetracoralla *pl* четырёхлучевые кораллы, тетракораллы
Tetrade *f* тетрада
Tetradenmarke *f* Dehiszenz(marke) тетрадный рубец
Tetradymit *m* Bi_2Te_2S тетрадимит
Tetraeder *m* тетраэдр
Tetraederkette *f* цепь тетраэдров
Tetraederpackung *f* тетраэдрическая упаковка
Tetraederspitze *f* вершина тетраэдра
tetraedrisch Tetraeder- тетраэдрический
Tetraedrit *m* Fahlerz $Cu_3SbS_{3,25}$ тетраэдрит
Tetrafluorid *n* четырёхфтористое соединение
tetragonal-bipyramidale Symmetrieklasse *f* C_{4h} тетрагонально-дипирамидальный вид симметрии, тетрагонально-центральный вид симметрии
Tetragonalboden *m* тетрагональный грунт
tetragonales Kristallsystem *n* тетрагональная сингония, тетрагирная сингония
tetragonal-pyramidale Symmetrieklasse *f* C_4 тетрагонально-пирамидальный вид симметрии, тетрагирно-примитивный вид симметрии
tetragonal-skalenoedrische Symmetrieklasse *f* D_{2d} тетрагонально-скаленоэдрический вид симметрии, тетрагирно-гидроидпланальный вид симметрии
tetragonal-trapezoedrische Symmetrieklasse *f* D_4 тетрагонально-трапецоэдрический вид симметрии, тетрагирно-аксиальный вид симметрии
Tetrakishexaeder *m* Pyramidenwürfel {hkO} тетрагексаэдр, тетракисгексаэдр
Tetrakorallen *pl* четырёхлучевые кораллы
Tetraphyllin *m* † Triphyllin тетрафилин
Tetrapoda *pl* четвероногие
Tetraspore *f* тетраспора
Teufe *f* Tiefe глубина
Teufenmeßgerät *n* глубомер
Teufenunterschied *m* глубинное различие, вертикальное различие, различие глубинности, глубинная зональность
Textabbildung *f* текстовой рисунок
textlich Text- текстовой
Textularia- текстуляриевый
Textur *f* текстура
Texturelement *n* элемент текстуры
texturell Textur- текстурный
Texturveränderung *f* текстурное превращение
thalassogen талассогенный, талассический
thalassokrat талассократический
thalassophil талассофильный
thalassostatisch талассостатический

Thalattosaurus *m* талаттозáвр
Thalenit *m* $Y_2[Si_2O_7]$ таленит
Thallium *n* Tl тáллий
Thallophyta *pl* Thalluspflanzen слоевищные растéния, таллофиты
Thallus *m* тáллус
Thanatocoenose *f* танатоценóз
Thanet (-Stufe) *n* (*f*) танéтский ярус
Thanet- танéтский
Thanit *m* Gemenge von Kainit und Steinsalz танит
Thaumasit *m* Olivin-Norbergitgruppe томазит
Theaceae *pl* камéлиевые
Theca *f* тéка
thecodont текодóнтный
Thecodontia *pl* текодóнты
Thecoidea *pl* текоидéи
Thelanthropus *m* телáнтроп
Thelodontia *pl* телодóнты
Thenardit *m* α-$Na_2[SO_4]$ тенардит
Theodolit *m* теодолит
Theodolitaufnahme *f* теодолитная съёмка
Theodolitzug *m* теодолитный ход
Theorem *n* Lehrsatz теорéма
theoretisch теоретический
Theorie *f* теóрия
Theralith *m* Gruppe der Alkaligabbros тералит
Theralith- тералитовый
Theralithgabbro *m* тералитовый гáббро
theralithisch Theralith- тералитовый
Therapsida *pl* терапсидные, звероподóбные
theratologisch тератологический
Theriodontia *pl* териодóнты, зверозýбые
Thermal- термáльный
Thermalmetamorphose *f* термáльный метаморфизм
Thermalquelle *f* термáльный истóчник
Thermaltheorie *f* термáльная теóрия
Thermalwasser *n* термáльная водá
Therme *f* warme Quelle горячийи стóчник, тéрма
thermisch термический, тепловóй
Thermoamperemeter *n* термоамперметр
Thermoanalyse *f* термический анáлиз
Thermochemie *f* термохимия
thermochemisch термохимический
Thermodynamik *f* термодинáмика
thermodynamisch термодинамический
Thermoeffekt *m* термический эффéкт
thermoelastisch термоупрýгий
thermoelektrisch термоэлектрический
Thermoelektrizität *f* термоэлектричество
Thermoelement *n* термоэлемéнт
Thermogramm *n* термогрáмма
Thermograph *m* термóграф
Thermographie *f* термогрáфия
thermographisch термографический
thermohalin термохалинный
Thermokarst- термокáрстовый
Thermokarstdelle *f* термокáрстовое блюдце
Thermokarsttrichter *m* термокáрстовая ворóнка
Thermolumineszenz *f* термолюминесцéнция
Thermolumineszenz- термолюминесцéнтный
thermomagnetisch термомагнитный
Thermomagnetismus *m* термомагнетизм
thermometamorph термометаморфический
Thermometamorphose *f* термометаморфизм, термический метаморфизм
Thermometer *n* термóметр
Thermometerablesung *f* отсчёт термóметра
Thermometerflüssigkeit *f* термометрическая жидкость
Thermometersäule *f* стóлбик термóметра
Thermometerskala *f* термометрическая шкалá
Thermometerstand *m* показáние термóметра
thermomineralisch Thermomineral- термоминерáльный
Thermonatrit *m* $Na_2CO_3 \cdot H_2O$ термонатрит
thermonegativ термоотрицáтельный
thermoosmotisch термоосмотический
thermophil термофильный
Thermophyllit *m* † schuppiger Antigorit термофиллит
thermopositiv термоположительный
Thermoskop *n* термоскóп
Thermospannung *f* напряжéние термоэлектрического элемéнта, термонапряжéние

Thermostat *n* термостáт
Therocephalia *pl* тероцефáлы
Theromorpha *pl* теромóрфы, пресмыкáющиеся звероподóбные
Theropoda *pl* зверонóгие
Thierschit *m* † Whewellit тиершúт
Thiocyanat *n* соль тиоциáновой кислоты́, тиоцианáт
Thioelaterit *m* Elaterit mit 3% Schwefel тиоэлaтерúт
thiophil тиофúльный
Thiosulfat *n* $M_2S_2O_3$, M_3SO_3S соль тиосéрной кислоты́, соль сернoвáтистой кислоты́, тиосульфáт
Thiosulfat- тиосульфáтный
-thiosulfat серноватистокúслый
thixotrop тиксотрóпный
Thixotropie *f* тиксотропúя
Tholeiit *m* толеúт
Tholeiit- tholeiitisch толеúтовый
Tholeiitbasalt *m* толеúтовый базáльт
Tholeyer Schichten *f/pl* Rotliegend des Saarbeckens тóлейские слóи
Thomait *m* † Manganosiderit томеúт
Thomas- томáсовский
Thomasroheisen *n* томáсовский чугýн
Thomasschlacke *f* томасшлáк, томáсовский шлак
Thomasstahl *m* томáсовская сталь
Thomasstahlwerk *n* томáсовский сталелитéйный завóд, томáсовский цех
Thomasverfahren *n* томáсовский процéсс
Thomsenolith *m* $NaCa[AlF_6]\cdot H_2O$ томсенолúт
Thomson-Schwelle *f* порóг Тóмсона
Thomsonit *m* Natrolithgruppe томсонúт
Thoracostraca *pl* щитогрýдые
Thorakalsegment *n* тýловищный сегмéнт
Thorax *m* тóракс, тýловище
Thoreaulit *m* Samarskitgruppe торолúт
Thorianit *m* ThO_2 торианúт
Thorit *m* Orangit $Th[SiO_4]$ торúт
Thorium *n* Th тóрий
Thorium- тóриевый
Thoriumemanation *f* Thoron эманáция тóрия, торóн
Thoriumfamilie *f* семéйство тóрия
Thoriumisotop *n* изотóп тóрия
Thoriumoxid *n* ThO_2 óкись тóрия
Thoriumreihe *f* тóриевый ряд
Thorogummit *m* radioaktiv veränderter Thorit торогуммúт
Thoron *n* Thoriumemanation торóн
Thoron- торóновый
Thoronhof *m* торóновый ореóл
Thoronvermessung *f* торóновая съёмка
Thortveitit *m* $Sc_2[Si_2O_7]$ тортвейтúт
Thucholith *m* Zerfalls- und Imprägnationsprodukt тухолúт
Thulium *n* Tm тýлий
Thulit *m* teils Mn-haltiger Zoisit, teils Mn-haltiger Epidot тулúт
Thuringien *n* тюрúнгский отдéл
Thuringit *m* 1. Gestein 2. Mineral der Chloritgruppe тюрингúт
Thuringit- тюрингúтовый
Thymelaeaceae *pl* я́годковые
Thyphaceae *pl* рогóзовые
Thyssen-Gravimeter *n* гравимéтр Тúссена
Tibia *f* большáя берцóвая кость
Tichwinit *m* SrAl-Phosphat-Sulfat тихвинúт
Tide *f* Flut прилúв
Tide- Flut- прилúвный
Tidebecken *n* прилúвный бассéйн
Tidebewegung *f* прилúвное движéние (воды́)
Tideform *f* фóрма прилúва
Tidehochwasser *n* пóлная водá (прилúва)
Tidekurve *f* кривáя прилúвов, прилúвная кривáя
Tidenbewegung *f* прилúвное движéние
Tidenenergie *f* прилúвная энéргия, энéргия прилúвов
Tidenhub *m* подъём прилúва, амплитýда прилúва
Tidenreibung *f* прилúвное трéние
Tidestrom *m* прилúвное течéние
Tideströmung *f* прилúвное течéние
Tidewelle *f* прилúвная волнá
Tidewirkung *f* дéйствие прилúва, влия́ние прилúва
tief глубóкий
Tief- Flach-, Niederungs- низовóй
Tiefätzung *f* глубóкое протрáвливание
Tiefbau *m* 1. Tekt. глубúнное строéние. 2. Bergbau подзéмная разрабóтка, разрабóтка подзéмным спóсобом. 3. Inggeol. подзéмное стрóительство, стрóительство подзéмных сооружéний
Tiefbeben *n* глубúнное землетрясéние

Tiefbohrtechnik *f* те́хника глубо́кого буре́ния
Tiefbohrung *f* глубо́кая бурова́я сква́жина
Tiefdruckgebiet *n* о́бласть ни́зкого давле́ния, о́бласть атмосфе́рной депре́ссии
Tiefdruckkern *m* ядро́ ни́зкого давле́ния
Tiefdruckzentrum *n* центр ни́зкого давле́ния
Tiefe *f* Teufe глубина́
Tiefebene *f* ни́зменность
Tiefen- Tief глуби́нный, глубо́кий
Tiefenänderung *f* измене́ние глуби́н
Tiefenaufnahme *f* глуби́нная съёмка
Tiefenbereich *m* глуби́нная о́бласть
Tiefenbestimmung *f* определе́ние глубины́
Tiefenbildung *f* глуби́нное образова́ние
Tiefenbruch *m* глуби́нный разло́м
Tiefenbruchzone *f* зо́на глуби́нных разло́мов
Tiefenentwicklung *f* глуби́нная эволю́ция
Tiefenerkundung *f* глубо́кая разве́дка
Tiefenerosion *f* глуби́нная эро́зия
Tiefenerstreckung *f* протяже́ние в глубину́
Tiefenfaktor *m* фа́ктор глуби́нности
Tiefenfaltung *f* глуби́нная скла́дчатость
Tiefenfazies *f* фа́ция глуби́нности
Tiefengestein *n* глуби́нная поро́да
Tiefengesteinsgemengteil *m* составна́я часть глуби́нных поро́д
Tiefengrenze *f* преде́л глубины́
Tiefenhof *m* Geochem. глуби́нный орео́л
Tiefenkarte *f* ка́рта глуби́н
Tiefenkurve *f* ли́ния одина́ковых глуби́н
Tiefenlotung *f* измере́ние глубины́
Tiefenmaßstab *m* шкала́ глубины́
Tiefenmesser *m* глубоме́р
Tiefenmessung *f* измере́ние глубины́, проме́р глубины́
Tiefenmetamorphose *f* глуби́нный метаморфи́зм
Tiefenmetasomatose *f* глуби́нный метасомато́з
Tiefenprozeß *m* Tiefenvorgang глуби́нный проце́сс
Tiefenreflexion *f* глуби́нное отраже́ние
Tiefenseismik *f* глубо́кая се́йсмика
Tiefenskala *f* шкала́ глуби́н
Tiefensondierung *f* глуби́нное зондирова́ние
Tiefenspeisung *f* Hydrogeol. глубо́кое пита́ние
Tiefenstörung *f* глуби́нное наруше́ние
Tiefenstrom *m* глуби́нное тече́ние, глуби́нный пото́к
Tiefenstruktur *f* глуби́нная структу́ра
Tiefenstufe *f* сте́пень глуби́нности
Tiefentektonik *f* глуби́нная текто́ника
Tiefentemperatur *f* глуби́нная температу́ра
Tiefenunterschied *m* ра́зница глуби́н
Tiefenverteilung *f* распределе́ние глуби́н; распределе́ние по глубине́
Tiefenverwitterung *f* глуби́нное выве́тривание
Tiefenwasser *n* глуби́нная вода́, вода́ глуби́нных слоёв
Tiefenwelle *f* глуби́нная волна́
Tiefenzirkulation *f* глуби́нная циркуля́ция
Tiefenzone *f* глуби́нная зо́на, глубо́кая зо́на
Tiefenzunahme *f* увеличе́ние глубины́
tiefgründig глубо́кий
Tiefgründung *f* Inggeol. глубо́кое заложе́ние фунда́мента, глубоко́ зало́женный фунда́мент
Tiefherd- глубокофо́кусный
Tiefherdbeben *n* глубокофо́кусное землетрясе́ние
Tiefkraton *m* глуби́нный крато́н
Tiefkupferglanz *m* низкотемперату́рный халькози́н
Tiefland *n* ни́зменность
tiefliegend глубокозалега́ющий
Tiefmodifikation *f* низкотемперату́рная модифика́ция
tiefneritisch глубоко-нери́товый
Tiefpunkt *m* отме́тка глубины́
Tiefschacht *m* глубо́кая ша́хта
Tiefsee- глубоково́дный
Tiefseeablagerung *f* глубоково́дное отложе́ние, глуби́нное морско́е отложе́ние
Tiefseebecken *n* глубоково́дный бассе́йн
Tiefseeboden *m* океани́ческое дно
Tiefseefauna *f* глубоково́дная фа́уна
Tiefseefisch *m* глубоково́дная ры́ба

Tiefseegewässer *n/pl* глуби́нные морски́е во́ды
Tiefseegraben *m* глубоково́дная впа́дина
Tiefseelot *n* глубоково́дный лот
Tiefseelotung *f* глубоково́дный проме́р
Tiefseemulde *f* глубоково́дная му́льда
Tiefseeregion *f* о́бласть глубо́кого мо́ря
Tiefseerinne *f* глубоково́дная впа́дина, глубоково́дный жёлоб
Tiefseerücken *m* подво́дный океа́нский го́рный хребе́т
Tiefseeschlamm *m* глубоково́дный ил
Tiefseesenke *f* глубоково́дная впа́дина
Tiefseeton *m* глубоково́дная морска́я гли́на
Tiefseezone *f* глубоково́дная зо́на мо́ря
Tiefstand *m* ни́зкое положе́ние
Tiefstwert *m* ми́нимум, минима́льное значе́ние
Tieftemperatur- низкотемперату́рный
Tieftemperaturausscheidung *f* низкотемперату́рное отложе́ние
Tieftemperaturmetamorphose *f* низкотемперату́рный метаморфи́зм
Tieftemperaturmineral *n* низкотемперату́рный минера́л
Tieftemperaturmodifikation *f* низкотемперату́рная модифика́ция
Tieftemperaturoptik *f* низкотемперату́рная о́птика
Tieftemperaturparagenese *f* низкотемперату́рный парагене́зис
Tieftemperaturphase *f* низкотемперату́рная фа́за
Tieftemperaturperthit *m* низкотемперату́рный перти́т
Tieftemperaturquarz *m* низкотемперату́рный кварц
Tieftemperaturstadium *n* низкотемперату́рная ста́дия
Tieftemperaturteer *m* низкотемперату́рная смола́
Tieftemperaturverkokung *f* коксова́ние при ни́зких температу́рах
tiefthermal низкотемперату́рный
Tiefwasserfazies *f* глубоково́дная фа́ция
Tiefwasserkalk *m* глубоково́дный известня́к
Tiefwasserwelle *f* глубоково́дная волна́
Tiegel *m* ти́гель
Tiegelzange *f* ти́гельные щипцы́
Tiemannit *n* HgSe тиманни́т
Tier *n* живо́тное, зверь
Tier- tierisch живо́тный
tierähnlich зверополо́бный
Tierarten *f/pl* ви́ды живо́тных органи́змов
Tiergemeinschaft *f* живо́тное сообщество
Tiergeographie *f* зоогеогра́фия
tierisch Tier- живо́тный
Tierklasse *f* класс живо́тных
Tierreich *n* живо́тное ца́рство
Tierwelt *f* живо́тный мир
Tigerauge *n* Min. тигро́вый глаз
Tigersandstein *m* тигро́вый песча́ник
Tikhvinit *m* SrAl-Phosphat-Sulfat тихвини́т
Tilasit *m* $CaMg[F|AsO_4]$ тилази́т
Tiliaceae *pl* ли́повые
Tilleyit *m* $Ca_5[(CO_3)_2|Si_2O_7]$ тиллеи́т
Tillit *m* тилли́т
tillitähnlich тиллитоподо́бный
Tillodontia *pl* тиллодо́нты
Timiskaming *m* тимискаминская се́рия
Timiskaming-Vereisung *f* тимискаминское оледене́ние
Tinguait *m* Nephelinsyenit тингуаи́т
Tinguait- тингуаи́товый
Tinkal *m* Borax $Na_2[B_4O_5(HO)_4]\cdot 8H_2O$ тинка́л
Tinkalkonit *m* Mohavit $Na_2[B_4O_5(OH)_4]\cdot 3H_2O$ тинкалкони́т
Tintenbeutel *m* черни́льный мешо́к
Tinzenit *m* $CaMn\cdots Al[SiO_4]_2$ тинцени́т
Tirolit *m* Kupferschaum $Ca_2Cu_9[(OH)_{10}|(AsO_4)_4]\cdot 10H_2O$ тироли́т
Tirolites- тироли́товый
Tirolites-Zone *f* тироли́товая зо́на
Titan *n* Ti тита́н
Titan- тита́новый
Titanat *n* M_2TiO_3 bzw. M_4TiO_4 титана́т, соль тита́новой кислоты́
Titanat- титана́тный
Titanaugit *m* титан-авги́т
Titanaugit- тита́н-авги́товый
Titandioxid *n* TiO_2 двуо́кись тита́на
Titaneisenerz *n* тита́нистый железня́к
Titaneisenstein *m* тита́нистый железня́к
Titanerz *n* тита́новая руда́
Titanit *m* $CaTi[O|SiO_4]$ титани́т

Titanomagnetit *m* Spinellgruppe титаномагнети́т
Titanomagnetit- титаномагнети́товый
Titanotheria *pl* титанотéрии
Titanotheriidae *pl* титанотéрии
Titanoxid *n* TiO; Ti_2O_3; TiO_2 óкись титáна, окси́д титáна
Titansäure *f* H_2TiO_3; H_4TiO_4 титáновая кислотá
Titansilikat *n* титáно-силикáт
Titanstahl *m* титáновая сталь
Titer *m* титр
Titerlösung *f* титрóванный раствóр
Thiton *n* Tithon-Stufe титóн, титóнский я́рус
Tithon- титóнский
Titration *f* Titrierung титровáние
Titrations- титровáльный
Titrationskurve *f* кривáя титровáния
titrieren титровáть *uv.*, *v.*
Titrierflüssigkeit *f* титрóванный раствóр
Titrierlauge *f* титрóванный раствóр щёлочи
Titrierlösung *f* титру́ющий раствóр; титрóванный раствóр
titriert титри́рованный
Titrierung *f* титровáние
titrimetrisch титриметри́ческий
Tiza *m* † Ulexit ти́са
Tmesopsida *pl* псилóтовые
Toarcien *n* тоáр
Toarcien- тоáрский
Tobermorit *m* † Gyrolith тобермори́т
Tochtersubstanz *f* дочéрнее веществó
Toddit *m* ähnlich Niobit тодди́т
Todesgemeinschaft *f* Pal. сообщество смéрти
Toleranz *f* дóпуск
Toleranzgebiet *n* óбласть дóпуска
tombakbraun томпáково-бу́рый
Ton *m* гли́на
Ton- гли́няный
Tonalit *m* тонали́т
Tonalit- тонали́товый
Tonalitaplit *m* тонали́товый апли́т
Tonalitgneis *m* тонали́товый гнéйс
Tonbelag *m* гли́нистая примáзка
Tonbestandteil *m* глиносоставля́ющий компонéнт
Tonbesteg *m* гли́нистая оторóчка
Tonboden *m* гли́нистая пóчва
Tondichtung *f* гли́няное уплотнéние, уплотнéние гли́ной
Tondichtungsschicht *f* слóй уплотнéния из гли́ны
Tondichtungsschürze *f* гли́няная завéса
Toneisenerz *n* гли́нистая желéзная рудá
Toneisenstein *m* гли́нистый железня́к
Toneisensteinkonkretion *f* конкрéция гли́нистых железнякóв
Tonempfänger *m* beim Echolot звукоприёмник
Tonerde *f* глинозём
Tonerdegestein *n* глинозёмистая порóда
Tonerdehydrat *n* вóдный глинозём, гидрáт óкиси алюми́ния
Tonerdesilikat *n* глинозёмный силикáт
Tonerdesol *n* глинозёмный золь
Tonerdezement *m* глинозёмный цемéнт
Tonfazies *f* гли́нистая фáция
Tonfraktion *f* гли́нистая фрáкция
Tongefüge *n* структу́ра гли́ны
Tongehalt *m* гли́нистость
Tongestein *n* гли́нистая порóда
Tonglimmerschiefer *m* гли́нистый слюдянóй слáнец
tongrische Stufe *f* Tongrien, Tertiär Westeuropas тóнгрский я́рус
Tongrube *f* гли́няный карьéр, карьéр для добы́чи гли́ны
tonig Ton- гли́нистый
tonig-sandig гли́нисто-песчáный
Toninjektion *f* Inggeol. глинизáция
Tonkern *m* Inggeol. гли́няное ядрó
Tonkomponente *f* гли́нистая составля́ющая
Tonmaterial *n* гли́нистый материáл
Tonmergel *m* гли́нистый мéргел
Tonmergelfazies *f* гли́нисто-мéргельная фáция
Tonmineral *n* гли́нистый минерáл
Tonmittel *n* гли́нистый прослóй
tonnenförmig бочонкообрáзный
tonnlägig наклóнный, полóгий
Tonrinde *f* гли́нистая кóрка
Tonsandstein *m* гли́нистый песчáник
Tonschicht *f* слóй гли́ны
Tonschiefer *m* гли́нистый слáнец
Tonschieferfazies *f* фáция гли́нистых слáнцев
Tonschmitze *f* гли́нистый прослóй
Tonschürze *f* Inggeol. гли́няный экрáн
Tonsender *m* beim Echolot излучáтель зву́ка
Tonserie *f* гли́нистая тóлща

Tonspülung *f* Dickspülung промы́вка гли́нистым раство́ром
Tonstein *m* гли́нистая поро́да
Tonsteingut *n* гли́няный фая́нс
Tonteilchen *n* гли́нистая части́ца
Tonunterlage *f* гли́няная подгото́вка
Tonware *f* керами́ческие изде́лия
Tonzwischenmittel *n* просло́й гли́ны, гли́нистый просло́й
Topas *m* $Al_2[F_2|SiO_4]$ топа́з
Topas- топа́зовый
Topasfels *m* топази́т
Topasgreisen *m* топа́зовый гре́йзен
Topasierung *f* топазиза́ция
Topasit *m* топази́т
Topazolith *m* Varietät von Andradit топазоли́т
Töpferton *m* горше́чная гли́на, гонча́рная гли́на
topochemisch топохими́ческий
Topograph *m* топо́граф
Topographie *f* топогра́фия
topographisch топографи́ческий
topomineralisch топоминера́льный
topomineralogisch топоминералоги́ческий
Torbanit *m* † Bituminit торбани́т
Torbernit *m* Kupferphosphoruranit $Cu[UO_2|PO_4]_2 \cdot 10(12-8)H_2O$ торберни́т
Torendrikit *m* Glaukophanreihe торендрики́т
Torf *m* торф
Torf- торфяно́й
Torfaufbereitung *f* торфозаготовка
Torfbildner *m* торфообразова́тель
Torfbildung *f* торфообразова́ние
Torfboden *m* торфяна́я по́чва, торфяно́й грунт
Torfbruch *m* Torflager торфя́ник
Torfdecke *f* торфяно́й покро́в
Torfdichtung *f* торфяно́е уплотне́ние
Torferz *n* торфяна́я руда́
Torfgewinnung *f* разрабо́тка то́рфа, торфодобыва́ние, торфодобы́ча, добыва́ние то́рфа
Torfgewinnungsbetrieb *m* торфопредприя́тие
Torfhorizont *m* торфяно́й горизо́нт
Torfhügel *m* торфяно́й бугор
Torfindustrie *f* торфяна́я промы́шленность
Torfkohle *f* торфяно́й у́голь
Torfkoks *m* торфяно́й кокс
Torflager *n* торфяна́я за́лежь, торфоза́лежь, за́лежь то́рфа
Torflagerstätte *f* торфяно́е месторожде́ние
Torfmoor *n* торфяно́е боло́то, торфя́ник
Torfmoorboden *m* торфяно-боло́тная по́чва
Torfmoos *n* торфяно́й мох
Torfmull *m* торфяно́й порошо́к, торфяна́я пыль
Torfpresse *f* торфяно́й пресс
Torfprobe *f* образе́ц то́рфа
Torfschicht *f* торфяно́й сло́й, сло́й то́рфа
Torfschneidemaschine *f* торфоре́з
Torfstadium *n* торфяна́я ста́дия
Torfstaub *m* торфяна́я пыль
Torfteer *m* торфяно́й дёготь
Torfverkohlung *f* торфококсова́ние
Torfwasser *n* торфяна́я вода́
Törnebohmit *m* $(Ce, La, Al)_3[OH|(SiO_4)_2]$ тернебоми́т
Tornquistsche Linie *f* ли́ния То́рнквиста
Torridon-Sandstein *m* Präkambrium Schottlands то́рридонский песча́ник
Torsion *f* круче́ние, скру́чивание
Torsions- крути́льный
Torsionsaufhängung *f* крути́льный подве́с
Torsionsbeanspruchung *f* скру́чивающее уси́лие, скру́чивающая нагру́зка
Torsionsfaden *m* нить круче́ния; крути́льная нить
Torsionsfeder *f* крути́льная пружи́на
Torsionsfestigkeit *f* сопротивле́ние круче́нию, про́чность на скру́чивание
Torsionsgravimeter *n* крути́льный гравиме́тр
Torsionskonstante *f* постоя́нная круче́ния
Torsionskopf *m* крути́льная голо́вка
Torsionskraft *f* скру́чивающее уси́лие, си́ла круче́ния
Torsionsmodul *m* мо́дуль круче́ния
Torsionsmoment *n* скру́чивающий моме́нт
Torsionsschwingung *f* крути́льное колеба́ние
Torsionsseismograph *m* крути́льный сейсмо́граф

Torsionsseismometer *n* крути́льный сейсмо́метр
Torsionsspannung *f* напряже́ние круче́ния, скру́чивающее напряже́ние
Torsionsversuch *m* испыта́ние на круче́ние, испыта́ние на скру́чивание
Torsionswaage *f* крути́льные весы́
Torsionswinkel *m* у́гол круче́ния
torticon in hoher Schneckenspirale eingerollt тортикони́ческий
Torton *n* тортóнский я́рус
Torus *m* Fruchtboden цветоло́же, плодо́вое ло́же, то́рус
Tosbecken *n* Hydrol. водобо́йный коло́дец
total Total- тота́льный, всео́бщий, по́лный
Totalabsorption *f* по́лное поглоще́ние
Totalintensität *f* тота́льная интенси́вность, по́лная интенси́вность
Totalreflexion *f* по́лное отраже́ние
Totalschwund *m* по́лное поглоще́ние
Totbrennen *n* обжига́ние до конца́, обжига́ние на́мертво
Toteis *n* мёртвый лед
toter Gang *m* мёртвый ход
totes Tal *n* бро́шенная доли́на, мёртвая доли́на
totes Wasser *n* стоя́чая вода́
totgebrannt на́мертво обожжённый
Totpunkt *m* мёртвая то́чка
Totwasser *n* стоя́чая вода́; мёртвая вода́
Totwasserbereich *m* о́бласть стоя́чей воды́, о́бласть мёртвой воды́
Totwasserfüllung *f* наполне́ние мёртвого объёма
Totwassergebiet *n* о́бласть стоя́чей воды́, о́бласть мёртвой воды́
Totwasserzone *f* зо́на стоя́чей воды́; зо́на мёртвой воды́
Tournai *n* Tournai-Stufe турне́йский я́рус, турне́
Tournai- турне́йский
Toxodontia *pl* токсодо́нты
Trabecula *f* трабе́кула, внутрипо́лостна́я перегоро́дка
Trabekulargewebe *n* трабекуля́рная ткань
Trachea *f* трахе́я
Tracheen- трахе́йный
Tracheiden *pl* трахеи́ды
Tracheole *f* трахео́ла
Tracht *f* о́блик
Trachtänderung *f* измене́ние о́блика
Trachyandesit *m* трахиандези́т
Trachyandesit- trachyandesitisch трахиандези́товый
Trachyandesitbasalt *m* трахиандези́товый база́льт
trachyandesitisch Trachyandesit трахиандези́товый
Trachyandesitporphyr *m* трахиандези́товый порфи́р
Trachybasalt *m* трахибаза́льт
Trachybasalt- трахибаза́льтовый
Trachydolerit *m* трахидолери́т
Trachydoleritbasalt *m* трахидолери́товый база́льт
trachydoleritisch Trachydolerit- трахидолери́товый
Trachyliparit *m* трахилипари́т
Trachyphonolith *m* трахифоноли́т
Trachyt *m* трахи́т
Trachyt- trachytisch трахи́товый
Trachytandesit *m* Brögger (1895) трахи́товый андези́т
Trachytbimsstein *m* трахи́товая пе́мза
Trachytglas *n* трахи́товое стекло́
trachytisch Trachyt- трахи́товый
Trachytlava *f* трахи́товая ла́ва
Trachytobsidian *m* трахи́товый обсидиа́н
Trachytstruktur *f* трахи́товая структу́ра
Trachyttuff *m* трахи́товый туф
tragbar transportabel портати́вный, перено́сный
Trägerfrequenz *f* несу́щая частота́
Trägergas *n* газ-носи́тель
Trägerschicht *f* пласт-проводни́к
Tragfähigkeit *f* Inggeol. грузоподъёмность, несу́щая спосо́бность
Trägheit *f* Beharrungsvermögen ине́рция, инерцио́нность
Trägheits- инерцио́нный
Trägheitsbeschleunigung *f* инерцио́нное ускоре́ние
Trägheitsellipsoid *n* эллипсо́ид ине́рции
Trägheitsgesetz *n* зако́н ине́рции
Trägheitskoeffizient *m* коэффицие́нт ине́рций
Trägheitskraft *f* си́ла ине́рции
Trägheitsmoment *n* моме́нт ине́рции
Trägheitsradius *m* ра́диус ине́рции
Trägheitswiderstand *m* инерцио́нное сопротивле́ние

Trägheitswirkung *f* де́йствие ине́рции, влия́ние ине́рции
Tragulidae *pl* трагули́ды
Tränendrüse *f* слёзная железа́
Transbaikalien *n* Забайка́лье
transbaikalisch Transbaikal- забайка́льский
Transformationsfaktor *m* коэффицие́нт преобразова́ния
Transformationsgruppe *f* гру́ппа преобразова́ний
Transformationstheorie *f* тео́рия трансформа́ции
Transformierung *f* Umformung трансформи́рование
transformistisch трансформи́стский
Transgression *f* трансгре́ссия
Transgressions- трансгрессио́нный
Transgressionsfläche *f* пове́рхность трансгре́ссии
Transgressionskonglomerat *n* трансгрессио́нный конгломера́т
Transgressionsperiode *f* пери́од трансгрессии
transgressiv transgredierend, Transgressions- трансгресси́вный
Transkaukasien *n* Закавка́зье
Translation *f* трансля́ция
Translations- трансляцио́нный
Translationsbewegung *f* трансляцио́нное движе́ние
Translationsebene *f* пло́скость трансля́ции
Translationsfähigkeit *f* трансляцио́нная спосо́бность, спосо́бность к трансля́ции
Translationsfläche *f* пло́скость трансля́ции
Translationsleitung *f* трансляцио́нное скольже́ние
Translationsrichtung *f* направле́ние трансля́ции
Translationssymmetrie *f* трансляцио́нная симметри́я
Translationsvektor *m* ве́ктор трансля́ции
Translationsverbiegung *f* трансляцио́нный изги́б
Translationszerknitterung *f* смя́тие при трансля́ции
Translokation *f* передвиже́ние
Transmutation *f* трансмута́ция
Transparentpapier *n* прозра́чная бума́га
Transpiration *f* транспира́ция
Transpirations- транспирацио́нный
Transpirationskoeffizient *m* транспирацио́нный коэффицие́нт
Transpirationsöffnung *f* транспирацио́нное отве́рстие
transponieren транспони́ровать *uv.*, *v.*
Transponierung *f* транспониро́вка
Transport *m* тра́нспорт, перено́с, перемеще́ние
transportabel перено́сный, подви́жный, портати́вный
Transporteinrichtung *f* тра́нспортное устро́йство
Transportfähigkeit *f* спосо́бность перено́са
Transportform *f* фо́рма перено́са
Transportgeschwindigkeit *f* ско́рость перемеще́ния
Transportmechanismus *m* механи́зм перемеще́ния
Transportmittel *n* сре́дство перено́са
Transportrichtung *f* направле́ние перено́са
Transportweg *m* путь перено́са
Transportweite *f* да́льность перено́са
transuralisch Transural- заура́льский
Transuran- трансура́новый, заура́новый
Transvaal- трансва́альский
Transvaal-System *n* систе́ма трансва́аль, трансва́альская систе́ма
Transvaalit *m* wohl identisch mit Heterogenit трансваали́т
transversal трансверса́льный, попере́чный
Transversalkraft попере́чная си́ла
Transversalmaßstab *m* попере́чный масшта́б
Transversalschieferung *f* секу́щая сланцева́тость, попере́чная сланцева́тость
Transversalschwingung *f* попере́чное колеба́ние
Transversaltal *n* попере́чная доли́на
Transversalwelle *f* Querwelle попере́чная волна́
Transversum *n* попере́чная кость
Transwolga- заво́лжский
Transzendenz *f* трансценде́нтность
Trapezoeder *m* трапецо́эдр
Trapezoid *n* трапецо́ид
Trapp *m* трапп

Trapp- тра́пповый
Trappformation *f* тра́пповая форма́ция
Trappintrusion *f* тра́пповая интру́зия
Trass *m* трасс
Trasse *f* Linienführung тра́сса
trassieren трасси́ровать *uv., v.*
Traßzement *m* тра́ссовый цеме́нт
Traßzusatz *m* приса́дка тра́сса
traubig traubenartig, Trauben- гроздеви́дный
traubig-nierig гроздеви́дно-почкови́дный
Travertin *m* Kalktuff траверти́н
Trechmannit *m* $Ag_2S \cdot As_2S_3$ трехмани́т
Treibeis *n* дрейфу́ющий лёд, плаву́чий лёд
Treibeisdecke *f* покро́в дрейфу́ющего льда
Treibeisfeld *n* дрейфу́ющее ледяно́е по́ле, плаву́чее ледяно́е по́ле
treiben дрейфова́ть *uv., v.*
Treibgut *n* дрейфу́ющие предме́ты, дрейфу́ющий материа́л
Treibholz *n* плавни́к
Treibsand *m* подви́жный песо́к, лету́чий песо́к
Treibstoff *m* горю́чее
Tremadoc *n* Tremadoc-Stufe тремадо́к, тремадо́кский я́рус
Tremadoc- тремадо́кский
Tremadoc-Sandstein *m* тремадо́кский песча́ник
Tremenheerit *m* † Graphit тременгеери́т
Tremolit *m* Grammatit-Strahlstein $Ca_2Mg_5[(OH, F)|Si_4O_{11}]_2$ тремоли́т
Tremolit- тремоли́товый
Tremolitgestein *n* тремоли́товая поро́да
Tremolitquarzit *m* тремоли́товый кварци́т
Tremolitschiefer *m* тремоли́товый сла́нец
trennbar isolierbar отдели́мый
Trennbarkeit *f* Isolierbarkeit отдели́мость
Trennfläche *f* пове́рхность разде́ла, пло́скость разде́ла; раздели́тельная пове́рхность
Trennflüssigkeit *f* раздели́тельная жи́дкость
Trennsieb *n* классификацио́нное си́то
Trenntrichter *f* дели́тельная воро́нка
Trennungsfläche *f* пове́рхность разде́ла, пло́скость разде́ла
Trennungslinie *f* ли́ния разде́ла
Trennungsprozeß *m* Trennungsvorgang проце́сс деле́ния
Trennungsschicht *f* разделя́ющий сло́й
treppenartig treppenförmig ле́стничный, ступе́нчатый
Trevorit *m* $NiFe_2O_4$ тревори́т
Triade *f* триа́да
Triaden- триа́дный
Triadentheorie *f* триа́дная тео́рия
triadisch Trias- триа́совый
Triakisoktaeder *m* Trisoktaeder, Pyramidenoktaeder {hhl} триго́н-триокта́эдр
Triangulation *f* триангуля́ция
Triangulations- триангуляцио́нный
Triangulationsnetz *n* триангуляцио́нная сеть
Triangulationspunkt *m* триангуляцио́нный пункт, пункт триангуля́ции
Triangulierung *f* триангули́рование, триангуля́ция
triänidisch dreispitzige Lobenlinie триэни́дный
Trias *f* три́ас, триа́совая систе́ма, триа́совый пери́од
Triasbecken *n* триа́совый бассе́йн
Triasgliederung *f* деле́ние триа́совой систе́мы
Triaskalk *m* триа́совый известня́к
triaxial трёхо́сный
Tribolumineszenz *f* искромётность
Tribromid *n* трёхбро́мистое соедине́ние
-tribromid трёхбро́мистый
Trichalcit *m* $Cu_3[AsO_4]_2 \cdot 5H_2O$ (?) трихальци́т
Trichite *pl* трихи́ты
-trichlorid трёххло́ристый
Trichroismus *m* трихрои́чность
Trichromat *n* $M_2Cr_3O_{10}$ соль трихро́мовой кислоты́, трихрома́т
Trichter *m* воро́нка
Trichterbildung *f* образова́ние воро́нок
trichterförmig воронкообра́зный
tricodont трикодо́нтный
triconodont триконодо́нтный
Triconodonta *pl* триконодо́нты
Tridymit *m* SiO_2 тридими́т
Tridymit- тридими́товый
Trieb *m* Sprößling побе́г
Triebkraft *f* дви́жущая си́ла
Triebsand *m* Flugsand зыбу́чие пески́, плыву́н

Trifluorid *n* трёхфтористое соединение
-trifluorid трёхфтористый
Trift *f* Drift дрейф
Triftbewegung *f* дрейфовое движение
Triftrichtung *f* направление дрейфа
Triftstrom *m* дрейфовое течение
Triftstromtheorie *f* теория дрейфовых течений
trigonal-bipyramidale Symmetrieklasse *f* C_{3h} тригонально-дипирамидальный вид симметрии, гексагирно-гироидопримитивный вид симметрии
trigonal-pyramidale Symmetrieklasse *f* C_3 тригонально-пирамидальный вид симметрии, тригирно-примитивный вид симметрии
trigonal-trapezoedrische Symmetrieklasse *f* D_3 тригонально-трапецоэдрический вид симметрии, тригирно-аксиальный вид симметрии
Trigonit *m* $Pb_3MnH[AsO_3]_3$ тригонит
Trigonometrie *f* тригонометрия
trigonometrisch тригонометрический
Trihydrocalcit *m* ? angeblich $CaCO_3 \cdot 3H_2O$ тригидрокальцит
Trijodid *f* трёхйодистое соединение
-trijodid трёхйодистый
Trikalzium- трехкальциевый
Trikalziumaluminat *n* трёхкальциевый алюминат
Trikalziumsilikat *n* трёхкальциевый силикат
triklin триклинный
triklines Kristallsystem *n* агирная сингония, триклинная сингония
Triklinität *f* триклинность
trilateral трёхсторонный
trilet трёхлучевой, трёхрубцовый
Trilobit *m* трилобит
Trilobitenfauna *f* трилобитовая фауна
Trilobitomorpha *pl* трилобитообразные
Trimerit *m* $CaMn_2[BeSiO_4]_3$ тримерит
trinär тройной
Trink- trinkbar питьевой
Trinkbrunnen *m* колодец для питьевой воды
Trinkerit *m* bernsteinähnliches Harz тринкерит
Trinkwasser *n* питьевая вода
Trinkwasseraufbereitung *f* приготовление питьевой воды
Trinkwasserchlorierung *f* хлорирование питьевой воды
Trinkwassergeschmack *m* вкус питьевой воды
Trinkwassergewinnung *f* добывание питьевой воды
Trinkwassergüte *f* качественность питьевой воды
Trinkwasserleitung *f* питьевой водопровод
Trinkwasserquelle *f* источник питьевой воды
Trinkwassersperre *f* плотина для хозяйственно-питьевого водоснабжения
Trinkwasserverbrauch *m* потребление питьевой воды
Trinkwasserveredlung *f* улучшение качества питьевой воды
Trinkwasserverseuchung *f* заражение питьевой воды
Trinkwasserversorgung *f* питьевое водоснабжение, снабжение питьевой водой
Trioxid *n* трёхокись
Tripel *m* Varietät von Opal трепел
Tripelpunkt *m* тройная точка
Tripelsalz *n* тройная соль
Triphan *m* † Spodumen трифан
Triphosphat *n* трифосфат
Triphylin *m* $Li(Fe^{\cdot\cdot}, Mn^{\cdot\cdot})[PO_4]$ трифилит
Triplit *m* $(Fe^{\cdot\cdot}, Mn)_2[F|PO_4]$ триплит
Triploidit *m* $(Mn, Fe^{\cdot\cdot})_2[OH|PO_4]$ триплоидит
Tripolit *m* † Tripel триполит
Trippkeit *m* $CuAs_2O_4$ триппкейт
Tripuhyit *m* Pyrochlorgruppe трипугиит
trirhomboedrisch триромбоэдрический
Trisilikat *n* трисиликат
Trisoktaeder *m* Pyramidenoktaeder {hhl} тригон-триоктаэдр, пирамидальный октаэдр, триакисоктаэдр
Tristetraeder *m* Pyramidentetraeder pos. {hhl}, neg. {hhl} тригон-тритетраэдр, пирамидальный тетраэдр, триакистетраэдр
-trisulfid трёхсернистый
tritetraedrisch тритетраэдрический
Triticites-Horizont *m* тритицитовый горизонт
Tritomit *m* Borosilikat тритомит
trituberculat трёхбугорчатый

Trituberculata *pl* трёхбуго́рчатые
Trituberkulartheorie *f* тритуберкуля́рная тео́рия
trivalent трёхвале́нтный
Trivalenz *f* трёхвале́нтность
trizonal трёхзо́нный
trochiform трохо́идный
Trochiliscus *m* трохили́ск
trochospiral спира́льно-винтово́й
trocken dürr сухо́й, ари́дный
Trockenanlage *f* суши́льная устано́вка
Trockenaufbereitung *f* сухо́е обогаще́ние
Trockenbett *n* сухо́е ру́сло, сухо́е ло́же
Trockenbohren *n* сухо́е буре́ние, буре́ние без промы́вки
Trockenbohrung *f* суха́я сква́жина
Trockendestillation *f* полукоксова́ние, швелева́ние, суха́я перего́нка
Trockenfilter *m, n* сухо́й фильтр
Trockengas *n* сухо́й приро́дный газ
Trockengebiet *n* засу́шливая о́бласть
Trockengewicht *n* сухо́й вес
Trockengürtel *m* Trockenzone засу́шливый по́яс
Trockenheit *f* Dürre су́хость, за́суха
Trockenklima *n* сухо́й кли́мат, ари́дный кли́мат
trockenlegen entwässern осуша́ть / осуши́ть
Trockenlegung *f* осуше́ние; дрена́ж
Trockenlöschen *n* сухо́е туше́ние
Trockenmagnetscheidung *f* суха́я магни́тная сепара́ция
Trockenmahlen *n* сухо́й размо́л
Trockenmittel *n* высу́шивающее вещество́
Trockenobjektiv *n* сухо́й объекти́в
Trockenofen *m* суши́льная печь
Trockenperiode *f* Dürre засу́шливый пери́од, сухо́й пери́од, за́суха
Trockenpolieren *n* суха́я полиро́вка
Trockenprobe *f* суха́я про́ба; сухо́й образе́ц
Trockenriß *m* тре́щина усыха́ния, тре́щина высыха́ния
Trockenrückstand *m* пло́тный оста́ток, сухо́й оста́ток
Trocken(schnee)lawine *f* суха́я лави́на
Trockenschrank *m* суши́льный шкаф
Trockenseparation *f* суха́я сепара́ция
Trockensieb *n* сухо́е си́то
Trockensiebung *f* сухо́е грохоче́ние, сухо́е просе́ивание
Trockensteppe *f* суха́я степь
Trockensteppenzone *f* зо́на сухи́х степе́й
Trockensubstanz *f* сухо́е вещество́
Trockental *n* суха́я доли́на, сухо́й лог, суходо́л
Trockentrommel *f* суши́льный бараба́н
Trockenverfahren *n* сухо́й спо́соб
Trockenvorgang *m* проце́сс высыха́ния
Trockenzeit *f* засу́шливый пери́од, за́суха
Trockenzone *f* засу́шливая зо́на
trocknen austrocknen суши́ть / вы́сушить, осуша́ть / осуши́ть
Trocknen *n* Austrocknen суше́ние, высу́шивание
Trocknung *f* Austrocknung высу́шивание
Trocknungs- осуши́тельный
Trocknungsanlage *f* суши́льная устано́вка
Trocknungsschwund *m* усу́шка
Trog *m* коры́то; трог
Trog- тро́говый
trogartig корытообра́зный
Trogbecken *n* тро́говый бассе́йн
Trögerit *m* $(H_3O)_2[UO_2|AsO_4]_2 \cdot 6H_2O$ трегери́т
trogförmig Trog- корытообра́зный
Trogkofelkalk *m* Perm тро́гкофельский известня́к
Trogmeer *n* тро́говое мо́ре
Trogtal *n* корытообра́зная доли́на, тро́говая доли́на, трог
Troilit *m* † Magnetkies aus Meteoriten троили́т
Troktolith *m* Olivingabbro троктоли́т
Troktolith- троктоли́товый
Troktolithallalinit *m* Schaefer (1895) троктоли́товый аллалини́т
Trolleit *m* $Al_4[OH|PO_4]_3$ тролле́йт
Trommel *f* Zylinder, Walze бараба́н
Trommel- Zylinder-, Walzen- бараба́нный
Trommelablesung *f* отсчёт по бараба́ну
Trommelsieb *n* бараба́нный гро́хот
Trommelskala *f* шкала́ бараба́на
Trona *m* $Na_3H[CO_3]_3 \cdot 2H_2O$ тро́на
Trondhjemit *m* Reihe der Quarzdiorite трондьеми́т
Trondhjemitaplit *m* Goldschmidt (1916) трондьеми́товый апли́т

trondhjemitisch Trondhjemit- трондьемитовый
Troostit *m* $(Zn, Mn)_2[SiO_4]$ троостит, трустит
Tropen *pl* тропики
Tropen- tropisch тропический
Tropenfauna *f* тропическая фауна
Tropengebiet *n* тропическая область
Tropenmeer *n* тропическое море
Tropenregen *m* тропический дождь
Tropenzone *f* тропический пояс, тропическая зона
tropfbar капельный
tropfbarflüssig капельножидкий
Tropfen *m* капля
Tropfenbildung *f* образование капель, капелобразование
tropfenförmig каплевидный
Tropfenindikation *f* капельная индикация
Tropfenoberfläche *f* поверхность капли
tropfenweise по каплям, каплями
Tropffilter *m, n* капельный фильтр
Tropfflasche *f* капельница
Tropfstein *m* натёк, капельник
Tropfstein- натёчный
Tropfsteinaggregat *n* натёчный агрегат
Tropfsteinbildung *f* сталактитообразование
Tropfsteinhöhle *f* сталактитовая пещера
Tropfsteinmasse *f* натёчная масса
tropisch Tropen- тропический
Tropopause *f* тропопауза
Troposphäre *f* тропосфера
Troygewicht *n* тройский вес
trübe getrübt, glanzlos мутный
Trübe *f* Bodensatz, Niederschlag муть, взвеси
trüben взмутить/взмучивать
trüben sich trübe werden тускнеть/потускнеть
Trübschicht *f* мутный слой, слой с большим содержанием взвесей
Trübstoff *m* замутняющее вещество, взвесь, муть
Trübstoffgehalt *m* содержание замутняющего вещества, содержание взвесей
Trübung *f* мутность, помутнение; потемнение, потускление
Trübungsfaktor *m* фактор помутнения, фактор мутности
Trübungsgrad *m* степень помутнения, степень мутности
Trübungskoeffizient *m* коэффициент помутнения, коэффициент мутности
Trudellit *m* $Al_{10}[(OH)_4Cl_4|SO_4]_3 \cdot 30H_2O$ труделлит
Truffit *m* † teils Tartüffit, teil faseriger Lignit труффит
Trum *n* Schmitze прожилка; ветвь
Trümer- прожилковый
trümerartig прожилковидный
Trümervererzung *f* прожилковое оруденение
Trümmer- klastisch обломочный
Trümmereis *n* ледяная каша, крупнобитый лёд
Trümmererz *n* обломочная руда
Trümmergestein *n* klastisches Gestein обломочная порода, кластическая порода
Trümmergips *m* обломочный гипс
Trümmerkalk *m* обломочный известняк
Trümmerlagerstätte *f* обломочное месторождение
Trümmerstruktur *f* обломочное строение
Trumvererzung *f* прожилковое оруденение
Trupp *m* бригада; партия
Truscottit *m* Okenit-Gyrolithgruppe трускоттит
Trysil-Phase *f* трюсильская фаза складчатости
Tscheffkinit *m* isotropisierter Titanit чевкинит
Tschermakit *m* † teils Albit, teils Oligoklas чермакит
Tschermigit *m* Ammonalaun $NH_4Al[SO_4]_2 \cdot 12H_2O$ чермигит
Tschernichewit *m* † wahrscheinlich Na- und Fe-reicher Amphibol чернышевит
Tsilaisit *m* Mn-reicher Turmalin тсилаизит
Tsumebit *m* $Pb_2Cu[(OH)_3|PO_4] \cdot 3H_2O$ тсумебит
Tsunami *pl* Seism. цунами, тсунами
Tuberculum majus *n* большой бугор
Tubicola *pl* трубкожилые черви
Tubiflorae *pl* трубкоцветные
Tubulidentata *pl* трубкозубы
Tubus *m* тубус
Tuff *m* туф; пирокластолит

Tuffbrekzie *f* туфобрекчия, туфовая брекчия
Tuffdecke *f* туфовый покров
Tuffgang *m* туфовая дайка
Tuffgestein *n* туфовая порода
tuffig Tuff- туфовый
Tuffit *m* туффит
tuffitisch Tuffit- туффитовый
Tuffkegel *m* туфовый конус
Tuffkonglomerat *n* туфоконгломерат
Tufflage *f* слой туфа
Tufflava *f* туфовая лава, туфолава
Tuffsandstein *m* туфовый песчаник, туфопесчаник
Tuffsandstein- туфопесчаниковый
Tuffschiefer *m* туфосланец
Tuffserie *f* туфовая толща
Tuffstruktur *f* туфовая структура
Tuhualith *m* $(Na, K, Mn)_2Fe^{\cdot\cdot}[(Fe^{\cdots}, Al, Mg, Ti)[Si, AlH)_8O_{20}]$ тухуалит
Tujamunit *m* $Ca[(UO_2)_2|V_2O_8]\cdot 5\text{–}8^1/_2H_2O$ тюямунит
Tümpel *m* лужа
Tümpelwiese *f* кочковатый луг
Tumulus *m* вздутие
Tundra *f* тундра
Tundra- Tundren- тундровый
Tundraboden *m* тундровая почва
Tundren- Tundra тундровый
Tundrenboden *m* тундровая почва
Tundrengebiet *n* тундровая область
Tundrenklima *n* климат тундры
Tundrenzeit *f* тундровое время
Tundrenzone *f* тундровая зона
Tungstenit *m* WS_2 тунгстенит
Tungstit *m* 1. Wolframocker WO_3 тунгстит, трёхокись вольфрама. 2. Scheelit $Ca[WO_4]$ тунгстит
Tunguska-Flora *f* тугусская флора
Tunicata *pl* оболочники, туникаты
Tunnel *m* Inggeol. туннель, тонель
Tunnelbau *m* Inggeol. тоннелестроение, строительство тоннелей; сооружение тоннеля
Tunnelmundloch *n* устье туннеля
Tunnelmündung *f* устье тоннеля
Tunnelsohle *f* дно тоннеля, подошва туннеля
Tunnelverkleidung *f* облицовка тоннеля, обделка тоннеля
Tunnelvortrieb *m* проходка тоннеля, проведение туннеля
Tüpfelanalyse *f* капельный анализ
Tüpfelmethode *f* капельный метод
Tüpfelprobe *f* капельная проба
Tüpfelreaktion *f* капельная реакция
Turanit *m* $Cu_5[(OH)_2|VO_4]_2$ туранит
turbidity current Schlammstrom турбидный поток
Turbinenbohren *n* турбинное бурение
Turbobohrer *m* турбобур
Turbomeißel *m* турбодолото
turbulent Wirbel- турбулентный
Turbulenz *f* Wirbelbildung турбулентность, возмущение, вихревое движение, завихрение
Turbulenz- turbulent вихревой, турбулентный
Turbulenzbewegung *f* турбулентное движение
Turbulenzenergie *f* энергия турбулентности
Turbulenzgrad *m* степень турбулентности
Turbulenzkoeffizient *m* коэффициент турбулентности
Turbulenzproblem *n* проблема турбулентности
Turbulenztheorie *f* теория турбулентности
Turgai-Flora *f* тургайская флора
Turbulenzvorgang *m* явление турбулентности
Turgit *m* † Gemenge, hauptsächlich feindisperser Hämatit mit adsorbiertem H_2O тургит
Turjait *m* Alkaligestein турьяит
Türkis *m* Kallait $CuAl_6[(OH)_2|PO_4]_4\cdot 4H_2O$ бирюза
Turmalin *m* турмалин
Turmalin- турмалиновый
Turmalingestein *n* турмалиновая порода
Turmalingranit *m* турмалиновый гранит
Turmalingreisen *m* турмалиновый грейзен
turmalinisiert турмалинизированный
Turmalinisierung *f* турмалинизация
Turmalinschema *n* турмалиновая схема
Turmalinsonne *f* турмалиновое солнце
Turmalinzange *f* турмалиновые щипцы
turmförmig башенкообразный
Turon *n* турон, туронский ярус
Turon- туронский

Turonsandstein *m* туро́нский песча́ник
Tusche *f* тушь
Tychit *m* $Na_6Mg_2[SO_4|(CO_3)_4]$ тихи́т
Tylait *m* melanokrate Varietät des Olivingabbros bzw. Olivineukrits тылайт
Tylopoda *pl* мозеленóгие
Tympanicum *n* бараба́нная кость
Tympanum *n* тимпа́н
Typ *m* Typus тип
Typhaceae *pl* рогóзовые
typisch charakteristisch типи́чный
Typisierung *f* типиза́ция
Typologie *f* типолóгия
Typologisch типологи́ческий
typomorph типомóрфный
Typotheria *pl* типотéрии
Typuslokalität *f* типовóе местонахождéние
Typusprobe *f* типи́чный образéц
Typusprofil *n* типовóй разрéз
Tyrannosaurus *m* тираннозáвр
Tyrit *m* † Fergusonit тири́т
tyrrhenisch тиррéнский
tyrrhenische Terrasse *f* тиррéнская терра́са
Tysonit *m* $(Ce,La)F_3$ тисони́т
Tyuyamunit *m* Tujamunit $Ca(UO_2)_2|V_2O_8]\cdot 5\text{–}8^1/_2H_2O$ тюямуни́т

U

U-förmig ящикообрáзный
U-Tal *n* ящикообрáзная доли́на, U-обрáзная доли́на
überall повсемéстно
Überbau *m* надстрóйка
Überbeanspruchung *f* перенапряжéние, перегру́зка
Überbelastung *f* перегру́зка, нагру́зка свы́ше нóрмы
Überblick *m* Übersicht обзóр
überdecken überlagern перекрывáть / перекры́ть
Überdeckung *f* Überlagerung перекры́тие; накры́тие
Überdruck *m* избы́точное давлéние
übereinstimmen entsprechen соотвéтствовать *uv.*
übereinstimmend entsprechend соотвéтственный
Übereinstimmung *f* соотвéтствие, согласовáние
übereinandergelagert напластóванный
Überfall *m* Hydrol. водосли́в; перепáд
Überfallänge *f* Hydrol. длинá водосли́ва
Überfallbecken *n* Hydrol. водосли́вный бассéйн
Überfallkanal *m* Hydrol. водосли́вный канáл
Überfallquelle *f* переливáющий истóчник
Überfallschacht *m* Hydrol. шáхтный водосли́в
Überfallstaumauer *f* водосли́вная плоти́на
Überfallstollen *m* водосли́вная штóльня
überfeucht переувлажнённый
überfließend переливáющий
Überfluß *m* Reichtum изоби́лие
Überflutbarkeit *f* затопля́емость
überfluten überschwemmen заливáть / зали́ть, затопля́ть / затопи́ть, наводня́ть / наводни́ть
überflutet затóпленный, наводнённый
Überflutung *f* Überschwemmung затоплéние, наводнéние, заливáние водóй
Überflutungsgefahr *f* опáсность затоплéния, угрóза затоплéния
Überflutungsgrenze *f* грани́ца затоплéния
Überflutungshöhe *f* высотá затоплéния
Überflutungsphase *f* фáза наводнéния
Überführung *f* передвижéние
Übergang *m* перехóд
Übergangs- перехóдный
Übergangsfauna *f* перехóдная фáуна
Übergangsfazies *f* перехóдная фáция
Übergangsfolge *f* перехóдная сви́та
Übergangsform *f* перехóдная фóрма
Übergangsformation *f* перехóдная формáция
Übergangsgebiet *n* перехóдная óбласть
Übergangsgestein *n* перехóдная порóда
Übergangsglied *n* Zwischenglied перехóдный член
Übergangsgruppe *f* перехóдная грýппа, промежу́точная грýппа

Übergangsklima *n* перехóдный клúмат
Übergangslagerstätte *f* перехóдное месторождéние
Übergangsmoor *n* перехóдное болóто
Übergangsperiode *f* перехóдный перúод
Übergangsphase *f* перехóдная фáза
Übergangspunkt *m* тóчка перехóда
Übergangsschicht *f* перехóдный слóй, перехóдный пласт
Übergangsserie *f* перехóдная тóлща
Übergangsstadium *n* перехóдная стáдия, стáдия перехóда
Übergangsstellung *f* перехóдное положéние
Übergangsstufe *f* перехóдная ступéнь
Übergangstyp *m* перехóдный тип
Übergangszone *f* перехóдная зóна, перехóдная полосá
Übergangszustand *m* перехóдное состоя́ние
übergreifen перекрывáть/перекры́ть
übergreifend перекрывáющий
übergreifende Lagerung *f* облекáющее залегáние
Überhang *m* свес, навéс
überhängen нависáть/навúснуть
überhängend навесý, нависáющий
überhitzen перегревáть/перегрéть
überhitzt перегрéтый
Überhitzung *f* перегрéв, перегревáние
Überhitzungsgrad *m* стéпень перегрéва
überhöhter Maßstab *m* преувелúченный масштáб
Überhöhung *f* превышéние
Überkältung *f* переохлаждéние
überkippt опрокúнутый
überkippte Falte *f* опрокúнутая склáдка
Überkippung *f* опрокúдывание
überkritisch надкритúческий
überkrustet покры́тый кóрочкой
überkühlen переохлаждáть/переохладúть
Überkühlung *f* переохлаждéние
überlagern überdecken перекрывáть/перекры́ть, покрывáть/покры́ть
überlagernd hangend вышележáщий, покрывáющий
Überlagerung *f* 1. Überdeckung перекры́тие, покры́тие. 2. Superposition суперпозúция, наложéние
Überlagerungsdruck *m* геостатúческое давлéние, гóрное давлéние
Überlagerungsschwingung *f* налóженное колебáние
Überlagerungsmetamorphose *f* метаморфúзм нагрýзки
Überlagerungsspektrum *n* спектр композúции
überlappen überdecken перекрывáть/перекры́ть
Überlappung *f* Überdeckung перекры́тие
überlastet перегрýженный
Überlastung *f* перегрýженность, перегрýзка, сверхнагрýзка
Überlauf *m* Hydrogeol. водослúв, перелúв
Überlaufbecken *n* Hydrogeol. водослúвный бассéйн
Überlaufkanal *m* водосбрóсный канáл
Überlaufkrone *f* грéбень водослúва
Überlaufmenge *f* расхóд водослúва
Überlaufquelle *f* переливáющийся истóчник
Überlaufrinne *f* переливнóй лотóк
Überlaufschwelle *f* порóг водосбрóса, порóг водослúва
Überlegung *f* Erwägung соображéние; рассуждéние
Überordnung *f* Syst. надотря́д
Überprägung *f* переработка
überprüfen nachprüfen поверя́ть/повéрить
überprüft повéренный
Überprüfung *f* провéрка, пересмóтр
überreif перезрéлый
Überrest *m* Überbleibsel пережúток; остáток
übersättigen пересыщáть/пересы́тить, перенасыщáть/перенасы́тить
Übersättigen *n* пересыщéние, перенасыщéние
übersättigt пересы́щенный, перенасы́щенный
Übersättigung *f* пересыщéние, пересы́щенность
Übersättigungsgrad *f* стéпень пересыщéния
Übersäuerung *f* перекислéние
überschieben aufschieben надвигáть/надвúнуть
Überschiebung *f* нáдвиг
Überschiebungsbrekzie *f* брéкчия нáдвига
Überschiebungsdecke *f* покрóв нáдвига

Überschiebungsfalte *f* на́двиговая скла́дка
Überschiebungsfläche *f* пло́скость на́двига, пове́рхность на́двига
Überschiebungskluft *f* тре́щина на́двигового ти́па
Überschiebungslinie *f* ли́ния на́двига
Überschiebungsrichtung *f* направле́ние на́двига
Überschiebungsstruktur *f* на́двиговая структу́ра
Überschiebungssystem *n* систе́ма на́двигов
Überschiebungstektonik *f* на́двиговая текто́ника
Überschiebungsweite *f* ширина́ на́двига
Überschiebungszone *f* на́двиговая зо́на
Überschlagsrechnung *f* прики́дка
überschlammt заилённый
Überschlammung *f* заиле́ние
überschoben надви́нутый
überschobene Scholle *f* перекры́тый на́двигом блок
überschobener Flügel *m* подна́двиг, подна́двиговое крыло́
Überschuß *m* Rest избы́ток, изли́шек
überschüssig Überschuß- избы́точный
Überschußwasser *n* избы́точная вода́
Überschwemmbarkeit *f* затопля́емость
überschwemmen überfluten залива́ть/зали́ть, затопля́ть/затопи́ть, наводня́ть/наводни́ть
überschwemmt überflutet зато́пленный, наводнённый
Überschwemmung *f* Überflutung затопле́ние, наводне́ние, залива́ние; пото́п, па́водок
Überschwemmungs- па́водковый
Überschwemmungsfläche *f* пло́щадь затопле́ния
Überschwemmungsgebiet *n* райо́н затопле́ния; по́йма
Überschwemmungsgefahr *f* опа́сность наводне́ния, опа́сность затопле́ния, угро́за наводне́ния
Überschwemmungskatastrophe *f* катастрофи́ческое наводне́ние
Überschwemmungsschutz *m* защи́та от затопле́ния
Überschwemmungstal *n* доли́на затопле́ния
Überschwemmungsterrasse *f* по́йменная терра́са
Überschwemmungston *m* па́водковая гли́на
Übersetzer *m* Dolmetscher перево́дчик
Übersetzung *f* Übertragung перево́д
Übersicht *f* обзо́р
Übersichts- обзо́рный
Übersichtsflug *m* обзо́рный полёт
Übersichtskarte *f* обзо́рная ка́рта, сво́дная ка́рта
Übersichtsschema *n* обзо́рная схе́ма
Übersichtstabelle *f* сво́дная табли́ца
übersiedeln переселя́ть/пересели́ть
Übersied(e)lung *f* Auswanderung переселе́ние
Überspannung *f* перенапряже́ние
überströmen перетека́ть/перете́чь, перелива́ться/перели́ться
Übertageanlage *f* Übertageausrüstung назе́мная аппарату́ра
Übertagearbeiten *f/pl* назе́мные рабо́ты
Übertageaufschluß *m* вы́ход на пове́рхности
übertiefe Bohrung *f* сверхглубо́кое буре́ние
übertieft переуглублённый
Übertiefung *f* переуглубле́ние
Übertragung *f* Transport перено́с
Überwasser- über Wasser gelegen надво́дный
Überwasserbeton *m* надво́дный бето́н
Überwassermoor *n* надво́дное боло́то
Überwinterung *f* зимо́вка
Ufer *n* бе́рег; побере́жье
Ufer- берегово́й
Uferabbruch *m* берегово́й обры́в, обва́л бе́рега, о́ползень бе́рега, обруше́ние бе́рега
Uferanschwemmung *f* берегові́е нано́сы
Uferausbildung *f* образова́ние бе́рега
Uferbau *m* укрепле́ние бе́рега; берегоукрепи́тельные рабо́ты
Uferbauten *m/pl* берегоукрепи́тельные сооруже́ния, берегові́е сооруже́ния
Uferbefestigung *f* укрепле́ние бе́рега
Uferbewuchs *m* зараста́ние бе́рега
uferbildend küstenbildend берегоформи́рующий
Uferbildung *f* берегово́е образова́ние
Uferboden *m* грунт бе́рега
Uferböschung *f* берегово́й отко́с, берегово́й склон,
Uferbrekzie *f* берегова́я бре́кчия

Uferbruch *m* размы́в бе́рега, разруше́ние бе́рега, обва́л бе́рега
Uferdamm *m* берегова́я да́мба; прирýсловый вал
Uferdickicht *n* берегова́я за́росль
Uferdüne *f* прирýсловая дю́на
Uferdurchbruch *m* проры́в бе́рега
Ufereinbruch *m* обруше́ние бе́рега
Ufererosion *f* берегово́й размы́в
Uferfazies *f* Küstenfazies прибре́жная фа́ция
Uferfelsen *m* берегова́я скала́
Ufergelände *n* прибре́жные зе́мли, побере́жье
Uferhang *m* берегово́й склон, берегово́й отко́с
Uferkolk *m* вы́моина у бе́рега, подмы́в у бе́рега
Uferlinie *f* берегова́я ли́ния
Ufermarke *f* берегово́й знак
Ufermauer *f* берегова́я сте́нка, на́бережная сте́нка; берегово́й мол, берегова́я да́мба
Ufermoräne *f* берегова́я море́на
ufernah прирýсловый
Uferpflanze *f* прибре́жное расте́ние
Uferpotential *n* потенциа́л бе́рега
Ufersandbank *f* берегова́я о́тмель
Uferschutz *m* защи́та бе́рега, укрепле́ние бе́рега
Uferschutz- берегозащи́тный
Uferschutzbauten *m/pl* берегов́ые защи́тные сооруже́ния
uferschützend берегозащи́тный
Ufersicherung *f* защи́та бе́рега, укрепле́ние бе́рега
Uferstrecke *f* уча́сток бе́рега
Uferstreifen *m* прибре́жная полоса́, берегова́я полоса́
Uferströmung *f* берегово́е тече́ние
Uferterrasse *f* Strandterrasse берегова́я терра́са, прибре́жная терра́са
Ufervorsprung *m* берегово́й вы́ступ, мыс
Uferwall *m* Strandwall прибре́жный вал, берегово́й вал
Uferwelle *f* прибре́жная волна́, волна́ мелково́дья
Ugandit *m* † Bismutotantalit уганди́т
Uhligit *m* ähnlich Perowskit улиги́т
Uhr *f* часы́
Uhrglas *n* часово́е стекло́
Uhrwerk *n* часово́й механи́зм
Uhrzeiger *m* часова́я стре́лка
Uhrzeigerrichtung *f* направле́ние по часово́й стре́лке
Uhrzeigersinn *m* направле́ние по хо́ду часово́й стре́лки
Uintait *m* „Asphaltmineral" уинтаи́т, юинтаи́т
Uintatheria *pl* уинтате́рии
Ulexit *m* $NaCa[B_5O_6(OH)_6] \cdot 5H_2O$ улекси́т
Ullmannit *m* NiSbS ульмани́т
Ulmaceae *pl* и́льмовые, вя́зовые
Ulme *f* *Ulmus* L. вяз, ильм, бе́рест
Ulminsäure *f* ульми́новая кислота́
Ulna *f* Ell(en)bogen локтева́я кость, ло́коть
Ulrichit *m* Uranpecherz ульрихи́т
ultraalkalisch Ultraalkali- ультращелочно́й
ultrabasisch Ultrabasit- ультраосновно́й
Ultrabasit *m* ультрабази́т, ультраосновна́я поро́да
Ultrabasitzone *f* ультрабази́товая зо́на, ультрабази́товый по́яс
Ultrafilter *m, n* ультрафи́льтр
ultramafisch ультрамафи́ческий
Ultramarin *m* Lasurit ультрамари́н
ultrametamorph ультраметаморфи́ческий
Ultrametamorphose *f* ультраметаморфи́зм
Ultramikroskop *n* ультрамикроско́п
Ultramylonit *m* ультрамилони́т
ultrasauer ультраки́слый
Ultraschall *m* ультразву́к
Ultraschall- ультразвуково́й
Ultraschallecho *n* ультразвуково́е э́хо
Ultraschallfrequenz *f* ультразвукова́я частота́
Ultraschallot *n* ультразвуково́й эхоло́т
Ultraschallwelle *f* ультразвукова́я волна́
ultraviolett Ultraviolett- ультрафиоле́товый; увио́левый
Ultraviolett-Lumineszenz *f* ультравиоле́товая люминесце́нция
Ulvöspinell *m* Titan-Eisen-Spinell ульвошпине́ль
Umangit *m* Cu_3Se_2 уманги́т
Umbau *m* перестро́йка, переустро́йство
Umbelliferae *pl* зо́нтичные

Umbelliflorae *pl* зонтикоцве́тные
Umbiegung *f* переги́б
Umbiegungslinie *f* Scheitellinie ли́ния переги́ба
Umbildung *f* переобразова́ние
Umbildungseinschluß *m* включе́ние при преобразова́нии
Umbildungsgefüge *f* структу́ра преобразова́ния
Umbildungsmineral *n* минера́л преобразова́ния
Umbildungsprodukt *n* произво́дный проду́кт
Umbildungsvorgang *m* проце́сс преобразова́ния
Umbilicalöffnung *f* умбилика́льное отве́рстие, пупко́вое отве́рстие
Umbilicus *m* умбили́ческая то́чка
Umbilikalrand *m* пупко́вый кра́й
umbonal Umbonal умбона́льный, пупко́вый
Umbonallobus *m* умбона́льная ло́пасть, пупко́вая ло́пасть
Umbonalnaht *f* умбона́льный шов
Umbonalöffnung *f* умбона́льное отве́рстие
Umbonalrand *m* умбона́льный кра́й
Umbonalraum *m* примаку́шечная по́лость
Umbonalwand *f* умбона́льная сте́нка
Umbra *f* Gemenge von Bol mit Fe- und Mn-Hydroxiden у́мбра
Umbruch *m* 1. Tekt. обруше́ние. 2. Polygr. вёрстка
Umdrehung *f* враще́ние, поворо́т
Umdrehungsachse *f* ось враще́ния
Umdrehungsebene *f* пло́скость поворо́та, пло́скость враще́ния
Umdrehungsgeschwindigkeit *f* ско́рость враще́ния
Umdrehungsrichtung *f* Drehrichtung направле́ние враще́ния
Umfällung *f* переосажде́ние, втори́чное осажде́ние
Umfang *m* Rauminhalt, Volumen объём
umfassen охва́тывать / охвати́ть
umfließen umströmen обтека́ть / обте́чь
Umfließen *n* Umströmen обтека́ние
umformen umgestalten преобразо́вывать/преобразова́ть, трансформи́ровать *uv.*, *v.*
Umformung *f* Umgestaltung преобразова́ние, трансформа́ция
Umführungskanal *m* Hydrol. обво́дный кана́л
umgebildet преобразо́ванный
umgebend umliegend окружа́ющий
umgebogen eingebogen за́гнутый
Umgebung *f* 1. Nachbarschaft окре́стность, окруже́ние. 2. Milieu среда́
Umgehungskanal *m* обхо́дный кана́л
umgekehrt umgestülpt переве́рнутый
umgelagert переотло́женный
umgeschmolzen перепла́вленный
Umgestaltung *f* преобразова́ние, превраще́ние; перестро́йка
umgießen übergießen перелива́ть / перели́ть
umgrenzen окружа́ть / окружи́ть, ограни́чивать / ограни́чить
Umgrenzung *f* ограниче́ние, оконту́ривание
Umgruppierung *f* Umlagerung перегруппиро́вка
Umhüllungskurve *f* огиба́ющая крива́я
umkehrbar обрати́мый, реверси́вный
Umkehrbarkeit *f* обрати́мость, реверси́вность
Umkehrpunkt *m* мёртвая то́чка, то́чка возвра́та, то́чка переме́ны направле́ния
Umkehrspülung *f* обра́тная промы́вка
Umkehrung *f* обраще́ние, инве́рсия
Umkippthermometer *n* опроки́дывающийся термо́метр
Umkleidung *f* обши́вка, облицо́вка
Umkristallisation *f* Umkristallisierung перекристаллиза́ция
Umkristallisationsmetamorphose *f* метаморфи́зм перекристаллиза́ции
Umkristallisationsprodukt *n* проду́кт перекристаллиза́ции
Umkristallisationsvorgang *m* проце́сс перекристаллиза́ции
umkristallisieren перекристаллизо́вывать *uv.*
Umkristallisieren *n* перекристаллизова́ние
umkristallisiert перекристаллизо́ванный
Umkristallisierung *f* перекристаллиза́ция
Umkrustung *f* обраста́ние ко́ркой
Umlagerung *f* переотложе́ние; перегруппиро́вка

Umlagerungsprodukt *n* продукт переотложения
Umlagerungsvorgang *m* процесс переотложения
Umlauf *m* обращение, циркуляция
Umlaufbahn *f* орбита
Umlaufberg *m* останец обтекания
umlaufend periklinal облекающий
umlaufendes Streichen *n* плащеобразное залегание, облекающее залегание
umlaufendes Wasser *n* циркулирующая вода
Umlaufgeschwindigkeit *f* скорость вращения, скорость обтекания, скорость циркуляции
Umlaufperiode *f* период обращения
Umlaufrichtung *f* направление вращения
Umlaufspannung *f* напряжение обхода
Umlaufstollen *m* обходный туннель
Umlaufzahl *f* число оборотов
Umlaufzeit *f* время оборота, время обращения
Umleitungskanal *m* обводный канал
Umlenkstelle *f* место изменения направления
Umlenkung *f* поворот, изменение направления, отклонение
umliegend benachbart окружный, окрестный
Ummineralisation *f* Ummineralisierung переминерализация, минеральная перегруппировка, превращение минерального состава
ummineralisiert перекристаллизованный
Umorientierung *f* переориентировка
Umptekit *m* Alkalisyenit умптекит
Umptekit- умптекитовый
Umptekitgneis *m* умптекитовый гнейс
Umptekitporphyr *m* умптекитовый порфир
umrechnen пересчитывать / пересчитать
Umrechnung *f* пересчёт
Umrechnungs- пересчётный
Umrechnungsfaktor *m* переводный множитель, переводный коэффициент
Umrechnungsformel *f* формула пересчёта
Umrechnungskoeffizient *m* пересчётный коэффициент, переводный коэффициент
Umrechnungsmethode *f* Umrechnungsverfahren метод пересчёта
Umrechnungsverfahren *n* способ пересчёта
Umrechnungswert *m* переводный фактор
Umriß *m* Kontur очертание, контур
Umrißkarte *f* контурная карта
umsäumen umrahmen окаймлять / окаймить
Umschichtung *f* переслоение
Umschlagspunkt *m* точка перехода
umschmelzen переплавлять / переплавить
Umschmelzen *n* Umschmelzung переплавление
Umsetzung *f* 1. Austausch обмен, замещение. 2. Verschiebung перемещение
Umsetzungswärme *f* тепло обменного разложения
umspülen омывать / омыть
umstritten спорный, оспариваемый
umströmen обтекать / обтечь
Umströmung *f* обтекание
umwachsen обрастать / обрасти
Umwachsung *f* обрастание
Umwälzung *f* Umsturz переворот
umwandeln verwandeln превращать / превратить
Umwandlung *f* Verwandlung, Metamorphose превращение, преобразование; изменение
Umwandlungsdruck *m* давление превращения
Umwandlungsfolge *f* последовательность превращения
Umwandlungsgrad *m* степень изменения
Umwandlungskurve *f* кривая превращения
Umwandlungslamelle *f* пластинка превращения
Umwandlungsparagenese *f* парагенезис преобразования
Umwandlungsprodukt *n* продукт изменения
Umwandlungsprozeß *m* Umwandlungsvorgang процесс превращения
Umwandlungspunkt *m* точка превращения

Umwandlungstemperatur *f* температу́ра превраще́ния
Umwandlungsverzögerung *f* замедле́ние превраще́ния
Umwandlungswärme *f* теплота́ превраще́ния
Umwandlungszwilling *m* двойни́к превраще́ния
Umwandlungszwillingsbildung *m* образова́ние двойнико́в превраще́ния
Umwelt *f* Umgebung, Milieu среда́
Umweltbedingungen *f/pl* усло́вия среды́, усло́вия окружа́ющей среды́
Umweltfaktor *m* фа́ктор среды́
Umweltverhältnisse *n/pl* усло́вия среды́, усло́вия окружа́ющей среды́
umzeichnen перече́рчивать / перечерчи́ть, перерисо́вывать / перерисова́ть
Umzeichnung *f* перече́рчивание, перерисо́вывание
Unangreifbarkeit *f* непода́тливость
unaufgeschlossen невскры́тый
unausgefüllt невы́полненный
unausgeglichen ungleichmäßig неуравнове́шенный
unausgereift недозре́лый
unbauwürdig непромы́шленный, нерабо́чий
unbedeutend bedeutungslos, geringfügig незначи́тельный
unbefruchtet неоплодотворённый
unbegrenzt неограни́ченный, бесконе́чный
unbehaart безволо́сый
Unbekannte *f* неизве́стная величина́
unbelebt безжи́зненный, неживо́й
unbesetzt неза́нятый
unbeständig непостоя́нный, неусто́йчивый, нესто́йкий
Unbeständigkeit *f* Unstetigkeit непостоя́нство, неусто́йчивость
unbestimmbar неопредели́мый
unbestimmt indefinitiv неопределённый
Unbestimmtheit *f* неопределённость
unbewaldet безле́сный
unbeweglich неподви́жный
unbewiesen недока́занный
unbrauchbar неупотребля́емый
unbrennbar негорю́чий
Undation *f* унда́ция
Undations- ундацио́нный
undeutlich unklar неотчётливый, нея́сный
undeutliche Spaltbarkeit *f* нея́сная спа́йность
Undeutlichkeit *f* неотчётливость, нея́сность
undicht непло́тный
Undichtigkeit *f* непло́тность
Undichtigkeitskoeffizient *m* коэффицие́нт непло́тности
undifferenziert недифференци́рованный
Undulation *f* ундуля́ция; волнообразова́ние
undulatorisch волново́й; полускла́дчатый
undulös волни́стый; о́блачный
undulöse Auslöschung *f* о́блачное угаса́ние, волни́стое погаса́ние
undurchlässig непроница́емый, непропуска́ющий
Undurchlässigkeit *f* непроница́емость, водонепроница́емость
undurchsichtig непрозра́чный
uneben неро́вный
Unebenheit *f* неро́вность
unedel неблагоро́дный
unempfindlich нечувстви́тельный
Unempfindlichkeit *f* нечувстви́тельность
unendlich grenzenlos бесконе́чный, бескра́йный
Unendlichkeit *f* бесконе́чность
unendlich klein infinitesimal бесконе́чно ма́лый
unentmischt нераспа́вшийся
unentzündbar невоспламеня́ющийся
Unentzündbarkeit *f* невоспламеня́емость
unerforscht неиссле́дованный, неизу́ченный
unerprobt неопро́бованный
unerschöpflich unversiegbar неисчерпа́емый
unfruchtbar steril беспло́дный
Unfruchtbarkeit *f* Sterilität беспло́дие
Ungarische Tiefebene *f* Венге́рская ни́зменность
ungebleicht неосветлённый
ungebrannt нежжённый, необожжённый
ungebunden unzusammenhängend, locker несвя́занный
ungedämpft незатуха́ющий

ungefaltet нескла́дчатый
ungefrittet нефрито́ванный
ungeglättet unausgeglichen несгла́женный
ungegliedert нерасчленённый, неподразделённый; нечле́нистый
ungekammert нека́мерный
ungekernt беске́рновый
ungeklüftet нетрещинова́тый
ungeladen незаряжённый
ungelöschter Kalk *m* негашёная и́звесть
ungelöst нерастворённый
ungenau unscharf нето́чный
Ungenauigkeit *f* нето́чность
ungeordnet беспоря́дочный
ung(e)radzahlig ung(e)rade нечётный
ungeregelt беспоря́дочный
ungerundet неока́танный
ungesättigt ненасы́щенный, недосы́щенный
ungeschichtet неслои́стый, ненапласто́ванный
ungeschiefert нерассланцо́ванный
ungeschlechtlich беспо́лый
ungesetzlich незако́нный
ungespannt Hydrogeol. безнапо́рный
ungestört 1. Tekt. ненару́шенный, недислоци́рованный, споко́йный. 2. Geophys. невозмущённый
ungeteilt неразделённый
ungleichaltrig разново́зрастный
Ungleichaltrigkeit *f* разново́зрастность
ungleichartig verschiedenartig, heterogen неоднoро́дный
Ungleichartigkeit *f* Verschiedenheit, Heterogenität неоднoро́дность
ungleichförmig unregelmäßig неравноме́рный
Ungleichförmigkeit *f* Unregelmäßigkeit неравноме́рность
Ungleichförmigkeitsgrad *m* сте́пень неравноме́рности
Ungleichförmigkeitskoeffizient *m* коэффицие́нт неравноме́рности
Ungleichheit *f* нера́венство
ungleichkörnig неравномернозерни́стый
ungleich(mäßig) geschichtet неравнослои́стый
ungleichschalig неравностворча́тый
nngleichschenklig неравнобе́дренный
ungleichseitig разносторо́нний, неравносторо́нний
Ungleichseitigkeit *f* метахро́нность, неодновре́ме́нность
Unguiculata *pl* когoтны́е
ungulat копы́тный
Ungulata *pl* Huftiere копы́тные
ungünstig неблагоприя́тный
Ungvarit *m* Unghwarit, wohl identisch mit Chloropal унгвари́т
unicostat однорёберный
uniflagellat одножгу́тиковый
unifoliat однолопа́стный
unilateral односторо́нный
uninodal одноузлово́й
unipolar однопо́люсный, униполя́рный
Universaldrehtisch *m* универса́льный сто́лик
Universalfeldmagnetometer *n* универса́льный полево́й магнито́метр
Universalgerät *n* универса́льный прибо́р
Universalindikator *m* универса́льный индика́тор
Universalinstrument *n* универса́льный инструме́нт
Universalmagnetometer *n* универса́льный магнито́метр
Universalregistriergerät *n* универса́льный регистри́рующий прибо́р
Universalseismograph *m* универса́льный сейсмо́граф
unklar undeutlich нея́сный
unklassiert неклассифици́рованный
unkorrigiert неиспра́вленный
unlösbar нерастворя́ющийся
unlöslich нераствори́мый
Unlösliches *n* нераствори́мая часть, нераствори́мый оста́ток
Unlöslichkeit *f* нераствори́мость
unmetamorphosiert неметаморфизо́ванный
unmittelbar direkt непосре́дственный
unnachgiebig inkompetent непода́тливый
unorganisch неоргани́ческий
unorientiert ungerichtet неориенти́рованный
unotyp однoти́пный
unpaar непа́рный
Unpaarhufer *m/pl* непарнокопы́тные, однокопы́тные
unpassierbar unwegsam непроходи́мый
unperiodisch непериоди́ческий
unpolarisiert неполяризо́ванный

unproduktiv unergiebig непроизводи́тельный
unregelmäßig ungleichmäßig неравноме́рный, непра́вильный, нерегуля́рный
Unregelmäßigkeit *f* Ungleichmäßigkeit неравноме́рность, нерегуля́рность
unreif незре́лый
Unreife *f* незре́лость
unrein нечи́стый, гря́зный
Unruhe *f* Schwankung возмуще́ние, трево́га
unschädlich безвре́дный
unsortiert несортиро́ванный, неотсортиро́ванный
unsterblich бессме́ртный
unstetig непостоя́нный, прерывный, разрывный
Unstetigkeit *f* непостоя́нство, прерыва́емость, прерывность; разры́в
Unstetigkeitsfläche *f* пло́скость прерывности
Unstetigkeitslinie *f* ли́ния прерывности
unsymmetrisch несимметри́чный, несимметри́ческий
untauglich неприго́дный, него́дный
unteilbar недели́мый
Unteilbarkeit *f* недели́мость
unten внизу́
Unterabteilung *f* Strat. подотде́л
Unterart *f* Subspezies подви́д
Unterbelastung *f* непо́лная нагру́зка, недоста́точная нагру́зка
Unterblatt *n* ни́жний лист
Unterboden *m* B-Horizont подпо́чва
unterchlorige Säure *f* HOCl хлорнова́тистая кислота́
unterchlorigsauer хлорноватистоки́слый
unterentwickelt малоразви́тый
unterer Dornfortsatz *m* ни́жний ости́стый отро́сток
Unterfamilie *f* подсеме́йство
Unterfolge *f* подсви́та
Unterfrostwasser *n* подмерзло́тная вода́
Untergang *m* Tod ги́бель
Untergattung *f* подро́д
untergeordnet подчинённый
Untergrenze *f* ни́жняя грани́ца
Untergrund *m* подпо́чва; основа́ние
Untergrundbeschaffenheit *f* сво́йство основа́ния
Untergrunddichtung *f* уплотне́ние основа́ния
Untergrundentwässerung *f* дрена́ж основа́ния
Untergrundrelief *n* подзе́мный релье́ф
Untergrundverhältnisse *n/pl* грунтовы́е усло́вия
Unterhöhlung *f* подмы́в
Unterholz *n* Gesträuch подле́сок
unterirdisch untertägig подзе́мный
Unterkante *f* ни́жний кра́й
unterkarbonisch Unterkarbon нижнекаменноуго́льный
Unterkiefer *m* ни́жняя че́люсть
Unterkiefer- нижнечелюстно́й
Unterklasse *f* подкла́сс
Unterkommission *f* подкоми́ссия
Unterkreide *f* ни́жний мел
unterkühlt переохлаждённый
Unterkühlung *f* переохлажде́ние
Unterlage *f* основа́ние
unterlagern подстила́ть/подостла́ть
unterlagernd liegend подстила́ющий
Unterlauf *m* ни́жнее тече́ние, низо́вье
Unterordnung *f* подотря́д
unterphosphorige Säure *f* H_3PO_2 фосфорнова́тистая кислота́, гипофо́сфористая кислота́
unterphosphorigsauer фосфорноватистоки́слый
unterphosphorsauer фосфорноватоки́слый
Unterreich *n* подца́рство
unterscheiden erkennen различа́ть/различи́ть
unterscheiden sich отлича́ться/отличи́ться
Unterscheidungs- Erkennungs отличи́тельный
Unterscheidungsmerkmal *n* отличи́тельный при́знак
Unterschiebung *f* Untervorschiebung пододвига́ние, поддви́г
Unterschied *m* Differenz ра́зница, разли́чие; отли́чие
unterseeisch Unterwasser-, submarin подво́дный
Unterseite *f* ни́жняя сторона́
Untersektion *f* подсе́кция
unterspülen auskolken подмыва́ть/подмы́ть
Unterspülung *f* Auskolkung подмы́в, подмыва́ние
Unterspülungsfläche *f* пло́щадь подмы́ва

Unterstrom *m* ни́жнее тече́ние
Unterströmungstheorie *f* тео́рия подзе́мных тече́ний
Unterstufe *f* Strat. подъя́рус
Unterstützungspunkt *m* то́чка опо́ры
untersuchen erforschen, studieren иссле́довать *uv.*, *v.*
Untersuchung *f* Erforschung иссле́дование
Untersuchungs- иссле́довательский
Untersuchungsgebiet *n* райо́н иссле́дований, о́бласть изуче́ния
Untersuchungsgrad *m* Untersuchungsstand изу́ченность
Untersuchungsmethode *f* ме́тод иссле́дования
Untersuchungsprogramm *n* програ́мма иссле́дований
Untersuchungsstrecke *f* разве́дочный штрек
Untertage- подзе́мный
Untertageabbau *m* подзе́мная вы́работка
Untertagearbeit *f* подзе́мная рабо́та
Untertagebohrung *f* подзе́мное буре́ние
Untertagekartierung *f* подзе́мное карти́рование
Untertagewasser *n* подзе́мная вода́
untertauchen abtauchen погружа́ть/погрузи́ть, опуска́ть/опусти́ть
Untertauchen *n* Abtauchen погруже́ние, опуска́ние
unterteilen подразделя́ть/подраздели́ть
unterteilt подразделённый
Unterteilung *f* подразделе́ние
Untervorschiebung *f* поддви́г
Unterwasser- unter Wasser gelegen подво́дный
Unterwasserbeton *m* подво́дный бето́н
Unterwasserbetonierung *f* подво́дное бетони́рование
Unterwasserbohren *n* подво́дное буре́ние
Unterwasserdelta *n* подво́дная де́льта
Unterwasserexplosion *f* подво́дный взрыв
Unterwassergründung *f* Inggeol. подво́дное основа́ние; устро́йство подво́дного основа́ния
Unterwassermoor *n* подво́дное боло́то
Unterwasserphotographie *f* подво́дная фотогра́фия
Unterwassersprengung *f* подво́дное взрыва́ние
Unterwasserterrasse *f* подво́дная терра́са
Untiefe *f* мелково́дье, мель, ба́нка
untypisch нетипи́чный
ununterbrochen stetig, kontinuierlich непреры́вный, постоя́нный
unveränderlich konstant неизме́нный, постоя́нный
Unveränderliche *f* постоя́нная (величина́)
Unveränderlichkeit *f* Konstanz неизме́нность, постоя́нство
unverändert неизменённый
unverbrennbar несгора́емый
unverdünnt неразба́вленный
unvererzt неру́дный
unverfestigt несцементи́рованный, неуплотнённый, незатверде́вший
unverformt undeformiert недеформи́рованный
unvergittert нерешётчатый, нереше́тчатый
unvermischbar несме́шивающийся
Unvermischbarkeit *f* несме́шиваемость
unvermischt несме́шанный
unveröffentlicht неопублико́ванный
unverritzt невскры́тый
unverrohrt необса́женный, незакреплённый
Unversehrtheit *f* Erhaltungszustand сохра́нность
unverwittert невы́ветрелый
unverzerrt неискажённый
unverzweigt неразветвлённый
unverzwillingt недвойнико́вый, несдвойнико́ванный
unvollkommen entwickelt unterentwickelt, rudimentär недоразви́тый
unvollkommene Spaltbarkeit *f* несоверше́нная спа́йность
Unvollkommenheit *f* несоверше́нство
Unvollständigkeit *f* Lückenhaftigkeit неполнота́
unwägbar imponderabel невесо́мый
Unwägbarkeit *f* Imponderabilität невесо́мость
unwegsam непроходи́мый
Unwetter *n* непого́да
Unwetterkatastrophe *f* стихи́йное бе́дствие
unwirksam неэффекти́вный
unwirtschaftlich неэкономи́чный
unwissenschaftlich ненау́чный

Unwissenschaftlichkeit *f* ненау́чность
unzerlegbar неразлага́емый
unzersetzbar unzerlegbar неразложи́мый
unzersetzt неразло́женный
unzerstörbar неразруши́мый
Unzerstörbarkeit *f* неразруши́мость
unzugänglich недосту́пный
unzulässig недопусти́мый
unzureichend недоста́точный
Ur- Stamm- родонача́льный
Uraconit *m* teils Zippeit, teils Uranopilit уракони́т
Uraliden *pl* урали́ды
uralisch Ural- ура́льский
Uralit *m* Hornblende урали́т
Uralit- uralitisch урали́товый
Uralitgabbro *m* урали́товое га́ббро
Uralitgestein *n* урали́товая поро́да
uralitisch Uralit- урали́товый
uralitisiert уралитизи́рованный
Uralitisierung *f* уралитиза́ция, уралитизи́рование
Uran *n* U ура́н
Uran- ура́новый
Uranat *n* урана́т, соль ура́новой кислоты́
Uranblüte *f* Zippeit $UO_3[UO_2|SO_4]\cdot 4-8H_2O$ ура́новые цветы́
Uranführung *f* Urangehalt ураноно́сность
Uranglimmer *m* ура́новая слюда́
uranhaltig урансодержа́щий
Uranhexafluorid *n* UF_6 шестифто́ристый ура́н, фто́ристый ура́н (6), фтори́д ура́на (6)
Uranindustrie *f* ура́новая промы́шленность
Uraninit *m* Pechblende, Uranpecherz UO_2 уранини́т
Uranit *m* урани́т
Urankonzentrat *n* ура́новый концентра́т
Uranmineral *n* ура́новый минера́л
Uranochalcit *n* Kuprosklodowskit ураноха́льци́т
Uranocircit *m* Bariumphosphoruranit $Ba[UO_2|PO_4]_2\cdot 10H_2O$ ураноцирци́т
Uranolepidit *m* † Vandenbrandeit ураполепиди́т
Uranophan *m* Uranotil $CaH_2[UO_2|SiO_4]_2\cdot 5H_2O$ уранофа́н
Uranopilit *m* angeblich $[(UO_3)_5|UO_2]SO_4\cdot 16H_2O$ уранопили́т
Uranoscopidae *pl* звездочёты
Uranospathit *m* Uranit-Gruppe ураношпати́т
Uranosphärit *m* $[UO_2(OH)_2|BiOOH]$ ураносфери́т
Uranospinit *m* Calciumarsenuranit $Ca[UO_2|AsO_4]_2\cdot 10H_2O$ ураноспини́т
Uranothallit *m* $Ca_2[UO_2|(CO_3)_3]\cdot 10H_2O$ ураноталли́т
Uranothorit *m* ähnlich Thorit уранотори́т
Uranotil *m* Uranophan $CaH_2[UO_2|SiO_4]_2\cdot 5H_2O$ ураноти́л
Uranoxid *n* U_2O_3; UO_2; UO_3 о́кись ура́на
Uranpecherz *n* Uranit, Pechblende UO_2 ура́новая смоляна́я руда́
Uranreihe *f* ура́новый ряд
Urantetrachlorid *n* UCl_4 четырёххло́ристый ура́н, хлори́д ура́на (4)
Urantrioxid *n* UO_3 трёхо́кись ура́на
Uranus *m* Astron. Ура́н
Urbanit *m* Diopsid + Ägirin урбани́т
Urbarmachung *f* освое́ние
Urdit *m* † Monazit урди́т
Uredineae *pl* ржа́вчинные грибы́, ржа́вчинники
Urform *f* родонача́льная фо́рма
Urgebirge *n* коренны́е го́рные поро́ды, перви́чные го́рные поро́ды
Urgestein *n* родонача́льная поро́да, первозда́нная поро́да
Urgneis *m* первозда́нный гне́йс
Urgon *n* Urgon-Stufe ургóн, ургóнский я́рус
Urgon- ургóнский
Urgonfazies *f* ургóнская фа́ция
Urgonkalk *m* ургóнский известня́к
Uriconian *n* Präkambrium Englands урико́нская систе́ма
Urkraton *m* пракрато́н
Urmagma *n* перви́чная ма́гма, матери́нская ма́гма, родонача́льная ма́гма
Urmensch *m* первобы́тный челове́к
Urodela *pl* хвоста́тые (амфи́бии)
Urpethit *m* Kohlenwasserstoff урпети́т
Urquelle *f* первоисто́чник
Ursidae *pl* медве́ди
Ursomma *f* первонача́льная Со́мма

Ursprung *m* 1. Herkunft происхожде́ние. 2. Quelle исто́чник
ursprünglich Ur- первобы́тный, первонача́льный
Ursprungsgebiet *n* о́бласть зарожде́ния; о́бласть происхожде́ния
Urstromtal *n* дре́вняя доли́на сто́ка
Urticaceae *pl* крапи́вные
Urticales *pl* крапивоцве́тные
Urtiere *n/pl* Protozoa просте́йшие живо́тные
Urtit *m* Nephelingestein урти́т
Urusit *m* † Sideronatrit уруси́т
Urwald *m* де́вственный лес; де́бри
Urwaldklima *n* кли́мат де́вственных лесо́в
Urzeit *f* первобы́тные времена́
Urzeugung *f* самозарожде́ние
Urzustand *m* первобы́тное состоя́ние
Usbekit *m* $Cu_3[VO_4]_2 \cdot 3H_2O$ узбеки́т
Ussingit *m* $Na_2[OH|AlSi_3O_8]$ уссинги́т
Utahit *m* † Jarosit ютаги́т, утаги́т
Utahlith *m* † Variscit ютали́т
Utriculariaceae *pl* пузырча́тковые
Uvanit *m* $[(UO_2)_2|V_6O_{17}] \cdot 15H_2O$ увани́т
Uvit *m* Turmalingruppe уви́т
UV-Strahlen *m/pl* УФ-лучи́
Uwarowit *m* $Ca_3Cr_2^{\cdots}[SiO_4]_3$ уварови́т

V

vados вадо́зный
vagabundierend блужда́ющий
vagiles Benthos *n* подви́жный бе́нтос
Vaginaten- вагина́товый
Vaginatenkalk *m* вагина́товый известня́к
Vaginatenstufe *f* вагина́товый я́рус
Vakuole *f* пузырёк
Vakuum *n* ва́куум
Vakuum- ва́куумный
Vakuumdestillation *f* перего́нка под ва́куумом
Vakuumfilter *m, n* ва́куум-фильтр
Vakuummethode *f* ва́куумный ме́тод
Vakuumpumpe *f* ва́куумный насо́с, ва́куум-насо́с
Vakuumtrockenapparat *m* ва́куумная суши́лка
Vakuumtrockenschrank *m* ва́куумный суши́льный шкаф
Vakuumtrockner *m* ва́куумная суши́лка
Valbellit *m* Peridotitgestein вальбелли́т
Valencianit *m* Adular валенсиани́т
Valendis *n* Valendis-Stufe валанжи́нский я́рус
Valendis- валанжи́нский
Valentinit *n* Antimonblüte Sb_2O_3 валентини́т, бе́лая сурьмя́ная руда́
Valentium *n* валенти́йский я́рус
Valenz *f* Wertigkeit вале́нтность; а́томность
Valenz- вале́нтность
Valenzbindung *f* вале́нтная связь
Valenzeinheit *f* едини́ца вале́нтности
Valenzgesetz *n* зако́н вале́нтности
Valenzwirkung *f* де́йствие вале́нтных сил
Valenzzahl *f* вале́нтность
Valleriit *m* $CuFeS_2$ валлерии́т
van der Waalssche Bindung *f* вандерва́альсовская связь
van der Waalssche Kräfte *f/pl* вандерва́альсовские си́лы, си́лы ван дер Ва́альса
Vanadat *n* MVO_3; M_3VO_4; $M_4V_2O_7$ ванада́т, соль вана́диевой кислоты́
Vanadat- ванада́тный
Vanadinit *m* $Pb_5[Cl|(VO_4)_3]$ ванадини́т
Vanadium *n* V вана́дий
Vanadium- vanadiumhaltig вана́диевый
vanadiumhaltig ванадиено́сный, вана́диевый
Vanadiumstahl *m* вана́диевая сталь
Vandenbrandeit *m* $[UO_2|(OH)_2] \cdot Cu(OH)_2$ ванденбранде́йт
Vanoxit *m* Kentsmithit $2V_2O_4 \cdot V_2O_5 \cdot 8H_2O$ ваноксит
Vanthoffit *m* $Na_6Mg[SO_4]_4$ вантоффи́т
Van't Hoffsches Gesetz *n* зако́н Вант-Го́ффа
Vanuxemit *m* † Gemenge von Montmorillonit und Hemimorphit вануксеми́т
Vaporisation *f* вапориза́ция, выпа́ривание
variabel veränderlich, Wechsel- переме́нный, изме́нчивый
Variable *f* переме́нная (величина́)

Variante *f* вариа́нт
Variation *f* Abänderung, Abwandlung вариа́ция, измене́ние
Variations- вариацио́нный
Variationsbeiwert *m* коэффицие́нт вариа́ции
Variationsbereich *m* о́бласть измене́ния
Variationsbreite *f* амплиту́да изме́нчивости, интерва́л измене́ний
Variationsdiagramm *n* вариацио́нная диагра́мма
Variationskoeffizient *m* коэффицие́нт вариа́ции
Variationsprinzip *n* вариацио́нный при́нцип
Variationsrechnung *f* вариацио́нное исчисле́ние
Variationsreihe *f* вариацио́нный ряд
Variationsstatistik *f* вариацио́нная стати́стика
Varietät *f* Abart варието́т, разнови́дность
variieren варьи́ровать *uv.*
Variogramm *n* вариогра́мма
Variole *f* варио́ль
Variolit *m* вариоли́т, о́спенный ка́мень
Variolitadinol *m* Adinol mit kugelförmigen Konkretionen вариоли́товый адино́л
Variolitstruktur *f* вариоли́товая структу́ра
variolitisch Variolit- вариоли́товый
Variometer *n* варио́метр
variometrisch Variometer- вариометри́ческий
Varisciden *pl* Herzyniden герцини́ды
variscisch вари́сский, варисци́йский
variscische Faltung *f* варисци́йская скла́дчатость
Variscit *m* Variskit $Al[PO_4] \cdot 2H_2O$ варисци́т, варски́т
Varsovien *n* варша́вское межледнико́вье
vascular Vascular- васкуля́рный
Vasculareindruck *m* Pallialeindruck, Eindrücke von Gefäßkanälen auf der Innenseite der Klappen von Brachiopoden васкуля́рный отпеча́ток, васкуля́рное впечатле́ние
Vaterit *m* Modifikation von $CaCO_3$ фатери́т
Vaughanit *m* Kalkgestein воганит
Vaugherit *m* Gneisgranit воньери́т
Veatchit *m* $Sr[B_3O_4(OH)_2]_2$ витчи́т
Vegasit *m* † Plumbojarosit вегази́т
Vegetation *f* Pflanzenreich расти́тельность
Vegetations- вегетацио́нный
vegetationsarm бе́дный расти́тельностью
Vegetationscharakter *m* хара́ктер расти́тельности
Vegetationsdauer *f* продолжи́тельность произраста́ния
Vegetationsdecke *f* расти́тельный покро́в
Vegetationsentwicklung *f* вегетацио́нное разви́тие
Vegetationsform *f* фо́рма расти́тельности
Vegetationskarte *f* ка́рта расти́тельности
vegetationslos лишённый расти́тельности
Vegetationsperiode *f* вегетати́вный пери́од
Vegetationsschicht *f* расти́тельный сло́й
Vegetationszeit *f* вегетацио́нный пери́од
vegetativ pflanzlich вегетати́вный, расти́тельный
Vektor *m* ве́ктор
Vektor- vektoriell ве́кторный
Vektoranalyse *f* ве́кторный ана́лиз
Vektordiagramm *n* ве́кторная диагра́мма
Vektorfeld *n* ве́кторное по́ле, по́ле ве́ктора, векториа́льное по́ле
Vektorgleichung *f* ве́кторное уравне́ние
Vektorgröße *f* ве́кторная величина́
vektoriell ве́кторный
Vektorkomponente *f* компоне́нт ве́ктора, составля́ющая ве́ктора
Vektorpotential *n* ве́ктор-потенциа́л, ве́кторный потенциа́л
Vektorprodukt *n* ве́кторное произведе́ние
Vektorraum *m* ве́кторное простра́нство
Vektorrechnung *f* ве́кторное исчисле́ние
Vektorsumme *f* ве́кторная су́мма
Veliger *n* па́русник
Velum *n* ве́люм, краево́е ре́бро
Venasquit *m* † Chloritoid венаски́т
Veneridae *pl* венери́ды
Venit *m* вени́т, жилкова́тый гне́йс
Ventersdorp-Formation *f* систе́ма ве́нтерсдорп

Ventil *n* Verschluß затвóр
ventral Ventral- вентрáльный, брюшнóй
Ventralabschnitt *m* брюшнóй отдéл
Ventralarea *f* брюшнáя áреа
Ventralbogen *m* вентрáльная дугá
Ventralkammer *f* вентрáльная кáмера
Ventralklappe *f* брюшнáя створка
Ventrallobus *m* вентрáльная лóпасть, брюшнáя лóпасть
Ventralrand *m* вентрáльный крáй
Ventralsattel *m* вентрáльное седлó
Ventralschale *f* брюшнáя створка
Ventralschild *m* брюшнóй щит
Ventralseite *f* вентрáльная сторонá, брюшнáя сторонá
Ventralseptum *n* брюшнáя перегорóдка
Ventralsinus *m* вентрáльный сúнус
Venturimeßanlage *f* Hydrogeol. водомéр Вентýри
Venturimesser *m* Hydrogeol. водомéр Вентýри
Venus *f* Венéра
Verallgemeinerung *f* обобщéние
veraltet устарéлый
veränderlich variabel изменя́емый, перемéнчивый, перемéнный
Veränderliche *f* Variable перемéнная (величинá)
Veränderlichkeit *f* измéнчивость, изменя́емость, перемéнчивость
verändert изменённый
Veränderung *f* изменéние
Veränderungsprozeß *m* процéсс изменéния
verantwortlich ответственный
Verantwortlichkeit *f* ответственность
verarmen беднéть/обеднéть
verarmt vertaubt обеднённый
Verarmung *f* обеднéние
Veraschen *n* озóливание, прокáливание до зóлы
Veraschung *f* озолéние, прокáливание до зóлы
verästeln sich verzweigen разветвля́ться/разветвúться
Verästelung *f* разветвлéние
Verbesserung *f* 1. Verbesserung улучшéние. 2. Korrektur поправлéние, попрáвка
Verbindung *f* 1. Chem. соединéние. 2. Vereinigung, Kombination сочетáние. 3. Kopplung сопряжéние. 4. Zusammenhang связь
Verbindungsfähigkeit *f* спосóбность к образовáнию соединéний
Verbindungskanal *m* Durchfluß соединúтельный канáл; протóк
Verbindungslinie *f* лúния соединéния, соединúтельная лúния, свя́зующая лúния
Verbindungspore *f* соединúтельная пóра
Verbindungsstollen *m* соединúтельная штóльня
Verbindungsstraße *f* соединúтельный пролúв
Verblender *m* Verblendstein облицóвочный кáмень
Verblendmauer *f* облицóвочная стéнка
Verblendplatte *f* облицóвочная плúтка
verbogen gekrümmt искривлённый
Verbrauch *m* потреблéние, расхóд
verbrauchen потребля́ть/потребúть
Verbrauchskurve *f* кривáя потреблéния
Verbrauchsschwankung *f* колебáния потреблéния
Verbrauchswassermenge *f* потребля́емое колúчество воды́
verbreiten sich sich ausbreiten распространя́ться/распространúться
verbreitern ausweiten расширя́ться/расшúриться
Verbreiterung *f* Ausweitung расширéние
verbreitet ausgedehnt распространённый
Verbreitung *f* Ausbreitung распространéние
Verbreitungsform *f* фóрма распространéния
Verbreitungsgebiet *n* óбласть распространéния, ареáл распространéния
Verbreitungsgrenze *f* границa распространéния
Verbreitungsraum *m* плóщадь распространéния
Verbreitungszentrum *n* цéнтр распространéния
Verbrennung *f* Verbrennen сгорáние, сжигáние, горéние
Verbrennungsanalyse *f* анáлиз сжигáнием
Verbrennungsdauer *f* продолжúтельность сгорáния, врéмя сгорáния
Verbrennungsgeschwindigkeit *f* скóрость сгорáния

Verbrennungsprodukt *n* продукт сгорания, продукт горения
Verbrennungsprozeß *m* Verbrennungsvorgang процесс горения
Verbrennungsreaktion *f* реакция сгорания
Verbrennungsrückstand *m* остаток после сжигания
Verbrennungstemperatur *f* температура сжигания, температура горения, температура сгорания
Verbrennungsvorgang *m* Verbrennungsprozeß процесс горения
Verbrennungswärme *f* теплота сгорания, теплота горения
Verbrennungswert *m* теплотворность
Verdämmungsmaterial *n* материал для перемычек
verdampfbar испаряемый, испаряющийся
Verdampfbarkeit *f* Verdunstbarkeit испаряемость, испарительная способность
verdampfen verdunsten испаряться/испариться, выпариваться/выпариться
Verdampfer *m* испаритель
Verdampfung *f* Verdunstung испарение, выпаривание
Verdampfungsfähigkeit *f* испаряемость, испарительная способность
Verdampfungsgeschwindigkeit *f* Verdunstungsgeschwindigkeit скорость испарения
Verdampfungsintensität *f* Verdunstungsintensität интенсивность испарения
Verdampfungskurve *f* Verdunstungskurve кривая испарения
Verdampfungsprozeß *m* Verdunstungsprozeß процесс испарения
Verdampfungsrückstand *m* остаток от испарения
Verdampfungsvermögen *n* испаряемость
Verdampfungsvorgang *m* Verdunstungsvorgang процесс испарения
Verdampfungswärme *f* Verdunstungswärme теплота испарения
Verdauung *f* пищеварение
Verdauungs- пищеварительный
Verdauungsdrüse *f* пищеварительная железа
Verdauungskanal *m* пищеварительный канал
Verdauungsorgan *n* орган пищеварения, пищеварительный орган
Verdauungssystem *n* пищеварительная система
Verdauungstrakt *m* пищеварительный тракт
Verdichtbarkeit *f* сжимаемость; уплотняемость
verdichten 1. komprimieren einengen сжимать/сжать. 2. verfestigen уплотнять/уплотнить. 3. kondensieren сгущать/сгустить. 4. abdichten изолировать *uv.*, *v.*
verdichtet 1. komprimiert, eingeengt сжатый. 2. verfestigt уплотнённый. 3. kondensiert сгущённый. 4. abgedichtet изолированный
Verdichtung *f* 1. Einengung сжатие. 2. Verfestigung уплотнение. 3. Kondensation сгущение. 4. Abdichtung изоляция
Verdichtungseffekt *m* эффект уплотнения
Verdichtungsgrad *m* 1. Einengungsgrad степень сжатия. 2. Verfestigungsgrad степень уплотнения, степень уплотнённости
Verdichtungskurve *f* кривая уплотнения, компрессионная кривая
Verdichtungspunkt *m* точка плотности
Verdichtungstheorie *f* Hydrogeol. теория (образования грунтовых вод путём) конденсации
Verdichtungsverhältnis *n* степень сжатия
Verdichtungsvorgang *m* процесс уплотнения
Verdichtungswasser *n* конденсационная вода
verdicken anschwellen утолщать/утолстить
Verdickung *f* Anschwellung, Mächtigkeitszunahme утолщение
verdoppelt удвоенный
Verdoppelung *f* удвоение
verdrängbar замещаемый
verdrängen замещать/заместить, вытеснять/вытеснить
Verdränger *m* замещающий минерал
verdrängt замещённый
Verdrängung *f* замещение, вытеснение

Verdrängungserz *n* рудá замещéния
Verdrängungsfolge *f* послéдовательность замещéний
Verdrängungsform *f* фóрма замещéния
Verdrängungskörper *m* тéло замещéния
Verdrängungslagerstätte *f* месторождéние замещéния
Verdrängungsmineral *n* замещáющий минерáл
Verdrängungsprozeß *m* Verdrängungsvorgang процéсс замещéния
Verdrängungsreaktion *f* реáкция замещéния
Verdrängungsrest *m* остáток от замещéния
Verdrängungsstadium *n* стáдия замещéния
Verdrängungstextur *f* текстýра замещéний
Verdrängungszone *f* зóна замещéния
Verdrehung *f* кручéние, скрýчивание
verdünnen разбавлять/разбáвить, разжижáть/разжидить
verdünnen sich sich verjüngen, dünner werden утончиться *v.*
Verdünnen *n* Verdünnung 1. Verwässern разбавлéние, разжижéние. 2. Ausdünnen утончéние
Verdünnungsgrad *m* стéпень разбавлéния
Verdünnungsmittel *n* разбавитель, разжижитель
verdunstbar испаряемый, испаримый
Verdunstbarkeit *f* Verdampfbarkeit испаряемость, испарительная спосóбность
verdunsten verdampfen испаряться/испариться, выпáриваться/выпариться
verdunstet испарившийся
Verdunstung *f* Verdampfung испарéние, выпáривание
Verdunstungsablation *f* абляция испарéния
Verdunstungsanomalie *f* аномáлия испарéния
Verdunstungsberechnung *f* расчёт испарéния
Verdunstungsendprodukt *m* процéсс испарéния
Verdunstungsfläche *f* повéрхность испарéния
Verdunstungsgeschwindigkeit *f* Verdampfungsgeschwindigkeit скóрость испарéния
Verdunstungshöhe *f* высотá испарéния
Verdunstungsintensität *f* Verdampfungsintensität интенсивность испарéния
Verdunstungskurve *f* Verdampfungskurve кривáя испарéния
Verdunstungsmenge *f* величинá испарéния
Verdunstungsmesser *m* эвапорóметр, испаритель
Verdunstungsprozeß *m* Verdampfungsprozeß процéсс испарéния
Verdunstungsrückstand *m* остáток от испарéния
Verdunstungsstadium *n* стáдия испарéния
Verdunstungsverlust *m* потéря на испарéние
Verdunstungsvorgang *m* Verdampfungsvorgang процéсс испарéния
Verdunstungswärme *f* Verdampfungswärme теплотá испарéния
Verdunstungswert *m* величинá испарéния
Vered(e)lung *f* облагорáживание
Vereinfachung *f* упрощéние
vereinheitlichen унифицировать *uv.*, *v.*
vereinheitlicht унифицированный
Vereinheitlichung *f* унификáция
vereinigen sich сливáться/слиться
Vereinigung *f* Verschmelzung слияние
vereisen sich mit Eis bedecken обледенéть *v.*, оледенéть *v.*
vereist mit Eis bedeckt обледенéлый, оледенéлый
Vereisung *f* обледенéние, оледенéние
Vereisungsgebiet *n* óбласть оледенéния
Vereisungsgrenze *f* границa оледенéния
Vereisungsphase *f* фáза оледенéния
Vereisungsspur *f* Vergletscherungsspur след оледенéния
Vereisungsstadium *n* стáдия оледенéния, леднискóвая стáдия
Vereisungsvorgang *m* процéсс оледенéния
Vereisungszentrum *n* центр оледенéния, ледникóвый центр
verengen enger werden сýживать/сýзить
Verengung *f* сужéние

vererzt орудене́лый
Vererzung *f* орудене́ние, рудоотложе́ние, рудообразова́ние
Vererzungsperiode *f* пери́од орудене́ния
Vererzungsphase *f* фа́за орудене́ния
Vererzungsprodukt *n* проду́кт рудоотложе́ния
Vererzungsprozeß *m* Vererzungsvorgang проце́сс орудене́ния, проце́сс рудоотложе́ния, проце́сс рудообразова́ния
Vererzungsstadium *n* ста́дия рудоотложе́ния
Vererzungsvorgang *m* Vererzungsprozeß проце́сс орудене́ния, проце́сс рудоотложе́ния, проце́сс рудообразова́ния
Vererzungszone *f* зо́на орудене́ния, ру́дный по́яс
Verfahren *n* спо́соб, ме́тод, приём
Verfahrenstechnik *f* Technologie техноло́гия
Verfärbung *f* измене́ние цве́та
Verfasser *m* Autor а́втор
verfault faul гнило́й
verfestigen 1. erhärten отвердева́ть/отверде́ть, затвердева́ть/затверде́ть 2. verdichten уплотня́ть/уплотни́ть. 3. befestigen укрепля́ть/укрепи́ть 4. zementieren цементи́ровать/сцементи́ровать
verfestigt 1. erhärtet отверде́вший. 2. verdichtet уплотнённый. 3. befestigt укреплённый. 4. zementiert сцементи́рованный
Verfestigung *f* 1. Erhärtung отвердева́ние, затвердева́ние. 2. Verdichtung уплотне́ние, уплотнённость. 3. Befestigung укрепле́ние. 4. Zementierung сцементи́рованность
Verfestigungsgrad *m* Verdichtungsgrad сте́пень уплотне́ния, сте́пень уплотнённости
Verfirnung *f* фирниза́ция
verflachen 1. seicht werden мельча́ть/измельча́ть, меле́ть/обмеле́ть. 2. ausgleichen (Relief) выра́внивать/вы́ровнять
Verflachung *f* 1. Seichtwerden измельча́ние, обмеле́ние. 2. Reliefausgleich выра́внивание
verflüchtigen улету́чиваться/улету́читься
Verflüchtigen *n* улету́чивание
Verflüchtigung *f* улету́чивание
Verflüssigung *f* сжиже́ние
Verformbarkeit *f* Deformierbarkeit спосо́бность деформи́роваться
verformen deformieren деформи́ровать *uv.*, *v.*
Verformung *f* Deformation, Deformierung деформа́ция
Verformungsarbeit *f* рабо́та деформа́ции
Verformungsdiagramm *n* диагра́мма деформа́ций
Verformungsintensität *f* интенси́вность деформа́ции
Verformungswiderstand *m* сопротивле́ние деформа́ции
Verformungswinkel *m* у́гол деформа́ции
verfrachten transportieren переноси́ть/перенести́
verfrachtet transportiert перенесённый
Verfrachtung *f* Transport перено́с
verfüllen забива́ть/заби́ть сква́жину
Verfüllmasse *f* заполни́тель
Verfüllung *f* заполне́ние; засы́пка
vergangen про́шлый
Vergangenheit *f* про́шлое
vergasen превраща́ть в газ, газифици́ровать *uv.*, *v.*
Vergasen *n* газифици́рование, превраще́ние в газ
Vergasung *f* газифика́ция
Vergenz *f* верге́нция, верге́нтность, накло́н скла́док
Vergesellschaftung *f* соо́бщество
vergipst огипсо́ванный
Vergipsung *f* загипсо́ванность
vergittert Gitter- решётчатый
Vergleich *m* сравне́ние, сопоставле́ние
vergleichbar 1. korrelierbar сравни́мый, сопостави́мый. 2. kommensurabel соизмери́мый
Vergleichbarkeit *f* 1. Korrelierbarkeit сравни́мость, сопостави́мость. 2. Kommensurabilität соизмери́мость
Vergleichsanalyse *f* сравни́тельный ана́лиз
Vergleichsaufnahme *f* сравни́тельный сни́мок, этало́нный сни́мок
Vergleichsbeobachtung *f* сравни́тельное наблюде́ние
Vergleichsdiagramm *n* сравни́тельная диагра́мма

Vergleichsebene *f* плóскость сравнéния
Vergleichsellipsoid *n* сравнúтельный эллипсóид
Vergleichsfläche *f*повéрхность сравнéния, повéрхность относúмости
Vergleichsinstrument *n* Kontrollinstrument контрóльный прибóр
Vergleichslösung *f* Eichlösung стáндартный раствóр, эталóнный раствóр
Vergleichsmaß *n* эталóн
Vergleichsmaterial *n* эталóнный материáл
Vergleichsmessung *f* сравнúтельное измерéние
Vergleichsmethode *f* мéтод сравнéний, эталóнный мéтод
Vergleichsobjekt *n* сравнúтельный объéкт, объéкт для сравнéния
Vergleichsokular *n* сравнúтельный окуля́р
Vergleichsspektrum *n* спектр сравнéния
Vergleichsuntersuchung *f* сравнúтельное изучéние
Vergletscherung *f* оледенéние
Vergletscherungsbedingungen *f/pl* услóвия оледенéния
Vergletscherungsfläche *f* повéрхность оледенéния
Vergletscherungsgebiet *n* óбласть оледенéния
Vergletscherungsgrenze *f* гранúца оледенéния
Verglimmerung *f* ослюденéние, слюдизáция
vergneist огнейсóванный, гнейсирóванный
vergrast verfilzt задернéлый
Vergrasung *f* Verfilzung задернéние
vergreist грейзенизúрованный
Vergreisung *f* Greisenbildung грейзенизáция
Vergreisungsprozeß *m* грéйзеновый процéсс
Vergreisungsstadium *n* стáдия грейзенизáции
Vergröberung *f* укрупнéние
Vergrößerung *f* Zunahme увеличéние
Vergrößerungsfaktor *m* коэффициéнт увеличéния
Vergrößerungsgerät *n* увеличúтельный аппарáт
Vergrößerungsglas *n* увеличúтельное стеклó
Vergrößerungsmaßstab *m* масштáб увеличéния
Verhalten *n* поведéние
Verhältnis *n* Beziehung, Relation отношéние
Verhältnisgleichheit *f* пропорционáльность
Verhältnisse *n/pl* услóвия, режúм, положéние
Verhältniswert *m* относúтельная величинá
verhärten hart werden, erstarren затвердевáть, затвердéть, отвердевáть / отвердéть
Verhärtung *f* затвердéние, отвердéние
verheerend разрушúтельный, опустошúтельный
verheilen z. B. Kluft залéчивать / залечúть
Verheilen *n* залéчивание
verholzt lignifiziert одревеснéвший
Verholzung *f* одревеснéние
verhornfelst ороговикóванный
Verhornfelsung *f* ороговиковáние
Verhornung *f* ороговéние
verhütten schmelzen плáвить / расплáвить
Verhüttung *f* плáвка
Verit *m* ähnlich Limburgit верúт
verjüngen erneuern омолáживать / омолодúть, возобновля́ть / возобновúть
Verjüngung *f* Erneuerung омоложéние, возобновлéние
verkalkt обизвествлéнный
Verkalkung *f* обизвествлéние
verkarsten закарстóвывать(ся)
verkarstet закарстóванный
Verkarstung *f* закарстовáние, закарстóванность
Verkarstungsgrad *m* стéпень закарстóванности
Verkarstungskoeffizient *m* коэффициéнт закарстóванности
Verkettung *f* сцеплéние, сопряжённость
verkieselt окремнéнный, окремнéлый
Verkieselung *f* Silifizierung окремнéние; силификáция
Verkiesung *f* пиритизáция
verkittet сцементúрованный
Verkittung *f* цементáция, сцементúрованность

Verkittungsmittel *n* цементи́рующий материа́л
Verkittungsstruktur *f* цеме́нтная структу́ра
Verkleidung *f* 1. Verputz облицо́вка. 2. Verschalung обши́вка
verkleinern vermindern уменьша́ть/уме́ньшить, сокраща́ть/сократи́ть, редуци́ровать *uv., v.*
Verkleinerung *f* Verminderung уменьше́ние, сокраще́ние, редуци́рование
verknöchern versteinern костене́ть/закостене́ть, окостене́ть
verknöchert окостене́вший, окостене́лый
Verknöcherung *f* окостене́ние, окостене́лость
verkohlen обу́гливать/обу́глить
verkohlt in Kohle umgewandelt обу́гленный
Verkohlung *f* обу́гливание
verkokbar коксу́ющийся
Verkokbarkeit *f* коксу́емость
verkoken коксова́ть *uv.*
Verkokung *f* Kokerei коксова́ние
Verkokungsrückstand *m* оста́ток по́сле коксова́ния
verkokungswärme *f* теплота́ коксова́ния
verkümmern verarmen оскудева́ть/оскуде́ть
Verkümmerung *f* Verarmung оскуде́ние
Verkürzung *f* укороче́ние, сокраще́ние
Verlag *m* изда́тельство
verlagert переме́щенный; перенесённый
Verlagerung *f* перемеще́ние, смеще́ние
Verlags- verlegerisch изда́тельский
Verlandung *f* Versandung занесе́ние нано́сами, обмеле́ние, образова́ние о́тмелей, нараста́ние бе́рега вследствие отложе́ния нано́сов; зараста́ние о́зера
Verlandungsboden *m* нано́сный грунт
Verlandungserscheinung *f* явле́ние занесе́ния (реки́)
Verlandungswirkung *f* де́йствие заноси́мости, влия́ние заноси́мости
verlängert удлинённый
Verlängerung *f* удлине́ние
verlangsamen замедля́ть/заме́длить
Verlauf *m* 1. V. eines Vorganges ход, протека́ние, проце́сс. 2. Wasserlauf тече́ние, протека́ние
verlaufen протека́ть/проте́чь
Verleger *m* Herausgeber изда́тель
Verlust *m* поте́ря, утра́та; дефици́т
Verlustlinie *f* крива́я поте́ри
vermahlen zerkleinern измельча́ть, дроби́ть/раздроби́ть
Vermahlung *f* размо́л, измельче́ние, дробле́ние, разма́лывание
Vermarkung *f* разби́вка
Vermehrung *f* 1. Vergrößerung, Zuwachs увеличе́ние, прираще́ние. 2. Multiplikation умноже́ние. 3. Fortpflanzung размноже́ние
Vermes *pl* Würmer че́рви
vermessen ausmessen размеря́ть/разме́рить
Vermessung *f* Vermessen измере́ние, межева́ние, обмежева́ние, проме́р
Vermessungsamt *n* геодези́ческое управле́ние
Vermessungsarbeiten *f/pl* измери́тельные рабо́ты, землеме́рные рабо́ты
Vermessungsbetrieb *m* геодези́ческое произво́дство
Vermessungsgebiet *n* проме́рный райо́н, райо́н проме́ров
Vermessungsmarke *f* ре́перная то́чка; пике́т
Vermessungspflock *m* межево́й сто́лбик
Vermessungsplan *m* межево́й план
Vermessungspunkt *m* ре́перная то́чка; пике́т
Vermessungsschiff *n* гидрографи́ческое су́дно
Vermessungstechniker те́хник-топо́граф, те́хник-геодези́ст
Vermessungswesen *n* геодези́ческое де́ло, геоде́зия
Vermiculit- вермикули́товый
Vermiculitgruppe *f* вермикули́товая гру́ппа
Vermiculitzone *f* вермикули́товая зо́на
Vermiformia *pl* червообра́зные моллю́ски
vermindern уменьша́ть/уме́ньшить, сокраща́ть/сократи́ть
Verminderung *f* Abnahme уменьше́ние, сокраще́ние; у́быль
vermischen mischen сме́шивать/смеша́ть, переме́шивать/перемеша́ть
Vermischen *n* сме́шивание, переме́шивание
vermischt gemischt сме́шанный

Vermischung *f* сме́шивание, переме́шивание
Vermischungsintensität *f* интенси́вность переме́шивания
Vermischungsvorgang *m* проце́сс переме́шивания
Vermischungszone *f* зо́на переме́шивания
vermodern verfaulen истлева́ть/истле́ть, перегнива́ть/перегни́ть, перепрева́ть/перепре́ть, тлеть *uv.*
Vermoderung *f* истле́ние, перегнива́ние, тле́ние
Vermoidea *pl* червеобра́зные, вермоиде́и, верми́ды
vermooren versumpfen забола́чивать/заболоти́ть
Vermooren *n* Vermoorung, Versumpfen забола́чивание, заболо́ченность
Vernadskyit *m* $Cu_4[(OH)_2|(SO_4)_3]\cdot 4H_2O$ вернадски́т
vernarben зарубцо́вываться/зарубцева́ться
vernarbt зарубцева́вшийся
Vernation *f* листосложе́ние
Vernier-Skala *f* шкала́ Верньéра
Verockerung *f* обмеле́ние
Veröffentlichung *f* опубликова́ние
Verordnung *f* Verfügung распоряже́ние
verpressen нагнета́ть/нагнести́
Verputz *m* штукату́рка
verquarzt окварцо́ванный
Verquarzung *f* окварцева́ние
Verquarzungszone *f* зо́на окварцева́ния
verringern sich abnehmen уменьша́ться/уме́ньши́ться
verrohren обса́живать/обсади́ть тру́бы
verrohrt обса́женный
Verrohrung *f* закрепле́ние (сква́жины) обса́дными тру́бами; обса́дные тру́бы
Verrohrungskopf *m* коло́нная голо́вка
Verrucano- веррука́нский
verruschelt раздро́бленный, раздроблённый
Versalzung *f* засоле́ние, осолоне́ние
Versalzungszone *f* полоса́ засоле́ния
versanden меле́ть/обмеле́ть, заноси́ться/занести́сь песко́м
Versandung *f* Versanden обмеле́ние, занесе́ние песко́м
Versatz *m* 1. Tekt. разма́х сбро́са, амплиту́да сбро́са. 2. Bergb. закла́дка, закла́дочный материа́л
Versatzarbeiten *f/pl* закла́дочные рабо́ты
Versatzmaterial *n* закла́дочный материа́л
Versatzraum *m* закла́дываемое простра́нство
verschiebbar подви́жный, смеща́емый, раздвижно́й
Verschiebung *f* перемеще́ние, передвиже́ние, сдвиг
Verschiebungsamplitude *f* амплиту́да перемеще́ния, амплиту́да сдви́га
Verschiebungsbetrag *m* амплиту́да перемеще́ния, амплиту́да сдви́га, амплиту́да смеще́ния
Verschiebungsfläche *f* пове́рхность смеще́ния
Verschiebungskomponente *f* составля́ющая перемеще́ния
Verschiebungslinie *f* ли́ния смеще́ния
Verschiebungsrichtung *f* направле́ние смеще́ния, направле́ние перемеще́ния
Verschiebungsspalte *f* тре́щина сдви́га
Verschiebungsstrom *m* ток смеще́ния
Verschiebungstheorie *f* тео́рия перемеще́ния
Verschiebungszone *f* зо́на сдви́га
verschiedenaltrig разновo̒зрастный
Verschiedenaltrigkeit *f* разново́зрастность
verschiedenfarbig разноцве́тный
verschieden gerichtet разнонапра́вленный
Verschiedenheit *f* Differenz ра́зность, разли́чие
verschiedenwertig heterovalent разновале́нтный
verschiefert рассланцо́ванный
verschlammen verschlicken заи́ливаться/заи́литься, зано́ситься/занести́сь и́лом
verschlammt verschlickt заи́ленный
Verschlammung *f* Verschlickung заиле́ние, заи́ливание, занесе́ние и́лом
Verschlechterung *f* ухудше́ние
Verschleiß *m* Abnutzung изно́с, изна́шиваемость
Verschleißfestigkeit *f* сопротивле́ние изно́су, про́чность на изно́с
verschlucken verschlammen заи́ливаться/заили́ться, зано́ситься/занести́сь и́лом

Verschlickung *f* Verschlammung заиле́ние, заи́ливание, занесе́ние и́лом
Verschluckungshypothese *f* гипо́теза вса́сывания
Verschmutzung *f* загрязне́ние, загрязнённость
Verschmutzungsgrad *m* сте́пень загрязнённости
verschneit eingeschneit заснéженный
verschoben смещённый; сдви́нутый
Verschwelen *n* Verschwelung полукоксова́ние, швелева́ние
verschwommen расплы́вчатый, нея́сный
Verseifung *f* Verseifen омыле́ние
Verseifungszahl *f* число́ омыле́ния
Versenkung *f* Absenkung погруже́ние, опуска́ние
versickern проса́чиваться/просочи́ться
Versickerung *f* проса́чивание, инфильтра́ция; поглоще́ние
Versickerungsbrunnen *m* инфильтрацио́нный коло́дец
Versickerungserscheinung *f* явле́ние инфильтра́ции, явле́ние проса́чивания
Versickerungsgebiet *n* Einzugsgebiet о́бласть поглоще́ния
Versickerungsgeschwindigkeit *f* ско́рость проса́чивания, ско́рость инфильтра́ции
Versickerungshöhe *f* глубина́ проса́чивания, глубина́ инфильтра́ции
Versickerungsmenge *f* величина́ инфильтра́ции
Versickerungsmesser *m* измери́тель инфильтра́ции
Versickerungsstelle *f* ме́сто проса́чивания, ме́сто инфильтра́ции, ме́сто поглоще́ния
Versickerungstheorie *f* тео́рия инфильтра́ции
Versickerungsverlust *m* поте́ря на инфильтра́цию
Versickerungsvorgang *m* проце́сс инфильтра́ции
Versickerungszone *f* зо́на инфильтра́ции
versiegen vertrocknen иссяка́ть/исся́кнуть
verskarnt скарни́рованный
Verskarnung *f* скарнирова́ние
Versorgungsgebiet *n* Hydrogeol. райо́н снабже́ния
Versorgungsnetz *n* Hydrogeol. распредели́тельная сеть
Verspritzen *n* разбры́згивание
Verstärker *m* усили́тель
Verstärker- усили́тельный
Verstärkerröhre *f* усили́тельная ла́мпа
Verstärkersatz *m* усили́тельный агрега́т
Verstärkerstufe *f* блок усиле́ния, усили́тельный каска́д
Verstärkung *f* усиле́ние; укрепле́ние
versteckt verdeckt, verborgen скры́тый
versteift жёсткий
versteinern камене́ть/окамене́ть
versteinert окамене́лый
Versteinerung *f* окамене́ние, окамене́лость
Versteinerungsprozeß *m* проце́сс окамене́ния
verstellbar переставно́й, переставля́емый
Versuch *m* Experiment, Probe о́пыт, испыта́ние, про́ба, экспериме́нт
Versuchsanlage *f* о́пытная устано́вка, испыта́тельная устано́вка, про́бная устано́вка, эксперимента́льная устано́вка
Versuchsbau *m* про́бная вы́работка
Versuchsbedingung *f* усло́вие о́пыта
Versuchsbeschreibung *f* описа́ние о́пыта
Versuchsbohren *n* про́бное буре́ние
Versuchsbrunnen *m* о́пытовый коло́дец
Versuchsdauer *f* продолжи́тельность о́пыта
Versuchsdruck *m* о́пытное давле́ние
Versuchseinrichtung *f* о́пытная устано́вка
Versuchsergebnis *n* результа́т испыта́ния
Versuchsfehler *m* погре́шность о́пыта, оши́бка при испыта́нии
Versuchsförderung *f* о́пытная отка́чка
Versuchskörper *m* образе́ц для испыта́ния
Versuchskurve *f* о́пытная крива́я
Versuchslösung *f* о́пытный раство́р
Versuchsmaterial *n* испиту́емый материа́л
Versuchsmessung *f* испыта́тельное измере́ние, о́пытное измере́ние, про́бное измере́ние
Versuchspumpen *n* о́пытная отка́чка
Versuchsreihe *f* се́рия о́пытов, се́рия испыта́ний

Versuchsschacht *m* разве́дочная ша́хта
Versuchsserie *f* се́рия о́пытов
Versuchsstation *f* о́пытная ста́нция, испыта́тельная ста́нция
Versuchsstollen *m* разве́дочная што́льня
Versuchszeit *f* вре́мя о́пыта
versumpfen vermodern забола́чиваться/заболо́титься
Versumpfen *n* Vermooren, Versumpfung, Vermoorung забола́чивание
versumpft заболо́ченный
Versumpfung *f* Vermoorung заболо́ченность, забола́чивание
Versumpfungsgebiet *n* райо́н забола́чивания
Vertalkung *f* отальковáние
Vertebrat *m* Wirbeltier позвоно́чное живо́тное
Verteilung *f* Anordnung распределе́ние
Verteilungsdichte *f* пло́тность распределе́ния
Verteilungsfunktion *f* фу́нкция распределе́ния
Verteilungsgesetz *n* зако́н распределе́ния
Verteilungsgleichgewicht *n* равнове́сие распределе́ния
Verteilungskarte *f* ка́рта распределе́ния
Verteilungskoeffizient *m* коэффицие́нт распределе́ния
Verteilungskurve *f* крива́я распределе́ния
Verteilungsnetz *n* распредели́тельная сеть
Verteilungssatz *m* зако́н распределе́ния
Verticillatae *pl* муто́вчатые
vertiefen tiefermachen углубля́ть/углуби́ть
vertiefen sich углубля́тся/углуби́ться
Vertiefung *f* Senke углубле́ние, впа́дина, котлови́на
vertikal senkrecht, lotrecht вертика́льный, отве́сный
Vertikalabweichung *f* вертика́льное отклоне́ние
Vertikalachse *f* вертика́льная ось
Vertikalanemometer *n* вертика́льный анемо́метр
Vertikalaustausch *m* вертика́льный обме́н
Vertikalbeschleunigung *f* вертика́льное ускоре́ние
Vertikalbewegung *f* вертика́льное движе́ние
Vertikale *f* перпендикуля́рь, вертика́ль
Vertikalebene *f* вертика́льная пло́скость
Vertikaleinfluß *m* влия́ние глубины́
Vertikalfaden *m* вертика́льная нить
Vertikalfeldwaage *f* вертика́льный полево́й магнито́метр
Vertikalfläche *f* вертика́льная пове́рхность
Vertikalgeschwindigkeit *f* вертика́льная ско́рость, ско́рость по вертика́ли
Vertikalgeschwindigkeitsverteilung *f* распределе́ние ско́ростей по вертика́ли
Vertikalgradient *m* вертика́льный градие́нт
Vertikalintensität *f* вертика́льная интенси́вность
Vertikalkomponente *f* вертика́льная составля́ющая, вертика́льный компоне́нт
Vertikalkonvektion *f* вертика́льная конве́кция
Vertikalkonvergenz *f* вертика́льная конверге́нция
Vertikalkreis *m* вертика́ль, вертика́льный круг
Vertikallinie *f* вертика́ль, вертика́льная ли́ния
Vertikalmagnetometer *n* вертика́льный магнито́метр
Vertikalmigration *f* вертика́льная мигра́ция
Vertikalparallaxe *f* вертика́льный паралла́кс
Vertikalpendel *n* вертика́льный ма́ятник
Vertikalprofil *n* вертика́льный разре́з
Vertikalprojektion *f* вертика́льная прое́кция
Vertikalschnitt *m* вертика́льное сече́ние, вертика́льный разре́з
Vertikalschraffur *f* вертика́льная штрихо́вка
Vertikalseismograph *m* вертика́льный сейсмо́граф
Vertikalseismometer *n* вертика́льный сейсмо́метр
Vertikalstoß *m* вертика́льный толчо́к
Vertikalstrom *m* вертика́льный пото́к; вертика́льный ток
Vertikaltransport *m* вертика́льный перено́с
Vertikalverbreitung *f* вертика́льное распростране́ние

Vertikalverschiebung *f* вертика́льное смеще́ние, вертика́льный сдвиг
Vertikalverteilung *f* вертика́льное распределе́ние
Vertikalwaage *f* вертика́льные весы́
Vertikalwanderung *f* Vertikalmigration вертика́льная мигра́ция
Vertikalzirkulation *f* вертика́льная циркуля́ция
vertorfen заторфова́ться *v.*
Vertorfung *f* оторфова́ние, оторфо́вывание, заторфова́ние
Vertreter *m* Repräsentant представи́тель
vertrocknen austrocknen высыха́ть/вы́сохнуть
Vertrocknen *n* Austrocknen высыха́ние
verunreinigen verschmutzen загрязня́ть/загрязни́ть
verunreinigt verschmutzt загрязнённый
Verunreinigung *f* Verschmutzung загрязне́ние, загрязнённость
Verunreinigungsgrad *m* сте́пень загрязне́ния, сте́пень загрязнённости
Vervielfältigungsfaktor *m* множи́тель
Vervielfältigungszahl *f* множи́тель
Vervollkommnung *f* усоверше́нствование
verwachsen 1. zusammenwachsen среста́ться/срасти́сь. 2. zuwachsen зараста́ть/зарасти́
Verwachsen *n* 1. Zusammenwachsen сраста́ние. 2. Zuwachsen зараста́ние
Verwachsung *f* Durchwachsung вро́сток, сраста́ние, прораста́ние
Verwachsungsebene *f* пло́скость сраста́ния
Verwachsungsfläche *f* пове́рхность сраста́ния, пло́скость сраста́ния
Verwachsungsform *f* фо́рма сраста́ния
Verwachsungsstruktur *f* структу́ра сраста́ния, структу́ра прораста́ния
Verwachsungszwilling *m* двойни́к прораста́ния
Verwaltung *f* Leitung, Lenkung управле́ние; администра́ция
Verwaltungsbezirk *m* администрати́вный о́круг
verwandeln umwandeln превраща́ть/преврати́ть, видоизменя́ть/видоизмени́ть, преобразо́вывать/преобразова́ть
verwandelt umgewandelt превращённый, видоизменённый, преобразо́ванный
Verwandlung *f* Umwandlung превраще́ние, видоизмене́ние, преобразова́ние
Verwandschaft *f* родство́, сродство́
Verwandtschaftsverhältnis *n* ро́дственное отноше́ние
verwandt ро́дственный; аффи́нный
Verwandte *m* ро́дственник
verwehen развева́ть/разве́ять
Verwehung *f* развева́ние
verwenden anwenden употребля́ть/употреби́ть, испо́льзовать *uv.*, *v.*, применя́ть/примени́ть
Verwendung *f* Anwendung употребле́ние, испо́льзование, примене́ние
Verwerfer *m* смести́тель
Verwerfung *f* сброс
Verwerfungsebene *f* пло́скость сбро́са
Verwerfungsfläche *f* пове́рхность сбро́са, сбро́совая пове́рхность
Verwerfungsflügel *m* крыло́ сбро́са
Verwerfungshöhe *f* высота́ сбро́са
Verwerfungslinie *f* ли́ния сбро́са
Verwerfungsquelle *f* сбро́совый исто́чник
Verwerfungsrichtung *f* направле́ние сбро́са
Verwerfungstal *n* сбро́совая доли́на
Verwerfungszone *f* зо́на сбро́са, сбро́совая зо́на
verwesen faulen тлеть *uv.*, гнить/погни́ть
Verwesungsvorgang *m* Fäulnisvorgang проце́сс гние́ния
verwildert одича́вший
Verwitterbarkeit *f* вы́ветрелость
verwittern выве́триваться/вы́ветриться
verwitternd выве́тривающий
verwittert вы́ветрелый
Verwitterung *f* 1. Vorgang выве́тривание; 2. Zustand вы́ветрелость
Verwitterungsagens *n* аге́нт выве́тривания
Verwitterungsanreicherung *f* обогаще́ние при выве́тривании
verwitterungsbeständig усто́йчивый к выве́триванию
Verwitterungsdecke *f* покро́в выве́тривания

Verwitterungserz *n* руда́ выве́тривания
Verwitterungsfähigkeit *f* спосо́бность к выве́триванию
Verwitterungsfaktor *m* фа́ктор выве́тривания
Verwitterungsform *f* фо́рма выве́тривания
Verwitterungsgrad *m* сте́пень выве́тривания
Verwitterungskruste *f* кора́ выве́тривания, ко́рка выве́тривания
Verwitterungslagerstätte *f* месторожде́ние выве́тривания
Verwitterungsneubildung *f* новообразова́ние выве́тривания
Verwitterungsoberfläche *f* вы́ветрелая пове́рхность
Verwitterungsphosphat *n* фосфа́т выве́тривания
Verwitterungsprodukt *n* проду́кт выве́тривания
Verwitterungsprozeß *m* Verwitterungsvorgang проце́сс выве́тривания
Verwitterungsrest *m* Verwitterungsrückstand оста́ток выве́тривания, оста́нец выве́тривания
Verwitterungsrinde *f* кора́ выве́тривания
Verwitterungsrückstand *m* оста́точный проду́кт выве́тривания
Verwitterungssalz *n* соль выве́тривания
Verwitterungsschutt *m* щё́бень выве́тривания, щебё́нка выве́тривания
Verwitterungsspalte *f* тре́щина выве́тривания
Verwitterungsstadium *n* ста́дия выве́тривания
Verwitterungsstruktur *f* структу́ра выве́тривания
Verwitterungstyp *m* тип выве́тривания
Verwitterungsumbildung *f* преобразова́ние при выве́тривании
Verwitterungszone *f* зо́на выве́тривания
Verwitterungszyklus *m* цикл выве́тривания
verworfen versetzt сбро́шенный
Verwurf *m* Verwerfung сброс
Verwüstung *f* Verheerung опустоше́ние
verzahnt зазу́бренный
Verzahnung *f* зазу́бренность
Verzeichnis *n* Liste, Aufstellung спи́сок, пе́речень
Verzögerung *f* замедле́ние, запа́здывание; заде́ржка
Verzögerungsfaktor *m* фа́ктор замедле́ния
Verzögerungsziffer *f* коэффицие́нт замедле́ния
verzweigen sich sich verästeln разветвля́ться / разветви́ться
verzweigt verästelt разветвлё́нный; ветви́стый
Verzweigung *f* Verästelung разветвле́ние
Verzweigungspunkt *m* то́чка разветвле́ния
verzwillingt сдвойнико́ванный
Verzwillingung *f* 1. Vorgang двойникова́ние; 2. Zustand сдвойнико́ванность
Vesbit *m* Melilithitalit весби́т
vesikulär Vesikular- пузы́рчатый
Vesikulartextur *f* пузы́рчатая текстура
Vespertilionidae *pl* гладконо́сые
Vestibulum *n* по́ровая ка́мера
Vesuvian *m* везувиа́н
Vesuvian- везувиа́новый
Vesuvit *m* Leucittephrit везуви́т
Veszelyit *m* Chalkophyllit-Evansit-Gruppe веселии́т, весцелии́т
Vibetoit *m* Jacupirangit вибетои́т
Vibraculum *n* вибра́кула
Vibration *f* вибра́ция
Vibrations- вибрацио́нный
Vibrationsbeton *m* вибри́рованный бето́н
Vibrationsbohren *n* вибробуре́ние, вибрацио́нное буре́ние
Vibrationsrotarybohren *n* вибрацио́нно-враща́тельное буре́ние
Vibrationssieb *n* вибрацио́нное си́то, вибрацио́нный гро́хот
Vibrator *m* Rüttelvorrichtung вибра́тор
vibrieren schwingen вибри́ровать *uv.*
Vicoit *m* Leucittephrit викои́т
Vicoit- викои́товый
Vicoitphonolith *m* викои́товый фоноли́т
vielatomig многоа́томный
vielbasisch многоосно́вный
vielblütig многоцветко́вый
vieldeutig mehrdeutig многозна́чный
Vieldeutigkeit *f* многозна́чность
Vieleck *n* Polygon многоуго́льник
vieleckig polygonal многоуго́льный
Vieleckmethode *f* ме́тод многоуго́льников

Vieleckzug *m* Geodäs. полигона́льный ход, полиго́нный ход
vielfältig mannigfaltig многообра́зный, разнообра́зный
Vielfältigkeit *f* Mannigfaltigkeit многообра́зие, разнообра́зие
Vielflächner *m* Vielflach, Polyeder многогра́нник
vielglied(e)rig многочле́нистый
vielkammerig mehrkammerig многока́мерный
vielsamig многосемя́нный
vielschichtig многосло́йный
vielstufig многоступе́нчатый
vielwertig многовале́нтный; многоа́томный
vielzellig многокле́точный
vierachsig четырёхо́сный
Viereck *n* четырёхуго́льник
viereckig четырёхуго́льный
Viereckmethode *f* ме́тод четырёхуго́льников
Vierecksnetz *n* сеть четырёхуго́льников
Vierelektroden- четырёхэлектро́дный
Vierelektrodenschaltung *f* четырёхэлектро́дная схе́ма
Viererkette *f* четверна́я цепь
Viererring *m* Min. четырёхчле́нное кольцо́
Vierflächner *m* четырёхгра́нник
vierfüßig quadruped четвероно́гий
viergliedrig четырёхчле́нный
vierkantig четырёхгра́нный
Vierpendelgerät *n* четырёхма́ятниковый прибо́р
Vierpendelstativ *n* четырёхма́ятниковый штати́в
Vierporer *m* четырёхпо́ровая фо́рма
Vierpunktmethode *f* Geophys. четырёхэлектро́дный ме́тод, ме́тод четырёх электро́дов, ме́тод четырёх то́чек
Vierrollenmeißel *m* четырёхшаро́шечное долото́
Vierschichtenkurve *f* четырёхсло́йная крива́я
vierseitig четырёхсторо́нный
vierstrahlig четырёхлучево́й
vierstufig четырёхступе́нчатый
vierteln четвертова́ть *uv.*, *v.*
Vierteln *n* квартова́ние
vierundzwanzigstündig Tages- су́точный
vierwertig четырёхвале́нтный
Vierwertigkeit *f* четырёхвале́нтность, четырёха́томность
vierzählige Symmetrieachse *f* ось симметри́и четвёртого поря́дка
Vikariieren *n* викари́рование
vikariierend вика́рный, викари́рующий
Vilateit *m* ? wohl Mn-haltiger Phosphosiderit вилате́йт
Villafranca- виллафра́нский
Villafranca-Stufe *f* виллафра́нский я́рус
Villamaninit *m* (Cu, Ni, Co, Fe) $(S, Se)_2$ вилламанини́т
Vindelizische Masse *f* Винделици́йский масси́в
Vindobona- виндобо́нский
Vindobona *n* Vindobona-Stufe, Vindobonium виндобо́нский я́рус
Violaceae *pl* фиа́лковые
Violan *m* blauer Diopsid виола́н
Violarit *m* $FeNi_2S_4$ виолари́т
violettrot фиоле́тово-кра́сный
Virgation *f* вирга́ция, разветвле́ние скла́док
Virgella *f* вирге́лла
Virgil-Serie *f* Oberkarbon Nordamerikas вирджи́льская се́рия
Virgula *f* ви́ргула, опо́рная ось
Viridin *m* grüner Andalusit вириди́н
Viridit *m* † Mackensit вириди́т
virtuell виртуа́льный, мни́мый
Visceral- visceral висцера́льный
Visceralforamen *n* висцера́льный фора́мен
Visceralhöhle *f* висцера́льная по́лость
Visceralskelett *n* висцера́льный скеле́т
Visé *n* Visé-Stufe визе́йский я́рус, визе́
Visé- визе́йский
Viséit *m* Phosphat-Silikat визеи́т
Visiereinrichtung *f* визи́рное приспособле́ние
visieren визи́ровать *uv.*, *v.*, *v.* auch завизи́ровать
Visierlatte *f* Nivellierlatte нивелли́рная ре́йка
Visierlinie *f* ли́ния визи́рования, визи́рная ли́ния, ось визи́рования
Visiermarke *f* визи́рная ма́рка
Visierrichtung *f* направле́ние визи́рования
Visierung *f* визи́рование
Visiervorrichtung *f* визи́рное приспособле́ние

Viskose *f* вискóза
Viskosimeter *n* вискозимéтр
Viskosität *f* Zähigkeit вискóзность, вя́зкость
Viskositätsbeiwert *m* коэффициéнт вя́зкости
Viskositätsgrad *m* стéпень вя́зкости, грáдус вя́зкости
Viskositätsindex *m* показáтель вя́зкости
Viskositätskoeffizient *m* коэффициéнт вя́зкости
visuell визуáльный
Vitaceae *pl* виногрáдные
Vitriol *n* купорóс
Vitriol- купорóсный
Vitriolbleierz *n* Anglesit $Pb[SO_4]$ свинцóвый купорóс
Vitriolocker *m* † Brauneisengel mit adsorbierter H_2SO_4 купорóсная óхра
Vitriolschiefer *m* купорóсный слáнец
Vitrit *m* витрéн, витри́т
vitritisiert витренизи́рованный
vitroklastisch витрокласти́ческий
Vitrophyrit *m* витрофири́т
vitroporphyrisch витропорфи́ровый
Vivianit *m* $Fe_3^{\cdot\cdot}[PO_4]_2 \cdot 8H_2O$ вивиани́т
vivipar lebend gebärend живородя́щий
Vivipara *pl* Lebendgebärende живородя́щие
Vizinal- вицинáльный
Vizinalfläche *f* вицинáльная грань
Vizinalform *f* вицинáльная фóрма
Vizinalstreifung *f* вицинáльная штрихóвка
Voelckerit *m* Oxyapatit велькери́т
Vogel *m* пти́ца
Vogelguano *m* пти́чный гуáно
Vogesit *m* 1. Pyrop. 2. Syenitlamprophyr вогези́т
Voglit *m* verwandt mit Uranothallit фогли́т
Volborthit *m* Tangeit $Cu_3[VO_4]_2 \cdot 3H_2O$ фольборти́т
Volhynit *m* Porphyrit волыни́т
Völknerit *m* † Hydrotalkit фелькнери́т
Volkswirtschaft *f* нарóдное хозя́йство
volkswirtschaftlich Volkswirtschafts- народнохозя́йственный
Volkswirtschaftsplan *m* народнохозя́йственный план
Vollanalyse *f* валовóй анáлиз
Vollbelastung *f* суммáрная нагру́зка
vollkommene Spaltbarkeit *f* совершéнная спáйность
Vollständigkeit *f* полнотá
Vollstau *m* Hydrogeol. пóлный напóр
Vollwassermenge *f* Hydrogeol. пóлный расхóд
Vollziegel *m* сплошнóй кирпи́ч
Volt *n* вольт
Voltmeter *n* вольтмéтр
Voltzia вóльция
Voltzin *m* Zn_5S_4O вольтци́т
Volumausbeute *f* объёмный вы́ход
Volumausdehnungskoeffizient *m* коэффициéнт объёмного расширéния
Volumbeständigkeit *f* постоя́нство объёма
Volumen *n* Rauminhalt; Umfang объём
Volumenabhängigkeit *f* зави́симость от объёма
Volumenabnahme *f* уменьшéние объёма
Volum(en)änderung *f* изменéние объёма, объёмное изменéние
Volum(en)anteil *m* объёмное содержáние
Volumenbeständigkeit *f* постоя́нство объёма
Volumendilatation *f* объёмное расширéние
Volum(en)einheit *f* едини́ца объёма
Volumenelement *n* элементáрный объём
Volumenflußmeßgerät *n* объёмный дебитóметр
Volumengesetz *n* закóн рáвного объёма
Volumenkontraktion *f* сжáтие объёма
Volum(en)prozent *n* объёмный процéнт
Volumenschwund *m* уменьшéние объёма
Volumenvergrößerung *f* Volumenzunahme увеличéние объёма
Volumenverhältnis *n* объёмное соотношéние
Volumenverminderung *f* уменьшéние объёма
Volumenverringerung *f* Volumenabnahme уменьшéние объёма
Volumenzunahme *f* Volumenvergrößerung увеличéние объёма
volumetrisch объёмный, волюметри́ческий
volumetrische Analyse *f* объёмный анáлиз
volut волю́тный

Vomer *n* сошни́к
Vonsenit *m* Fe-reiche Varietät von Ludwigit вонсени́т
Vorabscheider *m* предвари́тельный отсто́йник
Vorausbestimmung *f* предопределе́ние
Voraussage *f* Prognose прогно́з
Voraussetzung *f* Vermutung, Annahme предположе́ние
Vorbehandlung *f* Vorbereitung подгото́вка
Vorbereitung *f* приготовле́ние
Vorbereitungs- vorbereitend пригото-ви́тельный, подготови́тельный
Vorbereitungsarbeit *f* подготови́тельная рабо́та
Vorbereitungsstadium *n* подготови́тельная ста́дия
Vorberge *m/pl* предго́рье
Vorbewegung *f* продвига́ние
Vorbohrung *f* предвари́тельное буре́ние
Vorbote *m* предве́стник
Vorbrechanlage *f* устано́вка для предвари́тельного дробле́ния, устано́вка для кру́пного дробле́ния
Vorbrecher *m* перви́чная дроби́лка, дроби́лка кру́пного дробле́ния
Vorderarm *m* Unterarm предплёчье
vordere Vorder- пере́дний
Vorderende *n* пере́дний коне́ц
Vorderfuß *m* пере́дняя нога́
Vorderhirn *n* пере́дний мозг
Vorderkiemer *pl* переднежа́берные, верхнежа́берные
Vorderpfote *f* пере́дняя ла́па
Vorderrand *m* пере́дняя кайма́
Vorderseite *f* пере́дняя сторона́
Vorderzähne *m/pl* пере́дние зу́бы
vordringen продвига́ть / продви́нуть
Vordringen *n* продвиже́ние
voreiszeitlich präglazial доледнико́вый
Vorentwurf *m* предвари́тельный прое́кт
Vorerkundung *f* предвари́тельная разве́дка
Vorfahre *m* прароди́тель
Vorfilter *n, m* предвари́тельный фильтр
Vorfiltrieren *n* предвари́тельное фильтрова́ние
Vorflutanlage *f* Hydrogeol. устро́йство для отво́да воды́
Vorflutgraben *m* водоприёмник, водоприёмный кана́л
Vorgang *m* Prozeß проце́сс
Vorgebirge *n* предго́рье, передово́й хребе́т
Vorgebirgs- предго́рный
Vorgebirgsebene *f* предго́рная равни́на
Vorgebirgsgletscher *m* предго́рный ледни́к
vorgereinigt предвари́тельно очи́щенный
Vorgeschichte *f* предысто́рия
vorgeschichtlich доистори́ческий
vorgespannter Beton *m* Inggeol. предвари́тельно напряжённый бето́н
Vorhandensein *n* Anwesenheit нали́чие
Vorherrschaft *f* госпо́дство, преоблада́ние
vorherrschen überwiegen госпо́дствовать *uv.*, преоблада́ть *uv.*
Vorherrschen *n* Vorherrschaft, Überwiegen госпо́дство, преоблада́ние
vorherrschend überwiegend преоблада́ющий
Vorhersage *f* Prognose предсказа́ние, прогно́з
Vorkartierung *f* предвари́тельное карти́рование
Vorklärung *f* предвари́тельное освётле́ние
Vorklassierung *f* предвари́тельная классифика́ция
Vorlandgletscher *m* предго́рный ледни́к, аляски́нский ледни́к
Vorläufer *m* волна́-предве́стник
vorläufig Vor- предвари́тельный
vorläufige Mitteilung *f* предвари́тельное сообще́ние
Vorlesung *f* ле́кция
Vormagen *m* преджелу́док
Vormahlen *n* предвари́тельный размо́л
Vormischung *f* предвари́тельное сме́шивание
vorpaläozoisch präpaläozoisch допалеозо́йский
Vorphase *f* предвари́тельная фа́за
Vorprojekt *n* предвари́тельный прое́кт
Vorrat *m* запа́с
Vorratsberechnung *f* подсчёт запа́сов
Vorratseinheit *f* едини́ца запа́сов
Vorratskategorie *f* катего́рия запа́сов
Vorratsklassifizierung *f* классифика́ция запа́сов
Vorratskommission *f* коми́ссия по запа́сам

Vorratsschätzung *f* оце́нка запа́сов
Vorreinigung *f* предвари́тельная очи́стка, перви́чная очи́стка, пе́рвая ступе́нь очи́стки
Vorrichtung *f* приспособле́ние, устро́йство
Vorrichtungsstrecke *f* подготови́тельный штрек
Vorrücken *n* Vordringen, Vorschieben продвиже́ние, наступа́ние
Vorschleifen *n* предвари́тельное шлифова́ние
Vorschrift *f* предписа́ние
Vorsenke *f* Vortiefe передова́я впа́дина, передово́й проги́б, предго́рный проги́б, предго́рная депре́ссия
Vorsiebung *f* предвари́тельное просе́ивание, предвари́тельное грохоче́ние
Vorsprung *m* Aufwölbung вы́ступ
Vorstellung *f* Auffassung представле́ние
Vorstoß *m* Vorstoßen, Einbruch наступле́ние
vorstoßen наступа́ть / наступи́ть
Vortiefe *f* Vorsenke передова́я впа́дина, передово́й проги́б, предго́рный проги́б
vortreiben выдвига́ть / вы́двинуть
Vortrieb *m* продвига́ние
vortrocknen подсу́шивать / подсуши́ть
Vortrocknung *f* подсу́шка
vorübergehend вре́менный
Voruntersuchung *f* предвари́тельное изуче́ние
Vorverdichtung *f* предвари́тельное уплотне́ние
Vorversuch *m* предвари́тельный о́пыт, предвари́тельное испыта́ние
vorwaltend преоблада́ющий, госпо́дствующий
Vorwärtseinschneiden *n* Geodäs. пряма́я засе́чка
Vorwärtseinschnitt *m* Geodäs. пряма́я засе́чка
Vorzeichenregel *f* пра́вило зна́ков
vorzeitlich Vorzeit- преждевре́менный
Vorzerkleinerung *f* предвари́тельное измельче́ние, кру́пное дробле́ние
Vosgitophyr *m* возгитофи́р
Vrbait *m* $Tl_2S \cdot 2As_2S_3 \cdot Sb_2S_3$ врбайт
Vredenburgit *m* † Hochtemperaturglied der Spinelle вреденбурги́т
V-Tal *n* Kerbtal треуго́льная доли́на, надре́зная доли́на
Vulkan *m* вулка́н
Vulkanausbruch *m* изверже́ние вулка́на
Vulkangebiet *n* о́бласть вулка́на
Vulkanherd *m* вулкани́ческий оча́г
Vulkaninsel *f* вулкани́ческий о́стров
vulkanisch Vulkan- вулкани́ческий
Vulkanismus *m* вулкани́зм
Vulkanit *m* вулкани́ческая поро́да
Vulkankegel *m* вулкани́ческий ко́нус
Vulkankegelgletscher *m* ледни́к вулкани́ческого ко́нуса
Vulkanlandschaft *f* вулкани́ческий ландша́фт
vulkanogen вулканоге́нный
Vulkanologe *m* вулкано́лог
Vulkanologie *f* вулканоло́гия
vulkanologisch вулканологи́ческий
Vulkanschlamm *m* со́почная грязь
Vulkanschlot *m* горлови́на вулка́на, жерло́ вулка́на, вулкани́ческое жерло́
Vulkansockel *m* подно́жье вулка́на
Vulkantyp *m* тип вулка́на
Vulkanzone *f* Vulkangürtel вулкани́ческая зо́на
Vullinit *m* Schiefer вуллини́т
Vulpinit *m* † körniger Anhydrit von Vulpino вульпини́т
Vulsinit *m* Plagioklastrachyt вульзини́т

W

Waage *f* весы́
waagerecht horizontal горизонта́льный
Waagerechtaufnahme *f* горизонта́льная съёмка
Waagerechte *f* горизонта́ль, горизонта́льная ли́ния
Waagerechteinstellung *f* горизонта́льная устано́вка
Waben- со́товый
Wabeneis *n* со́товый лёд
wabenförmig сотообра́зный
Wabenstruktur *f* со́товая структу́ра

Wabenverwitterung *f* сóтовое вывéтривание
Wacholder *m Juniperus* можжевéльник
Wachs *n* воск
wachsähnlich воскоподóбный
wachsartig воскови́дный
Wachsen *n* 1. Emporwachsen, Wuchern разрастáние. 2. Gedeihen произрастáние
Wachsglanz *m* восковóй блеск
Wachstum *n* Wachsen рост
Wachstumseinsprengung *f* включéние рóста
Wachstumsform *f* фóрма рóста
Wachstumsgefüge *n* структýра рóста
Wachstumsgeschwindigkeit *f* скóрость рóста, скóрость нарастáния
Wachstumslamellierung *f* пласти́нчатость рóста
Wachstumsort *m* мéсто произрастáния
Wachstumspyramide *f* пирами́да рóста
Wachstumsrekurrenz *f* возобновлéние рóста
Wachstumsrichtung *f* Anwachsrichtung направлéние рóста
Wachstumsring *m* кольцó нарастáния
Wachstumsstadium *n* стáдия рóста
Wachstumsstillstand *m* останóвка рóста, переры́в в рóсте
Wachstumsunstetigkeit *f* непостоя́нство рóста
Wachstumsvorgang *m* процéсс рóста
Wachstumszwilling *m* двойни́к рóста
Wachstumszwillingsbildung *f* образовáние двойникóв рóста
Wad *n* вад
Wadenbein *n* Fibula мáлая берцóвая кость
Wadeit *m* $K_2Zr[Si_3O_9]$ вадеи́т
Waderner Schichten *f/pl* Oberrotliegendes des Saarbeckens вáдернские слои́
wägbar весóмый
Wägefehler *m* Wiegefehler оши́бка взвéшивания
wägen wiegen взвéшивать/взвéсить
Wägen *n* Wiegen взвéшивание
Wägeraum *m* весовáя кóмната
Wagnerit *m* $Mg_2[F|PO_4]$ вагнери́т
Wägung *f* взвéшивание
wahre Mächtigkeit *f* и́стинная мóщность
wahrer Achsenwinkel *m* и́стинный ýгол опти́ческой óси
wahres Einfallen *n* и́стинное падéние
Wahrscheinlichkeit *f* вероя́тность
Wahrscheinlichkeitsfunktion *f* фýнкция вероя́тности
Wahrscheinlichkeitskurve *f* кривáя вероя́тности
Wahrscheinlichkeitsrechnung *f* исчислéние вероя́тности
Wahrscheinlichkeitstheorie *f* теóрия вероя́тности
Wal *m Cetacea* кит
walachisch валáхский
walachische Phase *f* валáхская фáза склáдчатости
Walait *m* „Asphaltmineral" валаи́т
Walamit *m* Granophyr валами́т
Walchia *f* вáльхия
Walchowit *m* polymerer Sesquiterpen-Alkohol валхови́т
Wald *m* Forst, Waldung лес
Wald- waldig леснóй; леси́стый
Waldai-Vereisung *f* валдáйское оледенéние
Waldanpflanzung *f* лесонасаждéние, леснóе насаждéние
Waldbestand *m* леснóе насаждéние, лесонасаждéние
Waldbewohner *m* обитáтель лесóв
Waldboden *m* леснáя пóчва
Wäldchen *n* Waldstück перелéсок
Walddickicht *n* леснáя чáща
Waldebene *f* леси́стая равни́на
Waldenburger Schichten *f/pl* Namur des Innersudetischen Beckens вáльденбургские слои́
Waldfläche *f* леснáя плóщадь
Waldformation *f* леснáя формáция
Waldgebiet *n* леснáя óбласть
Waldgebirge *n* леси́стые гóры
Waldgürtel *m* леснáя полосá
waldig Wald- леси́стый
Waldklima *n* кли́мат лесóв
Waldland *n* леснáя мéстность
Waldlandschaft *f* леснóй ландшáфт
waldlos baumlos, baumfrei безлéсный
Waldmeliorations- лесомелиорати́вный
Waldmoor *n* леснóе болóто
Waldpflanze *f* леснóе растéние
waldreich богáтый лéсом, леси́стый
Waldschutzstreifen *m* лесозащи́тная полосá
Waldsteppe *f* лесостéпь

Waldsteppen- лесостепнóй
Waldsteppenboden *m* лесостепнáя пóчва
Waldsteppengebiet *n* лесостепнáя óбласть
Waldsteppengras *n* леснóй бурьян
Waldsteppenzone *f* лесостепнáя зóна, лесостепнáя полосá
Waldstreifen *m* леснáя полосá
Waldstreu *n* леснáя подстúлка
Waldstreuschicht *f* слóй леснóй подстúлки
Waldtorf *m* леснóй торф
Waldtundra *f* лесотýндра
Waldvegetation *f* леснáя растúтельность
Waldzone *f* леснáя зóна, зона лесóв
Walkerit *m* † angewitterter Pektolith валкерúт
Walkton *m* Walkerde сукновáльная глúна
Wall *m* Geomorph., Geotekt. вал
wallachische (Faltungs-)Phase *f* валáхская фáза склáдчатости
Walldüne *f* валообрáзная дюна
Wallmoräne *f* валообрáзная морéна
Wallreihe *f* грядá валóв
Walnußbaum *m* *Juglans* L. орéх
Walpurgin *m* Tsumebit-Arsenobismit-gruppe вальпургúн
Waltherit *m* Bi-Karbonat вальтерúт
Walzenbrecher *m* вальцóвая дробúлка
Walzenmühle *f* вальцóвая мéльница, вальцóвая дробúлка
Walzenquetsche *f* вальцóвая камнедробúлка
Walzenwehr *n* Hydrogeol. 1. плотúна с вальцóвым затвóром, 2. вальцóвый затвóр
Wand *f* Mauer стенá
Wandbekleidung *f* облицóвка стены́, обшúвка стены́
Wanderdüne *f* блуждáющая дюна, передвигáющаяся дюна
Wandermoräne *f* перемещáемая морéна
wandern vagabundieren блуждáть *uv.*, мигрúровать *uv.*, переместúть/перемещáть, передвигáть, передвúнуть
Wandern *n* Vagabundieren блуждáние, migráция, перемещéние, передвижéние
wandernd блуждáющий, мигрúрующий
Wanderung *f* migráция, перемещéние, передвижéние
Wanderungsgeschwindigkeit *f* скóрость migráции, скóрость перемещéния, скóрость передвижéния
Wanderungsrichtung *f* направлéние migráции, направлéние перемещéния
Wandkarte *f* стеннáя кáрта
Wandung *f* стéнка
Wange *f* щекá
Wangen- щёчный
Wangenregion *f* щёчная óбласть
Wangenstachel *m* щёчный шип
Wanne *f* вáнна
Wannenlandschaft *f* вáнновый ландшáфт
Wapplerit *m* identisch mit Rößlerit ваппперúт
Wardit *m* Overit-Pseudowavellit-Gruppe вардúт
Waringtonit *m* † Brochantit варингтонúт
warm тёплый
Warmblut- warmblütig теплокрóвный
Warmblüter *m/pl* теплокрóвные
Wärme *f* теплó, теплотá
Wärme- тепловóй
Wärmeabfluß *m* отдáча теплá
Wärmeabfuhr *f* отвóд теплá, теплоотвóд
Wärmeabführung *f* отведéние теплá, отвóд теплá, теплоотвóд
Wärmeabgabe *f* выделéние теплá, отдáча теплá, теплоотдáча
wärmeabgebend теплоотдающий
Wärmeableitung *f* отвóд теплá, отведéние теплá
Wärmeabsorption *f* поглощéние теплá
Wärmeabstrahlung *f* тепловóе излучéние
Wärmeänderung *f* изменéние колúчества теплá
Wärmeäquivalent *n* тепловóй эквивалéнт, термúческий эквивалéнт
Wärmeaufnahme *f* поглощéние теплá
Wärmeaufnahmefähigkeit *f* Wärmekapazität теплоёмкость
Wärmeausdehnung *f* тепловóе расширéние, расширéние при нагревáнии
Wärmeausdehnungskoeffizient *m* коэффициéнт тепловóго расширéния

Wärmeausgleich *m* выра́внивание тепла́, компенса́ция тепла́
Wärmeausscheidung *f* выделе́ние теплоты́
Wärmeausstrahlung *f* излуче́ние тепла́, теплово́е излуче́ние
Wärmeaustausch *m* обме́н тепла́, теплово́й обме́н, теплообме́н
Wärmeaustauscher *m* теплообме́нник
wärmebeständig hitzebeständig теплосто́йкий, теплоусто́йчивый
Wärmebeständigkeit *f* Hitzebeständigkeit теплосто́йкость, теплоусто́йчивость
Wärmebetrag *m* коли́чество тепла́
Wärmebewegung *f* движе́ние тепла́
Wärmebilanz *f* теплово́й бала́нс
Wärmebilanzausgleich(ung) *m(f)* уравне́ние теплово́го бала́нса
Wärmedurchgang *m* теплопереда́ча
Wärmedurchgangszahl *f* коэффицие́нт теплопереда́чи
wärmedurchlässig теплопроница́емый
Wärmedurchlässigkeit *f* теплопроница́емость
Wärmeeffekt *m* теплово́й эффе́кт
Wärmeeigenschaft *f* теплово́е сво́йство
Wärmeeinheit *f* едини́ца тепла́
Wärmeeinwirkung *f* возде́йствие теплоты́, де́йствие тепла́, теплово́е де́йствие
wärmeempfindlich теплочувстви́тельный
Wärmeenergie *f* теплова́я эне́ргия
Wärmeentnahme *f* отво́д тепла́, теплоотво́д
Wärmeentwicklung *f* тепловыделе́ние, выделе́ние тепла́
Wärmeentziehung *f* Wärmeentzug отво́д тепла́, теплоотво́д
Wärmeerscheinung *f* теплово́е явле́ние
wärmeerzeugend теплотво́рный
Wärmeerzeugung *f* теплообразова́ние
Wärmefluß *m* теплово́й пото́к, пото́к тепла́
Wärmegehalt *m* теплосодержа́ние
Wärmegleichgewicht *n* теплово́е равнове́сие, терми́ческое равнове́сие
Wärmegleichung *f* уравне́ние тепла́, теплово́й бала́нс
Wärmehaushalt *m* теплово́й бала́нс, бюдже́т тепла́, теплово́й режи́м
Wärmeinhalt *m* Enthalpie содержа́ние тепла́, теплосодержа́ние
wärmeisolierend термоизоляцио́нный, теплоизоли́рующий
Wärmeisolierung *f* термоизоля́ция, теплоизоля́ция
Wärmekapazität *f* Eigenwärme теплоёмкость
Wärmelehre *f* уче́ние о теплоте́, тео́рия тепла́
wärmeleitend теплопрово́дный
Wärmeleiter *m* проводни́к тепла́
Wärmeleitfähigkeit *f* теплопрово́дность
Wärmeleitgleichung *f* уравне́ние теплопрово́дности
Wärmeleitung *f* теплопрово́дность
Wärmeleitungskoeffizient *m* коэффицие́нт теплопрово́дности
Wärmeleitvermögen *n* теплопрово́дность
Wärmeleitzahl *f* коэффицие́нт теплопрово́дности
wärmeliebend теплолюби́вый
Wärmemenge *f* коли́чество тепла́
Wärmeoptimum *n* терми́ческий о́птимум
Wärmeperiode *f* тёплый пери́од
wärmephysikalisch теплофизи́ческий
Wärmepotential *n* терми́ческий потенциа́л, теплово́й потенциа́л
Wärmequelle *f* исто́чник тепла́, теплово́й исто́чник
Wärmeregulierung *f* терморегуля́ция
Wärmereservoir *n* резервуа́р тепла́
Wärmeschutz *m* теплова́я защи́та
Wärmeschwingung *f* теплово́е колеба́ние
Wärmespannung *f* температу́рное напряже́ние
Wärmespeicherung *f* аккумули́рование тепла́, теплово́е аккумули́рование
Wärmestrahlung *f* излуче́ние тепла́, теплово́е излуче́ние, теплоизлуче́ние, теплова́я радиа́ция
Wärmestreuung *f* рассе́ивание тепла́
Wärmestrom *m* пото́к тепла́, теплово́й пото́к, терми́ческий пото́к
Wärmeströmung *f* пото́к тепла́, теплово́й пото́к
Wärmetönung *f* теплово́й эффе́кт
Wärmetransport *m* Wärmeübertragung перено́с тепла́
Wärmeübergangszahl *f* коэффицие́нт теплопереда́чи, коэффицие́нт теплопрово́дности

Wärmeüberleitung *f* передáча теплá, теплопередáча
Wärmeüberschuß *m* избы́ток теплá
Wärmeübertragung *f* передáча теплá, теплопередáча, перенóс теплá
Wärmeübertragungszahl *f* коэффициéнт теплопередáчи
Wärmeumsatz *m* теплообмéн
Wärmeumwandlung *f* превращéние теплá
wärmeundurchlässig теплонепроницáемый
Wärmeverbrauch *m* потреблéние теплá, расхóд теплá
Wärmeverhältnisse *n/pl* тепловóй режи́м, терми́ческий режи́м
Wärmeverlust *m* потéря теплá, теплóвая потéря
Wärmeverteilung *f* распределéние теплá
Wärmevorrat *m* запáс теплá
Wärmewirkung *f* тепловóе дéйствие, тепловóй эффéкт
Wärmezone *f* зóна теплá
Wärmezufuhr *f* притóк теплá, подвóд теплá, приведéние теплá
Wärmezustand *m* тепловóе состоя́ние
Wärmezustrom *m* Wärmezufluß притóк теплá
Warmwasser- тепловóдный
Warmwasserfauna *f* тепловóдная фáуна
Warmwasserform *f* теплолюби́вая фóрма
Warrenit *m* † teils Gemenge von Jamesonit, teils Ca-haltiger Smithsonit варрени́т
Warschau-Eiszeit *f* Varsovien варшáвское оледенéние, центрáльно-пóльское оледенéние
Warthait *m* † Goongarrit вартаи́т
Warthe-Eiszeit *f* варти́нское оледенéние
Warthe-Stadium *n* варти́нская стáдия
Warthe-Vereisung *f* варти́нское оледенéние
Warwickit *m* $(Mg, Fe)_3Ti[O|BO_3]_2$ варвики́т
warzenförmig warzenartig сосцеви́дный
Wasch- промывáтельный
Waschen *n* Auswaschen промы́вка
Wascherz *n* промывáемая рудá
Waschflasche *f* промывнáя скля́нка
Waschgold *n* промывнóе зóлото
Waschgut *n* промывáемый материáл
Wasser *n* водá
Wasser- водянóй, вóдный
Wasserabfluß *m* оттóк воды́; сток воды́
Wasserabfluß- водостóчный
Wasserabflußregulierung *f* регули́рование стóка
Wasserabführung *f* отвóд воды́, водоотвóд
Wasserabgabe *f* отдáча воды́, водоотдáча, выделéние воды́
Wasserabgabekoeffizient *m* коэффициéнт водоотдáчи
Wasserablauf *m* водооттóк, водостóк, сток воды́, водосбрóс
Wasserableitungs- Drainage- водоотвóдный
Wasserableitungskanal *m* водоотвóдный канáл
Wasserabscheider *m* водоотдели́тель
Wasserabsenkung *f* водопонижéние
Wasserabsenkungsbohrung *f* водопонижáющая сквáжина
Wasserabspaltung *f* отщеплéние воды́
Wasserabzugsgraben *m* водоотвóдная канáва, водоотвóдный канáл
Wasseranalyse *f* анáлиз воды́
Wasserandrang *m* напóр воды́, при́быль воды́
Wasseranlagerung *f* присоединéние воды́
Wasseranstieg *m* подъём воды́
wasseranziehend hygroskopisch гигроскопи́ческий
wasserarm маловóдный, немноговóдный
Wasserarmut *f* маловóдье, недостáток воды́
Wasseraufbereitung *f* водоподготóвка
Wasseraufnahme *f* водопоглощéние, поглощéние воды́
wasseraufnahmefähig водопоглощáющий
Wasseraufnahmefähigkeit *f* водопоглощáющая спосóбность
Wasseraufnahmevermögen *n* водопоглощáющая спосóбность
Wasserausfluß *m* вытекáние воды́, истечéние воды́
Wasserauslauf *m* вы́ход воды́, вытекáние воды́
Wasseraustausch *m* водообмéн; перемéшивание воды́
Wasseraustritt *m* вы́ход воды́

Wasserbad *n* водяна́я ба́ня
Wasserbau *m* Hydrotechnik гидроте́хника, гидротехни́ческое строи́тельство, во́дное строи́тельство
Wasserbauingenieur *m* инжене́р-гидроте́хник, инжене́р-гидростро́итель
Wasserbauverwaltung *f* управле́ние гидротехни́ческого строи́тельства
Wasserbecken *n* бассе́йн, водоём
Wasserbedarf *m* потре́бность в воде́, расхо́д воды́
Wasserbedarfsschwankung *f* колеба́ние водопотре́бности
wasserbedeckt покры́тый водо́й
Wasserbehälter *m* водоём, водовмести́лище
Wasserbeschaffenheit *f* сво́йства воды́, ка́чество воды́
Wasserbeschaffung *f* Wasserversorgung водоснабже́ние
wasserbeständig водосто́йкий, водоупо́рный
Wasserbeständigkeit *f* водосто́йкость
Wasserbewegung *f* движе́ние воды́, движе́ние во́дных масс
Wasserbilanz *f* во́дный бала́нс
Wasserbindung *f* свя́зывание воды́
Wasserblase *f* водяно́й пузы́рь
Wasserbohrung *f* водяна́я сква́жина, сква́жина на́ воду
Wasserdampf *m* водяно́й пар
Wasserdampfadsorption *f* адсо́рбция водяно́го па́ра
Wasserdampfdruck *m* давле́ние водяно́го па́ра
Wasserdampfgehalt *m* содержа́ние па́ров воды́
Wasserdampfspannung *f* упру́гость водяны́х па́ров
Wasserdargebot *n* водообеспе́ченность, во́дные ресу́рсы
Wasserdecke *f* водяно́й покро́в
wasserdicht водонепроница́емый, водоусто́йчивый
Wasserdichtigkeit *f* водонепроница́емость
Wasserdichtigkeitsprobe *f* испыта́ние на водонепроница́емость
Wasserdruck *m* давле́ние воды́, напо́р воды́, гидростати́ческое давле́ние
Wasserdruck- водонапо́рный
Wasserdruckdiagramm *n* эпю́ра давле́ния воды́
Wasserdruckhöhe *f* высота́ гидростати́ческого давле́ния, высота́ гидростати́ческого напо́ра
Wasserdruckkomponente *f* составля́ющая давле́ния воды́
Wasserdruckübertragung *f* переда́ча давле́ния воды́
Wasserdurchbruch *m* проры́в воды́
Wasserdurchlaß *m* Wasserabfluß водосто́к
wasserdurchlässig водопроница́емый
Wasserdurchlässigkeit *f* водопроница́емость
Wasserdurchlässigkeitsgrad *m* сте́пень водопроница́емости
wasserdurchsichtig водянопрозра́чный
wasserdurchspült промыва́емый водо́й
Wassereinbruch *m* вторже́ние воды́, проры́в воды́
Wassereinwirkung *f* возде́йствие воды́
Wasserenergie *f* во́дная эне́ргия
Wasserenthärter *m* аппара́т для (у)мягче́ния воды́
Wasserenthärtung *f* водоумягче́ние, мягче́ние воды́, умягче́ние воды́
Wasserenthärtungsanlage *f* водоумягчи́тельная устано́вка, устано́вка для умягче́ния воды́
Wasserentkieselung *f* удале́ние (из воды́) кремнезёма
Wasserentnahme *f* водозабо́р
Wasserentnahmeapparat *m* аппара́т для взя́тия проб воды́
Wasserentnahmeeinrichtung *f* устро́йство для водозабо́ра
Wasserentnahmestelle *f* ме́сто отбо́ра воды́, ме́сто взя́тия проб воды́
Wasserentziehung *f* Entwässerung обезво́живание, дегидрата́ция
Wasserentzug *m* обезво́живание, дегидрата́ция
Wasserergiebigkeit *f* Hydrogeol. расхо́д воды́
Wasserfaden *m* водяна́я струя́
Wasserfall *m* водопа́д
Wasserfassungsanlage *f* водосбо́рная устано́вка, водозабо́рное сооруже́ние, капта́жная устано́вка
wasserfest wasserdicht водоупо́рный
Wasserfilm *m* во́дная плёнка
Wasserfilter *n, m* водяно́й фильтр
Wasserfläche *f* во́дная пове́рхность
Wasserfluß *m* во́дный пото́к

Wasserfluten *n* заводнéние
wasserfrei безвóдный
wasserführend водонóсный, водосодержáщий
Wasserführung *f* водонóсность
Wassergehalt *m* содержáние воды́
wassergesättigt насы́щенный водóй
Wassergeschwindigkeit *f* скóрость течéния воды́
Wassergeschwindigkeitsmesser *m* измери́тель скóрости течéния воды́
Wassergewinnungsanlage *f* водозабóрное сооружéние
Wassergrundbuch *n* вóдный кадáстр
Wassergüte *f* кáчество воды́
wasserhaltend водонепроницáемый, водоохрáнный
wasserhaltig водосодержáщий, водонóсный, водяни́стый
Wasserhaltung *f* 1. вóдное хозя́йство. 2. водоотли́в
Wasserhaltungsanlage *f* водоотливнáя устанóвка
Wasserhaltungsschacht *m* водоотливнáя шáхта
Wasserhaltungsvermögen *n* спосóбность удéрживать воды́
Wasserhärte *f* жёсткость воды́
Wasserhärtemesser *m* прибóр для определéния стéпени жёсткости воды́
Wasserhaushalt *m* вóдный режи́м, вóдный балáнс
Wasserhaushaltsgleichung *f* уравнéние вóдного балáнса
Wasserhaut *f* водянáя плёнка
wasserhöffig водоперспекти́вный
Wasserhöhe *f* высотá ýровня воды́
Wasserhorizont *m* горизóнт воды́
Wasserhülle *f* водянáя плёнка
wässerig водяни́стый
Wasserinhalt *m* содержáние воды́
Wasserkissen *n* водянáя подýшка
wasserklar водянопрозрáчный
Wasserknappheit *f* недостáток воды́, ограни́ченность коли́чества воды́
Wasserkörper *m* вóдная мáсса
Wasserkraft *f* гидравли́ческая си́ла, энéргия воды́
Wasserkraftwerk *n* гидроэлектростáнция, гидростáнция
Wasserkreislauf *m* круговорóт воды́, циркуля́ция воды́
Wasserlauf *m* водотóк, вóдный потóк
wasserleitend водопроводя́щий
Wasserleitung *f* водопровóд
Wasserleitungs- водопровóдный
Wasserleitungsanlage *f* водопровóдная устанóвка
Wasserleitungsrohr *n* водопровóдная трубá
Wasserleitungsstollen *m* водопровóдная штóльня
Wasserlilie *f* водянáя ли́лия
Wasserlilienzone *f* пóяс водянóй ли́лии
Wasserlinie *f* ватерли́ния
wasserlos безвóдный, без воды́
wasserlöslich раствори́мый в водé, воднораствори́мый
Wasserlöslichkeit *f* раствори́мость в водé, водораствори́мость
Wasserlunge *f* водянóе лёгкое
Wassermangel *m* недостáток воды́
Wassermangelgebiet *n* зóна с недостáточным коли́чеством воды́, óбласть с недостáточным коли́чеством воды́
Wassermarke *f* отмéтка ýровня воды́
Wassermasse *f* вóдная мáсса, мáсса воды́
Wassermenge *f* коли́чество воды́; расхóд воды́
Wassermengenabfluß *m* расхóд стóка
Wassermengenbestimmung *f* определéние расхóда воды́, измерéние расхóда воды́
Wassermengenkurve *f* кривáя расхóда воды́
Wassermengenmessung *f* измерéние расхóдов воды́
Wassermengenregelung *f* регули́рование расхóда воды́
Wassermeßdienst *m* гидрометри́ческая слýжба
Wassermesser *m* водомéр
Wassermeßflügel *m* гидрометри́ческая вертýшка
Wassermeßinstrument *n* водомéрный прибóр
Wassermeßlatte *f* водомéрная рéйка
Wassermeßtechnik *f* гидрометри́ческая тéхника
Wassermeßverfahren *n* спóсоб гидрометри́ческих измерéний, мéтод гидрометри́ческих измерéний
Wassermolekül *n* молéкула воды́
Wasserniveau *n* ýровень воды́

Wassernuß *f* *Trapa* водянóй орéх
Wassernutzung *f* водопóльзование
Wassernutzungsanlage *f* установка для водопóльзования
Wassernutzungsproblem *n* проблéма водопóльзования
Wassernutzungsrecht *n* прáво водопóльзования
Wasseroberfläche *f* вóднаяповéрхность, повéрхность воды́
Wasseroberflächenstand *m* ýровень вóдной повéрхности
Wasserpartikel *f* части́ца воды́
Wasserpegel *m* водомéрная рéйка
Wasserpflanze *f* вóдное растéние, водянóе растéние
Wasserprobe *f* прóба воды́
Wasserquerschnitt *m* живóе сечéние потóка
Wasserreaktion *f* реáкция воды́
Wasserrecht *n* вóдное прáво
Wasserreibung *f* внýтреннее трéние воды́
wasserreich многовóдный, водооби́льный
Wasserreichtum *m* водооби́льность
Wasserreinigung *f* очи́стка воды́
Wasserreinigungsanlage *f* водоочисти́тельная установка
Wasserreservoir *n* резервуáр воды́, водянóй резервуáр
Wasserriß *m* промóина, ры́твина
Wasserrückfluß *m* обрáтный притóк воды́, обрáтный ток воды́
Wasserrückgabe *f* возврáт воды́ (в рекý)
Wassersammelanlage *f* водосбóрное сооружéние
Wassersammelbecken *n* водоприёмник
Wassersammelgraben *m* Sammelgraben водосбóрная канáва
Wassersättigung *f* водонасы́щенность, водонасыщéние
Wassersättigungskoeffizient *m* коэффициéнт водонасыщéния
Wassersäule *f* водянóй столб, столб воды́
Wasserscheide *f* водораздéл
Wasserscheide(n)- водораздéльный
Wasserscheidenkamm *m* водораздéльный хребéт
Wasserscheidenlinie *f* водораздéльная ли́ния, ли́ния водораздéла
Wasserscheidenplateau *n* водораздéльное платó
Wasserscheidepunkt *m* тóчка водораздéла
Wasserschichtung *f* расслоéние вóдной мáссы
Wasserschloß *n* уравни́тельная бáшня
Wasserschutz *m* защи́та от воды́; защи́та воды́, охрáна вóдного райóна
Wasserschutzbau *m* водозащи́тное сооружéние
Wasserschwankung *f* колебáние ýровня воды́
Wasserspeicher *m* водохрани́лище
wasserspeichernd водоаккумули́рующий
Wasserspeicherung *f* аккумули́рование воды́, накоплéние воды́ (в водохрани́лище)
Wasserspiegel *m* ýровень воды́, вóдное зéркало, зéркало свобóдной повéрхности воды́, горизóнт воды́
Wasserspiegelabsenkung *f* пони́жение ýровня воды́
Wasserspiegelausschlag *m* амплитýда (колебáния) ýровня воды́
Wasserspiegelbewegung *f* движéние ýровня (свобóдной повéрхности) воды́
Wasserspiegelgang *m* ход ýровня воды́
Wasserspiegelgefälle *n* уклóн свобóдной повéрхности воды́, повéрхностный уклóн вóдного потóка
Wasserspiegelhebung *f* подъём ýровня воды́
Wasserspiegelhöhe *f* высотá ýровня воды́
Wasserspiegellage *f* положéние ýровня воды́
Wasserspiegelschreiber *m* самопи́сец ýровня воды́
Wasserspiegelschwankung *f* колебáние ýровня воды́
Wasserspiegelunterschied *m* рáзность ýровней воды́
Wasserspiegelverhältnisse *n/pl* режи́м ýровней воды́
Wasserstand *m* ýровень воды́, горизóнт воды́
Wasserstandbeobachtungsdienst *m* водомéрная слýжба
Wasserstandglas *n* водомéрное стеклó
Wasserstandhäufigkeit *f* повторя́емость ýровней воды́, частотá ýровней воды́

Wasserstandkulmination *f* пик у́ровня воды́
Wasserstandkurve *f* крива́я хо́да у́ровней воды́
Wasserstandmarke *f* отме́тка у́ровня воды́
Wasserstandmesser *m* уровнеме́р
Wasserstandrohr *n* водоме́рная тру́бка
Wasserstandsabfall *m* паде́ние у́ровня воды́
Wasserstandsablesung *f* отсчёт у́ровня воды́
Wasserstandsänderung *f* измене́ние у́ровня воды́
Wasserstandsanzeiger *m* указа́тель у́ровня воды́
Wasserstandsaufnahme *f* съёмка у́ровней воды́
Wasserstandsaufzeichnung *f* за́пись хо́да у́ровня воды́
Wasserstandsbeobachtung *f* наблюде́ние за у́ровнем воды́
Wasserstandsbeobachtungsdienst *m* водоме́рная слу́жба, слу́жба водоме́рных посто́в
Wasserstandsbeobachtungsglas *n* водоме́рное стекло́
Wasserstandsberechnung *f* вычисле́ние у́ровня воды́
Wasserstandscheitel *m* пик у́ровня воды́
Wasserstandsdifferenz *f* ра́зность у́ровней воды́
Wasserstandserhöhung *f* повыше́ние у́ровня воды́
Wasserstandserniedrigung *f* пониже́ние у́ровня воды́
Wasserstandshäufigkeit *f* повторя́емость у́ровней воды́, частота́ у́ровней воды́
Wasserstandskurve *f* крива́я хо́да у́ровня воды́
Wasserstandsmarke *f* ме́тка у́ровня воды́
Wasserstandsmesser *m* прибо́р для измере́ния у́ровня воды́
Wasserstandsmessung *f* измере́ние у́ровня воды́
Wasserstandsregistrierung *f* регистра́ция у́ровня воды́, за́пись у́ровня воды́
Wasserstandsscheitel *m* пи́ковый у́ровень воды́
Wasserstandsschwankung *f* колеба́ние у́ровня воды́
Wasserstandsskala *f* шкала́ водоуказа́теля
Wasserstandsverlauf *m* ход у́ровня воды́
Wasserstandsvorhersage *f* прогно́з у́ровней воды́
Wasserstandszeiger *m* указа́тель у́ровня воды́
Wasserstau *m* подпо́р воды́
Wasserstauer *m* водоупо́р
Wasserstauung *f* подпо́р воды́
Wasserstoff *m* H водоро́д
Wasserstoff- водоро́дный
Wasserstoffanlagerung *f* присоедине́ние водоро́да
Wasserstoffion *n* водоро́дный ио́н, ио́н водоро́да
Wasserstoffionenkonzentration *f* концентра́ция водоро́дных ио́нов, концентра́ция ио́нов водоро́да
Wasserstofflinie *f* ли́ния водоро́да
Wasserstoffsuperoxid *n* H_2O_2 пе́рекись водоро́да
Wasserstoffverbindung *f* водоро́дное соедине́ние
Wasserstollen *m* водоотливна́я што́льня
Wasserstrahl *m* струя́ воды́
Wasserstrahl- водостру́йный
Wasserstrahlpumpe *f* водостру́йный насо́с
Wasserstraße *f* во́дный путь (сообще́ния)
Wasserstraßenbau *m* строи́тельство во́дных путе́й сообще́ния
Wasserstraßenbauten *m/pl* сооруже́ния во́дных путе́й
Wasserstraßennetz *n* сеть во́дных путе́й
Wasserstrom *m* Wasserlauf во́дный пото́к, водото́к
Wasserstrudel *m* водоворо́т
Wassersuche *f* по́иска воды́
Wassertechnik *f* гидроте́хника
Wassertechniker *m* гидроте́хник
Wassertemperatur *f* температу́ра воды́
Wassertemperaturdifferenz *f* ра́зность температу́р воды́
Wassertemperaturgang *m* измене́ние температу́ры воды́
Wassertiefe *f* глубина́ воды́
Wassertier *n* во́дное живо́тное

Wasserträger *m* водоно́сный сло́й, водоно́сный пласт
Wassertransport *m* перено́с воды́, перемеще́ние вод
Wassertreppe *f* во́дная ле́стница, каска́д
Wassertropfen *m* ка́пля воды́
Wassertrübung *f* помутне́ние воды́, му́тность воды́
Wasserüberfall *m* водосли́в
Wasserüberfluß *m* избы́ток воды́, изли́шек воды́, избы́точная вода́
Wasserüberleitung *f* перебро́ска воды́
Wasserüberschuß *m* избы́ток воды́
Wasserumlauf *m* обво́д воды́; циркуля́ция воды́, круговоро́т воды́
Wasserumlenkung *f* поворо́т воды́, измене́ние направле́ния воды́ (тече́ния)
Wasserumsatz *m* водообме́н, круговоро́т воды́
wasserundurchlässig водонепроница́емый
Wasserundurchlässigkeit *f* водонепроница́емость
wasserunlöslich нераствори́мый в воде́
Wasserunlösliches *n* нераствори́мый в воде́ оста́ток
Wasserunlöslichkeit *f* нераствори́мость в воде́
Wasseruntersuchung *f* иссле́дование воды́
Wasseruntersuchungsverfahren *n* ме́тод иссле́дования воды́
Wasserverbrauch *m* потребле́ние воды́, водопотребле́ние; расхо́д воды́
Wasserverbrauchsschwankung *f* колеба́ние водопотребле́ния
Wasserverdrängung *f* водоизмеще́ние
Wasserverdunstung *f* испаре́ние воды́
Wasserverdunstungstemperatur *f* температу́ра испаре́ния воды́
Wasserverfrachtung *f* перено́с во́дных масс
Wasserverhältnisse *n/pl* во́дные усло́вия
Wasserverlust *m* поте́ря воды́, уте́чка воды́
Wasserverschiebung *f* перемеще́ние воды́, перемеще́ние во́дных масс
Wasserverschlechterung *f* ухудше́ние воды́
Wasserversorgung *f* водоснабже́ние
Wasserverteilung *f* распределе́ние воды́, водораспределе́ние
Wasservolumen *n* объём воды́, во́дный объём
Wasservorkommen *n* нали́чие воды́
Wasservorrat *m* запа́с воды́, во́дные ресу́рсы
Wasserwaage *f* у́ровень
Wasserweg *m* во́дный путь
Wasserwelle *f* во́дная волна́
Wasserwerk *n* Pumpwerk водопрово́дная ста́нция, насо́сная ста́нция, водока́чка
Wasserwirtschaft *f* во́дное хозя́йство
wasserwirtschaftlich Wasserwirtschafts- водохозя́йственный
Wasserwirtschaftsanlage *f* водохозя́йственное сооруже́ние
Wasserzapfstelle *f* ме́сто водозабо́ра
Wasserzersetzung *f* разложе́ние воды́
Wasserzirkulation *f* Wasserumlauf циркуля́ция воды́
Wasserzufluß *m* прито́к воды́
Wasserzuflußbestimmung *f* определе́ние прито́ка подзе́мных вод
Wasserzufuhr *f* Wasserzuführung подво́д воды́
Wasserzugang *m* прито́к воды́
Wasserzulauf *m* прихо́д воды́
Wasserzuleitungsgraben *m* водоподводя́щий кана́л, водоподводя́щая кана́ва
Wasserzusammensetzung *f* соста́в воды́
Wasserzutritt *m* до́ступ воды́
wäßrige Lösung *f* во́дный раство́р
Watt *n* 1. Elektr. ватт. 2. Geol. ва́тты
Wattenküste *f* бе́рег ва́ттенов
Wattmesser *m* ваттме́тр
Wavellit *m* $Al_3[(OH)_3|(PO_4)_2]\cdot 5H_2O$ вавелли́т
Wealden *n* вельд, ве́льдские отложе́ния
Wealdenkohle *f* ве́льдский у́голь
Websterit *m* † Aluminit вебстери́т
Wechsel *m* 1. Änderung переме́на, измене́ние; 2. Abfolge сме́на, чередова́ние
Wechsel- veränderlich переме́нный
Wechselbelastung *f* знакопереме́нная нагру́зка
Wechselbeziehung *f* взаимоотноше́ние, соотноше́ние
Wechselfeld *n* переме́нное по́ле

wechselfeucht переме́нно-вла́жный
Wechselklima *n* изме́нчивый кли́мат
wechsellagern пересла́иваться / переслои́ться
wechsellagernd пересла́ивающийся
Wechsellagerung *f* пересла́ивание, перемежа́ющееся залега́ние
Wechselpolarisation *f* переме́нная поляриза́ция
Wechselpunkt *m* переме́нная то́чка, то́чка перело́ма
Wechselspannung *f* переме́нное напряже́ние, напряже́ние переме́нного то́ка
Wechselspiel *n* взаимоде́йствие
Wechselstrom *m* переме́нный ток
Wechselstromfeld *n* по́ле переме́нного то́ка, переме́нное по́ле
Wechselstrommethode *f* ме́тод переме́нного то́ка
Wechselwinkel *m* переме́нный у́гол
Wechselwirkung *f* Zusammenwirken взаимоде́йствие
Wedel *m* Farnwedel ва́йя, ва́ия
Weg *m* доро́га, путь
Wegebau *m* Straßenbau доро́жное строи́тельство
weggeschwemmt унесённый водо́й, смы́тый водо́й, размы́тый
Weglänge *f* длина́ пути́
Wegräumung *f* Freilegung расчи́стка
wegschwemmen смыва́ть / смыть водо́й, уноси́ть / унести́ водо́й, размыва́ть / размы́ть
Wegschwemmen *n* смыв водо́й, уно́с водо́й, размы́тие
wegtragen forttragen, abtransportieren уноси́ть / унести́
Wehr *n* 1. запру́да; плоти́на. 2. затво́р водосли́вной плоти́ны
Wehrhöhe *f* высота́ плоти́ны
Wehrkörper *m* те́ло плоти́ны
Wehrkrone *f* гре́бень плоти́ны; поро́г водосли́ва
Wehrlit *m* 1. Mineral, entspricht Pilsenit. 2. Peridotit верли́т
Weibchen *n* са́мка
weiblich же́нский
Weibullit *m* ? $PbS \cdot Bi_2Se_3$ вейбулли́т
weich mild мя́гкий
Weichbraunkohle *f* мя́гкий у́голь
Weicherz *n* мя́гкая руда́
Weichkörper *m* мя́гкое те́ло
weichmachen Wasser умягча́ть / умягчи́ть (во́ду)
Weichmanganerz *n* Pyrolusit мя́гкая ма́рганцевая руда́
weich-plastisch мягкопласти́чный
Weichselia *f* вейхзе́лия
Weichsel-Vereisung *f* Weichsel-Eiszeit висли́нское оледе́нение
Weide *f* *Salix* и́ва
Weilburgit *m* Alkalidiabas вейльбурги́т
weilburgitisch вейльбурги́товый
Weinbergerit *m* NaAlFe-Silikat вейнберги́т
Weinsäure *f* Weinsteinsäure ви́нная кислота́
Weinschenkit *m* $(Y, Er)[PO_4] \cdot 2H_2O$ вейншенки́т
Weiselbergit *m* Augitporphyrit вейзельберги́т
Weißbleierz *n* Cerussit бе́лая свинцо́вая руда́
Weißbuche *f* бе́лый бук, граб
Weißeisenerz *n* ? Eisenkarbonat gelförmiger Entstehung бе́лая желе́зная руда́
Weißglut *f* бе́лое кале́ние
Weiß höherer Ordnung *n* Min. бе́лый цвет вы́сшего поря́дка
Weißit *m* Cu_2Te вейсси́т
Weißkalk *m* бе́лая и́звесть
Weißliegendes *n* Unterperm бе́лая подо́шва
Weißmeerkomplex *m* беломо́рский ко́мплекс
Weißmeer-Transgression *f* беломо́рская трансгре́ссия
Weißmetall *n* бе́лый мета́лл
Weißnickelkies *m* Chloanthit $NiAs_3$ бе́лый ни́келевый колчеда́н
Weißspießglanz *m* † Valentinit бе́лая сурьмя́ная руда́, валентини́т
Weite *f* Entfernung, Reichweite да́льность
Weitwinkelobjektiv *n* широкоуго́льный объекти́в
Welle *f* волна́
Wellen- волново́й, волнообра́зный, волни́стый
Wellenabschnitt *m* отре́зок волны́
Wellenamplitude *f* амплиту́да волны́, разма́х волны́
Wellenanalyse *f* ана́лиз волн

Wellenanlauf *m* набега́ние волны́, разго́н волны́
Wellenanlaufrichtung *f* направле́ние набега́ния волны́
Wellenart *f* тип волны́
wellenartig wellenförmig волнообра́зный
Wellenauftreffwinkel *m* у́гол встре́чи волны́
Wellenausbreitung *f* распростране́ние волн
Wellenbahn *f* путь волны́, траекто́рия волны́
Wellenbauch *m* Wellenberg пу́чность волны́
Wellenbereich *m* диапазо́н волн
Wellenberg *m* Wellenkamm, Wellenscheitel пу́чность волны́, гре́бень волны́, верши́на волны́
Wellenbeschleunigung *f* волново́е ускоре́ние
Wellenbewegung *f* волново́е движе́ние, волнообра́зное движе́ние
Wellenbild *n* волнова́я карти́на
Wellenbildung *f* волнообразова́ние, образова́ние волн, зарожде́ние волн
Wellenbrecher *m* волноло́м, волноре́з
Wellenbrecher- волноло́мный
Wellenbruch *m* опроки́дывание волны́, обруше́ние волны́
Wellencharakter *m* волново́й хара́кте́р, хара́ктер волны́
Wellendruck *m* волново́е давле́ние, давле́ние волны́
Wellendynamik *f* волнова́я дина́мика, дина́мика волн
Wellenelement *n* элеме́нт волны́
Wellenenergie *f* эне́ргия волн, волнова́я эне́ргия
Wellenentstehung *f* возникнове́ние волн
Wellenentwicklung *f* разви́тие волн
Wellenerscheinung *f* волново́е явле́ние
wellenerzeugend волнообразу́ющий
Wellenerzeugung *f* образова́ние волн
Wellenfeld *n* волново́е по́ле
Wellenfläche *f* пове́рхность волны́, волнова́я пове́рхность
Wellenform *f* фо́рма волны́
wellenförmig волнообра́зный
Wellenfortpflanzung *f* распростране́ние волн
Wellenfortpflanzungsgeschwindigkeit *f* ско́рость распростране́ния волн
Wellenfortpflanzungsrichtung *f* направле́ние распростране́ния волн
Wellenfrequenz *f* волнова́я частота́
Wellenfront *f* фронт волны́, волново́й фронт
Wellenfunktion *f* волнова́я фу́нкция
Wellenfurchen *f/pl* волноприбо́йные зна́ки
Wellenfuß *m* подо́шва волны́
Wellengang *m* волне́ние, ход волны́
Wellengeschwindigkeit *f* волнова́я ско́рость, ско́рость волны́
Wellengeschwindigkeitsfläche *f* Strahlengeschwindigkeitsfläche пове́рхность световы́х волн
Wellengestalt *f* фо́рма волны́
Wellengleichung *f* волново́е уравне́ние
Wellengruppe *f* гру́ппа волн
Wellenhöhe *f* высота́ волны́
Wellenkalk *m* волни́стый известня́к
Wellenkamm *m* гре́бень волны́, пу́чность волны́
Wellenkategorie *f* катего́рия волн
Wellenkinematik *f* кинема́тика волн
Wellenknoten *m* у́зел волны́
Wellenkomponente *f* составля́ющая волны́, слага́ющая волны́
Wellenkonstante *f* волново́е число́
Wellenkontur *f* про́филь волны́
Wellenkopf *m* гре́бень волны́
Wellenkraft *f* си́ла де́йствия волны́
Wellenkuppe *f* гре́бень волны́
Wellenlänge *f* длина́ волны́
Wellenlängenbereich *m* диапазо́н длины́ волн
Wellenlängenskala *f* шкала́ длин волн (в спектроско́пе)
Wellenlauf *m* движе́ние волны́, ход волны́, разго́н волны́
Wellenlaufrichtung *f* направле́ние движе́ния волны́
Wellenlehre *f* тео́рия волново́го движе́ния
Wellenlinie *f* волни́стая ли́ния
Wellenmechanik *f* волнова́я меха́ника
Wellenmesser *m* волноме́р
Wellenmessung *f* измере́ние (элеме́нтов) волн
Wellennatur *f* волнова́я приро́да, приро́да волн
Wellenneigung *f* накло́н волны́
Wellennormale *f* волнова́я норма́ль
Wellenovaloid *n* волново́й овало́ид

Wellenparameter *m* пара́метр волн
Wellenperiode *f* пери́од волны́
Wellenphase *f* фа́за волны́
Wellenprofil *n* про́филь волны́
Wellenreflexion *f* отраже́ние волны́
Wellenrefraktion *f* рефра́кция волны́
Wellenrichtung *f* направле́ние волны́
Wellenrippel *f* рябь волне́ния
Wellenrücken *m* ты́льная сторона́ волны́
Wellenrückwanderung *f* обра́тное переме́щение волны́
Wellenscheitel *m* гре́бень волны́
Wellenschlag *m* уда́р волны́; прибо́й
Wellenschreiber *m* волногра́ф
Wellenschutz *m* защи́та от волн
Wellenschwankung *f* волново́е колеба́ние
Wellenschwingung *f* волново́е колеба́ние
Wellenspektrum *n* спектр волн
Wellenstirn *f* лицева́я сторона́ волны́, фронт волны́
Wellenstörung *f* волново́е возмуще́ние
Wellenstoß *m* уда́р волны́
Wellenstrahl *m* волново́й луч
Wellenstrahlung *f* волново́е излуче́ние, волнова́я радиа́ция
Wellenstrom *m* волново́е тече́ние
Wellenströmung *f* волново́е тече́ние
Wellensystem *n* систе́ма волн
Wellental *n* доли́на волны́, подо́шва волны́, ложби́на волны́
Wellentätigkeit *f* де́ятельность волн
Wellentheorie *f* волнова́я тео́рия, тео́рия волн
Wellentyp *m* тип волны́
Wellenvektor *m* волново́й ве́ктор
Wellenverlauf *m* пробе́г волны́, прохожде́ние волны́
Wellenweg *m* путь волны́
Wellenwert *m* пара́метр волны́
Wellenwiderstand *m* волново́е сопротивле́ние
Wellenzone *f* волнова́я зо́на
Wellenzug *m* гру́ппа волн, се́рия волн, цепь волн
wellig волново́й, волни́стый, волнообра́зный
Welligkeit *f* волни́стость
Wellsit *m* Harmotomgruppe уэльси́т
Welt *f* мир, свет
Welt- мирово́й
Weltall *n* Universum вселённая
Welterzeugung *f* мирова́я добы́ча
Weltförderung *f* мирова́я добы́ча
Weltkarte *f* мирова́я ка́рта
Weltkoordinatensystem *n* мирова́я систе́ма координа́т
Weltmarkt *m* мирово́й ры́нок
Weltmaßstab *m* мирово́й масшта́б
Weltmeer *n* мирово́й океа́н
Weltnetz *n* мирова́я сеть
Weltproduktion *f* Welterzeugung мирово́е произво́дство
Weltraum *m* мирово́е простра́нство
Weltraumkälte *f* хо́лод мирово́го простра́нства
Weltvorräte *m/pl* мировы́е запа́сы
Weltzeitkoordinate *f* координа́та мирово́го вре́мени
Welwitschiaceae *pl* вельви́чиевые
Wendeachse *f* поворо́тная ось
Wendekreis *m* тро́пик
Wendekreis des Krebses *m* тро́пик Ра́ка
Wendekreis des Steinbocks *m* тро́пик Козеро́га
Wendepunkt *m* то́чка переги́ба, то́чка поворо́та, поворо́тный пункт
Wengener Schichten *f/pl* alpine Trias ве́нгенские слои́
wenig deformiert schwach verformt малодеформи́рованный
wenig durchlässig малопроница́емый
wenig gegliedert мелкорасчленённый
wenig höffig малоперспекти́вный
wenig verfestigt schwach verfestigt слабосцементи́рованный
Wenlock *n* Wenlock-Stufe уэ́нлок, ве́нлокский я́рус
Wentzelit *m* (Mn, Fe, Mg)H$[PO_4]\cdot 2H_2O$ венцели́т
Werfener Schichten *f/pl* alpine Trias ве́рфенские слои́
Werk *n* Fabrik заво́д
Werkzeug *n* Gerät инструме́нт, ору́дие
Wernerit *m* † Skapolith вернери́т
Werneritit *m* вернерити́т
Werst *f* 1066,78 m верста́
Werst- верстово́й
Wert *m* Kosten сто́имость; це́нность
Werterhöhung *f* увеличе́ние це́нности
Werthemannit *m* ? ähnlich Aluminit вертеманни́т
Wertigkeit *f* вале́нтность; а́томность
Wertigkeits- вале́нтный

Wertigkeitsregel *f* пра́вило вале́нтности
Wertigkeitsschicht *f* вале́нтный сло́й
Wertigkeitsstufe *f* ступе́нь вале́нтности
Wesenberger Schichten *f/pl* Ordovizium der nördl. Russischen Tafel ве́зенбергские слои́
Wesensmerkmal *n* руководя́щий при́знак
Weslienit *m* Romeit веслини́т
West Westen за́пад
Westalpen *pl* За́падные А́льпы
Westdrift *f* за́падный дре́йф; за́падный перено́с
Westen *m* West за́пад
Westfal *n* вестфа́льский отде́л
westlich West- за́падный
Westströmung *f* за́падное тече́ние
westwärts в направле́нии к за́паду
Westwind *m* за́падный ве́тер
Westwindgürtel *m* по́яс за́падных ве́тров
Westwindtrift *f* за́падное дре́йфовое тече́ние
Westwindzone *f* зо́на за́падных ве́тров
Wetherillit *m* † teils Hetairit, teils Varietät von Bitumen везерили́т
Wetter *n* Witterung пого́да
Wetter *pl* рудни́чный во́здух, рудни́чная атмосфе́ра
Wetterabhängigkeit *f* зави́симость от пого́ды
Wetterablauf *m* режи́м пого́ды
Wetteramt *n* Wetterdienst слу́жба пого́ды
wetterbedingt обусло́вленный пого́дой
wetterbeständig погодоусто́йчивый
Wetterbeständigkeit *f* погодоусто́йчивость, усто́йчивость про́тив де́йствия атмосфе́рных влия́ний
Wettercharakter *m* хара́ктер пого́ды
Wetterdienst *m* метеорологи́ческая слу́жба
wetterfest погодоусто́йчивый
Wetterführung *f* вентиля́ция рудника́
Wetterkarte *f* синопти́ческая ка́рта, ка́рта пого́ды
Wetterkunde *f* Meteorologie метеороло́гия
Wetterlage *f* метеорологи́ческая обстано́вка, метеорологи́ческие усло́вия, состоя́ние пого́ды
Wetterschacht *m* вентиляцио́нная ша́хта
Wetterscheide *f* метеорологи́ческий разде́л
Wetterseite *f* наве́тренная сторона́
Wettersteinkalk *m* alpine Trias ве́ттерштейнский известня́к
Wetterstollen *m* вентиляцио́нная што́льня
Wetterstrecke *f* вентиляцио́нный штрек
Wetterstrom *m* вентиляцио́нная струя́
Wetterverhältnisse *n/pl* Witterungsverhältnisse метеорологи́ческие усло́вия, состоя́ние пого́ды
Wettervorhersage *f* предсказа́ние пого́ды
Wetterwarte *f* метеорологи́ческая обсервато́рия
Wetterwechsel *m* измене́ние пого́ды
Wetterzug *m* вентиляцио́нная струя́
Wetzsteinquarzit *m* точи́льный кварци́т
Weyburn Crag *m* Altpleistozän Englands ве́йбурнский краг
Wheatstonesche Brücke *f* мо́стик Уи́тстона
Wheelerit *m* bernsteinähnliches Harz уилери́т
Whewellit *m* $Ca(C_2O_4) \cdot H_2O$ вевелли́т, уэвелли́т
Whitcliff-Schichten *f/pl* Obersilur слои́ Уайтклифф
Whitneyit *m* (Cu, As) витнеи́т
Wichte *f* уде́льный вес
Wichtisit *m* Gesteinsglas вихтиси́т
widersinnige Verwerfung *f* взброс, перебро́с
Widerstand *m* Festigkeit сопротивле́ние, усто́йчивость
widerstandsfähig stabil усто́йчивый
Widerstandsfähigkeit *f* усто́йчивость
Widerstandsgradient *m* градие́нт уде́льного сопротивле́ния
Widerstandskarottage *f* кароттаж ρ
Widerstandskoeffizient *m* коэффицие́нт сопротивле́ния
Widerstandskurve *f* крива́я сопротивле́ния
Widerstandsmessung *f* измере́ние сопротивле́ния
Widerstandsmethode *f* ме́тод сопротивле́ния, метод ρ
Widerstandsmoment *n* моме́нт сопротивле́ния
Widerstandsrelais *n* реле́ сопротивле́ний

Widerstandsspitze *f* пик сопротивлéния
Widerstandsthermometer *n* термóметр сопротивлéния
Widerstandsuntersuchung *f* исслéдование сопротивлéния
Widerstandszahl *f* коэффициéнт сопротивлéния
Widmannstättensche Figuren *f/pl* видманштéтовы фигýры
Wiederabsatz *m* повтóрное осаждéние
Wiederaufleben *n* возобновлéние
Wiederaufschmelzung *f* Wiederaufschmelzen переплавлéние, повтóрное расплавлéние
Wiederherstellung *f* Regeneration восстановлéние
Wiederholungsmessung *f* повтóрное измерéние
Wiederkäuer *m* жвáчное живóтное
Wiedgerit *m* † Elaterit виджерúт
wiegen вéсить *uv.*
Wiener Becken *n* Вéнский бассéйн
Wiese *f* луг
Wiesen- луговóй
Wiesenboden *m* луговáя пóчва
Wiesenerz *n* луговáя рудá, дернóвая рудá
Wiesenformation *f* луговáя формáция
Wiesenkalk *m* луговóй известня́к
Wiesenmergel *m* луговóй мéргель
Wiesenmoor *n* луговóе болóто
Wiesenpflanze *f* луговóе растéние
Wiesenschwarzerdeboden *m* лугово-чернозёмная пóчва
Wiesenstadium *n* луговáя стáдия
Wiesensteppe *f* луговáя степь
Wiesentorf *m* луговóй торф
Wiesenvegetation *f* луговáя растúтельность
Wiikit *m* Pyrochlorgruppe виикúт
Wildbach *m* гóрный потóк, гóрный ручéй
Wildbachgebiet *n* бассéйн гóрного потóка
Wildbachschlucht *f* Tobel, Runse горловúна гóрного потóка, лог, ущéлье гóрного потóка
Wildbachsperre *f* запрýда в гóрном ручьé
Wildbachverbauung *f* выправлéние гóрного потóка, регулúрование гóрного потóка
Wildpferd *n* дúкая лóшадь
Wildwasser *n* незарегулúрованные вóды
Wilkeit *m* Apatitgruppe вилькейт, сульфатапатúт
Willemit *m* $Zn_2[SiO_4]$ виллемúт
Williamsonia *f* виллья́мсóния
Wilson-Kammer *f* кáмера Вúльсона
Wiluit *m* † teils Vesuvian, teils Grossular вилуúт
Wind *m* вéтер
windabhängig завися́щий от вéтра
Windablagerung *f* ветровóе отложéние, эóловое отложéние
Windabnahme *f* ослаблéние вéтра
Windabrasion *f* истирáние вéтром
Windabtragung *f* Deflation развевáние, дефля́ция
Windakkumulation *f* ветровáя аккумуля́ция
windbedingt определя́емый вéтром
windbestäubend ветроопыля́емый
windblütig ветроопыля́емый
Windbruch *m* бурелóм, ветровáл
Winddrehung *f* вращéние вéтра, поворóт вéтра
Winddruck *m* давлéние вéтра
Windeinwirkung *f* дéйствие вéтра
Windenergie *f* энéргия вéтра
Windentrommel *f* барабáн лебéдки
Winderosion *f* ветровáя эрóзия
Windfaktor *m* фáктор вéтра
Windfrequenz *f* повторя́емость вéтров, частотá вéтров
Windgebiet *n* óбласть дéйствия вéтра
Windgeschwindigkeit *f* скóрость вéтра
Windgürtel *m* Windzone пóяс вéтров, ветровóй пóяс
Windhäufigkeit *f* повторя́емость вéтров, частотá вéтров
Windhja-System *n* виндхúйская систéма
windig Wind- вéтреный
Windkanter *m* многогрáнник, mit zwei Fazetten двухгрáнник, mit drei Fazetten трёхгрáнник
Windkomponente *f* составля́ющая вéтра
Windkraft *f* сúла вéтра, ветровóе усúлие
Windleistung *f* мóщность вéтра
Windmesser *m* анемóметр
Windmessung *f* измерéние вéтра
Windrichtung *f* направлéние вéтра
Windrippel *f* ветровáя рябь

Windrose *f* ро́за ве́тров
Windschatten *m* подве́тренная сторона́
Windschutzpflanzung *f* ветрозащи́тное насажде́ние
Windseite *f* наве́тренная сторона́
Windseparation *f* возду́шная классифика́ция, возду́шная сепара́ция
Windskala *f* шкала́ ве́тра
Windstärke *f* си́ла ве́тра
Windstärkeskala *f* шкала́ си́лы ве́тра
windstill ти́хий, безве́тренный
Windstille *f* безве́трие, зати́шье, штиль
Windstillengürtel *m* по́яс шти́лей
Windstrom *m* ветрово́й пото́к
Windströmung *f* ветрово́е тече́ние, возду́шный пото́к
Windsystem *n* систе́ма ве́тров
Windtransport *m* ветрово́й перено́с
Windtrift *f* ветрово́й дре́йф
Windung *f* 1. Schale оборо́т. 2. Fluß изви́лина
Windverhältnisse *n/pl* ветровы́е усло́вия, ветрово́й режи́м
Windverteilung *f* распределе́ние ве́тров
Windwirkung *f* де́йствие ве́тра
Windzunahme *f* усиле́ние ве́тра
Winkel *m* у́гол
Winkel- углово́й
Winkelabstand *m* углово́е расстоя́ние
Winkelabweichung *f* углово́е отклоне́ние
Winkelausschlag *m* углово́е отклоне́ние
Winkelbeschleunigung *f* углово́е ускоре́ние
Winkelbewegung *f* углово́е движе́ние, углово́е перемеще́ние
Winkeldifferenz *f* углово́е расхожде́ние
Winkeldiskordanz *f* углово́е несогла́сие
Winkeldistanz *f* углово́е расстоя́ние
Winkelentfernung *f* углово́е расстоя́ние
Winkelfehler *m* оши́бка угла́, погре́шность угла́
Winkelfrequenz *f* углова́я частота́
Winkelfunktion *f* углова́я фу́нкция
Winkelgeschwindigkeit *f* углова́я ско́рость
Winkelgleichung *f* углово́е уравне́ние
Winkelkonstante *f* углова́я постоя́нная
Winkelkoordinate *f* углова́я координа́та
Winkelmaß *n* углова́я ме́ра
Winkelmesser *m* угломе́р
Winkelmeßfehler *m* оши́бка измере́ния угла́
Winkelmeßinstrument *n* угломе́рный инструме́нт
Winkelmessung *f* измере́ние угло́в
Winkelprojektion *f* углова́я прое́кция
Winkelsumme *f* су́мма угло́в
winkeltreu равноуго́льный
Winkelvergrößerung *f* углово́е увеличе́ние
Winkelverschiebung *f* углово́е смеще́ние, углово́е перемеще́ние
Winkelverzerrung *f* искаже́ние угло́в
Winkelwert *m* величина́ угла́
Winter *m* зима́
Winter- зи́мний
Winterabfluß *m* зи́мний сток
Winterbewässerung *f* зи́мнее ороше́ние
Wintereis *n* зи́мний лёд
Winterfirndecke *f* зи́мний фи́рновый покро́в
Winterhalbjahr *n* зи́мнее полуго́дие
Winterhochwasser *n* зи́мний па́водок
Winterklima *n* зи́мний кли́мат
Wintermonsum *m* зи́мний муссо́н
Winterniederschläge *m/pl* зи́мние оса́дки
Winterregen *m* зи́мний дождь
Winterspiegel *m* зи́мний у́ровень воды́
Wintertemperatur *f* зи́мняя температу́ра
Winterwasserführung *f* зи́мняя водоно́сность, водоно́сность зи́много перио́да
Winter(wasser)spiegel *m* зи́мний у́ровень воды́
Wirbel *m* 1. Hydrol. вихрь. 2. Pal. позвоно́к; маку́шка
Wirbel- 1. Hydr. вихрево́й. 2. Pal. позвоно́чный; маку́шечный
Wirbelablösung *f* отры́в ви́хрей
Wirbelachse *f* ось ви́хря, вихрева́я ось
wirbelartig вихрево́й
Wirbelbewegung *f* вихрево́е движе́ние, турбуле́нтное тече́ние
Wirbelbildung *f* вихреобразова́ние, образова́ние ви́хрей, завихре́ние
Wirbelentstehung *f* возникнове́ние ви́хря
Wirbelfeld *n* вихрево́е по́ле, по́ле ви́хря
Wirbelfläche *f* вихрева́я пове́рхность, пове́рхность завихре́ния
Wirbelfluß *m* Wirbelstrom пото́к ви́хря, вихрево́й пото́к

wirbelfrei безвихревóй, невихревóй
Wirbelkern *m* ядрó вихря
Wirbelkomponente *f* составляющая вихря
Wirbelkörper *m* Pal. тéло позвонкá
Wirbellinie *f* вихревáя линия
wirbellos беспозвонóчный
Wirbellose *pl* беспозвонóчные
Wirbelpaar *n* вихревáя пáра
Wirbelsäule *f* Columna vertebralis позвонóчник, позвонóчный столб
Wirbelstärke *f* интенсивность вихря
Wirbelstörung *f* вихревóе возмущéние
Wirbelstrom *m* турбулéнтный потóк, турбулéнтное течéние
Wirbelströmung *f* турбулéнтное течéние, вихревóе течéние
Wirbelsturm *m* Orkan ураган, циклóн
Wirbelsystem *n* систéма вихрей
Wirbeltier *n* позвонóчное живóтное
Wirbelwind *m* вихрь, вихревóй вéтер
Wirbelzentrum *n* центр вихря
Wirbelzone *f* вихревáя зóна, зóна вихрей
Wirkdauer *f* продольжительность дéйствия
wirken дéйствовать / подéйствовать, влиять / повлиять
Wirklichkeit *f* Echtheit действительность
wirksam дéйствующий, эффективный
Wirksamkeit *f* Wirkungsgrad эффективность
Wirkstoff *m* áгент
Wirkung *f* дéйствие; влияние
Wirkungsbereich *m* райóн дéйствия, сфéра дéйствия, рáдиус дéйствия
Wirkungsgrad *m* стéпень воздéйствия, коэффициéнт полéзного дéйствия; эффективность
Wirkungsgröße *f* дéйствующая величинá
Wirkungslinie *f* линия дéйствия
Wirkungsquant(um) *n* квант дéйствия
Wirkungsquerschnitt *m* эффективное сечéние
Wirkungsradius *m* рáдиус дéйствия
Wirkungssphäre *f* сфéра дéйствия
Wirkungstrichter *m* ворóнка дéйствия
Wirkungszentrum *n* центр дéйствия
wirrfaserig спýтанно-волокнистый
Wirtgestein *n* порóда-хозяин
Wirtkomponente *f* компонéнт хозяина
Wirtkristall *n* кристáлл-хозяин
Wirtmineral *n* минерáл-хозяин
Wirtschaft *f* хозяйство
wirtschaftlich экономический
Wirtschaftlichkeit *f* Rentabilität экономичность; рентáбельность
Wirtschafts- хозяйственный; экономический
wirtschaftsgeographisch хозяйственно-географический
Wirtsubstanz *f* веществó хозяина
Wisconsin-Vereisung (-Eiszeit) *f* висконсинское оледенéние
Wismut *n* Bi висмут
Wismut- висмутовый
Wismutblende *f* † „Eulytin" висмутовая обмáнка
Wismutglanz *m* Bismuthin Bi_2S_3 висмутовый блеск
Wismutmineral *n* висмутовый минерáл
Wismutnitrat *n* $Bi(NO_3)_2$ азотнокислый висмут, нитрáт висмута
Wismutocker *m* Bi_2O_3 висмутовая óхра
Wismutoxychlorid *n* (BiO)Cl хлорóкись висмута, хлóристый висмутил
Wismutoxid *n* Bi_2O_3; Bi_2O_4; Bi_2O_5 óкись висмута, оксид висмута
Wismuttellurid *n* теллýристый висмут
Wismutträger *m* носитель висмута
Wismutweiß *n* $BiO(NO_3)$ висмутовые белила
Wissenbacher Schiefer *m* Devon Mitteleuropa виссенбахский слáнец
Wissenschaft *f* Lehre наýка
wissenschaftlich Wissenschafts- наýчный
wissenschaftliche Forschungsarbeit *f* наýчно-исслéдовательская рабóта
Wissenschaftliches Forschungsinstitut *n* наýчно-исслéдовательский институт
Wissenschaftlichkeit *f* наýчность
wissenschaftlich-technisch наýчно-технический
Wissensstand *m* ýровень знáния
Withamit *m* entspricht Piemontit витамит
Witherit *m* $BaCO_3$ витерит
Witterung *f* Wetter погóда
Witterungsablauf *m* ход погóды, развитие погóды
Witterungsbeständigkeit *f* погодоустóйчивость
Witterungseinfluß *m* влияние погóды, атмосфéрное влияние

Witterungseinwirkung *f* влия́ние пого́ды, атмосфе́рное влия́ние
Witterungsumschlag *m* Wetterumschlag по́лная переме́на пого́ды
Witterungsverlauf *m* разви́тие пого́ды
Witterungswechsel *m* сме́на пого́ды
Wittichenit *m* $3Cu_2S \cdot Bi_2S_3$ виттихени́т
Wittit *m* Se-haltiger Hammarit витти́т
Witwatersrand-System *n* Präkambrium Südafrika систе́ма витватерсра́нд
Wochenschrift *f* еженеде́льный журна́л, еженеде́льник
wöchentlich еженеде́льный
Woge *f* волна́
Wogenbildung *f* образова́ние волн
Wogenenergie *f* эне́ргия волн
Wogenschlag *m* уда́р волны́
Wöhlerit *m* $Ca_2NaZr[(F, OH, O)_2Si_2O_7]$ вёлерит
Wohnbauten *m/pl* Pal. постро́йки
Wohngebiet *n* Pal. о́бласть обита́ния, ареа́л обита́ния
Wohnkammer *f* Pal. жила́я ка́мера
Wohnort *m* Aufenthaltsort местонахожде́ние
Wölbung *f* Konvexität вы́пуклость
Wolchonskoit *m* Gruppe der Allophane волконскои́т
Wolfachit *m* † Mischkristall zwischen Gersdorffit und Ullmannit вольфахи́т
Wolfcamp-Gruppe *f* Oberkarbon Nordamerikas во́льфкемпский ко́мплекс
Wolfram *m* W вольфра́м
Wolfram- вольфра́мовый
Wolframdraht *m* вольфра́мовая нить
Wolframit *m* $(Mn, Fe)WO_4$ вольфрами́т
Wolframit- вольфрами́товый
Wolframkonzentrat *n* вольфра́мовый концентра́т
Wolframocker *m* Tungstit WO_3 вольфра́мовая о́хра
Wolframoxyd *n* WO; W_2O_3; WO_2; W_2O_5 о́кись вольфра́ма, окси́д вольфра́ма
Wolframparagenese *f* вольфра́мовый параге́незис
Wolframstahl *m* вольфра́мовая сталь
Wolframvererzung *f* вольфра́мовое оруде́ние
Wolke *f* о́блако, ту́ча
Wolkenbruch *m* Platzregen проливно́й дождь, ли́вень
wolkenbruchartig ливнеобра́зный
Wolkendecke *f* о́блачный покро́в
Wolkenentwicklung *f* разви́тие облако́в
Wolkenfeld *n* по́ле облако́в
Wolkengebiet *n* о́блачная зо́на
Wolkenhöhe *f* высота́ облако́в
wolkenlos безо́блачный
wolkig о́блачный
Wollastonit *m* $Ca_3[Si_3O_9]$ волластони́т
Wollastonit- волластони́товый
Wollastonitfazies *f* волластони́товая фа́ция
Wollastonitskarn *m* волластони́товый скарн
Wollgras *n* пуши́ца
wollhaariges Nashorn *n* шерсти́стый носоро́г
Wollongongit *m* entspricht Bituminit воллонгонги́т
Woltmannscher Flügel *m* верту́шка Во́льтмана
Woodendit *m* Basaltgestein вуденди́т
Woodhouseit *m* $CaAl_3[(OH)_6|SO_4PO_4]$ вудхаузе́йт
Worden-Gravimeter *n* гравиме́тр Во́рдена
Wörthit *m* † Sillimanit верти́т
Wuchs *m* рост
Wuchsform *f* Pal. фо́рма ро́ста
Wudjavrit *m* вудъяври́т
Wulfenit *m* Gelbbleierz $Pb[MoO_4]$ вульфени́т
Wulffsches Netz *n* се́тка Ву́льфа
Wünschelrute *f* волше́бный прут, рудоиска́тельный жезл
Würfel *m* куб
Würfelfläche *f* пло́скость ку́ба
würfelförmig кубови́дный
Würfelgitter *n* куби́ческая решётка, куби́ческая структу́ра
Würm *n* вюрм, вю́рмский век
Wurm *m* червь
Würmalter *n* вю́рмский во́зраст
wurmartig червеобра́зный
Würm-Eiszeit *f* вю́рмская леднико́вая эпо́ха
wurmförmig червеобра́зный
Wurmgang *m* червото́чина, ход червя́
Würm-Terrasse *f* вю́рмская терра́са
Würm-Vereisung *f* Würm вю́рмское оледене́ние, вюрм
Wurtzit *m* ZnS вуртци́т
Wurtzitstruktur *f* вурци́товая структу́ра

Wurzel *f* кóрень
wurzelförmig корневи́дный
Wurzelfortsatz *m* bei Bryozoen корнево́й вы́рост
Wurzelfüßer *m/pl* Rhizopoda корнено́жки
wurzellos бескорнево́й, без корне́й
Wurzelspalte *f* корнева́я тре́щина
Wurzelstock *m* Rhizom стержнево́й ко́рень, корневи́ще
Wurzelsystem *n* корнева́я систе́ма
Wurzeltorf *m* корнево́й торф
Wurzelzeichen *n* знак ко́рня, знак радика́ла
Wurzelzone *f* корнева́я зо́на
Wüste *f* пусты́ня
Wüsten- пусты́нный
Wüstenablagerung *f* пусты́нное отложе́ние
Wüstenfazies *f* пусты́нная фа́ция
Wüstengebiet *n* пусты́нная о́бласть
Wüstengürtel *m* Wüstenzone по́яс пусты́нь, пусты́нная зо́на
Wüstenkalk *m* пусты́нный известня́к
Wüstenklima *n* пусты́нный кли́мат, кли́мат пусты́нь
Wüstenlack *m* Wüstenrinde зага́р пусты́ни, защи́тная ко́рка, пусты́нный зага́р, пусты́нный лак
Wüstenpflanze *f* пусты́нное расте́ние
Wüstensand *m* песо́к пусты́ни
Wüstenstaub *m* пыль пусты́ни
Wüstensteppe *f* пусты́нная степь
Wüstenverwitterung *f* пусты́нное вы́ветривание
Wüstenzone *f* Wüstengürtel пусты́нная зо́на, по́яс пусты́нь
Wyomingit *m* Alkalibasaltgestein уайоминги́т, вайоминги́т

X

Xalostocit *m* † rosa Grossular ксалостоки́т
Xanthoarsenit *m* † Sarkinit ксантарсени́т
Xanthochroit *m* ? amorphes CdS ксантохрои́т
Xanthokon *m* Ag_3AsS_3 ксантокони́т
Xanthophyllit *m* Kalkglimmer ксантофилли́т
Xanthophyta *pl* жёлто-зелёные во́доросли
Xanthosiderit *m* Gelbeisen ксантосидери́т
Xanthotitan *m* † Zersetzungsprodukt von Titanit ксантотита́н
xenarthral ксенартра́льный
Xenidium *n* Kalkplatte bei Brachiopoden ксени́дий
Xenoblast *m* ксенобла́ст
Xenogamie *f* ксенога́мия
xenogen ксеноге́нный
Xenolith *m* Fremdeinschluß, Fremdscholle ксеноли́т
xenomorph ксеномо́рфный
Xenon *n* X ксено́н
Xenonmethode *f* ксено́новый ме́тод
xenothermal ксенотерма́льный
Xenotim *m* $Y[PO_4]$ ксеноти́м
Xeromorphismus *n* ксеромо́рфность
xerophil ксерофи́льный, засухоусто́йчивый
Xerophyten *pl* ксерофи́ты, сухолюби́вые расте́ния
xerophytisch ксерофи́тный
xerotherm ксеротерми́ческий
Xiphodontidae *pl* ксифодо́нты
Xiphosura *pl* мечехво́сты
Xonotlit *m* $Ca_6[(OH)_2|Si_6O_{17}]$ ксонотли́т
Xylanthit *m* wahrscheinlich bernsteinähnliches Harz ксиланти́т
Xylem *n* ксиле́ма, древеси́на
Xylenit *m* ксилени́т
Xylofusit *m* ксилофюзе́н
Xylol *n* ксило́л
Xyloretinit *m* wahrscheinlich bernsteinähnliches Harz ксилоретини́т
Xylotil *m* Eisenpalygorskit ксилоти́л
Xylovitrit *m* ксиловитре́н

Y

Yamagutilith *m* Zirkon mit 4% P_2O_5 ямагутилит
Yamaskit *m* Intrusivgestein ямаскит
Yarmouth-Interglazial *n* ярмутское межледниковье
Yatalit *m* Pegmatitgestein яталит
Yenit *m* † Ilverit иенит
Yoldia *f* иольдия
Yoldia- иольдиевый
Yoldia-Meer *n* иольдиевое море
Youngscher Modul *m* модул Юнга
Ypern- ипрский
Ypern-Stufe *f* Eozän Mitteleuropa ипрский ярус
Ytterbium *n* Yb иттербий
Yttrialith *m* thoriumhaltiger Thalenit иттриалит
Yttrium *n* Y иттрий
Yttrium- иттриевый
Yttriumgruppe *f* иттриевая группа
Yttriumphosphat *n* YPO_4 фосфорнокислый иттрий, фосфат иттрия
Yttrocerit *m* ? hydrolysierter Yttrofluorit иттроцерит
Yttrocolumbit *m* Samarskit $(Y, Er)_4[(Nb, Ta)_2O_7]_3$ иттроколумбит
Yttrofluorit *m* $(Ca,Y)F_{2-3,33}$ иттрофлюорит
Yttrokrasit *m* ähnlich Delorenzit иттрокразит
Yttrotantalit *m* $Y_4[Ta_2O_7]_3$ иттротанталит
Yttrotitanit *m* (Ca, Y, Ce) (Ti, Al, Fe···) $[O|SiO_4]$ иттротитанит
Yukonit *m* Overit-Pseudowavellit-Gruppe юконит

Z

Zacke *f* Zinne зубец
zackig gezackt, schartig зазубренный
zäh(e) zähflüssig вязкий
zähelastisch вязкоупругий
zähflüssig вязко-текучий
Zähflüssigkeit *f* вязкотекучесть
Zähigkeit *f* Viskosität вязкость
Zähigkeitsgradient *m* градиент вязкости
Zähigkeitskoeffizient *m* коэффициент вязкости, коэффициент внутреннего трения
Zähigkeitsmesser *m* Viskosimeter вискозиметр
Zahl *f* 1. Ziffer число; 2. Anzahl количество
Zahl(en)- числовой
Zähl- Rechen- счётный
Zählanordnung *f* счётная установка
Zahlenangaben *f* цифровые данные
Zahlenbeispiel *n* числовой пример
Zahlenfaktor *m* численный множитель, числовой коэффициент
Zahlenindex *m* числовой показатель
zahlenmäßig numerisch численный
Zahlentabelle *f* числовая таблица
Zahlenwert *m* числовое значение
Zähler *m* Zählgerät счётчик
Zählerfernrohr *n* труба счётчика
Zählgerät *n* счётный прибор, счётчик
Zählgeschwindigkeit *f* скорость счёта
Zähligkeit einer Achse *f* Min. порядок оси
Zählkammer *f* счётная камера
Zählrohr *n* счётная трубка
Zählung *f* Berechnung подсчёт
Zählwerk *n* счётный механизм, счётчик
Zahlwert *m* числовое значение
Zahn *m* зуб
Zahn- зубной
Zahnapparat *m* зубной аппарат
Zahnbein *n* зубная кость
Zähnchen *n* зубчик
Zahnformel *f* зубная формула
Zahngrube *f* зубная ямка
Zahnkrone *f* коронка зуба
Zahnleiste *f* приямочное ребро
zahnlos беззубый
Zahnplatte *f* зубная пластина
Zahnsystem *n* зубная система

Zahnwechsel *m* сме́на зубо́в
Zahnwurzel *f* ко́рень зу́ба
zähplastisch вязкопласти́чный
Zamboninit *m* † teils Gemenge von Flußspat und Sellait, teils Müllerit цамбонини́т
Zapfen *m* Bot. ши́шка
zapfenförmig шишкообра́зный
zaphrentoid зафренто́идный
Zaratit *m* $Ni_3[(OH)_4|CO_3]\cdot 4H_2O$ зарати́т
Zäsium *n* Cs це́зий
Zebedassit *m* Orthochlorit цебедасси́т
Zeche *f* рудни́к, ша́хта
Zechengas *n* ко́ксовый газ
Zechenkohle *f* до́менный у́голь
Zechenkoks *m* до́менный кокс
Zechenteer *m* ко́ксовая смола́
Zechstein *m* цехште́йн
Zechstein- цехште́йновый
Zechsteinbecken *n* цехште́йновый бассе́йн
Zechsteinformation *f* цехште́йновая форма́ция
Zechsteinkalk *m* цехште́йновый известня́к
Zechsteinkonglomerat *n* цехште́йновый конгломера́т
Zechsteinmeer *n* цехште́йновое мо́ре
Zechsteinsalz *n* цехште́йновая соль
Zeder *f* *Cedrus* кедр
Zedern- кедро́вый
Zedern(holz)öl *n* кедро́вое ма́сло
Zehneck *n* десятиуго́льник
zehneckig десятиуго́льный
zehnflächig десятигра́нный
Zehnflächner *m* десятигра́нник
Zeichen *n* 1. Kennzeichen, Vorzeichen знак. 2. Markierung ме́тка
Zeichen- чертёжный, рисова́льный
Zeichenbrett *n* Reißbrett чертёжная доска́, рисова́льная доска́
Zeichenlineal *n* чертёжная лине́йка
Zeichenpapier *n* чертёжная бума́га, рисова́льная бума́га
Zeichenraum *m* чертёжная
Zeichenstift *m* рисова́льный каранда́ш
Zeichentisch *m* чертёжный стол
zeichnen рисова́ть/нарисова́ть, черти́ть/начерти́ть
Zeichner *m* чертёжник
zeichnerisch графи́ческий, рисова́льный
Zeichnung *f* чертёж, рису́нок, зарисо́вка
zeigen sich erscheinen, hervortreten проявля́ться/прояви́ться, обнару́живаться/обнару́житься
Zeiger *m* стре́лка
Zeigerausschlag *m* показа́ние стре́лки
Zeigerinstrument *n* стре́лочный прибо́р
zeisiggelb чи́жиково-жёлтый
Zeit *f* Zeitpunkt, Zeitraum вре́мя
Zeitabhängigkeit *f* временна́я зави́симость
Zeitabschnitt *m* отре́зок вре́мени, пери́од
Zeitalter *n* эпо́ха
Zeitbestimmung *f* определе́ние вре́мени
Zeitdauer *f* продолжи́тельность
Zeitdiagramm *n* диагра́мма (по) вре́мени
Zeitdifferenz *f* ра́зность во вре́мени
Zeiteinheit *f* едини́ца вре́мени
Zeitelement *n* элеме́нт вре́мени
Zeitfaktor *m* фа́ктор вре́мени
Zeitgleichung *f* уравне́ние вре́мени
Zeitinterval *n* интерва́л вре́мени, промежу́ток вре́мени
Zeitkonstante *f* постоя́нная вре́мени
Zeitkorrektion *f* попра́вка вре́мени
Zeitmarke *f* ма́рка вре́мени, отме́тка вре́мени
Zeitmarkierung *f* маркиро́вка вре́мени, отме́тка вре́мени
Zeitmaß *n* ме́ра вре́мени
Zeitmaßstab *m* масшта́б вре́мени
Zeitmessung *f* измере́ние вре́мени
Zeitpunkt *m* моме́нт вре́мени
Zeitpunktbestimmung *f* определе́ние моме́нта вре́мени
Zeitraum *m* промежу́ток вре́мени, пери́од
Zeitrechnung *f* исчисле́ние вре́мени, летоисчисле́ние
Zeitschrift *f* Journal журна́л
Zeitsekunde *f* секу́нда вре́мени
Zeit-Setzungskurve *f* крива́я оса́дки в зави́симости от вре́мени
Zeitsignal *n* сигна́л вре́мени
Zeitskala *f* шкала́ вре́мени, вре́менная шкала́, хронологи́ческая шкала́
Zeitspanne *f* интерва́л вре́мени, промежу́ток вре́мени
zeitweilig temporär, vorübergehend вре́менный

Zeitwert *m* значéние врéмени
Zell- zellig клéточный
Zellaufbau *m* клéточное строéние
Zellbildung *f* клéточное образовáние
Zelle *f* клéтка; ячéйка
Zellen- клéточный
Zellenbau *m* клéточное строéние; ячéистое строéние
Zellenbeton *m* ячéистый бетóн, пенобетóн, газобетóн
Zellendolomit *m* ячéистый доломи́т
Zellenkalk *m* ячéистый известня́к
zellförmig клеткообрáзный, ячейкообрáзный
Zellgewebe *n* клéточная ткань
zellig Zellen- ячéистый
Zellkern *m* ядрó клéтки
Zellkörper *m* клéточное тéло
Zellmembran *f* оболóчка клéтки
Zellstruktur *f* клéточная структýра, ячéистая структýра, клéточное строéние
Zellteilung *f* делéние клéтки
zellular ячéистый
Zellulase *f* целлюлáза
Zellulose *f* целлюлóза, клетчáтка
Zellulose- целлюлóзный
Zellulosegewebe *n* целлюлóзная ткань
Zellwand *f* клéточная стéнка
Zement *m* Bindemittel; Baustoff цемéнт
Zement- цемéнтный
Zementation *f* цементáция
Zementationsvorgang *m* процéсс цементáции
Zementationszone *f* зóна цементáции
Zementbeton *m* цемéнтный бетóн
Zementeinpressung *f* инъéкция цемéнтного раствóра, нагнетáние цемéнтного раствóра, цементáция
Zementfabrik *f* цемéнтный завóд
Zementherstellung *f* Zementfabrikation цемéнтное произвóдство
Zementier-Aggregat *n* цементирóвочный агрегáт
zementieren verkitten цементи́ровать *uv.*, *v.* auch сцементи́ровать
Zementierkopf *m* цементирóвочная головка
zementiert сцементи́рованный
Zementierung *f* Verkittung сцементи́рованность
Zementindustrie *f* цемéнтная промы́шленность
Zementinjektion *f* инъéкция цемéнтного раствóра, нагнетáние цемéнтного раствóра
Zementklinker *m* цемéнтный кли́нкер
Zementmehl *n* цемéнтный порошóк
Zementmergel *m* цемéнтный мéргель
Zementmörtel *m* цемéнтный раствóр
Zementstruktur *f* цемéнтная структýра
Zementton *m* цемéнтная гли́на
Zementwerk *n* цемéнтный завóд
Zenit *m* зени́т
zenital зенитáльный
Zentimeter *n* (*m*) сантимéтр
zentral центрáльный
Zentraleruption *f* центрáльное извержéние
Zentraliden *pl* Tekt. централи́ды
Zentralisation *f* централизáция
Zentralkation *n* центрáльный катиóн
Zentralmassiv *n* центрáльный масси́в
Zentralnervensystem *n* центрáльная нéрвная систéма
Zentralperspektive *f* центрáльная перспекти́ва
Zentralprojektion *f* центрáльная проéкция
Zentralschlot *m* Vulk. центрáльное жерлó
Zentralschnitt *m* центрáльное сечéние
Zentralstrahl *m* центрáльный луч
Zentralvulkan *m* центрáльный вулкáн, вулкáн центрáльного ти́па
Zentralwasserversorgung *f* централизóванное водоснабжéние
Zentralzone *f* центрáльная зóна
zentrieren центри́ровать *uv.*, *v.*
Zentrieren *n* центри́рование, центрирóвка
Zentrierfehler *m* оши́бка центри́рования, оши́бка центрирóвки
Zentrierkopf *m* самоцентри́рующая голóвка
Zentrierung *f* центри́рование, центрирóвка
Zentriervorrichtung *f* центри́рующее приспособлéние
zentrifugal центробéжный
Zentrifugalabscheider *m* центробéжный отдели́тель
Zentrifugalbeschleunigung *f* центробéжное ускорéние
Zentrifugalfeld *n* пóле центробéжных сил

Zentrifugalkraft *f* центробе́жная си́ла
Zentrifugalwirkung *f* де́йствие центробе́жной си́лы
Zentrifuge *f* центрифу́га
Zentrifugieren *n* центрифуги́рование
Zentrifugiergerät *n* Zentrifuge центрифу́га
Zentrifugierung *f* центрифуги́рование
zentripetal центростреми́тельный
Zentripetalbeschleunigung *f* центростреми́тельное ускоре́ние
Zentripetalkraft *f* центростреми́тельная си́ла
zentrisch центри́ческий
Zentriwinkel *m* центра́льный у́гол
zentroklinal центроклина́льный
Zeolith *m* цеоли́т
Zeolith- цеоли́тный
zeolithartig цеолитоподо́бный
zeolithisiert циолитизи́рованный
Zeolithisierung *f* цеолитиза́ция
Zeolithwasser *n* цеоли́тная вода́
Zeophyllit *m* $Ca_4[F_2|(OH)_2|Si_3O_8]\cdot 2H_2O$ цеофилли́т
Zepharovichit *m* $Al[PO_4]\cdot 3H_2O$ цефарoвичи́т
Zer *n* Zerium Ce це́рий
Zerbersten *n* треска́ние
Zerbrechen *n* разла́мывание
zerbrochen раздро́бленный, сло́манный
zerbröckeln кроши́ть/накроши́ть, дроби́ть/раздроби́ть
zerbröckelt zerkrümelt раскро́шенный
Zerbröckelung *f* кроше́ние, дробле́ние, измельче́ние
Zerfall *m* распа́д, распаде́ние, разложе́ние
zerfallen распада́ться/распа́сться
Zerfallscharakter *m* хара́ктер распа́да
Zerfallsdiagramm *n* гра́фик распа́да
Zerfallsgeschwindigkeit *f* ско́рость распа́да
Zerfallsgesetz *n* зако́н распа́да
Zerfallsgleichung *f* уравне́ние (радиоакти́вного) распа́да
Zerfallskomponente *f* компоне́нт распа́да
Zerfallskonstante *f* конста́нта распа́да, постоя́нная распа́да, радиоакти́вная постоя́нная
Zerfallskurve *f* крива́я распа́да
Zerfallslamelle *f* пласти́нка распа́да
Zerfallsmyrmekit *m* мирмеки́т распа́да
Zerfallsprodukt *n* проду́кт распа́да
Zerfallsreaktion *f* реа́кция распа́да, реа́кция разложе́ния
Zerfallsreihe *f* ряд распа́да
Zerfallsschema *n* схе́ма распа́да
Zerfallsstruktur *f* структу́ра распа́да, структу́ра разложе́ния
Zerfallstabelle *f* табли́ца распа́да
Zerfallstemperatur *f* температу́ра распа́да, температу́ра разложе́ния
zerfressen изъеда́ть/изъе́сть, истачи́вать/источи́ть, разъеда́ть/разъе́сть
zerfressen ausgefressen изъе́денный, исто́ченный, разъе́денный
Zerfurchung *f* изре́занность
zerkleinern zerstückeln мельчи́ть/измельчи́ть, размельча́ть/размельчи́ть, дроби́ть/раздроби́ть
zerkleinert zerstückelt изме́льченный, раздро́бленный
Zerkleinerung *f* Zerkleinern измельче́ние, размельче́ние, дробле́ние
Zerkleinerungsanlage *f* дроби́льная устано́вка, дроби́лка
Zerkleinerungsgrad *m* сте́пень дробле́ния, сте́пень измельче́ния
Zerkleinerungsprodukt *n* проду́кт размельче́ния
zerklüftet трещинова́тый
Zerklüftung *f* трещинова́тость
Zerknitterung *f* смя́тие
Zerknitterungslamelle *f* пласти́нка смя́тия
Zerknitterungslamellierung *f* пласти́нчатость смя́тия
zerlegbar разлага́емый
Zerlegung *f* Zersetzung разложе́ние
Zerlegungskoeffizient *m* коэффицие́нт разложе́ния
zermahlen разма́лывать/размоло́ть
Zermahlen *n* разма́лывание
Zermattit *m* † Chrysotil, seltener Antigorit церматти́т
zerquetschen zerdrücken дави́ть/раздави́ть
Zerquetschung *f* разда́вливание
Zerquetschungszone *f* Fältelungszone зо́на смя́тия
Zerrbruch *m* Ausweitungsbruch разло́м растяже́ния
zerreiben растира́ть/растере́ть, истира́ть/истере́ть, перетира́ть, перетере́ть

zerreißen разрыва́ть / разорва́ть
Zerreißfestigkeit *f* сопротивле́ние разры́ву
Zerreißkraft *f* разрывно́е уси́лие
Zerreißprobe *f* испыта́ние на разры́в
Zerreißspannung *f* натяже́ние разры́ва, разрывно́е уси́лие, разрывно́е напряже́ние
Zerreißungsfläche *f* пове́рхность сры́ва
Zerreißversuch *m* испыта́ние на разры́в
zerrieben растёртый, истёртый, перетёртый
Zerrspalte *f* тре́щина растяже́ния
Zerrspannung *f* растя́гивающее напряже́ние
Zerrung *f* Dehnung, Ausdehnung растяже́ние
Zerrungsrichtung *f* направле́ние растяже́ния
zerrüttet verruschelt раздро́бленный, раздроблённый
Zerrüttung *f* Zerruschelung раздро́бленность, раздроблённость
Zerrüttungszone *f* Ruschelzone зо́на дробле́ния, раздро́бленная зо́на
zerschiefert рассланцо́ванный
Zerschieferungszone *f* зо́на рассланцева́ния
zerschmelzen schmelzen расплавля́ть / распла́вить, та́ять / раста́ять
zersetzbar разлага́емый, спосо́бный разлага́ться
zersetzen zerfallen разлага́ть / разложи́ть
Zersetzung *f* Zerfall разложе́ние
Zersetzungsgrad *m* сте́пень разложе́ния
Zersetzungshof *m* орео́л разложе́ния
Zersetzungsprodukt *n* проду́кт разложе́ния
Zersetzungspunkt *m* то́чка разложе́ния
Zersetzungsreaktion *f* реа́кция разложе́ния
Zersetzungstemperatur *f* температу́ра разложе́ния
Zersetzungswasser *n* вода́ разложе́ния
zerspalten aufspalten раска́лывать / расколо́ть, расщепля́ть / расщепи́ть
zerspalten aufgespalten расщеплённый
Zerspalten *n* Aufspalten расщепле́ние
zersplittern раздробля́ть / раздроби́ть, расщепля́ть / расщепи́ть
zersplittert раздро́бленный, раздроблённый, расщеплённый
Zersplitterung *f* раздроблённость, расщепле́ние
Zerspritzen *n* Vulk. разбры́згивание
Zerstäubung *f* Pulverisierung распыле́ние
zerstören разруша́ть / разру́шить
zerstörend разруши́тельный
Zerstörung *f* разруше́ние
Zerstörungsgebiet *n* о́бласть разруше́ния
Zerstörungsgrad *m* сте́пень разруше́ний
Zerstörungsprodukt *n* проду́кт разруше́ния
Zerstörungszone *f* зо́на разруше́ния
zerstoßen zerkleinern толо́чь / истоло́чь, растоло́чь / толо́чь
zerstreut dispers, eingesprengt рассе́янный
Zerstreuung *f* Streuung, Dispersion рассе́яние
Zerstreuungsfunktion *f* фу́нкция рассе́яния
Zerstreuungsgesetz *n* зако́н рассе́яния
Zerstreuungskoeffizient *m* коэффицие́нт рассе́яния
Zerstreuungskonstante *f* постоя́нная рассе́ивания
Zerstreuungslinse *f* рассе́ивающая ли́нза
Zerstreuungswinkel *m* у́гол рассе́яния
zerstückeln zerkleinern, zersplittern раздробля́ть / раздроби́ть
zerstückelt zerkleinert, zersplittert раздро́бленный, раздроблённый
Zerstückelung *f* Zerkleinerung раздробле́ние
Zertalungsintensität *f* интенси́вность расчлене́ния
zerwalzt развальцо́ванный
Zetazeen *pl* Cetacea китообра́зные
zeugen bezeugen свиде́тельствовать *uv.*
Zeugenberg *m* Restberg, Härtling оста́нец-свиде́тель, оста́нец
zeuglodont ярмозу́бый
Zeuglodonta *pl* ярмозу́бые
Zeunerit *m* Kupferarsenuranit $Cu[UO_2|AsO_4]_2 \cdot 10(16-10)H_2O$ цейнерит
Zeyringit *m* † teils Kalkspat, teils bunte „Eisenblüte" зейринги́т
Zickzackfaltung *f* зигзагообра́зная скла́дчатость

zickzackförmig Zickzack- зигзагообра́зный
Ziegel *m* кирпи́ч; черепи́ца
Ziegelei *f* Ziegelwerk кирпи́чный заво́д
Ziegeleigrube *f* кирпи́чный карье́р
Ziegelerde *f* кирпи́чная земля́
Ziegelmauerwerk *n* кирпи́чная кла́дка
Ziegelofen *m* кирпичеобжига́тельная печь
ziegelrot кирпи́чно-кра́сный
Ziegelton *m* кирпи́чная гли́на
Ziehfeder *f* рейсфе́дер
Zielachse *f* Kollimationsachse визи́рная ось
Zielfernrohr *n* визи́рная тру́бка
Ziellinie *f* визи́рная ли́ния
Zielpunkt *m* визи́рная то́чка
Ziffer *f* Zahl ци́фра
Zillerit *m* † Hornblendeasbest циллери́т
Zimmertemperatur *f* ко́мнатная температу́ра
Zimtöl *n* кори́чное ма́сло
Zink *n* Zn цинк
Zink- ци́нковый
Zinkaluminit *m* $Zn_3Al_3[(OH)_{13}|SO_4]\cdot 2H_2O$ цинкалюмини́т
Zinkblende *f* Sphalerit ZnS ци́нковая обма́нка
Zinkblüte *f* Hydrozinkit $Zn_5[(OH)_3|CO_3]_2$ ци́нковые цветы́
Zinkbromid *n* $ZnBr_2$ бро́мистый цинк, броми́д ци́нка
Zinkchlorid *n* $ZnCl_2$ хло́ристый цинк, хлори́д ци́нка
Zinkdibraunit *m* ? amorphes $ZnMn_2O_3\cdot 2H_2O$ цинкдибрауни́т
Zinkenit *m* $PbS\cdot Sb_2S_3$ (?) цинкени́т
Zinkerz *n* ци́нковая руда́
zinkhaltig цинкосодержа́щий
Zinkhausmannit *m* † Hetairit цинкгаусманни́т
Zinkit *m* Rotzinkerz ZnO цинки́т
Zinkkonzentrat *n* ци́нковый концентра́т
Zinknitrat *n* $Zn(NO_3)_2$ азотноки́слый цинк, нитра́т ци́нка
Zinkosit *m* $Zn[SO_4]$ цинкози́т
Zinkoxid *n* ZnO о́кись ци́нка
Zinkspat *m* Smithsonit $ZnCO_3$ ци́нковый шпат
Zinkspinell *m* ци́нковая шпине́ль
Zinksulfat *n* $ZnSO_4$ сернoки́слый цинк, сульфа́т ци́нка
Zinksulfid *n* ZnS серни́стый цинк, сульфи́д ци́нка
Zinkteallit *m* Gemenge von Teallit mit Wurtzit цинктилли́т
Zinkvitriol *n* Goslarit $Zn[SO_4]\cdot 7H_2O$ ци́нковый купоро́с
Zinkweiß *n* ZnO ци́нковые бели́ла
Zinn *n* Sn о́лово
Zinn- оловя́нный
Zinnchlorid *n* $SnCl_4$ хло́ристое о́лово, хлори́д о́лова
Zinnerz *n* оловя́нная руда́
Zinnerz- оловору́дный
Zinnerzgang *m* оловору́дная жи́ла
Zinnerzgrube *f* оловя́нный рудни́к
Zinnerzgruppe *f* касситери́товая гру́ппа
Zinnführung *f* оловоно́сность
Zinngrube *f* оловя́нный рудни́к
zinnhaltig оловоно́сный, оловосодержа́щий
Zinnkies *m* Stannin Cn_2FeSnS_4 оловя́нный колчеда́н
Zinnkonzentrat *n* оловя́нный концентра́т
Zinnober *m* Cinnabarit HgS кинова́рь
Zinnoberseife *f* кинова́рная ро́ссыпь
Zinnoxid *n* SnO_2 двуо́кись о́лова, о́кись о́лова (4), окси́д о́лова (4)
Zinnpegmatit *m* оловору́дный пегмати́т
Zinnprovinz *f* оловя́нная прови́нция
Zinnstein *m* Kassiterit SnO_2 оловя́нный ка́мень
Zinnsteinparagenese *f* касситери́товый парагене́зис
Zinnsteinseife *f* касситери́товая ро́ссыпь
Zinnsulfat *n* $SnSO_4$; $Sn(SO_4)_2$ сернoки́слое о́лово, сульфа́т о́лова
Zinnsulfid *n* SnS серни́стое о́лово, сульфи́д о́лова
Zinnwaldit *m* Glimmergruppe циннвальди́т
zinnweiß оловя́нно-бе́лый
Zippeit *m* Uranblüte $UO_3[UO_2|SO_4]\cdot 4-8H_2O$ циппейт
Zirkelit *m* Pyrochlorgruppe циркели́т
Zirklerit *m* $9FeCl_2\cdot 4AlOOH$ цирклери́т
Zirkon *m* $Zr[SiO_4]$ цирко́н
Zirkon- цирко́новый
Zirkonium *n* Zr цирко́ний
Zirkonsand *m* цирко́новый песо́к
Zirkonseife *f* цирко́новая ро́ссыпь

Zirkonsilikat *n* цирко́но-силика́т
Zirkularpolarisation *f* кругова́я поляриза́ция
zirkularpolarisiert поляризо́ванный по кру́гу
Zirkulation *f* Umlauf, Kreislauf циркуля́ция
Zirkulationsanomalie *f* анома́лия циркуля́ции
Zirkulationsbewegung *f* циркуляцио́нное движе́ние, циркуля́ция
Zirkulationsmöglichkeit *f* возмо́жность циркуля́ции
Zirkulationsströmung *f* циркуляцио́нное тече́ние
Zirkulationssystem *n* систе́ма циркуля́ции
Zirkulationsverhältnisse *n/pl* усло́вия циркуля́ции
Zirkulationswasser *n* циркуляцио́нная вода́
Zirkulationswert *m* величина́ циркуля́ции
zirkulieren циркули́ровать *uv., v.*
zirkulierendes Wasser *n* циркули́рующая вода́
zirkumpazifisch круготихоокеа́нский
zirkumpolar околополя́рный, околопо́люсный, располо́женный вокру́г по́люса, циркумполя́рный
zirkumsolar околосо́лнечный
Zitrat *n* соль лимо́нной кислоты́
-zitrat лимоннокисльій
zitronengelb лимо́нно-жёлтый
Zitronensäure *f* лимо́нная кислота́
Zittavit *m* Varietät von Lignit циттави́т
Z-Komponente *f* Z-составля́ющая
Zoantharia *pl* зоанта́рии
Zoarium *n* зоа́рия, коло́ния мша́нок
Zobtenit *m* gabbroähnlicher kristalliner Schiefer цовтени́т
Zoisit *m* $Ca_2Al_3[O|\dot{O}H|SiO_4|Si_2O_7]$ цоизи́т
Zoisit- цоизи́товый
Zoisitamphibolit *m* Sauer (1884) цоизи́товый амфиболи́т
Zoisitschiefer *m* цоизи́товый сла́нец
Zölenteraten *pl* Coelenterata кишечнополостны́е
Zoll *m* дюйм
Zöllnersche Aufhängung *f* Це́льнеровский подве́с
zonal зона́льный
Zonalbau *m* Zonenbau зона́льное строе́ние, зона́льность
Zonalgeschwindigkeit *f* зона́льная ско́рость
Zonalität *f* зона́льность, по́ясность
Zonalkomponente *f* зона́льная компоне́нта, зона́льная составля́ющая
Zonalströmung *f* зона́льное тече́ние
Zonalzirkulation *f* зона́льная циркуля́ция
Zonarbau *m* Zonarstruktur зона́льное строе́ние
Zonarstruktur *f* зона́льная структу́ра
Zone *f* Gürtel по́яс
Zonenanordnung *f* зона́льное расположе́ние
Zonenbau *m* Zonalbau зона́льное строе́ние, зона́льность
Zoneneinteilung *f* зона́льное распределе́ние
Zonengesetz *n* зако́н зон, зако́н по́ясов
Zonen(leit)form *f* зона́льная фо́рма
Zonenstruktur *f* зона́льная структу́ра
Zoocoenose *f* живо́тное соо́бщество
Zooecium *n* зоое́ция, яче́йка мша́нки
zoogen зооге́нный
zoogeographisch зоогеографи́ческий
Zooide *n/pl* зоои́ды
Zoologe *m* зоо́лог
Zoologie *f* зооло́гия
Zoophagen *pl* зоофа́ги
Zoophyt *m* зоофи́т, животнорасте́ние
Zooplankton *n* зоопланкто́н
Zoospore *f* зооспо́ра
Zooxanthella *f* зооксанте́лла
Zorgit *m* Gemenge цорги́т
zottig wollig мохна́тый
Zubehör *n* Zubehörteile принадле́жности
zuckerkörnig сахарови́дный
Zufallsgröße *f* случа́йная величина́
Zufluß *m* Zuströmung прито́к, притека́ние
Zuflußgebiet *n* Einzugsgebiet бассе́йн водосбо́ра, водосбо́рный бассе́йн, водосбо́рная пло́щадь, водосбо́р
Zuflußgeschwindigkeit *f* ско́рость прито́ка
Zuflußkanal *m* прито́чный кана́л
Zuflußleistung *f* прито́чная мо́щность
Zuflußmenge *f* коли́чество прито́ка, прито́чный расхо́д

Zuflußmengenlinie *f* гра́фик прито́ка, гра́фик прито́чного расхо́да
Zuflußschwankung *f* колеба́ние прито́ка
Zuflußsumme *f* Gesamtzufluß сумма́рный прито́к
zufrieren замерза́ть/замёрзнуть
Zufrierung *f* Zufrieren замерза́ние
Zufuhr *f* Neuzufuhr, Zuführung привно́с
Zufuhrkanal *m* подводя́щий кана́л, приво́дник
Zuführungsleitung *f* подводя́щий водово́д
zugänglich досту́пный
Zug *m* Dehnung растяже́ние
Zugbeanspruchung *f* напряже́ние на растяже́ние, растя́гивающее уси́лие
Zugbelastung *f* растя́гивающая нагру́зка
Zugehörigkeit *f* Angehörigkeit принадле́жность
Zugelastizität *f* упру́гость при растяже́нии
Zugelastizitätsgrenze *f* преде́л упру́гости при растяже́нии
zugeordnet сопряжённый
zugespitzt spitz auslaufend заострённый
Zugfestigkeit *f* сопротивле́ние на растяже́ние
Zugkluft *f* тре́щина растяже́ния, тре́щина отры́ва
Zugkraft *f* растя́гивающая си́ла
Zugquadrant *m* квадра́нт расшире́ния
Zugrichtung *f* направле́ние натяже́ния
Zugspalte *f* тре́щина отры́ва, тре́щина разры́ва
Zugspannung *f* напряже́ние растяже́ния, растя́гивающее напряже́ние
zulässig допусти́мый
Zulauf *m* прито́к, подво́д
Zulaufgeschwindigkeit *f* ско́рость прито́ка, ско́рость подво́да
Zuleitung *f* подво́дка, подво́д
Zuleitungsgraben *m* подводя́щая кана́ва
Zuleitungsrohr *n* подводя́щая труба́
Zunahme *f* увеличе́ние, повыше́ние, рост, приро́ст
Zünder *m* взрыва́тель, запа́л
Zündkabel *n* взрывно́й ка́бель
Zündmittel *n/pl* взры́вчатые сре́дства
Zündschnur *f* запа́льный шнур, огнепрово́дный шнур
Zunge *f* язы́к
Zungen- языко́вый
zungenartig zungenförmig языкови́дный
Zungenbecken *n* языко́вый бассе́йн, концево́й бассе́йн
Zungenbeckenzone *f* зо́на языко́вых бассе́йнов
zungenförmig zungenartig языкови́дный
Zunyit *m* $Al_{12}[AlO_4|(OH, F)_{18}Cl|Si_5O_{16}]$ цуни́йт
Zurlit *m* † unreiner Melilith цурли́т
Zurückfließen *n* обра́тное тече́ние
zurückgeblieben отста́лый
Zurückgehen *n* Zurückweichen отступа́ние
zurückgehend zurückweichend отступа́ющий
Zurückverwandlung *f* Rückverwandlung обра́тное превраще́ние
zurückweichen отступа́ть/отступи́ть
Zurundung *f* сфери́чность
zusammenbacken sintern спека́ться/спе́чься, агломери́ровать *uv.*, *v.*
Zusammenbacken *n* Sintern спека́ние, агломе́рация
Zusammenbruch *m* Einsturz обва́л, обруше́ние
Zusammendrückbarkeit *f* Kompressibilität сжима́емость
zusammendrücken pressen, komprimieren сжима́ть/сжать, сда́вливать/сдави́ть
Zusammendrücken *n* Pressen, Komprimieren сжа́тие, сда́вливание
zusammenfallen 1. zusammenbrechen обва́ливать/обвали́ть. 2. übereinstimmen совпада́ть/совпа́сть, совмеща́ться/совмести́ться, согласо́вываться *uv.*
Zusammenfallen *n* 1. Zusammenbrechen обва́ливание. 2. Übereinstimmen совпаде́ние, совмеще́ние
Zusammenfassung *f* Resümee резюме́, сво́дка
zusammenfließen sich vereinigen, sich vermischen слива́ться/сли́ться
Zusammenfließen *n* Zusammenfluß; Vereinigung, Vermischung слия́ние
Zusammenfluß *m* слия́ние (рек)
zusammenfrieren смерза́ться/смёрзнуться

Zusammenfrieren *n* смерзáние
zusammengedrückt gepreßt, komprimiert сжáтый, сдáвленный
zusammengerollt zusammengedreht свёрнутый
zusammengesetzt слóжный
zusammengeweht zugeweht навéянный
Zusammenhang *m* Verbindung, Kausalität связь
zusammenhängend свя́зный
zusammenhängendes Profil *n* сли́тный разрéз
zusammenhanglos бессвя́зный
zusammenrollen свёртываться/свернýться
Zusammenschmelzen *f* сплавлéние
zusammensetzen aufbauen слагáть/сложи́ть, составля́ть/состáвить
Zusammensetzung *f* Bestand состáв
Zusammenstellen *n* Zusammenstellung составлéние; свóдка
Zusammenvorkommen *n* сонахождéние
Zusammenwachsen *n* Verwachsen срастáние
zusammenwehen zuwehen навевáть/навéять
Zusammenwirken *n* совмéстное дéйствие, взаимодéйствие
Zusammenziehung *f* Schrumpfung, Kontraktion стя́гивание
Zusatz *m* 1. Zufügung добавлéние. 2. Beimengung при́месь. 3. Zuschlagstoff добáвка, наполни́тель
Zusatzbelastung *f* дополни́тельная нагрýзка
Zusatzkomponente *f* дополни́тельная компонéнта
zusätzlich Zusatz- дополни́тельный, добáвочный
Zusatzmoment *n* дополни́тельный момéнт
Zusatzspannung *f* дополни́тельное напряжéние, добáвочное напряжéние
Zusatzstoff *m* добáвка, наполни́тель
Zusatzströmung *f* добáвочное течéние
Zusatzwasser *n* добáвочная водá
Zuschlag(stoff) *m* добáвка, наполни́тель
zuschütten засыпáть/засы́пать
Zuspitzung *f* заострéние
Zustand *m* Lage состоя́ние
Zustandsänderung *f* изменéние состоя́ния
Zustandsdiagramm *n* диагрáмма состоя́ния
Zustandsgleichung *f* уравнéние состоя́ния
Zustandskurve *f* кривáя состоя́ния
Zustandsparameter *m* парáметр состоя́ния
zuströmen притекáть/притéчь
Zuströmgeschwindigkeit *f* скóрость притóка, скóрость притекáния
Zustromrichtung *f* направлéние притóка
zutage treten выходи́ть/вы́йти на дневнýю повéрхность
Zutritt *m* дóступ
zuwachsen verwachsen, überwachsen зарастáть/зарасти́
Zuwachsen *n* Verwachsen, Überwachsen зарастáние
zuwehen anwehen навевáть/навéять
Zuwehen *n* Anwehen, Zuwehung, Anwehung навевáние
Zwangskristallisation *f* принуди́тельная кристаллизáция
Zwanzigflächner *m* двадцатигрáнник
Zweckmäßigkeit *f* Zweckdienlichkeit целесообрáзность, практи́чность
zweiachsig двуóсный
zweiaktig двухáктный
zweiatomig двуáтомный
zweibasisch двуоснóвный
zweibogig diapsid двудýжный
zweidimensional двухмéрный, двумéрный
Zweielektrodenanordnung *f* двуэлектрóдная установка
Zweifaden- двуни́тный
Zweifadenelektrometer *n* двуни́тный электрóметр
zweifiedrig двоякопéристый
Zweig *m* ветвь; óтрасль
zweigeschlechtlich двупóлый
zweigeteilt двураздéльный
zweigipflig двуверши́нный
Zweiglimmerfazies *f* двуслюдянáя фáция
Zweiglimmergneis *m* двуслюдянóй гнéйс
Zweiglimmerschiefer *m* двуслюдянóй слáнец
zweijährig двухгоди́чный, двухлéтный

zweikammerig двухкáмерный
Zweikanter *m* двухгрáнник
zweiklappig двуствóрчатый
Zweikomponenten- двухкомпонéнтный
Zweikomponentensystem *n* двухкомпонéнтная систéма
zweikreisig двукрýжный
Zweiphasenstrom *m* двухфáзный ток
zweiphasig Zweiphasen- двухфáзный
zweipolig двухпóлюсный; биполя́рный
Zweipunktanordnung *f* двухэлектрóдная устанóвка
zweireihig двуря́дный
zweirippig двухрёберный
Zweischicht- двухслóйный
Zweischneidenmeißel *m* двухлóпастное долотó
zweiseitig bilateral двусторóнный
Zweistoffsystem *n* двухкомпонéнтная систéма, бинáрная систéма
zweistufig двухъя́русный
Zweiteilung *f* Zweigliederung двухчлéнное делéние
zweiwertig двувалéнтный; двухáтомный
Zweiwertigkeit *f* двувалéнтность; двухáтомность
zweizählige Symmetrieachse *f* ось симмéтрии вторóго поря́дка
Zwerg- кáрликовый
Zwergbirke *f* *Betula nana* кáрликовая берёза
Zwergfauna *f* кáрликовая фáуна
Zwergform *f* кáрликовая фóрма
Zwergwuchs *m* кáрликовый рост
Zwickelfüllung *f* межзерновóе выполнéние
Zwieselit *m* eisenreicher Triplit цвизели́т
Zwilling *m* двойни́к
Zwillings- двойникóвый
Zwillingsachse *f* двойникóвая ось
Zwillingsaggregat *n* двойникóвый агрегáт
Zwillingsbau *m* двойникóвое строéние
Zwillingsbildung *f* двойникóвое образовáние, двойникoвáние
Zwillingsdiagramm *n* двойникóвая диагрáмма
Zwillingsebene *f* двойникóвая плóскость, плóскость двойниковáния
Zwillingselement *n* двойникóвый элемéнт
Zwillingsgesetz *n* двойникóвый закóн, закóн двойниковáния
Zwillingsgleitung *f* двойникóвое скольжéние
Zwillingsgletscher *m* двойникóвый ледни́к
Zwillingsgrenze *f* грани́ца двойникóв
Zwillingsindividuum *n* индиви́д двойникá
Zwillingskristall *m* двойникóвый кристáлл
Zwillingslamelle *f* двойникóвая пласти́нка
Zwillingsnaht *f* двойникóвый шов
Zwillingsrichtung *f* направлéние двойниковáния
Zwillingsstellung *f* двойникóвое положéние
Zwillingsstreifung *f* двойникóвая бoрóздчатость, двойникóвая штрихóвка
Zwillingsstruktur *f* двойникóвое строéние
Zwillingsverwachsung *f* двойникóвый срóсток
Zwischen- Mittel- промежýточный
Zwischenbecken *n* промежýточный бассéйн
Zwischenbildung *f* промежýточное образовáние
Zwischeneiszeit *f* Interglazial межледникóвый пери́од
Zwischenfläche *f* промежýточная повéрхность
Zwischenform *f* промежýточная фóрма
Zwischenfrostwasser *n* межмерзлóтная водá
Zwischengebirge *n* Interniden междугóрье
Zwischengebirgs- межгóрный
Zwischengebirgssenke *f* Innensenke межгóрная впáдина, межгóрный проги́б
Zwischenglied *n* промежýточный член, промежýточное звенó
Zwischenhirn *n* промежýточный мозг
Zwischenhülle *f* промежýточная оболóчка
Zwischenknoten *m* междоýзлие
Zwischenlage *f* Zwischenmittel прослóй, прослóек, прослóйка
Zwischenmeer *n* промежýточное мóре

Zwischenprodukt *n* промежу́точный проду́кт
Zwischenraum *m* Abstand промежу́ток
Zwischenreaktion *f* промежу́точная реа́кция
Zwischenschicht *f* промежу́точный сло́й, промежу́точный пласт
Zwischenstellung *f* промежу́точное положе́ние
Zwischenstrom *m* промежу́точное тече́ние
Zwischenstromland *n* междуре́чье
Zwischenstufe *f* промежу́точная ступе́нь
Zwischenwand *f* перегоро́дка
Zwischenwert *m* промежу́точное значе́ние
Zwischenzone *f* промежу́точный по́яс
Zwischenzustand *m* промежу́точное состоя́ние
Zwitter *m* гермафроди́т
Zwitterbildung *f* Hermophrodie гермафроди́зм
zwittrig гермафроди́тный
Zwölfeck *n* двенадцатиуго́льник
zwölfeckig двенадцатиуго́льный
zwölfflächig двенадцатигра́нный
Zwölfflächner *m* двенадцатигра́нник
Zygapophyse *f* зигапофи́за
zygomorph зигоморфи́ческий
Zygopteridales *pl* зигоптери́дные
Zygote *f* зиго́та
zyklisch цикли́ческий
zyklographische Projektion *f* грамма-стереографи́ческая прое́кция
Zyklohexanreihe *f* циклогекса́новый ряд
zyklonal циклони́ческий
Zyklone *f* Zyklon цикло́н
Zyklonenbahn *f* путь цикло́на
Zyklonenhäufigkeit *f* частота́ цикло́нов
Zyklopentan- циклопента́новый
Zyklopentanreihe *f* циклопента́новый ряд
Zyklus *m* Kreislauf цикл
Zylinder *m* Walze, Trommel цили́ндр
Zylinderprojektion *f* цилиндри́ческая прое́кция
zylindrisch цилиндри́ческий
Zytase *f* цита́за
Zytologie *f* цитоло́гия

FSC
www.fsc.org
MIX
Papier | Fördert
gute Waldnutzung
FSC® C083411

Kolibri 360 GmbH
Ferdinand-Jühlke-Straße 7
99095 Erfurt, Deutschland
produktsicherheit@kolibri360.de